AF302368

Technische Elektrodynamik

Von

Franz Ollendorff

Band II

Innere Elektronik

Dritter Teil

Schwankungserscheinungen in Elektronenröhren

Wien

Springer-Verlag

1961

Schwankungserscheinungen in Elektronenröhren

Von

Franz Ollendorff

Dipl.-Ing., Dr.-Ing., Dr.-Ing. E. h., Research Professor am Technion,
Israel Institute of Technology, Haifa,
Fellow of the I. R. E. (America), Member of the I. E. E. (England),
Mitglied der Israelischen Akademie der Wissenschaften

Mit 144 Textabbildungen

Wien

Springer-Verlag

1961

ISBN 978-3-7091-3027-8   ISBN 978-3-7091-3026-1 (eBook)
DOI 10.1007/978-3-7091-3026-1

Vorwort.

Mit dem hier vorgelegten, dritten Teile der „Inneren Elektronik" verlassen wir das gesicherte Land der deterministisch bestimmten Physik und begeben uns in ein geistiges Gebiet, in welchem *Unsicherheit* und *Unwissen* herrschen: Während die klassische Mechanik den Weg jedes einzelnen Elektrons in einer Elektronenröhre mit apodiktischer Sicherheit vorauszusagen gestattet, ist uns tatsächlich eine solche Einsicht in das atomare Naturgeschehen versagt; das individuelle Schicksal jener Elektronen unterliegt „zufälligen" *Schwankungen,* welche sich als solche unserer Voraussicht entziehen. Allerdings käme diesem fundamentalen Satz ein bestenfalls lediglich temporärer Erkenntniswert zu, falls das angezeigte Unvermögen nur einem Mangel an Kenntnissen zuzuschreiben wäre, den künftige Generationen von Physikern auf Grund neuer Entdeckungen beseitigen könnten. Obgleich ein solcher Fortschrittsglaube gewiß nicht von vornherein kategorisch abgelehnt werden darf, werden wir ihm weder theoretisch noch in der praktischen Durchführung dieses Buches zustimmen. Vielmehr schließen wir uns dem Kreise jener Physiker an, welche unsere Unkenntnis über das Walten des „Zufalles" zum Range eines *metaphysischen Bekenntnisses* erheben: In demütiger Selbstbescheidung sei sie als eine jener unabänderlichen Grenzen menschlichen Willens und Könnens empfangen, die uns von jeher gesetzt sind.

Bei der Suche nach der naturhaften Wurzel dieser letzthin aus tiefstem *Wahrheitsbedürfnis* geborenen Resignation werden wir auf die unlösliche *Verbundenheit des beobachtenden Menschen* mit dem *Objekt seiner Beobachtung* geführt, welche erst als solche reale, physikalisch verwertbare Aussagen ermöglicht: Im Erfahrungsbereiche der Physik gibt es kein „Ding an sich"; vielmehr wird, eben durch die genannte, duale Beziehung, der einmalige, irreversible Ablauf des menschlichen Lebens mit dem „Schicksal" des jeweils beobachteten Objektes unwiderruflich verknüpft. Sogar solch ein anorganisches, seelenloses Ding wie ein Elektron ist zwar auch als Gegenstand der Physik kein Lebewesen, doch „erlebt" es während seiner Beobachtung eine von vornherein unbestimmte Reihe ihm aufgezwungener, sozusagen persönlicher Ereignisse!

Schließt nun diese lebendige, in manchem vielleicht der *Goethe*schen phänomenologischen Naturauffassung verwandte Schau die Anwendung moderner, exakter mathematischer Methoden auf physikalische Schwankungserscheinungen kategorisch aus?

Die Antwort auf diese Grundfrage liefern wir selbst: Wenngleich der *Lebenslauf des Einzelmenschen* nur durch eben seine persönliche *Biographie* beschrieben werden kann, so unterliegen wir doch als *Gattung* einer Reihe allgemeiner, quantitativ formulierbarer *Gesetzmäßigkeiten*; diese zunächst individuellen Aussagen lassen sich zu einer *Statistik* vereinigen, welche das jeweils in Rede stehende Gattungsmerkmal umso zutreffender schildert, je größer die Anzahl der erfaßten Individuen ist. Die nämliche Methode werden wir somit auf den „Lebenslauf" der Elektronen anzuwenden haben. Allein während die meisten Fragen des menschlichen Lebens der *empirischen* Statistik bedürfen, ist die wesentlich anorganische Elektronengemeinschaft der *theoretischen* Statistik zugänglich.

Obwohl die überragende Bedeutung dieser Disziplin für die moderne Technik längst außer Zweifel steht, darf doch ihre Beherrschung durch den akademisch gebildeten Elektroingenieur nicht, oder vielleicht nur noch nicht, als selbstverständlich vorausgesetzt werden. Ich fühlte mich deshalb verpflichtet, das Studium des vorliegenden Buches durch eine in gewissem Sinne selbständige *Einführung in die Wahrscheinlichkeitsrechnung* zu erleichtern. Die hierfür gewählte Form soll und kann durchaus keinen Anspruch auf Vollständigkeit erheben, sondern ich habe mich bewußt auf die unumgänglich notwendigen Grundlagen beschränkt; nichtsdestoweniger habe ich keine Mühe gescheut, um gedanklich möglichst genau zu sein und insbesondere immer wieder den wesentlich *hypothetischen Charakter* der theoretisch gefundenen Resultate in ihrer Anwendung auf die Praxis zu betonen, und dieser überaus wichtige Sachverhalt wurde an Hand zahlreicher, teils hier erstmalig durchgearbeiteter Beispiele erläutert. Da diese dem gesamten Gedankenkreis der Technik entnommen sind, mag diese Einführung dem Elektroingenieur auch in den Arbeitsgebieten Nutzen bringen, welche nicht unmittelbar dem Thema des vorliegenden Buches verbunden sind; insbesondere wird ihre Kenntnis für den folgenden Teilband der „Inneren Elektronik" vorausgesetzt werden.

Der hier gewählten Darstellung der Schwankungserscheinungen in Elektronenröhren dient die *historische Entwicklung* dieses technisch-physikalischen Gebietes als Leitfaden. Ihre *erste Stufe* wird entsprechend ihrer am meisten hervorstechenden Erscheinungsform als *Rauschen* der Elektronenröhren bezeichnet. Erkenntnismäßig beruht die Theorie dieses Phänomenes noch auf der grundsätzlich *vorbehaltlosen Zustimmung zu den kausal bestimmten Bewegungsgesetzen des Einzelelektrons* als eines materiellen Punktes; nur die *unzulängliche Kenntnis* der jeweils zuständigen kinematischen *Anfangsbedingungen*, ihrerseits ein Ausfluß des ja nur beschränkten Auffassungsvermögens unserer Denk- und Sinnesorgane angesichts der übergroßen Anzahl gleichzeitig zu durchmusternder Elektronen, zwingt uns zu einer eben jene Anfangsbedingungen lediglich pauschal, statistisch erfassenden Beschreibung. Vielleicht noch deutlicher gesagt: Stände uns ein hinreichend leistungsfähiges *Elektronengehirn* zur Verfügung, so könnte es — im Rahmen der genannten, klassischen Grundauffassung! — den Rauschvorgang in allen seinen Einzelheiten mit photographischer Treue analysieren. Von hier aus gesehen haben wir also alle typisch *quantenmechanischen Schwankungserscheinungen*, wie sie beispielsweise an *Photokathoden* auftreten, von der Untersuchung des Rauschens in Elektronenröhren auszuschließen; vielmehr gehört die Theorie dieser Erscheinungen ihrem Wesen nach der *Festkörper-Physik* an.

Darf man hiernach, zusammenfassend, die Statistik des Elektronenröhren-Rauschens als eine Art von *Notbehelf* ansehen, mittels dessen wir die von den sozusagen nur technischen Mängeln unserer Organe herrührenden Wissenslücken überbrücken, so geht die Theorie innerelektronischer Schwankungserscheinungen in ihrer *zweiten Entwicklungsstufe* aus der *metaphysischen Unsicherheit* des modernen Physikers in der *Konzeption des Elektrons* selbst hervor: Dem Dualismus Korpuskel-Welle der Wellenmechanik korrespondiert in seiner Anwendung auf diskrete elektrische Ladungen der Begriff der *Wellenelektronik*. Die hier gewählte Fundierung dieses Gebietes schließt sich zwar eng an die schöpferischen Arbeiten von *Heisenberg, Born* und *Schrödinger* an, ergänzt diese jedoch durch eine erkenntnistheoretisch einschneidende Analyse der meist kritiklos hingenommenen, als „gegeben" geltenden *Existenzialannahmen*; diese führt ihrerseits zu einem tieferen Verständnis der an der Grenze zweier unterschiedlicher Feldträger herrschenden *Stetigkeitsbedingungen* der *de Broglie*schen Wahrscheinlichkeitswellen. Während nun die Erforschung stationärer, „geschlossener" Mikrozustände, welche als solche durch räumlich periodische Wellen beschrieben werden, eines der vornehmsten Ziele der theoretischen Physik bildet, sieht der Elektroniker diese Aufgabe als gelöst an; er hat es bei der Untersuchung der Dynamik von Elektronenröhren meist mit *„offenen" Prozessen* zu tun, deren Wahrscheinlichkeitswellen sich häufig über makroskopisch weite Gebiete von in der Regel unperiodischer Struktur erstrecken. Die analytische Lösung der hierbei auftretenden, mathematischen Aufgaben gelingt nur in wenigen Fällen mittels bekannter Funktionen und verlangt daher — bei Ausschluß des Einsatzes elektronischer oder mechanischer Rechenmaschinen — gebieterisch die Entwicklung passender *Näherungsmethoden*. Insbesondere hielt ich es für notwendig, dem Leser dieses Buches das volle Verständnis für den Ausgangspunkt des sogenannten *WKB-Verfahrens* zur Integration der *Schrödinger*-Gleichung und seine Tragweite durch dessen Herleitung auf einem teilweise neuen, hier erstmals veröffentlichten Wege zu erleichtern.

Die Ergebnisse einer wellenmechanischen Analyse sind in der Regel *komplexer* Natur. Im Gegensatz zu der bloß formal bequemen, komplexen Darstellung tatsächlich reeller Schwingungsfunktionen, welche als solche dem Elektrotechniker aus seiner Beschäftigung mit der Wechselstromlehre wohl vertraut ist, ist jedoch der komplexe Charakter der Wahrscheinlichkeitswellen für deren physikalisches Verhalten wesentlich. Um diesen überaus wichtigen Sachverhalt gebührend hervorzuheben, wurde die Bewegung eines Elektrons sowohl in einem homogenen elektrischen Felde wie auch in einem homogenen Magnetfelde mittels der Methoden der Wellenmechanik in allen Einzelheiten durchgearbeitet, wobei die letztgenannte Untersuchung hier, nach einem vor Jahren im *Einstein*-Institut des Technion in *Haifa* gehaltenen Vortrage, erstmalig veröffentlicht wird. Ungeachtet des hohen didaktischen Wertes, welche gewiß gerade der Analyse solcher relativ einfacher elektronischer Bewegungsvorgänge zukommt, kann sie doch nicht das Ziel der technischen Wellenelektronik bilden: Ihre Aufgabe ist es, die Grenzen der Leistungsfähigkeit moderner Geräte der Elektronenoptik quantitativ festzulegen. Als vornehmster Vertreter dieses Zweiges der Technik darf wohl das *Elektronenmikroskop* gelten. Daher schließt das vorliegende Buch mit dem Versuche, das Auflösungsvermögen eines solchen Gerätes abzuschätzen. Dem Kritiker mag das angegebene Ergebnis sowohl in mathematisch-physikalischer Hinsicht als lückenhaft wie auch vom psychologischen Gesichtspunkt aus als anfechtbar erscheinen; mögen diese offenbaren Unvollkommenheiten Ansatz und Richtung weiterer, produktiver Forschung im Reiche der Wellenelektronik weisen!

Zu seinem weitaus größten Teile wurde das Manuskript dieses Buches aus Vorlesungen zusammengestellt, die ich seit Jahren den postgraduate students unseres Institutes im Rahmen der für sie pflichtgemäßen Ausbildung in Höherer Technischer Elektrodynamik halte; doch eignen sich die ersten Abschnitte des Buches gewiß auch für den planmäßigen Unterricht in der Elektronik, welche dem heutigen Absolventen einer Universität oder einer Technischen Hochschule innerhalb seines vierjährigen Studiums geboten werden muß.

Zufolge schwieriger Lebensumstände verging zwischen der Planung dieses Buches und der schließlichen Ablieferung des druckfertigen Manuskriptes eine über Erwarten lange Zeit. Für die Geduld, mit der der Springer-Verlag diese Verzögerungen hinnahm, habe ich seiner Leitung und seinen Mitarbeitern ebenso zu danken wie für die außerordentliche Sorgfalt, mit welcher sie den Druck des Buches in allen seinen Einzelheiten überwachten.

Adelboden (Berner Oberland), August 1960.

Franz Ollendorff.

Inhaltsverzeichnis.

Zweites Kapitel.

Wellenmechanische Grundlagen.

Drittes Kapitel.

Wellenelektronik des Einzelelektrons.

Die wichtigsten in diesem Buche benutzten mathematischen Symbole.

α Anodenflug-Wahrscheinlichkeit

α Aufenthalts-Wahrscheinlichkeit

α Azimut [ebene Polarkoordinaten]

α Azimut [Zylinderkoordinaten]

α dimensionsfreie Beschleunigung

α Einfallswinkel

α lineare Wahrscheinlichkeitsdichte

$\alpha(f)$ Realteil des Frequenzspektrums

α Realteil der komplexen Veränderlichen γ

α Sterbewahrscheinlichkeit je Zeiteinheit

β dimensionsfreie Geschwindigkeit

$\beta(f)$ Imaginärteil des Frequenzspektrums

β Imaginärteil der komplexen Veränderlichen γ

β lineare Wahrscheinlichkeitsdichte

β Reflexionswinkel, Austrittswinkel

Γ Konzentration

$\Gamma = 1_j\,\gamma^j = 1^l\,\gamma_l$ Vektor der kontravarianten γ^j / kovarianten γ_l Komponenten

γ Ausbreitungsziffer

γ Gitterflug-Wahrscheinlichkeit

$\gamma = \alpha + i\,\beta$ komplexe Veränderliche

γ lineare Wahrscheinlichkeitsdichte

γ_{jk} *Maxwell*scher Kapazitätskoeffizient

γ Phasenwinkel

γ stetig Veränderliche

Δ Operator des Drehimpuls-Vektors

Δ sogenannte absolute Dielektrizitätskonstante des leeren Raumes

Δ Symbol der asynchronen Variation

$\delta(x)$ *Dirac*sche Funktion der Variablen x

$\delta_j{}^l$ / $\delta_{m,n}$ *Kronecker*-Symbol

δ Symbol der synchronen Variation

$\delta_Y{}^X$ vektorelles *Kronecker*-Symbol

ε Absorptions- oder Emissionswahrscheinlichkeit je Zeiteinheit

ε dimensionsfreie, häufig im Verhältnis zur Einheit kleine Zahl

ε Energiedichte

ζ dimensionsfreie, *Kartesi*sche Koordinate

$\zeta_n = \dfrac{\eta}{n}$ Durchschnittsmerkmal

$\zeta_p{}^{(j)}$ *Hankel*sche Funktion der Kugel von der Art j und der Ordnung p

η dimensionsfreie, *Kartesi*sche Koordinate

η dimensionsfreies elektrisches Potential

η Energie

η_F *Fermi*-Energie

η_{kin} kinetische Energie

η kontinuierliches Merkmal

η_{pot} potentielle Energie

Θ absolute Temperatur

ϑ_0 Aperturwinkel

ϑ_j Elliptische ϑ-Funktion der Art j

ϑ Polarwinkel [Kugelkoordinaten]

$\varkappa$ Eigenkorrelation

$\varkappa$ Konzentration

$\varkappa_{jl}$ Korrelationskoeffizient

$\varkappa$ Modularwinkel

$\varkappa$ Realteil der komplexen Veränderlichen μ

$\Lambda,\ \Lambda^*$ konjugiert-komplexe, modifizierte *Laplace*-Funktionen

λ Imaginärteil der komplexen Veränderlichen μ

λ Maßstabsfaktor

λ Quantenzahl

λ Wellenlänge

λ Zerfallskonstante

λ zweidimensionale Konzentration

$\mu = \varkappa + i\,\lambda$ komplexe Veränderliche

μ Massendichte

μ Modulationsgrad

μ Quantenzahl

μ reduzierte Masse zweier materieller Punkte

μ_ν Semikonvergente der Ordnung ν

μ Schwingungszahl

ν_0 Eigenfrequenz

ν Frequenz

ν Geburtenrate

ν Imaginärteil der komplexen Veränderlichen s

ν lineare Konzentration

ν Quantenzahl

ν Rate der Elektronen-Emission

Ξ physikalisch dimensionierte Veränderliche

ξ dimensionsfreie, *Kartesi*sche Koordinate

ξ dimensionsfreie Veränderliche

ξ^j Komponente des *Minkowski*schen Weltvektors (j = 1, 2, 3, 4)

$\Pi(\mathrm{n}) = \mathrm{n}!$ Gammafunktion

Π sogenannte absolute Permeabilität des leeren Raumes

Π Vektor der Massenstromdichte

ϱ_0 Gitterhalbmesser

ϱ Radialdistanz (ebene Polarkoordinaten)

ϱ Raumladungsdichte

ϱ Reflexions-Koeffizient

Σ Strömungsvektor

σ dimensionsfreies Punkteikonal

σ Flächenladungsdichte

$\sigma,\ \sigma^*$ konjugiert-komplexe Geschwindigkeitsvektoren

σ_{jl} kovariante Komponente des Streuungstensors

σ Phase

σ Spur des Streuungstensors

σ Streuung

τ Eigenzeit

τ Gitterteilung

τ^{mn} kontravariante Komponente des reziproken Streuungstensors

τ Lebensdauer

τ Transmissions-Koeffizient

τ Turbulente Geschwindigkeit

τ Zeitspanne

Φ elektromagnetisches Viererpotential

Φ Fehlerintegral

Φ komplexe Dichte

Φ skalares elektrisches Achsenpotential

φ elektrisches Skalarpotential

φ Phase

φ Realteil der komplexen Veränderlichen χ

φ Schrittwahrscheinlichkeit

$\chi = \varphi + i\,\psi$ komplexe Veränderliche

χ Phasenwinkel

χ Schrittwahrscheinlichkeit

$$\Psi(\rho) = \int_0^{\varrho} e^{u^2}\, du$$

ψ Azimut (Kugelkoordinaten)

ψ Imaginärteil der komplexen Veränderlichen χ

ψ Schrittwahrscheinlichkeit

Ω Operator

Ω Raumwinkel

Ω Viererfrequenz

Ω Zyklotron-Kreisfrequenz

ω Kreisfrequenz

A   Amplitude

A   Anoden-Kennfunktion

A   *Dushman*scher Emissions-Koeffizient

$A = 1_j\, a^j = 1^l\, a_l$ Vektor der kontravarianten / kovarianten Komponenten a^j / a_l

a Amplitude

a Anzahl der Elemente einer Klasse

a Beschleunigung

a Erwartungswert der Anzahl seltener Ereignisse

a Gitter-Anodenabstand (Triode)

a Realteil der komplexen Veränderlichen $r\, e^{i\vartheta}$

B Austrittsarbeit im Temperaturmaß

B magnetische Induktion

$B = 1_j\, b^j = 1^l\, b_l$ Vektor der kontravarianten / kovarianten Komponenten b^j / b_l

b Imaginärteil der komplexen Veränderlichen $r\, e^{i\vartheta}$

C Anzahl der Kombinationen

C Kapazität

(C) Kurvensymbol

C Teilungskonstante

$$C(u) = \int_0^u \cos\left(\frac{\pi}{2}x^2\right) dx$$ *Fresnel*sches Cos-Integral

c Ausbreitungsgeschwindigkeit des Lichtes im leeren Raum

D Diffusionskonstante

D Durchgangsintegral

D Elektrische Induktion

D Vektor des Drehimpulses

d Elektrodendistanz

E Elektrische Feldstärke

E, E* konjugiert-komplexe Gitterfunktionen

F Funktionssymbol

F Kraft

F^2 quadratischer Schwächungsfaktor des Schroteffektes

f Flächenvektor

f Frequenz

f Funktionssymbol

G Funktionssymbol

G Gitter-Kennfunktion

G Gradientenvektor

G *Green*sche Funktion

$G = a_1\, 1^1 + a_2\, 1^2 + a_3\, 1^3$ Vektor eines Gitters der Basis (a_1, a_2, a_3)

g Funktionssymbol

g Kathoden-Gitterabstand (Triode)

g Zustandszahl (statistisches Gewicht)

H *Hamilton*sche Funktion

$H_p^{(j)}$ *Hankel*sche Funktion der Art j und der Ordnung p

$h = 2\pi\,\hbar$ *Planck*sche Konstante

h Relative Häufigkeit

I_p *Bessel*sche Funktion p-ter Ordnung

I Einheitstensor

J Stromstärke

J_0 Gleichstrom

J_{max} Maximalstrom

j Stromdichte

K Ausbreitungsvektor

K, K′ komplementäre, vollständige Elliptische Integrale

K Ordnungszahl innerhalb eines Ensemble

k Ausbreitungsvektor

k *Boltzmann*sche Konstante

k Dimensionszahl eines Merkmales

k, k′ komplementäre Moduln Elliptischer Integrale

k natürliche Zahl

k Wellenzahl

L Induktivität

L, L* konjugiert-komplexe *Laplace*sche Funktionen

L *Lagrange*sche Funktion (kinetisches Potential)

l Länge

M	Gesamtmasse zweier Körper		R	Halbmesser
M	Lateralvergrößerung		R	*Ohm*scher Widerstand
M	Magnetische Feldstärke		R	Ortsvektor
M_n	Moment n-ter Ordnung			
M	Quantenzahl		r	dimensionsfreie Radialdistanz
M	Vektor des magnetischen Momentes		r	*Ohm*scher Widerstand
			r	Ortsvektor
			r	Radialdistanz [Kugel- und Zylinderkoordinaten]
m	Masse			
m	Modulationsgrad		r(f)	spektrale Dichte
m_0	Ruhmasse			

$m = 1_l\, m^l = 1^j\, m_j$ Vektor der ganzzahligen kontravarianten / kovarianten Komponenten $\frac{m^l}{m_j}$

			S(f)	Frequenzspektrum

$$S(u) = \int_0^u \sin\left(\frac{\pi}{2}x^2\right) dx \qquad \textit{Fresnel}\text{sches}$$

N	Anzahl der Teilsysteme eines Ensemble			Sinus-Integral
N	Leistung		S	Hüllfläche
N_p	*Neumann*sche Funktion der Ordnung p		S	Operator der Störung
			S	Punkteikonal
N	Teilchenzahl		S	Streuungstensor
			S(x)	Summenfunktion des Merkmales x
			S	zeitfreie Wirkungsfunktion
n	Anzahl der Elemente einer Gruppe			
n	Brechungsindex		s	komplexe Spektraldichte
n	Konzentration		s	komplexe Veränderliche
n	natürliche Zahl		s	Steilheit
			s	Vektor der Ionenströmung
P	Anzahl der Permutationen			
P	Impuls-Energievektor		T	absolute Temperatur
P	Impuls-Operator		T	Tensor zweiter Stufe
P_1	*Legendre*sche Kugelfunktion der Ordnung 1		T	Volumen
			T(x)	Wahrscheinlichkeit der Beobachtungssumme vom Mindestmerkmal x
P	Produktintegral			
			T	Zeitspanne
p_j	allgemeine Impulskomponente			
p	Anzahl der Elemente einer Klasse		t	laufende Zeit
p	komplexe Integrationsvariable			
p	mechanischer Impulsvektor		U	Spannung
p	Quantenzahl			
p(f)	spektrale Dichte		u, u*	konjugiert-komplexe Schwingungsfunktionen
p	Wahrscheinlichkeit einer Alternative		u	Realteil der komplexen Veränderlichen s
Q	Effektivquadrat			
Q	Elektrodenladung		V	Anzahl der Variationen
			V	magnetisches Vektorpotential
q^j	allgemeine Koordinate			
q_0	Betrag der Elektronenladung		v	Geschwindigkeit
q	Ionenladung			
q	Wahrscheinlichkeit einer Alternative		W_0	Austrittsarbeit

W	Energie
W	Freie Energie
W	Vierervektor der Geschwindigkeit
W(x)	Wahrscheinlichkeit des Merkmales x
W	zeitabhängige Wirkungsfunktion
w	Geschwindigkeitsvektor
w	komplexe Veränderliche
w_R	Reflexions-Wahrscheinlichkeit
w_T	Transmissions-Wahrscheinlichkeit
w(x)	Wahrscheinlichkeit des Merkmales x
X	Merkmalvektor
X	Schwerpunktskoordinate
x	*Kartesi*sche Koordinate
x	Merkmal
x	Realteil der komplexen Veränderlichen z
Y	Schwerpunktskoordinate
y	*Kartesi*sche Koordinate
y	Merkmal
y	Imaginärteil der komplexen Veränderlichen z
Z_p	allgemeine Zylinderfunktion der Ordnung p
Z	*Hertz*scher Vektor
Z	Molekülzahl
Z	Schwerpunktskoordinate
z	Achsenkoordinate (Zylinder)
z	Anzahl unterschiedlicher Eigenschaften
z	*Kartesi*sche Koordinate
z	komplexe Veränderliche
z	Summenmerkmal

Allgemeine Symbole.

1_j	kovarianter	Einheitsvektor
1^1	kontravarianter	in Richtung j

$(A\,B)$ inneres (skalares) ⎫ Produkt

$[A\,B]$ äußeres (vektorielles) ⎬ der Vektoren

$\overline{A \parallel B}$ tensorielles ⎭ A und B

∇ Nabla-Operator

∇^2 *Laplace*scher Operator

det   Determinante

div   Divergenz

e = 2,7182... *Euler*sche Zahl

Ei   Exponential-Integral

Exp   Exponentialfunktion

!   Fakultät

grad   Gradient

$i = \sqrt{-1}$

ln   natürlicher Logarithmus

$\pi = 3{,}14159\ldots$ Kreiszahl

rd   Radian

rot   Rotor

$\{A\}$ Durchschnittswert von A

$\langle A \rangle$ Erwartungswert von A

Einleitung.
Einführung in die Wahrscheinlichkeitsrechnung.

E 1. Die Grundaufgaben der Kombinatorik.

a) Permutationen ohne Wiederholung.

Gegeben sind n voneinander unterscheidbare, als solche individualisierbare Elemente. Gesucht wird diejenige Zahl $P = {}'P(n)$ verschiedener Anordnungen, in welchen man diese Elemente so nebeneinander stellen kann, daß jedes von ihnen *genau einmal* vorkommt.

Beispiel: Die Permutationen der drei Elemente 1, 2, 3 lauten

$$\begin{array}{cccccccc} 1 & 2 & 3 & \quad 2 & 1 & 3 & \quad 3 & 1 & 2 \\ 1 & 3 & 2 & \quad 2 & 3 & 1 & \quad 3 & 2 & 1 \end{array} \tag{E 1, 1}$$

so daß also $P(3) = 6$ resultiert.

Allgemeine Lösung: Wir bezeichnen sowohl die Elemente durchlaufend mit den natürlichen Zahlen von 1 bis n wie auch die Rangordnung ihrer Plätze in einer beliebigen Zusammenstellung. Dann kann man den ersten Platz auf n verschiedene Weisen besetzen; hat man sich für eine dieser Möglichkeiten entschieden, so kann man jedesmal die noch verbleibenden $(n-1)$ Elemente permutieren. Aus dieser Überlegung erschließt man die *Rücklaufformel*

$$P(n) = n \cdot P(n-1). \tag{E 1, 2}$$

Sie führt durch sukzessive Anwendung dieses Gedankenganges bis $P(1) = 1$ auf

$$P(n) = n(n-1)(n-2)\ldots 1 \equiv n! \tag{E 1, 3}$$

Im obigen Beispiel wird, im Einklang mit dem unmittelbaren Zählergebnis, $P(3) = 3 \cdot 2 \cdot 1 = 6$.

b) Permutationen mit Wiederholung.

Gegeben sind $n \geq 1$ Elemente, von denen $a_k \leq n$ der Art k miteinander identisch sind. Man sucht diejenige Zahl $P = P(n; a_k)$ von verschiedenen Anordnungen, in welchen je n Elemente so nebeneinander stehen, daß jedes der Art k immer a_k fach, alle anderen jedoch genau je einmal vorkommen.

Beispiel: $n = 4$; $a_1 = 1$, $a_2 = 2 = a_3$, $a_4 = 3$. Die gesuchten Permutationen lauten

$$\begin{array}{cccccccccccccccc} 1 & 2 & 2 & 3 & \quad 2 & 1 & 2 & 3 & \quad 2 & 2 & 3 & 1 & \quad 3 & 1 & 2 & 2 \\ 1 & 2 & 3 & 2 & \quad 2 & 1 & 3 & 2 & \quad 2 & 3 & 1 & 2 & \quad 3 & 2 & 1 & 3 \\ 1 & 3 & 2 & 2 & \quad 2 & 2 & 1 & 3 & \quad 2 & 3 & 2 & 1 & \quad 3 & 2 & 2 & 1 \end{array} \tag{E 1, 4}$$

so daß also $P(4; 2) = 12$ resultiert.

Allgemeine Lösung: Wir unterscheiden vorübergehend die tatsächlich identischen Elemente der Art k mittels der von 1 bis a_k laufenden Indizes $k_1, k_2, \ldots k_{a_k}$. Dadurch sind insgesamt wieder n unterscheidbare Elemente hergestellt worden, welche sich als solche in $P(n) = n!$ unterschiedlichen Permutationen anordnen lassen. Unter ihnen richten wir unser Augenmerk auf eine Gruppe, in welcher nur die Elemente k_1 bis k_{a_k} verschiedene Plätze einnehmen, während alle anderen auf ihren Plätzen verbleiben; solcher *„Teilpermutationen"* gibt es also $P(a_k) = a_k!$. Löschen wir jetzt gleichzeitig mit den von 1 bis a_k laufenden Indizes die ja nur vorübergehend eingeführten, unterscheidenden Merkmale zwischen den Elementen der Art k, so werden die vorher *getrennt* notierten $a_k!$ Permutationen miteinander identisch. Daher folgt aus der Definition der Zahl $P(n; a_k)$ die Relation

$$P(n; a_k) \cdot P(a_k) = P(n); \qquad P(n; a_k) = \frac{P(n)}{P(a_k)} = \frac{n!}{a_k!} \qquad (E\ 1,\ 5)$$

In dem oben genannten Beispiel ist

$$P(4; 2) = \frac{4!}{2!} = \frac{4 \cdot 3 \cdot 2 \cdot 1}{2 \cdot 1} = 12.$$

Sollten, in Verallgemeinerung der früher behandelten Frage, unter den n permutierten Elementen a_1 der Art 1, a_2 der Art 2 und so fort miteinander identisch sein, so ergibt sich auf dem gleichen Wege

$$P(n; a_1, a_2 \ldots) = \frac{P(n)}{P(a_1) \cdot P(a_2) \ldots} = \frac{n!}{a_1!\, a_2! \ldots}. \qquad (E\ 1,\ 6)$$

c) Variationen von n-Elementen zur p-ten Klasse mit Wiederholung.

Gegeben sind n unterschiedliche Elemente. Gesucht wird die Zahl $V(n; p)$ von Zusammenstellungen, deren jede p Elemente enthält. Hierbei darf jedes Element *beliebig oft wiederholt* werden, und zwei Zusammenstellungen gelten auch dann als *verschieden*, wenn sie sich nur durch die *Reihenfolge* ihrer Elemente unterscheiden.

Beispiel: Aus den n = 3 Buchstaben A, B, C lassen sich folgende Silben oder Silben-Teile mittels je p = 2-er Zeichen bilden

$$
\begin{array}{lll}
A\,A & B\,A & C\,A \\
A\,B & B\,B & C\,B \\
A\,C & B\,C & C\,C
\end{array}
\qquad (E\ 1,\ 7)
$$

und hieraus entnimmt man $V(3; 2) = 9$.

Allgemeine Lösung: Die Elemente werden von 1 bis n durchgezählt, ihre Plätze innerhalb einer Variation von 1 bis p. Dann kann man zunächst den ersten Platz auf n verschiedene Weisen besetzen. Ist dies geschehen, so verbleiben zwar nur noch $(p - 1)$ freie Plätze, doch stehen zu deren Besetzung noch immer alle n Elemente zur Verfügung. Man gelangt somit zu der Rücklaufformel

$$V(n; p) = n\, V(n; p - 1), \qquad (E\ 1,\ 8)$$

welche wegen $V(n; 1) = n$ nach $(p - 1)$ Schritten auf

$$V(n; p) = n \cdot n \cdot \ldots \cdot n = n^p \qquad (E\ 1,\ 9)$$

führt; in dem oben gegebenen Beispiel wird $V(3; 2) = 3^2 = 9$.

d) Variationen von n-Elementen zur p-ten Klasse ohne Wiederholung.

Gegeben sind n unterscheidbare Elemente. Gefragt wird nach der Zahl $V'(n; p)$ der Zusammenstellungen von je $p \leq n$ Elementen, deren jedes *höchstens einmal* vorkommen soll. Zwei Zusammenstellungen gelten als *verschieden*, wenn sie sich entweder in ihren *Elementen* oder auch nur in deren *Reihenfolge* voneinander unterscheiden.

Beispiel: Es sei $n = 3$, $p = 2$. Die Variationen ohne Wiederholung lauten

$$1 \quad 2 \qquad 2 \quad 1 \qquad 3 \quad 1 \qquad\qquad \text{(E 1, 10)}$$
$$1 \quad 3 \qquad 2 \quad 3 \qquad 3 \quad 2$$

so daß sich $V'(3; 2) = 6$ ergibt.

Allgemeine Lösung: Wir zählen die Elemente von 1 bis n und die Plätze von 1 bis p durch. Der erste Platz kann auf n verschiedene Weisen besetzt werden. Ist dies geschehen, so steht für die verbleibenden $(p - 1)$ Plätze nur noch eine Auswahl von $(n - 1)$ Elementen zur Verfügung, da ja die Wiederholung des auf den ersten Platz gestellten Elementes definitionsgemäß *verboten* ist. Man findet somit die Rücklaufformel

$$V'(n; p) = n\,V'(n - 1; p - 1). \qquad\qquad \text{(E 1, 11)}$$

Durch sukzessive Anwendung dieser Regel gelangt man nach $(p - 1)$ Schritten auf $V'(n - p + 1; 1) = n - p + 1$, so daß

$$V'(n, p) = n(n - 1)(n - 2) \ldots (n - p + 1) = \frac{n!}{(n - p)!} \quad \text{(E 1, 12)}$$

folgt; für das obige Beispiel findet man

$$V'(3, 2) = \frac{3!}{(3 - 2)!} = 6.$$

e) Kombinationen von n-Elementen zur p-ten Klasse mit Wiederholung.

Gegeben sind n unterscheidbare Elemente. Gesucht wird die Zahl $C(n; p)$ von Zusammenstellungen, deren jede p Elemente enthält. Dabei darf jedes Element *beliebig oft* vorkommen; doch sollen zwei Zusammenstellungen nur dann als verschieden gelten, falls die sie bildenden *Elemente verschieden* sind, während bloße *Unterschiede in der Reihenfolge* der nämlichen Elemente *unberücksichtigt* bleiben.

Beispiel: Für $n = 3$, $p = 2$ lauten die Kombinationen

$$1 \quad 1 \qquad 2 \quad 2 \qquad 3 \quad 3$$
$$1 \quad 2 \qquad 2 \quad 3 \qquad\qquad\qquad \text{(E 1, 13)}$$
$$1 \quad 3$$

Allgemeine Lösung: Wir bezeichnen die Elemente mit den Zahlen von 1 bis n, dagegen die Plätze je mit einem der Symbole $z_1, z_2, \ldots z_p$. Nun schreiben wir vorübergehend eine Zusammenstellung an, welche sowohl die Zahlen 1 bis n als auch die Symbole $z_1, z_2, \ldots z_p$, also insgesamt $(n + p)$ „Überelemente" enthält. Um von einer solchen Zusammenstellung auf eine der tatsächlich verlangten überzugehen, erlassen wir folgende „*Lesevorschrift*": Jedes der wahren *Elemente* soll sich tatsächlich gerade auf demjenigen *Platz* befinden, welcher dem in Rede stehenden Element in der Zusammenstellung der Überelemente unmittelbar vorangeht, also links von ihm notiert ist. In jeder zulässigen Zusammenstellung sämtlicher $(n + p)$ Überelemente, welche immer eine Einordnung von je p der wahren Elemente auf ebensoviele Plätze dokumentieren soll, muß dann die letzte Stelle gewiß mit einer der Zahlen 1, 2, ... n besetzt werden, da ja sonst einer der p Plätze leer bleiben würde; für den hierdurch geforderten Abschluß jeder zulässigen Zusammenstellung aller $(n + p)$ Überelemente gibt es genau n Möglichkeiten. Den nunmehr vor der letzten Stelle noch unterzubringenden $(n - 1 + p)$ Überelementen ist bezüglich der Anordnung innerhalb ihrer $(n - 1 + p)$ Stellen jeder zulässigen Zusammenstellung keine Zusatzvorschrift aufzuerlegen, so daß sie auf $P(n - 1 + p) = (n - 1 + p)!$ verschiedene Weisen notiert werden können. Demnach resultieren zunächst $n(n - 1 + p)!$ zulässige Zusammenstellungen aller $(n + p)$ Überelemente. Doch haben wir uns jetzt daran zu erinnern, daß es bei der Abzählung der gewünschten Kombinationen definitionsgemäß *nicht auf die Reihenfolge* der wahren Elemente ankommt. Daher sind unter den insgesamt $n(n - 1 + p)!$ zulässigen Zusammenstellungen sowohl immer jene $P(n) = n!$ als identisch zu betrachten, in welchen bei fester Stellung der Platzsymbole $z_1 \ldots z_p$ nur die n Elemente untereinander ihre Stellung tauschen, wie auch die $P(p) = p!$ Zusammenstellungen, die bei fester Stellung der Elemente durch Permutation der Platzsymbole entstehen. Für die gesuchte Kombinationszahl $C(n; p)$ folgt also die Gleichung

$$C(n; p) \cdot P(n) \cdot P(p) = n(n - 1 + p)!, \qquad (E\ 1,\ 14)$$

welcher wir die Formel

$$C(n; p) = \frac{n(n - 1 + p)!}{n!\, p!} \equiv \frac{(n - 1 + p)!}{(n - 1)!\, p!} \equiv \binom{n - 1 + p}{p} \qquad (E\ 1,\ 15)$$

entnehmen; in dem oben genannten Beispiel findet sich

$$C(3; 2) = \frac{(3 - 1 + 2)!}{(3 - 1)!\, 2!} = \frac{4!}{2!\, 2!} = 6.$$

f) Kombinationen von n-Elementen zur p-ten Klasse ohne Wiederholung.

Gegeben sind n unterscheidbare Elemente. Gesucht wird die Zahl $C'(n; p)$ von Zusammenstellungen je p verschiedener Elemente, falls man alle Zusammenstellungen als identisch ansieht, die sich nur durch die *Reihenfolge* der je in ihnen auftretenden Elemente voneinander unterscheiden.

Beispiel: Für $n = 3$, $p = 2$ lauten die Kombinationen ohne Wiederholung

$$\begin{matrix} 1\ 2 & \quad & 2\ 3 \\ 1\ 3 & & \end{matrix} \qquad (E\ 1,\ 16)$$

so daß also $C'(3; 2) = 3$ resultiert.

Allgemeine Lösung: Die Aufgabe steht in engstem Zusammenhange mit der früher behandelten Variation von n Elementen zur p-ten Klasse ohne Wiederholung, deren Anzahl $V'(n; p)$ wir bereits in Gleichung $(E\ 1,\ 12)$ ausgedrückt haben. Neu ist lediglich die Zusatzvorschrift, die *Reihenfolge* der Elemente nicht zu berücksichtigen. Nun lassen sich p individualisierbare, voneinander verschiedene Elemente in $P(p) = p!$ unterschiedlichen Anordnungen notieren; umgekehrt werden also beim Übergang von *Variationen* ohne Wiederholung zu *Kombinationen* ohne Wiederholung je p! vordem *getrennt* aufgeführte Zusammenstellungen *miteinander identisch*.

Wir gelangen demnach zu der Gleichung

$$C'(n;p) \cdot P(p) = V'(n;p), \qquad (E\ 1,\ 17)$$

aus welcher wir mit Benutzung von (E 1, 12) auf die Formel

$$C'(n;p) = \frac{V'(n;p)}{P(p)} = \frac{n!}{(n-p)!\,p!} \equiv \binom{n}{p} \qquad (E\ 1,\ 18)$$

schließen; für das obige Beispiel finden wir

$$C'(3;2) = \frac{3!}{1!\,2!} = 3.$$

g) Die Stirlingsche Formel.

In den meisten Aufgaben der physikalischen Statistik hat man es mit Problemen der Kombinatorik zu tun, bei welchen entweder die Zahl der Elemente oder jener der Klasse oder auch beider gleichzeitig sehr hohe Werte annehmen kann. Unter solchen Umständen ist die numerische Berechnung der Fakultäten, welche in den Formeln für die je gesuchte Anzahl der verschiedenen Zusammenstellungen auftreten, praktisch undurchführbar. Man überwindet diese rechentechnische Schwierigkeit mittels einer *Approximation* für (n!), welche von *Stirling* herrührt und nach ihm benannt wird.

Wir gehen von der *Integraldarstellung der Fakultät* aus

$$\Pi(n) = n! = \int_0^{\infty} e^{-x}\, x^n\, dx. \qquad (E\ 1,\ 19)$$

Sie gestattet es, das zunächst nur für ganze, positive Zahlen erklärte Symbol (n!) als *stetige Funktion* aller reellen n > 0 zu definieren, welche als solche innerhalb ihres Existenzbereiches *differenzierbar* ist. Die dort gewiß zulässige Teilintegration führt dann auf die Relation

$$\Pi(n) = -e^{-x}\, x^n \Big|_0^{\infty} + n \int_0^{\infty} e^{-x}\, x^{n-1}\, dx = n\,\Pi(n-1). \qquad (E\ 1,\ 20)$$

In der Schreibweise

$$\Pi(n-1) = \frac{\Pi(n)}{n} \qquad (E\ 1,\ 21)$$

liefert sie eine *Rücklaufformel*, welche die Definition von $\Pi(n)$ auf die Gesamtheit aller nicht ganzen, negativen Zahlen n erweitert.

Zu der Voraussetzung n > 0 zurückkehrend, substituieren wir in der nunmehr sicher gültigen Integraldarstellung (E 1, 19) anstelle von x die Veränderliche

$$\xi = \frac{x}{n} \qquad (E\ 1,\ 22)$$

und erhalten

$$\Pi(n) = n^{n+1} \int_0^{\infty} e^{-n\xi}\, \xi^n\, d\xi. \qquad (E\ 1,\ 23)$$

Hierin richten wir unsere Aufmerksamkeit auf den Integranden

$$f(\xi) = e^{-n\xi}\,\xi^n. \qquad\qquad (E\ 1,\ 24)$$

Aus der analytischen Gestalt seiner Ableitung

$$f'(\xi) = -\,n\,e^{-n\xi}\,\xi^n + n\,e^{-n\xi}\,\xi^{n-1} \qquad\qquad (E\ 1,\ 25)$$

erschließen wir die Existenz eines *Extremums* von $f(\xi)$ am Orte

$$f'(\xi_0) = 0;\qquad \xi_0 = 1. \qquad\qquad (E\ 1,\ 26)$$

Bilden wir nun die zweite Ableitung

$$f''(\xi) = n^2\,e^{-n\xi}\,\xi^n - 2\,n^2\,e^{-n\xi}\,\xi^{n-1} + n(n-1)\,e^{-n\xi}\,\xi^{n-2}, \qquad\qquad (E\ 1,\ 27)$$

so charakterisiert deren Wert in $\xi_0 = 1$

$$f''(1) = -\,n\,e^{-n} < 0 \qquad\qquad (E\ 1,\ 28)$$

das dort befindliche Extremum von $f(\xi)$ als *Maximum*. In seiner Umgebung

$$\Delta\xi = \xi - 1 \qquad\qquad (E\ 1,\ 29)$$

gilt somit für $f(\xi)$ die *Taylor*sche Entwicklung

$$f(\xi) = e^{-n}\left[1 - \frac{n}{2}\,\Delta\xi^2 + \ldots\right]. \qquad\qquad (E\ 1,\ 30)$$

Mit wachsendem n fällt hiernach die Funktion $f(\xi)$ beiderseits ihres Scheitelwertes e^{-n} immer steiler ab. Unter Ausnutzung dieses Sachverhaltes schreiben wir innerhalb des schmalen Bereiches

$$-\,\varepsilon < \Delta\xi < \varepsilon;\qquad \varepsilon \ll 1 \qquad\qquad (E\ 1,\ 31)$$

mit hinreichender Genauigkeit

$$f(\xi) \approx e^{-n}\cdot e^{-\frac{n}{2}\Delta\xi^2} \qquad\qquad (E\ 1,\ 32)$$

und erhalten durch Substitution dieses Ausdruckes in (E 1, 23) die für große n brauchbare Approximation

$$\Pi(n) \approx n^{n+1}\,e^{-n}\int_{-\varepsilon}^{\varepsilon} e^{-\frac{n}{2}\Delta\xi^2}\,\mathrm{d}\Delta\xi. \qquad\qquad (E\ 1,\ 33)$$

In dem hier verbleibenden bestimmten Integrale setzen wir

$$s = \sqrt{\frac{n}{2}}\,\Delta\xi, \qquad\qquad (E\ 1,\ 34)$$

so daß $s(\varepsilon) = \sqrt{n/2}\,\varepsilon$ mit $n \to \infty$ über jede positive Schranke ansteigt. Daher dürfen wir uns mit der Abschätzung

$$\int_{-\varepsilon}^{\varepsilon} e^{-\frac{n}{2}\Delta\xi^2}\,\mathrm{d}\Delta\xi \approx \sqrt{\frac{2}{n}}\int_{-\infty}^{\infty} e^{-s^2}\,\mathrm{d}s = \sqrt{\frac{2\pi}{n}} \qquad\qquad (E\ 1,\ 35)$$

begnügen, welche uns im Verein mit (E 1, 32) auf

$$\Pi(n) \approx \sqrt{2\pi}\,n^{n+\frac{1}{2}}\,e^{-n} \qquad\qquad (E\ 1,\ 36)$$

führt. Wir schreiben dieses Ergebnis in der Gestalt

$$\ln\Pi(n) \approx \frac{1}{2}\ln 2\pi n + n\ln\frac{n}{e} \qquad\qquad (E\ 1,\ 37)$$

Wegen

$$\lim_{n \to \infty} \frac{\frac{1}{2} \ln 2\pi n}{n \ln \frac{n}{e}} = 0 \qquad (E\ 1,\ 38)$$

darf man für hinreichend große n den ersten Posten der Summe (E 1, 37) gegen den zweiten vernachlässigen und gelangt zu der *Stirling*schen *Formel*

$$\ln \Pi(n) \approx n \ln \frac{n}{e}, \qquad (E\ 1,\ 39)$$

welche, im Gegensatz zu (E 1, 37), sogar noch für n = 0 sinnvoll bleibt. Über ihre Leistungsfähigkeit orientieren wir uns an Hand der folgenden Zahlentafel 1 [Abb. E 1]:

Zahlentafel 1.

n	$\ln n!$	$n \ln \frac{n}{e}$	$\frac{1}{2} \ln 2\pi n$	$\frac{1}{2} \ln 2\pi n + n \ln \frac{n}{e}$
0	0,000	0,000	$-\infty$	$-\infty$
1	0,000	$-1,000$	0,920	$-0,080$
2	0,693	$-0,614$	1,266	$+0,652$
3	1,792	$+0,276$	1,469	1,745
4	3,178	1,545	1,613	3,158
5	4,788	3,047	1,725	4,772
10	15,105	13,026	2,065	15,091
20	42,336	39,915	2,417	42,332
30	74,658	72,036	2,620	74,656
40	110,321	107,556	2,763	110,319
50	148,479	145,602	2,875	148,477
60	188,629	185,662	2,966	188,628
70	230,441	227,396	3,043	230,439
80	273,675	270,563	3,110	273,673
90	318,154	314,984	3,169	318,153
100	363,742	360,518	3,222	363,740

Die für die Zwecke der physikalischen Statistik entscheidende Bedeutung der *Stirling*schen Formel liegt nicht eben in der Güte ihrer numerischen Approximation, sondern in ihrem *analytischen Charakter:* Die aus der Kombinatorik hervorgehenden algebraischen Ausdrücke sind ja nur für *ganze, positive Werte von Element- und Klassenzahl* definiert; wollte man sie graphisch darstellen, so erhielte man in Abhängigkeit von einer der genannten, ganzzahligen Veränderlichen nicht eine stetige Kurve, sondern nur ein System diskreter Punkte. Da jedoch die *Stirling*sche Formel auf der *Integraldarstellung* (E 1, 19) der Fakultät beruht, darf man sie zu einer *analytischen Interpolation der kombinatorischen Zahlen* für den Fall beliebiger, positiver Werte ihrer Veränderlichen heranziehen, wobei man den ursprünglichen Sinn dieser Größen grundsätzlich erweitert

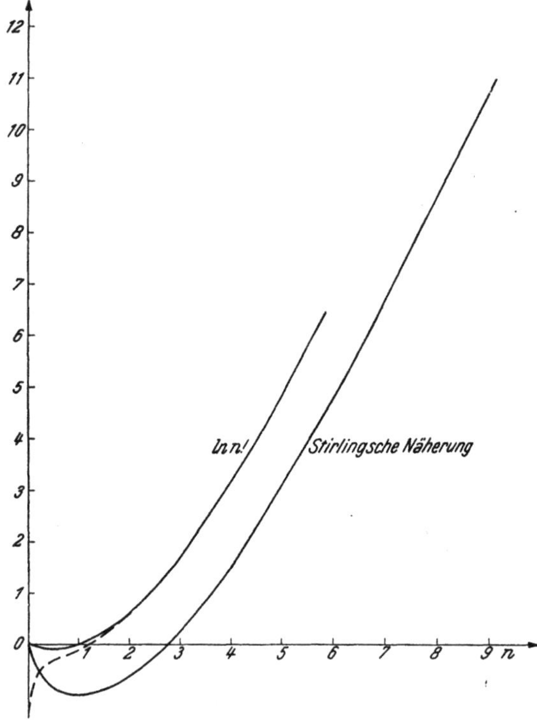

Abb. E 1. Die *Stirling*sche Formel und deren Verfeinerung [gestrichelt]

und vertieft. Graphisch drückt sich dieser Sachverhalt im Ersatz des vorher genannten diskreten Punktsystemes als Bild eines kombinatorischen Gesetzes durch eine stetige Kurve oder eine Schar solcher Linien aus. Bei Benutzung der *Stirling*schen Formel sind sonach alle im Bereich der Analytik erlaubten Operationen, insbesondere jene der Differentiation, Variation und Integration, durchaus legal, während man sonst das Verhalten der kombinatorischen Funktionen an Hand schwerfälliger algebraischer Methoden der Differenz- und Summenrechnung zu untersuchen hätte.

E 2. Paßintegration.

a) Die Herleitung der *Stirling*schen Formel nach Ziffer E 1, g bildet ein besonders einfaches Beispiel einer weittragenden *Methode zur angenäherten Berechnung bestimmter Integrale.*

Wir begeben uns in die Ebene der komplexen Veränderlichen

$$z = x + i y; \qquad i = \sqrt{-1}. \tag{E 2, 1}$$

In ihr seien die zwei Fixpunkte $P_1 = P_1(z_1)$ und $P_2 = P_2(z_2)$ beziehentlich durch ihre *Gauß*schen Koordinaten

$$z_1 = x_1 + i y_1; \qquad z_2 = x_2 + i y_2 \tag{E 2, 2}$$

vorgegeben, welche wir gemäß Abb. E 2 durch eine „gerichtete", von P_1 nach P_2 führende Kurve $C_{1,2}$ miteinander verbinden. Nun definiere

$$F = F(z) \tag{E 2, 3}$$

eine längs $C_{1,2}$ überall *analytische Funktion* von z; gesucht wird das längs $C_{1,2}$ erstreckte Linienintegral

$$J = \int_{z_1}^{z_2} F(z)\, dz. \tag{E 2, 4}$$

b) Wir setzen voraus, daß die Kurve $C_{1,2}$ einem einfach zusammenhängenden Bereiche (B) angehört, innerhalb dessen sich die Funktion F(z), mit Ausnahme etwa isoliert gelegener, mehrfacher Nullstellen, überall regulär verhält. Auf Grund des *Cauchy*schen Hauptsatzes der Funktionentheorie bleibt dann das Integral J gegen den Ersatz der Kurve $C_{1,2}$ durch eine beliebige andere, zwischen den Fixpunkten P_1 und P_2 in (B) verlaufende Kurve $C'_{1,2}$ invariant. Kann man auf Grund dieser Freizügigkeit einen besonders *günstigen Integrationsweg* wählen, welcher die Berechnung des Integrales J erleichtert?

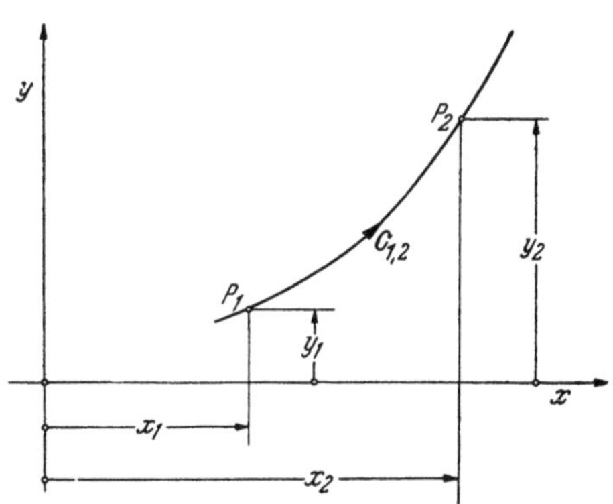

Abb. E 2. Zur Definition des Linienintegrales

c) Wir deuten die Funktion

$$G(z) = |F(z)| \qquad (E\ 2,\ 5)$$

als „*Gebirge*", welches sich über der *Gauß*schen z-Ebene erhebt. Um seine Topographie zu beschreiben, bilden wir aus F(z) die gleichfalls komplexe Funktion

$$\chi(z) = \ln F(z) = \varphi(x, y) + i\,\psi(x, y), \qquad (E\ 2,\ 6)$$

welche wir, die früher über das Verhalten von F(z) gemachten Annahmen ergänzend und verschärfend, mit Ausnahme etwa isoliert gelegener, mehrfacher Nullstellen als überall in (B) *regulär* voraussetzen. Auf Grund dieser Definition markieren die Kurven der Schar

$$\varphi(x, y) = \Phi = \text{const} \qquad (E\ 2,\ 7)$$

die „*Höhenlinien*" des Gebirges G(z), während das System der Kurven

$$\psi(x, y) = \Psi = \text{const} \qquad (E\ 2,\ 8)$$

die jeweils abschüssigsten „*Fall-Linien*" beschreibt.

d) In allen Punkten regulären Verhaltens der komplexen Funktion $\chi(z)$ kreuzen Höhen- und Fall-Linien einander *orthogonal*. Diese geometrische Regel versagt an den Orten der Eigenschaft

$$\frac{d\chi}{dz} = 0, \qquad (E\ 2,\ 9)$$

welche je die Existenz eines *Passes* anzeigen. Sei

$$z = z_P \qquad (E\ 2,\ 10)$$

eine Lösung der Gleichung (E 2, 9); welche Topographie zeichnet eine hinreichend enge Ungebung

$$\Delta z = z - z_P \qquad (E\ 2,\ 11)$$

dieses Passes aus?

Unter der weiterhin grundlegenden Voraussetzung

$$\left[\frac{d^2\chi}{dz^2}\right]_{z\,=\,z_P} = S_P\,e^{i s_P} \neq 0 \qquad (E\ 2,\ 12)$$

kann dort χ in die Potenzreihe

$$\chi(z) = \chi(z_P) + \frac{\Delta z^2}{2!}\,S_P\,e^{i s_P} + \dots \qquad (E\ 2,\ 13)$$

entwickelt werden. Wählen wir nun den Paß selbst als Ursprung eines Systemes *ebener Polarkoordinaten* ϱ [Radialdistanz] und α [Azimut]

$$\Delta z = \varrho\, e^{i\alpha}, \qquad (E\ 2,\ 14)$$

so verwandelt sich (E 2, 13) in die Darstellung

$$\chi(z) = \chi(z_P) + \frac{\varrho^2}{2!}\, S_P\, e^{i(2\alpha + s_P)} + \ldots, \qquad (E\ 2,\ 15)$$

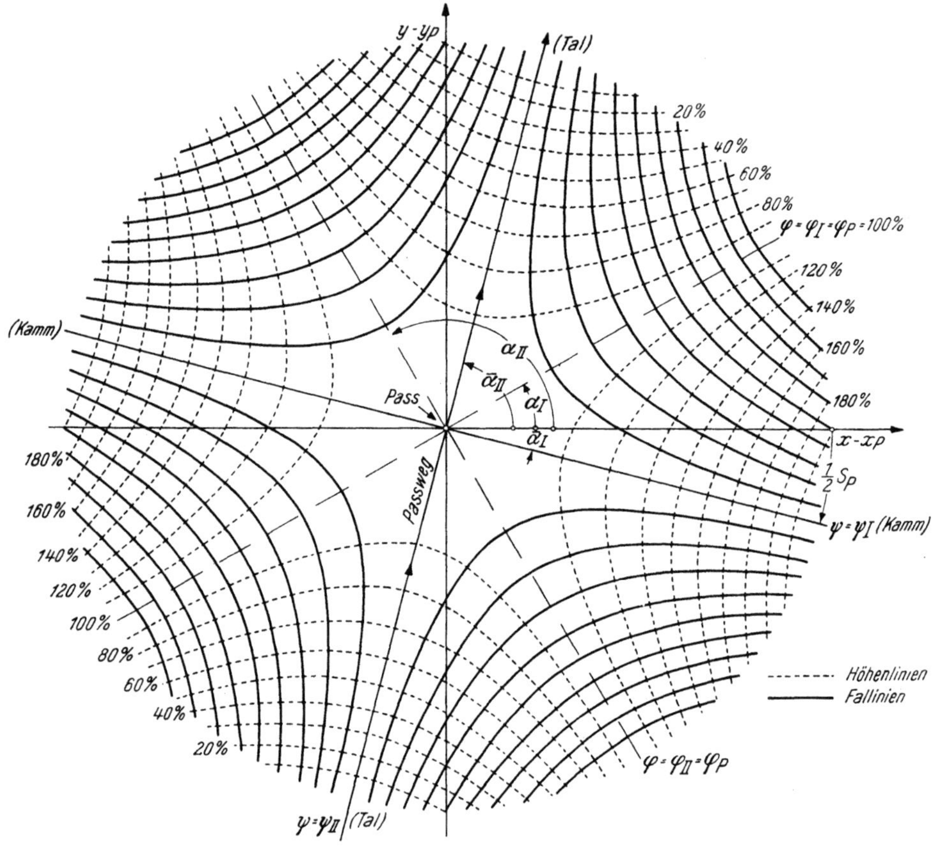

Abb. E 3. Topographie des Funktionsgebirges in der Umgebung eines Passes.

welcher man durch Trennung des Reellen vom Imaginären die Komponentengleichungen

$$\varphi(x, y) \rightarrow \varphi(\varrho, \alpha) = \varphi(z_P) + \frac{\varrho^2}{2}\, S_P \cos(2\alpha + s_P) + \ldots = \text{const.} \quad (E\ 2,\ 16)$$

und

$$\psi(x, y) \rightarrow \psi(\varrho, \alpha) = \psi(z_P) + \frac{\varrho^2}{2}\, S_P \sin(2\alpha + s_P) + \ldots = \text{const.} \quad (E\ 2,\ 17)$$

entnimmt. Sie schildern das System zweier Hyperbelscharen, welche sich gemäß Abb. E 3 außerhalb des Passes stets senkrecht schneiden; dagegen verlaufen durch die Paßhöhe selbst $[\varrho = 0]$ sowohl zwei gleichnamige, sich dort senkrecht kreuzende Höhenlinien

$$\varphi_{\mathrm{I}} = \varphi_{\mathrm{II}} = \varphi(z_{\mathrm{P}}) = \text{const.} \qquad (\text{E } 2,\ 18)$$

in den Richtungen

$$a_{\mathrm{I}} = \frac{\pi}{4} - \frac{1}{2}\,\mathrm{S_P} \quad [\mathrm{mod}\,\pi]; \qquad a_{\mathrm{II}} = \frac{3}{4}\pi - \frac{1}{2}\,\mathrm{S_P} \qquad [\mathrm{mod}\,\pi] \quad (\text{E } 2,\ 19)$$

wie zwei gleichnamige, sich ebenfalls senkrecht kreuzende Fall-Linien

$$\psi_{\mathrm{I}} = \psi_{\mathrm{II}} = \psi(z_{\mathrm{P}}) = \text{const.} \qquad (\text{E } 2,\ 20)$$

in den Richtungen

$$\overline{a}_{\mathrm{I}} = -\frac{1}{2}\,\mathrm{S_P} \quad [\mathrm{mod}\,\pi]; \qquad \overline{a}_{\mathrm{II}} = \frac{\pi}{2} - \frac{1}{2}\,\mathrm{S_P} \qquad [\mathrm{mod}\,\pi], \quad (\text{E } 2,\ 21)$$

welche also gegen die Richtungen (E 2, 19) der Höhenlinien je um 45⁰ versetzt sind. Insbesondere überschreiten wir daher bei der Wanderung längs $\psi = \psi_{\mathrm{I}}$ die Höhenlinien

$$\varphi(\overline{a}_{\mathrm{I}}) = \varphi(z_{\mathrm{P}}) + \frac{\varrho^2}{2}\,\mathrm{S_P} + \ldots, \qquad (\text{E } 2,\ 22)$$

so daß wir, den Paß verlassend, diesen oder jenen Kamm des Gebirges in steilstem Anstieg erklimmen müssen; wählen wir dagegen den Pfad $\psi = \psi_{\mathrm{II}}$, so gelangen wir gemäß

$$\varphi(\overline{a}_{\mathrm{II}}) = \varphi(z_{\mathrm{P}}) - \frac{\varrho^2}{2}\,\mathrm{S_P} + \ldots \qquad (\text{E } 2,\ 23)$$

auf dem schnellsten Wege in eines der beiden am Paß sich schließenden Täler.

e) Unter Berufung auf den *Cauchy*schen Satz deformieren wir die in (E 2, 4) ursprünglich vorgesehene Integrationskurve $C_{1,2}$ derart, daß sie den „Kammweg" $\psi = \psi_{\mathrm{I}}$ am Passe $z = z_{\mathrm{P}}$, und nur dort, auf der Straße $\psi = \psi_{\mathrm{II}}$ überschreitet; doch benutzen wir von ihr nur einen so kurzen Abschnitt

$$\varrho \leqq \varepsilon, \qquad (\text{E } 2,\ 24)$$

daß wir uns auf ihm mit den in (E 2, 23) explizit angeschriebenen Gliedern begnügen dürfen. Ersetzen wir dann χ durch die reelle Veränderliche

$$\mathrm{r} = \varrho\,\sqrt{\frac{1}{2}\,\mathrm{S_P}}\,. \qquad (\text{E } 2,\ 25)$$

so liefert das Wegstück (E 2, 24) zu J den Beitrag

$$\varDelta\mathrm{J_P} = e^{\varphi(z_{\mathrm{P}}) + i\psi(z_{\mathrm{P}})} \int_{-\varepsilon}^{\varepsilon} e^{-\frac{\varrho^2}{2}\,\mathrm{S_P}}\, d\varrho = \mathrm{F}(z_{\mathrm{P}})\,\sqrt{\frac{2}{\mathrm{S_P}}} \int_{-\varepsilon\sqrt{\frac{1}{2}\mathrm{S_P}}}^{\varepsilon\sqrt{\frac{1}{2}\mathrm{S_P}}} e^{-\mathrm{r}^2}\,d\mathrm{r}. \qquad (\text{E } 2,\ 26)$$

Jetzt verschärfen wir die frühere Voraussetzung (E 2, 12) zu der Bedingung

$$\varepsilon\,\sqrt{\frac{1}{2}\,\mathrm{S_P}} \gg 1. \qquad (\text{E } 2,\ 27)$$

Das in (E 2, 26) nach r auszuführende Integral unterscheidet sich dann nur so wenig von dem Integral

$$\int_{-\infty}^{\infty} e^{-r^2}\, dr = \sqrt{\pi}, \qquad\qquad (E\ 2,\ 28)$$

daß ΔJ_P hinreichend genau durch

$$\Delta J_P = F(z_P) \sqrt{\frac{2\pi}{S_P}} \qquad\qquad (E\ 2,\ 29)$$

dargestellt wird.

Überschreitet man nun zwischen P_1 und P_2 nur einen einzigen Paß, so mag man den Gesamtweg $C_{1,2}'$ gedanklich in vier Teile zerlegen, welche von dem Wanderer wesentlich verschiedene Grade seines Einsatzes an Kraft und Willen erfordern:

I. Der nahezu ebene *Anmarsch* vom Startpunkt P_1 bis zum Talschluß vor dem Paß.

II. Der *Aufstieg* am Steilhang bis zur Paßhöhe.

III. Der abermals steile *Abstieg* von der Paßhöhe zum Talboden hinter dem Paß.

IV. Der fast ebene *Abmarsch* bis zum Ziel P_2.

Setzt man die je auf einen dieser Abschnitte entfallende Anstrengung in Parallele zu den entsprechenden Anteilen des Integrales J, so darf man bei der Summe längs des gesamten Wanderweges häufig An- und Abmarsch gegen die eigentliche Gebirgsstrecke vernachlässigen. In der hierdurch angezeigten Genauigkeit wird also

$$J = \Delta J_P = F(z_P) \sqrt{\frac{2\pi}{S_P}}. \qquad\qquad (E\ 2,\ 30)$$

Sollten sich jedoch zwischen P_1 und P_2 etwa $k > 1$ Gebirgskämme erheben, so führe man den Weg $C'_{1,2}$ über einen jeden von ihnen längs einer günstig gelegenen Paßstraße. Das Integral J resultiert dann, abermals in der früher mitgeteilten Genauigkeit, aus der Summe aller Anteile $\Delta J^{(j)}$, welche je auf den Paß $1 \leq j \leq k$ entfallen, zu

$$J = \sum_{j=1}^{k} F(z_P^{(j)}) \sqrt{\frac{2\pi}{S_P^{(j)}}}. \qquad\qquad (E\ 2,\ 31)$$

E 3. Der Begriff der empirischen Wahrscheinlichkeit.

a) Gegeben sei die Gesamtheit oder, wie wir auch sagen werden, das *Ensemble* N diskreter Systeme einheitlicher Struktur, welche je mittels der von 1 bis N lückenlos durchlaufenden, natürlichen Zahlen $1 \leq K \leq N$ nach Art der ein für allemal festen Hausnummern einer „uniformen" Straße eindeutig bezeichnet seien. Ungeachtet der aus dieser ordnenden Operation hervorgehenden *Individualität* der Einzelsysteme wird doch ihre Wesensgleichheit in der Existenz gewisser *einheitlicher Eigenschaften* manifest; unter ihnen richten wir unsere Aufmerksamkeit lediglich auf etwa jene z „*mathematisierbaren*" Eigenschaften, welche als solche je durch eine *Maßzahl* x_k $[1 \leq k \leq z]$ quantitativ beschrieben werden können. Die dann gleichzeitig in je einem Einzelsystem beobachteten z Zahlen x_k

definieren das z-*dimensionale statistische Merkmal* im gewählten Zeitpunkt t; wir notieren es für jedes Mitglied K der Systemgesamtheit. Um dem entstehenden Protokoll dasjenige Maß an *Zuverlässigkeit* zuschreiben zu können, welches als Grundlage seiner wissenschaftlichen Bearbeitung zu verlangen ist, müssen folgende *Bedingungen der Protokollführung* garantiert sein:

1. Jede Beobachtung wird *einmal*, und nur einmal in das Protokoll eingetragen.

2. Mit Ausnahme der Beseitigung offensichtlicher Schreibfehler ist die nachträgliche „*Verbesserung*" einer Protokollangabe *kategorisch verboten*.

3. Es dürfen *keinerlei Beobachtungen* aus dem Protokoll *gelöscht* werden, und ebenso ist die *Hinzufügung* „*mutmaßlicher*" *Beobachtungsergebnisse* selbst dann durchaus unstatthaft, falls sie als noch so plausibel angesehen werden können.

Als Beispiel eines „legalen" Protokolles der genannten Art sei der „unretouchierte" Abschlußbericht über das Arbeitsjahr einer Schulklasse von N Kindern gewählt; er gibt etwa über Alter, Größe, Gewicht und Leistungen jedes Kindes Auskunft.

b) Die Definition einer „objektiven", *mathematischen* Größe ist im Bezirk des menschlichen Denkvermögens nur an die Gesetze der *Logik* gebunden; einmal konzipiert, führt sie eine von ihrem Initiator völlig unabhängige geistige Existenz, und ihre Anwendung auf den jeweils definierten Begriff läßt sowohl dessen Substanz wie dessen Quantität unangetastet. Dagegen ist jede *wirkliche* Messung einer beobachtbaren Systemeigenschaft x_k, mag sie auch mittels der raffiniertesten Apparatur ausgeführt werden, letzten Endes untrennbar mit den *physiologischen Vorgängen* in den *Sinnesorganen des Beobachters* verknüpft und daher folgenden *prinzipiellen Einschränkungen* unterworfen:

1. Selbst die feinste Skala eines Meßgerätes ist notwendig *graduiert*; sie gestattet daher die Angabe der Meßgröße nur in *rationalen Teilen* der jeweils kleinsten, mit Sicherheit noch ablesbaren Skaleneinheit.

2. Der physikalische Vorgang der Beobachtung ist ein *irreversibler Prozeß*, welcher das beobachtete System in merklichem, doch zufallsdiktiertem Grade beeinflußt. Ohne hier auf die erkenntnistheoretisch überaus tiefgreifenden Folgen dieser unvermeidlichen *Ungewißheit* einzugehen, zwingt uns allein die Tatsache ihrer Existenz immer dann zu größter Zurückhaltung und Vorsicht, falls aus den Angaben des Beobachtungsprotokolles extrapolierende Schlüsse auf das Verhalten des kontrollierten Systemes in der *Zukunft* gezogen werden sollen.

c) Der Einfachheit halber beschäftigen wir uns zunächst mit Systemen, deren statistische Eigenschaften bereits durch Angabe nur immer *einer* Zahl x je System erschöpfend beschrieben werden. Da dann der Wertevorrat dieses Merkmales, als empirisch einer graduierten Skala zugeordneten Größe, gewiß einer abzählbaren, eindimensionalen Menge angehört, können wir diese, ohne die Allgemeinheit zu beschränken, mittels eines vereinbarten *Schlüssels* eindeutig — umkehrbar auf die Gesamtheit der positiven und negativen *ganzen Zahlen* einschließlich der Null abbilden; indem wir uns künftig in der Regel dieser Übereinkunft bedienen, bildet die Gesamtheit aller *denkbaren* Merkmalwerte, welche als solche wohl von der jeweils *realisierbaren* Merkmalgesamtheit zu unterscheiden ist, auf der reellen Zahlengeraden

$$-\infty < x < \infty \qquad \text{(E 3, 1)}$$

ein eindimensionales, reguläres „*Gitter*" der Konstanten

$$\Delta x = 1. \qquad \text{(E 3, 2)}$$

d) Unter den genau N Eintragungen des Beobachtungsprotokolles möge das bestimmte Merkmal x gerade

$$0 \leqq N(x) \leqq N \qquad \text{(E 3, 3)}$$

mal vorkommen. Verpflichtet man den Protokollführer zu *unbedingter Gewissenhaftigkeit*, so wird er sämtliche Eintragungen ohne Vorurteil mit je gleichem Gewicht in Rechnung stellen; die Gesamtheit aller Zahlen N(x) genügt dann der *Vollständigkeitsrelation*

$$\sum_{x=-\infty}^{\infty} N(x) = N, \qquad \text{(E 3, 4)}$$

deren Bestehen geradezu als „Probe" der verlangten „*Protokolltreue*" aufgefaßt werden kann. Das Verhältnis

$$0 \leqq h(x) = \frac{N(x)}{N} \leqq 1 \qquad \text{(E 3, 5)}$$

definiert dann die *relative Häufigkeit* des Merkmales x; einem Merkmal, welches im Protokoll *nicht auftritt* — sei es, daß es „zufällig" nicht beobachtet wird oder daß die Natur des kontrollierten Systemes sein Erscheinen von vornherein ausschließt — kann formal die *relative Häufigkeit Null* zugeschrieben werden. Auf Grund dieser Übereinkunft läßt sich die Vollständigkeitsrelation (E 3, 4) in die sozusagen dimensionsfreie Gestalt

$$\sum_{x=-\infty}^{\infty} h(x) = 1 \qquad \text{(E 3, 6)}$$

umschreiben; ihrer Herkunft nach geht sie inhaltlich zunächst durchaus nicht über die Angabe (E 3, 4) hinaus.

e) Auf Grund ihrer Berechnungsvorschrift (E 3, 5) hängen die relativen Häufigkeiten h(x) im allgemeinen von der Zahl N der jeweils gleichzeitig kontrollierten „individuellen" Einzelsysteme ab. Wir setzen nun voraus, daß diese Systeme ein für allemal unter den gleichen äußeren „Lebensbedingungen" gehalten werden und sich überdies „ewiger Jugend" erfreuen, welche die *Permanenz ihrer inneren Eigenschaften* garantiert. Die Erfahrung zeigt dann, daß die an sich stets zu erwartenden Schwankungen der relativen Häufigkeit h(x) bei festem x mit wachsender Anzahl N der Ensemble-Mitglieder in der Regel abnehmen. Wir erheben diesen empirischen Sachverhalt zum Range eines naturwissenschaftlichen Prinzipes durch die *Annahme*, daß der Grenzwert

$$w(x) = \lim_{N \to \infty} h(x) \qquad \text{(E 3, 7)}$$

existiert; er definiert die *Wahrscheinlichkeit* des Merkmales x. Da jedoch die Existenz dieses Grenzwertes innerhalb unserer realen Welt *niemals bewiesen* werden kann, kommt der genannten Annahme nur der Rang einer *Hypothese* zu, welche als solche ein wesentlich *metaphysisches Element* in die angewandte Statistik einführt.

Die Gesamtheit der Wahrscheinlichkeiten w(x) eines gegebenen Ensembles schildert deren *Verteilungsfunktion*; sie genügt der aus (E 3, 6) durch den ideellen Grenzprozeß N → ∞ hervorgehenden *Vollständigkeits-Relation*

$$\sum_{x=-\infty}^{\infty} w(x) = 1. \qquad\qquad (E\ 3,\ 8)$$

f) Wir kehren zur Statistik $z \geq 1$ dimensionaler Merkmale zurück, deren Komponenten x_j $[1 \leq j \leq z]$ je nur ganzer, reeller Zahlen mit Einschluß der Null fähig seien. Ergänzen wir nun das „*kovariante*" Symbol x_j durch das zwar begrifflich-formal von ihm verschiedene, numerisch jedoch mit ihm identische „*kontravariante*" Zeichen x^j

$$x_j \equiv x^j, \qquad\qquad (E\ 3,\ 9)$$

so können wir etwa die z-dimensionale Einzelbeobachtung, welche für das K-te „Individuum" des N statistisch gleichwertiger Systeme umfassenden Ensembles registriert wurde, zusammenfassend durch einen *Merkmalvektor X* im z-dimensionalen, *Euklid*ischen Raume darstellen, dessen Achsen aufeinander senkrecht stehen: Wir bezeichnen durch $\textit{1}_1; \textit{1}_2; \ldots \textit{1}_z$ die beziehentlich achsenparallelen Einheitsvektoren, die „*Basisvektoren*"; sie werden durch das System der „*reziproken*" Einheitsvektoren $\textit{1}^1; \textit{1}^2; \ldots \textit{1}^z$ ergänzt, welche mit den erstgenannten unter Vermittlung des „gemischten" *Kronecker*-Symboles $\delta_j{}^l$ durch die dualen *Orthogonalitäts-Relationen*

$$\textit{1}_j\,\textit{1}^l = \delta_j{}^l = \begin{array}{ll} 1; & j = l \\ 0; & j \neq l \end{array} \ [j\,;l = 1\,;2\,;\ldots z] \qquad (E\ 3,\ 10)$$

verbunden sind. Der kürzeren Schreibweise halber schließen wir uns weiterhin der „*Summenkonvention*" der Tensorrechnung an: Unter jedem formal nur *einmal* explizit angegebenen algebraischen Ausdruck, in welchem der nämliche „*Zwillingsindex*" gleichzeitig als *Subskript* und als *Adskript* auftritt, ist tatsächlich die *Summe* aller jener Ausdrücke zu verstehen, die aus dem vorgenannten durch sukzessive Identifizierung des Zwillingsindex mit seinen z unterschiedlichen Werten hervorgehen. Ein beliebiger Ortsvektor R kann dann wahlweise mittels seiner z kontravarianten Komponenten r^j oder seiner z kovarianten Komponenten r_l durch die Doppelgleichung

$$R = \textit{1}_j\,r^j = \textit{1}^l\,r_l \qquad\qquad (E\ 3,\ 11)$$

beschrieben werden, aus welcher mit Rücksicht auf (E 3, 10) im Verein mit der Definition der Vektoren $\textit{1}_j$ und $\textit{1}^l$ als Einheitsvektoren die Relationen

$$r^j = r_j \qquad\qquad (E\ 3,\ 12)$$

folgen. Insbesondere wird daher im Hinblick auf (E 3, 1) der Merkmalvektor eindeutig durch

$$X = \textit{1}_j\,x^j = \textit{1}^l\,x_l \qquad\qquad (E\ 3,\ 13)$$

dargestellt.

Auf Grund der verabredeten *Ganzzahligkeit* der Merkmalkomponenten bestimmt die Gesamtheit aller *denkbaren* Merkmalvektoren die *Gitterpunkte* eines nach allen Achsenrichtungen des z-dimensionalen *Euklid*ischen Raumes unbegrenzten *kubischen Gitters*, sozusagen eines „*Merkmalkristalles*" der einheitlichen Gitterkonstanten

$$|\Delta x^j| = |\Delta x_l| = 1. \qquad\qquad (E\ 3,\ 14)$$

g) Wir übertragen sämtliche früher für die Statistik des nur eindimensionalen Merkmales x verlangten Eigenschaften der zweifelsfreien

Protokolltreue sinngemäß auf die Gesamtheit der N beobachteten Merkmalvektoren. Falls dann der bestimmte Vektor X unter den insgesamt N Eintragungen seiner z-dimensionalen „Stammrolle" gerade $N(X) \leq N$ mal vorkommt, gehorchen die Zahlen $N(X)$ der zwar formal der Relation (E 3, 4) gleichenden Bilanz

$$\sum N(X) = N, \qquad \text{(E 3, 15)}$$

in welcher jedoch nunmehr hier wie weiterhin das Symbol Σ die z-fache Summation über sämtliche Gitterpunkte des Merkmalkristalles verlangt.

Das skalare Verhältnis

$$h(X) = \frac{N(X)}{N} \leq 1 \qquad \text{(E 3, 16)}$$

mißt die *relative Häufigkeit* eben des Merkmalvektors X; daher resultiert aus (E 3, 15) und (E 3, 16) die Angabe

$$\sum h(X) = 1. \qquad \text{(E 3, 17)}$$

Supponiert man nun bei dem — wiederum nur hypothetischen — Prozeß $N \to \infty$ schrankenloser Vermehrung der je z-dimensionalen Beobachtungen die Existenz des Grenzwertes

$$w(X) = \lim_{N \to \infty} h(X), \qquad \text{(E 3, 18)}$$

so definiert dieser die *Wahrscheinlichkeit* für das Auftreten gerade des Merkmalvektors X, und die von den z Variabeln der ausschließlich ganzzahligen Werte $x_j = x^j$ [einschließlich der Null] abhängige „kristalline" Verteilungsfunktion $w(X)$ genügt der aus (E 3, 17) hervorgehenden *Vollständigkeitsrelation*

$$\sum w(X) = 1. \qquad \text{(E 3, 19)}$$

h) Lassen sich die aus dem ideellen Grenzübergang zur Anzahl $N \to \infty$ folgenden Sätze der Wahrscheinlichkeitsrechnung auf die Erscheinungen der realen Welt mit ihrer notwendig doch stets endlichen Anzahl N individueller Ensemble-Mitglieder rückübertragen, und welches Maß von Vertrauen dürfen wir den so gewonnenen Schlüssen zubilligen?

Es darf nicht verschwiegen werden, daß diese fundamentalen Fragen auf dem Wege allein der Logik nicht beantwortet werden können. Dieser resignierende Standpunkt wird prinzipiell auch durch das später [Ziffer E 11] zu besprechende, sogenannte *Gesetz der großen Zahlen* nicht erschüttert, weil dieses gleichfalls auf dem unausweichlich *metaphysischen* Begriff der Wahrscheinlichkeit beruht. Im Lichte dieser Dialektik haben wir uns in allen Fragen der angewandten Statistik an die letzte Instanz für die Entscheidung naturwissenschaftlicher Probleme zu wenden: An die *Erfahrung*, die also den Prüfstein aller statistischen Überlegungen bildet.

E 4. Statistische Mittelwerte.

a) Um uns von der spezifischen Natur der jeweils im Ensemble vereinigten N Einzelsysteme zu emanzipieren, mögen die im Protokoll registrierten Beobachtungen weiterhin als bloßes „*Zahlenmaterial*" aufgefaßt werden, welches als solches der formalen, rechnerischen *Bearbeitung* zugänglich ist. In dieser jedes menschlichen, emotionellen Beiwerks entkleideten, abstrakten Formulierung definiert die Gesamtheit jener N Protokolleintragungen den wesentlich mathematischen Begriff des *statistischen Kollektivs*, dessen Konzeption wir auch im virtuellen Grenzfall $N \rightarrow \infty$ beibehalten.

b) Wir beschäftigen uns zunächst mit einem Kollektiv des nur eindimensionalen Merkmales x, welches den in Ziffer E 3 genannten Bedingungen genüge. Falls es bei der Beobachtung an der *beschränkten* Anzahl $N \geq 1$ von Einzelsystemen der jeweils kontrollierten Gesamtheit gerade N(x) mal vorkam, findet man seinen *algebraischen Durchschnitt* aus der Angabe

$$\{x\} = \frac{1}{N} \sum_{x=-\infty}^{\infty} xN(x) = \sum_{x=-\infty}^{\infty} x\, h(x). \qquad (E\ 4,\ 1)$$

Aus ihm entsteht durch den Grenzprozeß $N \rightarrow \infty$ der *Erwartungswert* $\langle x \rangle$ des Merkmales x

$$\langle x \rangle = \lim_{N \rightarrow \infty} \{x\} = \sum_{x=-\infty}^{\infty} x\, w(x). \qquad (E\ 4,\ 2)$$

Wir erweitern diesen für die Wahrscheinlichkeitsrechnung fundamentalen Begriff, indem wir dem Merkmale x eine zwar sicher stets eindeutige, sonst jedoch willkürliche Funktion

$$f = f(x) \qquad (E\ 4,\ 3)$$

zuordnen. Auf Grund der früheren Prämisse nimmt sie innerhalb des Kollektivs der beschränkten „Mitgliederzahl" N den Durchschnitt

$$\{f\} = \frac{1}{N} \sum_{x=-\infty}^{\infty} f(x)\, N(x) = \sum_{x=-\infty}^{\infty} f(x)\, h(x) \qquad (E\ 4,\ 4)$$

an; existiert dann der Grenzwert

$$\langle f \rangle = \lim_{N \rightarrow \infty} \{f\} = \sum_{x=-\infty}^{\infty} f(x)\, w(x), \qquad (E\ 4,\ 5)$$

so definiert er den *Erwartungswert der Funktion* f(x).

c) Die *Abweichung* des jeweils beobachteten „Zufallswertes" x von seinem Erwartungswert $\langle x \rangle$ wird durch die Differenz

$$\Delta x = x - \langle x \rangle \qquad (E\ 4,\ 6)$$

beschrieben. Kann man aus ihr ein quantitatives Maß für die *durchschnittliche Abweichung* aller Einzelbeobachtungen von deren Erwartungswert oder, erkenntnistheoretisch gesprochen, für die *Ungewißheit* der Beobachtungsergebnisse gewinnen?

Bei der Suche nach der Antwort liegt es zunächst nahe, jenes Maß durch den Erwartungswert

$$\langle \Delta x \rangle = \sum_{x=-\infty}^{\infty} \Delta x\, w(x) \qquad (E\ 4,\ 7)$$

der Funktionen (E 4, 6) auszudrücken. Auf Grund von (E 3, 8), (E 4, 2) und (E 4, 6) ergibt sich jedoch identisch für alle Verteilungen $w(x)$ die Relation

$$\langle \Delta x \rangle = \sum_{x=-\infty}^{\infty} (x - \langle x \rangle)\, w(x) = \sum_{x=-\infty}^{\infty} x\, w(x) - \langle x \rangle \sum_{x=-\infty}^{\infty} w(x) =$$

$$= \langle x \rangle - \langle x \rangle \equiv 0, \qquad\qquad (E\ 4,\ 8)$$

so daß also der vorgeschlagene Erwartungswert für das gewünschte Maß nicht taugt. Angesichts dieses Fehlschlages könnte man daran denken, in Anlehnung an die Messung eines Wechselstromes durch ein Gleichrichtergerät, die gesuchte durchschnittliche Abweichung durch den gewiß stets positiven Ausdruck

$$\langle |\Delta x| \rangle = \sum_{x=-\infty}^{\infty} |\Delta x|\, w(x) \qquad\qquad (E\ 4,\ 9)$$

zu beschreiben. Obwohl sich gegen diesen Vorschlag logisch nichts einwenden läßt, ist doch die verlangte Berechnung des absoluten Differenzbetrages $|\Delta x|$ häufig mathematisch unbequem, so daß wir einen anderen Weg vorziehen: Zu (E 4, 6) zurückkehrend, bilden wir den „Zufallswert" des Differenz*quadrates*

$$\Delta x^2 = (x - \langle x \rangle)^2 \qquad\qquad (E\ 4,\ 10)$$

und berechnen seinen Erwartungswert

$$\sigma = \langle \Delta x^2 \rangle = \sum_{x=-\infty}^{\infty} \Delta x^2 \cdot w(x), \qquad\qquad (E\ 4,\ 11)$$

welchen wir als *Streuung* der Verteilung $w(x)$ bezeichnen; zufolge ihres Baues genügt sie der Ungleichung

$$\sigma \geq 0. \qquad\qquad (E\ 4,\ 12)$$

d) Wir identifizieren die Funktion (E 4, 3) mit den ganzen, positiven Potenzen n-ten Grades des Merkmales x und erhalten in der Folge der Erwartungswerte

$$M_n = \langle x^n \rangle = \sum_{x=-\infty}^{\infty} x^n\, w(x); \qquad n = 1; 2; 3 \ldots \qquad (E\ 4,\ 13)$$

die statistischen *Momente* beziehentlich n-ter Ordnung der Verteilung $w(x)$; der gewählte Name mag auf die begriffliche Verwandtschaft des statistischen Momentes M_n mit dem mechanischen Moment jeweils gleicher Ordnung hinweisen, welches von punktförmigen, in den „Gitterpunkten" x angebrachten Massen beziehentlich der Trägheit $w(x)$ erzeugt wird. Insbesondere folgt aus (E 4, 10) und (E 4, 11) mit Rücksicht auf (E 4, 8) und (E 4, 10) für die Streuung σ die Relation

$$\sigma = \sum_{x=-\infty}^{\infty} x^2\, w(x) - 2\langle x \rangle \sum_{x=-\infty}^{\infty} x\, w(x) + \langle x \rangle^2 \sum_{x=-\infty}^{\infty} w(x) =$$

$$= \langle x^2 \rangle - \langle x \rangle^2 = M_2 - (M_1)^2, \qquad\qquad (E\ 4,\ 14)$$

welche als *Verschiebungssatz* bezeichnet wird; seine Benutzung erleichtert häufig die explizite Berechnung von σ.

e) Wir stellen dem jeweils physisch beobachtbaren Merkmal x die nur im mathematischen Raume existierende, vorerst auf reelle Werte beschränkte Zahl γ zur Seite, welche im Bereiche

$$-\infty < \gamma < \infty \qquad (E\ 4,\ 15)$$

als *stetig veränderlich* gelte und sich durch eben diesen ihren *analytischen* Charakter wesentlich von dem auf ganze Zahlen beschränkten, „*algebraischen*" Merkmale x unterscheidet. Durch

$$i = \sqrt{-1} \qquad (E\ 4,\ 16)$$

die Einheit der imaginären Zahlen bezeichnend, definieren daher die komplex-konjugierten Exponentialausdrücke

$$E(x, \gamma) = e^{-2\pi i \gamma x}; \qquad E^*(x, \gamma) = e^{+2\pi i \gamma x} \qquad (E\ 4,\ 17)$$

ein Paar komplexer, stetiger Funktionen von γ, welche sich durch folgende Eigenschaften auszeichnen:

1. Die Funktionen E und E* sind beliebig oft nach γ differenzierbar.

2. Da das Merkmal x vereinbarungsgemäß nur ganzzahliger Werte einschließlich der Null fähig ist, erweisen sich E und E* als „*Gitterfunktionen*" je der primitiven Wellenlänge

$$\Delta\gamma = 1. \qquad (E\ 4,\ 18)$$

3. An allen ganzzahligen Gitterpunkten

$$\gamma = \gamma_k = k; \qquad k = \ldots -2; -1; 0; 1; 2; \ldots \qquad (E\ 4,\ 19)$$

der γ-Geraden genügen E und E* identisch in allen zulässigen Werten von x den Gleichungen

$$E(x, \gamma_k) = E^*(x, \gamma_k) = 1. \qquad (E\ 4,\ 20)$$

4. Bezeichnen wir durch

$$\delta_{m,n} = \begin{cases} 0; & m \neq n \\ 1; & m = n \end{cases} \qquad (E\ 4,\ 21)$$

das *Kronecker*-Symbol, so gehorchen die beziehentlich für das Paar $x = x_m$ und $x = x_n$ ihrer zulässigen Merkmalwerte gebildeten Funktionen $E(x_m, \gamma)$ und $E^*(x_n, \gamma)$ den *Orthogonalitätsrelationen*

$$\int_{\gamma = -1/2}^{1/2} E(x_m, \gamma)\, E^*(x_n, \gamma)\, d\gamma = \delta_{m,n} \qquad (E\ 4,\ 22)$$

Die Erwartungswerte der Funktionen $E(x, \gamma)$ und $E^*(x, \gamma)$ in bezug auf das Merkmal x wurden von *Laplace* in die Wahrscheinlichkeitsrechnung eingeführt und mögen deshalb als *Laplace*sche Funktionen beziehentlich durch die Symbole $L(\gamma)$ und $L^*(\gamma)$ bezeichnet werden:

$$L(\gamma) = \langle E \rangle = \sum_{x=-\infty}^{\infty} E(x, \gamma)\, w(x) = \sum_{x=-\infty}^{\infty} e^{-2\pi i \gamma x}\, w(x), \qquad (E\ 4,\ 23)$$

$$L^*(\gamma) = \langle E^* \rangle = \sum_{x=-\infty}^{\infty} E^*(x, \gamma)\, w(x) = \sum_{x=-\infty}^{\infty} e^{+2\pi i \gamma x} w(x). \qquad (E\ 4,\ 24)$$

Im Lichte der Periodizitätsrelationen (E 4, 20) sind also die Wahrscheinlichkeiten w(x) als *Fourier*sche Reihen-Koeffizienten in der Entwicklung der *Laplace*schen Funktionen $L(\gamma)$ und $L^*(\gamma)$ beziehentlich nach den komplexen harmonischen Komponenten $E(x, \gamma)$ und $E^*(x, \gamma)$ zu deuten. Würde man daher die *Laplace*schen Funktionen von vornherein explizit kennen, so könnte man aus ihnen, unter Berufung auf die Orthogonalitätsrelationen (E 4, 22), die Verteilungsfunktion w(x) des Merkmales x mittels einer der beiden dualen Formeln

$$w(x) = \int_{-1/2}^{1/2} L(\gamma)\, E^*(x, \gamma)\, d\gamma \qquad (E\ 4,\ 25)$$

oder

$$w(x) = \int_{-1/2}^{1/2} L^*(\gamma)\, E(x, \gamma)\, d\gamma \qquad (E\ 4,\ 26)$$

berechnen: Sie erheben die *Laplace*schen Funktionen zum Range „*erzeugender Funktionen*" der Verteilung w(x). Indessen erschöpft sich diese sozusagen produktive Kraft keineswegs in den Angaben (E 4, 25) und (E 4, 26), sondern die *Laplace*schen Funktionen vermitteln folgende weiteren Eigenschaften der Verteilung:

1. In den Gitterpunkten (E 4, 19) der γ-Geraden bestehen zufolge (E 3, 8) und (E 4, 20) identisch für alle Verteilungsfunktionen w(x) die Gleichungen

$$L(\gamma_k) = L^*(\gamma_k) = 1. \qquad (E\ 4,\ 27)$$

2. Durch Differentiation nach dem ja stetig veränderlichen Argument γ entstehen aus $L(\gamma)$ und $L^*(\gamma)$ beziehentlich die Ableitungen

$$L'(\gamma) = \frac{dL}{d\gamma} = -2\pi i \sum_{x=-\infty}^{\infty} x\, e^{-2\pi i \gamma x}\, w(x) \qquad (E\ 4,\ 28)$$

und

$$L^{*\prime}(\gamma) = \frac{dL^*}{d\gamma} = 2\pi i \sum_{x=-\infty}^{\infty} x\, e^{+2\pi i \gamma x}\, w(x). \qquad (E\ 4,\ 29)$$

Auf Grund der Eigenschaften (E 4, 20) der Funktionen E und E* folgen aus (E 4, 28), (E 4, 29) für die Gitterpunkte $\gamma = \gamma_k$ nach (E 4, 19) mit Rücksicht auf (E 4, 2) die Relationen

$$\langle x \rangle = \sum_{x=-\infty}^{\infty} x\, w(x) = -\frac{1}{2\pi i} L'(\gamma_k) = \frac{1}{2\pi i} L^{*\prime}(\gamma_k), \qquad (E\ 4,\ 30)$$

so daß man also mit den erzeugenden Funktionen der Verteilung w(x) auch den Erwartungswert des Merkmales x kennt.

3. Nach abermaliger Differentiation der Gleichungen (E 4, 28), (E 4, 29) gelangt man zu den Funktionen

$$L''(\gamma) = \frac{d^2 L}{d\gamma^2} = -4\pi^2 \sum_{x=-\infty}^{\infty} x^2\, e^{-2\pi i \gamma x}\, w(x) \qquad (E\ 4,\ 31)$$

und

$$L^{*\prime\prime}(\gamma) = \frac{d^2 L^*}{d\gamma^2} = -4\pi^2 \sum_{x=-\infty}^{\infty} x^2\, e^{+2\pi i \gamma x}\, w(x), \qquad (E\ 4,\ 32)$$

welchen man in den Gitterpunkten $\gamma = \gamma_k$ den Erwartungswert

$$\langle x^2 \rangle = -\frac{1}{4\pi^2} L''(\gamma_k) = -\frac{1}{4\pi^2} L^{*''}(\gamma_k) \qquad (E\ 4,\ 33)$$

entnimmt. Die sinngemäße Fortsetzung dieses Verfahrens der sukzessiven Differentiation führt, in Erweiterung der Angaben (E 4, 30) und (E 4, 33), entsprechend (E 4, 13) auf die Gesamtheit der Momente n-ter Ordnung

$$M_n = \langle x^n \rangle = \left(\frac{1}{-2\pi i}\right)^n \left[\frac{d^n L}{d\gamma^n}\right]_{\gamma = \gamma_k} = \left(\frac{1}{2\pi i}\right)^n \left[\frac{d^n L^*}{d\gamma^n}\right]_{\gamma = \gamma_k}. \qquad (E\ 4,\ 34)$$

Ergänzt man diese Formel durch die Definition

$$M_0 = \langle x^0 \rangle = \sum_{x=-\infty}^{\infty} w(x) = 1, \qquad (E\ 4,\ 35)$$

so werden also die *Laplace*schen Funktionen beziehentlich durch die *Taylor*schen Reihen

$$L(\gamma) = \sum_{n=0}^{\infty} (-2\pi i \gamma)^n \frac{M_n}{n!} \qquad (E\ 4,\ 36)$$

und

$$L^*(\gamma) = \sum_{n=0}^{\infty} (2\pi i \gamma)^n \frac{M_n}{n!} \qquad (E\ 4,\ 37)$$

dargestellt. Geht man dagegen von den *logarithmischen Laplace*-Funktionen $\ln L(\gamma)$ und $\ln L^*(\gamma)$ aus, so liefern deren nach ganzen, positiven Potenzen von γ fortschreitenden Entwicklungen

$$\ln L(\gamma) = \sum_{\nu=1}^{\infty} (-2\pi i \gamma)^\nu \frac{\mu_\nu}{\nu!} \qquad (E\ 4,\ 38)$$

und

$$\ln L^*(\gamma) = \sum_{\nu=1}^{\infty} (2\pi i \gamma)^\nu \frac{\mu_\nu}{\nu!} \qquad (E\ 4,\ 39)$$

in der Folge der Koeffizienten μ_ν $[1 \leq \nu < \infty]$ die sogenannten *Semikonvergenten* der Verteilung $w(x)$.

f) Welche Relationen verknüpfen die Momente M_n mit den Semikonvergenten μ_ν?

Wir beantworten die gestellte Frage auf zwei einander dual ergänzenden Wegen:

1. Nach Beseitigung des in (E 4, 38), (E 4, 39) eingehenden natürlichen Logarithmus folgen durch beziehentlichen Vergleich mit (E 4, 36), (E 4, 37) die Gleichheiten

$$\sum_{n=0}^{\infty} (\mp 2\pi i \gamma)^n \frac{M_n}{n!} = e^{\sum_{\nu=1}^{\infty} (\mp 2\pi i \gamma)^\nu \frac{\mu_\nu}{\nu!}}, \qquad (E\ 4,\ 40)$$

welche identisch in γ zutreffen müssen. Indem man daher beide Seiten der Relation (E 4, 40) nach Potenzen von γ entwickelt, findet man durch Vergleich der Koeffizienten gleichhoher Potenzen unter Beachtung von (E 4, 35) die Angaben

$$\left.\begin{aligned} M_0 &= 1 \\ M_1 &= \mu_1 \\ M_2 &= \mu_2 + (\mu_1)^2 \\ M_3 &= \mu_3 + 3\,\mu_1\,\mu_2 + (\mu_1)^3 \\ &\quad \cdot \quad \cdot \quad \cdot \quad \cdot \\ &\quad \cdot \quad \cdot \quad \cdot \quad \cdot \\ &\quad \cdot \quad \cdot \quad \cdot \quad \cdot \end{aligned}\right\}. \qquad (E\ 4,\ 41)$$

2. Nach Logarithmieren der Gleichungen (E 4, 36), (E 4, 37) und Vergleich der Resultate mit (E 4, 38), (E 4, 39) finden wir unter abermaliger Benutzung von (E 4, 35) die Relation

$$\ln\left[1 + \sum_{n=1}^{\infty} (\mp 2\pi\,\mathrm{i}\,\gamma)^n\,\frac{M_n}{n!}\right] = \sum_{\nu=1}^{\infty} (\mp 2\pi\,\mathrm{i}\,\gamma)^\nu\,\frac{\mu_\nu}{\nu!}. \qquad (E\ 4,\ 42)$$

welche die Formeln

$$\left.\begin{aligned} \mu_1 &= M_1 \\ \mu_2 &= M_2 - (M_1)^2 \\ \mu_3 &= M_3 - 3\,M_2\,M_1 + 2\,(M_1)^3 \\ &\quad \cdot \quad \cdot \quad \cdot \quad \cdot \\ &\quad \cdot \quad \cdot \quad \cdot \quad \cdot \\ &\quad \cdot \quad \cdot \quad \cdot \quad \cdot \end{aligned}\right\}. \qquad (E\ 4,\ 43)$$

nach sich zieht.

g) Wie sind die vorstehenden Überlegungen zu erweitern, um sie auf $z \geq 1$ dimensionale Merkmale anwenden zu können?

1. Wir greifen auf die geometrische Darstellung der Ziffer E 3, f zurück, in welcher die N Beobachtungen durch je einen Merkmalvektor X im z-dimensionalen *Euklidi*schen Raume repräsentiert werden. Ihr *Durchschnittsvektor* $\{X\}$ ist daher der Gleichung

$$\{X\} = \frac{1}{N} \sum X \mathrm{N}(X) = \sum X\,\mathrm{h}(X) \qquad (E\ 4,\ 44)$$

zu entnehmen, aus welcher durch den Prozeß $N \to \infty$ der *vektorielle Erwartungswert*

$$\langle X \rangle = \lim_{N \to \infty} \{X\} = \sum X\,\mathrm{w}(X) \qquad (E\ 4,\ 45)$$

folgt; durch seine Projektion auf die Achsen des Bezugssystemes berechnen sich die Erwartungswerte $\langle \mathrm{x}_j \rangle = \langle \mathrm{x}^j \rangle$ der Merkmalkomponenten $\mathrm{x}_j = \mathrm{x}^j$ zu

$$\langle \mathrm{x}_j \rangle = \langle \mathrm{x}^j \rangle = \sum \mathrm{x}_j\,\mathrm{w}(X) = \sum \mathrm{x}^j\,\mathrm{w}(X). \qquad (E\ 4,\ 46)$$

2. In Analogie zu (E 4, 6) wird die Abweichung der z-dimensionalen Zufallsbeobachtung von ihrem Mittel durch den Vektor

$$\Delta X = X - \langle X \rangle \qquad (E\ 4,\ 47)$$

der Komponenten

$$\Delta \mathrm{x}_j = \mathrm{x}_j - \langle \mathrm{x}_j \rangle = \mathrm{x}^j - \langle \mathrm{x}_j \rangle = \Delta \mathrm{x}^j \qquad (E\ 4,\ 48)$$

beschrieben; in Analogie zu (E 4, 8) resultiert jedoch sein Erwartungswert identisch für alle Verteilungen w(X) als *Nullvektor*

$$\langle \varDelta X\rangle = \sum (X - \langle X\rangle)\,\mathrm{w}(X) = \langle X\rangle - \langle X\rangle = 0, \qquad \text{(E 4, 49)}$$

so daß er nicht zu einer allgemeinen Beurteilung der Beobachtungsunsicherheit taugt. Im Lichte dieser Einsicht werden wir, nach dem Muster der Vorschrift (E 4, 11), ein *quadratisches Unsicherheitsmaß* bilden. Bezeichnen wir durch

$$A = \mathit{1}_\mathrm{j}\,\mathrm{a}^\mathrm{j} = \mathit{1}^\mathrm{l}\,\mathrm{a_l}; \qquad B = \mathit{1}_\mathrm{j}\,\mathrm{b}^\mathrm{j} = \mathit{1}^\mathrm{l}\,\mathrm{b_l} \qquad \text{(E 4, 50)}$$

zwei vorerst beliebige Vektoren A und B des z-dimensionalen Raumes, so verstehen wir unter deren *Tensorprodukt* [Symbol $\overline{A\,\|\,B}$] den gleichfalls z-dimensionalen Tensor zweiter Stufe T

$$T = \overline{A\,\|\,B} \qquad \text{(E 4, 51)}$$

der Komponenten

$$\tau_\mathrm{jl} = \mathrm{a_j\,b_l} = \mathrm{a^j\,b^l} = \tau^\mathrm{jl}. \qquad \text{(E 4, 52)}$$

Insbesondere entsteht durch tensorielle Multiplikation des Differenzvektors $\varDelta X$ nach (E 4, 47) mit sich selbst der *quadratische Differenztensor*

$$S = \overline{\varDelta X\,\|\,\varDelta X.} \qquad \text{(E 4, 53)}$$

Sein Erwartungswert

$$\langle S\rangle = \sum \overline{\varDelta X\,\|\,\varDelta X}\,\mathrm{w}(X) \qquad \text{(E 4, 54)}$$

definiert den *Streuungstensor* $\langle S\rangle$ der Komponenten

$$\sigma_\mathrm{jl} = \sum \varDelta\mathrm{x_j}\,\varDelta\mathrm{x_l}\,\mathrm{w}(X) = \sum \varDelta\mathrm{x^j}\,\varDelta\mathrm{x^l}\,\mathrm{w}(X) = \sigma^\mathrm{jl}, \qquad \text{(E 4, 55)}$$

welcher sich durch die Eigenschaft der *Symmetrie*

$$\sigma_\mathrm{jl} = \sigma_\mathrm{lj}; \qquad \sigma^\mathrm{jl} = \sigma^\mathrm{lj} \qquad \text{(E 4, 56)}$$

auszeichnet. Die in der *Hauptdiagonalen* [j → l] seiner Matrix [σ_jl] auftretenden Komponenten messen beziehentlich die „*Eigenstreuung*" der l-ten Merkmalkomponente, während die Seitenglieder [j ≠ l] jener Matrix die „*Kreuzstreuungen*" der j-ten mit der l-ten Merkmalkomponente beschreiben. Der aus ihren Definitionen hervorgehende, entschieden positive Charakter der Eigenstreuungen kommt in den Ungleichungen

$$\sigma_\mathrm{ll} = \sigma^\mathrm{ll} \geq 0 \qquad \text{(E 4, 57)}$$

zum Ausdruck; überdies gilt gewiß für alle j und l die Aussage

$$\sum (\varDelta\mathrm{x_j} - \varDelta\mathrm{x_l})^2\,\mathrm{w}(X) = \sum (\varDelta\mathrm{x^j} - \varDelta\mathrm{x^l})^2\,\mathrm{w}(X) \geqq 0, \qquad \text{(E 4, 58)}$$

welche im Hinblick auf die Definitionen (E 4, 55) die *Schwarz*sche *Ungleichung*

$$0 \leqq \frac{(\sigma_\mathrm{jl})^2}{\sigma_\mathrm{jj}\cdot\sigma_\mathrm{ll}} = \frac{(\sigma^\mathrm{jl})^2}{\sigma^\mathrm{jj}\cdot\sigma^\mathrm{ll}} \leqq 1 \qquad \text{(E 4, 59)}$$

nach sich zieht. Man bezeichnet die positiven Wurzeln

$$\varkappa_\mathrm{jl} = \sqrt{\frac{(\sigma_\mathrm{jl})^2}{\sigma_\mathrm{jj}\cdot\sigma_\mathrm{ll}}} = \sqrt{\frac{(\sigma^\mathrm{jl})^2}{\sigma^\mathrm{jj}\cdot\sigma^\mathrm{ll}}} = \varkappa^\mathrm{jl} \qquad \text{(E 4, 60)}$$

als *Korrelations-Koeffizienten* der Merkmalkomponenten j und l. Falls nämlich zwei Merkmalkomponenten unterschiedlicher Indizes unabhängig voneinander sind, verschwindet ihr Korrelationskoeffizient; doch leidet der Erkenntniswert dieses Satzes an dem Mangel seiner Umkehrbarkeit: Aus dem Verschwinden des Korrelationskoeffizienten kann man nicht auf die Unabhängigkeit der betreffenden Merkmalkomponenten schließen!

3. Von den kontravarianten Komponenten σ^{jl} oder den kovarianten Komponenten σ_{jl} des Streuungstensors $\langle S \rangle$ zu dessen gemischten Komponenten

$$\sigma_l{}^j = \sigma^{jl} = \sigma^{lj} = \sigma_{lj} = \sigma_{jl} = \sigma_j{}^l \qquad (E\ 4,\ 61)$$

übergehend, steigen wir durch den Prozeß j → l der *Verjüngung* zu der skalaren *Spur* σ des Streuungstensors

$$\sigma = \sigma_l{}^l \qquad (E\ 4,\ 62)$$

herab, welche — gemäß der Summenkonvention — genau die *Summe aller Eigenstreuungen* angibt; sie ist daher geometrisch als Mittelwert des quadratischen Abstandes zwischen den Spitzen der jeweils beobachteten, „zufälligen" Merkmalvektoren und deren Erwartungswert zu interpretieren und erweist durch eben diese Deutung die verlangte Invarianz gegen Drehungen des orthogonalen Bezugssystemes.

4. Wir bilden aus dem Vektor X eine von diesem abhängige Funktion F vom Charakter eines z-dimensionalen Tensors beliebiger Stufenzahl einschließlich der Null [Skalar]:

$$F = \mathrm{F}(X). \qquad (E\ 4,\ 63)$$

Die Summe

$$\langle F \rangle = \sum F(X)\, \mathrm{w}(X) \qquad (E\ 4,\ 64)$$

definiert dann den *Erwartungswert des Tensors F.*

Wir wenden diese Bildungsvorschrift zunächst auf das Tensorprodukt P des Merkmalvektors X mit sich selbst an:

$$P = \overline{X \,\|\, X}. \qquad (E\ 4,\ 65)$$

Sein Erwartungswert

$$\langle P \rangle = \sum \overline{X \,\|\, X}\, \mathrm{w}(X) \qquad (E\ 4,\ 66)$$

liefert den *Momententensor* zweiter Stufe der symmetrisch gebauten Komponenten

$$\langle \mathrm{P}_{jl} \rangle = \sum \mathrm{X}_j\, \mathrm{X}_l\, \mathrm{w}(X) = \sum \mathrm{X}^j\, \mathrm{X}^l\, \mathrm{w}(X) = \langle \mathrm{P}^{jl} \rangle. \qquad (E\ 4,\ 67)$$

Aus (E 4, 53) und (E 4, 66) im Verein mit (E 4, 45) und (E 4, 47) resultiert der tensorielle Verschiebungssatz

$$\langle S \rangle = \sum \overline{(X - \langle X \rangle) \,\|\, (X - \langle X \rangle)}\, \mathrm{w}(X) = \langle P \rangle - \overline{\langle X \rangle \,\|\, \langle X \rangle}. \qquad (E\ 4,\ 68)$$

Auf dem in (E 4, 67) angegebenen Wege durch Vermehrung der Komponenten-Faktoren $\mathrm{X}_k\ [1 \leq k \leq z]$ des Merkmalvektors systematisch fortfahrend, gelangt man sukzessive zur Kenntnis der Tensorkomponenten aller Momente von höherer als zweiter Ordnung; da diese jedoch in der Statistik der Verteilung $\mathrm{w}(X)$ meist eine nur untergeordnete Rolle spielen, sehen wir von ihrer eingehenden Behandlung ab.

h) Wir stellen dem Gitter der z-dimensionalen Merkmalvektoren X, deren Komponenten nach Übereinkunft auf ganze Zahlen mit Einschluß der Null beschränkt sind, den gleichfalls z-dimensionalen Vektor

$$\Gamma = \mathit{1}^j\,\gamma_j = \mathit{1}_l\,\gamma^l \qquad \text{(E 4, 69)}$$

der *stetig* veränderlichen Komponenten $\gamma_j = \gamma^j$ gegenüber und bilden aus Γ und X in der angegebenen Reihenfolge das Tensorprodukt

$$Q = \overline{\Gamma\,||\,X} \qquad \text{(E 4, 70)}$$

der Komponenten

$$q_{jl} = \gamma_j\,x_l = \gamma^j\,x^l = q^{jl}. \qquad \text{(E 4, 71)}$$

Zu den unsymmetrisch gebauten, gemischten Komponenten

$$q^j{}_l = \gamma^j\,x_l = \gamma_j\,x_l = q_j{}^l \qquad \text{(E 4, 72)}$$

[man achte peinlich auf die genaue Stellung und Lage der Indizes!] des Tensors Q übergehend, finden wir durch seine Verjüngung $j \to l$ das *skalare Produkt* (ΓX) der Vektoren Γ und X

$$(\Gamma X) = q^l{}_l = \gamma^l\,x_l = \gamma_l\,x^l = q_l{}^l, \qquad \text{(E 4, 73)}$$

wobei die Summenkonvention zu erfüllen ist. Mit Hilfe dieses Ausdruckes konstruieren wir das Paar der skalaren, konjugiert-komplexen Funktionen

$$E(\Gamma, X) = e^{-\sqrt{-1}\,2\pi(\Gamma X)} \qquad \text{(E 4, 74)}$$

und

$$E^*(\Gamma, X) = e^{+\sqrt{-1}\,2\pi(\Gamma X)}, \qquad \text{(E 4, 75)}$$

welche bezüglich ihrer Abhängigkeit allein von Γ durch die vektoriell indizierten Symbole

$$E(\Gamma, X) \equiv E^X(\Gamma) \qquad \text{(E 4, 76)}$$

und

$$E^*(\Gamma, X) \equiv E_X(\Gamma) \qquad \text{(E 4, 77)}$$

gekennzeichnet werden mögen. Unter abermaliger Berufung auf die vorausgesetzte Ganzzahligkeit der Merkmalkomponenten $x_l = x^l$ erweisen sich die Funktionen $E^X(\Gamma)$ und $E_X(\Gamma)$ als z-fach periodische „Gitterfunktionen" der einheitlichen, primitiven Wellenlängen

$$\Delta\gamma_l = \Delta\gamma^l = 1; \qquad 1 \le l \le z. \qquad \text{(E 4, 78)}$$

In allen Gitterpunkten

$$\Gamma = \Gamma(m) = \mathit{1}^j\,m_j = \mathit{1}_l\,m^l, \qquad \text{(E 4, 79)}$$

deren Koordinaten $m_j = m^j$ durch ganze Zahlen einschließlich der Null dargestellt werden, bestehen daher die Gleichungen

$$e^{-\sqrt{-1}\,2\pi(\Gamma X)} = e^{+\sqrt{-1}\,2\pi(\Gamma X)} = 1 \qquad \text{für} \qquad \Gamma = \Gamma(m). \qquad \text{(E 4, 80)}$$

Bezeichnet nun

$$\delta_Y{}^X = \begin{cases} 1; & X = Y \\ 0; & X \ne Y \end{cases} \qquad \text{(E 4, 81)}$$

das in seinen vektoriellen Indizes X und Y gemischte *Kronecker*-Symbol, so genügen die Funktionen (E 4, 74) und (E 4, 75) den *Orthogonalitäts-Relationen*

$$\int_{\gamma_1 = -1/2}^{1/2} \int_{\gamma_2 = -1/2}^{1/2} \ldots \int_{\gamma_j = -1/2}^{1/2} \ldots \int_{\nu_z = -1/2}^{1/2} E^X(\Gamma)\,E_Y(\Gamma)\,d\gamma_1\,d\gamma_2 \ldots d\gamma_j \ldots d\gamma_z = \delta_Y{}^X.$$

$$\text{(E 4, 82)}$$

Die Erwartungswerte der Funktionen $E(\Gamma, X)$ und $E^*(\Gamma, X)$ definieren beziehentlich die *Laplace*schen Funktionen $L(\Gamma)$ und $L^*(\Gamma)$ der Verteilung $w(X)$

$$L(\Gamma) = \langle E(\Gamma, X) \rangle = \sum{}' e^{-\sqrt{-1}\,2\pi(\Gamma X)}\, w(X), \qquad (E\ 4,\ 83)$$

$$L^*(\Gamma) = \langle E^*(\Gamma, X) \rangle = \sum{}' e^{+\sqrt{-1}\,2\pi(\Gamma X)}\, w(X). \qquad (E\ 4,\ 84)$$

Auf Grund der Periodizitätseigenschaften (E 4, 80) der Exponentialfunktionen $E(\Gamma, X)$ und $E^*(\Gamma, X)$ bilden hiernach die Wahrscheinlichkeiten $w(X)$ die *Fourier*-Koeffizienten beziehentlich der Entwicklungen von L und L^* nach den genannten harmonischen Komponenten. Falls man daher die *Laplace*schen Funktionen von vornherein kennt, findet man die Verteilung $w(X)$ mittels einer der dualen Formeln

$$w(X) = \int_{\gamma_1 = -1/2}^{1/2} \int_{\gamma_2 = -1/2}^{1/2} \ldots \int_{\gamma_j = -1/2}^{1/2} \ldots \int_{\gamma_z = -1/2}^{1/2} L(\Gamma)\,E^*(\Gamma, X)\, d\gamma_1\, d\gamma_2 \ldots d\gamma_j \ldots d\gamma_z$$

$$(E\ 4,\ 85)$$

oder

$$w(X) = \int_{\gamma_1 = -1/2}^{1/2} \int_{\gamma_2 = -1/2}^{1/2} \ldots \int_{\gamma_j = -1/2}^{1/2} \ldots \int_{\gamma_z = -1/2}^{1/2} L^*(\Gamma)\,E(\Gamma, X)\, d\gamma_1\, d\gamma_2 \ldots d\gamma_j \ldots d\gamma_z,$$

$$(E\ 4,\ 86)$$

in welchen also den *Laplace*schen Funktionen die Rolle *erzeugender Funktionen* der Verteilung $w(X)$ zukommt.

E 5. Die Gauß'sche Verteilung

a) Wir beschäftigen uns mit der Statistik eines eindimensionalen Kollektivs vom reellen, ganzzahligen Merkmal x einschließlich x = 0. Von den erzeugenden Funktionen $L(\gamma)$ und $L^*(\gamma)$ seiner Verteilung $w(x)$ gehen wir mittels der Operationen

$$\Lambda(\gamma) = e^{2\pi i \gamma \langle x \rangle}\, L(\gamma) = \sum_{x=-\infty}^{\infty}{}' e^{-2\pi i \gamma (x - \langle x \rangle)}\, w(x) \qquad (E\ 5,\ 1)$$

und

$$\Lambda^*(\gamma) = e^{-2\pi i \gamma \langle x \rangle}\, L^*(\gamma) = \sum_{x=-\infty}^{\infty}{}' e^{2\pi i \gamma (x - \langle x \rangle)}\, w(x) \qquad (E\ 5,\ 2)$$

zu den „modifizierten" *Laplace*schen Funktionen Λ und Λ^* der nämlichen Verteilung über. Gemäß (E 4, 38), (E 4, 39) lassen sich nun die natürlichen Logarithmen dieser modifizierten Funktionen mit Hilfe des Systems der *Semikonvergenten* μ_ν $[1 \leqq \nu < \infty]$ in die Potenzreihen

$$\ln \Lambda(\gamma) = 2\pi i \gamma \langle x \rangle + \sum_{\nu=1}^{\infty}{}' (-2\pi i \gamma)^\nu \frac{\mu_\nu}{\nu!} \qquad (E\ 5,\ 3)$$

und

$$\ln \Lambda^*(\gamma) = -2\pi i \gamma \langle x \rangle + \sum_{\nu=1}^{\infty} (2\pi i \gamma)^\nu \frac{\mu_\nu}{\nu!} \qquad \text{(E 5, 4)}$$

entwickeln, welche sich bei Beachtung von (E 4, 14) und (E 4, 43) auf

$$\ln \Lambda(\gamma) = -4\pi^2 \gamma^2 \frac{\mu_2}{2!} + \ldots = -2\pi^2 \sigma \gamma^2 + \ldots \qquad \text{(E 5, 5)}$$

und

$$\ln \Lambda^*(\gamma) = -4\pi^2 \gamma^2 \frac{\mu_2}{2!} + \ldots = -2\pi^2 \sigma \gamma^2 + \ldots \qquad \text{(E 5, 6)}$$

reduzieren; aus ihnen schließt man auf die Beschreibungen

$$L(\gamma) = e^{-[2\pi i \gamma \langle x \rangle + 2\pi^2 \sigma \gamma^2 - + \ldots]} \qquad \text{(E 5, 7)}$$

und

$$L^*(\gamma) = e^{-[-2\pi i \gamma \langle x \rangle + 2\pi^2 \sigma \gamma^2 - + \ldots]} \qquad \text{(E 5, 8)}$$

der [ursprünglichen] *Laplace*schen Funktionen zurück.

b) Nun werde vorausgesetzt, daß man sich weiterhin mit den vorstehend explizit angegebenen Gliedern begnügen darf; doch verlangt diese für das folgende grundlegende Annahme jedesmal die sorgsamste Prüfung. Aus (E 4, 25), (E 4, 26) entsteht dann für die Verteilungsfunktion w(x) die *Integraldarstellung*

$$w(x) = \int_{-1/2}^{1/2} e^{-[\pm 2\pi i \gamma \Delta x + 2\pi^2 \sigma \gamma^2]} \, d\gamma \equiv$$

$$\equiv e^{-\frac{\Delta x^2}{2\sigma}} \int_{-1/2}^{1/2} e^{-2\pi^2 \sigma \left[\gamma \pm i \frac{\Delta x}{2\pi\sigma}\right]^2} \, d\gamma; \qquad \Delta x = x - \langle x \rangle. \qquad \text{(E 5, 9)}$$

Den früher durchaus auf *reelle* Zahlen beschränkten Wertevorrat von γ mittels der Setzung

$$\gamma = \alpha + i\beta \qquad \text{(E 5, 10)}$$

auf die *komplexe* Zahlenebene des orthogonalen Bezugssystemes α [Abszisse], β [Ordinate] erweiternd, wird (E 5, 9) durch die Substitution

$$\gamma' = \alpha' + i\beta' = \pi\sqrt{2\sigma}\left(\gamma \pm i \frac{\Delta x}{2\pi\sigma}\right) \qquad \text{(E 5, 11)}$$

in eines der Integrale

$$w(x) = \frac{e^{-\frac{\Delta x^2}{2\sigma}}}{\pi\sqrt{2\sigma}} \int_{\pi\sqrt{2\sigma}\left(-\frac{1}{2} \pm i \frac{\Delta x}{2\pi\sigma}\right)}^{\pi\sqrt{2\sigma}\left(\frac{1}{2} \pm i \frac{\Delta x}{2\pi\sigma}\right)} e^{-\gamma'^2} \, d\gamma' \qquad \text{(E 5, 12)}$$

überführt, dessen Pfad gemäß Abb. E 4 beziehentlich längs der geraden Strecken

$$-\pi\sqrt{\frac{\sigma}{2}} \leqq \alpha' \leqq +\pi\sqrt{\frac{\sigma}{2}}; \qquad \beta' = \pm\frac{\Delta x}{\sqrt{2\sigma}} \qquad \text{(E 5, 13)}$$

der komplexen γ'-Ebene verläuft.

Aus

$$\left|e^{-\gamma'^2}\right| = e^{-(a'^2 - \beta'^2)} \qquad\qquad (E\ 5,\ 14)$$

folgen nun die Ungleichungen

$$\frac{e^{-\frac{\Delta x^2}{2\sigma}}}{\pi\sqrt{2\,\sigma}} \int\limits_{\pm\pi\sqrt{2\sigma}\left(\frac{1}{2}+1\frac{\Delta x}{2\pi\sigma}\right)}^{\pm\pi\sqrt{2\sigma}\left(\infty+1\frac{\Delta x}{2\pi\sigma}\right)} e^{-\gamma'^2}\,d\gamma' \leqq \frac{1}{\pi\sqrt{2\,\sigma}} \int\limits_{\pm\pi\sqrt{\frac{\sigma}{2}}}^{\pm\infty} e^{-a'^2}\,da'. \qquad (E\ 5,\ 15)$$

Ergänzen wir jetzt die früheren Annahmen durch die weiterhin wesentliche Voraussetzung

$$\sigma \gg 1 \qquad\qquad (E\ 5,\ 16)$$

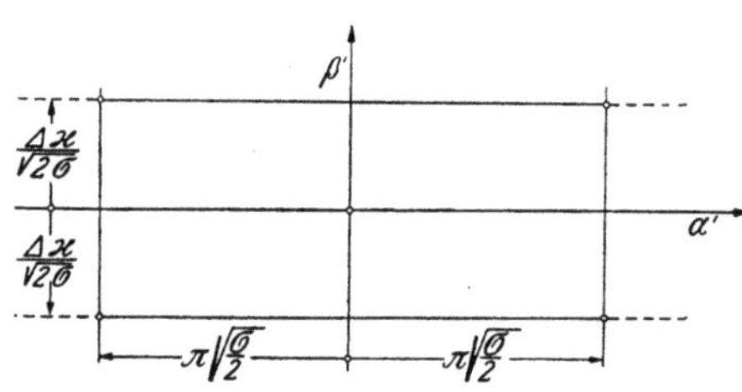

Abb. E 4. Zur Herleitung der *Gauß*schen Verteilung.

so resultieren also für die in (E 5, 15) linker Hand auftretenden Ausdrücke nur überaus kleine Zahlenwerte. Daher dürfen wir (E 5, 12) mit ausreichender Genauigkeit zunächst durch

$$w(x) = \frac{e^{-\frac{\Delta x^2}{2\sigma}}}{\pi\sqrt{2\,\sigma}} \int\limits_{-\infty\pm i\frac{\Delta x}{\sqrt{2\sigma}}}^{\infty\pm i\frac{\Delta x}{\sqrt{2\sigma}}} e^{-\gamma'^2}\,d\gamma'$$

$$(E\ 5,\ 17)$$

approximieren. Im Hinblick auf (E 5, 14) gilt nun

$$\lim_{|a'|\to\infty} e^{-\gamma'^2} = 0. \qquad\qquad (E\ 5,\ 18)$$

Der *Cauchy*sche Integralsatz gestattet demnach, den in (E 5, 17) vorgeschriebenen Pfad ohne Änderung des Integralwertes auf die reelle Achse der γ'-Ebene zu verlegen, so daß wegen

$$\int\limits_{-\infty}^{\infty} e^{-a'^2}\,da' = \sqrt{\pi} \qquad\qquad (E\ 5,\ 19)$$

aus (E 5, 17) die nach *Gauß* benannte Verteilungsformel [Abb. E 5]

$$w(x) = \frac{e^{-\frac{\Delta x^2}{2\sigma}}}{\sqrt{2\,\pi\,\sigma}} \qquad\qquad (E\ 5,\ 20)$$

resultiert. Wie aus ihrer Herleitung in aller notwendigen Deutlichkeit hervorgeht, darf man ihr keineswegs den Rang eines universell gültigen „*Wahrscheinlichkeits-Gesetzes*" zuschreiben; nichtsdestoweniger zeichnet sie sich zufolge des allgemeinen Charakters der ihr zugrunde gelegten, einfachen Prämisse durch ein überaus weites Anwendungsgebiet aus.

c) Um die vorstehenden Überlegungen auf $z \geq 1$-dimensionale Merkmalvektoren X zu verallgemeinern, gehen wir von den erzeugenden Funktionen (E 4, 83), (E 4, 84) der Verteilung w(X) zu den „modifizierten" Funktionen

$$\Lambda(\Gamma) = e^{\sqrt{-1}\,2\pi(\Gamma\langle X\rangle)}\,L(\Gamma) = \sum e^{-\sqrt{-1}\,2\pi(\Gamma\{X-\langle X\rangle\})}\,w(X) \qquad (E\ 5,\ 21)$$

und

$$\Lambda^*(\Gamma) = e^{-\sqrt{-1}\,2\pi(\Gamma\langle X\rangle)}\,L^*(\Gamma) = \sum{}' e^{+\sqrt{-1}\,2\pi(\Gamma\{X-\langle X\rangle\})}\,w(X) \qquad (E\ 5,\ 22)$$

über. Sie offenbaren im Ursprung $\Gamma = 0$ [Nullvektor] des Merkmal-kristalles die *skalaren Eigenschaften*

$$\Lambda(0) = \Lambda^*(0) = 1 \qquad (E\ 5,\ 23)$$

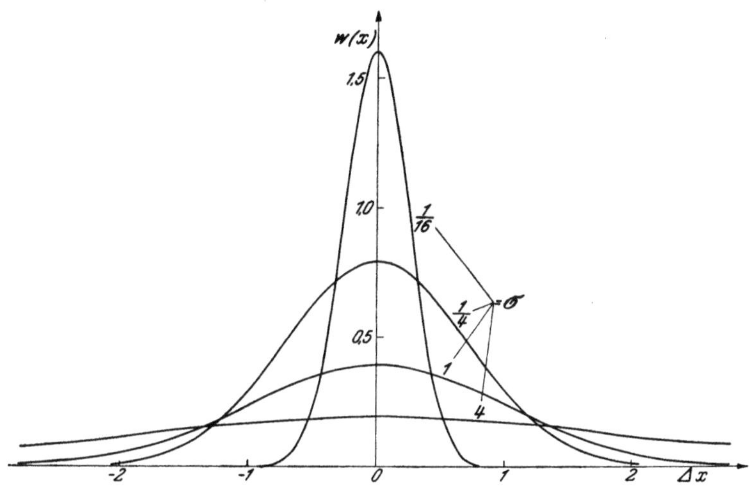

Abb. E 5. Die *Gauß*sche Verteilung.

die *vektoriellen Eigenschaften*

$$\operatorname{grad}_j \Lambda = \frac{\partial \Lambda}{\partial \gamma^j} = \frac{\partial \Lambda}{\partial \gamma_j} = \operatorname{grad}^j \Lambda = 0 \qquad \text{für} \qquad \Gamma = 0, \quad (E\ 5,\ 24)$$

$$\operatorname{grad}_j \Lambda^* = \frac{\partial \Lambda^*}{\partial \gamma^j} = \frac{\partial \Lambda^*}{\partial \gamma_j} = \operatorname{grad}^j \Lambda^* = 0 \qquad \text{für} \qquad \Gamma = 0. \quad (E\ 5,\ 25)$$

und schließlich, mit Rücksicht auf die Definition (E 5, 55) der Streuungs-tensor-Komponenten $\sigma_{jl} = \sigma^{jl}$, die *tensoriellen Eigenschaften*

$$-4\pi^2\,\sigma_{jl} = \frac{\partial^2 \Lambda}{\partial \gamma^j\,\partial \gamma^l} = \frac{\partial^2 \Lambda^*}{\partial \gamma^j\,\partial \gamma^l} = \frac{\partial^2 \Lambda^*}{\partial \gamma_j\,\partial \gamma_l} = \frac{\partial^2 \Lambda}{\partial \gamma_j\,\partial \gamma_l} =$$
$$= -4\pi^2\,\sigma^{jl} \qquad \text{für} \qquad \Gamma = 0. \qquad (E\ 5,\ 26)$$

Im Lichte dieser Ergebnisse lassen die modifizierten *Laplace*-Funktionen bei Beachtung der Summenkonvention beziehentlich die Entwicklungen

$$\Lambda(\Gamma) = e^{-2\pi^2\,\sigma_{jl}\gamma^j\gamma^l} + \cdots \qquad (E\ 5,\ 27)$$

und

$$\Lambda^*(\Gamma) = e^{-2\pi^2\,\sigma_{jl}\gamma^j\gamma^l} - \cdots \qquad (E\ 5,\ 28)$$

zu, aus welchen wir, unter abermaliger Berufung auf die Summenkonven-tion, mittels (E 5, 21) und (E 5, 22) auf

$$L(\Gamma) = e^{-\sqrt{-1}\,\pi(\gamma_m x^m + \gamma^n x_n) - 2\pi^2\,\sigma_{jl}\gamma^j\gamma^l} \qquad (E\ 5,\ 29)$$

und

$$L^*(\Gamma) = e^{+\sqrt{-1}\,\pi(\gamma_m x^m + \gamma^n x_n) - 2\pi^2\,\sigma_{jl}\gamma^j\gamma^l} \qquad (E\ 5,\ 30)$$

[j, l, m, n = 1, ... z] zurückschließen. Unter der allerdings stets auf das sorgfältigste zu prüfenden Voraussetzung, daß wir uns weiterhin mit den in (E 5, 29) und (E 5, 30) explizit angegebenen Gliedern der Entwicklung begnügen dürfen, folgen daher aus (E 4, 85) und (E 4, 86) für die Verteilung w(X) beziehentlich die *Integraldarstellungen*

$$\text{w}(X) = \int\limits_{\gamma_1 = -1/2}^{1/2} \cdots \int\limits_{\gamma_z = -1/2}^{1/2} e^{-2\pi^2\left[\mp\sqrt{-1}\,\frac{\gamma_m \Delta \text{x}^m + \gamma^n \Delta \text{x}_n}{2\pi} + \sigma_{jl}\gamma^j\gamma^l\right]} d\gamma_1 \dots d\gamma_z.$$

$$(\text{E } 5, 31)$$

Wir ergänzen nun den Streuungstensor $\langle S \rangle$ der kovarianten Komponenten σ_{jl} durch den „*reziproken Streuungstensor*"

$$\langle T \rangle = \langle S \rangle^{-1} \qquad (\text{E } 5, 32)$$

der kontravarianten Komponenten τ^{mn}. Das „innere Produkt" ($\langle S \rangle \langle T \rangle$) von $\langle S \rangle$ und $\langle T \rangle$, welches durch die Verjüngung $l \to m$ aus dem Tensor vierter Stufe der gemischten Komponenten $\sigma_{jl}\tau^{mn}$ hervorgeht, liefert definitionsgemäß den z-dimensionalen *Einheitstensor* zweiter Stufe I:

$$\sigma_{jl}\tau^{ln} = \delta^n_j = \begin{matrix} 0; & j \neq n \\ 1; & j = n \end{matrix} \cdot \qquad (\text{E } 5, 33)$$

Daher bestehen die Identitäten

$$\mp\sqrt{-1}\,\frac{\gamma_m \Delta \text{x}^m + \gamma^n \Delta \text{x}_n}{2\pi} + \sigma_{jl}\gamma^j\gamma^l \equiv$$

$$\equiv \left(\sigma_{jl}\gamma^j \mp \sqrt{-1}\,\frac{\Delta \text{x}_l}{2\pi}\right)\left(\gamma^l \mp \sqrt{-1}\,\tau^{ln}\frac{\Delta \text{x}_n}{2\pi}\right) + \frac{\tau^{ln}\Delta \text{x}_l \Delta \text{x}_n}{4\pi^2} \cdot \qquad (\text{E } 5, 34)$$

so daß (E 5, 31) in

$$\text{w}(X) = e^{-\frac{\tau^{ln}\Delta \text{x}_l \Delta \text{x}_n}{2}} \cdot \text{J} \qquad (\text{E } 5, 35)$$

mit

$$\text{J} = \int\limits_{\gamma_1 = -1/2}^{1/2} \cdots \int\limits_{\gamma_z = -1/2}^{1/2} e^{-2\pi^2\left(\sigma_{jl}\gamma^j \mp \sqrt{-1}\,\frac{\Delta \text{x}_l}{2\pi}\right)\left(\gamma^l \mp \sqrt{-1}\,\tau^{ln}\frac{\Delta \text{x}_n}{2\pi}\right)} d\gamma_1 \dots d\gamma_z \qquad (\text{E } 5, 36)$$

übergeht.

Um das Integral J zu berechnen, richten wir unsere Aufmerksamkeit auf die Geometrie der durch den Streuungstensor $\langle S \rangle$ vermittelten Abbildung des z-dimensionalen Vektors Γ in den gleichfalls z-dimensionalen Vektor Θ der Komponenten

$$\vartheta_j = \sigma_{jl}\gamma^l. \qquad (\text{E } 5, 37)$$

Zufolge seiner Symmetrie-Eigenschaften (E 4, 56) besitzt der Streuungstensor z je zueinander orthogonale *Hauptachsen* der beziehentlich ihnen parallelen *Eigen-Einheitsvektoren*

$$1_{j'} = 1_1\,\varepsilon^1_{(j')} = 1^m\,\varepsilon_{m(j')} = 1^{j'}; \qquad 1 \leq j' \leq z. \qquad (\text{E } 5, 38)$$

Definitionsgemäß unterscheidet sich der jeweils in Richtung einer Hauptachse weisende Bildvektor $\Theta_{(j')}$ von seinem Original $\Gamma_{(j')}$ nur durch einen skalaren „*Maßstabsfaktor*" $\lambda_{(j')}$. Daher gehorchen die Komponenten

$\varepsilon_{(j')}^{m}$ der Eigen-Einheitsvektoren dem System der z linearen, homogenen Gleichungen

$$\vartheta_{1(j')} = \sigma_{1m} \cdot \varepsilon_{(j')}^{m} = \lambda_{(j')} \cdot \delta_{1m} \cdot \varepsilon_{(j')}^{m}; \qquad 1 \leqq 1 \leqq z, \qquad \text{(E 5, 39)}$$

in welchen das Symbol δ_{1m} die kovarianten Komponenten des Einheitstensors bezeichnet

$$\delta_{1m} = \begin{array}{ll} 0; & 1 \neq m \\ 1; & 1 = m \end{array}, \qquad \text{(E 5, 40)}$$

Vermöge der Natur der z Unbekannten $\varepsilon_{(j')}^{m}$ $[1 \leq m \leq z]$ als kontravariante Komponenten des Eigen-Einheitsvektors $1_{j'} = 1^{j'}$ können sie gewiß nicht alle gleichzeitig verschwinden. Demnach resultiert als *Existenzbedingung der gesuchten Lösung* die z-dimensionale *Säkulargleichung*

$$\begin{vmatrix} \sigma_{11} - \lambda_{(j')} & \sigma_{12} & \cdots & \sigma_{1z} \\ \sigma_{21} & \sigma_{22} - \lambda_{(j')} & \cdots & \sigma_{2z} \\ \vdots & \vdots & & \vdots \\ \sigma_{z1} & \sigma_{z2} & \cdots & \sigma_{zz} - \lambda_{(j')} \end{vmatrix} = 0 \qquad \text{(E 5, 41)}$$

Seien $\lambda_{(1)}; \lambda_{(2)}; \ldots \lambda_{(z)}$ ihre der Reihe nach mit $\lambda_{(j')}$ zu identifizierenden Wurzeln, so können wir die Säkulargleichung, nachdem der Index (j') der Unbekannten unterdrückt wurde, in die Gestalt

$$f(\lambda) = (\lambda_{(1)} - \lambda)(\lambda_{(2)} - \lambda) \ldots (\lambda_{(z)} - \lambda) = 0 \qquad \text{(E 5, 42)}$$

bringen; man entnimmt ihr die Relation

$$\lambda_{(1)} \cdot \lambda_{(2)} \ldots \lambda_{(z)} = f(0) = \begin{vmatrix} \sigma_{11} & \sigma_{12} & \cdots & \sigma_{1z} \\ \sigma_{21} & \sigma_{22} & \cdots & \sigma_{2z} \\ \vdots & \vdots & & \\ \sigma_{z1} & \sigma_{z2} & \cdots & \sigma_{zz} \end{vmatrix} \equiv \det \langle S \rangle, \qquad \text{(E 5, 43)}$$

von welcher wir später Gebrauch zu machen haben.

Bei der Transformation des Streuungstensors $\langle S \rangle$ von dem bisher benutzten Orthogonalsystem der z Einheitsvektoren $1_j = 1^j$ auf das „gestrichene" Orthogonalsystem seiner Eigen-Einheitsvektoren $1_{j'} = 1^{j'}$ reduziert sich die Matrix seiner Komponenten auf die *Diagonalform*

$$[\sigma_{j'1'}] = \begin{vmatrix} \lambda_{(1)} & 0 & \cdots & 0 \\ 0 & \lambda_{(2)} & \cdots & 0 \\ \vdots & \vdots & & \vdots \\ 0 & 0 & & \lambda_{(z)} \end{vmatrix}. \qquad \text{(E 5, 44)}$$

Auf Grund des genetischen Zusammenhanges (E 5, 32) folgt aus (E 5, 44) für die Komponenten-Matrix des reziproken Streuungstensors die Diagonalform

$$[\tau^{m'n'}] = \begin{vmatrix} \dfrac{1}{\lambda_{(1)}} & 0 & \cdots & 0 \\ 0 & \dfrac{1}{\lambda_{(2)}} & \cdots & 0 \\ \vdots & & & \\ 0 & 0 & & \dfrac{1}{\lambda_{(z)}} \end{vmatrix}. \qquad \text{(E 5, 45)}$$

Transformiert man nunmehr auch die Komponenten $\gamma_j = \gamma^j$ des Vektors Γ und die Komponenten $\Delta x_l = \Delta x^l$ des Differenzvektors ΔX auf das gestrichene Bezugssystem, so findet man also die Invariante [skalares Produkt zweier je z-dimensionaler Vektoren]

$$\left(\sigma_{jl}\,\gamma^j \pm \sqrt{-1}\,\frac{\Delta x_l}{2\pi}\right)\left(\gamma^l \pm \sqrt{-1}\,\tau^{ln}\,\frac{\Delta x_n}{2\pi}\right) =$$

$$= \left(\lambda_{(l)}\,\gamma_l{}' \pm \sqrt{-1}\,\frac{\Delta x_l{}'}{2\pi}\right)\left(\gamma'^l \pm \sqrt{-1}\,\frac{\Delta x'^l}{2\pi}\right) = \sum_{l=1}^{z}\left[\sqrt{\lambda_{(l)}}\,\gamma_l{}' \pm \sqrt{-1}\,\frac{\Delta x_l{}'}{2\pi\,\sqrt{\lambda_{(l)}}}\right]^2.$$

$$(E\ 5,\ 46)$$

Da überdies bei der genannten Orthogonal-Transformation [Drehung des z-dimensionalen Bezugssystemes um den Ursprung] das Hypervolumen $d\gamma_1 \ldots d\gamma_z$ in das Hypervolumen $d\gamma_1{}' \ldots d\gamma_z{}'$ übergeht, verwandelt sich das Integral (E 5, 36) in

$$J = \int\limits_{\gamma_1{}'=\ldots}^{\cdots} \ldots \int\limits_{\gamma_z{}'=\ldots}^{\cdots} e^{-2\pi^2\sum\limits_{l=1}^{z}\left[\sqrt{\lambda_{(l)}}\gamma_l{}' \pm \sqrt{-1}\frac{\Delta x_l{}'}{2\pi\sqrt{\lambda_{(l)}}}\right]^2} d\gamma_1{}' \ldots d\gamma_z{}', \quad (E\ 5,\ 47)$$

falls die nur durch Punkte angedeuteten Grenzen der gestrichenen Integrationsvariabeln $\gamma_l{}'$ aus jenen der ursprünglichen Variabeln γ_j mittels der genannten Hauptachsen-Transformation festgelegt werden. Die weiteren Substitutionen

$$\overline{\gamma}_l = \pi\,\sqrt{2}\left[\sqrt{\lambda_{(l)}}\,\gamma_l{}' \pm \sqrt{-1}\,\frac{\Delta x_l{}'}{2\pi\,\sqrt{\lambda_{(l)}}}\right] \quad (E\ 5,\ 48)$$

liefern dann, falls wir uns abermals mit der bloßen Andeutung der jeweiligen Integrationsgrenzen durch Punkte begnügen, mit Hilfe der Relation (E 5, 43)

$$J = \frac{1}{(2\pi)^{z/2}\sqrt{\det\langle S\rangle}} \int\limits_{\cdots}^{\cdots} e^{-\overline{\gamma}_1{}^2}\,d\overline{\gamma}_1 \cdot \int\limits_{\cdots}^{\cdots} e^{-\overline{\gamma}_2{}^2}\,d\overline{\gamma}_2 \ldots \cdot \int\limits_{\cdots}^{\cdots} e^{-\overline{\gamma}_z{}^2}\,d\overline{\gamma}_z.$$

$$(E\ 5,\ 49)$$

Im Einklang mit ihrer geometrischen Bedeutung fallen nun die Eigenwerte [Wurzeln] der Säkulargleichung sämtlich positiv-definitiv aus

$$\lambda_{(j')} > 0; \qquad 1 \leqq j' \leqq z. \quad (E\ 5,\ 50)$$

Verschärfen wir diese z Ungleichungen zu der einheitlichen Voraussetzung

$$\lambda_{(j')} \gg 1, \quad (E\ 5,\ 51)$$

so unterscheiden sich die in (E 5, 49) eingehenden z Faktorintegrale wegen (E 5, 48) je nur äußerst wenig von dem Integral

$$\int\limits_{-\infty}^{\infty} e^{-\overline{\gamma}^2}\,d\overline{\gamma} = \sqrt{\pi}. \quad (E\ 5,\ 52)$$

In der hierdurch angezeigten Genauigkeit dürfen wir also (E 5, 49) durch

$$J = \frac{1}{(2\pi)^{z/2}\sqrt{\det\langle S\rangle}} \quad (E\ 5,\ 53)$$

approximieren, so daß aus (E 5, 35) die *z-dimensionale Gaußsche Verteilung*

$$w(X) = \frac{1}{\sqrt{(2\,\pi)^z \det \langle S \rangle}}\, e^{-\frac{\tau^{\ln}\varDelta x_1 \varDelta x_n}{2}} \qquad (E\ 5,\ 54)$$

hervorgeht.

d) Wir wenden die Näherungsformel (E 5, 54) auf das Beispiel des $z = 2$ dimensionalen Vektors

$$X = \mathit{7}^1 x_1 + \mathit{7}^2 x_2 \qquad (E\ 5,\ 55)$$

an; seine Komponenten mögen die Erwartungswerte

$$\langle x_1 \rangle = \langle x_2 \rangle = 0 \qquad (E\ 5,\ 56)$$

und die Eigenstreuungen

$$\sigma_{11} = \sigma_{22} = \sigma \qquad (E\ 5,\ 57)$$

aufweisen, während ihre Kreuzstreuungen verschwinden mögen

$$\sigma_{12} = \sigma_{21} = 0. \qquad (E\ 5,\ 58)$$

Man entnimmt den Angaben (E 5, 57) und (E 5, 58) die Determinante

$$\det \langle S \rangle = \sigma^2 \qquad (E\ 5,\ 59)$$

des Streuungstensors $\langle S \rangle$ sowie die Komponenten

$$\tau^{11} = \tau^{22} = \frac{1}{\sigma}\,; \qquad \tau^{12} = \tau^{21} = 0 \qquad (E\ 5,\ 60)$$

des reziproken Streuungstensors $\langle T \rangle$. Im Hinblick auf (E 5, 56) findet man also

$$\tau^{\ln}\varDelta x_1 \varDelta x_n = \frac{(x_1)^2}{\sigma} + \frac{(x_2)^2}{\sigma}\,. \qquad (E\ 5,\ 61)$$

Durch Substitution von (E 5, 59) und (E 5, 61) in (E 5, 54) resultiert demnach das *Gauß*sche Verteilungsgesetz

$$w(x_1;\, x_2) = \frac{1}{2\,\pi\,\sigma}\, e^{-\frac{(x_1)^2 + (x_2)^2}{2\sigma}}. \qquad (E\ 5,\ 62)$$

Bezeichnet man durch

$$r^2 = (x_1)^2 + (x_2)^2 \qquad (E\ 5,\ 63)$$

den quadratischen Abstand des „Netzpunktes" $(x_1;\, x_2)$ vom Ursprung des Merkmal-Koordinatensystemes und vertauscht das Funktionszeichen $w(x_1;\, x_2)$ *der zweidimensionalen* Verteilung mit dem Symbol $\overline{w}(r)$ der nur noch von r abhängigen, also *eindimensionalen* Verteilung, so verwandelt sich (E 5, 62) in die Aussage

$$\overline{w}(r) = \frac{1}{2\,\pi\,\sigma}\, e^{-\frac{r^2}{2\sigma}}\,; \qquad r \geq 0, \qquad (E\ 5,\ 64)$$

welche jedoch ungeachtet ihrer formalen Ähnlichkeit mit der eindimensionalen *Gauß*schen Verteilung (E 5, 20) von dieser im Inhalt ihrer statistischen Angaben wesentlich abweicht.

E 6. Die Grundaufgaben der Wahrscheinlichkeitsrechnung.

a) Wir beschäftigen uns mit den Beobachtungen an einem Ensemble von N Systemen, deren Statistik bereits durch das eindimensionale, ganzzahlige Merkmal x erschöpfend beschrieben wird. Indem wir uns den allerdings nur ideell möglichen Grenzprozeß N → ∞ durchgeführt denken, gelangen wir zur Wahrscheinlichkeitsverteilung

$$w = w(x); \qquad -\infty < x < \infty, \qquad \text{(E 6, 1)}$$

welche weiterhin als gegeben vorausgesetzt wird; mit ihrer Hilfe können wir stets den Erwartungswert

$$\langle x \rangle = \sum_{x=-\infty}^{\infty} x\, w(x) \qquad \text{(E 6, 2)}$$

des Merkmales x und dessen quadratische Streuung

$$\sigma = \sum_{x=-\infty}^{\infty} \Delta x^2\, w(x); \qquad \Delta x = x - \langle x \rangle \qquad \text{(E 6, 3)}$$

berechnen, so daß auch diese fundamentalen statistischen Maßzahlen fortan als bekannt gelten dürfen und sollen.

b) Wir greifen auf das wirkliche Protokoll der zwar grundsätzlich ja nur *endlichen* Zahl N von Beobachtungen zurück, welche nichtsdestoweniger von vornherein als sehr groß vorausgesetzt werden möge

$$N \gg 1. \qquad \text{(E 6, 4)}$$

Durch N(x) die Zahl der Beobachtungen gerade des Merkmales x bezeichnend, mißt also nach dem Muster der Zahlentafel 2

$$h(x) = \frac{N(x)}{N} \qquad \text{(E 6, 5)}$$

die relative Häufigkeit seines Auftretens. Innerhalb des Protokolles mögen die genannten N Beobachtungen in der Reihenfolge der individualisierenden Ziffer K [„Hausnummer"] des jeweils kontrollierten Einzelsystemes registriert sein. Aus diesem „Ausgangskollektiv" gewinnen wir ein neues, „gestrichenes" Kollektiv, in welches wir aus dem ursprünglichen statistischen „Rohmaterial" nur

$$1 \leq N' < N \qquad \text{(E 6, 6)}$$

Beobachtungen unverändert übernehmen, die restlichen $(N - N')$ Protokolleintragungen dagegen verwerfen. Die *Auswahlvorschrift* genau jener N' unter den ursprünglichen Ordnungszahlen $1 \leq K \leq N$, welche die neue Statistik bilden sollen, werde nun — und dies ist der entscheidende Punkt der folgenden Überlegungen — stets schon vor Beginn der ursprünglichen Versuchsreihe und ohne Rücksicht auf den sachlichen Inhalt der Beobachtungen, gewiß also ohne jede auch nur mutmaßliche Kenntnis der ja tatsächlich erst später jeweils auftretenden Merkmale festgelegt; sie soll, mit anderen Worten, von dem Statistiker willkürlich, seiner „Laune" entsprechend angegeben werden. Falls dann das Merkmal x tatsächlich gerade $N'(x) \leq N'$ mal im gestrichenen Kollektiv vorkommt, mißt in ihm das Verhältnis

$$h'(x) = \frac{N'(x)}{N} \qquad \text{(E 6, 7)}$$

die relative Häufigkeit jenes Merkmales. Welche Beziehung besteht zwischen ihr und der gemäß (E 6, 5) berechneten relativen Häufigkeit des nämlichen Merkmales im Ausgangskollektiv?

Zahlentafel 2. *Erläuterung der Auswahl*

Ausgangskollektiv		"Gestrichenes" Kollektiv		Legende
K	x	K′	x	
→ 1	0	1	0	
→ 2	1	2	1	
→ 3	1	3	1	
4	0			*Ausgangskollektiv:*
→ 5	1	4	1	Wurf einer Münze.
6	0			*Beobachtung:*
→ 7	0	5	0	Erscheinen von *Ziffer* oder *Bild*.
8	1			*Merkmale:*
9	1			x = 0 [Ziffer],
10	0			x = 1 [Bild].
→ 11	1	6	1	*Statistik:*
12	1			N = 30; N(0) = 16; N(1) = 14;
→ 13	0	7	0	$h(0) = \dfrac{16}{30} = 0{,}533;\quad h(1) = \dfrac{14}{30} = 0{,}467.$
14	0			
15	0			
16	0			*"Gestrichenes" Kollektiv:*
→ 17	0	8	0	*Auswahlprinzip:*
18	0			Es werden nur jene Beobachtungen des Ausgangskollektives übernommen,
→ 19	1	9	1	deren Ordnungszahl K mit einer *Prim-zahl* zusammenfällt.
20	0			(Pfeil der ersten Kolonne.)
21	1			*Statistik:*
22	1			N′ = 11; N′(0) = 5; N′(1) = 6;
→ 23	1	10	1	$h'(0) = \dfrac{5}{11} = 0{,}454;\quad h'(1) = \dfrac{6}{11} = 0{,}546.$
24	1			
25	1			*Folgerung:*
26	0			Ungeachtet der relativ kleinen Ver-suchszahl N = 30 liegen beziehentlich
27	0			h(0), h′(0) und h(1), h′(1) bemerkenswert
28	0			nahe beieinander.
→ 29	0	11	1	
30	1			

Solange sowohl N wie N' je *endliche* Mengen beschreiben, welche nur im Rahmen der einschränkenden Ungleichung (E 6, 6) miteinander zusammenhängen, geht die Antwort auf die gestellte Frage nicht über den jeweils bearbeiteten *Einzelfall* hinaus. Um daher zu allgemeineren Schlüssen vorzustoßen, verknüpfen wir die Zahlen N' und N durch Angabe des *Auswahlverhältnisses*

$$0 < a = \frac{N'}{N} < 1, \qquad (E\ 6,\ 8)$$

welches bei dem ideellen Prozeß N → ∞ gegen die feste Grenze

$$0 < a_\infty = \lim_{N \to \infty} \frac{N'}{N} < 1 \qquad (E\ 6,\ 9)$$

konvergiere; die verglichenen relativen Häufigkeiten gehen dann beziehentlich in die Wahrscheinlichkeiten

$$w(x) = \lim_{N' \to \infty} h(x) \qquad (E\ 6,\ 10)$$

des Merkmales x im Ausgangskollektiv und

$$w'(x) = \lim_{N' \to \infty} h'(x) \qquad (E\ 6,\ 11)$$

im gestrichenen Kollektiv über. Nun unterscheiden wir zwei Fälle:

1. Die Invarianz

$$w'(x) = w(x) \qquad (E\ 6,\ 12)$$

gegen die jeweils getroffene Auswahl zeigt an, daß das gestrichene Kollektiv mit dem Ausgangskollektiv *statistisch identisch* ist. Obwohl die angenommene Gleichheit gewiß äußerst plausibel ist, können wir doch weder theoretisch noch empirisch nachweisen, daß sie bei *jeder* denkbaren Auswahl bestehen bleibt. Angesichts dieser unabänderlichen „Ignoranz" müssen wir unsere Zuflucht zu einer *axiomatischen* Definition nehmen, welche als solche unanfechtbar ist: Die Existenz der Gleichheit (E 6, 12) vorausgesetzt, heben wir eben durch sie aus der Gesamtheit aller denkbaren statistischen Ensembles diejenige Gruppe heraus, deren beobachtete Merkmale einmal für immer ein *ideal ungeordnetes Kollektiv* bilden.

2. Es mag vorkommen, daß für mindestens *ein* bestimmtes Merkmal x die Ungleichung

$$w'(x) \neq w(x) \qquad (E\ 6,\ 13)$$

gefunden wird, welche in ihrem strikten Gegensatz zu der plausiblen Annahme (E 6, 12) unserem „statistischen Instinkt" zunächst widerspricht. Um nichtsdestoweniger zu einem befriedigenden Verständnis des angezeigten Tatbestandes zu gelangen, werden wir zu der Hypothese einer „*verborgenen Ordnung*" innerhalb des Ausgangskollektivs gedrängt, welche, diesem eingeprägt, erst durch die Auswahlvorschrift sozusagen zufällig aufgedeckt wurde.

Wir erläutern die vorstehenden Überlegungen am Beispiel der Statistik der Verkehrsunfälle etwa auf einer bestimmten Überlandstraße. Die Ausgangsstatistik enthält als Merkmal x die Anzahl der täglichen Unfälle, geordnet nach dem „Datum" $1 \leq K \leq 365$ des laufenden Jahres. Nun möge die „blindlings" erlassene Auswahlregel verlangen, genau nur jede siebente Eintragung der ursprünglichen Statistik [K = 1; 8; 15; ... 365] in die neue Statistik zu übertragen, welche somit N' = 52 Eintragungen enthält. Falls dann Neujahr gerade auf einen Sonnabend oder einen Sonntag fiel,

wird sich vermutlich das gestrichene Kollektiv merklich vom Ausgangskollektiv unterscheiden und hierdurch den gewiß wesentlichen Einfluß des
Wochenendes auf den Überlandverkehr offenbaren.

c) In einer eindimensionalen Statistik von insgesamt N Beobachtungen
mögen die vorerst unterschiedlichen, ganzen Zahlen $a_1; a_2; \ldots a_k$ [ein-
schließlich der Null] die jeweils registrierten Werte des Merkmales x bezeichnen; von ihnen dürfen wir ohne Beschränkung der Allgemeinheit voraussetzen, daß sie nach aufsteigender Größe geordnet seien. Aus diesem
Material bilden wir eine neue Statistik, in welcher wir zwar nach wie vor
sämtliche N Beobachtungen ausnahmslos in Rechnung stellen, die frühere
Differenzierung der Beobachtungsresultate jedoch durch *gruppenweise Zu-
sammenfassung* je der $(1 + \varkappa)$ aufeinander folgenden Zahlen $a_k; a_{k+1}; \ldots a_{k+\varkappa_k}$
zu der Klasse der ebenfalls die Null als Element umfassenden ganzen
Zahlen A_K einschränken, indem mindestens *eine* der Zahlen $\varkappa_k$ der Ungleichung

$$\varkappa_k > 0 \qquad \qquad (\text{E } 6, \ 14)$$

unterworfen wird. Die Anzahl N' der registrierten Beobachtungen in dem
nach diesen Anweisungen gebildeten, ,,gestrichenen" Protokoll stimmt zwar
genau mit der Anzahl N der registrierten Beobachtungen im Ausgangs-
protokoll [Zahlentafel 3] überein

$$N' = N. \qquad \qquad (\text{E } 6, \ 15)$$

Doch ist das Merkmal y des gestrichenen Protokolles nur der Werte
$A_I; A_{II}; \ldots A_K; \ldots$ fähig, so daß es wegen (E 6, 14) die Eigenschaften
des kontrollierten Kollektivs weniger nuancenreich oder, mit einfacheren
Worten, merklich ,,gröber" als das ursprüngliche Merkmal x beschreibt,
wir bezeichnen daher den sozusagen ,,gleichschaltenden" Prozeß

$$x \to y \qquad \qquad (\text{E } 6, \ 16)$$

als *Mischung* oder, vielleicht treffender, *Fusion* der ursprünglichen Merkmalwerte. Setzen wir überdies voraus, daß sich der Statistiker bei der Herstellung des gestrichenen Protokolles keiner Fälschung schuldig macht, so
gleicht in diesem ,,y-Protokoll" die Anzahl $N'(A_K)$ der Eintragungen des
nunmehr *einheitlichen* Merkmalwertes $y = A_K$ der *Summe* aller vordem im
ursprünglichen, ungestrichenen ,,x-Protokoll" *gesondert* aufgeführten $N(x)$
Registrierungen des Fusionsbereiches $a_k \leqq x \leqq a_{k+\varkappa_k}$

$$N'(A_K) = \sum_{x \, = \, a_k}^{a_{k+\varkappa_k}} N(x). \qquad \qquad (\text{E } 6, \ 17)$$

Zufolge (E 6, 15) erscheint daher A_K im gestrichenen Protokoll mit der
relativen Häufigkeit

$$h'(A_K) = \frac{N'(A_K)}{N'} = \frac{1}{N} \sum_{x \, = \, a_k}^{a_{k+\varkappa_k}} N(x) = \sum_{x \, = \, a_k}^{a_{k+\varkappa_k}} h(x). \qquad (\text{E } 6, \ 18)$$

Durch den allerdings nur ideellen Grenzübergang $N = N' \to \infty$ gelangen wir somit zum *Verteilungsgesetz der Fusionswahrscheinlichkeiten*

$$w'(y) \equiv w'(A_k) = \sum_{x \, = \, a_k}^{a_{k+\varkappa_k}} w(x). \qquad \qquad (\text{E } 6, \ 19)$$

Zahlentafel 3. *Erläuterung der Fusion*

Ausgangskollektiv		„Gestrichenes" Kollektiv		Legende
K	x	K′	y	
1	5	1	1	
2	4	2	1	
3	7	3	2	
4	2	4	0	
5	9	5	2	
6	5	6	1	
7	2	7	0	
8	9	8	2	
9	6	9	2	
10	7	10	2	
11	2	11	0	
12	8	12	2	
13	9	13	2	
14	6	14	2	
15	5	15	1	
16	5	16	1	
17	7	17	2	
18	8	18	2	
19	3	19	0	
20	4	20	1	
21	6	21	2	
22	8	22	2	
23	1	23	0	
24	7	24	2	
25	5	25	1	
26	5	26	1	
27	3	27	0	
28	8	28	2	
29	9	29	2	
30	10	30	2	

Legende

Gegenstand der Statistik:

Aufnahmeprüfung von $N = 30$ Volksschulabsolventen in eine Mittelschule.

Ausgangskollektiv:

Prüfungsergebnisse der Kandidaten.

Merkmal x:

Leistung jedes Kindes, abgestuft von $x = 1$ [ungenügend] bis $x = 10$ [sehr gut].

Statistik:

$$N(1) = 1 \qquad h(1) = \tfrac{1}{30}$$
$$N(2) = 3 \qquad h(2) = \tfrac{3}{30}$$
$$N(3) = 2 \qquad h(3) = \tfrac{2}{30}$$
$$N(4) = 2 \qquad h(4) = \tfrac{2}{30}$$
$$N(5) = 6 \qquad h(5) = \tfrac{6}{30}$$
$$N(6) = 3 \qquad h(6) = \tfrac{3}{30}$$
$$N(7) = 4 \qquad h(7) = \tfrac{4}{30}$$
$$N(8) = 4 \qquad h(8) = \tfrac{4}{30}$$
$$N(9) = 4 \qquad h(9) = \tfrac{4}{30}$$
$$N(10) = 1 \qquad h(10) = \tfrac{1}{30}$$

Gestrichenes Kollektiv:

Gruppierung der Kandidaten.

Merkmal y:

Entscheidung der Prüfungskommission:

$x = 1; 2; 3$: nicht aufgenommen, $y = 0$
$x = 4; 5$: Ergänzungsprüfung, $y = 1$
$x = 6; 7; 8; 9; 10$: aufgenommen, $y = 2$

Statistik:

$$N'(0) = 1 + 3 + 2 = 6; \qquad h'(0) = \tfrac{6}{30}$$
$$N'(1) = 2 + 6 = 8; \qquad h'(1) = \tfrac{8}{30}$$
$$N'(2) = 3 + 4 + 4 + 4 + 1 = 16; \quad h'(2) = \tfrac{16}{30}$$

Es genügt, unter abermaliger Berufung auf die durch (E 6, 15) garantierte gewissenhafte Herstellung des gestrichenen Protokolls, der *Vollständigkeitsrelation*

$$\sum_{y=-\infty}^{\infty} w'(y) = 1. \qquad (E\ 6,\ 20)$$

Falls insbesondere der gesamte Wertevorrat von x beim Übergang zu y lückenlos in die beiden, einander ausschließenden Klassen y_I und y_{II} zerfällt, liegt — im gestrichenen Kollektiv — eine einfache *Alternative* vor; setzen wir für sie abkürzend

$$w'(y_I) = p; \qquad w'(y_{II}) = q, \qquad (E\ 6,\ 21)$$

so zieht (E 6, 20) die Gleichung

$$p + q = 1 \qquad (E\ 6,\ 22)$$

nach sich [vgl. das in Zahlentafel 2 gegebene Beispiel des Wurfes einer Münze].

d) Im Protokoll einer Reihe von N Beobachtungen am eindimensionalen Merkmal der unterschiedlichen Werte $a_1; a_2; \ldots a_k; \ldots$ messe

$$N(a_k) \leqq N \qquad (E\ 6,\ 23)$$

die Anzahl der Beobachtungen gerade des Merkmalwertes a_k. Aus dieser „ungestrichenen" Statistik bilden wir eine neue, „gestrichene" Statistik, indem wir nur jenen *Teil*

$$N' \leqq N \qquad (E\ 6,\ 24)$$

aller ursprünglichen Beobachtungen beibehalten, welche — nach passender Bezifferung des ordnenden Index k — in einem der Merkmalwerte

$$a_{k'} = a_l; \qquad a_k \leqq a_l \leqq a_{k+\varkappa} \qquad (E\ 6,\ 25)$$

resultieren, während alle anderen Beobachtungen geflissentlich außer acht gelassen [„ausgeschieden"] werden. Das aus dieser Vorschrift nach dem Beispiel der Zahlentafel 4 entstehende Merkmal y enthält somit lediglich den Wertevorrat aller $a_{k'}$, der in der Regel kleiner als jener von x ausfällt. Auf Grund dieser Definition umfaßt das y-Protokoll insgesamt nur

$$N' = \sum_{x=a_k}^{a_{k+\varkappa}} N(x) \leqq N \qquad (E\ 6,\ 26)$$

Eintragungen, von welchen gerade $N'(a_{k'})$ auf $y = a_{k'}$ entfallen mögen. Da nun dieses Merkmal aus $x = a_l$ durch bloße *Umbenennung* hervorgegangen ist, kommt — bei garantiertem Ausschluß von Protokollfälschungen oder von Übertragungsfehlern — das Merkmal $a_{k'}$ im y-Protokoll genau so häufig vor wie a_l im x-Protokoll:

$$N'(a_{k'}) = N(a_l). \qquad (E\ 6,\ 27)$$

Für die relative Häufigkeit $h'(a_{k'})$ von $a_{k'}$ im y-Protokoll finden wir daher mit Rücksicht auf (E 6, 26) das Verhältnis

$$h'(a_{k'}) = \frac{N'(a_{k'})}{N'} = \frac{N(a_l)}{N} \cdot \frac{N}{N'} = h(a_l) \cdot \frac{N}{\sum\limits_{x=a_k}^{a_{k+\varkappa}} N(x)}. \qquad (E\ 6,\ 28)$$

Zahlentafel 4. *Erläuterung der Teilung*

	Ausgangskollektiv		"Gestrichenes" Kollektiv	
	K	x	K′	y
→	1	1		
	2	6	1	6
	3	5	2	5
	4	3	3	3
	5	4	4	4
→	6	2		
	7	6	5	6
	8	3	6	3
→	9	1		
	10	3	7	3
	11	5	8	5
	12	3	9	3
→	13	2		
→	14	2		
	15	6	10	6
→	16	1		
	17	3	11	3
	18	4	12	4
	19	4	13	4
→	20	2		
	21	5	14	5
→	22	1		
	23	6	15	6
	24	5	16	5
	25	4	17	4
	26	3	18	3
→	27	2		
→	28	1		
→	29	1		
	30	5	19	5

Legende

Gegenstand der Statistik:

Spiel mit einem Würfel.

Ausgangskollektiv:

Ergebnis des Einzelwurfes.

Merkmal x:

Anzahl der von oben her beobachteten "Augen" des Würfels nach dessen Wurf auf eine horizontale Ebene.

Statistik:

$$N(1) = 6 \qquad h(1) = \tfrac{6}{30}$$
$$N(2) = 5 \qquad h(2) = \tfrac{5}{30}$$
$$N(3) = 6 \qquad h(3) = \tfrac{6}{30}$$
$$N(4) = 4 \qquad h(4) = \tfrac{4}{30}$$
$$N(5) = 5 \qquad h(5) = \tfrac{5}{30}$$
$$N(6) = 4 \qquad h(6) = \tfrac{4}{30}$$
$$\overline{N = \Sigma N(x) = 30 \qquad \Sigma h(x) = 1}$$

Gestrichenes Kollektiv:

Die Würfe, welche x = 1 oder 2 ergaben [Pfeil in der ersten Kolonne!] werden ausgeschieden ("Nieten").

Merkmal:

$$y = x; \qquad x \neq 1; 2.$$

Statistik:

$$N'(3) = N(3) = 6 \qquad h'(3) = \tfrac{6}{19} = \tfrac{30}{19} h(3)$$
$$N'(4) = N(4) = 4 \qquad h'(4) = \tfrac{4}{19} = \tfrac{30}{19} h(4)$$
$$N'(5) = N(5) = 5 \qquad h'(5) = \tfrac{5}{19} = \tfrac{30}{19} h(5)$$
$$N'(6) = N(6) = 4 \qquad h'(6) = \tfrac{4}{19} = \tfrac{30}{19} h(6)$$
$$\overline{N' = \Sigma N'(y) = 19 \qquad \Sigma h'(y) = 1}$$

Folgerung:

$$h'(y) = h(y)\,\frac{N}{N'} > h(y).$$

Wir führen den [hypothetischen] Grenzprozeß $N \to \infty$ aus. Der Quotient

$$w(a_l) = \lim_{N \to \infty} \frac{N(a_l)}{N} \qquad \text{(E 6, 29)}$$

schildert dann die Wahrscheinlichkeit des *Einzelmerkmales* $x = a_l$ in der Ausgangsstatistik, während das Verhältnis

$$w(A_k) = \lim_{N \to \infty} \frac{\displaystyle\sum_{x = a_k}^{a_{k+\varkappa}} N(x)}{N} = \sum_{x = a_k}^{a_{k+\varkappa}} w(x) \qquad \text{(E 6, 30)}$$

im nämlichen Kollektiv die „*Klassenwahrscheinlichkeit*" aller allein in die „gestrichene" Statistik übernommenen Merkmalwerte mißt. Schreiben wir nun

$$\lim_{N \to \infty} h'(a_{k'}) = w'(a_l), \qquad \text{(E 6, 31)}$$

so entsteht aus (E 6, 28) mit Rücksicht auf (E 6, 29), (E 6, 30) und (E 6, 31) die Formel

$$w'(a_l) = \frac{w(a_l)}{w(A_k)}. \qquad \text{(E 6, 32)}$$

Im Lichte dieses Ergebnisses sagt man, daß das Kollektiv der Merkmalwerte y aus dem ursprünglichen Kollektiv der Merkmalwerte x durch *Teilung* hervorgegangen sei. Mit dieser Terminologie läßt sich somit Gl. (E 6, 32) in der *Regel* zusammenfassen: Die Wahrscheinlichkeit eines von der Teilung unberührten Merkmales wird durch eben diesen Prozeß im reziproken Verhältnis der Klassenwahrscheinlichkeit aller übernommenen Merkmalwerte vergrößert.

Häufig empfiehlt es sich, das Ergebnis (E 6, 32) mittels einer vorerst noch unbestimmten Konstanten C in die Gestalt

$$w'(a_l) = C \cdot w(a_l) \qquad \text{(E 6, 33)}$$

zu bringen. Unterwirft man die Verteilungsfunktion der „gestrichenen" Vollständigkeitsrelation

$$\sum_{a_k}^{a_{k+\varkappa}} w'(a_l) = 1, \qquad \text{(E 6, 34)}$$

so folgt aus (E 6, 33) für die Konstante C die definitive Angabe

$$C = \frac{1}{\displaystyle\sum_{a_k}^{a_{k+\varkappa}} w(a_l)}. \qquad \text{(E 6, 35)}$$

Wegen (E 6, 30) sind daher die formal verschiedenen Gleichungen (E 6, 32) und (E 6, 33) inhaltlich miteinander identisch.

Zahlentafel 5. *Verbindung eindimensionaler Kollektive.*

$K_I = K_{II}$	Kollektiv I x	Kollektiv II y	Legende
1	0	1	*Gegenstand der Statistik:*
2	0	1	Fernsprechverkehr von einem öffentlichen Telefon-Automaten.
3	1	0	
4	0	·1	*Kollektiv* I:
5	1	1	Zustand der *Zelle.*
6	0	0	*Merkmal:*
7	1	0	$x = 0$: frei,
8	1	1	$x = 1$: besetzt.
9	0	1	*Statistik:*
10	0	0	$N_I(0) = 16 \qquad h_I(0) = \frac{16}{30}$
11	1	1	$N_I(1) = 14 \qquad h_I(1) = \frac{14}{30}$
12	0	1	$N = \Sigma N_I(x) = 30 \qquad \Sigma h_I(x) = 1$
13	1	1	*Kollektiv* II:
14	1	0	Zustand der *Leitung.*
15	1	1	*Merkmal:*
16	0	1	$y = 0$: frei,
17	0	0	$y = 1$: besetzt.
18	1	0	*Statistik:*
19	0	0	$N_{II}(0) = 12 \qquad h_{II}(0) = \frac{12}{30}$
20	1	1	$N_{II}(1) = 18 \qquad h_{II}(1) = \frac{18}{30}$
21	1	0	$N = \Sigma N_{II} = 30 \qquad \Sigma h_{II}(y) = 1$
22	0	1	*Zweidimensionales Verbundkollektiv.*
23	0	1	*Merkmal:*
24	0	1	$(x; y) = (0; 0)$ [Das Gespräch kommt zustande]
25	1	0	$(x; y) = (0; 1)$ [Leitung besetzt]
26	0	1	$(x; y) = (1; 0)$ [Zelle besetzt]
27	0	1	$(x; y) = (1; 1)$ [Zelle und Leitung besetzt]
28	1	0	*Statistik:*
29	1	1	$N(0; 0) = 5 \qquad h(0; 0) = \frac{5}{30}$
30	0	0	$N(0; 1) = 11 \qquad h(0; 1) = \frac{11}{30}$
			$N(1; 0) = 7 \qquad h(1; 0) = \frac{7}{30}$
			$N(1; 1) = 7 \qquad h(1; 1) = \frac{7}{30}$

E 7. Verbindung eindimensionaler Kollektive.

a) Wir beschäftigen uns mit der einmaligen Beobachtung zweier unterschiedlicher Systemreihen I und II, deren jede die nämliche Zahl N zwar untereinander identischer, doch individualisierbarer Einzelsysteme enthalte. Es wird vorausgesetzt, daß jede Beobachtung durch den Wert a_i des Merkmales x am Einzelsystem der Art I und durch den Wert b_k des Merkmales y am Einzelsystem der Art II charakterisiert wird. Das Resultat dieser Arbeit werde uns zunächst in Form zweier unabhängiger Protokolle I und II beziehentlich der je untersuchten Einzelsysteme vorgelegt. Sei $x = a_i$ in I gerade $N_I(a_i)$ mal und $y = b_k$ in II gerade $N_{II}(b_k)$ mal registriert worden, so unterrichten uns die Verhältnisse

$$h_I(a_i) = \frac{N_I(a_i)}{N} \; ; \qquad h_{II}(b_k) = \frac{N_{II}(b_k)}{N} \qquad (E\ 7,\ 1)$$

über die relativen Häufigkeiten beziehentlich der Merkmalwerte a_i in I und b_k in II; aus ihnen gehen durch den virtuellen Prozeß $N \to \infty$ die Einzelverteilungen

$$w_I(x) = \lim_{N \to \infty} h_I(x); \qquad w_{II}(y) = \lim_{N \to \infty} h_{II}(y) \qquad (E\ 7,\ 2)$$

hervor [Zahlentafel 5].

b) Aus den Protokollen I und II stellen wir durch „*Verbindung*" ein neues Protokoll her. Bei seiner Niederschrift wird nach einem vereinbarten Schlüssel der K_I-sten Beobachtung an der Systemreihe I die K_{II}-te Beobachtung an der Systemreihe II derart zugeordnet, daß die entsprechenden Merkmalwerte $x = a_i$ und $y = b_k$ im vereinigten Protokoll „gleichzeitig" am K-ten Platze erscheinen; dieses Protokoll enthält somit das Zahlenmaterial von N je *zweidimensionalen* Einzelbeobachtungen, deren jede durch das Merkmalpaar (x; y) charakterisiert wird. Gesucht wird die Wahrscheinlichkeit

$$w = w(x, y). \qquad (E\ 7,\ 3)$$

c) Wir richten unsere Aufmerksamkeit vorerst auf das Protokoll II und markieren in ihm alle jene

$$N_{II} = N_{II}(b_k) \qquad (E\ 7,\ 4)$$

Beobachtungsnummern K_{II}, welche gerade das eindimensionale Merkmal $y = b_k$ aufweisen; ihnen entsprechen im Protokoll I genau

$$N_I' = N_{II}(b_k) \qquad (E\ 7,\ 5)$$

„gleichzeitige" Beobachtungen, welche wir als Ausgangsmaterial einer neuen Statistik wählen: Tritt in ihr das gleichfalls eindimensionale Merkmal $x = a_i$ gerade

$$N_I'(a_i) \leqq N_I' \qquad (E\ 7,\ 6)$$

mal auf, so mißt das Verhältnis

$$h(x; y) = \frac{N_I'(x)}{N} = \frac{N_I'(x)}{N_I'} \cdot \frac{N_I'}{N} = \frac{N_I'(x)}{N_I'} \cdot \frac{N_{II}(y)}{N} \qquad (E\ 7,\ 7)$$

die *relative Häufigkeit des zweidimensionalen Merkmales* (x; y); läßt man die Protokolle I und II ihre Rollen tauschen, so findet man nach sinngemäßer Abänderung der Bezeichnungen auf dem gleichen Wege die zu (E 7, 7) duale Formel

$$h(y; x) = \frac{N_{II}'(y)}{N_{II}'} \cdot \frac{N_I(x)}{N} \cdot \qquad (E\ 7,\ 8)$$

Beim Grenzübergang $N \to \infty$ gelangen wir in den Verhältnissen

$$\lim_{N \to \infty} \frac{N_I(x)}{N} = w_I(x); \qquad \lim_{N \to \infty} \frac{N_{II}(y)}{N} = w_{II}(y) \qquad (E\ 7,\ 9)$$

zu den Einzelwahrscheinlichkeiten beziehentlich der Merkmale x und y bei der *unabhängigen Beobachtung* allein der Systeme von der Art I oder von der Art II. Dagegen messen die Verhältnisse

$$\lim_{N \to \infty} \frac{N_I{}'(x)}{N_I{}'} = w_I{}'(x); \qquad \lim_{N \to \infty} \frac{N_{II}{}'(y)}{N_{II}{}'} = w_{II}{}'(y) \qquad (E\ 7,\ 10)$$

die Wahrscheinlichkeiten beziehentlich von x und y in jener „*gekoppelten*" Teilstatistik, in welcher diese beiden Merkmale stets gleichzeitig auftreten; in der Regel sind daher die Wahrscheinlichkeiten (E 7, 9) von den Wahrscheinlichkeiten (E 7, 10) beziehentlich gleicher Merkmalwerte durchaus verschieden. Sollte sich jedoch

$$w_I{}'(x) = w_I(x); \qquad w_{II}{}'(y) = w_{II}(y) \qquad (E\ 7,\ 11)$$

ergeben, so liegt in der wechselseitigen statistischen Kopplung des Merkmales $x = a_i$ mit dem Merkmal $y = b_k$ lediglich eine besondere Form des *Auswahlprozesses* [Ziffer E 6, b] vor; es muß indes betont werden, daß sich ein solches Verhalten realer Versuchsreihen aus den Eigenschaften der jeweils untersuchten Systeme keineswegs „a priori" behaupten läßt, sondern nur als *empirischer Sachverhalt* festgestellt werden kann.

d) Unter der Voraussetzung (E 7, 11) liefern die Gleichungen (E 7, 7) und (E 7, 8) in Gemeinschaft mit (E 7, 9) und (E 7, 10) beim Übergang zu $N \to \infty$ die Angabe

$$w(x; y) = w_I(x)\, w_{II}(y), \qquad (E\ 7,\ 12)$$

derzufolge also die *Verbindungswahrscheinlichkeit dem Produkte der Einzelwahrscheinlichkeiten* gleicht. Aus dieser Regel resultiert für den Erwartungswert $\langle x\,y \rangle$ der verbundenen Merkmale der Ausdruck

$$\langle x\,y \rangle = \sum_{(x;\,y)} x\,y\,w(x;y) = \sum_{(x;\,y)} x\,y\,w_I(x)\,w_{II}(y) = \langle x \rangle \langle y \rangle. \qquad (E\ 7,\ 13)$$

Daher findet sich für den Korrelationskoeffizienten von x und y der Wert

$$\sigma_{x;y} = \frac{\displaystyle\sum_{(x;\,y)} (x - \langle x \rangle)\,(y - \langle y \rangle)\, w(x;y)}{\sqrt{\displaystyle\sum_{(x)} (x - \langle x \rangle)^2\, w_I(x) \sum_{(y)} (y - \langle y \rangle)^2\, w_{II}(y)}} = 0, \qquad (E\ 7,\ 14)$$

welcher diese Merkmale als voneinander *statistisch unabhängig* charakterisiert: Die Kopplung ist ihnen nur durch eine formale Vorschrift aufgezwungen, welche jedoch mit der Natur der beobachteten Systeme keinerlei Zusammenhang aufweist.

e) Von dem Kollektiv des zweidimensionalen Merkmales

$$(x; y) = (a_i; b_k) \qquad (E\ 7,\ 15)$$

steigen wir zu einem nur eindimensionalen Kollektiv des Merkmales

$$z = x + y \qquad (E\ 7,\ 16)$$

herab. Welches ist seine „Summenwahrscheinlichkeit" w(z) bei gegebenen Wahrscheinlichkeiten $w_I(x)$ und $w_{II}(y)$ der Postenmerkmale?

Ausgehend von dem vereinigten Protokoll der N „gleichzeitigen" Doppelbeobachtungen (x; y) nach (E 7, 15) stellen wir jeweils mittels der Addition (E 7, 16) das „Summenprotokoll" der nämlichen N Beobachtungen her. Die Teilzahl $N(z) \leq N$ aller Beobachtungen des gleichen Merkmales z resultiert dann als Gesamtheit aller Zahlen $N(x; y)$ jener Angaben des zweidimensionalen Ausgangsprotokolles, deren Merkmalsumme gerade den gewünschten Wert z liefert [Zahlentafel 6]:

$$N(z) = \sum_{x+y=z} N(x; y). \qquad (E\ 7,\ 17)$$

Daher folgt für die gesuchte Wahrscheinlichkeit w(z) die Berechnungsvorschrift

$$w(z) = \lim_{N \to \infty} \frac{N(z)}{N} = \lim_{N \to \infty} \sum_{x+y=z} \frac{N(x; y)}{N} = \sum_{x+y=z} w(x; y), \qquad (E\ 7,\ 18)$$

welche im Falle unabhängiger Postenkollektive gemäß (E 7, 12) die Form

$$w(z) = \sum_{x+y=z} w_I(x)\, w_{II}(y) \qquad (E\ 7,\ 19)$$

annimmt.

f) Die in (E 7, 19) verlangte Summierung läßt sich mit Hilfe der *Laplace*schen Funktion

$$L_I(s) = \sum_{(x)} w_I(x)\, e^{-2\pi\sqrt{-1}\,xs}; \qquad L_I(0) = 1 \qquad (E\ 7,\ 20)$$

der Verteilung $w_I(x)$ und der entsprechend gebildeten *Laplace*schen Funktion

$$L_{II}(s) = \sum_{(y)} w_{II}(y)\, e^{-2\pi\sqrt{-1}\,ys}; \qquad L_{II}(0) = 1 \qquad (E\ 7,\ 21)$$

in übersichtlicher Weise ausführen: Wir behaupten, daß die *Laplace*sche Funktion L(s) der Verteilung w(z) nach (E 7, 19) dem *Produkt der Postenfunktionen* gleicht:

$$L(s) = L_I(s) \cdot L_{II}(s); \qquad L(0) = 1. \qquad (E\ 7,\ 22)$$

Um dies einzusehen, haben wir die Gleichung

$$w(z) = \int_{-1/2}^{1/2} L(s)\, e^{+2\pi\sqrt{-1}\,zs}\, ds \qquad (E\ 7,\ 23)$$

[vgl. hierzu die Anweisungen (E 4, 23) und (E 4, 25)] zu verifizieren, welche L(s) als erzeugende Funktion der Verteilung w(z) definiert. Gemäß (E 7, 20), (E 7, 21) und (E 7, 22) wird nun L(s) durch die zweifache *Fourier*-Reihe

$$L(s) = \sum_{(x)} \sum_{(y)} w_I(x)\, w_{II}(y)\, e^{-2\pi\sqrt{-1}\,(x+y)s} \qquad (E\ 7,\ 24)$$

dargestellt, aus welcher wir sogleich die Formel

$$\int_{-1/2}^{1/2} L(s)\, e^{+2\pi\sqrt{-1}\,zs}\, ds = \sum_{x+y=z} w_I(x)\, w_{II}(y) \qquad (E\ 7,\ 25)$$

erschließen; ihr Vergleich mit (E 7, 19) und (E 7, 23) enthält den verlangten Beweis.

Zahlentafel 6. *Summenwahrscheinlichkeit.*

K	Kollektiv I x	Kollektiv II y	Kollektiv III $z=x+y$
1	2	2	4
2	4	1	5
3	0	3	3
4	6	2	8
5	5	1	6
6	2	3	5
7	3	3	6
8	3	1	4
9	1	3	4
10	1	2	3
11	2	0	2
12	3	5	8
13	4	3	7
14	3	5	8
15	1	4	5
16	4	1	5
17	2	2	4
18	0	4	4
19	3	2	5
20	4	3	7
21	2	2	4
22	5	0	5
23	3	3	6
24	1	2	3
25	1	1	2
26	3	3	6
27	2	2	4
28	4	1	5
29	3	3	6
30	2	2	4

Gegenstand der Statistik:
Prüfung von Langspiel-Schallplatten.
Kollektiv I: Beobachtung der Seite 1.
Merkmal: x = Zahl der Knallgeräusche.
Statistik:

$$N_I(0) = 2 \qquad h_I(0) = \frac{2}{30}$$
$$N_I(1) = 5 \qquad h_I(1) = \frac{5}{30}$$
$$N_I(2) = 7 \qquad h_I(2) = \frac{7}{30}$$
$$N_I(3) = 8 \qquad h_I(3) = \frac{8}{30}$$
$$N_I(4) = 5 \qquad h_I(4) = \frac{5}{30}$$
$$N_I(5) = 2 \qquad h_I(5) = \frac{2}{30}$$
$$N_I(6) = 1 \qquad h_I(6) = \frac{1}{30}$$

Kollektiv II: Beobachtung der Seite 2.
Merkmal: y = Zahl der Knallgeräusche.
Statistik:

$$N_{II}(0) = 2 \qquad h_{II}(0) = \frac{2}{30}$$
$$N_{II}(1) = 6 \qquad h_{II}(1) = \frac{6}{30}$$
$$N_{II}(2) = 9 \qquad h_{II}(2) = \frac{9}{30}$$
$$N_{II}(3) = 9 \qquad h_{II}(3) = \frac{9}{30}$$
$$N_{II}(4) = 2 \qquad h_{II}(4) = \frac{2}{30}$$
$$N_{II}(5) = 2 \qquad h_{II}(5) = \frac{2}{30}$$
$$N_{II}(6) = 0 \qquad h_{II}(6) = 0$$

Kollektiv III: Beurteilung der Gesamtplatte.
Merkmal: z = Anzahl störender Fehlstellen.
Statistik:

$$N_{III}(0) = 0 \qquad h_{III}(0) = 0$$
$$N_{III}(1) = 0 \qquad h_{III}(1) = 0$$
$$N_{III}(2) = 2 \qquad h_{III}(2) = \frac{2}{30}$$
$$N_{III}(3) = 3 \qquad h_{III}(3) = \frac{3}{30}$$
$$N_{III}(4) = 8 \qquad h_{III}(4) = \frac{8}{30}$$
$$N_{III}(5) = 7 \qquad h_{III}(5) = \frac{7}{30}$$
$$N_{III}(6) = 5 \qquad h_{III}(6) = \frac{5}{30}$$
$$N_{III}(7) = 2 \qquad h_{III}(7) = \frac{2}{30}$$
$$N_{III}(8) = 3 \qquad h_{III}(8) = \frac{3}{30}$$

g) Aus den erzeugenden Funktionen $L_I(s)$ und $L_{II}(s)$ beziehentlich der Postenmerkmale x und y berechnen wir deren Erwartungswerte zu

$$\langle x \rangle = \sum_{(x)} x\, w_I(x) = \frac{1}{-2\pi\sqrt{-1}}\left[\frac{dL_I}{ds}\right]_{s=0}. \tag{E 7, 26}$$

$$\langle y \rangle = \sum_{(y)} y\, w_{II}(y) = \frac{1}{-2\pi\sqrt{-1}}\left[\frac{dL_{II}}{ds}\right]_{s=0} \tag{E 7, 27}$$

und ihre Momente zweiter Ordnung zu

$$\langle x^2 \rangle = \sum_{(x)} x^2\, w_I(x) = -\frac{1}{4\pi^2}\left[\frac{d^2L_I}{ds^2}\right]_{s=0}, \tag{E 7, 28}$$

$$\langle y^2 \rangle = \sum_{(y)} y^2\, w_{II}(y) = -\frac{1}{4\pi^2}\left[\frac{d^2L_{II}}{ds^2}\right]_{s=0}, \tag{E 7, 29}$$

so daß für die quadratischen Streuungen $\sigma_I \equiv \sigma(x)$ und $\sigma_{II} \equiv \sigma(y)$ die Ausdrücke

$$\sigma(x) = \sum_{(x)} (x - \langle x \rangle)^2\, w_I(x) = \langle x^2 \rangle - \langle x \rangle^2 = -\frac{1}{4\pi^2}\left[\frac{d^2L_I}{ds^2} - \left(\frac{dL_I}{ds}\right)^2\right]_{s=0},$$
$$\tag{E 7, 30}$$

$$\sigma(y) = \sum_{(y)} (y - \langle y \rangle)^2\, w_{II}(y) = \langle y^2 \rangle - \langle y \rangle^2 = -\frac{1}{4\pi^2}\left[\frac{d^2L_{II}}{ds^2} - \left(\frac{dL_{II}}{ds}\right)^2\right]_{s=0}$$
$$\tag{E 7, 31}$$

resultieren. Welcher Zusammenhang besteht zwischen diesen statistischen Maßzahlen und den entsprechenden Größen des Summenkollektivs?

Wir beschränken uns auf unabhängige Postenkollektive der Eigenschaft (E 7, 12). Für den Erwartungswert $\langle z \rangle$ der Summe $(x + y)$ finden wir dann mittels (E 7, 22) im Verein mit (E 7, 20), (E 7, 21), (E 7, 26) und (E 7, 27)

$$\langle z \rangle = \frac{1}{-2\pi\sqrt{-1}}\left[\frac{dL}{ds}\right]_{s=0} = \frac{1}{-2\pi\sqrt{-1}}\left[\frac{dL_I}{ds}L_{II} + L_I\frac{dL_{II}}{ds}\right]_{s=0} =$$
$$= \langle x \rangle + \langle y \rangle. \tag{E 7, 32}$$

Auf dem gleichen Wege fortschreitend berechnen wir das Moment zweiter Ordnung $\langle z^2 \rangle$ unter Berufung auf (E 7, 28) und (E 7, 29) zu

$$\langle z^2 \rangle = -\frac{1}{4\pi^2}\left[\frac{d^2L}{ds^2}\right]_{s=0} =$$
$$= -\frac{1}{4\pi^2}\left[\frac{d^2L_I}{ds^2}L_{II} + 2\frac{dL_I}{ds}\cdot\frac{dL_{II}}{ds} + L_I\frac{d^2L_{II}}{ds^2}\right]_{s=0} =$$
$$= \langle x^2 \rangle + 2\langle x \rangle \langle y \rangle + \langle y^2 \rangle. \tag{E 7, 33}$$

Mit Rücksicht auf (E 7, 30), (E 7, 31) und (E 7, 32) resultiert somit als quadratische Streuung $\sigma \equiv \sigma(z)$ des Summenkollektivs

$$\sigma(z) = \langle z^2 \rangle - \langle z \rangle^2 = (\langle x^2 \rangle - \langle x \rangle^2) + (\langle y^2 \rangle - \langle y \rangle^2) = \sigma(x) + \sigma(y).$$
$$\tag{E 7, 34}$$

h) Obwohl wir bisher nur von der Verbindung *zweier* unabhängiger Beobachtungsreihen gesprochen haben, lassen sich doch die für diese gültigen Sätze unschwer auf die Verbindung einer *beliebigen Anzahl* $k \geq 2$ solcher Kollektive verallgemeinern:

1. Die Wahrscheinlichkeit des k-dimensionalen Merkmales $x^1; x^2; \ldots x^k$ gleicht dem Produkt der Einzelwahrscheinlichkeiten

$$w(x^1; x^2; \ldots x^k) = w_1(x^1) \cdot w_2(x^2) \ldots w_k(x^k). \qquad \text{(E 7, 35)}$$

2. Die Wahrscheinlichkeit $w(z)$ des Summenmerkmales

$$z = x^1 + x^2 + \ldots x^k \qquad \text{(E 7, 36)}$$

berechnet sich nach der Vorschrift

$$w(z) = \sum_{x^1 + \ldots x^k = z} w_1(x^1) \, w_2(x^2) \ldots w_k(x^k). \qquad \text{(E 7, 37)}$$

3. Die erzeugende Funktion $L(s)$ des Summenmerkmales gleicht dem Produkt der *Laplace*schen Funktionen $L_i(s)$ $[1 \leq i \leq k]$ der Postenmerkmale

$$L(s) = L_1(s) \, L_2(s) \ldots L_k(s). \qquad \text{(E 7, 38)}$$

4. Der Erwartungswert $\langle z \rangle$ des Summenmerkmales resultiert durch Summierung der Erwartungswerte der Postenmerkmale

$$\langle z \rangle = \langle x^1 \rangle + \langle x^2 \rangle + \ldots + \langle x^k \rangle. \qquad \text{(E 7, 39)}$$

5. Die quadratische Streuung $\sigma = \sigma(z)$ des Summenmerkmales gleicht der Summe der quadratischen Streuungen $\sigma_i = \sigma(x^i)$ der Postenmerkmale

$$\sigma(z) = \sigma(x^1) + \sigma(x^2) + \ldots + \sigma(x^k). \qquad \text{(E 7, 40)}$$

i) Wir wenden die Gesetze der vielfachen Verbindung unabhängiger Kollektive auf die Erscheinung des *spontanen Zerfalles radioaktiver Atomkerne* an.

Gegeben seien N physikalisch einheitliche, durch ihren „Namen" $1 \leq j \leq N$ jedoch ein für allemal individualisierbare Atomkerne, welche sich zu Beginn der laufenden Zeit t sämtlich im strukturell gleichen Zustand befinden; ihre gegenseitige energetische Kopplung gilt ebenso wie jene mit der Außenwelt einschließlich des Beobachters als unmerklich.

Wir richten unsere Aufmerksamkeit auf die Gesamtheit der N Kerne und kontrollieren die Struktur jedes einzelnen erneut nach Ablauf der vorerst willkürlich wählbaren Zeitspanne τ. Finden wir dann $N' \leq N$ Kerne, deren Struktur von der ursprünglichen abweicht, so sagen wir, sie seien spontan *zerfallen*. Definitionsgemäß gibt

$$q = \lim_{N \to \infty} \frac{N'}{N} \qquad \text{(E 7, 41)}$$

die für diesen Prozeß maßgebende *Zerfallswahrscheinlichkeit* an, welcher die komplementäre *Erhaltungswahrscheinlichkeit*

$$p = 1 - q \qquad \text{(E 7, 42)}$$

zur Seite zu stellen ist.

Wann immer nun dieser Versuch mit einer Gruppe von Atomkernen derselben Art ausgeführt wird: Stets erweisen sich die Wahrscheinlichkeiten q und p als Funktionen allein der Dauer τ:

$$q = q(\tau); \qquad p = p(\tau). \qquad \text{(E 7, 43)}$$

Das Geschehen im Atomkern hängt hiernach weder von seiner Vorgeschichte noch vom Zustande seiner Umwelt ab, sondern wird — nach dem Stand unseres heutigen Wissens — von „ewigen, ehernen, großen" Gesetzen regiert, welche sich dem menschlichen Eingriff entziehen. Wie überaus merkwürdig, ja unglaubhaft uns der Inhalt dieses Satzes anmuten muß, erkennt man aus dem Versuche seiner Anwendung auf unser eigenes Leben:

Die Aussichten seines Fortbestandes oder seiner Vernichtung etwa während des kommenden Jahres sollten garnicht von unserem gegenwärtigen Alter abhängen!

Die Kontrolle der radioaktiven Atomkerne möge nun immer wieder nach Ablauf der nämlichen Zeitspanne τ wiederholt werden. Welche Wahrscheinlichkeit

$$w = w(n) \qquad (E\ 7,\ 44)$$

besteht dafür, daß gerade der *individuell bestimmte* Atomkern j — und nicht etwa *irgend* ein Kern der beobachteten Gesamtheit! — bis zum Zeitpunkte

$$t_n = n\,\tau; \qquad 0 \leqq n < \infty \qquad (E\ 7,\ 45)$$

in seinem ursprünglichen Zustande verbleibt, während des Intervalles

$$t_n < t \leqq t_{n+1} \qquad (E\ 7,\ 46)$$

jedoch zerfällt?

Der statistisch-empirische Inhalt dieser Frage ergibt sich durch (n + 1)-malige Wiederholung des vordem zur Messung der „Grundwahrscheinlichkeiten" p und q benutzten Verfahrens; indessen hat man hierbei zu beachten, daß die Anzahl der jeweils noch vor ihrer „Schicksalsalternative" stehenden Atomkerne — und sie allein sind in der folgenden Beobachtungsreihe in Rechnung zu stellen — auf Grund der Irreversibilität des Zerfallsvorganges von einer Kontrolle zur nächsten entweder konstant bleibt oder abnimmt. Ungeachtet dieser unabwendbaren *Massenerscheinung* besteht nun vermöge der in (E 7, 43) formulierten, permanenten Eigenschaften der Grundwahrscheinlichkeiten p und q zwischen den aufeinander folgenden Entscheidungen über „Leben" [Erhaltung] oder „Tod" [Zerfall] des *individuellen* Atomkernes j *keinerlei kausale Kopplung.* Wir dürfen daher zur Berechnung der gesuchten Wahrscheinlichkeit w(n) die Verbindungsregel (n + 1) voneinander unabhängiger Kollektive heranziehen: Da nach n lückenlos hintereinander mit je der Wahrscheinlichkeit p gefällten Entscheidungen zu Gunsten des unveränderten Bestandes des Atomkernes sein Zerfall mit der Wahrscheinlichkeit q eintritt, resultiert aus jener Regel die Angabe

$$w(n) = p^n\, q. \qquad (E\ 7,\ 47)$$

Von der durch sie dargestellten Wahrscheinlichkeit des individuellen Kernzerfalles *genau* im Intervalle (E 7, 46) gehen wir zur Wahrscheinlichkeit W = W(n) des Zerfalles *frühestens* zu diesem Zeitpunkt über, die ihrerseits mit der Wahrscheinlichkeit $\overline{W} = \overline{W}(t_n)$ einer „*Lebensdauer*" mindestens der Länge t_n identisch ist:

$$W(n) = \overline{W}(t_n). \qquad (E\ 7,\ 48)$$

Durch den alle Zeiten $t_m \geqq t_n$ summarisch umfassenden Prozeß der *Fusion* [Ziffer E 6, c] resultiert aus (E 7, 47) die Angabe

$$W(n) = \sum_{m=n}^{\infty} w(m) = q\, p^n \sum_{m=0}^{\infty} p^m = q\, \frac{p^n}{1-p} = p^n = (1-q)^n, \qquad (E\ 7,\ 49)$$

welche wir mittels der Relation (E 7, 45) in die Gestalt

$$W(n) = \left[1 - \frac{1}{n}\left(\frac{q}{\tau}\right)t_n\right]^n \qquad (E\ 7,\ 50)$$

bringen können. Ungeachtet aller realen Versuchsbedingungen denke man sich nun die Zeitspanne τ unbegrenzt verkürzt, gleichzeitig jedoch die Anzahl n der hintereinander ausgeführten Kontrollen derart vermehrt, daß der Grenzwert

$$t = \lim_{\substack{\tau \to 0 \\ n \to \infty}} \tau \cdot n \geq 0 \qquad \text{(E 7, 51)}$$

existiert. Überdies supponieren wir, die allgemeinen Angaben (E 7, 43) ergänzend und verschärfend, die Existenz des Grenzwertes

$$\lambda = \lim_{\tau \to 0} \frac{q(\tau)}{\tau} \qquad \text{(E 7, 52)}$$

von der physikalischen Dimension einer reziproken Dauer, welchen wir als *Zerfallskonstante* bezeichnen. Mit (E 7, 48), (E 7, 51) und (E 7, 52) resultiert aus E 7, 50) das sogenannte *Zerfallsgesetz* der Radioaktivität

$$\overline{W}(t) = \lim_{\substack{\tau \to 0 \\ n \to \infty}} W(n) = \lim_{n \to \infty} \left[1 - \frac{1}{n}\lambda\, t \right]^n = e^{-\lambda t}; \qquad t \geq 0, \quad \text{(E 7, 53)}$$

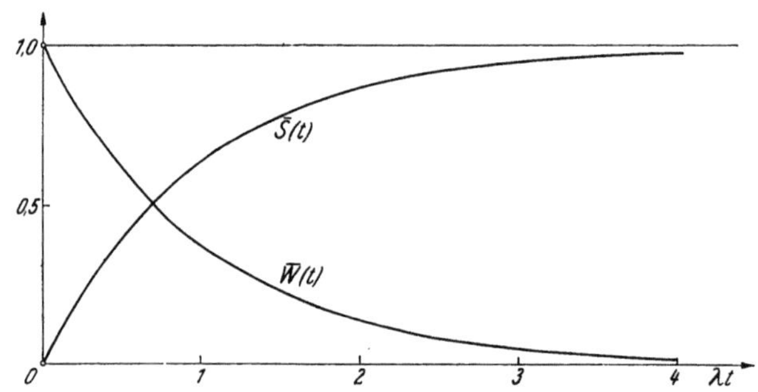

Abb. E 6. Zerfallsgesetze der Radioaktivität.

welches durch Abb. E 6 veranschaulicht wird; wir ergänzen es durch die Verteilung

$$\overline{S}(t) = 1 - e^{-\lambda t}; \qquad t \geq 0 \qquad \text{(E 7, 54)}$$

der Wahrscheinlichkeit, daß ein individueller Kern bis spätestens zum Zeitpunkt $t \geq 0$ zerfallen ist. In Ziffer E 9, f werden wir weitere statistische Eigenschaften dieser Verteilungen kennenlernen.

E 8. Die Gruppenalternative.

a) Wir beschäftigen uns mit der sehr großen Zahl N je einmaliger Beobachtungen an N statistisch miteinander identischen, voneinander unabhängigen Systemen, deren jedes der Alternative

$$y_I = 0; \qquad y_{II} = 1 \qquad \text{(E 8, 1)}$$

seines eindimensionalen Merkmales y unterworfen ist. Auf Grund der jeweiligen Beobachtungszahlen

$$N_I = N(y_I) = N(0); \qquad N_{II} = N(y_{II}) = N(1) \qquad \text{(E 8, 2)}$$

für das Erscheinen beziehentlich der Merkmalwerte $y_I = 0$ und $y_{II} = 1$ werden deren relative Häufigkeiten $h_I = h(0)$ und $h_{II} = h(1)$ durch die Verhältnisse

$$h(0) = \frac{N(0)}{N}; \qquad h(1) = \frac{N(1)}{N} \qquad \text{(E 8, 3)}$$

gemessen, welche einander zur Einheit ergänzen

$$h(0) + h(1) = 1. \qquad \text{(E 8, 4)}$$

Bei dem virtuellen Grenzprozeß $N \to \infty$ gehen diese relativen Häufigkeiten beziehentlich in die Wahrscheinlichkeiten

$$w(0) = \lim_{N \to \infty} \frac{N(0)}{N} = p; \qquad w(1) = \lim_{N \to \infty} \frac{N(1)}{N} = q \qquad \text{(E 8, 5)}$$

über, welche der Vollständigkeitsrelation

$$p + q = 1 \qquad \text{(E 8, 6)}$$

genügen. Gelten sie weiterhin als bekannt, so resultiert für die *Laplace*sche Funktion $L_0(s)$ der Alternative der zweigliedrige Ausdruck

$$L_0(s) = \sum_{(y)} w(y)\, e^{-2\pi \sqrt{-1}\, y s} = p + q\, e^{-2\pi \sqrt{-1}\, s}. \qquad \text{(E 8, 7)}$$

b) Wir nehmen das Protokoll der N vorstehend geschilderten Beobachtungen zur Hand und fassen je $n \geqq 1$ aufeinander folgende Eintragungen zu einer Gruppe zusammen, welche wir — unter der Annahme eines ganzzahligen Verhältnisses

$$\frac{N}{n} = \nu \qquad \text{(E 8, 8)}$$

— in der Reihenfolge ihrer Bildung mittels der Ziffern

$$1 \leqq \varkappa \leqq \nu \qquad \text{(E 8, 9)}$$

entsprechend dem in Zahlentafel 7 bearbeiteten Beispiel durchnumerieren. Unsere Aufmerksamkeit auf eine von ihnen konzentrierend, kennzeichnen wir sie durch die Anzahl

$$0 \leqq x \leqq n, \qquad \text{(E 8, 10)}$$

der in ihr registrierten Merkmale $y_{II} = 1$. Nun legen wir eine Liste an, welche neben der Nummer $\varkappa$ der jeweils kontrollierten Gruppe die dieser zugeordnete Zahl x enthält. Das entstehende ,,Gruppenprotokoll'' machen wir zum Gegenstand einer Statistik, deren Elemente je das eindimensionale Merkmal x tragen: Aus der Anzahl

$$\nu(x) \leqq \nu \qquad \text{(E 8, 11)}$$

berechnen wir die relative Häufigkeit

$$h_n(x) = \frac{\nu(x)}{\nu}. \qquad \text{(E 8, 12)}$$

deren Grenzwert

$$w_n(x) = \lim_{\nu \to \infty} \frac{\nu(x)}{\nu} \qquad \text{(E 8, 13)}$$

die Wahrscheinlichkeit des Merkmales x innerhalb der n-fachen Gruppenalternative definiert; welches ist ihre Größe?

Zahlentafel 7. *Gruppenalternative.*

Ausgangs-Kollektiv		Gruppen-kollektiv		Legende
K	y	$\varkappa$	x	
1	1			*Gegenstand der Statistik:*
2	1			Prüfung von Hochspannungsisolatoren.
3	0	1	4	*Ausgangskollektiv:*
4	1			Beobachtung jedes Einzelisolators bei langsam ge-
5	1			steigerter Prüfspannung.
6	0			*Merkmal:*
7	0			$y = 0$ Durchschlag,
8	1	2	3	$y = 1$ Überschlag.
9	1			*Statistik:*
10	1			
11	1			
12	1			*Gruppenkollektiv:*
13	0	3	4	Bildung von $v = 6$ Gruppen, deren jede $n = 5$ Ver-
14	1			suchsergebnisse enthält.
15	1			
16	1			*Merkmal:*
17	0			Anzahl x der durchschlagsfesten Isolatoren je
18	1	4	3	Gruppe.
19	0			*Statistik:*
20	1			
21	0			
22	0			
23	1	5	2	
24	0			
25	1			
26	1			
27	1			
28	0	6	3	
29	1			
30	0			

Statistik:

$$N(0) = 11 \qquad h(0) = \frac{11}{30}$$

$$N(1) = 19 \qquad h(1) = \frac{19}{30}$$

$$\overline{\Sigma N(y) = 30} \qquad \overline{\Sigma h(y) = 1}$$

Ergebnisse der Beobachtung		Wahrscheinlichkeit $w_n(x) = \binom{n}{x} p^{n-x} q^x$ für $p = h(0); q = h(1)$
$v(0) = 0$	$h_5(0) = 0$	$w_5(0) = 0.006$
$v(1) = 0$	$h_5(1) = 0$	$w_5(1) = 0.057$
$v(2) = 1$	$h_5(2) = \frac{1}{6} = 0{,}167$	$w_5(2) = 0.197$
$v(3) = 3$	$h_5(3) = \frac{3}{6} = 0{,}500$	$w_5(3) = 0.343$
$v(4) = 2$	$h_5(4) = \frac{2}{6} = 0{,}333$	$w_5(4) = 0.295$
$v(5) = 0$	$h_5(5) = 0$	$w_5(5) = 0.102$
$\Sigma v(x) = 6$	$\Sigma h_5(x) = 1$	$\Sigma w_5(x) = 1.000$

Folgerung: Ungeachtet der kleinen Gruppenzahl $v = 6$ stimmen die *relativen Häufigkeiten* $h_5(x)$ befriedigend mit den *Wahrscheinlichkeiten* $w_5(x)$ überein.

c) Da die je zu einer Gruppe vereinigten n Einzelsysteme nach Voraussetzung voneinander statistisch nicht abhängen, resultiert x als „Summenmerkmal" aus n Postenkollektiven, deren Einzelverteilung w(y) je durch ein und dieselbe *Laplace*sche Funktion (E 8, 7) beschrieben wird. Daher erzeugt die *Laplace*sche Funktion

$$L_n(s) = [L_0(s)]^n = [p + q\,e^{-2\pi\sqrt{-1}\,s}]^n \qquad (E\ 8,\ 14)$$

die gesuchte Verteilung $w_n(x)$ mittels der bestimmten Integrale

$$w_n(x) = \int_{-1/2}^{1/2} [p + q\,e^{-2\pi\sqrt{-1}\,s}]^n\, e^{+2\pi\sqrt{-1}\,xs}\,ds; \qquad 0 \leqq x \leqq n. \quad (E\ 8,\ 15)$$

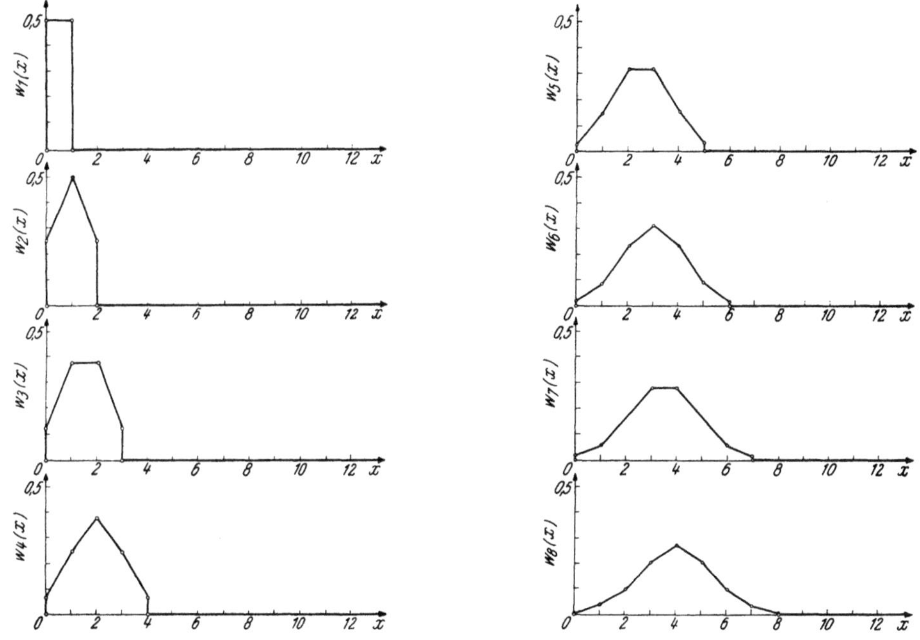

Abb. E 7. Das *Bernoulli*sche Verteilungsgesetz im Falle $p = q = \tfrac{1}{2}$; $1 \leqslant n \leqslant 8$

Zu ihrer Auswertung bedienen wir uns der binomischen Entwicklung

$$[p + q\,e^{-2\pi\sqrt{-1}\,s}]^n = \sum_{l=0}^{n} \frac{n!}{(n-l)!\,l!}\, p^{n-l}\, q^l\, e^{-2\pi\sqrt{-1}\,ls} \quad (E\ 8,\ 16)$$

und finden das Verteilungsgesetz [Abb. E 7]

$$w_n(x) = \frac{n!}{(n-x)!\,x!}\, p^{n-x} q^x, \qquad (E\ 8,\ 17)$$

welches nach *Bernoulli* benannt wird; unter Berufung auf (E 8, 6) verifiziert man sogleich die Vollständigkeitsrelation

$$\sum_{x=0}^{n} w_n(x) = \sum_{x=0}^{n} \frac{n!}{(n-x)!\,x!}\, p^{n-x} q^x = (p+q)^n = 1. \quad (E\ 8,\ 18)$$

Zu (E 8, 14) zurückkehrend, bilden wir

$$\frac{dL}{ds} = -2\pi\sqrt{-1}\, n\, q\, e^{-2\pi\sqrt{-1}\,s}\,[p + q\, e^{-2\pi\sqrt{-1}\,s}]^{n-1} \qquad (E\ 8,\ 19)$$

und

$$\frac{d^2L}{ds^2} = -4\pi^2\, n\, q\, e^{-2\pi\sqrt{-1}\,s}\{[p + q\, e^{-2\pi\sqrt{-1}\,s}]^{n-1} +$$

$$+ (n-1)\, q\, [p + q\, e^{-2\pi\sqrt{-1}\,s}]^{n-2}\}. \qquad (E\ 8,\ 20)$$

Die *Bernoulli*sche Verteilung liefert sonach als *Erwartungswert* $\langle x \rangle$ des Merkmales x

$$\langle x \rangle = \frac{1}{-2\pi\sqrt{-1}}\left[\frac{dL}{ds}\right]_{s=0} = n\, q \qquad (E\ 8,\ 21)$$

und als dessen *Moment zweiter Ordnung*

$$\langle x^2 \rangle = -\frac{1}{4\pi^2}\left[\frac{d^2L}{ds^2}\right]_{s=0} = n\, q\, [1 + (n-1)\, q] = n\, q\, [p + n\, q], \qquad (E\ 8,\ 22)$$

so daß

$$\sigma = \langle x^2 \rangle - \langle x \rangle^2 = n\, p\, q \qquad (E\ 8,\ 23)$$

die *quadratische Streuung* mißt.

d) Die Wahrscheinlichkeit q für das Auftreten des Merkmales $y_{II} = 1$ mag gemäß

$$q \ll 1 \qquad (E\ 8,\ 24)$$

so stark absinken, daß man wegen

$$\langle x \rangle = q\, n \ll n \qquad (E\ 8,\ 25)$$

Gruppen von sehr hoher Zahl n ihrer Mitglieder bilden muß, um innerhalb des Protokolles ihrer Einzelbeobachtungen wenigstens einmal im Durchschnitt eine 1 vorzufinden: Das Erscheinen des Merkmales $y_{II} = 1$ ist als „*seltenes Ereignis*" anzusehen. Von diesem zunächst allerdings etwas verwaschenem Begriff gelangen wir zu seiner scharfen mathematischen Definition, indem wir mit $q \to 0$ gleichzeitig n derart anwachsen lassen, daß der Grenzwert

$$\langle x \rangle = \lim_{\substack{q\to 0 \\ n\to\infty}} q\, n = a, \qquad (E\ 8,\ 26)$$

der seinerseits in der Regel *nicht ganzzahlig* ausfällt, existiert. Das dann resultierende Verteilungsgesetz

$$w_P(x) = \lim_{\substack{q\to 0 \\ n\to\infty}} w_n(x) \qquad (E\ 8,\ 27)$$

wurde zuerst von *Poisson* aufgefunden und wird nach ihm benannt; im Lichte der Ungleichung (E 8, 25) kann man es als „*Gesetz der kleinen Zahlen*" kennzeichnen.

Um die *Poisson*sche Verteilung explizit darzustellen, kehren wir zu der *Laplace*schen Funktion (E 8, 14) zurück, welche wir mit Rücksicht auf die Relation $(p + q) = 1$ in die Gestalt

$$L(s) = [1 + q\, (e^{-2\pi\sqrt{-1}\,s} - 1)]^n \equiv \left[1 + \frac{n\, q\, (e^{-2\pi\sqrt{-1}\,s} - 1)}{n}\right]^n \qquad (E\ 8,\ 28)$$

bringen können. Durch den Prozeß (E 8, 26) gelangen wir daher in

$$L_P(s) = \lim_{\substack{q \to 0 \\ n \to \infty}} L(s) = \mathrm{Exp}\left[a\left(e^{-2\pi\sqrt{-1}\,s} - 1\right)\right] = e^{-a} \sum_{l=0}^{\infty} \frac{a^l\, e^{-2\pi\sqrt{-1}\,ls}}{l!}$$

$$(E\ 8,\ 29)$$

zu der erzeugenden Funktion der *Poisson*schen Verteilung, so daß diese durch

$$w_P(x) = \int_{-1/2}^{1/2} L_P(s)\, e^{+2\pi\sqrt{-1}\,xs}\, ds = e^{-a}\frac{a^x}{x!} \qquad (E\ 8,\ 30)$$

entsprechend der in Abb. E 8 gezeichneten Polygone beschrieben wird.

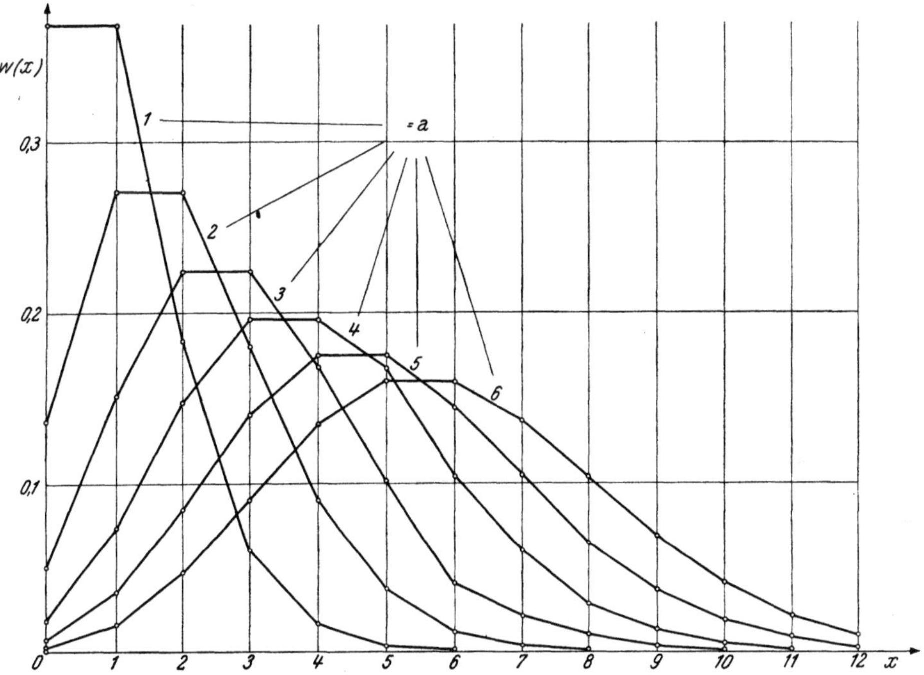

Abb. E 8. Die *Poisson*sche Verteilung.

An Hand der Gleichung

$$\langle x \rangle = \frac{1}{2\pi\sqrt{-1}}\left[\frac{dL}{ds}\right]_{s=0} = \left(a\, e^{-2\pi\sqrt{-1}\,s}\, \mathrm{Exp}\left[a\left(e^{-2\pi\sqrt{-1}\,s} - 1\right)\right]\right)_{s=0} = a$$

$$(E\ 8,\ 31)$$

verifiziert man den grundlegenden Zusammenhang (E 8, 26). Für das *Moment zweiter Ordnung* ergibt sich

$$\langle x^2 \rangle = -\frac{1}{4\pi^2}\left[\frac{d^2L}{ds^2}\right]_{s=0} =$$

$$= \left\{\left(1 + a\, e^{-2\pi\sqrt{-1}\,s}\right) a\, e^{-2\pi\sqrt{-1}\,s}\, \mathrm{Exp}\left[a\left(e^{-2\pi\sqrt{-1}\,s} - 1\right)\right]\right\}_{s=0} = (1+a)\,a.$$

$$(E\ 8,\ 32)$$

Daher resultiert für die *quadratische Streuung σ der Poissonschen Verteilung* der Ausdruck

$$\sigma = \langle x^2 \rangle - \langle x \rangle^2 = a \qquad (E\ 8,\ 33)$$

im Einklang mit der aus (E 8, 23) im Verein mit (E 8, 6) und (E 8, 26) zu erschließenden Grenzaussage.

Zahlentafel 8. *Vergleich der Poissonschen Verteilung mit der Erfahrung.*

Anzahl z der Fehlstellen je Langspielplatte	Beobachtete relative Häufigkeit h(z) der Anzahl z	*Poisson*sche Wahrscheinlichkeit w(z); $0 \leqq z < \infty$	Abgebrochene *Poisson*-Verteilung w*(z); $0 \leqq z \leqq 8$
0	0	0,0067	0,0072
1	0	0,0336	0,0362
2	$\frac{2}{30} = 0,067$	0,0841	0,0903
3	$\frac{3}{30} = 0,100$	0,1405	0,1509
4	$\frac{8}{30} = 0,266$	0,1750	0,1880
5	$\frac{7}{30} = 0,233$	0,1750	0,1880
6	$\frac{5}{30} = 0,167$	0,1465	0,1575
7	$\frac{2}{30} = 0,067$	0,1045	0,1119
8	$\frac{3}{30} = 0,100$	0,0652	0,0700
	$\Sigma = 1,000$	$\Sigma = 0,9311$	$\Sigma = 1,0000$

Rechengang:

1. Beobachteter Mittelwert {z} der Fehlstellen je Platte:

$$\{z\} = \sum_{0}^{8} z\,h(z) = 2\,\frac{2}{30} + 3\,\frac{3}{30} + 4\,\frac{8}{30} + 5\,\frac{7}{30} + 6\,\frac{5}{30} + 7\,\frac{2}{30} + 8\,\frac{3}{30} = \frac{148}{30} = 4.93$$

2. Angenommener Erwartungswert $\langle z \rangle = a$ der Fehlstellen je Platte bei ideell unbegrenzter Fortsetzung der Prüfung.

$$\langle z \rangle = a = 5.$$

3. *Poisson*sche Wahrscheinlichkeit

$$w(z) = e^{-5}\,\frac{5^z}{z!}\,; \qquad 0 \leqq z < \infty$$

4. Abgebrochene *Poisson*-Verteilung

$$w*(z) = \frac{w(z)}{\sum\limits_{z=0}^{8} w(z)}\,; \qquad 0 \leqq z \leqq 8$$

Wir wenden die *Poisson*sche Formel auf die in Zahlentafel 6 mitgeteilte Statistik der Güteprüfung von Langspiel-Schallplatten an: Unter der Voraussetzung eines modernen Ansprüchen genügenden Herstellungsprozesses darf jede Fehlstelle einer solchen Platte innerhalb ihrer Gesamt-Schallaufzeichnung als „seltenes Ereignis" angesehen werden.

In Zahlentafel **8** ist der Vergleich der Beobachtung mit der Theorie numerisch durchgeführt worden. Hierbei wurde als *Poisson*sche Wahrscheinlichkeit schlechthin Gl. (E 8, 30) in Rechnung gestellt; aus ihr geht die sogenannte *„abgebrochene Poissonverteilung"* mittels der *Teilungsregel* [Ziffer E 6] hervor, falls man von vornherein die Möglichkeit von mehr als der tatsächlich beobachteten Maximalzahl von Fehlstellen aus der Statistik ausschließt. Ersichtlich bestehen zwischen den Werten h der jeweils beobachteten relativen Häufigkeit einerseits und jenen der entsprechenden abgebrochenen *Poisson*-Verteilung w* andererseits beträchtliche Differenzen, welche vorwiegend auf die nur kleine Anzahl N = 30 der statistisch verarbeiteten Beobachtungen zurückzuführen sein dürften; nichtsdestoweniger zeigen die verglichenen Zahlenreihen in ihrer funktionellen Struktur eine bemerkenswerte Parallelität, welche durch Abb. E 9 veranschaulicht wird.

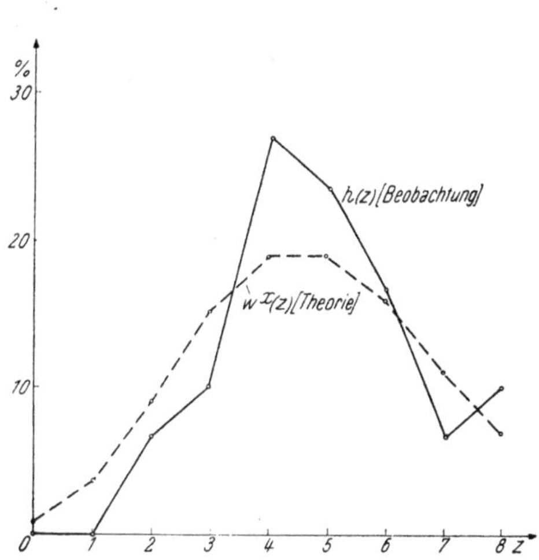

Abb. E 9. Die *Poisson*sche Verteilung. Vergleich zwischen Theorie und Beobachtung.

e) Falls bei anwachsender Zahl n der zu einer Gruppe vereinigten Beobachtungen die Grundwahrscheinlichkeiten p und q der Einzelalternative festgehalten werden, steigen beziehentlich gemäß (E 8, 21) und (E 8, 23) der Erwartungswert $\langle x \rangle$ und die quadratische Streuung σ des Gruppenmerkmales x proportional zu n an, so daß die Zahlen $\langle x \rangle$ und σ für große Gruppen der Eigenschaft

$$n \gg 1 \qquad (E\ 8,\ 34)$$

sehr hohe Beträge erreichen. Die in Gl. (E 8, 17) eingehenden Fakultäten lassen sich dann praktisch nicht mehr durch Multiplikation der sie bildenden Faktoren berechnen, so daß wir nach einer *numerisch auswertbaren Näherungsdarstellung* der Wahrscheinlichkeiten $w_n(x)$ Ausschau halten müssen.

Zum Integral (E 8, 15) zurückkehrend, begeben wir uns in die Ebene der komplexen Veränderlichen

$$s = u + \sqrt{-1}\, v, \qquad (E\ 8,\ 35)$$

welche entsprechend Abb. E 10 zunächst etwa das Intervall

$$-\frac{1}{2} \leqq u \leqq \frac{1}{2}; \qquad v = 0 \qquad (E\ 8,\ 36)$$

der reellen Achse durchlaufen mag. Da sich nun der Integrand

$$F(s) = L(s)\, e^{+2\pi\sqrt{-1}\,xs} = [p + q\, e^{-2\pi\sqrt{-1}\,s}]^n\, e^{+2\pi\sqrt{-1}\,xs} \qquad (E\ 8,\ 37)$$

mit Ausnahme seiner in

$$s_0 = \mp \frac{1}{2} + \ln\frac{p}{q} \qquad [\text{mod } 1] \qquad (E\ 8,\ 38)$$

gelegenen, je n-fachen Nullstellen im Endlichen überall regulär verhält, bleibt das Integral gegen eine beliebige, endliche Verformung des Integrationsweges zwischen dessen festen Grenzpunkten invariant [*Cauchy*scher Hauptsatz der Funktionentheorie]. Daher ist das Integral der Abschätzung mittels der Methode der *Paßintegration* [Ziffer E 2] zugänglich: Die Topographie des „Gebirges"

$$G(s) = |F(s)| \qquad (E\ 8,\ 39)$$

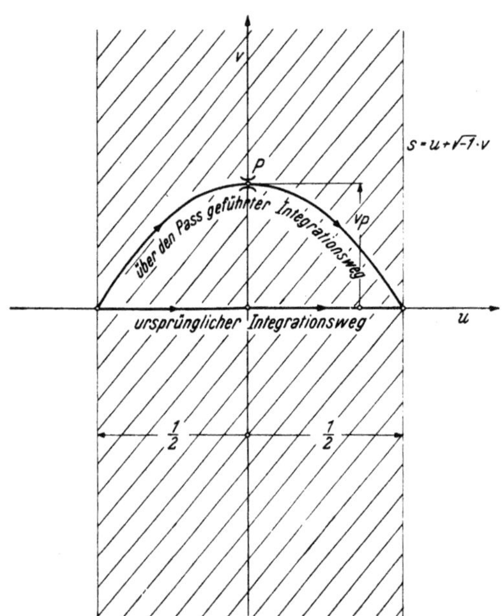

Abb. E 10. Auswertung der Gruppen-Alternative durch Paßintegration.

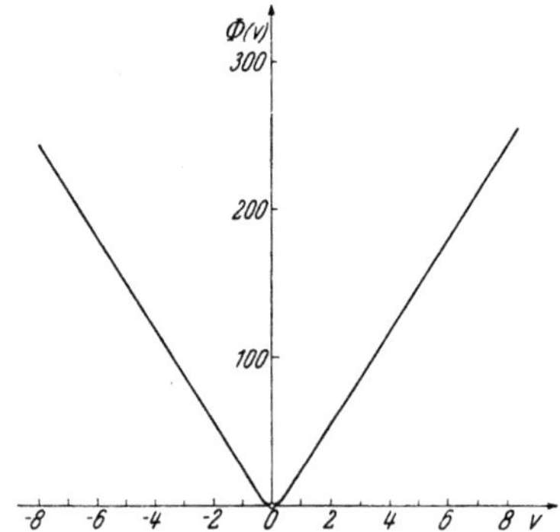

Abb. E 11. Verhalten der Funktion $\Phi(v)$ nach Gl. (E 8, 45).

wird mittels der komplexen Funktion

$$\chi(s) = \ln F(s) = \varphi(u,\ v) + \sqrt{-1}\ \psi(u,\ v) = n \ln \left(p + q\ e^{-2\pi\sqrt{-1}\ s}\right) +$$
$$+\ 2\pi\sqrt{-1}\ x\ s \qquad (E\ 8,\ 40)$$

beschrieben; seine Höhenlinien koinzidieren mit den Kurven der Schar

$$\varphi(u,\ v) = \Phi = \text{const.}, \qquad (E\ 8,\ 41)$$

während das System der Fall-Linien durch

$$\psi(u,\ v) = \Psi = \text{const.} \qquad (E\ 8,\ 42)$$

definiert wird.

Innerhalb des Streifens

$$-\frac{1}{2} \leqq u \leqq \frac{1}{2} \qquad (E\ 8,\ 43)$$

der komplexen s-Ebene sei unter dem Zeichen ln des natürlichen Logarithmus jener „Hauptwert" dieser Funktion verstanden, dessen Imaginärteil zwischen $(-\pi)$ und $(+\pi)$ eingeschlossen ist. Zufolge dieser Übereinkunft koinzidiert die v-Achse mit der Fall-Linie

$$\Psi = \psi(0,\ v) = 0 \qquad (E\ 8,\ 44)$$

längs derer wir die Höhenlinien

$$\Phi(v) = \varphi(0,\ v) = n \ln \left(p + q\ e^{2\pi v}\right) - 2\pi\ x\ v \qquad (E\ 8,\ 45)$$

kreuzen. Da nun — unter der zunächst beizubehaltenden Beschränkung auf „innere" Merkmale der Eigenschaft $0 < x < n$ — die Funktion $\Phi(v)$ nach dem Muster der Abb. E 11 sowohl für $v \to (- \infty)$ wie auch für $v \to (+ \infty)$ maßlos anwächst, gelangen wir bei einsinnigem Fortschreiten auf unserer Fall-Linie gewiß an ein Minimum $\Phi = \Phi_P$, welches somit den „Gebirgspaß" definiert. Seine Lage v_P ergibt sich aus der Extremalbedingung

$$\left[\frac{d\Phi}{dv}\right]_{v_P} = \frac{n\,q\,2\,\pi\,e^{2\pi v_P}}{p + q\,e^{2\pi v_P}} - 2\,\pi\,x = 0; \qquad 0 < x < n \qquad (E\ 8,\ 46)$$

zu

$$e^{2\pi v_P}\frac{p}{q}\,\frac{x}{n-x}\,; \qquad v_P = -\frac{1}{2\,\pi}\ln\frac{q}{p}\left(\frac{n}{x}-1\right); \qquad 0 < x < n, \qquad (E\ 8,\ 47)$$

so daß sich aus (E 8, 45)

$$\Phi_P = \Phi(v_P) = n \ln n + (n - x) \ln\frac{p}{n-x} + x \ln\frac{q}{x} \qquad (E\ 8,\ 48)$$

berechnet. Wir befinden uns auf der *Paßhöhe*

$$G(s_P) = |F(s_p)| = F(s_P) = \frac{n^n}{(n-x)^{n-x}\,x^x}\,p^{n-x}\,q^x. \qquad (E\ 8,\ 49)$$

Auf ihr gilt zufolge (E 8, 45) und (E 8, 47)

$$S_P = \left[\frac{d^2\Phi}{dv^2}\right]_{v=v_P} = n\,p\,q\,4\,\pi^2\,\frac{e^{-2\pi v_P}}{(p + q\,e^{-2\pi v_P})^2} = 4\,\pi^2\,\frac{x(n-x)}{n}, \qquad (E\ 8,\ 50)$$

so daß wir mittels der Abschätzung (E 2, 30) für die Verteilung $w_n(x)$ die Näherungsformel

$$w_n(x) = \frac{1}{\sqrt{2\,\pi}}\sqrt{\frac{n}{x(n-x)}\,\frac{n^n}{(n-x)^{n-x}\,x^x}\,p^{n-x}\,q^x} \qquad (E\ 8,\ 51)$$

erhalten; zu dem nämlichen Ergebnis wären wir durch Substitution der „verschärften" *Stirling*schen Formel (E 1, 37) in (E 8, 17) gelangt.

f) Welches „optimale" Gruppenmerkmal $x = x_{opt}$ zeichnet sich durch die größte Wahrscheinlichkeit

$$w_{max} = w_n(x_{opt}) \qquad (E\ 8,\ 52)$$

aus?

Unter Berufung auf den wesentlich analytischen Charakter der *Stirling*schen Formel dürfen wir $w_n(x)$ als *stetige Funktion* der kontinuierlich veränderlichen, reellen Zahl x auffassen. Daher ist die aus (E 8, 51) gebildete Funktion

$$\ln w_n(x) = \left(n + \frac{1}{2}\right)\ln n - \frac{1}{2}\ln 2\,\pi +$$

$$-\left(n - x + \frac{1}{2}\right)\ln (n - x) + (n - x)\ln p - \left(x + \frac{1}{2}\right)\ln x + x \ln q \qquad (E\ 8,\ 53)$$

differenzierbar, so daß wir für x_{opt} die Bedingungsgleichung

$$\left[\ln (n - x) + \frac{1}{2}\frac{1}{n-x}\right]_{x_{opt}} - \left[\ln x + \frac{1}{2x}\right]_{x_{opt}} - \ln p + \ln q = 0 \qquad (E\ 8,\ 54)$$

erhalten. Um sie zu lösen, unterwerfen wir das Merkmal x den beiden Ungleichungen

$$|\Delta x| = |x - \langle x \rangle| \ll \langle x \rangle = q\,n \qquad (E\ 8,\ 55)$$

und

$$|\Delta x| = |(n - x) - \langle n - x \rangle| \ll \langle n - x \rangle = p\,n. \qquad (E\ 8,\ 56)$$

Zufolge der dann gültigen Abschätzungen

$$n - x \approx n - \langle x \rangle = p\,n; \qquad x \approx \langle x \rangle = q\,n \qquad (E\ 8,\ 57)$$

darf man somit wegen $n \gg 1$ die Gleichung (E 8, 54) angenähert durch die Forderung

$$\ln(n - x_{opt}) - \ln x_{opt} - \ln p + \ln q = 0 \qquad (E\ 8,\ 58)$$

ersetzen, welcher man die Angabe

$$x_{opt} = n\,q = \langle x \rangle \qquad (E\ 8,\ 59)$$

entnimmt: Der *wahrscheinlichste Wert* des Merkmales x koinzidiert mit dessen *Erwartungswert*.

Mit gleichem Grade der Genauigkeit berechnet man

$$\left[\frac{d^2 \ln w_n}{dx^2}\right]_{x\,=\,x_{opt}} = -\frac{1}{n - x_{opt}} + \frac{1}{2}\frac{1}{(n - x_{opt})^2} - \frac{1}{x_{opt}} +$$

$$\frac{1}{2}\frac{1}{x^2_{opt}} \approx -\frac{1}{n\,p\,q} = -\frac{1}{\sigma} \qquad (E\ 8,\ 60)$$

und

$$\ln w_n(x_{opt}) = \left(n + \frac{1}{2}\right)\ln n - \frac{1}{2}\ln 2\pi - \left(p\,n + \frac{1}{2}\right)\ln p\,n +$$

$$+ p\,n \ln p - \left(q\,n + \frac{1}{2}\right)\ln q\,n + q\,n \ln q = -\frac{1}{2}\ln 2\pi\sigma. \qquad (E\ 8,\ 61)$$

In der Umgebung von $x = x_{opt}$ läßt sich daher $\ln w_n(x)$ in die Potenzreihe

$$\ln w_n(x) = -\frac{1}{2}\ln 2\pi\sigma - \frac{(x - \langle x \rangle)^2}{2\,\sigma} + \dots \qquad (E\ 8,\ 62)$$

entwickeln; man entnimmt ihr, bei Beschränkung auf die hier explizit angeschriebenen Glieder, die Aussage

$$w_n(x) = \frac{e^{-\frac{(x - \langle x \rangle)^2}{2\sigma}}}{\sqrt{2\pi\sigma}}, \qquad (E\ 8,\ 63)$$

welche die *Gauß*sche Verteilung definiert. Um ihre Genauigkeit zu beurteilen, unterwerfen wir diese Formel der Prüfung durch die Vollständigkeitsrelation, welche ja die „Bilanz"

$$\sum_{x\,=\,0}^{n} w_n(x) = 1 \qquad (E\ 8,\ 64)$$

verlangt; in der Veränderlichen $\Delta x = x - \langle x \rangle$ erstreckt sich die Summation über den Bereich

$$\Delta x_1 = -q\,n \leqq \Delta x \leqq p\,n = \Delta x_2. \qquad (E\ 8,\ 65)$$

Setzen wir nun

$$\xi = \frac{\Delta x}{\sqrt{2\,\sigma}}, \qquad (E\ 8,\ 66)$$

so wird auf Grund der Voraussetzung $n \gg 1$

$$-\xi_1 \equiv \frac{q\,n}{\sqrt{2\,\sigma}} \gg 1; \qquad \xi_2 = \frac{p\,n}{\sqrt{2\,\sigma}} \gg 1 \qquad \text{(E 8, 67)}$$

und der Differenz $\Delta x = 1$ korrespondiert der Schritt

$$\Delta\xi = \frac{1}{\sqrt{2\,\sigma}} = \frac{1}{\sqrt{2\,n\,p\,q}} \ll 1. \qquad \text{(E 8, 68)}$$

Daher erhält man aus (E 8, 63) und (E 8, 64) in ausreichender Genauigkeit zunächst

$$\sum_{x=0}^{n}{}' w_n(x) \approx \frac{1}{\sqrt{\pi}} \int_{\xi_1}^{\xi_2} e^{-\xi^2}\,d\xi. \qquad \text{(E 8, 69)}$$

Wegen (E 8, 67) darf man nun die Grenzen der Integration, ohne einen merklichen Fehler zu begehen, beziehentlich nach $(\mp\,\infty)$ rücken lassen; aus (E 8, 69) entsteht dann, im Einklang mit der Forderung (E 8, 64), die Angabe

$$\sum_{x=0}^{n}{}' w_n(x) \approx \frac{1}{\sqrt{\pi}} \int_{-\infty}^{\infty} e^{-\xi^2}\,d\xi = 1. \qquad \text{(E 8, 70)}$$

g) Wir kehren zur *Poisson*schen Verteilung des Merkmales x vom Erwartungswerte a zurück und behaupten, daß sie im Falle

$$\langle x \rangle = a = \lim_{\substack{q \to 0 \\ n \to \infty}} n\,q \gg 1; \qquad \sigma = \lim_{\substack{q \to 0 \\ n \to \infty}} n\,p\,q \to a \gg 1 \qquad \text{(E 8, 71)}$$

für die Wahrscheinlichkeit aller hinreichend nahe dem Durchschnitt a gelegener Merkmale in eine *Gauß*sche Verteilung übergeht. Denn zufolge dieser einschränkenden Voraussetzung genügen wir der Ungleichung (E 8, 55), während das Bestehen von (E 8, 56) durch die definierenden Eigenschaften $p \to 1$, $n \to \infty$ der *Poisson*schen Verteilung stets garantiert ist. Durch Substitution von (E 8, 71) in (E 8, 63) finden wir daher für die *Poisson-Gauß*sche Verteilung die Formel

$$w(x) = \frac{e^{-\frac{(x-a)^2}{2\,a}}}{\sqrt{2\,\pi\,a}}. \qquad \text{(E 8, 72)}$$

h) Statt aus der *Laplace*schen Funktion $L_n(s)$ der Gruppenalternative nach (E 8, 14) deren asymptotisches Verteilungsgesetz (E 8, 63) für hohe Gruppenzahlen n zu entwickeln, kehren wir hier diese Aufgabe um: Ausgehend von eben dem *Gauß*schen Verteilungsgesetz wird dessen *erzeugende Funktion* gesucht.

Mit Rücksicht auf (E 8, 63) und (E 8, 65) gewinnen wir zunächst die Darstellung

$$L_n(s) = \sum_{x=0}^{n}{}' w_n(x)\, e^{-2\,\pi\sqrt{-1}\,x\,.\,s} =$$

$$= \frac{1}{\sqrt{2\,\pi\,\sigma}}\, e^{-2\pi\sqrt{-1}\,\langle x\rangle s} \sum_{\Delta x_1}^{\Delta x_2} e^{-\frac{\Delta x^2}{2\,\sigma}}\, e^{-2\pi\sqrt{-1}\,\Delta x\,.\,s}, \qquad \text{(E 8, 73)}$$

wobei $p \neq 0$ und $q \neq 0$ vorausgesetzt werde.

In ihr darf man wegen $n \gg 1$ die Summationsgrenzen (E 8, 65) ohne wesentliche Änderung des Resultates beziehentlich nach ($\mp \infty$) verlegen, so daß, mit der hierdurch angezeigten Genauigkeit, (E 8, 73) in

$$L(s) = \frac{1}{\sqrt{2\pi\sigma}}\, e^{-2\pi\sqrt{-1}\,\langle x\rangle\, s} \sum_{-\infty}^{\infty} e^{-\frac{\varDelta x^2}{2\sigma}}\, e^{-2\pi\sqrt{-1}\,\varDelta x \cdot s} \qquad \text{(E 8, 74)}$$

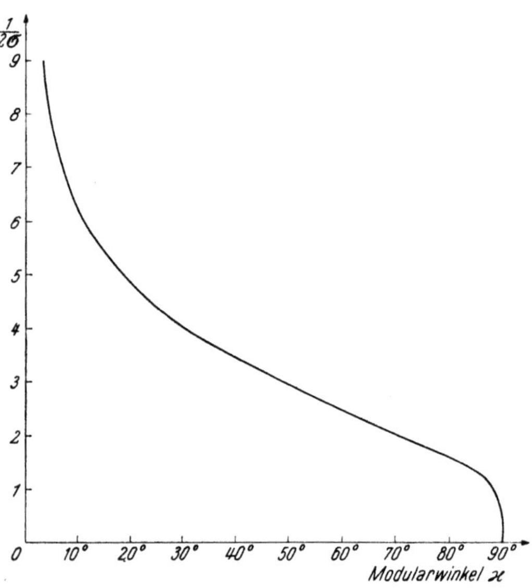

Abb. E 12. Bestimmung des Modularwinkels $\varkappa$ der ϑ-Funktion ϑ_3.

übergeht. Bezeichnet man nun durch k und $k' = \sqrt{1-k^2}$ beziehentlich die Modulwerte der vollständigen Elliptischen Normalintegrale

$$K = \int_0^{\pi/2} \frac{d\alpha}{\sqrt{1 - k^2 \sin^2 \alpha}}\,;$$

$$K' = \int_0^{\pi/2} \frac{d\alpha}{\sqrt{1 - k'^2 \sin^2 \alpha}}$$

$$\text{(E 8, 75)}$$

und bestimmt den Modularwinkel

$$\varkappa = \arcsin k; \qquad 0 < \varkappa < \frac{\pi}{2}$$

$$\text{(E 8, 76)}$$

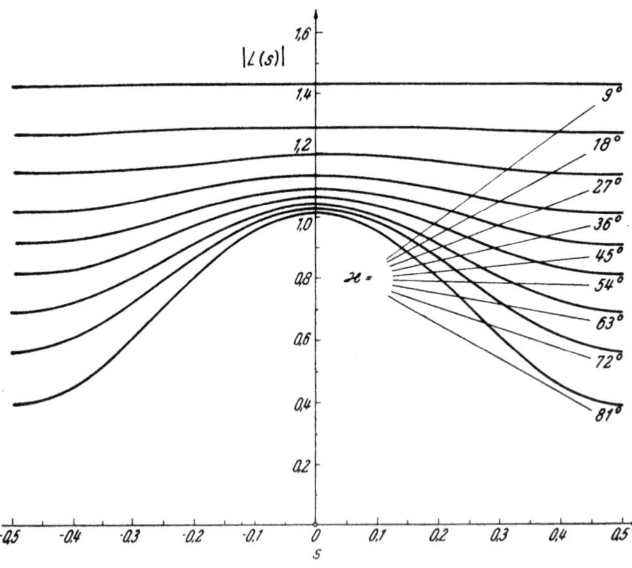

Abb. E 13. Der absolute Betrag der *Laplace*schen Funktion einer *Gauß*schen Verteilung.

entsprechend Abb. E 12 aus der Gleichung

$$\pi \frac{K'(\varkappa)}{K(\varkappa)} = \frac{1}{2\,\sigma},$$

$$(E\ 8,\ 77)$$

so wird die ϑ-Funktion ϑ_3 des Argumentes η und des Modularwinkels $\varkappa$ durch die Reihe

$$\vartheta_3(\eta\,;\,\varkappa) =$$

$$= 1 + 2 \sum_{m=1}^{\infty} e^{-m^2\pi \frac{K'(K)}{K(K)}} \cdot$$

$$\cdot \cos 2\,\pi\,\mathrm{m}\,\eta$$

$$(E\ 8,\ 78)$$

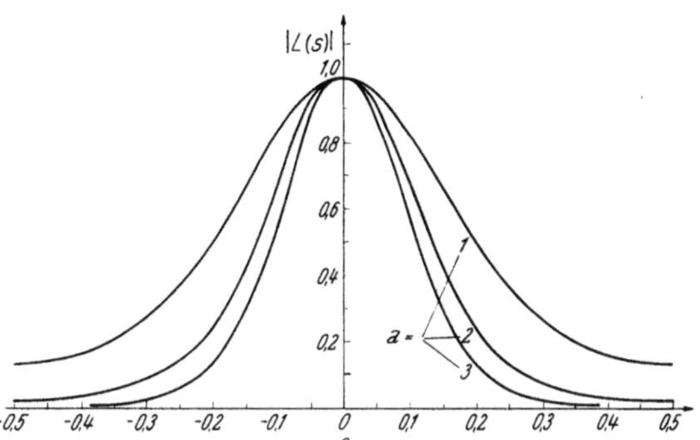

Abb. E 14. Der absolute Betrag der *Laplace*schen Funktion der *Poisson*schen Verteilung.

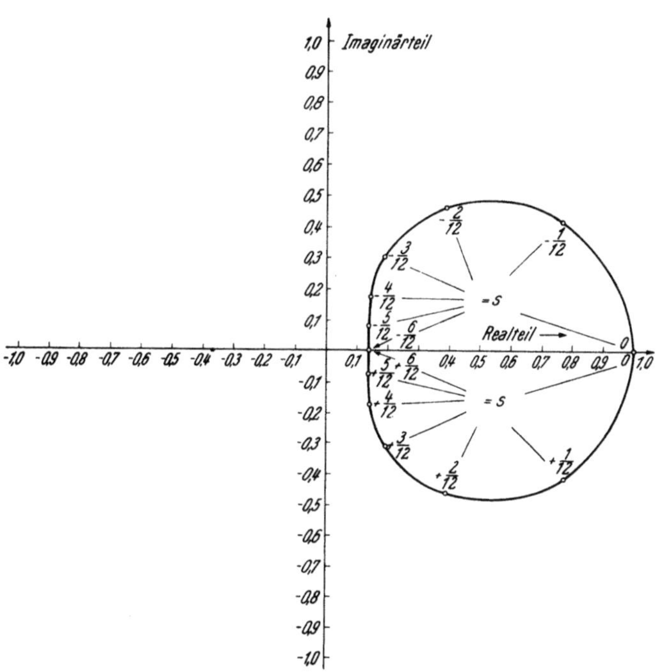

Abb. E 15. Die *Laplace*sche Funktion der *Poisson*schen Verteilung a = 1.

definiert; ihr Vergleich mit (E 8, 78) liefert für die gesuchte *Laplace*sche Funktion die geschlossene Formel

$$L(s) = \sqrt{\frac{K'}{K}}\ e^{-2\pi \sqrt{-1}\,\langle x\rangle\,s}\ \vartheta_3(s,\,\varkappa),\qquad (E\ 8,\ 79)$$

welche durch Abb. E 13 veranschaulicht wird; man vergleiche hierzu Ziffer E 9, f 3.

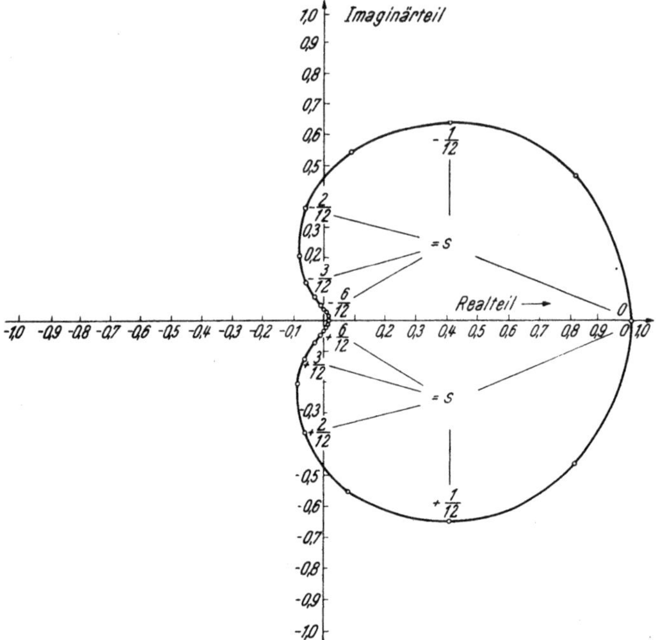

Abb. E 16. Die *Laplace*sche Funktion der *Poisson*schen Verteilung a = 2.

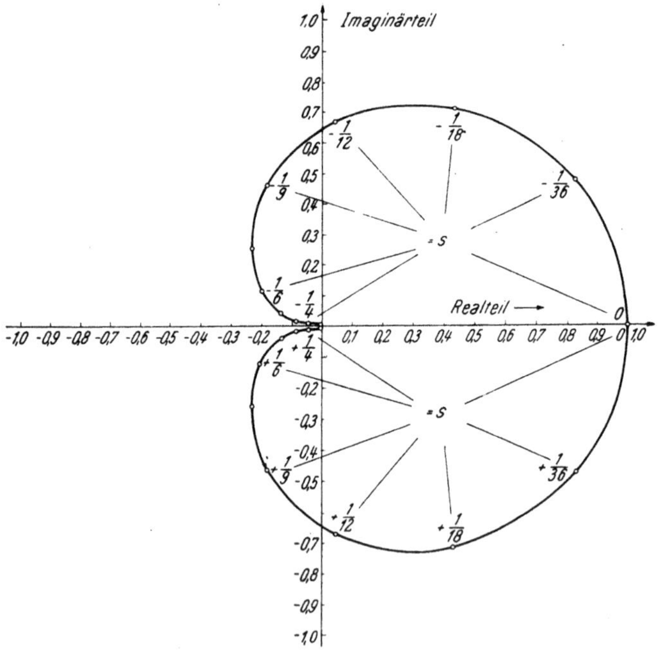

Abb. E 17. Die *Laplace*sche Funktion der *Poisson*schen Verteilung a = 3.

Da die vorstehende Darstellung der *Laplace*schen Funktion an die Voraussetzung p $\neq$ 0 und q $\neq$ 0 gebunden ist, versagt sie für die durch den

Grenzübergang (E 8, 26) definierte *Poisson*sche Verteilung. Doch findet man nunmehr an Hand der Bildungsvorschrift (E 4, 23) im Verein mit der Angabe (E 8, 30) auf elementarem Wege

$$L(s) = \sum_{x=0}^{\infty} e^{-a} \frac{a^x}{x!} e^{-2\pi\sqrt{-1}\,xs} = \text{Exp}\left[-a\left(1 - e^{-2\pi\sqrt{-1}\,s}\right)\right] =$$

$$= e^{-a2\sin^2\pi s}\left[\cos(a\sin 2\pi s) - \sqrt{-1}\sin(a\sin 2\pi s)\right]. \qquad (E\ 8,\ 80)$$

Abb. E 14 zeigt den hiernach berechneten absoluten Betrag der *Laplace*-schen Funktion, während in den Abb. E 15, E 16 und E 17 ihr Verlauf in der komplexen Zahlenebene geschildert wird.

E 9. Kontinuierliche Verteilungen.

a) Wir beschäftigen uns mit der je einmaligen Beobachtung von N zwar individualisierbaren, statistisch jedoch identischen Systemen, unter welchen gerade N(x) das eindimensionale, reelle Merkmal x des lediglich ganzzahligen Wertevorrates

$$-\infty < x < \infty, \qquad (E\ 9,\ 1)$$

einschließlich der Null ausweisen mögen; die Wahrscheinlichkeit

$$W(x) = \lim_{N\to\infty} \frac{N(x)}{N} \qquad (E\ 9,\ 2)$$

für das Auftreten des Merkmales x gilt als bekannt.

Auf Grund dieser Definitionen schildert die *Summenfunktion*

$$S(x) = \sum_{x'=-\infty}^{x} N(x') \qquad (E\ 9,\ 3)$$

die Gesamtzahl der Beobachtungen mindestens vom Merkmal x, welcher also die Wahrscheinlichkeit

$$T(x) = \lim_{N\to\infty} \frac{S(x)}{N} = \sum_{x'=-\infty}^{\infty} W(x') \qquad (E\ 9,\ 4)$$

zukommt; sie wächst gemäß Abb. E 18 mit zunehmendem x monoton an und geht auf Grund der Vollständigkeitsrelation

$$\sum_{-\infty}^{\infty} W(x) = 1 \qquad (E\ 9,\ 5)$$

für x → ∞ in die Gewißheit

$$\lim_{x\to\infty} T(x) = 1 \qquad (E\ 9,\ 6)$$

über. Der lückenlosen Merkmalgruppe

$$\Delta x = x_2 - x_1 > 0 \qquad (E\ 9,\ 7)$$

entsprechen hiernach im Versuchsprotokoll

$$\Delta S = \sum_{x_1}^{x_2} N(x) = S(x_2) - S(x_1) > 0 \qquad (E\ 9,\ 8)$$

Beobachtungsresultate mit der Wahrscheinlichkeit

$$\varDelta T = \sum_{x_1}^{x_2} W(x) = T(x_2) - T(x_1). \qquad (E\ 9,\ 9)$$

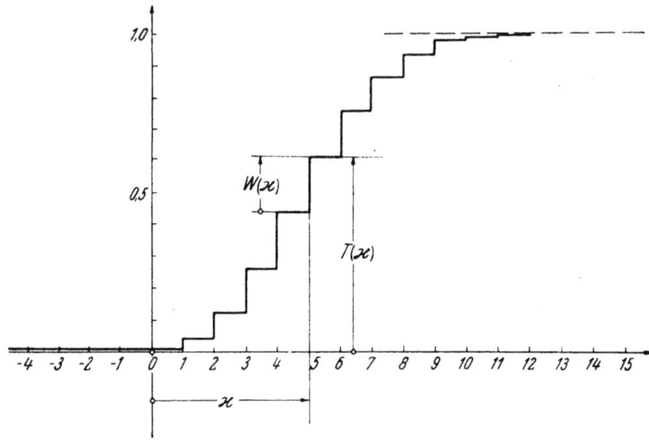

Abb. E 18. Summenwahrscheinlichkeit, dargestellt am Beispiel einer *Poisson*schen Verteilung.

b) Wie bereits früher [Ziffer E 3] betont wurde, entspricht die bisherige Beschränkung des Merkmales x auf die Gesamtheit der reellen, ganzen Zahlen mit Einschluß der Null durchaus den prinzipiellen Grenzen der menschlichen Experimentierkunst: Selbst bei Verwendung der vollkommensten experimentellen Hilfsmittel sind wir doch letzten Endes auf die Niederschrift einer Angabe angewiesen, die von der Koinzidenz eines Zeigers mit der Marke einer graduierten Skala geliefert wird; da die in der Regel geübte Interpolation zwischen benachbarten Teilstrichen jedesmal nur eine *endliche* Anzahl zwar bloß gedachter, kraft der geometrischen Fähigkeiten des Auges jedoch perzipierbarer Zwischenmarken hinzufügt, vermag diese Operation die oben geschilderte Sachlage nicht wesentlich zu ändern. Ungeachtet der hierdurch gebotenen, grundsätzlichen Resignation erlaubt uns der ständige Fortschritt der Meßtechnik eine stets *wachsende Präzision* unserer Beobachtungen. Um uns diesen verschärften Möglichkeiten der physikalischen Angaben bei deren statistischer Verarbeitung anzupassen, unterteilen wir die Intervalle

$$\delta x = (x + 1) - x = 1 \qquad (E\ 9,\ 10)$$

irgend zweier benachbarter Werte des ja durchwegs *ganzzahligen* Merkmales x nach Wahl der positiven, ganzen Zahl m > 1 je m-fach und gelangen hierdurch zu dem neuen, *rationalen* Merkmal $\xi^{(m)}$, welches bei seinem monotonen Wachsen immer nur um die Schritte

$$\delta \xi^{(m)} = \frac{\delta x}{m} = \frac{1}{m} < 1 \qquad (E\ 9,\ 11)$$

springt. Sei also $N(\xi^{(m)})$ die Anzahl der Beobachtungen gerade des Merkmales $\xi^{(m)}$, so wird dessen Wahrscheinlichkeit durch den Grenzwert

$$W^{(m)}(\xi^{(m)}) = \lim_{N \to \infty} \frac{N(\xi^{(m)})}{N} \qquad (E\ 9,\ 12)$$

definiert; sie gehorcht der Vollständigkeitsrelation

$$\sum_{\xi^{(m)} = -\infty}^{\infty} W^{(m)}(\xi^{(m)}) = 1. \qquad (E\ 9,\ 13)$$

Der Übergang vom „groben" Merkmal x zum „feinen" Merkmal $\xi^{(m)}$ genau aller ursprünglich in (E 9, 8) vereinigten Beobachtungen erfordert die *Revision ihrer statistischen Analyse*: Ausgehend von der „transformierten" Summenfunktion

$$S^{(m)}(\xi^{(m)}) = \sum_{\xi^{(m')} = -\infty}^{\xi^{(m)}} N(\xi^{(m')}), \qquad (E\ 9,\ 14)$$

welcher die Wahrscheinlichkeit

$$T^{(m)}(\xi^{(m)}) = \lim_{N \to \infty} \frac{S^{(m)}(\xi^{(m)})}{N} = \sum_{\xi^{(m')} = -\infty}^{\xi^{(m)}} W^{(m')}(\xi^{(m')}) \qquad (E\ 9,\ 15)$$

zukommt, stiftet die *Invarianzforderung*

$$\Delta S = S(x_2) - S(x_1) = S^{(m)}(\xi_2^{(m)}) - S^{(m)}(\xi_1^{(m)}) = \Delta S^{(m)} \qquad (E\ 9,\ 16)$$

der ja nur *unterschiedlich durchmusterten* Beobachtungszahl für das Verhältnis des Intervalles

$$\Delta \xi^{(m)} = \xi_2^{(m)} - \xi_1^{(m)} \qquad (E\ 9,\ 17)$$

des *Feinmerkmales* zu dem entsprechenden Intervall Δx des *Grobmerkmales* den funktionellen Zusammenhang

$$\frac{\Delta \xi^{(m)}}{\Delta x} = \frac{\dfrac{\Delta S}{\Delta x}}{\dfrac{\Delta S^{(m)}}{\Delta \xi^{(m)}}} = \frac{\dfrac{\Delta T}{\Delta x}}{\dfrac{\Delta T^{(m)}}{\Delta \xi^{(m)}}}. \qquad (E\ 9,\ 18)$$

Bei dem allerdings nur ideell durchführbaren Grenzprozesse $m \to \infty$ verwandelt sich $\xi^{(m)}$ in das *stetig* veränderliche Merkmal

$$\xi = \lim_{m \to \infty} \xi^{(m)}. \qquad (E\ 9,\ 19)$$

Gleichzeitig konvergiert $T^{(m)}(\xi^{(m)})$ gegen die Funktion

$$T(\xi) = \lim_{m \to \infty} T^{(m)}(\xi^{(m)}). \qquad (E\ 9,\ 20)$$

Sie wird mit Rücksicht auf (E 9, 11) durch das bestimmte Integral

$$T(\xi) = \int_{-\infty}^{\xi} w(\xi')\, d\xi' \qquad (E\ 9,\ 21)$$

dargestellt, dessen Integrand durch

$$w(\xi) = \lim_{m \to \infty} m\, W^{(m)}(\xi^{(m)}) \qquad (E\ 9,\ 22)$$

definiert wird. Dem Einzelmerkmal ξ kommt daher nur noch an den allenfalls isoliert auftretenden Sprungstellen der Funktion $T(\xi)$ eine von Null verschiedene Wahrscheinlichkeit zu, während sonst erst auf einen *endlichen Merkmalbereich* $\Delta \xi$ eine *meßbare Wahrscheinlichkeit* entfällt: Die dort aus (E 9, 21) entspringende Relation

$$w(\xi) = \frac{dT}{d\xi} \qquad (E\ 9,\ 23)$$

rechtfertigt die Bezeichnung der Funktion w(ξ) als *Wahrscheinlichkeitsdichte* der nunmehr *kontinuierlichen Verteilung* des Merkmales ξ.

c) Gleich seinem ganzzahligen Ursprung x wird auch das kontinuierliche Merkmal ξ durch jeweils eine *reelle, dimensionsfreie Größe* gemessen. Im Gegensatz zu diesem einheitlichen mathematischen Verfahren registriert man jedoch bei der Beobachtung physikalischer Vorgänge in der Regel den jeweiligen Wert *dimensionierter Veränderlichen,* welche von Fall zu Fall der Natur der gerade untersuchten Systeme und dem vereinbarten Maßsystem angepaßt sind. Sei $\varXi$ ein kontinuierliches Merkmal dieser Art, beispielsweise eine Ortskoordinate oder eine Impulskomponente; wie hat man seine statistische Verteilung zu formulieren?

Wir fassen die „*physikalische*" Veränderliche $\varXi$ als bekannte, mit Ausnahme etwaiger isolierter Punkte stetige Funktion f der „*mathematischen*" Variabeln ξ auf

$$\varXi = f(\xi) \tag{E 9, 24}$$

und richten innerhalb der N insgesamt gleichzeitig kontrollierten Systeme unser Augenmerk auf genau nur alle diejenigen Beobachtungen, deren dimensionsfreies Merkmal ξ in den Bereich

$$\varDelta\xi = \xi_2 - \xi_1 \tag{E 9, 25}$$

fällt. Der Übergang zum dimensionierten Merkmal $\varXi$ läuft dann auf eine bloße *Umbenennung* jener bereits registrierten Resultate hinaus. Sofern wir uns bei dieser wesentlich formalen Operation keiner „Unterschlagung" dieser oder jener Beobachtung schuldig machen — und eine solche Protokollfälschung sei fortan nachdrücklich ausgeschlossen! — ist die *Anzahl der statistisch verarbeiteten Messungen gegen die Merkmaltransformation invariant.* Bei der analytischen Formulierung dieses Prinzipes bezeichnen wir der Kürze halber durch die äußerlich einheitlichen Funktionssymbole S(ξ) und S($\varXi$) die strukturell wesentlich voneinander verschiedenen Summenfunktionen der beziehentlich nach ξ und nach $\varXi$ durchmusterten Beobachtungen. Nun haben wir zwei Fälle zu unterscheiden:

1. Zwischen dem mathematischen Merkmal ξ und dem physikalischen Merkmal $\varXi$ besteht der umkehrbar-eindeutige funktionelle Zusammenhang

$$\varXi = f(\xi); \qquad \xi = g(\varXi). \tag{E 9, 26}$$

Dann bringt die nach Vereinbarung garantierte *Protokolltreue* die verlangte Invarianz durch die Gleichheit

$$|S(\xi_2) - S(\xi_1)| = |S(\varXi_2) - S(\varXi_1)| \tag{E 9, 27}$$

zum Ausdruck; zu beziehentlich infinitesimal kleinen Differenzen $\delta\xi$ und $\delta\varXi$ der ja stetig veränderlichen Merkmale ξ und $\varXi$ übergehend, gelangen wir demnach, bei Ausschluß etwa in der Summenfunktion auftretender Sprungstellen, von (E 9, 27) zu der differentiellen Relation

$$\left|\frac{dS}{d\xi}\,\delta\xi\right| = \left|\frac{dS}{d\varXi}\,\delta\varXi\right|. \tag{E 9, 28}$$

Sei nun

$$T(\varXi) = \lim_{N\to\infty} \frac{S(\varXi)}{N} \tag{E 9, 29}$$

die Wahrscheinlichkeit eines Merkmales mindestens der Größe $\varXi$ und also

$$\overline{w}(\varXi) = \frac{dT(\varXi)}{d\varXi} \tag{E 9, 30}$$

die Wahrscheinlichkeitsdichte seiner kontinuierlichen Verteilung, so nimmt (E 9, 28) im Verein mit (E 9, 23), (E 9, 26) und (E 9, 30) die Gestalt

$$\overline{w}(\varXi) = w(\xi) \left| \frac{d\xi}{d\varXi} \right| = w(\xi)\, |f'(\xi)| = \frac{w\{g(\varXi)\}}{|g'(\varXi)|} \qquad (E\ 9,\ 31)$$

an.

2. Während das physikalische Merkmal $\varXi$ in der Regel als *eindeutige* Funktion $\varXi = f(\xi)$ des mathematischen Merkmales ξ angegeben werden kann, erweist sich die Umkehrfunktion $\xi = g(\varXi)$ häufig als *mehrdeutig*. Im Gegensatz zu (E 9, 27) wird dann die geforderte Protokolltreue erst durch die Bilanz

$$\sum\nolimits' |S(\xi_2) - (S\xi_1)| = |S(\varXi_2) - S(\varXi_1)| \qquad (E\ 9,\ 32)$$

befriedigt, in welcher das Symbol $\varSigma$ die Summation über alle Posten verlangt, welche dem nämlichen Intervalle $(\varXi_2 - \varXi_1)$ des physikalischen Merkmales $\varXi$ zugeordnet sind; beim Übergang zu Differentialen resultiert somit aus (E 9, 32) die Relation

$$\sum\nolimits' \frac{dS}{d\xi}\, \delta\xi = \frac{dS}{d\varXi}\, \delta\varXi \cdot \qquad (E\ 9,\ 33)$$

Durch sinngemäße Anwendung des früher zur Transformation (E 9, 31) führenden Gedankenganges auf (E 9, 33) ergibt sich somit die Formel

$$\overline{w}(\varXi) = \sum\nolimits' w(\xi)\, |f'(\xi)| = \sum \frac{w\{g(\varXi)\}}{|g'(\varXi)|} \cdot \qquad (E\ 9,\ 34)$$

Im Gegensatz zu dem nach Vereinbarung dimensionsfreien Charakter der Wahrscheinlichkeitsdichte $w(\xi)$ ist die ,,physikalische'' Funktion $\overline{w}(\varXi)$ im allgemeinen entsprechend dem Kehrwert des Merkmales $\varXi$ *dimensioniert* und unterscheidet sich durch eben diese Eigenschaft wesentlich von ihrem mathematischen Vorbilde.

d) Im Lichte der Transformationen (E 9, 31) und (E 9, 34) dürfen wir uns weiterhin ohne Verlust an Allgemeinheit unserer Schlüsse auf die statistische Analyse des dimensionsfreien, kontinuierlichen Merkmales ξ vom reellen Wertevorrat $(-\infty) < \xi < \infty$ beschränken.

Wir setzen, den früheren Gedankengang sozusagen umkehrend, die Wahrscheinlichkeitsdichte $w = w(\xi)$ als bekannt voraus; zufolge (E 9, 13), (E 9, 15), (E 9, 20), (E 9, 21) und (E 9, 22) genügt sie der *Vollständigkeits-Relation*

$$\int\limits_{-\infty}^{\infty} w(\xi)\, d\xi = 1. \qquad (E\ 9,\ 35)$$

Nun bezeichne $h(\xi)$ eine für alle reellen Werte ihres Argumentes erklärte Funktion, welche indes ihrerseits nicht notwendig reell zu sein braucht. Unter der Bedingung seiner Existenz definiert dann das Integral

$$\langle h \rangle = \int\limits_{-\infty}^{\infty} h(\xi)\, w(\xi)\, d\xi, \qquad (E\ 9,\ 36)$$

welches, gleich (E 9, 21), im *Stieltjes*schen Sinne verstanden werde, den *Erwartungswert* von h; folgende Sonderfälle seien hervorgehoben:

1. Mittels

$$h(\xi) = \xi \qquad\qquad (E\ 9,\ 37)$$

gelangen wir zu dem Erwartungswert

$$\langle \xi \rangle = \int_{-\infty}^{\infty} \xi\, w(\xi)\, d\xi \qquad\qquad (E\ 9,\ 38)$$

des Merkmales ξ selbst.

2. Nach Wahl der ganzen Zahl $p > 0$ resultiert aus (E 9, 36) mit

$$h(\xi) = \xi^p \qquad\qquad (E\ 9,\ 39)$$

das *Moment* p-*ter Ordnung*

$$\langle \xi^p \rangle = \int_{-\infty}^{\infty} \xi^p\, w(\xi)\, d\xi. \qquad\qquad (E\ 9,\ 40)$$

3. Die *quadratische Streuung* σ der kontinuierlichen Verteilung $w(\xi)$ berechnet sich mit Rücksicht auf (E 9, 35), (E 9, 38) und (E 9, 40) zu

$$\sigma = \int_{-\infty}^{\infty} (\xi - \langle \xi \rangle)^2\, w(\xi)\, d\xi = \langle \xi^2 \rangle - \langle \xi \rangle^2. \qquad\qquad (E\ 9,\ 41)$$

e) Wir stellen die Wahrscheinlichkeitsdichte $w(\xi)$ durch das *Fouriersche Doppelintegral*

$$w(\xi) = \int_{-\infty}^{\infty} e^{-2\pi i \mu \xi}\, d\mu \int_{-\infty}^{\infty} w(\eta)\, e^{+2\pi i \mu \eta}\, d\eta; \qquad i = \sqrt{-1} \qquad (E\ 9,\ 42)$$

dar. In ihm definiert die Funktion

$$s(\mu) = \int_{-\infty}^{\infty} w(\eta)\, e^{+2\pi i \mu \eta}\, d\eta \qquad\qquad (E\ 9,\ 43)$$

die *komplexe Dichte des kontinuierlichen Spektrums*, welches die gleichfalls kontinuierliche Verteilung $w(\xi)$ in *harmonische ξ-Wellen* je der „*Schwingungszahl*" μ zerlegt. Geht man umgekehrt von der Kenntnis dieses Spektrums aus, so lehrt Gl. (E 9, 42) in der Gestalt

$$w(\xi) = \int_{-\infty}^{\infty} s(\mu)\, e^{-2\pi i \mu \xi}\, d\mu \qquad\qquad (E\ 9,\ 44)$$

die *Konstruktion der Verteilungsdichte aus ihren harmonischen Komponenten.*

Wir stellen diesen wesentlich analytischen Aussagen über die Natur der Funktion $s(\mu)$ deren statistische Deutung zur Seite:

1. Da der Wert des in (E 9, 43) eingehenden Integrales von der bloßen Namensänderung der Integrationsvariabeln η in ξ unberührt bleibt, ist gemäß (E 9, 36) das *Spektrum* $s = s(\mu)$ mit dem *Erwartungswert der Exponentialfunktion* Exp $(2\,\pi\,i\,\mu\,\xi)$ identisch

$$s(\mu) = \langle e^{2\pi i \mu \xi} \rangle. \qquad\qquad (E\ 9,\ 45)$$

2. Im Lichte der zur *Analyse* (E 9, 43) dualen *Synthese* (E 9, 44) kommt dem Spektrum $s = s(\mu)$ in der Statistik des kontinuierlichen Merkmales ξ, in sinngemäßer Erweiterung der Gleichungen (E 4, 17), (E 4, 25) und (E 4, 26), die Rolle der (konjugiert-komplexen) *Laplace*schen Funktion zu, welche die kontinuierliche Wahrscheinlichkeitsdichte $w(\xi)$ „erzeugt". Im Einklang mit dieser Eigenschaft erschließen wir aus (E 9, 35), (E 9, 38), (E 9, 40) und (E 9, 43) die Aussagen

$$s(0) = 1; \qquad \left[\frac{ds}{d\mu}\right]_{\mu=0} = 2\pi i \langle \xi \rangle; \qquad \left[\frac{d^p s}{d\mu^p}\right]_{\mu=0} = (2\pi i)^p \langle \xi^p \rangle, \qquad \text{(E 9, 46)}$$

welche sich mittels des Symboles

$$\langle \xi^0 \rangle = 1 \qquad \text{(E 9, 47)}$$

in der Potenzentwicklung

$$s(\mu) = \sum_{n=0}^{\infty} \langle \xi^n \rangle \frac{(2\pi i \mu)^n}{n!} \qquad \text{(E 9, 48)}$$

zusammenfassen lassen.

f) Wir erläutern die vorstehenden Überlegungen an einer Reihe von *Beispielen*:

1. Die Wahrscheinlichkeit für das Auftreten des kontinuierlichen Merkmales ξ sei entsprechend Gl. (E 9, 49) gleichförmig zwischen den Grenzen a und b > a verteilt:

$$\left.\begin{array}{llll} w(\xi) = \dfrac{1}{b-a} & \text{für} & a < \xi < b \\[2mm] w(\xi) = 0 & \text{für} & \xi < a \quad \text{und} \quad \xi > b \end{array}\right\}. \qquad \text{(E 9, 49)}$$

Der nach (E 9, 38) berechnete Erwartungswert

$$\langle \xi \rangle = \frac{1}{b-a} \int_a^b \xi \, d\xi = \frac{b+a}{2} \qquad \text{(E 9, 50)}$$

des Merkmales ξ fällt somit genau in das Zentrum des Bereiches seiner endlichen Wahrscheinlichkeitsdichte, während für die quadratische Streuung σ nach (E 9, 41) der Wert

$$\sigma = \frac{1}{b-a} \int_a^b \left(\xi - \frac{b+a}{2}\right)^2 d\xi = \frac{1}{b-a} \int_{-\frac{b-a}{2}}^{+\frac{b-a}{2}} (\xi')^2 \, d\xi' = \frac{(b-a)^2}{12} \qquad \text{(E 9, 51)}$$

resultiert.

Die komplexe Spektraldichte $s(\mu)$ der Verteilung (E 9, 49) lautet nach (E 9, 43)

$$s(\mu) = \frac{1}{b-a} \int_a^b e^{2\pi i \mu \eta} \, d\eta = e^{2\pi i \mu \frac{b+a}{2}} \int_{-\frac{b-a}{2}}^{+\frac{b-a}{2}} e^{2\pi i \mu \eta'} \, d\eta' = \qquad \text{(E 9, 52)}$$

$$= e^{\pi i \mu(b+a)} \frac{\sin \pi \mu (b-a)}{\pi \mu (b-a)} = e^{2\pi i \mu \langle \xi \rangle} \frac{\sin 2\pi \mu \sqrt{3\sigma}}{2\pi \mu \sqrt{3\sigma}}$$

mit dem in Abb. E 19 dargestellten Verlauf ihres absoluten Betrages. In ihrer Rolle als erzeugende Funktion liefert sie nach (E 9, 44) die Wahrscheinlichkeitsdichte

$$w(\xi) = \int\limits_{-\infty}^{\infty} \frac{\sin \pi \mu\,(b-a)}{\pi \mu\,(b-a)}\, e^{-2\pi i \mu \left(\left(\xi - \frac{b+a}{2}\right)\right)}\, d\mu. \qquad (E\ 9,\ 53)$$

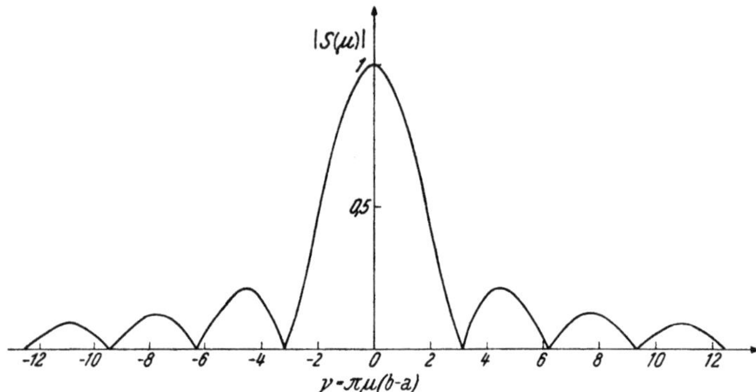

Abb. E 19. Absoluter Betrag der komplexen Spektraldichte (E 9, 52).

Um den Beweis ihrer gewiß zu fordernden, jedoch nicht unmittelbar ersichtlichen Identität mit (E 9, 49) zu erbringen, begeben wir uns in die komplexe

$$\mu = \varkappa + i\,\lambda \qquad (E\ 9,\ 54)$$

Ebene, in welcher wir entsprechend Abb. E 20 den durch (E 9, 53) nur formal angedeuteten Integrationsweg derart längs der $\varkappa$-Achse führen, daß deren Ursprung durch den in $\lambda > 0$ gelegenen Halbkreis vom infinitesimal kleinen Halbmesser a umgangen wird. Schreiben wir dann abkürzend

$$\int\limits_{-\infty}^{\infty} \frac{\sin \pi \mu\,(b-a)}{\pi \mu\,(b-a)}\, e^{-2\pi i \mu \left(\xi - \frac{b+a}{2}\right)}\, d\mu = \frac{1}{b-a}\,[J_1 + J_2]$$

$$\qquad (E\ 9,\ 55)$$

$$J_1 = \frac{1}{2\pi i} \int\limits_{-\infty}^{\infty} e^{2\pi i \mu (b-\xi)}\, \frac{d\mu}{\mu}\ ; \qquad J_2 = -\frac{1}{2\pi i} \int\limits_{-\infty}^{\infty} e^{-2\pi i \mu (a-\xi)}\, \frac{d\mu}{\mu}\ ,$$

so sind drei Fälle zu unterscheiden:

I. Für $\xi < a < b$ kann der zunächst offene Weg der Integrale J_1 und J_2 ohne Änderung ihrer Werte durch den in $\lambda > 0$ gelegenen Halbkreis $|\mu| \to \infty$ geschlossen werden; der *Cauchy*sche Hauptsatz der Funktionentheorie lehrt somit

$$J_1 = J_2 = 0; \qquad \xi < a < b. \qquad (E\ 9,\ 56)$$

II. Im Falle $a < \xi < b$ kann nur der ursprüngliche Weg des Integrales J_1 ohne Änderung des Integralwertes durch den vorgenannten Halbkreis geschlossen werden, während die Schließung des nämlichen Weges für J_2

bei Erhaltung des Integralwertes durch den Halbkreis $|\mu| \to \infty$ in $\lambda < 0$ erfolgen muß; aus dem *Cauchy*schen Satze ergibt sich somit

$$J_1 = 0; \qquad J_2 = 1; \qquad a < \xi < b. \qquad (E\ 9,\ 57)$$

III. Für $a < b < \xi$ kann der vorgegebene Integrationsweg sowohl von J_1 wie von J_2 ohne Änderung der beziehentlichen Integralwerte durch den Halbkreis $|\mu| \to \infty$ in $\lambda < 0$ geschlossen werden, so daß der *Cauchy*sche Satz die Aussage

$$J_1 = -1; \qquad J_2 = 1; \qquad a < b < \xi \qquad (E\ 9,\ 58)$$

liefert.

Im Hinblick auf (E 9, 55) enthalten die Angaben (E 9, 56), (E 9, 57) und (E 9, 58) den gewünschten Beweis.

2. Eine harmonisch mit der Frequenz f pulsierende Wechselspannung U der Amplitude U_{max} werde als Funktion der laufenden Zeit t durch die Gleichung

$$U = U_{max} \sin 2\pi f t \qquad (E\ 9,\ 59)$$

dargestellt. Gefragt wird nach der Wahrscheinlichkeitsdichte $\overline{w}(U)$ für das Auftreten einer zwischen U und $U + \Delta U$ gelegenen Spannung je Intervalleinheit ΔU des Bereiches

$$-U_{max} < U < + U_{max}. \qquad (E\ 9,\ 60)$$

Die Phase

$$\varphi = 2\pi f t \qquad (E\ 9,\ 61)$$

der Spannungswelle ohne Verletzung der Allgemeinheit auf den „Hauptbereich"

$$-\pi < \varphi < +\pi \qquad (E\ 9,\ 62)$$

beschränkend, nehmen wir an, daß in ihm die zufällige Beobachtung gerade einer bestimmten Phase a priori überall gleichwahrscheinlich sei; im Einklang mit (E 9, 35) wird dann ihre Wahrscheinlichkeitsdichte $w(\varphi)$ durch die Angaben

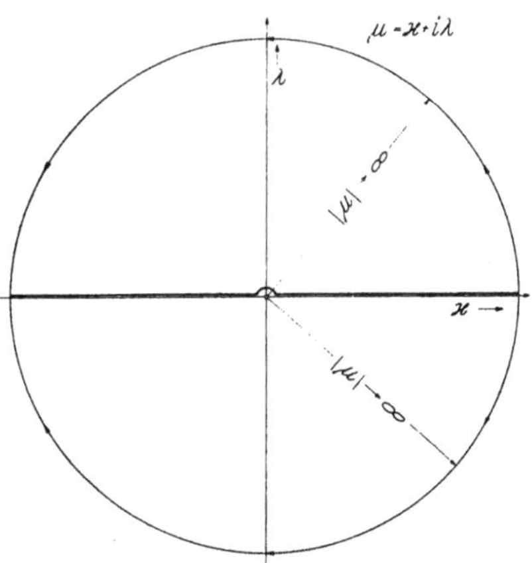

Abb. E 20. Integrationsweg zur Auswertung des Integrales (E 9, 53).

$$w(\varphi) = \frac{1}{2\pi} \qquad \text{für} \qquad |\varphi| < \pi,$$

$$w(\varphi) = 0 \qquad \text{für} \qquad |\varphi| > \pi \qquad\qquad (E\ 9,\ 63)$$

erschöpfend beschrieben. Gemäß (E 9, 59) wird nun die Phase φ als Funktion der Spannung U durch die in (E 9, 62) entsprechend Abb. E 21 *zweideutige* Funktion

$$\varphi = \arcsin \frac{U}{U_{max}}; \qquad -\pi < \varphi < +\pi \qquad (E\ 9,\ 64)$$

dargestellt. Auf Grund der diesem Falle angepaßten Anweisung (E 9, 34) folgt daher die gesuchte Wahrscheinlichkeitsdichte $\overline{w}(U)$ aus dem „aufsummierten" Transformationsprozeß

$$\overline{w}(U) = 2\,w(\varphi)\left|\frac{d\varphi}{dU}\right| = \frac{1}{\pi}\,\frac{1}{\sqrt{U_{max}^2 - U^2}}; \qquad |U| < U_{max}. \qquad (E\ 9,\ 65)$$
$$0 \qquad ; \qquad |U| > U_{max}$$

Abb. E 22 veranschaulicht den Gang dieser Verteilung; sie genügt, wie zu verlangen ist, der Vollständigkeitsrelation

$$\int\limits_{-\infty}^{\infty} \overline{w}(U)\, dU = \int\limits_{-U_{max}}^{U_{max}} \overline{w}(U)\, dU = 1$$

$$(E\ 9,\ 66)$$

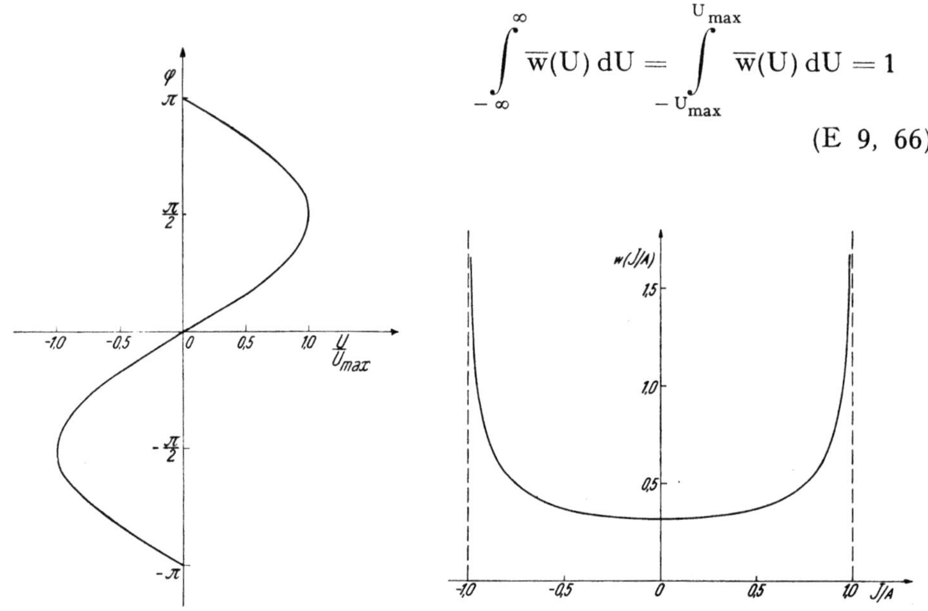

Abb. E 21. Die Phase einer harmonisch schwingenden Wechselspannung als Funktion der Spannung.

Abb. E 22. Verteilung der Wahrscheinlichkeitsdichte der aufs Geratewohl beobachteten Intensität einer harmonisch pulsierenden Wechselspannung der Amplitude $A = U_{max}$.

Zu (E 9, 65) zurückkehrend, finden wir als *Erwartungswert* der aufs Geratewohl beobachteten Wechselspannung $U_{max} \sin 2\pi f t$ die Größe

$$\langle U \rangle = \frac{1}{\pi} \int\limits_{-U_{max}}^{U_{max}} \frac{U}{\sqrt{U_{max}^2 - U^2}}\, dU = 0 \qquad (E\ 9,\ 67)$$

und als ihre *quadratische Streuung*

$$\sigma = \frac{1}{\pi} \int\limits_{-U_{max}}^{U_{max}} \frac{U^2}{\sqrt{U_{max}^2 - U^2}}\, dU = \frac{1}{2} U_{max}^2, \qquad (E\ 9,\ 68)$$

welche somit dem *Quadrate der Effektivspannung* U_{eff} gleicht; umgekehrt erfährt also diese fundamentale Größe der Wechselstromtechnik durch Gl. (E 9, 68) eine neue, *statistische Deutung*.

Wir stellen der nach (E 9, 43) gebildeten Spektraldichte $s(\mu)$ der *Phasenverteilung* $w(\varphi)$ die Spektraldichte

$$\overline{s}(\nu) = \int\limits_{-\infty}^{\infty} \overline{w}(U)\, e^{2\pi i \nu U}\, dU \qquad (E\ 9,\ 69)$$

der *Spannungsverteilung* gegenüber und erhalten mit Hilfe von (E 9, 65)

$$\overline{s}(\nu) = \frac{1}{\pi} \int\limits_{-U_{max}}^{U_{max}} \frac{e^{2\pi i \nu U}}{\sqrt{U_{max}{}^2 - U^2}}\, dU. \qquad (E\ 9,\ 70)$$

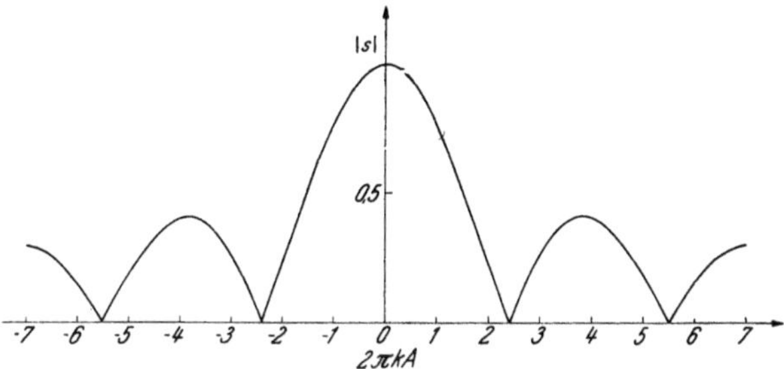

Abb. E 23. Absoluter Betrag der komplexen Spektraldichte einer aufs Geratewohl beobachteten harmonischen Schwingung der Amplitude A und der Frequenz $\nu = k$.

Durch das Symbol J_0 die *Bessel*sche Zylinderfunktion der Ordnung Null bezeichnend, finden wir sonach mit Rücksicht auf (E 9, 59) als expliziten Ausdruck der gesuchten Spektraldichte

$$\overline{s}(\nu) = \frac{1}{2\pi} \int\limits_{-\pi}^{\pi} e^{2\pi i \nu U_{max} \sin\varphi}\, d\varphi = J_0(2\pi\,\nu\,U_{max}). \qquad (E\ 9,\ 71)$$

Abb. E 23 zeigt den Gang ihres absoluten Betrages als Funktion der [dimensionierten] Variablen $\nu = k$.

3. Die Wahrscheinlichkeitsdichte w für das Auftreten des im gesamten Wertevorrat der reellen Zahlen kontinuierlich veränderlichen Merkmales ξ sei mittels der drei vorerst willkürlichen, reellen Konstanten C, a und ξ_0 durch die Gleichung

$$w(\xi) = C\, e^{-a(\xi - \xi_0)^2} \qquad (E\ 9,\ 72)$$

der „Glockenkurve" nach Abb. E 24 darstellbar. Nun stiftet die Vollständigkeitsrelation (E 9, 35) zwischen C und a den Zusammenhang

$$\int\limits_{-\infty}^{\infty} w(\xi)\, d\xi = C\sqrt{\frac{\pi}{a}} = 1, \qquad (E\ 9,\ 73)$$

so daß (E 9, 72) in die nur noch zweikonstantige Funktion

$$w(\xi) = \sqrt{\frac{a}{\pi}}\, e^{-a(\xi - \xi_0)^2} \qquad (E\ 9,\ 74)$$

übergeht. Aus ihr finden wir den Erwartungswert

$$\langle\xi\rangle = \int\limits_{-\infty}^{\infty} \xi\, w(\xi)\, d\xi = \xi_0 \int\limits_{-\infty}^{\infty} w(\xi)\, d\xi + \int\limits_{-\infty}^{\infty} (\xi - \xi_0)\, w(\xi)\, d\xi = \xi_0 \qquad (E\ 9,\ 75)$$

des Merkmales ξ und also dessen quadratische Streuung

$$\sigma = \int\limits_{-\infty}^{\infty} (\xi - \xi_0)^2 \, w(\xi) \, \mathrm{d}\xi = -\sqrt{\frac{a}{\pi}} \frac{\mathrm{d}}{\mathrm{d}a} \int\limits_{-\infty}^{\infty} e^{-a(\xi - \xi_0)^2} \mathrm{d}\xi = -\sqrt{\frac{a}{\pi}} \frac{\mathrm{d}}{\mathrm{d}a}\sqrt{\frac{\pi}{a}} = \frac{1}{2\,a}.$$

$$(E\ 9,\ 76)$$

Unter Berufung auf (E 9, 75) und (E 9, 76) nimmt (E 9, 74) die „*Normalform*" der *eindimensionalen, kontinuierlichen* *Gauß*schen Verteilung an

$$w(\xi) = \frac{1}{\sqrt{2\pi\sigma}}\, e^{-\dfrac{(\xi - \langle\xi\rangle)^2}{2\sigma}}$$

$$(E\ 9,\ 77)$$

Für ihre komplexe Spektraldichte $s(\mu)$ liefert die Vorschrift (E 9, 43) die Integraldarstellung

$$s(\mu) = \frac{1}{\sqrt{2\pi\sigma}} \int\limits_{-\infty}^{\infty} e^{-\dfrac{(\eta - \langle\xi\rangle)^2}{2\sigma}}\, e^{2\pi i \mu \eta}\, \mathrm{d}\eta. \qquad (E\ 9,\ 78)$$

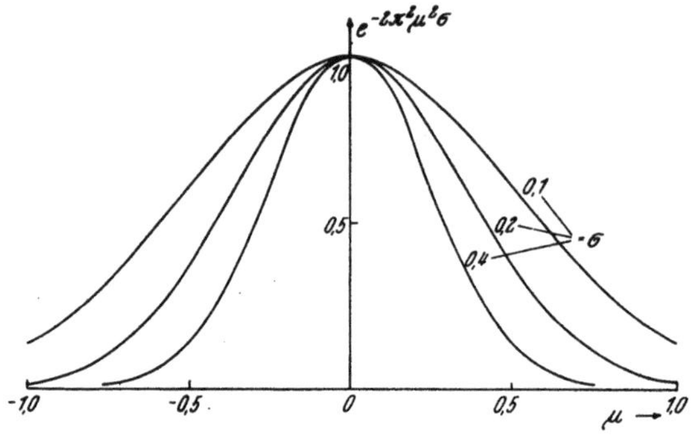

Abb. E 24. Glockenkurven für den absoluten Betrag der *Gauß*schen Spektraldichte.

Mittels der Identität

$$\frac{(\eta - \langle\xi\rangle)^2}{2\sigma} - 2\pi i \mu\,(\eta - \langle\xi\rangle) \equiv \left(\frac{\eta - \langle\xi\rangle}{\sqrt{2\sigma}} - \pi i \mu \sqrt{2\sigma}\right)^2 + 2\pi^2\mu^2\sigma \qquad (E\ 9,\ 79)$$

findet man somit den expliziten Ausdruck der gesuchten Spektraldichte:

$$s(\mu) = \frac{e^{-[2\pi^2\mu^2\sigma - 2\pi i\mu\langle\xi\rangle]}}{\sqrt{2\pi\sigma}} \int\limits_{-\infty}^{\infty} e^{-\left(\dfrac{\eta - \langle\xi\rangle}{\sqrt{2\sigma}} - \pi i\mu\sqrt{2\sigma}\right)^2} \mathrm{d}\eta = e^{-[2\pi^2\mu^2\sigma - 2\pi i\mu\langle\xi\rangle]}.$$

$$(E\ 9,\ 80)$$

Ihr absoluter Betrag

$$|s(\mu)| = e^{-2\pi^2\mu^2\sigma} \qquad (E\ 9,\ 81)$$

wird in seiner Abhängigkeit von μ für jeden festen Wert des Parameters σ durch eine *Glockenkurve* nach Abb. E 24 beschrieben; doch stehen diese Kurven zu jenen der *Gauß*schen Verteilung beziehentlich gleicher Parameter σ in einem eigentümlichen dualen Verhältnis: Je mehr sich die *Gauß*sche Verteilung bei abnehmendem Maße ihrer quadratischen Streuung σ auf die Umgebung des Erwartungswertes $\langle\xi\rangle$ zusammendrängt, desto mehr fließt die „gleichnamige" Spektraldichte auseinander, um schließlich im Grenzfalle $\sigma \to 0$ in ein „*weißes Spektrum*" konstanten Absolutbetrages überzugehen; wir kommen in Ziffer E 10 auf diese „Entartung" zurück.

Um die vorstehende Spektralanalyse zu verifizieren, tragen wir (E 9, 80) in (E 9, 42) ein und finden für die durch $s(\mu)$ „erzeugte" Wahrscheinlichkeitsdichte $w(\xi)$ zunächst die Integraldarstellung

$$w(\xi) = \int\limits_{-\infty}^{\infty} e^{-[2\pi^2\mu^2\sigma + 2\pi i\mu(\xi - \langle\xi\rangle)]}\, \mathrm{d}\mu. \qquad (E\ 9,\ 82)$$

Sie liefert mittels der Identität

$$2\,\pi^2\,\mu^2\,\sigma + 2\,\pi\,\mathrm{i}\,\mu\,(\xi - \langle\xi\rangle) \equiv 2\,\pi^2\,\sigma\left[\mu + \frac{\mathrm{i}}{2\,\pi\,\sigma}(\xi - \langle\xi\rangle)\right]^2 + \frac{(\xi - \langle\xi\rangle)^2}{2\,\sigma}$$

$$\text{(E 9, 83)}$$

die Verteilung

$$\mathrm{w}(\xi) = \mathrm{e}^{-\frac{(\xi-\langle\xi\rangle)^2}{2\,\sigma}} \int\limits_{-\infty}^{\infty} \mathrm{e}^{2\pi^2\sigma\left[\mu + \frac{\mathrm{i}}{2\pi\sigma}(\xi - \langle\xi\rangle)\right]^2} \mathrm{d}\mu = \frac{\mathrm{e}^{-\frac{(\xi - \langle\xi\rangle)^2}{2\sigma}}}{\sqrt{2\pi\sigma}}, \quad \text{(E 9, 84)}$$

welche in der Tat mit (E 9, 77) übereinstimmt.

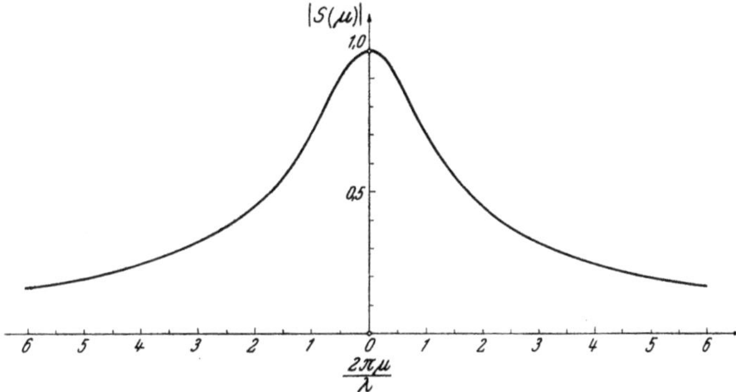

Abb. E 25. Absoluter Betrag der komplexen Spektraldichte eines Zerfallsprozesses der Konstanten $\lambda = 1$.

4. Wir kehren zur *Statistik des spontanen radioaktiven Zerfalles* [Ziffer E 7, i] zurück, welche wir hier gemäß (E 7, 54) durch die Wahrscheinlichkeit

$$\overline{\mathrm{S}}(t) = 1 - \mathrm{e}^{-\lambda t}; \qquad t \geq 0 \qquad \text{(E 9, 85)}$$

des Kernzerfalles bis spätestens zum Zeitpunkt t beschreiben; vermöge dieser ihrer Definition spielt sie, im Einklang mit (E 9, 30), die Rolle der *Summenfunktion* für die Wahrscheinlichkeitsdichte

$$\overline{\mathrm{w}}(t) = \frac{\mathrm{d}\overline{\mathrm{S}}}{\mathrm{d}t} = \lambda\,\mathrm{e}^{-\lambda t}; \qquad t \geq 0 \qquad \text{(E 9, 86)}$$

der *Lebensdauer* t jedes individuellen Kernes. Daher findet sich deren *Erwartungswert* $\langle t\rangle$ zu

$$\langle t\rangle = \int\limits_{0}^{\infty} t\,\lambda\,\mathrm{e}^{-\lambda t}\,\mathrm{d}t = \frac{1}{\lambda} \qquad \text{(E 9, 87)}$$

gleich dem *Kehrwert der Zerfallskonstanten* λ, die ihrerseits durch diese Relation einer anschaulichen Deutung erschlossen wird. Bildet man jetzt das *Moment zweiten Grades*

$$\langle t^2\rangle = \int\limits_{0}^{\infty} t^2\,\lambda\,\mathrm{e}^{-\lambda t}\,\mathrm{d}t = \frac{2}{\lambda^2} \qquad \text{(E 9, 88)}$$

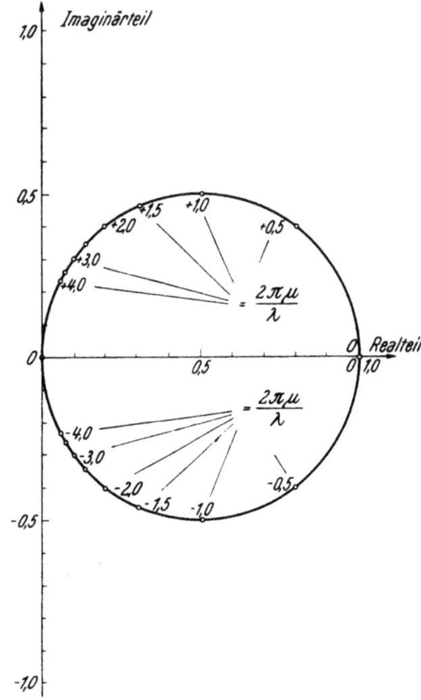

Abb. E 26. Kreisdiagramm der komplexen Spektraldichte eines Zerfallsprozesses der Konstanten $\lambda = 1$.

so ergibt sich im Verein mit (E 9, 87) gemäß (E 9, 41) die *quadratische Streuung*

$$\sigma = \langle t^2 \rangle - \langle t \rangle^2 = \frac{1}{\lambda^2} = \langle t \rangle^2$$

$$(E\ 9,\ 89)$$

der kontinuierlichen Verteilung $\overline{w}(t)$. Schließlich liefert die Vorschrift (E 9, 43) die *komplexe Spektraldichte*

$$\overline{s}(\mu) = \int_0^\infty \lambda\, e^{-\lambda\eta}\, e^{2\pi i \mu\eta}\, d\eta =$$

$$= \frac{\lambda}{\lambda - 2\pi i \mu}\ ; \qquad -\infty < \mu < \infty$$

$$(E\ 9,\ 90)$$

dieser Verteilung; Abb. E 25 zeigt den Verlauf des absoluten Betrages

$$|\overline{s}(\mu)| = \frac{1}{\sqrt{\lambda^2 + (2\pi\mu)^2}} \qquad (E\ 9,\ 91)$$

als Funktion der Schwingungszahl μ, während der Gang der Spektraldichte in der komplexen Zahlenebene durch das Kreisdiagramm der Abb. E 26 veranschaulicht wird.

E 10. Gemischte Verteilungen.

a) In Ziffer E 9 sind wir von dem ganzzahligen Merkmal x der diskreten Wahrscheinlichkeitsverteilung $W = W(x)$ durch den Prozeß der unbegrenzt feinen Unterteilung zu dem stetig veränderlichen Merkmal ξ gelangt, welchem je Einheit seines Wertevorrates die kontinuierliche Wahrscheinlichkeitsdichte $w = w(\xi)$ zukommt. Diesen Gedankengang verallgemeinern wir nun, indem wir, von dem stetigen Merkmal ξ ausgehend, eine Funktion $w = w(\xi)$ suchen, welche sowohl *kontinuierliche* wie *diskrete* Wahrscheinlichkeitsverteilungen oder, mit anderen Worten, *gemischte* Wahrscheinlichkeitsverteilungen zu schildern vermag; im Gegensatz zu der früheren, x auf ganze, reelle Zahlen beschränkenden Übereinkunft lassen wir jedoch fortan für die etwa p singulären Merkmale

$$\xi = x_k; \qquad 1 \leqq k \leqq p, \qquad (E\ 10,\ 1)$$

welche je mit einer *endlichen* Wahrscheinlichkeit

$$0 < W_k \equiv W(x_k) < 1 \qquad (E\ 10,\ 2)$$

auftreten können, alle reellen Zahlen x_k einschließlich der Null zu.

b) Um den gewünschten, begrifflichen Verschmelzungsprozeß durchzuführen, verwandeln wir die diskrete Wahrscheinlichkeit W_k nach Wahl einer hinreichend kleinen, positiv reellen Zahl ε in eine kontinuierlich verteilte Wahrscheinlichkeit, welche entsprechend Abb. E 27 nur innerhalb des schmalen Bereiches

$$x_k - \frac{1}{2}\varepsilon < \xi < x_k + \frac{1}{2}\varepsilon \qquad (E\ 10,\ 3)$$

die konstante Dichte

$$w_k(\xi) = \frac{W_k}{\varepsilon}\,; \qquad |\xi - x_k| < \frac{1}{2}\varepsilon \qquad\qquad (E\ 10,\ 4)$$

aufweist, sonst jedoch verschwindet

$$w_k(\xi) = 0; \qquad |\xi - x_k| > \frac{1}{2}\varepsilon$$

$$(E\ 10,\ 5)$$

Die Funktion $w_k(\xi)$ genügt daher der integralen Eigenschaft

$$\int\limits_{-\infty}^{\infty} w_k(\xi)\,d\xi = \int\limits_{x_k - 1/2\varepsilon}^{x_k + 1/2\varepsilon} w_k(\xi)\,d\xi = W_k$$

$$(E\ 10,\ 6)$$

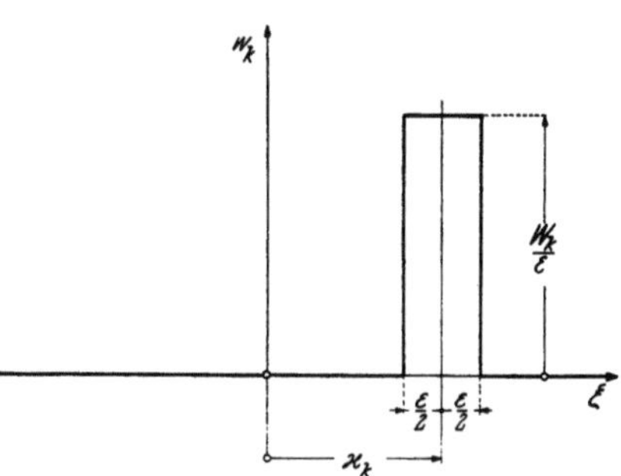

Abb. E 27. Verwandlung der diskreten in eine kontinuierliche Wahrscheinlichkeit.

Gemäß (E 9, 42) kann nun die Wahrscheinlichkeitsdichte $w_k(\xi)$ durch das *Fourier*sche Integral

$$w_k(\xi) = \int\limits_{-\infty}^{\infty} e^{-2\pi i \mu \xi}\,d\mu \int\limits_{x_k - 1/2\varepsilon}^{x_k + 1/2\varepsilon} \frac{W_k}{\varepsilon}\, e^{2\pi i \mu \eta}\,d\eta =$$

$$= W_k \int\limits_{-\infty}^{\infty} e^{-2\pi i \mu (\xi - x_k)}\, \frac{\sin \pi \varepsilon \mu}{\pi \varepsilon \mu}\,d\mu \qquad\qquad (E\ 10,\ 7)$$

in ihre harmonischen Komponenten zerlegt werden. Bezeichnen wir daher die Rückkehr zur diskret auftretenden Wahrscheinlichkeit W_k durch die Operation

$$\varepsilon \to 0 \qquad\qquad (E\ 10,\ 8)$$

so resultiert für die gesuchte, formal kontinuierliche Grenzfunktion $w_k(\xi)$ die Darstellung

$$w_k(\xi) = W_k \cdot \delta(\xi - x_k), \qquad\qquad (E\ 10,\ 9)$$

in welcher die nach *Dirac* benannte Funktion $\delta(\xi - x_k)$ durch die Gleichung

$$\delta(\xi - x_k) = \lim_{\varepsilon \to 0} \int\limits_{-\infty}^{\infty} e^{-2\pi i \mu(\xi - x_k)}\, \frac{\sin \pi \varepsilon \mu}{\pi \varepsilon \mu}\,d\mu \qquad\qquad (E\ 10,\ 10)$$

definiert ist; zufolge (E 10, 4), (E 10, 5), (E 10, 6) und (E 10, 8) zeichnet sich die *Dirac*-Funktion durch die gleichzeitig widerspruchsfrei nebeneinander bestehenden Eigenschaften

$$\delta(\xi - x_k) = 0 \qquad \text{für} \qquad \xi \neq x_k, \qquad\qquad (E\ 10,\ 11)$$

aber

$$\int\limits_{-\infty}^{\infty} \delta(\xi - x_k)\,d\xi = 1 \qquad\qquad (E\ 10,\ 12)$$

aus. Mit Rücksicht auf die Grenzaussage

$$\lim_{\varepsilon \to 0} \frac{\sin \pi \varepsilon \mu}{\pi \varepsilon \mu} = 1 \qquad\qquad (E\ 10,\ 13)$$

schreibt man die Bildungsvorschrift (E 10, 10) der *Dirac*-Funktion $\delta = \delta(\eta)$ gelegentlich in die „abgekürzte" Form

$$\delta(\eta) = \int\limits_{-\infty}^{\infty} e^{-2\pi i \eta \mu}\, d\mu$$

$$\text{(E 10, 14)}$$

um; da jedoch das hier auftretende Integral als solches keinen angebbaren Wert besitzt, gewinnt dieses Ergebnis erst im Verein mit den oben genannten, definierenden Eigenschaften der *Dirac*-Funktion einen bestimmten Inhalt, und in diesem „kommentierten" Sinne mag die somit nur *symbolisch aufzufassende* Gleichung (E 10, 14) weiterhin benutzt werden.

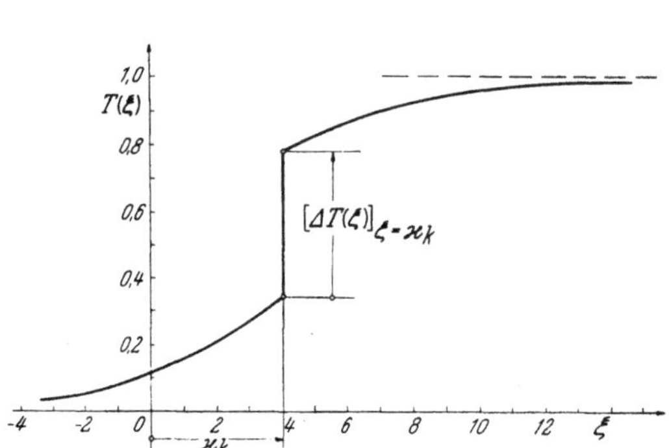

Abb. E 28. Summenfunktion einer gemischten Verteilung.

c) Die (konjugiert-komplexe) erzeugende Funktion der Verteilung (E 10, 9) folgt aus (E 9, 43) mit Rücksicht auf (E 10, 11) und (E 10, 12) zu

$$s_k(\mu) = \int\limits_{-\infty}^{\infty} W_k\, \delta(\eta - x_k)\, e^{2\pi i \mu \eta}\, d\eta = W_k\, e^{2\pi i \mu x_k}, \qquad \text{(E 10, 15)}$$

entsteht also formal aus der in Ziffer E 4 nur für *ganzzahlige* x gegebenen Definition durch deren Verallgemeinerung auf *beliebige*, reelle Merkmale. In der Tat liefert dann (E 9, 44), falls wir uns der „Lesevorschrift" (E 10, 14) bedienen, als Umkehrung von (E 10, 15) die Angabe

$$w_k(\xi) = \int\limits_{-\infty}^{\infty} s_k(\mu)\, e^{-2\pi i \mu \xi}\, d\mu = W_k \cdot \delta(\xi - x_k), \qquad \text{(E 10, 16)}$$

welche mit (E 10, 9) identisch ist.

d) Wir gehen jetzt zur Analyse der gemischten Wahrscheinlichkeitsverteilung über. Ihre entsprechend (E 9, 21) gebildete Summenfunktion $T = T(\xi)$ springt gemäß (E 10, 7), (E 10, 11) und (E 10, 12) jedesmal beim Überschreiten eines der singulären Merkmale x_k nach Abb. E 28 genau um den Betrag

$$[\varDelta T(\xi)]_{\xi = x_k} = \lim_{0 < \varepsilon \to 0} \left[T\left(x_k + \frac{1}{2}\varepsilon\right) - T\left(x_k - \frac{1}{2}\varepsilon\right) \right] = W_k \cdot \qquad \text{(E 10, 17)}$$

Da gerade diese Eigenschaft den von *Stieltjes* erweiterten Integralbegriff auszeichnet, stellt (E 9, 21) in eben dieser Terminologie die Summenfunktion einer statistischen Verteilung von beliebigem Charakter ihrer Merkmale dar.

e) Als *Beispiel* wählen wir die *Poisson*sche Verteilung (E 8, 30) der Wahrscheinlichkeit W(x) für das Auftreten des positiv-reellen, durchaus auf ganze, positive Zahlen einschließlich der Null beschränkten Merkmales x vom Erwartungswert a

$$W(x) = e^{-a}\, \frac{a^x}{x!}. \qquad \text{(E 10, 18)}$$

Sie kann, mit Benutzung der *Dirac*-Funktion $\delta(x - \xi)$, formal als Wahrscheinlichkeits*dichte* w des im reellen Bereiche $(-\infty) < \xi < (+\infty)$ *stetig* veränderlichen Merkmales ξ aufgefaßt werden, indem

$$w(\xi) = \sum_{x=0}^{\infty} e^{-a} \frac{a^x}{x!} \delta(x - \xi) \qquad (E\ 10,\ 19)$$

gesetzt wird. Denn zufolge (E 10, 11) findet man sogleich

$$w(\xi) = 0 \qquad \text{für} \qquad \xi \neq x \qquad (E\ 10,\ 20)$$

und überdies gilt gemäß (E 10, 12)

$$\int_{-\infty}^{\infty} e^{-a} \frac{a^x}{x!} \delta(x - \xi)\, d\xi = e^{-a} \frac{a^x}{x!} = W(x). \qquad (E\ 10,\ 21)$$

Unter nochmaliger Berufung auf (E 10, 12) berechnet sich die komplexe Dichte $s(\mu)$ des die *Poisson*sche Verteilung kennzeichnenden kontinuierlichen Spektrums an Hand der Vorschrift (E 9, 43) zu

$$s(\mu) = \int_{-\infty}^{\infty} e^{2\pi i\mu\eta} \sum_{x=0}^{\infty} e^{-a} \frac{a^x}{x!} \delta(x - \eta)\, d\eta = e^{-a} \sum_{x=0}^{\infty} \frac{(a\, e^{2\pi i\mu})^x}{x!} =$$
$$= \mathrm{Exp}\,[-a\,(1 - e^{2\pi i\mu\eta})], \qquad (E\ 10,\ 22)$$

welche also, im Einklang mit ihrer Definition, der erzeugenden Funktion (E 8, 80) dieser Verteilung komplex konjugiert ist. Um die Formel (E 10, 22) zu verifizieren, kehren wir zu Gl. (E 9, 44) zurück und erhalten für die Wahrscheinlichkeitsdichte $w(\xi)$ zunächst die Darstellung

$$w(\xi) = \int_{-\infty}^{\infty} \mathrm{Exp}\,[-a\,(1 - e^{2\pi i\mu})]\, e^{-2\pi i\mu\xi}\, d\mu = e^{-a} \sum_{x=0}^{\infty} \frac{a^x}{x!} \int_{-\infty}^{\infty} e^{2\pi i\mu(x - \xi)}\, d\xi,$$
$$(E\ 10,23)$$

welche auf Grund der Lesevorschrift (E 10, 14) mit (E 10, 19) identisch ist.

E 11. Kontinuierliche Summenverteilungen.

a) Es sei $w_1 = w_1(\xi_1)$ die Wahrscheinlichkeitsdichte des reellen, kontinuierlichen Merkmales ξ_1 im Kollektiv 1 und $w_2 = w_2(\xi_2)$ die Wahrscheinlichkeitsdichte des gleichfalls reellen, kontinuierlichen Merkmales ξ_2 im Kollektiv 2; die Funktionen $w_1(\xi_1)$ und $w_2(\xi_2)$ werden als *statistisch voneinander unabhängig* vorausgesetzt.

Aus den jeweils in den unterschiedlichen Kollektiven 1 und 2 gleichzeitig beobachteten Merkmalen ξ_1 und ξ_2 bilden wir die *Summe*

$$\eta = \xi_1 + \xi_2, \qquad (E\ 11,\ 1)$$

welche ihrerseits ein weiteres, kontinuierliches Merkmal definiert. Wir schließen vorerst singuläre Merkmale ξ_1 und ξ_2 der Art (E 10, 2) von der Behandlung aus. Gefragt wird nach der dann infinitesimal kleinen Wahrscheinlichkeit ΔW, mit welcher wir die Summe η im infinitesimal schmalen Bereich $\Delta\eta$ vorfinden, oder, mit anderen Worten, nach der *Dichte* $w(\eta)$ der *Summenwahrscheinlichkeit*

$$w(\eta) = \lim_{\Delta\eta \to 0} \frac{\Delta W}{\Delta\eta}. \qquad (E\ 11,\ 2)$$

b) Wir richten unser Augenmerk auf das rechtwinkelige, ebene Bezugssystem der Merkmale ξ_1 [Abszisse] und ξ_2 [Ordinate] nach Abb. E 29, in welchem wir das Rechteck

$$\xi_1' < \xi_1 < \xi_1' + \varDelta\xi_1'; \qquad \xi_2' < \xi_2 < \xi_2' + \varDelta\xi_2' \qquad \text{(E 11, 3)}$$

der je infinitesimal kurzen Kanten $\varDelta\xi_1'$ und $\varDelta\xi_2'$ konstruieren. Auf Grund der *Verbindungsregel* statistisch voneinander unabhängiger Kollektive [Ziffer E 7] mißt dann das Produkt

$$\delta W = w_1(\xi_1)\,w_2(\xi_2)\,\varDelta\xi_1'\,\varDelta\xi_2' \qquad \text{(E 11, 4)}$$

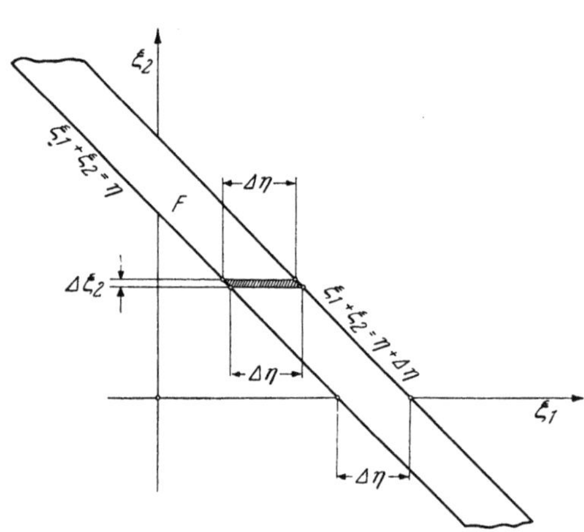

Abb. E 29. Zur Berechnung der kontinuierlichen Summenverteilung.

die Wahrscheinlichkeit für das *gleichzeitige* Auftreten der Merkmale ξ_1 und ξ_2 innerhalb des „*Toleranzrechteckes*" (E 11, 3). Nun definiert (E 11, 1) für jeden festen Wert von η eine *Gerade* der (ξ_1, ξ_2) Ebene, welche auf deren beiden Achsen je gleiche Strecken einheitlichen Vorzeichens abschneidet. Daher erfüllt die Gesamtheit aller Wertepaare (ξ_1, ξ_2) der einschränkenden Eigenschaft

$$\eta < \xi_1 + \xi_2 < \eta + \varDelta\eta \qquad \text{(E 11, 5)}$$

lückenlos das Innere des in Abb. E 29 dargestellten Flächenstreifens F, so daß die *Fusionsregel* [Ziffer E 6] für die gesuchte Wahrscheinlichkeit $\varDelta W$ das Integral

$$\varDelta W = \iint\limits_{(F)} w_1(\xi_1)\,w_2(\xi_2)\,d\xi_1\,d\xi_2 \qquad \text{(E 11, 6)}$$

liefert. Um es auszuwerten, parzellieren wir das Gebiet F in infinitesimal kleine Parallelogramme der einheitlichen Breite

$$\varDelta\xi_1 = \varDelta\eta \qquad \text{(E 11, 7)}$$

und der jeweils infinitesimal kleinen Höhe

$$\varDelta\xi_2 = d\xi_2. \qquad \text{(E 11, 8)}$$

Mit Rücksicht auf (E 11, 1) verwandelt sich also (E 11, 6) in das Integral

$$\varDelta W = \varDelta\eta \int\limits_{-\infty}^{\infty} w_1(\eta - \xi_2)\,w_2(\xi_2)\,d\xi_2, \qquad \text{(E 11, 9)}$$

welchem wir für die Wahrscheinlichkeitsdichte $w(\eta)$ gemäß (E 11, 2) den Ausdruck

$$w(\eta) = \int\limits_{-\infty}^{\infty} w_1(\eta - \xi_2)\,w_2(\xi_2)\,d\xi_2 \qquad \text{(E 11, 10)}$$

entnehmen; da nun die Merkmale ξ_1 und ξ_2 untereinander völlig gleichberechtigt sind, darf man sie ihre Rollen tauschen lassen und gelangt auf diesem Wege zu der (E 11, 10) dual ergänzenden Formel

$$w(\eta) = \int_{-\infty}^{\infty} w_1(\xi_1)\, w_2(\eta - \xi_1)\, d\xi_1. \qquad (E\ 11,\ 11)$$

Die durch (E 11, 10) oder (E 11, 11) definierte Integralverbindung der Wahrscheinlichkeitsdichten w_1 und w_2 wird als deren *Konvolution* oder *Faltung* bezeichnet. Sie ist als grundlegende mathematische Operation dem Elektrotechniker aus der Analyse der *Einschaltvorgänge in linearen Systemen* wohlvertraut: Im Faltungsintegranden schildert der eine Faktor als sogenannte „*Übergangsfunktion*" die Reaktion jenes Systemes gegen den im Anfang der laufenden Zeit einsetzenden *Einheitsstoß der erzwingenden Kraft*, während der andere Faktor den jeweils *tatsächlich vorgegebenen zeitlichen Verlauf* dieser Kraft erfaßt.

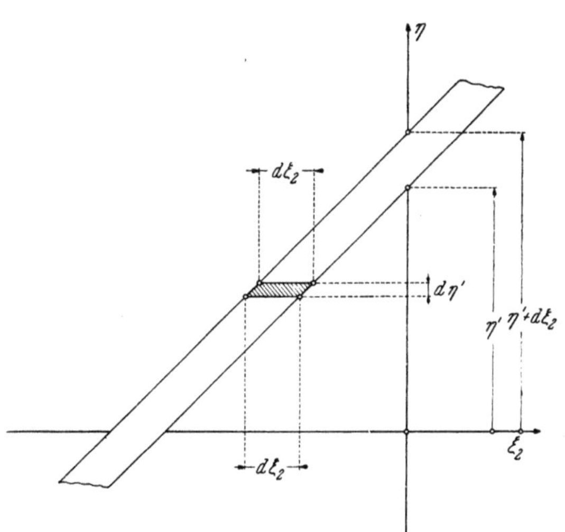

Abb. E 30. Zur Berechnung des Doppelintegrales (E 11, 13).

c) Wie setzt sich die *komplexe Spektraldichte*

$$s(\mu) = \int_{-\infty}^{\infty} w(\eta)\, e^{2\pi i\mu\eta}\, d\eta \qquad (E\ 11,\ 12)$$

der Summenverteilung $w(\eta)$ aus den komplexen Spektraldichten $s_1(\mu)$ und $s_2(\mu)$ beziehentlich der Komponenten-Verteilungen $w_1(\xi_1)$ und $w_2(\xi_2)$ zusammen?

Unter Berufung auf (E 11, 10) entsteht aus (E 11, 12) das Doppelintegral

$$s(\mu) = \int_{\eta=-\infty}^{\infty} \int_{\xi_2=-\infty}^{\infty} e^{2\pi i\mu\eta}\, w_1(\eta - \xi_2)\, w_2(\xi_2)\, d\xi_2\, d\eta. \qquad (E\ 11,\ 13)$$

Zum Zwecke seiner Berechnung konstruieren wir in der Ebene der rechtwinkeligen Koordinaten ξ_2 [Abszisse] und η [Ordinate] nach Abb. E 30 die Geradenschar

$$\eta' = \eta - \xi_2 = \text{const.}, \qquad (E\ 11,\ 14)$$

deren jedes individuelle Mitglied gegen die Abszissenachse um 45^0 geneigt ist. Parzellieren wir nun die (ξ_2, η)-Ebene in Parallelogramme je der infinitesimal schmalen Basis $d\xi_2$ und der infinitesimal kleinen Höhe $d\eta'$ gemäß Abb. E 30, so verwandelt sich (E 11, 13) in

$$s(\mu) = \int\limits_{\eta'=-\infty}^{\infty} \int\limits_{\xi_2=-\infty}^{\infty} e^{2\pi i \mu(\eta'+\xi)} w_1(\eta') w_2(\xi_2) \, d\xi_2 \, d\eta' =$$

$$= \int\limits_{\eta'=-\infty}^{\infty} e^{2\pi i \mu \eta'} w_1(\eta') \, d\eta' \int\limits_{\xi_2=-\infty}^{\infty} e^{2\pi i \mu \xi_2} w_2(\xi_2) \, d\xi_2. \qquad \text{(E 11, 15)}$$

Da in den Einzelintegralen des vorstehenden Produktes die Bezeichnung der jeweiligen Integrationsvariabeln belanglos ist, schildern diese Integrale beziehentlich die Spektraldichten s_1 und s_2:

$$s_1(\mu) = \int\limits_{-\infty}^{\infty} e^{2\pi i \mu \eta'} w_1(\eta') \, d\eta', \qquad \text{(E 11, 16)}$$

$$s_2(\mu) = \int\limits_{-\infty}^{\infty} e^{2\pi i \mu \xi_2} w_1(\xi_2) \, d\xi_2. \qquad \text{(E 11, 17)}$$

Demnach enthält Gl. (E 11, 15) das einfache Bildungsgesetz

$$s(\mu) = s_1(\mu) \cdot s_2(\mu) \qquad \text{(E 11, 18)}$$

der komplexen Spektraldichte $s(\mu)$. Obwohl wir es hier nur für zwei Postenmerkmale bewiesen haben, läßt es sich doch mittels des Verfahrens der vollständigen Induktion sogleich auf eine beliebige Anzahl von Postenmerkmalen erweitern: *Die komplexe Spektraldichte der kontinuierlichen Summenverteilung gleicht dem Produkt der komplexen Spektraldichten der Postenverteilungen*; durch Übergang von den Spektraldichten zu den ihnen beziehentlich konjugiert-komplexen Funktionen folgt der nämliche Satz für die Bildung der *erzeugenden Funktion der kontinuierlichen Summenverteilung* aus den erzeugenden Funktionen der Postenverteilungen.

d) Fügen sich die oben ausgeschlossenen singulären Merkmale $\xi = x_k$ der je endlichen Wahrscheinlichkeit W_k den soeben ausgesprochenen Regeln ein?

Wir identifizieren etwa $s_1(\mu)$ mit der komplexen Spektraldichte (E 10, 15) des singulären Merkmales $\xi_1 = x_k$, während $s_2(\mu)$ das komplexe Spektrum des kontinuierlichen Merkmales ξ_2 schildere. Supponiert man nun auch für diesen Fall die formale Permanenz der Gleichung (E 11, 18), so resultiert für die Wahrscheinlichkeitsdichte $w = w(\eta)$ der Summe

$$\eta = x_k + \xi_2 \qquad \text{(E 11, 19)}$$

die komplexe Spektraldichte

$$s(\mu) = W_k \, e^{2\pi i \mu x_k} \cdot s_2(\mu). \qquad \text{(E 11, 20)}$$

Mit ihrer Hilfe gewinnt man für die Wahrscheinlichkeitsdichte $w(\eta)$ die Integraldarstellung

$$w(\eta) = \int\limits_{-\infty}^{\infty} s(\mu) \, e^{-2\pi i \mu \eta} \, d\mu = W_k \int\limits_{-\infty}^{\infty} e^{-2\pi i \mu(\eta - x_k)} s_2(\mu) \, d\mu, \qquad \text{(E 11, 21)}$$

welcher man im Verein mit (E 9, 44) die Angabe

$$w(\eta) = W_k \, w_2(\eta - x_k) \qquad \text{(E 11, 22)}$$

entnimmt; sie formuliert die unserer Aufgabe angepaßte Verbindungs-regel unabhängiger Kollektive, so daß durch Gl. (E 11, 22) die oben gestellte Frage bejahend beantwortet wird.

e) Wir erläutern die Gesetze der kontinuierlichen Summenverteilung an einer Reihe von Beispielen:

1. Gegeben seien die Wahrscheinlichkeitsdichten $w_1(\xi_1)$ und $w_2(\xi_2)$ beziehentlich der kontinuierlich veränderlichen Merkmale ξ_1 und ξ_2 samt den komplexen Spektraldichten $s_1(\mu)$ und $s_2(\mu)$; nach (E 9, 46) kennen wir daher die Erwartungswerte

$$\langle \xi_1 \rangle = \frac{1}{2\pi i}\left[\frac{ds_1}{d\mu}\right]_{\mu=0}; \qquad \langle \xi_2 \rangle = \frac{1}{2\pi i}\left[\frac{ds_2}{d\mu}\right]_{\mu=0} \qquad (E\ 11,\ 23)$$

und die quadratischen Streuungen

$$\left. \begin{aligned} \sigma_1 &= \langle \xi_1{}^2 \rangle - \langle \xi_1 \rangle^2 = -\frac{1}{4\pi^2}\left[\frac{d^2 s_1}{d\mu^2} - \left(\frac{ds_1}{d\mu}\right)^2\right]_{\mu=0} \\ \sigma_2 &= \langle \xi_2{}^2 \rangle - \langle \xi_2 \rangle^2 = -\frac{1}{4\pi^2}\left[\frac{d^2 s_2}{d\mu^2} - \left(\frac{ds_2}{d\mu}\right)^2\right]_{\mu=0} \end{aligned} \right\} \cdot \quad (E\ 11,\ 24)$$

Gesucht wird der Erwartungswert $\langle \eta \rangle$ der Summe $\eta = (\xi_1 + \xi_2)$ und deren quadratische Streuung σ.

Unter abermaliger Berufung auf die Relationen (E 9, 46) finden wir aus (E 11, 18) zunächst

$$\langle \eta \rangle = \frac{1}{2\pi i}\left[\frac{ds_1}{d\mu}s_2 + s_1\frac{ds_2}{d\mu}\right]_{\mu=0} = \frac{1}{2\pi i}\left[\frac{ds_1}{d\mu} + \frac{ds_2}{d\mu}\right]_{\mu=0} = \langle \xi_1 \rangle + \langle \xi_2 \rangle$$

$$(E\ 11,\ 25)$$

und weiter

$$\sigma = -\frac{1}{4\pi^2}\left[\frac{d^2 s_1}{d\mu^2}s_2 + 2\frac{ds_1}{d\mu}\cdot\frac{ds_2}{d\mu} + s_1\frac{d^2 s_2}{d\mu^2} - \left(\frac{ds_1}{d\mu}s_2 + s_1\frac{ds_2}{d\mu}\right)^2\right]_{\mu=0} =$$

$$= -\frac{1}{4\pi^2}\left[\left\{\frac{d^2 s_1}{d\mu^2} - \left(\frac{ds_1}{d\mu}\right)^2\right\} + \left\{\frac{d^2 s_2}{d\mu^2} - \left(\frac{ds_2}{d\mu}\right)^2\right\}\right]_{\mu=0} = \sigma_1 + \sigma_2 \quad (E\ 11,\ 26)$$

im Einklang mit den für die ganzzahligen Merkmale x und y gültigen Sätzen (E 7, 32) und (E 7, 34).

2. Die Wahrscheinlichkeitsdichten $w_1(\xi_1)$ und $w_2(\xi_2)$ beziehentlich der kontinuierlichen Merkmale ξ_1 und ξ_2 seien nach (E 9, 77) durch die *Gauß*-schen Verteilungen

$$w_1(\xi_1) = \frac{1}{\sqrt{2\pi\sigma_1}}\, e^{-\frac{(\xi_1 - \langle\xi_1\rangle)^2}{2\sigma_1}} \qquad (E\ 11,\ 27)$$

und

$$w_2(\xi_2) = \frac{1}{\sqrt{2\pi\sigma_2}}\, e^{-\frac{(\xi_2 - \langle\xi_2\rangle)^2}{2\sigma_2}} \qquad (E\ 11,\ 28)$$

gegeben. Gemäß (E 9, 80) lauten die zugehörigen Spektraldichten

$$s_1(\mu) = e^{-[2\pi^2\mu^2\sigma_1 - 2\pi i\mu\langle\xi_1\rangle]} \qquad (E\ 11,\ 29)$$

und

$$s_2(\mu) = e^{-[2\pi^2\mu^2\sigma_1 - 2\pi i\mu\langle\xi_2\rangle]}, \qquad (E\ 11,\ 30)$$

so daß zufolge (E 11, 18) die komplexe Spektraldichte

$$s(\mu) = e^{-[2\pi^2\mu^2(\sigma_1 + \sigma_2) - 2\pi i\mu(\langle\xi_1\rangle + \langle\xi_2\rangle)]} \qquad (E\ 11,\ 31)$$

für die Wahrscheinlichkeitsdichte $w(\eta)$ der Summe $\eta = (\xi_1 + \xi_2)$ zuständig ist. Entsprechend (E 9, 84) wird somit $w(\eta)$ wiederum durch eine *Gauß*sche Verteilung beschrieben

$$w(\eta) = \frac{e^{-\frac{[\eta - (\langle\xi_1\rangle + \langle\xi_2\rangle)]^2}{2(\sigma_1 + \sigma_2)}}}{\sqrt{2\pi(\sigma_1 + \sigma_2)}}, \qquad (\text{E } 11, \ 32)$$

welche ihrerseits, wie es sein muß, den allgemeinen Beziehungen (E 11, 25), (E 11, 26) gehorcht.

3. Gegeben sei die *Gauß*sche Verteilung der Wahrscheinlichkeitsdichte

$$w_1(\xi) = \frac{1}{\sqrt{2\pi\sigma}}\, e^{-\frac{(\xi - \langle\xi\rangle)^2}{2\sigma}} \qquad (\text{E } 11, \ 33)$$

des kontinuierlichen Merkmales ξ. Aus ihr entsteht durch n-fache Verbindung der nämlichen Verteilung für die Wahrscheinlichkeitsdichte w_n der Summe

$$\eta = \xi_1 + \xi_2 + \ldots + \xi_n \qquad (\text{E } 11, \ 34)$$

die *Gauß*sche Verteilung

$$w_n(\eta) = \frac{1}{\sqrt{2\pi\sigma n}}\, e^{-\frac{(\eta - n\langle\xi\rangle)^2}{2\sigma n}}. \qquad (\text{E } 11, \ 35)$$

Ersetzen wir jetzt das jeweils resultierende *Summenmerkmal* η durch das gleichfalls kontinuierlich veränderliche *Durchschnittsmerkmal*

$$\zeta_n = \frac{\eta}{n}. \qquad (\text{E } 11, \ 36)$$

so finden wir mit Hilfe der Transformationsregel (E 9, 31) aus der Differentialrelation

$$\frac{d\eta}{d\zeta_n} = n \qquad (\text{E } 11, \ 37)$$

für die Wahrscheinlichkeitsdichte $\overline{w}_n = \overline{w}_n(\zeta_n)$ des Durchschnittsmerkmales die Darstellung

$$\overline{w}_n(\zeta_n) = w_n(\eta) \cdot \frac{d\eta}{d\zeta} = \frac{1}{\sqrt{2\pi\frac{\sigma}{n}}}\, e^{-\frac{(\zeta_n - \langle\xi\rangle)}{2\frac{\sigma}{n}}}. \qquad (\text{E } 11, \ 38)$$

Wir erschließen aus ihr die Eigenschaften

$$\langle\zeta_n\rangle = \langle\xi\rangle; \qquad \sigma_n \equiv \langle(\zeta_n - \langle\zeta_n\rangle)^2\rangle = \frac{\sigma}{n} \qquad (\text{E } 11, \ 39)$$

der Verteilung $\overline{w}_n(\zeta_n)$; sie enthalten die Grenzaussagen

$$\lim_{n\to\infty} \langle\zeta_n\rangle = \langle\xi\rangle; \qquad \lim_{n\to\infty} \sigma_n = 0, \qquad (\text{E } 11, \ 40)$$

welche man zusammenfassend als das *Gesetz der großen Zahlen* zu bezeichnen pflegt. Im Gebiete seiner physikalischen Anwendungen besagt es, daß ein von n unabhängigen, statistisch gleichwertigen Einzelereignissen gebildeter linearer Gesamteffekt bei festem Betrage seines Durchschnittswertes umso geringere Schwankungen aufweist, je größer die Zahl der Einzelereignisse ausfällt.

4. Wir behandeln die Statistik eines Systemes von n synchronen, einfach harmonischen Wechselspannungen U_k [$1 \leq k \leq n$] je der einheitlichen Amplitude U_{max}, deren beziehentlicher zeitlicher Verlauf aus (E 9, 59) durch die Annahme der zufallsdiktierten Phasenverzögerung ψ_k hervorgeht

$$U_k = U_{max} \cdot \sin (2 \pi f t - \psi_k). \qquad (E\ 11,\ 41)$$

Gesucht wird die Wahrscheinlichkeitsdichte $\overline{w} = \overline{w}(\overline{U})$ für das Auftreten der Summenspannung

$$\overline{U} = \sum_{k=1}^{n} U_k. \qquad (E\ 11,\ 42)$$

Wir wenden die in (E 11, 18) angegebene Produktregel n-mal auf die Spektraldichte (E 11, 17) an und finden als Spektraldichte $\overline{s}_n = \overline{s}_n(\nu)$ der gesuchten Verteilung

$$\overline{s}_n(\nu) = [J_0 (2 \pi \nu U_{max})]^n, \qquad (E\ 11,\ 43)$$

so daß entsprechend (E 9, 44) die Wahrscheinlichkeitsdichte $\overline{w}(\overline{U})$ durch das Integral

$$\overline{w}(\overline{U}) = \int_{-\infty}^{\infty} \overline{s}_n(\nu) e^{-2\pi i \nu \overline{U}} d\nu = \int_{-\infty}^{\infty} [J_0 (2 \pi \nu U_{max})]^n e^{-2\pi i \nu \overline{U}} d\nu \qquad (E\ 11,\ 44)$$

dargestellt wird. Gemäß der nach ganzen, positiven Potenzen von ν fortschreitenden Reihe

$$J_0 (2 \pi \nu U_{max}) = 1 - \frac{(\pi \nu U_{max})^2}{(1!)^2} + \frac{(\pi \nu U_{max})^4}{(2!)^2} - + \ldots \qquad (E\ 11,\ 45)$$

liefert nun bei hinreichend hohen Postenzahlen

$$n \gg 1 \qquad (E\ 11,\ 46)$$

nur die Umgebung von $\nu = 0$ einen wesentlichen Beitrag zum Integrale (E 11, 44). Unter der weiterhin einzuhaltenden Bedingung (E 11, 46) dürfen wir uns daher bei der Berechnung von $\overline{w}(\overline{U})$ der Approximation

$$[J_0 (2 \pi \nu U_{max})]^n = 1 - n \frac{(\pi \nu U_{max})^2}{1!} + \ldots \approx e^{-n(\pi \nu U_{max})^2} \qquad (E\ 11,\ 47)$$

bedienen und erhalten in der hierdurch angezeigten Genauigkeit nach dem Muster des Überganges von (E 9, 82) zu (E 9, 84)

$$\overline{w}(\overline{U}) = \frac{e^{-\frac{\overline{U}}{n U_{max}^2}}}{\sqrt{\pi n U_{max}^2}}. \qquad (E\ 11,\ 48)$$

Während sonach der Erwartungswert $\langle \overline{U} \rangle$ der Summenspannung verschwindet, gleicht deren Effektivwert

$$\overline{U}_{eff} = \sqrt{\langle \overline{U^2} \rangle} \qquad (E\ 11,\ 49)$$

dem $\sqrt{n}$-fachen des Einzel-Effektivwertes $\sqrt{\langle U^2 \rangle}$ jeder Komponentenspannung U_k: Im n-dimensionalen *Euklid*ischen Raume stehen die *Komponentenspannungen aufeinander senkrecht*.

E 12. Freie Diffusion.

a) Gegeben sei eine sehr große Anzahl N statistisch untereinander gleicher, materieller Punkte [,,Moleküle''], deren jeder sich in einem ausschließlich ihm vorbehaltenen, allerseits unbegrenzten Raume K [$1 \leqq K \leqq N$] von drei Dimensionen bewegen kann. Zu Beginn der laufenden Zeit t mag sich jedes dieser Moleküle im Ursprung seines ,,individuellen'' Bezugssystemes K der *Kartesi*schen Koordinaten x_K; y_K; z_K aufhalten:

$$x_K = 0; \qquad y_K = 0; \qquad z_K = 0 \quad \text{für} \quad t = 0; \quad 1 \leqq K \leqq N. \qquad \text{(E 12, 1)}$$

Doch sei es den Molekülen gestattet, immer genau nach Verlauf der festen Zeitspanne τ, und nur dann, einen vektoriellen Schritt ϱ der beziehentlich achsenparallelen Komponenten ξ; η; ζ auszuführen, deren kinematische Daten lediglich vom *Zufall* bestimmt werden: Die Wahrscheinlichkeit, jene Schrittkomponenten gerade innerhalb der infinitesimal schmalen Bereiche $\xi, \xi + \varDelta\xi$; $\eta, \eta + \varDelta\eta$; $\zeta, \zeta + \varDelta\zeta$ vorzufinden, wird durch das Zahlentripel

$$\varDelta W_\xi = \varphi(\xi)\,\varDelta\xi; \qquad \varDelta W_\eta = \psi(\eta)\,\varDelta\eta; \qquad \varDelta W_\zeta = \chi(\zeta)\,\varDelta\zeta \qquad \text{(E 12, 2)}$$

beschrieben, so daß die Funktionen $\varphi(\xi)$; $\psi(\eta)$ und $\chi(\zeta)$ die *Wahrscheinlichkeitsdichten* beziehentlich der achsenparallelen Schrittkomponenten definieren; sie gelten fortan als gegebene, ,,eingeprägte'' Systemeigenschaften, welche als *unabhängig* voneinander vorausgesetzt werden.

Wir beobachten nun die jeweils gleichzeitigen Orte $(x_K; y_K; z_K)$ der N kontrollierten Moleküle in ihrer Abhängigkeit von der nur sprunghaft veränderlichen Zeigerstellung

$$t_n = n\,\tau; \quad n = 0; 1; 2\ldots \qquad \text{(E 12, 3)}$$

einer ,,Bahnhofsuhr'' und machen das Versuchsprotokoll zum Gegenstande einer Statistik. Zu diesem Zwecke konstruieren wir den in sämtlichen N Bezugssystemen gleichen und gleich gelegenen Quader

$$x < x_K < x + \varDelta x; \qquad y < y_K < y + \varDelta y; \qquad z < z_K < z + \varDelta z; \qquad 1 \leqq K \leqq N$$
$$\text{(E 12, 4)}$$

der je infinitesimal kurzen Kanten $\varDelta x$, $\varDelta y$ und $\varDelta z$; gefragt wird nach der im hypothetischen Grenzfall $N \to \infty$ resultierenden *Aufenthalts-Wahrscheinlichkeit*

$$\varDelta W_n = w(x; y; z; t_n)\,\varDelta x\,\varDelta y\,\varDelta z \qquad \text{(E 12, 5)}$$

eines Moleküles zum Zeitpunkt t_n gerade im Quader (E 12, 4) seines Wirtssystemes oder, kurz, nach der eben dann bestehenden *Dichte* w der Aufenthaltswahrscheinlichkeit je Einheit des Konfigurationsraumes.

b) Zufolge der vorausgesetzten Unabhängigkeit der Schritt-Wahrscheinlichkeiten $\varphi(\xi)$, $\psi(\eta)$ und $\chi(\zeta)$ sind auch die Wahrscheinlichkeitsdichten

$$w_{x,n} = \alpha(x; t_n); \quad w_{y,n} = \beta(y; t_n); \quad w_{z,n} = \gamma(z; t_n) \qquad \text{(E 12, 6)}$$

für den im Zeitpunkt t_n beobachtenden Aufenthalt des K-ten Moleküles beziehentlich in den Schichten

$$x < x_K < x + \varDelta x; \qquad y < y_K < y + \varDelta y; \qquad z < z_K < z + \varDelta z \qquad \text{(E 12, 7)}$$

seines Lebensraumes K statistisch voneinander unabhängig. Aus der *Verbindungsregel* von Kollektiven dieser Art folgt daher die Relation

$$w(x; y; z; t_n) = \alpha(x; t_n)\,\beta(x; t_n)\,\beta(x; t_n)\,\gamma(x; t_n), \qquad \text{(E 12, 8)}$$

so daß es genügt, die beabsichtigte Wahrscheinlichkeitsanalyse etwa allein für die x-Richtung durchzuführen.

c) Wir begleiten das K-te Molekül vom Zeitpunkte $t = t_0 = 0$ an auf seinen „Irrfahrten" durch sein Wirtssystem. Auf Grund seiner Startlage (E 12, 1) befindet sich dieses Molekül nach dem ersten Schritt $[t = t_1]$ in der Ebene

$$x = \xi, \qquad (E\ 12,\ 9)$$

deren Wahrscheinlichkeitsdichte also durch

$$a(x;\ t_1) = \varphi(x) \qquad (E\ 12,\ 10)$$

gemessen wird. Der *Fourier*schen Integraldarstellung

$$\varphi(x) = \int\limits_{-\infty}^{\infty} e^{-2\pi i x \mu}\, d\mu \int\limits_{-\infty}^{\infty} \varphi(\xi)\, e^{2\pi i \xi \mu}\, d\xi \qquad (E\ 12,\ 11)$$

dieser Verteilung entnehmen wir deren komplexe Spektraldichte

$$s(\mu) = \int\limits_{-\infty}^{\infty} \varphi(\xi)\, e^{2\pi i \xi \mu}\, d\xi. \qquad (E\ 12,\ 12)$$

Da nun das kontrollierte Molekül nach $n \geq 1$ Schritten die Ebene

$$x = \sum_{j=1}^{n} \xi_j \qquad (E\ 12,\ 13)$$

erreicht hat, geht die komplexe Spektraldichte $s_n(\mu)$ der „Summenverteilung" $a(x;\ t_n)$ aus $s(\mu)$ durch den Prozeß

$$s_n(\mu) = [s(\mu)]^n \qquad (E\ 12,\ 14)$$

hervor; daher resultiert für $a(x;\ t_n)$ die Integraldarstellung

$$a(x;\ t_n) = \int\limits_{-\infty}^{\infty} [s(\mu)]^n\, e^{-2\pi i x \mu}\, d\mu, \qquad (E\ 12,\ 15)$$

welche auf Grund der „Lesevorschrift" (E 10, 14) sogar im Falle $n = 0$ sinnvoll bleibt und uns mit Hilfe der *Dirac*schen δ-Funktion in der Angabe

$$a(x;\ 0) = \delta(x) \qquad (E\ 12,\ 16)$$

auf die vorausgesetzte Anfangsverteilung zurückführt.

d) Welche Wahrscheinlichkeitsdichte $a(x;\ t_n)$ resultiert aus (E 12, 15) bei sehr großen Schrittzahlen n? Wir schreiben den Integranden in der Gestalt

$$[s(\mu)]^n\, e^{-2\pi i x \mu} = \mathrm{Exp}\,[n \ln s(\mu) - 2\pi i x \mu]. \qquad (E\ 12,\ 17)$$

Aus der Definition (E 12, 12) der komplexen Spektraldichte $s(\mu)$ folgen nun die Relationen

$$s(0) = 1; \qquad \left[\frac{ds}{d\mu}\right]_0 = 2\pi i \langle \xi \rangle; \qquad \left[\frac{d^2 s}{d\mu^2}\right]_0 = -4\pi \langle \xi^2 \rangle. \qquad (E\ 12,\ 18)$$

Daher gilt in der Umgebung von $\mu = 0$ die Entwicklung

$$\ln s(\mu) = [\ln s]_0 + \frac{\mu}{1!}\left[\frac{1}{s}\frac{ds}{d\mu}\right]_0 + \frac{\mu^2}{2!}\left[\frac{1}{s^2}\left(s\frac{d^2 s}{d\mu^2} - \left\{\frac{ds}{d\mu}\right\}^2\right)\right]_0 + \ldots =$$

$$= \mu \cdot 2\pi i \langle \xi \rangle - \mu^2\, 2\pi^2\, (\langle \xi^2 \rangle - \langle \xi \rangle^2) + \ldots, \qquad (E\ 12,\ 19)$$

in welcher

$$\sigma = \langle \xi^2 \rangle - \langle \xi \rangle^2 \qquad (E\ 12,\ 20)$$

die quadratische Streuung der parallel zur x-Achse gerichteten Schritte mißt. Überdies soll die Funktion $\varphi(\xi)$ so beschaffen sein, daß

$$\lim_{\mu \to \infty} |s(\mu)| = 0 \qquad (E\ 12,\ 21)$$

ausfällt. Im Falle $n \gg 1$ dürfen wir uns dann in (E 12, 17) mit den in (E 12, 19) explizit angeschriebenen Gliedern begnügen, so daß wir mit ausreichender Genauigkeit zu der Umformung

$$n \ln s(\mu) - 2\pi i x \mu = 2\pi i (n \langle \xi \rangle - x) \mu - 2\pi^2 n \sigma \mu^2 \equiv$$

$$\equiv -2\pi^2 n \sigma \left[\mu - i\frac{n \langle \xi \rangle - x}{2\pi n \sigma} \right]^2 - \frac{(n \langle \xi \rangle - x)^2}{2 n \sigma} \qquad (E\ 12,\ 22)$$

gelangen; ihre Substitution in (E 12, 15) liefert die *Gaußsche Verteilung*

$$a(x;\, t_n) = \frac{e^{-\frac{(n\langle \xi \rangle - x)^2}{2 n \sigma}}}{\sqrt{2\pi n \sigma}} \qquad (E\ 12,\ 23)$$

der Wahrscheinlichkeitsdichte $a(x;\, t_n)$.

e) Wir deuten die Aussage (E 12, 23) nach ihrer Erweiterung mit dem Abstande Δx der infinitesimal benachbarten Ebenen $x < x_K < (x + \Delta x)$ als *Alternative*: Die Zahl

$$q = a(x;\, t_n) \cdot \Delta x \qquad (E\ 12,\ 24)$$

mißt die Aufenthaltswahrscheinlichkeit eines Moleküles im Intervall Δx, so daß also die Gegenwahrscheinlichkeit

$$p = 1 - q \qquad (E\ 12,\ 25)$$

für den Aufenthalt dieses Moleküles außerhalb jener Schicht besteht. Daher haben wir den *Erwartungswert* $\langle x \rangle$ *der Molekülverschiebung* aus

$$\langle x \rangle = \int_{-\infty}^{\infty} x\, a(x;\, t_n)\, dx = n \langle \xi \rangle \qquad (E\ 12,\ 26)$$

und das *mittlere Verschiebungsquadrat* aus

$$\langle (x - \langle x \rangle)^2 \rangle = \int_{-\infty}^{\infty} (x - n \langle \xi \rangle)^2\, a(x;\, t_n)\, dx = n \sigma \qquad (E\ 12,\ 27)$$

zu berechnen. Ersetzen wir in diesen Ausdrücken die Schrittzahl n gemäß (E 12, 3) durch das Verhältnis

$$n = \frac{t_n}{\tau} \qquad (E\ 12,\ 28)$$

und definieren den Quotienten

$$D_x = \frac{1}{2}\frac{\sigma}{\tau} = \frac{1}{2}\frac{\langle \xi^2 \rangle - \langle \xi \rangle^2}{\tau} \qquad (E\ 12,\ 29)$$

als *Diffusionskonstante* der x-Bewegung, so nimmt (E 12, 23) die Gestalt

$$a(x;\, t_n) = \frac{e^{-\frac{(x - \langle x \rangle)^2}{4 D_x t_n}}}{\sqrt{4\pi D_x t_n}} \qquad (E\ 12,\ 30)$$

an. Diese Gleichung bleibt auch dann noch sinnvoll, wenn man die nur sprunghaft veränderliche Zeigerstellung t_n der Bahnhofsuhr mit der *gleichmäßig dahinfließenden Zeit* $t > 0$ vertauscht:

$$a(x; t) = \frac{e^{-\frac{(x-\langle x\rangle)^2}{4 D_x t}}}{\sqrt{4 \pi D_x t}} \cdot \qquad (E\ 12,\ 31)$$

In der nämlichen, erweiterten Auffassung geht (E 12, 26) in die Aussage

$$\langle x \rangle = \frac{t}{\tau} \langle \xi \rangle \qquad (E\ 12,\ 32)$$

über, während (E 12, 27) die nach *Einstein* benannte Formel

$$\langle (x - \langle x\rangle)^2 \rangle = 2 D_x t \qquad (E\ 12,\ 33)$$

liefert.

f) Statt immer nur ein einziges Molekül in jedes der N gleichzeitig beobachteten Bezugssysteme einzuführen, verbringen wir an deren Ursprung je $Z \gg 1$ untereinander gleicher Moleküle; doch sollen sie erst genau im Augenblick $t = t_0 = 0$ freigegeben werden. Setzen wir nun voraus, daß jedes dieser Z Moleküle ohne Rücksicht auf das Schicksal seiner Brudermoleküle nach der vorher für das Einzelmolekül entwickelten statistischen Kinematik innerhalb seines Lebensraumes K ziellos umherirrt, so bildet die Gesamtheit der gemeinsam am Ursprung startenden Moleküle schon nach kurzer Zeit eine *Gaswolke*; welches ist deren Struktur?

Solange wir uns wiederum auf die x-Bewegung der Moleküle beschränken, unterliegt die Anwesenheits-Wahrscheinlichkeit $A = A(Z')$ von gerade $Z' \leq Z$ Molekülen in der infinitesimal dünnen Schicht $x < x_K < (x + \varDelta x)$ einer Z-fach wiederholten *Gruppenalternative* der Grundwahrscheinlichkeiten q nach (E 12, 24) und p nach (E 12, 25). Daher wird jene Anwesenheits-Wahrscheinlichkeit durch die *Bernoulli*sche Verteilung

$$A(Z') = \binom{Z}{Z'} q^{Z'} p^{Z - Z'} \qquad (E\ 12,\ 34)$$

beschrieben; wir entnehmen ihr den *Erwartungswert* $\langle Z' \rangle$ der Anzahl gleichzeitig in der kontrollierten Schicht weilender Moleküle

$$\langle Z' \rangle = q Z \qquad (E\ 12,\ 35)$$

und die *quadratische Streuung*

$$\langle \varDelta Z'^2 \rangle = \langle (Z' - \langle Z'\rangle)^2 \rangle = q(1-q) Z. \qquad (E\ 12,\ 36)$$

Der aus (E 12, 35) mit Rücksicht auf (E 12, 24), (E 12, 30) und (E 12, 31) hervorgehende Grenzwert

$$v(x; t) = \lim_{\varDelta x \to 0} \frac{\langle Z' \rangle}{\varDelta x} = Z \frac{e^{-\frac{(x-\langle x\rangle)^2}{4 D_x t}}}{\sqrt{4 \pi D_x t}} \qquad (E\ 12,\ 37)$$

definiert die [lineare] *Konzentration* des diffundierenden Molekülgases; sie genügt der partiellen Differentialgleichung

$$\frac{\partial v}{\partial t} = D_x \frac{\partial^2 v}{\partial x^2} \cdot \qquad (E\ 12,\ 38)$$

Zu der nämlichen Gleichung gelangt man in der *Klassischen Physik der Kontinua* auf deterministischem Wege: Ausgehend von einer im Zeitpunkt t vorgegebenen linearen Konzentrationsverteilung

$$v = v(x; t) \qquad (E\ 12,\ 39)$$

bilden wir uns die Vorstellung eines im Molekül-Kollektiv lebendigen „sozialen" Bestrebens nach Ausgleich etwa bestehender Konzentrationsunterschiede. Dieses Bestreben wird in einem *Gasstrom* manifest, dessen Stärke mittels der Anzahl s je Zeiteinheit durch eine feste Kontrollebene x = const. transportierter Moleküle gemessen wird. Als „Ursache" dieses Stromes wird das *lokale Konzentrationsgefälle* angesehen, welchem die Moleküle nach Maßgabe der phänomenologisch bestimmten Diffusionskonstanten D_x Folge leisten:

$$s = - D_x \frac{\partial v}{\partial x} \, . \tag{E 12, 40}$$

Während der kurzen Zeitspanne Δt wandern daher

$$s(x) \cdot \Delta t = - D_x \left(\frac{\partial v}{\partial x} \right)_x \cdot \Delta t \tag{E 12, 41}$$

Moleküle durch die Grenzebene x = const. in die kontrollierte Schicht ein, während gleichzeitig

$$s(x + \Delta x) \cdot \Delta t = - D_x \left(\frac{\partial v}{\partial x} \right)_{x + \Delta x} \cdot \Delta t \tag{E 12, 42}$$

Moleküle jene Schicht durch die Grenzebene $(x + \Delta x) = $ const. verlassen. Da nun die „Moleküle" in ihrer hier angenommenen Konzeption weder neu geschaffen noch zerstört werden können, vermag sich ihre jeweils in der Schicht eingeschlossene Anzahl $(v \cdot \Delta x)$ nur auf Grund der beiden kinematischen Prozesse (E 12, 41) und (E 12, 42) zu ändern: Wir gelangen zu der Materiebilanz

$$[s(x) - s(x + \Delta x)] \, \Delta t = D_x \left[\left(\frac{\partial v}{\partial x} \right)_{x + \Delta x} - \left(\frac{\partial v}{\partial x} \right)_x \right] \Delta t = \Delta(v \, \Delta x). \tag{E 12, 43}$$

Sie liefert, nach Kürzen mit dem Produkt $\Delta x \, \Delta t$, mittels des doppelten Grenzüberganges $\Delta x \to 0$; $\Delta t \to 0$ die *partielle Differentialgleichung der Diffusion*

$$D_x \frac{\partial^2 v}{\partial x^2} = \frac{\partial v}{\partial t} \, , \tag{E 12, 44}$$

welche in der Tat mit (E 12, 38) identisch ist. Vom mathematischen Standpunkte aus definiert daher die Funktion (E 12, 37) ein Partikular-Integral der Diffusionsgleichung, welches auf Grund seiner physikalischen Herkunft als [eindimensionales] *Quellenintegral* bezeichnet wird; doch reicht der Gültigkeitsbereich der Gl. (E 12, 44) weit über ihren speziellen statistischen Ausgang (E 12, 37) hinaus.

g) Nach Voraussetzung sind die Diffusionsvorgänge beziehentlich in den drei achsenparallelen Richtungen des *Kartesi*schen Bezugssystemes unabhängig voneinander. Ergänzen wir daher die Diffusionskonstante D_x nach (E 12, 29) durch die Definitionen

$$D_y = \frac{1}{2} \frac{\langle \eta^2 \rangle - \langle \eta \rangle^2}{\tau} \, ; \qquad D_z = \frac{1}{2} \frac{\langle \zeta^2 \rangle - \langle \zeta \rangle^2}{\tau} \tag{E 12, 45}$$

der Diffusionskonstanten beziehentlich der y- und der z-Bewegung, so werden die nach dem Muster der Gl. (E 12, 31) gebildeten, je eindimensionalen Wahrscheinlichkeitsdichten $\beta(y; t)$ und $\gamma(z; t)$ eines Einzelmoleküles durch

$$\beta(y; t) = \frac{e^{-\frac{(y - \langle y \rangle)^2}{4 D_y t}}}{\sqrt{4 \pi D_y t}} \, ; \qquad \gamma(z; t) = \frac{e^{-\frac{(z - \langle z \rangle)^2}{4 D_z t}}}{\sqrt{4 \pi D_z t}} \tag{E 12, 46}$$

dargestellt. Das Produkt

$$P(x; y; z; t) = \alpha \cdot \beta \cdot \gamma \cdot \varDelta x\, \varDelta y\, \varDelta z = \varPi(x; y; z; t)\, \varDelta x\, \varDelta y\, \varDelta z \qquad (E\ 12,\ 47)$$

schildert daher zum Zeitpunkt t die Aufenthaltswahrscheinlichkeit eines Moleküles im Quader (E 12, 4) seines Lebensraumes, so daß die Funktion $\varPi$ die entsprechende *dreidimensionale Wahrscheinlichkeitsdichte* definiert. Wir bilden aus ihr durch Multiplikation mit der Anzahl Z der gleichzeitig am Ursprung irgendwann im Zeitraum $t < 0$ ausgesetzten, doch erst im Augenblick $t = 0$ freigegebenen Moleküle die *dreidimensionale Konzentration*

$$\varGamma = \varGamma(x; y; z; t) = Z \cdot \varPi. \qquad (E\ 12,\ 48)$$

Sie genügt zufolge (E 12, 31), (E 12, 46) und (E 12, 47) der partiellen Differentialgleichung

$$\frac{\partial \varGamma}{\partial t} = D_x \frac{\partial^2 \varGamma}{\partial x^2} + D_y \frac{\partial^2 \varGamma}{\partial y^2} + D_z \frac{\partial^2 \varGamma}{\partial z^2}, \qquad (E\ 12,\ 49)$$

welche sich im Falle der *Isotropie*

$$D_x = D_y = D_z \equiv D \qquad (E\ 12,\ 50)$$

auf

$$\frac{\partial \varGamma}{\partial t} = D \left[\frac{\partial^2 \varGamma}{\partial x^2} + \frac{\partial^2 \varGamma}{\partial y^2} + \frac{\partial^2 \varGamma}{\partial z^2} \right] \equiv D\, \nabla^2 \varGamma \qquad (E\ 12,\ 51)$$

reduziert.

Wir spezialisieren jetzt auf *symmetrische Schrittfunktionen* der Eigenschaften

$$\langle \xi \rangle = \langle \eta \rangle = \langle \zeta \rangle = 0, \qquad (E\ 12,\ 52)$$

welche gemäß (E 12, 32) die Aussagen

$$\langle x \rangle = \langle y \rangle = \langle z \rangle = 0 \qquad (E\ 12,\ 53)$$

nach sich ziehen. Unter den Lösungen der Diffusionsgleichung (E 12, 51) mögen dann folgende hervorgehoben werden:

1. Mit (E 12, 50) und (E 12, 53) reduziert sich das *eindimensionale Quellenintegral* (E 12, 37) auf

$$\nu(x; t) = Z \frac{e^{-\frac{x^2}{4Dt}}}{\sqrt{4\pi Dt}}, \qquad (E\ 12,\ 54)$$

2. Die gleichzeitige Diffusion der Z im Ursprung ausgesetzten Moleküle in x- und y-Richtung wird durch das Produkt

$$\nu(x; t) \cdot \nu(y; t) = Z \frac{e^{-\frac{x^2 + y^2}{4Dt}}}{4\pi Dt} \qquad (E\ 12,\ 55)$$

beschrieben. Setzt man in ihm

$$x^2 + y^2 = \varrho^2, \qquad (E\ 12,\ 56)$$

so definiert die Funktion

$$\lambda(\varrho; t) = Z \frac{e^{-\frac{\varrho^2}{4Dt}}}{4\pi Dt} \qquad (E\ 12,\ 57)$$

das Quellenintegral der *zweidimensionalen*, relativ zur z-Achse rotationssymmetrischen Diffusionsgleichung

$$\frac{\partial \lambda}{\partial t} = D \left[\frac{\partial^2 \lambda}{\partial \varrho^2} + \frac{1}{\varrho} \frac{\partial \lambda}{\partial \varrho} \right]. \qquad (E\ 12,\ 58)$$

Während hiernach die [zweidimensionale] Konzentration λ für alle Zeiten $t > 0$ der *integralen Materiebilanz*

$$\int_0^\infty \lambda(\varrho\,;t) \cdot 2\,\pi\,\varrho \cdot \mathrm{d}\varrho = Z \qquad\qquad (\text{E } 12,\,59)$$

genügt, wird doch die Zerstreuung der diffundierenden Moleküle in deren *mittlerem Verschiebungsquadrat* $\langle\varrho^2\rangle$ manifest, welches nach der *Einstein*schen Formel (E 12, 33) im Verein mit (E 12, 50), (E 12, 53) und (E 12, 56) gemäß

$$\langle\varrho^2\rangle = 4\,\mathrm{D}\,\mathrm{t} \qquad\qquad (\text{E } 12,\,60)$$

mit wachsender Zeit t linear zunimmt.

3. Das Produkt

$$\nu(\mathrm{x}\,;t) \cdot \nu(\mathrm{y}\,;t) \cdot \nu(\mathrm{z},t) = Z\,\frac{\mathrm{e}^{-\frac{\mathrm{x}^2 + \mathrm{y}^2 + \mathrm{z}^2}{4\,\mathrm{D}\,\mathrm{t}}}}{(4\,\pi\,\mathrm{D}\,\mathrm{t})^{3/2}} \qquad\qquad (\text{E } 12,\,61)$$

liefert mit

$$\mathrm{r}^2 = \mathrm{x}^2 + \mathrm{y}^2 + \mathrm{z}^2 \qquad\qquad (\text{E } 12,\,62)$$

in der Funktion

$$\varkappa(\mathrm{r}\,;t) = Z\,\frac{\mathrm{e}^{-\frac{\mathrm{r}^2}{4\,\mathrm{D}\,\mathrm{t}}}}{(4\,\pi\,\mathrm{D}\,\mathrm{t})^{3/2}} \qquad\qquad (\text{E } 12,\,63)$$

das *dreidimensionale Quellenintegral* der relativ zum Ursprung kugelsymmetrischen Diffusionsgleichung

$$\frac{\partial(\mathrm{r}\,\varkappa)}{\partial t} = \mathrm{D}\,\frac{\partial^2(\mathrm{r}\,\varkappa)}{\partial \mathrm{r}^2}\,. \qquad\qquad (\text{E } 12,\,64)$$

Die Konzentration $\varkappa$ genügt zwar für alle Zeiten $t > 0$ der integralen Materiebilanz

$$\int_0^\infty \varkappa(\mathrm{r}\,;t) \cdot 4\,\pi\,\mathrm{r}^2\,\mathrm{dr} = Z, \qquad\qquad (\text{E } 12,\,65)$$

doch nimmt das mittlere Verschiebungsquadrat $\langle\mathrm{r}^2\rangle$ der diffundierenden Moleküle entsprechend (E 12, 62) gemäß

$$\langle\mathrm{r}^2\rangle = 6\,\mathrm{D}\,\mathrm{t} \qquad\qquad (\text{E } 12,\,66)$$

mit wachsender Zeit t linear zu.

E 13. Der Satz von Parseval.

a) Es seien $\mathrm{g}_1(\xi)$ und $\mathrm{g}_2(\xi)$ zwei je *reelle Funktionen* der gleichfalls *reellen Veränderlichen* ξ, welche beziehentlich durch die *Fourier*schen Integrale

$$\mathrm{g}_1(\xi) = \int_{-\infty}^\infty \mathrm{s}_1(\mu)\,\mathrm{e}^{-2\pi i\mu\xi}\,\mathrm{d}\mu \qquad\qquad (\text{E } 13,\,1)$$

und

$$\mathrm{g}_2(\xi) = \int_{-\infty}^\infty \mathrm{s}_2(\mu)\,\mathrm{e}^{-2\pi i\mu\xi}\,\mathrm{d}\mu \qquad\qquad (\text{E } 13,\,2)$$

dargestellt werden können. Die komplexen Spektraldichten $s_1(\mu)$ und $s_2(\mu)$ der harmonischen Komponenten $e^{-2\pi i\mu\xi}$ von der jeweiligen Schwingungszahl μ $[-\infty < \mu < \infty]$ sind je mit ihren Mutterfunktionen durch die Gleichungen

$$s_1(\mu) = \int_{-\infty}^{\infty} g_1(\eta)\, e^{2\pi i\mu\eta} d\eta, \qquad (E\ 13,\ 3)$$

$$s_2(\mu) = \int_{-\infty}^{\infty} g_2(\eta)\, e^{2\pi i\mu\eta} d\eta \qquad (E\ 13,\ 4)$$

genetisch verbunden. Zufolge der oben vorausgesetzten Realität von g_1 und g_2 bestehen daher zwischen den Spektraldichten $s_1(\mu)$ und $s_2(\mu)$ einerseits und ihren konjugiert-komplexen Ergänzungen $s_1^*(\mu)$ und $s_2^*(\mu)$ andererseits beziehentlich die dualen Relationen

$$s_1^*(\mu) = \int_{-\infty}^{\infty} g_1(\eta)\, e^{-2\pi i\mu\eta} d\eta = s_1(-\mu) \qquad (E\ 13,\ 5)$$

sowie

$$s_2^*(\mu) = \int_{-\infty}^{\infty} g_2(\mu)\, e^{-2\pi i\mu\eta} d\eta = s_2(-\mu). \qquad (E\ 13,\ 6)$$

Mit ihrer Hilfe folgen im Verein mit (E 13, 1) und (E 13, 2) für die Funktionen $g_1(-\xi)$ und $g_2(-\xi)$ die Integraldarstellungen

$$g_1(-\xi) = \int_{-\infty}^{\infty} s_1(\mu)\, e^{2\pi i\mu\xi} d\mu = \int_{-\infty}^{\infty} s_1(-\mu')\, e^{-2\pi i\mu'\xi} d\mu' =$$

$$= \int_{-\infty}^{\infty} s_1^*(\mu')\, e^{-2\pi i\mu'\xi} d\mu' \qquad (E\ 13,\ 7)$$

und

$$g_2(-\xi) = \int_{-\infty}^{\infty} s_2(\mu)\, e^{2\pi i\mu\xi} d\mu = \int_{-\infty}^{\infty} s_2(-\mu')\, e^{-2\pi i\mu'\xi} d\mu' =$$

$$= \int_{-\infty}^{\infty} s_2^*(\mu')\, e^{-2\pi i\mu'\xi} d\mu'. \qquad (E\ 13,\ 8)$$

b) Wir stellen uns die Aufgabe, das nach dem Argument ξ auszuführende Produktintegral

$$P = \int_{-\infty}^{\infty} g_1(\xi)\, g_2(\xi)\, d\xi \qquad (E\ 13,\ 9)$$

vermittels der Spektralfunktionen $s_1(\mu)$ und $s_2(\mu)$ in ein Integral über die Schwingungszahlen μ zu transformieren.

Durch Substitution von (E 13, 2) in (E 13, 9) gelangen wir zunächst zu dem Doppelintegral

$$P = \int\limits_{\xi=-\infty}^{\infty} \int\limits_{\mu=-\infty}^{\infty} g_1(\xi)\, s_2(\mu)\, e^{-2\pi i \mu \xi}\, d\xi\, d\mu. \qquad \text{(E 13, 10)}$$

In ihm vertauschen wir die Integrationsfolge und finden nach Ersatz des Symboles ξ durch das Zeichen η mit Rücksicht auf (E 13, 5) die Gleichung

$$P = \int\limits_{-\infty}^{\infty} s_1{}^*(\mu)\, s_2(\mu)\, d\mu. \qquad \text{(E 13, 11)}$$

Ihr Vergleich mit (E 13, 9) liefert die gewünschte Transformation

$$\int\limits_{-\infty}^{\infty} g_1(\xi)\, g_2(\xi)\, d\xi = \int\limits_{-\infty}^{\infty} s_1{}^*(\mu)\, s_2(\mu)\, d\mu. \qquad \text{(E 13, 12)}$$

Da in ihr linker Hand g_1 und g_2 als gleichberechtigte Partner auftreten, darf man auch rechter Hand die Indizes 1 und 2 miteinander vertauschen und erhält

$$\int\limits_{-\infty}^{\infty} g_1(\xi)\, g_2(\xi)\, d\xi = \int\limits_{-\infty}^{\infty} s_1(\mu)\, s_2{}^*(\mu)\, d\mu. \qquad \text{(E 13, 13)}$$

Zufolge (E 13, 7) und (E 13, 8) lassen sich nun die Funktionen $g_1(-\xi)$ und $g_2(-\xi)$ beziehentlich in die Spektren $s_1{}^*(\mu)$ und $s_2{}^*(\mu)$ auflösen, so daß wir den Gleichungen (E 13, 12) und (E 13, 13) die Formeln

$$\int\limits_{-\infty}^{\infty} g_1(-\xi)\, g_2(\xi)\, d\xi = \int\limits_{-\infty}^{\infty} s_1(\mu)\, s_2(\mu)\, d\mu \qquad \text{(E 13, 14)}$$

und

$$\int\limits_{-\infty}^{\infty} g_1(\xi)\, g_2(-\xi)\, d\xi = \int\limits_{-\infty}^{\infty} s_1(\mu)\, s_2(\mu)\, d\mu \qquad \text{(E 13, 15)}$$

zur Seite stellen können; in dieser Form werden sie nach *Parseval* benannt.

c) Ausgehend von der Funktion $g_1 = g_1(\xi)$ bilden wir nach Wahl des stetig veränderlichen, reellen Parameters x die Funktion

$$\overline{g}_1(\xi) = g_1(x - \xi). \qquad \text{(E 13, 16)}$$

Da ihr kontinuierliches Spektrum $\overline{s}_1 = \overline{s}_1(\mu)$ durch das Integral

$$\overline{s}_1(\mu) = \int\limits_{-\infty}^{\infty} g_1(x - \xi)\, e^{2\pi i \mu \xi}\, d\xi \qquad \text{(E 13, 17)}$$

dargestellt wird, führt die Substitution

$$x - \xi = \eta \qquad \text{(E 13, 18)}$$

im Verein mit (E 13, 5) zu dem *spektralen Verschiebungssatz*

$$\overline{s}_1(\mu) = e^{2\pi i \mu x} \int\limits_{-\infty}^{\infty} g_1(\eta)\, e^{-2\pi i \mu \eta}\, d\eta = e^{2\pi i \mu x}\, s_1{}^*(\mu). \qquad \text{(E 13, 19)}$$

Nach Ersatz von $g_1(\xi)$ durch $\overline{g}_1(\xi)$ verwandelt sich das Produktintegral (E 13, 9) in die von x abhängige Funktion

$$\overline{P}(x) = \int\limits_{-\infty}^{\infty} g_1(x - \xi)\, g_2(\xi)\, d\xi, \qquad (E\ 13,\ 20)$$

welche also mittels der aus (E 13, 19) zu entnehmenden Relation

$$\overline{s}_1{}^*(\mu) = e^{-2\pi i\mu x}\, s_1(\mu), \qquad (E\ 13,\ 21)$$

gemäß (E 13, 12) durch das *Fourier*-Integral

$$\overline{P}(x) = \int\limits_{-\infty}^{\infty} e^{-2\pi i\mu x}\, s_1(\mu)\, s_2(\mu)\, d\mu \qquad (E\ 13,\ 22)$$

spektral analysiert werden kann; insbesondere führt die Wahl $x = 0$ auf (E 13, 14) zurück.

d) Wir gehen von der Funktion $\overline{g}_1(\xi)$ nach (E 13, 16) zu der „*modifizierten*" Funktion

$$\tilde{g}_1(\xi) = g_1(\xi - x) = \overline{g}_1(-\{x - \xi\}) \qquad (E\ 13,\ 23)$$

des Spektrums

$$\tilde{s}_1(\mu) = \overline{s}_1{}^*(\mu) = e^{-2\pi i\mu x}s_1(\mu) \qquad (E\ 13,\ 24)$$

über. Nach (E 13, 13) wird also das Produktintegral

$$\tilde{P}(x) = \int\limits_{-\infty}^{\infty} g_1(\xi - x)\, g_2(\xi)\, d\xi \qquad (E\ 13,\ 25)$$

mittels

$$\tilde{P}(x) = \int\limits_{-\infty}^{\infty} e^{-2\pi i\mu x}\, s_1(\mu)\, s_2{}^*(\mu)\, d\mu \qquad (E\ 13,\ 26)$$

spektral zerlegt. Aus der gleichzeitig gültigen *Fourier*-Analyse

$$\tilde{P}(x) = \int\limits_{-\infty}^{\infty} e^{-2\pi i\mu x}\, d\mu \int\limits_{-\infty}^{\infty} \tilde{P}(\eta)\, e^{2\pi i\mu\eta}\, d\eta \qquad (E\ 13,\ 27)$$

erschließen wir somit die Relation

$$s_1(\mu)\, s_2{}^*(\mu) = \int\limits_{-\infty}^{\infty} \tilde{P}(\eta)\, e^{2\pi i\mu\eta}\, d\eta, \qquad (E\ 13,\ 28)$$

welche (E 13, 26) dual ergänzt.

Für $x = 0$ reduziert sich (E 13, 27) auf die Angabe

$$\tilde{P}(0) = \int\limits_{-\infty}^{\infty} g_1(\xi)\, g_2(\xi)\, d\xi = \int\limits_{-\infty}^{\infty} s_1(\mu)\, s_2{}^*(\mu)\, d\mu, \qquad (E\ 13,\ 29)$$

welche zusammen mit (E 13, 26) die Ungleichung

$$\left| \frac{\tilde{P}(x)}{\tilde{P}(0)} \right| < 1 \qquad (E\ 13,\ 30)$$

nach sich zieht. Wählt man insbesondere

$$g_1(\xi) = g_2(\xi) \equiv g(\xi) \qquad (E\ 13,\ 31)$$

und daher

$$s_1(\mu) = s_2(\mu) \equiv s(\mu), \qquad \text{(E 13, 32)}$$

so definiert das Verhältnis

$$\varkappa(\mathrm{x}) = \frac{\displaystyle\int_{-\infty}^{\infty} g(\xi - \mathrm{x}) \cdot g(\xi)\, d\xi}{\displaystyle\int_{-\infty}^{\infty} g^2(\xi)\, d\xi} = \frac{\displaystyle\int_{-\infty}^{\infty} s(\mu)\, e^{-2\pi i \mu \mathrm{x}}\, s^*(\mu)\, d\mu}{\displaystyle\int_{-\infty}^{\infty} s(\mu)\, s^*(\mu)\, d\mu} \qquad \text{(E 13, 33)}$$

der Eigenschaften

$$\varkappa(0) = 1; \qquad |\varkappa(\mathrm{x})| < 1 \qquad \text{(E 13, 34)}$$

die *Korrelation der Funktion* $g(\xi)$ *mit sich selbst* oder, kurz, ihre *Eigenkorrelation*.

e) Es bezeichne

$$F = F(t) \qquad \text{(E 13, 35)}$$

eine beliebige, *reelle* Funktion der laufenden Zeit t; doch wird vorausgesetzt, daß die weiterhin mit F zu bildenden Integrale existieren.

Die früher durch das indifferente Symbol μ eingeführte stetige Veränderliche des kontinuierlichen Spektrums s beschreibt nunmehr die *Frequenz* f der in $F(t)$ enthaltenen harmonischen Teilschwingungen. Demnach erscheint die Funktion $F(t)$ zunächst in der Gestalt des *Fourier*schen Integrales

$$F(t) = \int_{-\infty}^{\infty} s(f)\, e^{-2\pi i f t}\, df, \qquad \text{(E 13, 36)}$$

dessen Frequenzspektrum

$$s(f) = \int_{-\infty}^{\infty} F(\tau)\, e^{2\pi i f \tau}\, d\tau \qquad \text{(E 13, 37)}$$

in der Regel *komplex* ausfällt; auf Grund der vorausgesetzten Realität der Funktion $F(t)$ genügt es indessen stets der Eigenschaft

$$s(-f) = \int_{-\infty}^{\infty} F(\tau)\, e^{-2\pi i f \tau}\, d\tau = s^*(f). \qquad \text{(E 13, 38)}$$

Während nun in der wesentlich *mathematischen* Darstellung der Funktion $F(t)$ nach (E 13, 36) die Veränderliche f *alle reellen Zahlen* durchläuft, bevorzugt man in der *Physik* den auf *positiv-reelle Werte* beschränkten Frequenzbegriff. Um uns diesem Standpunkt anzupassen, bringen wir die harmonische Synthese von $F(t)$ mit Rücksicht auf (E 13, 38) in die Form

$$F(t) = \int_{-\infty}^{\infty} [\{s^*(f) + s(f)\} \cos 2\pi f t + i \{s^*(f) - s(f)\} \sin 2\pi f t]\, df, \qquad \text{(E 13, 39)}$$

welche die beiden je *reellen Komponentenspektren*

$$\alpha(f) = s^*(f) + s(f); \qquad \beta(f) = i \{s^*(f) - s(f)\} \qquad \text{(E 13, 40)}$$

enthält.

Das zufolge der Realität von F(t) gleichfalls gewiß reelle, über die Zeit t erstreckte Produktintegral

$$P = \int_{-\infty}^{\infty} [F(t)]^2 \, dt \qquad (E\ 13,\ 41)$$

läßt sich gemäß (E 13, 11) in das Frequenzintegral

$$P = \int_{-\infty}^{\infty} s^*(f)\, s(f)\, df = 2 \int_{0}^{\infty} s^*(f)\, s(f)\, df = \frac{1}{2} \int_{0}^{\infty} [\alpha^2(f) + \beta^2(f)]\, df \qquad (E\ 13,\ 42)$$

überführen, so daß das sogenannte „*quadratische Frequenzspektrum*"

$$S(f) = 2\, s(f)\, s^*(f) = \frac{1}{2} [\alpha^2(f) + \beta^2(f)] \qquad (E\ 13,\ 43)$$

der Funktion $[F(t)]^2$ im Frequenzbereiche $0 \leq f < \infty$ wiederum *stets reell* ausfällt. Daher findet man für die entsprechend (E 13, 25) gebildete, gleich F(t) ebenfalls reelle Funktion

$$\tilde{P}(t) = \int_{-\infty}^{\infty} F(\tau - t)\, F(\tau)\, d\tau \qquad (E\ 13,\ 44)$$

auf Grund von (E 13, 26) und mit der Umbenennung $\mu \to f$ die Eigenschaft

$$\tilde{P}(t) = \int_{-\infty}^{\infty} e^{2\pi i f t}\, s(f)\, s^*(f)\, df = \int_{0}^{\infty} S(f) \cos(2\pi f t)\, df = \tilde{P}(-t). \qquad (E\ 13,\ 45)$$

Mit ihrer Hilfe folgt gemäß (E 13, 28) und (E 13, 43) die Umkehrformel

$$S(f) = 2 \int_{-\infty}^{\infty} \tilde{P}(\tau)\, e^{2\pi i f \tau}\, d\tau = 4 \int_{0}^{\infty} \tilde{P}(\tau) \cos(2\pi f \tau)\, d\tau, \qquad (E\ 13,\ 46)$$

welche also die *Berechnung des quadratischen Frequenzspektrums* im wesentlichen auf die *Kenntnis der Eigenkorrelation*

$$\varkappa(t) = \frac{\tilde{P}(t)}{\tilde{P}(0)} = \frac{\displaystyle\int_{-\infty}^{\infty} F(\tau - t)\, F(\tau)\, d\tau}{\displaystyle\int_{-\infty}^{\infty} [F(\tau)]^2\, d\tau} \qquad (E\ 13,\ 47)$$

zurückführt.

Als *Beispiel* behandeln wir den elektrischen Strom J(t), welcher allein während der endlichen Zeitspanne $(-\tfrac{1}{2} T) < t < (+\tfrac{1}{2} T)$ in der konstanten Stärke J besteht, außerhalb dieses Intervalles jedoch identisch verschwindet:

$$J(t) = \begin{cases} J = \text{const}; & -\dfrac{1}{2} T < t < +\dfrac{1}{2} T \\[2mm] 0\ ; & |t| > \dfrac{1}{2} T \end{cases} \qquad (E\ 13,\ 48)$$

Das [lineare] Frequenzspektrum s(f) dieses Stromes lautet also

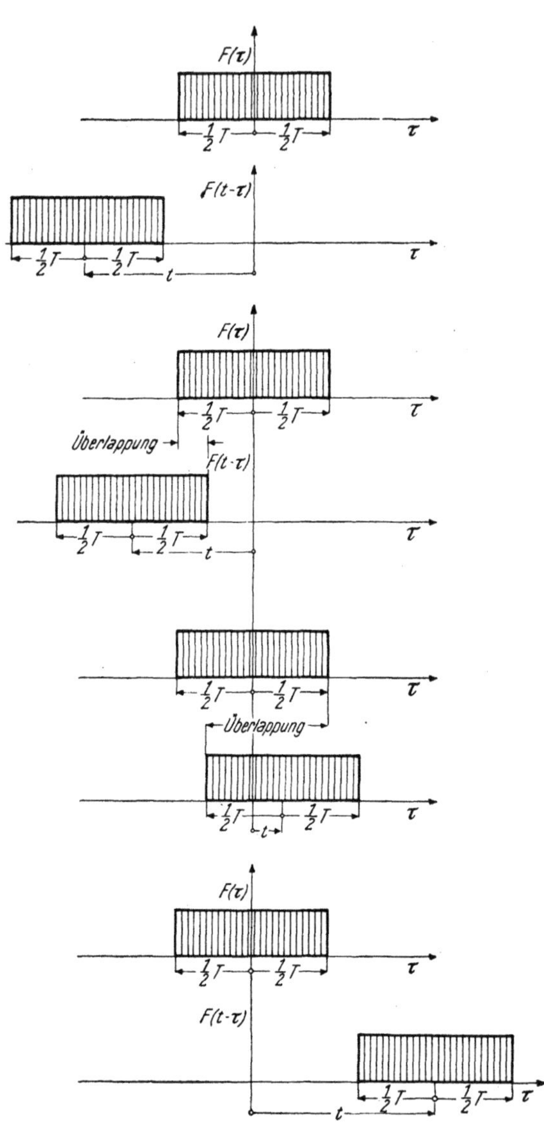

$$s(f) = J \int_{-1/2\,T}^{1/2\,T} e^{2\pi i f \tau} d\tau =$$

$$= J \cdot T \cdot \frac{\sin \pi f T}{\pi f T}.$$

(E 13, 49)

so daß wir mittels (E 13, 43) das quadratische Frequenzspektrum

$$S(f) = 2\,J^2\,T^2 \left[\frac{\sin \pi f T}{\pi f T} \right]^2;$$

$$0 \leqq f < \infty$$

(E 13, 50)

finden.

Zur Berechnung der Funktion $\tilde{P}(t)$ bedienen wir uns der Vorschrift (E 13, 44), bei deren Ausführung wir entsprechend Abb. E 31 vier Fälle unterscheiden:

1. Im Falle $t < T$ überlappen sich die Funktionen $F(\tau - t)$ und $F(\tau)$ nirgends:

$$\tilde{P}(t) =$$

$$= \int_{-\infty}^{\infty} F(\tau - t)\, F(\tau)\, d\tau = 0;$$

$$t < (-T).$$

(E 13, 51)

2. Sei $(-T) < t < 0$, so überlappen sich die Funktionen $F(\tau - t)$ und $F(\tau)$ lediglich im Bereiche $(-\tfrac{1}{2}T) < \tau < (+\tfrac{1}{2}T)$, so daß

$$\tilde{P}(t) =$$

$$\int_{-\infty}^{\infty} F(\tau - t)\, F(\tau)\, d\tau =$$

$$= J^2 (T + t);$$

$$(-T) < t < 0$$

(E 13, 52)

resultiert.

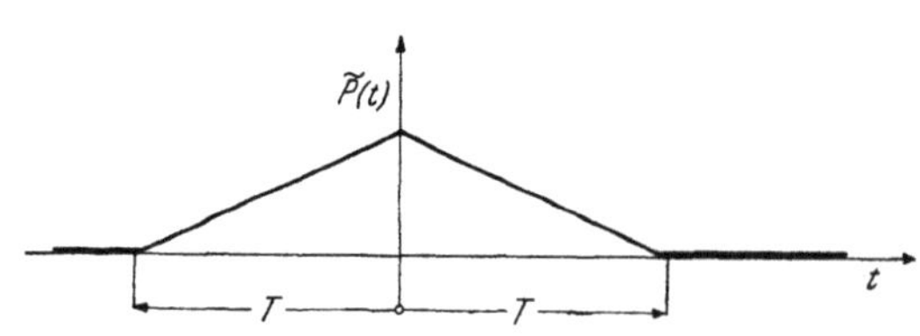

Abb. E 31. Zur Berechnung der Eigenkorrelation eines einmaligen Stromstoßes.

3. In $0 < t < T$ überlappen sich die Funktionen $F(\tau - t)$ und $F(\tau)$ im Bereiche $(t - \tfrac{1}{2} T) < \tau < \tfrac{1}{2} T$; daher entsteht

$$\tilde{P}(t) = \int\limits_{-\infty}^{\infty} F(\tau - t)\, F(\tau)\, d\tau = J^2(T - t); \qquad 0 < t < T. \quad (E\ 13,\ 53)$$

4. Wie im Falle $t < (- T)$, so auch unter der Annahme $t > T$ überlappen sich die Funktionen $F(\tau - t)$ und $F(\tau)$ nirgends, so daß wir auf

$$\tilde{P}(t) = \int\limits_{-\infty}^{\infty} F(\tau - t)\, F(\tau)\, d\tau = 0; \qquad t > T \qquad (E\ 13,\ 54)$$

schließen.

Der Inhalt der Gleichungen (E 13, 51), (E 13, 52), (E 13, 53) und (E 13, 54) ist in der Dreieckslinie der Abb. E 31 zeichnerisch zusammengefaßt worden; zu (E 13, 46) zurückkehrend, haben wir somit die Relation

$$s(f) = 4\, J^2 \int\limits_{0}^{T} (T - \tau) \cos 2\,\pi\, f\,\tau\; d\tau \qquad (E\ 13,\ 55)$$

zu verifizieren. Auf elementarem Wege finden wir

$$\int\limits_{0}^{T} (T - \tau) \cos 2\,\pi\, f\,\tau\; d\tau = T\, \frac{\sin 2\,\pi\, f\, T}{2\,\pi\, f} - \left\{ T\, \frac{\sin 2\,\pi\, f\, T}{2\,\pi\, f} + \frac{1 - \cos 2\,\pi\, f\, T}{(2\,\pi\, f)^2} \right\} =$$

$$= \frac{2 \sin^2 \pi\, f\, T}{(2\,\pi\, f)^2} = \frac{1}{2}\, T^2 \left[\frac{\sin \pi\, f\, T}{\pi\, f\, T} \right]^2, \qquad (E\ 13,\ 56)$$

so daß (E 13, 55) inhaltlich mit (E 13, 50) identisch ist.

f) Die im vorigen Abschnitt durchgeführte Spektralanalyse der Funktion $F(t)$ ist durchaus an die *Konvergenz des Integrales* (E 13, 36) gebunden; sie versagt daher bei dem Versuche, sie auf sogenannte *beständige Funktionen* anzuwenden, welche entweder für $|t| \to \infty$ oder auch nur für $t \to \infty$ *endlich* bleiben. Um die hierdurch angezeigte, grundsätzliche Schwierigkeit zu überwinden, ersetzen wir die jeweils im Bereiche $(- \infty) < t < \infty$ vorgegebene Funktion $F(t)$ durch jenen „Torso" $\breve{F}(t)$, welcher lediglich während der *endlichen* Zeitspanne $(- \tfrac{1}{2} T) < t < (+ \tfrac{1}{2} T)$ mit $F(t)$ übereinstimmt, außerhalb dieses Intervalles jedoch identisch verschwindet:

$$\breve{F}(t) = \begin{cases} F(t); & |t| < \dfrac{1}{2} T \\[2mm] 0\; ; & |t| > \dfrac{1}{2} T \end{cases} \qquad (E\ 13,\ 57)$$

Das kontinuierliche Frequenzspektrum $\breve{s}(f)$ von $\breve{F}(t)$ wird somit durch das im allgemeinen komplexe Integral

$$\breve{s}(f) = \int\limits_{-\infty}^{\infty} \breve{F}(\tau)\, e^{2\pi i f \tau}\, d\tau = \int\limits_{-1/2 T}^{1/2 T} F(\tau)\, e^{2\pi i f \tau}\, d\tau \qquad (E\ 13,\ 58)$$

dargestellt. Demnach kann das Produktintegral

$$\breve{P} = \int_{-\infty}^{\infty} [\breve{F}(\tau)]^2 \, d\tau = \int_{-1/2\,T}^{1/2\,T} [F(\tau)]^2 \, d\tau \qquad (E\ 13,\ 59)$$

gemäß (E 13, 43) in das Frequenzintegral

$$\breve{P} = \int_{0}^{\infty} \breve{S}(f)\, df; \qquad \breve{S}(f) = 2\,\breve{s}(f)\,\breve{s}^*(f); \qquad 0 \leqq f < \infty \quad (E\ 13,\ 60)$$

transformiert werden, dessen Integrand das quadratische Frequenzspektrum des Torso $\breve{F}(t)$ beschreibt. Im Einklang mit den oben angenommenen, definierenden Eigenschaften der beständigen Funktion $F(t)$ konvergiert nun $\breve{S}(f)$ nicht für $T \to \infty$; doch darf dann die Existenz des Grenzwertes

$$Q = \lim_{T\to\infty} \frac{1}{T}\,\breve{P} = \lim_{T\to\infty} \frac{1}{T} \int_{0}^{\infty} \breve{S}(f)\, df = \int_{0}^{\infty} r(f)\,df \qquad (E\ 13,\ 61)$$

vorausgesetzt werden. Wir bezeichnen Q als *Effektivquadrat* der Funktion $F(t)$, während

$$r(f) = \lim_{T\to\infty} \frac{1}{T}\,\breve{S}(f); \qquad 0 \leqq f < \infty \qquad (E\ 13,\ 62)$$

seine *spektrale Dichte* mißt.

    Wir stellen jetzt dem zeitfreien Produktintegral $\breve{P}$ die entsprechend (E 13, 44) gebildete, explizit von t abhängige Funktion

$$\widetilde{\breve{P}}(t) = \int_{-\infty}^{\infty} \breve{F}(\tau - t)\,\breve{F}(\tau)\, d\tau = \int_{-1/2\,T}^{1/2\,T} F(\tau - t)\,F(\tau)\, d\tau = \widetilde{\breve{P}}(-t) \quad (E\ 13,\ 63)$$

zur Seite und erschließen nach Vertauschung von $\breve{P}$ mit $\widetilde{\breve{P}}$ aus (E 13, 45) die Relation

$$\widetilde{\breve{P}}(t) = \int_{0}^{\infty} \breve{S}(f)\cos(2\,\pi\,f\,t)\, df \qquad (E\ 13,\ 64)$$

und aus (E 13, 46) deren Umkehrformel

$$\breve{S}(f) = 4 \int_{0}^{\infty} \widetilde{\breve{P}}(\tau)\cos(2\,\pi\,f\,\tau)\, d\tau. \qquad (E\ 13,\ 65)$$

Im Hinblick auf (E 13, 62) wird daher die Funktion

$$\widetilde{Q}(t) = \lim_{T\to\infty} \frac{1}{T}\,\widetilde{\breve{P}}(t) \qquad (E\ 13,\ 66)$$

mittels des Integrales

$$\widetilde{Q}(t) = \int_{0}^{\infty} r(f)\cos(2\,\pi\,f\,t)\, df \qquad (E\ 13,\ 67)$$

in ihre harmonischen Komponenten zerlegt; kennt man dagegen von vornherein $\tilde{Q}(t)$, so läßt sich die spektrale Dichte r(f) des Effektivquadrates aus dem Integral

$$r(f) = 4 \int_0^\infty \tilde{Q}(\tau) \cos(2\pi f\tau)\, d\tau; \qquad 0 \leq f < \infty \qquad (E\ 13,\ 68)$$

berechnen.

Wir erläutern die vorstehenden Überlegungen an einer Reihe von *Beispielen*:

1. Wir untersuchen die „Schwingungseigenschaften" eines elektrischen *Gleichstromes* J der unveränderlichen Stärke J_0

$$J = J_0 = \text{const.} \qquad (E\ 13,\ 69)$$

Demnach ergibt sich aus (E 13, 59) das Produktintegral

$$\breve{P} = J_0^2\, T, \qquad (E\ 13,\ 70)$$

welchem wir zufolge (E 13, 61) das Effektivquadrat

$$Q = J_0^2 \qquad (E\ 13,\ 71)$$

entnehmen.

Im Verein mit (E 13, 52) und (E 13, 53) finden wir entsprechend (E 13, 63) die Funktion

$$\breve{P}(t) = \begin{matrix} J_0^2(T \mp t); & 0 \leqq t \leqq \pm T \\ 0\ ; & |t| > T \end{matrix} \qquad (E\ 13,\ 72)$$

aus welcher wir gemäß (E 13, 66)

$$\tilde{Q}(t) = J_0^2 \qquad (E\ 13,\ 73)$$

bilden. Mittels (E 13, 68) resultiert daher für die Dichte r(f) des Effektivquadrates die Integraldarstellung

$$r(f) = 4\, J_0^2 \int_0^\infty \cos(2\pi f\tau)\, d\tau = 2\, J^2 \int_{-\infty}^\infty e^{-2\pi f i\tau} d\tau, \qquad (E\ 13,\ 74)$$

welcher wir auf Grund der „Lesevorschrift" (E 10, 14) die Aussage

$$r(f) = 2\, J_0^2\, \delta(f) \qquad (E\ 13,\ 75)$$

entnehmen; in der Tat führt die Integraleigenschaft (E 10, 12) der *Dirac*-Funktion $\delta(f) = \delta(-f)$ im Verein mit (E 13, 61) auf (E 13, 71) zurück:

$$Q = 2\, J_0^2 \int_0^\infty \delta(f)\, df = J_0^2 \int_{-\infty}^\infty \delta(f)\, df = J_0^2. \qquad (E\ 13,\ 76)$$

2. Gegeben sei der „monochromatische" *Wechselstrom* J = J(t) der Amplitude $J_{max} > 0$ und der „eingeprägten" Frequenz $f_0 > 0$ bei beliebiger „Anfangsphase" $(-\pi) < \varphi_0 < (+\pi)$:

$$J = J_{max} \sin(2\pi f_0 t + \varphi_0). \qquad (E\ 13,\ 77)$$

Nach (E 13, 59) berechnen wir

$$\breve{P} = \frac{1}{2}\, J_{max}^2 \cdot T\left[1 - \frac{\sin(2\pi f_0 T + 2\varphi_0)}{2\pi f_0 T}\right]. \qquad (E\ 13,\ 78)$$

so daß für das Effektivquadrat Q der phasenfreie Ausdruck

$$Q = \frac{1}{2}\, J_{max}^2 \qquad (E\ 13,\ 79)$$

resultiert.

Bei der Berechnung der Funktion $\overset{\smile}{P}(t)$ dürfen wir nun, ohne die Genauigkeit der beabsichtigten Stromanalyse zu beeinträchtigen, im Hinblick auf den schließlich verlangten Grenzprozeß $T \to \infty$ von vornherein $f_0 T \gg 1$ voraussetzen. In der hierin gegebenen *Näherung* liefert (E 13, 63) die Funktion

$$\overset{\smile}{P}(t) = \frac{1}{2} J^2_{\max} \cdot T \cdot \left[\cos (2\pi f_0 t) - \frac{\sin (2\pi f_0 \{T - t\} + 2\varphi_0)}{2\pi f_0 T} \right], \qquad (E\ 13,\ 80)$$

aus welcher nunmehr *in voller Strenge* die Funktion

$$\tilde{Q}(t) = \frac{1}{2} J^2_{\max} \cdot \cos (2\pi f_0 t) \qquad (E\ 13,\ 81)$$

hervorgeht. Durch ihre Substitution in (E 13, 68) ergibt sich zunächst, unter abermaliger Berufung auf (E 10, 14), für die spektrale Dichte $r(f)$ des Effektivquadrates die formale Darstellung

$$r(f) = 2 J^2_{\max} \int_0^\infty \cos (2\pi f_0 \tau) \cos (2\pi f \tau)\, d\tau = J^2_{\max} \int_0^\infty [\cos (2\pi \{f_0 + f\} \tau) +$$

$$+ \cos (2\pi \{f_0 - f\} \tau)]\, d\tau = \frac{1}{2} J^2_{\max} \int_{-\infty}^\infty [e^{-2\pi i (f_0 + f)\tau} + e^{-2\pi i (f_0 - f)\tau}]\, d\tau =$$

$$= \frac{1}{2} J^2_{\max} [\delta(f_0 + f) + \delta(f_0 - f)]. \qquad (E\ 13,\ 82)$$

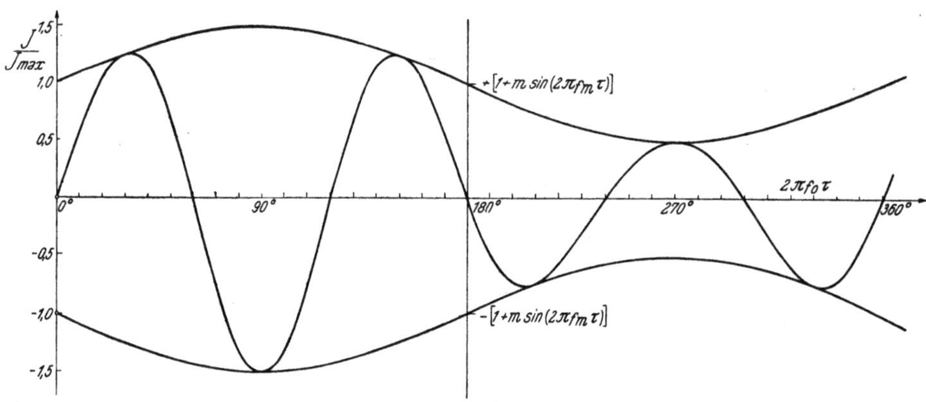

Abb. E 32. Amplitudenmodulierte Schwingung.

In dem Bereich $f > 0$, auf welchen wir uns verabrednungsgemäß zu beschränken haben, ist jedoch wegen $f_0 > 0$ überall $\delta(f_0 + f) = 0$ zu setzen, so daß sich (E 13, 82) auf

$$r(f) = \frac{1}{2} J^2_{\max} \delta(f_0 - f); \qquad 0 \leqq f < \infty \qquad (E\ 13,\ 83)$$

reduziert; beim Übergang von der linearen, komplexen Spektraldichte des Wechselstromes zu jener seines Effektivquadrates ist sonach jede „Erinnerung" an die Anfangsphase verlorengegangen.

3. Der ursprünglich mit der Frequenz f_0 bei der Anfangsphase φ_0 einfach-harmonisch pulsierende Wechselstrom $J = J(t)$ der Amplitude J_{max} werde nach Maßgabe des „Grades" $0 \leqq m < 1$ mit der Frequenz $f_m \neq f_0$ bei der Anfangsphase φ_m *amplitudenmoduliert* [Abb. E 32]

$$J(t) = J_{max} [1 + m \sin (2 \pi f_m t + \varphi_m)] \sin (2 \pi f_0 t + \varphi_0). \qquad (\text{E } 13, \ 84)$$

Nach (E 13, 59) ergibt sich also

$$\breve{P} = \int\limits_{-1/2T}^{1/2T} J_{max}^2 [1 + m \sin (2 \pi f_m \tau + \varphi_m)]^2 \sin^2 (2 \pi f_0 \tau + \varphi_0) d\tau =$$

$$= \frac{1}{2} J_{max}^2 \left[1 + \frac{m^2}{2} + \ldots \right], \qquad (\text{E } 13, \ 85)$$

wobei innerhalb der eckigen Klammer die nur durch Punkte angedeuteten Posten mit $T \to \infty$ gegen Null konvergieren; zufolge (E 13, 61) mißt daher

$$Q = \frac{1}{2} J_{max}^2 \left[1 + \frac{m^2}{2} \right] \qquad (\text{E } 13, \ 86)$$

das Effektivquadrat des amplitudenmodulierten Wechselstromes. Auf dem gleichen Wege finden wir mittels (E 13, 63) zunächst die Funktion

$$\breve{P}(t) = \frac{1}{2} J_{max}^2 T \cos (2 \pi f_0 t) \left[1 + \frac{m^2}{2} \cos (2 \pi f_m t) + \ldots \right], \qquad (\text{E } 13, \ 87)$$

aus welcher nach (E 13, 66)

$$\tilde{Q}(t) = \frac{1}{2} J_{max}^2 \cos (2 \pi f_0 t) \left[1 + \frac{m^2}{2} \cos (2 \pi f_m t) \right] \qquad (\text{E } 13, \ 88)$$

hervorgeht. Demnach resultiert gemäß (E 13, 68) für die Spektraldichte $r(f)$ des Effektivquadrates die Integraldarstellung

$$r(f) = 2 J_{max}^2 \int\limits_{0}^{\infty} \left[1 + \frac{m^2}{2} \cos (2 \pi f_m \tau) \right] \cos 2 \pi f_0 \tau \cos 2 \pi f \tau \, d\tau =$$

$$= \frac{1}{2} J_{max}^2 \int\limits_{-\infty}^{\infty} \left[1 + \frac{m^2}{4} (e^{i 2 \pi f_m \tau} + e^{-i 2 \pi f_m \tau}) \right] [e^{-i 2 \pi (f_0 + f) \tau} + e^{-i 2 \pi (f_0 - f) \tau}] \, d\tau,$$

$$(\text{E } 13, \ 89)$$

welche mit (E 10, 14) formal den Ausdruck

$$r(f) = \frac{1}{2} J_{max}^2 \left[\delta(f_0 + f) + \delta(f_0 - f) + \frac{m^2}{4} \{ \delta(f_0 - f_m + f) + \delta(f_0 + f_m + f) + \right.$$

$$\left. + \delta(f_0 - f_m - f) + \delta(f_0 + f_m - f) \} \right] \qquad (\text{E } 13, \ 90)$$

liefert. Bei seiner physikalischen Interpretation haben wir uns indessen der Übereinkunft $f \geqq 0$ zu erinnern, derzufolge sich (E 13, 90) zunächst gewiß auf

$$r(f) = \frac{1}{2} J_{max}^2 \left[\delta(f_0 - f) + \frac{m^2}{4} \{ \delta(f_0 - f_m + f) + \delta(f_0 - f_m - f) + \right.$$

$$\left. + \delta(f_0 + f_m - f) \} \right] \qquad (\text{E } 13, \ 91)$$

reduziert. Wird nun, wie zumeist üblich, die Modulationsfrequenz f_m niedriger als die „Führungsfrequenz" f_0 gewählt

$$f_m < f_0, \qquad (E\ 13,\ 92)$$

so verbleibt mit Rücksicht auf die Eigenschaft (E 10, 11) der *Dirac*-Funktion nur die spektrale Dichte

$$r(f) = \frac{1}{2}\, J^2_{max}\left[\delta(f_0 - f) + \frac{m^2}{4}\{\delta(f_0 - f_m - f) + \delta(f_0 + f_m - f)\}\right]. \qquad (E\ 13,\ 93)$$

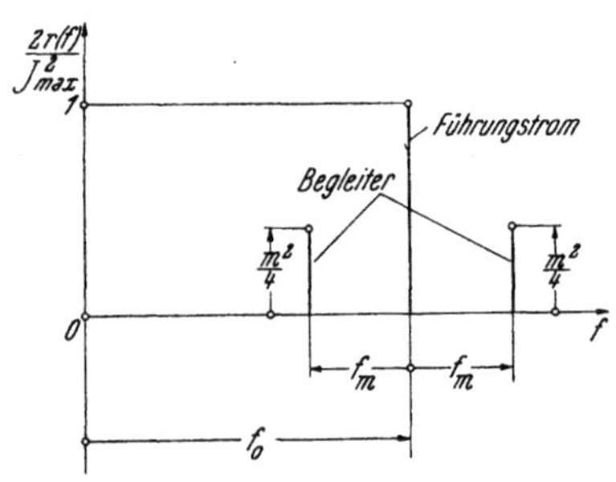

Abb. E 33. Frequenzspektrum eines amplitudenmodulierten Wechselstromes.

Sie schildert entsprechend Abb. E 33 die Aufspaltung des formal kontinuierlichen Spektrums in drei *scharfe Linien:* Zu dem „Führungsstrome" [Frequenz f_0] des Effektivquadrates $\frac{1}{2}\,J_{max}{}^2$ treten zwei „Begleiter" beziehentlich der Frequenzen $(f_0 \mp f_m)$, deren Effektivquadrate aus jenem des Führungsstromes je durch Multiplikation mit $m^2/4$ hervorgehen. Diese Angaben bleiben im wesentlichen auch dann bestehen, falls, im Gegensatz zu (E 13, 92), die Modulationsfrequenz f_m die Führungsfrequenz f_0 übertrifft

$$f_m > f_0. \qquad (E\ 13,\ 94)$$

Denn jetzt entsteht aus (E 13, 91) die Aussage

$$r(f) = \frac{1}{2}\, J^2_{max}\left[\delta(f_0 - f) + \frac{m^2}{4}\{\delta(f_m - f_0 - f) + \delta(f_m + f_0 - f)\}\right]. \qquad (E\ 13,\ 95)$$

Sie geht aus (E 13, 93) hervor, indem man in den Frequenzen f der beiden Begleiter f_0 und f_m ihre Rolle tauschen läßt.

E 14. Fluktuierende Amplitudenmodulation.

a) Während der laufenden Zeit t sei die Funktion $g = g(t)$ innerhalb des wesentlich endlichen Intervalles $0 \leqq t \leqq T$ durch die Gleichung

$$g = g(t); \qquad 0 \leqq t \leqq T \qquad (E\ 14,\ 1)$$

explizit vorgegeben, während sie außerhalb dieses Bereiches identisch verschwinde

$$g(t) = 0 \qquad \text{für} \qquad \begin{matrix} t < 0 \\ t > T \end{matrix}. \qquad (E\ 14,\ 2)$$

Durch k eine reelle, ganze Zahl einschließlich der Null bezeichnend, bilden wir aus g(t) zunächst die *periodische Funktion*

$$G(\tau) = \lim_{N \to \infty} \sum_{k=-N}^{N} g(\tau - k\,T) \qquad (E\ 14,\ 3)$$

der Grundfrequenz

$$f^{(0)} = \frac{1}{T}. \qquad (E\ 14,\ 4)$$

Sei nun

$$A_k = A + \varDelta A_k; \qquad -\infty < k < \infty \qquad (E\ 14,\ 5)$$

ein mit dem Index k unregelmäßig schwankender Faktor, dessen Komponenten $\varDelta A_k$ voneinander unabhängig sind, so definiert die Summe

$$F(\tau) = \lim_{N \to \infty} \sum_{k=-N}^{N} A_k\, g(\tau - k\,T) \qquad (E\ 14,\ 6)$$

eine mit dem fluktuierenden Maß

$$\mu_k = \frac{\varDelta A_k}{A} \qquad (E\ 14,\ 7)$$

amplitudenmodulierte Schwingung des durch Abb. E 34 veranschaulichten Verlaufes; welches sind deren statistische Eigenschaften?

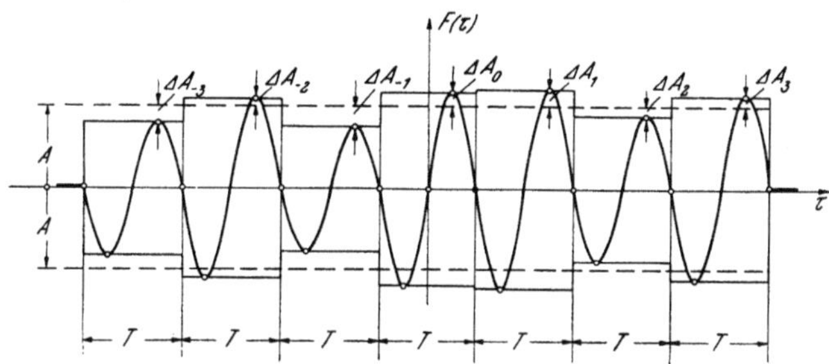

Abb. E 34. Stochastisch amplitudenmodulierte Schwingung.

b) Wir betrachten die Funktion $F(\tau)$ als das K-te Mitglied einer Gesamtheit von Z unabhängigen, amplitudenmodulierten Schwingungen einheitlicher Grundfunktion g(t), welche sich jedoch ungeachtet ihres Synchronismus und ihrer Phasengleichheit durch den bei festem Index k von Schwingung zu Schwingung verschiedenen *Amplitudenfaktor* A_k voneinander unterscheiden mögen. Der Deutlichkeit halber die Symbole $F(\tau)$ und A_k beziehentlich durch die „namentlichen" Zeichen $F^{(K)}(\tau)$ und $A_k^{(K)}$ $[1 \leq K \leq Z]$ ersetzend, liefert also die *gleichzeitige* Beobachtung aller „individuellen" Schwingungen K im Augenblick $\tau = \tau_k$ insgesamt Z Funktionswerte $F^{(K)}(\tau_k)$ beziehentlich der Amplituden $A_k^{(K)}$, welche wir zum Gegenstande einer *Statistik* machen. Der Einfachheit halber sei angenommen, daß die jeweils gemessenen $A_k^{(K)}$ eine diskrete Mannigfaltigkeit bilden. Falls dann die bestimmte Amplitude $A_k^{(K)}$ $[k = \text{const}]$ gerade $X_k^{(K)}$-mal auftritt, definiert der Grenzwert

$$w(A_k^{(K)}) = \lim_{Z \to \infty} \frac{X_k^{(K)}}{Z}; \qquad 1 \leq K \leq Z \qquad (E\ 14,\ 8)$$

die *Wahrscheinlichkeit* eben jener Amplitude; die Verteilung von $w(A_k^{(K)})$ wird weiterhin als bekannt vorausgesetzt.

Von der Statistik der *gleichzeitig beobachteten Amplituden der Z individuell verschiedenen Schwingungen* kehren wir zur *Amplitudenstatistik der Einzelschwingung* K = const. zu den (2 N + 1) getrennten Zeitpunkten

$$\tau_k = t_k + k\,T; \qquad -N \leq k \leq N \qquad (E\ 14,\ 9)$$

zurück, innerhalb derer die Amplitude $A_k^{(K)}$ gerade $Y_k^{(K)}$-mal auftrete. Der Grenzwert

$$w^*(A_k^{(K)}) = \lim_{N \to \infty} \frac{Y_k^{(K)}}{2\,N + 1} \; ; \qquad -N \leq k \leq N \qquad (E\ 14,\ 10)$$

mißt somit die Wahrscheinlichkeit jener Amplitude während des Ablaufes der Schwingung K. Da nun die Amplituden $A_k^{(K)}$ beziehentlich sowohl von veränderlichem Zeitindex k wie von unterschiedlichem Namen K als unabhängig voneinander vorausgesetzt wurden, dürfen und wollen wir ungeachtet der inhaltlich so grundverschiedenen Berechnungsvorschriften (E 14, 8) und (E 14, 10) die Gleichheit

$$w(A_k^{(K)}) = w^*(A_k^{(K)}) \qquad (E\ 14,\ 11)$$

voraussetzen, welche die Statistik als *stationär* definiert. Demnach mißt die Summe

$$A = \sum A_k^{(K)}\, w(A_k^{(K)}) = \sum A_k^{(K)}\, w^*(A_k^{(K)}) = \langle A_k^{(K)} \rangle \qquad (E\ 14,\ 12)$$

den nunmehr eindeutigen *Erwartungswert* der Amplitude, während ebenso der Ausdruck

$$\Delta A^2 = \sum (A_k^{(K)} - A)^2\, w(A_k^{(K)}) = \sum (A_k^{(K)} - A)^2\, w^*(A_k^{(K)}) =$$
$$= \langle (A_k^{(K)} - A)^2 \rangle \qquad (E\ 14,\ 13)$$

deren *quadratische Streuung* angibt; beide Größen gelten im Verein mit der Verteilung (E 14, 11) als vorgegeben.

c) Durch Mitteln über alle im Augenblick τ gleichzeitig beobachteten Momentanwerte $F^{(K)} = F^{(K)}(\tau)$ der Schwingungen $1 \leq K \leq Z$ finden wir deren Durchschnitt $\langle F(\tau) \rangle$ mit Rücksicht auf (E 14, 3) und (E 14, 12) zu

$$\langle F(\tau) \rangle = \langle \lim_{N \to \infty} \sum_{k=-N}^{N} A_k^{(K)}\, g(\tau - k\,T) \rangle = A\, G(\tau). \qquad (E\ 14,\ 14)$$

Daher beschreibt die Differenz

$$\Delta F^{(K)}(\tau) = F^{(K)}(\tau) - A\, G(\tau) = \lim_{N \to \infty} \sum_{k=-N}^{N} (A_k^{(K)} - A)\, g(\tau - k\,T) \qquad (E\ 14,\ 15)$$

den *Augenblickswert* jener Fluktuation, welche die Schwingung vom Namen K im Zeitpunkt τ kennzeichnet. Wir behaupten, daß ihr *zeitlicher Mittelwert verschwindet*

$$\overline{\Delta F^{(K)}} = \lim_{N \to \infty} \int_{\tau = -NT}^{NT} \Delta F^{(K)}(\tau)\, d\tau = 0. \qquad (E\ 14,\ 16)$$

Denn zufolge (E 14, 2) besteht für jeden festen Index k die Alternative

$$\int_{\tau = -NT}^{NT} g(\tau - k\,T)\, d\tau = \int_{0}^{T} g(t)\, dt \qquad \text{für} \qquad -N \leq k \leq N-1$$
$$0 \qquad \text{für} \qquad k < (-N) \quad \text{und} \quad k \geq N.$$
$$(E\ 14,\ 17)$$

Aus ihr erschließen wir die Relation

$$\int\limits_{\tau=-NT}^{NT} \Delta F^{(K)}(\tau)\,d\tau = \sum_{k=-N}^{N-1} (A_k^{(K)} - A) \int\limits_0^T g(t)\,dt, \qquad (E\ 14,\ 18)$$

welche für $N \to \infty$ mit Rücksicht auf (E 14, 12) den Beweis der Behauptung (E 14, 16) enthält. Um daher ein *endliches Fluktuationsmaß* zu gewinnen, erweitern wir das entsprechende, wohlbekannte Verfahren der Wechselstromtechnik zur Definition des *quadratischen Effektivwertes* [vgl. E 13, f]

$$[\Delta F^{(K)}(\tau)]_{\text{eff}}^2 = \lim_{N \to \infty} \frac{1}{(2N+1)T} \int\limits_{-NT}^{NT} [\Delta F^{(K)}(\tau)]^2\,d\tau. \qquad (E\ 14,\ 19)$$

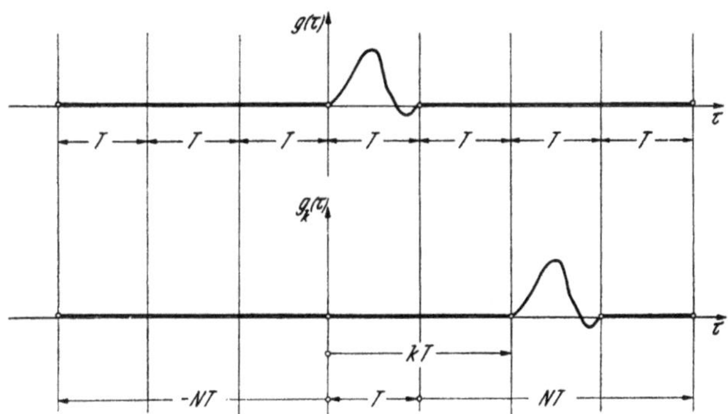

Abb. E 35. Zur Statistik der stochastisch amplitudenmodulierten Schwingung.

Setzt man abkürzend

$$\Delta A_k^{(K)} = A_k^{(K)} - A \qquad (E\ 14,\ 20)$$

und entsprechend Abb. E 35

$$g_k(\tau) = g(\tau - kT), \qquad (E\ 14,\ 21)$$

so treten für jede Anzahl $N' \geqq N$ im Quadrate

$$Q = \left[\sum_{k=-N'}^{N'} \Delta A_k^{(K)} g_k \right]^2 \qquad (E\ 14,\ 22)$$

formal zunächst $[2N' + 1]^2$ Posten auf, welche wir mittels der *Matrix*

$$[\Delta A_{-N'}^{(K)} g_{-N'}]^2 \qquad \Delta A_{-N'}^{(K)} \Delta A_{-N'+1}^{(K)} g_{-N'} g_{-N'+1} \ldots \Delta A_{-N'}^{(K)} \Delta A_{N'}^{(K)} g_{-N'} g_{N'}$$

$$\Delta A_{-N'+1}^{(K)} \Delta A_{-N'}^{(K)} g_{-N'+1} g_{-N'} \qquad [\Delta A_{-N'+1}^{(K)} g_{-N'+1}]^2 \qquad \ldots \Delta A_{-N'+1}^{(K)} \Delta A_{N'}^{(K)} g_{-N'+1} g_{N'}$$

$$\vdots \qquad\qquad \vdots \qquad\qquad \vdots \qquad\qquad \vdots$$

$$\Delta A_{N'}^{(K)} \Delta A_{-N'}^{(K)} g_{N'} g_{-N'} \qquad \Delta A_{N'}^{(K)} \Delta A_{-N'+1}^{(K)} g_{N'} g_{-N'+1} \ldots \qquad [\Delta A_{N'} g_{N'}]^2$$

$$(E\ 14,\ 23)$$

übersichtlich ordnen. Wegen (E 14, 2) und (E 14, 21) fallen jedoch nur die Glieder der *Hauptdiagonalen* endlich aus; bei deren Integration über den

Bereich $(-\,NT) \leqq \tau \leqq NT$ gelangen wir, unter abermaliger Berufung auf (E 14, 2) und (E 14, 21), zu der Alternative

$$\int\limits_{-NT}^{NT} [\varDelta A_k^{(K)}\, g_k]^2\, d\tau = \begin{cases} [\varDelta A_k^{(K)}]^2 \displaystyle\int\limits_0^T [g(t)]^2\, dt & \text{für} \quad (-N) \leqq k \leqq N-1 \\[2ex] 0 & \text{für } k < (-N) \text{ und } k \geqq N-1 \end{cases}$$

$$\text{(E 14, 24)}$$

so daß aus (E 14, 19) mit Rücksicht auf (E 14, 11) und (E 14, 13) die Angabe

$$[\varDelta F^{(K)}(\tau)]_{\text{eff}}^2 = \lim_{N \to \infty} \frac{1}{(2N+1)T} \int\limits_0^T [g(t)]^2\, dt \sum_{k=-N}^{N-1} [\varDelta A_k^{(K)}]^2 =$$

$$= \varDelta A^2\, \frac{1}{T} \int\limits_0^T [g(t)]^2\, dt \qquad\qquad \text{(E 14, 25)}$$

resultiert.

d) Die Funktion g(t) läßt sich in das *Fourier*sche Doppelintegral

$$g(t) = \int\limits_{f=-\infty}^{\infty} e^{-2\pi i f t}\, df \int\limits_{t'=0}^{T} g(t')\, e^{2\pi i f t'}\, dt'; \qquad i = \sqrt{-1} \quad \text{(E 14, 26)}$$

entwickeln, so daß ihr kontinuierliches Frequenzspektrum durch die [komplexe] Dichte

$$\varPhi(f) = \int\limits_0^T g(t')\, e^{2\pi i f t'}\, dt'; \qquad -\infty < f < \infty \qquad \text{(E 14, 27)}$$

beschrieben wird. Durch Substitution von (E 14, 26) und (E 14, 27) in (E 14, 6) folgt daher die Darstellung

$$F^{(K)}(\tau) = \lim_{N \to \infty} \sum_{k=-N}^{N} A_k^{(K)} \int\limits_{f=-\infty}^{\infty} e^{-2\pi i f(\tau - kT)}\, \varPhi(f)\, df, \quad \text{(E 14, 28)}$$

welcher man für die [komplexe] Dichte $s^{(K)}(f)$ des $F^{(K)}(\tau)$ charakterisierenden kontinuierlichen Frequenzspektrums die Angabe

$$s^{(K)}(f) = \lim_{N \to \infty} \varPhi(f) \sum_{k=-N}^{N} A_k^{(K)}\, e^{2\pi i f k T} \qquad\qquad \text{(E 14, 29)}$$

entnimmt; sie läßt sich vermittels (E 14, 5) und (E 14, 20) in die Summe

$$s^{(K)}(f) = A\, \varPhi(f) \lim_{N \to \infty} \sum_{k=-N}^{N} e^{2\pi i f k T} + \varPhi(f) \lim_{N \to \infty} \sum_{k=-N}^{N} \varDelta A_k^{(K)}\, e^{2\pi i f k T} \quad \text{(E 14, 30)}$$

aufspalten. Bei der Bildung ihres statistischen Durchschnittes $\langle s(f) \rangle$ innerhalb des Kollektivs der $Z \to \infty$ gleichzeitig [k = const] beobachteten Schwingungen verschwindet nun mit Rücksicht auf (E 14, 12) der Erwartungswert der Differenz $\varDelta A_k^{(K)}$, so daß sich $\langle s(f) \rangle$ auf

$$\langle s(f) \rangle = A\, \varPhi(f) \lim_{N \to \infty} \sum_{k=-N}^{N} e^{2\pi i f k T} \qquad\qquad \text{(E 14, 31)}$$

reduziert. Die hier auftretende, bei festem N als Funktion der Frequenz f aufgefaßte geometrische Reihe

$$v_N(f) = \sum_{k=-N}^{N} e^{2\pi i f k T} = \frac{\sin \pi (2N+1) f T}{\sin \pi f T} \qquad (E\ 14,\ 32)$$

zeichnet sich durch folgende analytischen Eigenschaften aus:

1. Für alle reellen, ganzzahligen n mit Einschluß der Null konvergiert $v_N(f)$ bei den Frequenzen

$$f \to f_n = n\, f^{(0)} = \frac{n}{T} \qquad (E\ 14,\ 33)$$

gegen den *Höchstwert*

$$v_{N,\,max} = \lim_{f \to f_n} v_N(f) = 2N + 1. \qquad (E\ 14,\ 34)$$

2. Die Funktion $v_N(f)$ genügt den abzählbar unendlich vielen Gleichungen

$$v_N(f) = 0 \qquad \text{für} \qquad f = f_n \pm \frac{1}{2} f^{(0)}. \qquad (E\ 14,\ 35)$$

3. Aus der Definition von $v_N(f)$ fließen die Integralrelationen

$$\int_{f_n - \frac{1}{2} f^{(0)}}^{f_n + \frac{1}{2} f^{(0)}} v_N(f)\, df = f^{(0)} = \frac{1}{T} \cdot \qquad (E\ 14,\ 36)$$

Unter Benutzung des *Dirac*schen, dimensionell einer Zeitspanne gleichenden Funktionssymboles $\delta = \delta(f)$ der Eigenschaften

$$\delta(f) = \delta(-f) = 0 \qquad \text{für} \qquad f \neq 0; \quad \int_{-\infty}^{\infty} \delta(f)\, df = 1, \qquad (E\ 14,\ 37)$$

die Angaben (E 14, 33), (E 14, 34), (E 14, 35) und (E 14, 36) zu der Grenzaussage

$$\lim_{N \to \infty} v_N(f) = \frac{1}{T} \sum_{n=-\infty}^{\infty} \delta(f - n\, f^{(0)}) \qquad (E\ 14,\ 38)$$

vereinigend, entsteht somit aus (E 14, 31) für $\langle F(\tau) \rangle = A\, G(\tau)$ das Linienspektrum

$$\langle s(f) \rangle = A\, \frac{\Phi(f)}{T} \sum_{N=-\infty}^{\infty} \delta(f - n\, f^{(0)}), \qquad (E\ 14,\ 39)$$

welches die *Periodizität* der Funktion $G(\tau)$ widerspiegelt.

e) Da die komplexe Spektraldichte $s^{(K)}(f)$ definitionsgemäß linear von der Einzelschwingung $F^{(K)}(\tau)$ abhängt, entnimmt man aus (E 14, 30) sogleich die *komplexe Spektraldichte $\Delta s^{(K)}(f)$ der Fluktuation $\Delta F^{(K)}(\tau)$* zu

$$\Delta s^{(K)}(f) = \Phi(f) \lim_{N \to \infty} \sum_{k=-N}^{N} \Delta A_k^{(K)}\, e^{2\pi i f k T}, \qquad (E\ 14,\ 40)$$

deren Erwartungswert $\langle \Delta s^{(K)}(f) \rangle$ im Kollektiv der Z gleichzeitig beobachteten individuellen Schwingungen verschwindet:

$$\langle \Delta s^{(K)}(f) \rangle = 0. \qquad (E\ 14,\ 41)$$

Auf Grund des *Parseval*schen Satzes [Ziffer E 13] gilt nun, falls $\Delta s^{*(K)}(f)$ das zu $\Delta s^{(K)}(f)$ konjugiert-komplexe Spektrum bezeichnet,

$$\lim_{N \to \infty} \int_{-NT}^{NT} [\Delta F^{(K)}(\tau)]^2 \, d\tau = \int_{-\infty}^{\infty} \Delta s^{(K)}(f) \, \Delta s^{*(K)}(f) \, df = 2 \int_{0}^{\infty} \Delta s^{(K)}(f) \, \Delta s^{*(K)}(f) \, df,$$

$$(E\ 14,\ 42)$$

so daß man für den in (E 14, 19) definierten Effektivwert allein der Fluktuation die nunmehr auf positive Frequenzen beschränkte Spektraldarstellung

$$[\Delta F^{(K)}(\tau)]^2_{\text{eff}} = \lim_{N \to \infty} \frac{2}{(2N+1)\,T} \int_{0}^{\infty} \Delta s^{(K)}(f) \, \Delta s^{*(K)}(f) \, df \qquad (E\ 14,\ 43)$$

findet; sie zeichnet sich durch die stets reelle Dichte

$$\Delta p^{(K)}(f) = \frac{2\,|\Phi(f)|^2}{T} \lim_{N \to \infty} \frac{2}{2N+1} \left[\sum_{k=-N}^{N} \Delta A_k^{(K)}\, e^{2\pi i f k T} \right]\left[\sum_{l=-N}^{N} \Delta A_l^{(K)}\, e^{-2\pi i f l T} \right]$$

$$(E\ 14,\ 44)$$

aus. Ordnen wir die $[2N+1]^2$ Posten des hier auftretenden Summenproduktes mittels der *Hermite*schen *Matrix*

$$\begin{matrix}
[\Delta A_{-N}^{(K)}]^2 & \Delta A_{-N}^{(K)}\,\Delta A_{-N+1}^{(K)}\, e^{-2\pi i f.1.T} & \cdots & \Delta A_{-N}^{(K)}\,\Delta A_{N}^{(K)}\, e^{-2\pi i 2NT} \\
\Delta A_{-N+1}^{(K)}\,\Delta A_{-N}^{(K)}\, e^{2\pi i f.1.T} & [\Delta A_{-N+1}^{(K)}]^2 & \cdots & \Delta A_{-N+1}^{(K)}\,\Delta A_{N}^{(K)}\, e^{=2\pi i(2N-1)T} \\
\cdot & \cdot & \cdot & \cdot \\
\cdot & \cdot & \cdot & \cdot \\
\cdot & \cdot & \cdot & \cdot \\
\Delta A_{N}^{(K)}\,\Delta A_{-N}^{(K)}\, e^{2\pi i f 2NT} & \Delta A_{N}^{(K)}\,\Delta A_{-N+1}^{(K)}\, e^{2\pi i f(2N-1)T} & \cdots & [\Delta A_{N}^{(K)}]^2,
\end{matrix}$$

$$(E\ 14,\ 45)$$

so verbleiben beim Mitteln über sämtliche $Z \to \infty$ gleichzeitig beobachteten individuellen Schwingungen $1 \leq K \leq Z$ lediglich die $(2N+1)$ Glieder der Hauptdiagonalen je des nach (E 14, 13) einheitlichen Wertes ΔA^2, so daß der Durchschnitt der Dichte (E 14, 44) durch

$$\Delta p(f) = \langle \Delta p^{(K)}(f) \rangle = \frac{2\,|\Phi(f)|^2}{T}\, \Delta A^2 \qquad (E\ 14,\ 46)$$

dargestellt wird.

f) Von der Spektralanalyse des Effektivwertes *allein der Fluktuationen* steigen wir zur *harmonischen Zerlegung des Effektivwertes*

$$[F^{(K)}(\tau)]^2_{\text{eff}} = \lim_{N \to \infty} \frac{1}{(2N+1)\,T} \int_{-NT}^{NT} [F^{(K)}(\tau)]^2 \, d\tau \qquad (E\ 14,\ 47)$$

der *gesamten amplitudenmodulierten Schwingung* auf. Mit Rücksicht auf (E 14, 15) gilt nun zunächst für die Einzelschwingung vom Namen K

$$[F^{(K)}(\tau)]^2 = A^2\, G^2(\tau) + 2\,A\,G(\tau)\,\Delta F^{(K)}(\tau) + [\Delta F^{(K)}(\tau)]^2, \qquad (E\ 14,\ 48)$$

so daß durch Mitteln über alle $1 \leq K \leq Z \to \infty$ wegen (E 14, 16) aus (E 14, 48) der Erwartungswert

$$[F(\tau)]^2 = \langle [F^{(K)}(\tau)]^2 \rangle = A^2\, G^2(\tau) + \langle [\Delta F^{(K)}(\tau)]^2 \rangle \qquad (E\ 14,\ 49)$$

resultiert. Zu dem Linienspektrum (E 14, 39) der Funktion A G(τ) zurückkehrend, finden wir nun nach paarweiser Zusammenfassung aller Teilwellen der Ordnungszahlen ($\pm$ n) $\neq$ 0 den Effektivwert

$$[A\, G(\tau)]^2_{\text{eff}} = \frac{A^2}{T^2}\, |\Phi(0)|^2 + 2 \sum_{n=1}^{\infty} |\Phi(n\, f^{(0)})|^2. \qquad (E\ 14,\ 50)$$

Vermöge der Symmetrie-Eigenschaft $\delta(f) = \delta(-f)$ der symbolischen *Dirac*-Funktion bestehen die Identitäten

$$|\Phi(0)|^2 \equiv \int_{-\infty}^{\infty} |\Phi(f)|^2\, \delta(f)\, df = 2 \int_{0}^{\infty} |\Phi(f)|^2\, \delta(f)\, df \qquad (E\ 14,\ 51)$$

und

$$|\Phi(n\, f^{(0)})|^2 \equiv \int_{-\infty}^{\infty} |\Phi(f)|^2\, \delta(f - n\, f^{(0)})\, df = \int_{0}^{\infty} |\Phi(f)|^2\, \delta(f - n\, f^{(0)})\, df; \qquad n \geqq 1.$$

$$(E\ 14,\ 52)$$

Daher läßt sich das diskrete Spektrum (E 14, 50) formal in das kontinuierliche Spektrum

$$[A\, G(\tau)]^2_{\text{eff}} = \frac{2\,A^2}{T^2} \sum_{n=0}^{\infty} \int_{0}^{\infty} |\Phi(f)|^2\, \delta(f - n\, f^{(0)})\, df \qquad (E\ 14,\ 53)$$

umschreiben. Im Verein mit (E 14, 46) gewinnt man somit für die spektrale Dichte p(f) des mittleren Effektivwertes (E 14, 49) die Darstellung

$$p(f) = \frac{2\,|\Phi(f)|^2}{T^2} \left[A^2 \sum_{n=0}^{\infty} \delta(f - n\, f^{(0)}) + T\, \varDelta A^2 \right]; \qquad f \geqq 0. \ (E\ 14,\ 54)$$

g) Als Beispiel behandeln wir die Statistik einer *Sinusschwingung* der zwar festen Frequenz $f^{(0)}$, jedoch der fluktuierenden Amplitude A_k $[(-\infty) < k < \infty]$. Setzen wir also

$$g(t) = \sin(2\,\pi\, f^{(0)}\, t), \qquad (E\ 14,\ 55)$$

so berechnet sich gemäß (E 14, 27)

$$\Phi(f) = \int_{0}^{T} \sin(2\,\pi\, f^{(0)}\, t')\, e^{2\pi i f t'}\, dt' = -\frac{e^{\pi i f T} \sin \pi f T}{\pi i f T} \frac{T}{\dfrac{f}{f^{(0)}} - \dfrac{f^{(0)}}{f}} \ (E\ 14,\ 56)$$

und also

$$|\Phi(f)|^2 = \left(\frac{\sin \pi f T}{\pi f T} \right)^2 \frac{T^2}{\left[\dfrac{f}{f^{(0)}} - \dfrac{f^{(0)}}{f} \right]^2}. \qquad (E\ 14,\ 57)$$

Die Funktion $|\Phi(f)|^2$ verschwindet sowohl für $f = 0$ wie auch für alle $f = n \cdot f^{(0)}$ mit $n \geqq 2$:

$$|\Phi(f)|^2 = 0 \qquad \text{für} \qquad f = 0; \qquad 2\,f^{(0)};\, 3\,f^{(0)};\, \ldots \qquad (E\ 14,\ 58)$$

Dagegen konvergiert sie für $f \to f^{(0)}$ gegen den Grenzwert

$$\lim_{f \to f^{(0)}} |\Phi(f)|^2 = \frac{T^2}{4}. \qquad (E\ 14,\ 59)$$

Daher reduziert sich das Spektrum (E 14, 54) der analysierten Schwingung entsprechend Abb. E 36 auf

$$p(f) = \frac{A^2}{2}\left[\delta(f - f^{(0)}) + T\frac{\Delta A^2}{A^2}\left(2\frac{\dfrac{\sin \pi f T}{\pi f T}}{\dfrac{f}{f^{(0)}} - \dfrac{f^{(0)}}{f}}\right)^2\right].$$

(E 14, 60)

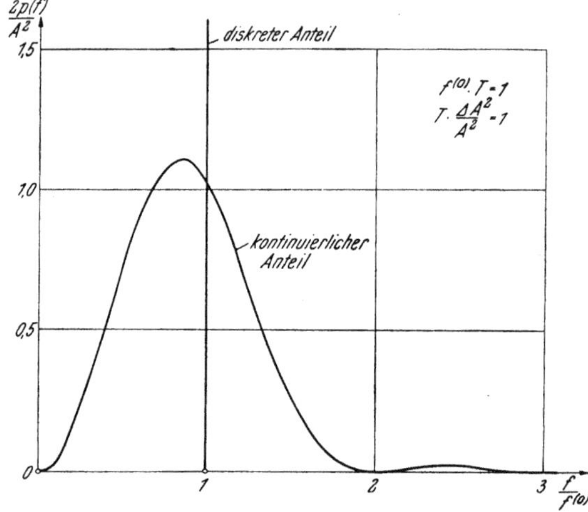

Abb. E 36. Frequenzspektrum einer stochastisch amplitudenmodulierten Schwingung.

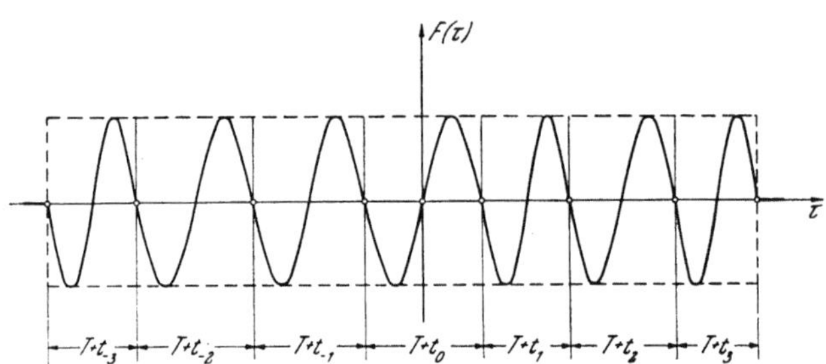

Abb. E 37. Stochastisch frequenzmodulierte Schwingung.

E 15. Fluktuierende Frequenzmodulation.

a) Es sei $g = g(t)$ die in Ziffer E 14 eingeführte Funktion der laufenden Zeit t, welche wesentlich nur während des endlichen Intervalles $0 \leq t \leq T$ von Null verschieden ist. Bezeichnet dann k eine reelle, ganze Zahl mit Einschluß der Null und t_k eine mit k wechselnde, doch unabhängig von diesem Index schwankende „Einsatzzeit", so definiert die Reihe

$$F(\tau) = \lim_{N \to \infty} \sum_{k=-N}^{N} g(\tau - kT - t_k)$$

(E 15, 1)

eine Schwingung des in Abb. E 37 dargestellten Verlaufes von der veränderlichen Frequenz

$$f(k) = \frac{1}{T + t_k}$$

(E 15, 2)

Wir betrachten diese Welle, das Zeichen $F(\tau)$ durch $F^{(K)}(\tau)$ ersetzend, als das K-te Mitglied einer Gesamtheit von $Z \to \infty$ individuell unterscheidbaren, frequenzmodulierten Schwingungen zwar der nämlichen Grundfunktion g und der einheitlichen, unmodulierten Periode T, deren beziehentliche *Einsatzzeiten* $t_k^{(K)}$ jedoch für jede Einzelschwingung unabhängig von jenen der übrigen Welle durch den *Zufall* bestimmt werden mögen.

Wir machen zunächst das Kollektiv der bei festem Index k beobachteten Einsatzzeiten $t_k^{(K)}$ aller Wellen $1 \leq K \leq Z$ zum Gegenstand einer Statistik: Es möge angenommen werden, daß die jeweils gemessenen Werte dieser Zeiten eine kontinuierliche Mannigfaltigkeit bilden, deren Wahrscheinlichkeitsdichte [Dimension einer reziproken Zeitspanne]

$$w = w(t_k^{(K)}); \qquad 1 \leq K \leq Z \to \infty \qquad (E\ 15,\ 3)$$

weiterhin als bekannt gilt.

Jetzt gehen wir zum Kollektiv der hintereinander innerhalb ein und derselben Schwingung K auftretenden Einsatzzeiten über, deren Statistik bei dem allerdings nur hypothetischen Grenzprozeß $N \to \infty$ für das Merkmal $t_k^{(K)}$ die Wahrscheinlichkeitsdichte

$$w^* = w^*(t_k^{(K)}); \qquad -N \leq k \leq N, \qquad N \to \infty \qquad (E\ 15,\ 4)$$

ergeben möge. Auf Grund der vorausgesetzten Unabhängigkeit der Einsatzzeiten $t_k^{(K)}$ sowohl vom Namen K wie vom Index k ihrer Reihenfolge schließen wir auf die Gleichheit [*Stationarität*]

$$w(t_k^{(K)}) = w^*(t_k^{(K)}). \qquad (E\ 15,\ 5)$$

Mit dieser nunmehr eindeutigen Verteilung kennen wir die *durchschnittliche Einsatzzeit*

$$\overline{t} = \langle t_k^{(K)} \rangle = \int\limits_{-\infty}^{\infty} t_k^{(K)}\, w(t_k^{(K)})\, dt_k^{(K)} \qquad (E\ 15,\ 6)$$

sowie deren *quadratische Streuung*

$$\overline{\Delta t^2} = \langle (t_k^{(K)} - \overline{t})^2 \rangle = \int\limits_{-\infty}^{\infty} [t_k^{(K)} - \overline{t}]^2\, w(t_k^{(K)})\, dt_k^{(K)}. \qquad (E\ 15,\ 7)$$

Gesucht werden die statistischen Eigenschaften der Funktionen $F^{(K)}(\tau)$.

b) Mit Hilfe der *Fourier*schen Integraldarstellung (E 14, 26) der Funktion g(t) finden wir das komplexe Frequenzspektrum $s^{(K)}(f)$ der individuellen Schwingung $F^{(K)}(\tau)$ zu

$$s^{(K)}(f) = \lim_{N \to \infty} \int\limits_{-NT}^{NT} F^{(K)}(\tau) e^{2\pi i f \tau}\, d\tau = \lim_{N \to \infty} \sum_{k=-N}^{N} e^{2\pi i f(kT + t_k^{(K)})} \int\limits_{0}^{T} g(t') e^{-2\pi i f t'}\, dt';$$

$$i = \sqrt{-1}, \qquad (E\ 15,\ 8)$$

welches mit Benutzung von (E 14, 27) in

$$s^{(K)}(f) = \Phi(f) \lim_{N \to \infty} \sum_{k=-N}^{N} e^{2\pi i f kT} e^{2\pi i f t_k^{(K)}}; \qquad -\infty < f < \infty \qquad (E\ 15,\ 9)$$

übergeht; sein Erwartungswert lautet

$$\langle s(f) \rangle = \int_{-\infty}^{\infty} s^{(K)}(f)\, w(t_k^{(K)})\, dt_k^{(K)} =$$

$$= \Phi(f) \lim_{N \to \infty} \sum_{k=-N}^{N} e^{2\pi i f k T} \int_{-\infty}^{\infty} e^{2\pi i f t_k^{(K)}} w(t_k^{(K)})\, dt_k^{(K)}. \qquad (E\ 15,\ 10)$$

Das Integral

$$L(f) = \int_{-\infty}^{\infty} e^{2\pi i f t_k^{(K)}} w(t_k^{(K)})\, dt_k^{(K)} = \langle e^{2\pi i f t_k^{(K)}} \rangle \qquad (E\ 15,\ 11)$$

definiert eine dimensionsfreie Größe: Das komplexe *Frequenzspektrum* der Verteilung $w(t_k^{(K)})$ oder, mit anderen Worten, deren (konjugiert-komplexe) *Laplace*sche erzeugende Funktion, welche als solche weder von k noch von K abhängt. Unter Berufung auf die Resultate (E 14, 32) und (E 14, 38) liefert daher (E 15, 10) das Linienspektrum

$$\langle s(f) \rangle = \Phi(f) \cdot L(f) \cdot \frac{1}{T} \sum_{n=-\infty}^{\infty} \delta(f - n\, f^{(0)}); \qquad f^{(0)} = \frac{1}{T}. \qquad (E\ 15,\ 12)$$

c) Wir gehen zum *quadratischen Effektivwert*

$$[F^{(K)}(\tau)]^2 = \lim_{N \to \infty} \frac{1}{(2N+1)T} \int_{-NT}^{NT} [F^{(K)}(\tau)]^2\, d\tau \qquad (E\ 15,\ 13)$$

der Funktion $F^{(K)}(\tau)$ über und suchen dessen nunmehr auf positive Frequenzen beschränktes, reelles Spektrum der Dichte $p^{(K)}(f)$. Zwischen ihm einerseits und dem Paar des Spektrums $s^{(K)}(f)$ samt dessen konjugiert-komplexer Ergänzung $s^{*(K)}(f)$ andererseits stiftet der *Parseval*sche Satz den Zusammenhang

$$p^{(K)}(f) = \lim_{N \to \infty} \frac{2}{(2N+1)T} s^{(K)}(f)\, s^{*(K)}(f) =$$

$$= 2 \frac{|\Phi(f)|^2}{T} \lim_{N \to \infty} \sum_{k=-N}^{N} e^{2\pi i f[kT + t_k^{(K)}]} \sum_{l=-N}^{N} e^{-2\pi i f[lT + t_l^{(K)}]}. \qquad (E\ 15,\ 14)$$

Um das Summenprodukt zu berechnen, ordnen wir seine $[2N+1]^2$ Posten mittels der *Hermite*schen *Matrix*

$$\begin{vmatrix} 1 & e^{2\pi i f[1 \cdot T + t_{-N+1}^{(K)} - t_{-N}^{(K)}]} & \cdots & e^{2\pi i f[2NT + t_N^{(K)} - t_{-N}^{(K)}]} \\ e^{-2\pi i f[1 \cdot T + t_{-N+1}^{(K)} - t_{-N}^{(K)}]} & 1 & \cdots & e^{2\pi i f[(2N-1)T + t_N^{(K)} - t_{-N+1}^{(K)}]} \\ \vdots & \vdots & & \vdots \\ e^{-2\pi i f[2NT + t_N^{(K)} - t_{-N}^{(K)}]} & e^{-2\pi i f[(2N-1)T + t_N^{(K)} - t_{-N+1}^{(K)}]} & \cdots & 1 \end{vmatrix}$$

$$(E\ 15,\ 15)$$

Welches ist der Erwartungswert der Summe aller dieser Posten?

Wir richten zunächst unsere Aufmerksamkeit auf die außerhalb der Hauptdiagonalen angeordneten Seitenglieder und erhalten nach Ergänzung von L(f) durch die konjugiert-komplexe Funktion L*(f) beim Mitteln über alle $Z \to \infty$ gleichzeitig [k = const] kontrollierten Schwingungen $1 \leq K \leq Z$ als Erwartungswert der Matrix (E 15, 15) die gleichfalls *Hermite*sche Matrix

$$
\begin{matrix}
1 & L^* L\, e^{2\pi i f.1.T} & \ldots & L^* L\, e^{2\pi i f 2 N T} \\
L L^*\, e^{-2\pi i f.1.T} & 1 & \ldots & L^* L\, e^{2\pi i f(2N-1)T} \\
\cdot & \cdot & \cdot & \cdot \\
\cdot & \cdot & \cdot & \cdot \\
\cdot & \cdot & \cdot & \cdot \\
L L^*\, e^{-2\pi i f 2 N T} & L L^*\, e^{2\pi i f(2N-1)T} & \ldots & 1
\end{matrix}
\qquad \text{(E 15, 16)}
$$

Im Verein mit der Identität

$$
1 \equiv L L^* + (1 - L L^*) \qquad\qquad \text{(E 15, 17)}
$$

gewinnen wir somit für den Durchschnitt der Produktsumme mit Rücksicht auf (E 14, 32) die Angabe

$$
\left\langle \sum_{k=-N}^{N} e^{2\pi i f[k T + t_k^{(K)}]} \sum_{l=-N}^{N} e^{-2\pi i f[l T + t_l^{(K)}]} \right\rangle =
$$

$$
(2 N + 1)(1 - L L^*) + L L^* \left| \sum_{k=-N}^{N} e^{2\pi i f k T} \right|^2 \qquad \text{(E, 15 18)}
$$

Die bei festen Werten von N und T nur von f abhängige Funktion

$$
v_N^2(f) = \left| \sum_{k=-N}^{N} e^{2\pi i f k T} \right|^2 = \left[\frac{\sin \pi (2 N + 1) f T}{\sin \pi f T} \right]^2 \qquad \text{(E 15, 19)}
$$

zeichnet sich durch folgende analytischen Eigenschaften aus:

1. Für alle ganzzahligen Vielfachen der Grundfrequenz $f^{(0)}$, also die Frequenzen

$$
f \to f_n = n f^{(0)}; \qquad (-\infty) < n < \infty \qquad \text{(E 15, 20)}
$$

konvergiert das Quadrat v_N^2 gegen seinen *Höchstwert*

$$
\lim_{f \to f_n} v_N^2(f) = (2 N + 1)^2. \qquad \text{(E 15, 21)}
$$

2. Die Funktion $v_N^2(f)$ genügt den abzählbar unendlichen vielen Gleichungen

$$
v_N^2(f) = 0 \qquad \text{für} \qquad f = f_n \pm \frac{1}{2} f^{(0)}. \qquad \text{(E 15, 22)}
$$

3. Aus (E 15, 19) entnimmt man die bestimmten Integrale

$$
\int_{f_n - 1/2 f^{(0)}}^{f_n + 1/2 f^{(0)}} v_N^2(f)\, df = (2 N + 1) f^{(0)} \equiv \frac{2 N + 1}{T} \qquad \text{(E 15, 23)}
$$

Zur Grenze N → ∞ übergehend, fassen wir die Aussagen (E 15, 20), (E 15, 21), (E 15, 22) und (E 15, 23) mit Hilfe der symbolischen *Dirac*-Funktion in der Formel

$$\lim_{N \to \infty} \frac{1}{2N+1} \left| \sum_{k=-N}^{N} e^{2\pi i f k T} \right|^2 = \frac{1}{T} \sum_{n=-\infty}^{\infty} \delta(f - n\, f^{(0)}) \quad (E\ 15,\ 24)$$

zusammen und erhalten durch Substitution von (E 15, 18) und (E 15, 24) in (E 15, 14) als *Erwartungswert* $\langle p(f) \rangle$ *der Spektraldichte* p den Ausdruck

$$\langle p(f) \rangle = \frac{2\,|\Phi(f)|^2}{T} \left[(1 - L\,L^*) + \frac{L\,L^*}{T} \sum_{n=-\infty}^{\infty} \delta(f - n\, f^{(0)}). \right] (E\ 15,\ 25)$$

Nach Beseitigung der eckigen Klammer schildert der erste Posten der entstehenden Summe den *kontinuierlichen Teil* des Spektrums, während der zweite Posten die *diskreten Komponenten* dieses Spektrums beschreibt; beide Spektralanteile sind *explizit von der statistischen Verteilung der Einsatzzeiten* abhängig und unterscheiden sich durch eben diese Eigenschaft wesentlich von den entsprechenden Spektralanteilen der fluktuierenden Amplitudenmodulation, deren Streuung nur im kontinuierlichen Spektrum manifest wird.

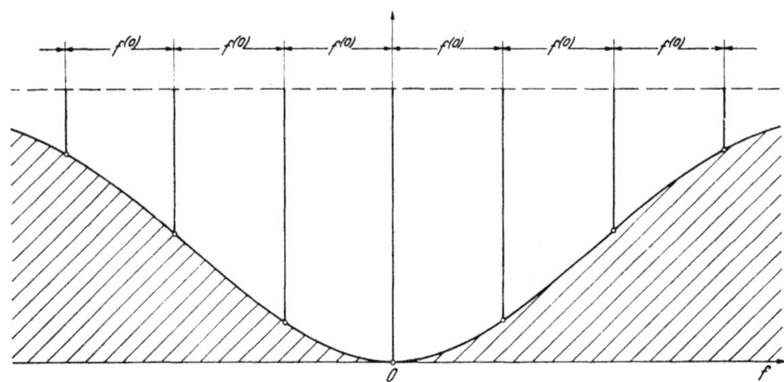

Abb. E 38. Frequenzspektrum einer stochastisch frequenzmodulierten Schwingung.

c) Falls die Statistik der Einsatzzeiten der *Gauß*schen Verteilung

$$w(t_k^{(K)}) = \frac{e^{-\dfrac{(t_k^{(K)} - \overline{t})^2}{2\,\overline{\Delta t^2}}}}{\sqrt{2\pi\,\overline{\Delta t^2}}} \quad (E\ 15,\ 26)$$

unterliegt, lautet deren erzeugende Funktion

$$L(f) = \int_{-\infty}^{\infty} e^{2\pi i f t_k^{(K)}} \frac{e^{-\dfrac{(t_k^{(K)} - \overline{t})^2}{2\,\overline{\Delta t^2}}}}{\sqrt{2\pi\,\overline{\Delta t^2}}}\, dt_k^{(K)} = e^{2\pi i f t}\, e^{-2\pi^2\,\overline{\Delta t^2}\, f^2}. \quad (E\ 15,\ 27)$$

Der Erwartungswert (E 15, 12) des komplexen Frequenzspektrums nimmt daher die Gestalt

$$\langle s(f) \rangle = \Phi(f)\, e^{2\pi i f \overline{t}}\, e^{2\pi^2\,\overline{\Delta t^2}\, f^2} \frac{1}{T} \sum_{n=-\infty}^{\infty} \delta(f - n\, f^{(0)}) \quad (E\ 15,\ 28)$$

an, während aus (E 15, 25) für die Spektraldichte $\langle p(f)\rangle$ des mittleren quadratischen Effektivwertes der Ausdruck

$$\langle p(f)\rangle = \frac{2\,|\varPhi(f)|^2}{T}\left[(1 - e^{-4\pi^2\overline{\Delta t^2}\,f^2}) + \frac{e^{-4\pi^2\overline{\Delta t^2}\,f^2}}{T}\sum_{n=-\infty}^{\infty}\delta(f - n\,f^{(0)})\right] \tag{E 15, 29}$$

resultiert; Abb. E 38 veranschaulicht ihre Struktur.

d) Als Beispiel behandeln wir ein *Stroboskop*, welches unter idealen Arbeitsbedingungen immer genau nach Ablauf der Periode T einen „*Blitz*" der Dauer

$$\Delta T \ll T \tag{E 15, 30}$$

mit der gleichförmigen Intensität $\varPsi$ seines Lichtstromes entsenden würde; im wirklichen Betriebe des Gerätes sind jedoch Fluktuationen der Pausen zwischen je zwei aufeinanderfolgenden Blitzen unvermeidbar, während deren Intensität merklich konstant gehalten werden kann. Identifizieren wir den zeitlichen Verlauf des einzelnen Lichtblitzes mit der Grundfunktion $g(\tau)$ einer fluktuierenden frequenzmodulierten Schwingung, so haben wir also

$$g(\tau) = \begin{array}{lll} \varPsi & \text{für} & t \le \tau \le t + \Delta t \\ 0 & \text{für} & \tau < t \quad\text{und}\quad \tau > t + \Delta t \end{array} \tag{E 15, 31}$$

zu setzen und erhalten mit Rücksicht auf (E 15, 30) in ausreichender Genauigkeit

$$\varPhi(f) = \varPsi\, e^{2\pi i f \tau}\, \Delta t. \tag{E 15, 32}$$

Unter der Annahme (E 15, 26) folgt also aus (E 15, 28) und (E 15, 32) der Erwartungswert $\langle s(f)\rangle$ des komplexen Frequenzspektrums zu

$$\langle s(f)\rangle = \varPsi\,\Delta t\, e^{2\pi i f(\tau + \overline{t})}\, e^{-2\pi^2\overline{\Delta t^2}\,f^2}\frac{1}{T}\sum_{n=-\infty}^{\infty}\delta(f - n\,f^{(0)}), \tag{E 15, 33}$$

welcher sich lediglich quantitativ von dem Linienspektrum des ideal betriebenen Gerätes $[\overline{t} = 0;\ \overline{\Delta t^2} = 0]$ unterscheidet.

Zur *objektiven Registrierung* dieser Lichtblitze sei eine *Photozelle* vorgesehen, deren elektrischer Strom J dem jeweils einfallenden Lichtstrom $\varPsi$ streng proportional sei; das „elektrische", komplexe Frequenzspektrum der von den Lichtblitzen erregten Stromimpulse entsteht dann aus (E 15, 33) durch bloßen Ersatz von $\varPsi$ durch J. Legt man indessen in den Photozellenkreis ein *Filter* des engen Frequenzbereiches Δf, so mißt man an dessen Ausgang den quadratischen Effektivwert $p(f)\,\Delta f$, dessen Durchschnitt

$$\langle p(f)\rangle\,\Delta f = \frac{2\,\varPsi^2\,\overline{\Delta t^2}}{T}\left[(1 - e^{-4\pi^2\overline{\Delta t^2}\,f^2}) + \frac{e^{-4\pi^2\overline{\Delta t^2}\,f^2}}{T}\sum_{n=-\infty}^{\infty}\delta(f - n\,f^{(0)})\right]\Delta f \tag{E 15, 34}$$

neben seinem linienhaften Anteil eine kontinuierliche Komponente aufweist; diese verschwindet nur bei $f = 0$, um sich mit wachsender Frequenz rasch einem merklich „weißen" Spektrum konstanter Dichte anzunähern.

Erstes Kapitel

Der Schroteffekt.

I 1. Greensche Funktion und Bildkraft.

a) Wir beschäftigen uns mit der elektrischen Wechselwirkung zwischen einem *freien Einzelion* der invarianten Ladung q einerseits und der *Gesamtheit* n *fester Elektroden* andererseits, welche wir mit den Ziffern $1 \leq k \leq n$ durchnumerieren; nach außen sei dieses System durch eine vollkommen leitende *Hülle* abgeschlossen, welche wir fortan als Elektrode vom Index $k = 0$ bezeichnen.

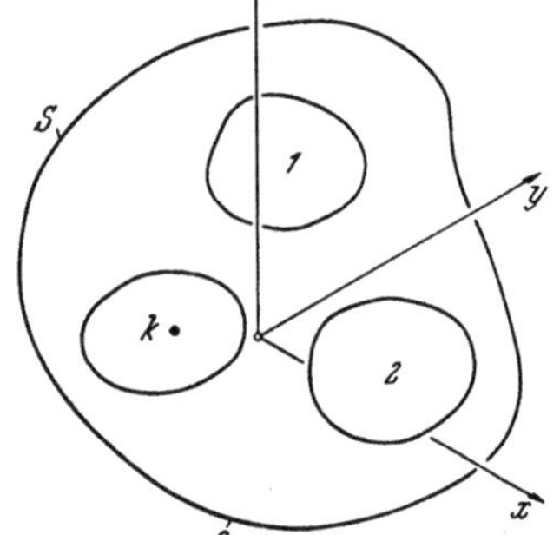

Gemäß Abb. I 39 orientieren wir uns im Interelektrodengebiet T mittels der rechtsläufigen, *Kartesi*schen Koordinaten x, y, z; seien 1_x, 1_y und 1_z die beziehentlich achsenparallelen Einheitsvektoren, so definiert also

$$r = 1_x x + 1_y y + 1_z z \qquad (I\ 1,\ 1)$$

den vom Ursprung (0, 0, 0) zum Aufpunkt (x, y, z) führenden Ortsvektor.

Relativ zum Bezugssystem sollen sämtliche Elektroden einschließlich der Hülle den ihnen zugewiesenen Platz ein für allemal innehalten. Dagegen wird das kontrollierte Ion seine Lage im Laufe der Zeit t ändern. Im Sinne der klassischen Korpuskularmechanik haben wir dieses Ion als starren

Abb. I 39. Orientierung im Interelektrodengebiet.

Körper der Ruhmasse m aufzufassen, welchem wir modellmäßig etwa die Gestalt einer Kugel des zwar im Vergleich zu den Abmessungen der Elektroden und deren gegenseitigen Abständen sehr kleinen, doch wesentlich endlichen Halbmessers a zuschreiben; das Zentrum P dieser Kugel wird geometrisch durch den Ortsvektor

$$r_P = 1_x x_P + 1_y y_P + 1_z \cdot z_P \qquad (I\ 1,\ 2)$$

bestimmt, welcher als Funktion der Zeit t durch die kinematische Gleichung

$$r_P = r_P\,(t) \qquad (I\ 1,\ 3)$$

vorgegeben sei.

b) Während die Annahmen des vorigen Abschnittes ungeachtet ihres teilweise nur hypothetischen Charakters mit den Konzeptionen der Klassischen Mechanik durchaus vereinbar sind, zwingt uns die weiterhin beabsichtigte Analyse des im Gebiete T tätigen elektromagnetischen Feldes zu einer einschneidenden Abweichung von der physikalischen Realität: In bewußtem Gegensatz zu der empirisch festgestellten Unteilbarkeit des elektrischen Elementarquants vom absoluten Betrage der Elektronenladung q_0 werden wir gedanklich mit der Existenz subelektronischer Ladungen beliebigen, ja sogar infinitesimal kleinen Betrages operieren, welche stetig auf die Raumelemente dT des Gebietes T oder die Flächenelemente dS seiner Grenze S verteilt seien; als solche sind sie mit dem Induktionsvektor D des elektrischen Feldes nach den Regeln der phänomenologischen *Faraday-Maxwell*schen Theorie genetisch verknüpft. Insbesondere gestattet es diese Auffassung, das starre Kugelmodell des bewegten Ions durch eine rings um dessen Schwerpunkt P kontinuierlich ausgebreitete *Ladungswolke* der im allgemeinen zeitabhängigen räumlichen Dichte

$$\varrho = \varrho\,(x, y, z, t) = \varrho\,(r, t) \tag{I 1, 4}$$

zu ersetzen, welche den gesamten Interelektrodenraum T lückenlos erfülle; solange man nichtsdestoweniger das Ion als frei betrachtet, sein selbst nur partielles Eindringen in eine der Elektroden oder die Hülle also von der Behandlung ausschließt, kommt die Natur der Ladungswolke (I 1, 4) als Träger genau eines Einzelions in der zeitfreien Bilanz

$$\iiint\limits_{(T)} \varrho\,dT = q \tag{I 1, 5}$$

der invarianten Ladung jenes Ions zum Ausdruck.

Da die angezeigte Methode der „subelektronischen Ionentheorie" physikalisch höchst anfechtbar ist, bedarf ihr hier beabsichtigter Einsatz gewiß der Rechtfertigung:

1. Vom Standpunkte der Erkenntnistheorie mag man sich auf die Grundgedanken der *Wellenmechanik* berufen, welche im Bereiche der Atomphysik die Klassische Mechanik verdrängt hat. In der Tat glaubte *Schrödinger* bei der Niederschrift seiner ersten, fundamentalen Mitteilung in der passend normierten Wellenfunktion seiner Theorie geradezu die mathematische Beschreibung eines kontinuierlichen Materienebels zu erkennen, welcher, die Rolle des materiellen Punktes der Klassischen Mechanik übernehmend, auch die an diesen gebundene Ladung in stetiger Verteilung beherbergt. Diese so anschauliche Interpretation der *Schrödinger*-Wellen erwies sich indes später als unhaltbar; nach *Born* sind sie vielmehr *statistisch* zu deuten: Die Materie entzieht sich bei ihrer Beobachtung jener genauen Feststellung ihres kinetischen Zustandes, welche in der Klassischen Mechanik fraglos als prinzipiell realisierbar gilt; an Stelle determinierter Angaben treten *Wahrscheinlichkeitsaussagen*, und eben diese werden durch die *Schrödinger*-Wellen mathematisch erfaßt. Im Einklang mit dieser Auffassung darf also den formal völlig bestimmten, quantitativen Ergebnissen der vorgeschlagenen Feldtheorie des Einzelelektrons tatsächlich nur der Rang statistischer Mittelwerte zuerkannt werden. Mit dieser unabweisbaren Konsequenz der *Born-Schrödinger*schen Wellenmechanik können wir uns abfinden, solange wir lediglich die Berechnung quasikontinuierlicher Ströme eines Ionenkollektivs beabsichtigen. Doch ändert sich diese Sachlage wesentlich beim Übergang zur Analyse des Elektronenrauschens [Ziffer I 3], die ihrerseits auf der Statistik jenes Ionenkollektivs beruht; hier wird die wellenmechanisch geforderte, sozusagen „innere" Degradation der Feldangaben zum Range bloßer Mittelwerte unweigerlich unser Vertrauen an den physikalischen Wahrheitsgehalt der ja eben auf diesen Angaben basierten „äußeren" Statistik der Elektrodenströme aufs stärkste erschüttern.

2. Nachdem die soeben durchgeführte Erkenntniskritik zu schwerwiegenden Zweifeln an die logisch in sich widerspruchsfreie, allgemeine Anwendbarkeit der vorgeschlagenen Methode zur Feldberechnung des Einzelions geführt hat, werden wir uns zum Zwecke einer unanfechtbaren Rechtfertigung dieses Verfahrens an die höchste Instanz für die Entscheidung offener physikalischer Fragen zu wenden haben: An die *Erfahrung*, welche als solche allen philosophischen Einwänden gegen ihre Aussagen entzogen ist. Wir werden daher jene, und nur jene Ergebnisse der Theorie als gesichert ansehen, welche durch sorgfältige Messungen im Rahmen der jeweils angestrebten Genauigkeit bestätigt werden. Ist jedoch diese Bedingung erfüllt — und dies wird weiterhin vorausgesetzt —, so dürfen wir den Formulierungen (I 1, 4), (I 1, 5) des im Interelektrodenraum T freien Ions unsere Zustimmung nicht versagen.

c) Wir setzen fortan sowohl die zeitlichen Änderungen der beziehentlich zwischen den Elektroden j und $k \neq j$ tätigen Spannungen U_{jk} wie auch die Bewegung der ionischen Ladungswolke (I 1, 4) als so langsam voraus, daß das elektrische Feld des Systemes als „*quasistatisch*" gelten darf: Es kann in jedem Augenblick t mit hinreichender Genauigkeit bereits allein durch das elektrische Skalarpotential

$$\varphi = \varphi(x, y, z, t) = \varphi(r, t) \qquad\qquad (I\ 1,\ 6)$$

erschöpfend beschrieben werden. Bezeichnen wir durch Δ die sogenannte Dielektrizitätskonstante des leeren Raumes, so genügt φ im Interelektrodenraum T der *Poisson*schen Differentialgleichung

$$\nabla^2 \varphi = -\frac{\varrho}{\Delta} \qquad\qquad (I\ 1,\ 7)$$

Da in ihrer Lösung eine additive Konstante willkürlich festgesetzt werden darf, können wir der Hülle S_0 ohne Beschränkung der Allgemeinheit das „*Basispotential*"

$$\varphi = \varphi_0 = 0 \qquad \text{auf} \qquad S_0 \qquad\qquad (I\ 1,\ 8)$$

zuschreiben; dagegen mögen den Elektroden S_k des Index $1 \leq k \leq n$ beziehentlich die nunmehr eindeutig bestimmten, im allgemeinen zeitabhängigen Potentiale

$$\varphi = \varphi_k(t) \qquad \text{auf} \qquad S_k; \qquad 1 \leq k \leq n \qquad\qquad (I\ 1,\ 9)$$

durch Generatoren der passend geregelten Spannungen

$$U_{j,\,k} = \varphi_j - \varphi_k; \qquad 0 \leq j, k \leq n \qquad\qquad (I\ 1,\ 10)$$

aufgezwungen werden.

d) Durch (I 1, 7), (I 1, 8) und (I 1, 9) ist die Potentialfunktion φ des Interelektrodenraumes T eindeutig bestimmt. Wie lautet ihre explizite Darstellung in jenem Punkte I dieses Gebietes, welcher durch den Ortsvektor

$$r_I = 1_x x_I + 1_y y_I + 1_z \cdot z_I \qquad\qquad (I\ 1,\ 11)$$

geometrisch beschrieben wird?

Wir setzen

$$R_I{}^2 = (r - r_I)^2 = (x - x_I)^2 + (y - y_I)^2 + (z - z_I)^2 \qquad (I\ 1,\ 12)$$

und konstruieren die in I zentrierte Kugel vom Halbmesser a_I

$$R_I{}^2 = a_I{}^2 \qquad\qquad (I\ 1,\ 13)$$

vom Volumen T_I, welche einschließlich ihrer Oberfläche K_I vollständig dem Bereiche T angehöre. In dem Restgebiete T*, welches nach Abzug des

Kugelvolumens T_I von T verbleibt, definieren wir nun die skalare, *Greensche* Funktion

$$G_I = G(r; r_I) = G(x, y, z; x_I, y_I, z_I) \qquad (I\ 1,\ 14)$$

bei fester Lage des Punktes I durch folgende Eigenschaften:

1. Innerhalb T* gehorcht G_I der *Laplace*schen Gleichung

$$\nabla^2 G_I = \frac{\partial^2 G_I}{\partial x^2} + \frac{\partial^2 G_I}{\partial y^2} + \frac{\partial^2 G_I}{\partial z^2} = 0. \qquad (I\ 1,\ 15)$$

2. Für $r \to r_I$ wächst G_I derart an, daß der Grenzwert

$$\lim_{r \to r_I} |r - r_I|\, G_I = \lim_{R_I \to 0} R_I\, G_I = 1 \qquad (I\ 1,\ 16)$$

existiert.

3. G_I verschwindet in allen Punkten $r = r_0$ der Hülle S_0 und allen Punkten $r = r_k$ der Elektroden S_k $[1 \leq k \leq n]$, so daß zusammenfassend

$$G(r_k; r_I) = 0; \qquad 0 \leq k \leq n \qquad (I\ 1,\ 17)$$

gilt.

Durch die genannten Forderungen ist die *Greensche* Funktion $G_I = G(r; r_I)$ eindeutig bestimmt; insbesondere behaupten wir, daß sie bei fester Elektrodenkonstellation *symmetrisch* von ihren Vektorargumenten r und r_I abhängt, also der Relation

$$G(r; r_I) = G(r_I; r) \qquad (I\ 1,\ 18)$$

genügt.

Zum Beweise dieses fundamentalen *Reziprozitätssatzes* wählen wir im Interelektrodenraum einen von I verschiedenen Punkt II des Ortsvektors

$$r_{II} = 1_x x_{II} + 1_y y_{II} + 1_z z_{II} \neq r_I \qquad (I\ 1,\ 19)$$

und konstruieren um II als Zentrum die Kugel vom Halbmesser a_{II}

$$R_{II}^2 = (r - r_{II})^2 = a_{II}^2 \qquad (I\ 1,\ 20)$$

welche einschließlich ihrer Oberfläche K_{II} vollständig dem Raume T* angehöre. Innerhalb des Restgebietes T**, welches nach Abzug des durch K_{II} begrenzten Kugelvolumens T_{II} von T* verbleibt, genügt dann die aus (I 1, 14) durch Vertauschung von r_I mit r_{II} hervorgehende Funktion

$$G_{II} = G(r; r_{II}) = G(x, y, z; x_{II}, y_{II}, z_{II}) \qquad (I\ 1,\ 21)$$

bei fester Lage des Punktes II der *Laplace*schen Gleichung

$$\nabla^2 G_{II} = \frac{\partial^2 G_{II}}{\partial x^2} + \frac{\partial^2 G_{II}}{\partial y^2} + \frac{\partial^2 G_{II}}{\partial z^2} = 0 \qquad (I\ 1,\ 22)$$

unter den analog zu (I 1, 17) gebildeten Randbedingungen

$$G(r_k; r_{II}) = 0; \qquad 0 \leq k \leq n \qquad (I\ 1,\ 23)$$

während die Angabe (I 1, 16) durch

$$\lim_{r \to r_{II}} |r - r_{II}|\, G_{II} = \lim_{R_{II} \to 0} R_{II}\, G_{II} = 1 \qquad (I\ 1,\ 24)$$

zu ersetzen ist.

Da die Funktionen G_I und G_{II} definitionsgemäß in T** gleichzeitig der *Laplace*schen Gleichung genügen, besteht ebendort zwischen ihnen der Zusammenhang

$$G_{II} \nabla^2 G_I - G_I \nabla^2 G_{II} \equiv \operatorname{div}\,[G_{II}\,\operatorname{grad} G_I - G_I\,\operatorname{grad} G_{II}] = 0 \qquad (I\ 1,\ 25)$$

welcher die Quellenfreiheit des Hilfsvektors

$$V = G_{II}\,\operatorname{grad} G_I - G_I\,\operatorname{grad} G_{II} \qquad (I\ 1,\ 26)$$

ausspricht. Bezeichnet nun das Symbol ν_j $[j = 0; 1; \cdots n; K_I; K_{II}]$ die jeweils auf den Grenz-Flächenelementen dS_j von T^{**} errichtete, nach außen weisende Normale, so folgt durch Anwendung des *Gauß*schen Integralsatzes auf (I 1, 25) die Aussage

$$\sum_{k=0}^{n} \iint\limits_{(S_k)} \left[G_{II} \frac{\partial G_I}{\partial \nu_k} - G_I \frac{\partial G_{II}}{\partial \nu_k} \right] dS_k + \tag{I 1, 27}$$

$$+ \iint\limits_{(K_I)} \left[G_{II} \frac{\partial G_I}{\partial \nu_{K_I}} - G_I \frac{\partial G_{II}}{\partial \nu_{K_I}} \right] dS_{K_I} + \iint\limits_{(K_{II})} \left[G_{II} \frac{\partial G_I}{\partial \nu_{K_{II}}} - G_I \frac{\partial G_{II}}{\partial \nu_{K_{II}}} \right] dS_{K_{II}} = 0.$$

Zufolge (I 1, 17) und (I 1, 23) verschwinden in dieser Summe sämtliche Integrale, welche über eine der Elektrodenoberflächen einschließlich der Hülle zu erstrecken sind

$$\iint\limits_{(S_k)} \left[G_{II} \frac{\partial G_I}{\partial \nu_k} - G_I \frac{\partial G_{II}}{\partial \nu_k} \right] dS_k = 0; \qquad 0 \leq k \leq n \tag{I 1, 28}$$

Nach (I 1, 16) und (I 1, 24) gelten nun für G_I in der Umgebung des Punktes I und für G_{II} in der Umgebung des Punktes II beziehentlich die Darstellungen

$$G_I = \frac{1}{R_I} + G_I^* \tag{I 1, 29}$$

sowie

$$G_{II} = \frac{1}{R_{II}} + G_{II}^* \tag{1 1, 30}$$

in welchen die Funktion G_I^* für $R_I \to 0$ und die Funktion G_{II}^* für $R_{II} \to 0$ *stetig* bleibt. Demgemäß findet man nach Ausführung des doppelten Grenzprozesses

$$a_I = R_I \to 0; \qquad a_{II} = R_{II} \to 0 \tag{I 1, 31}$$

bei Beachtung der jeweils als positiv vereinbarten Normalenrichtungen die Relationen

$$\lim_{R_I \to 0} R_I^2 \frac{\partial G_I}{\partial \nu_{K_I}} = - \lim_{R_I \to 0} R_I^2 \frac{\partial G_I}{\partial R_I} = 1 \tag{I 1, 32}$$

und

$$\lim_{R_{II} \to 0} R_{II}^2 \frac{\partial G_{II}}{\partial \nu_{K_{II}}} = - \lim_{R_{II} \to 0} R_{II}^2 \frac{\partial G_{II}}{\partial R_{II}} = 1 \tag{I 1, 33}$$

welche im Verein mit (I 1, 16) und (I 1, 24) die Angaben

$$\lim_{R_I \to 0} \iint\limits_{(K_I)} \left[G_{II} \frac{\partial G_I}{\partial \nu_{K_I}} - G_I \frac{\partial G_{II}}{\partial \nu_{K_I}} \right] dS_{K_I} = 4\pi\, G(r_{II}; r_I) \tag{I 1, 34}$$

und

$$\lim_{R_I \to 0} \iint\limits_{(K_{II})} \left[G_{II} \frac{\partial G_I}{\partial \nu_{K_{II}}} - G_I \frac{\partial G_{II}}{\partial \nu_{K_{II}}} \right] dS_{K_{II}} = - 4\pi\, G(r_I; r_{II}) \tag{I 1, 35}$$

nach sich ziehen; ihre Substitution in (I 1, 27) führt mit Rücksicht auf (I 1, 28) zu der Gleichheit

$$G(r_{II}; r_I) = G(r_I; r_{II}) \tag{I 1, 36}$$

welche nach Identifikation von r_{II} mit dem im Gebiete

$$\lim_{a_I \to 0;\ a_{II} \to 0} T^{**} = T \qquad (I\ 1,\ 37)$$

frei wählbaren Ortsvektor r den Beweis der Behauptung (I 1, 18) enthält.

e) Von wenigen, elementaren Fällen abgesehen bildet die explizite Darstellung der *Green*schen Funktion eine mathematisch recht schwierige Aufgabe der Potentialtheorie. Wir übergehen die jeweils zu ihrer Lösung erforderlichen Schritte, betrachten vielmehr weiterhin neben der Dichte ϱ der ionischen Raumladungswolke nach Gl. (I 1, 4) auch die Struktur der *Green*schen Funktion G_I als vollständig bekannt. Erweitern wir also (I 1, 7) mit G_I und (I 1, 15) mit φ und subtrahieren die entstehenden Ausdrücke voneinander, so gelangen wir mit Hilfe der Identität

$$G_I \nabla^2 \varphi - \varphi \nabla^2 G_I \equiv \operatorname{div} [G_I \operatorname{grad} \varphi - \varphi \operatorname{grad} G_I] \qquad (I\ 1,\ 38)$$

in der Aussage

$$\operatorname{div} [G_I \operatorname{grad} \varphi - \varphi \operatorname{grad} G_I] = - \frac{\varrho\, G_I}{\varDelta} \qquad (I\ 1,\ 39)$$

zu den gleichfalls als bekannt anzusehenden Quellen des Vektors

$$W = G_I \operatorname{grad} \varphi - \varphi \operatorname{grad} G_I \qquad (I\ 1,\ 40)$$

Durch Anwendung des *Gauß*schen Integralsatzes auf das von ihnen erfüllte Gebiet T^* gelangen wir also zu der sozusagen hydrodynamischen Bilanz

$$\sum_{k=0}^{n} \iint_{(S_k)} \left[G_I \frac{\partial \varphi}{\partial \nu_k} - \varphi \frac{\partial G_I}{\partial \nu_k} \right] dS_k + \iint_{(K_I)} \left[G_I \frac{\partial \varphi}{\partial \nu_{K_I}} - \varphi \frac{\partial G_I}{\partial \nu_{K_I}} \right] dS_{K_I} =$$

$$= -\frac{1}{\varDelta} \iiint_{(T^*)} G_I \cdot \varrho \cdot dT \qquad (I\ 1,\ 41)$$

Mit (I 1, 8), (I 1, 9) und (I 1, 17) findet man zunächst

$$\sum_{k=0}^{n} \iint_{(S_k)} \left[G_I \frac{\partial \varphi}{\partial \nu_k} - \varphi \frac{\partial G_I}{\partial \nu_k} \right] dS_k = - \sum_{k=0}^{n} \varphi_k \iint_{(S_k)} \frac{\partial G_I}{\partial \nu_k} dS_k, \qquad (I\ 1,\ 42)$$

während man aus (I 1, 16) und (I 1, 32) auf die Existenz des Grenzwertes

$$\lim_{a_I \to 0} \iint_{K_I} \left[G_I \frac{\partial \varphi}{\partial \nu_{K_I}} - \varphi \frac{\partial G_I}{\partial \nu_{K_I}} \right] dS_{K_I} = -4\pi \varphi_I; \qquad \varphi_I = \varphi(r_I) \qquad (I\ 1,\ 43)$$

schließt. Mit Rücksicht auf die geometrische Relation

$$\lim_{a_I \to 0} T^* = T \qquad (I\ 1,\ 44)$$

resultiert daher aus (I 1, 41) für das Potential φ_I des Punktes I die Darstellung

$$\varphi_I = -\frac{1}{4\pi} \sum_{k=0}^{n} \varphi_k \iint_{(S_k)} \frac{\partial G_I}{\partial \nu_k} dS_k + \frac{1}{4\pi\varDelta} \iiint_{(T)} G_I \varrho\, dT, \qquad (I\ 1,\ 45)$$

in welcher vereinbarungsgemäß ν_k die vom Raum T aus ins Innere der k-ten Elektrode hineinweisende Normale bezeichnet. Es erweist sich jedoch als zweckmäßiger, diese Richtung mit der entgegengesetzten zu vertauschen: Schreiben wir dementsprechend

$$v_k^i = -v_k,\qquad (\text{I }1,\ 46)$$

so verwandelt sich (I 1, 45) in die Formel

$$\varphi_I = \varphi(r_I;\, t) = \frac{1}{4\pi}\sum_{k=0}^{n}\varphi_k\iint_{(S_k)}\frac{\partial G_I}{\partial v_k'}\,dS_k + \frac{1}{4\pi\varDelta}\iiint_{(T)}G_I\varrho\,dT.\qquad (\text{I }1,\ 47)$$

Bei ihrer physikalischen Deutung haben wir zu beachten, daß ja der „Fixpunkt" I der *Green*schen Funktion $G_I = G\,(r;\,r_I)$ tatsächlich innerhalb des Interelektrodenraumes T willkürlich gewählt werden darf. Um von dieser uns gebotenen Freizügigkeit den rechten Gebrauch zu machen, mögen die in (I 1, 47) eingehenden, von der jeweiligen Lage r_I des Fixpunktes gänzlich unabhängigen Integrationsvariabeln mit passenden, neuen Namen bezeichnet werden, welche durch die symbolisch zu verstehenden Substitutionen

$$v_k' \to \overline{v}_k';\qquad r \to \overline{r};\qquad dS_k \to d\overline{S}_k;\qquad dT \to d\overline{T}\qquad (\text{I }1,\ 48)$$

angedeutet seien; ist dies geschehen, so können die weiteren, uns von der Willkür der Fixpunktlage r_I lösenden Umbenennungen

$$r_I \to r;\qquad G_I = G(r;\,r_I) \to G(\overline{r};\,r) = G\qquad (\text{I }1,\ 49)$$

zu Mißverständnissen keinen Anlaß geben. Da nun die lediglich formalen Operationen (I 1, 48), (I 1, 49) das Resultat der in (I 1, 47) verlangten Integrationen gewiß nicht beeinflussen, vermitteln sie also den Aufstieg vom *Punkt*potential φ_I zur *Potentialfunktion*

$$\varphi = \varphi\,(r,\, t) = \varphi^{(1)}\,(r,\, t) + \varphi^{(2)}\,(r,\, t)\qquad (\text{I }1,\ 50)$$

der Komponenten

$$\varphi^{(1)} = \frac{1}{4\pi}\sum_{k=0}^{n}\varphi_k\iint_{(S_k)}\frac{\partial G}{\partial \overline{r}_k'}\,d\overline{S}_k\qquad (\text{I }1,\ 51)$$

und

$$\varphi^{(2)} = \frac{1}{4\pi\varDelta}\iiint_{(\overline{T})} G\,\varrho\,d\overline{T},\qquad (\text{I }1,\ 52)$$

welche je einzeln leicht interpretiert werden können:

1. Die Funktion $\varphi^{(1)}$ nach (I 1, 51) definiert das *Primärpotential*, welches im Interelektrodenraum T nach gedanklicher Entfernung des Ions $[\varrho \to 0]$ aus dem System allein von den eingeprägten Elektrodenpotentialen φ_k erregt wird. Daher genügt $\varphi^{(1)}$ der *Laplace*schen Gleichung

$$\nabla^2\varphi^{(1)} = 0\qquad (\text{I }1,\ 53)$$

unter den aus (I 1, 8) und (I 1, 9) zu entnehmenden Randbedingungen

$$\varphi^{(1)} = 0\qquad \text{auf } S_0\qquad (\text{I }1,\ 54)$$

und

$$\varphi^{(1)} = \varphi_k(t)\qquad \text{auf}\qquad S_k;\qquad 1 \le k \le n\qquad (\text{I }1,\ 55)$$

2. Die Funktion $\varphi^{(2)}$ nach (I 1, 52) definiert das *Sekundärpotential*, welches im Interelektrodenraum T allein von der integralen Ionenladung q in ihrer durch (I 1, 4) differentiell beschriebenen Verteilung erregt wird, falls die Potentiale φ_k sämtlicher Elektroden $1 \le k \le n$ durch Kurzschluß

mit der Hülle vernichtet werden. Im Gegensatz zum Primärpotential $\varphi^{(1)}$ gehorcht daher das Sekundärpotential $\varphi^{(2)}$ in T der *Poissonschen* Differentialgleichung

$$\nabla^2 \varphi^{(2)} = -\frac{\varrho}{\varDelta} \tag{I 1, 56}$$

unter den Randbedingungen

$$\varphi^{(2)} = 0 \qquad \text{auf} \qquad S_k; \qquad 0 \leq k \leq n \tag{I 1, 57}$$

Auf Grund der den Komponenten $\varphi^{(1)}$ und $\varphi^{(2)}$ einzeln auferlegten Forderungen befriedigt die Summe (I 1, 50) dieser Potentiale genau die Differentialgleichung (I 1, 7) unter den Randbedingungen (I 1, 8) und (I 1, 9); da nun deren Lösung gewiß *eindeutig* ist, wird eben diese durch (I 1, 50) im Verein mit (I 1, 51) und (I 1, 52) geliefert.

f) Wir kehren zu der im ersten Abschnitt dieser Ziffer eingeführten, im Punkte P vom Ortsvektor r_P nach (I 1, 2) zentrierten starren Kugel des sehr kleinen Halbmessers a als Modell des Ions zurück, indem wir uns seine invariante Gesamtladung q gleichförmig über die Elemente dS_P der Kugeloberfläche ausgebreitet denken und dieses subelektronische System als Grenzfall der kontinuierlichen Verteilung (I 1, 4) auffassen.

Zunächst richten wir unsere Aufmerksamkeit auf das Primärpotential: Welchen Wert $\varphi_P^{(1)}$ nimmt es im Zentrum r_P des Ions an? Indem wir uns der ursprünglichen Bezeichnung der Ortsvariabeln bedienen, haben wir den Fixpunkt I der *Green*schen Funktion $G_I = G(r; r_I)$ mit r_P zu identifizieren, also

$$G_I \to G_P = G\,(r; r_P) \tag{I 1, 58}$$

zu setzen. Demgemäß folgt für das gesuchte Primärpotential $\varphi_P^{(1)}$ aus (I 1, 51) die Integraldarstellung

$$\varphi_P^{(1)} = \varphi^{(1)}\,(r_P;\,t) = \frac{1}{4\pi} \sum_{k=0}^{n} \varphi_k \iint_{(S_k)} \frac{\partial G_P}{\partial \overline{\nu}_k{}'}\, d\overline{S}_k. \tag{I 1, 59}$$

Ihre Postenintegrale konvergieren nach (I 1, 54) und (I 1, 55) sogar noch dann, falls r_P mit einem Oberflächenpunkte $r = r_k\ [0 \leq k \leq n]$ der Elektroden koinzidiert. Im Lichte dieses mathematischen Sachverhaltes dürfen wir durch den virtuellen Schrumpfungsprozeß $a \to 0$ zum *punktförmigen Ionenmodell* vorstoßen; in dieser, allerdings nur im Rahmen der klassischen Physik sinnvollen Terminologie schildert also (I 1, 59) bereits das nunmehr einheitliche, primäre Ionenpotential schlechthin. Der nämliche Gedankengang liefert für die am Ion angreifende elektrische Primärfeldstärke $E_P^{(1)}$ die Formel

$$E_P^{(1)} = -\,[\mathrm{grad}_I\,\varphi_I^{(1)}]_{r_I = r_P}, \tag{I 1, 60}$$

in welcher der am Operationssymbol grad angebrachte Index I auf die partielle Differentiation nach dem Vektorargument r_I der *Green*schen Funktion $G_I = G(\overline{r}; r_I)$ hinweisen soll. Durch abermalige Benutzung von (I 1, 51) finden wir also

$$E_P^{(1)} = -\left[\frac{1}{4\pi} \sum_{k=0}^{n} \varphi_k \iint_{(S_k)} \mathrm{grad}_I\, \frac{\partial G\,(\overline{r}; r_I)}{\partial \overline{\nu}_k{}'}\, d\overline{S}_k\right]_{r_I = r_P}. \tag{I 1, 61}$$

Wir wenden uns jetzt zur Berechnung des Sekundärpotentiales $\varphi^{(2)}$, zu welchem auf Grund des vereinbarten Ionenmodells nur dessen Kugeloberfläche K_P nach Maßgabe ihrer gleichförmigen, subelektronischen Ladungsdichte

$$\sigma = \frac{q}{4\,\pi\,a^2} \qquad (\text{I } 1,\ 62)$$

einen Beitrag liefert. Da nun das Ion im Interelektrodenraum T als *frei* vorausgesetzt wurde, enthält dieser stets die gesamte Kugelfläche K_P, so daß im Aufpunkte I das Sekundärpotential

$$\varphi_I^{(2)} = \frac{\sigma}{4\,\pi\,\varDelta} \iint\limits_{(K_P)} G\,(r;r_I)\,dS_P \qquad (\text{I } 1,\ 63)$$

resultiert; mit Rücksicht auf (I 1, 29) kann dieses gemäß

$$\varphi_I^{(2)} = \varphi_I^{(E)} + \varphi_I^{(B)} \qquad (\text{I } 1,\ 64)$$

aus den Teilpotentialen

$$\varphi_I^{(E)} = \frac{\sigma}{4\,\pi\,\varDelta} \iint\limits_{(K_P)} \frac{1}{R_I}\,dS_P \qquad (\text{I } 1,\ 65)$$

und

$$\varphi_I^{(B)} = \frac{\sigma}{4\,\pi\,\varDelta} \iint\limits_{(K_P)} G_I^*\,dS_P \qquad (\text{I } 1,\ 66)$$

additiv zusammengesetzt werden, welche einzeln je einer einfachen *physikalischen Deutung* fähig sind:

1. Schreiben wir

$$R_P = [R_I]_{r_I = r_P} \qquad (\text{I } 1,\ 67)$$

so finden wir mittels elementarer Integration das Teilpotential

$$\varphi_I^{(E)} = \frac{\sigma}{4\,\pi\,\varDelta} \iint\limits_{(K_P)} \frac{1}{R_I}\,dS_P = \begin{cases} \dfrac{\sigma}{4\,\pi\,\varDelta} \cdot \dfrac{4\,\pi\,a^2}{R_P} = \dfrac{q}{4\,\pi\,\varDelta} \cdot \dfrac{1}{R_P}\,; & R_P \gtreqqless a \\[2ex] \dfrac{\sigma}{4\,\pi\,\varDelta} \cdot \dfrac{4\,\pi\,a^2}{a} = \dfrac{q}{4\,\pi\,\varDelta} \cdot \dfrac{1}{a}\,; & R \lesseqgtr a \end{cases}$$
$$(\text{I } 1,\ 68)$$

welches also, wie bereits im Adskript (E) vorausnehmend angedeutet wurde, das *Eigenpotential* des Ions im sonst leeren, allseitig unbegrenzten Raume definiert; seine Existenz ist somit wesentlich an die Voraussetzung eines gewiß *endlichen* Halbmessers a des kugelförmigen Ionenmodelles gebunden.

2. Im Lichte der vorstehenden, durch (I 1, 68) formulierten Erkenntnis schildert das Teilpotential $\varphi_I^{(B)}$ nach (I 1, 66) die *Rückwirkung der Elektroden* auf das Eigenpotential des Ions. In striktem Gegensatz zur *Green*schen Funktion $G_I = G(r;r_I)$ selbst bleibt nun die Funktion G_I^* auch für $R_I \to 0$ *stetig*. Daher dürfen wir bei der Berechnung von $\varphi_I^{(B)}$ wiederum den Grenzübergang $a \to 0$ zum punktförmigen Ion vollziehen und erhalten durch Einführung der im gesamten Interelektrodenraum T existierenden Funktion

$$\overline{G}_I^* = G^*\,(r_P;r_I) = \left[G\,(r;r_I) - \frac{1}{R_I} \right]_{r=r_P} \qquad (\text{I } 1,\ 69)$$

für $\varphi_I^{(B)}$ die einfache Darstellung

$$\varphi_I^{(B)} = \frac{q}{4\,\pi\,\varDelta}\,\overline{G}_I^* = \frac{q}{4\,\pi\,\varDelta}\,G^*\,(r_P;r_I). \qquad (\text{I } 1,\ 70)$$

Das von ihr analytisch erfaßte *Influenzphänomen* wurde von *Thomson* für den speziellen Fall der Elektrisierung einer leitenden Einzelebene durch einen außerhalb gelegenen Quellpunkt der Ladung q mittels des von ihm erdachten *Bilderverfahrens* auf elementargeometrischem Wege beschrieben: Der gegebene, „wahre" Quellpunkt wird durch einen „virtuellen" Quellpunkt der Ladung (— q) ergänzt, dessen Ort aus jenem des wahren Quellpunktes durch Spiegelung an der leitenden Ebene hervorgeht; das formal ohne Rücksicht auf diese Ebene gebildete Feld des Paares der antipolaren Quellpunkte genügt dann den physikalischen Randbedingungen an der leitenden Ebene, liefert somit in dem von der Ebene begrenzten „Lebensraum" des wahren Quellpunktes die notwendig eindeutige Lösung des dort zuständigen Potentialproblemes.

Der aufgezeigte Zusammenhang der *Thomson*schen Methode mit dem Potentiale (I 1, 70) der Elektrodenrückwirkung mag dessen Bezeichnung als *Bildpotential* des influenzierenden Ions rechtfertigen, welche durch das Adskript (B) schon im voraus angedeutet wurde.

Beschränken wir uns von nun an durchaus auf das Äußere des Ions einschließlich seiner Oberfläche [$R_P \geqq a$], so resultiert aus der Synthese (I 1, 64) des Sekundärpotentiales mit Rücksicht auf (I 1, 29), (I 1, 68) und (I 1, 70) die Darstellung

$$\varphi_I^{(2)} = \frac{q}{4\pi\varDelta}\left[\frac{1}{R_P} + G^*\left(r_P; r_I\right)\right] = \frac{q}{4\pi\varDelta}\, G\left(r_P; r_I\right); \qquad R_P \geqq a, \qquad (I\ 1,\ 71)$$

welche von den Abmessungen des benutzten Ionenmodelles gänzlich unabhängig ist und eben dieser wichtigen Eigenschaft halber unser Vertrauen verdient. Nichtsdestoweniger müssen wir den endlichen Kugelhalbmesser a dieses Modelles explizit einführen, falls wir r_I mit einem Punkte seiner Oberfläche K_P identifizieren; da wir dort jedoch in hinreichender Genauigkeit das Vektorargument r_I der Funktion G^* mit r_P vertauschen dürfen, herrscht auf K_P das merklich konstante Sekundärpotential

$$\varphi_a^{(2)} = \frac{q}{4\pi\varDelta}\left[\frac{1}{a} + G^*\left(r_P; r_P\right)\right]; \qquad G^*\left(r_P; r_P\right) = \lim_{R_P \to 0}\left[G\left(r_I; r_P\right) - \frac{1}{R_P}\right].$$
$$(I\ 1,\ 72)$$

g) Die in (I 1, 47) ausgesprochene Zerlegung des in T resultierenden Potentiales φ in seinen Primäranteil $\varphi^{(1)}$ nach (I 1, 51) und seinen Sekundäranteil $\varphi^{(2)}$ nach (I 1, 52) zieht die Zerlegung auch der Elektrodenladungen Q_j [$0 \leqq j \leqq n$] je in deren Primäranteil $Q_j^{(1)}$ und deren Sekundäranteil $Q_j^{(2)}$ nach sich:

$$Q_j = Q_j^{(1)} + Q_j^{(2)} \qquad (I\ 1,\ 73)$$

Wir berechnen beide getrennt:

1. Aus dem in (I 1, 51) für einen beliebigen Aufpunkt r angegebenen Primärpotential bilden wir die ebendort herrschende Primärfeldstärke $E^{(1)} = E^{(1)}(r; t)$ mittels der Operation

$$E^{(1)}\left(r; t\right) = -\,\mathrm{grad}\,\varphi^{(1)} = -\frac{1}{4\pi}\sum_{k=0}^{n}{}'\,\varphi_k \iint\limits_{(S_k)} \mathrm{grad}\,\frac{\partial G\left(\overline{r}; r\right)}{\partial \overline{v}_k{}'}\,d\overline{S}_k. \quad (I\ 1,\ 74)$$

Am Orte

$$r \to r_j; \qquad 0 \leqq j \leqq n \qquad (I\ 1,\ 75)$$

der Elektrodenoberfläche S_j trifft man somit die primäre Ladungsdichte

$$\sigma_j^{(1)} = - \Delta \frac{\partial \varphi^{(1)}}{\partial \nu_j{}'} = - \frac{\Delta}{4\pi} \sum_{k=0}^{n} \varphi_k \iint_{(S_k)} \frac{\partial^2 G\,(\overline{r}\,;r)}{\partial \overline{\nu}_k{}'\,\partial \nu_j{}'}\, d\overline{S}_k \qquad (I\ 1,\ 76)$$

an, aus welcher durch Integration über die Elemente dS_j von S_j die zuge-hörige primäre Elektrodenladung

$$Q_j^{(1)} = \iint_{(S_j)} \sigma_j^{(1)}\, dS_j = \frac{\Delta}{4\pi} \sum_{k=0}^{n} \varphi_k \iint_{(S_k)} \iint_{(S_j)} \frac{\partial^2 G\,(\overline{r}\,;r)}{\partial \overline{\nu}_k{}'\,\partial \nu_j{}'}\, d\overline{S}_k dS_j \qquad (I\ 1,\ 77)$$

resultiert. Die Ausdrücke

$$\gamma_{jk} = \frac{\partial Q_j^{(1)}}{\partial \varphi_k} = \frac{\Delta}{4\pi} \iint_{(S_k)} \iint_{(S_j)} \frac{\partial^2 G\,(\overline{r}\,;r)}{\partial \overline{\nu}_k{}'\,\partial \nu_j{}'}\, d\overline{S}_k dS_j\,; \qquad 0 \leqq j\,;\,k \leqq n \qquad (I\ 1,\ 78)$$

definieren die *Maxwell*schen Kapazitätskoeffizienten der $(n+1)$ Elek-troden $0 \leqq k \leqq n$; zufolge der Relation (I 1, 18) genügen diese Koeffi-zienten dem *Reziprozitätssatz*

$$\gamma_{jk} = \gamma_{kj}, \qquad (I\ 1,\ 79)$$

welcher die Matrix $[\gamma_{jk}]$ als *symmetrisch* kennzeichnet.

2. Unter abermaliger Berufung auf die kinematische Freiheit des Ions im Interelektrodenraum greifen wir auf die Formulierung (I 1, 71) des Sekundärpotentiales zurück und finden aus der am Orte

$$r = r_I \qquad (I\ 1,\ 80)$$

gemessenen Sekundärfeldstärke

$$E^{(2)} = E^{(2)}\,(r\,;t) = - \frac{q}{4\pi\Delta}\,\mathrm{grad}\ G\,(r_P\,;r) \qquad (I\ 1,\ 81)$$

bei der Wahl (I 1, 75) des Aufpunktes die sekundäre Ladungsdichte $\sigma_j^{(2)}$ der Elektrode j zu

$$\sigma_j^{(2)} = - \frac{q}{4\pi}\,\frac{\partial G\,(r_P\,;r)}{\partial \nu_j{}'}\,. \qquad (I\ 1,\ 82)$$

Daher gleicht die gesamte Sekundärladung $Q_j^{(2)}$ dem Integral

$$Q_j^{(2)} = - \frac{q}{4\pi} \iint_{(S_j)} \frac{\partial G\,(r_P\,;\overline{r})}{\partial \overline{\nu}_j{}'}\, d\overline{S}_j, \qquad (I\ 1,\ 83)$$

in welchem wir der Deutlichkeit halber von den Umbenennungen (I 1, 48) Gebrauch gemacht haben. Unter Berufung auf den Reziprozitätssatz (I 1, 18) folgt nun aus (I 1, 59) die Relation

$$\frac{1}{4\pi} \iint_{(S_j)} \frac{\partial G}{\partial \overline{\nu}_j{}'}\, d\overline{S}_j = \frac{\partial \varphi_P^{(1)}}{\partial \varphi_j}, \qquad (I\ 1,\ 84)$$

so daß wir (I 1, 83) in die einfache Form

$$Q_j^{(2)} = - q\,\frac{\partial \varphi_P^{(1)}}{\partial \varphi_j} \qquad (I\ 1,\ 85)$$

kleiden können.

h) Zufolge der zeitlichen Veränderung (I 1, 9) der aufgezwungenen Elektrodenpotentiale φ_k einerseits und der Bewegung (I 1, 3) des freien

Ions andererseits resultieren in der Regel die Elektrodenladungen Q_j je als explizit von der laufenden Zeit t abhängige Funktionen

$$Q_j = Q_j(t). \tag{I 1, 86}$$

Um daher dem Kontinuitätsgesetz der Elektrizität zu genügen, sind den Elektroden von außen her beziehentlich die *Leitungsströme*

$$J_j = \frac{dQ_j}{dt}; \qquad 0 \leq j \leq n \tag{I 1, 87}$$

zuzuführen, welche wir je in ihren *Primäranteil*

$$J_j^{(1)} = \frac{dQ_j^{(1)}}{dt} \tag{I 1, 88}$$

und ihren *Sekundäranteil*

$$J_j^{(2)} = \frac{dQ_j^{(2)}}{dt} \tag{I 1, 89}$$

aufspalten. Da nun die Kapazitätskoeffizienten γ_{jk} nach (I 1, 78) durch die *Geometrie der Elektroden* allein ein für allemal festgelegt sind, berechnen sich die primären Leitungsströme gemäß (I 1, 77) und (I 1, 78) aus den Gleichungen

$$J_j^{(1)} = \sum_{k=0}^{n} \gamma_{jk} \frac{d\varphi_k}{dt}. \tag{I 1, 90}$$

Bei der Ermittelung der Sekundärströme an Hand der Anweisung (I 1, 89) geht die Ionenbewegung (I 1, 3) in (I 1, 83) ein: Bezeichnet

$$v = 1_x \frac{dx_P}{dt} + 1_y \frac{dy_P}{dt} + 1_z \frac{dz_P}{dt} \tag{I 1, 91}$$

die vektorielle Geschwindigkeit des Ions in dessen klassischer Kinematik als jener eines materiellen Punktes, so mißt der infinitesimal kleine Vektor

$$\Delta r_P = v \cdot \Delta t \tag{I 1, 92}$$

die Verschiebung des Ions während der infinitesimal kurzen Zeitspanne Δt; durch das übliche Symbol der runden Klammern den Prozeß der *skalaren Multiplikation* zweier Vektoren bezeichnend, finden wir sonach für die gleichzeitig eintretende Änderung $\Delta Q_j^{(2)}$ der sekundären Elektrodenladung $Q_j^{(2)}$ den Ausdruck

$$\Delta Q_j^{(2)} = -\frac{q}{4\pi} \left(\Delta r_P \iint\limits_{(S_j)} \mathrm{grad}_P \frac{\partial G(r_P; \overline{r})}{\partial \overline{v}_j{}'} \, d\overline{S}_j \right). \tag{I 1, 93}$$

Nach dem gemäß (I 1, 89) auszuführenden Grenzübergang $\Delta t \to 0$ folgt also aus (I 1, 92) und (I 1, 93) der sekundäre Elektrodenstrom $J_j^{(2)}$ zu

$$J_j^{(2)} = \lim_{\Delta t \to 0} \frac{\Delta Q_j^{(2)}}{\Delta t} = -\frac{q}{4\pi} \left(v \iint\limits_{(S_j)} \mathrm{grad}_P \frac{\partial G(r_P; \overline{r})}{\partial \overline{v}_j{}'} \, d\overline{S}_j \right). \tag{I 1, 94}$$

Unter abermaliger Berufung auf den Reziprozitätssatz (I 1, 18) entnehmen wir nun aus (I 1, 61) die Relation

$$-\frac{1}{4\pi} \iint\limits_{(S_j)} \mathrm{grad}_P \frac{\partial G(r_P; r)}{\partial \overline{v}_j{}'} \, d\overline{S}_j = \frac{\partial E_P^{(1)}}{\partial \varphi_j}, \tag{I 1, 95}$$

so daß wir die Gleichung (I 1, 94) des sekundären Elektrodenstromes $J_j^{(2}$ in die Gestalt

$$J_j^{(2)} = q\left(v\,\frac{\partial E_P^{(1)}}{\partial \varphi_j}\right) \qquad (I\ 1,\ 96)$$

bringen können.

i) Die Formeln (I 1, 85) und (I 1, 96) wurden in einer nur formal von der unsrigen verschiedenen Fassung zuerst von *Ramo* angegebenen und werden daher häufig nach ihm benannt. Allerdings mag man zunächst versucht sein, ihnen nur den Wert einer *mathematischen Identität* zuzuerkennen: Scheint es doch, als müßte man zur Berechnung des Primärpotentiales $\varphi_P^{(1)}$ und also auch der Primärfeldstärke $E_P^{(1)}$ gemäß (I 1, 59) und (I 1, 61) die *Green*sche Funktion $G(r; r_I)$ explizit kennen. Nun wurde allerdings eben diese Kenntnis dem Beweis der *Ramo*schen Sätze zugrunde gelegt; im Gegensatz zu diesem formal unanfechtbaren Standpunkt wurde jedoch schon oben betont, daß die wirkliche Ermittelung der *Green*schen Funktion nur für Elektrodensysteme von geometrisch besonders einfacher Konfiguration gelingt. Indessen läßt sich die angezeigte Schwierigkeit immer dann umgehen, falls das primäre Potentialfeld durch unmittelbare Lösung der *Laplace*schen Gleichung unter den ihr jeweils auferlegten Randbedingungen gefunden werden kann.

j) Die Kenntnis allein des primären Potentialfeldes reicht nach (I 1, 85) wesentlich nur zur *kinematischen* Beschreibung der sekundären Elektrodenladungen in deren Abhängigkeit vom jeweiligen *Orte* des influenzierenden Ions aus. Dagegen geht in ihren *dynamischen* Verlauf als Funktion der laufenden *Zeit* t ebenso wie in den Gang der ihnen nach (I 1, 89) genetisch verbundenen Sekundärströme (I 1, 96) die vektorielle Augenblicksgeschwindigkeit $v = v(t)$ des Ions ein, welche ihrerseits von der *ponderomotorischen Gesamtkraft F* sowohl des primären wie des sekundären Potentiales diktiert wird; welches ist die Größe dieser Kraft?

Die geistige Brücke zwischen den Bestimmungsgrößen des elektromagnetischen Feldes einerseits und jenen der Mechanik andererseits wird, allgemein gesprochen, vom *Prinzip der Erhaltung der Energie* geschlagen; falls man jedoch, wie meist üblich, nur *isotherme* Prozesse in Betracht zieht, reduziert sich jenes Prinzip auf die Erhaltung der sogenannten *Freien Energie*, welche hier durch das Symbol W bezeichnet werde.

Wir stellen dem Vektor E der elektrischen Feldstärke mittels der wesentlich nur formalen Definition

$$D = \Delta \cdot E \qquad (I\ 1,\ 97)$$

den Vektor der *elektrischen Induktion* im leeren Raume zur Seite; seine Quellen sind mit der Dichte ϱ der ionischen Raumladungswolke (I 1, 4) durch die skalare Gleichung

$$\mathrm{div}\,D = \varrho \qquad (I\ 1,\ 98)$$

genetisch verknüpft. Ausgehend von dem *Maxwell*schen Ansatz

$$W = \frac{1}{2}\iiint\limits_{(T)} (E\,D)\,dT \qquad (I\ 1,\ 99)$$

der Freien elektrischen Feldenergie führen wir den Hilfsvektor

$$V = \varphi\,D \qquad (I\ 1,\ 100)$$

der spezifischen Ergiebigkeit

$$\mathrm{div}\,V = \varphi\,\mathrm{div}\,D + (D\,\mathrm{grad}\,\varphi) = \varphi\,\varrho - (D\,E) \qquad (I\ 1,\ 101)$$

ein und erhalten aus (I 1, 99) mit Hilfe des *Gauß*schen Integralsatzes

$$W = \frac{1}{2}\left[\iiint\limits_{(T)} \varphi\,\varrho\,dT - \sum_{k=0}^{n} \iint\limits_{(S_k)} D_{\nu_k}\,dS_k\right]. \qquad (I\ 1,\ 102)$$

Auf Grund des vereinbarten Ionenmodelles finden wir nun mit (I 1, 59), (I 1, 62) und (I 1, 72) das Raumintegral

$$\iiint\limits_{(T)} \varphi\,\varrho\,dT = q\,\varphi_P{}^{(1)} + \frac{q^2}{4\pi\varDelta}\left\{\frac{1}{a} + G^*(r_P;\ r_P)\right\} \qquad (I\ 1,\ 103)$$

und mit (I 1, 46) und (I 1, 97) die Flächenintegrale

$$-\iint\limits_{(S_k)} D_{\nu_k}\,dS_k = +\iint\limits_{(S_k)} D_{\nu_{k'}}\,dS_k = Q_k, \qquad (I\ 1,\ 104)$$

so daß (I 1, 102) in

$$W = \frac{1}{2}\left[q\,\varphi_P{}^{(1)} + \frac{q^2}{4\pi\varDelta}\left\{\frac{1}{a} + G^*(r_P;\ r_P)\right\} + \sum_{k=0}^{n} \varphi_k\,Q_k\right] \qquad (I\ 1,\ 105)$$

übergeht.

Wir verschärfen jetzt die frühere Annahme des quasistatischen Feldes zur Voraussetzung des im Zeitpunkt t gleichsam „*erstarrten*" Zustandes; fortan ist somit das influenzierende Ion durch eine äußere Zwangskraft der vorerst allerdings noch unbekannten, vektoriellen Stärke F' an seinem jeweiligen Orte $r_P = r_P(t)$ festzuhalten. Auf das von F' im Verein mit den Ladungen $Q_k = Q_k$ (t) der Elektroden und der invarianten Ladung q des Ions gebildete elektromechanische System wenden wir die *Gleichgewichtsbedingungen der phänomenologischen Thermodynamik* an: Bei fester, absoluter Temperatur gleicht die Summe aller von außen auf reversiblem Wege zugeführten virtuellen Arbeiten der Änderung der Freien Energie. Vergrößern wir daher während der Zeitspanne δt die Elektrodenladungen Q_k beziehentlich um die infinitesimal kleinen, „virtuellen" Beträge δQ_k und verschieben wir gleichzeitig das Ion vom Platze r_P um die infinitesimal kurze, „virtuelle" Vektorstrecke δr_P nach $(r_P + \delta r_P)$, so gelangen wir zu der Bilanz

$$\sum_{k=0}^{n} \varphi_k\,\delta Q_k + (F'\,\delta r_P) = \delta W = \frac{1}{2}\,q\left\{\frac{\partial \varphi^{(1)}(r_P)}{\partial t}\,\delta t + (\delta r_P\,\text{grad}_P\,\varphi^{(1)})\right\} +$$

$$+ \frac{1}{2}\,\frac{q^2}{4\pi\varDelta}\,(\delta r_P\,\text{grad}_P\,G^*(r_P;\ r_P)) + \delta\left(\frac{1}{2}\sum_{k=0}^{n} \varphi_k\,Q_k\right) \qquad (I\ 1,\ 106)$$

der Freien Energie. In ihr spalten wir gemäß (I 1, 73) die Ladungen Q_k je in ihren Primäranteil $Q_k{}^{(1)}$ und ihren Sekundäranteil $Q_k{}^{(2)}$. Da nun die Primärladungen $Q_j{}^{(1)}$ gemäß (I 1, 77) als homogene, lineare Funktionen der Elektrodenpotentiale φ_k definiert sind, folgt aus dem *Euler*schen Satze über homogene Funktionen die Angabe

$$\delta\left(\frac{1}{2}\sum_{k=0}^{n} \varphi_k\,Q_k{}^{(1)}\right) = \sum_{k=0}^{n} \varphi_k\,\delta Q_k{}^{(1)}. \qquad (I\ 1,\ 107)$$

Andererseits gehorchen die Sekundärladungen $Q_k^{(2)}$ nach (I 1, 59) und (I 1, 83) der Gleichung

$$\sum_{k=0}^{n} Q_k^{(2)} \, \delta\varphi_k = - q \, \frac{\partial\varphi^{(1)}(r_P)}{\partial t} \, \delta t, \qquad (I \ 1, \ 108)$$

während die Variationen $\delta Q_k^{(2)}$ der Sekundärladungen bei der Verschiebung des influenzierenden Ions gemäß (I 1, 60) und (I 1, 85) durch die energetische Relation.

$$\sum_{k=0}^{n} \varphi_k \, \delta Q_k^{(2)} = - q(\delta r_P \operatorname{grad}_P \varphi^{(1)}) = q \, (\delta r_P \, E_P^{(1)}) \qquad (I \ 1, \ 109)$$

mit der virtuellen Arbeit der primären Feldstärke $E_P^{(1)}$ verknüpft sind. Durch Substitution von (I 1, 107), (I 1, 108) und (I 1, 109) in (I 1, 106) gelangen wir somit zu der Aussage

$$\left(\delta r_P \left\{ F' + q \, E_P^{(1)} - \frac{1}{2} \frac{q^2}{4\pi\varDelta} \operatorname{grad}_P G^*(r_P; r_P) \right\} \right) = 0. \qquad (I \ 1, \ 110)$$

Da sie für *beliebige* Verschiebungen δr_P erfüllt werden muß [*d'Alembert*-sches Prinzip], erschließen wir aus ihr die *Gleichgewichtsbedingung*

$$F' + q \, E_p^{(1)} - \frac{1}{2} \frac{q^2}{4\pi\varDelta} \operatorname{grad}_P G^*(r_P; r_P) = 0. \qquad (I \ 1, \ 111)$$

In ihr schildert

$$F^{(1)} = q \, E_p^{(1)} \qquad (I \ 1, \ 112)$$

die *primäre Feldkraft* oder, mit anderen Worten, die *Coulomb*-Kraft, während

$$F^{(2)} = - \frac{1}{2} \frac{q^2}{4\pi\varDelta} \operatorname{grad}_P G^*(r_P; r_P) \qquad (I \ 1, \ 113)$$

die *sekundäre Feldkraft* definiert, welche zufolge ihrer Herkunft aus dem Bildpotentiale (I 1, 70) als *Bildkraft* bezeichnet werden darf.

Im Lichte der Gleichungen (I 1, 112) und (I 1, 113) erweist sich die resultierende Feldkraft

$$F = F^{(1)} + F^{(2)} = - F' \qquad (I \ 1, \ 114)$$

als unabhängig von den Abmessungen des Ionenmodelles; wir werden daher geneigt sein, diese Ergebnisse als korrekten Ausdruck der ponderomotorischen Feldwirkung zu betrachten, ohne allerdings diesem Schluß den Rang eines einwandfreien Beweises zuerkennen zu können. Im gleichen Grade der Glaubwürdigkeit entnehmen wir den genannten Gleichungen folgende Sätze:

1. Das Verhältnis

$$\frac{1}{q} F = E_p^{(1)} - \frac{1}{2} \frac{q}{4\pi\varDelta} \operatorname{grad}_P G^*(r_p; r_P) \qquad (I \ 1, \ 115)$$

ist eine lineare Funktion der Ionenladung q, welche indes ihrerseits nur unstetiger Änderungen mindestens vom absoluten Betrage q_0 der Elektronenladung fähig ist; nichtsdestoweniger läßt diese Funktion die Extrapolation auf $q = 0$ zu, welche zur Kenntnis allein der Primärfeldstärke führt.

2. In der unmittelbaren Umgebung einer nicht übermäßig gekrümmten Elektrodenoberfläche kann diese durch eine passend gewählte *Tangentialebene* approximiert werden, während der Einfluß aller übrigen Elektroden einschließlich der Hülle außer Betracht bleiben darf. Identifiziert man

jene Ebene mit der Ebene $z = 0$ des Bezugssystemes derart, daß sich das influenzierende Ion stets im Halbraum $z > 0$ aufhält, so liefert das *Thomson*sche Bilderverfahren entsprechend Abb. I 40 die *Green*sche Funktion

$$G(r_P; r) = \frac{1}{\sqrt{(x - x_P)^2 + (y - y_P)^2 + (z - z_P)^2}} -$$

$$- \frac{1}{\sqrt{(x - x_P)^2 + (y - y_P)^2 + (z + z_P)^2}}. \qquad \text{(I 1, 116)}$$

Wir entnehmen ihr die Ausdrücke

$$G^*(r_P; r) = - \frac{1}{\sqrt{(x - x_p)^2 + (y - y_p)^2 + (z + z_p)^2}}; \qquad G^*(r_P; r_P) = - \frac{1}{2 z_P},$$

$$\text{(I 1, 117)}$$

aus welchen wir

$$\operatorname{grad}_P G^*(r_P; r_P) = 1_z \cdot \frac{1}{2 z_P^2} \quad \text{(I 1, 118)}$$

berechnen; für die Bildkraft resultiert somit die Formel

$$F^{(2)} = - 1_z \cdot \frac{q^2}{4 \pi \varDelta} \cdot \frac{1}{(2 z_P)^2} \cdot \quad \text{(I 1, 119)}$$

Läßt man den Bereich jener extrem starken Primärfelder beiseite, welche den Vakuumdurchbruch von Elektrode zu Elektrode einleiten [*Lilienfeld*-Effekt], so entfällt also in der Umgebung einer jeden Elektrode der wesentliche Anteil der dort wirksamen ponderomotorischen Kraft gerade auf die Bildkraft!

3. Erst in hinreichender Entfernung von der Elektrodenoberfläche, mindestens dem mehrfachen des mittleren Atomabstandes in der Basiszelle des jeweils vorliegenden metallischen Raumgitters, darf man die Bildkraft vernachlässigen.

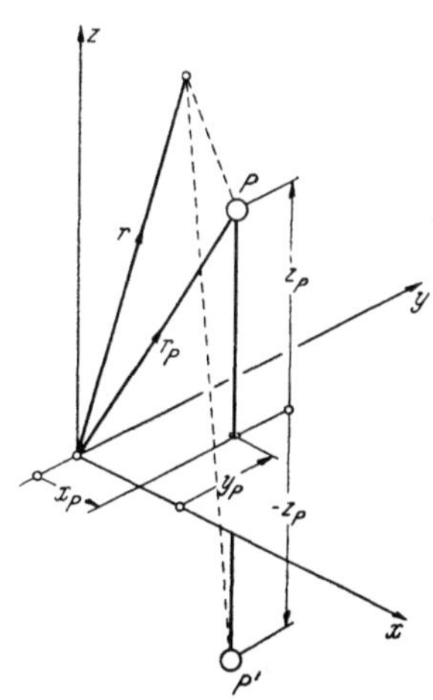

Abb. I 40. Zum *Thomson*schen Bilderverfahren.

k) Auf welchem Wege wird die *Beschleunigungsleistung*

$$N_f = (v \{F^{(1)} + F^{(2)}\}) = \left(v \frac{d(m\, v)}{dt}\right) = \frac{d}{dt}\left\{\frac{1}{2} m\, (v)^2\right\} \quad \text{(I 1, 120)}$$

[*Newton*sche Korpuskularmechanik!] des freien Ions gedeckt?

Zu I 1, 106) zurückkehrend, finden wir zunächst mit Rücksicht auf (I 1, 114)

$$N_f = \sum_{k=0}^{n} \varphi_k\, J_k - \frac{dW}{dt} = \sum_{k=0}^{n} \varphi_k\, J_k^{(1)} + \sum_{k=0}^{n} \varphi_k\, J_k^{(2)} +$$

$$- \frac{1}{2}\left\{q\, \frac{\partial \varphi^{(1)}(r_P)}{\partial t} - q(v\, E_P^{(1)})\right\} - \frac{1}{2} \frac{q^2}{4 \pi \varDelta}\, (v\, \operatorname{grad}_P G^*(r_P; r_P)) +$$

$$- \frac{d}{dt}\left(\frac{1}{2} \sum_{k=0}^{n} \varphi_k\, Q_k^{(1)}\right) - \frac{d}{dt}\left(\frac{1}{2} \sum_{k=0}^{n} \varphi_k\, Q_k^{(2)}\right). \qquad \text{(I 1, 121)}$$

Gemäß (I 1, 107) dient nun die *Leistung allein der Primärströme* lediglich zum *Aufbau des primären Feldes*

$$\sum_{k=0}^{n} \varphi_k\, J_k^{(1)} = \frac{d}{dt}\left(\frac{1}{2} \sum_{k=0}^{n} \varphi_k\, Q_k^{(1)}\right), \qquad (\text{I } 1,\ 122)$$

so daß sich (I 1, 121) auf die Aussage

$$N_f \doteq \sum_{k=0}^{n} \varphi_k\, J_k^{(2)} - \frac{1}{2}\left\{ q\, \frac{\partial \varphi(r_P)^{(1)}}{\partial t} \, q\, (v\, E_P^{(1)}) \right\} +$$

$$(\text{I } 1,\ 123)$$

$$- \frac{1}{2}\, \frac{q^2}{4\pi\varDelta}\, (v\, \mathrm{grad}_P\, G^*(r_P;\, r_P)) - \frac{d}{dt}\left(\frac{1}{2} \sum_{k=0}^{n} \varphi_k\, Q_k^{(2)}\right)$$

reduziert; die in ihr rechter Hand auftretenden vier Posten mögen auf folgende Weise interpretiert werden:

1. Die Summe

$$N_I = \sum_{k=0}^{n} \varphi_k\, J_k^{(2)} \qquad (\text{I } 1,\ 124)$$

mißt die mittels der *Sekundärströme* dem System von außen *elektrisch zugeführte Leistung*.

2. Die Summe

$$N_{II} = -\frac{1}{2}\left\{ q\, \frac{\partial \varphi^{(1)}(r_P)}{\partial t} - q\,(v\, E_P^{(1)}) \right\} \qquad (\text{I } 1,\ 125)$$

schildert die *Abnahme der potentiellen Ionenenergie im Primärfelde* je Zeiteinheit; sie wird teils von der nur zeitlichen Änderung des Primärpotentiales am jeweiligen Orte r_P des Ions, teils von dessen Bewegung im Primärfelde verursacht.

3. Das (skalare) Produkt

$$N_{III} = -\frac{1}{2}\, \frac{q^2}{4\pi\varDelta}\, (v\, \mathrm{grad}_P\, G^*(r_P;\, r_P)) \qquad (\text{I } 1,\ 126)$$

gleicht der Abnahmegeschwindigkeit der *potentiellen Eigenenergie* des Ions.

4. Die Summe

$$N_{IV} = -\frac{d}{dt}\left(\frac{1}{2} \sum_{k=0}^{n} \varphi_k\, Q_k^{(2)}\right) \qquad (\text{I } 1,\ 127)$$

erfaßt jene Änderung der elektrodengebundenen Feldenergie, welche je Zeiteinheit von der Ionenbewegung erzwungen wird.

Zufolge (I 1, 61), (I 1, 96) und (I 1, 108) gilt nun

$$\frac{d}{dt}\left(\frac{1}{2} \sum_{k=0}^{n} \varphi_k\, Q_k^{(2)}\right) = \frac{1}{2} \sum_{k=0}^{n} \left(\frac{d\varphi_k}{dt}\, Q_k^{(2)} + \varphi_k\, J_k^{(2)}\right) = -\frac{1}{2}\, q\, \frac{\partial \varphi^{(1)}(r_P)}{\partial t} +$$

$$+ \frac{1}{2}\, q\, (v\, E_P^{(1)}), \qquad (\text{I } 1,\ 128)$$

so daß also die *Änderung* (I 1, 125) *der potentiellen Ionenenergie im Primär-felde* durch die gleichzeitige *Änderung der elektrodengebundenen Sekundär-energie* genau *kompensiert* wird. Daher vereinfacht sich (I 1, 123) zu der Leistungsgleichung

$$N_f = (v\{F^{(1)} + F^{(2)}\}) = \sum_{k=0}^{n} \varphi_k \, J_k^{(2)} - \frac{1}{2}\frac{q^2}{4\pi\Delta} \left(v\, \mathrm{grad_P}\, G^*(r_P; r_P)\right).$$

$$(\text{I } 1, 129)$$

In ihr wird nach (I 1, 113) die *Teilleistung* $(v\,F^{(2)})$ *der Bildkraft* gerade von der *Abnahme der sekundären Eigenenergie* des Ions gedeckt:

$$(v\,F^{(2)}) = -\frac{1}{2}\frac{q^2}{4\pi\Delta}\left(v\,\mathrm{grad_P}\,G^*(r_P; r_P)\right), \qquad (\text{I } 1, 130)$$

so daß schließlich aus (I 1, 129) die Aussage

$$(v F^{(1)}) = q\,(v\,E_P^{(1)}) = \sum_{k=0}^{n} \varphi_k \, J_k^{(2)} \qquad (\text{I } 1, 131)$$

resultiert; sie steht, wie zu verlangen ist, mit der quasistationären Gleichung (I 1, 96) der sekundären Elektrodenströme im Einklang. Im Lichte dieses Ergebnisses mag man versucht sein, die Einführung der *Green*schen Funktion in die Theorie der hier behandelten Influenzerschei-nungen zwar als eine mathematisch elegante, physikalisch jedoch sozu-sagen unnötig komplizierte und daher besser zu vermeidende Methode an-zusehen. In der Tat wird beispielsweise der sekundäre Anodenstrom $J_a^{(2)}$ einer Hochvakuumdiode der Anodenspannung U_a häufig unmittelbar aus der auf sie spezialisierten Gl. (I 1, 96) bestimmt

$$q\,(v\,E_P^{(1)}) = U_a\,J_a^{(2)} \qquad (\text{I } 1, 132)$$

ohne daß man sich allerdings genaue Rechenschaft über das verwickelte Energiespiel dieses Prozesses ablegt: Man läßt von vornherein sowohl die Wirkung der am Elektron zusätzlich angreifenden Bildkraft wie auch die Änderung der Feldenergie bei der Elektronenbewegung außer Betracht, ohne jedoch die Zulässigkeit dieses Verfahrens zu prüfen; es scheint uns daher, daß die Bezugnahme auf die *Green*sche Funktion für die strenge Analyse der hier behandelten Influenzerscheinungen unerläßlich ist.

1) Die vorstehenden Überlegungen ändern sich nur unwesentlich, falls im Existenzgebiet der Ionenbewegung neben dem bisher allein betrachteten quasistatischen elektrischen Felde ein stationäres Magnetfeld auftritt. Denn seine Induktion $B = B(r_P)$ erregt nun am Ion entsprechend dessen vektorieller Geschwindigkeit v die *Lorentz*-Kraft F_L, welche je Einheit der Ionenladung dem Vektorprodukte der Geschwindigkeit mit der Induktion gleicht; da hiernach die *Lorentz*-Kraft stets senkrecht auf dem Geschwin-digkeitsvektor v steht, geht sie nicht in die Leistungsbilanz der Ionenbe-wegung ein. Nichtsdestoweniger hat man ihre *ponderomotorische* Wirkung auf das Ion in die *Newton*sche Gleichung seiner Impulszunahme je Zeit-einheit aufzunehmen:

$$\frac{d}{dt}(m\,v) = F^{(1)} + F^{(2)} + F_L. \qquad (\text{I } 1, 133)$$

Daher hängt der zeitliche Ablauf $r_P = r_P(t)$ der Ionenbewegung implizit von der Struktur des Magnetfeldes ab, welches eben auf diese Weise in den Gang der sekundären Elektrodenströme eingreift.

I 2. Quasistatische Influenzströme des Einzelelektrons.

a) Wir wenden die *Ramo*schen Sätze über die Wechselwirkung des
Einzelions mit den Elektroden eines elektrisch abgeschlossenen Systemes
auf die *Newton*sche Bewegung eines Elektrons [Ladung $q = - q_0$, Ruhmasse $m = m_0$] in Hochvakuumröhren an.

Die Kathode [Index $k = 0$] sei als Äquipotential-Elektrode ausgebildet,
welcher wir das Basispotential

$$\varphi_0 = 0 \qquad\qquad\qquad (I\ 2,\ 1)$$

erteilen; die aufgeprägten Potentiale φ_k [$1 \leq k \leq n$] aller übrigen n Elektroden gelten als bekannt.

Wir übergehen die Emissionsdynamik des Elektrons aus seiner Mutterelektrode, welche wesentlich von der dort herrschenden Bildkraft diktiert
wird; vielmehr schematisieren wir diesen Vorgang durch die Annahme, daß
das Elektron nach Durchstoßen der „Atomkraft"-Grenzschicht mit einer
nach Größe und Richtung bekannten Anfangsgeschwindigkeit in jenes
Gebiet des Entladungsraumes eintrete, in welchem die primären Feldkräfte
vorherrschen. Bezeichnen wir also durch φ das nach Abzug der Kontaktspannungen im Interelektrodengebiete wirksame, quasistatische elektrische
Skalarpotential und mit B den Vektor der ebendort auftretenden magnetischen Induktion, so ändert sich der Ortsvektor r_P des als materieller Punkt
aufgefaßten Elektrons im Laufe der Zeit t bei Beschränkung auf hinreichend
kleine Verhältnisse β der Korpuskulargeschwindigkeit $|v|$ zur Lichtge-
schwindigkeit c nach Maßgabe der *Newton*schen Bewegungsgleichung

$$m_0 \frac{d^2 r_P}{dt^2} = q_0 \{\operatorname{grad} \varphi - [v\,B]\}, \qquad\qquad (I\ 2,\ 2)$$

in welcher das Operationssymbol [ ] die *vektorielle Multiplikation* der von
den Klammern eingeschlossenen Faktoren vorschreibt; wir ergänzen sie,
den Eintritt des Elektrons in das genannte Gebiet mit dem Zeitursprung
identifizierend, durch Angabe der *Anfangsbedingungen*

$$r_T = r^{(0)}; \qquad \frac{d r_P}{dt} = v^{(0)} \qquad \text{für} \qquad t = 0, \qquad (I\ 2,\ 3)$$

die allerdings nur im Rahmen der klassischen Korpuskularmechanik als
eindeutig bestimmbar gelten.

b) Als einfachstes Beispiel wählen wir die Bewegung des kontrollierten
Elektrons von der Kathode zur Anode [Index 1] einer *parallelebenen Diode*
vom festen Abstande d ihrer Elektroden, welche mit der zeitlich konstanten
Anodenspannung

$$\varphi_1 = U_a = \text{const} \qquad\qquad\qquad (I\ 2,\ 4)$$

betrieben werde, während sie gegen äußere Magnetfelder vollständig abge-
schirmt sei:

$$B = 0. \qquad\qquad\qquad (I\ 2,\ 5)$$

Nach Abb. I 41 koinzidiere die Kathode mit der Ebene $z = 0$ des rechtsläufigen, *Kartesi*schen Bezugssystemes (x, y, z), in welchem die Anode die
Ebene $z = d > 0$ erfülle. Die neben dem kontrollierten Elektron etwa
zwischen den Elektroden auftretenden Raumladungen werden vernachlässigt. Bezeichnet dann $U_a{}^*$ die nach Maßgabe der Kontaktspannungen
sowohl der Kathode wie der Anode verbleibende, „wirksame" Anodenspannung, welche als solche für die Feldstärke E des Gebietes $0 < z < d$

verantwortlich ist, so weist dort dieser Vektor, unter der Voraussetzung $U_a^* > 0$, antiparallel der positiven z-Achse, und sein absoluter Betrag wird durch

$$|E| = E = \frac{U_a^*}{d} \qquad (I\ 2,\ 6)$$

gemessen. Zufolge (I 2, 5) und (I 2, 6) resultieren aus (I 2, 2) die Bewegungsgleichungen

$$\frac{d^2 y_P}{dt^2} = 0;$$

$$\frac{d^2 x_P}{dt^2} = 0;$$

$$\frac{d^2 z_P}{dt^2} = \frac{q_0}{m_0} \frac{U_a^*}{d}.$$

$$(I\ 2,\ 7)$$

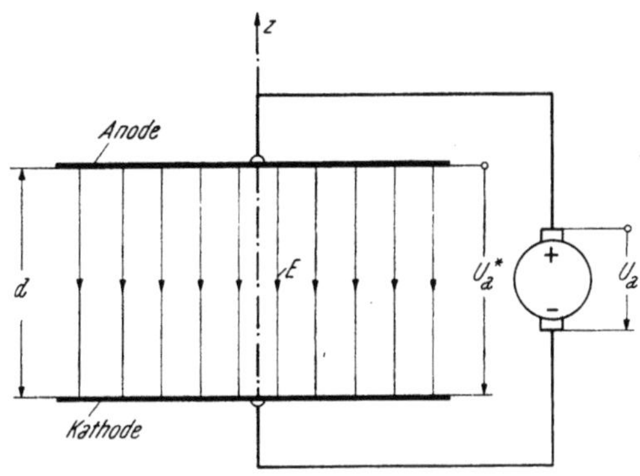

Abb. I 41. Orientierung im parallelebenen Plattenkondensator.

Unter den Anfangsbedingungen

$$\left.\begin{array}{lll} x_P = 0; & y_P = 0; & z_P = 0 \\ \dfrac{dx_P}{dt} = 0; & \dfrac{dy_P}{dt} = 0; & \dfrac{dz_P}{dt} = 0 \end{array}\right\} \quad \text{für } t = 0 \qquad (I\ 2,\ 8)$$

durchläuft also das Elektron die Gerade

$$x_P = 0; \qquad y_P = 0; \qquad z_P = \frac{1}{2} \frac{q_0}{m_0} \frac{U_a^*}{d} t^2 \qquad (I\ 2,\ 9)$$

mit den beziehentlich achsenparallelen Geschwindigkeitskomponenten

$$v_x = \frac{dx_P}{dt} = 0; \qquad v_y = \frac{dy_P}{dt} = 0; \qquad v_z = \frac{dz_P}{dt} = \frac{q_0}{m_0} \frac{U_a^*}{d} \cdot t,$$

$$(I\ 2,\ 10)$$

so daß es die Elektrodendistanz während der Zeitspanne

$$T = 2\,d \sqrt{\frac{1}{2} \frac{m_0}{q_0} \frac{1}{U_a^*}} \qquad (I\ 2,\ 11)$$

überwindet. Bei seinem Flug gegen die Anode erregt somit das Elektron in dieser Elektrode den Ladestrom

$$J_a = J_1^{(2)} = q_0 \left(\frac{q_0}{m_0} \frac{U_a^*}{d^2} t \right) = \frac{q_0^2}{m_0} \frac{U_a^* t}{d^2}. \qquad (I\ 2,\ 12)$$

Wir stellen der sozusagen *natürlichen Zeiteinheit* T die während dieser Dauer durchschnittlich fließende Stromstärke

$$\langle J \rangle = \frac{q_0}{T} = \frac{q_0}{2\,d} \sqrt{2 \frac{q_0}{m_0} U_a^*} \qquad (I\ 2,\ 13)$$

als *natürliche Stromeinheit* zur Seite; durch Vereinigung von (I 2, 11), (I 2, 12) und (I 2, 13) gelangen wir dann zu der „*normierten*" *Gleichung des anodischen Influenzstromes*

$$\frac{J_a}{\langle J \rangle} = 2 \frac{t}{T} \qquad (I\ 2,\ 14)$$

gemäß Abb. I 42.

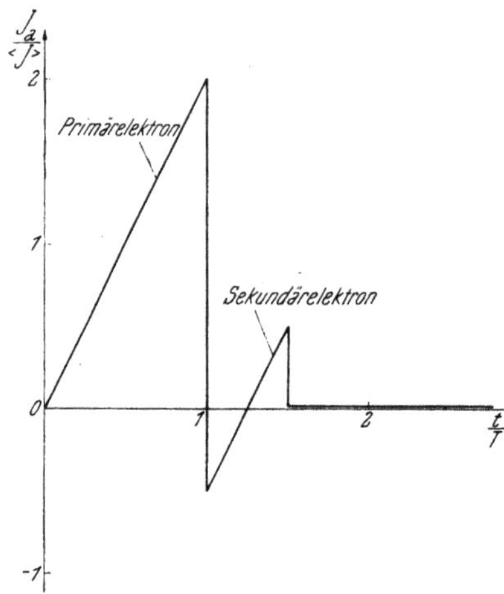

Abb. I 42. Influenzstrom des Einzelelektrons in der parallelebenen Diode.

c) Bei hinreichend großer Anodenspannung $U_a > 0$ der vorstehend behandelten Diode befreit das kathoden-
emittierte, „primäre" Elektron bei
seinem Einfall in das Anodenmetall
aus diesem im statistischen Mittel eine
gewisse Anzahl $\gamma > 0$ „sekundärer"
Elektronen. Wir richten unsere Aufmerksamkeit auf eines unter ihnen;
welchen Anodenstrom J_a' hat seine
Bewegung zur Folge?

Wir wählen die „Geburtsstunde"
des kontrollierten Sekundärelektrons
zum Ursprung der laufenden Zeit t.
Die eben dann seiner Bahn auferlegten,
kinematischen Anfangsbedingungen
werden von der Dynamik der sekundären Elektronenemission diktiert; sie
mögen in den Angaben

$$\left.\begin{aligned} x_P &= 0; \qquad y_P = 0; \qquad z_P = d \\ \frac{dx_P}{dt} &= v_x^{(0)}; \; \frac{dy_P}{dt} = v_y^{(0)}; \; \frac{dz_P}{dt} = v_z^{(0)} < 0 \end{aligned}\right\} \quad \text{für } t = 0 \qquad (I\ 2,\ 15)$$

vorgelegt sein, wobei aus energetischen Gründen gewiß

$$\frac{m_0}{2}\{(v_x^{(0)})^2 + (v_y^{(0)})^2 + (v_z^{(0)})^2\} = \eta \cdot q_0\, U_a^*; \qquad 0 < \eta \leqq 1$$

$$(I\ 2,\ 16)$$

ausfällt. Da nun die Bewegungsgleichungen (I 2, 2) unverändert auch für
die *Kinetik der freien Sekundärelektronen* zuständig sind, wird die Bahn des
[sekundären] Kontrollelektrons durch die Gleichungen

$$x_P = v_x^{(0)}\, t; \qquad y_P = v_y^{(0)}\, t; \qquad z_P = d + v_z^{(0)}\, t + \frac{1}{2}\frac{q_0}{m_0}\frac{U_a^*}{d}\, t^2$$

$$(I\ 2,\ 17)$$

beschrieben, so daß es nach Verlauf der Zeitspanne

$$T' = \frac{-\,v_z^{(0)}}{\dfrac{1}{2}\dfrac{q_0}{m_0}\dfrac{U_a^*}{d}} > 0 \qquad (I\ 2,\ 18)$$

in die Anode zurückkehrt. Aus dem Gang seiner beziehentlich achsenparallelen Geschwindigkeitskomponenten

$$v_x = v_x^{(0)}; \qquad v_y = v_y^{(0)}; \qquad v_z = v_z^{(0)} + \frac{q_0}{m_0}\frac{U_a^*}{d} \cdot t \qquad (I\ 2,\ 19)$$

resultiert somit der gesuchte Anodenstrom J_a' zu

$$J_a' = -\,q_0\left(-v_z^{(0)} - \frac{q_0}{m_0}\frac{U_a^*}{d}\, t\right)\frac{1}{d} = -\frac{q_0\,(-v_z^{(0)})}{d}\left(1 - 2\frac{t}{T'}\right);$$

$$0 \leqq t \leqq T'. \qquad (I\ 2,\ 20)$$

Um ihn mit dem Anodenstrom J_a des Primärelektrons zu vergleichen, bringen wir (I 2, 20) unter Benutzung von (I 2, 11) und (I 2, 13) in die Normalform

$$\frac{J_a{}'}{\langle J \rangle} = -\frac{2\,(-\,v_z{}^{(0)})}{\sqrt{2\,\dfrac{q_0}{m_0}\,U_a{}^*}}\left(1 - 2\,\frac{t}{T}\cdot\frac{T}{T'}\right); \qquad 0 \leqq t \leqq T'. \qquad \text{(I 2, 21)}$$

Der hierdurch beschriebene Effekt wird am größten, falls das kontrollierte Sekundärelektron die Anode antiparallel der primären Einfallsrichtung verläßt; mit Rücksicht auf (I 2, 16) reduziert sich dann (I 2, 21) auf die Angabe

$$\frac{J_a{}'}{\langle J \rangle} = -2\sqrt{\eta}\left(1 - 2\,\frac{t}{T}\cdot\frac{T}{T'}\right); \qquad 0 \leqq t \leqq T', \qquad \text{(I 2, 22)}$$

welche durch Abb. I 42 veranschaulicht wird.

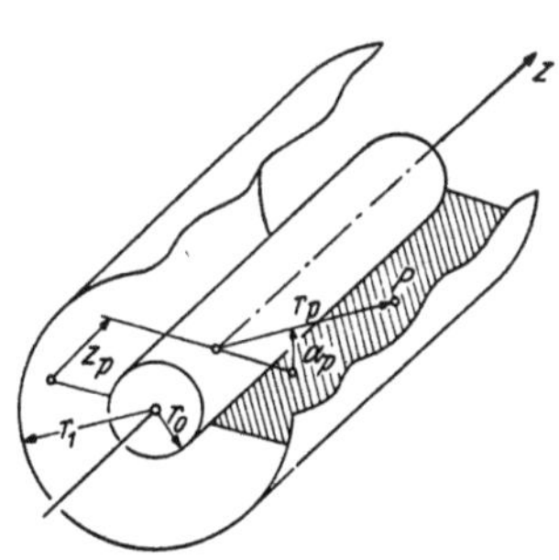

Abb. I 43. Orientierung in der konzentrischen Zylinderdiode.

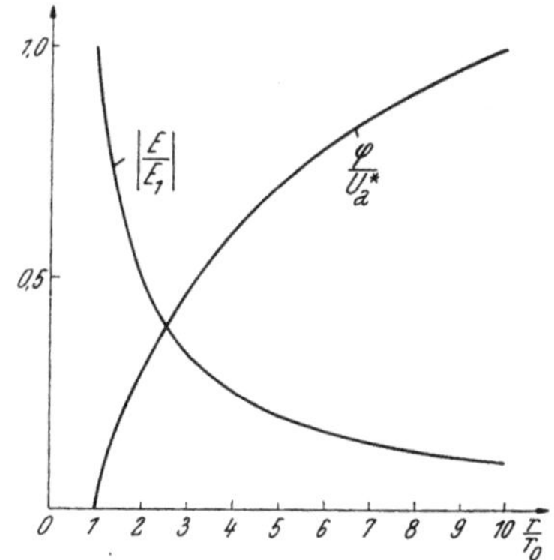

Abb. I 44. Potential- und Feldverteilung in der Zylinder-Diode.

d) Von der planparallelen Diode gehen wir zu einer *konzentrischen Zylinderdiode* nach Abb. I 43 über. In ihr orientieren wir uns an Hand der Zylinderkoordinaten z [Achse], r [Radialdistanz] und a [Azimut]; die Kathode [Index 0] koinzidiere mit dem Zylinder $r = r_0$ des gleichförmigen Basispotentiales $\varphi_0 = 0$, die Anode [Index 1] erfülle den Zylinder $r = r_1 > r_0$ bei dem konstanten Potential $\varphi_1 = U_a > 0$. Das elektrische Skalarpotential des leeren Interelektrodenraumes hängt dann nur von r ab; es wird, nach Ersatz der Anodenspannung U_a durch deren wirksamen Wert $U_a{}^*$ [Berücksichtigung der Kontaktspannungen!] mittels der Gleichung

$$\varphi = U_a{}^*\,\frac{\ln\dfrac{r}{r_0}}{\ln\dfrac{r_1}{r_0}}; \qquad r_0 < r < r_1 \qquad \text{(I 2, 23)}$$

dargestellt. Unter der Voraussetzung $U_a{}^* > 0$ weist daher die elektrische Feldstärke E stets radial gegen die Kathode, und auf dem Kontrollzylinder $r_0 < r < r_1$ treffen wir den absoluten Betrag

$$|E| = E = \frac{U_a{}^*}{\ln\dfrac{r_1}{r_0}}\cdot\frac{1}{r}; \qquad r_0 < r < r_1 \qquad \text{(I 2, 24)}$$

dieser Feldstärke an [Abb. I 44].

Der Kürze halber beschränken wir uns auf ein Primärelektron, welches im Zeitpunkte $t = 0$ die Kathode ohne merkliche Startgeschwindigkeit verläßt; bei passender Wahl des Koordinatenursprunges werden daher die Anfangsbedingungen der Elektronenbewegung durch

$$z_P = 0; \qquad r_P = r_0; \qquad a_P = 0$$
$$\frac{dz_P}{dt} = 0; \qquad \frac{dr_P}{dt} = 0; \qquad \frac{da_P}{dt} = 0 \qquad \text{für} \quad t = 0 \qquad (I\ 2,\ 25)$$

beschrieben. Sehen wir wiederum auf Grund der Annahme $B = 0$ von der Wirkung magnetischer Felder ab, so bewegt sich also das Elektron längs einer radialen Bahn; sie wird von der Differentialgleichung

$$m_0 \frac{d^2 r_P}{dt^2} = \frac{d}{dr}\left(\frac{m_0}{2} v_r^2\right) = - q_0 \frac{d\varphi}{dr};$$

$$v_r = \frac{dr_P}{dt} \qquad (I\ 2,\ 26)$$

beherrscht, welche zufolge (I 2, 23) und (I 2, 25) durch das Energie-Integral

$$\frac{1}{2} m_0 v_r^2 = q_0 \varphi(r_P) = q_0 U_a{}^* \frac{\ln \dfrac{r_P}{r_0}}{\ln \dfrac{r_1}{r_0}}$$

$$(I\ 2,\ 27)$$

befriedigt wird. Aus ihm erschließen wir den zeitlichen Ablauf der Bewegung mittels der weiteren Integration

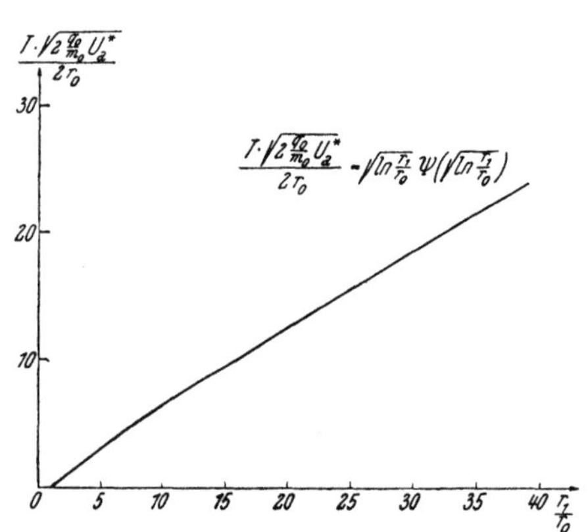

Abb. I 45. Zur Berechnung der Elektronen-Flugdauer durch die zylindrische Diode.

$$t = \int_{r_0}^{r_P} \frac{dr}{v_r(r)} = \frac{\sqrt{\ln \dfrac{r_1}{r_0}}}{\sqrt{2 \dfrac{q_0}{m_0} U_a{}^*}} \int_{r_0}^{r_P} \frac{dr}{\sqrt{\ln \dfrac{r}{r_0}}} = \frac{2 r_0 \sqrt{\ln \dfrac{r_1}{r_0}}}{\sqrt{2 \dfrac{q_0}{m_0} U_a{}^*}} \Psi\left(\sqrt{\ln \dfrac{r_P}{r_0}}\right),$$

$$(I\ 2,\ 28)$$

in welcher das bestimmte Integral

$$\Psi(\varrho) = \int_0^{\varrho} e^{u^2}\, du \qquad (I\ 2,\ 29)$$

numerisch bekannt[1] ist; insbesondere resultiert daher für die gesamte Flugdauer T des Elektrons von der Kathode zur Anode die Angabe

$$T = \frac{2 r_0}{\sqrt{2 \dfrac{q_0}{m_0} U_a{}^*}} \sqrt{\ln \dfrac{r_1}{r_0}}\ \Psi\left(\sqrt{\ln \dfrac{r_1}{r_0}}\right), \qquad (I\ 2,\ 30)$$

---

[1] *Jahnke-Emde*, Funktionentafeln S. 32. Dover-Publications, New York 1945.

deren Auswertung durch Abb. I 45 erleichtert wird. Während der Elektronenbewegung fließt somit durchschnittlich der Ladestrom

$$\langle J \rangle = \frac{q_0}{T} = \frac{q_0}{2\,r_0}\sqrt{2\frac{q_0}{m_0}U_a{}^*}\;\frac{1}{\sqrt{\ln\dfrac{r_1}{r_0}}\;\varPsi\!\left(\sqrt{\ln\dfrac{r_1}{r_0}}\right)} \qquad (I\ 2,\ 31)$$

in die Anode, während sich dessen Augenblickswert gemäß (I 2, 96) mittels (I 2, 24) und (I 2, 27) zu

$$J_a = J_1{}^{(2)} = \frac{q_0}{\ln\dfrac{r_1}{r_0}}\cdot\frac{1}{r_P}\sqrt{2\frac{q_0}{m_0}U_a{}^*}\;\sqrt{\frac{\ln\dfrac{r_P}{r_0}}{\ln\dfrac{r_1}{r_0}}} \qquad (I\ 2,\ 32)$$

berechnet; aus (I 2, 31) und (I 2, 32) bilden wir den in der „natürlichen" Einheit $\langle J \rangle$ gemessenen numerischen Anodenstrom

$$\frac{J_a}{\langle J \rangle} = \frac{2\,r_0}{r_P}\cdot\frac{\sqrt{\ln\dfrac{r_P}{r_0}}\;\varPsi\!\left(\sqrt{\ln\dfrac{r_1}{r_0}}\right)}{\ln\dfrac{r_1}{r_0}}\,, \qquad (I\ 2,\ 33)$$

welcher in Abb. I 46 als Funktion der numerischen Zeit

$$\frac{t}{T} = \frac{\varPsi\!\left(\sqrt{\ln\dfrac{r_P}{r_0}}\right)}{\varPsi\!\left(\sqrt{\ln\dfrac{r_1}{r_0}}\right)} \qquad (I\ 2,\ 34)$$

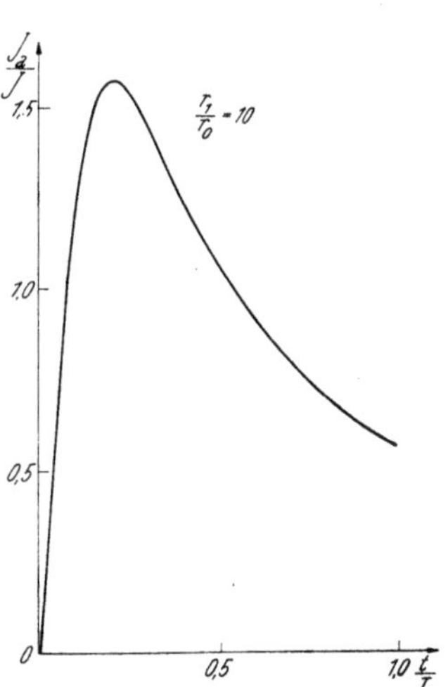

Abb. I 46. Der influenzierte Anodenstrom J_a des Einzelelektrons im Verhältnis zu dessen Mittelwert $J = \langle J \rangle$ in der konzentrischen Zylinderdiode.

dargestellt ist.

Bei hinreichend großer Energie $q_0\,U_a$ des in die Anode einfallenden Primärelektrons emittiert die beaufschlagte Fläche Sekundärelektronen. In der Untersuchung ihrer Influenzströme beschränken wir uns auf ein radial austretendes Sekundärelektron, dessen kinetische Daten unmittelbar nach seiner Emission $[t = 0]$ entsprechend dem Wirkungsgrade $0 < \eta \leqq 1$ der inneranodischen Energieübertragung durch

$$z_P = 0;\qquad r_P = r_1;\qquad\qquad a_P = 0$$
$$\frac{dz_P}{dt} = 0;\qquad \frac{dr_P}{dt} = -\sqrt{2\frac{q_0}{m_0}U_a{}^*\eta};\qquad \frac{da_P}{dt} = 0 \qquad\left.\begin{array}{c}\\ \\ \end{array}\right\}\quad\text{für}\quad t = 0 \qquad (I\ 2,\ 35)$$

beschrieben werden. Während seines Aufenthaltes im Interelektrodenraum unterliegt dieses Elektron dem Energiesatz

$$\frac{1}{2}m_0\,v_r{}^2 - q_0\,\varphi = q_0\,U_a{}^*\eta - q_0\,\varphi_1 = -q_0\,\varphi_1\,(1-\eta) \qquad (I\ 2,\ 36)$$

so daß es sich zunächst mit der Radialgeschwindigkeit

$$v_r = v_r\,(r) = \frac{dr_P}{dt} = -\sqrt{2\frac{q_0}{m_0}\{\varphi - \varphi_1\,(1-\eta)\}} \qquad (I\ 2,\ 37)$$

von der Anode entfernt; es kommt jedoch auf dem Zylinder $r = r_{min}$, auf welchem die kinetische Energie verschwindet, also

$$\varphi\,(r_{min}) \equiv \varphi_1 \frac{\ln \dfrac{r_{min}}{r_0}}{\ln \dfrac{r_1}{r_0}} = \varphi_1\,(1-\eta)\,; \qquad r_{min} = r_0 \left(\frac{r_1}{r_0}\right)^{1-\eta} \qquad (I\ 2,\ 38)$$

gilt, vorübergehend zum Stillstand, um dann wieder der Anode zugetrieben zu werden. Der zeitliche Verlauf des erstgenannten, zentripetalen Bewegungsstadiums ergibt sich mit Rücksicht auf (I 2, 23) und (I 2, 29) aus der Gleichung

$$t = \int\limits_{r_1}^{r_P} \frac{dr}{v_r\,(r)} = \frac{\sqrt{\ln \dfrac{r_1}{r_0}}}{\sqrt{2\,\dfrac{q_0}{m_0}\,U_a^*}} \int\limits_{\frac{r_P}{r_1}}^{1} \frac{d\left(\dfrac{r}{r_0}\right)}{\sqrt{\ln \dfrac{r}{r_0} - (1-\eta)\ln \dfrac{r_1}{r_0}}} =$$

$$= \frac{2\,r_0 \sqrt{\ln \dfrac{r_1}{r_0}}}{\sqrt{2\,\dfrac{q_0}{m_0}\,U_a^*}} \left(\frac{r_1}{r_0}\right)^{1-\eta} \left[\Psi\left(\sqrt{\eta \ln \dfrac{r_1}{r_0}}\right) - \Psi\left(\sqrt{\ln \dfrac{r_P}{r_0} - (1-\eta)\ln \dfrac{r_1}{r_0}}\right)\right], \quad (I\ 2,\ 39)$$

so daß es im Zeitpunkt

$$t_{r=r_{min}} = \frac{2\,r_0 \sqrt{\ln \dfrac{r_1}{r_0}}}{\sqrt{2\,\dfrac{q_0}{m_0}\,U_a^*}} \left(\frac{r_1}{r_0}\right)^{1-\eta} \Psi\left(\sqrt{\eta \ln \dfrac{r_1}{r_0}}\right) \qquad (I\ 2,\ 40)$$

sein Ende erreicht. Da nun die anschließende, zentrifugale Bewegung relativ zum Inversionspunkt $r_P = r_{min}$ spiegelsymmetrisch zur zentripetalen Bewegung abläuft, resultiert für das Verhältnis der Verweilzeit

$$T' = 2\,t_{r=r_{min}} \qquad (I\ 2,\ 41)$$

des Sekundärelektrons im Interelektrodenraum zur Flugdauer T des einfallenden Primärelektrons nach (I 2, 30) die Relation

$$\frac{T'}{T} = 2 \left(\frac{r_1}{r_0}\right)^{1-\eta} \frac{\Psi\left(\sqrt{\eta \ln \dfrac{r_1}{r_0}}\right)}{\Psi\left(\sqrt{\ln \dfrac{r_1}{r_0}}\right)}. \qquad (I\ 2,\ 42)$$

Nach (I 1, 96) finden wir mit Hilfe von (I 2, 24) und (I 2, 36) den anodischen Influenzstrom J_a' des kontrollierten Sekundärelektrons zu

$$J_a' = J_1^{(2)} = \mp \frac{q_0}{\ln \dfrac{r_1}{r_0}} \frac{1}{r_P} \frac{\sqrt{2\,\dfrac{q_0}{m_0}\,U_a^*}}{\sqrt{\ln \dfrac{r_1}{r_0}}} \sqrt{\ln \dfrac{r_P}{r_0} - (1-\eta)\ln \dfrac{r_1}{r_0}}, \qquad (I\ 2,\ 43)$$

wobei sich das $\begin{matrix}\text{obere}\\[2pt]\text{untere}\end{matrix}$ Vorzeichen auf das $\begin{matrix}\text{zentripetale}\\[2pt]\text{zentrifugale}\end{matrix}$ Bewegungsstadium bezieht; im Verein mit (I 2, 31) wird somit der „numerische Anodenstrom" des Sekundärelektrons durch das Verhältnis

$$\frac{J_a{}'}{\langle J \rangle} = \mp \frac{2\,r_0}{r_P} \frac{\sqrt{\ln \frac{r_P}{r_0} - (1-\eta)\ln \frac{r_1}{r_0}}\; \Psi\left(\sqrt{\ln \frac{r_1}{r_0}}\right)}{\ln \frac{r_1}{r_0}} \qquad (I\ 2,\ 44)$$

gemessen; seine Abhängigkeit von der numerischen Zeit

$$\frac{t}{T} = \left(\frac{r_1}{r_0}\right)^{1-\eta} \frac{\Psi\left(\sqrt{\eta \ln \frac{r_1}{r_0}}\right) \mp \Psi\left(\sqrt{\ln \frac{r_P}{r_0} - (1-\eta)\ln \frac{r_1}{r_0}}\right)}{\Psi\left(\sqrt{\ln \frac{r_1}{r_0}}\right)} \qquad (I\ 2,\ 45)$$

ist in Abb. I 47 dargestellt. Bei dem Vergleich dieses sekundären Influenzstromes mit dem entsprechenden Effekt in der parallelebenen Diode offenbart der erstgenannte eine merklich längere numerische „Lebensdauer", so daß sich die von ihnen hervorgerufenen Wirkungen in der Regel stärker bemerkbar machen werden.

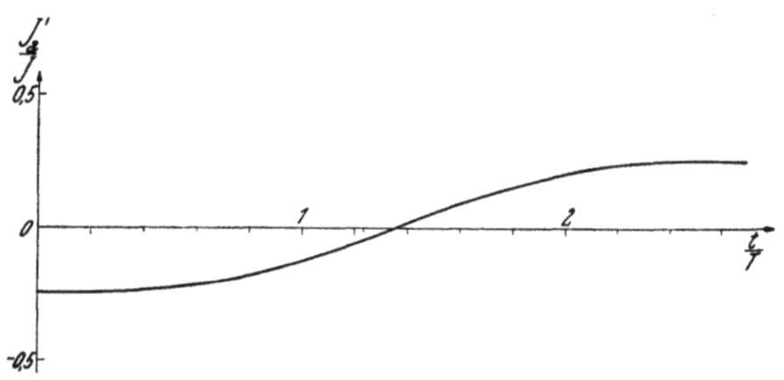

Abb. I 47. Der influenzierte Anodenstrom $J_a{}'$ des einzelnen Sekundärelektrons im Verhältnis zum mittleren Anodenstrom $J = \langle J \rangle$ des einzelnen Primärelektrons.

e) Wir beschäftigen uns mit den Influenzströmen, welche durch ein freies Einzelelektron in der Kathode [Index 0], dem Gitter [Index 1] und der Anode [Index 2] einer Hochvakuum-Triode erregt werden.

Abb. I 48 zeigt die Anordnung der Elektroden: Im Bezugssystem der rechtsläufigen, *Kartesi*schen Koordinaten x; y; z koinzidiert die aktive Kathodenoberfläche [Basispotential $\varphi_0 = 0$] mit der Ebene $y = -g < 0$, während die Anode [Potential $\varphi = \varphi_2$] die Ebene $y = a > 0$ erfülle. Die Ebene $y = 0$ trägt ein homogenes Gitter [Potential $\varphi = \varphi_1$] der parallel zur z-Achse justierten Rundstäbe je des einheitlichen Halbmessers ϱ_0,

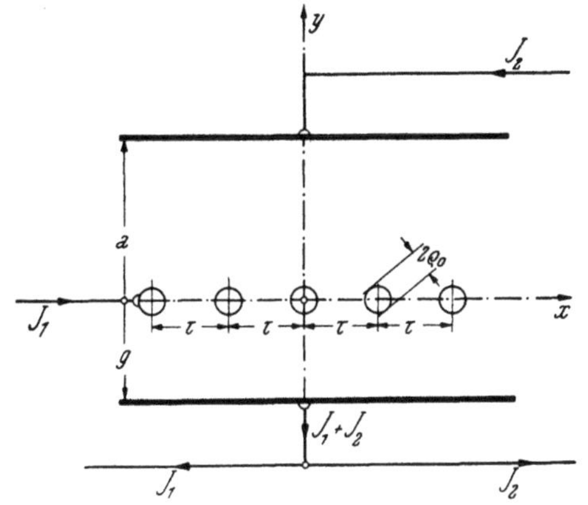

Abb. I 48. Orientierung in der parallelebenen Triode.

deren Achsen gegeneinander um die gleichförmige Gitterteilung τ versetzt sind; der Ursprung des Bezugssystemes falle in die Achse eines Gitterdrahtes.

Mit Rücksicht auf die Bilanz

$$Q_0^{(2)} + Q_1^{(2)} + Q_2^{(2)} = -q_0 \qquad (\text{I } 2,\ 46)$$

der drei sekundären Elektrodenladungen $Q_k^{(2)}$ [$k = 0; 1; 2$] und der aus ihr hervorgehenden *Kirchhoff*schen Gleichung

$$J_0^{(2)} + J_1^{(2)} + J_2^{(2)} = 0 \qquad (\text{I } 2,\ 47)$$

der sekundären Ladeströme dürfen wir uns auf die Berechnung der Influenzeffekte des Gitters und der Anode beschränken.

Wir setzen weiterhin eine Röhre der konstruktiven Eigenschaften

$$\tau \ll g; \qquad \tau \ll a; \qquad \varrho_0 \ll \tau \qquad (\text{I } 2,\ 48)$$

voraus und ersetzen die Potentiale φ_1 und φ_2 beziehentlich durch ihre mit Rücksicht auf die Kontaktspannungen korrigierten, „wirksamen" Werte $\varphi_1{}^*$ und $\varphi_2{}^*$. Dann trägt die Längeneinheit jedes Gitterstabes merklich die Ladung

$$\lambda = 2\pi\Delta\,\frac{\tau}{2\pi a}\,\frac{(g + a)\,\varphi_1{}^* - g\,\varphi_2{}^*}{g + (g + a)\dfrac{\tau}{2\pi a}\ln\dfrac{\tau}{2\pi \varrho_0}} \qquad (\text{I } 2,\ 49)$$

und das Potentialfeld in der Röhre wird hinreichend genau durch

$$\varphi = \frac{\lambda}{2\pi\Delta}\left[\frac{\pi}{\tau}\frac{2\,g\,a}{g + a} - \frac{\pi}{\tau}\frac{g - a}{g + a}y - \frac{1}{2}\ln\frac{1}{2\left\{\cosh 2\pi\,\dfrac{y}{\tau} - \cos 2\pi\,\dfrac{x}{\tau}\right\}}\right] +$$

$$+ \varphi^*{}_2\frac{g + y}{g + a} \qquad (\text{I } 2,\ 50)$$

dargestellt.

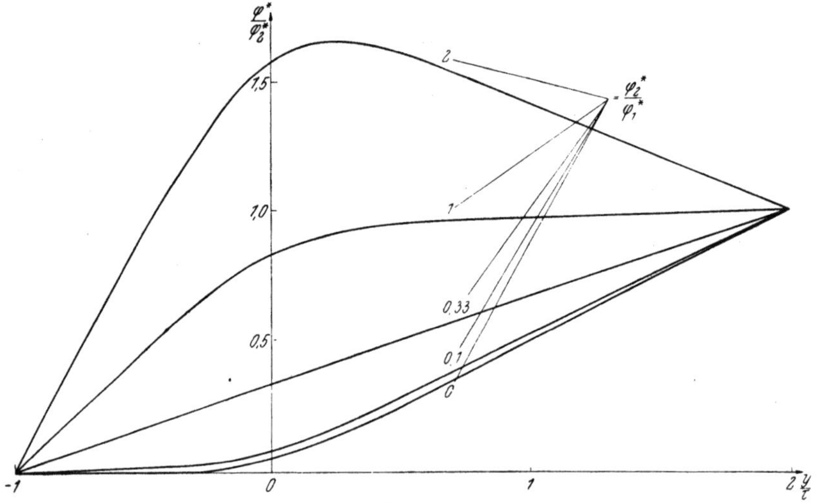

Abb. I 49. Verlauf des Potentiales $\varphi^* = \varphi(y)$ längs der Führungsgeraden einer parallelebenen Triode.

Der Kürze halber beschränken wir uns auf die Bewegung des kontrollierten Elektrons längs der „Führungsgeraden" $x = \frac{1}{2}\tau$ [mod τ]; am Orte [$-g < y_P < a$] dieser Bahn herrscht also das Potential [Abb. I 49]

$$\varphi(y_P) = \frac{\lambda}{2\pi\Delta}\left[\frac{\pi}{\tau}\frac{2\,g\,a}{g+a} - \frac{\pi}{\tau}\frac{g-a}{g+a}\,y - \ln\left\{2\cosh\pi\,\frac{y_P}{\tau}\right\}\right] + \varphi_2{}^*\,\frac{g+y_P}{g+a},$$

$$(\text{I } 2,\ 51)$$

dessen Feldstärke *E* sich auf die parallel der y-Achse weisende Komponente

$$E_y = \frac{\lambda}{2\pi\Delta}\left[\frac{\pi}{\tau}\frac{g-a}{g+a} + \frac{\pi}{\tau}\,\mathrm{tgh}\,\pi\,\frac{y_P}{\tau}\right] - \varphi_2{}^*\,\frac{1}{g+a} \qquad (\text{I } 2,\ 52)$$

reduziert. Unter den *Anfangsbedingungen*

$$\left.\begin{array}{lll} x_P = \dfrac{1}{2}\,\tau\,[\mathrm{mod}\,\tau]; & y_P = 0; & z_P = 0 \\[2mm] \dfrac{dx_P}{dt} = 0; & \dfrac{dy_P}{dt} = 0; & \dfrac{dz_P}{dt} = 0 \end{array}\right\} \quad \text{für}\quad t = 0$$

$$(\text{I } 2,\ 53)$$

liefert der Energiesatz für die Geschwindigkeit v des Elektrons als Funktion seines jeweiligen Ortes y_P die Aussage

$$v = \sqrt{2\,\frac{q_0}{m_0}\,\varphi(y_P)}, \qquad (\text{I } 2,\ 54)$$

aus welcher der zeitliche Ablauf der Bewegung an Hand des bestimmten Integrales

$$t = \int_{-g}^{y_P} \frac{dy}{\sqrt{2\,\dfrac{q_0}{m_0}\,\varphi(y)}} \qquad (\text{I } 2,\ 55)$$

zu ermitteln ist. Allerdings läßt sich dieses Integral in der Regel nicht mittels bekannter Funktionen geschlossen ausdrücken, sondern muß von Fall zu Fall numerisch ausgewertet werden; ungeachtet dieser ja nur rechentechnischen Schwierigkeit setzen wir den Zusammenhang (I 2, 55) weiterhin als bekannt voraus, und insbesondere messen wir, das Potential $\varphi(y_P)$ längs der Elektronenbahn überall als definit positiv annehmend

$$\varphi(y_P) > 0; \qquad (-g) \leqq y_P \leqq a \qquad (\text{I } 2,\ 56)$$

die laufende Zeit in der „natürlichen" Einheit

$$T = \int_{-g}^{a} \frac{dy}{\sqrt{2\,\dfrac{q_0}{m_0}\,\varphi(y)}}, \qquad (\text{I } 2,\ 57)$$

welche der zufolge (I 2, 56) gewiß reellen Flugdauer des kontrollierten Elektrons von der Kathode zur Anode gleicht.

Auf Grund der vorstehenden Analyse können wir nunmehr die gesuchten Influenzeffekte beziehentlich auf der Anode und auf dem Gitter unschwer angeben:

I. Die Anodeninfluenz.

Aus (I 1, 85), (I 2, 49) und (I 2, 51) finden wir mit $q = (-q_0)$ [Ladung des Kontrollelektrons] für die sekundäre Anodenladung $Q_2{}^{(2)}$ den Ausdruck

$$Q_2^{(2)} = q_0 \left[-\frac{\tau}{2\pi a} \cdot \frac{g}{g + (g+a)\dfrac{\tau}{2\pi a}\ln\dfrac{\tau}{2\pi \varrho_0}} \cdot \right.$$

$$\left. \cdot \left\{ \frac{\pi}{\tau}\frac{2\,g\,a}{g+a} - \frac{\pi}{\tau}\frac{g-a}{g+a}\,y_P - \ln\left(2\cosh\pi\frac{y_P}{\tau}\right) \right\} + \frac{g+y_P}{g+a} \right], \quad (I\ 2,\ 58)$$

dessen Gang mit dem jeweiligen Orte des influenzierenden Elektrons in Abb. I 50 dargestellt ist. Ebenso ergibt sich mit Rücksicht auf (I 2, 96), (I 2, 49) und (I 2, 52) für den sekundären Anodenstrom die Gleichung

$$J_a \equiv J_2^{(2)} = q_0\, v \left[\frac{\tau}{2\pi a} \cdot \frac{g}{g + (g+a)\dfrac{\tau}{2\pi a}\ln\dfrac{\tau}{2\pi \varrho_0}} \cdot \right.$$

$$\left. \cdot \left\{ \frac{\pi}{\tau}\frac{g-a}{g+a} + \frac{\pi}{\tau}\,\mathrm{tgh}\,\pi\frac{y_P}{\tau} \right\} + \frac{1}{g+a} \right] \cdot \quad (I\ 2,\ 59)$$

Der von ihr geschilderte Verlauf dieses Stromes im Verhältnis zum durchschnittlichen Strom

$$\langle J \rangle = \frac{q_0}{T} \quad (I\ 2,\ 60)$$

ist in Abb. I 51 für unterschiedliche Parameterwerte des Potentialverhältnisses $\varphi_1{}^*/\varphi_2{}^*$ dargestellt; insbesondere schirmt das Gitter im Arbeitsbereiche der Triode als Verstärker die von der Kathode her anfliegenden Elektronen so stark gegen die Anode ab, daß sie erst unmittelbar vor der Ankunft an dieser ihrer Zielelektrode einen merklichen anodischen Influenzstrom erregen.

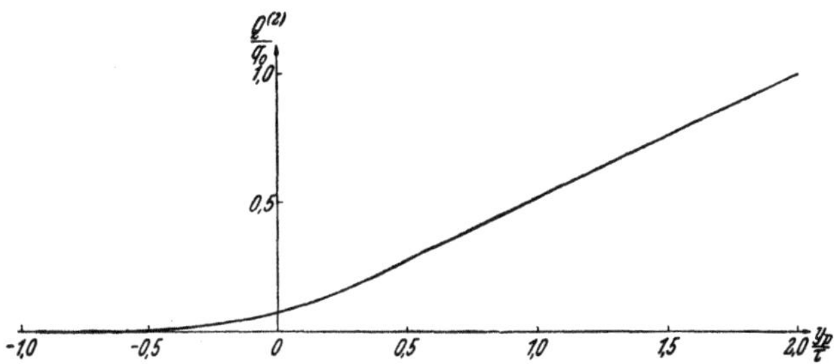

Abb. I 50. Gang der sekundären Anodenladung mit dem Orte des influenzierenden Primärelektrons.

II. Die Gitterinfluenz.

Durch abermalige Benutzung von (I I, 85) erhalten wir aus (I 2, 49) und (I 2, 51) die sekundäre Gitterladung

$$Q_1^{(2)} = q_0\frac{\tau}{2\pi a} \cdot \frac{g+a}{g + (g+a)\dfrac{\tau}{2\pi a}\ln\dfrac{\tau}{2\pi \varrho_0}} \cdot$$

$$\cdot \left[\frac{\pi}{\tau}\frac{2\,g\,a}{g+a} - \frac{\pi}{\tau}\frac{g-a}{g+a}\,y_P - \ln\left(2\cosh\pi\frac{y_P}{\tau}\right) \right] \quad (I\ 2,\ 61)$$

welche sich entsprechend Abb. I 52 mit dem Orte des influenzierenden Elektrons ändert. Auf Grund von (I I, 85), (I 2, 49) und (I 2, 52) folgt weiter für den sekundären Gitterstrom die Darstellung

$$J_g = J_1^{(2)} = - q_0 \, v \frac{\tau}{2\pi a} \cdot$$

$$\cdot \frac{g + a}{g + (g + a)\dfrac{\tau}{2\pi a}\ln\dfrac{\tau}{2\pi\varrho_0}} \cdot$$

$$\cdot \left[\frac{\pi}{\tau}\frac{g-a}{g+a} + \frac{\pi}{\tau}\operatorname{tgh}\pi\frac{y_P}{\tau}\right].$$

$$\text{(I 2, 62)}$$

Durch zeitliche Integration der Gleichung

$$J_1^{(2)} = - q_0 \left(v \frac{\partial E^{(1)}}{\partial\varphi_1{}^*}\right)$$

$$\text{(I 2, 63)}$$

findet man nun

$$\int\limits_{t=0}^{T} J_1^{(2)}(t)\,dt =$$

$$= \int\limits_{y_P=-g}^{a} J_1^{(2)}(y_P)\frac{dt}{dy_P}\cdot dy_P =$$

$$= q_0 \frac{\partial}{\partial\varphi_1{}^*}\int\limits_{-g}^{a}\frac{d\varphi^{(1)}}{dy_P}\,dy_P =$$

$$= q_0 \frac{\partial\varphi_2{}^*}{\partial\varphi_1{}^*} = 0.$$

$$\text{(I 2, 64)}$$

Im Lichte dieses Ergebnisses haben wir auch $J_1^{(2)}$ in der Einheit (I 2, 60)

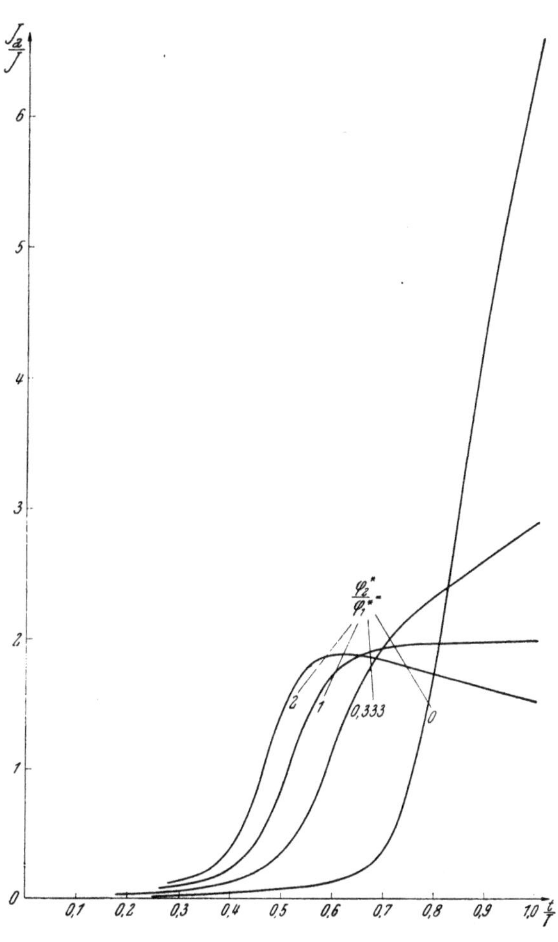

Abb. I 51. Zeitlicher Verlauf des influenzierten Anodenstromes J_a im Verhältnis zu seinem Durchschnitt $J = \langle J\rangle$.

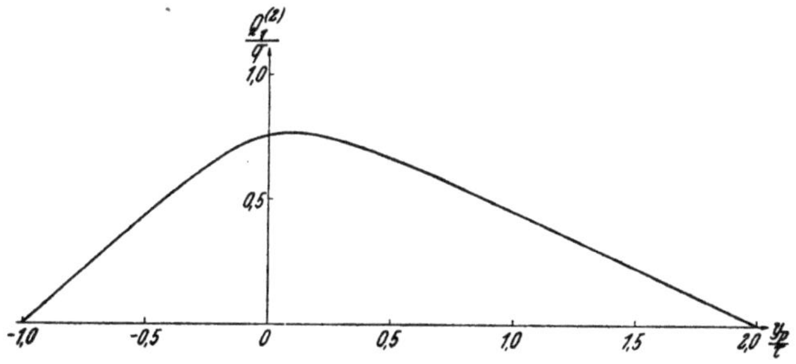

Abb. I 52. Gang der sekundären Gitterladung mit dem Orte des influenzierten Primärelektrons.

des durchschnittlichen Anodenstromes $\langle J \rangle$ zu messen; Abb. I 53 zeigt den Verlauf des Stromverhältnisses $J_1^{(2)}/\langle J \rangle$ als Funktion der numerischen Zeit t/T.

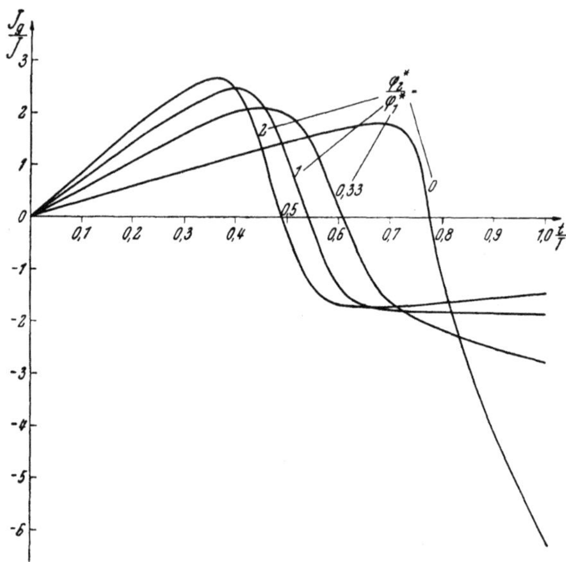

Abb. I 53. Zeitlicher Verlauf des influenzierten Gitterstromes im Verhältnis zum Mittelwert $J = \langle J \rangle$ des Anodenstromes.

I 3. Statistik der Primäremission.

a) Gegeben seien N mit den ganzen Zahlen $1 \leqq K \leqq N$ durchnumerierte, also individualisierbare Hochvakuumröhren identischer Bauart, deren jede unter genau den gleichen Betriebsbedingungen arbeite. Wir beobachten die im Innern dieser Röhren sich abspielenden Vorgänge und registrieren die Zahl x derjenigen Primärelektronen, welche während der Dauer T die Kathode der Röhre K verlassen haben. Von dieser empirischen Versuchsreihe durch den allerdings nur hypothetischen Prozeß $N \rightarrow \infty$ zur theoretischen Statistik der Primäremission übergehend, fragen wir nach der sie kennzeichnenden Verteilungsfunktion $w = w(x)$ für die Wahrscheinlichkeit des eindimensionalen Merkmales x.

b) Der Austritt jedes Einzelelektrons aus seiner Mutterkathode K wird gewiß mit der Geschichte aller seiner Bruderelektronen verknüpft sein. Da wir jedoch über diesen Zusammenhang keine verbindliche Aussage machen können, werden wir von der genetischen Verbundenheit zwischen Elektron und Elektron gänzlich absehen; vielmehr sei, in freilich starker Schematisierung des Emissionsvorganges, der Austritt des Einzelelektrons aus der Kathode als isoliertes „*Elementarereignis*" vorausgesetzt, welches einmal, und nur einmal, stattfinden kann: Die Emission während der Beobachtungsdauer T mag, indem wir uns eines anderen Gedankenbildes bedienen, das Resultat einer sehr großen Zahl von „*Fluchtversuchen*" aus der Kathode sein, welche das Elektron bei nur äußerst geringen Erfolgsaussichten des Einzelversuches unternommen hat. Der Mechanismus der primären Elektronenemission ist hiernach statistisch als „*seltenes Ereignis*" zu werten, welches als solches der *Poisson*schen Verteilung [Ziffer E 8] unterliegt: Sei

$$\langle x \rangle = a \qquad (I\ 3,\ 1)$$

der Erwartungswert der je aus einer Kathode des Röhrenkollektivs während der Zeitspanne T emittierten Elektronenzahl, so mißt

$$w\,(x) = e^{-a}\frac{a^x}{x!} \qquad (I\ 3,\ 2)$$

die Wahrscheinlichkeit des Austrittes von gerade x Elektronen aus der nämlichen Kathode im Zeitraum T, und

$$\sigma = \sum_{x=0}^{\infty} (x - \langle x \rangle)^2\, w\,(x) = a \qquad (I\ 3,\ 3)$$

gibt die quadratische Streuung dieser Verteilung an.

c) Aus der Zahl x der jeweils emittierten Elektronen und ihrer individuellen, invarianten Ladung

$$Q = -\,q_0 \qquad (I\ 3,\ 4)$$

berechnet sich die Emissions-Stromstärke J(x) zu

$$J\,(x) = \frac{Q \cdot x}{T}\,. \qquad (I\ 3,\ 5)$$

Sie besitzt nach (I 3, 1) den Mittelwert

$$\langle J \rangle = \sum_{x=0}^{\infty} J\,(x)\,w\,(x) = \frac{Q}{T}\,\langle x \rangle = \frac{Q \cdot a}{T}\,, \qquad (I\ 3,\ 6)$$

welchem sich jedoch unregelmäßige Schwankungen des quadratischen Durchschnittes

$$\langle \varDelta J^2 \rangle = \sum_{x=0}^{\infty} (J\,(x) - \langle J \rangle)^2\,w\,(x) = \frac{Q^2}{T^2}\,\sigma = \frac{Q^2}{T^2} \cdot a \qquad (I\ 3,\ 7)$$

überlagern. Aus (I 3, 5) und (I 3, 6) entnimmt man die einfache Relation

$$\langle \varDelta J^2 \rangle = \langle J \rangle \frac{Q}{T}\,, \qquad (I\ 3,\ 8)$$

welche zuerst von *Schottky* aufgefunden und von ihm als *Schroteffekt* bezeichnet wurde. Dieser so anschauliche Name mag in uns die Assoziation eines Hagels fallender Schrotkörner erwecken, welche in unregelmäßiger Folge auf den Boden prasseln. Denn im Einklang mit diesem Vergleichsvorgange weist die Proportionalität des Schroteffektes mit der Ladung Q der einzelnen Elektronen unmißverständlich auf deren *elektrisch-atomare Natur* als sozusagen phänomenologischer „Ursache" der statistischen Stromschwankungen hin; in der Tat bildet die experimentelle Vermessung des Schroteffektes eine der genauesten Methoden zur *Bestimmung des Elementarquantums* q_0 der elektrischen Ladung.

d) Von der bisher untersuchten *Dauerstatistik* der Röhrengesamtheit während der Zeitspanne T gehen wir zur *statistischen Analyse ihres Augenblicksverhaltens* in einem bestimmten Zeitpunkt t dieser Epoche über.

Wir verlassen die simultane Behandlung aller „emissionswilligen", als solcher wesentlich gleichberechtigten Elektronen der Mutterkathode K und richten unser Augenmerk nur auf jene „aktiven" Elektronen, von welchen wir schon wissen, daß sie während der Dauer T emittiert wurden: Es liegt eine *Teilung* des ursprünglichen Kollektivs vor. Welches ist die Emissionswahrscheinlichkeit $\Delta\varepsilon$ eines solchen aktiven Elektrons gerade während des T angehörigen Intervalles Δt $[0 \leqq \Delta t \leqq T]$?

Da wir die genetische Bindung dieses Elektrons mit seinen Bruderelektronen nach Übereinkunft außer acht lassen, werden wir a priori keinem Zeitpunkt t der Kontrollepoche eine bevorzugte Emissionsmöglichkeit zuschreiben. Wir passen uns dieser Indifferenz oder, mit offeneren Worten, dieser *Unwissenheit* durch die hypothetische Annahme des kontinuierlichen Verteilungsgesetzes

$$\Delta \varepsilon = \frac{\Delta t}{T} \qquad\qquad (I\ 3,\ 9)$$

an; es genügt, nach Einteilung der Zeitspanne T in die n lückenlos aneinander anschließenden Intervalle Δt_k $[1 \leqq k \leqq n]$, der definitionsgemäß zu fordernden Vollständigkeits-Relation

$$\sum_{k=1}^{n} \Delta \varepsilon_k = \sum_{k=1}^{n} \frac{\Delta t_k}{T} = \frac{1}{T} \sum_{k=1}^{n} \Delta t_k = 1. \qquad (I\ 3,\ 10)$$

e) Von dem bloßen Austritt des Einzelelektrons k aus seiner Mutterkathode im Emissionszeitpunkt t_k haben wir die Wirkung dieses Elektrons auf ein bestimmtes Schaltelement eines äußeren, von der Röhre beherrschten Stromkreises durchaus zu unterscheiden. Der Allgemeinheit halber möge die jeweils gemeinte Wirkung, unabhängig von ihrer allfälligen physikalischen Natur, durch das einheitliche mathematische Symbol F einer Funktion bezeichnet werden; von ihr setzen wir voraus, daß sie lediglich von dem „Alter" jenes Elektrons abhänge

$$F = F (t - t_k) \qquad\qquad (I\ 3,\ 11)$$

und vor dessen „Geburt" identisch verschwinde

$$F (t - t_k) \equiv 0 \qquad \text{für} \qquad t < t_k. \qquad (I\ 3,\ 12)$$

Von nun an beschränken wir die Mannigfaltigkeit der mit (I 3, 11) und (I 3, 12) grundsätzlich vereinbaren Erscheinungen auf die Klasse der *linearen* Vorgänge, verzichten demnach auf die analytische Beschreibung der Schwankungsphänomene in nichtlinearen Kreiselementen. Zufolge des dann gültigen *Superpositionsprinzipes* resultiert somit aus den Einzelwirkungen der beziehentlich in den Zeitpunkten $t_1; t_2; \dots t_k; \dots t_x$ der Kontrollepoche T emittierten x Elektronen im Augenblick t dieser Zeitspanne die Wirkung

$$G_{(x)} (t; t_1; t_2; \dots t_k; \dots t_x) = \sum_{k=1}^{x} F (t - t_k). \qquad (I\ 3,\ 13)$$

Bei der erkenntnistheoretischen Bewertung dieser Formel als physikalische Aussage über das Geschehen in dem jeweils untersuchten Kreiselement haben wir jedoch die doppelte statistische Wurzel der Gleichung (I 3, 13) zu beachten:

I. Die Zahl x der während der Dauer T emittierten Elektronen schwankt nach Maßgabe der *Poisson*schen Verteilung (I 3, 2).

II. Der jeweilige Emissionszeitpunkt t_k des k-ten Einzelelektrons ist nur entsprechend der Wahrscheinlichkeit (I 3, 9) bekannt.

Angesichts dieser nur vagen Informationen über den jeweils stattfindenden Emissionsprozeß haben wir uns mit der Berechnung folgender *Durchschnittsangaben* zu begnügen:

1. Der resultierenden Wirkung von immer genau je x während der Kontrollepoche T vereint agierenden Elektronen statistisch schwankender Emissionszeitpunkte t_k kommt im Augenblick t $[0 \leq t \leq T]$ der „x-Erwartungswert"

$$G_{(x)}(t) = \langle G_{(x)}(t; t_1; t_2; \ldots t_k; \ldots t_x)\rangle \qquad (I\ 3,\ 14)$$

zu.

2. Aus $G_{(x)}(t)$ finden wir durch Mittelung über alle nach Maßgabe der Verteilung (I 3, 2) während der Dauer T möglicherweise auftretenden Zahlen $0 \leq x < \infty$ der emittierten Elektronen den „Emissions-Erwartungswert"

$$G(t) = \sum_{x=0}^{\infty} w(x)\, G_{(x)}(t), \qquad (I\ 3,\ 15)$$

der im Zeitpunkt t resultierenden Wirkung.

3. Die „x-Abweichung"

$$\Delta G_{(x)}(t; t_1; t_2; \ldots t_k; \ldots t_x) = G_{(x)}(t; t_1; t_2; \ldots t_k; \ldots t_x) - G(t)$$
$$(I\ 3,\ 16)$$

nimmt zum Zeitpunkt t im Durchschnitt über alle statisch schwankenden Augenblicke t_k $[1 \leq k \leq x]$ der x Einzelemissionen den quadratischen Mittelwert

$$\Delta G_{(x)}^2(t) = \langle \Delta G_{(x)}^2(t; t_1; t_2; \ldots t_k; \ldots t_x)\rangle \qquad (I\ 3,\ 17)$$

an.

4. Aus $\Delta G_{(x)}^2(t)$ ergibt sich mit Hilfe der Vorschrift

$$\Delta G^2(t) = \sum_{x=0}^{\infty} w(x)\, \Delta G_{(x)}^2(t) \qquad (I\ 3,\ 18)$$

die mittlere quadratische „Emissionsschwankung" der resultierenden Wirkung zum Zeitpunkt t.

f) Um zunächst den „x-Erwartungswert" (I 3, 14) zu berechnen, richten wir unser Augenmerk allein auf jene „x-Gruppe" der untersuchten Röhrengesamtheit, in welcher während der Zeitspanne T je genau x Elektronen ihre Mutterkathode verlassen. Die Wahrscheinlichkeit $\Delta W_{(x)}$ für den Eintritt dieses x-fach kombinierten Emissionsprozesses beziehentlich gerade in den Intervallen $\Delta t_1; \Delta t_2; \ldots \Delta t_k; \ldots \Delta t_x$ der Kontrollepoche folgt dann durch Anwendung der Verbindungsregel statistisch voneinander unabhängiger Kollektive [Ziffer I 7] auf die kontinuierliche Verteilung (I 3, 9) zu

$$\Delta W_{(x)} = \frac{\Delta t_1}{T} \cdot \frac{\Delta t_2}{T} \ldots \frac{\Delta t_k}{T} \ldots \frac{\Delta t_x}{T}. \qquad (I\ 3,\ 19)$$

Ziehen wir nunmehr die Intervalle $\Delta t_1; \Delta t_2; \ldots \Delta t_k; \ldots \Delta t_x$ beziehentlich auf die nur infinitesimal kurzen Zeiten $dt_1; dt_2; \ldots dt_k; \ldots dt_x$ zusammen, so liefert im Kollektiv aller a priori gleichberechtigten Emissionsprozesse von je x Elektronen beziehentlich der „Geburtstage" $t_1; t_2; \ldots t_k;$

... t_x der gerade hier kontrollierte Prozeß zu dem „x-Erwartungswert" den Beitrag

$$dG_{(x)}(t) = G_{(x)}(t; t_1; t_2 \dots; t_k; \dots t_x) \frac{dt_1}{T} \cdot \frac{dt_2}{T} \cdots \frac{dt_k}{T} \cdots \frac{dt_x}{T}, \qquad (I\ 3,\ 20)$$

Durch Summation über alle derartigen Emissionsprozesse findet sich daher mit Rücksicht auf (I 3, 13) für den x-Erwartungswert $G_{(x)}(t)$ das x-fache Integral

$$G_{(x)}(t) = \int\limits_{t_1=0}^{T} \int\limits_{t_2=0}^{T} \cdots \int\limits_{t_k=0}^{T} \cdots \int\limits_{t_x=0}^{T} \sum_{k=1}^{x} F(t-t_k) \frac{dt_1}{T} \cdot \frac{dt_2}{T} \cdots \frac{dt_k}{T} \cdots \frac{dt_x}{T}.$$

$$(I\ 3,\ 21)$$

Wir nehmen nun an, daß der analytische Charakter der Funktion F in (I 3, 21) die Vertauschung der Reihenfolge von Summation [bezüglich der Ordnungszahl k der x Elektronen] und Integration [bezüglich des Emissionszeitpunktes jedes Einzelelektrons] zulasse. Innerhalb der hierdurch allerdings beschränkten Gruppe von Schwankungserscheinungen finden wir dann zunächst

$$\int\limits_{t_1=0}^{T} \int\limits_{t_2=0}^{T} \cdots \int\limits_{t_k=0}^{T} \cdots \int\limits_{t_x=0}^{T} F(t-t_k) \frac{dt_1}{T} \cdot \frac{dt_2}{T} \cdots \frac{dt_k}{T} \cdots \frac{dt_x}{T} =$$

$$= \int\limits_{t_k=0}^{T} F(t-t_k) \frac{dt_k}{T}. \qquad (I\ 3,\ 22)$$

In dem verbleibenden Einfachintegral substituieren wir

$$t - t_k = \tau \qquad (I\ 3,\ 23)$$

und erhalten

$$\int\limits_{0}^{T} F(t-t_k) \frac{dt_k}{T} = \frac{1}{T} \int\limits_{t-T}^{t} F(\tau)\, d\tau. \qquad (I\ 3,\ 24)$$

Auf Grund der Eigenschaft (I 3, 12) des Integranden dürfen wir nun die untere Grenze des nach τ zu erstreckenden Integrales ohne Änderung seines Wertes nach $\tau \to (-\infty)$ rücken lassen:

$$\int\limits_{0}^{T} F(t-t_k) \frac{dt_k}{T} = \frac{1}{T} \int\limits_{-\infty}^{t} F(\tau)\, d\tau. \qquad (I\ 3,\ 25)$$

Über diese nur formale, mathematische Operation hinausgehend, spezialisieren wir von nun ab den physikalischen Charakter der Funktion $F(\tau)$ durch die Forderung, daß sie mit wachsendem Argument $\tau > 0$ gegen Null konvergiere

$$\lim_{\tau \to \infty} F(\tau) = 0. \qquad (I\ 3,\ 26)$$

Welche Anzahl $\langle y \rangle$ unter den insgesamt x während der Dauer T emittierten Elektronen entfällt durchschnittlich auf das Intervall $0 \leq \tau \leq t$ im Falle $t \leq T$?

Der genannte Vorgang definiert die x-fach *wiederholte Alternative* zwischen der Emission mit der Wahrscheinlichkeit

$$q = \frac{t}{T} \qquad (I\ 3,\ 27)$$

und der Nicht-Emission mit der Wahrscheinlichkeit

$$p = 1 - q = 1 - \frac{t}{T} \qquad (I\ 3,\ 28)$$

für deren Statistik die *Bernoulli*sche Formel zuständig ist: Der Ausdruck

$$W_{(x)}\,(y) = \binom{x}{y}\left(\frac{t}{T}\right)^{y}\left(1 - \frac{t}{T}\right)^{x-y} \qquad (I\ 3,\ 29)$$

mißt die Wahrscheinlichkeit der Emission von gerade y Elektronen, so daß im Durchschnitt

$$\langle y \rangle = x \cdot q = x\,\frac{t}{T} \qquad (I\ 3,\ 30)$$

Elektronen während der Zeit $0 \leq t \leq T$ emittiert werden. Für alle $t < T$ folgt somit aus (I 3, 30)

$$\lim_{T \to \infty} \langle y \rangle = 0. \qquad (I\ 3,\ 31)$$

Im Lichte dieses Ergebnisses dürfen wir, die Beobachtung des Anfangsstadiums einer hinreichend langen Zeitspanne T fortan von der Behandlung ausschließend, die explizit von der Zeit t abhängige „*Übergangs*"-Angabe (I 3, 25) mit Rücksicht auf (I 3, 26) hinreichend genau durch die *stationäre* Aussage

$$\int_{0}^{T} F\,(t - t_k)\frac{dt_k}{T} \to \frac{1}{T}\int_{-\infty}^{\infty} F\,(\tau)\,d\tau \qquad (I\ 3,\ 32)$$

ersetzen. Auf Grund ihrer Unabhängigkeit von der Ordnungszahl k des jeweils agierenden Einzelelektrons gilt sie einheitlich für alle x Elektronen des kombinierten Emissionsprozesses, so daß wir aus (I 3, 21) und (I 3, 32) die Formel

$$G_{(x)}\,(t) = \frac{x}{T}\int_{-\infty}^{\infty} F\,(\tau)\,d\tau \qquad (I\ 3,\ 33)$$

erhalten, welche gleich (I 3, 32) nicht mehr vom Beobachtungszeitpunkt t abhängt. Die nämliche Stationaritätseigenschaft zeichnet den „Emissions-Erwartungswert" G(t) nach (I 3, 15) aus, für welchen wir — bei Unterdrückung des nunmehr überflüssigen, auf die laufende Zeit hinweisenden Argumentes t — aus (I 3, 33) im Verein mit (I 3, 1) und (I 3, 2) den Ausdruck

$$G = \frac{1}{T}\int_{-\infty}^{\infty} F\,(\tau)\,d\tau \sum_{x=0}^{\infty} x\,w\,(x) = \frac{\langle x \rangle}{T}\int_{-\infty}^{\infty} F\,(\tau)\,d\tau = \frac{a}{T}\int_{-\infty}^{\infty} F\,(\tau)\,d\tau$$

$$(I\ 3,\ 34)$$

finden.

g) Zur quadratischen Schwankung übergehend, schreiben wir abkürzend

$$F\,(t - t_k) \equiv F_k \qquad (I\ 3,\ 35)$$

und bilden mit Hilfe von (I 3, 13) das gemäß (I 3, 16) sozusagen vom Zufall diktierte Quadrat

$$\varDelta\, G_{(x)}^2\,(t\,;\,t_1\,;\,t_2\,;\,\ldots\,t_k\,;\,\ldots\,t_x) = \left[\sum_{k=1}^{x} F_k - G\,(t)\right]^2 =$$

$$= \left[\sum_{k=1}^{x} F_k\right]^2 - 2\,G \cdot \sum_{k=1}^{x} F_k + G^2. \qquad (I\ 3,\ 36)$$

Nach dem Vorbild der Gl. (I 3, 21) erhalten wir somit für den quadratischen Mittelwert (I 3, 17) den Ausdruck

$$\varDelta\, G_{(x)}^2\,(t) = \int\limits_{t_1=0}^{T} \int\limits_{t_2=0}^{T} \ldots \int\limits_{t_k=0}^{T} \ldots \int\limits_{t_x=0}^{T} \left[\sum_{j=1}^{x} F_j\right]^2 \frac{dt_1}{T} \cdot \frac{dt_2}{T} \ldots \frac{dt_k}{T} \ldots \frac{dt_x}{T} +$$

$$- 2\,G \int\limits_{t_1=0}^{T} \int\limits_{t_2=0}^{T} \ldots \int\limits_{t_k=0}^{T} \ldots \int\limits_{t_x=0}^{T} \left[\sum_{j=1}^{x} F_j\right] \frac{dt_1}{T} \cdot \frac{dt_2}{T} \ldots \frac{dt_x}{T} \ldots \frac{dt_x}{T} + G^2,$$

$$(I\ 3,\ 37)$$

in welchem wir, um Mißverständnissen vorzubeugen, den ja beliebig wählbaren Namen des Summationsindex mit j statt, wie früher, mit k bezeichnet haben. Der Integrand des ersten, in (I 3, 37) rechter Hand auftretenden Gliedes enthält x^2 Posten, über deren Bau wir uns an Hand der Matrix

$$\begin{matrix} (F_1)^2 & F_1\,F_2 & F_1\,F_j & F_1\,F_x \\ F_2\,F_1 & (F_2)^2 & F_2\,F_j & F_2\,F_x \\ F_j\,F_1 & F_j\,F_2 & (F_j)^2 & F_j\,F_x \\ F_x\,F_1 & F_x\,F_2 & F_x\,F_j & (F_j)^2 \end{matrix} \qquad (I\ 3,\ 38)$$

unterrichten. Zufolge der oben angegebenen funktionellen Eigenschaften von F findet man dann zunächst für jedes der x in der Regel unterschiedlichen Glieder der Hauptdiagonalen den nichtsdestoweniger einheitlichen, zeitfreien Integralwert

$$\int\limits_{t_1=0}^{T} \int\limits_{t_2=0}^{T} \ldots \int\limits_{t_j=0}^{T} \ldots \int\limits_{t_x=0}^{T} (F_j)^2 \frac{dt_1}{T} \cdot \frac{dt_2}{T} \ldots \frac{dt_j}{T} \ldots \frac{dt_x}{T} \equiv$$

$$\equiv \int\limits_{t_j=0}^{T} [F\,(t-t_j)]^2 \frac{dt_j}{T} \to \frac{1}{T} \int\limits_{-\infty}^{\infty} [F\,(\tau)]^2\,d\tau. \qquad (I\ 3,\ 39)$$

Dagegen berechnet sich das Integral über je eines der x(x — 1) Seitenglieder j ≠ k der Matrix $F_j\,F_k$ zu

$$\int\limits_{t_1=0}^{T} \int\limits_{t_2=0}^{T} \ldots \int\limits_{t_j=0}^{T} \ldots \int\limits_{t_k=0}^{T} \ldots \int\limits_{t_x=0}^{T} F_j\,F_k \frac{dt_1}{T} \cdot \frac{dt_2}{T} \ldots \frac{dt_j}{T} \ldots \frac{dt_k}{T} \ldots \frac{dt_x}{T} \equiv$$

$$\equiv \int\limits_{t_j=0}^{T} F\,(t-t_j) \frac{dt_j}{T} \int\limits_{t_k=0}^{T} F\,(t-t_k) \frac{dt_k}{T} \to \left[\frac{1}{T} \int\limits_{-\infty}^{\infty} F\,(\tau)\,d\tau\right]^2 ; \quad 1 \leqq j \neq k \leqq x.$$

$$(I\ 3,\ 40)$$

Durch Substitution von (I 3, 32), (I 3, 39) und (I 3, 40) in (I 3, 37) ergibt sich also für $\Delta G_{(x)}{}^2(t)$ der zeitfreie Ausdruck

$$\Delta G_{(x)}{}^2(t) \equiv \Delta G_{(x)}{}^2 = \frac{x}{T} \int\limits_{-\infty}^{\infty} [F(\tau)]^2\, d\tau + \frac{x(x-1)}{T^2} \left[\int\limits_{-\infty}^{\infty} F(\tau)\, d\tau^2 \right]^2 +$$

$$- 2\,G \cdot \frac{x}{T} \int\limits_{-\infty}^{\infty} F(\tau)\, d\tau + G^2. \qquad (I\ 3,\ 41)$$

Nach (I 3, 1), (I 3, 2) und (I 3, 3) gelten nun die Relationen

$$\sum_{x=0}^{\infty} x\,w(x) \equiv \langle x \rangle = a \qquad (I\ 3,\ 42)$$

sowie

$$\sum_{x=0}^{\infty} x(x-1)\,w(x) \equiv \langle x^2 - x \rangle \equiv \langle x^2 - a^2 + a^2 - x \rangle =$$

$$= \langle (x-a)^2 \rangle + \langle a^2 - x \rangle \equiv \sigma + a^2 - \langle x \rangle = a^2. \qquad (I\ 3,\ 43)$$

Im Verein mit (I 3, 34) resultiert somit für die mittlere quadratische Emissionsschwankung (I 3, 18) der Gesamtwirkung die zeitfreie Größe

$$\Delta G^2(t) \equiv \Delta G^2 = \frac{a}{T} \int\limits_{-\infty}^{\infty} [F(\tau)]^2\, d\tau. \qquad (I\ 3,\ 44)$$

h) Definitionsgemäß mißt das Verhältnis

$$\nu = \frac{a}{T} \qquad (I\ 3,\ 45)$$

die *durchschnittliche Elektronenemission je Zeiteinheit*, welche als solche, unter festen Betriebsbedingungen der untersuchten Röhren, von der jeweiligen Wahl der Kontrolldauer T unabhängig ist. Insbesondere gehen durch den Grenzübergang $T \to \infty$ aus den nur approximativ gültigen Angaben (I 3, 34) und (I 3, 44) beziehentlich die strengen Formeln

$$G = \nu \int\limits_{-\infty}^{\infty} F(\tau)\, d\tau \qquad (I\ 3,\ 46)$$

und

$$\Delta G^2 = \nu \int\limits_{-\infty}^{\infty} [F(\tau)]^2\, d\tau \qquad (I\ 3,\ 47)$$

hervor, deren letztgenannte sich durch ihre Unabhängigkeit von der Zeitspanne T wesentlich von der *Schottky*schen Gleichung (I 3, 8) des Schroteffektes unterscheidet. In den Anwendungen hat man es daher vorwiegend mit den Sätzen (I 3, 46) und (I 3, 47) zu tun, welche erstmalig von *Campbell* aufgefunden wurden und nach ihm benannt werden.

i) Wir gehen von dem zeitlichen Integral der quadratischen Wirkung $[F(t)]^2$

$$P = \int_{-\infty}^{\infty} [F(t)]^2 \, dt \qquad (I\ 3,\ 48)$$

zum kontinuierlichen Spektrum der in P enthaltenen harmonischen Teilschwingungen des Frequenzbereiches $0 \leqq f < \infty$ über

$$P = \int_{-\infty}^{\infty} S(f) \, df. \qquad (I\ 3,\ 49)$$

Für F(t) die *Fourier*-Darstellung

$$F(t) = \int_{-\infty}^{\infty} s(f)\, e^{-2\pi i f t} \, df \qquad (I\ 3,\ 50)$$

der komplexen Spektraldichte

$$s(f) = \int_{-\infty}^{\infty} F(\tau)\, e^{-2\pi i f \tau} \, d\tau; \qquad s(-f) = s^*(f) \qquad (I\ 3,\ 51)$$

substituierend, finden wir somit gemäß (I 13, 42) die Relation

$$P = 2 \int_{0}^{\infty} s(f)\, s^*(f) \, df \qquad (I\ 3,\ 52)$$

Im Verein mit der *Campbell*schen Formel (I 3, 47) vermittelt (I 3, 50) die Spektralanalyse

$$\varDelta G^2 = \int_{0}^{\infty} \varGamma(f) \, df \qquad (I\ 3,\ 53)$$

in der Angabe

$$\varGamma(f) = \nu\, S(f) = 2\, \nu\, s(f)\, s^*(f). \qquad (I\ 3,\ 54)$$

j) Wir kehren zum Augenblickswert (I 3, 13) der resultierenden Wirkung zurück, in welchem wir ursprünglich neben der laufenden Zeit t sowohl der Anzahl $0 \leqq x < \infty$ aller im Zeitraum T emittierten Elektronen wie auch deren jeweiligen Emissionszeitpunkten t_k [$1 \leqq k \leqq x$] den vollen Rang *unabhängiger Veränderlicher* zuerkannten. Diesen Standpunkt geben wir fortan auf; vielmehr weisen wir der Zahl x ebenso wie der Gesamtheit aller t_k nur noch die Rolle von *Parametern* zu: Die resultierende Wirkung (I 3, 13) geht in eine stochastisch fluktuierende Funktion allein der laufenden Zeit t über, welche als solche durch das Symbol $\widetilde{G}(t)$ bezeichnet werde:

$$G_{(x)}(t;\, t_1;\, t_2;\, \ldots t_k;\, \ldots t_x) \to \widetilde{G}(t). \qquad (I\ 3,\ 55)$$

Wie diese Funktion auch analytisch gebaut sei: Bei Benutzung des *Dirac*schen Funktionssymboles darf sie formal stets als kontinuierliche Veränderliche aufgefaßt werden, welche als Argument in die Wahrscheinlichkeit

$$\varDelta w(\widetilde{G}) = w(\widetilde{G})\, \varDelta\widetilde{G} \qquad (I\ 3,\ 56)$$

für die Beobachtung eines $\widetilde{G}$-Wertes des infinitesimal schmalen Merkmal-bereiches $\varDelta\widetilde{G}$ eingeht. Welche Wahrscheinlichkeitsdichte $w(\widetilde{G})$ beschreibt die durch (I 3, 56) definierte Verteilung?

Zu der Einzelwirkung F der Eigenschaften (I 3, 12) und (I 3, 26 zurück-kehrend, finden wir zunächst für deren Verteilung $w_{(1)} = w_{(1)}(F)$ zum Zeit-punkt t auf Grund von (I 3, 9) und (I 3, 10) die *Laplace*sche Funktion

$$L_{(1)}(\mu) = \frac{1}{T} \int\limits_{0}^{T} e^{2\pi i\mu F(t-t_k)}\, dt_k = \frac{1}{T} \int\limits_{t-T}^{t} e^{2\pi i\mu F(\tau)}\, d\tau. \qquad (I\ 3,\ 57)$$

Wird die Existenz des hier auftretenden Integrales vorausgesetzt, so erweist sich also sein Wert als unabhängig vom Emissionszeitpunkt $0 < t_k < T$. Daher entspricht der Emission von genau $x \geqq 1$ Elektronen während der Zeitspanne T die erzeugende Funktion

$$L_{(x)}(\mu) = [L_{(1)}(\mu)]^x \qquad (I\ 3,\ 58)$$

der Wahrscheinlichkeitsdichte

$$w_{(x)}(\widetilde{G}) = \int\limits_{-\infty}^{\infty} e^{-2\pi i\mu\widetilde{G}}\,[L_{(1)}(\mu)]^x\, d\mu \qquad (I\ 3,\ 59)$$

der resultierenden Wirkung $\widetilde{G}$. Diese Integraldarstellung erfaßt auch den oben ausgeschlossenen Fall $x = 0$, unter der Bedingung, daß wir uns der „Lesevorschrift" (E 10, 14) bedienen. Denn dann degeneriert (I 3, 59) zu der Aussage

$$w_{(0)}(\widetilde{G}) = \delta(\widetilde{G}), \qquad (I\ 3,\ 60)$$

welche, wenngleich in der konzentrierten Sprache der symbolischen *Dirac*-Funktion, doch nur eine Binsenwahrheit enthält: Beim Fehlen jeglicher Elektronenemission kann gewiß keine elektronische Wirkung auftreten!

Da die Emissionswahrscheinlichkeit von jeweils gerade x Elektronen während der Dauer T durch die *Poisson*sche Verteilung (I 3, 2) beschrieben wird, liefert die *Verbindungsregel* statistisch voneinander unabhängiger Kollektive [Ziffer E 7] für die Wahrscheinlichkeitsdichte $w(\widetilde{G})$ der resultierenden Wirkung bei nunmehr beliebiger Elektronenzahl $0 \leqq x < \infty$ den Ausdruck

$$w(\widetilde{G}) = \sum_{x=0}^{\infty} \frac{e^{-a}\,a^x}{x!} \int\limits_{-\infty}^{\infty} e^{-2\pi i\mu\widetilde{G}}\,[L_1(\mu)]^x\, d\mu. \qquad (I\ 3,\ 61)$$

Wir verschärfen jetzt die früher über die Funktion $L_1(\mu)$ gemachten Annahmen zu der Voraussetzung, daß die Reihenfolge der in (I 3, 61) ver-langten Operationen der Integration und der Summation ohne Einfluß auf das schließliche Ergebnis umgekehrt werden darf. Mit dem Zeichen Exp die Exponentialfunktion symbolisierend, finden wir dann aus (I 3, 45), (I 3, 57) und (I 3, 61)

$$w(\widetilde{G}) = \int\limits_{-\infty}^{\infty} \mathrm{Exp}\left[-2\pi i\,\widetilde{G} + \nu \int\limits_{t-T}^{t} (e^{2\pi i\mu F(\tau)} - 1)\, d\tau\right] d\mu. \qquad (I\ 3,\ 62)$$

Aus (I 3, 12) erschließen wir nun gewiß die Aussage

$$e^{2\pi i\mu F(\tau)} - 1 = 0 \qquad \text{für} \qquad \tau < 0, \qquad (I\ 3,\ 63)$$

so daß wir für alle $0 \leq t < T$ die untere Grenze $(t - T)$ des in (I 3, 62) eingehenden, nach τ zu erstreckenden Integrales mit $(-\infty)$ vertauschen dürfen; überdies gestattet (I 3, 26) im Verein mit der Eigenschaft (I 3, 31) der Elektronenemission, bei Ausschluß der zu deren Beginn einsetzenden Übergangserscheinungen, die obere Grenze des genannten Integrales bei nur geringem Verlust an Genauigkeit nach $(+\infty)$ rücken zu lassen:

$$\int_{t-T}^{t} (e^{2\pi i \mu F(\tau)} - 1)\,d\tau \approx \int_{-\infty}^{\infty} (e^{2\pi i \mu F(\tau)} - 1)\,d\tau. \qquad (I\ 3,\ 64)$$

Durch den ideellen Prozeß $T \to \infty$ einer unmeßbar langen Beobachtungsdauer verwandelt sich die Näherung (I 3, 64) in eine streng gültige Gleichung, so daß aus (I 3, 62) die zeitfreie, „stationäre" Darstellung

$$w(\widetilde{G}) = \int_{-\infty}^{\infty} \mathrm{Exp}\left[-2\pi i\,\widetilde{G} + \nu \int_{-\infty}^{\infty} (e^{2\pi i \mu F(\tau)} - 1)\,d\tau\right] d\mu \qquad (I\ 3,\ 65)$$

hervorgeht.

I 4. Sättigungsrauschen.

a) Wir beschäftigen uns mit den *Schwankungserscheinungen im Stromkreise einer Hochvakuumdiode*, welche bei fester absoluter Temperatur T ihrer Kathode mit einer so hohen, merklich konstanten Anodenspannung $U > 0$ betrieben wird, daß sämtliche, während der Beobachtungsdauer T aus der Kathode emittierten Elektronen ausnahmslos zur Anode hinübergezogen werden: Der Anodenstrom J gleicht in jedem Zeitpunkt t dem *Sättigungsstrom* J_s der Kathode

$$J(t) = J_s(t). \qquad (I\ 4,\ 1)$$

Sowohl der jeweilige Emissionszeitpunkt t_k $[0 \leq t_k \leq T]$ der diesen Strom tragenden Elektronen wie deren Zahl x $[0 \leq x < \infty;\ 1 \leq k \leq x]$ wird vom *Zufall* diktiert. Wir nehmen an, daß die Wahrscheinlichkeit $w(x)$ von gerade x Emissionsprozessen durch die *Poisson*sche Verteilung

$$w(x) = \frac{e^{-a}\,a^x}{x!} \qquad (I\ 4,\ 2)$$

vom Erwartungswerte

$$\langle x \rangle = a \qquad (I\ 4,\ 3)$$

und der quadratischen Streuung

$$\sigma = \langle (x - a)^2 \rangle = a \qquad (I\ 4,\ 4)$$

beschrieben wird. Demgemäß weist die Stromstärke J gegen ihren Mittelwert

$$\langle J \rangle = q_0\,\frac{a}{T} = q_0\,\nu; \qquad \nu = \frac{a}{T} \qquad (I\ 4,\ 5)$$

nach Maßgabe der *Schottky*schen Formel (I 3, 8) die quadratische Schwankung

$$\langle \Delta J^2 \rangle = \langle J \rangle \frac{q_0}{T} \qquad (I\ 4,\ 6)$$

auf; wir fragen nach ihren Wirkungen auf den Anodenkreis.

b) Zwischen die Anode und die Kathode der untersuchten Röhre werde ein fester *Ohm*scher Widerstand R in Reihe mit dem Gleichspannungs-Generator eingeschaltet. Welche *Rauschleistung* wird in ihm durch den unregelmäßig schwankenden Strom J erregt?

Wir kehren zu dem Teilstrom J_k jenes Einzelelektrons zurück, welches die Kathode gerade zum Zeitpunkt $t = t_k$ verlassen habe. Nachdem der Strom J mit dem Sättigungsstrom der Röhre identifiziert wurde, dürfen wir die Raumladung des Interelektrodengebietes außer Betracht lassen. In der hierdurch angezeigten Genauigkeit kann der Strom J_k durch die Funktion

$$J_k = F(t - t_k) \qquad (I\ 4,\ 7)$$

dargestellt werden, welche für alle Zeiten $t < t_k$ verschwindet

$$F(t - t_k) = 0 \qquad \text{für} \qquad t < t_k, \qquad (I\ 4,\ 8)$$

für $t > t_k$ jedoch auf Grund der *Ramo*schen Sätze [Ziffer I 1] entsprechend der jeweils vorliegenden Elektrodenform explizit vorausberechnet werden kann; sie gilt weiterhin als bekannt. Mit f eine reelle Frequenz des Bereiches $(-\infty) < f < \infty$ bezeichnend, liefert nun das *Fourier*sche Doppelintegral für J_k den Ausdruck

$$J_k(t) = \int_{-\infty}^{\infty} e^{-2\pi i f t}\, df \int_{-\infty}^{\infty} J_k(\tau)\, e^{2\pi i f \tau}\, d\tau; \qquad i = \sqrt{-1}, \qquad (I\ 4,\ 9)$$

welcher sich zufolge (I 4, 7) und (I 4, 8) auf

$$J_k(t) = \int_{-\infty}^{\infty} e^{-2\pi i f t}\, e^{2\pi i f t_k}\, df \int_{0}^{\infty} F(\tau)\, e^{2\pi i f \tau}\, d\tau \qquad (I\ 4,\ 10)$$

reduziert: Die Funktion

$$s_k(f) = e^{2\pi i f t_k} \int_{0}^{\infty} F(\tau)\, e^{2\pi i f \tau}\, d\tau \qquad (I\ 4,\ 11)$$

schildert das *komplexe Frequenzspektrum* des Stromes J_k; es genügt auf Grund der Realität von $F(\tau)$ der Eigenschaft

$$s_k(-f) = e^{-2\pi i f t_k} \int_{0}^{\infty} F(\tau)\, e^{-2\pi i f \tau}\, d\tau = s_k{}^*(f) \qquad (I\ 4,\ 12)$$

Setzt man daher abkürzend

$$s(f) = \int_{0}^{\infty} F(\tau)\, e^{2\pi i f \tau}\, d\tau, \qquad (I\ 4,\ 13)$$

so entfällt auf das hinreichend schmale Frequenzband Δf die *Rauscharbeit*

$$\Delta W_k = R\, s(f)\, s^*(f)\, \Delta f; \qquad (-\infty) < f < \infty, \qquad (I\ 4,\ 14)$$

welche also vom jeweiligen Emissionspunkt t_k des übergehenden Elektrons nicht abhängt. Mit Hilfe des *Campbell*schen Satzes (I 4, 40) resultiert daher für die Rauschleistung ΔN des Frequenzbandes $|\Delta f|$ der Erwartungswert

$$\Delta N = \nu\, 2\, \Delta W_k = 2\, R\, \nu\, s(f)\, s^*(f)\, |\Delta f|. \qquad (I\ 4,\ 15)$$

Bei der Anwendung dieser Formel haben wir *zwei Frequenzbereiche* zu unterscheiden:

1. Solange die Flugdauer T_f der Elektronen bei deren Übergang von der Kathode zur Anode so kurz bemessen ist, daß innerhalb des untersuchten Frequenzbandes stets

$$|f\,T_f| \ll 1 \qquad\qquad (I\ 4,\ 16)$$

bleibt, folgt aus (I 4, 13) die Spektralanalyse

$$s(f) = \int_0^\infty F(\tau)\,e^{2\pi if\tau}\,d\tau = \int_0^{T_f} F(\tau)\,e^{2\pi if\tau}\,d\tau \approx \int_0^{T_f} F(\tau)\,d\tau = q_0 \qquad (I\ 4,\ 17)$$

falls sich (I 4, 16), nach entsprechender Umdeutung der Flugdauer T_f, auch auf die Bewegung der allenfalls aus der Anode befreiten Sekundärelektronen erstreckt; diese liefern dann also keinen merklichen Beitrag zur Rauschleistung. In der durch (I 4, 16) beschränkten Genauigkeit resultiert daher für die Rauschleistung aus (I 4, 15) das „weiße" Spektrum

$$\varDelta N = 2\,R\,\nu\,q_0^2\,|\varDelta f| = 2\,R\,\langle J\rangle\,q_0\,|\varDelta f|. \qquad (I\ 4,\ 18)$$

Beispielsweise findet man unter den Annahmen

$$R = 10^4\,\Omega; \qquad \langle J\rangle = 5\,\text{m\,A}; \qquad |\varDelta f| = 10\,\text{k\,Hz} \qquad (I\ 4,\ 19)$$

die Rauschleistung

$$\varDelta N = 0{,}16\cdot 10^{-12}\,\text{W}, \qquad\qquad (I\ 4,\ 20)$$

welche die Schwellenempfindlichkeit des gesunden menschlichen Ohres[1] bei der optimalen Hörfrequenz von rund 2000 Hz um etwa das 40-fache übertrifft.

2. Steigt der absolute Betrag der Frequenz innerhalb des kontrollierten Bandes über die nach (I 4, 16) gestattete Höhe an, so muß man das Spektrum (I 4, 13) streng berechnen. Der Kürze halber beschränken wir uns bei der verlangten Analyse auf die Elektronenbewegung in der planparallelen Diode vom Abstande d ihrer Elektroden. Nach (I 4, 11) durcheilt dann das Elektron im Felde der „modifizierten" Anodenspannung U* [Kontaktpotential-Korrektur!] den Interelektrodenraum während der Flugzeit

$$T_f = 2\,d\sqrt{\frac{1}{2}\frac{m_0}{q_0}\frac{1}{U^*}} \qquad\qquad (I\ 4,\ 21)$$

und sein Primärstrom J_k wird gemäß (I 4, 12) durch die Funktion

$$J_k = F(t-t_k) = \frac{q_0^2}{m_0}\frac{U^*}{d^2}\,(t-t_k) = \frac{2\,q_0}{T_f}\cdot\frac{t-t_k}{T_f}; \qquad t_k \leqq t \leqq t_k + T_f \qquad (I\ 4,\ 22)$$

beschrieben. Der anschließende Sekundärstrom J_k' besitzt nach (I 4, 16) und (I 4, 18) die Lebensdauer

$$T_f' = 2\,T_f\cdot\sqrt{\eta}, \qquad\qquad (I\ 4,\ 23)$$

während derer er entsprechend (I 4, 20) durch die Gleichung

$$J_k' = F'(t-t_k) = -\frac{q_0}{d}\sqrt{2\,\eta\,\frac{q_0}{m_0}\,U^*}\left(1 - 2\frac{t-t_k-T_f}{T_f'}\right) =$$

$$= -\frac{4\,q_0\,\eta}{T_f'}\left(1 - 2\frac{t-t_k-T_f}{T_f'}\right); \qquad t_k + T_f \leqq t \leqq t_k + T_f + T_f' \qquad (I\ 4,\ 24)$$

---

[1] *H. Fletcher*, Speech and Hearing, S. 140. New York, van Nostrand 1929.

dargestellt wird. Die Spektralanalyse zerfällt daher in die zwei Teile

$$s_k(f) = s_k^{(1)}(f) + s_k^{(2)}(f). \qquad (I\ 4,\ 25)$$

Das „*Primärspektrum*" $s_k^{(1)}$ wird durch

$$s_k^{(1)}(f) = \int_{t_k}^{t_k + T_f} F(t - t_k)\, e^{2\pi i f t}\, dt = e^{2\pi i f t_k}\, s^{(1)}(f); \qquad s^{(1)}(f) = \int_0^{T_f} F(\tau)\, e^{2\pi i f \tau}\, d\tau$$

$$(I\ 4,\ 26)$$

dargestellt, während das „*Sekundärspektrum*" $s_k^{(2)}$ aus

$$s_k^{(2)} = \int_{t_k + T_f}^{t_k + T_f + T_f'} F'(t - t_k)\, e^{2\pi i f t}\, dt = e^{2\pi i f(t_k + T_f)}\, s^{(2)}(f); \qquad s^{(2)}(f) = \int_0^{T_f'} F'(\tau)\, e^{2\pi i f \tau}\, d\tau$$

$$(I\ 4,\ 27)$$

zu berechnen ist.

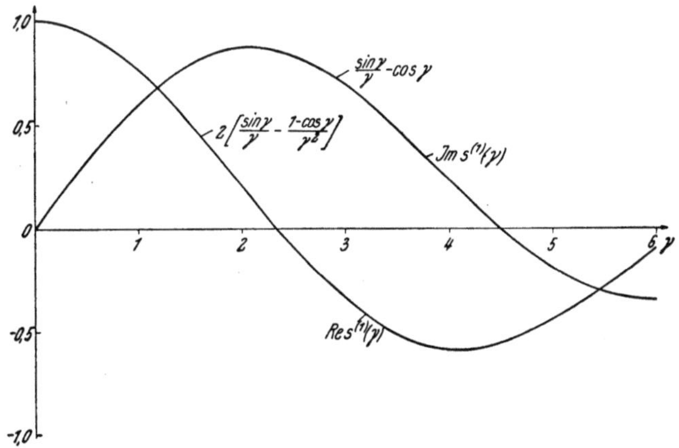

Abb. I 54. Die Komponenten des primären Rauschspektrums als Funktion der numerischen Frequenz. $\left[\text{An Stelle} \left(\frac{\sin \gamma}{\gamma} - \cos \gamma\right) \text{lies} \frac{2}{\gamma}\left(\frac{\sin \gamma}{\gamma} - \cos \gamma\right)\right]$.

Wir führen abkürzend die je frequenzproportionalen Phasenwinkel

$$\gamma = 2\pi f\, T_f; \qquad \gamma' = 2\pi f\, T_f' \qquad (I\ 4,\ 28)$$

ein. Für die beziehentlich als Funktionen dieser „numerischen Frequenzen" aufgefaßten Spektren der Kürze halber die Symbole $s^{(1)}$ und $s^{(2)}$ beibehaltend, finden wir dann mit Hilfe von (I 4, 22) aus (I 4, 26) zunächst das Primärspektrum

$$s^{(1)}(\gamma) = q_0\, 2 \int_0^1 \frac{\tau}{T_f}\, e^{i\gamma \frac{\tau}{T_f}}\, d\left(\frac{\tau}{T_f}\right) =$$

$$= q_0\, 2\left[\left\{\frac{\sin \gamma}{\gamma} - \frac{1 - \cos \gamma}{\gamma^2}\right\} + \frac{i}{\gamma}\left\{\frac{\sin \gamma}{\gamma} - \cos \gamma\right\}\right]. \qquad (I\ 4,\ 29)$$

Abb. I 54 zeigt den Gang seiner Komponenten mit der numerischen Frequenz γ, während Abb. I 55 den Verlauf der Funktion

$$s^{(1)}(\gamma)\,s^{(1)*}(\gamma) = \frac{q_0{}^2}{\gamma^2}\,4\left[1 - 2\,\frac{\sin\dfrac{\gamma}{2}}{\dfrac{\gamma}{2}}\cos\frac{\gamma}{2} + \left(\frac{\sin\dfrac{\gamma}{2}}{\dfrac{\gamma}{2}}\right)^2\right] \qquad (\text{I } 4,\,30)$$

veranschaulicht.

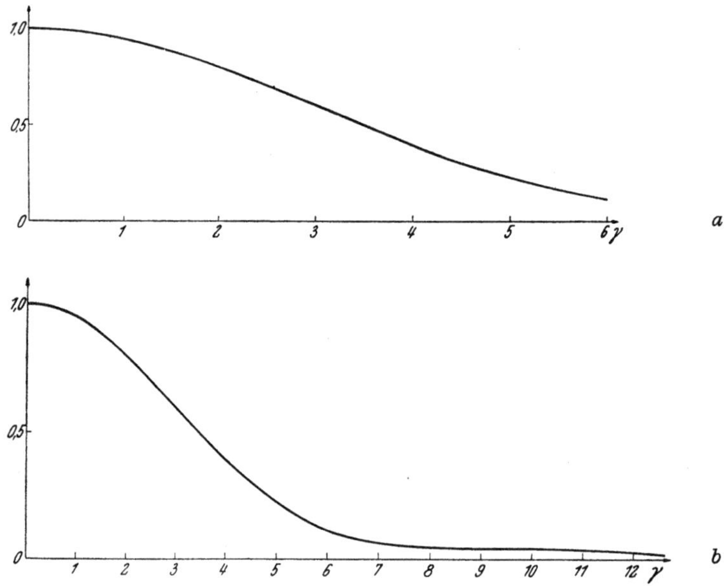

Abb. I 55 a und I 55 b. Die Funktion $\dfrac{1}{q_0{}^2}\,s_1(\gamma)\,s_1{}^*(\gamma)$ in ihrer Abhängigkeit von der numerischen Frequenz γ. (a) $0 \leqq \gamma \leqq 6$. (b) $0 \leqq \gamma \leqq 12$.

Zum Sekundärspektrum übergehend, folgt aus (I 4, 24) und (I 4, 27) die komplexe Gleichung

$$s^{(2)}(\gamma') = -4\,q_0\,\eta \int_0^1 \left(1 - 2\,\frac{\tau}{T_f'}\right)e^{i\gamma'\frac{\tau}{T_f'}}\,d\left(\frac{\tau}{T_f'}\right) =$$

$$= 4\,q_0\,\eta\,\frac{\cos\dfrac{\gamma'}{2} - \dfrac{\sin\dfrac{\gamma'}{2}}{\dfrac{\gamma'}{2}}}{i\dfrac{\gamma'}{2}}\left[\cos\frac{\gamma'}{2} + i\sin\frac{\gamma'}{2}\right], \qquad (\text{I } 4,\,31)$$

deren Komponenten in ihrer Abhängigkeit von der numerischen Frequenz γ' aus Abb. I 56 zu entnehmen sind; Abb. I 57 zeigt die gemäß (I 4, 31) resultierende Gestalt der Funktion

$$s^{(2)}(\gamma')\, s^{(2)*}(\gamma') = q_0^{\,2}\, \eta^2 \left(\frac{8}{\gamma'}\right)^2 \left(\cos\frac{\gamma'}{2} - \frac{\sin\frac{\gamma'}{2}}{\frac{\gamma'}{2}}\right)^2. \qquad (I\ 4,\ 32)$$

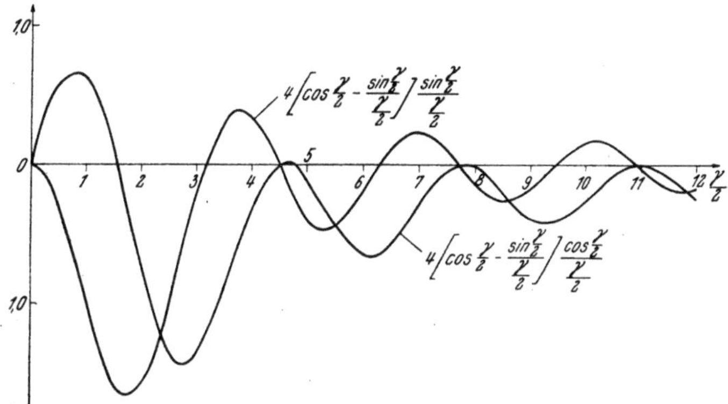

Abb. I 56. Die Komponenten des sekundären Rauschspektrums als Funktion der numerischen Frequenz $\gamma' = \gamma$.

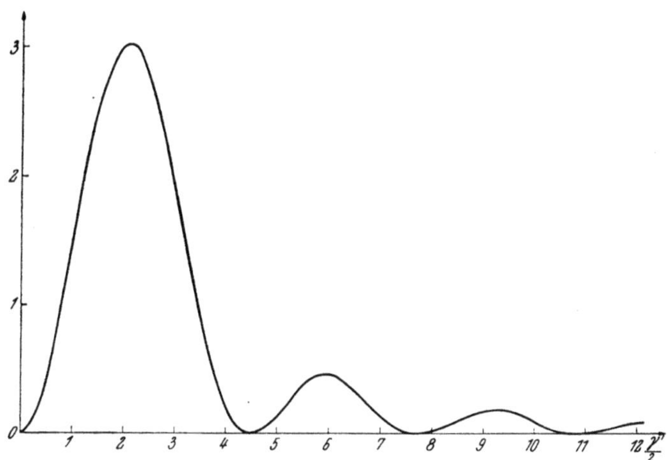

Abb. I 57. Die Funktion $\dfrac{s^{(2)}(\gamma')\, s^{(2*)}(\gamma')}{q_0^{\,2}\, \eta^2}$ in ihrer Abhängigkeit von der numerischen Frequenz $\gamma' = \gamma$.

c) Wir vertauschen den *Ohm*schen Widerstand R des Anodenpfades mit einem *Schwingungskreis*, welcher aus der Parallelschaltung eines verlustfreien Kondensators der Kapazität C mit einer Spule der Induktivität L und des Widerstandes r gebildet ist. Die Daten dieses Kreises mögen so gewählt sein, daß

$$\frac{1}{L\,C} \gg \left(\frac{r}{2\,L}\right)^2 \qquad (I\ 4,\ 33)$$

ausfällt; er ist dann schwach gedämpfter *Eigenschwingungen* der Kreisfrequenz

$$\omega_0 \equiv 2\,\pi\,f_0 = \sqrt{\frac{1}{L\,C} - \left(\frac{r}{2\,L}\right)^2} \qquad (I\ 4,\ 34)$$

fähig, welche ihrerseits der einschränkenden Bedingung

$$\omega_0\,T_f \equiv 2\,\pi\,f_0\,T_f \ll 1 \qquad (I\ 4,\ 35)$$

unterworfen werde. Sei nun

$$J = \overline{J}\,e^{-2\pi i f t} \equiv \overline{J}\,e^{-i\omega t} \qquad (I\ 4,\ 36)$$

eine Anodenstrom-Komponente von der komplexen Amplitude $\overline{J}$, welche mit der Kreisfrequenz $\omega = 2\,\pi\,f$ harmonisch pulsiert, so wird im eingeschwungenen Zustande die Spule von dem Zweigstrom J_L der komplexen Amplitude

$$\overline{J}_L = \frac{1}{1 - \omega^2\,L\,C - i\,\omega\,r\,C}\,\overline{J} \qquad (I\ 4,\ 37)$$

durchflossen.

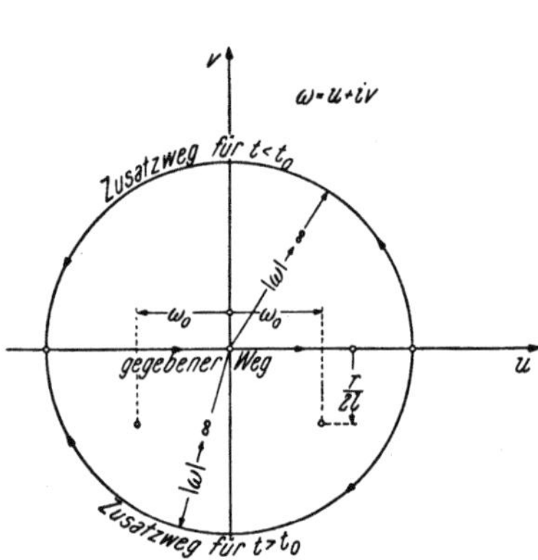

Abb. I 58. Zur Berechnung des komplexen Integrales (I 4, 39).

Der Kürze halber bezeichnen wir das aus (I 4, 13) hervorgehende Spektrum s(f) auch in seiner funktionellen Abhängigkeit von der Kreisfrequenz ω durch das Symbol s. Nach (I 4, 10) und (I 4, 11) erregt daher das im Zeitpunkte t_k emittierte Einzelelektron in der Spule den Strom

$$J_{L,k} = \frac{1}{2\,\pi} \int\limits_{-\infty}^{\infty} \frac{s(\omega)\,e^{-i\omega(t-t_k)}}{1 - \omega^2\,L\,C - i\,\omega\,r\,C}\,d\omega. \qquad (I\ 4,\ 38)$$

Nach (I 4, 33) entfällt nun der Hauptteil des Integrales (I 4, 38) auf die Umgebung von $\omega = \omega_0$, in welcher sich s(ω) wesentlich auf das weiße Spektrum (I 4, 17) reduziert. Daher wird $J_{L,k}$ mit hinreichender Genauigkeit durch das Integral

$$J_{L,k} = \frac{q_0}{2\,\pi} \int\limits_{-\infty}^{\infty} \frac{e^{-i\omega(t-t_k)}}{1 - \omega^2\,L\,C - i\,\omega\,r\,C}\,d\omega \qquad (I\ 4,\ 39)$$

dargestellt; von nun an gabelt sich unser Gedankengang:

1. Welches ist der zeitliche Verlauf des Stromes $J_{L,k}$?
Wir gehen zur Ebene der komplexen Veränderlichen

$$\omega = u + i\,v \qquad (I\ 4,\ 40)$$

über, in welcher der Integrand des Integrales (I 4, 39) die beiden isolierten Pole

$$\omega = -i\,\frac{r}{2\,L} \mp \omega_0 \qquad (I\ 4,\ 41)$$

nach Abb. I 58 aufweist; nun unterscheiden wir:

I. Für alle Zeiten $t < t_k$ dürfen wir den längs der u-Achse verlaufenden Integrationsweg ohne Wertänderung des Integrales durch den in $v > 0$ gelegenen Halbkreis vom Radius $|\omega| \to \infty$ schließen und erhalten auf Grund des *Cauchy*schen Hauptsatzes der Funktionentheorie sogleich

$$J_{L,k} = 0 \qquad \text{für} \qquad t < t_k. \qquad (I\ 4,\ 42)$$

II. Für Zeiten $t > t_k$ dürfen wir den ursprünglich offenen Integrationsweg durch den in $v < 0$ konstruierten Halbkreis vom Radius $|\omega| \to \infty$ zu einem geschlossenen Pfade ergänzen, welcher die beiden Pole (I 4, 41) umfährt. Daher liefert der Residuensatz die Aussage

$$J_{L,k} = q_0\, e^{-\frac{r}{2L}(t-t_k)} \frac{\sin \omega_0 (t - t_k)}{\omega_0\, L\, C} \qquad \text{für} \qquad t > t_k. \qquad (I\ 4,\ 43)$$

An Hand der Gleichungen (I 4, 42) und (I 4, 43) bestätigt man sogleich die *Transportbilanz*

$$\int_{t_k}^{\infty} J_{L,k}(t)\, dt = q_0. \qquad (I\ 4,\ 44)$$

Die Arbeit W des Elektrons am Spulenwiderstande r findet sich mittels des Integrales

$$W = \frac{q_0^2\, r}{\omega_0^2\, L^2\, C^2} \int_{t_k}^{\infty} e^{-\frac{r}{L}(t-t_k)} \sin^2 \omega_0 (t - t_k)\, dt \qquad (I\ 4,\ 45)$$

mit Rücksicht auf (I 4, 34) zu

$$W = \frac{q_0^2}{2\,C}, \qquad (I\ 4,\ 46)$$

sie gleicht also der Freien Feldenergie des Kondensators bei seiner Aufladung allein durch das kontrollierte Elektron. Um dieses so einfache Ergebnis der Anschauung zu erschließen, bedienen wir uns vorübergehend einer makroskopischen Ausdrucksweise, in welcher wir uns von der atomistischen Natur des Elektrons emanzipieren: Beim Eintreffen des Elektrons an der Anode verriegelt die Spule zunächst den Stromfluß durch den von ihr gebotenen Leitungspfad vermöge dessen Induktivität; zu eben diesem Zeitpunkt wird daher die gesamte Elektronenladung instantan dem Kondensator übergeben.

2. Statt, wie es bisher geschah, die Elektronenarbeit W mittels einer doppelten Integration zu ermitteln, verspricht uns der *Parseval*sche Satz eine Ersparnis an Rechenaufwand durch Integration über das in (I 4, 39) vorliegende, kontinuierliche Frequenzspektrum des Stromes $J_{L,k}$: Nach Gl. (E 13, 42) gilt ja

$$r \int_{-\infty}^{\infty} J_{L,k}^2 (t)\, dt = \frac{q_0^2\, r}{2\,\pi} \int_{-\infty}^{\infty} \frac{d\omega}{(1 - \omega^2\, L\, C)^2 + (\omega\, r\, C)^2} \qquad (I\ 4,\ 47)$$

Der Integrand besitzt in den vier durch die biquadratische Gleichung

$$(1 - \omega^2\, L\, C)^2 + (\omega\, r\, C)^2 = 0 \qquad (I\ 4,\ 48)$$

bestimmten Punkten

$$\omega_1 = \mathrm{i}\,\frac{r}{2\,L} + \omega_0; \qquad \omega_2 = \mathrm{i}\,\frac{r}{2\,L} - \omega_0$$
$$\omega_3 = -\mathrm{i}\,\frac{r}{2\,L} + \omega_0; \qquad \omega_4 = -\mathrm{i}\,\frac{r}{2\,L} + \omega_0 \qquad \text{(I 4, 49)}$$

der komplexen $\omega = (\mathrm{u} + \mathrm{i}\,\mathrm{v})$-Ebene je einen isolierten Pol. Nun können wir den in (I 4, 47) genannten Integrationsweg ohne Wertänderung des Integrales entweder durch den in $\mathrm{v} > 0$ gelegenen Halbkreis vom Radius $|\omega| \to \infty$ oder durch einen ebensolchen in $\mathrm{v} < 0$ schließen. Entscheiden wir uns für die erstgenannte Möglichkeit, so umfährt der Integrationspfad lediglich die Pole ω_1 und ω_2, so daß der Residuensatz sogleich zu der Aussage

$$W = q_0{}^2\,r\,\mathrm{i} \sum_{\omega\,=\,\omega_1;\,\omega_2} \frac{1}{-2\,\omega\,L\,C\,(1 - \omega^2\,L\,C) + 2\,\omega\,r^2\,C^2} = \frac{q_0{}^2}{2\,C} \qquad \text{(I 4, 50)}$$

führt; sie ist, wie verlangt wurde, mit (I 4, 46) identisch.

Mit Hilfe der *Campbell*schen Sätze [Ziffer I 3] findet man nunmehr aus (I 4, 44) den Erwartungswert $\langle J_L \rangle$ des Spulenstromes zu

$$\langle J_L \rangle = q_0\,\nu, \qquad \text{(I 4, 51)}$$

während nach (I 4, 46) und (I 4, 50) für die Rauschleistung im Widerstande r die Formel

$$\langle \Delta N \rangle = \frac{q_0{}^2}{2\,C}\,\nu = \langle J \rangle \frac{q_0}{2\,C} \qquad \text{(I 4, 52)}$$

resultiert; das in ihr implizit enthaltene Meßverfahren des elektrischen Elementarquantums q_0 darf als eines der einfachsten und genauesten gelten.

d) Wir begeben uns in das Innere der Röhre und führen dort eine fortgesetzte „Verkehrszählung" der zur Anode fliegenden Primärelektronen durch. Mit welcher Wahrscheinlichkeit $w(J)\,\Delta J$ treffen wir bei einer solchen Kontrolle die Stromstärke J des schmalen Intervalles ΔJ an?

Falls je Zeiteinheit im Mittel ν Elektronen aus der Kathode emittiert werden, mißt das Produkt

$$a_f = \nu\,T_f \qquad \text{(I 4, 53)}$$

die durchschnittliche Anzahl jener Primärelektronen, welche sich immer in einen festen Kontrollaugenblick t gleichzeitig als „Durchreisende" im Interelektrodengebiet aufhalten. Daher beschreibt die *Poisson*sche Verteilung

$$w_f(x) = \frac{e^{-a_f}\,a_f{}^x}{x!}. \qquad \text{(I 4, 54)}$$

die Wahrscheinlichkeit, im Augenblick t gerade x solcher Elektronen vorzufinden, welche somit zusammen den Strom

$$J(x) = \frac{q_0}{T_f}\,x \qquad \text{(I 4, 55)}$$

durch die Röhre transportieren. Hiernach schwankt die momentane Stromstärke um den Mittelwert

$$\langle J \rangle = \frac{q_0}{T_f}\,\langle x \rangle = \frac{q_0}{T_f}\,a_f = q_0\,\nu \qquad \text{(I 4, 56)}$$

nach Maßgabe der durchschnittlichen quadratischen Abweichung

$$\langle \Delta J^2 \rangle = \langle (J - \langle J \rangle)^2 \rangle = \frac{q_0^2}{T_f^2} a_f = \frac{q_0}{T_f} \langle J \rangle, \qquad (I\ 4,\ 57)$$

deren Größe also aus der *Schottky*schen Grundformel des Schroteffekts durch Vertauschung der dort eingeführten Beobachtungsdauer T der Elektronen mit deren Flugzeit T_f hervorgeht.

In der Regel bleibt nun selbst bei den schwächsten, technisch noch ausnutzbaren Strömen und den kürzesten Flugzeiten T_f der Erwartungswert a_f nach (I 4, 53) so groß, daß die *Poisson*sche Verteilung (I 4, 54) merklich mit der *Gauß*schen Verteilung

$$w(x) = \frac{e^{-\frac{(x - a_f)^2}{2\,a_f}}}{\sqrt{2\,\pi\,a_f}} \qquad (I\ 4,\ 58)$$

übereinstimmt, in welcher x als kontinuierliches Merkmal behandelt werden darf. In demselben Sinne wird daher die Statistik der Stromverteilung durch die Wahrscheinlichkeitsdichte

$$w(J) = w(x) \cdot \frac{dx}{dJ} = \frac{e^{-\frac{1}{2} \frac{\Delta J^2}{\langle \Delta J^2 \rangle}}}{\sqrt{2\,\pi\,\langle \Delta J^2 \rangle}} \qquad (I\ 4,\ 59)$$

beschrieben; sei beispielsweise $\langle J \rangle = 10^{-6}$ A, $T_f = 10^{-10}$ sec, so wird

$$\langle \Delta J^2 \rangle = \frac{1{,}60 \cdot 10^{-19}}{10^{-10}} \cdot 10^{-6}\ \text{Amp}^2 = 0{,}16 \cdot 10^{-14}\ \text{Amp}^2; \ \frac{\sqrt{\langle \Delta J^2 \rangle}}{\langle J \rangle} = 4\%.$$

Wir prüfen und verschärfen diese elementaren Überlegungen an dem in Ziffer I 4 entwickelten allgemeinen Verfahren der Summenstatistik. Um die hierbei auftretenden gedanklichen Schwierigkeiten möglichst deutlich hervortreten zu lassen, werden wir die ja wesentlich endliche Dauer T der Kontrolle auch formal beibehalten. Für die *Laplace*sche Funktion $L_1(\mu)$ des von einem einzelnen Primärelektron entsprechend (I 4, 22) erregten Stromes J finden wir also gemäß (I 4, 49) die Angabe

$$L_1(\mu) = \frac{1}{T} \int_{t-T}^{t} e^{+2\pi i \mu J(\tau)}\, d\tau = 1 + \frac{1}{T} \int_0^{T_f} [e^{+2\pi i \mu J(\tau)} - 1]\, d\tau =$$

$$= 1 + \frac{1}{T} \int_0^{T_f} [e^{+2\pi i \mu \frac{2q}{T_f} \cdot \frac{\tau}{T_f}} - 1]\, d\tau = \left(1 - \frac{T_f}{T}\right) + \frac{T_f}{T} \frac{1 - e^{+2\pi i \mu \frac{2q_0}{T_f}}}{-2\pi i \frac{2q_0}{T_f}}$$

$$(I\ 4,\ 60)$$

Mit ihrer Hilfe folgt für die Wahrscheinlichkeitsdichte $w_1(J)$ der Stromverteilung bei der Emission nur genau eines primären Elektrons während der Dauer T die Darstellung

$$w_1(J) = \int_{-\infty}^{\infty} \left[\left(1 - \frac{T_f}{T}\right) + \frac{T_f}{T} \frac{1 - e^{+2\pi i \mu \frac{2q_0}{T_f}}}{-2\pi i \mu \frac{2q_0}{T_f}}\right] e^{-2\pi i J \mu}\, d\mu, \quad (I\ 4,\ 61)$$

welche auf Grund der „Lesevorschrift" (E 10, 14) [Einführung der *Dirac*-Funktion δ] und mit der Abkürzung

$$2\pi i\mu = -p \qquad (I\ 4,\ 62)$$

in

$$w_1(J) = \left(1 - \frac{T_f}{T}\right)\delta(J) + \frac{T_f}{T}\frac{1}{2\pi i}\int\limits_{-i\infty}^{-i\infty}\frac{1 - e^{-p\frac{2q_0}{T_f}}}{p\frac{2q_0}{T_f}}e^{pJ}\,dp \qquad (I\ 4,\ 63)$$

übergeht. Da nun gewiß stets $J > 0$ ausfällt, weichen wir bei der Berechnung des in (I 4, 63) eingehenden Linienintegrales dem Ursprung der komplexen Veränderlichen p durch einen in deren positiv-reeller Halbebene geführten Bogen aus und finden

$$\frac{1}{2\pi i}\int\limits_{-i\infty}^{i\infty}\frac{1 - e^{-p\frac{2q_0}{T_f}}}{p\frac{2q_0}{T_f}}e^{pJ}\,dp = \begin{cases} 0 & \text{für} & J < 0 \\[2mm] \dfrac{T_f}{2q_0} & \text{für} & 0 < J < \dfrac{2q_0}{T_f} \\[2mm] 0 & \text{für} & J > \dfrac{2q_0}{T_f} \end{cases} \qquad (I\ 4,\ 64)$$

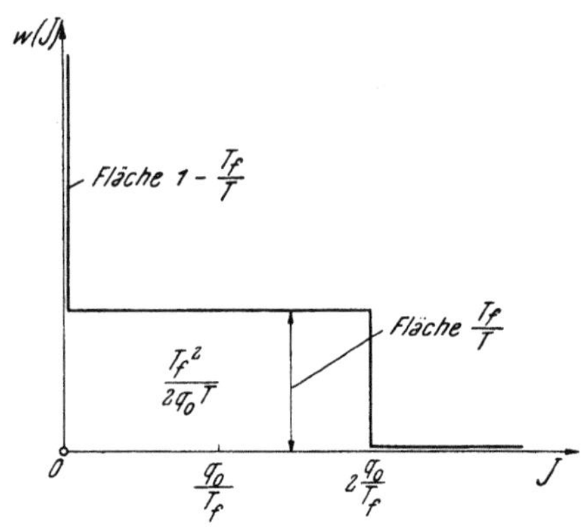

Abb. I 59. Wahrscheinlichkeitsdichte $w(J) = w_1(J)$ der Stromverteilung bei der Emission eines einzelnen Primärelektrons.

Die Verteilungsfunktion des Stromes J ist hiernach eine gemischte [Abb. I 59]: Für das Ausbleiben der Emission besteht die **diskrete** Wahrscheinlichkeit

$$W(0) = 1 - \frac{T_f}{T}. \qquad (I\ 4,\ 65)$$

Ein Strom des Intervalles $0 < J < \dfrac{2q_0}{T_f}$ tritt in der **Wahrscheinlichkeitsdichte**

$$w(J) = \frac{T_f^2}{2q_0 T} \qquad (I\ 4,\ 66)$$

auf, während stärkere Ströme nicht vorkommen können:

$$w(J) = 0; \qquad J > \frac{2q_0}{T_f}. \qquad (I\ 4,\ 67)$$

Zur Emission von $x = 2$ Elektronen während der Zeitspanne T übergehend, finden wir die erzeugende Funktion $L_2(\mu)$ der entsprechenden Stromstatistik durch Quadratur des Ausdruckes (I 4, 60) zu

$$L_2(\mu) = \left(1 - \frac{T_f}{T}\right)^2 + 2\left(1 - \frac{T_f}{T}\right)\frac{T_f}{T}\frac{1 - e^{+2\pi i\mu\frac{2q_0}{T_f}}}{-2\pi i\mu\frac{2q_0}{T_f}} +$$

$$+ \left(\frac{T_f}{T}\right)^2\left(\frac{1 - e^{+2\pi i\mu\frac{2q_0}{T_f}}}{-2\pi i\mu\frac{2q_0}{T_f}}\right)^2, \qquad (I\ 4,\ 68)$$

Daher ergibt sich für die gesuchte Wahrscheinlichkeitsdichte $w_2(J)$ die Darstellung

$$w_2(J) = \int_{-\infty}^{\infty} e^{-2\pi i\mu J} L_2(\mu)\, d\mu = \left(1 - \frac{T_f}{T}\right)^2 \int_{-\infty}^{\infty} e^{-2\pi i\mu J}\, d\mu +$$

$$+ 2\left(1 - \frac{T_f}{T}\right)\frac{T_f}{T} \int_{-\infty}^{\infty} \frac{1 - e^{+2\pi i\mu \frac{2q_0}{T_f}}}{-2\pi i\,\mu\, \frac{2q_0}{T_f}}\, e^{-2\pi i\mu J}\, d\mu +$$

$$+ \left(\frac{T_f}{T}\right)^2 \int_{-\infty}^{\infty} \left(\frac{1 - e^{+2\pi i\mu \frac{2q_0}{T_f}}}{-2\pi i\,\mu\, \frac{2q_0}{T_f}}\right)^2 e^{-2\pi i\mu J}\, d\mu. \qquad (I\ 4,\ 69)$$

Die beiden ersten Posten dieser dreigliedrigen Integralsumme sind uns im wesentlichen bereits durch die vorangehenden Überlegungen bekannt. In dem verbleibenden Gliede ersetzen wir μ durch die komplexe Veränderliche p nach (I 4, 62) und erhalten, falls der Integrationsweg in der p-Ebene wiederum nach den oben gegebenen Anweisungen geführt wird

$$\int_{-\infty}^{\infty} \left(\frac{1 - e^{-2\pi i\mu \frac{2q_0}{T_f}}}{-2\pi i\,\mu\, \frac{2q_0}{T_f}}\right)^2 e^{-2\pi i\mu J}\, d\mu = \frac{1}{2\pi i} \int_{-i\infty}^{i\infty} \left(\frac{1 - e^{-p \frac{2q_0}{T_f}}}{p\, \frac{2q_0}{T_f}}\right)^2 e^{pJ}\, dp =$$

$$= \begin{cases} 0 & ;\quad J < 0 \\[2ex] \left(\dfrac{T_f}{2q_0}\right)^2 J & ;\quad 0 < J < \dfrac{2q_0}{T_f} \\[2ex] \left(\dfrac{T_f}{2q_0}\right)^2 \left[J - 2\left(J - \dfrac{2q_0}{T_f}\right)\right] ; & \dfrac{2q_0}{T_f} < J < \dfrac{4q_0}{T_f} \\[2ex] 0 & ;\quad J > \dfrac{4q_0}{T_f} \end{cases} \qquad (I\ 4,\ 70)$$

Demnach resultiert für die Stromstatistik die gemischte Verteilung folgender Eigenschaften [Abb. I 60]:

1. Für den Ausfall der Emission besteht die diskrete Wahrscheinlichkeit

$$W(0) = \left(1 - \frac{T_f}{T}\right)^2. \qquad (I\ 4,\ 71)$$

2. Dem Intervalle $0 < J < \dfrac{2q_0}{T_f}$ des Stromes kommt die Wahrscheinlichkeitsdichte

$$w(J) = 2\left(1 - \frac{T_f}{T}\right)\frac{T_f}{T}\frac{T_f}{2q_0} + \left(\frac{T_f}{T}\right)^2 \left(\frac{T_f}{2q_0}\right)^2 J \qquad (I\ 4,\ 72)$$

zu.

3. Im Intervalle $\dfrac{2\,q_0}{T_f} < J < \dfrac{4\,q_0}{T_f}$ tritt der Strom mit der Wahrscheinlichkeitsdichte

$$w(J) = \left(\frac{T_f}{T}\right)^2 \left(\frac{T_f}{2\,q_0}\right)^2 \left[J - 2\left(J - \frac{2\,q_0}{T_f}\right)\right] \qquad (\text{I } 4,\ 73)$$

auf.

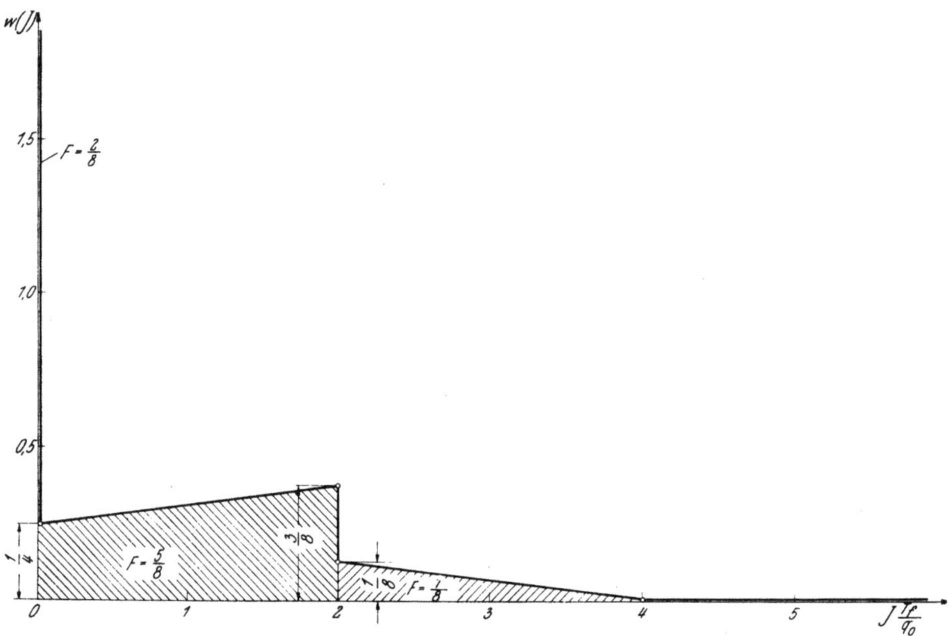

Abb. I 60. Wahrscheinlichkeitsdichte $w(J) = w_2(J)$ der Stromverteilung bei der Emission zweier Primärelektronen im Falle $T_f = \tfrac{1}{2}\,T$.

4. Stärkere Ströme als $J = \dfrac{4\,q_0}{T_f}$ können nicht vorkommen

$$w(J) = 0 \qquad \text{für} \qquad J > \frac{4\,q_0}{T_f}. \qquad (\text{I } 4,\ 74)$$

Obwohl die gegebene Analyse der Stromverteilung lediglich den einfachen Fall der Elektronenbewegung in der raumladungsfreien, parallelebenen Diode schildert, sind doch ihre Ergebnisse schon bei der Emission nur zweier Elektronen so verwickelt, daß sie kaum zu einer systematischen Fortsetzung dieses Verfahrens durch schrittweise Steigerung der Elektronenzahl ermutigen. Wir müssen daher zu *Näherungsverfahren* greifen, deren zwei im folgenden angegeben seien:

1. Zur *Laplace*schen Funktion $L_1(\mu)$ für die Wahrscheinlichkeitsdichte $w_1(J)$ des Einzelelektronen-Stromes zurückkehrend, ersetzen wir den in Wahrheit während des Elektronenfluges zeitlich veränderlichen Strom durch seinen Durchschnitt

$$\bar{J} = \frac{1}{T_f} \int_0^{T_f} J(\tau)\,\mathrm{d}\tau = \frac{q_0}{T_f} \qquad (\text{I } 4,\ 75)$$

und erhalten anstelle von (I 4, 60) den Ausdruck

$$L_1(\mu) = \frac{1}{T} \int\limits_{t-T}^{t} e^{-2\pi i \mu \overline{J}}\, d\tau = \left(1 - \frac{T_f}{T}\right) + \frac{T}{T} e^{-2\pi i \mu \overline{J}}. \qquad (I\ 4,\ 76)$$

Daher entspricht der Emission von insgesamt $x \geqq 1$ Elektronen während der Dauer T die *Laplace*sche Funktion

$$L_x(\mu) = \left[\left(1 - \frac{T_f}{T}\right) + \frac{T_f}{T}\, e^{-2\pi i \mu \overline{J}}\right]^x. \qquad (I\ 4,\ 77)$$

Die von ihr erzeugte Wahrscheinlichkeitsdichte

$$w_x(J) = \int\limits_{-\infty}^{\infty} e^{2\pi i \mu J}\left[\left(1 - \frac{T_f}{T}\right) + \frac{T_f}{T}\, e^{-2\pi i \mu \overline{J}}\right]^x d\mu \qquad (I\ 4,\ 78)$$

des Stromes J kann mit Rücksicht auf (E 10, 14) sogleich explizit niedergeschrieben werden

$$w_x(J) = \sum_{k=0}^{x} \binom{x}{k}\left(1 - \frac{T_f}{T}\right)^{x-k}\left(\frac{T_f}{T}\right)^k \delta(J - k\overline{J}), \qquad (I\ 4,\ 79)$$

sie ist also inhaltlich mit der *Bernoulli*schen Verteilung einer x-fach wiederholten Gruppenalternative [Ziffer E 8] der diskreten Grundwahrscheinlichkeiten T_f/T und $(1 - T_f/T)$ beziehentlich für das Auftreten oder Ausbleiben des „Einheitsstromes" $\overline{J}$ identisch; daher enthält (I 4, 79) auch den Fall $x = 0$. Im Verein mit der *Poisson*schen Verteilung der Emissionszahl $0 \leqq x < \infty$ finden wir somit an Hand der Gleichung

$$w(J) = \sum_{x=0}^{\infty} e^{-a}\,\frac{a_x}{x!}\, w_x(J) \qquad (I\ 4,\ 80)$$

für die diskrete Wahrscheinlichkeit $W(J_k)$ des Stromes

$$J_k = k\,\overline{J} \qquad (I\ 4,\ 81)$$

die Formel

$$W(J_k) = \sum_{x=0}^{\infty} e^{-a}\,\frac{a^x}{x!}\binom{x}{k}\left(1 - \frac{T_f}{T}\right)^{x-k}\left(\frac{T_f}{T}\right)^k = \frac{e^{-a\frac{T_f}{T}}\left(a\,\frac{T_f}{T}\right)^k}{k!},$$

$$(I\ 4,\ 82)$$

welche mit der früher auf elementarem Wege erschlossenen Verteilung (I 4, 54) übereinstimmt.

2. Durch $J_1(t)$ einen Einzelelektronen-Strom vorerst beliebigen zeitlichen Verlaufes bezeichnend, finden wir aus (I 4, 65) für die Wahrscheinlichkeitsdichte $w(J)$ des Summenstromes J die Darstellung

$$w(J) = \int\limits_{-\infty}^{\infty} \mathrm{Exp}\left[-2\pi i \mu J + \nu \int\limits_{-\infty}^{\infty} (e^{+2\pi i \mu J_1(\tau)} - 1)\, d\tau\right] d\mu.$$

$$(I\ 4,\ 83)$$

Mit (I 4, 22) berechnet sich nun

$$\nu \int_{-\infty}^{\infty} (e^{+2\pi i \mu J_1(\tau)} - 1)\, d\tau = \nu \int_{0}^{T_f} \left(e^{+2\pi i \mu \frac{2 q_0}{T_f} \frac{T}{T_f}} - 1 \right) d\tau =$$

$$= + \nu T_f \left[\left(1 - \frac{\sin 2\gamma}{2\gamma} \right) + i \frac{1 - \cos 2\gamma}{2\gamma} \right]; \qquad \gamma = 2\pi \mu \frac{q_0}{T_f}. \qquad (I\ 4,\ 84)$$

Daher nimmt die Funktion

$$E(\gamma) = \mathrm{Exp} \left[\nu \int_{-\infty}^{\infty} (e^{+2\pi i \mu J_1(\tau)} - 1)\, d\tau \right] \qquad (I\ 4,\ 85)$$

von ihrem Anfangswerte

$$E(0) = 1 \qquad (I\ 4,\ 86)$$

aus in ihrem absoluten Betrage

$$|E(\gamma)| = e^{-\nu T_f \left(1 - \frac{\sin \gamma}{\gamma} \right)} \qquad (I\ 4,\ 87)$$

für alle $\nu\, T_f > 0$ entsprechend Abb. I 61 mit wachsendem Winkel $\gamma > 0$ zunächst ab, konvergiert jedoch nach Abb. I 62 gegen den stets positiven Grenzwert

$$\lim_{\gamma \to \infty} E(\gamma) = e^{-\nu T_f}. \qquad (I\ 4,\ 88)$$

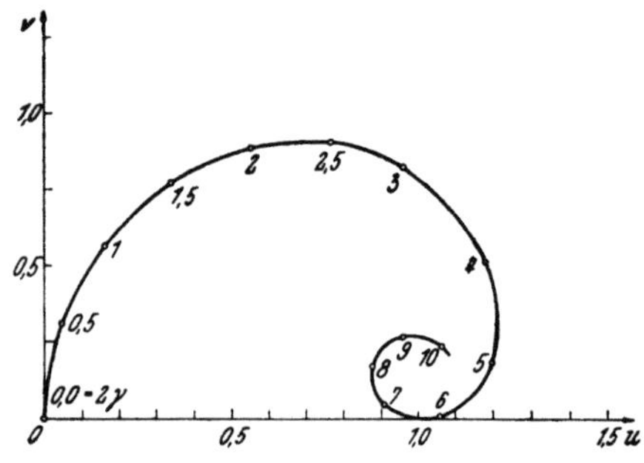

Abb. I 61. Die komplexe Funktion

$$u + i v = \left(1 - \frac{\sin 2\gamma}{2\gamma} \right) + i \frac{1 - \cos 2\gamma}{2\gamma}.$$

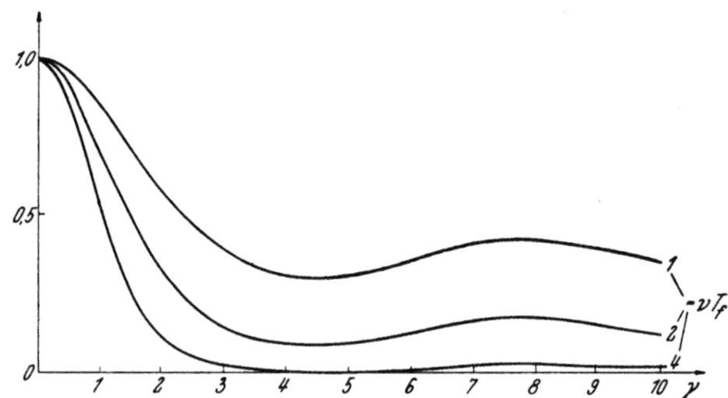

Abb. I 62. Die Funktion $|E(\gamma)| = \mathrm{Exp}\left[-\nu T_f \left(1 - \frac{\sin \gamma}{\gamma} \right) \right].$

Unter der Voraussetzung

$$\nu\, T_f \gg 1 \qquad (I\ 4,\ 89)$$

dürfen wir daher die Funktion $E(\gamma)$ durch den Ausdruck

$$E(\gamma) = e^{-\nu T_f} + \breve{E}(\gamma) \qquad (I\ 4,\ 90)$$

approximieren, in welchem der Posten $\breve{E}(\gamma)$ aus (I 4, 85) durch Entwicklung des Exponenten nach Potenzen von γ hervorgeht. Auf Grund der *Campbell-*

schen Sätze [Ziffer I 3] bestehen nun sogar bei beliebigem Verlaufe des Einzelstromes $J_1(t)$ die statistischen Relationen

$$\nu \int_{-\infty}^{\infty} J_1(\tau)\, d\tau = \langle J \rangle \tag{I 4, 91}$$

und

$$\nu \int_{-\infty}^{\infty} J_1{}^2(\tau)\, d\tau = \langle (J - \langle J \rangle)^2 \rangle \equiv \langle \varDelta J^2 \rangle. \tag{I 4, 92}$$

Bei Beschränkung auf die beiden Anfangsglieder jener Potenzreihe wird daher

$$E(\gamma) \approx e^{-\nu T_f} + (1 - e^{-\nu T_f})\, \mathrm{Exp}\left[-2\pi i \mu \langle J \rangle - 2\pi^2 \mu^2 \langle \varDelta J^2 \rangle\right] \tag{I 4, 93}$$

also, in gleicher Genauigkeit,

$$w(J) = \int_{-\infty}^{\infty} e^{2\pi i \mu J}\left[e^{-\nu T_f} + (1 - e^{-\nu T_f})\, e^{-2\pi i \mu \langle J \rangle - 2\pi^2 \mu^2 \langle \varDelta J^2 \rangle}\right] d\mu =$$

$$= e^{-\nu T_f} \delta(J) + (1 - e^{-\nu T_f}) \int_{-\infty}^{\infty} e^{2\pi i \mu \varDelta J - 2\pi^2 \mu^2 \langle J^2 \rangle}\, d\mu. \tag{I 4, 94}$$

Mittels der Identität

$$2\pi i \mu \varDelta J - 2\pi^2 \mu^2 \langle \varDelta J^2 \rangle \equiv -2\pi^2 \langle \varDelta J^2 \rangle \left[\mu - i\, \frac{\varDelta J}{2\pi \langle \varDelta J^2 \rangle}\right]^2 - \frac{\varDelta J^2}{2 \langle \varDelta J^2 \rangle} \tag{I 4, 95}$$

geht daher (I 4, 94) in

$$w(J) = e^{-\nu T_f} \delta(J) + (1 - e^{-\nu T_f})\, e^{-\frac{\varDelta J^2}{2 \langle \varDelta J^2 \rangle}} \int_{-\infty}^{\infty} e^{-2\pi \langle \varDelta J^2 \rangle \left[\mu - i\, \frac{\varDelta J}{2\pi \langle \varDelta J^2 \rangle}\right]^2} d\mu =$$

$$= e^{-\nu T_f} \delta(J) + (1 - e^{-\nu T_f})\, \frac{e^{-\frac{\varDelta J^2}{2 \langle \varDelta J^2 \rangle}}}{\sqrt{2\pi \langle \varDelta J^2 \rangle}} \tag{I 4, 96}$$

über. Wir sind am Ziel: Die Wahrscheinlichkeitsdichte des Summenstromes wird wesentlich durch eine *Gauß*sche Verteilung dargestellt; doch tritt zu ihr, dem *Gibbs*schen Phänomen der harmonischen Analyse vergleichbar, die zwar sehr kleine, von Null jedoch prinzipiell verschiedene diskrete Wahrscheinlichkeit $e^{-\nu T_f}$ für das gänzliche Ausbleiben des Stromes.

I 5. Brummrauschen.

a) Zum Betriebe indirekt geheizter Glühkathoden bedient man sich in der Regel eines *Wechselstromnetzes* der konstanten Frequenz f_w, welchem man einen Strom von festem Effektivwerte entnimmt. Die von ihm erregte, absolute Glühtemperatur Θ der emittierenden Kathodenoberfläche pulsiert dann infolge der notwendig nur beschränkten Wärmekapazität des Heizkörpers merklich harmonisch um den Mittelwert Θ_0 nach Maßgabe der Schwingungsamplitude $\varDelta\Theta$ und der Frequenz

$$f^{(0)} = 2 f_w, \tag{I 5, 1}$$

so daß der Temperaturgang — bei passender Verfügung über den Ursprung der laufenden Zeit t — durch

$$\Theta = \Theta_0 + \Delta\Theta \sin (2\pi f^{(0)} t) \qquad (I\ 5,\ 2)$$

geschildert wird; im Einklang mit den technischen Erfordernissen einer möglichst gleichförmigen Glühtemperatur mag weiterhin stets

$$\frac{\Delta\Theta}{\Theta_0} \ll 1 \qquad (I\ 5,\ 3)$$

vorausgesetzt werden.

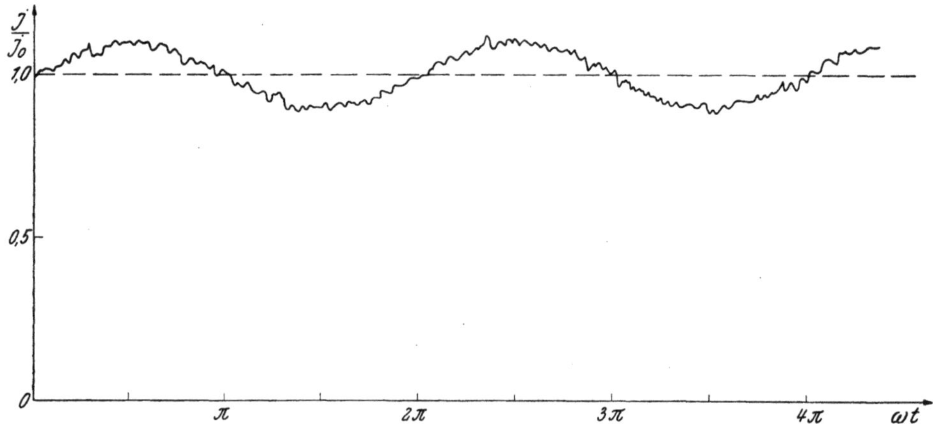

Abb. I 63. Zeitlicher Verlauf des Sättigungsstromes einer wechselstromgeheizten Kathode.

Hand in Hand mit der Temperatur der aktiven Kathodenoberfläche oszilliert deren [ideelle] Sättigungsstromdichte j*. Stützen wir uns etwa auf die *Dushman*sche Emissionsformel in ihrer die phänomenologischen Konstanten A_D und B_D enthaltenden Gestalt

$$j^* = A_D\,\Theta^2\,e^{-\frac{B_D}{\Theta}}, \qquad (I\ 5,\ 4)$$

so resultiert aus (I 5, 2) mit Rücksicht auf (I 5, 3) für den zeitlichen Verlauf jener Stromdichte mit hinreichender Genauigkeit die gleichfalls harmonische Schwingung

$$j^* = j_0 + \Delta j \sin (2\pi f^{(0)} t); \qquad j_0 = A_D\,\Theta_0^2\,e^{-\frac{B_D}{\Theta_0}}, \qquad \frac{\Delta j}{j_0} = \left[2 + \frac{B_D}{\Theta_0}\right]\frac{\Delta\Theta}{\Theta_0}.$$

$$(I\ 5,\ 5)$$

Zu diesen *erzwungenen, gesetzmäßigen Oszillationen* des Sättigungsstromes treten nun seine *spontanen Schwankungen* zufolge der nach dem Zufall verteilten Emissionsaugenblicke der individuellen Elektronen je der invariabeln Ladung $(-q_0)$; der zeitliche Gang der resultierenden Stromdichte $j = j(t)$ wird daher durch Abb. I 63 veranschaulicht. In etwa anodenseitig angeschlossenen Schallgebern verursachen diese Fluktuationen ein unaufhörliches Rauschen, welches jedoch von einem *Brummton* der doppelten Netzfrequenz moduliert wird; gesucht wird die Statistik dieses zusammengesetzten Effektes.

b) Durch k eine reelle, ganze Zahl einschließlich der Null bezeichnend, zerlegen wir die gleichförmig dahinfließende Stromdichte $j = j(t)$ gedanklich in eine Folge lückenlos aneinander anschließender Einzelimpulse, welche je nur während der infinitesimal kurzen Intervalle

$$t + kT < \tau < t + kT + \Delta t; \qquad 0 \leqq t \leqq T \equiv \frac{1}{f^{(0)}}, \qquad (-\infty) < k < \infty$$

$$(I\ 5,\ 6)$$

beziehentlich die fluktuierenden Momentanwerte

$$\check{j}(\tau) = j^*(\tau) + \Delta j_k \qquad (I\ 5,\ 7)$$

aufweisen mögen, sonst jedoch identisch verschwinden. Legen wir nun der Wahrscheinlichkeit $w(x)$ der Emission von gerade x Elektronen während der Zeitspanne Δt die *Poisson*sche Verteilung

$$w(x) = \frac{e^{-a} a^x}{x!}; \qquad a = \frac{j^*(t)\,\Delta t}{q_0} \qquad (I\ 5,\ 8)$$

zugrunde, so führen die statistischen Relationen

$$\langle x \rangle = a; \qquad \langle \Delta x^2 \rangle \equiv \langle (x - a)^2 \rangle = a \qquad (I\ 5,\ 9)$$

zu den Aussagen

$$\langle \check{j}(\tau) \rangle = \frac{q_0}{\Delta t} \langle x \rangle = j^*(t) = j_0 + \Delta j \sin(2\pi f^{(0)} t) \qquad (I\ 5,\ 10)$$

und

$$\langle [\Delta \check{j}(\tau)]^2 \rangle = \langle \Delta j_k^2 \rangle = \frac{q_0^2}{\Delta t^2} \langle \Delta x^2 \rangle = \frac{q_0}{\Delta t} j^*(t), \qquad (I\ 5,\ 11)$$

welche die unserem Falle angepaßte Formulierung des Schroteffektes in seiner ursprünglichen, *Schottky*schen Konzeption enthalten.

c) Welches kontinuierliche Frequenzspektrum zeichnet die Impulsfolge $\check{j}(\tau)$ aus?

Die Gesamtheit der genannten Impulse definiert eine *fluktuierend amplitudenmodulierte Schwingung* der in Ziffer E 14 untersuchten Art: Im Einklang mit den dort benutzten Bezeichnungen lautet die Grundfunktion $g = g(\tau)$ dieser Schwingung

$$g(\tau) = \begin{cases} 1 & \text{für} \quad t \leqq \tau \leqq t + \Delta t \\ 0 & \text{für} \quad \tau < t \quad \text{und} \quad \tau > t + \Delta t \end{cases}, \qquad (I\ 5,\ 12)$$

während ihre schwankende Amplitude $\check{A}_k$ durch

$$\check{A}_k = \check{A} + \Delta \check{A}_k; \qquad \check{A} = j_0 + \Delta j \sin(2\pi f^{(0)} t) = j^*(t), \qquad \Delta \check{A}_k = \Delta j_k$$

$$(I\ 5,\ 13)$$

gegeben ist. Bilden wir nun gemäß (E 14, 27) die Funktion

$$\check{\Phi}(f) = \int_0^T g(t')\, e^{2\pi i f t'}\, dt' = e^{2\pi i f t}\, \Delta t; \qquad i = \sqrt{-1}, \qquad (I\ 5,\ 14)$$

so ergibt sich aus (E 14, 38) der *diskrete Anteil* des komplexen Frequenzspektrums der Impulsfolge zu

$$\langle \check{s}(f) \rangle = [j_0 + \Delta j \sin(2\pi f^{(0)}t)]\, e^{2\pi i f t} \frac{\Delta t}{T} \sum_{n=-\infty}^{\infty} \delta(f - n f^{(0)}). \qquad (I\ 5,\ 15)$$

Dagegen wird der *kontinuierliche Teil* dieses Spektrums durch

$$\Delta\check{s}(f) = e^{2\pi i f t}\,\Delta t \lim_{N\to\infty} \sum_{k=-N}^{N} \Delta j_k\, e^{2\pi i f k T}; \qquad (-\infty) < f < \infty \qquad (I\ 5,\ 16)$$

dargestellt; sein Erwartungswert verschwindet:

$$\langle\Delta\check{s}(f)\rangle = 0. \qquad (I\ 5,\ 17)$$

Zur harmonischen Analyse des quadratischen Schwankungs-Effektiv-wertes übergehend, finden wir nach (E 14, 46) für dessen Erwartungs-wert mit

$$|\check{\Phi}(f)|^2 = \Delta t^2 \qquad (I\ 5,\ 18)$$

im Verein mit (I 5, 11), das „weiße" Spektrum

$$\langle\Delta\check{p}(f)\rangle = \frac{2\,\Delta t^2}{T}\langle[\Delta\check{j}(\tau)]^2\rangle = \frac{2\,q_0\,\Delta t}{T}\,j^*(t); \qquad 0 \leqq f < \infty. \qquad (I\ 5,\ 19)$$

Durch Addition des Linienspektrums allein des quadratischen Effektiv-wertes der mittleren Impulse $\langle j(\tau)\rangle$ gelangen wir somit zur Kenntnis der *durchschnittlichen Gesamt-Spektraldichte*

$$\langle\check{p}(f)\rangle = 2\left[\left\{\frac{j^*(t)\,\Delta t}{T}\right\}^2 \sum_{n=0}^{\infty} \delta(f - n\,f^{(0)}) + \frac{q_0}{T}\,j^*(t)\,\Delta t\right]; \qquad 0 \leqq f < \infty. \qquad (I\ 5,\ 20)$$

d) Bei der Summierung sämtlicher Einzelimpulse $\check{j}$ des Intervalles $0 \leq t \leq T$ hat man den wesentlich verschiedenen Charakter der Kompo-nenten $\langle\check{j}\rangle = j^*$ und $\Delta\check{j} = \Delta j_k$ zu beachten:

1. Die Impulsanteile $\langle\check{j}\rangle$ folgen *gesetzmäßig* aufeinander. Zum Zwecke der harmonischen Analyse ihrer Gesamtheit berechnen wir daher zunächst aus dem komplexen Spektrum (I 5, 15) das resultierende Spektrum

$$s^*(f) = \frac{1}{T} \sum_{n=-\infty}^{\infty} \delta(f - n\,f^{(0)}) \int_0^T [j_0 + \Delta j \sin(2\pi f^{(0)} t)]\, dt =$$

$$= \frac{e^{\pi i f T} \sin\pi f T}{\pi f T}\left[j_0 + i\,\frac{\Delta j}{\dfrac{f}{f^{(0)}} - \dfrac{f^{(0)}}{f}}\right] \sum_{n=-\infty}^{\infty} \delta(f - n\,f^{(0)}). \qquad (I\ 5,\ 21)$$

Es beschreibt, wie es sein muß, genau nur die in (I 5, 5) enthaltenen Stromkomponenten; daher reduziert sich das „kontinuierliche" Spektrum $p^*(f)$ des quadratischen Effektivwertes $[j^*(\tau)]^2_{\text{eff}}$ auf

$$p^*(f) = 2\,j_0^2\,\delta(f) + \frac{\Delta j^2}{2}\,\delta(f - f^{(0)}); \qquad 0 \leqq f < \infty. \qquad (I\ 5,\ 22)$$

2. Die *fluktuierenden* Impulsanteile $\Delta\check{j} = \Delta j_k$ sind unabhängig von-einander. Während daher der Erwartungswert ihres komplexen Spektrums $\Delta s = \Delta s(f)$ gemäß (I 5, 17) gewiß verschwindet, folgt das kontinuierliche Spektrum $\Delta p(f)$ ihres mittleren quadratischen Effektivwertes durch Inte-gration über die Komponenten (I 5, 19) zu

$$\Delta p(f) = \frac{2\,q_0}{T} \int_0^T j^*(t)\, dt = 2\,q_0\,j_0. \qquad (I\ 5,\ 23)$$

Diese Formel stimmt inhaltlich mit (I 5, 18) überein: Der *Schroteffekt des Brummrauschens* gleicht jenem, welcher der *mittleren Glühtemperatur* der Kathode korrespondiert.

I 6. Kathodenflackern.

a) Wir behandeln eine Hochvakuumdiode, deren Glühelektrode mittels einer passenden Fremdheizung dauernd auf der gleichförmigen Absoluttemperatur T gehalten wird. Durch Anschluß der Röhre an ein Gleichspannungsnetz machen wir die kalte Elektrode zur *Anode*, welche als solche das feste Potential $\varphi_a > 0$ gegen die zur *Kathode* bestimmte Glühelektrode vom Basispotential $\varphi_k = 0$ führt. Die Spannung

$$U_a = \varphi_a - \varphi_k = \varphi_a \qquad (I\ 6,\ 1)$$

wird als so hoch vorausgesetzt, daß alle aus der Kathode emittierten Elektronen ausnahmslos zur Anode herübergezogen werden: In der Röhre fließt der *Sättigungsstrom* J_s, welcher als *Anodenstrom* J_a vom Netz geliefert wird.

b) Von der bisher betrachteten Einzeldiode gehen wir zu einem Ensemble N gleichgebauter und gleichartig betriebener Dioden über, welche, etwa mittels angebrachter Marken, ein für allemal durch ihren „Namen" K $[1 \leq K \leq N]$ individuell voneinander unterschieden werden können. Die nämliche Eigenschaft zeichnet die Gesamtheit der Anodenströme $J_a^{(K)}$ aus, deren jeweils gleichzeitig beobachtete Werte wir durch Übergang zu dem allerdings nur hypothetischen Grenzfall $N \to \infty$ zum Gegenstand der Wahrscheinlichkeitsrechnung machen: Das Kollektiv der Anodenströme $J_a^{(K)}$ offenbart zunächst jene Schwankungserscheinungen, welche als *Sättigungsrauschen* physikalisch manifest werden [Ziffer I 4]; zu ihnen gesellen sich jedoch häufig starke stochastische Strompulsationen, deren Spektrum sich wesentlich auf das Gebiet der hörbaren Frequenzen beschränkt. Zufolge der Ähnlichkeit ihres integralen zeitlichen Verlaufes mit dem unregelmäßigen Zucken einer offenen Flamme wird die letztgenannte Erscheinung treffend als *Kathodenflackern* bezeichnet.

c) Ungeachtet der angestrengten Arbeit zahlreicher Forscher ist es noch nicht gelungen, die physikalischen Ursachen des Kathodenflackerns mit derjenigen Sicherheit festzustellen, welche zu deren eindeutiger Diagnose erforderlich ist. Unter dem Vorbehalte einer später etwa notwendigen Revision unserer Anschauungen werden wir uns deshalb hier mit der Analyse nur *einer* der miteinander konkurrierenden Hypothesen des Kathodenflackerns begnügen, welche in ihren Grundlagen auf *Schottky* zurückgeht: Aus der homogenen „Heliosphäre" der glühenden Kathode mögen kurzlebige „Protuberanzen" hervorbrechen, welche einen Elektronenstrahl explosionsartig in den Entladungsraum schleudern. Bei der Suche nach der Quelle dieser Eruptionsherde mag man zunächst an innerkathodische Vorgänge physikalischer oder chemischer Natur denken, die man etwa mit der Tätigkeit der Sonnenflecken oder auch mit den Erscheinungen in der Tiefe aktiver Vulkane unserer Erde in Parallele setzen könnte; namentlich das Flackern von *Oxydkathoden* mag auf Reaktionen dieser Art zurückzuführen sein. Eine andere, vielleicht einfachere Vorstellung knüpft an die Physik des Interelektrodenraumes an: Selbst in dem vollkommensten, technisch herstellbaren „Hochvakuum" schwirren noch immer neutrale Gasmoleküle in einer Konzentration von rund 10^{10} Molekülen je cm³ nach allen Richtungen durcheinander. Man hat daher zu erwarten, daß häufig eines dieser Moleküle der Kathodenoberfläche adsorbiert wird, um nach kürzerer oder längerer Verweilzeit wieder zu verdampfen; zwischen diesen gegenläufigen thermischen Prozessen besteht im stationären Betrieb der Röhre statistisches Gleichgewicht. In der Umgebung seines jeweiligen Adsorbtionsplatzes mag ein solches Gasmolekül die Austrittsarbeit der Elektronen aus ihrer Mutterkathode erniedrigen und eben hierdurch jene lokal verstärkte Elektronenemission hervorrufen, welche zum Kathodenflackern führt.

d) Ohne uns weiterhin auf einen bestimmten Mechanismus für die Entstehung der „Elektronenprotuberanzen" festzulegen, bezeichnen wir durch M den Ensemble-Mittelwert ihrer stationären Anzahl je Glühkathoden-Oberfläche der $N \to \infty$ gleichzeitig kontrollierten Röhren; er gilt fortan als bekannt.

Es möge nun angenommen werden, daß jeder einzelne Eruptionsherd immer wieder nach Ablauf der einheitlichen, infinitesimal kurzen Zeitspanne Δt vor die Schicksalsfrage: Fortbestand oder Vernichtung gestellt wird. Die Entscheidung dieser Alternative möge unabhängig vom Alter des jeweils beobachteten Emissionszentrums gefällt werden: Mißt a eine Konstante von der Dimension einer reziproken Dauer, so schildert

$$w = a\,\Delta t \qquad (\text{I } 6,\ 2)$$

die Sterbewahrscheinlichkeit jenes Eruptionsherdes, also umgekehrt

$$1 - w = 1 - a\,\Delta t \qquad (\text{I } 6,\ 3)$$

die Wahrscheinlichkeit seines Weiterlebens. Mit welcher Wahrscheinlichkeit $W = W(\tau)$ erreicht er dann mindestens das Alter τ? Da auf diese Zeitspanne

$$n = \frac{\tau}{\Delta t} \qquad (\text{I } 6,\ 4)$$

Entscheidungen über das Schicksal des Eruptionsherdes entfallen, die sämtlich zu Gunsten seines Fortbestandes lauten müssen, findet man aus (I 6, 3) und (I 6, 4) die Relation

$$W(\tau) = (1 - w)^{n} = \left(1 - \frac{a\,\tau}{n}\right)^{n}. \qquad (\text{I } 6,\ 5)$$

Beim Grenzübergang zu $\Delta t \to 0$ wächst n über alles Maß an, so daß sich (I 6, 5) in die Aussage

$$W(\tau) = e^{-a\tau} \qquad (\text{I } 6,\ 6)$$

verwandelt. Hiernach beschreibt

$$dW = a e^{-a\tau}\,d\tau \qquad (\text{I } 6,\ 7)$$

die Sterbewahrscheinlichkeit eines individuellen Eruptionsherdes gerade zwischen den infinitesimal benachbarten Grenzen τ und $(\tau + d\tau)$ seines Alters, so daß

$$\langle \tau \rangle = \int_{0}^{\infty} \tau\,dW = \frac{1}{a} \qquad (\text{I } 6,\ 8)$$

seine *mittlere Lebensdauer* mißt.

e) Sei t_G die „Geburtsstunde" eines individuellen Eruptionsherdes und

$$t_T = t_G + \tau \qquad (I\ 6,\ 9)$$

seine „Todesstunde", so schreiben wir ihm zu jedem Zeitpunkt t seines Lebens die Emission eines *Elektronenstromes* J der festen Stärke J_0 zu:

$$\begin{aligned} J &= J_0 \quad \text{für} \quad t_G < t < t_T \\ J &= 0 \quad \text{für} \quad t < t_G \ \text{und} \ t > t_T \end{aligned} \qquad (I\ 6,\ 10)$$

Verfolgen wir daher vom Augenblick $t = t_G$ ab das Schicksal je eines solchen Emissionszentrums auf der Kathodenoberfläche sämtlicher $N \rightarrow \infty$ gleichzeitig kontrollierter Röhren, so schildert auf Grund der für die Gesamtheit der N beobachteten Eruptionsherde zuständigen statistischen „Absterbeordnung" (I 6, 7) die Funktion

$$\begin{aligned} J(t) &= 0 \quad &;& \quad t < t_G \\ J(t) &= J_0\, e^{-a(t - t_G)}; \quad && \quad t > t_G \end{aligned} \qquad (I\ 6,\ 11)$$

den Ensemble-Mittelwert des je von *einem* Herd entsandten Elektronenstromes zum Zeitpunkt t. Die *Fourier*sche Integraldarstellung dieses Stromes lautet

$$J(t) = \int\limits_{f=-\infty}^{\infty} e^{-2\pi i f t}\, df \int\limits_{t'=t_G}^{\infty} J_0\, e^{-a(t' - t_G)}\, e^{2\pi i f t'}\, dt'. \qquad (I\ 6,\ 12)$$

Daher schildert die Funktion

$$s(f) = \int\limits_{t'=t_G}^{\infty} J_0\, e^{-a(t' - t_G)}\, e^{2\pi i f t'}\, dt' = J_0\, \frac{e^{2\pi i f t_G}}{a - 2\pi i f} \qquad (I\ 6,\ 13)$$

die [komplexe] Dichte seines linearen Frequenzspektrums, während das Produkt

$$s(f)\, s^*(f) = J_0^2\, \frac{1}{a^2 + (2\pi f)^2} \qquad (I\ 6,\ 14)$$

die [reelle] Dichte seines quadratischen Frequenzspektrums angibt.

f) Wir denken uns mittels geeigneter Zwangskräfte die Entstehung neuer Eruptionsherde auf der Kathodenoberfläche je sämtlicher gleichzeitig kontrollierter Röhren von einem passend gewählten Zeitpunkt $t = t_u$ ab plötzlich unterbrochen, während sich der Zerfall dieser Emissionszentren nach Maßgabe der Absterbeordnung (I 6, 6) unverändert fortsetze. Der angenommene, schwere Eingriff in die Thermodynamik je einer der Kathodenoberflächen zerstört das vordem dort herrschende statistische Gleichgewicht: Die mittlere Anzahl der Eruptionsherde verringert sich von ihrem im Augenblicke t_u noch bestehenden „Anfangswerte" M bis zum Zeitpunkte $t > t_u$ auf

$$M' = M\, e^{-a(t - t_u)}, \qquad (I\ 6,\ 15)$$

so daß der Differentialausdruck

$$\left| \frac{dM'}{dt} \right| = a\, M' = a\, M\, e^{-a(t - t_u)} \qquad (I\ 6,\ 16)$$

die Zahl der „Todesfälle" je Zeiteinheit oder, mit anderen Worten, die sogenannte *Sterberate* mißt. Um daher das statistische Gleichgewicht auf jeder der Kathodenoberflächen wieder herzustellen, müssen gerade vom Zeitpunkt $t = t_u$ ab

$$v = \left|\frac{dM'}{dt}\right|_{t = t_u} = \alpha\,M \qquad (I\ 6,\ 17)$$

Eruptionsherde je Zeiteinheit neu geschaffen werden. Da nun diese Zahl unabhängig von dem jeweils gewählten Augenblicke t_u ausfällt, schildert sie jene feste „Geburtenrate", welche den quasistationären Bestand der M Eruptionsherde je Kathodenoberfläche verbürgt.

g) Von der Emission des einzelnen Eruptionsherdes gehen wir zur Gesamtheit der M quasistationären Herde ein und derselben Kathodenoberfläche über: Welche stochastischen Eigenschaften zeichnen ihren resultierenden Elektronenstrom J_R aus?

Zur Beantwortung dieser Frage rufen wir die *Campbell*schen Sätze [Ziffer I 3] zu Hilfe: Gemäß der Anweisung (I 6, 46) finden wir aus (I 6, 11) und (I 6, 17) den Erwartungswert $\langle J_R \rangle$ jenes Stromes zu

$$\langle J_R \rangle = v \int_{t_G}^{\infty} J_0\,e^{-a(t - t_G)}\,dt = M\,J_0. \qquad (I\ 6,\ 18)$$

Mit Benutzung dieses Ergebnisses liefert (I 6, 47) im Verein mit (I 6, 17) für die mittlere quadratische Stromabweichung

$$\langle \varDelta J_R^2 \rangle = \langle (J_R - M\,J_0)^2 \rangle \qquad (I\ 6,\ 19)$$

die Angabe

$$\langle \varDelta J_R^2 \rangle = v \int_{t_G}^{\infty} J_0^2\,e^{-2a(t - t_G)}\,dt = \frac{1}{2}\,M\,J_0^2 = \frac{1}{2}\,\langle J_R \rangle\,J_0. \qquad (I\ 6,\ 19)$$

Auf wesentlich dem gleichen Wege folgt aus (I 6, 47), (I 6, 14) und (I 6, 17) unter Vermittlung des Satzes von *Parseval* [Ziffer E 13] die Dichte $q = q(f)$ des Frequenzspektrums der quadratischen Stromabweichung:

$$q(f) = v\,s\,s^* = a\,M\,J_0^2\,\frac{1}{a^2 + (2\,\pi\,f)^2} = \langle J_R \rangle\,J_0\,\frac{a}{a^2 + (2\,\pi\,f)^2}. \qquad (I\ 6,\ 20)$$

In der Tat führt seine Integration über den Gesamtbereich aller negativen und positiven Frequenzen

$$\int_{-\infty}^{\infty} q(f)\,df = \langle J_R \rangle\,J_0 \int_{-\infty}^{\infty} \frac{a\,df}{a^2 + (2\,\pi\,f)^2} = \frac{1}{2}\,\langle J_R \rangle\,J_0 \qquad (I\ 6,\ 21)$$

auf die Aussage (I 6, 19) zurück.

h) Im Gegensatz zu der theoretischen Formel (I 6, 20) für den Frequenzgang des Kathodenflackerns führt seine experimentelle Vermessung zu einer Abnahme der quadratischen Spektraldichte q etwa mit dem Kehrwert der Frequenz f.

Um diese Diskrepanz zu beseitigen, geben wir die Voraussetzung einer für alle Eruptionsherde einheitlichen mittleren Lebensdauer $\langle \tau \rangle$ auf; stattdessen nehmen wir an, daß sie in der Dichte

$$w(\langle \tau \rangle) = \sqrt{\frac{2}{\pi\,\sigma}}\,e^{-\frac{\langle \tau \rangle^2}{2\sigma}} \qquad (I\ 6,\ 22)$$

nach Maßgabe der quadratischen Streuung σ statistisch über den Bereich aller positiven Zahlen verteilt sei. Durch Verbindung dieses Ansatzes mit der Darstellung (I 6, 20) der spektralen Dichte q und nachfolgender Integration über den gesamten Wertevorrat von $\langle \tau \rangle$ findet man also mit Rücksicht auf (I 6, 8) nach Einführung der Veränderlichen

$$\vartheta = \frac{\langle \tau \rangle^2}{2\,\sigma} \qquad (I\ 6,\ 23)$$

den Erwartungswert

$$\langle q(f) \rangle = \langle J_R \rangle\, J_0 \cdot \sqrt{\frac{2\,\sigma}{\pi}} \int\limits_0^\infty \frac{e^{-\vartheta}\,d\vartheta}{1 + 2\,\sigma\,(2\,\pi\,f^2)\,\vartheta}. \qquad (I\ 6,\ 24)$$

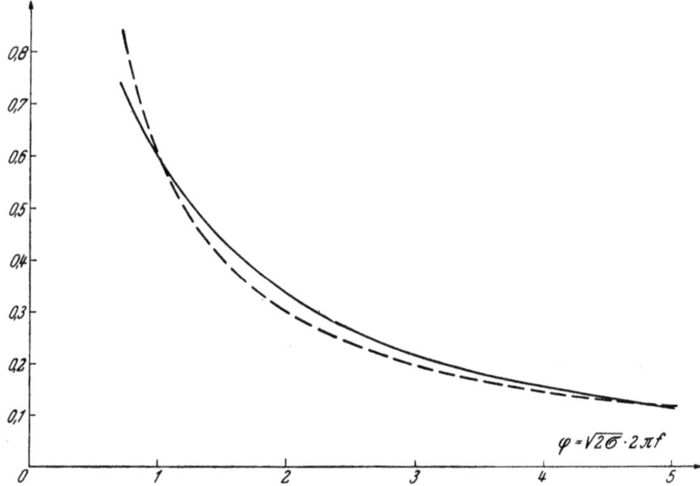

Abb. I 64. Zum Frequenzspektrum des Kathodenflackerns.

Ausgezogen: Die Funktion $\dfrac{1}{\varphi^2}\,\mathrm{Exp}\left(\dfrac{1}{\varphi^2}\right)\left[-\,E\,i\left(-\,\dfrac{1}{\varphi^2}\right)\right]$.

Gestrichelt: Die Funktion $\dfrac{0,595}{\varphi}$.

Definiert man das Exponentialintegral Ei als Funktion der Variablen x durch die Gleichung

$$-E\,i\,(-x) = \int\limits_x^\infty \frac{e^{-\xi}}{\xi}\,d\xi; \qquad 0 < x < \infty, \qquad (I\ 6,\ 25)$$

so resultiert also aus (I 6, 24) die Angabe

$$\langle q(f) \rangle = \langle J_R \rangle \cdot J_0 \sqrt{\frac{2\,\sigma}{\pi}}\,\frac{e^{\frac{1}{2\sigma(2\pi f)^2}}}{2\,\sigma\,(2\,\pi\,f)^2}\left[-\,E\,i\left\{-\,\frac{1}{2\,\sigma\,(2\,\pi\,f)^2}\right\}\right], \qquad (I\ 6,\ 26)$$

deren Inhalt durch Abb. I 64 veranschaulicht wird. Wie verlangt wurde, nimmt q(f) im Bereiche hinreichend hoher Frequenzen f nahezu mit dem Kehrwert von f nur langsam ab. Nichtsdestoweniger darf man den vorstehenden Überlegungen keinen hohen Erkenntniswert zuschreiben: Die gegebene, mehr oder minder gute Anpassung der Theorie an die Erfahrung gelang ja erst mittels ad hoc eingeführter Zusatzannahmen, welche überdies die Kenntnis des zahlenmäßig schwer bestimmbaren Parameters σ erfordern. Im Lichte dieser Kritik tut man daher besser, die endgültige Darstellung des Kathodenflackerns als eine noch ungelöste Aufgabe der Elektronik aufzufassen.

I 7. Der raumladungsgeschwächte Schroteffekt.

a) Gegeben sei eine sehr große Zahl N untereinander gleicher, doch individualisierbarer *Hochvakuumdioden*, welche unter einheitlichen, stationären Betriebsbedingungen arbeiten. Wir machen die Gesamtheit dieser Elektronenröhren während der Dauer T zum Gegenstande der Beobachtung, als deren Merkmal wir die Anzahl x der jeweils in einer bestimmten Diode zur Anode gelangenden Primärelektronen registrieren. Durch den ideellen Prozeß $N \to \infty$ zur theoretischen Statistik dieses Systemes übergehend, fragen wir nach dem Erwartungswert

$$a = \langle x \rangle \qquad \text{(I 7, 1)}$$

jener Elektronenzahl wie nach deren quadratischer Schwankung

$$\langle \Delta x^2 \rangle = \langle (x - a)^2 \rangle \qquad \text{(I 7, 2)}$$

oder, in physikalischer Terminologie, nach der *durchschnittlichen Stärke*

$$\langle J \rangle = \frac{q_0}{T} \cdot a \qquad \text{(I 7, 3)}$$

des Anodenstromes J und seinem *Schroteffekt*

$$\langle \Delta J^2 \rangle = \frac{q_0^2}{T^2} \langle \Delta x^2 \rangle. \qquad \text{(I 7, 4)}$$

b) Definitionsgemäß entstammen die im Zeitraum T an der Anode eintreffenden Primärelektronen ohne Ausnahme der Kathode. Damit ist jedoch nicht gesagt, daß auch umgekehrt alle x während der Dauer T' aus der Kathode emittierten Elektronen vollzählig zur Anode übergehen, sondern wir haben den jeweils wirksamen *Transmissionsmechanismus* in Rechnung zu stellen.

Aus mathematischen Gründen beschränken wir uns weiterhin auf den Schroteffekt in einer *parallelebenen Diode* vom Abstande d ihrer Elektroden. Die mit den Schwankungen der Elektronenzahl im Interelektrodenraum genetisch verbundenen Fluktuationen des elektromagnetischen Feldes mögen als so langsam gelten, daß der Vektor E der elektrischen Feldstärke in jedem Augenblick als Gradient eines quasistatischen elektrischen Skalarpotentiales φ behandelt werden darf: Die Kathode führe ein für allemal das einheitliche *Basispotential* $\varphi = 0$; ihrer Oberfläche erteilen wir die gleichförmige Glühtemperatur der absoluten Höhe T. Bei je zeitfreiem Potentiale φ_a der Anode haben wir dann folgende Betriebsbereiche zu unterscheiden:

1. Das *Sättigungsgebiet*.

Wir bringen die Anode auf ein so hohes, positives Potential, daß sämtliche x' während der Dauer T' von der Kathode emittierten Elektronen zur Anode hinübergezogen werden. Allerdings wird in der Regel die Zeitspanne T, welche zwischen der Ankunft des ersten bis zur Ankunft des letzten jener Elektronen vergeht, von T' verschieden ausfallen; nichtsdestoweniger gleicht der Erwartungswert des Anodenstromes J dem Erwartungswerte des Emissionsstromes J_e

$$\langle J \rangle = \langle J_e \rangle. \qquad (I\ 7,\ 5)$$

2. Das *Anlaufstromgebiet*.

Wir laden die Anode so stark negativ auf, daß das Potential φ von der Kathode zur Anode hin monoton abnimmt. Mit q_0 den absoluten Betrag der Elektronenladung und mit k die *Boltzmann*sche Konstante bezeichnend, besteht dann zwischen dem Erwartungswert des Anodenstromes und dem Erwartungswert des Emissionsstromes die Relation [„Barometerformel"]

$$\langle J \rangle = \langle J_e \rangle\, e^{\frac{q_0\varphi_a}{kT}}; \qquad e^{\frac{q_0\varphi_a}{kT}} < 1. \qquad (I\ 7,\ 6)$$

3. Das *Raumladungsgebiet*.

Wird das Anodenpotential φ_a derart gewählt, daß sich zwischen der Kathode und der Anode eine Ebene minimalen Potentiales

$$\varphi = \varphi_{\min} < 0 \qquad (I\ 7,\ 7)$$

bildet, so entscheidet eben diese Fläche als diskriminierende Schwelle über das Schicksal der gegen sie von der Kathode her anlaufenden Elektronen: Nur denjenigen unter ihnen, deren Bewegungsenergie zur Überwindung des „Potentialberges" $(-\varphi_{\min})$ ausreicht, wird die Passage zur Anode gewährt, während alle übrigen zur Kathode zurückgetrieben werden. Der Erwartungswert des Anodenstromes berechnet sich daher nunmehr aus

$$\langle J \rangle = \langle J_e \rangle\, e^{\frac{q_0\varphi_{\min}}{kT}}; \qquad e^{\frac{q_0\varphi_{\min}}{kT}} < 1. \qquad (I\ 7,\ 8)$$

c) Wir lassen den Einfluß der jeweils an der aktiven Kathodenoberfläche herrschenden elektrischen Feldstärke auf den Mechanismus des Elektronenaustrittes geflissentlich außer Betracht. Der Erwartungswert des Emissionsstromes reduziert sich dann auf eine Funktion der absoluten Kathodentemperatur T

$$\langle J_e \rangle = F(T), \qquad (I\ 7,\ 9)$$

wobei die Gestalt von F durch die je gewählte Bauart der Kathode im Verein mit deren glühelektronischen Eigenschaften bestimmt ist und weiterhin als bekannt gilt; der Erwartungswert a' der während des Zeitraumes T' in den Entladungsraum eintretenden Primärelektronen berechnet sich damit zu

$$a' = \langle J_e \rangle\, \frac{T'}{q_0}. \qquad (I\ 7,\ 10)$$

Die Emission des Einzelelektrons als unabhängiges, nur selten vorkommendes Elementarereignis ansehend, wird daher die Wahrscheinlichkeit $w(x')$ der *Emission* von gerade x' Elektronen im nämlichen Zeitraum durch die *Poisson*sche Verteilung

$$w(x') = e^{-a'}\, \frac{(a')^{x'}}{(x')!} \qquad (I\ 7,\ 11)$$

beschrieben. Läßt sich diese Aussage auf die Statistik der Elektronen*ankunft* an der Anode übertragen?

1. Das *Sättigungsgebiet* wird von der Stromgleichheit (I 7, 5) beherrscht. Es liegt nahe, sie als Fehlen jeglicher Wechselwirkung zwischen den wandernden Elektronen zu interpretieren: Ein jedes „treibt sich an dem andern

rasch und fremd vorüber"; der *Zufall des Emissionszeitpunktes* an der Kathode zieht dann die *Regellosigkeit der Elektronenankunft* an der Anode nach sich. Aus der Wahl gleicher Kontrollepochen

$$T = T' \qquad (I\ 7,\ 12)$$

folgen gleiche Erwartungswerte

$$a = a' \qquad (I\ 7,\ 13)$$

der beziehentlich registrierten Elektronenzahlen, so daß auch für die Statistik der an der Anode eintreffenden Elektronen die *Poisson*sche Verteilung

$$w(x) = \frac{e^{-a}\,a^x}{x!} \qquad (I\ 7,\ 14)$$

zuständig ist; die sie kennzeichnenden Relationen

$$\langle x \rangle = a; \qquad \langle \varDelta x^2 \rangle = a \qquad (I\ 7,\ 15)$$

führen auf die klassische, *Schottky*sche Formulierungen

$$\langle J \rangle = \frac{q_0}{T}\,a; \qquad \langle \varDelta J^2 \rangle = \left(\frac{q_0}{T}\right)^2 a = \frac{q_0}{T}\,\langle J \rangle \qquad (I\ 7,\ 16)$$

des Schroteffektes zurück.

2. Wir behaupten, daß die anodische Statistik der Elektronen im *Anlaufgebiete* nicht wesentlich von jener des Sättigungsgebietes verschieden ist. Um dies einzusehen, deuten wir die von den Elektroden begrenzte Raumladungswolke auf Grund des in ihr von der Kathode zur Anode monoton abnehmenden Potentiales φ als sozusagen organische Fortsetzung des innerkathodischen „Elektronenkondensates". In der Tat schildert Gl. (I 7, 6) den Anodenstrom im Sinne der Gl. (I 7, 9) als „Emissionsstrom" einer fiktiven, der Anode unmittelbar benachbarten Kathode bei der absoluten Glühtemperatur T, deren resultierende Austrittsarbeit indes die „natürliche" Eigen-Austrittsarbeit allein der wahren Kathode genau um den regelbaren Betrag $|q_0\,\varphi_a|$ übertrifft. Damit ist der Beweis abgeschlossen: Auch der *Schroteffekt des Anlaufstromes* wird durch Gl. (I 7, 15) richtig beschrieben.

3. Angesichts der Invarianz der Gleichung (I 7, 15) gegen den Übergang vom Sättigungsgebiet zum Anlaufgebiet könnte man vermeinen, daß die gleiche Darstellung auch das *Raumladungsgebiet* erfasse; tatsächlich zeigt jedoch die Erfahrung, daß das elektronische Schrotrauschen im Raumladungsgebiete nur mit merklich *schwächerer Intensität* auftritt. Um daher die frühere Formulierung dem experimentellen Tatbestand anzupassen, hat man (I 7, 15) zu der phänomenologischen Aussage

$$\langle \varDelta x^2 \rangle = F^2\,a \qquad (I\ 7,\ 17)$$

zu erweitern, welche für das mittlere Schwankungsquadrat des Anodenstromes J die Angabe

$$\langle \varDelta J^2 \rangle = \frac{q_0^2}{T^2}\,\langle \varDelta x^2 \rangle \qquad (I\ 7,\ 18)$$

nach sich zieht; dagegen folgt aus der Invarianz der Ladung $(-q_0)$ jedes Einzelelektrons für den Erwartungswert $\langle J \rangle$ des Anodenstromes auch im Raumladungsgebiet die Bilanz

$$\langle J \rangle = \frac{q_0}{T} \cdot a, \qquad (I\ 7,\ 19)$$

so daß man (I 7, 17) und (I 7, 18) zu der Formel

$$\langle \varDelta J^2 \rangle = F^2 \frac{q_0}{T} \langle J \rangle \qquad (I\ 7,\ 20)$$

verschmelzen kann.

d) Die Schwächung des Elektronenrauschens allein im Gebiete der sogenannten *Raumladungskennlinie* weist mit Sicherheit auf die Potentialschwelle $\varphi = \varphi_{\min} < 0$ des Interelektrodengebietes als Wurzel dieses Effektes hin.

Wir lenken unser Augenmerk auf die eben aus der Kathode emittierten Elektronen, deren normal zur aktiven Glühfläche S in den Entladungsraum hinein gerichtete Geschwindigkeitskomponente durch v_0 bezeichnet sei. Zunächst beschäftigen wir uns mit einer ideellen „*Standardröhre*" [Adskript[(0)]], welche stets *genau* den temperaturgebundenen Emissionsstrom

$$J_e^{(0)} = \langle J_e \rangle \qquad (I\ 7,\ 21)$$

entsprechend (I 7, 9) führe; während der Zeitspanne T' verlassen somit gerade

$$a' = \frac{T'}{q_0} J_e^{(0)} \qquad (I\ 7,\ 22)$$

Elektronen die Kathodenoberfläche mit „einseitiger" *Maxwell*-Verteilung ihrer Normalgeschwindigkeit v_0, so daß innerhalb der nämlichen Dauer

$$\varDelta a' = a' \frac{m_0}{kT} e^{-\frac{m_0 v_0^2}{2kT}} v_0\, \varDelta v_0 \qquad (I\ 7,\ 23)$$

Elektronen des sehr schmalen Geschwindigkeitsintervalles $\varDelta v_0$ in den Entladungsraum eintreten; sie bilden den Teil-Emissionsstrom

$$\varDelta J_e^{(0)} = \frac{q_0}{T'} \varDelta a'. \qquad (I\ 7,\ 24)$$

Bei dem Anlauf gegen die Potentialschwelle $\varphi_{\min}^{(0)} < 0$ gelingt jedoch lediglich den Elektronen der Eigenschaft

$$\frac{m_0}{2} v_0^2 > |q_0\, \varphi_{\min}^{(0)}| \qquad (I\ 7,\ 25)$$

der Durchstoß zur Anode, so daß dort nur der Strom

$$J^{(0)} = \frac{q_0}{T'} \int\limits_{v_0 = \sqrt{2\frac{q_0}{m_0}|\varphi_{\min}|}}^{\infty} da' = J_e^{(0)}\, e^{\frac{q_0 \varphi_{\min}^{(0)}}{kT}} \qquad (I\ 7,\ 26)$$

gemessen wird.

Bei der Beobachtung der wirklichen Gesamtheit aller N nebeneinander kontrollierten Dioden dürfen wir jedoch nicht mehr erwarten, in jeder von ihnen stets die einseitige *Maxwell*-Verteilung unter den Geschwindigkeiten der eben emittierten Elektronen vorzufinden. Vielmehr nehmen wir an, daß in einer bestimmten „*Aufdiode*" während der Zeitspanne T' eine gewisse Anzahl

$$\varDelta x' \neq \varDelta a' \qquad (I\ 7,\ 27)$$

von Elektronen des oben genannten, schmalen Geschwindigkeitsintervalles $\varDelta v_0$ die Kathodenoberfläche verlasse, während die Verteilung sowohl der langsameren wie der rascheren Elektronen mit jener der Standardröhre völlig übereinstimme. Unter Berufung auf die Hypothese der *unabhängig von allen anderen Elektronen erfolgenden Emission des Einzelelektrons* wird die Wahrscheinlichkeit $w(\Delta x')$ der Zahl $\Delta x'$ oder, genau gesagt, die Wahrscheinlichkeit für das Vorkommen einer derartigen Aufdiode im Grenzfalle $N \to \infty$, durch die *Poisson*sche Verteilung

$$w(\Delta x') = \frac{e^{-\Delta a'}\,(\Delta a')^{\Delta x'}}{(\Delta x')!} \qquad (I\ 7,\ 28)$$

beschrieben: Statt des Stromes (I 7, 24) wird durch die $\Delta x'$ Elektronen der Teil-Emissionsstrom

$$\Delta J_e = \Delta J_e^{(0)} + \delta J_e; \qquad \delta J_e = \frac{q_0}{T'}\,(\Delta x' - \Delta a') \qquad (I\ 7,\ 29)$$

in den Entladungsraum eingeführt. Wir setzen voraus, daß sich die

$$\delta x' = \Delta x' - \Delta a' \qquad (I\ 7,\ 30)$$

Zusatzelektronen gleich ihren $\Delta a'$ Brüdern mehr oder minder gleichförmig über den Querschnitt S des parallelebenen Entladungsraumes verteilen. Die von ihnen getragene Ladung verschiebt dann die Höhe der Potentialschwelle relativ zu deren Wert $\varphi_{min}^{(0)}$ in der Standardröhre um das Maß

$$\delta \varphi_{min} = \left|\frac{\partial \varphi_{min}}{\partial \delta J_e}\right|_{J_e^{(0)}} \delta J_e \qquad (I\ 7,\ 31)$$

auf

$$\varphi_{min} = \varphi_{min}^{(0)} + \delta \varphi_{min}, \qquad (I\ 7,\ 32)$$

so daß die zur Anode der Aufdiode fliegenden Elektronen der Ungleichung

$$\frac{m_0}{2}\,v_0^2 > |q_0\,\varphi_{min}| = |q_0\,(\varphi_{min} + \delta \varphi_{min})| \qquad (I\ 7,\ 33)$$

genügen. Durch diesen Effekt werden daher die Elektronen, welche ja die Kathode unabhängig voneinander regellos verließen, nunmehr miteinander gekoppelt. Daß die in dieser „Schicksalsgemeinschaft" lebendige Wechselwirkung zwischen Elektron und Elektron das Diodenrauschen stets schwächt, läßt sich jetzt qualitativ leicht verstehen: Als „*Maxwell*-Strom" J* definieren wir den nach Abzug der Zusatzelektronen verbleibenden Teilanodenstrom, welcher durch das Schwellenpotential φ_{min} gesteuert wird. Durch einen Überschuß $\delta x' > 0$ an Zusatzelektronen wird das negative Potential der Schwelle noch weiter *abgesenkt*, so daß sich der *Maxwell*-Strom *verringert*; dagegen führt ein *Defizit* $\delta x' < 0$ von Zusatzelektronen zu einer *Erhöhung* des Schwellenpotentiales, welche ihrerseits den *Maxwell*-Strom *verstärkt*. Bei der quantitativen Analyse dieser gewissermaßen gegenläufigen Vorgänge haben wir zwei Fälle zu unterscheiden:

1. Gehört die Gruppe (I 7, 30) den zur Anode gelangenden *Übergangselektronen* an, so resultiert aus ihrer Passage die Anodenstromänderung

$$\delta J = \delta J_e + \frac{\partial}{\partial \delta J_e}\left(J_e^{(0)}\,e^{\frac{q_0\varphi_{min}}{kT}}\right)_{\varphi_{min}^{(0)}} \delta J_e = \left[1 + \left(\frac{\partial J^*}{\partial \delta J_e}\right)\right]_{J^{(0)}} \delta J_e.$$

$$(I\ 7,\ 34)$$

2. Gehört die Gruppe (I 7, 30) den zur Kathode *zurückgetriebenen* Elektronen an, so bewirkt ihre Bewegung nur den „induzierten" Strom

$$\delta J = \frac{\partial}{\partial \delta J_e} \left(J_e^{(0)} e^{\frac{q_0 \varphi_{min}}{kT}} \right)_{\varphi_{min}^{(0)}} \delta J_e = \left(\frac{\partial J^*}{\partial \delta J_e} \right)_{J^{(0)}} \delta J_e. \tag{I 7, 35}$$

Nach (I 7, 28) gilt nun für die Statistik aller Dioden, deren Emission lediglich in dem genannten Geschwindigkeitsintervalle dv_0 fluktuiert

$$\langle \delta x' \rangle = 0; \qquad \langle \delta x'^2 \rangle = \Delta a', \tag{I 7, 36}$$

also

$$\langle \delta J_e \rangle = \frac{q_0}{T'} \langle \delta x' \rangle = 0; \qquad \langle \delta J_e^2 \rangle = \frac{q_0^2}{T'^2} \langle \delta x'^2 \rangle = \frac{q_0^2}{T'^2} \Delta a'. \tag{I 7, 37}$$

Demnach verursacht eine Gruppe von *Übergangselektronen* das Rauschen

$$\langle \delta J^2 \rangle = \left[1 + \left(\frac{\partial J^*}{\partial \delta J_e} \right)_{J^{(0)}} \right]^2 \frac{q_0^2}{T'^2} \Delta a', \tag{I 7, 38}$$

während eine Gruppe von *Rückkehrelektronen* den Schroteffekt

$$\langle \delta J^2 \rangle = \left[\left(\frac{\partial J^*}{\partial \delta J_e} \right)_{J^{(0)}} \right]^2 \frac{q_0^2}{T'^2} \Delta a' \tag{I 7, 39}$$

zur Folge hat.

Schließlich ersetzen wir die bisherige Annahme zusätzlicher Elektronen nur gerade des einen, schmalen Geschwindigkeitsbereiches Δv_0 durch die Voraussetzung statistischer Emissionsschwankungen von Elektronen *aller* Geschwindigkeiten $0 < v_0 < \infty$ der einseitigen *Maxwell*-Verteilung gemäß (I 7, 23). Unter nochmaliger Berufung auf den Zufallscharakter des einzelnen Elektronenaustrittes aus der Glühelektrode vermischen sich daher die inkohärenten Schroteffekte der unterschiedlichen Emissionsgruppen zu dem *resultierenden Röhrenrauschen*

$$\langle \Delta J^2 \rangle = a' \frac{q_0^2}{T'^2} \int\limits_{v_0=0}^{\infty} \langle \delta J^2 \rangle \frac{da'}{a'} = \frac{q_0}{T'} \langle J_e \rangle \int\limits_{v_0=0}^{\infty} \langle \delta J^2 \rangle \frac{da'}{a'} =$$

$$= \frac{q_0}{T'} \langle J \rangle e^{-\frac{q_0 \varphi_{min}^{(0)}}{kT}} \int\limits_{v_0=0}^{\infty} \langle \delta J^2 \rangle \frac{da'}{a'} \tag{I 7, 40}$$

Durch Vergleich dieser Formel mit der Definition (I 7, 20), in welcher wir $T = T'$ wählen, gewinnen wir demnach für den *quadratischen Schwächungsfaktor* F^2 die Integraldarstellung

$$F^2 = e^{-\frac{q_0 \varphi_{min}^{(0)}}{kT}} \left\{ \int\limits_{\sqrt{-2\frac{q_0}{m_0} \varphi_{min}^{(0)}}}^{\infty} \left[1 + \left(\frac{\partial J^*}{\partial \delta J_e} \right)_{J^{(0)}} \right]^2 \frac{m_0}{kT} e^{-\frac{m_0 v_0^2}{2kT}} v_0 \, dv_0 + \right.$$

$$\left. + \int\limits_{0}^{\sqrt{-2\frac{q_0}{m_0} \varphi_{min}^{(0)}}} \left[\left(\frac{\partial J^*}{\partial \delta J_e} \right)_{J^{(0)}} \right]^2 \frac{m_0}{kT} e^{-\frac{m_0 v_0^2}{2kT}} v_0 \, dv_0, \right\} \tag{I 7, 41}$$

welche sich mittels der Substitution

$$\eta^* = \frac{m_0 v_0^2}{2kT} + \frac{q_0 \varphi_{min}}{kT} \tag{I 7, 42}$$

[für $\varphi_{\min} = \varphi_{\min}^{(0)}$] in

$$F^2 = \int_0^\infty \left[1 + \left(\frac{\partial J^*}{\partial \delta J_e}\right)_{J^{(0)}}\right]^2 e^{-\eta^*}\, d\eta^* + \int_{\frac{q_0 \varphi_{\min}^{(0)}}{kT}}^0 \left[\left(\frac{\partial J^*}{\partial \delta J_e}\right)_{J^{(0)}}\right]^2 e^{-\eta^*}\, d\eta^*$$

$$(I\ 7,\ 43)$$

verwandelt.

e) Durch (I 7, 43) ist die Kenntnis des quadratischen Schwächungsfaktors F^2 wesentlich auf jene der *Maxwell*-Strom-Steilheit

$$s = \left(\frac{\partial J^*}{\partial \delta J_e}\right)_{J^{(0)}} \qquad (I\ 7,\ 44)$$

zurückgeführt, welche die *Maxwell*-Strom-Kennlinie

$$J^* = J^*(\delta J_e) \qquad (I\ 7,\ 45)$$

der Diode bei fester absoluter Temperatur T der Kathode und vorgeschriebenen, zeitfreien Anodenpotential φ_a auszeichnet; wie läßt sich der in (I 7, 45) formal angedeutete Zusammenhang explizit herstellen?

Wir gehen von der Elektronik der parallelebenen Standard-Diode $[\delta J_e = 0]$ aus und wiederholen in aller Kürze die Resultate der strengen Theorie dieser Röhre[1]:

1. Bei Vernachlässigung aller Randwirkungen hängt das elektrische Feld des Entladungsgebietes nur vom Abstand $0 < z < d$ der Kontrollebene von der Oberfläche der Kathode ab.

2. Der Emissionsstrom $J_e^{(0)}$ verteilt sich gleichförmig nach Maßgabe der Stromdichte

$$j_e^{(0)} = \frac{1}{S}\, J_e^{(0)} \qquad (I\ 7,\ 46)$$

auf die Elemente der aktiven Glühfläche.

3. Bei der Entnahme des Anodenstromes $J^{(0)} < J_e^{(0)}$ wird die Röhre von der längshomogenen Stromdichte

$$j^{(0)} = \frac{1}{S}\, J^{(0)} = j_e^{(0)}\, e^{\frac{q_0 \varphi_{\min}^{(0)}}{kT}} \qquad (I\ 7,\ 47)$$

[*Kirchhoff*sches Gesetz!] durchflossen. Unmittelbar an der Kathodenoberfläche $[z = +0]$ herrscht dann die Elektronenkonzentration

$$n_0^{(0)} = \frac{j_e^{(0)}}{q_0}\, 2\sqrt{\pi}\, \sqrt{\frac{m_0}{2kT}}\, \frac{2}{1 + \Phi\left(\sqrt{-\frac{q_0 \varphi_{\min}^{(0)}}{kT}}\right)} \qquad (I\ 7,\ 48)$$

[Φ-Fehlerintegral].

4. In unmittelbarer Nachbarschaft der Glühelektrode genügen die senkrecht zur emittierenden Oberfläche normal in den Entladungsraum hineinweisenden Komponenten v_0 der Elektronengeschwindigkeit der abgebrochenen *Maxwell*-Verteilung

---

[1] *F. Ollendorff*, Innere Elektronik freier Raumladungen, Ziffer I 4.

$$dn_0^{(0)} = 0 \qquad ; \quad -\infty < v_0 < -\sqrt{-\frac{q_0\,\varphi_{\min}^{(0)}}{k\,T}}$$

$$dn_0^{(0)} = n_0^{(0)} \sqrt{\frac{m_0}{2\,\pi\,k\,T}} \; \frac{2\,e^{-\frac{m_0\,v_0^2}{2\,k\,T}}}{1 + \varPhi\left(\sqrt{-\frac{q_0\,\varphi_{\min}^{(0)}}{k\,T}}\right)} \, dv_0 ; \quad -\sqrt{-\frac{q_0\,\varphi_{\min}^{(0)}}{k\,T}} < v_0 < \infty.$$

$$(\text{I } 7,\, 49)$$

5. Diejenigen Elektronengruppen, welchen jeweils die Kontrollebene $0 < z < d$ energetisch zugänglich ist, kreuzen jene Ebene mit der Normalgeschwindigkeit

$$v = \sqrt{v_0^2 + 2\frac{q_0}{m_0}\,\varphi} \qquad (\text{I } 7,\, 50)$$

in der Konzentration

$$dn^{(0)} = \frac{v_0}{\sqrt{v_0^2 + 2\frac{q_0}{m_0}\,\varphi}} \, dn_0^{(0)}. \qquad (\text{I } 7,\, 51)$$

5. Führt man durch

$$\eta^{(0)} = \frac{q_0\,(\varphi - \varphi_{\min}^{(0)})}{k\,T} \qquad (\text{I } 7,\, 52)$$

die in der „thermischen" Spannungseinheit

$$\varphi_{\text{th}} = \frac{k\,T}{q_0} \qquad (\text{I } 7,\, 53)$$

gemessene Potentialdifferenz der Kontrollebene gegen die Ebene $z_{\min}^{(0)}$ der Potentialschwelle ein, so findet man für die *Konzentration n_1 der Übergangselektronen* die Darstellung

$$n_1 = \sqrt{\frac{\pi}{2}\frac{j^{(0)}}{q_0}} \sqrt{\frac{m_0}{k\,T}}\, e^{\eta^{(0)}} [1 - \varPhi(\sqrt{\eta^{(0)}})]; \qquad 0 < z < d \quad (\text{I } 7,\, 54)$$

und für die *Konzentration n_2 der Rückkehrelektronen*

$$n_2 = \sqrt{\frac{\pi}{2}\frac{j^{(0)}}{q_0}} \sqrt{\frac{m_0}{k\,T}}\, 2\,e^{\eta^{(0)}} \varPhi(\sqrt{\eta^{(0)}}); \qquad 0 < z < z_{\min}. \quad (\text{I } 7,\, 55)$$

7. Zwischen der virtuellen Kathode und der Anode herrscht die Raumladungsdichte

$$\varrho^{(0)} = -\sqrt{\frac{\pi}{2}}\,j^{(0)} \sqrt{\frac{m_0}{k\,T}}\, e^{\eta^{(0)}} [1 - \varPhi(\sqrt{\eta^{(0)}})]; \qquad z_{\min} \leqq z < d, \quad (\text{I } 7,\, 56)$$

während zwischen der wahren und der virtuellen Kathode die Raumladungsdichte

$$\varrho^{(0)} = -\sqrt{\frac{\pi}{2}}\,j^{(0)} \sqrt{\frac{m_0}{k\,T}}\, e^{\eta^{(0)}} [1 + \varPhi(\sqrt{\eta^{(0)}})]; \qquad 0 < z \leqq z_{\min} \quad (\text{I } 7,\, 57)$$

auftritt.

8. In der *natürlichen Längeneinheit*

$$l^{(0)} = \left(\frac{2\,k\,T}{\pi}\right)^{\frac{3}{4}} \sqrt{\frac{\pi}{4}\frac{\Delta}{q_0\,j^{(0)}}}\, \frac{1}{\sqrt[4]{m_0}} \qquad (\text{I } 7,\, 58)$$

messen wir den Abstand der jeweiligen Kontrollebene von jener des Potentialminimums durch die *numerische Koordinate*

$$\zeta^{(0)} = \frac{z - z_{\min}^{(0)}}{l^{(0)}} \qquad\qquad (I\ 7,\ 59)$$

so daß das numerische Potential $\eta^{(0)}$ der „normierten" *Poisson*schen Gleichung

$$\frac{d^2\eta^{(0)}}{d\zeta^{(0)2}} = -\frac{\varrho^{(0)}}{\varDelta}\frac{l^{(0)2}q_0}{kT} = \frac{1}{2}e^{\eta^{(0)}}\left[1 \mp \Phi\left(\sqrt{\eta^{(0)}}\right)\right]; \qquad \zeta \gtrless 0 \quad (I\ 7,\ 60)$$

genügt.

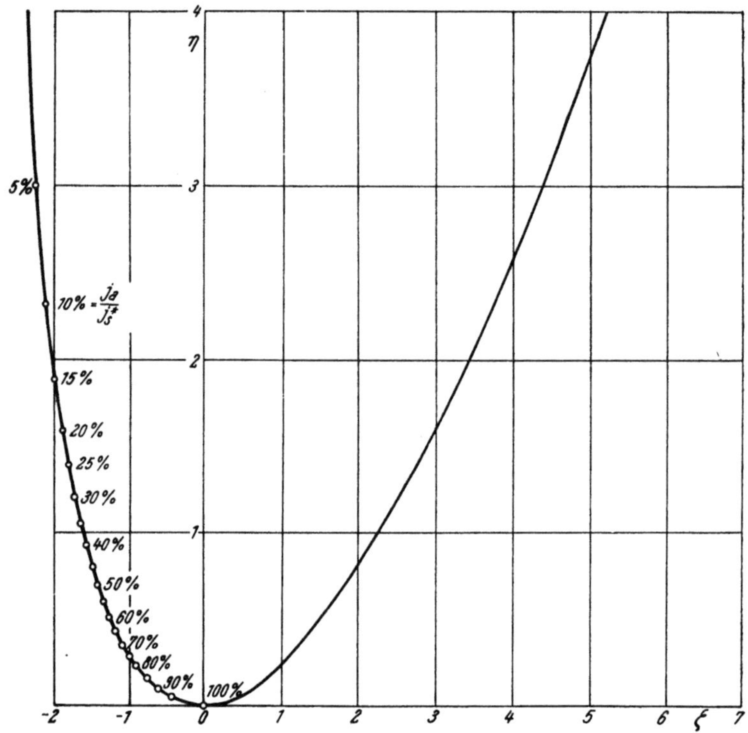

Abb. I 65. Die Funktionen $\zeta_+(\eta)$ [rechter Ast] und $\zeta_-(\eta)$ [linker Ast].

9. Mit Hilfe der Identität

$$\frac{d^2\eta}{d\zeta^2} = \frac{1}{2}\frac{d(\eta')^2}{d\eta}; \qquad \eta' = \frac{d\eta}{d\zeta}, \qquad\qquad (I\ 7,\ 61)$$

im Verein mit der Definition

$$\eta' = 0 \qquad \text{für} \qquad \eta = 0 \qquad\qquad (I\ 7,\ 62)$$

der virtuellen Kathode folgen durch einmalige Integration der Gleichungen (I 7, 60) die Aussagen

$$(\eta^{(0)\prime})^2 = e^{\eta^{(0)}}\left[1 - \Phi\left(\sqrt{\eta^{(0)}}\right)\right] + \frac{2}{\sqrt{\pi}}\sqrt{\eta^{(0)}} - 1 \equiv f_+(\eta^{(0)}); \qquad \zeta \geqq 0$$

$$(I\ 7,\ 63)$$

und

$$(\eta^{(0)'})^2 = e^{\eta^{(0)}} \left[1 + \Phi\left(\sqrt{\eta^{(0)}}\right)\right] - \frac{2}{\sqrt{\pi}}\sqrt{\eta^{(0)}} - 1 \equiv f_-(\eta^{(0)}); \qquad \zeta \leqq 0.$$

$$(I\ 7,\ 64)$$

10. Mittels der numerisch bekannten Funktionen

$$\zeta_+(\eta) = \int\limits_0^\eta \frac{dy}{\sqrt{f_+(y)}}\ ; \qquad \zeta_-(\eta) = -\int\limits_0^\eta \frac{dy}{\sqrt{f_-(y)}} \qquad (I\ 7,\ 65)$$

[Abb. I 65] berechnet sich die [numerische] Lage $\zeta_k^{(0)}$ der Kathode mit Rücksicht auf (I 7, 52) zu

$$\zeta_k^{(0)} = \zeta_- \left(-\frac{q_0\,\varphi_{min}^{(0)}}{k\,T}\right) = \zeta_-\left(\ln\frac{j_e^{(0)}}{j^{(0)}}\right) \qquad (I\ 7,\ 66)$$

so daß die Anode die Ebene

$$\zeta_a^{(0)} = \frac{d}{l^{(0)}} + \zeta_k^{(0)} = \frac{d}{l^{(0)}} + \zeta_-\left(\ln\frac{j_e^{(0)}}{j^{(0)}}\right) \qquad (I\ 7,\ 67)$$

einnimmt.

11. Das numerische Potential $\eta_a^{(0)}$ der Anode ergibt sich aus der Gleichung

$$\zeta_+(\eta_a^{(0)}) = \frac{d}{l^{(0)}} + \zeta\left(\ln\frac{j_e^{(0)}}{j^{(0)}}\right) \qquad (I\ 7,\ 68)$$

f) Bei der Berechnung der *Maxwell*-Strom-Kennlinie darf das elektrische Feld jeder „Aufdiode" ungeachtet seiner pausenlosen Fluktuationen in jedem Augenblick als *quasistationär* behandelt werden. Wie modifiziert die Emissionsströmung δJ_e zusätzlicher Elektronen allein des schmalen Geschwindigkeitsbereiches $\varDelta v_0$ die Potentialstruktur der Standardröhre?

1. Die merklich querhomogene Emissions-Stromdichte

$$\delta j_e = \frac{1}{S}\,\delta J_e \qquad (I\ 7,\ 69)$$

ist genetisch mit der Konzentrationsstörung

$$\delta n_0 = \frac{\delta j_e}{q_0\,v_0} \qquad (I\ 7,\ 70)$$

der Elektronenverteilung (I 7, 49) in unmittelbarer Nachbarschaft der Kathode verbunden.

2. Da die Zusatzelektronen (I 7, 70) die ihnen jeweils energetisch zugänglichen Kontrollebenen $0 < z < d$ mit der aus (I 7, 50) zu entnehmenden Normalgeschwindigkeit kreuzen, entwickeln sie dort bei ihrem Fluge zur Anode hin die Konzentration

$$\delta n = \delta n_0 \frac{v_0}{\sqrt{v_0{}^2 + 2\dfrac{q_0}{m_0}\varphi}}\ . \qquad (I\ 7,\ 71)$$

Mit

$$\eta = \frac{q_0\,(\varphi - \varphi_{min})}{k\,T} \qquad (I\ 7,\ 72)$$

die „gestörte" numerische Potentialdifferenz der Kontrollebene z gegen die in $z = z_{min}$ gelegene Schwelle bezeichnend, folgt also aus (I 7, 71) im Verein mit (I 7, 42) und (I 7, 70)

$$\delta n = \frac{\delta j_e}{q_0} \sqrt{\frac{m_0}{2\,k\,T}} \frac{1}{\sqrt{\eta + \eta^*}}. \qquad (I\ 7,\ 73)$$

Gehören nun die Zusatzelektronen der zur Anode durchstoßenden *Übergangsgruppe* an, so liefern sie zur Raumladungsdichte ϱ des Interelektrodengebietes den Beitrag

$$\delta\varrho = - q_0\,\delta n = - \delta j_e \sqrt{\frac{m_0}{2\,k\,T}} \frac{1}{\sqrt{\eta + \eta^*}}\,; \qquad \eta^* > 0. \qquad (1\ 7,\ 74)$$

Dagegen werden die energiearmen Zusatzelektronen der Eigenschaft

$$\eta^* < 0 \qquad (I\ 7,\ 75)$$

schon an jener Grenzebene

$$z = z_{gr} < z_{min} \qquad (I\ 7,\ 76)$$

zur Umkehr gezwungen, an welcher ihre kinetische Energie

$$\frac{m_0}{2} v_0{}^2 + q_0\,\varphi \equiv k\,T\,(\eta^* + \eta) \qquad (I\ 7,\ 77)$$

völlig aufgezehrt ist

$$\eta_{gr} = - \eta^* > 0. \qquad (I\ 7,\ 78)$$

Daher erfüllen diese Elektronen nur den Teil

$$0 < z < z_{gr} \qquad (I\ 7,\ 79)$$

des Interelektrodengebietes mit der aus Hin- und Rücklauf [Faktor 2!] resultierenden Raumladungsdichte

$$\delta\varrho = - 2\,q_0\,\delta n = - 2\,\delta j_e \sqrt{\frac{m_0}{2\,k\,T}} \frac{1}{\sqrt{\eta + \eta^*}}\,; \qquad \frac{q_0\,\varphi_{min}}{k\,T} \equiv \eta_{min} < \eta^* < 0.$$
$$(I\ 7,\ 80)$$

3. Mit Hilfe der *Maxwell*-Stromdichte

$$j^* = \frac{1}{S}\,J^* \qquad (I\ 7,\ 81)$$

bilden wir die *natürliche Längeneinheit*

$$1 = \left(\frac{2\,k\,T}{\pi}\right)^{3/4} \sqrt{\frac{\pi}{4} \frac{\Delta}{q_0\,j^*} \frac{1}{\sqrt[4]{m_0}}} \qquad (I\ 7,\ 82)$$

der *Aufdiode* und messen die Lage der jeweiligen Kontrollebene gegen die Potentialschwelle durch die *numerische Koordinate*

$$\zeta = \frac{z - z_{min}}{1} \qquad (I\ 7,\ 83)$$

Im Gegensatz zu der in (I 7, 74) einerseits, (I 7, 80) andererseits gekennzeichneten Alternativwirkung der je störenden Zusatzelektronen geht die gestörte Raumladungsverteilung der regulär emittierten „*Maxwell*-Elektronen" in jedem dieser beiden Fälle formal einheitlich aus (I 7, 56), (I 7, 57) hervor, indem man in diesen Ausdrücken die Standard-Stromdichte $j^{(0)}$ durch die *Maxwell*-Stromdichte j^* ersetzt und gleichzeitig das numerische Standardpotential $\eta^{(0)}$ mit dem numerischen Potential η der Aufdiode nach (I 7, 72) vertauscht.

g) Das numerische Potential η der lediglich von einer Übergangs-Elektronengruppe gestörten Aufdiode gehorcht mit Rücksicht auf (I 7, 74), (I 7, 82) und (I 7, 83) der normierten *Poisson*schen Differentialgleichung

$$\frac{d^2\eta}{d\zeta^2} \equiv \frac{1}{2}\frac{d(\eta')^2}{d\eta} = \frac{1}{2}[1 \mp \Phi(\sqrt{\eta})] + \frac{1}{2}\frac{1}{\sqrt{\pi}}\frac{\delta j_e}{j^*}\frac{1}{\sqrt{\eta + \eta^*}}\,; \qquad \zeta \gtrless 0.$$

$$(I\ 7,\ 84)$$

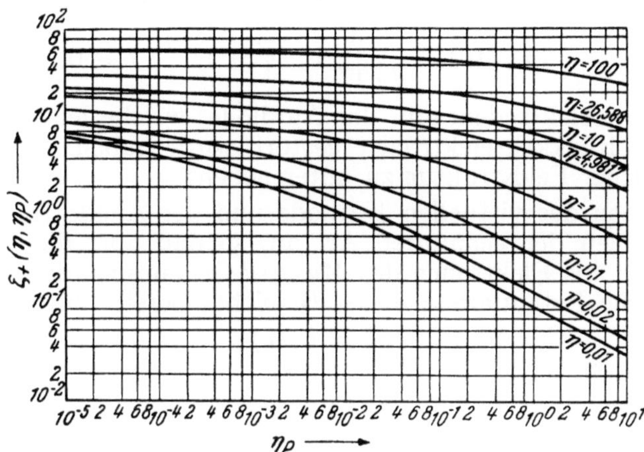

Abb. I 66. Die Funktion $\zeta_+(\eta;\eta_P) \equiv \vartheta_+(\eta;\eta^*)$ für positive Argumente $\eta_P \equiv \eta^*$.

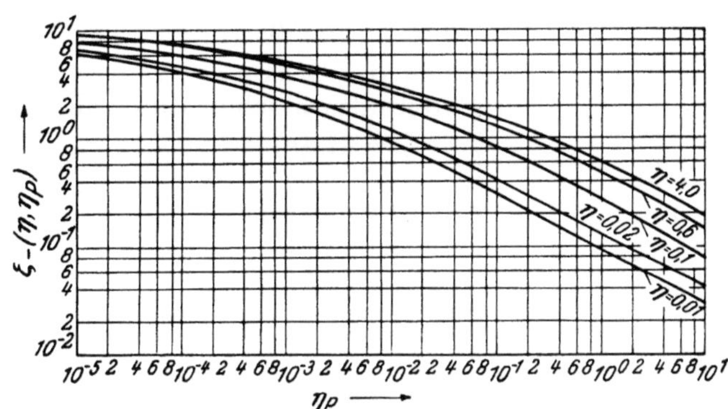

Abb. I 67. Die Funktion $\zeta_-(\eta;\eta_P) \equiv \vartheta_-(\eta;\eta^*)$ für positive Argumente $\eta_P \equiv \eta^*$.

Zufolge der Permanenz der Randbedingung (I 7, 62) lautet das erste Integral der Gl. (I 7, 84)

$$\left(\frac{d\eta}{d\zeta}\right)^2 = f_\pm(\eta) + \frac{2}{\sqrt{\pi}}\frac{\delta j_e}{j^*}(\sqrt{\eta + \eta^*} - \sqrt{\eta^*})\,; \qquad \zeta \gtrless 0 \qquad (I\ 7,\ 85)$$

Aus ihm gewinnt man sogleich die Lösung in der Gestalt

$$\zeta = \pm \int\limits_0^\eta \frac{dy}{\sqrt{f_\pm(y) + \dfrac{2}{\sqrt{\pi}}\dfrac{\delta j_e}{j^*}(\sqrt{y + \eta^*} - \sqrt{\eta^*})}}\,; \qquad \zeta \gtrless 0. \quad (I\ 7,\ 86)$$

Entwickeln wir nun den Integranden nach Potenzen des absolut kleinen Verhältnisses $\delta j_e/j^*$, so dürfen wir die entstehende binomische Reihe mit dem linearen Gliede jenes Verhältnisses abbrechen und, in der hierdurch gegebenen Genauigkeit, j^* mit $j^{(0)}$ vertauschen. Mit Hilfe der von *Spenke*[1] und seinen Mitarbeitern berechneten Funktionen

$$\vartheta_\pm(\eta;\eta^*) = \int_0^\eta \frac{\sqrt{y+\eta^*}-\sqrt{\eta^*}}{[f_\pm(y)]^{3/2}}\,dy; \qquad \eta^* > 0 \qquad \text{(I 7, 87)}$$

nach Abb. I 66 und I 67 folgt daher aus (I 7, 86) mit Rücksicht auf (I 7, 65)

$$\zeta = \zeta_\pm(\eta) \mp \frac{1}{\sqrt{\pi}}\frac{\delta j_e}{j^{(0)}}\vartheta_\pm(\eta;\eta^*); \qquad \zeta \gtrless 0. \qquad \text{(I 7, 88)}$$

h) Im Interelektrodenraum der Aufdiode, welche lediglich durch eine Gruppe von Rückkehrelektronen gestört wird, haben wir drei Gebiete unterschiedlicher Feldstruktur zu untersuchen:

1. Zwischen der virtuellen Kathode und der Anode treffen wir keine Zusatzelektronen der genannten Art an, so daß dort die Raumladungsdichte ϱ allein aus Elektronen des *Maxwell*-Stromes resultiert; daher wird das numerische Potentialfeld dieses Bereiches bereits durch

$$\zeta = \zeta_+(\eta) \qquad \text{(I 7, 89)}$$

vollständig beschrieben.

2. Da die von der wahren Kathode herkommenden störenden Zusatzelektronen gemäß (I 7, 78) nicht über die Grenzebene

$$\zeta = \zeta_{gr} = \zeta_-(-\eta^*) < 0 \qquad \text{(I 7, 90)}$$

hinausgelangen können, enthält auch im Bereiche

$$\zeta_{gr} < \zeta < 0 \qquad \text{(I 7, 91)}$$

die Raumladung nur Elektronen des *Maxwell*-Stromes; hier wird somit der Gang des numerischen Potentiales η schon durch die Gleichung

$$\zeta = \zeta_-(\eta) \qquad \text{(I 7, 92)}$$

genau dargestellt.

3. Für den räumlichen Verlauf des numerischen Potentiales η zwischen der Grenzebene $\zeta = \zeta_{gr} < 0$ und der wahren Kathode ist gemäß (I 7, 80), (I 7, 82) und (I 7, 83) die normierte *Poisson*sche Gleichung

$$\frac{d^2\eta}{d\zeta^2} = \frac{1}{2}\frac{d(\eta')^2}{d\eta} = \frac{1}{2}[1 + \Phi(\sqrt{\eta})] + \frac{1}{2}\frac{2}{\sqrt{\pi}}\frac{\delta j_e}{j^*}\frac{1}{\sqrt{\eta+\eta^*}} \qquad \text{(I 7, 93)}$$

zuständig. Mit Rücksicht auf die an der Ebene $\zeta = \zeta_{gr}$ zu fordernde Stetigkeit der elektrischen Feldstärke lautet das erste Integral dieser Gleichung

$$(\eta')^2 \equiv \left(\frac{d\eta}{d\zeta}\right)^2 = f_-(\eta) + \frac{4}{\sqrt{\pi}}\frac{\delta j_e}{j^*}\sqrt{\eta+\eta^*}, \qquad \text{(I 7, 94)}$$

welchem wir die stetig an (I 7, 92) anschließende Lösung

$$\zeta = \zeta_{gr} - \int_{-\eta^*}^{\eta} \frac{dy}{\sqrt{f_-(y) + \dfrac{4}{\sqrt{\pi}}\dfrac{\delta j_e}{j^*}\sqrt{y+\eta^*}}} \qquad \text{(I 7, 95)}$$

entnehmen. Unter abermaliger Berufung auf den absolut nur kleinen Betrag des Verhältnisses $\delta j_e/j^*$ dürfen wir die binomische Entwicklung des in

---

[1] E. *Spenke*, Die Raumladungsschwächung des Schroteffektes. Wissenschaftl. Veröffentl. Siemens-Konzern XVI, 2, S. 19. Berlin: Springer 1937.

(I 7, 95) auftretenden Integranden mit der ersten Potenz jenes Verhältnisses abbrechen und dann in diesem Gliede j* mit $j^{(0)}$ vertauschen, so daß (I 7, 95) in

$$\zeta = \zeta_-(\eta) + \frac{2}{\sqrt{\pi}}\frac{\delta j_e}{j^{(0)}}\int_{-\eta^*}^{\eta}\frac{\sqrt{y+\eta^*}}{[f_-(\eta)]^{3/2}}\,dy \qquad (I\ 7,\ 96)$$

übergeht. Ergänzen wir also die in (I 7, 87) nur für positive η^* definierten Funktionen $\vartheta_\pm\,(\eta;\eta^*)$ im Bereiche negativer η^* durch die Festsetzungen

$$\vartheta_+\,(\eta;\eta^*) = 0;\qquad \eta^* < 0 \qquad (I\ 7,\ 97)$$

und

$$\left.\begin{aligned}\vartheta_-\,(\eta;\eta^*) &= 0; & \eta^* < -\eta < 0\\[2mm]\vartheta_-\,(\eta;\eta^*) &= 2\int_{\eta^*}^{\eta}\frac{\sqrt{y+\eta^*}}{[f_-(y)]^{3/2}}\,dy; & -\eta < \eta^* < 0,\end{aligned}\right\} \qquad (I\ 7,\ 98)$$

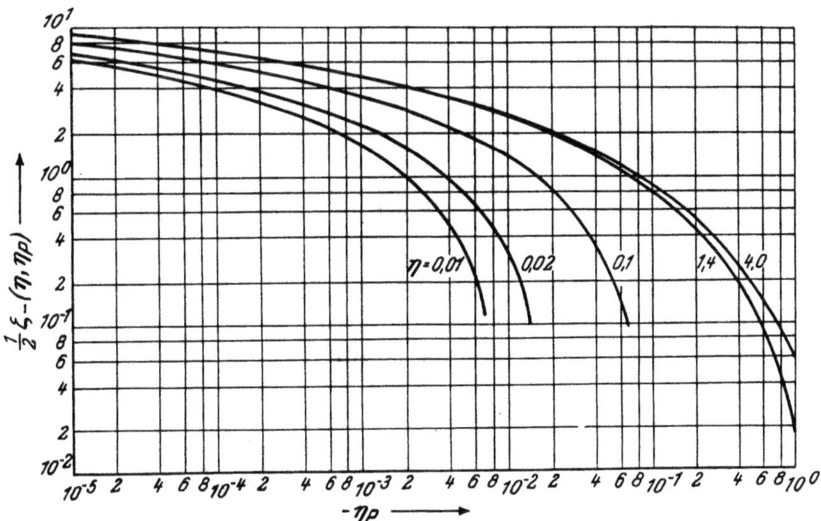

Abb. I 68. Die Funktion $\zeta_-(\eta;\eta_P) \equiv \vartheta_-(\eta;\eta^*)$ für negative Argumente $\eta_P \equiv \eta^*$.

so können die Angaben (I 7, 89), (I 7, 92) und (I 7, 96) zu der Gleichung

$$\zeta = \zeta_\pm(\eta) \mp \frac{1}{\sqrt{\pi}}\frac{\delta j_e}{j^{(0)}}\,\vartheta_\pm\,(\eta;\eta^*);\qquad \zeta \gtrless 0 \qquad (I\ 7,\ 99)$$

zusammengefaßt werden, welche formal mit (I 7, 88) übereinstimmt; die Zahlenwerte[1] der Funktion $\vartheta_-(\eta;\eta^*)$ sind aus Abb. I 68 zu entnehmen.

　　i) Welcher Zusammenhang besteht zwischen den Störungen (I 7, 88), (I 7, 99) des Potentialfeldes und der *Maxwell*-Steilheit (I 7, 44)?

---

[1] *E. Spenke*, 1. c.; die dort gegebene Definition unterscheidet sich von der unserigen durch den Zahlenfaktor ½.

1. In der Standard-Diode gleicht die Anodenstromdichte $j^{(0)}$ jenem Anteil der Emissions-Stromdichte $j_e^{(0)}$, welchem die Potentialschwelle $\varphi_{min}^{(0)}$ nach Maßgabe des *Boltzmann*schen Gesetzes

$$\frac{j^{(0)}}{j_e^{(0)}} = e^{\frac{q_0 \varphi_{min}^{(0)}}{kT}} \equiv e^{-\eta_k^{(0)}} \qquad (I\ 7,\ 100)$$

die Passage zur Anode freigibt. Definitionsgemäß bestimmt die gleiche Regel das Verhältnis der *Maxwell*-Stromdichte j^* zur Emissionsstromdichte in seiner Abhängigkeit vom Schwellenpotential φ_{min} der Aufdiode

$$\frac{j^*}{j_e^{(0)}} = e^{\frac{q_0 \varphi_{min}}{kT}} \equiv e^{-\eta_k}. \qquad (I\ 7,\ 101)$$

Da nun die Störung $\delta j_e / j_e^{(0)}$ als infinitesimal schwach vorausgesetzt wurde, gilt das gleiche sowohl für die Differenz der Stromdichte

$$j^* - j^{(0)} = \delta j^* \qquad (I\ 7,\ 102)$$

wie für die Differenz des numerischen Potentiales

$$\eta_k - \eta_k^{(0)} = \delta \eta_k \qquad (I\ 7,\ 103)$$

der Aufdiode relativ zur Standardröhre. Durch Substitution dieser Ausdrücke in (I 7, 101) folgt mit Rücksicht auf (I 7, 100) die Relation

$$\delta \eta_k = - \frac{\delta j^*}{j^{(0)}}, \qquad (I\ 7,\ 104)$$

2. Nach Voraussetzung gleicht die Anodenspannung der gestörten Aufdiode jener der Standardröhre, so daß (I 7, 104) für die Änderung $\delta \eta_a$ des numerischen Anodenpotentiales die Angabe

$$\delta \eta_a = \delta \eta_k = - \frac{\delta j^*}{j^{(0)}} \qquad (I\ 7,\ 105)$$

nach sich zieht.

3. Aus der fest vorgegebenen Distanz d der Elektroden berechnet sich deren numerischer Abstand in der Standardröhre mittels der Vorschrift

$$\zeta_a^{(0)} - \zeta_k^{(0)} = \zeta_+ (\eta_a^{(0)}) - \zeta_- (\eta_k^{(0)}) = \frac{d}{l^{(0)}} \qquad (I\ 7,\ 106)$$

Dagegen findet man für den numerischen Elektrodenabstand der Aufdiode aus (I 7, 88) und (I 7, 99) zunächst den Ausdruck

$$\zeta_a - \zeta_k = \zeta_+ (\eta_a) - \frac{1}{\sqrt{\pi}} \frac{\delta j_e}{j^{(0)}} \vartheta_+ (\eta_a; \eta^*) - \zeta_- (\eta_k) - \frac{1}{\sqrt{\pi}} \frac{\delta j_e}{j^{(0)}} \vartheta_- (\eta_k; \eta^*) = \frac{d}{l}.$$
$$(I\ 7,\ 107)$$

Bis auf Korrekturen zweiter Ordnung gilt nun mit Rücksicht auf (I 7, 65), (I 7, 104) und (I 7, 105)

$$\zeta_+ (\eta_a) = \zeta_+ (\eta_a^{(0)}) - \frac{\delta j^*}{j^{(0)}} \frac{1}{\sqrt{f_+ (\eta_a^{(0)})}} \ ; \qquad \zeta_- (\eta_k) = \zeta_- (\eta_k^{(0)}) + \frac{\delta j^*}{j^{(0)}} \frac{1}{\sqrt{f_- (\eta_k^{(0)})}}$$
$$(I\ 7,\ 108)$$

sowie

$$\frac{\delta j_e}{j^{(0)}} \vartheta_+ (\eta_a; \eta^*) = \frac{\delta j_e}{j^{(0)}} \vartheta_+ (\eta_a^{(0)}; \eta^*); \qquad \frac{\delta j_e}{j^{(0)}} \vartheta_- (\eta_k; \eta^*) = \frac{\delta j_e}{j^{(0)}} \vartheta_- (\eta_k^{(0)}; \eta^*),$$
$$(I\ 7,\ 109)$$

während aus (I 7, 58), (I 7, 82) und (I 7, 102)

$$\frac{1}{1} = \frac{1}{1^{(0)}} \sqrt{\frac{j^*}{j^{(0)}}} = \frac{1}{1^{(0)}} \left[1 + \frac{1}{2} \frac{\delta j^*}{j^{(0)}} \right] \qquad\qquad \text{(I 7, 110)}$$

folgt. Der Vergleich von (I 7, 106) mit (I 7, 107) liefert daher die Relation

$$-\frac{\delta j^*}{j^{(0)}} \left[\frac{1}{\sqrt{f_+ (\eta_a^{(0)})}} + \frac{1}{\sqrt{f_- (\eta_k^{(0)})}} \right] - \frac{\delta j_e}{j^{(0)}} \frac{1}{\sqrt{\pi}} [\vartheta_+ (\eta_a^{(0)} ; \eta^*) + \vartheta_- (\eta_k^{(0)} ; \eta^*)] =$$

$$= \frac{d}{1^{(0)}} \frac{1}{2} \frac{\delta j^*}{j^{(0)}} . \qquad\qquad \text{(I 7, 111)}$$

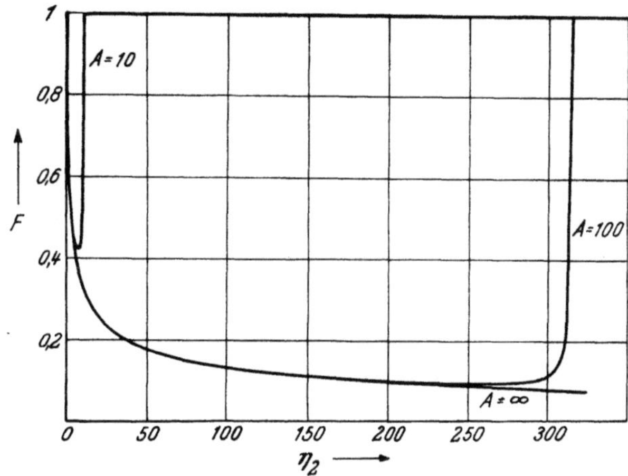

Abb. I 69. Der Raumladungs-Schwächungsfaktor F als Funktion des numerischen Anodenpotentiales $\eta_2 = \eta_a^{(0)}$ für unterschiedliche Werte des Röhrenparameters A.

Vertauschen wir nun die Längeneinheit $1^{(0)}$ nach (I 7, 58) mit der lediglich von der absoluten Temperatur T der Kathode abhängigen Strecke

$$l_e = 1^{(0)} \sqrt{\frac{j^{(0)}}{j_{e(0)}}} = 1^{(0)} \, e^{-\frac{1}{2}\eta_k^{(0)}} = \left(\frac{2 \, k \, T}{\pi} \right)^{3/4} \sqrt{\frac{\pi}{4} \frac{\Delta}{q_0 \, j_e^{(0)}}} \frac{1}{\sqrt[4]{m_0}}$$

$$\text{(I 7, 112)}$$

und messen die Elektrodendistanz durch die im gleichen Sinne zu verstehende, dimensionslose Konstante

$$A = \frac{d}{l_e} , \qquad\qquad \text{(I 7, 113)}$$

so folgt aus (I 7, 111) für die in (I 7, 44) definierte *Maxwell*-Strom-Steilheit s der parallelebenen Diode der Ausdruck

$$s = s (\eta^* ; \eta_a^{(0)} ; \eta_k^{(0)}) = \frac{\delta j^*}{\delta j_e} = -\frac{1}{\sqrt{\pi}} \frac{\vartheta_+ (\eta_a^{(0)} ; \eta^*) + \vartheta_- (\eta_k^{(0)} ; \eta^*)}{\frac{1}{\sqrt{f_+ (\eta_a^{(0)})}} + \frac{1}{\sqrt{f_- (\eta_k^{(0)})}} + \frac{1}{2} A \, e^{-\frac{1}{2}\eta_k^{(0)}}} .$$

$$\text{(I 7, 114)}$$

Vermöge (I 7, 43) wird der quadratische Schwächungsfaktor F^2 durch die Integralsumme

$$F^2 = \int\limits_0^\infty [1 + s\,(\eta^*;\eta_a^{(0)};\eta_k^{(0)})]^2\, e^{-\eta^*}\, d\eta^* + \int\limits_{-\eta_k^{(0)}}^0 [s\,(\eta^*;\eta_a^{(0)},\eta_k^{(0)})]^2\, e^{-\eta^*}\, d\eta^*$$

$$(\text{I 7, 115})$$

dargestellt. Das Ergebnis der für unterschiedliche Werte des Röhrenparameters A durchgeführten numerischen Quadratur wird durch Abb. I 69 veranschaulicht. Im Einklang mit unseren früheren Überlegungen resultiert sowohl an der Grenze $\eta_k^{(0)} = 0$ der Raumladungskennlinie gegen das Sättigungsgebiet wie an der Grenze $\eta_a^{(0)} = 0$ der Raumladungskennlinie gegen den Anlaufstrom-Bereich für F^2 die Angabe $F^2 = 1$; dagegen sinkt im eigentlichen Raumladungsgebiete selbst F^2 auf merklich niedrigere Beträge ab.

I 8. Verteilungsrauschen.

a) Gegeben sei eine sehr große Zahl N untereinander gleicher *Trioden*, welche unter den nämlichen, quasistatischen Betriebsbedingungen arbeiten: Die *Glühkathode* wird auf der einheitlichen, absoluten Temperatur T gehalten und als Äquipotentialelektrode ausgebildet, welche als Basis für die Messung des elektrischen Skalarpotentiales φ im Entladungsraum gewählt wird; dem *Gitter* erteilen wir das zeitfreie Potential $\varphi_g = U_g$, während die *Anode* das ebenfalls zeitfreie Potential $\varphi_a = U_a$ führe.

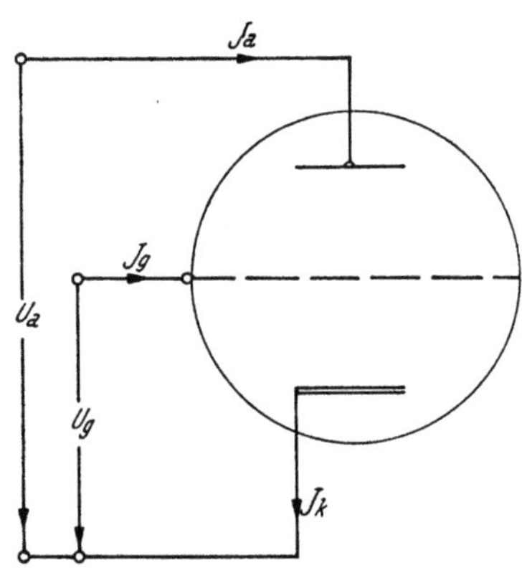

Abb. I 70. Konventionelle Zählrichtungen der Spannungen [U] und Ströme [J] in der Triode.

Wir beobachten die im Augenblick t jeweils gleichzeitig auftretenden Ströme J_k der Kathode, J_g des Gitters und J_a der Anode entsprechend den Zählrichtungen nach Abb. I 70 und registrieren die Ergebnisse in einer Liste. Da diese Ströme zufolge der Voraussetzung des quasistatischen Zustandes gewiß der *Kirchhoff*schen Kontinuitätsgleichung

$$J_k = J_g + J_a \qquad (\text{I 8, 1})$$

genügen, dürfen wir uns bei der statistischen Analyse des Versuchsprotokolles etwa auf die Ströme J_g und J_a beschränken; gefragt wird nach den im — hypothetischen — Grenzfall $N \to \infty$ zu erwartenden *Mittelwerten* $\langle J_g \rangle$ und $\langle J_a \rangle$ dieser Ströme sowie nach deren *quadratischen Schwankungen* $\langle \Delta J_g^2 \rangle$ und $\langle \Delta J_a^2 \rangle$.

b) Wir vergleichen das Verhalten der wirklichen Trioden mit dem Verhalten einer allerdings nur ideellen „*Standard-Triode*" [Adskript[(0)]], deren Emission ebenso wie ihr inneres elektrisches Feld keinerlei Fluktuationen aufweist. In dieser Röhre hängen daher die Ströme $J_g^{(0)}$ und $J_a^{(0)}$ lediglich von den jeweils gleichzeitig wirksamen Potentialen φ_g und φ_a ab, so daß sie durch Relationen von der Gestalt

$$J_g^{(0)} = G(\varphi_g, \varphi_a) \qquad (\text{I 8, 2})$$

und

$$J_k^{(0)} = A(\varphi_g, \varphi_a) \qquad (I\ 8,\ 3)$$

vollständig beschrieben werden; wir setzen die „*Kennfunktionen*" G und A weiterhin als bekannt voraus. Den dann gemäß (I 8, 1) ebenfalls bekannten *Gesamtstrom*

$$J_k^{(0)} = J_g^{(0)} + J_a^{(0)} = G(\varphi_g, \varphi_a) + A(\varphi_g\,\varphi_a) = K(\varphi_g, \varphi_a) \qquad (I\ 8,\ 4)$$

vergleichen wir mit dem *Sättigungsstrom* $J_e^{(0)}$ aller von der aktiven Kathodenoberfläche der Standardröhre je Zeiteinheit emittierten Elektronen

$$J^{e(0)} \doteq f(T). \qquad (I\ 8,\ 5)$$

Wir beschränken uns vorerst auf jenen Teil des Kennlinienfeldes, welcher durch die Existenz einer, und nur einer virtuellen Kathode charakterisiert wird; diese möge zwischen der wahren Kathode und der Gitter-Trägerfläche liegen. Zufolge der Diskriminierung der in diese Potential-schwelle einfallenden Elektronen und ihrer Trennung in die Gruppe der energiereichen *Übergangselektronen* und die Gruppe der energiearmen *Rückkehrelektronen* genügen dann die Ströme $J_k^{(0)}$ und $J_e^{(0)}$ der Unglei-chung

$$\frac{J_k^{(0)}}{J_e^{(0)}} < 1. \qquad (I\ 8,\ 6)$$

c) Wir gehen von der Standardröhre zu einer „*Auftriode*" über, deren innere Elektronenbewegung wir während der Dauer T an folgenden unter-schiedlichen Flächen kontrollieren:

1. Aus der Oberfläche der wahren Kathode mögen in der Beobachtungs-zeit genau x_e Elektronen emittiert worden sein. Wir legen der Wahr-scheinlichkeit $w_e = w_e(x_e)$ eben dieser Elektronenzahl die *Poisson*sche Ver-teilung

$$w_e(x_e) = e^{-a_e}\frac{(a_e)^{x_e}}{x_e!}\ ; \qquad a_e = \frac{J_e^{(0)}}{q_0}\,T \qquad (I\ 8,\ 7)$$

zugrunde.

2. Die virtuelle Kathode gewährt nur dem Anteil

$$x < x_e \qquad (I\ 8,\ 8)$$

aller von der wahren Kathode her aufliegenden Elektronen die Weiterreise beziehentlich zum Gitter und zur Anode Da die Erteilung dieser „Transit-erlaubnis" von der jeweiligen Geschwindigkeitsverteilung der eben emittierten Elektronen abhängt, kommt jeder Zahl x eine gewisse Wahr-scheinlichkeit

$$w = w(x, x_e) \qquad (I\ 8,\ 9)$$

zu, deren statistische Natur im *raumladungsgeschwächten Schroteffekt* manifest wird. Indem wir daher auf die in Ziffer I 7 mitgeteilte Theorie dieser Erscheinung zurückgreifen, finden wir zunächst den Erwartungs-wert $\langle x \rangle$ der Transit-Elektronenzahl x mit Hilfe des Standardstromes $J_k^{(0)}$ nach (I 8, 4) zu

$$\langle x \rangle = \sum_{x_e=0}^{\infty} \sum_{x=0}^{x_e} x\, w_e(x_e)\, w(x, x_e) = \frac{J_k^{(0)}}{q_0}\,T \qquad . \ (I\ 8,\ 10)$$

und weiter für die quadratische Schwankung $\langle \Delta x^2 \rangle$ der Elektronenzahl x auf Grund der Definition des quadratischen Schwächungsfaktors F^2 die Angabe

$$\langle \Delta x^2 \rangle = \sum_{x_e = 0}^{\infty} \sum_{x = 0}^{x_e} (x - \langle x \rangle)^2 \, w(x, x_e) = \langle x \rangle \, F^2. \qquad (\text{I } 8,\ 11)$$

Allerdings liefert Gl. (I 7, 115) in ihrer ursprünglichen Form nur den quadratischen Schwächungsfaktor einer parallelebenen *Diode*, während wir hier dem Elektronenrauschen einer *Triode* nachgehen. Um diese Schwierigkeit zu überwinden, verallgemeinern wir die *Barkhausen*sche Röhrentheorie der *quasistationär* arbeitenden Dreielektrodenröhre auf deren *Schroteffekt:* Der Kathodenstrom J_k der Triode gleicht merklich jenem einer Ersatzdiode, deren Anode das aus Gitter- und Anodenpotential homogen und linear zusammengesetzte Steuerpotential führt; unter dem in (I 8, 11) eingehenden quadratischen Schwächungsfaktor F^2 verstehen wir daher fortan dessen auf diese *Ersatzdiode* bezogenen Wert.

3. Unmittelbar nach Durchschreiten der Potentialschwelle steht jedes Elektron am Scheidewege: Soll es sich zum Gitter oder zur Anode wenden?

Wir nehmen an, daß die Wahl der Zielelektrode lediglich vom *Zufall* abhängt: Die Wahrscheinlichkeit des Fluges zum *Gitter* werde durch die Zahl γ gemessen, so daß die Gegenwahrscheinlichkeit $\alpha = (1 - \gamma)$ die Aussichten des Fluges zur *Anode* angibt. Wird nun diese Alternative genau x-mal wiederholt, so wird die Wahrscheinlichkeit $w_x(y)$ der Ankunft von gerade $y \leqq x$ Elektronen am *Gitter* durch die *Bernoulli*sche Verteilung

$$w_x(y) = \binom{x}{y} \gamma^y (1 - \gamma)^{x-y} \qquad (\text{I } 8,\ 12)$$

beschrieben; auf Grund der nämlichen Überlegungen ergibt sich für die Wahrscheinlichkeit der Ankunft von gerade $z \leqq x$ Elektronen an der *Anode* die Verteilung

$$w_x(z) = \binom{x}{z} \alpha^z (1 - \alpha)^{x-z} \qquad (\text{I } 8,\ 13)$$

d) Im Verein mit (I 8, 7) und (I 8, 9) gewinnt man aus (I 8, 12) für die Wahrscheinlichkeit $w(y)$ der Ankunft einer beliebigen Elektronenzahl y am Gitter der Auftriode den Ausdruck

$$w(y) = w_e(x_e) \, w(x, x_e) \, w_x(y) \qquad (\text{I } 8,\ 14)$$

und ebenso für die Wahrscheinlichkeit $w(z)$ einer beliebigen Zahl z zur Anode fliegender Elektronen

$$w(z) = w_e(x_e) \, w(x, x_e) \, w_x(z). \qquad (\text{I } 8,\ 15)$$

Durch Mittelung über die Gesamtheit aller $N \to \infty$ gleichzeitig kontrollierten Trioden folgt daher für den Erwartungswert $\langle y \rangle$ der Zahl y die Dreifachsumme

$$\langle y \rangle = \sum_{x_e = 0}^{\infty} \sum_{x = 0}^{x_e} \sum_{y = 0}^{x} y \, w_e(x_e) \, w(x, x_e) \, w_x(y). \qquad (\text{I } 8,\ 16)$$

Mit Hilfe der Gruppenalternativ-Formel

$$\sum_{y = 0}^{x} y \, w_x(y) = \gamma \, x \qquad (\text{I } 8,\ 17)$$

resultiert daher aus (I 8, 16) mit Rücksicht auf (I 8, 10) die Angabe

$$\langle y \rangle = \gamma \langle x \rangle = \gamma \frac{J_k^{(0)}}{q_0} T \qquad (I\ 8,\ 18)$$

und ebenso erschließt man aus (I 8, 15)

$$\langle z \rangle = a \langle x \rangle = a \frac{J_k^{(0)}}{q_0} T. \qquad (I\ 8,\ 19)$$

Vermöge (I 8, 2) und (I 8, 3) kennen wir nun die Erwartungswerte

$$\langle y \rangle = \frac{J_g^{(0)}}{q_0} T; \qquad \langle z \rangle = \frac{J_a^{(0)}}{q_0} T. \qquad (I\ 8,\ 20)$$

Demnach können die Wahrscheinlichkeitsziffern γ und a der Einzel-alternative, welche das Schicksal jedes individuellen Übergangselektrons „auslost", mittels der Kennfunktionen der Standard-Triode nach den Vorschriften

$$\gamma = \frac{G(\varphi_g, \varphi_a)}{G(\varphi_g, \varphi_a) + A(\varphi_g, \varphi_a)}; \qquad a = \frac{A(\varphi_g, \varphi_a)}{G(\varphi_g, \varphi_a) + A(\varphi_g, \varphi_a)} \qquad (I\ 8,\ 21)$$

als Funktionen der Elektrodenpotentiale φ_g und φ_a berechnet werden; sie genügen, wie zu verlangen ist, stets der Vollständigkeits-Relation

$$\gamma + a = 1. \qquad (I\ 8,\ 22)$$

e) Um die quadratischen Schwankungen $\langle \Delta y^2 \rangle$ und $\langle \Delta z^2 \rangle$ beziehentlich der Elektronenzahlen y und z zu ermitteln, bedienen wir uns der Identitäten

$$y - \langle y \rangle \equiv y - \gamma \langle x \rangle \equiv (y - \gamma x) + \gamma(x - \langle x \rangle) \qquad (I\ 8,\ 23)$$

sowie

$$z - \langle z \rangle \equiv z - a \langle x \rangle \equiv (z - a x) + a(x - \langle x \rangle). \qquad (I\ 8,\ 24)$$

Man erhält daher für $\langle \Delta y^2 \rangle$ die Summe

$$\langle \Delta y^2 \rangle = \sigma_1 + \sigma_2 + \sigma_3, \qquad (I\ 8,\ 25)$$

wobei abkürzend

$$\sigma_1 = \sum_{x_e = 0}^{\infty} \sum_{x = 0}^{x_e} \sum_{y = 0}^{x} (y - \gamma x)^2\, w_e(x_e)\, w(x, x_e)\, w_x(y), \qquad (I\ 8,\ 26)$$

$$\sigma_2 = 2\gamma \sum_{x_e = 0}^{\infty} \sum_{x = 0}^{x_e} \sum_{y = 0}^{x} (y - \gamma x)(x - \langle x \rangle)\, w_e(x_e)\, w(x, x_e)\, w_x(y), \qquad (I\ 8,\ 27)$$

$$\sigma_3 = \gamma^2 \sum_{x_e = 0}^{\infty} \sum_{x = 0}^{x_e} \sum_{y = 0}^{x} (x - \langle x \rangle)^2\, w_e(x_e)\, w(x, x_e)\, w_x(y) \qquad (I\ 8,\ 28)$$

gesetzt wurde. In σ_1 führen wir zunächst die Summation über y aus und finden auf Grund der Eigenschaft

$$\sum_{y = 0}^{x} (y - \gamma x)^2\, w_x(y) = \gamma(\gamma - 1)\, x \qquad (I\ 8,\ 29)$$

der x-fach wiederholten Gruppenalternative unter abermaliger Berufung auf (I 8, 10)

$$\sigma_1 = \gamma(\gamma - 1) \langle x \rangle = \gamma(\gamma - 1) \frac{J_k^{(0)}}{q_0} T. \qquad (I\ 8,\ 30)$$

Zu σ_2 übergehend, erschließen wir nach Summation über y aus (I 8, 17) sogleich

$$\sigma_2 = 0. \qquad \text{(I 8, 31)}$$

Für σ_3 schließlich folgt mit

$$\sum_{y=0}^{x} w_x(y) = 1 \qquad \text{(I 8, 32)}$$

im Verein mit (I 8, 11) der Wert

$$\sigma_3 = \gamma^2 \sum_{x_e=0}^{\infty} \sum_{x=0}^{x_e} (x - \langle x \rangle)^2 \, w_e(x_e) \, w(x, x_e) = \gamma^2 \langle x \rangle F^2 = \gamma^2 F^2 \frac{J_k^{(0)}}{q_0} T.$$

$$\text{(I 8, 33)}$$

Durch Substitution von (I 8, 30), (I 8, 31) und (I 8, 33) in (I 8, 25) resultiert für das mittlere Schwankungsquadrat $\langle \Delta y^2 \rangle$ der Ausdruck

$$\langle \Delta y^2 \rangle = [\gamma F^2 + (\gamma - 1)] \gamma \frac{J_k^{(0)}}{q_0} T, \qquad \text{(I 8, 34)}$$

welcher mit Rücksicht auf (I 8, 18), (I 8, 19), (I 8, 20) und (I 8, 22) in die Gestalt

$$\langle \Delta y^2 \rangle = \frac{J_g^{(0)}}{q_0} T \frac{J_g^{(0)} F^2 + J_a^{(0)}}{J_g^{(0)} + J_a^{(0)}} \qquad \text{(I 8, 35)}$$

gebracht werden kann. Man erhält aus ihr sogleich das mittlere Schwankungsquadrat $\langle \Delta z^2 \rangle$ der zur Anode gelangenden Elektronenzahl z, indem man Gitter und Anode die Rollen tauschen läßt:

$$\langle \Delta z^2 \rangle = \frac{J_a^{(0)}}{q_0} T \frac{J_g^{(0)} + J_a^{(0)} F^2}{J_g^{(0)} + J_a^{(0)}}. \qquad \text{(I 8, 36)}$$

Von den Aussagen (I 8, 35), (I 8, 36) der Teilchenstatistik gehen wir je durch Erweitern mit dem quadratischen Verhältnis der absoluten Elektronenladung q_0 zur Beobachtungsdauer T zu den quadratischen Stromschwankungen über: Am Gitter finden wir

$$\langle \Delta J_g^2 \rangle = \frac{q_0^2}{T^2} \langle \Delta y^2 \rangle = \frac{q_0}{T} J_g^{(0)} \frac{J_g^{(0)} F^2 + J_a^{(0)}}{J_g^{(0)} + J_a^{(0)}} \qquad \text{(I 8, 37)}$$

und an der Anode

$$\langle \Delta J_a^2 \rangle = \frac{q_0^2}{T^2} \langle \Delta z^2 \rangle = \frac{q_0}{T} J_a^{(0)} \frac{J_g^{(0)} + J_a^{(0)} F^2}{J_g^{(0)} + J_a^{(0)}}. \qquad \text{(I 8, 38)}$$

Im Lichte dieser Ergebnisse definieren wir den *quadratischen Schwächungsfaktor des Gitter-Schroteffektes* durch

$$F_g^2 = \frac{J_g^{(0)} F^2 + J_a^{(0)}}{J_g^{(0)} + J_a^{(0)}} = \frac{\langle J_g \rangle F^2 + \langle J_a \rangle}{\langle J_g \rangle + \langle J_a \rangle} \qquad \text{(I 8, 39)}$$

und den *quadratischen Schwächungsfaktor des Anoden-Schroteffektes* durch

$$F_a^2 = \frac{J_g^{(0)} + J_a^{(0)} F^2}{J_g^{(0)} + J_a^{(0)}} = \frac{\langle J_g \rangle + \langle J_a \rangle F^2}{\langle J_g \rangle + \langle J_a \rangle}. \qquad \text{(I 8, 40)}$$

Diese „*Mischungsregeln*" bleiben auch dann noch gültig, falls die Triode, im Gegensatz zu den früheren Annahmen, im Sättigungsgebiet oder im Anlaufstromgebiet ihres Kennlinienfeldes arbeitet. Denn auch dort darf man formal an der Darstellung (I 8, 11) festhalten, sofern man nur dem quadratischen „Schwächungsfaktor" die Größe

$$F^2 = 1 \qquad (I\ 8,\ 41)$$

erteilt; der gleiche Wert überträgt sich dann gemäß (I 8, 39) und (I 8, 40) auf den Schroteffekt sowohl des Gitters wie der Anode je für sich. Dagegen ist zu betonen, daß sich die hier entwickelte Theorie des Verteilungsrauschens durchaus auf den „weißen", niederfrequenten Teil seines Spektrums beschränkt, über die hochfrequenten Influenzströme der die Gittermaschen kreuzenden Elektronen jedoch keine Auskunft zu erteilen vermag.

f) Wir übertragen die Resultate der vorstehenden Überlegungen auf das *Elektronenrauschen von Pentoden*, welche als Verstärker betrieben werden. Das kathodennahe Gitter I dieser Röhre diene als *Steuergitter*; wir erteilen ihm ein relativ zur Kathode stets *negatives Potential*

$$\varphi_{g,\,I} < 0, \qquad (I\ 8,\ 42)$$

so daß es keinen merklichen Konvektionsstrom $J_{g,\,I}$ aufnimmt

$$J_{g,\,I} = 0. \qquad (I\ 8,\ 43)$$

Das im Zuge der Übergangselektronen nunmehr folgende Gitter II dient als *Schirmgitter* der Anode; es wird von einem zeitfreien, positiven Potentiale

$$\varphi_{g,\,II} > 0 \qquad (I\ 8,\ 44)$$

erregt, welches den konvektiven Elektronenstrom

$$J_{g,\,II} > 0 \qquad (I\ 8,\ 45)$$

ansaugt. Dem anodennahen Gitter III endlich wird die Rolle des *Refusionsgitters* zugewiesen, welches die aus der Anode etwa befreiten Sekundärelektronen zu ihrer Mutterelektrode zurücktreibt; vermöge seiner widerstandsfreien, galvanischen Verbindung mit der Kathode führe es das Potential

$$\varphi_{g,\,III} = 0 \qquad (I\ 8,\ 46)$$

und seine konstruktiven Elemente seien nach elektronenoptischen Gesichtspunkten derart justiert, daß sein Konvektionsstrom $J_{g,\,III}$ außer acht gelassen werden darf

$$J_{g,\,III} = 0. \qquad (I\ 8,\ 47)$$

Unter diesen Voraussetzungen unterscheidet sich die Pentode funktionell nicht wesentlich von einer Triode: Der *Kathodenstrom* J_k der Pentode spaltet sich in den *Schirmgitterstrom* $J_{g,\,II}$ und den *Anodenstrom* J_a auf

$$J_k = J_{g,\,II} + J_a. \qquad (I\ 8,\ 48)$$

Doch hängt die Wahl der Zielelektrode seitens jeden individuellen Übergangselektrons vom Zufall ab: Die Wahrscheinlichkeit des Fluges zum Schirmgitter werde durch γ, die Wahrscheinlichkeit des Fluges zur Anode durch α gemessen, und diese beiden Zahlen genügen der Vollständigkeitsrelation (I 8, 22); sie berechnen sich aus den Erwartungswerten $\langle J_{g,\,II} \rangle$ des Schirmgitter-Stromes und $\langle J_a \rangle$ des Anodenstromes mittels der Relationen

$$\gamma = \frac{\langle J_{g,\,II} \rangle}{\langle J_{g,\,II} \rangle + \langle J_a \rangle}; \qquad \alpha = \frac{\langle J_a \rangle}{\langle J_{g,\,II} \rangle + \langle J_a \rangle} \qquad (I\ 8,\ 49)$$

und jene Erwartungswerte selbst sind den stationären Kennlinien

$$\langle J_{g,\,II} \rangle = G_{II}(\varphi_{g,\,I}, \varphi_{g,\,II}, \varphi_a); \qquad \langle J_a \rangle = A(\varphi_{g,\,I}, \varphi_{g,\,II}, \varphi_a) \qquad (I\ 8,\ 50)$$

der Pentode zu entnehmen. Durch φ_{st} jenes *Barkhausen*sche Steuerpotential der Pentode bezeichnend, welches als solches an der Anode der äquivalenten Ersatzdiode angreift, kennen wir nun — in der allerdings nur beschränkten Genauigkeit dieser Approximation — nach (I 8, 115) den quadratischen Schwächungsfaktor F^2 des im Gesamtstrome J_k verbleibenden Röhrenrauschens. Daher liefern die Gleichungen (I 8, 39) und (I 8, 40) nach sinngemäßer Abänderung der Indizes für den Schroteffekt in der Pentode die quadratischen Schwächungsfaktoren

$$F_{g,\mathrm{II}}^2 = \frac{\langle J_{g,\mathrm{II}}\rangle\, F^2 + \langle J_a\rangle}{\langle J_{g,\mathrm{II}}\rangle + \langle J_a\rangle}\ ;\qquad F_a^2 = \frac{\langle J_{g,\mathrm{II}}\rangle + \langle J_a\rangle\, F^2}{\langle J_{g,\mathrm{II}}\rangle + \langle J_a\rangle}\ . \qquad (\mathrm{I\ 8,\ 51})$$

Für die beabsichtigte Arbeitsweise der Pentode als *Verstärker* kommt es namentlich auf ihr *anodisches Rauschen* an, dessen quadratischer Schwächungsfaktor F_a^2 mit jenem einer verstärkenden Triode vom gleichen Betrage F^2 der quadratischen Raumladungsschwächung in Parallele gesetzt werden mag. Zu diesem Zwecke schreiben wir, die Angabe (I 8, 51) verdeutlichend und umformend,

$$[F_a^2]_{\mathrm{Pentode}} = \frac{\langle J_{g,\mathrm{II}}\rangle + \langle J_a\rangle\, F^2}{\langle J_{g,\mathrm{II}}\rangle + \langle J_a\rangle} \equiv F^2 + \frac{\langle J_{g,\mathrm{II}}\rangle}{\langle J_{g,\mathrm{II}}\rangle + \langle J_a\rangle}\,(1 - F^2). \qquad (\mathrm{I\ 8,\ 52})$$

Andererseits erteilen wir dem Gitter der Vergleichstriode bei deren Betrieb als Verstärker ein so stark negatives Potential φ_g, daß ihr konvektiver Gitterstrom J_g außer acht gelassen werden darf: Die Betriebsbedingung

$$\langle J_g\rangle = 0 \qquad (\mathrm{I\ 8,\ 53})$$

liefert im Verein mit (I 8, 40) die Angabe

$$[F_a^2]_{\mathrm{Triode}} = F^2. \qquad (\mathrm{I\ 8,\ 54})$$

Zufolge des *zusätzlichen Verteilungsrauschens* ist also der *Schroteffekt der Pentode* unter sonst gleichen Umständen stets *stärker* als der *Schroteffekt der Triode*. Um diesen Nachteil tunlichst zu verringern, legt man das Schirmgitter rauscharmer Pentoden in den elektronenoptischen Schatten des Steuergitters; ungeachtet der durch diese Maßnahme erzielten Verbesserung bleibt jedoch die Triode in Bezug auf ein möglichst schwaches Röhrenrauschen der Pentode grundsätzlich überlegen, so daß man für den Bau hochempfindlicher *Vorverstärker* in der Regel *Trioden* bevorzugt.

I 9. Raumladungsschwingungen.

a) Wir beschäftigen uns mit der *querhomogenen Elektronenströmung* in einer *planparallelen Diode* vom festen Abstande d ihrer Elektroden.

Innerhalb der Röhre orientieren wir uns an Hand der z-Achse, welche, an der Kathodenebene beginnend, senkrecht in den Entladungsraum hineinweist. Im Augenblicke t der laufenden Zeit herrsche in der Ebene z $[0 < z < d]$ die vektorielle elektrische Feldstärke E, deren einzige, von Null verschiedene Komponente antiparallel zur z-Achse als positiv gezählt werde; sie darf also, ohne daß wir uns der Gefahr von Mißverständnissen aussetzen, durch

$$E = E(z, t) \qquad (\mathrm{I\ 9,\ 1})$$

bezeichnet werden. Zufolge dieser Übereinkunft mißt

$$\varrho = \Delta \operatorname{div} E = -\Delta\,\frac{\partial E}{\partial z} \qquad (\mathrm{I\ 9,\ 2})$$

die *Dichte der Raumladung*. Schreiben wir nun sämtlichen Elektronen, welche die Ebene z = const. des Innerelektrodengebietes kreuzen, die jeweils einheitliche, der z-Achse parallel weisende Geschwindigkeit

$$v = v(z, t) \qquad (I\ 9,\ 3)$$

zu, so führt deren Produkt mit der Raumladungsdichte ϱ zur Kenntnis der von der Anode zur Kathode übergehenden *Konvektionsstromdichte*

$$j_c = -\varrho\, v = \Delta \cdot v \cdot \frac{\partial E}{\partial z}. \qquad (I\ 9,\ 4)$$

Wir stellen ihr die im gleichen Sinne positiv gerechnete *Verschiebungsstromdichte*

$$j_v = \Delta\, \frac{\partial E}{\partial t} \qquad (I\ 9,\ 5)$$

zur Seite und finden durch Summation der Komponenten (I 9, 4) und (I 9, 5) die sogenannte *wahre Stromdichte*

$$j = j_v + j_c = \Delta\left[\frac{\partial E}{\partial t} + v\frac{\partial E}{\partial z}\right] = \Delta\, \frac{dE}{dt} \qquad (I\ 9,\ 6)$$

welche auf Grund ihrer Quellenfreiheit nur von der laufenden Zeit abhängt:

$$j = j(t). \qquad (I\ 9,\ 7)$$

Wir beschränken uns weiterhin auf eine Strömung, welche um den festen Mittelwert

$$\overline{j} > 0 \qquad (I\ 9,\ 8)$$

nach Maßgabe der komplexen Anplitude

$$|\widetilde{j}| < \overline{j} \qquad (I\ 9,\ 9)$$

mit der Kreisfrequenz ω einfach harmonisch pulsiert:

$$j(t) = \overline{j} + \widetilde{j}\, e^{-i\omega t} = \overline{j}\,(1 + \widetilde{\mu}\, e^{-i\omega t}); \qquad \widetilde{\mu} = \frac{\widetilde{j}}{\overline{j}}. \qquad (I\ 9,\ 10)$$

Die Angabe (I 9, 9) durch die symbolisch zu verstehende Ungleichung

$$|\widetilde{\mu}| \ll 1 \qquad (I\ 9,\ 11)$$

zur Voraussetzung nur *infinitesimal schwacher Oszillationen* verschärfend, dürfen wir, unter Verzicht auf die Analyse der Einschwingvorgänge, auch die Feldstärke E jeder festen Interelektrodenebene z = const. in eine zeitfreie Komponente $\overline{E}$ und eine synchron zur Stromdichte $\widetilde{j}\, e^{-i\omega t}$ schwingende Komponente der komplexen Amplitude $\widetilde{E}$ zerlegen; doch sind, im Gegensatz zu den festen Komponentenwerten $\overline{j}$ und $\widetilde{j}$ der Stromdichte j, die entsprechenden Komponenten der Feldstärke als *ortsabhängig* anzusetzen:

$$E(z, t) = \overline{E}(z) + \widetilde{E}(z)\, e^{-i\omega t}. \qquad (I\ 9,\ 12)$$

Durch Integration folgt hieraus die Anodenspannung

$$U_a(t) = \int_0^d E(z, t)\,dz = \overline{U}_a + \widetilde{U}_a\, e^{-i\omega t}. \qquad (I\ 9,\ 13)$$

Durch (I 9, 10) und (I 9, 12) werden wir zu der kinematischen Bedingung der *Startgeschwindigkeit*

$$v = v_0 = \overline{v}_0 + \tilde{v}_0 \, e^{-i \omega t} \qquad \text{für} \qquad z = 0 \qquad (I\ 9,\ 14)$$

gedrängt, welche wir durch die Angabe der *Startbeschleunigung*

$$a = a_0 = \overline{a}_0 + \tilde{a}_0 \, e^{-i \omega t} \qquad \text{für} \qquad z = 0 \qquad (I\ 9,\ 15)$$

ergänzen.

Bei der Analyse der Raumladungsschwingungen betrachten wir neben $\tilde{j}$ und ω die komplexe Amplitude $\tilde{j}_{c,0}$ der *Konvektionsstromdichte an der Kathode* und die ebendort gemessene *komplexe Amplitude $\tilde{v}_0$ der Startgeschwindigkeit* als gegeben. Gefragt wird nach der komplexen Amplitude $\tilde{U}_a$ der *Anodenspannung*, der komplexen Amplitude $\tilde{v}_a$ der *Geschwindigkeit* an der *Anode* und der komplexen Amplitude $\tilde{j}_{c,a}$ der *Konvektionsstromdichte* an der *Anode*.

b) Innerhalb des Gültigkeitsbereiches der *Newton*schen Mechanik gehorchen die Elektronen während ihres Aufenthaltes im Interelektrodenraum der Bewegungsgleichung

$$m_0 \frac{d^2 z}{dt^2} = q_0 \, E. \qquad (I\ 9,\ 16)$$

Mit Rücksicht auf (I 9, 6) und (I 9, 7) erschließen wir aus ihr die Differentialgleichung dritter Ordnung

$$\frac{d^3 z}{dt^3} = \frac{q_0}{m_0} \frac{dE}{dt} = \frac{q_0}{m_0} \frac{1}{\varDelta} j(t). \qquad (I\ 9,\ 17)$$

Wir ersetzen fortan die Zeit t durch die dimensionsfreie Größe

$$\tau = \omega \, t \qquad (I\ 9,\ 18)$$

[„*numerische Zeit*"] und messen den jeweiligen Elektronenort mittels der Zahl

$$\zeta = \frac{z}{d} \qquad (I\ 9,\ 19)$$

[„*numerische Kathodendistanz*"] als Bruchteil des Elektrodenabstandes d. Der Differentialquotient

$$\alpha = \frac{d^2 \zeta}{d\tau^2} \qquad (I\ 9,\ 20)$$

definiert demnach die *numerische Beschleunigung* der Elektronen von der *numerischen Geschwindigkeit*

$$\beta = \frac{d\zeta}{d\tau}. \qquad (I\ 9,\ 21)$$

Führen wir schließlich durch

$$\overline{\gamma} = \frac{1}{6} \frac{q_0 \, \overline{j}}{m_0 \, \omega^3 \varDelta \cdot d} > 0 \qquad (I\ 9,\ 22)$$

die *numerische Gleichstromdichte* und durch

$$\tilde{\gamma} = \overline{\gamma} \cdot \tilde{\mu} \qquad (I\ 9,\ 23)$$

die *komplexe Amplitude der numerischen Wechselstromdichte* ein, so nimmt (I 9, 17) die dimensionsfreie *Normalform*

$$\frac{d^3 \zeta}{d\tau^3} = 6 \, \overline{\gamma} + 6 \, \tilde{\gamma} \, e^{-i\tau} \qquad (I\ 9,\ 24)$$

an. Wir suchen ihre Lösung für ein Elektron, welches die Kathodenoberfläche $\zeta = 0$ gerade im numerischen Zeitpunkt $\tau_0 = \omega\, t_0$ verläßt, also den *Anfangsbedingungen*

$$a = a_0 = \overline{a}_0 + \tilde{a}_0\, e^{-i\tau_0}; \qquad \overline{a}_0 = \frac{\overline{a}_0}{\omega^2\, d^2}, \qquad \tilde{a}_0 = \frac{\tilde{a}_0}{\omega^2\, d^2} \qquad \text{für} \qquad \tau = \tau_0, \tag{I 9, 25}$$

$$\beta = \beta_0 = \overline{\beta}_0 + \tilde{\beta}_0\, e^{-i\tau_0}; \qquad \overline{\beta}_0 = \frac{\overline{v}_0}{\omega\, d}, \qquad \tilde{\beta}_0 = \frac{\tilde{v}_0}{\omega\, d} \qquad \text{für} \qquad \tau = \tau_0, \tag{I 9, 26}$$

$$\zeta = \zeta_0 = 0 \qquad \text{für} \qquad \tau = \tau_0 \tag{I 9, 27}$$

unterliegt: Das *erste Integral* lautet

$$a = \overline{a}_0 + \tilde{a}_0\, e^{-i\tau_0} + 6\,\overline{\gamma}\,(\tau - \tau_0) + 6\,\tilde{\gamma}\, i\,(e^{-i\tau} - e^{-i\tau_0}), \tag{I 9, 28}$$

das *zweite Integral*

$$\beta = \overline{\beta}_0 + \tilde{\beta}_0\, e^{-i\tau_0} + \overline{a}_0\,(\tau - \tau_0) + \tilde{a}_0\, e^{-i\tau_0}(\tau - \tau_0) +$$
$$+ 3\,\overline{\gamma}\,(\tau - \tau_0)^2 - 6\,\tilde{\gamma}\,[(e^{-i\tau} - e^{-i\tau_0}) + i\, e^{-i\tau_0}(\tau - \tau_0)] \tag{I 9, 29}$$

und das *dritte Integral*

$$\zeta = \overline{\beta}_0(\tau - \tau_0) + \tilde{\beta}_0\, e^{-i\tau_0}\,(\tau - \tau_0) + \overline{a}_0\,\frac{(\tau - \tau_0)^2}{2} + \tilde{a}_0\, e^{-i\tau_0}\,\frac{(\tau - \tau_0)^2}{2} +$$
$$+ \overline{\gamma}\,(\tau - \tau_0)^3 - 6\,\tilde{\gamma}\, i\left[(e^{-i\tau} - e^{-i\tau_0}) + i\, e^{-i\tau_0}\,(\tau - \tau_0) + e^{-i\tau_0}\,\frac{(\tau - \tau_0)^2}{2}\right]. \tag{I 9, 30}$$

c) Im Gleichstrom-Grenzfalle

$$\tilde{a} \to 0; \qquad \tilde{\beta} \to 0; \qquad \tilde{\gamma} \to 0 \tag{I 9, 31}$$

reduzieren sich die Angaben (I 9, 28), (I 9, 29) und (I 9, 30) auf

$$a \to \overline{a} = \overline{a}_0 + 6\,\overline{\gamma}\,(\tau - \tau_0), \tag{I 9, 32}$$

$$\beta \to \overline{\beta} = \overline{\beta}_0 + \overline{a}_0\,(\tau - \tau_0) + 3\,\overline{\gamma}\,(\tau - \tau_0)^2, \tag{I 9, 33}$$

$$\zeta \to \overline{\zeta} = \overline{\beta}_0(\tau - \tau_0) + \overline{a}_0\,\frac{(\tau - \tau_0)^2}{2} + \overline{\gamma}(\tau - \tau_0)^3. \tag{I 9, 34}$$

Durch Auflösung der in

$$\overline{\vartheta} = \tau - \tau_0 \tag{I 9, 35}$$

kubischen Gleichung (I 9, 34) ergeben sich in der Regel drei unterschiedliche Wurzeln $\overline{\vartheta}_1, \overline{\vartheta}_2, \overline{\vartheta}_3$. Unter diesen mindestens eine als positiv-reell voraussetzend, mißt die kleinste Wurzel dieser Art die numerische Gleichfeld-Flugzeit des kontrollierten Elektrons von der Kathode zur „Aufebene" $0 < \zeta < 1$; sie allein werde künftig durch das Symbol $\overline{\vartheta}$ bezeichnet, und ihre funktionelle Abhängigkeit vom numerischen Kathodenabstand

$$\overline{\vartheta} = f(\zeta) \tag{I 9, 36}$$

gelte als bekannt. Demnach liefert (I 9, 32) in der Gestalt

$$\overline{a} = \overline{a}_0 + 6\,\overline{\gamma}\,\overline{\vartheta} \tag{I 9, 37}$$

die *räumliche Struktur der zeitfreien Komponente der numerischen Beschleunigung*, während (I 9, 33) in der Form

$$\overline{\beta} = \overline{\beta}_0 + \overline{a}_0\,\overline{\vartheta} + 3\,\overline{\gamma}\,\overline{\vartheta}^2 \tag{I 9, 38}$$

das *stationäre Feld der numerischen Geschwindigkeit* beschreibt.

d) Zur Elektronenbewegung (I 9, 30) im pulsierenden Felde zurückkehrend, übertrifft die nunmehr resultierende „dynamische" Flugzeit

$$\vartheta = \tau - \tau_0 \qquad (I\ 9,\ 39)$$

des kontrollierten Elektrons deren Gleichfeldwert $\overline{\vartheta}$ um das Maß

$$\varDelta\vartheta = \vartheta - \overline{\vartheta} \qquad (I\ 9,\ 40)$$

dessen absoluter Betrag zufolge unserer Voraussetzungen gewiß infinitesimal klein ausfällt. Der Vergleich

$$\zeta(\vartheta) = \overline{\zeta(\overline{\vartheta})} \qquad (I\ 9,\ 41)$$

liefert daher mit Rücksicht auf (I 9, 39) und (I 9, 40) die Relation

$$\left[\overline{\beta}_0 + \overline{a}_0\overline{\vartheta} + 3\overline{\gamma}\,\overline{\vartheta}^2\right]\varDelta\vartheta + \tilde{\beta}_0\,\mathrm{e}^{-\mathrm{i}(\tau-\overline{\vartheta})}\,\overline{\vartheta} + \tilde{a}_0\,\mathrm{e}^{-\mathrm{i}(\tau-\overline{\vartheta})}\frac{\overline{\vartheta}^2}{2} -$$

$$-6\,\tilde{\gamma}\,\mathrm{i}\left[\left(\mathrm{e}^{-\mathrm{i}\tau} - \mathrm{e}^{-\mathrm{i}(\tau-\overline{\vartheta})}\right) + \mathrm{i}\,\mathrm{e}^{-\mathrm{i}(\tau-\overline{\vartheta})}\,\overline{\vartheta} + \mathrm{e}^{-\mathrm{i}(\tau-\overline{\vartheta})}\frac{\overline{\vartheta}^2}{2}\right] = 0, \quad (I\ 9,\ 42)$$

welcher wir im Verein mit (I 9, 38) die Angabe

$$\overline{\beta}\,\varDelta\vartheta = -\,\mathrm{e}^{-\mathrm{i}\tau}\left[\tilde{\beta}_0\cdot\overline{\vartheta}\,\mathrm{e}^{\mathrm{i}\overline{\vartheta}} + \tilde{a}_0\,\frac{\overline{\vartheta}^2}{2}\,\mathrm{e}^{\mathrm{i}\overline{\vartheta}} -\right.$$

$$\left. -6\,\tilde{\gamma}\,\mathrm{i}\left\{(1 - \mathrm{e}^{\mathrm{i}\overline{\vartheta}}) + \mathrm{i}\,\overline{\vartheta}\,\mathrm{e}^{\mathrm{i}\overline{\vartheta}} + \frac{\overline{\vartheta}^2}{2}\,\mathrm{e}^{\mathrm{i}\overline{\vartheta}}\right\}\right] \qquad (I\ 9,\ 43)$$

entnehmen. In gleicher Genauigkeit ergibt sich mit Hilfe von (I 9, 16) und (I 9, 28) für die in der Einheit

$$E_0 = \frac{m_0\,\omega^2\,d}{q_0} \qquad (I\ 9,\ 44)$$

gemessene numerische Feldstärke

$$\varepsilon = \frac{E}{E_0} \qquad (I\ 9,\ 45)$$

die Darstellung

$$\varepsilon = \overline{a}_0 + \tilde{a}_0\,\mathrm{e}^{-\mathrm{i}\tau}\,\mathrm{e}^{\mathrm{i}\overline{\vartheta}} + 6\,\overline{\gamma}(\overline{\vartheta} + \varDelta\vartheta) + 6\,\tilde{\gamma}\,\mathrm{i}\,\mathrm{e}^{-\mathrm{i}\tau}(1 - \mathrm{e}^{\mathrm{i}\overline{\vartheta}}), \quad (I\ 9,\ 46)$$

so daß

$$\overline{\varepsilon} = \overline{a}_0 + 6\,\overline{\gamma}\,\overline{\vartheta} \qquad (I\ 9,\ 47)$$

ihren Gleichanteil und

$$\tilde{\varepsilon} = \tilde{a}_0\,\mathrm{e}^{\mathrm{i}\overline{\vartheta}} + 6\,\overline{\gamma}\,\mathrm{e}^{\mathrm{i}\tau}\,\varDelta\vartheta + 6\,\tilde{\gamma}\,\mathrm{i}\,(1 - \mathrm{e}^{\mathrm{i}\overline{\vartheta}}) =$$

$$= \tilde{a}_0\,\mathrm{e}^{\mathrm{i}\overline{\vartheta}}\left[1 - \frac{6\,\overline{\gamma}}{\overline{\beta}}\,\frac{\overline{\vartheta}^2}{2}\right] - \tilde{\beta}_0\,\frac{6\,\overline{\gamma}}{\overline{\beta}}\,\overline{\vartheta}\,\mathrm{e}^{\mathrm{i}\overline{\vartheta}} + \tilde{\gamma}\,36\,\frac{\overline{\gamma}}{\overline{\beta}}\,\mathrm{i}\cdot$$

$$\cdot\left[\left(1 + \frac{\overline{\beta}}{6\,\overline{\gamma}}\right)(1 - \mathrm{e}^{\mathrm{i}\overline{\vartheta}}) + \left(\mathrm{i}\,\overline{\vartheta}\,\mathrm{e}^{\mathrm{i}\overline{\vartheta}} + \frac{\overline{\vartheta}^2}{2}\,\mathrm{e}^{\mathrm{i}\overline{\vartheta}}\right)\right] \qquad (I\ 9,\ 48)$$

die komplexe Amplitude ihres Wechselanteiles mißt. Unter der weiterhin einzuhaltenden Voraussetzung

$$\overline{\beta}_0 > 0 \qquad (I\ 9,\ 49)$$

reduziert sich $\tilde{\varepsilon}$ an der Kathode $[\overline{\vartheta} \to 0]$ auf

$$\lim_{\overline{\vartheta}\,\to\,0} \tilde{\varepsilon} = \tilde{\varepsilon}_0 = \tilde{a}_0. \qquad (I\ 9,\ 50)$$

Aus der numerischen Feldstärke ε berechnet sich die je am nämlichen Orte auftretende Verschiebungsstromdichte j_v in ihrem Verhältnis zur Gleichstromdichte $\bar{j}$ aus

$$\frac{j_v}{\bar{j}} = \frac{\omega \, \Delta E_0}{\bar{j}} \frac{\partial \varepsilon}{\partial \tau} = -\frac{i \, \omega \, \Delta E_0}{\bar{j}} \, \tilde{\varepsilon} \, e^{-i\tau} = -\frac{i}{6\bar{\gamma}} \, \tilde{\varepsilon} \, e^{-i\tau}. \qquad (I\ 9,\ 51)$$

Setzt man also

$$\tilde{\gamma}_v = \bar{\gamma} \frac{j_v \, e^{i\tau}}{\bar{j}} = -\frac{i}{6} \, \tilde{\varepsilon} \qquad (I\ 9,\ 52)$$

und

$$\tilde{\gamma}_c = \tilde{\gamma} - \tilde{\gamma}_v = \tilde{\gamma} + \frac{i}{6} \, \tilde{\varepsilon} = \bar{\gamma} \cdot \tilde{\nu} \qquad (I\ 9,\ 53)$$

so gelangt man zu der Relation

$$\tilde{\varepsilon} = 6 \, \bar{\gamma} \, i \, [\tilde{\mu} - \tilde{\nu}] = 6 \, \tilde{\gamma} \, i - 6 \, \tilde{\gamma}_c \, i, \qquad (I\ 9,\ 54)$$

aus welcher wir im Verein mit (I 9, 50) den Zusammenhang

$$\tilde{a}_0 = 6 \, \tilde{\gamma} \, i - 6 \, \tilde{\gamma}_{c,0} \, i; \qquad \tilde{\gamma}_{c,0} = \lim_{\bar{\vartheta} \to 0} \tilde{\gamma}_c \qquad (I\ 9,\ 55)$$

entnehmen. Durch Substitution von (I 9, 55) in (I 9, 43) entsteht

$$\bar{\beta} \, \Delta\vartheta = -e^{-i\tau} \, [\tilde{\beta}_0 \, \bar{\vartheta} \, e^{i\,\bar{\vartheta}} - 3 \, \tilde{\gamma}_{c,0} \, i \, \bar{\vartheta}^2 \, e^{i\,\bar{\vartheta}} - 6 \, \tilde{\gamma} \, i \, \{(1 - e^{i\,\bar{\vartheta}}) + i \, \bar{\vartheta} \, e^{i\,\bar{\vartheta}}\}], \qquad (I\ 9,\ 56)$$

so daß aus (I 9, 48) für die komplexe Amplitude $\tilde{\varepsilon}$ der numerischen Feldstärke die Darstellung

$$\tilde{\varepsilon} = -\tilde{\beta}_0 \frac{6\bar{\gamma}}{\bar{\beta}} \, \bar{\vartheta} \, e^{i\,\bar{\vartheta}} - 6 \, \tilde{\gamma}_{c,0} \, i \, e^{i\,\bar{\vartheta}} \left[1 - \frac{6\,\bar{\gamma}}{\bar{\beta}} \frac{\bar{\vartheta}^2}{2} \right] +$$

$$+ 6\tilde{\gamma} \cdot i \left[1 + \frac{6\,\tilde{\gamma}}{\bar{\beta}} (1 - e^{i\,\bar{\vartheta}} + i \, \bar{\vartheta} \, e^{i\,\bar{\vartheta}}) \right] \qquad (I\ 9,\ 57)$$

resultiert. Zufolge (I 9, 52) erschließen wir aus (I 9, 57) den *räumlichen Gang der numerischen Konvektionsstromdichte*

$$\tilde{\gamma}_v = i \, \tilde{\beta}_0 \frac{\bar{\gamma}}{\bar{\beta}} \, \bar{\vartheta} \, e^{i\,\bar{\vartheta}} - \tilde{\gamma}_{c,0} \, e^{i\,\bar{\vartheta}} \left[1 - \frac{6\,\bar{\gamma}}{\bar{\beta}} \frac{\bar{\vartheta}^2}{2} \right] + \tilde{\gamma} \left[1 + \frac{6\,\tilde{\gamma}}{\bar{\beta}} (1 - e^{i\,\bar{\vartheta}} + i \, \bar{\vartheta} \, e^{i\,\bar{\vartheta}}) \right] \qquad (I\ 9,\ 58)$$

so daß wir für die *komplexe Amplitude $\bar{\gamma}_c$ der Konvektionsstromdichte* die Gleichung

$$\tilde{\gamma}_c = \tilde{\gamma} - \tilde{\gamma}_v = -i \, \tilde{\beta}_0 \frac{\bar{\gamma}}{\bar{\beta}} \, \bar{\vartheta} \, e^{i\,\bar{\vartheta}} + \tilde{\gamma}_{c,0} \, e^{i\,\bar{\vartheta}} \left[1 - \frac{6\,\bar{\gamma}}{\bar{\beta}} \frac{\bar{\vartheta}^2}{2} \right] +$$

$$+ \tilde{\gamma} \frac{6\,\bar{\gamma}}{\bar{\beta}} (1 - e^{i\,\bar{\vartheta}} + i \, \bar{\vartheta} \, e^{i\,\bar{\vartheta}}) \qquad (I\ 9,\ 59)$$

finden.

e) Gemäß (I 9, 36) gelangt das jeweils kontrollierte Elektron nach der aus

$$\bar{\vartheta} \to \bar{\vartheta}_a = f(1) \qquad (I\ 9,\ 60)$$

bestimmten numerischen Gleichfeld-Flugdauer $\bar{\vartheta}_a$ zur Anode $[\zeta = 1]$. Entsprechend (I 9, 38) besitzt es dann die Gleichfeld-Komponente

$$\bar{\beta}_a = \bar{\beta}_0 + \bar{a}_0 \, \bar{\vartheta}_a + 3 \, \bar{\gamma} \, \bar{\vartheta}_a^2 \qquad (I\ 9,\ 61)$$

seiner numerischen Geschwindigkeit, aus deren Kenntnis sich für die Berechnung der numerischen Startbeschleunigung $\overline{a}_0$ die Relation

$$\overline{a}_0 = \frac{\overline{\beta}_a - \overline{\beta}_0}{\overline{\vartheta}_a} - 3\,\overline{\gamma}\,\overline{\vartheta}_a \qquad (I\ 9,\ 62)$$

ergibt. Mit Rücksicht auf (I 9, 34) nimmt daher (I 9, 61) die Gestalt

$$\overline{a}_0\,\overline{\vartheta}_a + \overline{a}_0\,\frac{\overline{\vartheta}_a{}^2}{2} + \overline{\gamma}\,\overline{\vartheta}_a{}^3 = \frac{1}{2}\,\overline{\vartheta}_a\,[(\overline{\beta}_0 + \overline{\beta}_a) - \overline{\gamma}\,\overline{\vartheta}_a{}^2] = 1 \qquad (I\ 9,\ 63)$$

an. Mittels des dimensionsfreien Parameters

$$\varkappa = \frac{3\,\overline{\vartheta}_a{}^2\,\overline{\gamma}}{\overline{\beta}_0 + \overline{\beta}_a} \qquad (I\ 9,\ 64)$$

folgt nun aus (I 9, 63) die Relation

$$\frac{1}{\overline{\vartheta}_a} = \frac{\overline{\beta}_a + \overline{\beta}_a}{2}\left[1 - \frac{1}{3}\,\varkappa\right]. \qquad (I\ 9,\ 65)$$

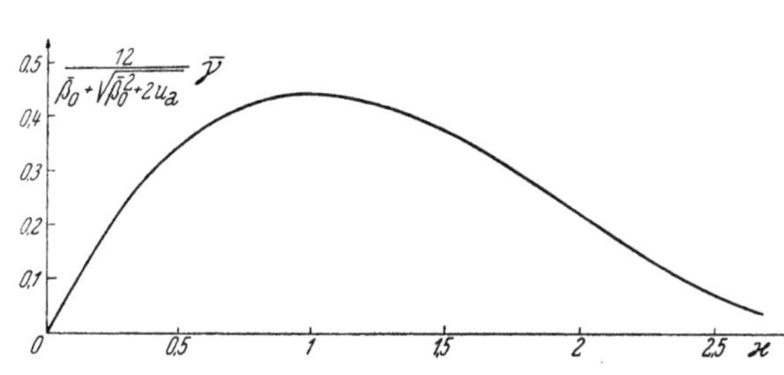

Abb. I 71. Die maximale numerische Gleichstromdichte als Funktion des Elektronen-Kopplungsfaktors.

so daß wir aus (I 9, 64) für die *numerische Gleichstromdichte* $\overline{\gamma}$ die Darstellung

$$\overline{\gamma} = \frac{\overline{\beta}_0 + \overline{\beta}_a}{3\,\overline{\vartheta}_a{}^2}\,\varkappa = \frac{[\beta_0 + \beta_a]^3}{12}\,\varkappa\left[1 - \frac{1}{3}\,\varkappa\right]^2 \qquad (I\ 9,\ 66)$$

erschließen. Gleichzeitig findet sich die *numerische Anoden-Gleichspannung* $\overline{u}_a$ aus (I 9, 38), (I 9, 47) und (I 9, 62) zu

$$\overline{u}_a = \int\limits_{\zeta=0}^{1} \overline{\varepsilon}\,d\zeta = \int\limits_{\overline{\vartheta}=0}^{\overline{\vartheta}_a} \overline{\varepsilon}\,(\overline{\vartheta})\,\overline{\beta}\,(\overline{\vartheta})\,d\overline{\vartheta} = \int\limits_{\overline{\vartheta}=0}^{\overline{\vartheta}_a} [\overline{a}_0 + 6\,\overline{\gamma}\overline{\vartheta}]\,[\overline{\beta} + \overline{a}_0\,\overline{\vartheta} + 3\,\overline{\gamma}\,\overline{\vartheta}^2]\,d\overline{\vartheta} =$$

$$= \frac{1}{2}\,[\overline{\beta}_a{}^2 - \overline{\beta}_0{}^2] \qquad (I\ 9,\ 67)$$

im Einklang mit dem Energiesatz. Durch Elimination von $\overline{\beta}_a$ aus (I 9, 66) und (I 9, 67) resultiert daher der funktionelle Zusammenhang

$$\overline{\gamma} = \frac{1}{12}\,[\overline{\beta}_0 + \sqrt{\overline{\beta}_0{}^2 + 2\,u_a}]^3\,\varkappa\left[1 - \frac{1}{3}\,\varkappa\right]^2 \qquad (I\ 9,\ 68)$$

zwischen der numerischen Gleichstromdichte der Röhre und dem stationären Anteil ihrer numerischen Anodenspannung. Nach Ausweis der Abb. I 71 durchläuft nun $\overline{\gamma}$ bei fester, numerischer Anodenspannung $\overline{u}_a$ und vorgegebener, numerischer Startgeschwindigkeit $\overline{\beta}_0$ der Elektronen in

$$\varkappa = \varkappa_{\text{opt}} = 1 \qquad (I\ 9,\ 69)$$

den Maximalwert

$$\overline{\gamma}_{\text{max}} = \frac{1}{12}\,[\overline{\beta}_0 + \sqrt{\overline{\beta}_0{}^2 + 2\,\overline{u}_a}]^3 \cdot \frac{4}{9}, \qquad (I\ 9,\ 70)$$

welcher für $\overline{\beta}_0 \to 0$ inhaltlich mit der Aussage des *Child-Langmuir*schen Gesetzes übereinstimmt. Im Lichte dieser Erkenntnis pflegt man den Parameter $\varkappa$ als *Elektronen-Kopplungsfaktor* zu bezeichnen.

f) Wir begeben uns auf die Anode der Zweipolröhre und messen die dort herrschende komplexe Amplitude $\tilde{\beta}_a$ der numerischen Elektronengeschwindigkeit

$$\tilde{\beta}_a = \lim_{\overline{\vartheta} \to \overline{\vartheta}_a} \tilde{\beta} \qquad (I\ 9,\ 71)$$

die komplexe Amplitude $\tilde{j}_{c,a}$ der Konvektionsstromdichte

$$\tilde{j}_{c,a} = \lim_{\overline{\vartheta} \to \overline{\vartheta}_a} \tilde{j}_c \qquad (I\ 9,\ 72)$$

und die komplexe Amplitude $\tilde{u}_a$ der numerischen Anodenspannung

$$\tilde{u}_a = \int_{\zeta=0}^{1} \tilde{\varepsilon}\, d\zeta = \int_{\overline{\vartheta}=0}^{\overline{\vartheta}_a} \tilde{\varepsilon}\,(\overline{\vartheta})\, \overline{\beta}(\overline{\vartheta})\, d\overline{\vartheta}. \qquad (I\ 9,\ 73)$$

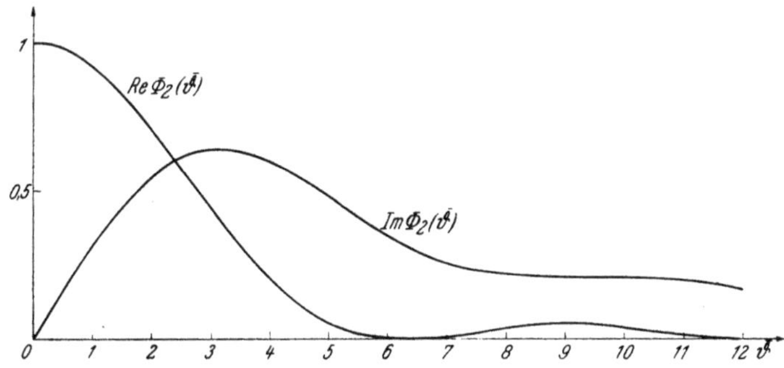

Abb. I 72. Die Komponenten der komplexen Funktion $\Phi_2(\overline{\vartheta})$ nach Gl. (I 9, 78).

Da nun — in der hier angestrebten Genauigkeit — die komplexen Amplituden $\tilde{\beta}_a$, $\tilde{j}_{c,a}$ und $\tilde{u}_a$ als homogene, lineare Funktionen der drei unabhängigen, komplexen Veränderlichen $\tilde{\beta}_0$, $\tilde{j}_{c,0}$ und $\tilde{\gamma}$ resultieren, setzen wir formal

$$\tilde{\beta}_a = k_{11}\, \tilde{\beta}_0 + k_{12}\, \tilde{\gamma}_{c,0} + k_{13}\, \tilde{\gamma} \qquad (I\ 9,\ 74)$$

$$\tilde{\gamma}_{c,a} = k_{21}\, \tilde{\beta}_0 + k_{22}\, \tilde{\gamma}_{c,0} + k_{23}\, \tilde{\gamma} \qquad (I\ 9,\ 75)$$

$$\tilde{u}_a = k_{31}\, \tilde{\beta}_0 + k_{32}\, \tilde{\gamma}_{c,0} + k_{33}\, \tilde{\gamma}. \qquad (1\ 9,\ 76)$$

Für die explizite Darstellung der neun Koeffizienten k_{11}, k_{12}, $\ldots$, k_{33} erweist es sich als zweckmäßig, durch

$$\Phi_1(\overline{\vartheta}) = e^{i\,\overline{\vartheta}} \qquad (I\ 9,\ 77)$$

$$\Phi_2(\overline{\vartheta}) = \frac{2}{\overline{\vartheta}^2}\,[1 - e^{i\,\overline{\vartheta}} + i\,\overline{\vartheta}], \qquad (I\ 9,\ 78)$$

$$\Phi_3(\overline{\vartheta}) = -\frac{2}{\overline{\vartheta}^2}\,[1 - e^{i\,\overline{\vartheta}} + i\,\overline{\vartheta}\, e^{i\,\overline{\vartheta}}], \qquad (I\ 9,\ 79)$$

$$\Phi_4(\overline{\vartheta}) = \frac{6}{(i\,\overline{\vartheta})^3}\,[2 + i\,\overline{\vartheta} - 2\, e^{i\,\overline{\vartheta}} + i\,\overline{\vartheta}\, e^{i\,\overline{\vartheta}}] \qquad (I\ 9,\ 80)$$

vier komplexe Funktionen je des reellen Argumentes $\overline{\vartheta}$ zu definieren [Abb. I 72 bis I 77].

Aus (I 9, 29), (I 9, 38), (I 9, 39) und (I 9, 40) finden wir für die komplexe Amplitude $\tilde{\beta}_a$ der numerischen Elektronengeschwindigkeit an der Anode zunächst den Ausdruck

$$\tilde{\beta}_a = \tilde{\beta}_0 \, e^{i\,\overline{\vartheta}_a} + (\overline{a}_0 + 6\,\overline{\gamma}\,\overline{\vartheta}_a)\,(e^{i\tau}\Delta\vartheta)_{\overline{\vartheta}=\overline{\vartheta}_a} + \tilde{a}_0 \, e^{i\,\overline{\vartheta}_a}\,\overline{\vartheta}_a -$$

$$- 6\,\tilde{\gamma}\,[1 - e^{i\,\overline{\vartheta}_a} + i\,e^{i\,\overline{\vartheta}_a}\,\overline{\vartheta}_a], \qquad (I\ 9,\ 81)$$

welcher mit Rücksicht auf (I 9, 55), (I 9, 56) und (I 9, 62) in

$$\tilde{\beta}_a = \tilde{\beta}_0 \, e^{i\,\overline{\vartheta}_a}\left[\frac{\overline{\beta}_0}{\overline{\beta}_a} - \frac{3\,\overline{\gamma}\,\overline{\vartheta}_a{}^2}{\overline{\beta}_a}\right] -$$

$$- 3\,\tilde{\gamma}_{c,0}\,i\,\overline{\vartheta}_a\,e^{i\,\overline{\vartheta}_a}\left[1 + \frac{\overline{\beta}_0}{\overline{\beta}_a} - \frac{3\,\overline{\gamma}\,\overline{\vartheta}_a{}^2}{\overline{\beta}_a}\right] -$$

$$- 3\,\tilde{\gamma}\left[2\,\frac{i\,\overline{\vartheta}_a + 1 - e^{i\,\overline{\vartheta}_a}}{i\,\overline{\vartheta}_a} + \right.$$

$$\left. + 2\,i\,\frac{1 - e^{i\,\overline{\vartheta}_a} + i\,\overline{\vartheta}_a\,e^{i\,\overline{\vartheta}_a}}{\overline{\vartheta}_a}\left(\frac{\overline{\beta}_0}{\overline{\beta}_a} - \frac{3\,\overline{\gamma}\,\overline{\vartheta}_a{}^2}{\overline{\beta}_a}\right)\right]$$

$$(I\ 9,\ 82)$$

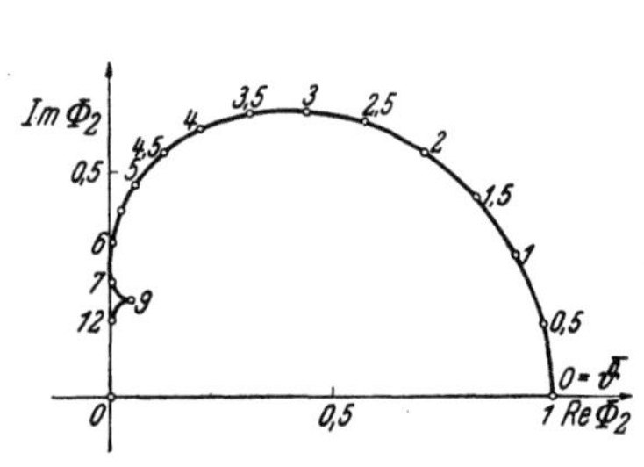

Abb. I 73. Die komplexe Funktion $\Phi_2(\overline{\vartheta})$ nach Gl. (I 9, 78).

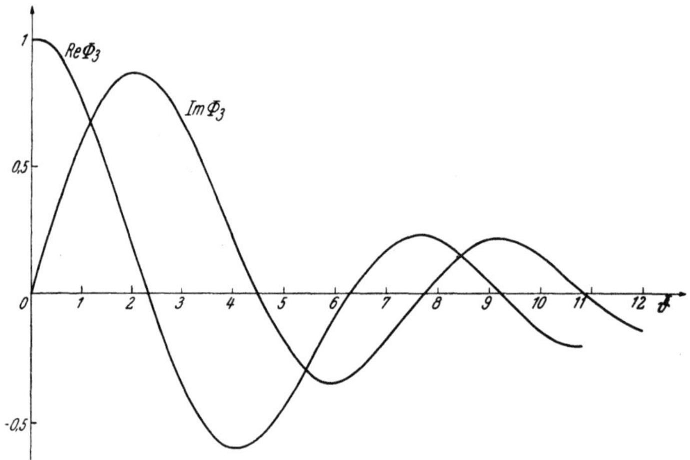

Abb. I 74. Die Komponenten der komplexen Funktion $\Phi_3(\overline{\vartheta})$ nach Gl. (I 9, 79).

übergeht. Mit Rücksicht auf (I 9, 64), (I 9, 77), (I 9, 78) und (I 9, 79) entnimmt man aus (I 9, 82) die Koeffizienten der Gleichung (I 9, 74) zu

$$k_{11} = \frac{1}{\overline{\beta}_a}\,[\overline{\beta}_0 - (\overline{\beta}_0 + \overline{\beta}_a)\,\varkappa]\,\Phi_1(\overline{\vartheta}_a) \qquad (I\ 9,\ 83)$$

$$k_{12} = -\frac{3\,i\,\overline{\vartheta}_a}{\overline{\beta}_a}\,[\overline{\beta}_0 + \overline{\beta}_a]\,[1 - \varkappa]\,\Phi_1(\overline{\vartheta}_a), \qquad (I\ 9,\ 84)$$

$$k_{13} = \frac{3\,i\,\overline{\vartheta}_a}{\tilde{\beta}_a}\,[\overline{\beta}_a\,\Phi_2(\overline{\vartheta}_a) + \{\overline{\beta}_0 - (\overline{\beta}_0 + \overline{\beta}_a)\,\varkappa\}\,\Phi_3(\overline{\vartheta}_a)]. \qquad (I\ 9,\ 85)$$

Die komplexe Amplitude $\tilde{\gamma}_{C,a}$ der numerischen Konvektionsstromdichte an der Anode folgt aus (I 9, 59) zu

$$\tilde{\gamma}_{C,0} = -\,\bar{\beta}_0\,\frac{\bar{\gamma}}{\bar{\beta}_a}\,i\,\bar{\vartheta}_a\,e^{i\,\bar{\vartheta}_a} + \tilde{\gamma}_{C,0}\,e^{i\,\bar{\vartheta}_a}\left[1 - \frac{3\,\bar{\gamma}\,\bar{\vartheta}_a{}^2}{\bar{\beta}_a}\right] -$$

$$-\,\tilde{\gamma}\,\frac{6\,\bar{\gamma}}{\bar{\beta}_a}\,[1 - e^{i\,\bar{\vartheta}_a} + i\,\bar{\vartheta}_a\,e^{i\,\bar{\vartheta}_a}].$$

$$(I\ 9,\ 86)$$

Ihr Vergleich mit (I 9, 75) liefert die Koeffizienten

$$k_{21} = \frac{1}{3\,i\,\bar{\vartheta}_a\,\bar{\beta}_a}\,[\bar{\beta}_0 + \bar{\beta}_a]\,\varkappa\,\varPhi_1(\bar{\vartheta}_a),$$

$$(I\ 9,\ 87)$$

$$k_{22} = \frac{1}{\bar{\beta}_a}\,[\bar{\beta}_a - (\bar{\beta}_0 + \bar{\beta}_a)\,\varkappa]\,\varPhi_1(\bar{\vartheta}_a),$$

$$(I\ 9,\ 88)$$

$$k_{23} = \frac{1}{\bar{\beta}_a}\,[\bar{\beta}_0 + \bar{\beta}_a]\,\varkappa\,\varPhi_3(\bar{\vartheta}_a).$$

$$(I\ 9,\ 89)$$

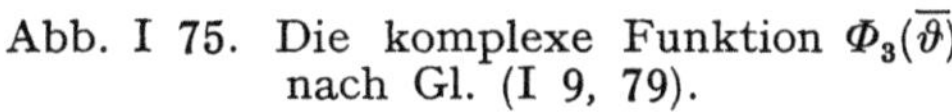

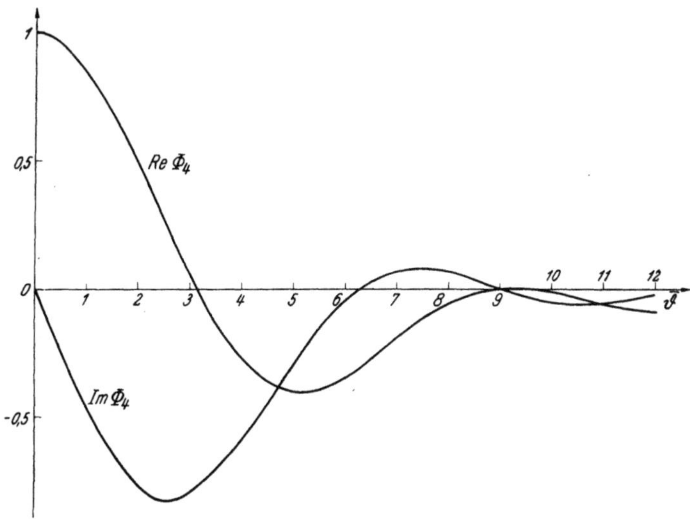

Abb. I 75. Die komplexe Funktion $\varPhi_3(\bar{\vartheta})$ nach Gl. (I 9, 79).

Abb. I 76. Die Komponenten der komplexen Funktion $\varPhi_4(\bar{\vartheta})$ nach Gl. (I 9, 80).

Der Berechnung der komplexen Amplitude $\tilde{u}_a$ der Anodenspannung gemäß (I 9, 73) stellen wir die Integralformeln

$$\int_0^{\bar{\vartheta}_a} e^{i\,\bar{\vartheta}}\,d\bar{\vartheta} = i\,[1 - e^{i\,\bar{\vartheta}_a}],$$

$$(I\ 9,\ 90)$$

$$\int_0^{\overline{\vartheta}_a} \overline{\vartheta}\, e^{i\,\overline{\vartheta}}\, d\overline{\vartheta} = -\,[1 - e^{i\,\overline{\vartheta}_a} + i\,\overline{\vartheta}_a\, e^{i\,\overline{\vartheta}_a}],\qquad\qquad (I\ 9,\ 91)$$

$$\int_0^{\overline{\vartheta}_a} \overline{\vartheta}^2\, e^{i\,\overline{\vartheta}}\, d\overline{\vartheta} = -\,i\,\overline{\vartheta}_a^{\,2}\, e^{i\,\overline{\vartheta}_a} - 2\,i\,[1 - e^{i\,\overline{\vartheta}_a} - i\,\overline{\vartheta}_a\, e^{i\,\overline{\vartheta}_a}]\qquad (I\ 9,\ 92)$$

voraus. Nach (I 9, 38) und (I 9, 57) wird dann zunächst

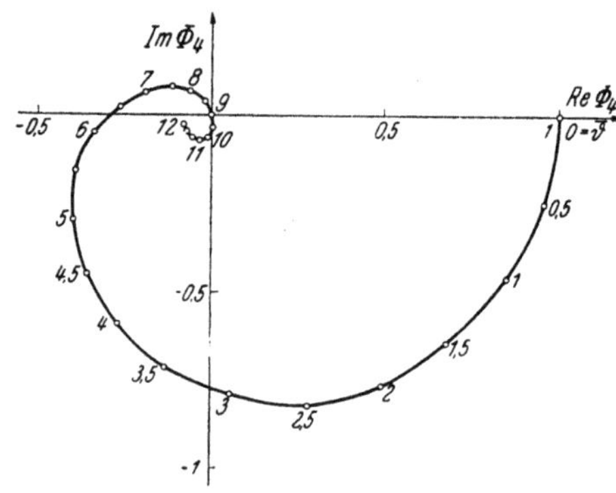

Abb. I 77. Die komplexe Funktion $\Phi_4(\overline{\vartheta})$ nach Gl. (I 9, 80).

$$\tilde{u}_a = -\,\tilde{\beta}_0\, 6\,\overline{\gamma} \int_0^{\overline{\vartheta}_a} \overline{\vartheta}\, e^{i\,\overline{\vartheta}}\, d\overline{\vartheta}\; -$$

$$-\,6\,\tilde{\gamma}_{c,0} \int_0^{\overline{\vartheta}_a} i\, e^{i\,\overline{\vartheta}}\,[\overline{\beta}_0 + \overline{a}_0\,\overline{\vartheta}]\, d\overline{\vartheta}\; +$$

$$+\,6\,\tilde{\gamma}\, i \int_0^{\overline{\vartheta}_a} [\overline{\beta}_0 + \overline{a}_0\,\overline{\vartheta} + 3\,\overline{\gamma}\,\overline{\vartheta}^2 +$$

$$+\,6\,\overline{\gamma}\,(1 - e^{i\,\overline{\vartheta}} + i\,\overline{\vartheta}\, e^{i\,\overline{\vartheta}})]\, d\overline{\vartheta}$$

$$(I\ 9,\ 93)$$

Durch Vergleich mit (I 9, 76) findet man sonach bei Beachtung von (I 9, 64), (I 9, 79) und (I 9, 91) unmittelbar den Koeffizienten

$$k_{31} = 6\,\overline{\gamma}\,[1 - e^{i\,\overline{\vartheta}_a} + i\,\overline{\vartheta}_a\, e^{i\,\overline{\vartheta}_a}] = -\,[\overline{\beta}_0 + \overline{\beta}_a]\,\varkappa\,\Phi_3(\overline{\vartheta}_a).\quad (I\ 9,\ 94)$$

Für k_{32} ergibt sich aus (I 9, 93) im Verein mit (I 9, 90) und (I 9, 91) die Darstellung

$$k_{32} = -\,6\,i\,[\overline{\beta}_0\, i\,(1 - e^{i\,\overline{\vartheta}_a}) - \overline{a}_0\,(1 - e^{i\,\overline{\vartheta}_a} + i\,\overline{\vartheta}_a\, e^{i\,\overline{\vartheta}_a})],\quad (I\ 9,\ 95)$$

welche sich mit (I 9, 62), (I 9, 78) und (I 9, 79) in

$$k_{32} = -\,3\,i\,\overline{\vartheta}_a\,[\overline{\beta}_0\,\Phi_2(\overline{\vartheta}_a) - \{(\overline{\beta}_0 + \overline{\beta}_a)\,\varkappa - \overline{\beta}_a\}\,\Phi_3(\overline{\vartheta}_a)]\quad (I\ 9,\ 96)$$

verwandelt.

Um schließlich k_{33} zu bestimmen, bilden wir mit Hilfe von (I 9, 90) und (I 9, 91)

$$\int_0^{\overline{\vartheta}_a} [1 - e^{i\,\overline{\vartheta}} + i\,\overline{\vartheta}\, e^{i\,\overline{\vartheta}}]\, d\overline{\vartheta} = \overline{\vartheta}_a - 2\,i + 2\,i\, e^{i\,\overline{\vartheta}_a} + \overline{\vartheta}_a\, e^{i\,\overline{\vartheta}_a}\quad (I\ 9,\ 97)$$

und erhalten, unter Berufung auf (I 9, 62) und (I 9, 80),

$$k_{33} = 6\,i\left[\frac{\overline{\beta}_0 + \overline{\beta}_a}{2}\,\overline{\vartheta}_a + 6\,\overline{\gamma}\left(\overline{\vartheta}_a - 2\,i + 2\,i\, e^{i\,\overline{\vartheta}_a} + \overline{\vartheta}_a\, e^{i\,\overline{\vartheta}_a} - \frac{\overline{\vartheta}_a^{\,3}}{12}\right)\right] =$$

$$= 3\,i\,\overline{\vartheta}_a\,[\overline{\beta}_0 + \overline{\beta}_a]\left[1 - \frac{\varkappa}{3}\{1 + 2\,\Phi_4(\overline{\vartheta}_a)\}\right].\quad (I\ 9,\ 98)$$

g) Bei der Anwendung der vorstehend entwickelten Theorie auf den Schroteffekt empfiehlt es sich häufig, im Gegensatz zu der bisherigen Übung, die komplexe Amplitude $\tilde{u}_a$ der Anodenspannung als unabhängige Veränderliche aufzufassen, während die komplexe Amplitude $\tilde{\gamma}$ der wahren Stromdichte die Rolle der abhängigen Variabeln übernimmt; das Tripel der Gleichungen (I 9, 74), (I 9, 75) und (I 9, 76) ist dann durch das System

$$\tilde{\beta}_a = K_{11}\,\tilde{\beta}_0 + K_{12}\,\tilde{\gamma}_{c,0} + K_{13}\,\tilde{u}_a \qquad (I\ 9,\ 99)$$

$$\tilde{\gamma}_{c,a} = K_{21}\,\tilde{\beta}_0 + K_{22}\,\tilde{\gamma}_{c,0} + K_{23}\,\tilde{u}_a, \qquad (I\ 9,\ 100)$$

$$\tilde{\gamma} = K_{31}\,\tilde{\beta}_0 + K_{32}\,\tilde{\gamma}_{c,0} + K_{33}\,\tilde{u}_a \qquad (I\ 9,\ 101)$$

zu ersetzen.

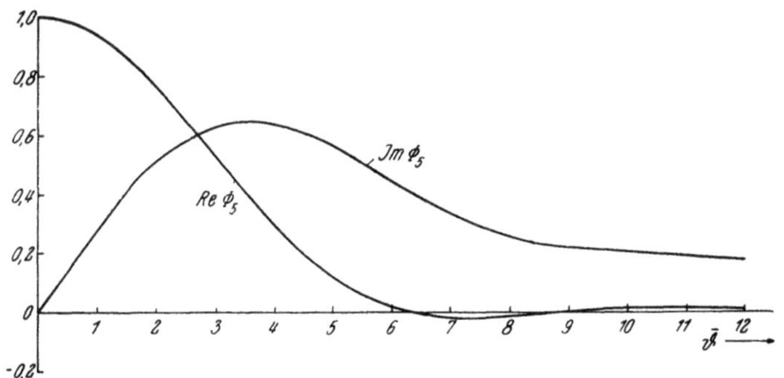

Abb. I 78. Die Komponenten der komplexen Funktion $\Phi_6(\overline{\vartheta})$ nach Gl. (I 9, 106)

Um die beabsichtigte Transformation auszuführen, bilden wir aus (I 9, 76)

$$\tilde{\gamma} = -\frac{k_{31}}{k_{33}}\,\tilde{\beta}_0 - \frac{k_{32}}{k_{33}}\,\tilde{\gamma}_{c,0} + \frac{\tilde{u}_a}{k_{33}}. \qquad (I\ 9,\ 102)$$

und gelangen durch Substitution dieser Gleichung beziehentlich in (I 9, 74), (I 9, 75) und (I 9, 76) zu den Relationen

$$K_{11} = k_{11} - \frac{k_{13}\,k_{31}}{k_{33}}\ ; \qquad K_{12} = k_{12} - \frac{k_{13}\,k_{32}}{k_{33}}\ ; \qquad K_{13} = \frac{k_{13}}{k_{33}} \qquad (I\ 9,\ 103)$$

$$K_{21} = k_{21} - \frac{k_{23}\,k_{31}}{k_{33}}\ ; \qquad K_{22} = k_{22} - \frac{k_{23}\,k_{32}}{k_{33}}\ ; \qquad K_{23} = \frac{k_{23}}{k_{33}}, \qquad (I\ 9,\ 104)$$

$$K_{31} = -\frac{k_{31}}{k_{33}}\ ; \qquad K_{32} = -\frac{k_{32}}{k_{33}}\ ; \qquad K_{33} = \frac{1}{k_{33}}. \qquad (I\ 9,\ 105)$$

Die Funktionen $\Phi_1(\overline{\vartheta})$, $\Phi_2(\overline{\vartheta})$, $\Phi_3(\overline{\vartheta})$ und $\Phi_4(\overline{\vartheta})$ durch

$$\Phi_6(\overline{\vartheta}) = -\frac{2}{i\,\overline{\vartheta}}\,[1 - \Phi_4(\overline{\vartheta})] = \frac{12}{\overline{\vartheta}^4}\left[-\frac{(i\,\overline{\vartheta})^3}{6} + 2 + i\,\overline{\vartheta} - 2\,e^{i\,\overline{\vartheta}} + i\,\overline{\vartheta}\,e^{i\,\overline{\vartheta}}\right]$$

$$(I\ 9,\ 106)$$

nach Abb. I 78 und Abb. I 79 ergänzend, mag weiterhin das einheitliche Argument $\overline{\vartheta} = \overline{\vartheta}_a$ dieser Funktionen unterdrückt werden. Bei der expliziten Angabe der neun Koeffizienten K_{11}, K_{12}, ... K_{33} beschränken wir uns der Kürze halber auf zwei Sonderfälle:

I. Der quasistatische Betrieb der Diode wird durch die Bedingung nur äußerst schwacher Elektronenkopplung

$$\varkappa = \frac{3\,\overline{\gamma}\,\overline{\vartheta}_a{}^2}{\overline{\beta}_0 + \overline{\beta}_a} \ll 1 \quad \text{(I 9, 107)}$$

gekennzeichnet. Mit Rücksicht auf (I 9, 62) gilt dann angenähert

$$\overline{a}_0 \approx \frac{\overline{\beta}_a - \overline{\beta}_0}{\overline{\vartheta}_a}, \quad \text{(I 9, 108)}$$

so daß, in gleicher Genauigkeit, aus (I 9, 34) und (I 9, 60) die Aussage

$$\frac{1}{2}\,[\overline{\beta}_0 + \overline{\beta}_a]\,\overline{\vartheta}_a = 1$$

$$\text{(I 9, 109)}$$

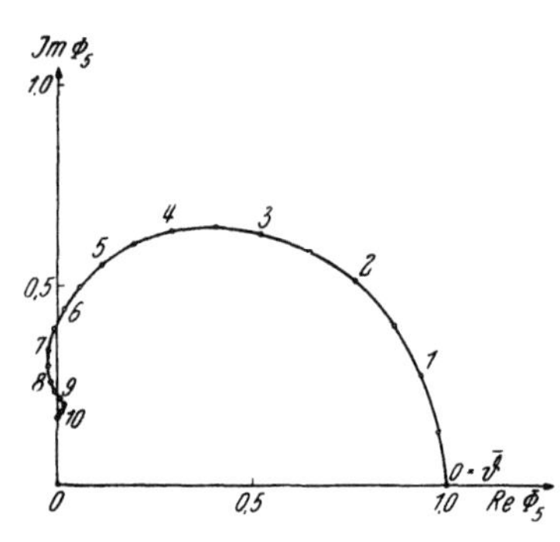

Abb. I 79. Die komplexe Funktion $\Phi_6(\overline{\vartheta})$ nach Gl. (I 9, 106).

resultiert. Sowohl den Realteil wie den Imaginärteil der Koeffizienten k_{11}, k_{12}, ... k_{33} nach Potenzen von $\varkappa$ entwickelnd, behalten wir auf Grund der Voraussetzung (I 9, 107) je nur die Anfangsglieder der entstehenden Reihen bei und finden aus

$$k_{11} = \frac{\overline{\beta}_0}{\overline{\beta}_a}\,\Phi_1; \quad k_{12} = -\frac{3}{\overline{\beta}_a}\,[\overline{\beta}_0 + \overline{\beta}_a]\,i\,\overline{\vartheta}_a\,\Phi_1; \quad k_{13} = \frac{3}{\overline{\beta}_a}\,i\,\overline{\vartheta}_a\,[\overline{\beta}_a\,\Phi_2 + \overline{\beta}_0\,\Phi_3],$$

$$\text{(I 9, 110)}$$

$$\left.\begin{aligned} k_{21} &= \frac{\varkappa}{3\,i\,\overline{\vartheta}_a\,\overline{\beta}_a}\,[\overline{\beta}_0 + \overline{\beta}_a]\,\Phi_1 = -\frac{\overline{\gamma}}{\overline{\beta}_a}\,i\,\overline{\vartheta}_a\,\Phi_1; \qquad k_{22} = \Phi_1 \\ k_{23} &= \frac{\varkappa}{\overline{\beta}_a}\,[\overline{\beta}_0 + \overline{\beta}_a]\,\Phi_3 = \frac{3\,\overline{\gamma}}{\overline{\beta}_a}\,\overline{\vartheta}_a{}^2\,\Phi_3 \end{aligned}\right\} \quad \text{(I 9, 111)}$$

$$\left.\begin{aligned} k_{31} &= -[\overline{\beta}_0 + \overline{\beta}_a]\,\varkappa\,\Phi_3 = -3\,\overline{\gamma}\,\overline{\vartheta}_a{}^2\,\Phi_3; \qquad k_{32} = -3\,i\,\overline{\vartheta}_a\,[\overline{\beta}_0\,\Phi_2 + \overline{\beta}_a\,\Phi_3] \\ k_{33} &= 3\,i\,\overline{\vartheta}_a\,[\overline{\beta}_0 + \overline{\beta}_a]\left[1 - \frac{2}{3}\,\varkappa\,\Phi_4\right] = 6\,i\left[1 - \frac{4\,\overline{\gamma}}{(\overline{\beta}_0 + \overline{\beta}_a)^2}\,\overline{\vartheta}_a\,\Phi_4\right] \end{aligned}\right\} \quad \text{(I 9, 112)}$$

in gleicher Genauigkeit

$$K_{11} = \frac{\overline{\beta}_0}{\overline{\beta}_a}\,\Phi_1; \qquad K_{12} = \frac{\overline{\beta}_0 + \overline{\beta}_a}{\overline{\beta}_a}\cdot 3\,i\,\overline{\vartheta}_a\left[-\Phi_1 + \frac{\overline{\beta}_a\,\Phi_2 + \overline{\beta}_0\,\Phi_3}{\overline{\beta}_a + \overline{\beta}_0}\cdot\frac{\overline{\beta}_0\,\Phi_2 + \overline{\beta}_a\,\Phi_3}{\overline{\beta}_0 + \overline{\beta}_a}\right];$$

$$K_{13} = \frac{1}{\overline{\beta}_a}\,\frac{\overline{\beta}_a\,\Phi_2 + \overline{\beta}_0\,\Phi_3}{\overline{\beta}_a + \overline{\beta}_0}$$

$$\text{(I 9, 113)}$$

$$K_{21} = -\frac{\overline{\gamma}}{\overline{\beta}_a}\,i\,\overline{\vartheta}_a\,\Phi_1; \qquad K_{22} = \Phi_1; \qquad K_{23} = -\frac{\overline{\gamma}}{\overline{\beta}_a\,[\overline{\beta}_0 + \overline{\beta}_a]}\,i\,\overline{\vartheta}_a\,\Phi_3$$

$$\text{(I 9, 114)}$$

$$K_{31} = -\frac{\overline{\gamma}}{\overline{\beta}_0 + \overline{\beta}_a}\,i\,\overline{\vartheta}_a\,\Phi_3; \quad K_{32} = \frac{\overline{\beta}_0\,\Phi_2 + \overline{\beta}_a\,\Phi_3}{\overline{\beta}_0 + \overline{\beta}_a}; \qquad K_{33} = -\frac{i}{6} - \frac{2}{3}\,\frac{\overline{\gamma}}{(\overline{\beta}_0 + \overline{\beta}_a)^2}\,i\,\overline{\vartheta}_a\,\Phi_4.$$

$$\text{(I 9, 115)}$$

II. Der faststationäre Betrieb der Röhre wird durch den Wert

$$\varkappa = \frac{3\,\overline{\gamma}\,\overline{\vartheta}_\mathrm{a}{}^2}{\overline{\beta}_0 + \overline{\beta}_\mathrm{a}} = 1 \qquad\qquad \text{(I 9, 116)}$$

des Elektronen-Kopplungsfaktors beschrieben. Aus den nunmehr resultierenden Koeffizienten

$$k_{11} = -\,\Phi_1; \qquad k_{12} = 0; \qquad k_{13} = \vartheta_\mathrm{a}{}^2\,\Phi_4, \qquad \text{(I 9, 117)}$$

$$k_{21} = \frac{\overline{\beta}_0 + \overline{\beta}_\mathrm{a}}{\overline{\beta}_\mathrm{a}}\,\frac{\Phi_1}{3\,\mathrm{i}\,\overline{\vartheta}_\mathrm{a}}; \qquad k_{22} = -\,\frac{\overline{\beta}_0}{\overline{\beta}_\mathrm{a}}\,\Phi_1; \qquad k_{23} = \frac{\overline{\beta}_0 + \overline{\beta}_\mathrm{a}}{\overline{\beta}_\mathrm{a}}\,\Phi_3, \qquad \text{(I 9, 118)}$$

$$k_{31} = -\,[\overline{\beta}_0 + \overline{\beta}_\mathrm{a}]\,\Phi_3; \qquad k_{32} = -\,\overline{\beta}_0\,\overline{\vartheta}_\mathrm{a}{}^2\,\Phi_4; \qquad k_{33} = [\overline{\beta}_0 + \overline{\beta}_\mathrm{a}]\,\overline{\vartheta}_\mathrm{a}{}^2\,\Phi_6 \qquad \text{(I 9, 119)}$$

erschließt man im Verein mit (I 9, 116) die Formeln

$$K_{11} = -\,\Phi_1 + \frac{\Phi_3\,\Phi_4}{\Phi_6}; \qquad K_{12} = \frac{\overline{\beta}_0}{3\,\overline{\gamma}}\,\frac{[\Phi_4]^2}{\Phi_6}; \qquad K_{13} = \frac{1}{\overline{\beta}_0 + \overline{\beta}_\mathrm{a}}\,\frac{\Phi_4}{\Phi_6} \qquad \text{(I 9, 120)}$$

$$K_{21} = \frac{\overline{\gamma}}{\overline{\beta}_\mathrm{a}}\left[-\,\mathrm{i}\,\overline{\vartheta}_\mathrm{a}\,\Phi_1 + 3\,\frac{[\Phi_3]^2}{\Phi_6}\right]; \qquad K_{22} = \frac{\overline{\beta}_0}{\overline{\beta}_\mathrm{a}}\left[-\,\Phi_1 + \frac{\Phi_3\,\Phi_4}{\Phi_6}\right]; \qquad K_{23} = \frac{3\,\overline{\gamma}}{\overline{\beta}_\mathrm{a}\,[\overline{\beta}_0 + \overline{\beta}_\mathrm{a}]}\,\frac{\Phi_3}{\Phi_6} \qquad \text{(I 9, 121)}$$

$$K_{31} = \frac{3\,\overline{\gamma}}{\overline{\beta}_0 + \overline{\beta}_\mathrm{a}}\,\frac{\Phi_3}{\Phi_6}; \qquad K_{32} = \frac{\overline{\beta}_0}{\overline{\beta}_0 + \overline{\beta}_\mathrm{a}}\,\frac{\Phi_4}{\Phi_6}; \qquad K_{33} = \frac{3\,\overline{\gamma}}{(\overline{\beta}_0 + \overline{\beta}_\mathrm{a})^2}\,\frac{1}{\Phi_6}. \qquad \text{(I 9, 122)}$$

h) Man verdankt die Kenntnis der vorangehenden Sätze wesentlich den grundlegenden Arbeiten von *Llewellyn* und *Peterson*; die von diesen Forschern erstmalig angegebenen und nach ihnen benannten Gleichungen unterscheiden sich nur formal von unserer Darstellung.

I 10. Plasmarauschen.

a) Wir behandeln im folgenden die elektronischen Schwankungserscheinungen innerhalb eines kreiszylindrischen *Kathodenstrahles* vom Halbmesser a, welcher von einem vollkommen leitenden Zylinder des Innenhalbmessers A > a konzentrisch umschlossen wird. Die Strahlachse werde mit der z-Achse eines Zylinderkoordinatensystemes identifiziert, in welchem r die Radialdistanz des Aufpunktes von der Achse und a dessen Azimut gegen eine feste Meridianebene messe, während t die laufende Zeit bezeichne.

Wir gehen von einem ideellen Kathodenstrahle aus, welcher den zeitlich streng konstanten Strom J > 0 mit der gleichförmig über den Strahlquerschnitt verteilten Dichte

$$j_0 = \frac{1}{\pi\,\mathrm{a}^2}\,J_0 > 0 \qquad\qquad \text{(I 10, 1)}$$

antiparallel der z-Achse transportiere. Sämtliche an diesem Vorgang beteiligten Elektronen mögen sich mit der einheitlichen Geschwindigkeit $v_0 > 0$ in Richtung der positiven z-Achse vorwärts bewegen, während die

Querkomponenten der Elektronengeschwindigkeit mittels eines hinreichend starken, achsenparallelen magnetischen Führungsfeldes bis auf einen unwesentlichen Rest unterdrückt seien; die vom Kontinuitätsgesetz der Elektrizität verlangte Rückführung des Strahlstromes übernehme der Hüllzylinder. Im Strahle selbst herrscht dann die homogene, zeitunabhängige Raumladungsdichte

$$\varrho_0 = -\frac{j_0}{v_0} < 0; \qquad 0 \leqq r < a, \tag{I 10, 2}$$

während das Gebiet zwischen dem Strahlmantel und dem Hüllzylinder ladungsfrei bleibt. Um uns von dieser Inhomogenität bei der mathematischen Behandlung des Systemes zu befreien, ersetzen wir es gedanklich durch ein *quasineutrales Plasma*, dessen Elemente sowohl Elektronen wie positive Ionen vom einheitlichen Absolutbetrage $|\varrho_0|$ beziehentlich ihrer antipolaren Raumladungsdichten enthalte. Auf Grund dieser Voraussetzung verschwinden innerhalb des Plasmas die makroskopischen Kräfte der *Coulomb*schen Wechselwirkung; überdies lassen wir weiterhin die ponderomotorischen Wirkungen der vom Eigenmagnetfeld des Strahlstromes geweckten *Lorentz*-Kraft geflissentlich außer Betracht. Wir dürfen hiernach dem Plasma die Eigenschaften eines idealen Gases oder, besser gesagt, eines *idealen Kontinuums* zuerkennen, in welchem sich jedoch lediglich die Elektronen des Strahlgebietes gemäß der oben beschriebenen Kinematik reibungsfrei bewegen sollen, während alle anderen Ladungsträger relativ zum Bezugssystem in dauernder Ruhe verharren.

b) Wir behalten das quasineutrale Plasma-Modell auch für die Dynamik des wahren Kathodenstrahles bei, dessen Konvektionsstrom J jedoch, im Gegensatz zu dem ideellen Strahlstrom J_0 nach (I 10, 1), in jeder individuellen Kontrollebene z als *fluktuierende Funktion*

$$J = J(z, t) \tag{I 10, 3}$$

anzusetzen ist.

Wir ergänzen den zu analysierenden Kathodenstrahl durch eine sehr große Anzahl gleicher und gleich betriebener Strahlen zu einem *Kollektiv* von N Systemen, welche mittels der natürlichen Zahlen $1 \leqq K \leqq N$ voneinander unterschieden werden können; die dann je gleichzeitig in gleich gelegenen Kontrollebenen z beobachteten N Stromwerte $J_K(z, t)$ machen wir zum Gegenstand einer *Statistik*. Der [hypothetische] Grenzwert

$$\langle J \rangle = \lim_{N \to \infty} \frac{1}{N} \sum_{K=1}^{N} J_K \tag{I 10, 4}$$

definiert den Erwartungswert des Strahlstromes, welcher fortan mit J_0 identifiziert wird:

$$\langle J \rangle = J_0. \tag{I 10, 5}$$

Die Stromschwankung

$$\Delta J_K = J_K - \langle J \rangle \tag{I 10, 6}$$

genügt daher der Eigenschaft

$$\lim_{N \to \infty} \frac{1}{N} \sum_{K=1}^{\infty} \Delta J_K = 0, \tag{I 10, 7}$$

welche wir durch die „ergodische" Annahme

$$\int_{t=-\infty}^{\infty} \Delta J_K(z, t)\, dt = 0; \qquad 1 \leq K \leq N \tag{I 10, 8}$$

ergänzen und verschärfen. Hiernach ist ΔJ_K der Spektralzerlegung

$$\Delta J_K = \int_{-\infty}^{\infty} f_K(z, \omega)\, e^{-i\omega t}\, d\omega; \qquad i = \sqrt{-1} \tag{I 10, 10}$$

zugänglich, deren komplexe Amplitudendichte durch das Integral

$$f_K(z, \omega) = \frac{1}{2\pi} \int_{-\infty}^{\infty} \Delta J_K(z, t')\, e^{i\omega t'}\, dt' \tag{I 10, 11}$$

dargestellt wird.

Über diese wesentlich mathematischen Zusammenhänge hinausgehend möge nun bei der überwiegenden Anzahl aller Beobachtungen

$$|\Delta J_K| \ll J_0 \tag{I 10, 12}$$

ausfallen. Wir erheben diesen empirischen Tatbestand zum Range der allerdings nur mathematisch sinnvollen Voraussetzung *infinitesimal schwacher Stromschwankungen*; die nämliche, grundlegende Voraussetzung gelte für die Gesamtheit der in (I 10, 10) eingehenden *Fourier*schen Komponenten

$$dF_K(z, \omega) = f_K(z, \omega)\, d\omega \tag{I 10, 13}$$

beziehentlich des infinitesimal schmalen Bandes aller Kreisfrequenzen zwischen ω und $(\omega + d\omega)$. Im Lichte dieser Übereinkunft dürfen wir sowohl die *Maxwell*schen Gleichungen des mit dem Stromanteil ΔJ_K genetisch verbundenen elektrodynamischen Feldes wie auch die Bewegungsgleichungen der Elektronen linearisieren: Jede der harmonisch mit der Kreisfrequenz ω pulsierende Schwankungskomponente (I 10, 13) erregt eine synchron mit ihr schwingende *Plasmawelle* infinitesimal schwacher Intensität, aus deren Summe das *Plasmarauschen* resultiert.

c) In der Analyse der Plasmawellen lassen wir den Index K des jeweils kontrollierten Kathodenstrahles als unwesentlich beiseite. Mit Δ die sogenannte Dielektrizitätskonstante des leeren Raumes und mit Π seine sogenannte Permeabilität bezeichnend, stiften nun die *Maxwell*schen Gleichungen zwischen dem Vektor E der elektrischen Feldstärke, dem Vektor M der magnetischen Feldstärke und dem Vektor j der Konvektionsstromdichte die Differentialrelationen

$$\operatorname{rot} M = j + \Delta\, \frac{\partial E}{\partial t} \tag{I 10, 14}$$

und

$$\operatorname{rot} E = -\Pi\, \frac{\partial M}{\partial t}. \tag{I 10, 15}$$

Zu ihnen tritt ergänzend die Definition der *Konvektionsstromdichte j* als Produkt der *Raumladungsdichte*

$$\varrho = \Delta \operatorname{div} E \tag{I 10, 16}$$

mit dem Vektor v ihrer *Transportgeschwindigkeit*

$$j = \varrho\, v, \tag{I 10, 17}$$

so daß aus (I 10, 14) die *Kontinuitätsgleichung*

$$\operatorname{div}\left[j + \varDelta \frac{\partial E}{\partial t} \right] = \operatorname{div}\left[\varrho\, v + \varDelta \frac{\partial E}{\partial t} \right] = 0 \qquad (\text{I }10,\ 18)$$

der Elektrizität hervorgeht; dagegen ist die magnetische Induktion

$$B = \varPi\, M \qquad (\text{I }10,\ 19)$$

durchwegs quellenfrei verteilt

$$\operatorname{div} B = \varPi \operatorname{div} M = 0. \qquad (\text{I }10,\ 20)$$

Diese aus dem magnetischen Vektorpotential V mittels der vektoriellen Differentialoperation

$$B = \varPi\, M = \operatorname{rot} V \qquad (\text{I }10,\ 21)$$

herleitend, wird Gl. (I 10, 20) identisch erfüllt, während (I 10, 15) auf die Aussage

$$\operatorname{rot}\left(E + \frac{\partial V}{\partial t} \right) = 0 \qquad (\text{I }10,\ 22)$$

führt; mit Hilfe des elektrischen Skalarpotentiales φ gelangen wir somit zu der Darstellung

$$E = -\left[\frac{\partial V}{\partial t} + \operatorname{grad} \varphi \right] \qquad (\text{I }10,\ 23)$$

der elektrischen Feldstärke. Vertauschen wir jetzt die bisher benutzten Zylinderkoordinaten z, r, a mit den rechtsläufigen, *Kartesi*schen Koordinaten

$$x = r \cos a; \qquad y = r \sin a; \qquad z = z, \qquad (\text{I }10,\ 24)$$

so gilt die Formel

$$\operatorname{rot} \operatorname{rot} V \equiv \operatorname{grad} \operatorname{div} V - \nabla^2 V. \qquad (\text{I }10,\ 25)$$

Mit Benutzung der universellen Relation

$$\varPi \cdot \varDelta = \frac{1}{c^2} \qquad (\text{I }10,\ 26)$$

zwischen den Konstanten $\varPi$ und $\varDelta$ einerseits und der Ausbreitungsgeschwindigkeit c des Lichtes im leeren Raum andererseits liefert die Substitution von (I 10, 25) in (I 10, 14) bei Beachtung von (I 10, 19) und (I 10, 23) die Gleichung

$$\operatorname{grad} \operatorname{div} V - \nabla^2 V = \varPi j - \frac{1}{c^2} \frac{\partial}{\partial t}\left[\frac{\partial V}{\partial t} + \operatorname{grad} \varphi \right]. \qquad (\text{I }10,\ 27)$$

Da nun durch (I 10, 21) das magnetische Vektorpotential V nur bis auf den Gradienten einer zwar nach den Koordinaten partiell differenzierbaren, sonst jedoch willkürlichen skalaren Feldfunktion definiert ist, dürfen wir es ohne Beschränkung der Allgemeinheit mit dem elektrischen Skalarpotential φ durch die Gleichung

$$\operatorname{div} V = -\frac{1}{c^2} \frac{\partial \varphi}{\partial t} \qquad (\text{I }10,\ 28)$$

dynamisch koppeln. Auf Grund dieser Wahl reduziert sich (I 10, 27) auf die Wellengleichung

$$\nabla^2 V - \frac{1}{c^2} \frac{\partial^2 V}{\partial t^2} = -\varPi j \qquad (\text{I }10,\ 29)$$

des magnetischen Vektorpotentiales, während aus (I 10, 16), (I 10, 23) und (I 10, 28) die Wellengleichung

$$\nabla^2 \varphi - \frac{1}{c^2}\frac{\partial^2 \varphi}{\partial t^2} = -\frac{\varrho}{\varDelta} \qquad (I\ 10,\ 30)$$

des elektrischen Skalarpotentiales resultiert. Im Lichte der linearen Abhängigkeit dieser Gleichungen beziehentlich von der Stromdichte j und der Raumladungsdichte ϱ gelten sie sowohl für die zeitfreien Anteile j_0 und ϱ_0 dieser Größen wie für deren Schwankungsanteile $\tilde{\jmath} = (\jmath - \jmath_0)$ und $\tilde{\varrho} = (\varrho - \varrho_0)$ einzeln; da uns jedoch das „Gleichfeld" des ideellen Kathodenstrahles bereits bekannt ist, brauchen wir uns fortan nur noch mit dem zeitabhängigen Feldanteil des wirklichen, fluktuierenden Strahles zu beschäftigen. Im Einklang mit der schon oben benutzten Terminologie bezeichne $\tilde{Z}$ den *Hertz*schen Vektor allein des schwankenden Feldanteiles. Aus $\tilde{Z}$ die elektrodynamischen Potentiale $\tilde{V}$ und $\tilde{\varphi}$ beziehentlich nach den Vorschriften

$$\tilde{V} = \frac{\partial \tilde{Z}}{\partial t} \qquad (I\ 10,\ 31)$$

und

$$\tilde{\varphi} = -c^2 \operatorname{div} \tilde{Z} \qquad (I\ 10,\ 32)$$

bildend, wird (I 10, 28) identisch erfüllt, während (I 10, 29) und (I 10, 30) mit Rücksicht auf (I 10, 16) und (I 10, 18) in die einheitliche Gleichung

$$\nabla^2 \tilde{Z} - \frac{1}{c^2}\frac{\partial^2 \tilde{Z}}{\partial t^2} = -\varPi \int_{t_0}^{t} \tilde{\jmath}\,(t')\,dt' \qquad (I\ 10,\ 33)$$

übergehen; die Wahl des „Anfangszeitpunktes" t_0 verschieben wir auf einen späteren Abschnitt.

c) Im Einklang mit der Geometrie des zu untersuchenden Kathodenstrahles weist sein *Hertz*scher Vektor Z parallel zur z-Achse, so daß wir ihn bereits durch seine z-Komponente

$$\tilde{Z}_z = \tilde{Z}\,(x, y, z, t) \qquad (I\ 10,\ 34)$$

vollständig beschreiben. Die gleiche Struktur zeichnet gemäß (I 10, 31) das magnetische Vektorpotential

$$\tilde{V}_z = \tilde{V} = \frac{\partial \tilde{Z}}{\partial t} \qquad (I\ 10,\ 35)$$

aus, während für das elektrische Skalarpotential φ aus (I 10, 32) und (I 10, 34) die Darstellung

$$\tilde{\varphi} = -c^2 \frac{\partial \tilde{Z}}{\partial z} \qquad (I\ 10,\ 36)$$

resultiert.

Zu monochromatischen Plasmawellen der Kreisfrequenz ω übergehend, ersetzen wir die Zeitvariable t durch die dimensionsfreie Veränderliche

$$\tau = \omega\,t, \qquad (I\ 10,\ 37)$$

während die *Kartesi*schen Konfigurationskoordinaten des Aufpunktes durch die dimensionsfreien Größen

$$\xi = \frac{\omega\,x}{v_0}; \qquad \eta = \frac{\omega\,y}{v_0}; \qquad \zeta = \frac{\omega\,z}{v_0} \qquad (I\ 10,\ 38)$$

und seine Zylinderkoordinaten durch

$$\sigma = \frac{\omega\,r}{v_0}\,; \qquad \zeta = \frac{\omega\,z}{v_0}\,; \qquad \alpha = \operatorname{arctg} \frac{\eta}{\xi} \qquad\qquad \text{(I 10, 39)}$$

gemessen werden mögen; ungeachtet dieser Transformationen behalten wir der Kürze halber für die elektromagnetischen Feldfunktionen auch in ihrer Abhängigkeit von den numerischen Veränderlichen die früher vereinbarten Symbole bei. Bezeichnet dann

$$\beta = \frac{v_0}{c} \qquad\qquad \text{(I 10, 40)}$$

das Verhältnis der korpuskularen Elektronengeschwindigkeit des ideellen Kathodenstrahles zur Lichtgeschwindigkeit im leeren Raum, so entsteht aus (I 10, 33) für den *Hertz*schen Vektor $\tilde{Z}$ die partielle Differentialgleichung

$$\frac{\partial^2 \tilde{Z}}{\partial \xi^2} + \frac{\partial^2 \tilde{Z}}{\partial \eta^2} + \frac{\partial^2 \tilde{Z}}{\partial \zeta^2} - \beta^2 \frac{\partial^2 \tilde{Z}}{\partial \tau^2} = - \frac{v_0{}^2\, \Pi}{\omega^3} \int\limits_{\tau_0}^{\tau} \tilde{j}(\tau')\,d\tau'. \qquad \text{(I 10, 41)}$$

Aus ihrer Lösung folgt mittels (I 10, 35) das magnetische Vektorpotential

$$\tilde{V} = \omega\, \frac{\partial \tilde{Z}}{\partial \tau} \qquad\qquad \text{(I 10, 42)}$$

und mittels (I 10, 36) das elektrische Skalarpotential

$$\tilde{\varphi} = - c^2\, \frac{\omega}{v_0}\, \frac{\partial \tilde{Z}}{\partial \zeta}\,. \qquad\qquad \text{(I 10, 43)}$$

Auf Grund der Vorschrift (I 10, 23) berechnen sich somit die *Kartesi*schen Komponenten der elektrischen Feldstärke $\tilde{E}$ mittels der Formeln

$$\tilde{E}_\xi = \frac{\omega^2}{\beta^2}\, \frac{\partial^2 \tilde{Z}}{\partial \xi\, \partial \zeta}\,; \qquad \tilde{E}_\eta = \frac{\omega^2}{\beta^2}\, \frac{\partial^2 \tilde{Z}}{\partial \eta\, \partial \zeta}\,; \qquad \tilde{E}_\zeta = - \omega^2 \left[\frac{\partial^2 \tilde{Z}}{\partial \tau^2} - \frac{1}{\beta^2}\, \frac{\partial^2 \tilde{Z}}{\partial \zeta^2} \right],$$
$$\text{(I 10, 44)}$$

während die *Kartesi*schen Komponenten der magnetischen Feldstärke M gemäß (I 10, 21) durch die Operationen

$$\tilde{M}_\xi = \frac{1}{\Pi}\, \frac{\omega^2}{v_0}\, \frac{\partial^2 \tilde{Z}}{\partial \eta\, \partial \tau}\,; \qquad \tilde{M}_\eta = - \frac{1}{\Pi}\, \frac{\omega^2}{v_0}\, \frac{\partial^2 \tilde{Z}}{\partial \xi\, \partial \tau}\,; \qquad \tilde{M}_\zeta = 0 \qquad \text{(I 10, 45)}$$

aus dem *Hertz*schen Vektor $\tilde{Z}$ hervorgehen. Sei daher

$$\overline{Z} = \overline{Z}(\xi, \eta) \qquad\qquad \text{(I 10, 46)}$$

die komplexe Amplitude und γ die — vorerst noch unbekannte — Ausbreitungsziffer der Plasmawelle

$$\tilde{Z} = \overline{Z}(\xi, \eta)\, e^{-i(\tau - \gamma \zeta)}, \qquad\qquad \text{(I 10, 47)}$$

so folgen aus (I 10, 44) die komplexen Amplituden der elektrischen Feldkomponenten zu

$$\overline{E}_\xi = i\,\gamma\, \frac{\omega^2}{\beta^2}\, \frac{\partial \overline{Z}}{\partial \xi}\,; \qquad \overline{E}_\eta = i\,\gamma\, \frac{\omega^2}{\beta^2}\, \frac{\partial \overline{Z}}{\partial \eta}\,; \qquad \overline{E}_\zeta = \omega^2 \left[1 - \frac{\gamma^2}{\beta^2} \right] \overline{Z} \qquad \text{(I 10, 48)}$$

und aus (I 10, 45) die komplexen Amplituden der magnetischen Feldkomponenten zu

$$\overline{M}_\xi = - \frac{i}{\Pi}\, \frac{\omega^2}{v_0}\, \frac{\partial \overline{Z}}{\partial \eta}\,; \qquad \overline{M}_\eta = \frac{i}{\Pi}\, \frac{\omega^2}{v_0}\, \frac{\partial \overline{Z}}{\partial \xi}\,; \qquad \overline{M}_\zeta = 0. \qquad \text{(I 10, 49)}$$

d) Welcher Zusammenhang besteht zwischen dem *Hertz*schen Vektor $\tilde{Z}$ und dem Schwankungsanteil $\tilde{j}$ der Konvektionsstromdichte?

Im Gültigkeitsbereiche der *Newton*schen Mechanik gehorcht die nach Übereinkunft allein verbleibende strahlparallele Longitudinalbewegung der Elektronen der Gleichung

$$m_0 \frac{d^2 z}{dt^2} = - q_0 E_z,$$ (I 10, 50)

welche mittels (I 10, 37) und (I 10, 38) die Gestalt

$$\frac{d^2 \zeta}{d\tau^2} = - \frac{q_0}{m_0} \frac{1}{\omega \, v_0} E_\zeta$$ (I 10, 51)

annimmt. Aus dem mit (I 10, 47) kinematisch kohärenten Ansatz

$$\dot{\zeta} \equiv \frac{d\zeta}{d\tau} = \frac{1}{v_0} \frac{dz}{dt} = 1 + \overline{\dot{\zeta}}\,(\zeta, \eta)\, e^{-i(\tau - \gamma\zeta)}$$ (I 10, 52)

der Geschwindigkeitswelle folgt nun mit Rücksicht auf den nur infinitesimal kleinen Absolutbetrag des Postens $(\dot{\zeta} - 1)$ bis auf ein Korrekturglied zweiter Ordnung die numerische Beschleunigung des jeweils kontrollierten Elektrons zu

$$\frac{d\dot{\zeta}}{d\tau} = \frac{\partial \dot{\zeta}}{\partial \tau} + \dot{\zeta} \frac{\partial \dot{\zeta}}{\partial \zeta} = - i\,[1 - \gamma]\,\dot{\zeta}.$$ (I 10, 53)

Mit Hilfe von (I 10, 48) und (I 10, 51) resultiert daher für die komplexe Amplitude $\overline{\dot{\zeta}}$ der numerischen Geschwindigkeitsoszillation die Angabe

$$\overline{\dot{\zeta}} = - \frac{i}{1 - \gamma} \frac{q_0}{m_0} \frac{\omega}{v_0} \left[1 - \frac{\gamma^2}{\beta^2} \right] \overline{Z}.$$ (I 10, 54)

Auf Grund der nur infinitesimal schwachen Schwankung $\tilde{v}$ der Strahlgeschwindigkeit gegen deren Mittelwert v_0 im Verein mit den entsprechenden Eigenschaften der Konvektionsstromdichte schwankt auch die Raumladungsdichte um das nur infinitesimal kleine Maß $\tilde{\varrho}$ gegen ihren Durchschnitt ϱ_0. Demnach reduziert sich die Kontinuitätsgleichung

$$\text{div}\,[(\varrho_0 + \tilde{\varrho})(v_0 + \tilde{v})] = - \frac{\partial(\varrho_0 + \tilde{\varrho})}{\partial t}$$ (I 10, 55)

bis auf kleine Korrekturglieder zweiter Ordnung auf die Bilanz

$$\varrho_0 \frac{\partial \tilde{v}}{\partial z} + v_0 \frac{\partial \tilde{\varrho}}{\partial z} = - \frac{\partial \tilde{\varrho}}{\partial t},$$ (I 10, 56)

welche mit (I 10, 37) und (I 10, 38) in die Gestalt

$$\varrho_0 \frac{\partial \dot{\zeta}}{\partial \zeta} + \frac{\partial \tilde{\varrho}}{\partial \zeta} = - \frac{\partial \tilde{\varrho}}{\partial \tau}$$ (I 10, 57)

übergeht. Die Geschwindigkeitswelle (I 10, 53) durch die kohärente Raumladungswelle

$$\tilde{\varrho} = \overline{\varrho}(\xi, \eta)\, e^{-i(\tau - \gamma\zeta)}$$ (I 10, 58)

ergänzend, stiftet somit (I 10, 57) die Relation

$$i\,\gamma\, \varrho_0 \overline{\dot{\zeta}} + i\,\gamma\, \overline{\varrho} = i\,\overline{\varrho},$$ (I 10, 59)

welcher wir im Verein mit (I 10, 54) die Aussage

$$\overline{\varrho} = \frac{\gamma}{1 - \gamma} \varrho_0 \overline{\dot{\zeta}} = + i \frac{q_0\, \varrho_0}{m_0} \frac{\omega}{v_0} \frac{\gamma}{(1 - \gamma)^2} \left[1 - \frac{\gamma^2}{\beta^2} \right] \overline{Z}$$ (I 10, 60)

entnehmen. Da sich nun die gesuchte Schwankungskomponente $\tilde{\jmath}$ der Konvektionsstromdichte in gleicher Genauigkeit aus

$$\tilde{\jmath} = \varrho_0\,\tilde{v} + v_0\,\tilde{\varrho} = v_0\,[\varrho_0\,\tilde{\zeta} + \tilde{\varrho}] \qquad (\text{I } 10,\ 61)$$

berechnet, wird auch sie durch eine kohärente Plasmawelle

$$\tilde{\jmath} = \overline{\jmath}(\xi, \eta)\,e^{-i(\tau - \gamma\zeta)} \qquad (\text{I } 10,\ 62)$$

geschildert, deren komplexe Amplitude $\overline{\jmath}$ durch

$$\overline{\jmath} = v_0\,[\varrho_0\,\overline{\zeta} + \overline{\varrho}] = \frac{\varrho_0\,v_0}{1-\gamma}\,\overline{\zeta} = -i\frac{q_0\,\varrho_0}{m_0}\,\omega\,\frac{1}{(1-\gamma)^2}\left[1 - \frac{\gamma^2}{\beta^2}\right]\overline{Z} \qquad (\text{I } 10,\ 63)$$

gegeben ist.

e) Wir kehren zu Gl. (I 10, 41) zurück und verfügen über den numerischen Zeitpunkt τ_0 des dort auftretenden Integrales derart, daß

$$\int_{\tau_0}^{\tau} \tilde{\jmath}(\tau')\,d\tau' = \frac{q_0\,\varrho_0}{m_0}\,\frac{\omega}{(1-\gamma)^2}\left[1 - \frac{\gamma^2}{\beta^2}\right]\tilde{Z} \qquad (\text{I } 10,\ 64)$$

resultiert. Durch Substitution von (I 10, 47) und (I 10, 64) in (I 10, 41) finden wir dann mit Rücksicht auf (I 10, 26) und (I 10, 40) für die komplexe Amplitude $\overline{Z}$ des *Hertz*schen Vektors $\tilde{Z}$ die partielle Differentialgleichung

$$\frac{\partial^2\overline{Z}}{\partial\xi^2} + \frac{\partial^2\overline{Z}}{\partial\eta^2} - [\gamma^2 - \beta^2]\left[1 + \frac{q_0\,\varrho_0}{\varDelta\cdot m_0\cdot\omega^2}\frac{1}{(1-\gamma)^2}\right]\overline{Z} = 0. \qquad (\text{I } 10,\ 65)$$

Um uns der Geometrie des zu untersuchenden Kathodenstrahles anzupassen, vertauschen wir die *Kartesi*schen Koordinaten ξ, η, ζ mit den Zylinderkoordinaten σ, a, ζ. Mit Rücksicht auf die Rotationssymmetrie des Strahlfeldes genügt daher die komplexe Amplitude $\overline{Z}$ seines *Hertz*schen Vektors $\tilde{Z}$ der *Bessel*schen Differentialgleichung der Ordnung $p = 0$

$$\frac{d^2\overline{Z}}{d\sigma^2} + \frac{1}{\sigma}\frac{d\overline{Z}}{d\sigma} - [\gamma^2 - \beta^2]\left[1 + \frac{q_0\,\varrho_0}{\varDelta\cdot m_0\cdot\omega^2}\cdot\frac{1}{(1-\gamma)^2}\right]\overline{Z} = 0. \qquad (\text{I } 10,\ 66)$$

Bei ihrer Lösung haben wir zwei voneinander physikalisch wesentlich verschiedene Feldgebiete zu unterscheiden:

I. Im Innern des Kathodenstrahles

$$0 \leqq \sigma < \sigma_a; \qquad \sigma_a = \frac{\omega\,a}{v_0} \qquad (\text{I } 10,\ 67)$$

ist die zeitfreie Dichte ϱ_0 der bewegten elektronischen Raumladung durch (I 10, 2) gegeben; dort definiert daher die positiv definite Konstante

$$\omega_P^2 = -\frac{q_0\,\varrho_0}{\varDelta\,m_0} > 0 \qquad (\text{I } 10,\ 68)$$

das Quadrat der positiv reellen Kreisfrequenz ω_P, der *Plasma-Kreisfrequenz*; indem wir, sie als bekannt voraussetzend, die Angabe (I 10, 68) zu der Ungleichung

$$\frac{\omega_P^2}{\omega^2}\,\frac{1}{(1-\gamma)^2} > 1 \qquad (\text{I } 10,\ 69)$$

verschärfen und überdies

$$\lambda^2 = \gamma^2 - \beta^2 > 0 \qquad (\text{I } 10,\ 70)$$

annehmen, geht (I 10, 66) mit

$$\varkappa^2 = [\gamma^2 - \beta^2]\left[\frac{\omega_P^2}{\omega^2}\frac{1}{(1-\gamma)^2} - 1\right] > 0 \qquad (\text{I }10,\ 71)$$

in die Differentialgleichung

$$\frac{d^2\overline{Z}}{d\sigma^2} + \frac{1}{\sigma}\frac{d\overline{Z}}{d\sigma} + \varkappa^2\overline{Z} = 0 \qquad (\text{I }10,\ 72)$$

der Zylinderfunktionen nullter Ordnung des reellen Argumentes $(\varkappa\,\sigma)$ über, deren Lösung in der Strahlachse $[\sigma = 0]$ endlich bleiben muß. Da nun unter den linear voneinander unabhängigen Fundamentalintegralen der Gleichung (I 10, 72) nur die *Bessel*sche Funktion $I_0(\varkappa\,\sigma)$ dieser Bedingung genügt, finden wir nach Wahl einer vorerst beliebigen, multiplikativen Konstanten K für den räumlichen Verlauf von $\overline{Z}$ die Angabe

$$\overline{Z} = K\,I_0(\varkappa\,\sigma). \qquad (\text{I }10,\ 73)$$

II. Zwischen dem Strahlmantel und dem Hüllzylinder

$$\sigma_a < \sigma < \sigma_A; \qquad \sigma_a = \frac{\omega\,a}{v_0}; \qquad \sigma_A = \frac{\omega\,A}{v_0} \qquad (\text{I }10,\ 74)$$

verschwindet die Dichte ϱ_0 der bewegten elektronischen Raumladung; für die dort auftretende komplexe Amplitude des *Hertz*schen Vektors ist daher nunmehr die Differentialgleichung

$$\frac{d^2\overline{Z}}{d\sigma^2} + \frac{d\overline{Z}}{d\sigma} - \lambda^2\overline{Z} = 0 \qquad (\text{I }10,\ 75)$$

zuständig, welche durch Zylinderfunktionen nullter Ordnung vom rein imaginären Argumente $(i\,\lambda\,\sigma)$ gelöst wird. Der reellen *Bessel*schen Funktion $I_0(i\,\lambda\,\sigma)$ die nach Multiplikation mit der imaginären Einheit i gleichfalls reelle *Hankel*sche Funktion erster Art $H_0^{(1)}(i\,\lambda\,\sigma)$ zur Seite stellend, wird also nach Wahl der zunächst willkürlichen Konstanten L_1 und L_2 Gleichung (I 10, 75) durch

$$\overline{Z} = L_1\,I_0\,(i\,\lambda\,\sigma) + L_2\,i\,H_0^{(1)}\,(i\,\lambda\,\sigma) \qquad (\text{I }10,\ 76)$$

allgemein integriert. Vermöge seiner als vollkommen vorausgesetzten elektrischen Leitfähigkeit vernichtet nun der Hüllzylinder die in der Fläche $\sigma = \sigma_A$ longitudinal gerichtete Komponente der elektrischen Feldstärke; nach (I 10, 48) und (I 10, 76) erzwingt diese Grenzbedingung die Relation

$$L_1\,I_0\,(i\,\lambda\,\sigma_A) + L_2\,i\,H_0^{(1)}\,(i\,\lambda\,\sigma_A) = 0 \qquad (\text{I }10,\ 77)$$

so daß sich (I 10, 76) auf

$$\overline{Z} = L_1^*\,[i\,H_0^{(1)}\,(i\,\lambda\,\sigma_A)\,I_0\,(i\,\lambda\,\sigma) - I_0\,(i\,\lambda\,\sigma_A)\,i\,H_0^{(1)}(i\,\lambda\,\sigma);$$

$$L_1^* = \frac{L_1}{i\,H_0^{(1)}(i\,\lambda\,\sigma_A)} \qquad (\text{I }10,\ 78)$$

reduziert.

Die *Hertz*schen Vektoren (I 10, 73) und (I 10, 78) sind an der gemeinsamen Grenze $\sigma = \sigma_A$ ihrer jeweiligen Existenzgebiete durch die dort zu fordernde Stetigkeit sowohl der elektrischen Longitudinalfeldstärke wie der magnetischen Zirkularfeldstärke miteinander verknüpft. Unter nochmaliger Berufung auf (I 10, 48) wird die erste dieser Bedingungen durch die Gleichheit

$$K\,I_0\,(\varkappa\,\sigma_a) = L_1^*\,[i\,H_0^{(1)}\,(i\,\lambda\,\sigma_a)\cdot I_0\,(i\,\lambda\,\sigma_A) - I_0\,(i\,\lambda\,\sigma_A)\,i\,H_0^{(1)}\,(i\,\lambda\,\sigma_A)]$$

$$(\text{I }10,\ 79)$$

gewährleistet. Um auch die zweite zu befriedigen, bedienen wir uns der Differentialrelationen

$$\frac{dI_0(\varkappa\,\sigma)}{d\sigma} = -\varkappa\,I_1(\varkappa\,\sigma);\qquad \frac{dI_0(i\,\lambda\,\sigma)}{d\sigma} = \lambda\,\frac{I_1(i\,\lambda\,\sigma)}{i}\;;\qquad i\,\frac{dH_0^{(1)}(i\,\lambda\,\sigma)}{d\sigma} =$$
$$= H_1^{(1)}(i\,\lambda\,\sigma) \qquad\qquad \text{(I 10, 80)}$$

zwischen den Zylinderfunktionen beziehentlich der Ordnungen 0 und 1, und werden durch (I 10, 49) auf

$$K\,\varkappa\,I_1(\varkappa\,\sigma_a) = L_1^*\,\lambda\,[i\,H_0^{(1)}(i\,\lambda\,\sigma_A)\,i\,I_1(i\,\lambda\,\sigma_a) + I_0(i\,\lambda\,\sigma_A)\,H_1^{(1)}(i\,\lambda\,\sigma_a)]$$
$$\text{(I 10, 81)}$$

geführt. Die Angaben (I 10, 79) und (I 10, 81) sind nur dann miteinander vereinbar, falls wir die in $\varkappa$ und λ implizit enthaltene Ausbreitungsziffer γ der transzendenten Gleichung

$$\varkappa\,\frac{I_1(\varkappa\,\sigma_a)}{I_0(\varkappa\,\sigma_a)} = \lambda\,\frac{i\,H_0^{(1)}(i\,\lambda\,\sigma_A)\,i\,I_1(i\,\lambda\,\sigma_a) + I_0(i\,\lambda\,\sigma_A)\,H_1^{(1)}(i\,\lambda\,\sigma_a)}{i\,H_0^{(1)}(i\,\lambda\,\sigma_A)\,I_0(i\,\lambda\,\sigma_a) - I_0(i\,\lambda\,\sigma_A)\,i\,H_0^{(1)}(i\,\lambda\,\sigma_a)} \qquad \text{(I 10, 82)}$$

unterwerfen.

f) Vorübergehend zu querhomogenen Plasmawellen der aus (I 10, 73) folgenden Struktureigenschaft

$$\varkappa = 0 \qquad\qquad \text{(I 10, 83)}$$

herabsteigend, resultiert für deren Ausbreitungsziffer $\gamma \to \gamma^{(0)}$ aus (I 10, 71) die Gleichung

$$[(\gamma^{(0)})^2 - \beta^2]\left[\frac{\omega_P^2}{\omega^2}\,\frac{1}{(1-\gamma^{(0)})^2} - 1\right] = 0. \qquad \text{(I 10, 84)}$$

Sie besitzt insgesamt vier Lösungen, welche wir zu zwei Paaren wesentlich unterschiedlichen physikalischen Charakters zusammenfassen:

I. Den Wurzeln

$$\gamma_1^{(0)} = +\beta;\qquad \gamma_2^{(0)} = -\beta \qquad \text{(I 10, 85)}$$

sind Wellen zugeordnet, welche mit der Geschwindigkeit des Lichtes beziehentlich parallel und antiparallel der positiven ζ-Achse fortschreiten, mit dem Kathodenstrahl daher kinematisch nicht gekoppelt sind.

II. Die Wurzeln

$$\gamma_3^{(0)} = 1 + \frac{\omega_P}{\omega}\;;\qquad \gamma_4^{(0)} = 1 - \frac{\omega_P}{\omega} \qquad \text{(I 10, 86)}$$

schildern Wellen, deren *Phasengeschwindigkeiten* zwar beziehentlich um

$$\Delta v_3^{(0)} = v_0\left[\frac{1}{\gamma_3^{(0)}} - 1\right] = -\frac{\omega_P}{\omega + \omega_P}\,v_0;\qquad \Delta v_4^{(0)} = v_0\left[\frac{1}{\gamma_4^{(0)}} - 1\right] =$$
$$= \frac{\omega_P}{\omega + \omega_P}\,v_0 \qquad \text{(I 10, 87)}$$

von der Korpuskulargeschwindigkeit v_0 der Elektronen abweichen; da jedoch ihre einheitliche *Gruppengeschwindigkeit*

$$v_{gr}^{(0)} = \frac{v_0}{\dfrac{d}{d\omega}[\omega\,\gamma_{3,4}^{(0)}]} = v_0 \qquad \text{(I 10, 88)}$$

mit jener Korpuskulargeschwindigkeit genau übereinstimmt, haben wir sie als Plasmawellen des Strahles anzusprechen.

g) Auf Grund der Ergebnisse des vorigen Abschnittes gelangen wir zu einer meist hinreichenden Einsicht in die Kinematik der eigentlichen, strahlgebundenen Plasmawellen, indem wir, im Einklang mit der hier benutzten *Newton*schen Mechanik, die Korpuskulargeschwindigkeit v_0 der Elektronen der Einschränkung

$$\beta^2 \ll 1 \qquad\qquad \text{(I 10, 89)}$$

unterwerfen. Überdies soll der Strahl so schwache Ströme führen, daß innerhalb des für uns wesentlichen Frequenzbereiches

$$\frac{\omega_P}{\omega} \ll 1 \qquad\qquad \text{(I 10, 90)}$$

vorausgesetzt werden kann. Um nichtsdestoweniger die Ungleichung (I 10, 69) zu befriedigen, haben wir, nach (I 10, 86) und (I 10, 90)

$$\gamma = 1 - \delta; \qquad |\delta| \ll 1 \qquad\qquad \text{(I 10, 91)}$$

anzusetzen. Gemäß (I 10, 70) dürfen wir dann hinreichend genau

$$\lambda = 1 \qquad\qquad \text{(I 10, 92)}$$

in Rechnung stellen, während aus (I 10, 71) die Näherung

$$\varkappa^2 = \frac{\omega_P^2}{\omega^2}\frac{1}{\delta^2} - 1 \qquad\qquad \text{(I 10, 93)}$$

folgt. Mit der Abkürzung

$$s = \varkappa\,\sigma_a = \frac{\omega}{v_0}\,a\,\sqrt{\frac{\omega_P^2}{\omega^2}\frac{1}{\delta^2} - 1} \qquad\qquad \text{(I 10, 94)}$$

vereinfacht sich daher (I 10, 82) mit Rücksicht auf (I 10, 74) zu der in s transzendenten Gleichung

$$s\,\frac{I_1(s)}{I_0(s)} = \frac{\omega}{v_0}\,a\,\frac{i\,H_0^{(1)}\!\left(i\dfrac{\omega}{v_0}A\right) i\,I_1\!\left(i\dfrac{\omega}{v_0}a\right) + I_0\!\left(i\dfrac{\omega}{v_0}A\right) H_1^{(1)}\!\left(i\dfrac{\omega}{v_0}a\right)}{i\,H_0^{(1)}\!\left(i\dfrac{\omega}{v_0}A\right) I_0\!\left(i\dfrac{\omega}{v_0}a\right) - I_0\!\left(i\dfrac{\omega}{v_0}A\right) i\,H_0^{(1)}\!\left(i\dfrac{\omega}{v_0}a\right)} \cdot \text{(I 10, 95)}$$

Auf Grund des in Abb. I 80 dargestellten Verlaufes der Funktion

$$f(s) = s\,\frac{I_1(s)}{I_0(s)} \qquad\qquad \text{(I 10, 96)}$$

ist daher jeder Kreisfrequenz ω ein *Linienspektrum* abzählbar unendlich vieler Wurzeln s_k zugeordnet, deren positive wir nach zunehmender Größe durchnumerieren [k = 1; 2; ...]; aus ihnen folgen gemäß (I 10, 93) je die zwei Werte

$$\delta_k^\pm = \pm\,\delta_k; \qquad \delta_k = \frac{\dfrac{\omega_P}{\omega}}{\sqrt{1 + \left(\dfrac{v_0}{a\,\omega}\right)^2 s_k^2}} \qquad\qquad \text{(I 10, 97)}$$

der Zahl δ, deren $\genfrac{}{}{0pt}{}{\text{positiver}}{\text{negativer}}$ Wert einer relativ zum ideellen Kathodenstrahl $\genfrac{}{}{0pt}{}{\text{schnelleren}}{\text{langsameren}}$ Plasmawelle korrespondiert. Der zur Ordnungszahl k gehörige *Hertz*sche Vektor $\tilde{Z}_k$ wird daher durch die Summe

$$\tilde{Z}_k = \overline{Z}_k^{\,+}\,e^{-i(\tau - \{1 + \delta_k\}\zeta)} + \overline{Z}_k^{\,-}\,e^{-i(\tau - \{1 - \delta_k\}\zeta)} \qquad\qquad \text{(I 10, 98)}$$

beschrieben.

Um die komplexen Amplituden der Postenwellen zu ermitteln, begeben wir uns auf die Kontrollebene $\zeta = 0$, in welcher die komplexe Amplitude $\bar{v}_k{}^{(0)}$ der elektronischen Korpuskulargeschwindigkeit $\tilde{v}_k$ und die komplexe Amplitude $\bar{j}_k{}^{(0)}$ der Konvektionsstromdichte $\tilde{j}_k$ gegeben seien

$$\bar{v}_k = \bar{v}_k{}^{(0)}; \qquad \bar{j}_k = \bar{j}_k{}^{(0)} \qquad \text{für} \qquad \zeta = 0. \qquad (I\ 10,\ 99)$$

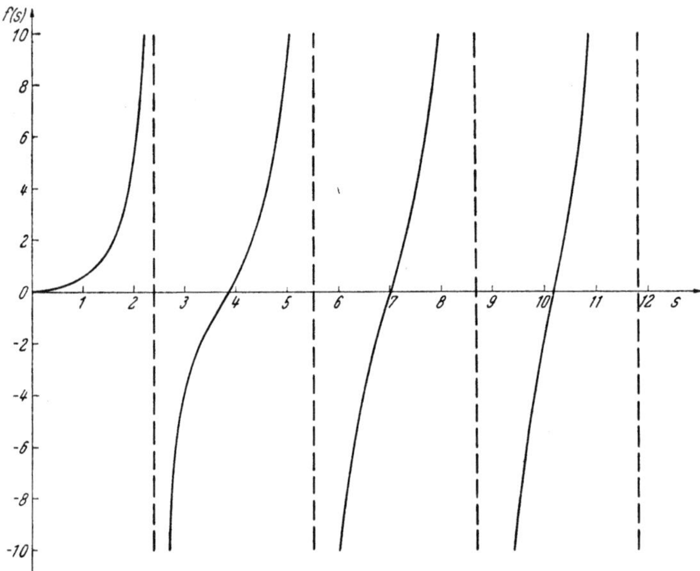

Abb. I 80. Die Funktion $s\ \dfrac{I_1(s)}{I_0(s)}$.

Mit Rücksicht auf (I 10, 89) und (I 10, 90) gilt nun nach (I 10, 54) hinreichend genau

$$\bar{v}_k{}^{\pm} = v_0\,\bar{\zeta}_k{}^{\pm} = \frac{i}{\delta_k{}^{\pm}}\,\frac{q_0}{m_0}\,\omega\,\frac{c^2}{v_0{}^2}\,\bar{Z}_k{}^{\pm} = \pm\,\frac{i}{\delta_k}\,\frac{q_0}{m_0}\,\omega\,\frac{c^2}{v_0{}^2}\,\bar{Z}_k{}^{\pm} \qquad (I\ 10,\ 100)$$

und nach (I 10, 63), in gleicher Genauigkeit

$$\bar{j}_k{}^{\pm} = i\,\frac{q_0\,\varrho_0}{m_0}\,\omega\,\frac{1}{[\delta_k{}^{\pm}]^2}\cdot\frac{c^2}{v_0{}^2}\,\bar{Z}_k{}^{\pm} = \frac{i}{\delta_k{}^2}\cdot\frac{q_0\,\varrho_0}{m_0}\cdot\omega\cdot\frac{c^2}{v_0{}^2}\,\bar{Z}_k{}^{\pm}. \qquad (I\ 10,\ 101)$$

Die Anfangsbedingungen (I 10, 99) führen daher auf die Gleichungen

$$\bar{v}_k{}^{(0)} = \frac{i}{\delta_k}\,\frac{q_0}{m_0}\,\omega\,\frac{c^2}{v_0{}^2}\,[\bar{Z}_k{}^{+} - \bar{Z}_k{}^{-}] \qquad (I\ 10,\ 102)$$

und

$$\bar{j}_k{}^{(0)} = \frac{i}{\delta_k{}^2}\,\frac{q_0\,\varrho_0}{m_0}\,\omega\,\frac{c^2}{v_0{}^2}\,[\bar{Z}_k{}^{+} + \bar{Z}_k{}^{-}], \qquad (I\ 10,\ 103)$$

welchen wir die Angaben

$$\bar{Z}_k{}^{+} = \frac{\delta_k}{2\,i}\,\frac{m_0}{q_0}\,\frac{1}{\omega}\,\frac{v_0{}^2}{c^2}\left[\bar{v}_k{}^{(0)} + \frac{\delta_k}{\varrho_0}\,\bar{j}_k{}^{(0)}\right], \qquad (I\ 10,\ 104)$$

$$\bar{Z}_k{}^{-} = \frac{\delta_k}{2\,i}\,\frac{m_0}{q_0}\,\frac{1}{\omega}\,\frac{v_0{}^2}{c^2}\left[-\,\bar{v}_k{}^{(0)} + \frac{\delta_k}{\varrho_0}\,\bar{j}_k{}^{(0)}\right] \qquad (I\ 10,\ 105)$$

entnehmen; aus ihrer Restitution in (I 10, 98) resultiert der *Hertz*sche Vektor

$$\tilde{Z}_k = \delta_k \frac{m_0}{q_0} \frac{1}{\omega} \frac{v_0{}^2}{c^2} e^{-i(\tau - \zeta)} \left[\overline{v}_k{}^{(0)} \sin \delta_k \zeta - i \frac{\delta_k}{\varrho_0} \overline{j}_k{}^{(0)} \cos \delta_k \zeta \right]. \quad \text{(I 10, 106)}$$

während nach (I 10, 100) die Plasmawelle der Geschwindigkeit durch

$$\tilde{v}_k = e^{-i(\tau - \zeta)} \left[\tilde{v}_k{}^{(0)} \cos \delta_k \zeta + i \frac{\delta_k}{\varrho_0} \overline{j}_k{}^{(0)} \sin \delta_k \zeta \right] \quad \text{(I 10, 107)}$$

und nach (I 10, 101) die Plasmawelle der Konvektionsstromdichte durch

$$\tilde{j}_k = e^{-i(\tau - \zeta)} \left[i \, \overline{v}_k{}^{(0)} \frac{\varrho_0}{\delta_k} \sin \delta_k \zeta + \overline{j}_k{}^{(0)} \cos \delta_k \zeta \right] \quad \text{(I 10, 108)}$$

beschrieben wird.

h) Wir behaupten: Bei passender Verfügung über die Konstanten $K = K_k$ erfüllen die Funktionen $\overline{Z} = \overline{Z}_k(\varkappa_k \cdot \sigma)$ [$k = 1, 2, 3, \ldots$] die Orthogonalitäts-Relationen

$$2\pi \int_0^{\sigma_a} \overline{Z}_k(\varkappa_k \sigma) \, \overline{Z}_l(\varkappa_l \sigma) \, \sigma \, d\sigma = \begin{array}{ll} 0 & \text{für} \quad k \neq l \\ 1 & \text{für} \quad k = l. \end{array} \quad \text{(I 10, 109)}$$

Sei nämlich zunächst $k \neq l$, so folgt aus (I 10, 73), (I 10, 94) und (I 10, 95)

$$2\pi \int_0^{\sigma_a} \overline{Z}_k \overline{Z}_l \, \sigma \, d\sigma = 2\pi \, K_k \, K_l \int_0^{\sigma_a} I_0(\varkappa_k \sigma) \, I_0(\varkappa_l \sigma) \, \sigma \, d\sigma =$$

$$= 2\pi \, K_k \, K_l \, \sigma_a{}^2 \frac{I_0(s_k) \, I_0(s_l)}{s_k{}^2 - s_l{}^2} \left[\frac{s_k \, I_1(s_k)}{I_0(s_k)} - \frac{s_l \, I_1(s_l)}{I_0(s_l)} \right] = 0 \quad \text{(I 10, 110)}$$

im Einklang mit dem ersten Teil der Behauptung. Für $k = l$ dagegen findet man

$$2\pi \int_0^{\sigma_a} [\overline{Z}_k]^2 \, \sigma \, d\sigma = \pi \, K_k{}^2 \, \sigma_a{}^2 \left[\{I_0(s_k)\}^2 + \{I_1(s_k)\}^2 \right], \quad \text{(I 10, 111)}$$

so daß man durch die Wahl

$$K_k{}^2 = \frac{1}{\pi \, \sigma_a{}^2} \frac{1}{\{I_0(s_k)\}^2 + \{I_1(s_k)\}^2} \quad \text{(I 10, 112)}$$

auch dem zweiten Teil der Behauptung (I 10, 109) genügt.

Sei nun in der Kontrollebene $\zeta = 0$ etwa der Gang der komplexen Amplitude $\overline{j}^{(0)}$ der mit der Kreisfrequenz ω harmonisch schwingenden Konvektionsstromdichte als Funktion des numerischen Halbmessers σ vorgeschrieben

$$\overline{j}^{(0)} = \overline{j}^{(0)}(\sigma); \qquad 0 \leq \sigma < \sigma_a, \quad \text{(I 10, 113)}$$

so kann man sie auf Grund der Orthogonalitätsrelationen (I 10, 109) in die *Bessel*sche Reihe

$$\overline{j}^0(\sigma) = \sum_{k=1}^{\infty} A_k \, K_k \, I_0(\varkappa_k \sigma) \quad \text{(I 10, 114)}$$

entwickeln, deren Koeffizienten A_k mittels der bestimmten Integrale

$$A_k\,K_k = 2\,\pi\,K_k{}^2 \int\limits_0^{\sigma_a} \overline{j}^{(0)}(\sigma)\,I_0(\varkappa_k\,\sigma)\,\sigma\,d\sigma \qquad \text{(I 10, 115)}$$

zu berechnen sind. Falls daher die Verteilung (I 10, 113) nicht sozusagen zufällig mit dem Vielfachen gerade einer der Funktionen $\overline{Z}_k$ übereinstimmt, werden in der Regel sämtliche Plasmawellen gleichzeitig angeregt, welche bei einheitlicher Kreisfrequenz ω dem Linienspektrum der unterschiedlichen Modulwerte σ_k zugeordnet sind. Ist insbesondere die Konvektionsstromdichte gleichförmig über den Strahlquerschnitt verteilt, so folgt aus (I 10, 115) im Verein mit (I 10, 112) die Angabe

$$A_k\,K_k = \overline{j}^{(0)}\,2\,\pi\,K_k{}^2 \frac{s_k\,I_1(s_k)}{\varkappa_k{}^2} = \overline{j}^{(0)}\,\frac{2\,I_1(s_k)}{s_k}\,\frac{1}{[\{I_0(s_k)\}^2 + \{I_1(s_k)\}^2]} \qquad \text{(I 10, 116)}$$

i) Vor ihrem Einfall in die Kontrollebene $\zeta = 0$ mögen die Elektronen eine Beschleunigungsapparatur durchlaufen haben, welche wir modellmäßig durch eine planparallele Diode darstellen: Die Elektronen entstammen einer Glühelektrode der gleichförmigen Absoluttemperatur T, welcher wir das feste elektrische Skalarpotential $\varphi = 0$ zuschreiben; der emittierenden Kathodenoberfläche steht im Abstande d die Anode gegenüber, welche das zeitfreie elektrische Skalarpotential $\varphi_a > 0$ führt.

Die elektronenoptischen Zerstreuungserscheinungen an der Anodenblende außer acht lassend, identifizieren wir deren Ebene mit der Kontrollebene $\zeta = 0$ des Kathodenstrahles. Welche kinematischen Eigenschaften zeichnen dort den elektronischen Konvektionsstrom aus?

Wir setzen voraus, daß die Stromstärke J des Elektronenwerfers unterhalb ihres temperaturdiktierten, ideellen Sättigungswertes J_S gehalten werde. Zufolge der Annahme $\varphi_a > 0$ tritt dann im Entladungsgebiet eine virtuelle Kathode des Schwellenpotentiales

$$\varphi_K < 0 \qquad \text{(I 10, 117)}$$

auf; wir bezeichnen durch a^* ihren Abstand von der Anode des Elektronenwerfers, dessen „wirksame" Anodenspannung also durch

$$U_a{}^* = \varphi_a - \varphi_K > \varphi_a \qquad \text{(I 10, 118)}$$

gemessen wird.

In der Ebene der virtuellen Kathode beobachten wir statistische Schwankungen der Elektronenströmung. Um diese Fluktuationen quantitativ zu beschreiben, richten wir unsere Aufmerksamkeit zuerst auf die parallel der positiven z-Achse gerichteten Geschwindigkeitskomponente v_0: Zu (I 7, 23) zurückkehrend, deuten wir das Verhältnis

$$\frac{\Delta n}{n} = \frac{m_0}{k\,T}\,e^{-\frac{m_0\,v_0{}^2}{2\,k\,T}}\,v_0\,\Delta v_0 \qquad \text{(I 10, 119)}$$

als Wahrscheinlichkeit einer dem infinitesimal schmalen Intervall Δv_0 angehörigen Geschwindigkeit $v_0 > 0$ innerhalb des Kollektivs aller jener n Elektronen, welche die Flächeneinheit der virtuellen Kathode während der Kontrolldauer T kreuzen. In einem ideellen, fluktuationsfreien „Standard"-Elektronenwerfer entströmt daher der virtuellen Kathode die Stromdichte

$$j_0 = q_0\,\frac{n}{T} \qquad \text{(I 10, 120)}$$

mit der Durchschnittsgeschwindigkeit

$$\langle v_0 \rangle = \int\limits_0^\infty v_0 \frac{m_0}{kT} e^{-\frac{m_0 v_0^2}{2kT}} v_0 \, dv_0 = \frac{\sqrt{\pi}}{2} \sqrt{2\frac{kT}{m_0}} \qquad (\text{I } 10,\ 121)$$

Von dem Standardgerät gehen wir zu einem ,,Aufsystem'' über, in welchem die Zahl $\Delta n'$ der je Flächeneinheit der virtuellen Kathode gerade auf das infinitesimal schmale Intervall

$$v_0 < v < v_0 + \Delta v_0 \qquad (\text{I } 10,\ 122)$$

entfallenden Übergangselektronen während der Zeitspanne T um

$$\delta x = \Delta n' - \Delta n \qquad (\text{I } 10,\ 123)$$

von ihrem Standardwerte Δn abweiche, sonst jedoch genau dem Standardwerte gleiche. Wir nehmen an, daß $\Delta n'$ der *Poisson*schen Verteilung genügt: Das Verhältnis

$$w(\Delta n') = e^{-\Delta n} \frac{(\Delta n)^{\Delta n'}}{(\Delta n')!} \qquad (\text{I } 10,\ 124)$$

messe die Wahrscheinlichkeit der Emission von eben $\Delta n'$ Elektronen, so daß

$$\langle \delta x^2 \rangle = \Delta n \qquad (\text{I } 10,\ 125)$$

das durchschnittliche Schwankungsquadrat der Zahl $\Delta n'$ angibt. Sehen wir hier von dem Einfluß der Fluktuation (I 10, 122) auf die Höhe φ_K der Potentialschwelle ab, so zieht also die Emissionsschwankung δx die Fluktuation

$$\delta j_0 = q_0 \frac{\delta x}{T} \qquad (\text{I } 10,\ 126)$$

nach sich, welcher das mittlere Schwankungsquadrat

$$\langle \delta j_0^2 \rangle = \frac{q_0^2}{T^2} \langle \delta x^2 \rangle = \frac{q_0^2}{T^2} \Delta n \qquad (\text{I } 10,\ 127)$$

zugeordnet ist.

Im wirklichen Elektronenwerfer schwankt die Elektronenzahl nicht nur in dem diskreten Intervall (I 10, 122), sondern innerhalb des gesamten Geschwindigkeitsbereiches $0 < v_0 < \infty$ [*Newton*sche Mechanik!]. Unter der Annahme, daß die Fluktuationen aller infinitesimal schmalen Teilbereiche statistisch voneinander unabhängig stattfinden, resultiert aus (I 10, 127) durch Integration die *Schottky*sche Formel für den Schroteffekt

$$\langle \Delta j_0^2 \rangle = \int\limits_{v_0=0}^\infty \frac{q_0^2}{T^2}\, dn = \frac{q_0^2}{T^2} n = \frac{q_0}{T} j_0 \qquad (\text{I } 10,\ 128)$$

der Konvektionsstromdichte an der virtuellen Kathode. Bei der Zerlegung dieser quadratischen Schwankung in ihr kontinuierliches Spektrum entfällt auf den infinitesimal schmalen Bereich $\Delta \omega$ hinreichend niedriger Kreisfrequenzen [,,weißes'' Spektralgebiet] ω der Anteil

$$\Delta \langle \Delta j_0^2 \rangle = q_0 j_0 \frac{\Delta \omega}{\pi}. \qquad (\text{I } 10,\ 129)$$

Da im Aufsystem die Gesamtzahl der während der Zeitspanne T emittierten Elektronen von ihrem Standardwert n je Flächeneinheit auf

$$n' = n + \delta x \qquad (\text{I } 10,\ 130)$$

ansteigt, ändert sich die mittlere Elektronengeschwindigkeit relativ zu ihrem Standardbetrage (I 10, 121) um

$$\langle \delta v_0 \rangle = \frac{1}{n + \delta x}\left[v_0\, \delta x + \int_{v_0=0}^{\infty} v_0\, dn \right] - \langle v_0 \rangle, \qquad \text{(I 10, 131)}$$

so daß man, bis auf kleine Korrekturglieder von zweiter und höherer Ordnung in δx, die Angabe

$$\langle \delta v_0 \rangle = \frac{v_0 - \langle v_0 \rangle}{n}\, \delta x \qquad \text{(I 10, 132)}$$

findet. Aus ihr folgt mit Rücksicht auf (I 10, 125) das durchschnittliche Schwankungsquadrat der mittleren Geschwindigkeit im Aufsysteme zu

$$\langle \delta v_0{}^2 \rangle = \left[\frac{v_0 - \langle v_0 \rangle}{n} \right] \Delta n. \qquad \text{(I 10, 133)}$$

Im wirklichen Elektronenwerfer resultiert somit das Schwankungsquadrat

$$\langle \Delta v_0{}^2 \rangle = \frac{1}{n}\int_{v_0=0}^{\infty} [v_0 - \langle v_0 \rangle]^2\, \frac{dn}{n} = \frac{1}{n}\left[\int_{v_0=0}^{\infty} v_0{}^2\, \frac{dn}{n} - \langle v_0{}^2 \rangle \right] =$$

$$= \frac{1}{n}\left[\int_0^{\infty} v_0{}^2\, \frac{m_0}{kT}\, e^{-\frac{m_0 v_0{}^2}{2kT}}\, v_0\, dv_0 - \langle v_0{}^2 \rangle \right] = \frac{q_0}{j_0\, T}\left[1 - \frac{\pi}{4} \right]\frac{2\, k\, T}{m_0} \qquad \text{(I 10, 134)}$$

der mittleren Elektronengeschwindigkeit in der virtuellen Kathode, so daß auf den infinitesimal schmalen Bereich $\Delta\omega$ ihres „weißen" Spektralgebietes der Anteil

$$\Delta \langle \Delta v_0{}^2 \rangle = \frac{q_0}{j_0}\left[1 - \frac{\pi}{4} \right]\frac{2\, k\, T}{m_0}\, \frac{\Delta\omega}{\pi} \qquad \text{(I 10, 135)}$$

entfällt.

k) Wir verfolgen an Hand der *Llewellyn-Peterson*schen Gleichungen [Ziffer I 9] die Transformation der harmonischen Fluktuationskomponenten von der virtuellen Kathode zur Anode des Elektronenwerfers:

Bei komplexer Amplitude $\tilde{\jmath}$ der wahren Stromdichte sei $\tilde{\jmath}_{c,0}$ die komplexe Amplitude allein der Konvektionsstromdichte und $\tilde{v}_0$ die komplexe Amplitude der Elektronengeschwindigkeit in der Ebene der virtuellen Kathode, während $\tilde{\jmath}_{c,0}$ und $\tilde{v}_a$ beziehentlich die entsprechenden Größen in der Anodenebene bezeichnen. Gemäß (I 9, 74) und (I 9, 75) im Verein mit (I 9, 18), (I 9, 19), (I 9, 21) und (I 9, 22) gelten dann die Relationen

$$\tilde{v}_a = k_{11} \cdot \tilde{v}_0 + k_{12} \cdot \frac{1}{6}\frac{q_0}{m_0\, \omega^2\, \Delta}\, \tilde{\jmath}_{c,0} + k_{13} \cdot \frac{1}{6}\frac{q_0}{m_0\, \omega^2\, \Delta}\, \tilde{\jmath} \qquad \text{(I 10, 136)}$$

und

$$\tilde{\jmath}_{c,a} = k_{21}\frac{6\, m_0\, \omega^2\, \Delta}{q_0}\, \tilde{v}_0 + k_{22} \cdot \tilde{\jmath}_{c,0} + k_{23} \cdot \tilde{\jmath}. \qquad \text{(I 10, 137)}$$

Falls nun die numerische Flugzeit $\bar{\vartheta}_a$ der Ungleichung

$$\bar{\vartheta}_a \gg 1 \qquad \text{(I 10, 138)}$$

genügt, darf man k_{12}, k_{13}, k_{22} und k_{23} gegen k_{11} und k_{21} vernachlässigen. Für eine Raumladungsströmung vom Elektronen-Kopplungsfaktor $\varkappa = 1$

reduzieren sich dann die Gleichungen (I 10, 136), (I 10, 137) mit Hilfe von (I 9, 22), (I 9, 116), (I 9, 117) und (I 9, 118) auf

$$\tilde{v}_a = -\,\Phi_1(\bar{\vartheta}_a)\,\tilde{v}_0 = -\,e^{i\,\bar{\vartheta}_a}\,\tilde{v}_0 \qquad (I\ 10,\ 139)$$

und

$$\tilde{j}_{c,a} = \frac{\bar{\beta}_a + \bar{\beta}_0}{\bar{\beta}_a} \cdot \frac{\Phi_1(\bar{\vartheta}_a)}{3\,i\,\bar{\vartheta}_a} \cdot \frac{6\,m_0\,\omega^2\,\varDelta}{q_0}\,\tilde{v}_0 = -\,i\,\bar{\vartheta}_a\,e^{i\,\bar{\vartheta}_a}\,\frac{\bar{j}}{\bar{v}}\,\tilde{v}_0. \qquad (I\ 10,\ 140)$$

l) Um zu den Fluktuationen im Kathodenstrahl zurückzukehren, haben wir uns den dort benutzten Bezeichnungen durch die Substitutionen

$$\bar{j} \to j_0;\qquad \overline{v}_a \to v_0;\qquad \overline{v}_a \to \overline{v}^{(0)};\qquad \tilde{j}_{c,a} \to \bar{j}^{(0)} \qquad (I\ 10,\ 141)$$

anzupassen. Entwickelt man sowohl $\overline{v}^{(0)}$ wie $\bar{j}^{(0)}$ nach dem Muster der Gl. (I 10, 114) in *Bessel*sche Reihen, so findet man also mit Rücksicht auf (I 10, 2) aus (I 10, 108) für den Gang der zum Modul k* gehörigen komplexen Amplitude der konvektiven Strahlstromdichte längs der Strahlachse die stehende Welle

$$\bar{j}_{k*} = i\,e^{i\,\bar{\vartheta}_a}\,\tilde{v}_0\left[-\,\frac{\varrho_0}{\delta_{k*}}\sin\delta_{k*}\,\zeta - \bar{\vartheta}_a\,\frac{j_0}{v_0}\cos\delta_{k*}\,\zeta\right] =$$

$$= i\,e^{i\,\bar{\vartheta}_a}\,\tilde{v}_0\,\frac{j_0}{v_0}\sqrt{\frac{1}{\delta_{k*}{}^2} + \bar{\vartheta}_a{}^2}\,\sin\,(\delta_{k*}\,\zeta - \chi) \qquad (I\ 10,\ 142)$$

mit

$$\operatorname{tg}\chi = \bar{\vartheta}_a\,\delta_k. \qquad (I\ 10,\ 143)$$

Die Norm dieser Welle erreicht in den Kontrollebenen

$$0 < \zeta = \zeta_{\mathrm{opt}} = \frac{1}{\delta_{k*}}\left[\frac{\pi}{2} + \chi\right]\qquad \mod\frac{\pi}{\delta_{k*}} \qquad (I\ 10,\ 144)$$

das Maximum

$$|\bar{j}_{k*}|^2 = \left[\frac{j_0}{v_0}\right]^2\frac{1 + \bar{\vartheta}_a{}^2\,\delta_{k*}{}^2}{\delta_{k*}{}^2}\,|\overline{v}^{(0)}|^2. \qquad (I\ 10,\ 145)$$

Die Norm $|\overline{v}^{(0)}|^2$ mit der statistischen Geschwindigkeitsschwankung (I 10, 135) identifizierend, resultiert aus (I 10, 145) für das Plasmarauschen der Konvektionsstromdichte die Formel

$$|\bar{j}_{k*}|^2 = \left[\frac{j_0}{v_0}\right]^2\frac{1 + \bar{\vartheta}_a{}^2\,\delta_{k*}{}^2}{\delta_{k*}{}^2}\frac{q_0}{j_0}\left[1 - \frac{\pi}{4}\right]\frac{2\,k\,T}{m_0}\frac{\varDelta\omega}{\pi}. \qquad (I\ 10,\ 146)$$

Durch ihren Vergleich mit dem Schroteffekt (I 10, 129) ergibt sich somit der „Plasma-Schwächungsfaktor" des Schroteffektes zu

$$F_{k*}^2 = \frac{|\bar{j}_{k*}|^2}{\varDelta\,\langle\varDelta j_0{}^2\rangle} = \frac{1 - \dfrac{\pi}{4}}{m_0\,v_0{}^2}\frac{1 + \bar{\vartheta}_a{}^2\,\delta_{k*}{}^2}{\delta_{k*}{}^2}\,2\,k\,T. \qquad (I\ 10,\ 147)$$

Nun berechnet sich die mittlere Elektronengeschwindigkeit v_0 aus der absoluten Kathodentemperatur T und der Anodenspannung U_a des Elektronenwerfers hinreichend genau mittels der Energiebilanz

$$\frac{1}{2}\,m\,v_0{}^2 = \frac{3}{2}\,k\,T + q_0\,U_a, \qquad (I\ 10,\ 148)$$

so daß man (I 10, 147) unter der Betriebsbedingung

$$q_0\, U_a \gg \frac{3}{2}\, k\, T \qquad\qquad (I\ 10,\ 149)$$

in die einfache Gestalt

$$F_{k^*}{}^2 = \left[1 - \frac{\pi}{4}\right] \frac{1 + \bar{\vartheta}_a{}^2\, \delta_{k^*}{}^2}{\delta_{k^*}{}^2}\, \frac{k\, T}{q_0\, U_a} \qquad\qquad (I\ 10,\ 150)$$

bringen kann. Beispielsweise berechnet man für einen Elektronenwerfer der Daten[1]

$$T = 1900^0; \qquad U_a = 900\,\mathrm{V}; \qquad \bar{\vartheta}_a = 32\,\mathrm{rd}$$

bei der Strahlmodulation

$$k^* = 1; \qquad \delta_1 = 2{,}8 \cdot 10^{-2}$$

den Schwächungsfaktor

$$F_1{}^2 = 0{,}2146\, \frac{1 + 0{,}808}{7{,}84 \cdot 10^{-4}} \cdot \frac{1{,}37 \cdot 10^{-23} \cdot 1900}{1{,}60 \cdot 10^{-19} \cdot 900} = 0{,}09.$$

---

[1] Nach *A. van der Ziel*, Noise, S. 385. New York, Prentice Hall 1954.

Zweites Kapitel

Wellenmechanische Grundlagen.

II 1. Rückblick auf die Klassische Mechanik.

a) Wir behandeln die *Bewegung eines mechanischen Systemes von f Freiheitsgraden*, dessen Lage zum Zeitpunkt t durch die *allgemeinen Koordinaten* q^j [j = 1, 2, ..., f] beschrieben werde; die kontravarianten Vektorkomponenten

$$\dot{q}^j = \frac{dq^j}{dt} \qquad \text{(II 1, 1)}$$

definieren die beziehentlich den q^j zugeordneten *allgemeinen Geschwindigkeiten*.

Es wird die Existenz einer als *kinetisches Potential* wirksamen *Lagrange*schen Funktion

$$L = L(q^j, \dot{q}^j, t) \qquad \text{(II 1, 2)}$$

vorausgesetzt, in welcher die Größen q^j, $\dot{q}^j$ und t als *unabhängige Veränderliche* aufzufassen sind; aus L gehen die kovarianten *Impulskomponenten* p_j durch die Operation

$$p_j = \frac{\partial L}{\partial \dot{q}^j} \qquad \text{(II 1, 3)}$$

hervor.

b) Unter der Gesamtheit der kinematisch möglichen Bewegungen, welche von dem untersuchten System während der Zeitspanne $t_1 \leqq t \leqq t_2$ durchlaufen werden können, zeichnet das *Hamilton*sche *Prinzip* die wirkliche, f-dimensionale Bahn durch die *synchrone Variationseigenschaft*

$$\delta \int_{t_1}^{t_2} L \, dt = 0 \qquad \text{(II 1, 4)}$$

aus, falls die miteinander konkurrierenden Kurven durch den gleichen Anfangs- und Endpunkt verlaufen:

$$\delta q^j = 0 \qquad \text{für} \qquad t = t_1 \qquad \text{und} \qquad t = t_2. \qquad \text{(II 1, 5)}$$

Da bei der synchronen Variation definitionsgemäß die Zeit t nicht mitvariiert wird, liefert die Vorschrift (II 1, 4) mit Rücksicht auf (II 1, 2) die Aussage

$$\int_{t_1}^{t_2} \left(\frac{\partial L}{\partial q^j} \, \delta q^j + \frac{\partial L}{\partial \dot{q}^j} \, \delta \dot{q}^j \right) dt = 0, \qquad \text{(II 1, 6)}$$

in welcher nach Übereinkunft über den jeweils im Zähler und Nenner desselben Postens auftretenden Index j zu summieren ist. Unter Berufung auf die Vertauschungsregel der synchronen Variation

$$\delta \dot{q}^j = \frac{d \delta q^j}{dt} \qquad \text{(II 1, 7)}$$

folgt wegen (II 1, 5) durch Teilintegration

$$\int_{t_1}^{t_2} \frac{\partial L}{\partial \dot{q}^j} \delta \dot{q}^j \, dt = \int_{t_1}^{t_2} \frac{\partial L}{\partial \dot{q}^j} \frac{d \delta q^j}{dt} \, dt = - \int_{t_1}^{t_2} \frac{d}{dt}\left(\frac{\partial L}{\partial \dot{q}^j}\right) \delta q^j \, dt, \qquad \text{(II 1, 8)}$$

so daß (II 1, 6) in die Forderung

$$\int_{t_1}^{t_2} \left[\frac{\partial L}{\partial q^j} - \frac{d}{dt}\left(\frac{\partial L}{\partial \dot{q}^j}\right)\right] \delta q^j \, dt = 0 \qquad \text{(II 1, 9)}$$

übergeht. Da in ihr die Variationen δq^j für alle zwischen t_1 und t_2 fallenden Zeitpunkte nach Belieben gewählt werden dürfen, zieht sie das gleichzeitige Bestehen der *Lagrange*schen Gleichungen

$$\frac{\partial L}{\partial q^j} - \frac{d}{dt}\left(\frac{\partial L}{\partial \dot{q}^j}\right) = 0 \qquad \text{(II 1, 10)}$$

nach sich.

c) Mit Hilfe der Impulse p_j bilden wir die Differenz

$$H = p_j \, \dot{q}^j - L, \qquad \text{(II 1, 11)}$$

in welcher wiederum über den doppelt auftretenden Index j zu summieren ist. Stellen wir hier die $\dot{q}^j$ als Funktionen der p_j, q^j und der Zeit t dar, so entsteht aus (II 1, 10) die *Hamilton*sche *Funktion*

$$H = H(p_j, q^j, t). \qquad \text{(II 1, 12)}$$

Das *Hamilton*sche Prinzip bestimmt nun die wahre Bahn mittels

$$\delta \int_{t_1}^{t_2} L \, dt = \delta \int_{t_1}^{t_2} [p_j \, \dot{q}^j - H] \, dt = 0 \qquad \text{(II 1, 13)}$$

oder

$$\int_{t_1}^{t_2} \left[p_j \, \delta \dot{q}^j - \delta p_j \, \dot{q}^j - \frac{\partial H}{\partial p_j} \delta p_j - \frac{\partial H}{\partial q^j} \delta q^j\right] dt = 0. \qquad \text{(II 1, 14)}$$

Zufolge (II 1, 5) und (II 1, 7) finden wir mittels partieller Integration

$$\int_{t_1}^{t_2} p_j \, \delta \dot{q}^j \, dt = \int_{t_1}^{t_2} p_j \frac{d \delta q^j}{dt} \, dt = - \int_{t_1}^{t_2} \dot{p}_j \, \delta q^j \, dt, \qquad \text{(II 1, 15)}$$

so daß wir (II 1, 14) in

$$\int_{t_1}^{t_2} \left[\left(\dot{p}_j - \frac{\partial H}{\partial q^j}\right) \delta q^j - \left(\dot{q}^j + \frac{\partial H}{\partial p_j}\right) \delta p_j\right] dt = 0 \qquad \text{(II 1, 16)}$$

umformen können. Da in dieser *Stationaritätsforderung* die synchronen Variationen δq^j und δp_j unabhängig voneinander frei gewählt werden dürfen, zieht sie die *kanonischen Gleichungen*

$$\dot{p}_j = \frac{\partial H}{\partial q^j} \; ; \qquad \dot{q}^j = -\frac{\partial H}{\partial p_j} \qquad \text{(II 1, 17)}$$

nach sich. Demnach reduziert sich die zeitliche Änderungsgeschwindigkeit der *Hamilton*schen Funktion auf

$$\frac{dH(p_j, q^j, t)}{dt} = \frac{\partial H}{\partial t} + \dot{p}_j \frac{\partial H}{\partial p_j} + \dot{q}^j \frac{\partial H}{\partial q^j} = \frac{\partial H}{\partial t} \qquad \text{(II 1, 18)}$$

Falls insbesondere die *Hamilton*sche Funktion nicht explizit von der Zeit abhängt

$$H(p_j, q^j, t) \rightarrow H(p_j, q^j), \qquad \text{(II 1, 19)}$$

bleibt sonach ihr Anfangswert während der Bewegung unverändert erhalten

$$H = H(p_j, q^j) = \eta = \text{const.} \qquad \text{(II 1, 20)}$$

d) Wir fassen von nun an die laufende Zeit t als Funktion eines Parameters u auf

$$t = t(u) \qquad \text{(II 1, 21)}$$

und bezeichnen durch das Symbol Δt ihre *asynchrone Variation*. Da bei dieser Operation nach Vereinbarung u festgehalten wird, gehorcht der Differentialquotient

$$t' = \frac{dt}{du} \qquad \text{(II 1, 22)}$$

der *Vertauschungsregel*

$$\Delta t' = \Delta \frac{dt}{du} = \frac{d\Delta t}{du}. \qquad \text{(II 1, 23)}$$

Gesucht wird die asynchrone Variation

$$\Delta \int_{t_1}^{t_2} L\, dt = \Delta \int_{u_1}^{u_2} L \cdot t'\, du. \qquad \text{(II 1, 24)}$$

In ihr ersetzen wir die allgemeinen Geschwindigkeiten durch die Differentialquotienten

$$q^{j\prime} = \frac{dq^j}{du} = \frac{dq^j}{dt} \cdot \frac{dt}{du} = t' \cdot \dot{q}^j, \qquad \text{(II 1, 25)}$$

welche aus den bereits genannten Gründen der Vertauschungsregel

$$\Delta q^{j\prime} = \Delta \frac{dq^j}{du} = \frac{d\Delta q^j}{du} \qquad \text{(II 1, 26)}$$

unterliegen.

Das Produkt

$$M = t'\, L(q^j, \dot{q}^j, t) = t'\, L\left(q^j, \frac{q^{j\prime}}{t'}, t\right) \equiv M(q^j, q^{j\prime}, t, t') \qquad \text{(II 1, 27)}$$

werde als Funktion der unabhängigen Veränderlichen q^j, $q^{j\prime}$, t und t' angesehen. Aus (II 1, 24) entsteht dann

$$\Delta \int_{u_1}^{u_2} M\, du = \int_{u_1}^{u_2} \left(\frac{\partial M}{\partial q_j} \Delta q^j + \frac{\partial M}{\partial q^{j\prime}} \Delta q^{j\prime} + \frac{\partial M}{\partial t} \Delta t + \frac{\partial M}{\partial t'} \Delta t' \right) du. \qquad \text{(II 1, 28)}$$

Nun entnimmt man der Definition (II 1, 27) die Relationen

$$\frac{\partial M}{\partial q^j} = t' \frac{\partial L}{\partial q^j}; \qquad \frac{\partial M}{\partial q^{j'}} = \frac{\partial L}{\partial \dot{q}^j} \qquad\qquad \text{(II 1, 29)}$$

sowie, mit Rücksicht auf (II 1, 3) und (II 1, 11),

$$\frac{\partial M}{\partial t} = t' \frac{\partial L}{\partial t}; \qquad \frac{\partial M}{\partial t'} = L + t' \frac{\partial L}{\partial \dot{q}^j}\left(-\frac{q^{j'}}{t'^2}\right) = L - \frac{\partial L}{\partial \dot{q}^j}\dot{q}^j = -H,$$

$$\text{(II 1, 30)}$$

falls H vorübergehend als Funktion von q^j, $\dot{q}^j$ und t dargestellt wird; dann also folgt mit Hilfe der *Lagrange*schen Gleichungen

$$\frac{dH}{dt} = \frac{d}{dt}\left(\frac{\partial L}{\partial \dot{q}^j}\dot{q}^j\right) - \left(\frac{\partial L}{\partial t} + \frac{\partial L}{\partial q^j}\dot{q}^j + \frac{\partial L}{\partial \dot{q}^j}\ddot{q}^j\right) = -\frac{\partial L}{\partial t} \qquad \text{(II 1, 31)}$$

Zu (II 1, 28) zurückkehrend, findet man mittels (II 1, 26) und (II 1, 29) zunächst

$$\int_{u_1}^{u_2}\left(\frac{\partial M}{\partial q^j}\varDelta q^j + \frac{\partial M}{\partial q^{j'}}\varDelta q^{j'}\right)du = \int_{u_1}^{u_2}\left(t'\frac{\partial L}{\partial q^j}\varDelta q^j + \frac{\partial L}{\partial \dot{q}^j}\varDelta q^{j'}\right)du =$$

$$= \int_{u_1}^{u_2}\left(t'\frac{\partial L}{\partial q^j}\varDelta q^j + \frac{\partial L}{\partial \dot{q}^j}\frac{d\varDelta q^j}{du}\right)du \qquad\qquad \text{(II 1, 32)}$$

und hierin gelangt man im Verein mit (II 1, 22) durch Teilintegration zu der Umformung

$$\int_{u_1}^{u_2}\frac{\partial L}{\partial \dot{q}^j}\frac{d\varDelta q^j}{du}du = \frac{\partial L}{\partial \dot{q}^j}\varDelta q^j\bigg| - \int_{u_1}^{u_2}\frac{d}{du}\left(\frac{\partial L}{\partial \dot{q}^j}\right)\varDelta q^j du =$$

$$= p_j \varDelta q^j\bigg| - \int_{u_1}^{u_2}t'\frac{d}{dt}\left(\frac{\partial L}{\partial \dot{q}^j}\right)\varDelta q^j du. \qquad \text{(II 1, 33)}$$

Bei ihrer Restitution in (II 1, 32) berufen wir uns abermals auf die *Lagrange*schen Gleichungen und erhalten

$$\int_{u_1}^{u_2}\left(\frac{\partial M}{\partial q^j}\varDelta q^j + \frac{\partial M}{\partial q^{j'}}\varDelta q^{j'}\right)du = p_j \varDelta q^j\bigg|_{u_1}^{u_2}. \qquad \text{(II 1, 34)}$$

Auf ähnlichem Wege schließen wir aus (II 1, 23), (II 1, 28) und (II 1, 30) auf die Identität

$$\int_{u_1}^{u_2}\left(\frac{\partial M}{\partial t}\varDelta t + \frac{\partial M}{\partial t'}\varDelta t'\right)du = \int_{u_1}^{u_2}\left(t'\frac{\partial L}{\partial t}\varDelta t - H\varDelta t'\right)du =$$

$$= \int_{u_1}^{u_2}\left(t'\frac{\partial L}{\partial t}\varDelta t - H\frac{d\varDelta t}{du}\right)du. \qquad \text{(II 1, 35)}$$

In ihr gelangen wir durch Teilintegration mit Rücksicht auf (II 1, 31) zu

$$\int_{u_1}^{u_2} H \frac{d\Delta t}{du}\, du = H\,\Delta t \Big|_{u_1}^{u_2} - \int_{u_1}^{u_2} \frac{dH}{du}\,\Delta t\, du =$$

$$= H\,\Delta t \Big|_{u_1}^{u_2} - \int_{u_1}^{u_2} t' \frac{dH}{dt}\,\Delta t\, du = H\,\Delta t \Big|_{u_1}^{u_2} + \int_{u_1}^{u_2} t' \frac{\partial L}{\partial t}\,\Delta t\, du, \qquad \text{(II 1, 36)}$$

so daß sich (II 1, 35) auf

$$\int_{u_1}^{u_2}\left(\frac{\partial M}{\partial t}\,\Delta t + \frac{\partial M}{\partial t'}\,\Delta t'\right) du = -H\,\Delta t \Big|_{u_1}^{u_2} \qquad \text{(II 1, 37)}$$

reduziert. Aus (II 1, 34) und (II 1, 37) resultiert die *Hamilton*sche *Hauptgleichung*

$$\Delta \int_{t_1}^{t_2} L\, dt = \Delta \int_{u_1}^{u_2} M\, du = (p_j\,\Delta q^j - H\,\Delta t)\Big|_{u_1}^{u_2}. \qquad \text{(II 1, 38)}$$

e) Wir bezeichnen durch $q_1{}^j$ die allgemeinen Koordinaten des kontrollierten mechanischen Systemes zum Zeitpunkte $t_1 = 0$ und durch q^j die entsprechenden Koordinaten zum Zeitpunkte $t_2 \equiv t > 0$. Das längs der wahren, f-dimensionalen Bahnkurve erstreckte Integral

$$W = \int_{0}^{t} L\, dt = W(q_1{}^j, q^j, t) \qquad \text{(II 1, 39)}$$

definiert, in der angegebenen Darstellungsart, die *zeitabhängige Wirkungsfunktion*. Aus (II 1, 38) folgen dann die Gleichungen

$$H = -\frac{\partial W}{\partial t}; \qquad p_j = \frac{\partial W}{\partial q^j}. \qquad \text{(II 1, 40)}$$

Die Kenntnis der *Hamilton*schen Funktion $H = H(p_j, q^j, t)$ führt somit auf die *zeitabhängige Hamilton-Jacobi*sche *Differentialgleichung*

$$H\left(\frac{\partial W}{\partial q^j},\, q^j,\, t\right) + \frac{\partial W}{\partial t} = 0 \qquad \text{(II 1, 41)}$$

der zeitabhängigen Wirkungsfunktion W.

Falls H die Zeit t nicht explizit enthält, kann man

$$W = S(q_1{}^j, q^j) - \eta\, t \qquad \text{(II 1, 42)}$$

setzen, wobei gemäß (II 1, 20) die Größe η während der Bewegung des vorgelegten mechanischen Systemes konstant bleibt, während S die *zeitfreie Wirkungsfunktion* definiert. Da aus dieser die Impulskomponenten p_j durch die Operation

$$p_j = \frac{\partial W}{\partial q^j} = \frac{\partial S}{\partial q^j} \qquad \text{(II 1, 43)}$$

hervorgehen, unterliegt S der *zeitfreien Hamilton-Jacobi*schen Differentialgleichung

$$H\left(\frac{\partial S}{\partial q^j},\, q^j\right) - \eta = 0. \qquad \text{(II 1, 44)}$$

In einem dynamischen System dieser Art kann man die *Lagrange*sche Funktion L in die Gestalt

$$L = p_j \, \dot{q}^j - \eta \qquad\qquad \text{(II 1, 45)}$$

bringen. Faßt man also die Koordinaten $q_1{}^j$ durch Angabe des ihnen korrespondierenden Punktes P_1 und ebenso die Koordinaten q^j durch Angabe des Punktes P im f-dimensionalen Konfigurationsraum zusammen, so resultiert zufolge (II 1, 39) und (II 1, 42) für die zeitfreie Wirkungsfunktion die Integraldarstellung

$$S = \int\limits_0^t p_j \, \dot{q}^j \, dt = \int\limits_{P_1}^P p_j \, dq^j. \qquad\qquad \text{(II 1, 46)}$$

Auf Grund des zu dieser Gleichung leitenden Gedankenganges mißt η die *Energiekonstante* der wahren, f-dimensionalen Bahn. Daher reduziert sich die asynchrone Variation der zeitfreien Wirkungsfunktion auf

$$\varDelta S = \varDelta \int\limits_{P_1}^P p_j \, dq^j = p_j \, \varDelta q^j \, \Big|_{P_1}^P. \qquad\qquad \text{(II 1, 47)}$$

Läßt man nun zum Vergleich nur Bahnen zwischen den nämlichen „Fixpunkten" P_1 und P zu, fordert also [bei $\eta = \text{const.}$]

$$\varDelta q^j = 0 \qquad \text{in } P_1 \text{ und } P, \qquad\qquad \text{(II 1, 48)}$$

so zeichnet sich die wahre Bahn durch die *Extremaleigenschaft*

$$\varDelta S = \varDelta \int\limits_{P_1}^P p_j \, dq^j = 0 \qquad\qquad \text{(II 1, 49)}$$

aus, welche das *Prinzip der kleinsten Wirkung* beinhaltet.

f) Wir spezialisieren auf die Dynamik von Ionen der invarianten Ladung e und der trägen Masse m unter der vereinigten Wirkung des *elektrischen Skalarpotentiales* φ und des *magnetischen Vektorpotentiales V*. In diesem Felde orientieren wir uns an Hand der rechtsläufigen, *Kartesi*schen Koordinaten x, y, z; mit $v_x = \dot{x}$, $v_y = \dot{y}$, $v_z = \dot{z}$ bezeichnen wir die beziehentlich achsenparallelen Komponenten des Geschwindigkeitsvektors v, während V_x, V_y, V_z die entsprechenden Komponenten des magnetischen Vektorpotentiales messen.

1. Im Gültigkeitsgebiet der *Newton*schen Mechanik gleicht die Masse m des Ions merklich seiner Ruhmasse m_0; daher lautet seine *Lagrange*sche Funktion

$$L = \frac{m_0}{2} (v)^2 - e \{\varphi - (v \, V)\} =$$

$$= \frac{m_0}{2} (\dot{x}^2 + \dot{y}^2 + \dot{z}^2) - e \{\varphi - (\dot{x} \, V_x + \dot{y} \, V_y + \dot{z} \, V_z)\}.$$

$$\text{(II 1, 50)}$$

Wir entnehmen ihr die *Lagrange*sche Gleichung für die x-Komponente der Bewegung

$$\frac{d}{dt} [m_0 \, \dot{x} + e \, V_x] + e \left[\frac{\partial \varphi}{\partial x} - \left(\dot{x} \frac{\partial V_x}{\partial x} + \dot{y} \frac{\partial V_y}{\partial x} + \dot{z} \frac{\partial V_z}{\partial x} \right) \right] = 0$$

$$\text{(II 1, 51)}$$

oder

$$m_0 \frac{d^2x}{dt^2} = -e\left(\frac{\partial\varphi}{\partial x} + \frac{\partial V_x}{\partial t}\right) + e\left\{\dot{y}\left(\frac{\partial V_y}{\partial x} - \frac{\partial V_x}{\partial y}\right) - \dot{z}\left(\frac{\partial V_x}{\partial z} - \frac{\partial V_z}{\partial x}\right)\right\}.$$

$$(II\ 1,\ 52)$$

aus welcher die entsprechenden Aussagen für die Bewegungskomponenten in y- und z-Richtung durch zyklische Vertauschung der Achsen hervorgehen; in dem ersten Posten der in (II 1, 52) rechter Hand auftretenden Summe erkennt man die *Coulomb*-Kraft des aus Potential- und Wirbelanteil resultierenden elektrischen Feldes, während der zweite Posten die *Lorentz*-Kraft schildert.

Für die achsenparallelen Impulskomponenten finden wir aus (II 1, 50) die Ausdrücke

$$p_x = \frac{\partial L}{\partial \dot{x}} = m_0\,\dot{x} + e\,V_x; \qquad p_y = \frac{\partial L}{\partial \dot{y}} = m_0\,\dot{y} + e\,V_y;$$

$$p_z = \frac{\partial L}{\partial \dot{z}} = m_0\,\dot{z} + e\,V_z, \qquad\qquad (II\ 1,\ 53)$$

so daß der Wert der *Hamilton*schen Funktion

$$H = [m_0(v)^2 + e(v\,V)] - L = \frac{m_0}{2}\,(v)^2 + e\,\varphi \qquad (II\ 1,\ 54)$$

jenem der Gesamtenergie gleicht und als solcher nicht vom Magnetfeld abhängt; dagegen folgt die *Hamilton*sche Funktion in ihrer Abhängigkeit von den kanonischen Koordinaten p_x, p_y, p_z; x, y, z aus (II 1, 53) und (II 1, 54) zu

$$H = \frac{(p_x - e\,V_x)^2 + (p_y - e\,V_y)^2 + (p_z - e\,V_z)^2}{2\,m_0} + e\,\varphi, \qquad (II\ 1,\ 55)$$

die Struktur des Magnetfeldes in ihre analytische Gestalt einschließend. Für die *zeitabhängige Wirkungsfunktion* W entspringt aus (II 1, 55) die *Hamilton-Jacobi*sche Differentialgleichung

$$\left(\frac{\partial W}{\partial x} - e\,V_x\right)^2 + \left(\frac{\partial W}{\partial y} - e\,V_y\right)^2 + \left(\frac{\partial W}{\partial z} - e\,V_z\right)^2 + 2\,m_0\left(e\,\varphi + \frac{\partial W}{\partial t}\right) = 0,$$

$$(II\ 1,\ 56)$$

welche im Falle eines stationären elektromagnetischen Feldes die Gleichung

$$\left(\frac{\partial S}{\partial x} - e\,V_x\right)^2 + \left(\frac{\partial S}{\partial y} - e\,V_y\right)^2 + \left(\frac{\partial S}{\partial z} - e\,V_z\right)^2 + 2\,m_0\,(e\,\varphi - \eta) = 0$$

$$(II\ 1,\ 57)$$

der *zeitfreien Wirkungsfunktion* S nach sich zieht.

2. In der beschränkten Relativitätstheorie *Einsteins* bleibt der absolute Betrag v jeder physikalisch realisierbaren Ionengeschwindigkeit gewiß kleiner als die Ausbreitungsgeschwindigkeit c des Lichtes im leeren Raume:

$$0 \leqq \frac{v}{c} \equiv \beta < 1. \qquad (II\ 1,\ 58)$$

Die *Lagrange*sche Funktion lautet nunmehr

$$L = -m_0\,c^2\,\sqrt{1 - \beta^2} - e\,[\varphi - (v\,V)]; \qquad \beta^2 = \frac{\dot{x}^2 + \dot{y}^2 + \dot{z}^2}{c^2}.$$

$$(II\ 1,\ 59)$$

Bezeichnet also

$$m = \frac{m_0}{\sqrt{1 - \beta^2}} \qquad (II\ 1,\ 60)$$

die mit wachsendem Geschwindigkeitsverhältnis β zunehmende *Masse* des kontrollierten Ions, so ergibt sich als *Lagrange*sche Gleichung seiner zur x-Achse parallelen Bewegung

$$\frac{d}{dt}\left[m\,\dot{x} + e\,V_x\right] + e\left[\frac{\partial\varphi}{\partial x} - \left(\dot{x}\,\frac{\partial V_x}{\partial x} + \dot{y}\,\frac{\partial V_y}{\partial x} + \dot{z}\,\frac{\partial V_z}{\partial x}\right)\right] = 0$$

$$(II\ 1,\ 61)$$

oder

$$\frac{d}{dt}\left[m\,\dot{x}\right] = -e\left(\frac{\partial\varphi}{\partial x} + \frac{\partial V_x}{\partial t}\right) + e\left\{\dot{y}\left(\frac{\partial V_y}{\partial x} - \frac{\partial V_x}{\partial y}\right) - \dot{z}\left(\frac{\partial V_x}{\partial z} - \frac{\partial V_z}{\partial x}\right)\right\},$$

$$(II\ 1,\ 62)$$

welche sich von der entsprechenden Gleichung (II 1, 52) der *Newton*schen Mechanik lediglich durch das *Auftreten der relativistisch veränderlichen Masse* m an Stelle der Ruhmasse m_0 unterscheidet. Um diese formale Aussage zu einer physikalischen Einsicht zu vertiefen, berechnen wir aus (II 1, 59) die achsenparallelen Impulskomponenten

$$p_x = \frac{\partial L}{\partial \dot{x}} = m\,\dot{x} + e\,V_x; \qquad p_y = \frac{\partial L}{\partial \dot{y}} = m\,\dot{y} + e\,V_y;$$

$$p_z = \frac{\partial L}{\partial \dot{z}} = m\,\dot{z} + e\,V_z. \qquad (II\ 1,\ 63)$$

Nicht die kinematische Beschleunigung wird also von der resultierenden elektromagnetischen Feldkraft diktiert, sondern diese regelt die zeitliche Änderungsgeschwindigkeit des mechanischen Impulsanteiles.

Mittels (II 1, 59) und (II 1, 63) findet sich der Wert der *Hamilton*schen Funktion zu

$$H = \left[m\,v^2 + e\,(v\,V)\right] - L = \left[m_0\,c^2\,\frac{\beta^2}{\sqrt{1-\beta^2}} + e\,(v\,V)\right] +$$

$$+ \left[m_0\,c^2\sqrt{1-\beta^2} + e\{\varphi - (v\,V)\}\right] = m\,c^2 + e\,\varphi. \qquad (II\ 1,\ 64)$$

Er gleicht wiederum der Gesamtenergie des kontrollierten Ions, welche jedoch — und dies ist für die Relativitätsmechanik charakteristisch — dessen Ruhenergie in sich einschließt. Um aus dieser Angabe die *Hamilton*sche Funktion in ihrer Abhängigkeit von den kanonischen Veränderlichen kennenzulernen, bilden wir mittels (II 1, 60) und (II 1, 63) die drei Gleichungen

$$\frac{\dot{x}}{\sqrt{1-\beta^2}} = \frac{p_x - e\,V_x}{m_0}; \qquad \frac{\dot{y}}{\sqrt{1-\beta^2}} = \frac{p_y - e\,V_y}{m_0};$$

$$\frac{\dot{z}}{\sqrt{1-\beta^2}} = \frac{p_z - e\,V_z}{m_0}, \qquad (II\ 1,\ 65)$$

aus deren Quadratur und anschließender Summierung mit Rücksicht auf die Definition von β die Relation

$$\frac{\beta^2}{1-\beta^2} = \frac{(p_x - e\,V_x)^2 + (p_y - e\,V_y)^2 + (p_z - e\,V_z)^2}{m_0^2\,c^2} \qquad (II\ 1,\ 66)$$

entspringt. Wir entnehmen ihr die Formeln

$$\beta^2 = \frac{(p_x - e\,V_x)^2 + (p_y - e\,V_y)^2 + (p_z - e\,V_z)^2}{m_0{}^2 c^2 + (p_x - e\,V_x)^2 + (p_y - e\,V_y)^2 + (p_z - e\,V_z)^2}.$$

$$\text{(II 1, 67)}$$

$$1 - \beta^2 = \frac{m_0{}^2 c^2}{m_0{}^2 c^2 + (p_x - e\,V_x)^2 + (p_y - e\,V_y)^2 + (p_z - e\,V_z)^2}$$

$$\text{(II 1, 68)}$$

und erhalten zufolge (II 1, 60) und (II 1, 64)

$$H = c\sqrt{m_0{}^2 c^2 + (p_x - e\,V_x)^2 + (p_y - e\,V_y)^2 + (p_z - e\,V_z)^2} + e\,\varphi.$$

$$\text{(II 1, 69)}$$

In der beschränkten Relativitätstheorie gehorcht somit die *zeitabhängige Wirkungsfunktion* W der *Hamilton-Jacobi*schen Differentialgleichung

$$m_0{}^2 c^2 + \left(\frac{\partial W}{\partial x} - e\,V_x\right)^2 + \left(\frac{\partial W}{\partial y} - e\,V_y\right)^2 + \left(\frac{\partial W}{\partial z} - e\,V_z\right)^2 +$$

$$-\frac{1}{c^2}\left(e\,\varphi + \frac{\partial W}{\partial t}\right)^2 = 0. \qquad \text{(II 1, 70)}$$

Wir ersetzen nun die Konfigurationskoordinaten x, y, z und die Zeit t durch die Komponenten des vierdimensionalen, *Minkowski*schen Weltvektors

$$x_1 = x; \qquad x_2 = y; \qquad x_3 = z; \qquad x_4 = \sqrt{-1}\,c\,t \qquad \text{(II 1, 71)}$$

und fassen das elektrische Skalarpotential φ mit dem magnetischen Vektorpotential *V* zum *elektromagnetischen Viererpotential* Φ der Weltkomponenten

$$\Phi_1 = V_x; \qquad \Phi_2 = V_y; \qquad \Phi_3 = V_z; \qquad \Phi_4 = \frac{i\,\varphi}{c} \qquad \text{(II 1, 72)}$$

zusammen; damit erscheint (II 1, 70) in der symmetrischen Gestalt

$$\left(\frac{\partial W}{\partial x_1} - e\,\Phi_1\right)^2 + \left(\frac{\partial W}{\partial x_2} - e\,\Phi_2\right)^2 + \left(\frac{\partial W}{\partial x_3} - e\,\Phi_3\right)^2 +$$

$$+ \left(\frac{\partial W}{\partial x_4} - e\,\Phi_4\right)^2 + (m_0\,c)^2 = 0. \qquad \text{(II 1, 73)}$$

In dieser vierdimensionalen Gleichung ist der Fall des *stationären Feldes* der singulären Rolle entkleidet, den er in der *Newton*schen Mechanik spielt; will man ihn dennoch gesondert aufführen, so kehrt man besser zu (II 1, 70) zurück und erhält für die *zeitfreie Wirkungsfunktion* S die partielle Differentialgleichung

$$\left(\frac{\partial S}{\partial x} - e\,V_x\right)^2 + \left(\frac{\partial S}{\partial y} - e\,V_y\right)^2 + \left(\frac{\partial S}{\partial z} - e\,V_z\right)^2 + m_0{}^2 c^2 - \left(\frac{e\,\varphi - \eta}{c}\right)^2 = 0.$$

$$\text{(II 1, 74)}$$

g) Wir ergänzen die relativistische Differentialgleichung der Wirkungsfunktion durch die gleichfalls relativistischen Bewegungsgleichungen des punktförmigen Ions. Mittels der zeitlichen Ergänzung $v_4 = i\,c$ der beziehentlich zu den Konfigurationsachsen parallelen Komponenten

$$v_x \equiv v_1; \qquad v_y \equiv v_2; \qquad v_z \equiv v_3 \qquad \text{(II 1, 75)}$$

des *dreidimensionalen* Geschwindigkeitsvektors v bilden wir die Komponenten

$$\left.\begin{aligned}
P_1 &= m\,v_x + e\,V_x \equiv m\,v_1 + e\,\Phi_1\\
P_2 &= m\,v_y + e\,V_y \equiv m\,v_2 + e\,\Phi_2\\
P_3 &= m\,v_z + e\,V_z \equiv m\,v_3 + e\,\Phi_3\\
P_4 &= m\,i\,c + e\,i\,\frac{\varphi}{c} \equiv m\,v_4 + e\,\Phi_4
\end{aligned}\right\} \qquad \text{(II 1, 76)}$$

des vierdimensionalen *Impuls-Energievektors* P. Durch seine innere Multiplikation [Symbol der runden Klammern] mit der vektoriellen Vierergeschwindigkeit w der beziehentlich zu den Weltachsen parallelen Komponenten

$$w_1 = \frac{v_x}{\sqrt{1-\beta^2}}\;;\qquad w_2 = \frac{v_y}{\sqrt{1-\beta^2}}\;;\qquad w_3 = \frac{v_z}{\sqrt{1-\beta^2}}\;;\qquad w_4 = \frac{i\,c}{\sqrt{1-\beta^2}}$$

$$\text{(II 1, 77)}$$

steigen wir zu dem Skalar

$$\Psi = (w\,P) = \frac{1}{\sqrt{1-\beta^2}}\,[(v\,V) - \varphi] \qquad \text{(II 1, 78)}$$

herab. Bezeichnet nun

$$d\tau = \sqrt{1-\beta^2}\,dt \qquad \text{(II 1, 79)}$$

das Differential der *Eigenzeit* eines das Ion begleitenden Beobachters, so behaupten wir: Die gesuchten Bewegungsgleichungen lauten

$$\frac{dP_j}{d\tau} = e\,\frac{\partial\Psi}{\partial x^j}\;;\qquad x^j = x_j \qquad [j = 1;2;3;4]. \qquad \text{(II 1, 80)}$$

Zum Beweise richten wir unser Augenmerk zunächst auf eine der „räumlichen" Gleichungen $[j = 1;2;3]$ und finden mit Rücksicht auf (II 1, 76) und (II 1, 79) bei Benutzung des dreidimensionalen *Nabla*-Symboles

$$V = 1_1\frac{\partial}{\partial x_1} + 1_2\frac{\partial}{\partial x_2} + 1_3\frac{\partial}{\partial x_3} \qquad \text{(II 1, 81)}$$

für $dP_j/d\tau$ den expliziten Ausdruck

$$\frac{dP_j}{d\tau} = \frac{1}{\sqrt{1-\beta^2}}\,\frac{dP_j}{dt} =$$

$$= \frac{1}{\sqrt{1-\beta^2}}\left[\frac{d}{dt}\{m\,v_j\} + e\left\{\frac{\partial V_j}{\partial t} + (v\,V)\,V_j\right\}\right]\;;\qquad j = 1;2;3. \quad \text{(II 1, 82)}$$

Ähnlich folgt aus (II 1, 78)

$$e\,\frac{\partial\Psi}{\partial x^j} = \frac{1}{\sqrt{1-\beta^2}}\left[v_1\frac{\partial V_1}{\partial x^j} + v_2\frac{\partial V_2}{\partial x^j} + v_3\frac{\partial V_3}{\partial x^j} - \frac{\partial\varphi}{\partial x^j}\right]\;;\qquad j = 1;2;3.$$

$$\text{(II 1, 83)}$$

Demnach resultiert beispielsweise für $j = 1$ aus (II 1, 80) die Bewegungsgleichung

$$\frac{d}{dt}\{m\,v_x\} = -e\,\frac{\partial V_x}{\partial t} + e\left[v_y\left\{\frac{\partial V_y}{\partial x} - \frac{\partial V_x}{\partial y}\right\} - v_z\left\{\frac{\partial V_x}{\partial z} - \frac{\partial V_z}{\partial x}\right\} - \frac{\partial\varphi}{\partial x}\right],$$

$$\text{(II 1, 84)}$$

deren rechte Seite mit jener der Gl. (II 1, 52) identisch ist und also wiederum die Summe der *Coulomb*-Kraft und der *Lorentz*-Kraft erfaßt. Dagegen erhält man bei der Wahl j = 4 unter abermaliger Berufung auf (II 1, 76) und (II 1, 79)

$$\frac{dP_4}{d\tau} = \frac{1}{\sqrt{1-\beta^2}}\frac{dP_4}{dt} = \frac{1}{\sqrt{1-\beta^2}}\left[\frac{i}{c}\frac{d(mc^2)}{dt} + \frac{i}{c}\frac{d(e\varphi)}{dt}\right] =$$

$$= \frac{i}{c\sqrt{1-\beta^2}}\left[\frac{d(mc^2)}{dt} + e\left\{\frac{\partial\varphi}{\partial t} + (v\,\nabla\varphi)\right\}\right] \qquad\text{(II 1, 85)}$$

und weiter, sofern man wiederum v_x, v_y und v_z als unabhängige Veränderliche auffaßt,

$$e\frac{\partial\Psi}{\partial x_4} = \frac{e}{ic}\frac{1}{\sqrt{1-\beta^2}}\frac{\partial}{\partial t}[(v\,V)-\varphi] = \frac{e}{ic}\frac{1}{\sqrt{1-\beta^2}}\left[\left(v\frac{\partial V}{\partial t}\right) - \frac{\partial\varphi}{\partial t}\right]. \qquad\text{(II 1, 86)}$$

Daher führt (II 1, 80) auf die *Leistungsbilanz*

$$\frac{d(mc^2)}{dt} + e\left(v\left\{\nabla\varphi + \frac{\partial V}{\partial t}\right\}\right) = 0. \qquad\text{(II 1, 87)}$$

II 2. De Broglie-Wellen.

a) Die *Physik des Lichtes* zwingt den Beobachter, diese Naturerscheinung entweder als *Wellenvorgang* oder als *Korpuskelstrom* zu deuten. Indessen sind diese beiden Auffassungen nicht allein sprachlich mit einem einheitlichen Urbegriff unvereinbar, sondern schließen auch bei der Deutung eines bestimmten Versuchsergebnisses einander als entweder — oder kategorisch aus.

Ist diese Doppelnatur beobachtbarer Effekte nur auf das Licht beschränkt, oder schildert sie eine allgemeine Eigenschaft alles Stofflichen?

b) Im Anschluß an *Louis de Broglie* richten wir unsere Aufmerksamkeit auf einen materiellen Punkt der Ruhmasse m_0, welcher sich relativ zum Bezugssystem der *Kartesi*schen Koordinaten $x^1 = x$; $x^2 = y$; $x^3 = z$ und der Zeit t mit der dreidimensionalen vektoriellen Geschwindigkeit w bewege; seien also $1_j = 1^j$ (j = 1, 2, 3) die beziehentlich achsenparallelen Einheitsvektoren und $w^j = w_j$ die je ihnen entsprechenden Geschwindigkeitskomponenten, so gilt

$$w = 1_j w^j = 1^j w_j. \qquad\text{(II 2, 1)}$$

Wir ergänzen das Tripel der Konfigurationskoordinaten x^1, x^2, x^3 durch die imaginäre Koordinate $x^4 = i\,c\,t$ [$i = \sqrt{-1}$; c = Ausbreitungsgeschwindigkeit des Lichtes im leeren Raum] zu einem *Minkowski*schen Weltsysteme, welchem wir folgende, gleichfalls vierdimensionale Bezugssysteme zur Seite stellen:

1. Das Weltsystem der Koordinaten ξ^j gehe aus jenem der x^j [j = 1, 2, 3, 4] durch eine bloße, im dreidimensionalen Konfigurationsraum vollzogene *Drehung* hervor, welche die ξ^1-Achse in die Richtung von w bringt.

2. Das gestrichene Weltsystem der Koordinaten $\xi^{j'}$ entsteht aus dem ungestrichenen System der ξ^j durch die spezielle *Lorentz*-Transformation

$$\xi^{1'} = \frac{\xi^1 + i\,\beta\,\xi^4}{\sqrt{1-\beta^2}}; \qquad \xi^{2'} = \xi^2; \qquad \xi^{3'} = \xi^3; \qquad \xi^{4'} = \frac{-i\,\beta\,\xi^1 + \xi^4}{\sqrt{1-\beta^2}},$$

$$\text{(II 2, 2)}$$

in welcher β den absoluten Betrag w der Geschwindigkeit w im Verhältnis zur Lichtgeschwindigkeit c mißt

$$\beta = \frac{w}{c} \qquad \text{(II 2, 3)}$$

Insbesondere definiert

$$t' \equiv \tau = \frac{\xi^{4'}}{i\,c} \qquad \text{(II 2, 4)}$$

die *Eigenzeit*, welche die „Taschenuhr" eines im gestrichenen System fixierten, also relativ zum kontrollierten Massenpunkte ruhenden Beobachters anzeigt.

Nunmehr ersetzen wir die determinierte Vorstellung des an einem bestimmten Punkte ($\xi^{1'}$, $\xi^{2'}$, $\xi^{3'}$) des gestrichenen Systemes befindlichen Massenpunktes durch die nur *statistische Aussage*: Im gestrichenen System sei ein Kasten vom festen „Eigenvolumen"

$$T' = T_0 \qquad \text{(II 2, 5)}$$

vorgegeben, in welchen wir aufs Geratewohl N unter sich identischer materieller Punkte je der Masse m_0 einbringen. Die durchschnittliche Eigenkonzentration n_0 dieser Teilchen in T_0 ergibt sich demnach zu

$$n_0 = \frac{N}{T_0}, \qquad \text{(II 2, 6)}$$

so daß — unter Berufung auf den *Bernoulli*schen Satz über die Wahrscheinlichkeits-Verteilung einer N-fach wiederholten Alternative — das Verhältnis

$$\frac{n_0}{N} = \frac{1}{T_0} \qquad \text{(II 2, 7)}$$

als *Anwesenheitswahrscheinlichkeit* des einzelnen Teilchens je Raumeinheit des Kastens zu deuten ist.

c) Wir ordnen der Wahrscheinlichkeitsdichte (II 2, 7) relativ zum gestrichenen Bezugssystem eine einfach-harmonische, skalare *Schwingungsfunktion* u' in der Regel *komplexen Charakters* zu. Es sei ν_0 ihre *Eigenfrequenz* je Einheit der Eigenzeit-Differenz, so daß $\omega_0 = 2\pi\nu_0$ die zugehörige *Eigen-Kreisfrequenz* mißt; sowohl ν_0 wie ω_0 gelten weiterhin, gleich der Ruhmasse m_0, als *invariante Kennzahlen* des kontrollierten Teilchens. Dem vorausgesetzten Zustand seiner Ruhe relativ zum gestrichenen Systeme möge dort die ortsunabhängige Schwingung u' der komplexen Amplitude $\bar{u}' = A' = \text{const}$ und der Phase φ' entsprechen

$$u' = \bar{u}'\,e^{i\varphi'} = A'\,e^{-i\omega_0\tau}; \qquad \varphi = -\omega_0\tau \equiv -\frac{\omega_0}{c}(c\,\tau) = i\frac{\omega_0}{c}\xi^{4'} \qquad \text{(II 2, 8)}$$

Da diese Funktion durch Entartung einer im gestrichenen System stehenden Welle bei unbegrenzter Zunahme ihrer Länge entsteht, mag sie weiterhin als *de Broglie*-Welle bezeichnet werden. Um sie ungeachtet ihres komplexen Charakters mit der gewiß *reellen* Wahrscheinlichkeitsdichte (II 2, 7) zu verknüpfen, ergänzen wir die Welle (II 2, 8) durch die konjugiert-komplexe *de Broglie*-Welle

$$u'^* = \bar{u}'^*\,e^{-i\varphi} = A^*\,e^{i\omega_0\tau} \qquad \text{(II 2, 9)}$$

und verlangen

$$u' \cdot u'^* = \bar{u}' \cdot \bar{u}'^* = A'\,A'^* = \frac{1}{T'} \equiv \frac{1}{T_0}. \qquad \text{(II 2, 10)}$$

Diese Gleichung nimmt durch Integration über alle Volumen-Elemente dT' des Kastens die Gestalt der *Normierungs-Vorschrift*

$$\iiint\limits_{(T_0)} u'\, u'^* \, dT' = \iiint\limits_{(T_0)} \overline{u}'\, \overline{u}'^* \, dT' = A'\, A'^*\, T_0 = 1 \qquad \text{(II 2, 11)}$$

an, welche im Lichte der Wahrscheinlichkeits-Auffassung (II 2, 7) als statistische *Vollständigkeitsrelation* zu interpretieren ist.

d) Wie transformieren sich die *de Broglie*-Wellen (II 2, 8), (II 2, 9) in das ungestrichene Weltsystem der Koordinaten ξ^j?

1. Zufolge ihrer mathematischen Natur als Argument der Exponential-funktionen $e^{\pm i \varphi'}$ definiert die Phase φ' eine Invariante, den *Phasenskalar*: Die Phase φ der *de Broglie*-Wellen im ungestrichenen Systeme folgt zu

$$\varphi = \varphi'. \qquad \text{(II 2, 12)}$$

Mittels der speziellen *Lorentz*-Transformation (II 2, 2) finden wir daher die Relation

$$\omega_0\, t' \equiv \omega_0\, \tau = -i\, \frac{\omega_0}{c}\, \xi^{4\prime} = -i\, \frac{\omega_0}{c}\, \frac{-i\, \beta\, \xi^1 + \xi^4}{\sqrt{1 - \beta^2}} = \omega \left(t - \frac{w\, \xi^1}{c^2} \right), \qquad \text{(II 2, 13)}$$

in welcher

$$\omega = \frac{\omega_0}{\sqrt{1 - \beta^2}} \qquad \text{(II 2, 14)}$$

gesetzt ist.

2. Das im ungestrichenen System gemessene Volumen T des Kastens geht aus dessen Eigenvolumen $T' \equiv T_0$ nach Maßgabe der *Lorentz*-Kontraktion hervor

$$T = T_0 \sqrt{1 - \beta^2}. \qquad \text{(II 2, 15)}$$

Daher haben wir die auf das ungestrichene System transformierten *de Broglie*-Wellen

$$u = \overline{u}\, e^{-i\omega t} = A\, e^{i\varphi}; \qquad u^* = \overline{u}^*\, e^{i\omega t} = A^*\, e^{-i\varphi} \qquad \text{(II 2, 16)}$$

der Normierungsvorschrift

$$\iiint\limits_{(T)} u\, u^* \, dT = \iiint\limits_{(T)} \overline{u}\, \overline{u}^* \, dT = A\, A^*\, T = 1 \qquad \text{(II 2, 17)}$$

zu unterwerfen, welche wir nach (II 2, 11) und (II 2, 15) durch

$$A = \frac{A'}{\sqrt[4]{1 - \beta^2}}; \qquad A^* = \frac{A'^*}{\sqrt[4]{1 - \beta^2}} \qquad \text{(II 2, 18)}$$

befriedigen. Mittels (II 2, 12) und (II 2, 13) folgen hieraus für die komplexen Amplituden $\overline{u}$ und $\overline{u}^*$ die Relationen

$$\overline{u} = A\, e^{i\omega \frac{w\, \xi^1}{c^2}}; \qquad \overline{u}^* = A^*\, e^{-i\omega \frac{w\, \xi^1}{c^2}}, \qquad \text{(II 2, 19)}$$

so daß für die gesuchten *de Broglie*-Wellen im ungestrichenen Welt-Koordinatensystem die Darstellung

$$u = A\, e^{-i\omega \left(t - \frac{w\, \xi^1}{c^2} \right)}; \qquad u^* = A^*\, e^{i\omega \left(t - \frac{w\, \xi^1}{c^2} \right)} \qquad \text{(II 2, 20)}$$

resultiert. Sie schildert, im Gegensatz zu den konjugiert-komplexen *stehenden* Wellen (II 2, 8) und (II 2, 9) des gestrichenen Weltsystemes, ein Paar gleichförmig parallel der positiven ξ^1-Achse *fortschreitender* Wellen, welche an jedem festen Orte des ungestrichenen Bezugssystemes mit der Kreisfrequenz ω nach (II 2, 14) pulsieren. Um auch die *Phasengeschwindigkeit* w_{ph} dieser *de Broglie*-Wellen kennenzulernen, bilden wir zunächst aus (II 2, 13) das vollständige Differential des Phasenskalars

$$d\varphi = \omega \left(dt - \frac{w\, d\xi^1}{c^2} \right) \qquad (II\ 2,\ 21)$$

und erhalten dann mittels der Bedingung $d\varphi = 0$ die gesuchte Geschwindigkeit zu

$$w_{ph} = \left(\frac{d\xi^1}{dt} \right)_{\varphi = \text{const}} = \frac{c^2}{w} = \frac{c}{\beta}. \qquad (II\ 2,\ 22)$$

Auf Grund der beschränkten Relativitätstheorie muß nun der Betrag w aller physikalisch realisierbaren Geschwindigkeiten des kontrollierten, materiellen Punktes kleiner als die Lichtgeschwindigkeit bleiben:

$$\beta = \frac{w}{c} < 1. \qquad (II\ 2,\ 23)$$

Aus (II 2, 22) folgt somit die Ungleichung

$$w_{ph} > c. \qquad (II\ 2,\ 24)$$

Man könnte vermeinen, daß sie dem vorher genannten Satze der beschränkten Relativitätstheorie widerspricht, welcher doch die *Realisierung einer Überlichtgeschwindigkeit ausschließt!* Indessen bezieht sich diese Behauptung tatsächlich nur auf die *Frontgeschwindigkeit* eines von einem Orte zum anderen zu übermittelnden Signales, während sie die Phasengeschwindigkeit einer eingeschwungenen Welle in keiner Weise begrenzt. Es ist daher durchaus nicht angebracht, der Phasengeschwindigkeit (II 2, 22) der *de Broglie*-Wellen auf Grund der Eigenschaft (II 2, 24) die physikalische Existenz abzusprechen; in der Tat offenbart sich ihre Realität auf das eindruckvollste in der quasioptischen Brechung von Materiestrahlen, welche ihrerseits die Grundlage der *Elektronenoptik* bildet. Die für diese Erscheinungen maßgebliche *de Broglie*-Wellenlänge λ ergibt sich aus der Phasengeschwindigkeit w_{ph} im Verein mit der Frequenz $\nu = \omega/(2\,\pi)$ zu

$$\lambda = \frac{w_{ph}}{\nu} = 2\,\pi\,\frac{w_{ph}}{\omega} = 2\,\pi\,\frac{c^2}{\omega\,w} \qquad (II\ 2,\ 25)$$

so daß sich die Wellenzahl k mittels der Vorschrift

$$k = \frac{2\,\pi}{\lambda} = \frac{\omega\,w}{c^2} \qquad (II\ 2,\ 26)$$

berechnen läßt.

e) Von dem System der Weltkoordinaten ξ^j zu den ursprünglichen Weltkoordinaten x^j zurückkehrend, haben wir definitionsgemäß nur die Transformationsgesetze der Drehung im dreidimensionalen Konfigurationsraum in Rechnung zu stellen. Hierbei sind daher sowohl die Zeit t wie das Produkt $w\,\xi^1/c^2$ je als Invariante zu behandeln, und letztgenanntes ist nach den Regeln der skalaren Multiplikation im Dreidimensionalen umzuformen:

$$\frac{w\,\xi^1}{c^2} = \frac{w_1\,x^1 + w_2\,x^2 + w_3\,x^3}{c^2} \qquad (II\ 2,\ 27)$$

Mit Rücksicht auf (II 2, 14) lautet somit der Phasenskalar φ im vierdimensionalen System der x^j

$$\varphi = \frac{\omega_0}{\sqrt{1-\beta^2}}\left[t - \frac{w_1\,x^1 + w_2\,x^2 + w_3\,x^3}{c^2}\right] \equiv$$

$$\equiv -\frac{\omega_0}{c^2}\frac{w_1\,x^1 + w_2\,x^2 + w_3\,x^3 + i\,c\,x^4}{\sqrt{1-\beta^2}}. \qquad (II\ 2,\ 28)$$

Nun definiert

$$R = \mathit{1}_1\,x^1 + \mathit{1}_2\,x^2 + \mathit{1}_3\,x^3 + \mathit{1}_4\,x^4 \qquad (II\ 2,\ 29)$$

den Welt-Koordinatenvektor und

$$W = \mathit{1}^1\frac{w_1}{\sqrt{1-\beta^2}} + \mathit{1}^2\frac{w_2}{\sqrt{1-\beta^2}} + \mathit{1}^3\frac{w_3}{\sqrt{1-\beta^2}} + \mathit{1}^4\frac{i\,c}{\sqrt{1-\beta^2}} \qquad (II\ 2,\ 30)$$

den Vektor der korpuskularen Vierergeschwindigkeit. Daher erscheint der Phasenskalar φ als vierdimensionales Skalarprodukt des Koordinaten-Weltvektors R mit dem Weltvektor

$$\Omega = -\frac{\omega_0}{c^2}\,W, \qquad (II\ 2,\ 31)$$

welchen wir als *Viererfrequenz* bezeichnen; dieser Name rechtfertigt sich im Lichte der Norm

$$(\Omega)^2 = \sum_{j=1}^{4}(\Omega_j)^2 = \frac{\omega_0^2}{c^4}\frac{(w_1)^2 + (w_2)^2 + (w_3)^2 - c^2}{1-\beta^2} = -\frac{\omega_0^2}{c^2}, \qquad (II\ 2,\ 32)$$

welche sich also von dem Quadrate der Eigen-Kreisfrequenz ω_0 nur durch den universellen Faktor $(-1/c^2)$ unterscheidet, während das negative Vorzeichen auf den *zeitartigen Charakter* von Ω hinweist.

Die Herkunft der Viererfrequenz aus dem Gedankenkreis der *de Broglie*-Wellen offenbart sich an Hand der vierdimensionalen Vektorgleichung

$$\Omega = \operatorname{Grad}\varphi = \mathit{1}^1\frac{\partial\varphi}{\partial x^1} + \mathit{1}^2\frac{\partial\varphi}{\partial x^2} + \mathit{1}^3\frac{\partial\varphi}{\partial x^3} + \mathit{1}^4\frac{\partial\varphi}{\partial x^4}. \qquad (II\ 2,\ 33)$$

Der mit (-1) multiplizierte räumliche Anteil der Viererfrequenz $[j = 1, 2, 3]$ definiert im ungestrichenen Konfigurationsraum den dreidimensionalen *Ausbreitungsvektor*

$$k = -\left\{\mathit{1}^1\frac{\partial\varphi}{\partial x^1} + \mathit{1}^2\frac{\partial\varphi}{\partial x^2} + \mathit{1}^3\frac{\partial\varphi}{\partial x^3}\right\} = \frac{\omega}{c^2}\,w \qquad (II\ 2,\ 34)$$

vom absoluten Betrage der Wellenzahl k nach (II 2, 26); er weist also senkrecht zu der Schar der im gleichen Raum zu verschiedenen Zeitpunkten konstruierten Flächen konstanter Phase φ, so daß diese mit den *Wellenflächen* identifiziert werden können. Dagegen mißt der mit $i = \sqrt{-1}$ multiplizierte zeitliche Anteil $[j = 4]$ der Viererfrequenz den durch c geteilten Betrag der im ungestrichenen Systeme auftretenden Kreisfrequenz

$$i\,\frac{\partial\varphi}{\partial x^4} = \frac{\omega}{c} \qquad (II\ 2,\ 35)$$

Der vorstehenden *Wellenauffassung* der Teilchenbewegung stellen wir die *korpuskulare Beschreibung* des gleichen Vorganges gegenüber, welche seitens der beschränkten Relativitätstheorie durch den vierdimensionalen Begriff des *mechanischen Impuls-Energievektors*

$$P = m_0\,W = m\{\mathit{1}^1 w_1 + \mathit{1}^2 w_2 + \mathit{1}^3 w_3 + \mathit{1}^4 i\,c\} \qquad (II\ 2,\ 36)$$

geliefert wird; in ihm bezeichnet

$$m = \frac{m_0}{\sqrt{1 - \beta^2}} \qquad (II\ 2,\ 37)$$

die Masse des bewegten Teilchens relativ zum ungestrichenen Bezugssystem, welche also, im Gegensatz zur invarianten Ruhmasse m_0, wesentlich vom jeweiligen kinematischen Zustand des kontrollierten Teilchens abhängt. Wie bereits im Namen des Weltvektors P angedeutet, schildert sein *räumlicher Anteil* [j = 1, 2, 3] den dreidimensionalen, *mechanischen Impulsvektor*

$$p = m \sum_{j=1}^{3} l^j\, w_j = m\, w \qquad (II\ 2,\ 38)$$

vom absoluten Betrage

$$p = m\, w, \qquad (II\ 2,\ 39)$$

während sein mit dem universellen Faktor $(-\,i\,c)$ multiplizierter zeitlicher Anteil [j = 4] die *dynamische Gesamtenergie* η angibt

$$-\,i\,c\,P_4 = \eta = m\,c^2, \qquad (II\ 2,\ 40)$$

welche ihrerseits als Summe der invarianten *Ruhenergie* $m_0\,c^2$ des materiellen Punktes und dessen *kinetischer Energie* $(m - m_0)\,c^2$ interpretiert werden kann.

Auf Grund der Definitionen (II 2, 31) und (II 2, 36) steht der mechanische Impuls-Energievektor P zur Viererfrequenz Ω in dem skalaren Verhältnis

$$\frac{P}{\Omega} = -\,\frac{m_0\,c^2}{\omega_0}. \qquad (II\ 2,\ 41)$$

dessen absoluter Betrag allerdings zunächst von der Ruhmasse m_0 des jeweils kontrollierten Teilchens und seiner einstweilen noch nicht festgelegten Eigen-Kreisfrequenz ω_0 abhängt. Wir beseitigen jedoch diese Unbestimmtheit ein für allemal und erheben die Angabe (II 2, 41) zum Range eines fundamentalen *physikalischen Prinzipes*, indem wir verlangen:

Unabhängig von der jeweiligen Natur des materiellen Punktes ist seine Eigen-Kreisfrequenz ω_0 mit seiner Ruhmasse m_0 stets durch ein und dieselbe Relation

$$\frac{m_0\,c^2}{\omega_0} = \hbar \equiv \frac{h}{2\,\pi} \qquad (II\ 2,\ 42)$$

verknüpft, in welcher die universelle Konstante

$$h = 2\,\pi\,\hbar = 6{,}632 \cdot 10^{-34}\ \text{Joule sec} \qquad (II\ 2,\ 43)$$

das *Planck*sche *Wirkungsquantum* definiert.

In einer allen Beiwerkes entkleideten, nur seinen logischen Kern erfassenden Form behauptet also dieses fundamentale Prinzip: Ungeachtet ihrer anschaulich so grundverschiedenen Konzeption beschreiben die Begriffe der Eigenfrequenz und der Ruhmasse des materiellen Punktes ein und dieselbe physikalische Wesenheit. Durch diesen merkwürdigen Satz der modernen Physik wird also der materielle Punkt aus seiner klassischen Leblosigkeit gelöst und in einen rastlos pulsierenden Organismus umgedeutet — nicht unähnlich dem zuckenden Herzen des lebendigen Menschen!

Mit Hilfe von (II 2, 42) verwandelt sich (II 2, 41) in die Weltvektor-Gleichung

$$P = -\hbar\,\Omega, \qquad\qquad (II\ 2,\ 44)$$

welche als solche vier Aussagen in sich vereint:

1. Die drei räumlichen Komponenten der Gl. (II 2, 44) lauten

$$P_j \equiv p_j = -\hbar\,\frac{\partial\varphi}{\partial x^j} = \hbar\,k_j; \qquad j = 1, 2, 3, \qquad (II\ 2,\ 45)$$

welche sich zu der dreidimensionalen Vektorgleichung

$$p = \hbar\,k \qquad\qquad (II\ 2,\ 46)$$

zusammenfassen lassen; im Verein mit (II 2, 26) entspringt aus (II 2, 46) für die *de Broglie*-Wellenlänge λ die einfache Relation

$$\lambda = \frac{2\pi}{k} = \frac{2\pi\hbar}{p} = \frac{h}{p}. \qquad\qquad (II\ 2,\ 47)$$

2. Die zeitliche Komponente [j = 4] der Gleichung (II 2, 44) enthält die Angabe

$$P_4 = i\,\frac{\eta}{c} = -\hbar\,\frac{\partial\varphi}{\partial x_4} = -\frac{\hbar}{i}\,\frac{\partial\varphi}{\partial t} = i\,\hbar\,\frac{\omega}{c}, \qquad (II\ 2,\ 48)$$

welche in der Form

$$\eta = m\,c^2 = \hbar\,\omega \equiv h\,\nu \qquad\qquad (II\ 2,\ 49)$$

die vordem nur für den *ruhenden Zustand* materieller Punkte verlangte Bindung (II 2, 42) auf *beliebige Bewegungszustände* erweitert.

f) Zufolge seiner Universalität gestattet das Prinzip (II 2, 42) den Grenzübergang zu den *Lichtquanten* [Photonen], welche durch die Eigenschaft

$$w = c; \qquad \beta = 1 \qquad\qquad (II\ 2,\ 50)$$

definiert sind; gemäß (II 2, 22) gleicht also ihre Korpuskulargeschwindigkeit der Phasengeschwindigkeit ihrer *de Broglie*-Wellen, eben der nunmehr eindeutigen *Lichtgeschwindigkeit* schlechthin:

$$w = c = w_{ph}. \qquad\qquad (II\ 2,\ 51)$$

Die *Masse* m *der Photonen* bestimmt sich aus ihrer Frequenz ν [Farbe] mittels (II 2, 49) zu

$$m = \frac{\hbar\,\omega}{c^2} = \frac{h\,\nu}{c^2}. \qquad\qquad (II\ 2,\ 52)$$

Damit diese Gleichung der Gesetzmäßigkeit (II 2, 37) nicht widerspreche, muß man der Folgerung

$$m_0 = 0 \qquad\qquad (II\ 2,\ 53)$$

zustimmen: Der *Zustand der Ruhe ist dem Photon verwehrt.* Dem Beobachter, der ein Lichtquant greifen wollte, geht es nicht viel anders als dem Kinde, das die tanzende Schneeflocke einfängt, um sie sich anzuschauen: Beim Öffnen der Finger ist die Hand leer; nur ihre Masse ist genau um den Betrag des vernichteten Teilchens schwerer geworden!

Es darf nicht verschwiegen werden, daß die logisch zunächst so befriedigend erscheinende Einordnung des Photons in das System der *de Broglie*-Wellen an einem wesentlichen Mangel leidet: Sie enthält, in der mitgeteilten Form, keinen Hinweis auf die *Polarisationsrichtung* des jeweils tätigen Lichtstrahles, über welche vielmehr erst die elektromagnetischen Feldgleichungen Auskunft erteilen.

k) Die hier gegebene Formulierung (II 2, 20) der *de Broglie*-Wellen führt zwar zu bestimmten Aussagen über die *Energie* des kontrollierten Teilchens, seine *Geschwindigkeit* und seinen *Impuls*, läßt uns jedoch über seinen *Ort* ξ^1 zum Zeitpunkt t völlig im Dunkeln. Um diese schwerwiegende Unkenntnis zu beseitigen, transformieren wir zunächst die untersuchte Welle mittels (II 2, 27) auf das ungestrichene System der Konfigurations-Koordinaten x, y, z und erhalten mit Rücksicht auf (II 2, 34) und (II 2, 49) die Darstellung

$$u = A\, e^{-i\left\{\frac{\eta}{\hbar} t - (k_x x + k_y y + k_z z)\right\}}, \qquad (II\ 2,\ 54)$$

in welcher wir die Gesamtenergie η als bekannte Funktion der achsenparallelen Komponenten k_x, k_y, k_z des Ausbreitungsvektors k auffassen:

$$\eta = \eta(k_x, k_y, k_z). \qquad (II\ 2,\ 55)$$

Nun ersetzen wir die streng „*monochromatische*" und scharf gerichtete *de Broglie*-Welle (II 2, 54) durch eine *Wellengruppe*, welche alle Ausbreitungsvektoren

$$K = 1^x K_x + 1^y K_y + 1^z K_z \qquad (II\ 2,\ 56)$$

des schmalen Bereiches

$$k_x - \varepsilon_x < K_x < k_x + \varepsilon_x; \qquad 0 < \varepsilon_x \ll |k_x|, \qquad (II\ 2,\ 57)$$
$$k_y - \varepsilon_y < K_y < k_y + \varepsilon_y; \qquad 0 < \varepsilon_y \ll |k_y|, \qquad (II\ 2,\ 58)$$
$$k_z - \varepsilon_z < K_z < k_z + \varepsilon_z; \qquad 0 < \varepsilon_z \ll |k_z| \qquad (II\ 2,\ 59)$$

bei der komplexen Amplituden-Dichte $a = a(K_x, K_y, K_z)$ je Volumeneinheit jenes abstrakten „K-Raumes" umfaßt, der von den beziehentlich zur x-, y- und z-Achse parallelen Achsen K_x, K_y und K_z aufgespannt wird:

$$u = \int\limits_{k_x - \varepsilon_x}^{k_x + \varepsilon_x} \int\limits_{k_y - \varepsilon_y}^{k_y + \varepsilon_y} \int\limits_{k_z - \varepsilon_z}^{k_z + \varepsilon_z} a\, e^{-i\left\{\eta \frac{t}{\hbar} - (K_x x + K_y y + K_z z)\right\}}\, dK_x\, dK_y\, dK_z. \qquad (II\ 2,\ 60)$$

Wir setzen im K-Raum

$$K_x - k_x = \varkappa_x; \qquad K_y - k_y = \varkappa_y; \qquad K_z - k_z = \varkappa_z \qquad (II\ 2,\ 61)$$

und entwickeln in der Umgebung des dort gelegenen Punktes $k = 1^x k_x + 1^y k_y + 1^z k_z$ den Phasenskalar φ der in die Wellengruppe (II 2, 60) eingehenden Exponentialfunktionen nach Potenzen von $\varkappa_x$, $\varkappa_y$ und $\varkappa_z$:

$$\varphi = \left[\left\{\eta(k_x, k_y, k_z) \cdot \frac{t}{\hbar} - (k_x x + k_y y + k_z z)\right\} + \right.$$
$$\left. + \left\{\varkappa_x\left(\frac{\partial \eta}{\partial K_x} \cdot \frac{t}{\hbar} - x\right) + \varkappa_y\left(\frac{\partial \eta}{\partial K_y} \frac{t}{\hbar} - y\right) + \varkappa_z\left(\frac{\partial \eta}{\partial K_z} \frac{t}{\hbar} - z\right)\right\}_{K \to k} + \ldots \right].$$
$$(II\ 2,\ 62)$$

Unter Berufung auf (II 2, 57), (II 2, 58), (II 2, 59) dürfen wir uns in (II 2, 62) für nicht zu große Zeiten t mit den dort explizit angeschriebenen Gliedern begnügen und erhalten in der hierdurch angezeigten Genauigkeit mit der Abkürzung

$$a(k_x + \varkappa_x; k_y + \varkappa_y; k_z + \varkappa_z) = \tilde{a}(\varkappa_x, \varkappa_y, \varkappa_z) \qquad (II\ 2,\ 63)$$

aus (II 2, 60)

$$u = e^{-i\left\{\eta(k_x, k_y, k_z)\frac{t}{\hbar} - (k_x x + k_y y + k_z z)\right\}} \cdot J, \qquad (II\ 2,\ 64)$$

wobei J das bestimmte Integral

$$J = \int\limits_{-\varepsilon_x}^{\varepsilon_x} \int\limits_{-\varepsilon_y}^{\varepsilon_y} \int\limits_{-\varepsilon_z}^{\varepsilon_z} a\, e^{-i\left\{ \varkappa_x\left(\frac{\partial\eta}{\partial K_x}\frac{t}{\hbar} - x\right) + \varkappa_y\left(\frac{\partial\eta}{\partial K_y}\frac{t}{\hbar} - y\right) + \varkappa_z\left(\frac{\partial\eta}{\partial K_z}\frac{t}{\hbar} - z\right)\right\}_{(K\to k)}}\, d\varkappa_x\, d\varkappa_y\, d\varkappa_z$$

$$(II\ 2,\ 65)$$

bezeichnet. Im Einklang mit (II 2, 10) wird somit die Anwesenheitswahrscheinlichkeit des kontrollierten Teilchens je Einheit seines Lebensraumes durch die Funktion

$$a = u \cdot u^* = J \cdot J^* \qquad (II\ 2,\ 66)$$

beschrieben. Sie bleibt gegen die infinitesimal kleine Änderung $\varDelta t$ des Beobachtungszeitpunktes und die entsprechenden Verrückungen $\varDelta x$, $\varDelta y$, $\varDelta z$ des Beobachtungsortes (x, y, z) invariant, falls man diese Änderungen den kinematischen Bindungen

$$\left(\frac{\partial\eta}{\partial K_x}\right)_{(K\to k)} \cdot \frac{\varDelta t}{\hbar} - \varDelta x = 0; \qquad \left(\frac{\partial\eta}{\partial K_y}\right)_{(K\to k)} \cdot \frac{\varDelta t}{\hbar} - \varDelta y = 0;$$

$$\left(\frac{\partial\eta}{\partial K_z}\right)_{(K\to k)} \cdot \frac{\varDelta t}{\hbar} - \varDelta z = 0 \qquad (II\ 2,\ 67)$$

unterwirft. Die aus ihnen für $\varDelta t \to 0$ resultierenden Differentialquotienten

$$\frac{dx}{dt} = \frac{1}{\hbar}\left(\frac{\partial\eta}{\partial K_x}\right)_{(K\to k)}; \qquad \frac{dy}{dt} = \frac{1}{\hbar}\left(\frac{\partial\eta}{\partial K_y}\right)_{(K\to k)}; \qquad \frac{dz}{dt} = \frac{1}{\hbar}\left(\frac{\partial\eta}{\partial K_z}\right)_{(K\to k)}$$

$$(II\ 2,\ 68)$$

definieren daher am Orte k des K-Raumes die beziehentlich zu den Achsen des *Kartesi*schen Bezugssystemes x, y, z parallelen Komponenten $w_{gr,\,x}$; $w_{gr,\,y}$; $w_{gr,\,z}$ der vektoriellen „*Gruppengeschwindigkeit*" w_{gr}, mit welcher das „*Wellenpaket*" (II 2, 60) durch den Lebensraum des kontrollierten Teilchens wandert. Bezeichnen wir also durch das Symbol grad_K die Bildung des Gradienten im abstrakten K-Raum, so können wir die drei Aussagen (II 2, 68) zu der Gleichung

$$w_{gr} = 1^x\, w_{gr,\,x} + 1^y\, w_{gr,\,y} + 1^z\, w_{gr,\,z} = \frac{1}{\hbar}\,(\mathrm{grad}_K\,\eta)_{(K\to k)} \qquad (II\ 2,\ 69)$$

vektoriell zusammenfassen.

Welche physikalische Bedeutung kommt der Gruppengeschwindigkeit zu?

Wir verschärfen die bisher gegebene Beschreibung des Wellenpaketes (II 2, 60) durch die Annahme einer im Bereiche (II 2, 57), (II 2, 58), (II 2, 59) konstanten Amplitudendichte $\tilde{a}$, aus welcher die integrale Amplitude

$$A = \tilde{a} \cdot 2\,\varepsilon_x \cdot 2\,\varepsilon_y \cdot 2\,\varepsilon_z \qquad (II\ 2,\ 70)$$

resultiert. Nach Einführung der Gruppengeschwindigkeits-Komponenten $w_{gr,\,x}$; $w_{gr,\,y}$; $w_{gr,\,z}$ aus (II 2, 68) ,(II 2, 69) in das Integral (II 2, 65) ergibt sich dann für dieses der Ausdruck

$$J = A\, \frac{\sin\varepsilon_x\,(w_{gr,\,x}\cdot t - x)}{\varepsilon_x\,(w_{gr,\,x}\cdot t - x)} \cdot \frac{\sin\varepsilon_y\,(w_{gr,\,y}\cdot t - y)}{\varepsilon_y\,(w_{gr,\,y}\cdot t - y)} \cdot \frac{\sin\varepsilon_z\,(w_{gr,\,z}\cdot t - z)}{\varepsilon_z\,(w_{gr,\,z}\cdot t - z)} \cdot$$

$$(II\ 2,\ 71)$$

Demnach verläuft beispielsweise in x-Richtung die Anwesenheits-Wahrscheinlichkeit $J \cdot J^*$ des kontrollierten Teilchens je Einheit seines Lebensraumes gemäß der in Abb. II 2, 81 dargestellten „Momentaufnahme"; entsprechende Verteilungsfunktionen regeln die Dichte der Anwesenheits-Wahrscheinlichkeit in y- und z-Richtung: Zum Zeitpunkt t konzentriert sich die Dichte der Anwesenheits-Wahrscheinlichkeit des Teilchens um den Punkt

$$x = w_{gr,\,x} \cdot t; \qquad y = w_{gr,\,y} \cdot t; \qquad z = w_{gr,\,z} \cdot t. \qquad \text{(II 2, 72)}$$

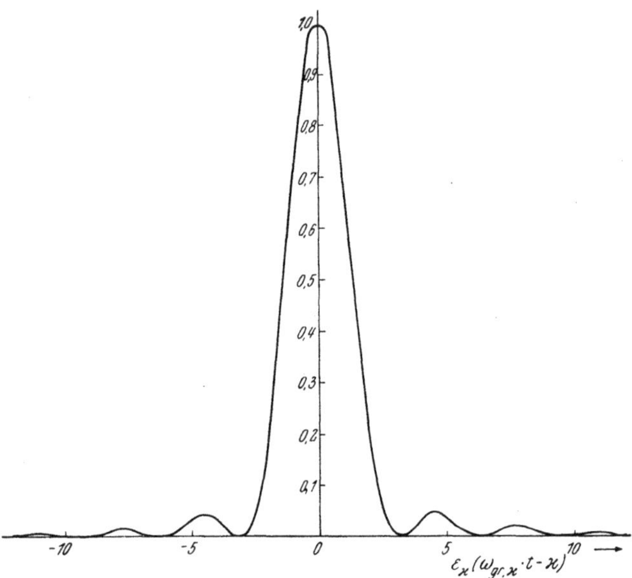

Abb. II 81. „Momentaufnahme" der Anwesenheitswahrscheinlichkeit eines gleichförmig in x-Richtung bewegten Teilchens.

Indem wir diesen allerdings nur *wahrscheinlichsten Ort* des Teilchens jederzeit mit seinem klassisch *genau bestimmbaren* identifizieren, haben wir das Ziel erreicht: Der wellenmechanische Begriff der Gruppengeschwindigkeit w_{gr} tritt in der Quantentheorie an Stelle der Korpuskulargeschwindigkeit w, welche die Kinematik des materiellen Punktes in der klassischen Mechanik kennzeichnet:

$$w_{gr} = w. \qquad \text{(II 2, 73)}$$

Der physikalische Erkenntniswert dieses Satzes wird dadurch wesentlich beeinträchtigt, daß wir bei seiner Herleitung aus der Reihe (II 2, 62) sämtliche Glieder systematisch vernachlässigt haben, welche die laufende Zeit t in höheren Potenzen als der ersten enthalten. Treibt man jedoch die Genauigkeit weiter, indem man mindestens noch die in t quadratischen Glieder in die Rechnung aufnimmt, so behält die Verteilung der Aufenthalts-Wahrscheinlichkeit bei ihrem Wandern durch den Konfigurationsraum ihre Gestalt nicht bei, sondern das Wellenpaket zerfließt mit wachsender Zeit mehr und mehr.

II 3. Die Schrödinger-Gleichung des materiellen Punktes.

a) Wir kehren zu den in Ziffer II 2 behandelten, konjugiert-komplexen *de Broglie*-Wellen u und u* des materiellen Punktes von der Ruhmasse m_0 zurück, der sich relativ zum Beobachter mit der gleichförmigen Geschwindigkeit des absoluten Betrages w bewegt und daher die träge Masse

$$m = \frac{m_0}{\sqrt{1 - \beta^2}}; \qquad \beta = \frac{w}{c} \qquad \text{(II 3, 1)}$$

[c = Ausbreitungsgeschwindigkeit des Lichtes im leeren Raume] offenbart. Statt diese Wellen jedoch in ihrer vierdimensionalen *Minkowski*schen Heimat aufzusuchen, verpflanzen wir sie während der weiteren Untersuchung in den dreidimensionalen Raum der *Kartesi*schen Koordinaten x, y, z, in welchem die laufende Zeit t gemessen wird:

$$u = u(x, y, z, t); \qquad u^* = u^*(x, y, z, t). \qquad \text{(II 3, 2)}$$

Unter Benutzung der beziehentlich den Koordinaten-Achsen parallel gerichteten Einheitsvektoren 7_x, 7_y, 7_z wird die *Lage* des Aufpunktes (x, y, z) durch den *Radiusvektor*

$$r = 7_x \cdot x + 7_y \cdot y + 7_z \cdot z \qquad \text{(II 3, 3)}$$

und die *Korpuskulargeschwindigkeit* des kontrollierten Teilchens vermittels ihrer beziehentlich achsenparallelen Komponenten w_x, w_y, w_z durch den *Vektor der Geschwindigkeit*

$$w = 7_x w_x + 7_y w_y + 7_z w_z \qquad \text{(II 3, 4)}$$

beschrieben; aus (II 3, 1) und (II 3, 4) ergibt sich der *Impulsvektor* p zu

$$p = m \cdot w. \qquad \text{(II 3, 5)}$$

Da nun im Einklang mit (II 3, 2) auch der in (II 2, 28) vierdimensional formulierte *Phasenskalar* φ in eine Funktion von x, y, z und t übergeht

$$\varphi = \varphi(x, y, z, t), \qquad \text{(II 3, 6)}$$

erscheint die Definition (II 2, 34) des *Ausbreitungsvektors* k mit Rücksicht auf die Relation (II 2, 46) in der Gestalt

$$k = -\operatorname{grad}\varphi = \frac{\omega}{c^2} w = \frac{p}{\hbar}, \qquad \text{(II 3, 7)}$$

wobei die Kreisfrequenz ω mit der Masse m des bewegten Teilchens (II 2, 37) durch die Gleichung

$$\omega = \frac{m\, c^2}{\hbar} \qquad \text{(II 3, 8)}$$

verknüpft ist. Aus (II 2, 28) entsteht daher für den Phasenskalar φ die Darstellung

$$\varphi = \omega\, t - (k\, r), \qquad \text{(II 3, 9)}$$

so daß die *de Broglie*-Wellen (II 3, 2) von der durch (II 2, 18) und (II 2, 20) bestimmten Gestalt mittels der Gleichungen

$$u = A\, e^{-i\{\omega t - (kr)\}}; \qquad u^* = A^*\, e^{i\{\omega t - (kr)\}} \qquad \text{(II 3, 10)}$$

explizit beschrieben werden.

b) Nach (II 3, 10) genügen u und u* beziehentlich den partiellen Differentialgleichungen

$$\nabla^2 u = \frac{(k)^2}{\omega^2}\frac{\partial^2 u}{\partial t^2}; \qquad \nabla^2 u^* = \frac{(k)^2}{\omega^2}\frac{\partial^2 u^*}{\partial t^2}, \qquad \text{(II 3, 11)}$$

welche für die komplexen Amplituden $\overline{u}$ und $\overline{u}*$ dieser Wellen beziehentlich die partiellen Differentialgleichungen

$$V^2\,\overline{u} + (k)^2\,\overline{u} = 0; \qquad V^2\,\overline{u}* + (k)^2\,\overline{u}* = 0, \qquad \text{(II 3, 12)}$$

nach sich ziehen; sie verwandeln sich mit Benutzung der Relation (II 3, 7) in

$$V^2\,\overline{u} + \frac{(p)^2}{\hbar^2}\,\overline{u} = 0; \qquad V^2\overline{u}* + \frac{(p)^2}{\hbar^2}\,\overline{u}* = 0. \qquad \text{(II 3, 13)}$$

c) Von nun ab beschränken wir uns durchaus auf so kleine Absolutwerte w der Korpuskulargeschwindigkeit des kontrollierten Teilchens, daß ihr Verhältnis β zur Lichtgeschwindigkeit c der Ungleichung

$$\beta = \frac{w}{c} \ll 1 \qquad \text{(II 3, 14)}$$

genügt; durch diese einschneidende Voraussetzung werden also Photonen, die ja gerade umgekehrt durch den Grenzfall $\beta = 1$ definiert sind, von der weiteren Untersuchung kategorisch ausgeschlossen.

Wir erweitern jetzt die relativistische Massengleichung (II 3, 1) mit c^2 und finden durch ihre binomische Entwicklung nach Potenzen von β^2 für die dynamische Gesamtenergie den Ausdruck

$$m\,c^2 \equiv m_0\,c^2 + (m - m_0)\,c^2 =$$

$$m_0\,c^2 + m_0\,c^2\frac{\beta^2}{2} + \ldots = m_0\,c^2 + \frac{1}{2}\,m_0(w)^2 + \ldots, \qquad \text{(II 3, 15)}$$

in welchem wir uns auf Grund von (II 3, 14) künftig mit den explizit angeschriebenen Gliedern begnügen dürfen. Gehen wir dann mittels (II 3, 5) von der Geschwindigkeit w zum Impuls p über, so liefert (II 3, 15) in der angezeigten Genauigkeit die *Hamilton*sche Funktion

$$\eta = m_0\,c^2 + \frac{(p)^2}{2\,m_0}, \qquad \text{(II 3, 16)}$$

deren von den Konfigurationskoordinaten x, y, z unabhängige Gestalt die Bewegung als *kräftefrei* kennzeichnet. Da nun bei einer solchen die potentielle Energie η_{pot} eine nur formale Rolle spielt, steht es uns frei, sie mit der Ruhe-Energie $m_0\,c^2$ des materiellen Punktes zu identifizieren:

$$\eta_{\text{pot}} = m_0\,c^2. \qquad \text{(II 3, 17)}$$

Stimmen wir im Augenblick dieser zunächst allerdings willkürlichen Übereinkunft zu, so verwandelt sich (II 3, 16) in das wohlbekannte Gesetz

$$(p)^2 = 2\,m_0(\eta - \eta_{\text{pot}}) \qquad \text{(II 3, 18)}$$

der *Newton*schen Mechanik, mit dessen Hilfe wir die Gleichungen (II 3, 13) in die Form

$$V^2\overline{u} + \frac{2\,m_0}{\hbar^2}\,(\eta - \eta_{\text{pot}})\,\overline{u} = 0; \qquad V^2\overline{u}* + \frac{2\,m_0}{\hbar^2}\,(\eta - \eta_{\text{pot}})\,\overline{u}* = 0 \qquad \text{(II 3, 19)}$$

bringen können. Nach (II 3, 8), (II 3, 15) und (II 3, 16) besteht nun, in der hier angestrebten Genauigkeit, zwischen dem Gesamtwert η der *Hamilton*schen Funktion und der Kreisfrequenz ω der *de Broglie*-Wellen der Zusammenhang

$$\eta = \hbar\,\omega. \qquad \text{(II 3, 20)}$$

Daher liefern die aus (II 3, 10) folgenden Formeln

$$\frac{\partial u}{\partial t} = -\,i\,\omega\,u; \qquad \frac{\partial u^*}{\partial t} = i\,\omega\,u^* \qquad\qquad \text{(II 3, 21)}$$

die Relationen

$$\eta\,u = -\,\frac{\hbar}{i}\,\frac{\partial u}{\partial t}\,; \qquad \eta\,u^* = \frac{\hbar}{i}\,\frac{\partial u^*}{\partial t}. \qquad\qquad \text{(II 3, 22)}$$

Substituieren wir sie in die beziehentlich mit $e^{\pm\,i\varphi}$ erweiterten Gleichungen (II 3, 19), so resultieren für u und u* die partiellen Differentialgleichungen

$$\left.\begin{aligned}
\nabla^2 u - \frac{2\,m_0}{i\,\hbar}\,\frac{\partial u}{\partial t} - \frac{2\,m_0}{\hbar^2}\,\eta_{\text{pot}}\,u &= 0 \\[2mm]
\nabla^2 u^* + \frac{2\,m_0}{i\,\hbar}\,\frac{\partial u^*}{\partial t} - \frac{2\,m_0}{\hbar^2}\,\eta_{\text{pot}}\,u^* &= 0
\end{aligned}\right\}, \qquad \text{(II 3, 23)}$$

welche sich von (II 3, 11) durch das Auftreten nur des *ersten* partiellen Differentialquotienten der Funktionen u und u* nach der Zeit t wesentlich unterscheiden.

Der mathematische Bau der Gleichungen (II 3, 23) zeigt an, daß wir uns nachträglich von der Festsetzung (II 3, 17) der potentiellen Energie η_{pot} befreien können: Nach Wahl einer beliebigen, festen Kreisfrequenz $\varDelta\omega$ transformieren wir die Veränderlichen u und u* mittels

$$u(x, y, z, t) = e^{-\,i\varDelta\,\omega\,t}\,v(x, y, z, t); \qquad u^*(x, y, z, t) = e^{i\varDelta\,\omega\,t}\,v^*(x, y, z, t)$$
$$\text{(II 3, 24)}$$

in die Variabeln v und v*, welche wegen

$$\left.\begin{aligned}
\nabla^2 u &= e^{-\,i\varDelta\,\omega\,t}\,\nabla^2 v; & \frac{\partial u}{\partial t} &= e^{-\,i\varDelta\,\omega\,t}\left\{-\,i\,\varDelta\omega\cdot v + \frac{\partial v}{\partial t}\right\} \\[2mm]
\nabla^2 u^* &= e^{i\varDelta\,\omega\,t}\,\nabla^2 v^*; & \frac{\partial u^*}{\partial t} &= e^{i\varDelta\,\omega\,t}\left\{i\,\varDelta\omega\cdot v^* + \frac{\partial v^*}{\partial t}\right\}
\end{aligned}\right\} \quad \text{(II 3, 25)}$$

den partiellen Differentialgleichungen

$$\left.\begin{aligned}
\nabla^2 v - \frac{2\,m_0}{i\,\hbar}\,\frac{\partial v}{\partial t} - \frac{2\,m_0}{\hbar^2}\,\{\eta_{\text{pot}} - \hbar\cdot\varDelta\omega\}\,v &= 0 \\[2mm]
\nabla^2 v^* + \frac{2\,m_0}{i\,\hbar}\,\frac{\partial v^*}{\partial t} - \frac{2\,m_0}{\hbar^2}\,\{\eta_{\text{pot}} - \hbar\cdot\varDelta\omega\}\,v^* &= 0
\end{aligned}\right\} \qquad \text{(II 3, 26)}$$

genügen. Man kann hiernach in der Tat durch passende Verfügung über $\hbar\cdot\varDelta\omega$ der Differenz

$$\eta_{\text{pot, res}} = \eta_{\text{pot}} - \hbar\cdot\varDelta\omega \qquad\qquad \text{(II 3, 27)}$$

jeden gewünschten Wert erteilen, ohne daß gemäß (II 3, 24) die *räumliche* Struktur der *de Broglie*-Wellen von dieser Operation beeinflußt wird. Mit anderen Worten: Die vordem an (II 3, 17) gebundene Relation (II 3, 20) bleibt auch bei *willkürlicher Wahl der Potentialbasis* gültig, sofern man einer auf den ersten Blick überraschenden Folgerung zustimmt: Im Einklang mit dem Begriff der potentiellen Energie η_{pot}, in der ja eine additive Konstante wesentlich unbestimmt bleibt, muß man in der Wellenmechanik auch die *Kreisfrequenz ω ihrer absoluten Bedeutung* entkleiden, die uns doch in der Technik so vertraut ist; nur der *Differenz* zweier zu verschiedenen Zuständen gehörigen Kreisfrequenzen kommt der Rang einer eindeutigen physikalischen Größe zu!

d) Es ist nachdrücklich darauf hinzuweisen, daß sowohl die „zeit-freien" Differentialgleichungen (II 3, 19) für die konjugiert-komplexen Amplituden $\overline{u}$ und $\overline{u}^*$ der *de Broglie*-Wellen wie die „zeitabhängigen" Differentialgleichungen (II 3, 23) für die Funktionen u und u* sich ihrer Herleitung nach nur auf den Fall der *kräftefreien Bewegung* beziehen; daher geht ihr Inhalt nicht wesentlich über die kinematischen Aussagen ihrer Integrale (II 3, 10) hinaus. Kann man die genannten Differentialgleichungen so abändern, daß sie auch der Bewegung eines materiellen Punktes durch ein *endliches Kraftfeld* angepaßt sind?

Bei der Untersuchung dieser grundlegenden Frage halten wir strikt an der statistischen Bedeutung der Wellen u und u* fest, die nunmehr in der allgemeinen Form (II 3, 2) anzusetzen sind: Sie definieren durch ihr gewiß positiv-reelles Produkt die Aufenthalts-Wahrscheinlichkeit

$$a = a(\mathrm{x, y, z, t}) = \mathrm{u\,u}^* \qquad (II\ 3,\ 28)$$

des kontrollierten Teilchens je Einheit seines „Lebensraumes" T, sodaß sie nach wie vor der Normierungsbedingung

$$\iiint\limits_{(T)} \mathrm{u\,u}^*\,d\mathrm{T} = 1 \qquad (II\ 3,\ 29)$$

zu unterwerfen sind. Unter den mit ihr verträglichen Lösungen repräsentieren die bisher geschilderten *de Broglie*-Wellen nur einen besonders einfachen Typus; daher bezeichnen wir von nun ab die erzeugenden Funktionen der nach (II 3, 28) im allgemeinen orts- und zeitabhängigen Aufenthaltswahrscheinlichkeit a als *Wahrscheinlichkeits-Wellen* des kontrollierten Teilchens. Bei der Suche nach ihren Differentialgleichungen beschränken wir uns einstweilen auf zwei Sonderfälle:

1. Die Bewegung eines materiellen Punktes in einem konservativen Kraftfeld wird durch das allein ortsabhängige Potential

$$\eta_{\mathrm{pot}} = \eta_{\mathrm{pot}}(\mathrm{x, y, z}) \qquad (II\ 3,\ 30)$$

geregelt. Da dann gewiß die Gesamtenergie η des kontrollierten Teilchens erhalten bleibt, darf man ihm mittels (II 3, 20) die *feste Kreisfrequenz* ω zuordnen: Die konjugiert-komplexen Wahrscheinlichkeits-Wellen u und u* schwingen innerhalb ihres Existenzbereiches T überall *synchron*. Dieser Sachverhalt kommt in den Ansätzen

$$\mathrm{u} = e^{-i\omega t}\,\overline{u}(\mathrm{x, y, z}); \qquad \mathrm{u}^* = e^{i\omega t}\,\overline{u}^*(\mathrm{x, y, z}) \qquad (II\ 3,\ 31)$$

zum Ausdruck, deren konjugiert-komplexe Amplituden $\overline{u}$ und $\overline{u}^*$ wir nach dem Vorgange von *Schrödinger* beziehentlich den mit (II 3, 30) aus (II 3, 19) hervorgehenden *zeitfreien* Gleichungen

$$\left.\begin{array}{l} \nabla^2\overline{u} + \dfrac{2\,\mathrm{m_0}}{\hbar^2}\{\eta - \eta_{\mathrm{pot}}(\mathrm{x, y, z})\}\,\overline{u} = 0 \\[2.5ex] \nabla^2\overline{u}^* + \dfrac{2\,\mathrm{m_0}}{\hbar^2}\{\eta - \eta_{\mathrm{pot}}(\mathrm{x, y, z})\}\,\overline{u}^* = 0 \end{array}\right\} \qquad (II\ 3,\ 32)$$

von mathematisch einheitlicher Gestalt unterwerfen. Da sich nun die Eigenschaften (II 3, 22) der *de Broglie*-Wellen unverändert auf die allgemeinen Wahrscheinlichkeits-Wellen (II 3, 31) übertragen, gelangen wir durch Substitution von (II 3, 30) in (II 3, 23) zu den nunmehr *zeitabhängigen Schrödinger*-Gleichungen beziehentlich der Funktionen u und u*

$$\nabla^2 u - \frac{2\,m_0}{i\,\hbar}\frac{\partial u}{\partial t} - \frac{2\,m_0}{\hbar^2}\,\eta_{\text{pot}}(x, y, z)\,u = 0$$

$$\nabla^2 u^* + \frac{2\,m_0}{i\,\hbar}\frac{\partial u^*}{\partial t} - \frac{2\,m_0}{\hbar^2}\,\eta_{\text{pot}}(x, y, z)\,u^* = 0. \qquad \text{(II 3, 33)}$$

2. Falls die Potentialfunktion η_{pot} außer den Konfigurationskoordinaten x, y, z auch noch die laufende Zeit t explizit enthält

$$\eta_{\text{pot}} = \eta_{\text{pot}}(x, y, z, t) \qquad \text{(II 3, 34)}$$

existiert kein Energie-Integral der Bewegungsgleichungen; vielmehr hängt dann der Gesamtwert η der *Hamilton*schen Funktion ebenfalls explizit von der Zeit ab. Daher kann man jetzt das statistische Verhalten des kontrollierten Teilchens nicht mehr mit Hilfe von Wahrscheinlichkeitswellen fester Kreisfrequenz ω beschreiben, sondern hat sich an deren Stelle *frequenzmodulierter Wellen* zu bedienen. Da sich indes eine solche Darstellung nur gelegentlich empfiehlt, ziehen wir hier die Behandlung der Aufgabe an Hand derjenigen zeitabhängigen *Schrödinger*-Gleichungen vor, welche durch Substitution von (II 3, 34) in (II 3, 23) entstehen

$$\nabla^2 u - \frac{2\,m_0}{i\,\hbar}\frac{\partial u}{\partial t} - \frac{2\,m_0}{\hbar^2}\,\eta_{\text{pot}}(x, y, z, t)\cdot u = 0$$

$$\nabla^2 u^* + \frac{2\,m_0}{i\,\hbar}\frac{\partial u^*}{\partial t} - \frac{2\,m_0}{\hbar^2}\,\eta_{\text{pot}}(x, y, z, t)\,u^* = 0. \qquad \text{(II 3, 35)}$$

e) Nachdem wir Photonen von der hier beabsichtigten wellenmechanischen Behandlung ausschließen mußten, haben wir es weiterhin nur noch mit Teilchen zu tun, die als physikalische Individuen weder geschaffen noch vernichtet werden können. Insbesondere enthält daher jede sinnvolle Frage nach dem statistischen Verhalten des kontrollierten Massenpunktes innerhalb seines Lebensraumes implizit die Annahme, daß er sich zumindest während der Dauer dieser Kontrolle sicher irgendwo in T aufhält. Die mathematische Formulierung (II 3, 29) dieser Gewißheit spricht demnach geradezu die *Daseinsbedingung* dieses Punktes aus, welche wir als solche jedem Paar konjugiert-komplexer Wahrscheinlichkeits-Wellen u und u* aufzuerlegen haben. Ist sie mit den vorgenannten *Schrödinger*-Gleichungen vereinbar?

Bei der Antwort auf diese grundlegende Frage dürfen wir uns auf die Untersuchung der beiden Gleichungen (II 3, 35) beschränken, da aus ihnen sowohl die Gleichungen (II 3, 32) wie die Gleichungen (II 3, 33) durch passende Spezialisierung hervorgehen.

Wir erweitern die erste der Gleichungen (II 3, 35) mit u*, die zweite mit u, subtrahieren die entstehenden Ausdrücke voneinander und gelangen zu der Relation

$$u^*\,\nabla^2 u - u\,\nabla^2 u^* - \frac{2\,m_0}{i\,\hbar}\left\{ u^*\frac{\partial u}{\partial t} + u\frac{\partial u^*}{\partial t} \right\} = 0. \qquad \text{(II 3, 36)}$$

Definieren wir nun den Hilfsvektor V durch

$$V = u^*\,\text{grad}\,u - u\,\text{grad}\,u^*, \qquad \text{(II 3, 37)}$$

so verwandelt sich Gl. (II 3, 36) mittels der Identität

$$\text{div}\,V \equiv u^*\,\nabla^2 u - u\,\nabla^2 u^* \qquad \text{(II 3, 38)}$$

in

$$\text{div}\,V = \frac{2\,m_0}{i\,\hbar}\frac{\partial(u\,u^*)}{\partial t}. \qquad \text{(II 3, 39)}$$

Wir integrieren sie über das Gebiet T und wenden den *Gauß*schen Integralsatz auf das div V enthaltende Raumintegral an, wodurch dieses in das Flächenintegral der senkrecht zu den Hüllenelementen dS nach außen weisenden Normalkomponente V_n des Vektors V übergeht:

$$\iiint\limits_{(T)} \operatorname{div} V \, dT = \iint\limits_{(S)} V_n \, dS = \frac{2\,m_0}{i\,\hbar} \iiint\limits_{(T)} \frac{\partial(u\,u^*)}{\partial t} \, dT. \qquad (II\ 3,\ 40)$$

Da hierin rechter Hand die Operationen der räumlichen Integration und der zeitlichen Differentiation in ihrer Reihenfolge miteinander vertauscht werden dürfen, folgt mit Rücksicht auf (II 3, 37) aus (II 3, 40) die Gleichung

$$\frac{d}{dt} \iiint\limits_{(T)} u\,u^* \, dT = \frac{i\,\hbar}{2\,m_0} \iint\limits_{(S)} \{u^* \operatorname{grad} u - u \operatorname{grad} u^*\}_n \, dS. \qquad (II\ 3,\ 41)$$

Sie enthält als notwendige Bedingung für die Permanenz der Normierungsvorschrift (II 3, 29) die Anweisung

$$\iint\limits_{(S)} \{u^* \operatorname{grad} u - u \operatorname{grad} u^*\}_n \, dS = 0. \qquad (II\ 3,\ 42)$$

Unter den Mitteln, welche sie mit Sicherheit befriedigen, seien im Hinblick auf die späteren Anwendungen zwei hervorgehoben:

1. Bei beliebiger geometrischer Gestalt der [starren] Hüllfläche S genügt man (II 3, 42) gewiß durch die Randbedingungen

$$u = u^* = 0 \text{ auf allen Elementen von S.} \qquad (II\ 3,\ 43)$$

2. Der Lebensraum T des kontrollierten Teilchens möge mit der Basiszelle eines dreifach-periodischen Raumgitters identifiziert werden, welches mittels der drei nicht-komplanaren Grundvektoren a_1, a_2, a_3 durch die Gesamtheit der Vektoren

$$G = a_1\,l^1 + a_2\,l^2 + a_3\,l^3 \qquad (II\ 3,\ 44)$$

bei je ganzzahligen Werten [mit Einschluß der Null] von l^1, l^2, l^3 definiert wird. Wir behaupten, daß dann (II 3, 42) durch räumlich-periodische „*Gitterfunktionen*" u und u* der Gestalt

$$u(r, t) = u(r + G, t); \qquad u^*(r, t) = u^*(r + G, t) \qquad (II\ 3,\ 45)$$

befriedigt wird.

Zum Beweise lassen wir die Basiszelle T vor unserem geistigen Auge kinematisch entstehen: Das von dem Vektor a_2 im Verein mit dem Vektor a_3 ausgespannte Parallelogramm S^1_- möge nach Maßgabe des Vektors a_1 parallel mit sich selbst in die Lage S^1_+ verschoben werden. Die nämliche Translation verbringt jedes infinitesimal kleine Element dS^1_- von S^1_- in das auf S^1_+ gleichgelegene Element dS^1_+, und zufolge (II 3, 44) und (II 3, 45) bestehen dort die Gleichheiten

$$\left. \begin{aligned} (u^* \operatorname{grad} u)_{dS^1_-} &= (u^* \operatorname{grad} u)_{dS^1_+} \\[4pt] (u \operatorname{grad} u^*)_{dS^1_-} &= (u \operatorname{grad} u^*)_{dS^1_+} \end{aligned} \right\} \qquad (II\ 3,\ 46)$$

Da jedoch die von T her nach außen weisenden Normalen auf dS^1_- und dS^1_+ antiparallel zueinander gerichtet sind, heben die von diesen Elementen der Hüllflächen S herrührenden Anteile des Integranden (II 3, 42) einander auf, und dieser Schluß überträgt sich sogleich auf die beiden Gesamtflächen S_-^1 und S_+^1; endlich findet man dasselbe Ergebnis für die restlichen Hüllflächen-Anteile der Basiszelle, indem man die Indizes 1, 2, 3 zyklisch miteinander vertauscht.

f) Da wir von der ursprünglichen Konzeption der *de Broglie*-Wellen erst mittels gewagter Extrapolationen zur *Schrödinger*-Gleichung des materiellen Punktes gelangt sind, wohnt diesem Gedankengang nicht die Überzeugungskraft eines logischen Beweises inne, den wir doch als Grundlage einer so wesentlichen Überlegung verlangen sollten. Ist jedoch eine solche Forderung wirklich berechtigt?

Wir glauben, diese Frage mit aller Entschiedenheit *verneinen* zu müssen. Denn jede prinzipielle Erweiterung unseres physikalischen Wissens — und um eine solche handelt es sich gewiß bei der *Schrödinger*-Gleichung — wird entweder auf dem Wege des *Experimentes* oder, wie hier, durch *Intuition* gewonnen. Der Wahrheitsgehalt einer solchen Idee ist nur durch den *Vergleich mit der Erfahrung* festzustellen, und diese hat — im Rahmen der einschränkenden Voraussetzungen der *Schrödinger*-Gleichung — die theoretische Basis der Wellenmechanik in weitem Umfange bestätigt. Immerhin mag hier auf einen schweren Mangel auch dieser Disziplin hingewiesen werden: Sie verschweigt uns die *Strahlungsvorgänge*, welche mit der Beschleunigung elektrisch geladener Massenpunkte genetisch verknüpft sind.

Ungeachtet unseres grundsätzlich ablehnenden Standpunktes gegenüber der Forderung eines deduktiven *Beweises* der *Schrödinger*-Gleichung halten wir die Frage nach dem *inneren Zusammenhang* der zunächst so fremdartigen *quantentheoretischen Begriffe* mit jenen der *klassischen Dynamik* materieller Punkte für durchaus berechtigt: Man hat zu fordern, daß die Aussagen der Wellenmechanik durch den mathematischen Grenzprozeß $\hbar \to 0$ in jene der *Newton*schen Mechanik übergehen. Auf Grund eben dieses Prinzipes werden wir später [Ziffer II 4] nachweisen, daß in der Tat die Wellenmechanik ihrem klassischen Vorbild auf das engste verwandt ist: Ihre dynamischen Kenngrößen gehen aus den jeweils entsprechenden der klassischen Mechanik durch eine bloße *Umdeutung* hervor.

II 4. Wellenmechanische Mittelwerte und Operatoren.

a) Wir setzen in diesem Abschnitt voraus, daß wir konjugiert-komplexe Lösungen u, u* der *Schrödinger*-Gleichung gefunden haben, welche ein für allemal der Normierungsvorschrift (II 3, 29) unter den Randbedingungen (II 3, 43) oder (II 3, 45) genügen. Welche Einsicht in den physikalischen Zustand des jeweils kontrollierten Teilchens vermittelt uns diese Kenntnis?

Im Einklang mit der statistischen Grundlage der Wellenmechanik müssen wir uns mit einem zumindest teilweisen *Verzicht auf die bestimmte Angabe der Zustandsvariabeln* im Sinne der Klassischen Mechanik des materiellen Punktes abfinden. Daher werden wir uns zunächst mit den wahrscheinlichkeitstheoretischen *Erwartungswerten* dieser Veränderlichen beschäftigen, um erst später [Ziffer II 5] die wesentlich tiefer greifende Frage nach der *statistischen Streuung* dieser Durchschnittsaussagen in Angriff zu nehmen.

b) Wir schicken der allgemeinen Behandlung der Aufgabe einige *mathematische Hilfsbegriffe* voraus, durch welche die erforderlichen Rechnungen erleichtert und geklärt werden:

1. Im Lebensraum T des kontrollierten Teilchens möge eine dort ausnahmslos gültige Rechenvorschrift Ω in Form eines „Befehles" erlassen sein, welche durch Anwendung auf die Funktion f der *Kartesi*schen Konfigurationskoordinaten x, y, z und der laufenden Zeit t gemäß der „aktiven", als Ausführung der verlangten Operation zu verstehenden Gleichung

$$F = \Omega\, f \qquad\qquad (\text{II } 4,\ 1)$$

die Funktion F „erzeuge"; wir werden daher das Symbol Ω treffend als *Operator* bezeichnen.

2. Seien f_1 und f_2 zwei von Ω beherrschbare Funktionen je der Art f, so definiert die distributive Eigenschaft

$$\Omega(f_1 + f_2) = \Omega\, f_1 + \Omega\, f_2 \qquad\qquad (\text{II } 4,\ 2)$$

die Klasse der *linearen* Operatoren; nur mit solchen haben wir es hier zu tun.

3. Sei n eine positive, ganze Zahl ausschließlich der Null, so verstehen wir unter der n-ten Potenz Ω^n des Operators Ω seine n-mal wiederholte Anwendung; insbesondere verlangt das Symbol Ω^2 die *Iteration* der befohlenen Operation.

4. Aus f_1 und f_2 bilden wir unter Vermittlung von Ω die bestimmten Integrale

$$J^2{}_1 = \iiint\limits_{(T)} f_1{}^*(\Omega\, f_2)\, dT \qquad\qquad (\text{II } 4,\ 3)$$

und

$$J^1{}_2 = \iiint\limits_{(T)} f_2{}^*(\Omega\, f_1)\, dT, \qquad\qquad (\text{II } 4,\ 4)$$

welche ungeachtet ihrer formalen Verwandtschaft in der Regel durchaus verschieden voneinander ausfallen. Zeichnen sie sich jedoch durch die duale *Symmetrie-Eigenschaft*

$$J^2{}_1 = \iiint\limits_{(T)} f_1{}^*(\Omega\, f_2)\, dT = \iiint\limits_{(T)} f_2(\Omega\, f_1)^*\, dT = (J^1{}_2)^* \qquad (\text{II } 4,\ 5)$$

aus, so heißt Ω ein *Hermite*scher Operator.

5. Identifizieren wir die Funktionen f_1 und f_2 gleichzeitig mit der Wahrscheinlichkeits-Welle u eines in T befindlichen materiellen Punktes, so genügt zufolge (II 4, 5) ein *Hermite*scher Operator Ω der Relation

$$\omega = \iiint\limits_{(T)} u^*(\Omega\, u)\, dT = \iiint\limits_{(T)} u(\Omega\, u)^*\, dT = \omega^*, \qquad (\text{II } 4,\ 6)$$

welche die *Realität* der verglichenen Integrale offenbart. Daher sind die *Hermite*schen Operatoren für die Wellenmechanik geradezu prädestiniert: Sie erlauben die Deutung von ω als einer von Ω diktierten, physikalisch beobachtbaren Größe.

6. Läßt man im Augenblick den wahren Charakter von Ω als Operator außer Betracht und behandelt diesen stattdessen in (II 4, 6) als *funktionellen Koeffizienten* von u, so kann man, auf Grund der vereinbarten Interpretation von

$$a = u\, u^* \qquad\qquad (\text{II } 4,\ 7)$$

als Aufenthalts-Wahrscheinlichkeit des kontrollierten Teilchens je Einheit seines Lebensraumes [Ziffer II 2, d], das Resultat $\omega = \omega^*$ der Integrationen (II 4, 6) formal als *Erwartungswert* $\langle \Omega \rangle$ und $\langle \Omega^* \rangle$ beziehentlich von Ω oder Ω^* ansprechen. Diese begriffliche Erweiterung des ursprünglich nur den Durchschnittswert echter Funktionen Ω, Ω^* liefernden Prozesses der Wahrscheinlichkeitsrechnung auf *Hermite*sche Operatoren definiert den Inhalt des Satzes: In der Wellenmechanik wird die beobachtbare Größe $\omega = \langle \Omega \rangle$ durch den Operator Ω „dargestellt".

c) Wählt man als Operator eine *skalare, reelle Konstante* K, die als solche den *Hermite*schen Charakter des Operators verbürgt, so folgt auf Grund der Normierungsvorschrift (II 3, 29) aus (II 4, 6) die wegen (II 3, 42) permanente Relation

$$\langle K \rangle = \int\!\!\!\int\limits_{(T)}\!\!\!\int u^* \, K \, u \, dT = K. \qquad (II\ 4,\ 8)$$

Sie lehrt: Einer skalaren, reellen Konstanten entspricht sie selbst als wellenmechanische Darstellung; wir besprechen folgende Anwendungen dieses Satzes:

1. Zufolge der definierenden Voraussetzung (II 3, 14) der nicht-relativistischen Wellenmechanik dürfen wir die bei der Bewegung des kontrollierten Teilchens jeweils wirksame Masse m seiner Ruhmasse m_0 gleichsetzen

$$m \to m_0 \qquad (II\ 4,\ 9)$$

und dieser reellen Größe haben wir — im dreidimensionalen Konfigurationsraum! — skalaren Charakter zuzuerkennen. Nach Identifikation von m_0 mit K gelangen wir somit zu der Gleichung

$$\langle m_0 \rangle = \int\!\!\!\int\limits_{(T)}\!\!\!\int u^* \, m_0 \, u \, dT = m_0. \qquad (II\ 4,\ 10)$$

In ihr kommt dem Integranden

$$\mu = u^* \, m_0 \, u \equiv a \cdot m_0 \qquad (II\ 4,\ 11)$$

die physikalische Dimension einer *Massendichte* zu. Man kann sich hiernach vorstellen, daß das im Sinne der Korpuskularmechanik als materieller Punkt aufgefaßte Teilchen nach den Lehren der Wellenmechanik seinen gesamten Lebensraum wie ein *Nebel* der *kontinuierlich verteilten Dichte* μ erfüllt. Obwohl wir uns dieses anschaulichen Bildes weiterhin ausgiebig bedienen werden, soll man sich doch einer Überschätzung seines physikalischen Gehaltes hüten. Man kommt der Wahrheit wohl näher, wenn man den Begriff des materiellen Punktes unverändert in die Wellenmechanik übernimmt; doch hat man die klassisch eindeutige Beschreibung seines kausal determinierten Aufenthaltsortes durch die nur sozusagen kommentarlos registrierte Aufenthaltsdichte der Masse m_0 je Einheit ihres Lebensraumes zu ersetzen.

2. Trägt das kontrollierte Teilchen als *Ion* die *elektrische Ladung* q mit sich, so definiert diese reelle Größe sogar bei beliebig großer Teilchengeschwindigkeit eine „echte" Invariante. Man darf daher die Ladung q gewiß mit der Konstanten K der Gleichung (II 4, 8) identifizieren und gelangt so zu der Aussage

$$\langle q \rangle = \int\!\!\!\int\limits_{(T)}\!\!\!\int u^* \, q \, u \, dT = q. \qquad (II\ 4,\ 12)$$

In ihr deuten wir die Größe

$$\varrho = u^* q u \equiv a q \qquad (II\ 4,\ 13)$$

in dem nämlichen, eingeschränkten Sinne wie oben μ als *Raumladungsdichte* des kontinuierlich auf die Elemente von T verteilten elektrischen Nebels.

3. In einem konservativen Kraftfelde kommt dem kontrollierten Teilchen eine *feste Energie* η vom Werte seiner *Hamilton*schen Funktion H zu. Wir finden somit aus (II 4, 6) und (II 4, 8) die Gleichung

$$\langle \eta \rangle = \iiint\limits_{(T)} u^* \eta\, u\, dT = \eta, \qquad (II\ 4,\ 14)$$

in welcher wir

$$\varepsilon = u^* \eta\, u \equiv a\, \eta \qquad (II\ 4,\ 15)$$

als *Dichte der Gesamtenergie* bezeichnen dürfen.

d) Wir wählen als Operatoren nacheinander die *Kartesi*schen *Koordinaten* x; y; z des in T gelegenen Aufpunktes vom Radiusvektor

$$r = 1_x\, x + 1_y\, y + 1_z\, z, \qquad (II\ 4,\ 16)$$

in welchem 1_x; 1_y; 1_z beziehentlich die achsenparallelen *Einheitsvektoren* bezeichnen; der *Hermite*sche Charakter dieser Operatoren ist eine unmittelbare Folge ihrer Realität.

Als funktionelle Koeffizienten von u stellen diese Operatoren nicht nur symbolisch, sondern tatsächlich die Mittelwerte $\langle x \rangle$ von x, $\langle y \rangle$ von y und $\langle z \rangle$ von z dar, liefern also die Gleichungen

$$\langle x \rangle = \iiint\limits_{(T)} u^* x\, u\, dT;$$

$$\langle y \rangle = \iiint\limits_{(T)} u^* y\, u\, dT; \qquad \langle z \rangle = \iiint\limits_{(T)} u^* z\, u\, dT, \qquad (II\ 4,\ 17)$$

welche sich vektoriell zu

$$\langle r \rangle = 1_x \langle x \rangle + 1_y \langle y \rangle + 1_z \langle z \rangle = \iiint\limits_{(T)} u^* r\, u\, dT \qquad (II\ 4,\ 18)$$

zusammenfassen lassen. Nach Erweitern mit der Teilchenmasse $m \rightarrow m_0$ nimmt diese Gleichung bei Benutzung von (II 4, 11) die Form

$$m_0 \langle r \rangle = \iiint\limits_{(T)} \mu\, r\, dT \qquad (II\ 4,\ 19)$$

an, welche $\langle r \rangle$ als *Schwerpunktsvektor* des über die Elemente von T verteilten Massennebels definiert. Ebenso findet man für ein Ion der invarianten Ladung q aus (II 4, 13) und (II 4, 18) die Relation

$$q \langle r \rangle = \iiint\limits_{(T)} \varrho\, r\, dT, \qquad (II\ 4,\ 20)$$

so daß der „*Ladungsmittelpunkt*" mit dem „*Massenmittelpunkt*" koinzidiert.

e) Im Einklang mit den Regeln der klassischen Feldtheorie fassen wir die *potentielle Energie* η_{pot} eines materiellen Punktes im Bereiche konservativer Kräfte als *reelle Funktion allein der jeweiligen Teilchenkoordinaten* auf

$$\eta_{pot} = \eta_{pot}(x, y, z). \qquad (II\ 4,\ 21)$$

Benutzen wir sie als Operator, dessen *Hermite*scher Charakter durch seine Realität verbürgt ist, so übertragen sich alle vordem für das Tripel der Koordinaten x, y, z ausgesprochenen Sätze sinngemäß auf ihn: Der Operator η_{pot} stellt wellenmechanisch den *Erwartungswert* $\langle \eta_{pot} \rangle$ der potentiellen Teilchenenergie während dessen Aufenthaltes in T dar

$$\langle \eta_{pot} \rangle = \int\!\!\!\int\limits_{(T)}\!\!\!\int u^* \, \eta_{pot} \, u \, dT. \tag{II 4, 22}$$

Wir behalten diese Deutung auch für den Fall einer explizit von der laufenden Zeit t abhängigen Potentialfunktion η_{pot} und also eines ebenso gebauten Operators bei.

f) Wir kehren zu Gl. (II 3, 39) zurück, welcher wir mit Rücksicht auf die Definition (II 4, 11) der Massendichte μ die Gestalt

$$\frac{\partial \mu}{\partial t} = -\operatorname{div}\left(\frac{\hbar}{2\,i}\,V\right) = -\operatorname{div}\left(\frac{\hbar}{2\,i}\,\{u^* \operatorname{grad} u - u \operatorname{grad} u^*\}\right) \tag{II 4, 23}$$

erteilen können. Nun wird einer wirklichen, kompressiblen Flüssigkeit der veränderlichen Dichte μ durch das Feld ihres Strömungsvektors Σ das *Kontinuitätsgesetz*

$$\frac{\partial \mu}{\partial t} = -\operatorname{div}(\mu \, \Sigma) \tag{II 4, 24}$$

der beständigen Materie aufgezwungen. Sein Vergleich mit (II 4, 23) führt uns zur Konzeption eines *wellenmechanischen Strömungsfeldes*, welches nach Maßgabe des Vektors

$$\Sigma = \frac{\hbar}{2\,i}\frac{V}{\mu} = \frac{\hbar}{2\,m_0\,i}\left\{\frac{\operatorname{grad} u}{u} - \frac{\operatorname{grad} u^*}{u^*}\right\} \tag{II 4, 25}$$

die *Kinematik des Massen-Nebels* regelt. Somit resultiert Σ als statistischer Erwartungswert zweier je mit der Wahrscheinlichkeit $\frac{1}{2}$ auftretender, konjugiert-komplexer Geschwindigkeits-Vektoren σ und σ^*:

$$\Sigma = \tfrac{1}{2}(\sigma + \sigma^*), \tag{II 4, 26}$$

welche ihrerseits mittels der Relationen

$$\left.\begin{aligned}
\sigma &= \frac{\hbar}{i\,m_0}\frac{\operatorname{grad} u}{u} = \frac{\hbar}{i\,m_0}\operatorname{grad} \ln u \\[2mm]
\sigma^* &= -\frac{\hbar}{i\,m_0}\frac{\operatorname{grad} u^*}{u^*} = -\frac{\hbar}{i\,m_0}\operatorname{grad} \ln u^*
\end{aligned}\right\} \tag{II 4, 27}$$

beziehentlich aus den konjugiert-komplexen Wahrscheinlichkeits-Wellen u und u* hervorgehen. Falls sich insbesondere u auf das Produkt einer komplexen Konstanten mit einer *reellen* Funktion reduziert, wird grad ln u mit grad ln u* identisch; die statistische Teilchenströmung entartet dann zu einem zwar „makroskopisch“ bewegungslos brütenden, „mikroskopisch“ jedoch turbulent brodelnden Nebel.

Aus dem Felde des Vektors Σ ergibt sich der Erwartungswert $\langle w \rangle$ der vektoriellen Teilchengeschwindigkeit nach Maßgabe des bestimmten Integrales

$$\langle w \rangle = \int\!\!\!\int\limits_{(T)}\!\!\!\int u^* \, \Sigma \, u \, dT = \frac{\hbar}{2\,i\,m_0}\int\!\!\!\int\limits_{(T)}\!\!\!\int (u^* \operatorname{grad} u - u \operatorname{grad} u^*)\, dT, \tag{II 4, 28}$$

welches mit Benutzung der Identität

$$\operatorname{grad}(u^* u) \equiv u^* \operatorname{grad} u + u \operatorname{grad} u^* \qquad (\text{II } 4,\ 29)$$

in

$$\left.\begin{aligned}
\langle w \rangle &= \frac{\hbar}{i\,m_0} \iiint_{(T)} u^* \operatorname{grad} u \, dT - \frac{\hbar}{2\,i\,m_0} \iiint_{(T)} \operatorname{grad}(u^* u) \, dT = \\[2mm]
&= -\frac{\hbar}{i\,m_0} \iiint_{(T)} u \operatorname{grad} u^* \, dT + \frac{\hbar}{2\,i\,m_0} \iiint_{(T)} \operatorname{grad}(u\,u^*) \, dT
\end{aligned}\right\} \quad (\text{II } 4,\ 30)$$

übergeht. Wir wenden jetzt den *Gauß*schen Satz auf den Vektor

$$\mathit{\Xi} = 1_x(u^* u) \qquad (\text{II } 4,\ 31)$$

an und erhalten durch Integration seiner Quellen über den Raum T

$$\iiint_{(T)} \operatorname{div} \mathit{\Xi} \, dT = \iiint_{(T)} \frac{\partial(u^* u)}{\partial x} \, dT = \iint_{(S)} \mathit{\Xi}_n \, dS = \iint_{(S)} u^* u \cos(n, x) \, dS,$$

$$(\text{II } 4,\ 32)$$

wobei S die Hüllfläche von T und n die nach außen weisende Normalenrichtung der Flächenelemente dS bezeichnet. Auf demselben Wege finden wir, nach Vertauschung von 1_x beziehentlich mit 1_y und 1_z, die Relationen

$$\iiint_{(T)} \frac{\partial(u^* u)}{\partial y} \, dT = \iint_{(S)} u^* u \cos(n, y) \, dS \qquad (\text{II } 4,\ 33)$$

und

$$\iiint_{(T)} \frac{\partial(u^* u)}{\partial z} \, dT = \iint_{(S)} u^* u \cos(n, z) \, dS. \qquad (\text{II } 4,\ 34)$$

Erweitern wir jetzt (II 4, 32) mit 1_x, (II 4, 33) mit 1_y, (II 4, 34) mit 1_z und addieren die entstehenden Ausdrücke, so resultiert die Umformung

$$\iiint_{(T)} \operatorname{grad}(u^* u) \, dT = \iint_{(S)} 1_n u^* u \, dS. \qquad (\text{II } 4,\ 35)$$

Das rechter Hand auftretende Flächenintegral verschwindet nun sowohl unter den Grenzbedingungen (II 3, 43) wie (II 3, 45), deren wahlweise Befriedigung oben vorausgesetzt wurde. Definieren wir daher den linearen, vektoriellen Differentialoperator W durch

$$W = \frac{\hbar}{i\,m_0} \operatorname{grad}, \qquad (\text{II } 4,\ 36)$$

so können wir (II 4, 30) in die Gestalt

$$\langle w \rangle = \iiint_{(T)} u^* W u \, dT = \iiint_{(T)} u(W u)^* \, dT \qquad (\text{II } 4,\ 37)$$

bringen, welche den *Hermite*schen Charakter von W offenbart. Daher läßt sich der Inhalt der Gleichung (II 4, 37) in dem Satze zusammenfassen: Die Geschwindigkeit des kontrollierten Teilchens wird wellenmechanisch durch W dargestellt.

g) Um die Anwesenheit stets ein und desselben Einzelteilchens in seinem Lebensraum T sicherzustellen, haben wir die Wahrscheinlichkeits-Wellen u und u* den Randbedingungen (II 3, 43) zu unterwerfen. Setzen wir demnach weiterhin die Existenz der Gleichungen

$$u = u^* = 0 \text{ auf allen Elementen von S} \qquad \text{(II 4, 38)}$$

voraus, so behaupten wir: Der Erwartungswert $\langle w \rangle$ der Teilchengeschwindigkeit gleicht der Geschwindigkeit

$$\overline{w} = 1_x \frac{d\langle x \rangle}{dt} + 1_y \frac{d\langle y \rangle}{dt} + 1_z \frac{d\langle z \rangle}{dt}, \qquad \text{(II 4, 39)}$$

welche die *Schwerpunktsbewegung* des Massen-Nebels beschreibt.

Zum Beweise dieses Satzes greifen wir auf das Tripel der Gleichungen (II 4, 17) zurück, deren erste für die x-Komponente $\overline{w}_x$ der Schwerpunktsgeschwindigkeit die Berechnungsvorschrift

$$\overline{w}_x = \frac{d}{dt} \iiint\limits_{(T)} u^* \, x \, u \, dT \qquad \text{(II 4, 40)}$$

liefert. Beim ersten Anblick dieser Gleichung könnte man vermeinen, daß die in den Integranden eingehende Koordinate x den jeweiligen Ort eines bestimmten, individuellen „Nebeltröpfchens" bezeichnet; daher würde x explizit von der laufenden Zeit t abhängen. Doch ist die unterstellte Interpretation durchaus irrig: Auf Grund der statistischen Definition des Erwartungswertes $\langle x \rangle$ kommt dem Faktor x des Integranden lediglich die Rolle einer *Integrationsvariabeln* zu, welche nach Maßgabe ihres „Gewichtes" u*u über ihren gesamten, den Bereich T erfüllenden Wertevorrat hin sozusagen momentan registriert wird. Da dieser Prozeß mit der materiellen Teilchenbewegung in keinerlei Zusammenhang steht, ist also x als *zeitunabhängige* Größe zu behandeln; dagegen sind die Wahrscheinlichkeits-Wellen u und u* an jedem Orte des Gebietes T gemäß (II 3, 33) wesentlich von der laufenden Zeit t abhängig. Im Lichte dieser Überlegungen entsteht daher aus (II 4, 39) mit Rücksicht auf (II 3, 39)

$$\overline{w}_x = \iiint\limits_{(T)} x \frac{\partial}{\partial t} (u^* u) \, dT = \frac{i\hbar}{2 m_0} \iiint\limits_{(T)} x \operatorname{div} V \, dT. \quad \text{(II 4, 41)}$$

Wir bilden, x als Skalar auffassend, den Hilfsvektor

$$x \, V = x \, (u^* \operatorname{grad} u - u \operatorname{grad} u^*) \qquad \text{(II 4, 42)}$$

der Quelldichte

$$\operatorname{div}(x \, V) = x \operatorname{div} V + (1_x \, V) = x \operatorname{div} V + \left(u^* \frac{\partial u}{\partial x} + u \frac{\partial u^*}{\partial x} \right) \quad \text{(II 4, 43)}$$

und erhalten durch Anwendung des *Gauß*schen Integralsatzes, erstreckt über das von der Hülle S begrenzte Gebiet T, die Gleichung

$$\overline{w}_x = \frac{i\hbar}{2 m_0} \left[\iint\limits_{(S)} (x \, V)_n \, dS - \iiint\limits_{(T)} \left(u^* \frac{\partial u}{\partial x} - u \frac{\partial u^*}{\partial x} \right) dT \right] \quad \text{(II 4, 44)}$$

Auf Grund der Voraussetzung (II 4, 38) reduziert sie sich auf die Aussage

$$\overline{w}_x = \frac{\hbar}{2 i m_0} \iiint\limits_{(T)} \left(u^* \frac{\partial u}{\partial x} - u \frac{\partial u^*}{\partial x} \right) dT, \qquad \text{(II 4, 45)}$$

welche inhaltlich mit (II 4, 28) identisch ist; damit ist der Beweis abgeschlossen.

h) Durch Multiplikation des Strömungsvektors Σ nach (II 4, 25) mit der Dichte μ des Massen-Nebels gemäß (II 4, 11) gelangen wir zum Vektor Π der *Impulsdichte* oder, begrifflich etwas genauer, der *Massenstrom-Dichte*

$$\Pi = \mu \sum = \frac{\hbar}{2\,i}(u^* \operatorname{grad} u - u \operatorname{grad} u^*) = \frac{\hbar}{2\,i} V. \qquad \text{(II 4, 46)}$$

Seine Integration über T führt zum *Erwartungswert* $\langle p \rangle$ *des Impulsvektors*

$$\langle p \rangle = \iiint\limits_{(T)} \Pi\,dT = \iiint\limits_{(T)} \mu\,\Sigma\,dT = m_0 \iiint\limits_{(T)} u^* \Sigma u\,dT. \qquad \text{(II 4, 47)}$$

Aus dem Vergleich von $\langle p \rangle$ mit dem Erwartungswerte $\langle w \rangle$ der Geschwindigkeit nach (II 4, 28) entnimmt man die Relation

$$\langle p \rangle = m_0 \langle w \rangle, \qquad \text{(II 4, 48)}$$

welche unter den Randbedingungen (II 4, 38) der Wahrscheinlichkeits-Wellen die Beziehung

$$\langle p \rangle = m_0\,\overline{w} \qquad \text{(II 4, 49)}$$

zwischen dem Erwartungswerte des Impulsvektors und der Schwerpunktsgeschwindigkeit $\overline{w}$ des Teilchens stiftet. Definieren wir nunmehr den linearen, vektoriellen Operator P von *Hermite*schem Charakter durch

$$P = m_0\,W = \frac{\hbar}{i}\operatorname{grad}, \qquad \text{(II 4, 50)}$$

so spricht die aus (II 4, 37) durch Erweitern mit m_0 hervorgehende Gleichung

$$\langle p \rangle = \iiint\limits_{(Z)} u^* P u\,dT = \iiint\limits_{(T)} u(P\,u)^*\,dT \qquad \text{(II 4, 51)}$$

die *wellenmechanische Darstellung des Impulses* durch P aus. Zufolge ihrer Unabhängigkeit von dem jeweiligen Werte m_0 der Ruhmasse gilt diese Darstellung für *langsam bewegte Massenpunkte beliebiger Natur*, so daß dem Operator P eine wesentlich allgemeinere Bedeutung als dem Operator W der Geschwindigkeit zukommt.

i) Für ein Ion der invarianten Ladung q, welche sozusagen in der Dichte ϱ über die Elemente des Raumes T verteilt ist, definiert der Vektor

$$j = \varrho \sum = \frac{\hbar}{2\,i}\frac{q}{m_0}(u^* \operatorname{grad} u - u \operatorname{grad} u^*) = \frac{\hbar}{2\,i}\frac{q}{m_0} V \qquad \text{(II 4, 52)}$$

die statistische *Ionenstrom-Dichte* des Raumladungs-Nebels. Aus ihrer Integration über T resultiert der Vektor

$$\langle s \rangle = \iiint\limits_{(T)} j\,dT = \iiint\limits_{(T)} \varrho \sum dT = q \iiint\limits_{(T)} u^* \sum u\,dT, \qquad \text{(II 4, 53)}$$

welchen wir als *Erwartungswert der Ionenströmung* bezeichnen. Doch hüte man sich vor einer irrtümlichen Deutung dieser Größe, zu welcher ihr Name verleiten könnte: Die *physikalische Dimension* der Ionenströmung [Ladung mal Länge geteilt durch Zeit] ist von der Dimension der elektrischen *Stromstärke* [Ladung geteilt durch Zeit] wesentlich verschieden, und überdies definiert die Stromstärke einen *Skalar*, während die Ionenströmung durch einen *Vektor* repräsentiert wird.

Durch Vergleich von (II 4, 53) mit (II 4, 28) und (II 4, 47) gelangen wir zu der Doppelbeziehung

$$\langle s \rangle = q \langle w \rangle = \frac{q}{m_0} \langle p \rangle. \qquad (\text{II } 4, 54)$$

Sie lehrt im Verein mit (II 4, 36) und (II 4, 50) die *wellenmechanische Darstellung der Ionenströmung* durch den vektoriellen, *Hermite*schen Differentialoperator

$$S = q\, W = \frac{q}{m_0}\, P = \frac{\hbar}{i}\, \frac{q}{m_0}\, \text{grad}. \qquad (\text{II } 4, 55)$$

j) Der *Drehimpuls* eines materiellen Punktes der Masse $m \to m_0$, welcher den Ort (x, y, z) [Radiusvektor $r = 1_x\, x + 1_y\, y + 1_z\, z$] mit der vektoriellen Geschwindigkeit $v = 1_x\, v_x + 1_y\, v_y + 1_z\, v_z$ kreuzt, wird durch den Vektor

$$D = m_0\,[r\,v] = m_0\,\{1_x\,(y\,v_z - z\,v_y) + 1_y\,(z\,v_x - x\,v_z) + 1_z\,(x\,v_y - y\,v_x)\}$$
$$(\text{II } 4, 56)$$

definiert; welches ist seine wellenmechanische Darstellung?

Wir richten unsere Aufmerksamkeit auf das am Aufpunkt befindliche Element $\mu\, dT$ des Massen-Nebels. Da seine „makroskopische" Bewegung durch den ebendort herrschenden Strömungsvektor Σ beschrieben wird, entwickelt es den infinitesimalen Drehimpuls

$$dD = \mu\, dT\,[r\,\Sigma] = \mu\, dT\,\{1_x(y\,\Sigma_z - z\,\Sigma_y) + 1_y\,(z\,\Sigma_x - x\,\Sigma_z) +$$
$$+ 1_z\,(x\,\Sigma_y - y\,\Sigma_x)\}. \qquad (\text{II } 4, 57)$$

Durch seine Integration über T finden wir den Erwartungswert $\langle D \rangle$ des Gesamt-Drehimpulses zu

$$\langle D \rangle = \iiint\limits_{(T)} \mu\left[r\,\Sigma\right] dT. \qquad (\text{II } 4, 58)$$

Insbesondere ergibt sich mit Rücksicht auf (II 4, 11) und (II 4, 25) für seine Komponente $\langle D_z \rangle$ die Darstellung

$$\langle D_z \rangle = \frac{\hbar}{2\,i} \iiint\limits_{(T)} \left\{ x\left(u^* \frac{\partial u}{\partial y} - u \frac{\partial u^*}{\partial y}\right) - y\left(u^* \frac{\partial u}{\partial x} - u \frac{\partial u^*}{\partial x}\right)\right\} dT \quad (\text{II } 4, 59)$$

Mit Hilfe der Identität

$$\frac{\partial}{\partial y}(x\,u^*\,u) \equiv x\,\frac{\partial}{\partial y}(u^*\,u) \equiv x\,u^* \frac{\partial u}{\partial y} + x\,u\,\frac{\partial u^*}{\partial y} \qquad (\text{II } 4, 60)$$

finden wir daher die dualen Relationen

$$\left.\begin{aligned}
\iiint\limits_{(T)} x\,u\,\frac{\partial u^*}{\partial y}\, dT &= -\iiint\limits_{(T)} u^*\, x\,\frac{\partial u}{\partial y}\, dT + \iiint\limits_{(T)} \frac{\partial}{\partial y}(x\,u^*\,u)\, dT \\[2mm]
\iiint\limits_{(T)} x\,u^*\,\frac{\partial u}{\partial y}\, dT &= -\iiint\limits_{(T)} u\, x\,\frac{\partial u^*}{\partial y}\, dT + \iiint\limits_{(T)} \frac{\partial}{\partial y}(x\,u\,u^*)\, dT.
\end{aligned}\right\}$$
$$(\text{II } 4, 61)$$

Beschränken wir uns nun der Kürze halber auf den durch (II 4, 38) charakterisierten Fall des in T eingeschlossenen Einzelteilchens, so liefert der *Gauß*sche Integralsatz die Aussagen

$$\iiint\limits_{(T)} \frac{\partial}{\partial y}(x\,u^*\,u)\,dT \equiv \iiint\limits_{(T)} \frac{\partial}{\partial y}(x\,u\,u^*)\,dT = \iiint\limits_{(T)} \operatorname{div}(\mathit{1}_y\,x\,u\,u^*)\,dT =$$

$$= \iint\limits_{(T)} x\,u^*\,u\,\cos(n,\,y)\,dS = 0. \qquad (II\ 4,\ 62)$$

Daher ergibt sich

$$\iiint\limits_{(T)} x\left(u^*\frac{\partial u}{\partial y} - u\frac{\partial u^*}{\partial y}\right)dT = 2\iiint\limits_{(T)} u^*\,x\frac{\partial u}{\partial y}\,dT = -2\iiint\limits_{(T)} u\,x\frac{\partial u^*}{\partial y}\,dT$$

$$(II\ 4,\ 63)$$

und auf demselben Wege

$$\iiint\limits_{(T)} y\left(u^*\frac{\partial u}{\partial x} - u\frac{\partial u^*}{\partial x}\right)dT = 2\iiint\limits_{(T)} u^*\,y\frac{\partial u}{\partial x}\,dT = -2\iiint\limits_{(T)} u\,y\frac{\partial u^*}{\partial x}\,dT.$$

$$(II,\ 4\ 64)$$

Durch Restitution der Umformungen (II 4, 63) und (II 4, 64) in (II 4, 59) folgt somit die Gleichung

$$\langle D_z\rangle = \frac{\hbar}{i}\iiint\limits_{(T)} u^*\left(x\frac{\partial u}{\partial y} - y\frac{\partial u}{\partial x}\right)dT = -\frac{\hbar}{i}\iiint\limits_{(T)} u\left(x\frac{\partial u^*}{\partial y} - y\frac{\partial u^*}{\partial x}\right)dT,$$

$$(II\ 4,\ 65)$$

welche die *wellenmechanische Darstellung* von $\langle D_z\rangle$ durch den *Hermite*schen Operator

$$\varDelta_z = \frac{\hbar}{i}\left(x\frac{\partial}{\partial y} - y\frac{\partial}{\partial x}\right) \qquad (II\ 4,\ 66)$$

enthält; bildet man durch zyklische Vertauschung der Achsenrichtungen die entsprechenden Ausdrücke für $\langle D_x\rangle$ und $\langle D_y\rangle$, so resultiert für den Erwartungswert $\langle D\rangle$ des Drehimpuls-Vektors nach (II 4, 58) der vektorielle, *Hermite*sche Differentialoperator

$$\varDelta = \frac{\hbar}{i}\,[\mathit{r}\,\mathrm{grad}], \qquad (II\ 4,\ 67)$$

in welchem das Klammersymbol [ ] formal die äußere Multiplikation des Ortsvektors r mit dem Operationszeichen grad andeutet.

Häufig empfiehlt sich die Transformation der Formel (II 4, 65) auf ein in der z-Achse zentriertes *Zylinder-Koordinatensystem*; in ihm bezeichne z die Achsenkoordinate,

$$R = \sqrt{x^2 + y^2} \qquad (II\ 4,\ 68)$$

die *Radialdistanz* des Aufpunktes und

$$\gamma = \operatorname{arctg} \frac{y}{x} \qquad (II\ 4,\ 69)$$

dessen *Azimut* gegen die Ebene $y = 0$. Mit Rücksicht auf die geometrischen Beziehungen

$$x = R\cos\gamma; \qquad y = R\sin\gamma \qquad (II\ 4,\ 70)$$

entnimmt man aus (II 4, 68) und (II 4, 69) die Umrechnungsregeln

$$\frac{\partial}{\partial x} = \cos\gamma\,\frac{\partial}{\partial R} - \sin\gamma\,\frac{1}{R}\frac{\partial}{\partial\gamma}; \qquad \frac{\partial}{\partial y} = \sin\gamma\,\frac{\partial}{\partial R} + \cos\gamma\,\frac{1}{R}\frac{\partial}{\partial\gamma}, \qquad (II\ 4,\ 71)$$

so daß für den gesuchten Operator der einfache Ausdruck

$$\Delta_z = \frac{\hbar}{i}\frac{\partial}{\partial\gamma} \qquad (\text{II } 4,\ 72)$$

resultiert.

k) Gegeben sei eine in sich geschlossene und nirgends sich selbst kreuzende, sonst aber beliebig geformte Kurve C, welcher wir einen bestimmten *Umlaufsinn* zuweisen; die Integration ihrer vektoriellen Bogenelemente dc längs des gesamten Kurvenumfanges liefert daher den *Nullvektor*

$$\oint_{(C)} dc = 0. \qquad (\text{II } 4,\ 73)$$

Bezeichnet r den vom Ursprung O nach dc hinweisenden Radiusvektor, so mißt das halbe äußere Produkt von r und dc

$$df = \frac{1}{2}\,[r\,dc] \qquad (\text{II } 4,\ 74)$$

den infinitesimalen Vektor der von r im Verein mit dc aufgespannten Dreiecksfläche; aus seiner Integration längs C resultiert der Vektor

$$f = \frac{1}{2}\oint [r\,dc], \qquad (\text{II } 4,\ 75)$$

durch den wir die von C umrandete *Fläche* definieren. Wir behaupten, daß f von der Wahl des Ursprunges unabhängig ist: Gehen wir durch die Transformation

$$r' = r + r_0 \qquad (\text{II } 4,\ 76)$$

zu dem von O verschiedenen Ursprung O' der Radiusvektoren r' über, so erhalten wir zunächst anstelle von (II 4, 75) den Flächenvektor

$$f' = \frac{1}{2}\oint [r'\,dc] = f + \frac{1}{2}\left[r_0\oint dc\right], \qquad (\text{II } 4,\ 77)$$

welcher jedoch tatsächlich wegen (II 4, 73) mit (II 4, 75) identisch ist.

Wir machen nun C zum Träger eines *stationären elektrischen Stromes* der Stärke J, welchen wir in dem vorher festgesetzten Umlaufsinne als positiv zählen. Sei dann

$$\Pi = 4\pi\cdot 10^{-9}\frac{\text{Henry}}{\text{cm}} \qquad (\text{II } 4,\ 78)$$

die sogenannte Permeabilität des leeren Raumes, so definiert der Vektor

$$M = \Pi\,J\,f \qquad (\text{II } 4,\ 79)$$

das *magnetische Moment* der längs C umlaufenden Elektrizitätsmengen.

Bei der Übertragung dieses Begriffes auf die Wellenmechanik eines Ions der invarianten elektrischen Ladung q beschränken wir uns auf *Zustände fester Gesamtenergie*. Nach (II 4, 31), (II 4, 39) und (II 4, 52) gehorcht dann der Vektor $j = \varrho\,\Sigma$ der statistischen Elektronenstromdichte innerhalb seines Existenzgebietes dem Ersten *Kirchhoff*schen Gesetze

$$\operatorname{div} j = \operatorname{div}(\varrho\,\Sigma) = 0. \qquad (\text{II } 4,\ 80)$$

Die innerhalb der Raumladungswolke verlaufenden Stromlinien bilden daher geschlossene Kurven vom oben genannten Typ; ihr Umlaufsinn soll stets so festgesetzt werden, daß der jeweils am Kurvenpunkt des Radiusvektors r konstruierte Tangenten-Einheitsvektor 1_c gleichzeitig die Verhältnisse

$$\frac{dc}{|dc|} = \frac{j}{|j|} = \frac{\varrho\,\Sigma}{|\varrho\,\Sigma|} = 1_c \qquad\qquad (II\ 4,\ 81)$$

mißt.

Wir richten nun unser Augenmerk zunächst auf nur *eine* dieser Kurven. Sie wird zu einer *Stromröhre* ergänzt, indem wir dem Bogenelement dc den infinitesimal engen Querschnittsvektor

$$\Delta a = 1_c\,|\Delta a| \qquad\qquad (II\ 4,\ 82)$$

zuordnen und dessen Betrag $|\Delta a|$ längs C derart regeln, daß der Strom

$$\Delta J = (\Delta a \cdot j) = (\Delta a \cdot \varrho \cdot \Sigma) \qquad\qquad (II\ 4,\ 83)$$

konstant ausfällt. Gemäß (II 4, 79) erregt dieser Strom das infinitesimal schwache magnetische Moment

$$\Delta M = \Pi\,\Delta J\,\frac{1}{2}\oint_{(C)} [r\,dc] = \frac{\Pi}{2}\oint (\Delta a\,\varrho\,\Sigma)\,[r\,dc]. \qquad (II\ 4,\ 84)$$

In dem hier auftretenden Integral dürfen wir zufolge der Übereinkunft (II 4, 81) die Vektoren $\varrho\,\Sigma$ und dc ihre Rolle tauschen lassen. Bezeichnen wir dann mit

$$\Delta T = (\Delta a \cdot dc) \qquad\qquad (II\ 4,\ 85)$$

das dem Bogenelement dc verhaftete Volumenelement der Stromröhre, so verwandelt sich (II 4, 84) in

$$\Delta M = \frac{\Pi}{2}\oint_{(C)} \varrho\,[r\,\Sigma]\,dT. \qquad\qquad (II\ 4,\ 86)$$

Durch Summation dieses Ausdruckes über alle in T enthalten en Stromröhren resultiert somit für den Erwartungswert $\langle M\rangle$ des magnetischen Momentes der Vektor

$$\langle M\rangle = \frac{\Pi}{2}\int\!\!\int_{(T)}\!\!\int \varrho\,[r\,\Sigma]\,dT. \qquad\qquad (II\ 4,\ 87)$$

Sein Vergleich mit dem Erwartungswert (II 4, 58) des Drehimpuls-Vektors führt, im Verein mit (II 4, 11) und (II 4, 13), auf die Relation

$$\frac{\langle M\rangle}{\langle D\rangle} = \frac{\Pi}{2}\frac{q}{m_0}. \qquad\qquad (II\ 4,\ 88)$$

Sie überträgt sich sogleich auf die wellenmechanische Darstellung der in Parallele gesetzten Vektoren durch deren Operatoren: Mit Hilfe von (II 4, 67) finden wir den *Hermite*schen, vektoriellen Operator M des magnetischen Momentes zu

$$M = \frac{\hbar}{i}\frac{\Pi}{2}\frac{q}{m_0}\,[r\,\text{grad}] \qquad\qquad (II\ 4,\ 89)$$

und seine Komponente in Richtung der z-Achse wird gemäß (II 4, 72) durch

$$M_z = \frac{\hbar}{i}\frac{\Pi}{2}\frac{q}{m_0}\frac{\partial}{\partial\gamma} \qquad\qquad (II\ 4,\ 90)$$

angegeben.

l) Im Einklang mit Gl. (II 4, 26) resultiert der Strömungsvektor Σ als Erwartungswert der in (II 4, 27) definierten, konjugiert-komplexen Geschwindigkeiten σ und σ^*, deren jede mit der Wahrscheinlichkeit $\frac{1}{2}$ auftritt. Daher ist der quadratische Mittelwert τ^2 der turbulenten Gesamtgeschwindigkeit nicht etwa gleich der Norm $(\Sigma\Sigma^*)$, sondern er ist als *Erwartungswert der Quadratsumme* $\{(\sigma\sigma^*) + (\sigma^*\sigma)\}$ zu berechnen:

$$\tau^2 = \frac{1}{2}\{(\sigma\sigma^*) + (\sigma^*\sigma)\} = \frac{\hbar^2}{m_0{}^2}\,\frac{(\text{grad } u \text{ grad } u^*)}{u\,u^*}. \qquad (II\ 4,\ 91)$$

Demgemäß kommt dem Element $\mu\,dT$ des in dT enthaltenen Massen-Nebels die *kinetische Energie*

$$d\eta_{kin} = \frac{\mu\,dT}{2}\,\tau^2 = \frac{\hbar^2}{2\,m_0}\,(\text{grad } u \text{ grad } u^*)\,dT \qquad (II\ 4,\ 92)$$

zu, für welche also sogar dann noch ein endlicher Wert resultiert, falls σ und σ^* einander im Durchschnitt zur Strömung $\Sigma = 0$ kompensieren! Um diese zunächst befremdende wellenmechanische Aussage der Anschauung zu erschließen, erinnere man sich an die klassische Physik idealer Gase: Auch im Zustande der makroskopischen Ruhe schwirren die Gasmoleküle in statistisch ungeordneter Mikrobewegung pausenlos durcheinander; die entsprechende kinetische Energie wird thermisch als „innere" Energie manifest, deren Mittelwert je Molekül mit der absoluten Gastemperatur genetisch verknüpft ist.

Von (II 4, 92) gelangen wir durch Integration über den Lebensraum T des kontrollierten Teilchens zur Kenntnis des *Erwartungswertes* $\langle\eta_{kin}\rangle$ *seiner gesamten Bewegungsenergie*

$$\langle\eta_{kin}\rangle = \frac{\hbar^2}{2\,m_0}\int\!\!\int_{(T)}\!\!\int (\text{grad } u \text{ grad } u^*)\,dT. \qquad (II\ 4,\ 93)$$

Mit Hilfe der Identitäten

$$\left.\begin{array}{l} \text{div }(u^* \text{ grad } u) \equiv (\text{grad } u^* \text{ grad } u) + u^*\,\nabla^2 u \\ \text{div }(u \text{ grad } u^*) \equiv (\text{grad } u \text{ grad } u^*) + u\,\nabla^2 u^* \end{array}\right\} \qquad (II\ 4,\ 94)$$

verwandelt sich (II 4, 93) in

$$\langle\eta_{kin}\rangle = -\frac{\hbar^2}{2\,m_0}\int\!\!\int_{(T)}\!\!\int u^*\,\nabla^2 u\,dT + \frac{\hbar^2}{2\,m_0}\int\!\!\int_{(T)}\!\!\int \text{div }(u^* \text{ grad } u)\,dT =$$

$$= -\frac{\hbar^2}{2\,m_0}\int\!\!\int_{(T)}\!\!\int u\,\nabla^2 u^*\,dT + \frac{\hbar^2}{2\,m_0}\int\!\!\int_{(T)}\!\!\int \text{div }(u \text{ grad } u^*)\,dT.$$

$$(II\ 4,\ 95)$$

Zufolge des *Gauß*schen Integralsatzes im Verein mit den Grenzbedingungen (II 3, 43) oder (II 3, 45) wird nun

$$\left.\begin{array}{l} \displaystyle\int\!\!\int_{(T)}\!\!\int \text{div }(u^* \text{ grad } u)\,dT = \int\!\!\int_{(S)} u^*\,\frac{\partial u}{\partial n}\,dS = 0 \\[3mm] \displaystyle\int\!\!\int_{(T)}\!\!\int \text{div }(u \text{ grad } u^*)\,dT = \int\!\!\int_{(S)} u\,\frac{\partial u^*}{\partial n}\,dS = 0 \end{array}\right\} \qquad (II\ 4,\ 96)$$

so daß sich (II 4, 95) auf

$$\langle \eta_{kin} \rangle = -\frac{\hbar^2}{2\,m_0} \underset{(T)}{\int\!\!\int\!\!\int} u^* \, V^2 u \, dT = -\frac{\hbar^2}{2\,m_0} \underset{(T)}{\int\!\!\int\!\!\int} u \, V^2 u^* \, dT$$

$$\text{(II 4, 97)}$$

reduziert: Die kinetische Energie wird wellenmechanisch durch den *Hermite*schen, skalaren Operator

$$\eta_{kin} = -\frac{\hbar^2}{2\,m_0} \, V^2 \qquad \text{(II 4, 98)}$$

dargestellt. Schreibt man nun (II 4, 50) in der Form

$$P = \frac{\hbar}{i} \, V, \qquad \text{(II 4, 99)}$$

so lehrt (II 4, 98) auf Grund der Definition der Operatorpotenzen den symbolischen Zusammenhang

$$\eta_{kin} = \frac{(P)^2}{2\,m_0}. \qquad \text{(II 4, 100)}$$

m) Die Addition des skalaren, linearen Operators (II 4, 21) der potentiellen Energie zu dem skalaren, linearen Operator (II 4, 100) der kinetischen Energie führt auf den gleichfalls linearen, *Hamilton*schen Operator

$$H = \frac{(P^2)}{2\,m_0} + \eta_{pot} = -\frac{\hbar^2}{2\,m_0} \, V^2 + \eta_{pot}, \qquad \text{(II 4, 101)}$$

dessen *Hermite*scher Charakter durch jenen der Postenoperatoren verbürgt wird. Zufolge dieser Definition gleicht der Erwartungswert $\langle \eta \rangle$ der *Hamilton*schen Funktion der Summe des Erwartungswertes $\langle \eta_{pot} \rangle$ der potentiellen und des Erwartungswertes $\langle \eta_{kin} \rangle$ der kinetischen Energie

$$\langle \eta \rangle = \langle \eta_{pot} \rangle + \langle \eta_{kin} \rangle = \underset{(T)}{\int\!\!\int\!\!\int} u^* \, H \, u \, dT = \underset{(T)}{\int\!\!\int\!\!\int} u^* \left(-\frac{\hbar^2}{2\,m_0} \, V^2 + \eta_{pot} \right) u \, dT.$$

$$\text{(II 4, 102)}$$

Nun unterliegen die konjugiert-komplexen Wahrscheinlichkeits-Wellen u und u* beziehentlich den zeitabhängigen *Schrödinger*-Gleichungen (II 3, 23), welchen wir je die Gestalt

$$\left(-\frac{\hbar^2}{2\,m_0} \, V^2 + \eta_{pot} \right) u = -\frac{\hbar}{i} \frac{\partial u}{\partial t}; \qquad \left(-\frac{\hbar^2}{2\,m_0} \, V^2 + \eta_{pot} \right) u^* = \frac{\hbar}{i} \frac{\partial u^*}{\partial t}$$

$$\text{(II 4, 103)}$$

geben können. Mit ihrer Hilfe schließen wir aus (II 4, 102) auf die Doppelgleichung

$$\langle \eta \rangle = \underset{(T)}{\int\!\!\int\!\!\int} u^* \left(-\frac{\hbar}{i} \frac{\partial}{\partial t} \right) u \, dT = \underset{(T)}{\int\!\!\int\!\!\int} u \left(-\frac{\hbar}{i} \frac{\partial}{\partial t} \right)^{\!*} u^* \, dT, \quad \text{(II 4, 104)}$$

so daß der *Hermite*sche Operator

$$\eta = -\frac{\hbar}{i} \frac{\partial}{\partial t} \qquad \text{(II 4, 105)}$$

die *wellenmechanische Darstellung der Gesamtenergie* definiert; im Falle eines stationären Zustandes der Gesamtenergie η gilt

$$u = \overline{u}\, e^{-i\frac{\eta}{\hbar}t} \qquad (II\ 4,\ 106)$$

so daß dann (II 4, 104) inhaltlich mit (II 4, 14) identisch wird.

n) Auf Grund von (II 4, 103) und (II 4, 105) korrespondiert der Relation (II 4, 102) zwischen den energetischen Erwartungswerten die *Operatorengleichung*

$$\frac{(P)^2}{2\,m_0} + \eta_{\text{pot}} = \eta. \qquad (II\ 4,\ 107)$$

Sie gestattet es, den Gedankengang der bisherigen Überlegungen umzukehren: An ihre Spitze stellen wir den *Hamilton*schen Operator, dessen Bau gemäß der klassischen Mechanik bekannt sei; er „erzeugt" aus der Wahrscheinlichkeits-Welle u die Funktion H u, welche ihrerseits, um die klassische Energiedefinition aufrecht zu erhalten, der Vorschrift

$$H\,u = \eta\,u \qquad (II\ 4,\ 108)$$

zu unterwerfen ist: Der zeitabhängigen *Schrödinger*-Gleichung, welche also aus der *Hamilton*schen Funktion durch bloße *Umdeutung* hervorgeht.

Der angedeutete, überaus enge Zusammenhang zwischen der Wellenmechanik und der klassischen Dynamik kann gewiß nicht zufällig sein. Um zu seiner physikalischen Wurzel zu gelangen, denken wir uns die Wahrscheinlichkeits-Welle u = u(x, y, z, t) in die Form

$$u = A(x, y, z)\, e^{\frac{i}{\hbar}W(x,\,y,\,z,\,t)} \qquad (II\ 4,\ 109)$$

gebracht, in welcher sowohl die Amplitude A = A(x, y, z) wie die Phase $\left[-\dfrac{1}{\hbar}\cdot W(x, y, z, t)\right]$ unbeschadet der Allgemeinheit stets als *reell* vorausgesetzt werden dürfen. Durch Anwendung des Impuls-Operators (II 4, 99) auf u findet man somit

$$P\,u = \frac{\hbar}{i}\,\nabla u = \left[\frac{\hbar}{i}\,\frac{\nabla A}{A} + \nabla W\right]u \qquad (II\ 4,\ 110)$$

und ebenso durch Anwendung des Operators (II 4, 100) der kinetischen Energie

$$\eta_{\text{kin}}\,u = -\frac{\hbar^2}{2\,m_0}\,\nabla^2 u = \left[-\frac{\hbar^2}{2\,m_0}\,\frac{\nabla^2 A}{A} + \frac{1}{2\,m_0}(\nabla W)^2\right]u + \\ + \left[\frac{2}{A}(\nabla A\,\nabla W) + \nabla^2 W\right]\frac{\hbar\,u}{2\,m_0\,i} \qquad (II\ 4,\ 111)$$

sowie schließlich durch Anwendung des Operators (II 4, 105) der Gesamtenergie

$$\eta\,u = -\frac{\partial W}{\partial t}\,u. \qquad (II\ 4,\ 112)$$

Daher liefert die zeitabhängige *Schrödinger*-Gleichung die Forderung

$$\left[\frac{1}{2\,m_0}(\nabla W)^2 + \left(\eta_{\text{pot}} - \frac{\hbar^2}{2\,m_0}\,\frac{\nabla^2 A}{A}\right)\right]u + \left[\frac{2}{A}(\nabla A\cdot\nabla W) + \nabla^2 W\right]\frac{\hbar}{2\,m_0\,i}\,u + \\ + \frac{\partial W}{\partial t}\,u = 0, \qquad (II\ 4,\ 113)$$

welche zufolge der vorausgesetzten Realität sowohl von A wie von W in die gleichzeitig zu befriedigenden Bedingungen

$$\frac{2}{A}\,(\nabla A \cdot \nabla W) + \nabla^2 W = 0 \qquad\qquad \text{(II 4, 114)}$$

und

$$\frac{1}{2\,m_0}\,(\nabla W)^2 + \left(\eta_{\text{pot}} - \frac{\hbar^2}{2\,m_0}\,\frac{\nabla^2 A}{A}\right) + \frac{\partial W}{\partial t} = 0 \qquad \text{(II 4, 115)}$$

zerfällt. Nun mißt

$$\mu = m_0\,u\,u^* = m_0\,A^2 \qquad\qquad \text{(II 4, 116)}$$

die Dichte des Massen-Nebels, welcher wellenmechanisch dem kontrollierten Teilchen korrespondiert, während der Vektor

$$\Sigma = \frac{\hbar}{2\,i\,m_0}\left[\frac{\text{grad } u}{u} - \frac{\text{grad } u^*}{u^*}\right] = \frac{1}{m_0}\,\text{grad } W \qquad \text{(II 4, 117)}$$

sein [makroskopisches] Strömungsfeld beschreibt. Daher nimmt (II 4, 114) die Gestalt

$$\text{div}\left(\frac{\mu}{m_0}\,\text{grad } W\right) = \text{div}\,(\mu\,\Sigma) = 0 \qquad \text{(II 4, 118)}$$

an, welche die *Kontinuitätsgleichung* jenes Feldes darstellt, und (II 4, 115) geht in

$$\frac{1}{2\,m_0}\,(\nabla W)^2 + \left(\eta_{\text{pot}} - \frac{\hbar^2}{2\,m_0}\,\frac{\nabla^2 \sqrt{\mu}}{\sqrt{\mu}}\right) + \frac{\partial W}{\partial t} = 0 \qquad \text{(II 4, 119)}$$

über. Steigen wir nun durch den [mathematischen] Grenzprozeß $\hbar \to 0$ zur *klassischen Dynamik* herab, so reduziert sich (II 4, 119) auf die Aussage

$$\frac{1}{2\,m_0}\,(\nabla W)^2 + \eta_{\text{pot}} + \frac{\partial W}{\partial t} = 0; \qquad \hbar \to 0, \qquad \text{(II 4, 120)}$$

in welcher man die unserer Aufgabe angepaßte *Hamilton-Jacobi*sche Differentialgleichung der *Wirkungsfunktion* W erkennt. Zum Falle $\hbar \neq 0$ zurückkehrend, kann man also die *Schrödinger*-Gleichung als Fusion der kinematischen Kontinuitätsgleichung (II 4, 118) mit jener wellenmechanisch „erweiterten" *Hamilton-Jacobi*schen Differentialgleichung (II 4, 119) auffassen, welche aus ihrem klassischen Urbild (II 4, 120) mittels Ersatz der potentiellen Energie η_{pot} durch die „wirksame" potentielle Energie

$$\tilde{\eta}_{\text{pot}} = \eta_{\text{pot}} - \frac{\hbar^2}{2\,m_0}\,\frac{\nabla^2 \sqrt{\mu}}{\sqrt{\mu}} \qquad\qquad \text{(II 4, 121)}$$

hervorgeht.

Um die Tragweite dieses Satzes zu ermessen, haben wir uns zu erinnern, daß die *Hamilton-Jacobi*sche Differentialgleichung durchaus nicht auf die Kinematik des einzelnen, freien Massenpunktes beschränkt ist; vielmehr beschreibt sie das dynamische Verhalten eines *mechanischen Gebildes von beliebig vielen Freiheitsgraden* in jedem ihm angepaßten Bezugssysteme einschließlich der Ionenbewegung im elektromagnetischen Felde, sofern man nur die jeweils maßgebliche *Hamilton*sche Funktion passend verallgemeinert. Indem wir die nämliche Interpretation auf die zeitabhängige *Schrödinger*-Gleichung (II 4, 108) übertragen, erheben wir diese symbolische Vorschrift zum Range eines *universellen heuristischen Prinzipes*, welches von nun ab als *Differentialgesetz aller nicht-relativistischen Wahrscheinlichkeits-Wellen* postuliert wird.

Im Gegensatz zu der aufgezeigten, wesentlich mathematischen Verwandtschaft zwischen der klassischen Mechanik und der Wellenmechanik im Gebiete positiver kinetischer Teilchenenergie führen die verglichenen Disziplinen zu wesentlich verschiedenen physikalischen Aussagen in denjenigen Bereichen des Raumes T, für welche die kinetische Energie formal negativ ausfällt: Während diese dem Teilchen klassisch völlig unzugänglich sind, können die Wahrscheinlichkeits-Wellen mit merklicher Intensität in sie eindringen und eben hierdurch zu klassisch unverständlichen Bewegungsvorgängen Anlaß geben.

II 5. Die Galilei-Transformation in der Wellenmechanik.

a) Wir behandeln im folgenden die klassische (*Newton*schen] Mechanik eines materiellen Punktes bei so niedrigen Beträgen seiner Korpuskulargeschwindigkeit, daß seine träge Masse m stets merklich seiner Ruhmasse m_0 gleicht und mit dieser vertauscht werden darf.

Wir orientieren uns in einem Inertialsystem K der rechtsläufigen Koordinaten x, y, z, in welchem die laufende Zeit t gemessen wird; dort möge die potentielle Energie η_{pot} des zum Zeitpunkte t in (x, y, z) gedachten Massenpunktes durch

$$\eta_{pot} = \eta_{pot}(x, y, z, t) \qquad (II\ 5,\ 1)$$

gegeben sein. In der Sprache der Wellenmechanik wird dann das Verhalten des kontrollierten Teilchens innerhalb seines relativ zu K festen Lebensraumes T wesentlich durch die Wahrscheinlichkeits-Welle u = u(x, y, z, t) beschrieben, welche dort der zeitabhängigen *Schrödinger*-Gleichung

$$\frac{\partial^2 u}{\partial x^2} + \frac{\partial^2 u}{\partial y^2} + \frac{\partial^2 u}{\partial z^2} - \frac{2\,m_0}{i\,\hbar}\frac{\partial u}{\partial t} - \frac{2\,m_0}{\hbar^2}\eta_{pot} \cdot u = 0 \qquad (II\ 5,\ 2)$$

gehorcht; ihre Lösung befriedige auf der Hülle S des Raumes T die Randbedingung

$$u = 0 \text{ auf allen Elementen von S}, \qquad (II\ 5,\ 3)$$

welche im Verein mit der Orthogonalitätsrelation

$$\iiint\limits_{(T)} u\,u^* \, dT = 1 \qquad (II\ 5,\ 4)$$

die Anwesenheit jenes Teilchens in T ein für allemal verbürgt.

b) Wir führen neben K das „gestrichene" Bezugssystem K' der gleichfalls rechtsläufigen, *Kartesi*schen Koordinaten x', y', z' und der laufenden Zeit t' ein, welches sich relativ zu K mit der vektoriellen Geschwindigkeit v gleichförmig bewegt. Seien v_x, v_y, v_z ihre beziehentlich zu den Konfigurationsachsen von K parallelen Komponenten, so möge jedes relativ zu K' beobachtete „Punktereignis" mit dem nämlichen Vorgang relativ zu K durch die *Galilei*-Transformation

$$x' = x - v_x\,t; \qquad y' = y - v_y\,t; \qquad z' = z - v_z\,t; \qquad t' = t \qquad (II\ 5,\ 5)$$

verbunden sein. Insbesondere ist hiernach die relativ zu K definierte Wahrscheinlichkeits-Welle u = u(x, y, z, t) relativ zu K' durch die Welle

$$u' = u'(x', y', z', t') = u(x' + v_x\,t', y' + v_y\,t', z' + v_z\,t', t') \qquad (II\ 5,\ 6)$$

zu ersetzen. Gesucht wird diejenige partielle Differentialgleichung, welche die Raum-Zeitstruktur der Funktion u' regelt.

c) Aus der *Galilei*-Transformation (II 5, 5) entnehmen wir die Relationen

$$\left.\begin{aligned}
\frac{\partial}{\partial x} &= \frac{\partial}{\partial x'}\cdot\frac{\partial x'}{\partial x} + \frac{\partial}{\partial y'}\cdot\frac{\partial y'}{\partial x} + \frac{\partial}{\partial z'}\cdot\frac{\partial z'}{\partial x} + \frac{\partial}{\partial t'}\cdot\frac{\partial t'}{\partial x} = \frac{\partial}{\partial x'}\\[4pt]
\frac{\partial}{\partial y} &= \frac{\partial}{\partial x'}\cdot\frac{\partial x'}{\partial y} + \frac{\partial}{\partial y'}\cdot\frac{\partial y'}{\partial y} + \frac{\partial}{\partial z'}\cdot\frac{\partial z'}{\partial y} + \frac{\partial}{\partial t'}\cdot\frac{\partial t'}{\partial y} = \frac{\partial}{\partial y'}\\[4pt]
\frac{\partial}{\partial z} &= \frac{\partial}{\partial x'}\cdot\frac{\partial x'}{\partial z} + \frac{\partial}{\partial y'}\cdot\frac{\partial y'}{\partial z} + \frac{\partial}{\partial z'}\cdot\frac{\partial z'}{\partial z} + \frac{\partial}{\partial t'}\cdot\frac{\partial t'}{\partial z} = \frac{\partial}{\partial z'}
\end{aligned}\right\} \quad \text{(II 5, 7)}$$

und

$$\begin{aligned}
\frac{\partial}{\partial t} &= \frac{\partial}{\partial x'}\cdot\frac{\partial x'}{\partial t} + \frac{\partial}{\partial y'}\cdot\frac{\partial y'}{\partial t} + \frac{\partial}{\partial z'}\cdot\frac{\partial z'}{\partial t} + \frac{\partial}{\partial t'}\cdot\frac{\partial t'}{\partial t} =\\[4pt]
&= -v_x\frac{\partial}{\partial x'} - v_y\frac{\partial}{\partial y'} - v_z\frac{\partial}{\partial z'} + \frac{\partial}{\partial t'}.
\end{aligned} \qquad \text{(II 5, 8)}$$

Bezeichnen wir nun durch das Symbol grad' die relativ zu K' auszuführende Bildung des Gradientenvektors und mit V'^2 den ebenso bezogenen, skalaren *Laplace*schen Operator, so finden wir mittels (II 5, 7) die Transformations-Formeln

$$\mathrm{grad} = \mathrm{grad}'; \qquad V^2 = V'^2, \qquad \text{(II 5, 9)}$$

während (II 5, 8) die Gestalt

$$\frac{\partial}{\partial t} = -(v\,\mathrm{grad}') + \frac{\partial}{\partial t} \qquad \text{(II 5, 10)}$$

annimmt. Setzen wir schließlich

$$\eta_{\mathrm{pot}}' = \eta_{\mathrm{pot}}'(x', y', z', t') = \eta_{\mathrm{pot}}(x' + v_x\,t', y' + v_y\,t', z' + v_z\,t', t'), \quad \text{(II 5, 11)}$$

so finden wir aus (II 5, 2) die gesuchte partielle Differentialgleichung für u':

$$V'^2\,u' + \frac{2\,m_0}{i\,\hbar}(v\,\mathrm{grad}'\,u') - \frac{2\,m_0}{i\,\hbar}\frac{\partial u'}{\partial t'} - \frac{2\,m_0}{\hbar^2}\eta_{\mathrm{pot}}'\cdot u' = 0. \qquad \text{(II 5, 12)}$$

Durch die *Galilei*-Transformation (II 5, 5) wird der relativ zu K definierte Lebensraum T [Hüllfläche S, nach außen weisende Normalenrichtung n] des kontrollierten Teilchens in den relativ zu K' zu vermessenden Lebensraum T' [Hüllfläche S', nach außen weisende Normalenrichtung n'] abgebildet. Daher haben wir (II 5, 3) durch die Angabe

$$u' = 0 \quad \text{auf allen Elementen von S'} \qquad \text{(II 5, 13)}$$

und (II 5, 4) mittels der Vorschrift

$$\iiint u'\,u'^{*}\,dT' = 1 \qquad \text{(II 5, 14)}$$

auf das System K' zu transformieren.

d) Zur Lösung der Differentialgleichung (II 5, 12) machen wir den Produkt-Ansatz

$$u' = e^{-i\left[\frac{\Delta\eta}{\hbar}t' - (\Delta k_{x'}\cdot x' + \Delta k_{y'}\cdot y' + \Delta k_{z'}\cdot z')\right]}U'(x', y', z', t'). \qquad \text{(II 5, 15)}$$

Sein erster Faktor definiert eine ebene *de Broglie*-Welle der vorerst noch frei wählbaren Energie $\Delta\eta$ [„Farbe" $(\Delta\eta)/\hbar$] und des gleichfalls noch unbestimmten Ausbreitungsvektors Δk der beziehentlich achsenparallelen Komponenten $\Delta k_{x'}$, $\Delta k_{y'}$, $\Delta k_{z'}$, während die Funktion U' einstweilen als

,,modifizierte'' Wahrscheinlichkeits-Welle bezeichnet werde; dieser Name rechtfertigt sich im Lichte der aus (II 5, 15) hervorgehenden Relation

$$u' u'^* = U' U'^*, \qquad \text{(II 5, 16)}$$

derzufolge die Aufenthalts-Wahrscheinlichkeit des kontrollierten Teilchens je Einheit seines transformierten Lebensraumes T' gleicherweise durch die transformierte Welle u' selbst wie durch die modifizierte Welle U' beschrieben wird. Setzen wir daher ergänzend

$$U = U(x, y, z, t) = U'(x - v_x t, y - v_y t, z - v_z t, t), \qquad \text{(II 5, 17)}$$

so lassen sich die Forderungen (II 5, 4) und (II 5, 14) zu der Vierfachgleichung

$$\iiint_{(T)} u^* u \, dT = \iiint_{(T)} U^* U \, dT =$$

$$= \iiint_{(T')} u'^* u' \, dT' = \iiint_{(T')} U'^* U' \, dT' = 1 \qquad \text{(II 5, 18)}$$

vereinigen.

Zu (II 5, 15) zurückkehrend, bilden wir nun

$$\text{grad}' \, u' = e^{-i[\cdots]} \, [\text{grad}' \, U' + i \, \Delta k \, U'] \qquad \text{(II 5, 19)}$$

und

$$\nabla'^2 u' = e^{-i[\cdots]} \, [\nabla'^2 U' + 2 \, i \, (\Delta k \, \text{grad}' \, U') - (\Delta k)^2 \, U'] \qquad \text{(II 5, 20)}$$

sowie

$$\frac{\partial u'}{\partial t'} = e^{-i[\cdots]} \left[\frac{\partial U'}{\partial t'} - i \, \frac{\Delta \eta}{\hbar} \, U' \right]. \qquad \text{(II 5, 21)}$$

Durch Substitution der Ausdrücke (II 5, 19), (II 5, 20) und (II 5, 21) in (II 5, 15) finden wir somit für die modifizierte Wahrscheinlichkeits-Welle U' die partielle Differentialgleichung

$$\nabla'^2 U' + \frac{2}{i \, \hbar} (\{m_0 v - \hbar \, \Delta k\} \, \text{grad}' \, U') - \frac{2 \, m_0}{i \, \hbar} \frac{\partial U'}{\partial t'} +$$

$$+ \frac{2 \, m_0}{\hbar^2} \left[\hbar \, (\Delta k \cdot v) - \frac{\hbar^2}{2 \, m_0} (\Delta k)^2 + \Delta \eta - \eta'_{\text{pot}} \right] U' = 0. \qquad \text{(II 5, 22)}$$

Unterwerfen wir jetzt den Ausbreitungsvektor Δk der Bedingung

$$\Delta k = \frac{m_0}{\hbar} v \qquad \text{(II 5, 23)}$$

und wählen

$$\Delta \eta = \frac{\hbar^2}{2 \, m_0} (\Delta k)^2 - \hbar (\Delta k \cdot v) = - \frac{m_0}{2} (v)^2, \qquad \text{(II 5, 24)}$$

so reduziert sich (II 5, 22) auf

$$\nabla'^2 U' - \frac{2 \, m_0}{i \, \hbar} \frac{\partial U'}{\partial t'} - \frac{2 \, m_0}{\hbar^2} \eta'_{\text{pot}} U' = 0. \qquad \text{(II 5, 25)}$$

Die modifizierte Wahrscheinlichkeits-Welle genügt also nunmehr der zeitabhängigen *Schrödinger*-Gleichung des kontrollierten Teilchens relativ zum gestrichenen System. Mit anderen Worten: Die nämliche Funktion (II 5, 17), welche in der Gestalt $U = U(x, y, z, t)$ relativ zum *ungestrichenen*

Bezugssystem K nur die „*modifizierte*" Wahrscheinlichkeits-Welle des materiellen Punktes zu schildern vermag, definiert — in der Form $U' = U'(x', y', z', t')$ — relativ zum *gestrichenen* Bezugssystem K' bereits die *resultierende* Wahrscheinlichkeits-Welle dieses Teilchens. Denken wir sie uns weiterhin als bekannt, so finden wir demnach die Wahrscheinlichkeits-Welle $u'(x', y', z', t') = u(x, y, z, t)$ des Teilchens relativ zu K erst durch Restitution von (II 5, 23) und (II 5, 24) in (II 5, 15) zu

$$u' = e^{i\frac{m_0}{\hbar}\left[\frac{1}{2}(v)^2 t' + (v_x\,x' + v_y\,y' + v_z\,z')\right]} U'(x', y', z', t') \qquad \text{(II 5, 26)}$$

oder

$$u = e^{-i\frac{m_0}{\hbar}\left[\frac{1}{2}(v)^2 t - (v_x\,x + v_y\,y + v_z\,z)\right]} U(x, y, z, t). \qquad \text{(II 5, 27)}$$

e) Aus der relativ zu K' gemessenen Wahrscheinlichkeits-Welle U' berechnet sich der ebenso bezogene Erwartungswert $\langle x' \rangle$ der x'-Koordinate zu

$$\langle x' \rangle = \iint\limits_{(T')}\int U'^* \, x' \, U' \, dT', \qquad \text{(II 5, 28)}$$

während der Erwartungswert $\langle x \rangle$ der x-Koordinate relativ zu K aus

$$\langle x \rangle = \iint\limits_{(T)}\int u^* \, x \, u \, dT \qquad \text{(II 5, 29)}$$

folgt. Auf Grund der *Galilei*-Transformation (II 5, 5) finden wir somit

$$\langle x \rangle = \iint\limits_{(T')}\int u'^*(x' + v_x\,t')\,u' \, dT' \qquad \text{(II 5, 30)}$$

und wenn wir uns nun der Orthogonalitäts-Aussagen (II 5, 18) bedienen und (II 5, 28) berücksichtigen

$$\langle x \rangle = v_x\,t' + \iint\limits_{(T)}\int u'^* \, x' \, u' \, dT' =$$

$$= v_x\,t + \iint\limits_{(T')}\int U'^* \, x' \, U' \, dT' = v_x\,t + \langle x' \rangle. \qquad \text{(II 5, 31)}$$

Hieraus resultiert durch Ableitung nach der laufenden Zeit $t = t'$ die kinematische Relation

$$\frac{d\langle x \rangle}{dt} = v_x + \frac{d\langle x' \rangle}{dt}, \qquad \text{(II 5, 32)}$$

welche im Verein mit den entsprechenden Gleichungen für die y- und die z-Komponente der Bewegung das klassische *Additionstheorem der Geschwindigkeiten* ausspricht. Um seine Bedeutung in der Wellenmechanik zu beleuchten, haben wir uns an die statistische Wurzel dieser Disziplin zu erinnern: An Stelle des klassisch scharf lokalisierbaren Massenpunktes tritt seine nach Art eines materiellen Nebels kontinuierlich verteilte Wahrscheinlichkeits-Wolke, dessen Schwerpunkts-Koordinaten gemäß (II 4, 18) und (II 4, 19) beziehentlich mit den Erwartungswerten $\langle x \rangle$, $\langle y \rangle$, $\langle z \rangle$ relativ zu K und $\langle x' \rangle$, $\langle y' \rangle$, $\langle z' \rangle$ relativ zu K' identisch sind. Nun wollen wir den Ursprung des Bezugssystemes K' so wählen, daß er zum Zeitpunkt $t = t'$ die Bewegung jenes Schwerpunktes genau mitmacht. Auf Grund dieser Übereinkunft erschließen wir aus (II 4, 39) und (II 5, 32) die *Gleich-laufbedingungen*

$$\langle x'(t') \rangle = 0; \qquad \langle y'(t') \rangle = 0; \qquad \langle z'(t') \rangle = 0 \qquad \text{(II 5, 33)}$$

und

$$\frac{d\langle x(t) \rangle}{dt} = v_x; \qquad \frac{d\langle y(t) \rangle}{dt} = v_y; \qquad \frac{d\langle z(t) \rangle}{dt} = v_z, \qquad \text{(II 5, 34)}$$

welche im Verein mit (II 5, 5) für den nämlichen Zeitpunkt die Relationen

$$x - \langle x \rangle = x'; \qquad y - \langle y \rangle = y'; \qquad z - \langle z \rangle = z' \qquad \text{(II 5, 35)}$$

sowie

$$\frac{d\langle x'(t') \rangle}{dt'} = 0; \qquad \frac{d\langle y'(t') \rangle}{dt'} = 0; \qquad \frac{d\langle z'(t') \rangle}{dt'} = 0 \qquad \text{(II 5, 36)}$$

nach sich ziehen. Sie ermöglichen es, über die klassische Punktmechanik prinzipiell hinausgehend, zu bündigen Aussagen über das *statistische Verhalten* des kontrollierten Teilchens zu gelangen: Zwar verschwinden im gewählten Zeitpunkt gemäß (II 5, 33) und (II 5, 35) die *Erwartungswerte der linearen Koordinaten-Abweichungen* der Massennebel-Elemente gegen den Schwerpunkt:

$$\langle \Delta x \rangle = \iiint\limits_{(T)} u^* \, [x - \langle x \rangle] \, u \, dT = 0; \qquad \langle \Delta y \rangle = 0;$$

$$\langle \Delta z \rangle = 0 \qquad \text{für} \qquad t = t'. \qquad \text{(II 5, 37)}$$

Doch fallen die quadratischen *Streuungen*

$$\langle \Delta x^2 \rangle = \iiint\limits_{(T)} u^* \, [x - \langle x \rangle]^2 \, u \, dT = \iiint\limits_{(T')} u'^* \, [x']^2 \, u' \, dT' =$$

$$= \iiint\limits_{(T')} U'^* \, [x']^2 \, U' \, dT'; \qquad \langle \Delta y^2 \rangle = \ldots; \qquad \langle \Delta z^2 \rangle = \ldots \qquad \text{(II 5, 38)}$$

sämtlich *positiv-definit* aus, so daß die Strecken

$$\delta x = 2 \sqrt{\langle \Delta x^2 \rangle}; \qquad \delta y = 2 \sqrt{\langle \Delta y^2 \rangle}; \qquad \delta z = 2 \sqrt{\langle \Delta z^2 \rangle} \qquad \text{(II 5, 39)}$$

als quantitatives Maß für die *Ausdehnung der Wahrscheinlichkeits-Wolke* dienen können: Sie definieren die beziehentlich zu den Achsen des Bezugssystemes parallelen *Orts-Ungenauigkeiten* des kontrollierten Massenpunktes.

f) Wir ergänzen die wellenmechanische *Kinematik* des untersuchten Teilchens durch seine *Dynamik*.

Mittels der relativ zu K' gemessenen Wahrscheinlichkeits-Welle U' berechnet sich der ebenso bezogene Erwartungswert $\langle P'_{x'} \rangle$ der parallel zur x'-Achse weisenden *Impulskomponente* gemäß (II 4, 46) und (II 4, 47) durch das über T' zu erstreckende Integral

$$\langle P'_{x'} \rangle = \frac{\hbar}{2\,i} \iiint\limits_{(T')} \left[U'^* \frac{\partial U'}{\partial x'} - U' \frac{\partial U'^*}{\partial x'} \right] dT'. \qquad \text{(II 5, 40)}$$

Dagegen folgt der Erwartungswert $\langle p_x \rangle$ der parallel zur x-Achse weisenden Impulskomponente relativ zu K aus

$$\langle p_x \rangle = \frac{\hbar}{2\,i} \iiint\limits_{(T)} \left[u^* \frac{\partial u}{\partial x} - u \frac{\partial u^*}{\partial x} \right] dT, \qquad \text{(II 5, 41)}$$

so daß er nach Ausweis der Gl. (II 4, 45) dem Produkte der Ruhmasse m_0 des Teilchens mit der x-Komponente $\overline{w}_z$ seiner Schwerpunktsgeschwindigkeit $\overline{w}$ gleicht

$$\langle p_x \rangle = m_0 \, \overline{w}_x. \tag{II 5, 42}$$

Mit Rücksicht auf (II 5, 7) und (II 5, 15) gilt nun bei der Wahl (II 5, 23) des Ausbreitungsvektors $\varDelta k$ die Relation

$$\frac{\partial u}{\partial x} = \frac{\partial u'}{\partial x'} = \left[i\,\frac{m_0}{\hbar}\,v_x\,U' + \frac{\partial U'}{\partial x'} \right] e^{-i\left[\frac{\varDelta \eta}{\hbar}t' - (\varDelta k_{x'}\cdot x' + \varDelta k_{y'}\cdot y' + \varDelta k_{z'}\cdot z')\right]} \tag{II 5, 43}$$

Daher stiftet der Vergleich von (II 5, 40) und (II 5, 41) im Verein mit (II 5, 15) den Zusammenhang

$$\langle p_x \rangle = m_0\,v_x + \langle P'_{x'} \rangle, \tag{II 5, 44}$$

welcher sich bei der Wahl (II 5, 34) der Translationsgeschwindigkeit w wegen (II 5, 42) auf die Angabe

$$\langle P_{x'} \rangle = 0 \tag{II 5, 45}$$

samt entsprechenden Aussagen für die Impulskomponenten in Richtung beziehentlich der y'-Achse und der z'-Achse reduziert.

Wir stellen den Erwartungswerten $\langle p_x \rangle$, $\langle p_y \rangle$, $\langle p_z \rangle$ je der Impulskomponente p_x, p_y, p_z deren quadratische Streuungen $\langle \varDelta p_x{}^2 \rangle$, $\langle \varDelta p_y{}^2 \rangle$, $\langle \varDelta p_z{}^2 \rangle$ durch die Definitionen

$$\langle \varDelta p_x{}^2 \rangle = \iiiint\limits_{(T)} u^* \left[\frac{\hbar}{i\,u}\frac{\partial u}{\partial x} - \langle p_x \rangle \right] \left[\frac{\hbar}{-i\,u^*}\frac{\partial u^*}{\partial x} - \langle p_x \rangle \right] u \, dT;$$

$$\langle \varDelta p_y{}^2 \rangle = \ldots; \qquad \langle \varDelta p_z{}^2 \rangle = \ldots \tag{II 5, 46}$$

zur Seite. Wird jetzt abermals die Translationsgeschwindigkeit v von K' relativ zu K mit der Schwerpunktsgeschwindigkeit $\overline{w}$ des Massen-Nebels identifiziert, so entnehmen wir aus (II 5, 43) unter Berufung auf (II 5, 15) und (II 5, 44) die Relationen

$$\left.\begin{aligned}
\frac{\hbar}{i\,u}\frac{\partial u}{\partial x} - \langle p_x \rangle &= \frac{\hbar}{i\,u}\frac{\partial U'}{\partial x'}\,e^{-i[\,\ldots\,]} \\[2ex]
\frac{\hbar}{-i\,u^*}\frac{\partial u^*}{\partial x} - \langle p_x \rangle &= \frac{\hbar}{-i\,u^*}\frac{\partial U'^*}{\partial x'}\,e^{i[\,\ldots\,]}
\end{aligned}\right\} \tag{II 5, 47}$$

und erhalten aus (II 5, 46) mit Rücksicht auf (II 5, 5)

$$\langle \varDelta p_x{}^2 \rangle = \hbar^2 \iiiint\limits_{(T')} \frac{\partial U'}{\partial x'} \cdot \frac{\partial U'^*}{\partial x'}\,dT'; \qquad \langle \varDelta p_y{}^2 \rangle = \ldots; \qquad \langle \varDelta p_z{}^2 \rangle = \ldots \tag{II 5, 48}$$

An Hand dieser Ausdrücke messen wir durch

$$\delta p_x = 2\sqrt{\langle \varDelta p_x{}^2 \rangle}; \qquad \delta p_y = 2\sqrt{\langle \varDelta p_y{}^2 \rangle}; \qquad \delta p_z = 2\sqrt{\langle \varDelta p_z{}^2 \rangle} \tag{II 5, 49}$$

die beziehentlich achsenparallelen *Impuls-Ungenauigkeiten* des kontrollierten Massenpunktes.

g) Die *Heisenberg*schen *Ungenauigkeits-Relationen* behaupten: Das Produkt jeder der Orts-Ungenauigkeiten (II 5, 39) mit der gleichnamigen Impuls-Ungenauigkeit (II 5, 49) übersteigt stets einen *universellen Minimalwert.*

Zum Beweise dieses fundamentalen Satzes bilden wir mittels eines immer als *reell* vorausgesetzten Parameters λ das dann gewiß positiv-definite Integral

$$J = \underset{(T')}{\int\int\int} \left[U'^{*} x' + \lambda \frac{\partial U'^{*}}{\partial x'} \right]\left[U' x' + \lambda \frac{\partial U'}{\partial x'} \right] dT' \geqq 0, \quad (II\ 5,\ 50)$$

aus welchem wir wegen (II 5, 39) und (II 5, 49) die Ungleichung

$$\frac{1}{4}\,\delta x^2 + \lambda \underset{(T')}{\int\int\int} x' \frac{\partial(U'^{*}\,U')}{\partial x'}\,dT' + \frac{1}{4}\frac{\lambda^2}{\hbar^2}\,\delta p_x^2 \geqq 0 \quad (II\ 5,\ 51)$$

erschließen. Wir bezeichnen nun durch $\mathit{1}_{x'}$ den parallel der x'-Achse weisenden Einheitsvektor und rufen den Vektor

$$\mathit{E}' = \mathit{1}_{x'}\,x'\,U'^{*} \cdot U' \qquad\qquad (II\ 5,\ 52)$$

der Quellendichte

$$\operatorname{div}' \mathit{E}' = \frac{\partial \mathit{E}_{x'}'}{\partial x'} + \frac{\partial \mathit{E}_{y'}'}{\partial y'} + \frac{\partial \mathit{E}_{z'}'}{\partial z'} = U'^{*}\,U' + x'\frac{\partial(U'^{*}\,U')}{\partial x'} \quad (II\ 5,\ 53)$$

zu Hilfe. Dann liefert der *Gauß*sche Integralsatz im Verein mit der Orthogonalitätsbedingung (II 5, 18) die Umformung

$$\underset{(T')}{\int\int\int} x'\frac{\partial(U'^{*}\,U)}{\partial x'}\,dT' = \underset{(T')}{\int\int\int} [\operatorname{div}'\mathit{E}' - U'^{*}\,U']\,dT' = \underset{(S')}{\int\int} \mathit{E}_{n'}'\,dS' - 1, \quad (II\ 5,\ 54)$$

in welcher das rechter Hand schließlich verbleibende, über die Hüllfläche S' von T' zu erstreckende Doppelintegral wegen der dort der Wahrscheinlichkeits-Welle U' auferlegten Randbedingung verschwindet. Demnach reduziert sich (II 5, 51) auf die Aussage

$$\frac{1}{4}\,\delta x^2 - \lambda + \frac{1}{4}\frac{\lambda^2}{\hbar^2}\,\delta p_x^2 \geqq 0, \qquad\qquad (II\ 5,\ 55)$$

so daß die Gleichung

$$\lambda^2 - \frac{4\,\hbar^2}{\delta p_x^2}\lambda + \hbar^2\left[\frac{\delta x}{\delta p_x}\right]^2 = 0 \qquad\qquad (II\ 5,\ 56)$$

in der Regel keiner reellen Lösung fähig ist. Dieser Tatbestand drückt sich in der Ungleichung

$$\left[\frac{2\,\hbar^2}{\delta p_x^2}\right]^2 \leqq \hbar^2\left[\frac{\delta x}{\delta p_x}\right]^2 \qquad\qquad (II\ 5,\ 57)$$

aus, welche in der Gestalt

$$\delta x \cdot \delta p_x \geqq 2\,\hbar \equiv \frac{h}{\pi} \qquad\qquad (II\ 5,\ 58)$$

[$h = \hbar/2\,\pi = $ *Planck*sche Konstante] samt den entsprechenden Beschränkungen der Produkte $\delta y \cdot \delta p_y$ und $\delta z \cdot \delta p_z$ den Beweis des oben mitgeteilten *Heisenberg*schen Satzes enthält.

Heisenberg selbst hat eine Reihe überaus geistvoller Versuchsanordnungen angegeben, welche den von ihm aufgestellten Ungenauigkeits-Relationen die Rolle einer *prinzipiellen Grenze der menschlichen Meßkunst* zuweisen; in dieser Eigenschaft setzen jene Relationen sogar das *Kausalitätsprinzip* in seiner klassischen Form außer Kraft oder zwingen zumindesten zu seiner Umdeutung. Sowohl gegen diese tief einschneidenden erkenntnistheoretischen Konsequenzen wie auch gegen einzelne der *Heisen-*

*berg*schen Gedankenexperimente sind von physikalischer Seite schwerwiegende Einwände erhoben worden. Diesem Meinungsstreit haben wir uns hier entzogen, indem wir den *Heisenberg*schen Satz aus der *Schrödinger*-Gleichung auf rein mathematischem, logisch unanfechtbarem Wege deduzierten. Im Lichte dieses Sachverhaltes müssen wir uns allerdings darüber klar sein, daß die etwaige Entdeckung einer physikalischen Methode zur Beseitigung der *Heisenberg*schen Genauigkeitsschranken die Grundfesten der Wellenmechanik erschüttern würde.

II 6. Das Zweikörper-Problem der Wellenmechanik.

a) Wir beschäftigen uns mit der Bewegung zweier individuell unterscheidbarer, materieller Punkte 1 und 2 beziehentlich der trägen Massen m_1 und m_2, welche mittels konservativer Kräfte aufeinander einwirken. In dem Inertialsystem der *Kartesi*schen Koordinaten x, y, z mögen sich die kontrollierten Teilchen zum Zeitpunkt t beziehentlich an den Orten x_1, y_1, z_1 und x_2, y_2, z_2 befinden; ihre gleichzeitig bestimmte potentielle Energie η_{pot} sei eine Funktion lediglich der Koordinaten

$$\eta_{pot} = \eta_{pot}(x_1, y_1, z_1; x_2, y_2, z_2). \qquad (II\ 6,\ 1)$$

Indem wir vorerst auf dem Boden der klassischen Punktmechanik verbleiben, dürfen wir den scharf bestimmten Konfigurations-Koordinaten die gleichfalls genau definierten Impulskomponenten p_{1x}, p_{1y}, p_{1z}; p_{2x}, p_{2y}, p_{2z} als kanonisch-konjugierte Veränderliche zur Seite stellen. Dann lautet die *Hamilton*sche Funktion des Systemes

$$\eta = \frac{p_{1x}^2 + p_{1y}^2 + p_{1z}^2}{2\,m_1} + \frac{p_{2x}^2 + p_{2y}^2 + p_{2z}^2}{2\,m_2} + \eta_{pot}. \qquad (II\ 6,\ 2)$$

In ihr ersetzen wir die sechs Impulskomponenten p_{1x}, ..., p_{2z} gemäß (II 4, 50) durch die Operatoren

$$p_{1x} = \frac{\hbar}{i}\frac{\partial}{\partial x_1}, \qquad \dots, \qquad p_{2z} = \frac{\hbar}{i}\frac{\partial}{\partial z_2} \qquad (II\ 6,\ 3)$$

und erhalten als *Hamilton*schen Operator

$$H = -\frac{\hbar^2}{2\,m_1}\left[\frac{\partial^2}{\partial x_1^2} + \frac{\partial^2}{\partial y_1^2} + \frac{\partial^2}{\partial z_1^2}\right] - \frac{\hbar^2}{2\,m_2}\left[\frac{\partial^2}{\partial x_2^2} + \frac{\partial^2}{\partial y_2^2} + \frac{\partial^2}{\partial z_2^2}\right] + \eta_{pot}.$$
$$(II\ 6,\ 4)$$

Im Verein mit dem Operator (II 4, 105) der Gesamtenergie

$$\eta = -\frac{\hbar}{i}\frac{\partial}{\partial t} \qquad (II\ 6,\ 5)$$

„erzeugt" somit die Vorschrift (II 4, 108) die *Schrödinger*-Gleichung der Wahrscheinlichkeits-Welle u, welche das quantenmechanische Verhalten des Systemes beschreibt:

$$\frac{\hbar^2}{2\,m_1}\left[\frac{\partial^2 u}{\partial x_1^2} + \frac{\partial^2 u}{\partial y_1^2} + \frac{\partial^2 u}{\partial z_1^2}\right] + \frac{\hbar^2}{2\,m_2}\left[\frac{\partial^2 u}{\partial x_2^2} + \frac{\partial^2 u}{\partial y_2^2} + \frac{\partial^2 u}{\partial z_2^2}\right] +$$
$$- \eta_{pot}\,u - \frac{\hbar}{i}\frac{\partial u}{\partial t} = 0. \qquad (II\ 6,\ 6)$$

b) Wir verschärfen die Annahme (II 6, 1) zur Voraussetzung, daß die potentielle Systemenergie nur von den *Relativ-Koordinaten*

$$\xi = x_1 - x_2; \qquad \eta = y_1 - y_2; \qquad \zeta = z_1 - z_2 \qquad (II\ 6,\ 7)$$

des materiellen Punktes 1 gegen seinen Partner abhängt. Um diesem Sachverhalt Rechnung zu tragen, ergänzen wir das Tripel (II 6, 7) durch die *Schwerpunkts-Koordinaten*

$$X = \frac{m_1 x_1 + m_2 x_2}{m_1 + m_2}; \qquad Y = \frac{m_1 y_1 + m_2 y_2}{m_1 + m_2}; \qquad Z = \frac{m_1 z_1 + m_2 z_2}{m_1 + m_2}$$

$$\text{(II 6, 8)}$$

des Zweikörper-Systemes; umgekehrt entnimmt man aus (II 6, 7) und (II 6, 8) die Relationen

$$x_1 = X + \frac{m_2}{m_1 + m_2}\,\xi; \qquad y_1 = Y + \frac{m_2}{m_1 + m_2}\,\eta; \qquad z_1 = Z + \frac{m_2}{m_1 + m_2}\,\zeta$$

$$\text{(II 6, 9)}$$

und

$$x_2 = X - \frac{m_1}{m_1 + m_2}\,\xi; \qquad y_2 = Y - \frac{m_1}{m_1 + m_2}\,\eta; \qquad z_2 = Z - \frac{m_1}{m_1 + m_2}\,\zeta.$$

$$\text{(II 6, 10)}$$

Gesucht wird die *Schrödinger*-Gleichung der Wahrscheinlichkeits-Welle

$$U(X, Y, Z; \xi, \eta, \zeta; t) = u\left(X + \frac{m_2}{m_1 + m_2}\,\xi; \cdots; Z - \frac{m_1}{m_1 + m_2}\,\zeta; t\right).$$

$$\text{(II 6, 11)}$$

Aus (II 6, 7) und (II 6, 8) berechnet man zunächst

$$\frac{\partial}{\partial x_1} = \frac{m_1}{m_1 + m_2}\frac{\partial}{\partial X} + \frac{\partial}{\partial \xi}; \qquad \frac{\partial}{\partial y_1} = \ldots; \qquad \frac{\partial}{\partial z_1} = \ldots \quad \text{(II 6, 12)}$$

$$\frac{\partial}{\partial x_2} = \frac{m_2}{m_1 + m_2}\frac{\partial}{\partial X} - \frac{\partial}{\partial \xi}; \qquad \frac{\partial}{\partial y_2} = \ldots; \qquad \frac{\partial}{\partial z_2} = \ldots \quad \text{(II 6, 13)}$$

und demnach weiter

$$\frac{\partial^2}{\partial x_1{}^2} = \left(\frac{m_1}{m_1 + m_2}\right)^2 \frac{\partial^2}{\partial X^2} + \frac{2\,m_1}{m_1 + m_2}\frac{\partial^2}{\partial X\,\partial \xi} + \frac{\partial^2}{\partial \xi^2};$$

$$\frac{\partial^2}{\partial y_1{}^2} = \ldots; \qquad \frac{\partial^2}{\partial z_1{}^2} = \ldots, \qquad\qquad \text{(II 6, 14)}$$

$$\frac{\partial^2}{\partial x_2{}^2} = \left(\frac{m_2}{m_1 + m_2}\right)^2 \frac{\partial^2}{\partial X^2} - \frac{2\,m_2}{m_1 + m_2}\frac{\partial^2}{\partial X\,\partial \xi} + \frac{\partial^2}{\partial \xi^2};$$

$$\frac{\partial^2}{\partial y_2{}^2} = \ldots; \qquad \frac{\partial^2}{\partial z_2{}^2} = \ldots, \qquad\qquad \text{(II 6, 15)}$$

so daß sich der *Hamilton*sche Operator (II 6, 4) in

$$H = -\frac{\hbar^2}{2}\frac{1}{m_1 + m_2}\left[\frac{\partial^2}{\partial X^2} + \frac{\partial^2}{\partial Y^2} + \frac{\partial^2}{\partial Z^2}\right] +$$

$$-\frac{\hbar^2}{2}\left(\frac{1}{m_1} + \frac{1}{m_2}\right)\left[\frac{\partial^2}{\partial \xi^2} + \frac{\partial^2}{\partial \eta^2} + \frac{\partial^2}{\partial \zeta^2}\right] + \eta_{\text{pot}} \qquad \text{(II 6, 16)}$$

verwandelt. Definieren wir nun durch

$$M = m_1 + m_2 \qquad\qquad \text{(II 6, 17)}$$

die *Gesamtmasse* M des Zweikörper-Systemes und durch

$$\frac{1}{\mu} = \frac{1}{m_1} + \frac{1}{m_2} \qquad\qquad \text{(II 6, 18)}$$

seine *reduzierte Masse μ*, so entsteht aus (II 6, 6) mit Rücksicht auf die vorausgesetzten Eigenschaften der potentiellen Systemenergie für U die *Schrödinger*-Gleichung

$$\frac{\hbar^2}{2\,M}\left[\frac{\partial^2 U}{\partial X^2}+\frac{\partial^2 U}{\partial Y^2}+\frac{\partial^2 U}{\partial Z^2}\right]+\frac{\hbar^2}{2\,\mu}\left[\frac{\partial^2 U}{\partial \xi^2}+\frac{\partial^2 U}{\partial \eta^2}+\frac{\partial^2 U}{\partial \zeta^2}\right]-$$

$$-\eta_{\mathrm{pot}}(\xi,\eta,\zeta)\,U-\frac{\hbar}{i}\frac{\partial U}{\partial t}=0. \tag{II 6, 19}$$

c) Um die partielle Differentialgleichung (II 6, 19) zu lösen, setzen wir U in der Form des Funktionenproduktes

$$U = \Psi(X, Y, Z, t)\cdot\psi(\xi,\eta,\zeta,t) \tag{II 6, 20}$$

an und erhalten

$$\frac{\hbar^2}{2\,M}\,\psi\left[\frac{\partial^2\Psi}{\partial X^2}+\frac{\partial^2\Psi}{\partial Y^2}+\frac{\partial^2\Psi}{\partial Z^2}\right]+\frac{\hbar^2}{2\,\mu}\,\Psi\left[\frac{\partial^2\psi}{\partial \xi^2}+\frac{\partial^2\psi}{\partial \eta^2}+\frac{\partial^2\psi}{\partial \zeta^2}\right]+$$

$$-\eta_{\mathrm{pot}}(\xi,\eta,\zeta)\,\Psi\cdot\psi-\frac{\hbar}{i}\left[\psi\frac{\partial\psi}{\partial t}+\Psi\frac{\partial\psi}{\partial t}\right]=0. \tag{II 6, 21}$$

Da in der Regel $U \neq 0$ ausfällt, dürfen wir (II 6, 21) mit $\Psi\cdot\psi$ kürzen und finden

$$\frac{\hbar^2}{2\,M}\cdot\frac{1}{\Psi}\left[\frac{\partial^2\Psi}{\partial X^2}+\frac{\partial^2\Psi}{\partial Y^2}+\frac{\partial^2\Psi}{\partial Z^2}\right]-\frac{\hbar}{i}\frac{1}{\Psi}\frac{\partial\Psi}{\partial t}+$$

$$+\frac{\hbar^2}{2\,\mu}\frac{1}{\psi}\left[\frac{\partial^2\psi}{\partial \xi^2}+\frac{\partial^2\psi}{\partial \eta^2}+\frac{\partial^2\psi}{\partial \zeta^2}\right]-\frac{\hbar}{i}\frac{1}{\psi}\frac{\partial\psi}{\partial t}-\eta_{\mathrm{pot}}(\xi,\eta,\zeta)=0. \tag{II 6, 22}$$

In der potentiellen Energie $\eta_{\mathrm{pot}}(\xi,\eta,\zeta)$ darf eine additive Konstante willkürlich gewählt werden. Daher verlieren wir nichts an Allgemeinheit der Ergebnisse, wenn wir (II 6, 22) in die *Wellengleichung der Schwerpunktsbewegung*

$$\frac{\hbar^2}{2\,M}\left[\frac{\partial^2\Psi}{\partial X^2}+\frac{\partial^2\Psi}{\partial Y^2}+\frac{\partial^2\Psi}{\partial Z^2}\right]-\frac{\hbar}{i}\frac{\partial\Psi}{\partial t}=0 \tag{II 6, 23}$$

und die *Wellengleichung der Relativbewegung*

$$\frac{\hbar^2}{2\,\mu}\left[\frac{\partial^2\psi}{\partial \xi^2}+\frac{\partial^2\psi}{\partial \eta^2}+\frac{\partial^2\psi}{\partial \zeta^2}\right]-\frac{\hbar}{i}\frac{\partial\psi}{\partial t}-\eta_{\mathrm{pot}}(\xi,\eta,\zeta)\cdot\psi=0 \tag{II 6, 24}$$

aufspalten.

d) Wir beschränken uns auf den stationären Zustand des Systemes: Die Schwerpunktsbewegung zeichnet sich durch den festen Wert W ihrer Gesamtenergie, die Relativbewegung durch den von W unabhängigen, doch gleichfalls festen Wert w der Gesamtenergie aus; das Zweikörper-System führt somit die Gesamtenergie

$$\eta = W + w = \mathrm{const} \tag{II 6, 25}$$

mit sich. Zufolge dieser Voraussetzungen erscheinen die Wahrscheinlichkeits-Wellen Ψ und ψ beziehentlich in der Form

$$\Psi(X, Y, Z, t) = \overline{\Psi}(X, Y, Z)\,e^{-i\frac{W}{\hbar}t} \tag{II 6, 26}$$

und

$$\psi(\xi,\eta,\zeta,t) = \overline{\varphi}(\xi,\eta,\zeta)\,e^{-i\frac{w}{\hbar}t}. \tag{II 6, 27}$$

Durch Substitution von (II 6, 26) in (II 6, 23) entspringt für die komplexe Amplitude $\overline{\Psi}$ der Schwerpunktsbewegung die zeitfreie *Schrödinger*-Gleichung

$$\frac{\partial^2\overline{\Psi}}{\partial X^2} + \frac{\partial^2\overline{\Psi}}{\partial Y^2} + \frac{\partial^2\overline{\Psi}}{\partial Z^2} + \frac{2\,M}{\hbar^2}\,W\cdot\overline{\Psi} = 0, \qquad (II\ 6,\ 28)$$

während die komplexe Amplitude $\overline{\psi}$ der Relativbewegung der ebenfalls zeitfreien *Schrödinger*-Gleichung

$$\frac{\partial^2\overline{\psi}}{\partial\xi^2} + \frac{\partial^2\overline{\psi}}{\partial\eta^2} + \frac{\partial^2\overline{\psi}}{\partial\zeta^2} + \frac{2\,\mu}{\hbar^2}\,(w - \eta_{\mathrm{pot}})\,\overline{\psi} = 0 \qquad (II\ 6,\ 29)$$

genügt.

e) Im Sinne der Punktmechanik weisen wir dem Zweikörper-System relativ zu den Koordinaten x, y, z den dreidimensionalen Lebensraum T zu. Dagegen verlangt die wellenmechanische Behandlung des Zweikörper-Systemes die Bezugnahme auf den *sechsdimensionalen Hyperraum* der Koordinaten $x_1, \ldots z_2$: Das Produkt

$$d\alpha = u\,u^*\,dx_1\,dy_1\,dz_1\,dx_2\,dy_2\,dz_2 \qquad (II\ 6,\ 30)$$

definiert die Verbindungs-Wahrscheinlichkeit für die gleichzeitige Anwesenheit sowohl des materiellen Punktes 1 im dreidimensionalen Raumelement $dx_1\,dy_1\,dz_1$ wie des materiellen Punktes 2 im dreidimensionalen Raumelement $dx_2\,dy_2\,dz_2$. Die Gesamtheit aller zulässigen Koordinaten $x_1, \ldots, z_2$ erfüllen den sechsdimensionalen Lebensraum

$$\mathscr{T} = \int\int\int\int\int\int dx_1\ldots dz_2 = \int\int\int dx_1\,dy_1\,dz_1 \int\int\int dx_2\,dy_2\,dz_2 = T^2,$$
$$(II\ 6,\ 31)$$

so daß die Wahrscheinlichkeits-Welle u der Normierungs-Vorschrift

$$\int\int\int\int\int\int_{(\mathscr{T})} u\,u^*\,dx_1\ldots dz_2 = 1 \qquad (II\ 6,\ 32)$$

zu unterwerfen ist. Um sie auf die Koordinaten $\xi, \ldots, Z$ zu transformieren, bilden wir mittels (II 6, 9) und (II 6, 10) die Relation

$$dx_1\ldots dz_2 = D\,d\xi\ldots dZ \qquad (II\ 6,\ 33)$$

mit der Funktional-Determinante

$$D = \begin{vmatrix} \dfrac{\partial x_1}{\partial\xi} & \dfrac{\partial x_1}{\partial\eta} & \cdots & \dfrac{\partial x_1}{\partial Z} \\[2ex] \dfrac{\partial y_1}{\partial\xi} & \vdots & & \\[2ex] \vdots & \vdots & & \\[2ex] \dfrac{\partial z_2}{\partial\xi} & \dfrac{\partial z_2}{\partial\eta} & \cdots & \dfrac{\partial z_2}{\partial Z} \end{vmatrix} = \begin{vmatrix} \dfrac{m_2}{m_1+m_2} & 0 & 0 & 1 & 0 & 0 \\[2ex] 0 & \dfrac{m_2}{m_1+m_2} & 0 & 0 & 1 & 0 \\[2ex] 0 & 0 & \dfrac{m_2}{m_1+m_2} & 0 & 0 & 1 \\[2ex] -\dfrac{m_1}{m_1+m_2} & 0 & 0 & 1 & 0 & 0 \\[2ex] 0 & -\dfrac{m_1}{m_1+m_2} & 0 & 0 & 1 & 0 \\[2ex] 0 & 0 & -\dfrac{m_1}{m_1+m_2} & 0 & 0 & 1 \end{vmatrix} = 1$$
$$(II\ 6,\ 34)$$

Daher verwandelt sich (II 6, 32) mit (II 6, 11) und (II 6, 20) in

$$\iint_{(T)}\iiint U\,U^*\,d\xi \ldots dZ =$$

$$= \iint_{(T)}\int \overline{\psi}\,\overline{\psi}^*\,d\xi\,d\eta\,d\zeta \iint_{(T)}\int \overline{\Psi}\,\overline{\Psi}^*\,dX\,dY\,dZ = 1. \quad\text{(II 6, 35)}$$

f) Wir beschäftigen uns zunächst mit der Schwerpunktsbewegung: Nach Wahl je der komplexen Konstanten $C_\pm$ lautet ein Integral der Gleichung (II 6, 28)

$$\overline{\Psi} = C_\pm\,e^{\pm\,i(KR)}, \quad\text{(II 6, 36)}$$

in welchem R den Radiusvektor der beziehentlich zur x-, y- und z-Achse parallelen Komponenten X, Y und Z sowie K den Ausbreitungsvektor der beziehentlich achsenparallelen Komponenten K_x, K_y und K_z bezeichnet; die letztgenannten sind durch die Gleichung

$$K_x{}^2 + K_y{}^2 + K_z{}^2 = \frac{2\,M}{\hbar^2}\,W \quad\text{(II 6, 37)}$$

mit der Gesamtenergie W der Schwerpunktsbewegung verbunden.

Jede der beiden Lösungen (II 6, 36) schildert eine ebene *de Broglie*-Welle, welche gemäß (II 6, 4), (II 6, 5) und (II 6, 17) einen materiellen Punkt der trägen Masse M bei seiner kräftefreien Bewegung mit der gleichförmigen vektoriellen Geschwindigkeit

$$w = \pm\frac{\hbar}{M}\cdot K \quad\text{(II 6, 38)}$$

begleitet. Wir setzen nun voraus, daß die Wahrscheinlichkeits-Welle Ψ an den Grenzen ihres dreidimensionalen Existenzgebietes T keine Reflexionen erleidet. Dann können wir es durch eine passende *Galilei*-Transformation stets dahin bringen, daß der Schwerpunkt des Zweikörper-Systemes relativ zum Bezugssystem x, y, z ruht: Die Gleichungen

$$K_x = 0; \quad K_y = 0; \quad K_z = 0 \quad\text{(II 6, 39)}$$

ziehen die Aussage

$$W = 0 \quad\text{(II 6, 40)}$$

nach sich. Dagegen bleibt die Lage des Schwerpunktes zufolge der *Heisen*-*berg*schen Ungenauigkeits-Relationen völlig unbestimmt: Unterwerfen wir die Wahrscheinlichkeits-Welle $\overline{\Psi} = C$ der Teil-Normierungsvorschrift

$$\iint_{(T)}\int \overline{\Psi}\,\overline{\Psi}^*\,dT = C\,C^* = 1, \quad\text{(II 6, 41)}$$

so mißt das Verhältnis dT/T die Wahrscheinlichkeit, den Schwerpunkt gerade im dreidimensionalen Raumelement dT anzutreffen.

g) Wir bringen (II 6, 30) in die Gestalt

$$da = \overline{\psi}\,\overline{\psi}^*\,d\xi\,d\eta\,d\zeta\,\overline{\Psi}\,\overline{\Psi}^*\,dX\,dY\,dZ \quad\text{(II 6, 42)}$$

und finden durch Integration allein über die Koordinaten des Schwerpunktes in

$$\Delta a = \overline{\psi}\,\overline{\psi}^*\,d\xi\,d\eta\,d\zeta \quad\text{(II 6, 43)}$$

die Aufenthalts-Wahrscheinlichkeit des materiellen Punktes 1 im dreidimensionalen Raumelement $d\xi\,d\eta\,d\zeta$ der Relativkoordinaten.

II 7. Die Schrödinger-Gleichung des Einzelions.

a) Gegeben sei ein materieller Punkt der Masse m und der invarianten elektrischen Ladung q, welcher zur Zeit t am Orte (x, y, z) des *Kartesi*schen, rechtsläufigen Bezugssystemes von den Feldkräften des elektrischen Skalarpotentiales

$$\varphi = \varphi(\mathrm{x, y, z, t}) \qquad \text{(II 7, 1)}$$

und des magnetischen Vektorpotentiales

$$V = V(\mathrm{x, y, z, t}) \qquad \text{(II 7, 2)}$$

ergriffen werde. Der Lebensraum T dieses Ions sei sonst von Materie frei. Zwingen wir dann den Potentialfunktionen (II 7, 1) und (II 7, 2) die Struktur-Relation

$$\operatorname{div} V = -\frac{1}{\mathrm{c}^2}\frac{\partial \varphi}{\partial \mathrm{t}} \qquad \text{(II 7, 3)}$$

auf, so gehorcht sowohl φ wie jede einzelne der achsenparallelen Komponenten V_x, V_y, V_z von V für sich der partiellen Differentialgleichung von Wellen, welche sich mit der Geschwindigkeit c des Lichtes im leeren Raume ausbreiten:

$$\nabla^2\varphi = \frac{1}{\mathrm{c}^2} \cdot \frac{\partial^2\varphi}{\partial \mathrm{t}^2}, \qquad \text{(II 7, 4)}$$

$$\nabla^2 V_\mathrm{j} = \frac{1}{\mathrm{c}^2}\frac{\partial^2 V_\mathrm{j}}{\partial \mathrm{t}^2}; \qquad \mathrm{j = x, y, z.} \qquad \text{(II 7, 5)}$$

Gesucht wird die Differentialgleichung beziehentlich der konjugiert-komplexen Wahrscheinlichkeits-Wellen u und u*, welche mittels ihres Produktes

$$a = \mathrm{u\,u^*} \qquad \text{(II 7, 6)}$$

die Aufenthaltswahrscheinlichkeit des kontrollierten Ladungsträgers je Einheit seines Lebensraumes schildern und somit der Normierungsvorschrift

$$\iiint\limits_{(\mathrm{T})} \mathrm{u\,u^*\,dT} = 1 \qquad \text{(II 7, 7)}$$

unterliegen.

b) Wie bei der entsprechenden Untersuchung des ungeladenen materiellen Punktes wird auch hier der absolute Betrag W der vektoriellen Ionengeschwindigkeit W als so klein im Verhältnis zur Lichtgeschwindigkeit c vorausgesetzt, daß die Masse m mit deren Ruhewert $\mathrm{m_0}$ vertauscht werden darf. Der *mechanische* Impuls des Ions ist dann durch

$$P_\mathrm{mech} = \mathrm{m_0}\,W \qquad \text{(II 7, 8)}$$

gegeben; er wird durch den *magnetischen* Impuls

$$P_\mathrm{magn} = \mathrm{q}\,V \qquad \text{(II 7, 9)}$$

zum *Gesamtimpuls*

$$P = P_\mathrm{mech} + P_\mathrm{magn} = \mathrm{m_0}\,W + \mathrm{q}\,V \qquad \text{(II 7, 10)}$$

ergänzt. Umgekehrt berechnet sich somit der Geschwindigkeitsvektor W aus dem Gesamtimpuls P und dem magnetischen Vektorpotential V nach der Vorschrift

$$W = \frac{P - \mathrm{q}\,V}{\mathrm{m_0}}. \qquad \text{(II 7, 11)}$$

Indem wir uns nun erinnern, daß die lediglich mit dem Magnetfeld genetisch verknüpfte *Lorentz*-Kraft am bewegten Ion keine Arbeit zu leisten vermag, finden wir für die *Hamilton*sche Funktion H des kontrollierten Ladungsträgers den Ausdruck

$$H = \frac{W^2}{2\,m_0} + q\,\varphi = \frac{(P - q\,V)^2}{2\,m_0} + q\,\varphi \qquad (II\ 7,\ 12)$$

in seiner zuletzt angegebenen Form.

c) Die *Schrödinger*-Gleichung des ungeladenen, materiellen Punktes entsteht aus seiner *Hamilton*schen Funktion H durch deren Deutung als [*Hermite*scher] Operator im Verein mit der Vorschrift

$$H = -\frac{\hbar}{i}\frac{\partial}{\partial t}, \qquad (II\ 7,\ 13)$$

welche auf die Wahrscheinlichkeits-Welle u anzuwenden ist. Lassen wir uns versuchsweise von dieser Anweisung auch bei der Behandlung der vorliegenden Aufgabe leiten und stützen uns auf die wellenmechanische Darstellung des Gesamtimpulses P durch den Operator

$$P = \frac{\hbar}{i}\,V, \qquad (II\ 7,\ 14)$$

so entsteht aus (II 7, 12) der Operator

$$H = \frac{1}{2\,m_0}\left(\frac{\hbar}{i}\,V - q\,V\right)^2 + q\,\varphi. \qquad (II\ 7,\ 15)$$

Bei der Auflösung der rechter Hand im ersten Posten auftretenden Klammer von der Gestalt einer „Norm" haben wir streng auf die *Reihenfolge* der operatorisch wirksamen Faktoren zu achten und erhalten explizit

$$H\,u = \frac{1}{2\,m_0}\left[-\hbar^2\,V^2\,u - \frac{\hbar\,q}{i}\,\operatorname{div}(V\,u) - \frac{\hbar\,q}{i}\,(V\operatorname{grad} u) + q^2(V)^2\,u\right] + q\,\varphi\,u \qquad (II\ 7,\ 16)$$

sowie auf dem gleichen Wege

$$(H\,u)^* = \frac{1}{2\,m_0}\left[-\hbar^2\,V^2\,u^* + \frac{\hbar\,q}{i}\,\operatorname{div}(V\,u^*) + \frac{\hbar\,q}{i}\,(V\operatorname{grad} u^*) + q^2(V)^2\,u^*\right] + q\,\varphi\,u^*. \qquad (II\ 7,\ 17)$$

Mit Rücksicht auf (II 7, 3) gilt nun

$$\operatorname{div}(V\,u) \equiv u\operatorname{div} V + (V\operatorname{grad} u) = -\frac{u}{c^2}\frac{\partial\varphi}{\partial t} + (V\operatorname{grad} u) \qquad (II\ 7,\ 18)$$

und eine entsprechende Gleichung für $\operatorname{div}(V\,u^*)$, so daß man (II 7, 16) und (II 7, 17) beziehentlich in

$$H\,u = \frac{1}{2\,m_0}\left[-\hbar^2\,V^2\,u - \frac{2\,\hbar\,q}{i}\,(V\operatorname{grad} u) + q^2(V)^2\,u\right] +$$

$$+ q\left[\varphi + \frac{\hbar}{i\,2\,m_0\,c^2}\frac{\partial\varphi}{\partial t}\right]u, \qquad (II\ 7,\ 19)$$

$$(H\,u)^* = \frac{1}{2\,m_0}\left[-\hbar^2\,V^2\,u^* + \frac{2\,\hbar\,q}{i}\,(V\operatorname{grad} u^*) + q^2(V)^2\,u^*\right] +$$

$$+ q\left[\varphi - \frac{\hbar}{i\,2\,m_0\,c^2}\frac{\partial\varphi}{\partial t}\right]u^* \qquad (II\ 7,\ 20)$$

umformen kann. Mag man sich nun auf diese oder die vorgenannten Darstellungen stützen: Unsere Annahme geht dahin, daß die *Schrödinger*-Gleichungen

$$\mathrm{H\,u} + \frac{\hbar}{i}\frac{\partial u}{\partial t} = 0 \qquad\qquad \text{(II 7, 21)}$$

und

$$(\mathrm{H\,u})^* - \frac{\hbar}{i}\frac{\partial u^*}{\partial t} = 0 \qquad\qquad \text{(II 7, 22)}$$

die *Wellenmechanik des langsam bewegten Einzelions* regeln.

d) Wir haben nachzuweisen, daß die aus (II 7, 21) und (II 7, 22) hervorgehenden Funktionen u und u* mit der Normierungsvorschrift (II 7, 7) vereinbar sind oder daß, mit anderen Worten, der Operator (II 7, 15) ein *Hermite*scher ist. Zu diesem Zwecke erweitern wir (II 7, 21) mit u*, (II 7, 22) mit u, subtrahieren die entstehenden Ausdrücke und erhalten mit Rücksicht auf (II 7, 16) und (II 7, 17) zunächst

$$-\frac{\hbar^2}{2\,m_0}\,(u^*\,\nabla^2 u - u\,\nabla^2 u^*) - \frac{\hbar\,q}{2\,m_0\,i}\,[u^*\,\mathrm{div}\,(V\,u) + u\,\mathrm{div}\,(V\,u^*)] +$$

$$-\frac{\hbar\,q}{2\,m_0\,i}\,[u^*\,(V\,\mathrm{grad}\,u) + u\,(V\,\mathrm{grad}\,u^*)] + \frac{\hbar}{i}\left[u^*\,\frac{\partial u}{\partial t} + u\,\frac{\partial u^*}{\partial t}\right] = 0.$$

$$\text{(II 7, 23)}$$

Mittels der Identitäten

$$u^*\,\nabla^2 u - u\,\nabla^2 u^* \equiv \mathrm{div}\,[u^*\,\mathrm{grad}\,u - u\,\mathrm{grad}\,u^*] \qquad \text{(II 7, 24)}$$

und

$$\mathrm{div}\,(V\,u\,u^*) \equiv u\,\mathrm{div}\,(V\,u^*) + u^*\,(V\,\mathrm{grad}\,u) \equiv u^*\,\mathrm{div}\,(V\,u) + u\,(V\,\mathrm{grad}\,u^*)$$

$$\text{(II 7, 25)}$$

kann man dann (II 7, 23) in die Form der hydrodynamischen Kontinuitätsgleichung für die Dichte $\mu = m_0\,u\,u^*$ des Massen-Nebels kleiden

$$\frac{\partial u}{\partial t} = -\mathrm{div}\left[\frac{\hbar}{2\,i\,m_0}\,\mu\left(\frac{\mathrm{grad}\,u}{u} - \frac{\mathrm{grad}\,u^*}{u^*}\right)\right] + \mathrm{div}\left[\frac{q}{m_0}\,\mu\,V\right],$$

$$\text{(II 7, 26)}$$

so daß der Erwartungswert Σ ihres Strömungsvektors durch

$$\Sigma = \frac{\hbar}{2\,i\,m_0}\left[\frac{\mathrm{grad}\,u}{u} - \frac{\mathrm{grad}\,u^*}{u^*}\right] - \frac{q}{m_0}\,V \qquad \text{(II 7, 27)}$$

beschrieben wird. Die Anwendung des *Gauß*schen Integralsatzes auf (II 7, 26), erstreckt über den Lebensraum T [Hüllfläche S, nach außen weisende Normalenrichtung n] des kontrollierten Ions, liefert nun die Aussage

$$m_0\,\frac{d}{dt}\iiint\limits_{(T)} u\,u^*\,dT =$$

$$= -\frac{\hbar}{2\,i}\iint\limits_{(S)} [u^*\,\mathrm{grad}\,u - u\,\mathrm{grad}\,u^*]_n\,dS + q\iint\limits_{(S)} u^*\,V_n\,u\,dS.$$

$$\text{(II 7, 28)}$$

Daher kann die Normierungsbedingung (II 7, 7) gewiß dann erfüllt werden, falls die Wahrscheinlichkeits-Wellen u und u* auf S gleichzeitig die Eigenschaften

$$[\text{u* grad u} - \text{u grad u*}]_n = 0 \qquad \text{(II 7, 29)}$$

und

$$\text{u* } V_n \text{ u} = 0 \qquad \text{(II 7, 30)}$$

aufweisen. Wir setzen deren Existenz weiterhin voraus und garantieren hierdurch umgekehrt den *Hermite*schen Charakter des Operators H nach Gl. (II 7, 15).

e) Wir kehren zum Strömungsvektor $\varSigma$ nach (II 7, 27) zurück, um aus ihm den Erwartungswert w der vektoriellen Ionengeschwindigkeit zu erschließen. Zu diesem Zwecke haben wir $\varSigma$ mit der Aufenthaltswahrscheinlichkeit $a = \text{u u*}$ des Ions je Einheit seines Lebensraumes T zu multiplizieren und das Produkt über T zu integrieren:

$$w = \iiint\limits_{(T)} a \, \varSigma \, dT =$$

$$= \frac{\hbar}{2\,i\,m_0} \iiint\limits_{(T)} (\text{u* grad u} - \text{u grad u*}) \, dT - \frac{q}{m_0} \iiint\limits_{(T)} \text{u* } V \text{ u } dT.$$

$$\text{(II 7, 31)}$$

Wie in Ziffer II 4, f gezeigt wurde, gilt unter der Bedingung (II 7, 29)

$$\frac{\hbar}{2\,i\,m_0} \iiint\limits_{(T)} (\text{u* grad u} - \text{u grad u*}) \, dT = \frac{\hbar}{i\,m_0} \iiint\limits_{(T)} \text{u* grad u } dT =$$

$$= - \frac{\hbar}{i\,m_0} \iiint\limits_{(T)} \text{u grad u* } dT, \qquad \text{(II 7, 32)}$$

so daß dann w durch den *Hermite*schen, vektoriellen Operator

$$W = \frac{\hbar}{i\,m_0} V - \frac{q}{m_0} V \qquad \text{(II 7, 33)}$$

wellenmechanisch dargestellt wird. Durch seine Multiplikation mit m_0 gelangen wir zum vektoriellen Operator P_{mech} allein des *mechanischen* Impulses

$$P_{\text{mech}} = m_0 \, W = \frac{\hbar}{i} V - q \, V. \qquad \text{(II 7, 34)}$$

Ähnlich schildert der Vektor

$$j = \varrho \, \varSigma = \frac{\hbar\,\varrho}{2\,i\,m_0} \left[\frac{\text{grad u}}{\text{u}} - \frac{\text{grad u*}}{\text{u*}} \right] +$$

$$- \frac{q\,\varrho}{m_0} V = \frac{\hbar\,q}{2\,i\,m_0} [\text{u* grad u} - \text{u grad u*}] - \frac{q^2}{m_0} \text{u u* } V \qquad \text{(II 7, 35)}$$

die *Ionen-Stromdichte* innerhalb der Raumladungswolke, während der vektorielle Erwartungswert $\langle s \rangle$ der Ionenströmung durch den *Hermite*schen Operator

$$S = q \, W = \frac{\hbar\,q}{i\,m_0} V - \frac{q^2}{m_0} V \qquad \text{(II 7, 36)}$$

dargestellt wird.

f) Definitionsgemäß ist das Vektorpotential V mit der magnetischen Induktion B durch die vektorielle Differentialbeziehung

$$B = \operatorname{rot} V \qquad (\text{II } 7,\ 37)$$

verknüpft. Daher kann man nach Wahl einer beliebigen Skalarfunktion

$$F = F(x, y, z, t) \qquad (\text{II } 7,\ 38)$$

mittels der Transformation

$$V = V' + \operatorname{grad} F \qquad (\text{II } 7,\ 39)$$

von V zu einem „gestrichenen" Vektorpotential V' übergehen, dessen Induktionsfeld

$$B' = \operatorname{rot} V' = \operatorname{rot} (V - \operatorname{grad} F) = \operatorname{rot} V \qquad (\text{II } 7,\ 40)$$

mit dessen „ungestrichener" Struktur (II 7, 37) identisch ist; doch ändert sich hierbei die Darstellung der elektrischen Feldstärke E von

$$E = -\left(\frac{\partial V}{\partial t} + \operatorname{grad} \varphi\right) \qquad (\text{II } 7,\ 41)$$

in

$$E' = -\left(\frac{\partial V'}{\partial t} + \frac{\partial}{\partial t} \operatorname{grad} F + \operatorname{grad} \varphi\right) \equiv -\left(\frac{\partial V'}{\partial t} + \operatorname{grad}\left\{\frac{\partial F}{\partial t} + \varphi\right\}\right) \qquad (\text{II } 7,\ 42)$$

so daß die Summe

$$\varphi' = \frac{\partial F}{\partial t} + \varphi \qquad (\text{II } 7,\ 43)$$

die Rolle eines V' zugeordneten, „gestrichenen" elektrischen Skalarpotentiales spielt. In der Tat: Unterwirft man F der Wellengleichung

$$V^2 F = \frac{1}{c^2} \frac{\partial^2 F}{\partial t^2} \qquad (\text{II } 7,\ 44)$$

so verwandelt sich (II 7, 3) mit Rücksicht auf (II 7, 39) und (II 7, 43) in

$$\operatorname{div} V' = -\frac{1}{c^2} \frac{\partial \varphi'}{\partial t} . \qquad (\text{II } 7,\ 45)$$

Indessen ziehen wir es vor, uns einstweilen die freie Verfügung über die Funktion F vorzubehalten.

Man sollte vermuten, daß sich die Transformation (II 7, 39) in den *Schrödinger*-Gleichungen (II 7, 21) und (II 7, 22) nur in dem Ersatz von V durch V' sowie von φ durch φ' bemerkbar mache, da sich ja in eben diesen Substitutionen der *physikalische* Inhalt jener Transformationen erschöpft. Tatsächlich aber finden wir nunmehr bei Benutzung des Operators H in der Gestalt (II 7, 16) für u die partielle Differentialgleichung

$$\frac{1}{2\,m_0}\left[-\hbar^2 V^2 u - \frac{\hbar\,q}{i} \operatorname{div}(V'\,u) - \frac{\hbar\,q}{i}(V'\operatorname{grad} u) + q^2(V')^2 u + \right.$$

$$- \frac{\hbar\,q}{i} \operatorname{div}(u\operatorname{grad} F) - \frac{\hbar\,q}{i}(\operatorname{grad} u\operatorname{grad} F) + q^2\,2\,(V'\operatorname{grad} F)\,u + $$

$$\left. + q^2(\operatorname{grad} F)^2 u\right] + q\,\varphi\,u + \frac{\hbar}{i}\frac{\partial u}{\partial t} = 0 \qquad (\text{II } 7,\ 46)$$

und eine entsprechende Gleichung entsteht mit Hilfe von (II 7, 17) für u*. Ersichtlich unterscheidet sich (II 7, 46) von (II 7, 21) durch die Gesamtheit der mit F behafteten Posten sogar dann, falls die Funktion F nicht explizit von der Zeit abhängt, also physikalisch völlig irrelevant bleibt. Wie hat man diesen scheinbar paradoxen Sachverhalt zu verstehen?

Wir kehren zu Gl. (II 7, 27) zurück und erhalten mit Benutzung von (II 7, 39) für den Strömungsvektor Σ die Gleichung

$$\Sigma = \frac{\hbar}{2\,i\,m_0}\left[\frac{\operatorname{grad} u}{u} - \frac{\operatorname{grad} u^*}{u^*}\right] - \frac{q}{m_0}\left[V' + \operatorname{grad} F\right], \qquad (II\ 7,\ 47)$$

welche mit Hilfe der „gestrichenen" Wahrscheinlichkeits-Wellen

$$u' = u\,e^{\frac{pF}{i\hbar}}; \qquad u'^* = u^*\,e^{-\frac{qF}{i\hbar}} \qquad (II\ 7,\ 48)$$

die Gestalt

$$\Sigma = \frac{\hbar}{2\,i\,m_0}\left[\frac{\operatorname{grad} u'}{u'} - \frac{\operatorname{grad} u'^*}{u'^*}\right] - \frac{q}{m_0}\,V' \qquad (II\ 7,\ 49)$$

annimmt; aus ihr ist die willkürliche Funktion F „forttransformiert" worden. Setzen wir nun, in Umkehrung von (II 7, 48),

$$u = u'\,e^{-\frac{qF}{i\hbar}}; \qquad u^* = u'^*\,e^{\frac{qF}{i\hbar}}, \qquad (II\ 7,\ 50)$$

so finden wir aus (II 7, 46) für u′ die gleichfalls von F freie Differentialgleichung

$$\frac{1}{2\,m_0}\left[-\hbar^2\,\nabla^2 u' - \frac{\hbar\,q}{i}\operatorname{div}(V'\,u') - \frac{\hbar\,q}{i}(V'\operatorname{grad} u') + q^2(V')^2\,u'\right] +$$

$$+ q\,\varphi'\,u' + \frac{\hbar}{i}\frac{\partial u'}{\partial t} = 0, \qquad (II\ 7,\ 51)$$

also gerade jene, deren Bestehen für die ursprüngliche Wahrscheinlichkeits-Welle u oben sozusagen irrtümlich vermutet wurde. Damit ist das Ziel erreicht. Denn zunächst lehrt die inhaltliche Identität von (II 7, 47) und (II 7, 49), daß die Transformation (II 7, 39) die Kinematik des kontrollierten Teilchens unberührt läßt; und weiter folgt aus (II 7, 50) die Gleichheit

$$u\,u^* = u'\,u'^*, \qquad (II\ 7,\ 52)$$

der gemäß auch die Anwesenheitswahrscheinlichkeit α des Teilchens je Einheit seines Lebensraumes T bei jener Transformation invariant bleibt.

g) Wir erweitern die Transformation (II 7, 39), (II 7, 43) auf die gleichzeitig bestehenden, unterschiedlichen Transformationen

$$\left.\begin{aligned}
V &= V_1' + \operatorname{grad} F_1; & \varphi_1' &= \frac{\partial F_1}{\partial t} + \varphi \\[2mm]
V &= V_2' + \operatorname{grad} F_2; & \varphi_2' &= \frac{\partial F_2}{\partial t} + \varphi \\[2mm]
\vdots \quad &\vdots \quad \vdots & \vdots \quad &\vdots \quad \vdots \\[2mm]
V &= V_n' + \operatorname{grad} F_n; & \varphi_n' &= \frac{\partial F_n}{\partial t} + \varphi \\[2mm]
\vdots \quad &\vdots \quad \vdots & \vdots \quad &\vdots \quad \vdots
\end{aligned}\right\} \qquad (II\ 7,\ 53)$$

Sind dann $u_1'; u_2'; \ldots; u_n'; \ldots$ die Integrale der beziehentlich für $V_1', \varphi_1'; V_2', \varphi_2'; \ldots; V_n', \varphi_n'; \ldots$ angeschriebenen Gleichungen (II 7, 51), so gelangen wir mittels (II 7, 50) unter Berufung auf die Linearität der *Schrödinger*-Gleichung (II 7, 21) zu der Lösung

$$u = \sum_n u_n'\,e^{-q\frac{F_n}{i\hbar}} \qquad (II\ 7,\ 54)$$

Falls insbesondere die Funktionen F_n durch die unterschiedlichen Werte λ_n eines Parameters λ auseinander hervorgehen

$$F_n = F(x, y, z, t; \lambda_n), \qquad \text{(II 7, 55)}$$

führt der Grenzübergang zu einem im Gebiete Λ stetig veränderlichen Parameter λ mit den Abkürzungen

$$\overline{u}'(\lambda) = u'(x, y, z, t; \lambda); \qquad \overline{F}(\lambda) = F(x, y, z, t; \lambda) \qquad \text{(II 7, 56)}$$

auf Lösungen der Gestalt

$$u = \int_\Lambda \overline{u}'(\lambda) e^{-q\frac{\overline{F}(\lambda)}{i\hbar}}\, d\lambda. \qquad \text{(II 7, 57)}$$

II 8. Die Stetigkeitsbedingungen der Wahrscheinlichkeitswellen.

a) Gegeben sei die *Schrödinger*-Gleichung eines Einzelions im Felde konservativer Kräfte. In ihr spielen die elektromagnetischen Potentiale φ [elektrisches Skalarpotential] und V [magnetisches Vektorpotential] im Verein mit den Mutterfunktionen etwa gleichzeitig wirksamer Kräfte anderer physikalischer Natur die Rolle ,,eingeprägter" Parameter, welche als solche in ihrer Abhängigkeit von Ort und Zeit von vornherein bekannt sind. Bei der phänomenologischen Darstellung solcher Felder kann es vorkommen, daß sie sich an einer gewissen Fläche S unstetig ändern; an jener Grenze wird dann das analytische Verhalten der *Schrödinger*-Gleichung unterbrochen, so daß für ihre Lösungen beiderseits der Grenze *unterschiedliche Integrale* auftreten. Wie sind sie miteinander zu verknüpfen?

b) Der Kürze halber beschränken wir uns weiterhin auf den Fall der rein elektromagnetischen Kräfte, der bereits alles Wesentliche erkennen läßt.

Mit dem Index 1 benennen wir das eine, mit dem Index 2 das andere der durch S getrennten Feldgebiete. Auf dem infinitesimal kleinen Element ΔS von S konstruieren wir die Normale n, deren positive Richtung von 1 nach 2 weise; sie definiert die Achse eines Kontrollzylinders Z der infinitesimal kleinen Höhe Δh mit der Basisfläche ΔS_1 in 1 und der Deckfläche ΔS_2 in 2, so daß die Relation

$$\lim_{\Delta h \to 0} \Delta S_1 = \Delta S = \lim_{\Delta h \to 0} \Delta S_2 \qquad \text{(II 8, 1)}$$

statthat.

Wir beschäftigen uns zunächst mit den in Z zu beobachtenden Eigenschaften des magnetischen Vektorpotentiales V, welches wir mit dem gleicherorts auftretenden elektrischen Skalarpotential φ gemäß (II 8, 3) durch

$$\operatorname{div} V = -\frac{1}{c^2}\frac{\partial \varphi}{\partial t} \qquad \text{(II 8, 2)}$$

verknüpfen. Der *Gauß*sche Satz liefert dann durch Integration über die Raumelemente dT von Z die Aussage

$$\lim_{\Delta h \to 0} \iiint\limits_{(Z)} \operatorname{div} V\, dT = \lim_{\Delta h \to 0} [V_{2,n}\,\Delta S_2 - V_{1,n}\,\Delta S_1] =$$

$$= -\frac{1}{c^2}\lim_{\Delta h \to 0} \frac{d}{dt}\iiint\limits_{(Z)} \varphi\, dT. \qquad \text{(II 8, 3)}$$

Verlangen wir von nun ab, daß sowohl V wie φ stets beschränkt bleibt und schließen instantane zeitliche Änderungen dieser Potentiale von der Behandlung aus, so verschwindet die rechte Seite der Gleichung (II 8, 3), und wir gelangen mit Rücksicht auf (II 8, 1) zu dem Schlusse

$$V_{2,n} = V_{1,n}. \qquad (II\ 8,\ 4)$$

Überdies folgt aus der Definitionsgleichung des Vektorpotentiales V als Mutterfunktion der magnetischen Induktion B

$$B = \operatorname{rot} V \qquad (II\ 8,\ 5)$$

im Verein mit der Forderung eines stets beschränkten Induktionsbetrages mittels des *Stokes*schen Satzes, angewandt auf ein unendlich schmales, beiderseits der Grenzfläche verlaufenden Kurvenviereckes sogleich die Stetigkeit auch der tangentiell zur Grenzfläche gerichteten Komponenten V_t des Vektorpotentiales

$$V_{t,2} = V_{t,1}. \qquad (II\ 8,\ 6)$$

Daher können wir (II 8, 4) mit (II 8, 6) zu der Aussage

$$V_1 = V_2 \ \text{längs}\ S \qquad (II\ 8,\ 7)$$

zusammenfassen.

Wir kehren jetzt zur Untersuchung der Eigenschaften der Wahrscheinlichkeits-Wellen (u, u^*) zurück. Ausgehend von (II 7, 18) in der Form

$$(V \operatorname{grad} u) = \operatorname{div}(V u) + \frac{u}{c^2} \frac{\partial \varphi}{\partial t} \qquad (II\ 8,\ 8)$$

können wir den Ausdruck (II 7, 16) in

$$H u = \frac{1}{2 m_0} \left[-\hbar^2 V^2 u - \frac{2\hbar q}{i} \operatorname{div}(V u) - \frac{\hbar q}{i c^2} \frac{\partial \varphi}{\partial t} u + q^2 (V)^2 u \right] + q \varphi u$$

$$(II\ 8,\ 9)$$

umschreiben, so daß die *Schrödinger*-Gleichung (II 7, 21) die Gestalt

$$\operatorname{div}\left[\hbar^2 \operatorname{grad} u + \frac{2\hbar q}{i} V u \right] = \left[2 m_0 q \varphi - \frac{\hbar q}{i c^2} \frac{\partial \varphi}{\partial t} + q^2 (V)^2 \right] u + \frac{2 \hbar m_0}{i} \frac{\partial u}{\partial t}$$

$$(II\ 8,\ 10)$$

annimmt. Wir integrieren sie über den Bereich des Kontrollzylinders Z und erhalten mittels des *Gauß*schen Satzes

$$\hbar^2 \left(\frac{\partial u_2}{\partial n} \varDelta S_2 - \frac{\partial u_1}{\partial n} \varDelta S_1 \right) + \frac{2\hbar q}{i} (V_{2,n} u_2 \varDelta S_2 - V_{1,n} u_1 \varDelta S_1) = $$
$$= \lim_{\varDelta h \to 0} \iiint_{(Z)} \left\{ \left[2 m_0 q \varphi - \frac{\hbar q}{i c^2} \frac{\partial \varphi}{\partial t} + q^2 (V)^2 \right] u + \frac{2 \hbar m_0}{i} \frac{\partial u}{\partial t} \right\} dT \right\} \cdot (II\ 8,\ 11)$$

Nun ergänzen wir die früheren Voraussetzungen über das Verhalten der elektromagnetischen Potentiale in Z durch die Annahme, daß dort auch der *absolute Betrag der konjugiert-komplexen Wahrscheinlichkeits-Wellen* u und u* mit Einschluß ihrer partiellen Ableitungen nach der Zeit stets *beschränkt* bleibe. Bei dem in Gl. (II 8, 11) geforderten Grenzübergange $\varDelta h \to 0$ verschwindet dann das rechter Hand auftretende Integral, so daß wir mit Rücksicht auf (II 8, 1) an der Fläche S die Stetigkeitseigenschaft

$$\frac{\partial u_2}{\partial n} + \frac{2\hbar q}{i} V_{2,n} u_2 = \frac{\partial u_1}{\partial n} + \frac{2\hbar q}{i} V_{1,n} u_1 \qquad (II\ 8,\ 12)$$

der Wahrscheinlichkeits-Welle u samt einer entsprechenden für u* vorfinden. Wir werden verlangen, daß sie für elektromagnetische Felder *beliebiger* Struktur gültig bleibe. Auf Grund dieser Zusatzforderung dürfen wir Gl. (II 8, 12) vorübergehend auf den Fall eines rein elektrischen Feldes $[V \to 0]$ spezialisieren und erhalten zunächst die Bedingung

$$\frac{\partial u_2}{\partial n} = \frac{\partial u_1}{\partial n} \text{ auf S.} \qquad (\text{II 8, 13})$$

Kehrt man jetzt zu allgemeinen Feldern der Eigenschaft $V \neq 0$ zurück, so erschließt man aus (II 8, 12) im Verein mit (II 8, 4) und (II 8, 13) die *Stetigkeit der Wahrscheinlichkeits-Welle* selbst

$$u_2 = u_1 \text{ auf S.} \qquad (\text{II 8, 14})$$

Demnach läßt sich (II 8, 13) zu der Vektorgleichung

$$\operatorname{grad} u_2 = \operatorname{grad} u_1 \text{ auf S} \qquad (\text{II 8, 15})$$

erweitern, welche ihrerseits mit (II 8, 7) zu der Aussage

$$\operatorname{grad} u_2 + \frac{2\,\hbar\,q}{i} V_2\,u_2 = \operatorname{grad} u_1 + \frac{2\,\hbar\,q}{i} V_1\,u_1 \text{ auf S} \qquad (\text{II 8, 16})$$

vereinigt werden kann.

c) Wir bringen die Kontinuitätsgleichung der gemäß (II 7, 35) zu berechnenden elektrischen Konvektions-Stromdichte j in der Raumladungs-Wolke der Dichte

$$\varrho = q\,u\,u^* \qquad (\text{II 8, 17})$$

mit Hilfe von (II 7, 26) in die Gestalt

$$\operatorname{div} \left\{ \frac{\hbar\,q}{2\,i\,m_0} (u^* \operatorname{grad} u - u \operatorname{grad} u^*) - \frac{q^2}{m_0} u\,u^*\,V \right\} = \operatorname{div} j = -\frac{\partial \varrho}{\partial t} \qquad (\text{II 8, 18})$$

und erhalten aus ihr durch Integration über den Kontrollzylinder Z unter Verwendung des *Gauß*schen Satzes

$$j_{2,n}\,\varDelta S_2 - j_{1,n}\,\varDelta S_1 = -\frac{d}{dt} \iiint\limits_{(Z)} \varrho \, dT. \qquad (\text{II 8, 19})$$

Zufolge der vorausgesetzten Beschränktheit von $|u|$ in Z kommt nach (II 8, 17) die gleiche Eigenschaft der Raumladungs-Dichte ϱ zu. Daher verschwindet beim Grenzübergange $\varDelta h \to 0$ die rechte Seite der Gleichung (II 8, 19), so daß wir mit Rücksicht auf (II 8, 1) die Relation

$$j_{2,n} = j_{1,n} \text{ auf S} \qquad (\text{II 8, 20})$$

finden: Die normal zur Grenze gerichtete Komponente der elektrischen Konvektions-Stromdichte j bleibt bei der Passage dieser Fläche stetig; die nämliche kinematische Bedingung ist der entsprechenden Komponente der Massen-Stromdichte p [Impulsdichte] aufzuerlegen, welche aus j durch Multiplikation mit dem Verhältnis m_0/q hervorgeht.

Setzt man die Beziehungen (II 8, 6), (II 8, 14) und (II 8, 15) unmittelbar in (II 7, 35) ein, so läßt sich Gl. (II 8, 20) zu der vektoriellen Aussage

$$\dot{j}_2 = \dot{j}_1 \text{ auf S} \qquad (\text{II 8, 21})$$

erweitern, welche einer einfachen physikalischen Deutung fähig ist: In den Elementen der Grenzfläche können materielle Ladungsträger weder erzeugt noch vernichtet werden.

d) Wir wählen von nun ab die Fläche S als lückenlose, sich nirgends selbst überschneidende Hülle und identifizieren den von ihr begrenzten

Innenraum vom Inhalte $T = T_1$ mit dem Gebiete 1; dieses wird somit vom Gebiete 2 vollständig umschlossen.

Im Gebiete 1 halten wir weiterhin an den früheren Voraussetzungen über das Verhalten der elektromagnetischen Potentiale φ und V unverändert fest. Dagegen machen wir die Grenze S selbst zum Sitz einer *homogenen elektrischen Doppelschicht*, deren Moment je Flächeneinheit wir adiabatisch derart anwachsen lassen, daß das mit q multiplizierte elektrische Skalarpotential $\varphi = \varphi_2$ des Gebietes 2 mit Ausschluß von S über jede positive Grenze ansteigt

$$q\,\varphi = q\,\varphi_2 \to \infty \quad \text{im Gebiete 2.} \qquad \text{(II 8, 22)}$$

Ungeachtet dieses ideellen Prozesses verlangt die Deutung des Produktes u u* als Anwesenheits-Wahrscheinlichkeit des kontrollierten Ions je Einheit seines Lebensraumes, daß der absolute Betrag der konjugiert-komplexen Wahrscheinlichkeits-Wellen u, u* in der Umgebung von S stets beschränkt bleibe. Wenden wir daher die *Schrödinger*-Gleichung (II 8, 10) auf das Gebiet 2 an, so werden wir durch (II 8, 22) zu der Folgerung

$$\lim_{\varphi_2 \to \infty} u_2 = 0 \qquad \text{(II 8, 23)}$$

gezwungen. In der Terminologie der klassischen Punktdynamik spielt somit das Gebiet 2 die Rolle eines *absolut starren Körpers*, der die an seine Wandelemente ΔS einfallenden Ionen in deren Herkunftsbereich reflektiert, und dieser Mechanismus wird von den elektrischen Kräften der Doppelschicht geregelt; umgekehrt schließt daher die Fläche S das Gebiet 1 hermetisch nach außen ab.

Gelten die früher unter der Voraussetzung überall *beschränkter* elektromagnetischer Potentiale φ und V entwickelten Sätze auch für den hier untersuchten Fall des entsprechend (II 8, 22) auf unbeschränkt hohe Absolutbeträge anwachsenden elektrischen Skalarpotentiales φ_2?

1. Wir beschäftigen uns zuerst mit den Stetigkeitseigenschaften des magnetischen Vektorpotentiales. Um zu bestimmten Aussagen zu gelangen, verschärfen wir die Vorschrift des adiabatischen Aufbaues der in S fixierten elektrischen Doppelschicht zur Voraussetzung einer beliebig langsamen Elektrisierung ihrer Dipole; indem wir dann

$$\frac{\partial \varphi_2}{\partial t} \to 0 \qquad \text{(II 8, 24)}$$

folgern, verschwindet die rechte Seite der Gleichung (II 8, 3) während aller Stadien des Prozesses (II 8, 22), so daß der Bestand der Gl. (II 8, 4) sichergestellt ist. Da unter denselben Prämissen auch der absolute Betrag $|B|$ der magnetischen Induktion im Bereiche der Doppelschicht beschränkt bleibt, ist auch die Permanenz der Gleichung (II 8, 6) und mit ihr jene der Gleichung (II 8, 7) gewährleistet.

2. Der in Gleichung (II 8, 11) rechter Hand auftretende Integrand enthält neben anderen, auf Grund der eben durchgeführten Überlegungen wohldefinierten Posten das Produkt $q\,\varphi\,u$. Allein auch bei strenger Beachtung der Vorschrift (II 8, 24) können wir über seinen Wert in demjenigen Teile des Kontrollzylinders Z, der in das Gebiet 2 hineinragt, keinerlei verbindliche Aussage machen; insbesondere steht die Existenz eines beschränkten Grenzwertes $\lim_{q\,\varphi_2 \to \infty} (q\,\varphi_2\,u)$ nicht fest. Wir sind daher außer Stande, das Verschwinden des in (II 8, 11) eingehenden, bestimmten Integrales zu garantieren, so daß auch der von (II 8, 11) zu (II 8, 12)

führende Schluß hinfällig wird; mit dem Verzicht auf letztgenannte Gleichung ist den früheren Stetigkeitsbedingungen (II 8, 13) und (II 8, 14) der Boden entzogen, und mit ihnen haben wir (II 8, 15) aufzugeben.

3. Im Gegensatz zu dem Verhalten des Produktes $\lim\limits_{q\,\varphi_2\,\to\,\infty} (q\,\varphi_2\,u)$ verbürgen die stets notwendig beschränkten Absolutwerte der konjugiert-komplexen Wahrscheinlichkeits-Wellen u, u* in der Umgebung von S einen dort gleichfalls beschränkten Wert der Raumladungsdichte ϱ nach Gl. (II 8, 17). Beim Grenzübergange $\Delta h \to 0$ verschwindet daher die rechte Seite der Gleichung (II 8, 19) unter allen Umständen, so daß wir mit Sicherheit auf die Permanenz der Gl. (II 8, 20) während des Prozesses (II 8, 22) schließen. Da nun durch diesen gleichzeitig mit u_2 auch die Konvektions-Stromdichte j_2 zum Verschwinden gebracht wird, reduziert sich (II 8, 20) auf die Aussage

$$j_{1,n} = \frac{\hbar\,q}{2\,i\,m_0}\left(u_1^* \frac{\partial u_1}{\partial n} - u_1 \frac{\partial u_1^*}{\partial n}\right) - \frac{q^2}{m_0}\,u_1\,u_1^*\,V_{1,n} = 0 \quad \text{auf S.} \qquad \text{(II 8, 25)}$$

Sie wird bei *beliebiger* Struktur des elektromagnetischen Feldes bereits durch die *eine* Bedingung

$$u_1 = 0 \quad \text{auf S} \qquad\qquad \text{(II 8, 26)}$$

identisch befriedigt. Auf Grund der gleichzeitigen Angabe $u_2 = 0$ stellt sich somit heraus, daß die Stetigkeitsbedingung (II 8, 14) der Wahrscheinlichkeits-Wellen u_1 und u_2 [einschließlich ihrer konjugiert-komplexen Ergänzungen u_1^* und u_2^*] *allgemeine Gültigkeit* beanspruchen darf. Dagegen darf (II 8, 13) nur auf ein elektromagnetisches Feld überall beschränkter Potentialfunktionen angewandt werden, und die nämliche Einschränkung begrenzt den Gültigkeitsbereich der Kontinuitätsgleichung (II 8, 21).

e) Durch den Begriff der geometrisch lückenlosen und mechanisch absolut starren Hülle wird der von ihr umfaßte Raum T_1 in ein gegen die Außenwelt *abgeschlossenes Gebiet* verwandelt, in welchem der geladene Massenpunkt ein für allemal verbleiben muß. Wir müssen uns jedoch darüber klar werden, daß dieses zunächst so einfach erscheinende System tatsächlich *nicht realisierbar* ist und eben hierdurch dem obersten Gebot jeder sinnvollen physikalischen Theorie widerspricht, der grundsätzlichen Möglichkeit ihres Vergleiches mit dem Experiment:

1. In der Natur gibt es keine absolut starren Körper, da der Grenzprozeß (II 8, 22) niemals ausgeführt werden kann.

2. Das in T_1 einsame Teilchen entzieht sich zufolge seiner durch S bewirkten Isolierung von der Außenwelt jeder Kontrolle.

3. Die „ewige Gefangenschaft" des Teilchens in T_1 schließt implizit die Annahme einer *ewigen Existenz* des gesamten Systemes in sich.

Mit anderen Worten: Die in der Begriffswelt der klassischen Mechanik als „Anfangsbedingung" durchaus übliche und meist kritiklos hingenommene Aussage: „*Gegeben*" zum Zeitpunkte $t = t_1$ ein materieller Punkt der Masse m, welcher sich fortan von seinem Startpunkt aus mit wohldefinierten Komponenten seiner Geschwindigkeit stets innerhalb des abgeschlossenen Gebietes T_1 bewegt — erweist sich vom Standpunkte der modernen Physik aus als sinnlos oder doch zumindest als inhaltsleer.

Im Lichte dieser erkenntnistheoretischen Dialektik, die als solche auch durch die *Heisenberg*schen Ungenauigkeits-Relationen nicht aus dem Wege geräumt werden kann, müssen wir die ursprüngliche Konzeption des zu behandelnden Systemes einer tiefreichenden *Revision* unterziehen: Die vordem lückenlose Hülle S ist mit wenigstens *einer* Öffnung von allerdings beliebig schmal wählbarem Querschnitt auszustatten, welcher dem außerhalb von T_1 postierten Beobachter den intellektualen Kontakt mit dem in T_1 befindlichen Teilchen gestattet; jede solche Öffnung kann dann dem zu kontrollierenden Teilchen gegenüber zwei zueinander *komplementäre Rollen* übernehmen:

1. Es mag sein, daß der Raum T_1 bis zu einem gewissen Zeitpunkt $t = t_0$ völlig leer war; erst später sei das Teilchen durch eine der Öffnungen in T_0 hineingeworfen worden und verbleibe dort bis auf weiteres. Der Raum T_1 steht daher zu dem eingeworfenen Teilchen in wesentlich dem gleichen Verhältnis wie ein als schwarzer Körper dienender Hohlraum, der einem von außen kommenden Lichtstrahl den Eintritt in sein Inneres nur durch ein schmales Fenster gewährt; wir werden diesen Vorgang daher treffend als *Absorbtion* kennzeichnen.

2. Falls wir zu einem gewissen Zeitpunkt $t = t_0$ das Teilchen in T_1 vorfinden, kann es doch späterhin durch eine der in S befindlichen Öffnungen entweichen: Wir haben es mit einem *Emissionsvorgange* zu tun.

f) Wir beschäftigen uns zunächst mit der Statistik des Emissionsprozesses, welcher leichter als der Absorbtionsvorgang zu verstehen ist. Der Einfachheit halber erläutern wir seinen Mechanismus an einem *Modell*, welches bereits mittels elementarer Methoden der klassischen Punktmechanik die für uns wesentlichen Eigenschaften des Emissionsvorganges schildert:

Der Raum T_1 wird als kräftefrei vorausgesetzt. Er enthalte zum Zeitpunkt $t = t_0$ gerade N_0 Moleküle eines einheitlichen Gases, während eine im Zeitpunkt $t > t_0$ ausgeführte Beobachtung die Anwesenheit von $N = N(t)$ Molekülen in T_1 ergebe. Die Kräfte von Molekül zu Molekül bleiben grundsätzlich außer Betracht, so daß das Verhältnis

$$n = n(t) = \frac{N(t)}{T_1} \qquad \text{(II 8, 27)}$$

den Erwartungswert der innerhalb T_1 merklich homogenen *Teilchen-Konzentration* im Zeitpunkt t mißt. Überdies mögen die Gas-Moleküle in T_1 mit der einheitlichen Geschwindigkeit vom absoluten Betrage v bei ideal ungeordneter Richtung durcheinander schwirren.

Die Hülle S unseres Modelles gelte fortan nur noch im *geometrischen* Sinne als lückenlos geschlossen; dagegen möge ihr *mechanisches* Verhalten durch das Bild einer absolut starren Schale erfaßt werden, welche von insgesamt $l \geq 1$ diskreten *Löchern* der je zwar überaus kleinen, doch wesentlich von Null verschiedenen Flächen ΔS_k $[1 \leq k \leq l]$ unterbrochen sei. Die von T_1 her gegen S andringenden Moleküle sollen nun von den starren Elementen der Schale jeweils elastisch reflektiert werden, während sie die Löcher frei passieren können; nachdem jedoch ein Molekül auf diese Weise sein Heimatgebiet verlassen hat, ist ihm die Rückkehr dorthin ein für allemal verwehrt.

Wir richten nun unsere Aufmerksamkeit etwa auf die Öffnung ΔS_k, welche wir auf Grund ihrer Kleinheit stets als merklich eben betrachten können, und machen ihrem in dieser Ebene gelegenen Schwerpunkt O gemäß Abb. II 82 zum Ursprung eines lokalen Bezugssystemes der Kugelkoordinaten r [Radialdistanz], ϑ [Polarwinkel] und ψ [Azimut]; die z Achse möge senkrecht zur Öffnungsebene in das Innere von T_1 hinein weisen, während die Meridianebene $\psi = 0$ beliebig fixiert werden darf.

Wir postieren uns zum Zeitpunkt t im Punkte O, um dort während der kurzen Zeitspanne Δt die Zahl ΔN_k der Moleküle zu kontrollieren, welche die Fläche ΔS_k auf ihrer Flucht aus T_1 durchkreuzen. Zu diesem Zwecke konstruieren wir die infinitesimal benachbarten Kugeln der Halbmesser r und $(r + \Delta r)$, deren Anteil $0 \leq \vartheta < \pi/2$ ganz in T_1 liegen soll; sie definieren daher im Verein mit den infinitesimal benachbarten Kugeln ϑ und $(\vartheta + \Delta\vartheta)$ $[0 \leq \vartheta < \pi/2]$ und den infinitestimal benachbarten Meridianebenen ψ und $(\psi + \Delta\psi)$ $[0 \leq \psi < 2\pi]$ das T_1 angehörige Raumelement

$$\Delta T = r^2 \sin\vartheta\, \Delta r\, \Delta\vartheta\, \Delta\psi, \qquad\qquad (II\ 8,\ 28)$$

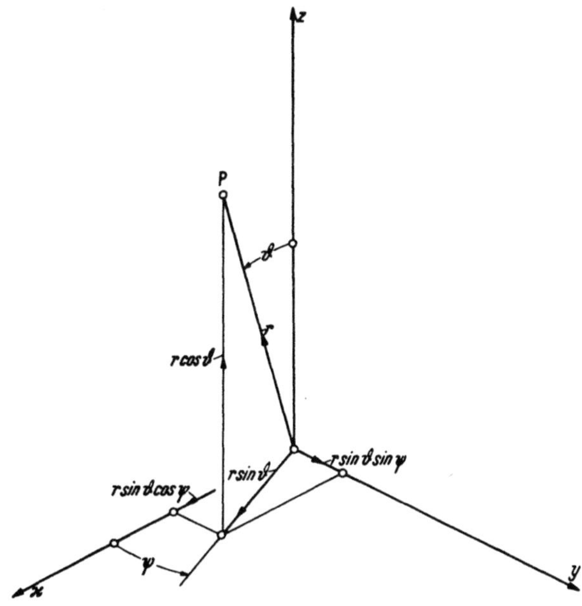

Abb. II 82. Kugelkoordinaten.

welches gemäß (II 8, 27) im Zeitpunkt t

$$\Delta N = n(t)\, r^2 \sin\vartheta\, \Delta r\, \Delta\vartheta\, \Delta\psi \qquad\qquad (II\ 8,\ 29)$$

Moleküle beherbergt. Nun erscheint einem in ΔT befindlichen Beobachter das Flächenelement ΔS_k unter dem räumlichen Winkel

$$\Delta\Omega_k = \Delta S_k \cdot \frac{\cos\vartheta}{r^2}, \qquad\qquad (II\ 8,\ 30)$$

so daß von den ΔN Molekülen (II 8, 29) vermöge ihrer idealen Richtungsunordnung nur der Bruchteil

$$\Delta N\, \frac{\Delta\Omega_K}{4\pi} = \frac{\Delta S_K}{4\pi} \cdot n(t) \sin\vartheta \cos\vartheta\, \Delta r\, \Delta\vartheta\, \Delta\psi \qquad\qquad (II\ 8,\ 31)$$

auf die Öffnung ΔS_k zufliegt. Da diese Moleküle indes die Kontrollfläche während der vorgeschriebenen Zeitspanne Δt nur unter der kinematischen Bedingung

$$0 \leq r < v\, \Delta t \qquad\qquad (II\ 8,\ 32)$$

zu durchkreuzen vermögen, gleicht die gesuchte Zahl ΔN_K dem bestimmten Integral

$$\Delta N_K = \int\limits_{r=0}^{v\Delta t} \int\limits_{\vartheta=0}^{\pi/2} \int\limits_{\psi=0}^{2\pi} \frac{\Delta S_K}{4\pi}\, n(t)\, \sin\vartheta\, \cos\vartheta\, \Delta r\, \Delta\vartheta\, \Delta\psi = \frac{\Delta S_K\, n(t)\, v}{4}\, \Delta t.$$

$$(\text{II 8, 33})$$

Durch Summation über alle l Öffnungen der Hülle S gelangen wir somit bei Beachtung von (II 8, 27) zu der Bilanz der in T_1 zur Zeit t enthaltenen Moleküle

$$\Delta N = -\left(\frac{v}{4}\, \frac{\sum\limits_{k=0}^{l} \Delta S_k}{T_1}\right) N(t) \cdot \Delta t. \qquad (\text{II 8, 34})$$

Sie führt mittels des Grenzüberganges $\Delta t \to 0$ auf die Differentialgleichung

$$\frac{dN}{dt} = -\left(\frac{v}{4}\, \frac{\sum\limits_{k=0}^{l} \Delta S_k}{T_1}\right) N, \qquad (\text{II 8, 35})$$

so daß der Ausdruck

$$\varepsilon = \frac{v}{4}\, \frac{\sum\limits_{k=0}^{l} \Delta S_k}{T_1} \qquad (\text{II 8, 36})$$

von der physikalischen Dimension einer reziproken Zeitspanne die *Emissionswahrscheinlichkeit je Zeiteinheit* mißt. Mit der Konzeption dieses Begriffes können wir uns nachträglich von den gewiß allzu schematisierenden und vereinfachenden Eigenschaften unseres Modelles befreien, indem wir weiterhin die Größe ε unmittelbar als Kennzahl des Systemes $(T_1,\,S)$ definieren, welche dessen wirkliche Emissionseigenschaften zahlenmäßig zusammenfaßt. Bei dieser Interpretation liefert (II 8, 35) durch Integration für die Abnahme der in T_1 jeweils enthaltenen Molekülzahl die allgemeine Gesetzmäßigkeit

$$N = N_0\, e^{-\varepsilon(t-t_0)}; \qquad t \geqq t_0, \qquad (\text{II 8, 37})$$

in welcher das Verhältnis

$$\frac{N}{N_0} = e^{-\varepsilon(t-t_0)}; \qquad t \geqq t_0 \qquad (\text{II 8, 38})$$

die Anwesenheits-Wahrscheinlichkeit *eines* Moleküles in T_1 mißt. Insbesondere steht es uns nunmehr frei, durch die Wahl einer zwar beliebig kleinen, doch von Null deutlich verschiedene Emissionswahrscheinlichkeit die früher als prinzipiell unzulässig erkannte Annahme $\varepsilon = 0$ zu korrigieren: Der im Falle $\varepsilon = 0$ mathematisch *genau* stationäre, physikalisch jedoch irrealisierbare Zustand des kontrollierten Teilchens verwandelt sich in den wesentlich anders gearteten, nur *fast* stationären Zustand; die Anwesenheits-Wahrscheinlichkeit des Teilchens kann nur bei seiner Erstbeobachtung zum Zeitpunkt $t = t_0$ der Gewißheit gleichgestellt werden, sinkt dann jedoch zwar überaus langsam, aber unaufhaltsam ab.

g) Wir gehen zur Statistik des Absorbtionsvorganges über, zu dessen Analyse wir uns des schon oben benutzten Modelles bedienen. Indessen nehmen wir jetzt an, daß sich zum Zeitpunkt $t = t_0$ kein einziges Molekül in T_1 befand:

$$N(t_0) = 0. \qquad (II\ 8,\ 39)$$

Dafür möge nunmehr das an die Hülle S *außen* anschließende Gebiet T_2 von einer *homogenen Gasatmosphäre* der zeitlich unveränderlichen Konzentration

$$n = n_0 \quad \text{für} \quad t \geqq t_0 \quad \text{in} \quad T_2 \qquad (II\ 8,\ 40)$$

erfüllt sein. Zu einem Zeitpunkte $t > t_0$ werden wir daher in der Regel eine gewisse Zahl $N = N(t)$ von Molekülen in T_1 antreffen, welche während der Zeitspanne $(t - t_0)$ die Hülle S durch eines ihrer 1 Löcher durchquert haben. Begeben wir uns daher zum Zeitpunkt t in den Schwerpunkt O der Öffnung ΔS_k und verbleiben dort während der kurzen Zeitspanne Δt, so werden sich vor unserem Auge zwei gegenläufige kinematische Vorgänge abspielen:

1. Von T_2 aus dringen Moleküle der äußeren Gasatmosphäre in T_1 ein; ihre Anzahl $\overrightarrow{\Delta N_k}$ folgt aus (II 8, 33) nach Ersatz von $n(t)$ durch n_0 zu

$$\overrightarrow{\Delta N_k} = \frac{\Delta S_k \cdot n_0\, v}{4}\, \Delta t. \qquad (II\ 8,\ 41)$$

2. Während der Kontrollepoche werden von den bereits in T_1 befindlichen N Molekülen entsprechend (II 8, 33) die Anzahl

$$\overleftarrow{\Delta N_k} = \frac{\Delta S_k\, n(t)\, v}{4}\, \Delta t \qquad (II\ 8,\ 42)$$

von Molekülen wieder nach T_2 rückwandern. Durch Summierung über alle 1 Löcher der Hülle S gelangen wir somit bei Beachtung von (II 8, 36) zu der Bilanz der in T_1 enthaltenen Molekülzahl

$$\Delta N = \sum_{k=0}^{1} (\overrightarrow{\Delta N_k} - \overleftarrow{\Delta N_k}) = \varepsilon\, [T_1\, n_0 - N]\, \Delta t. \qquad (II\ 8,\ 43)$$

Sie verwandelt sich beim Grenzübergange $\Delta t \to 0$ in die Differentialgleichung

$$\frac{dN}{dt} = \varepsilon\, [T_1\, n_0 - N]. \qquad (II\ 8,\ 44)$$

Ihr Integral lautet mit Rücksicht auf die Anfangsbedingung (II 8, 39)

$$N = T_1\, n_0\, [1 - e^{-\varepsilon(t - t_0)}], \qquad (II\ 8,\ 45)$$

so daß sich die Molekülzahl in T_1 im Laufe der Zeit asymptotisch jenem Sättigungswerte

$$N_\infty = T_1 \cdot n_0 \qquad (II\ 8,\ 46)$$

nähert, bei welchem die Konzentration innerhalb T_1 jener der äußeren Atmosphäre gleicht. Wir werden hiernach beim Absorbtionsprozeß das Verhältnis

$$\frac{N}{N_\infty} = 1 - e^{-\varepsilon(t - t_0)}; \qquad t \geqq t_0 \qquad (II\ 8,\ 47)$$

als jeweilige Anwesenheits-Wahrscheinlichkeit *eines* Teilchens in T_1 zu interpretieren haben. Beschränken wir uns weiterhin auf den Fall einer zwar sehr kleinen, doch wesentlich endlichen Emissions-Wahrscheinlichkeit ε je Zeiteinheit, so sehen wir uns vor folgende eigentümliche Kontroverse gestellt:

1. Wir blicken zu einem Zeitpunkt $t_1 > t_0$ erstmalig in T_1 hinein, um das weiterhin dort zu kontrollierende Teilchen zu „entdecken". Ehe wir jedoch bei diesem Versuche auf einen nennenswerten Erfolg hoffen können, muß zufolge (II 8, 47) gewiß

$$\varepsilon(t_1 - t_0) \gg 1 \qquad \qquad (\text{II } 8,\ 48)$$

ausfallen, so daß wir uns mit einer sehr langen *Wartezeit* $(t_1 - t_0)$ abzufinden haben.

2. Bei überaus kleinem Werte ε der Emissionswahrscheinlichkeit je Zeiteinheit kann die gemäß (II 8, 48) bestimmte Wartezeit die mittlere Dauer eines Menschenlebens weit übersteigen. Falls wir nichtsdestoweniger bei der wiederholten Beobachtung an T_1 das zu kontrollierende Teilchen immer wieder dort vorfinden, werden wir zwar nicht mit der zwingenden Notwendigkeit des logischen Schlusses, aber doch mit hohem Grade der Wahrscheinlichkeit annehmen dürfen, daß schon bei unserer Erstbeobachtung $[t = t_1]$ die Anwesenheits-Wahrscheinlichkeit

$$\frac{N(t_1)}{N_\infty} = 1 - e^{-\varepsilon(t_1 - t_0)} \qquad \qquad (\text{II } 8,\ 49)$$

des Teilchens in T_1 nur äußerst wenig von 1 verschieden war: Es ist fast sicher, daß der Beginn $t = t_0$ des Füllungsvorganges (II 8, 45) schon undenkbar lange zurückliegt. In diesem Zeit-Maßstab gemessen fällt daher die uns Menschen vom Schicksal gewährte Lebensdauer nur sehr kurz aus: In striktem Gegensatze zu (II 8, 48) muß der einzelne, individuelle Beobachter seinen Messungen zu allen Zeiten $t \geqq t_1$ die Ungleichung

$$\varepsilon(t - t_1) \ll 1 \qquad \qquad (\text{II } 8,\ 50)$$

zugrunde legen. Während seiner Versuche gleicht daher die Anwesenheits-Wahrscheinlichkeit

$$\frac{N(t)}{N_\infty} = 1 - e^{-\varepsilon(t - t_0)} \equiv 1 - e^{-\varepsilon(t_1 - t_0)}\, e^{-\varepsilon(t - t_1)} \qquad (\text{II } 8,\ 51)$$

merklich ihrem „Anfangswerte" (II 8, 49); erst eine verschärfte Analyse der Aufenthalts-Statistik führt auf die Kenntnis der Zunahme-Geschwindigkeit

$$\frac{d}{dt}\left[\frac{N(t)}{N_\infty}\right] = \varepsilon\, e^{-\varepsilon(t - t_0)} \equiv \varepsilon\, e^{-\varepsilon(t_1 - t_0)}\, e^{-\varepsilon(t - t_1)}, \qquad (\text{II } 8,\ 52)$$

die sich ihrerseits innerhalb des Beobachtungs-Zeitraumes von dem Werte

$$\overline{\varepsilon} = \varepsilon\, e^{-\varepsilon(t_1 - t_0)} \qquad \qquad (\text{II } 8,\ 53)$$

kaum unterscheidet: Der Zustand darf als „*fast stationär*" angesehen werden.

h) Wir kehren zur Wellenmechanik des zu kontrollierenden materiellen Punktes zurück. Solange wir ihm die Gebiete T_1 und T_2 zusammen als unbegrenzten Lebensraum zuweisen, genügen seine konjugiert-komplexen Wahrscheinlichkeits-Wellen u, u^* definitionsgemäß der Normierungsvorschrift

$$\iiint\limits_{(T_1 + T_2)} u^*\, u\, dT = 1. \qquad \qquad (\text{II } 8,\ 54)$$

Während sie inhaltlich nur die Existenz des zu kontrollierenden Teilchens bestätigt, gelangen wir zu einer wesentlichen, physikalischen Aussage bei Beschränkung seiner Anwesenheits-Kontrolle auf den Raum T_1 allein. Denn in diesem darf der wellenmechanische Zustand des Teilchens nur als fast stationär angesehen werden, so daß die Wahrscheinlichkeits-Wellen der Ungleichung

$$\iiint_{(T_1)} u^* u \, dT < 1 \qquad (II\ 8,\ 55)$$

unterworfen sind. Haben wir es insbesondere mit einem *emittierenden System* (T_1, S) zu tun, so gilt nach (II 8, 38)

$$\iiint_{(T_1)} u^* u \, dT = e^{-\varepsilon(t-t_0)}; \qquad t \geqq t_0. \qquad (II\ 8,\ 56)$$

Der Grenzübergang $t \to t_0$ führt somit auf die Bedingungen

$$\lim_{t \to t_0} \iiint_{(T_1)} u^* u \, dT = 1; \qquad \lim_{t \to t_0} \frac{d}{dt} \iiint_{(T_1)} u^* u \, dT = -\varepsilon. \qquad (II\ 8,\ 57)$$

Liegt jedoch ein *absorbierendes System* (T_1, S) vor, so gewinnen wir aus (II 8, 51) die Angabe

$$\iiint_{(T_1)} u^* u \, dT = 1 - e^{-\varepsilon(t_1-t_0)} \, e^{-\varepsilon(t-t_1)}. \qquad (II\ 8,\ 58)$$

Wir entnehmen ihr beim Grenzübergange $t \to t_1$ unter Beachtung von (II 8, 52) die Bedingungen

$$\lim_{t \to t_1} \iiint_{(T_1)} u^* u \, dT = 1 - e^{-\varepsilon(t_1-t_0)};$$

$$\lim_{t \to t_1} \frac{d}{dt} \iiint_{(T_1)} u^* u \, dT = \varepsilon \, e^{-\varepsilon(t_1-t_0)} \equiv \overline{\varepsilon}, \qquad (II\ 8,\ 59)$$

welche sich für $t_0 \to (-\infty)$ auf

$$\lim_{\substack{t_0 \to (-\infty) \\ t \to t_1}} \iiint_{(T_1)} u^* u \, dT \to 1; \qquad \lim_{\substack{t_0 \to (-\infty) \\ t \to t_1}} \frac{d}{dt} \iiint_{(T_1)} u^* u \, dT \to +0 \qquad (II\ 8,\ 60)$$

reduzierten.

i) Um die Lösungen der *Schrödinger*-Gleichung (II 8, 10) beziehentlich den Bedingungen (II 8, 57) und (II 8, 60) anzupassen, wählen wir für die Wahrscheinlichkeits-Welle u den Produktansatz

$$u = f(t) \cdot U, \qquad (II\ 8,\ 61)$$

dessen lediglich zeitabhängigen Faktor $f(t)$ wir im Emissionsfalle den Bedingungen

$$f(t_0) = 1; \qquad f'(t_0) = -\frac{1}{2}\varepsilon, \qquad (II\ 8,\ 62)$$

im Absorbtionsfalle dagegen den Bedingungen

$$f(t_1) \to 1; \qquad f'(t_1) = +\frac{1}{2}\overline{\varepsilon} \to +0 \qquad (II\ 8,\ 63)$$

unterwerfen.

Aus (II 8, 61) berechnet sich die Anwesenheits-Wahrscheinlichkeit des kontrollierten Teilchens in T_1 zu

$$\iiint\limits_{(T_1)} u^* u \, dT = [f(t)]^2 \iiint\limits_{(T_1)} U^* U \, dT, \qquad (II\ 8,\ 64)$$

so daß sie sich je Zeiteinheit nach Maßgabe der Gleichung

$$\frac{d}{dt} \iiint\limits_{(T_1)} u^* u \, dT = 2\, f(t)\, f'(t) \iiint\limits_{(T_1)} U^* U \, dT + [f(t)]^2 \frac{d}{dt} \iiint\limits_{(T_1)} U^* U \, dT$$

$$(II\ 8,\ 65)$$

ändert.

Im Einklang mit (II 8, 62) und (II 8, 63) beschränken wir uns weiterhin auf fast stationäre Systeme (T_1, S), in welchen sich der Faktor $f(t)$ innerhalb der Lebenszeit eines einzelnen, individuellen Beobachters nur äußerst wenig ändert. Während eben dieser Zeitspanne dürfen wir daher die Funktionen $f(t)$ und $f'(t)$ mit gewiß ausreichender Genauigkeit beziehentlich durch ihre „Anfangswerte" zu Beginn der jeweiligen Beobachtung ersetzen. Daher entnehmen wir aus (II 8, 64) mit Rücksicht auf (II 8, 62) und (II 8, 63) für U die *Normierungs-Vorschrift*

$$\iiint\limits_{(T_1)} U^* U \, dT = 1. \qquad (II\ 8,\ 66)$$

Mit ihrer Hilfe reduziert sich (II 8, 65) auf die Forderungen

$$\lim_{t \to t_0} \frac{d}{dt} \iiint\limits_{(T_1)} u^* u \, dT = 2\, f(t_0)\, f'(t_0) \qquad (II\ 8,\ 67)$$

im Emissionsfalle und

$$\lim_{t \to t_1} \frac{d}{dt} \iiint\limits_{(T)} u^* u \, dT = 2\, f(t_1)\, f'(t_1) \qquad (II\ 8,\ 68)$$

im Absorbtionsfalle, welche in der Tat beziehentlich durch (II 8, 62) und (II 8, 63) identisch befriedigt werden.

Durch Substitution von (II 8, 61) in (II 8, 10) entspringt für die durch $f(t)$ modulierte Trägerwelle U die partielle Differentialgleichung

$$\operatorname{div}\left[\hbar^2 \operatorname{grad} U + \frac{2\,\hbar\,q}{i} V U\right] -$$

$$-\left[2\,m_0\left(q\,\varphi + \frac{\hbar}{i}\frac{f'(t)}{f(t)}\right) - \frac{\hbar\,q}{i\,c^2}\frac{\partial \varphi}{\partial t} + q^2\,(V)^2\right]U - \frac{2\,\hbar\,m_0}{i}\frac{\partial U}{\partial t} = 0, \quad (II\ 8,\ 69)$$

welche aus der ursprünglichen Gleichung (II 8, 10) nach Ersatz der dort *reellen* potentiellen Energie durch den *komplexen Ausdruck*

$$q\,\overline{\varphi} = q\,\varphi + \frac{\hbar}{i}\frac{f'(t)}{f(t)} \qquad (II\ 8,\ 70)$$

hervorgeht. In ihm dürfen wir, mit der hier beabsichtigten Genauigkeit, das Verhältnis $f'(t)/f(t)$ mit seinem „Anfangswert" beziehentlich zu den Zeitpunkten t_0 und t_1 vertauschen. Die Trägerwelle U gehorcht somit der *Schrödinger*-Gleichung eines Ions der trägen Masse m und der invarianten

Ladung q, welches sich im Emissionsfalle im Felde des *komplexen elektrischen Skalarpotentiales*

$$\bar{\varphi} = \varphi + i\,\frac{\hbar}{q}\,\frac{\varepsilon}{2} \qquad\qquad \text{(II 8, 71)}$$

und im Absorbtionsfalle im Felde des komplexen elektrischen Skalarpotentiales

$$\bar{\varphi} = \varphi - i\,\frac{\hbar}{q}\,\frac{\bar{\varepsilon}}{2}\,; \qquad \bar{\varepsilon} \to +\,0 \qquad\qquad \text{(II 8, 72)}$$

bei einheitlichem Werte des „eingeprägten" magnetischen Vektorpotentiales V bewegt.

Um die Randbedingungen der Wahrscheinlichkeits-Wellen an der Hülle S des Gebietes T_1 aufzufinden, kehren wir zur Kontinuitätsgleichung (II 8, 18) zurück, welche mittels des *Gauß*schen Satzes zu der integralen Aussage

$$-\frac{d}{dt}\iiint_{(T_1)} \varrho\, dT = -q\,\frac{d}{dt}\iiint_{(T_1)} u^*\, u\, dT =$$

$$= \iint_{(S)}\left\{\frac{\hbar\, q}{2\, i\, m_0}\left(u^*\frac{\partial u}{\partial n} - u\,\frac{\partial u^*}{\partial n}\right) - \frac{q^2}{m_0}\, u\, u^*\, V_n\right\} dS \qquad \text{(II 8, 73)}$$

führt. Aus ihr erschließen wir mit Rücksicht auf (II 8, 66) und (II 8, 67) für die Trägerwelle U des Emissionsvorganges die Randbedingung

$$\iint_{(S)}\left\{\frac{\hbar\, q}{2\, i\, m_0}\left(U^*\frac{\partial U}{\partial n} - U\,\frac{\partial U^*}{\partial n}\right) - \frac{q^2}{m_0}\, U\, U^*\, V_n\right\} dS = q\,\varepsilon \qquad \text{(II 8, 74)}$$

und für die Trägerwelle des Absorbtionsvorganges die Randbedingung

$$\iint_{(S)}\left\{\frac{\hbar\, q}{2\, i\, m_0}\left(U^*\frac{\partial U}{\partial n} - U\,\frac{\partial U^*}{\partial n}\right) - \frac{q^2}{m_0}\, U\, U^*\, V_n\right\} dS = -q\,\bar{\varepsilon} \to 0 \qquad \text{(II 8, 75)}$$

Da es uns freisteht, für die Emissions-Wahrscheinlichkeit ε je Zeiteinheit einen beliebig kleinen Wert zu wählen, können wir dann, doch nur dann, die Forderungen (II 7, 29), (II 7, 30) auf die Trägerwellen U, U* übertragen.

Drittes Kapitel.

Wellenelektronik des Einzelelektrons.

III 1. Das freie Elektron.

a) Wir beschäftigen uns mit der Wellenmechanik eines Elektrons der Ruhmasse m_0 und der invarianten Ladung $q = -q_0$, welches sich zum Zeitpunkt t in einem kräftefreien Gebiet des *Kartesi*schen Bezugssystemes x, y, z bewegt; der absolute Betrag w der Korpuskulargeschwindigkeit dieses Elektrons wird dabei stets als klein gegen die Ausbreitungsgeschwindigkeit c des Lichtes im leeren Raume vorausgesetzt.

Da die potentielle Energie des kontrollierten Teilchens ohne Beschränkung der Allgemeinheit gleich Null angenommen werden darf, ist seine *Hamilton*sche Funktion η lediglich kinetischer Natur

$$\eta = \eta_{\mathrm{kin}} \geqq 0 \qquad\qquad (\text{III } 1,\ 1)$$

und behält ihren Wert im Verlaufe der Bewegung unwandelbar bei. Daher lautet die zeitfreie *Schrödinger*-Gleichung der komplexen Wahrscheinlichkeitsamplitude $\bar{u}$

$$\frac{\partial^2 \bar{u}}{\partial x^2} + \frac{\partial^2 \bar{u}}{\partial y^2} + \frac{\partial^2 \bar{u}}{\partial z^2} + \frac{2\,m_0}{\hbar^2}\,\eta\,\bar{u} = 0. \qquad\qquad (\text{III } 1,\ 2)$$

b) Wir setzen vorerst die Lösung der Gl. (III 1, 2) als das Produkt dreier Funktionen X, Y, Z an, deren jede beziehentlich nur von x, y, z abhängen soll:

$$\bar{u} = X(x)\,Y(y)\,Z(z). \qquad\qquad (\text{III } 1,\ 3)$$

Daher entsteht aus (III 1, 2) nach Kürzen mit $\bar{u}$ die Gleichung

$$\frac{X''}{X} + \frac{Y''}{Y} + \frac{Z''}{Z} + \frac{2\,m_0}{\hbar^2}\,\eta = 0. \qquad\qquad (\text{III } 1,\ 4)$$

Wir spalten sie mittels der Separationskonstanten k_x, k_y, k_z in die drei gewöhnlichen Differentialgleichungen

$$X'' + k_x^2\,X = 0 \qquad\qquad (\text{III } 1,\ 5)$$
$$Y'' + k_y^2\,Y = 0, \qquad\qquad (\text{III } 1,\ 6)$$
$$Z'' + k_z^2\,Z = 0, \qquad\qquad (\text{III } 1,\ 7)$$

falls wir die Werte von k_x, k_y, k_z der Bedingung

$$k_x^2 + k_y^2 + k_z^2 \equiv k^2 = \frac{2\,m_0}{\hbar^2}\,\eta \qquad\qquad (\text{III } 1,\ 8)$$

unterwerfen. Mit Hilfe einer zunächst beliebigen komplexen Konstanten A resultiert dann aus (III 1, 3), (III 1, 5), (III 1, 6) und (III 1, 7) für die *Schrödinger*-Gleichung (III 1, 2) das Partikularintegral

$$\bar{u} = A\,e^{i(k_x x + k_y y + k_z z)}. \qquad\qquad (\text{III } 1,\ 9)$$

c) Um die Wahrscheinlichkeits-Welle $\bar{u}$ und ihre konjugiert-komplexe Ergänzung $\bar{u}^*$ zu normieren, denken wir uns den unbegrenzten Konfigurationsraum der Koordinaten x, y, z nach Art eines orthogonalen Raumgitters in die abzählbar unendlich vielen, kongruenten Quader

$$-\frac{1}{2}L < x < \frac{1}{2}L \qquad \text{mod } L, \qquad (III\ 1,\ 10)$$

$$-\frac{1}{2}M < y < \frac{1}{2}M \qquad \text{mod } M, \qquad (III\ 1,\ 11)$$

$$-\frac{1}{2}N < z < \frac{1}{2}N \qquad \text{mod } N \qquad (III\ 1,\ 12)$$

eingeteilt, deren Trennwände jedoch dem kontrollierten Teilchen überall ungehinderten Durchtritt gewähren sollen. Verlangen wir jetzt neben der *geometrischen* Identität jener Quader auch die *physikalische* Identität ihrer dem Elektron auferlegten Bedingungen, so müssen die konjugiert-komplexen Wahrscheinlichkeits-Amplituden $\bar{u}$ und $\bar{u}^*$ je eine den Maßen L, M, N angepaßte, *dreifach periodische Struktur* aufweisen. Um diese Forderung zu befriedigen, haben wir k_x, k_y, k_z beziehentlich den *Quantisierungs-Vorschriften*

$$k_x \cdot L = 2\pi\lambda, \qquad (III\ 1,\ 13)$$
$$k_y \cdot M = 2\pi\mu, \qquad (III\ 1,\ 14)$$
$$k_z \cdot N = 2\pi\nu \qquad (III\ 1,\ 15)$$

zu unterwerfen, in welchen λ, μ und ν je als ganze, reelle Zahlen mit Einschluß der Null zu wählen ist; da dann auch k_x, k_y, k_z gewiß *reell* ausfallen, ist der nach (III 1, 1) und (III 1, 8) notwendig positiv-definite Wert von k^2 durch diese Quantisierung sichergestellt.

Hat man sich für ein bestimmtes Tripel der Quantenzahlen λ, μ, ν entschieden, so folgt der absolute Betrag der zugehörigen Amplitude $A \rightarrow A_{(\lambda,\mu,\nu)}$ aus dem *Normierungs-Integral*

$$\int_{-\frac{L}{2}}^{\frac{L}{2}} \int_{-\frac{M}{2}}^{\frac{M}{2}} \int_{-\frac{N}{2}}^{\frac{N}{2}} \bar{u}^* \bar{u}\, dx\, dy\, dz = A_{(\lambda,\mu,\nu)} \cdot A^*_{(\lambda,\mu,\nu)} \cdot L \cdot M \cdot N = 1, \qquad (III\ 1,\ 16)$$

unabhängig von (λ, μ, ν) zu

$$|A_{(\lambda,\mu,\nu)}| = \frac{1}{\sqrt{L\,M\,N}} \qquad (III\ 1,\ 17)$$

Demgemäß gibt

$$\varrho = -\,q_0\, A_{(\lambda,\mu,\nu)} \cdot A^*_{(\lambda,\mu,\nu)} = -\frac{q_0}{L\,M\,N} \qquad (III\ 1,\ 18)$$

die gleichfalls von (λ, μ, ν) unabhängige, homogene *Dichte der Raumladungswolke* an, in welche man sich das Elektron während seines Aufenthaltes in einem der kongruenten Quader aufgelöst denken kann.

d) Um das freie Elektron lokalisieren zu können, gehen wir von seiner ursprünglichen Darstellung durch die monochromatische, ebene Welle (III 1, 9) zu einem Wellenpaket der Gestalt (III 2, 60) über. Vertauschen wir dann in (III 1, 8) die dort *scharf* bestimmten Komponenten k_x, k_y, k_z des Ausbreitungsvektors k beziehentlich mit den *veränderbaren* Komponenten K_x, K_y, K_z des Vektors K, so liefert (III 2, 69) im Verein mit (III 2, 73) für die *vektorielle Elektronengeschwindigkeit* w die Gleichung

$$w = \frac{1}{\hbar}\,\mathrm{grad}_K \left(\frac{\hbar^2}{2\,m_0}\{K_x{}^2 + K_y{}^2 + K_z{}^2\}\right)_{K\to k} = \frac{\hbar}{m_0}\,(7^x k_x + 7^y k_y + 7^z k_z),$$

$$\text{(III 1, 19)}$$

in welcher 7^x, 7^y, 7^z die beziehentlich achsenparallelen Einheitsvektoren bezeichnen. Man entnimmt ihr in Gemeinschaft mit (III 1, 18) die *Elektronenstrom-Dichte*

$$j = \varrho\,w = -\frac{q_0\,\hbar}{m_0}\,A_{(\lambda,\mu,\nu)}\cdot A^*_{(\lambda,\mu,\nu)}\,(7^x\,k_x + 7^y\,k_y + 7^z\,k_z) \qquad \text{(III 1, 20)}$$

in genauer Übereinstimmung mit dem Ergebnis der auf (III 1, 9) angewandten Gleichung (III 1, 52).

Die aus (III 1, 19) fließende Relation

$$|j| = \frac{q_0\,\hbar}{m_0}\,A_{(\lambda,\mu\nu)}\cdot A^*_{(\lambda,\mu,\nu)}\cdot |k| \qquad \text{(III 1, 21)}$$

ist nicht mehr an die Abmessungen L, M, N der orthogonalen Raumgitter-Zellen gebunden, für welche früher die Normierung der Wahrscheinlichkeits-Wellen $\bar{u}$ und $\bar{u}^*$ durchgeführt wurde. Daher kann man sich nachträglich von der Einteilung des unbegrenzten Konfigurationsraumes in kongruente Quader je bestimmter Größe gänzlich emanzipieren. Da sich dann auch die Angabe der Quantenzahlen (λ, μ, ν) erübrigt, kann man nunmehr (III 1, 20) in die allgemeine Form

$$A\,A^* = \frac{m_0}{q_0\,\hbar}\,\frac{|j|}{|k|} \qquad \text{(III 1, 22)}$$

umschreiben.

e) Von dem einzelnen Elektron der scharf definierten Gesamtenergie η steigen wir zu einem Kollektiv freier Elektronen auf. Den in der Regel unterschiedlichen Energiewerten dieser „Gasmoleküle" entsprechen gemäß (III 1, 8) unterschiedliche Ausbreitungsvektoren k, deren achsenparallele Komponenten jedoch den Quantisierungsvorschriften (III 1, 13), (III 1, 14), (III 1, 15) unterliegen. Um die mit ihnen vereinbaren Zustände der Elektronen-Gesamtheit abzuzählen, begeben wir uns in den abstrakten, dreidimensionalen k-Raum, dessen Achsen k_x, k_y, k_z paarweise aufeinander senkrecht stehen; in ihm konstruieren wir am Endpunkt des Ausbreitungsvektors k den Quader der beziehentlich achsenparallelen Kanten Δk_x, Δk_y, Δk_z, welcher also den Bereich

$$\Delta\lambda = \frac{\Delta k_x}{2\,\pi}\,L, \qquad \text{(III 1, 23)}$$

$$\Delta\mu = \frac{\Delta k_y}{2\,\pi}\,M, \qquad \text{(III 1, 24)}$$

$$\Delta\nu = \frac{\Delta k_z}{2\,\pi}\,N \qquad \text{(III 1, 25)}$$

der ganzen Quantenzahlen λ, μ, ν umfaßt: Der Quader enthält die Spitzen von

$$\Delta\lambda\cdot\Delta\mu\cdot\Delta\nu = \frac{\Delta k_x\,\Delta k_y\,\Delta k_z}{8\,\pi^3}\,L\,M\,N \qquad \text{(III 1, 26)}$$

physikalisch realisierbaren Ausbreitungsvektoren.

Wir haben uns jetzt daran zu erinnern, daß jedem Tripel der drei Quantenzahlen λ, μ, ν *zwei Elektronenzustände* zugeordnet sind, welche sich voneinander nur durch die *Richtung ihres Spins* parallel oder antiparallel zu einem Magnetfeld von infinitesimal schwacher Intensität unterscheiden. Daher finden wir in

$$\Delta g = 2 \frac{\Delta\lambda \cdot \Delta\mu \cdot \Delta\nu}{L\,M\,N} = \frac{\Delta k_x \Delta k_y \Delta k_z}{4\pi^3} \qquad \text{(III 1, 27)}$$

die Zahl möglicher Elektronenzustände, welche je Einheit des Konfigurationsraumes auf das „Volumen" $\Delta k_x\,\Delta k_y\,\Delta k_z$ des abstrakten k-Raumes entfallen.

f) Wir verlassen die Einteilung des Konfigurationsraumes in kongruente Quader und behandeln die stationäre, *kugelsymmetrische Strömung* von Elektronen je der einheitlichen Gesamtenergie η aus einer im Ursprung gedachten Quelle zu einer diese zentrisch umschließende Elektrode vom Halbmesser R. Setzen wir

$$r^2 = x^2 + y^2 + z^2, \qquad \text{(III 1, 28)}$$

so unterliegt also die komplexe Wahrscheinlichkeitsamplitude $\bar{u}$ der untersuchten Elektronenbewegung der zeitfreien *Schrödinger*-Gleichung

$$\frac{d^2(r\,\bar{u})}{dr^2} + k^2(r\,\bar{u}) = 0; \qquad 0 \leqq r < R. \qquad \text{(III 1, 29)}$$

Wir lösen sie mit Hilfe der vorerst willkürlichen Konstanten C durch die *expandierende Kugelwelle*

$$\bar{u} = \frac{C}{r}\, e^{ikr}. \qquad \text{(III 1, 30)}$$

Aus ihrer Normierungsvorschrift

$$\int_0^R \bar{u}^*\, \bar{u}\, 4\pi\, r^2\, dr = 4\pi\, C\, C^*\, R = 1 \qquad \text{(III 1, 31)}$$

folgt nunmehr

$$|C| = \frac{1}{\sqrt{4\pi R}}. \qquad \text{(III 1, 32)}$$

Demnach schildert

$$\varrho = -q_0\, \bar{u}^*\, \bar{u} = -\frac{q_0}{4\pi R} \cdot \frac{1}{r^2}; \qquad 0 < r < R \qquad \text{(III 1, 33)}$$

die Dichte der elektronischen Raumladung, deren radiale Strömungsgeschwindigkeit Σ^r gemäß (III 1, 25) durch

$$\sum{}^r = \frac{\hbar}{2\,m_0\, i}\left\{\frac{1}{\bar{u}}\frac{d\bar{u}}{dr} - \frac{1}{\bar{u}^*}\frac{d\bar{u}^*}{dr}\right\} = \frac{\hbar k}{m_0} \qquad \text{(III 1, 34)}$$

gemessen wird: Die Wahrscheinlichkeits-Welle durchkreuzt die Kontrollkugel $0 < r < R$ mit der radialen Stromdichte

$$j^r = \varrho \sum{}^r = -\frac{\hbar k}{m_0} \cdot \frac{q_0}{4\pi R}\frac{1}{r^2}; \qquad 0 < r \leqq R, \qquad \text{(III 1, 35)}$$

so daß sie den konstanten Gesamtstrom

$$J = 4\pi\, r^2\, j^r = -\frac{\hbar k}{m_0}\frac{q_0}{R}; \qquad 0 < r \leqq R \qquad \text{(III 1, 36)}$$

durch das Entladungsgebiet führt. Mit Hilfe dieser Aussage können wir uns von der durch (III 1, 31) gebotenen Beschränkung auf die kinetische Wahrscheinlichkeitsanalyse lediglich des Einzelelektrons befreien: Durch Elimination des Elektrodenhalbmessers R aus (III 1, 32) und (III 1, 36) gelangen wir zu der Relation

$$|C| = \sqrt{\frac{m_0}{4\pi\hbar k q_0}}\,|J| = \sqrt{\frac{1}{4\pi q_0}}\sqrt{\frac{m_0}{2\eta}}\,|J| \,. \qquad \text{(III 1, 37)}$$

Da nun in der Funktion $\overline{u}$ eine additive Phasenkonstante physikalisch belanglos bleibt und daher willkürlich gewählt werden darf, stellt die expandierende Kugelwelle

$$\overline{u} = \sqrt{-\frac{1}{4\pi q_0}}\sqrt{\frac{m_0}{2\eta}}\,J\,\frac{e^{i k r}}{r} \qquad \text{(III 1, 38)}$$

die dem Ursprung entquellende radiale Elektronenbewegung der beliebigen Integralstromstärke J quantentheoretisch dar.

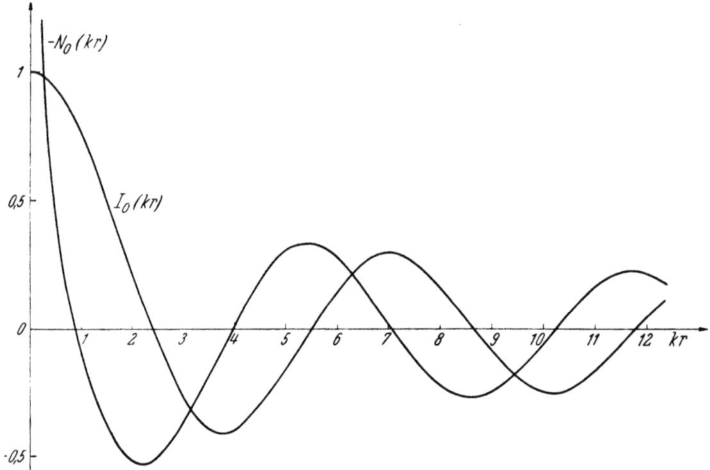

Abb. III 83. Die *Bessel*sche und die *Neumann*sche Funktion nullter Ordnung.

g) Von der kugelsymmetrischen Strömung gehen wir zur Wellenmechanik eines Elektrons über, welches mit der kinetischen Energie η von der *kreiszylindrischen Elektrode* des Halbmessers a durch deren feldfreies Außengebiet radial zu dem konzentrisch zum Emitter gelegenen, gleichfalls kreiszylindrischen Kollektor des Halbmessers R > a geworfen wird.

Im Interelektrodenraum orientieren wir uns am Bezugssystem der Zylinderkoordinaten z [Achse], r [Radialdistanz], a [Azimut]; sein Ursprung liege in der Achse des Emitters, die ihrerseits mit der z-Achse identifiziert werde. Die komplexe Wahrscheinlichkeitsamplitude $\overline{u}$ der zu untersuchenden Strömung gehorcht somit innerhalb des Bereiches a < r < R der zeitfreien *Schrödinger*-Gleichung

$$\frac{\partial^2\overline{u}}{\partial z^2} + \frac{\partial^2\overline{u}}{\partial r^2} + \frac{1}{r}\frac{\partial\overline{u}}{\partial r} + \frac{1}{r^2}\frac{\partial\overline{u}^2}{\partial a^2} + k^2\overline{u} = 0, \qquad \text{(III 1, 39)}$$

in welcher auf Grund des vorausgesetzten Mechanismus der Elektronenemission gewiß

$$k^2 = \frac{2\,m_0}{\hbar}\,\eta > 0 \qquad (III\ 1,\ 40)$$

gilt.

Der Einfachheit halber beschränken wir uns hier auf eine
sowohl achsialhomogene wie kreis-
symmetrische Radialströmung;
für sie reduziert sich (III 1, 39)
auf die *Bessel*sche Differentialgleichung

$$\frac{d^2\overline{u}}{dr^2} + \frac{1}{r}\,\frac{d\overline{u}}{dr} + k^2\,\overline{u} = 0.$$

$$(III\ 1,\ 41)$$

Als ihre linear voneinander
unabhängigen Fundamental-Integrale wählen wir die *Bessel*sche
Funktion $I_0(k\,r)$ und die *Neumann*sche Funktion $N_0(k\,r)$ des
zufolge (III 1, 40) *reellen* Argumentes

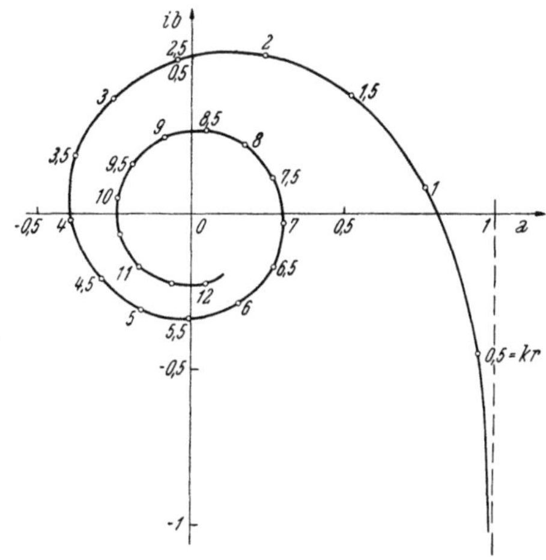

Abb. III 84. Expandierende Zylinderwelle, dargestellt durch die *Hankel*sche
Funktion $H_0^{(1)}(k\,r)$.

$$k\,r = r\,\sqrt{\frac{2\,m_0}{\hbar}\,\eta} \qquad (III\ 1,\ 42)$$

deren Verlauf durch Abb. III 83 veranschaulicht wird.

Bei Ausschluß etwaiger Elektronenreflexionen am Kollektor $r = R$
haben wir (III 1, 41) durch eine radial frei nach außen expandierende
Zylinderwelle zu lösen. Dieser kinematischen „Ausstrahlungsbedingung"
genügt nun weder die *Bessel*sche noch die *Neumann*sche Funktion für sich
allein, da eine jede von ihnen auf Grund ihrer beziehentlich überall reellen
Werte quantenmechanisch keine Bewegung darzustellen vermag. Dagegen
befriedigen die von *Hankel* eingeführten Zylinderfunktionen nullter Ordnung
erster Art $[H_0^{(1)}(k\,r)]$ und zweiter Art $[H_0^{(2)}(k\,r)]$

$$H_0^{(1)}{}_{(2)}(k\,r) = J_0(k\,r) \pm i\,N_0(k\,r) \qquad (III\ 1,\ 43)$$

als lineare Aggregate der Fundamental-Integrale nicht allein die Differentialgleichung (III 1, 41), sondern schildern zufolge ihres komplexen Charakters
je eine Strömung, deren Struktur aus den für $k\,r \gg 1$ gültigen semikonvergenten Entwicklungen

$$H_0^{(1)}{}_{(2)}(k\,r) = \frac{1}{\sqrt{\dfrac{\pi}{2}\,k\,r}}\,e^{\pm i\left[k\,r - \frac{\pi}{4}\right]} + \ldots \qquad (III\ 1,\ 44)$$

der *Hankel*schen Funktionen im Verein mit dem zeitabhängigen Expo-
nentialfaktor $e^{-i\frac{\mu}{\hbar}t}$ hervorgeht: $H_0^{(1)}(k\,r)$ erweist sich als eine expandierende Zylinderwelle der Ausbreitungszahl k [Abb. III 84], während
$H_0^{(2)}(k\,r)$ eine sich kontrahierende Zylinderwelle der nämlichen Ausbreitungszahl darstellt. Mittels einer vorerst noch unbekannten Kon-

stanten K haben wir somit die gesuchte Wahrscheinlichkeitsamplitude $\overline{u}$ in der Form

$$\overline{u} = K \cdot H_0^{(1)}(k\,r) \qquad\qquad \text{(III 1, 45)}$$

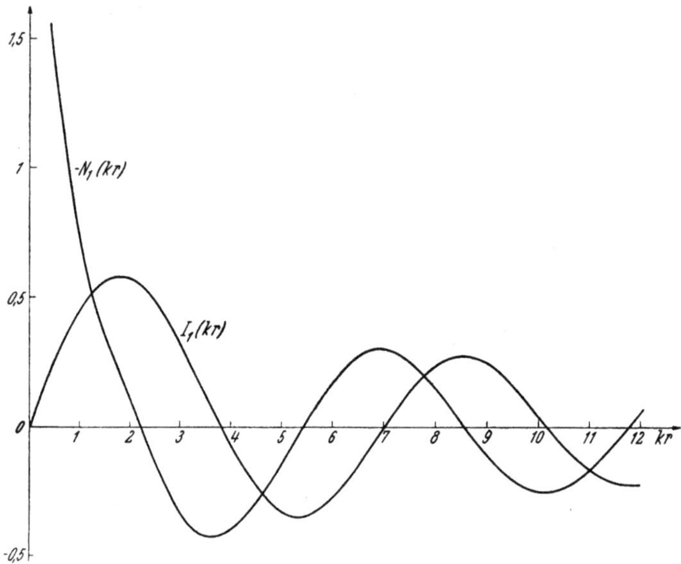

Abb. III 85. Die *Bessel*sche und die *Neumann*sche Funktion erster Ordnung.

anzusetzen. Wir normieren sie für die Längeneinheit $\varDelta z = 1$ der Achsenkoordinate, indem wir

$$\int_a^R \overline{u}\,\overline{u}^* \, 2\,\pi\,r\,dr = 2\,\pi\,\frac{|K|^2}{k^2} \int_a^R [I_0{}^2(k\,r) + N_0{}^2(k\,r)]\,k\,r\,d(k\,r) = 1$$

$$\text{(III 1, 46)}$$

fordern. Durch $I_1(k\,r)$, $N_1(k\,r)$ beziehentlich die *Bessel*sche und die *Neumann*sche Funktion erster Ordnung des Argumentes $(k\,r)$ nach Abb. III 85 bezeichnend, bedienen wir uns der unbestimmten Integrale

$$\int I_0{}^2(k\,r)\,k\,r\,d(k\,r) = \frac{(k\,r)^2}{2}\,[I_0{}^2(k\,r) + I_1{}^2(k\,r)] \qquad \text{(III 1, 47)}$$

sowie

$$\int N_0{}^2(k\,r)\,k\,r\,d(k\,r) = \frac{(k\,r)^2}{2}\,[N_0{}^2(k\,r) + N_1{}^2(k\,r)] \qquad \text{(III 1, 48)}$$

und erhalten unter Benutzung der Formel

$$\lim_{k\,r\to 0} k\,r\,N_1(k\,r) = -\frac{2}{\pi} \qquad\qquad \text{(III 1, 49)}$$

im Grenzfalle $a \to 0$ „fadenförmiger" Innenelektroden aus (III 1, 46) die Angabe

$$\lim_{a \to 0} |K|^2 = \frac{1}{\pi\,R^2} \frac{1}{[I_0{}^2(k\,R) + I_1{}^2(k\,R)] + \left[N_0{}^2(k\,R) + N_1{}^2(k\,R) - \left(\dfrac{2}{\pi\,k\,R}\right)^2\right]},$$

$$\text{(III 1, 50)}$$

deren numerische Auswertung durch Abb. III 86 erleichtert wird.

Nach Rückkehr zu (III 1, 45) berechnen wir die radial gerichtete *Stromdichte* j zu

$$j = \frac{\hbar\,q_0}{2\,m_0\,i}\left[\overline{u}^{*}\frac{d\overline{u}}{dr} - \overline{u}\frac{d\overline{u}^{*}}{dr}\right] = \frac{\hbar\,q_0}{m_0}|K|^2\,[N_0(k\,r)\,I_1(k\,r) - I_0(k\,r)\,N_1(k\,r)] =$$

$$= \frac{\hbar\,q_0}{m_0}|K|^2\,\frac{2}{\pi\,k\,r} \qquad\qquad \text{(III 1, 51)}$$

Der aus ihr resultierende *Strombelag*

$$A = 2\,\pi\,r\,j = \frac{4\,\hbar\,q_0}{m_0\,k}|K|^2$$

$$\text{(III 1, 52)}$$

befriedigt also, wie zu verlangen ist, das Erste *Kirchhoff*sche Gesetz der Elektrizitätsbewegung. Durch Elimination von $|K|^2$ aus (III 1, 45) und (III 1, 52) folgt somit — nach geeigneter Verfügung über die im Zeitfaktor der Wahrscheinlichkeitswelle verbleibende, willkürliche Phasenkonstante — die Wahrscheinlichkeitsamplitude $\overline{u}$ der Elektronenwellen bei vorgegebener Stärke des integralen Strombelages zu

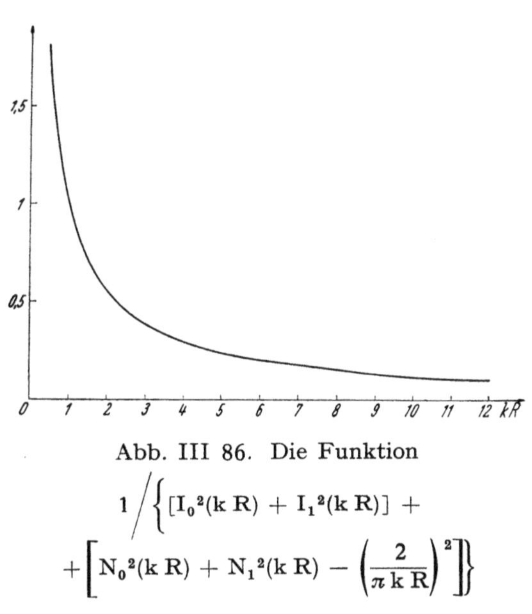

Abb. III 86. Die Funktion

$$1\left/\left\{[I_0{}^2(k\,R) + I_1{}^2(k\,R)] + \right.\right.$$

$$\left.\left. + \left[N_0{}^2(k\,R) + N_1{}^2(k\,R) - \left(\frac{2}{\pi\,k\,R}\right)^2\right]\right\}\right.$$

$$\overline{u} = \sqrt{A\,\frac{m_0}{4\,\hbar^2\,q_0}}\,\sqrt{2\,m_0\,\eta}\,H_0{}^{(1)}(k\,r). \qquad \text{(III 1, 53)}$$

III 2. Das Huygenssche Prinzip in der Wellenmechanik.

a) Wir beschäftigen uns mit der kräftefreien Bewegung eines materiellen Punktes der trägen Masse m innerhalb des Gebietes T, welches von der Hülle S lückenlos umschlossen wird. Es sei η der feste Betrag der Gesamtenergie des kontrollierten Teilchens bei seiner Beobachtung in einem relativ zu T ruhenden Bezugssystem der rechtsläufigen, *Kartesi*schen Koordinaten x, y, z. Die komplexe Amplitude $\overline{u}$ seiner Wahrscheinlichkeitswellen genügt dann der zeitfreien *Schrödinger*-Gleichung

$$\nabla^2\overline{u} + k^2\,\overline{u} = 0, \qquad\qquad \text{(III 2, 1)}$$

deren Wellenzahl k mit der Energie η durch die Relation

$$k^2 = \frac{2\,m}{\hbar^2}\,\eta \qquad\qquad \text{(III 2, 2)}$$

verknüpft ist. Als gegeben gelten die skalare Funktion $\bar{u}$ und ihre jeweils zur äußeren Normale [Index n] der Hüllenelemente dS parallel weisenden Komponenten $\mathrm{grad_n}\,\bar{u}$ ihres Gradienten; gesucht wird der Wert $\bar{u}_P$ der Wahrscheinlichkeits-Amplitude $\bar{u}$ in einem dem Gebiete T angehörigen Aufpunkt $P = (x_P, y_P, z_P)$.

b) Wir konstruieren um P als Zentrum eine Kugel K, welche zur Gänze von S umschlossen wird; es sei a der Halbmesser dieser Kugel und

$$S_K = 4\,\pi\,a^2 \quad \text{(III 2, 3)}$$

ihre Oberfläche. Das nach Abzug der Kugel K von T verbleibende Restgebiet bezeichnen wir durch T*; seine Hülle S* setzt sich gemäß Abb. III 87 aus S und S_K zusammen. In T* definieren wir nun eine skalare Funktion $\bar{v}$, welche dort überall der zeitfreien *Schrödinger*-Gleichung

$$V^2\bar{v} + k^2\,\bar{v} = 0 \quad \text{(III 2, 4)}$$

genügt und überdies für

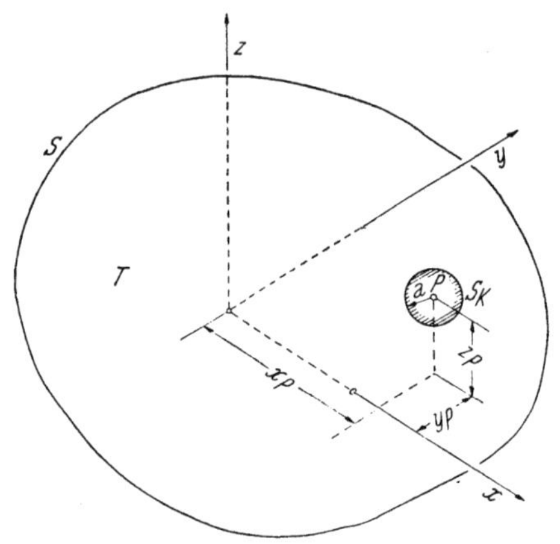

Abb. III 87. Zur Entwicklung des *Huygens*-schen Prinzipes.

$$r_P = \sqrt{(x - x_P)^2 + (y - y_P)^2 + (z - z_P)^2} \to 0 \qquad \text{(III 2, 5)}$$

derart anwächst, daß der Grenzwert

$$\lim_{r_P \to 0} r_P\bar{v}\,(x, y, z) = 1 \qquad\qquad \text{(III 2, 6)}$$

existiert.

Wir verschieben die explizite Angabe einer solchen Funktion und begnügen uns im Augenblick mit der Annahme ihrer *Existenz*. Erweitern wir dann (III 2, 1) mit $\bar{v}$, (III 2, 4) mit $\bar{u}$ und subtrahieren die entstehenden Ausdrücke voneinander, so gelangen wir zu der für alle Elemente dT des Gebietes T* ausnahmslos gültigen Aussage

$$\bar{v}\,V^2\bar{u} - \bar{u}\,V^2\bar{v} \equiv \mathrm{div}\,(\bar{v}\,\mathrm{grad}\,\bar{u} - \bar{u}\,\mathrm{grad}\,\bar{v}) = 0. \qquad \text{(III 2, 7)}$$

Auf sie wenden wir den *Gauß*schen Integralsatz an und erhalten die Gleichung

$$\iint\limits_{(S)} (\bar{v}\,\mathrm{grad_n}\,\bar{u} - \bar{u}\,\mathrm{grad_n}\,\bar{v})\,dS + \iint\limits_{(S_K)} (\bar{v}\,\mathrm{grad_n}\,\bar{u} - \bar{u}\,\mathrm{grad_n}\,\bar{v})\,dS = 0.$$

$$\text{(III 2, 8)}$$

Da der erste Posten der linker Hand auftretenden Summe auf Grund der Voraussetzungen über $\bar{u}$ im Verein mit der supponierten Kenntnis von $\bar{v}$ durch eine bloße Quadratur ausgewertet werden kann, haben wir unsere Aufmerksamkeit wesentlich auf den zweiten Posten dieser Summe zu konzentrieren; wir führen seine Berechnung für den Grenzfall

$$a \to 0 \qquad\qquad \text{(III 2, 9)}$$

in zwei Schritten durch:

1. In dem Integral

$$J_1 = \lim_{a \to 0} \iint\limits_{(S_K)} \overline{v}\, \mathrm{grad_n}\, \overline{u}\, dS \qquad\qquad (\text{III } 2,\ 10)$$

definiert zufolge der Existenz von $\overline{u}$ im gesamten Gebiet T der Faktor $\mathrm{grad_n}\, \overline{u}$ eine innerhalb K gewiß beschränkte Funktion. Verstehen wir daher unter dem Zeichen $\langle \mathrm{grad_n}\, \overline{u} \rangle$ einen passenden Durchschnitt von $\mathrm{grad_n}\, \overline{u}$ auf der Fläche S_K, so führt der erste Mittelwertsatz der Integralrechnung im Verein mit (III 2, 6) zu dem Schlusse

$$J_1 = \lim_{a \to 0} \langle \mathrm{grad_n}\, \overline{u} \rangle \iint\limits_{(S_K)} \overline{v}\, dS = \lim_{a \to 0} \langle \mathrm{grad_n}\, \overline{u} \rangle\, [\overline{v}\,(x, y, z)]_{r_P = a} \cdot 4\,\pi\, a^2 =$$

$$= \lim_{a \to 0} \langle \mathrm{grad_n}\, \overline{u} \rangle\, \frac{1}{a}\, 4\,\pi\, a^2 = 0. \qquad\qquad (\text{III } 2,\ 11)$$

2. In dem Integral

$$J_2 = \lim_{a \to 0} \iint\limits_{(S_K)} \overline{u}\, \mathrm{grad_n}\, \overline{v}\, dS \qquad\qquad (\text{III } 2,\ 12)$$

bezeichnen wir durch $\langle \overline{u} \rangle$ einen geeignet gewählten Mittelwert von $\overline{u}$ auf S_K und finden zunächst

$$J_2 = \lim_{a \to 0} \langle \overline{u} \rangle \iint\limits_{(S_K)} \mathrm{grad_n}\, \overline{u}\, dS = \overline{u}_P \lim_{a \to 0} [\mathrm{grad_n}\, \overline{v}\,(x, y, z)]_{r_P = a} \cdot 4\,\pi\, a^2.$$

$$(\text{III } 2,\ 13)$$

Nun folgt aus (III 2, 6), da die jeweils auf einem Element dS der Fläche S_K von T* her nach außen weisende Normale antiparallel zu dem von P zu dS hinführenden Radiusvektor r_P zeigt, die geometrische Relation

$$\lim_{a \to 0} r_P{}^2\, [\mathrm{grad_n}\, \overline{v}\,(x, y, z)]_{r_P = a} = 1, \qquad\qquad (\text{III } 2,\ 14)$$

so daß (III 2, 13) in

$$J_2 = 4\,\pi\, \overline{u}_P \qquad\qquad (\text{III } 2,\ 15)$$

übergeht. Nach (III 2, 8), (III 2, 11) und (III 2, 15) wird somit die gestellte Aufgabe durch die Formel

$$4\,\pi\, \overline{u}_P = \iint\limits_{(S)} (\overline{v}\, \mathrm{grad_n}\, \overline{u} - \overline{u}\, \mathrm{grad_n}\, \overline{v})\, dS \qquad\qquad (\text{III } 2,\ 16)$$

allgemein gelöst.

c) Im Anschluß an *Kirchhoff* wählen wir zuerst, im Einklang mit (III 2, 6), für $\overline{v}$ die Funktion

$$\overline{v} = \overline{v}_1 = \frac{e^{i k r_P}}{r_P}, \qquad\qquad (\text{III } 2,\ 17)$$

mit welcher (III 2, 16) in die Berechnungsvorschrift

$$\overline{u}_P = \frac{1}{4\,\pi} \iint\limits_{(S)} \left(\frac{e^{i k r_P}}{r_P}\, \mathrm{grad_n}\, \overline{u} - \overline{u}\, \mathrm{grad_n} \left(\frac{e^{i k r_P}}{r_P} \right) \right) dS \qquad (\text{III } 2,\ 18)$$

übergeht. Sie spricht das *Huygens*sche *Prinzip* aus: Die im Aufpunkt eintreffende Elektronenwelle resultiert aus den von den Hüllenelementen dS
ausgehenden *Teilwellen*

$$d\overline{u}_{P}^{(1)} = \overline{v}_1 \frac{dS}{4\pi} \operatorname{grad}_n \overline{u} \qquad (III\ 2,\ 19)$$

und

$$d\overline{u}_{P}^{(2)} = -\operatorname{grad}_n \overline{v}_1 \frac{dS}{4\pi} \overline{u}, \qquad (III\ 2,\ 20)$$

deren jede einer einfachen physikalischen Deutung fähig ist:

1. Wir lassen, in Umkehrung des bisherigen Gedankenganges, den
Punkt P durch das Gebiet T wandern, während der Punkt $P' = (x, x, z)$
festgehalten werde; nach (III 1, 30) schildert dann die Funktion (III 2, 19)
eine in P' entspringende, *expandierende Kugelwelle* des infinitesimal schwachen Amplitudenfaktors

$$dC^{(1)} = \frac{dS}{4\pi} \operatorname{grad}_n \overline{u}. \qquad (III\ 2,\ 21)$$

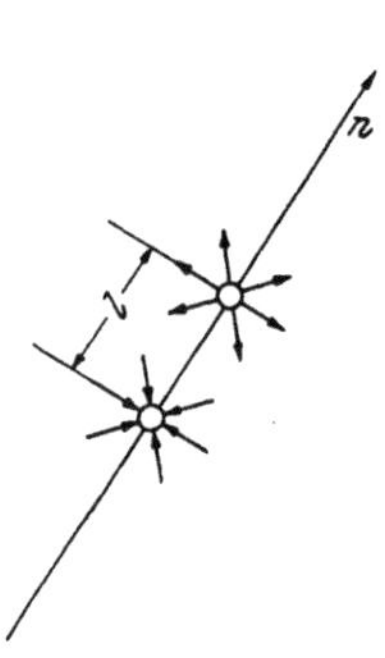

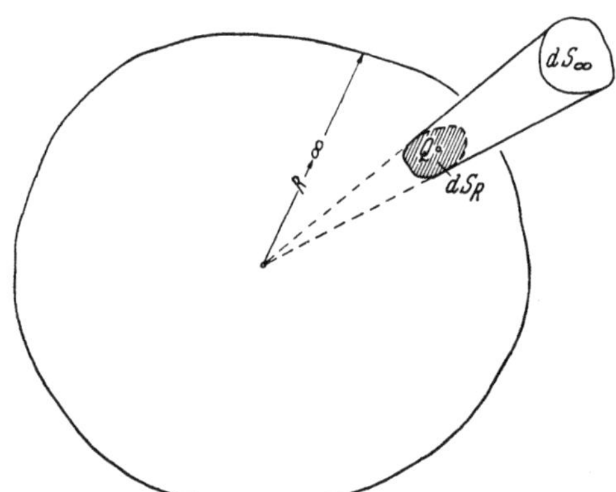

Abb. III 88. Doppelquelle   Abb. III 89. Grenzverhalten der *Huygens*-
schen Elementarwellen.

2. Wir vergleichen das allseitig symmetrische Feld der Welle (III 2, 21)
im Augenblick mit jenem eines *Hertz*schen *linearen Erregers*; von diesem
gelangen wir durch Zusammenfassung zweier parallel gerichteter Dipole
entgegengesetzt gleicher Momentenstärke zu einem *bilateralen Strahler*. Der
gleiche synthetische Prozeß führt im Gebiete der Wellenmechanik zur
Konzeption einer *Doppelquelle*: Längs der Normalengeraden n werden entsprechend Abb. III 88 zwei in Phasenopposition schwingende Materie-
strahler gleicher absoluter Intensität angeordnet; durch den doppelten
Grenzübergang zu infinitesimal kleinem Abstand l ihrer Zentren bei gleichzeitig schrankenlos vergrößerter Ergiebigkeit gelangt man zu der *gerichteten
Welle* vom Typus

$$\overline{v}_1{}' = \operatorname{grad}_n \overline{v}_1, \qquad (III\ 2,\ 22)$$

welche vom Hüllenelement dS mit der infinitesimal schwachen Amplitude

$$dC'^{(1)} = \frac{dS}{4\pi} \overline{u} \qquad (III\ 2,\ 23)$$

zum Aufpunkte P hin entsandt wird.

Häufig hat man es mit Hüllflächen S zu tun, welche sich bis in unermeßlich große Entfernung vom Aufpunkte erstrecken. Wir behaupten, daß dann ihre im Unendlichen gelegenen Elemente dS_∞ zu dem *Huygens*schen Integral (III 2, 18) keinen Beitrag liefern. Zum Beweise konstruieren wir um P als Zentrum die Kugel vom Halbmesser R und richten gemäß Abb. III 89 unser Augenmerk auf dasjenige Element dS_R ihrer Oberfläche, welches für $R \to \infty$ in das kontrollierte Element dS_∞ von S übergeht; durch Q bezeichnen wir einen Punkt von dS_R. Unterstellen wir nun den zu beweisenden Satz als richtig, so beteiligen sich nur die im Endlichen gelegenen Teile der Hülle S am Integral (III 2, 18); daher resultiert für die in Q zu erwartende komplexe Wellenamplitude $\bar{u}_Q$ gewiß eine Entwicklung der Form

$$\bar{u}_Q = \frac{e^{ikR}}{R}\left\{A + \frac{B}{R} + \frac{C}{R^2} + \dots\right\}, \qquad \text{(III 2, 24)}$$

deren Koeffizienten $A; B; C; \dots$ nur von den Richtungskosinus des von P nach Q führenden Radiusvektors gegen die Achsen des Bezugssystemes abhängen. Auf dem Flächenelement dS_R gilt daher für den Integranden des *Huygens*schen Integrales

$$\frac{e^{ikr_P}}{r_P}\,\text{grad}_n\,\bar{u} - \bar{u}\,\text{grad}_n\left(\frac{e^{ikr_P}}{r_P}\right) =$$

$$= \frac{e^{ikR}}{R}\frac{\partial}{\partial R}\left[\frac{e^{ikR}}{R}\left\{A + \frac{B}{R} + \frac{C}{R^2} + \dots\right\}\right] -$$

$$- \frac{e^{ikR}}{R}\left\{A + \frac{B}{R} + \frac{R^2}{C} + \dots\right\}\frac{\partial}{\partial R}\left(\frac{e^{ikR}}{R}\right). \qquad \text{(III 2, 25)}$$

In diesem Ausdruck zerstören einander nach Ausführung der verlangten Differentiationen die Glieder, welche den Kehrwert des Halbmessers R in zweiter und dritter Potenz enthalten, so daß er mit $R \to \infty$ mindestens wie R^{-4} gegen Null konvergiert. Da jedoch gleichzeitig die Fläche der Kugel $r_P = R$ nur mit R^2 anwächst, verschwindet in der Tat für $R \to \infty$ der auf den Anteil dieser Kugel an der Hülle S entfallende Beitrag zum *Huygens*schen Integrale; damit ist der Beweis abgeschlossen.

d) Als *Green*sche Funktion $\bar{v} = \bar{v}_2$ bezeichnen wir diejenige Lösung der zeitfreien *Schrödinger*-Gleichung (III 2, 4), welche neben (III 2, 6) der Bedingung

$$\bar{v}_2 = 0 \qquad \text{auf} \qquad S \qquad \text{(III 2, 26)}$$

genügt. Mit ihrer Hilfe resultiert aus (III 2, 16) für die im Aufpunkte P zu erwartende Wahrscheinlichkeitsamplitude $\bar{u}_P$ die Berechnungsvorschrift

$$\bar{u}_P = -\frac{1}{4\pi}\iint\limits_{(S)}\bar{u}\,\text{grad}_n\,\bar{v}_2\,dS, \qquad \text{(III 2, 27)}$$

zu deren Auswertung man also nur die Werte der Funktion $\bar{u}$, nicht jedoch ihres Gradienten auf den Elementen der Hülle S zu kennen braucht.

e) Wir wenden das *Huygens*sche Prinzip auf die *Elektronendiffraktion an Schirmen und Blenden* an.

Das jeweils beugende System bilde einen Teil der Ebene $z = 0$. Die einfallenden Elektronen je der einheitlichen Gesamtenergie η mögen der im Punkte $P_0 = (x_0, y_0, z_0)$ des Halbraumes $z < 0$ befindlichen, kugelsymmetrischen Quelle der stationären Stromstärke J entstammen. Setzen wir also

$$r_0{}^2 = (x - x_0)^2 + (y - y_0)^2 + (z - z_0)^2, \qquad \text{(III 2, 28)}$$

so wird die „primäre", ungebeugte Materiewelle $\bar{u}_0$ gemäß (III 1, 38) durch

$$\bar{u}_0 = K_0 \frac{e^{ikr_\bullet}}{r_0}\,; \qquad K_0 = \sqrt{-\frac{1}{4\pi q_0}}\,\sqrt{\frac{m_0}{2\eta}}\, J \qquad \text{(III 2, 29)}$$

dargestellt. Wir richten nun unser Augenmerk ausschließlich auf jene Elektronen, welche nach Passage der Ebene $z = 0$ in den Halbraum $z > 0$ übertreten. Gesucht wird die komplexe Amplitude $\bar{u}_P$ der Wahrscheinlichkeitswelle, welche im Aufpunkte $P = (x_P, y_P, z_P)$ des Halbraumes $z > 0$ resultiert.

Wir ergänzen die Ebene $z = 0$ durch die im Ursprung des Bezugssystemes zentrierte, in $z \geq 0$ gelegene Halbkugel vom Radius R zu einer lückenlosen Hülle S, deren Innenraum T den Aufpunkt P enthält und bezeichnen durch $\bar{v} = \bar{v}_2$ die dann für P zuständige *Green*sche Funktion. In der Grenze $R \to \infty$ liefert nun jene abschließende Halbkugel keinen Beitrag zu dem Integral (III 2, 27), so daß dieses nur über den vollen Bereich E der Ebene $z = 0$ zu erstrecken ist. Daher läßt sich die *Green*sche Funktion $\bar{v}_2$ des zu untersuchenden Wellenfeldes leicht mittels eines *Spiegelungsverfahrens* auffinden: Ausgehend von der in (III 2, 17) gegebenen, in P zentrierten Kugelwelle $\bar{v}_1$ bilden wir mit Hilfe der Ausdrücke

$$\left.\begin{aligned} r_P{}^2 &= (x - x_P)^2 + (y - y_P)^2 + (z - z_P)^2 \\ r_P{}'^2 &= (x - x_P)^2 + (y - y_P)^2 + (z + z_P)^2 \end{aligned}\right\} \qquad \text{(III 2, 30)}$$

die Differenz

$$\bar{v}_2 = \frac{e^{ikr_P}}{r_P} - \frac{e^{ikr_P{}'}}{r_P{}'}, \qquad \text{(III 2, 31)}$$

welche wegen

$$[r_P{}^2]_{z=0} = [r_P{}'^2]_{z=0} \equiv r_P{}^{*2} = (x - x_P)^2 + (y - y_P)^2 + z_P{}^2 \qquad \text{(III 2, 32)}$$

in der Tat allen definierenden Bedingungen der *Green*schen Funktion genügt. Mit Rücksicht auf (III 2, 32) berechnet sich nun ihre von T her nach außen weisende, auf E senkrechte Komponente des Gradienten zu

$$[\operatorname{grad_n}\bar{v}_2]_{z=0} = -\left[\frac{\partial \bar{v}_2}{\partial z}\right]_{z=0} = 2\left[ik - \frac{1}{r_P{}^*}\right]\frac{z_P}{r_P{}^*}\cdot\frac{e^{ikr_P{}^*}}{r_P{}^*} \qquad \text{(III 2, 33)}$$

Daher folgt aus (III 2, 27) für die Wahrscheinlichkeitswelle $\bar{u}_P$ der in P eintreffenden Elektronenströmung die *Integraldarstellung*

$$\bar{u}_P = -\frac{1}{2\pi}\int\limits_{-\infty}^{\infty}\int\limits_{-\infty}^{\infty}\left[ik - \frac{1}{r_P{}^*}\right]\frac{z_P}{r_P{}^*}\frac{e^{ikr_P{}^*}}{r_P{}^*}\,[\bar{u}]_{z=0}\,dx\,dy. \qquad \text{(III 2, 34)}$$

f) Ungeachtet ihrer formalen Einfachheit ist die Formel (III 2, 34) solange nutzlos, als man nicht die Werte der komplexen Wahrscheinlichkeitsamplitude $\bar{u}$ auf der gesamten Ebene E beherrscht; da ja aber diese Funktion erst gesucht wird, scheint es zunächst, als ob wir mit (III 2, 34) dem Ziele nicht wesentlich näher gekommen sind. In der Tat ist die strenge Lösung des Beugungsproblemes an Schirmen und Blenden nur für wenige Sonderfälle bekannt. Dagegen hat *Kirchhoff* auf intuitivem Wege eine Näherungslösung gefunden, die innerhalb des für sie beanspruchten Gültigkeitsbereiches mit den Beobachtungen vorzüglich übereinstimmt. Um die ursprünglich auf *Lichtwellen* zugeschnittenen Gedankengänge *Kirchhoffs* den Vorstellungen der *Wellenmechanik* anzupassen, schreiben wir jedem

Element dS der Ebene E sowohl einen ihm eingeprägten, komplexen *Transmissionskoeffizienten*

$$\tau = \tau(x, y), \tag{III 2, 35}$$

wie auch einen gleichfalls komplexen *Reflexionskoeffizienten*

$$\varrho = \varrho(x, y) \tag{III 2, 36}$$

zu; die hierdurch quantitativ gekennzeichneten, komplementären Eigenschaften des jeweils kontrollierten Elementes dS sind durch die *Kontinuitätsrelation*

$$\tau\,\tau^* + \varrho\,\varrho^* = 1 \tag{III 2, 37}$$

miteinander verknüpft: Beim Eintreffen der primären Materiewelle $\overline{u}_0$ am Element dS gestattet dieses nur der Welle

$$\overline{u} = \tau \cdot \overline{u}_0 \tag{III 2, 38}$$

den Durchtritt auf die dem Aufpunkt P zugewandten Seite $z = + 0$ der Ebene E, während es die Welle

$$\overline{u}' = \varrho\,\overline{u}_0 \tag{III 2, 39}$$

in der dem Quellpunkt P_0 zugewandten Eintrittsseite $z = - 0$ dieser Ebene zurückhält. Durch Substitution von (III 2, 38) in (III 2, 34) gelangen wir somit zu der Aussage

$$\overline{u}_P = -\frac{1}{2\pi} \int\limits_{-\infty}^{\infty} \int\limits_{-\infty}^{\infty} \left[i\,k - \frac{1}{r_P{}^*} \right] \frac{z_P}{r_P{}^*}\, \frac{e^{i\,k\,r_P{}^*}}{r_P{}^*}\, \tau\, [\overline{u}_0]_{z=0}\, dx\, dy, \tag{III 2, 40}$$

welche die Berechnung der Materiewelle in P grundsätzlich auf eine bloße Quadratur zurückführt.

g) Durch die Eigenschaften

$$\tau = 1; \qquad \varrho = 0 \tag{III 2, 41}$$

definieren wir die Wellenmechanik der Elemente einer *vollkommen elektronendurchlässigen Blende*, während die Angaben

$$\tau = 0; \qquad |\varrho| = 1 \tag{III 2, 42}$$

die Elemente eines *Schirmes* kennzeichnen, der die Passage der Elektronen zur Gänze sperrt; es mag hierbei dahingestellt bleiben, inwieweit sich solche Elemente realisieren lassen. Falls nun die Ebene E von jeglicher Materie frei ist, also nur als geometrische Fläche existiert, gilt gewiß bei beliebiger Lage des Aufpunktes P die Identität

$$\overline{u}_P \equiv \overline{u}_0(x_P, y_P, z_P), \tag{III 2, 43}$$

so daß dann nach (III 2, 34) und (III 2, 41) die Welle $\overline{u}_P$ durch (III 2, 40) streng beschrieben wird. Denken wir uns jetzt die Ebene E nach einer willkürlichen Vorschrift in die zwei Teilflächen F_1 und F_2 zerlegt

$$F_1 + F_2 = E, \tag{III 2, 44}$$

so erhalten wir aus (III 2, 40) und (III 2, 41) die gleichfalls noch genaue Aussage

$$\overline{u}_P = -\frac{1}{2\pi} \int\limits_{(F_1)} \int \left[i\,k - \frac{1}{r_P{}^*} \right] \frac{z_P}{r_P{}^*}\, \frac{e^{i\,k\,r_P{}^*}}{r_P{}^*}\, [\overline{u}_0]_{z=0}\, dx\, dy\; -$$

$$-\frac{1}{2\pi} \int\limits_{(F_2)} \int \left[i\,k - \frac{1}{r_P{}^*} \right] \frac{z_P}{r_P{}^*}\, \frac{e^{i\,k\,r_P{}^*}}{r_P{}^*}\, [\overline{u}_0]_{z=0}\, dx\, dy, \tag{III 2, 45}$$

welche wir in zwei getrennte *Näherungsgleichungen* aufspalten können:

1. Wir behalten für die Elemente der Fläche F_1 die Annahmen (III 2, 41) der vollkommenen Durchlässigkeit bei, während die Fläche F_2 zur Gänze von einem sperrenden Schirm der Eigenschaften (III 2, 42) bedeckt sei. Gemäß (III 2, 40) resultiert daher für die komplexe Amplitude $\overline{u}_P{}^{(1)}$ der dann in P zu erwartenden Materiewelle annähernd die Größe

$$\overline{u}_P{}^{(1)} = -\frac{1}{2\pi} \iint\limits_{(F_1)} \left[i\,k - \frac{1}{r_P{}^*} \right] \frac{z_P}{r_P{}^*} \frac{e^{i k r_P{}^*}}{r_P{}^*} \, [\overline{u}_0]_{z=0} \, dx\,dy. \qquad (III\ 2,\ 46)$$

2. Wir verriegeln den Elektronentransport durch die Fläche F_1, während die Fläche F_2 die Elektronen ungehindert passieren lasse; die komplexe Amplitude $\overline{u}_P{}^{(2)}$ der nunmehr nach P gelangenden Materiewelle folgt somit aus (III 2, 40) annähernd zu

$$\overline{u}_P{}^{(2)} = -\frac{1}{2\pi} \iint\limits_{(F_2)} \left[i\,k - \frac{1}{r_P{}^*} \right] \frac{z_P}{r_P{}^*} \frac{e^{i k r_P{}^*}}{r_P{}^*} \, [\overline{u}_0]_{z=0} \, dx\,dy. \qquad (III\ 2,\ 47)$$

In der Genauigkeit der Angaben (III 2, 46) und (III 2, 47) erschließen wir aus ihrem Vergleich mit (III 2, 45) den Satz

$$\overline{u}_P = \overline{u}_P{}^{(1)} + \overline{u}_P{}^{(2)}, \qquad\qquad (III\ 2,\ 48)$$

auf welchen wir im Zusammenhang mit der wellenmechanischen Elektronenoptik später zurückkommen werden.

h) Wir spezialisieren die vorstehenden Überlegungen auf die Elektronenbeugung an der Einfachblende F_1, welche gemäß Abb. III 90 von der überall unpassierbaren Sperrfläche F_2 umschlossen wird; die dann im Aufpunkt eintreffende Welle wird somit durch (III 2, 46) beschrieben. Um das in diese Gleichung eingehende bestimmte Integral auszuwerten, legen wir den Ursprung O des Bezugssystemes in einen inneren Punkt der Blendenfläche F_1, so daß die Radiusvektoren $O\,P_0 = R_0$ des Quellpunktes und $O\,P = R_P$ des Aufpunktes beziehentlich durch

$$R_0 = \sqrt{x_0{}^2 + y_0{}^2 + z_0{}^2}$$
$$(III\ 2,\ 49)$$

und

$$R_P = \sqrt{x_P{}^2 + y_P{}^2 + z_P{}^2}$$
$$(III\ 2,\ 50)$$

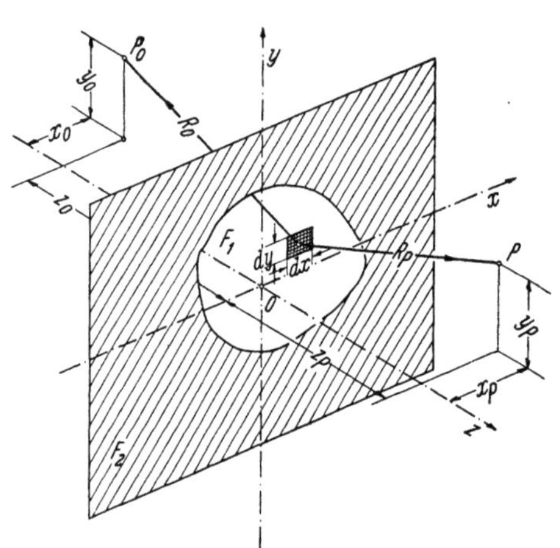

Abb. III 90. Elektronenbeugung an der Einfachblende.

gemessen werden. Mit ihrer Hilfe ergeben sich für die quadratischen Abstände $(r_0{}^*)^2$ und $(r_P{}^*)^2$ des in der infinitesimal engen Umgebung von (x, y) gelegenen Blendenelementes $dS = dx\,dy$ beziehentlich von Quellpunkt und Aufpunkt die Relationen

$$(r_0{}^*)^2 = (x - x_0)^2 + (y - y_0)^2 + z_0{}^2 = R_0{}^2 - 2\,(x\,x_0 + y\,y_0) + (x^2 + y^2)$$

$$(III\ 2,\ 51)$$

und

$$(r_P{}^*)^2 = (x - x_P)^2 + (y - y_P)^2 + z_P{}^2 = R_P{}^2 - 2(x\,x_P + y\,y_P) + (x^2 + y^2),$$
$$\text{(III 2, 52)}$$

welchen wir für hinreichend kleine Blenden der Doppeleigenschaft

$$x^2 + y^2 \ll R_0{}^2; \qquad x^2 + y^2 \ll R_P{}^2, \qquad \text{(III 2, 53)}$$

die binomischen Entwicklungen

$$r_0{}^* = R_0 \left[1 - \frac{x\,x_0 + y\,y_0}{R_0{}^2} + \frac{x^2 + y^2}{2\,R_0{}^2} - \frac{1}{2}\,\frac{(x\,x_0 + y\,y_0)^2}{R_0{}^4} + \cdots \right]$$
$$\text{(III 2, 54)}$$

und

$$r_P{}^* = R_P \left[1 - \frac{x\,x_P + y\,y_P}{R_P{}^2} + \frac{x^2 + y^2}{2\,R_P{}^2} - \frac{1}{2}\,\frac{(x\,x_P + y\,y_P)^2}{R_P{}^4} + \cdots \right]$$
$$\text{(III 2, 55)}$$

entnehmen. Setzen wir nun

$$-\frac{x_0}{R_0} = \cos\alpha_0; \qquad -\frac{y_0}{R_0} = \cos\beta_0; \qquad -\frac{z_0}{R_0} = \cos\gamma_0 \quad \text{(III 2, 56)}$$

und

$$\frac{x_P}{R_P} = \cos\alpha_P; \qquad \frac{y_P}{R_P} = \cos\beta_P; \qquad \frac{z_P}{R_P} = \cos\gamma_P, \quad \text{(III 2, 57)}$$

so vereinfachen sich die Ausdrücke (III 2, 54) und (III 2, 55) beziehentlich zu

$$r_0{}^* = R_0 + (x\cos\alpha_0 + y\cos\beta_0) + \frac{x^2\sin^2\alpha_0 + y^2\sin^2\beta_0}{2\,R_0} +$$
$$- \frac{x\cos\alpha_0\,y\cos\beta_0}{R_0} + \cdots \qquad \text{(III 2, 58)}$$

und

$$r_P{}^* = R_P - (x\cos\alpha_P + y\cos\beta_P) + \frac{x^2\sin^2\alpha_P + y^2\sin^2\beta_P}{2\,R_P} +$$
$$- \frac{x\cos\alpha_P\,y\cos\beta_P}{R_P} + \cdots \qquad \text{(III 2, 59)}$$

Wir verschärfen nunmehr die Ungleichungen (III 2, 53) durch die Beschränkung auf so *kurzwellige Elektronenstrahlen*, daß die Doppelbedingungen

$$\frac{1}{r_0{}^*} \ll k; \qquad \frac{1}{r_P{}^*} \ll k \qquad \text{(III 2, 60)}$$

für alle Punkte der Blendenfläche erfüllt sind. Mit der hierdurch angezeigten Genauigkeit dürfen wir im Integranden der Gl. (III 2, 46) alle neben den Exponentialfunktionen auftretenden Faktoren als nur langsam veränderliche Funktionen behandeln, welche als solche vor das Integral gezogen werden können. Setzen wir also

$$\frac{1}{r_0{}^*} \approx \frac{1}{R_0}; \qquad \frac{1}{r_P{}^*} \approx \frac{1}{R_P}; \qquad \frac{z_P}{r_P{}^*} \approx \frac{z_P}{R_P} = \cos\gamma_P \quad \text{(III 2, 61)}$$

und definieren die „*Blendenfunktion*" $B = B(x, y)$ durch

$$B(x, y) = x\,(\cos \alpha_0 - \cos \alpha_P) + y\,(\cos \beta_0 - \cos \beta_P) + \frac{x^2}{2}\left[\frac{\sin^2 \alpha_0}{R_0} + \frac{\sin^2 \alpha_P}{R_P}\right] +$$

$$+ \frac{y^2}{2}\left[\frac{\sin^2 \beta_0}{R_0} + \frac{\sin^2 \beta_P}{R_P}\right] - x\,y\left[\frac{\cos \alpha_0 \cos \beta_0}{R_0} + \frac{\cos \alpha_P \cos \beta_P}{R_P}\right],$$

$$\text{(III 2, 62)}$$

so geht (III 2, 46) mit Rücksicht auf (III 2, 29), (III 2, 58) und (III 2, 59) in die Aussage

$$\overline{u}_P{}^{(1)} = -\frac{i\,k}{2\,\pi}\frac{K_0}{R_0\,R_P}\cos \gamma_P\,e^{i\,k\,(R_0 + R_P)}\iint\limits_{(F_1)} e^{i\,k\,B(x,y)}\,dx\,dy \qquad \text{(III 2, 63)}$$

über: Im Aufpunkte P ist die elektronische Raumladungsdichte

$$\varrho = -q_0\,|\overline{u}_P{}^{(1)}|^2 = -\frac{1}{(2\,\pi)^3\,\hbar^2}\sqrt{\frac{m_0{}^3\,\eta}{2}}\,|J|\left(\frac{\cos \gamma_P}{R_0\,R_P}\right)^2\left|\iint\limits_{(F_1)} e^{i\,k\,B(x,y)}\,dx\,dy\right|^2$$

$$\text{(III 2, 64)}$$

zu erwarten. Nun mißt

$$j_0 = \frac{1}{4\,\pi\,R_0{}^2}\,J \qquad \text{(III 2, 65)}$$

die *primäre Stromdichte* der Elektronen, welche vermöge ihrer einheitlichen Korpuskulargeschwindigkeit

$$v = \sqrt{\frac{2\,\eta}{m_0}} \qquad \text{(III 2, 66)}$$

mit der Raumladungsdichte

$$\varrho_0 = -\frac{|j_0|}{v} = -\frac{1}{4\,\pi\,R_0{}^2}\,|J| \cdot \sqrt{\frac{m_0}{2\,\eta}} \qquad \text{(III 2, 67)}$$

in die Blende einfallen; daher nimmt (III 2, 64) die Gestalt

$$\varrho = \varrho_0\,\frac{m_0\,\eta}{2\,\pi^2\,\hbar^2}\left(\frac{\cos \gamma_P}{R_P}\right)^2\left|\iint\limits_{(F_1)} e^{i\,k\,B(x,y)}\,dx\,dy\right|^2 \qquad \text{(III 2, 68)}$$

an, welche folgende *Klassifikation der Beugungserscheinungen* ermöglicht:

1. Wir vergrößern sowohl den Quellpunktsabstand R_0 wie den Aufpunktsabstand R_P vom Ursprung des Bezugssystemes über jedes Maß und verstärken gleichzeitig die Stromstärke $|J|$ derart, daß in P der endliche Grenzwert

$$\varrho_\infty = \frac{m_0\,\eta}{2\,\pi^2\,\hbar^2}\,\lim_{\substack{R_0 \to \infty;\ R_P \to \infty \\ |J| \to \infty}}\left(\varrho_0\,\frac{F_1{}^2}{R_P{}^2}\right) \qquad \text{(III 2, 69)}$$

existiert. Bei diesem, von *Fraunhofer* eingeführten Prozeß reduziert sich die Blendenfunktion auf

$$B_\infty = x\,(\cos \alpha_0 - \cos \alpha_P) + y\,(\cos \beta_0 - \cos \beta_P), \qquad \text{(III 2, 70)}$$

so daß (III 2, 68) in die Aussage

$$\frac{\varrho}{\varrho_\infty} = \left|\frac{1}{F_1}\iint\limits_{(F_1)} e^{i\,k\,B_\infty}\,dx\,dy\right|^2 \qquad \text{(III 2, 71)}$$

übergeht.

2. Bleiben wir bei der Annahme endlicher Abstände R_0 und R_P stehen, so haben wir es mit den *Fresnel*schen Beugungserscheinungen zu tun. Für deren analytische Behandlung empfiehlt es sich, den bisher im Innern der Blende fixierten Ursprung O des Bezugssystemes jeweils in jenen Punkt zu legen, in welchem der Strahl $P_0 \rightarrow P$ die Ebene E durchstößt. Denn zufolge dieser Wahl wird bei beliebiger, veränderlicher Lage des Aufpunktes doch stets

$$\cos \alpha_0 = \cos \alpha_P \equiv \cos \alpha; \quad \cos \beta_0 = \cos \beta_P \equiv \cos \beta; \quad \cos \gamma_0 = \cos \gamma_P \equiv \cos \gamma,$$
$$\text{(III 2, 72)}$$

so daß die Blendenfunktion die Gestalt

$$B(x, y) = \left[\frac{1}{R_0} + \frac{1}{R_P}\right]\left[\frac{x^2}{2} \sin^2 \alpha + \frac{y^2}{2} \sin^2 \beta - x\,y \cos \alpha \cos \beta\right] \quad \text{(III 2, 73)}$$

annimmt. In ihr gehen wir durch die Transformation

$$\left.\begin{array}{l} x = x' \cos \vartheta' - y' \sin \vartheta' \\ y = x' \sin \vartheta' + y' \cos \vartheta' \end{array}\right\} \quad \text{(III 2, 74)}$$

zu dem „gestrichenen" Achsenkreuz (x', y') über, welches aus dem ungestrichenen durch mathematisch-positive Drehung um den Winkel ϑ' in der Ebene E entsteht; die von den Koordinaten (x', y') abhängige Blendenfunktion $B' = B'(x', y')$ lautet dann

$$B'(x', y') =$$

$$= \frac{1}{2}\left[\frac{1}{R_0} + \frac{1}{R_P}\right] [x'^2 \{\cos^2 \vartheta' \sin^2 \alpha + \sin^2 \vartheta' \sin^2 \beta - \sin 2\,\vartheta' \cos \alpha \cos \beta\} +$$
$$+ y'^2 \{\sin^2 \vartheta' \sin^2 \alpha + \cos^2 \vartheta' \sin^2 \beta + \sin 2\,\vartheta' \cos \alpha \cos \beta\} -$$
$$- x'\,y' \{2 \cos 2\,\vartheta' \cos \alpha \cos \beta - \sin 2\,\vartheta' (\sin^2 \alpha - \sin^2 \beta)\}]. \quad \text{(III 2, 75)}$$

Wir wählen nun ϑ' nach der Vorschrift

$$\text{tg}\, 2\,\vartheta' = - \frac{2 \cos \alpha \cos \beta}{\sin^2 \alpha - \sin^2 \beta} \equiv \frac{2 \cos \alpha \cos \beta}{\cos^2 \alpha - \cos^2 \beta} \quad \text{(III 2, 76)}$$

und bringen hierdurch in (III 2, 75) den das Produkt $x'\,y'$ enthaltenden Posten zum Verschwinden. Entscheiden wir uns dann in den aus (III 2, 76) folgenden Relationen

$$\cos 2\,\vartheta' = \pm \frac{\cos^2 \alpha - \cos^2 \beta}{\cos^2 \alpha + \cos^2 \beta}; \quad \sin 2\,\vartheta' = \pm \frac{2 \cos \alpha \cos \beta}{\cos^2 \alpha + \cos^2 \beta} \quad \text{(III 2, 77)}$$

für das obere Vorzeichen, so wird

$$\cos^2 \vartheta' = \frac{1 + \cos 2\,\vartheta'}{2} = \frac{\cos^2 \alpha}{\cos^2 \alpha + \cos^2 \beta};$$

$$\sin^2 \vartheta' = \frac{1 - \cos 2\,\vartheta'}{2} = \frac{\cos^2 \beta}{\cos^2 \alpha + \cos^2 \beta}. \quad \text{(III 2, 78)}$$

Mit Rücksicht auf die Identität

$$\cos^2 \alpha + \cos^2 \beta + \cos^2 \gamma = 1 \quad \text{(III 2, 79)}$$

reduziert sich daher die Blendenfunktion (III 2, 75) auf

$$B' = \frac{1}{2}\left[\frac{1}{R_0} + \frac{1}{R_P}\right] [x'^2 \cos^2 \gamma + y'^2]. \quad \text{(III 2, 80)}$$

In ihr ersetzen wir die Koordinaten x' und y' durch die *dimensionsfreien Variabeln*

$$\xi = \sqrt{\frac{k}{\pi}\left[\frac{1}{R_0} + \frac{1}{R_P}\right]}\, x' \cos\gamma \qquad \text{(III 2, 81)}$$

und

$$\eta = \sqrt{\frac{k}{\pi}\left[\frac{1}{R_0} + \frac{1}{R_P}\right]}\, y'. \qquad \text{(III 2, 82)}$$

Mit ihrer Hilfe geht (III 2, 68) in die anschauliche Darstellung

$$\varrho = \varrho_0 \left[\frac{R_0}{R_0 + R_P}\right]^2 \frac{1}{4} \left| \iint\limits_{(f_1)} e^{i\frac{\pi}{2}(\xi^2 + \eta^2)}\, d\xi\, d\eta \right|^2 \qquad \text{(III 2, 83)}$$

über, in welcher das Symbol f_1 die in den Koordinaten ξ und η ausgedrückte Blendenfläche bezeichnet.

i) Als Beispiel der *Fraunhofer*schen Beugungserscheinungen behandeln wir die *Elektronenpassage durch eine Kreislochblende* vom Halbmesser a.

Das Zentrum der Blende wird mit dem Ursprung O des Bezugssystemes identifiziert. Der Kathodenstrahl möge parallel zur z-Achse in die Blende einfallen

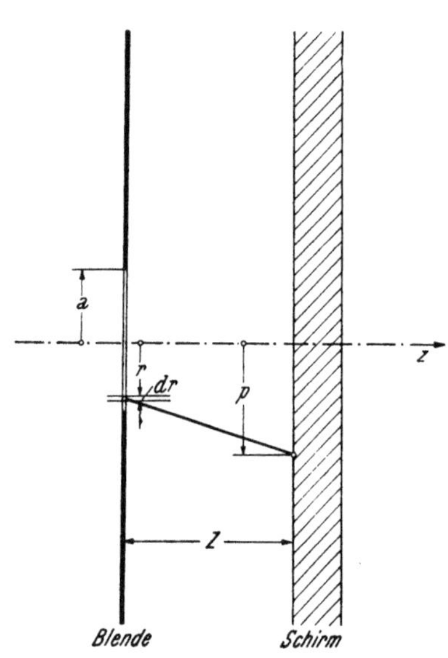

Abb. III 91. Zur Berechnung der *Fraunhofer*schen Elektronenbeugung an der Kreislochblende.

$$\cos\alpha_0 = 0; \qquad \cos\beta_0 = 0;$$
$$\cos\gamma_0 = 1 \qquad \text{(III 2, 84)}$$

und auf der Ebene $z = Z = \text{const} \to \infty$ beobachtet werden. Um uns seiner Geometrie anzupassen, führen wir in der Blendenebene $z = 0$ neben den in ihr bisher benutzten rechtwinkeligen Koordinaten x und y mittels [Abb. III 91]

$$x = r \cos\vartheta; \qquad y = r \sin\vartheta$$
$$\text{(III 2, 85)}$$

die Polarkoordinaten r [Radialdistanz] und ϑ [Azimut] ein; ähnlich bedienen wir uns in der Beobachtungsebene $z = Z$ neben den rechtwinkeligen Koordinaten x_P und y_P des Aufpunktes seiner Polarkoordinaten p [Radialdistanz] und ε [Azimut]:

$$x_P = p \cos\varepsilon; \qquad y_P = p \sin\varepsilon.$$
$$\text{(III 2, 86)}$$

Unter der Voraussetzung

$$p \ll Z \qquad \text{(III 2, 87)}$$

gilt dann annähernd

$$R_P \approx Z \qquad \text{(III 2, 88)}$$

also, in gleicher Genauigkeit

$$\cos\alpha_P \approx \frac{x_P}{Z} = \frac{p}{Z}\cos\varepsilon; \qquad \sin\alpha_P \approx \frac{y_P}{Z} = \frac{p}{Z}\sin\varepsilon, \qquad \text{(III 2, 89)}$$

so daß die Blendenfunktion (III 2, 70) in der Form

$$B = -\frac{p}{Z} r \cos(\vartheta - \varepsilon) \qquad \text{(III 2, 90)}$$

erscheint. Aus (III 2, 71) folgt demnach für die im Aufpunkt zu erwartende Raumladungsdichte ϱ die Angabe

$$\frac{\varrho}{\varrho_\infty} = \left| \frac{1}{\pi a^2} \int\limits_{\vartheta=0}^{2\pi} \int\limits_{r=0}^{a} e^{-ik\frac{p}{Z} r \cos(\vartheta - \varepsilon)} \, r \, dr \, d\vartheta \right|^2 . \qquad \text{(III 2, 91)}$$

Nach Wahl eines beliebigen reellen Winkels $\varkappa_0$ ist nun die *Bessel*sche Zylinderfunktion $I_0(u)$ der Ordnung Null und des Argumentes u durch das bestimmte Integral

$$I_0(u) = \frac{1}{2\pi} \int\limits_{-\varkappa_0}^{2\pi - \varkappa_0} e^{iu\cos\varkappa} \, d\varkappa \qquad \text{(III 2, 92)}$$

definiert; aus (III 2, 91) entsteht somit durch Integration nach ϑ zunächst

$$\frac{\varrho}{\varrho_\infty} = \left| \frac{2}{a^2} \int\limits_0^r I_0\left(k\frac{p}{Z}\right) r \, dr \right|^2 . \qquad \text{(III 2, 93)}$$

Da nun die *Bessel*sche Funktion $I_1(u)$ erster Ordnung vom Argumente u mit $I_0(u)$ durch die Relation

$$\int\limits_0^u I_0(u^*) \, u^* \, du^* = u \, I_1(u) \qquad \text{(III 2, 94)}$$

verknüpft ist, resultiert aus (III 2, 93) für die örtliche Verteilung der Raumladungsdichte in der Beobachtungsebene die Aussage

$$\frac{\varrho}{\varrho_\infty} = \left[\frac{2 I_1\left(k\frac{p}{Z} a\right)}{k\frac{p}{Z} a} \right]^2 \qquad \text{(III 2, 95)}$$

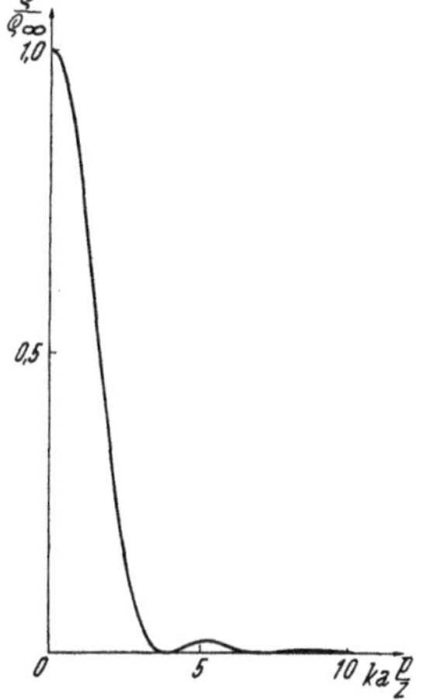

Abb. III 92. *Fraunhofer*sche Elektronenbeugung durch die Kreislochblende.

welche durch Abb. III 92 veranschaulicht wird.

j) Zur Erläuterung der *Fresnel*schen Beugungserscheinungen behandeln wir die *Passage eines Kathodenstrahles durch eine Rechteckblende* der Länge 2 l und der Höhe 2 h nach Abb. III 93. In der „Normallage" des Aufpunktes

$$\cos\alpha = 0; \qquad \cos\beta = 0; \qquad \cos\gamma = 1 \qquad \text{(III 2, 96)}$$

liege der Quellpunkt in

$$x_0 = 0; \qquad y_0 = 0; \qquad z_0 = -Z_0 < 0, \qquad \text{(III 2, 97)}$$

während der Ort des Aufpunktes durch

$$x_P = 0; \qquad y_P = 0; \qquad z_P = Z_P > 0 \qquad \text{(III 2, 98)}$$

beschrieben wird; die Richtungen beziehentlich der x- und der y-Achse seien so gewählt, daß die Blende das Gebiet

$$\left.\begin{array}{l} a - 2\,h < x < a \\ -1 \;\; < y < 1 \end{array}\right\} \qquad\qquad \text{(III 2, 99)}$$

einnimmt.

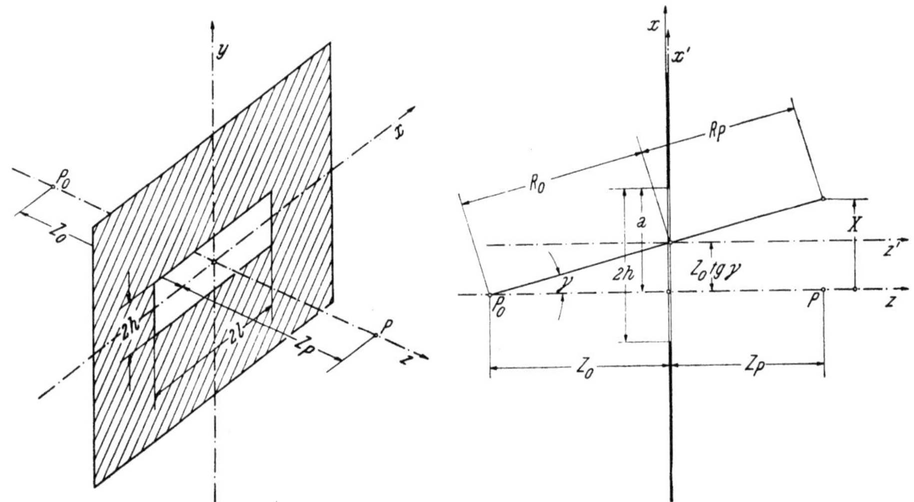

Abb. III 93. Rechteckblende.   Abb. III 94. Zur *Fresnel*schen Beugungs-
theorie

Der Kürze halber beschränken wir uns weiterhin auf Verschiebungen des Aufpunktes parallel der [ursprünglichen] x-Achse. Sei X seine Translation, so weicht dann der Strahl vom Quellpunkt zum Aufpunkt gemäß Abb. III 94 um den Winkel

$$\gamma = \operatorname{arctg} \frac{X}{Z_0 + Z_P} \qquad\qquad \text{(III 2, 100)}$$

gegen die z-Achse ab, so daß die Abstände R_0 des Quellpunktes und R_P des Aufpunktes vom Ursprung auf

$$R_0 = \frac{Z_0}{\cos\gamma}\,; \qquad R_P = \frac{Z_P}{\cos\gamma} \qquad\qquad \text{(III 2, 101)}$$

anwachsen; in dem nunmehr zu benutzenden Bezugssysteme (x', y', z) wird der Bereich der Blende durch

$$\left.\begin{array}{l} a - 2\,h - Z_0\,\mathrm{tg}\,\gamma < x' < a - Z_0\,\mathrm{tg}\,\gamma \\ -\;\; 1 \;\; < y' < \;\;\; 1 \end{array}\right\} \qquad \text{(III 2, 102)}$$

beschrieben. Setzen wir daher nach (III 2, 81)

$$\xi_1 = \sqrt{\frac{k}{\pi}\left[\frac{1}{Z_0} + \frac{1}{Z_P}\right]}\cos\gamma\,[(a - 2\,h)\cos\gamma - Z_0\sin\gamma]\,;$$

$$\xi_2 = \sqrt{\frac{k}{\pi}\left[\frac{1}{Z_0} + \frac{1}{Z_P}\right]}\cos\gamma\,[a\cos\gamma - Z_0\sin\gamma] \qquad \text{(III 2, 103)}$$

und nach (III 2, 82)

$$\eta_1 = -\sqrt{\frac{k}{\pi}\left[\frac{1}{Z_0}+\frac{1}{Z_P}\right]\cos\gamma}\, l; \qquad \eta_2 = \sqrt{\frac{k}{\pi}\left[\frac{1}{Z_0}+\frac{1}{Z_P}\right]\cos\gamma}\, l,$$

$$\text{(III 2, 104)}$$

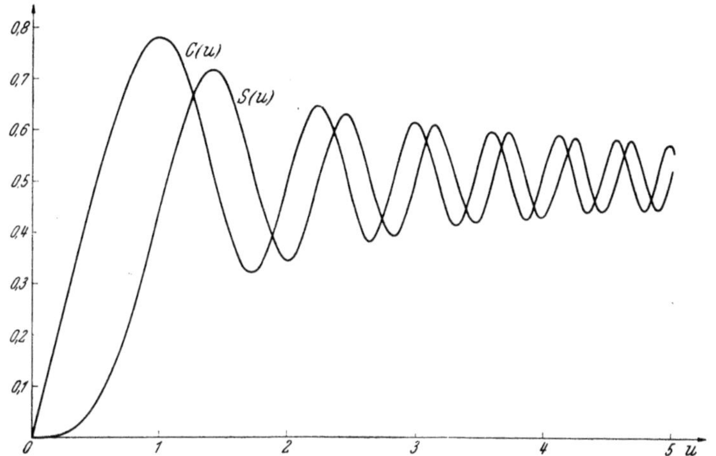

Abb. III 95. Die *Fresnel*schen Integrale C(u) und S(u).

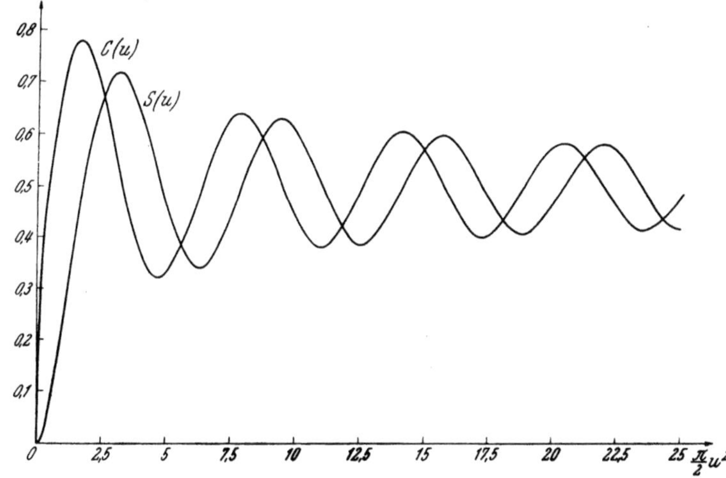

Abb. III 96. Die *Fresnel*schen Integrale als Funktion des quadratischen Argumentes $\pi/2\, u^2$.

so folgt aus (III 2, 83) für die im Aufpunkte zu erwartende Raumladungsdichte ϱ die Angabe

$$\varrho = \varrho_0 \left(\frac{Z_0}{Z_0+Z_P}\right)^2 \cdot \frac{1}{4} \cdot \left[\int_{\xi_1}^{\xi_2}\int_{\eta_1}^{\eta_2} e^{\,i\,\frac{\pi}{2}(\xi^2+\eta^2)}\,\mathrm{d}\xi\,\mathrm{d}\eta^2\right]. \quad \text{(III 2, 105)}$$

Mit Hilfe der nach Abb. III 95, III 96 und III 97 numerisch bekannten *Fresnel*schen Integrale

$$C(u) = \int_0^u \cos\left(\frac{\pi}{2} u^{*2}\right) du^*; \qquad S(u) = \int_0^u \sin\left(\frac{\pi}{2} u^{*2}\right) du^* \qquad (III\ 2,\ 106)$$

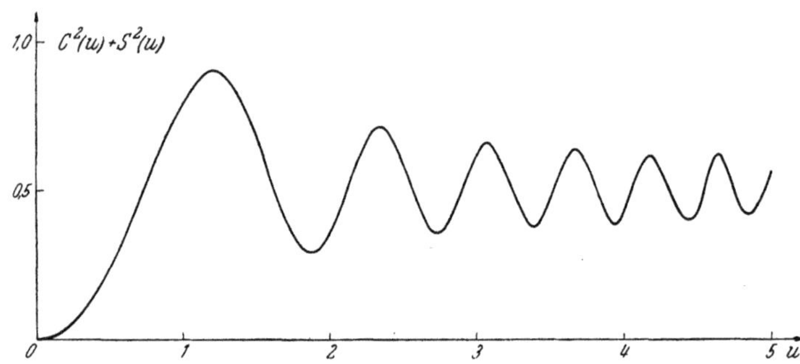

Abb. III 97. Quadratsumme der *Fresnel*schen Integrale

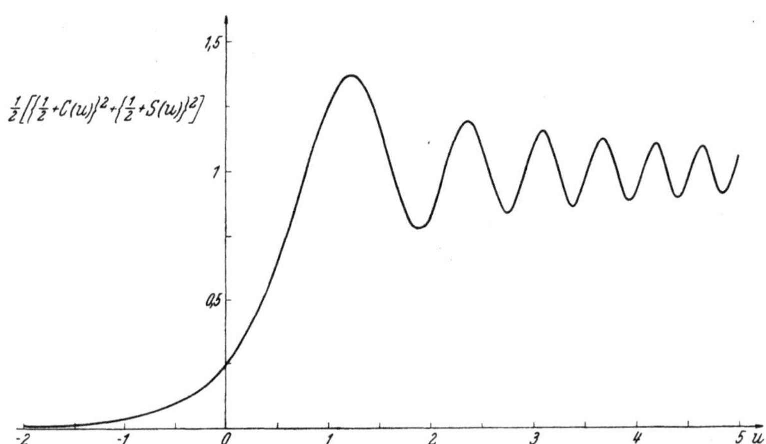

Abb. III 98. Aufenthaltswahrscheinlichkeit der Elektronen in der Schirmebene.

geht somit (III 2, 105) in die explizite Gestalt

$$\frac{\varrho}{\varrho_0} = \left(\frac{Z_0}{Z_0 + Z_P}\right)^2 \frac{1}{4} [\{C(\xi_2) - C(\xi_1)\}^2 + \{S(\xi_2) - S(\xi_1)\}^2] [\{C(\eta_2) -$$
$$- C(\eta_1)\}^2 + \{S(\eta_2) - S(\eta_1)\}^2] \qquad (III\ 2,\ 107)$$

über. Von ihr gelangen wir durch den Prozeß

$$\eta_1 \to -\infty; \qquad \eta_2 \to +\infty \qquad (III\ 2,\ 108)$$

zur Theorie der *Fresnel*schen Elektronenbeugung am *Spalt* der gleichförmigen Breite 2 h:

$$\frac{\varrho}{\varrho_0} = \left(\frac{Z_0}{Z_0 + Z_P}\right)^2 \frac{1}{2} [\{C(\xi_2) - C(\xi_1)\}^2 + \{S(\xi_2) - S(\xi_1)\}^2]. \qquad (III\ 2,\ 109)$$

Der weitere Grenzübergang

$$\xi_1 \to -\infty \qquad \text{(III 2, 110)}$$

führt dann zur Kenntnis der Diffraktionserscheinungen am Rande des undurchlässigen Schirmes $\xi > \xi_2$:

$$\frac{\varrho}{\varrho_0} = \left(\frac{Z_0}{Z_0 + Z_P}\right)^2 \frac{1}{2}\left[\left\{\frac{1}{2} + C(\xi_2)\right\}^2 + \left\{\frac{1}{2} + S(\xi_2)\right\}^2\right]. \qquad \text{(III 2, 111)}$$

Abb. III 98 zeigt den hiernach zu erwartenden Gang der Elektronen-Aufenthaltswahrscheinlichkeit in der Schirmebene.

III 3. Ionenbewegung im homogenen elektrischen Felde.

a) Wir beschäftigen uns im folgenden mit der Wellenmechanik eines Ions der Masse m und der invarianten Ladung q im stationären, rein elektrischen Felde der homogenen Stärke E. Wir orientieren uns an Hand eines *Kartesi*schen Bezugssystemes der rechtsläufigen Koordinaten x, y, z, in welchem der Feldvektor entsprechend dem $\genfrac{}{}{0pt}{}{\text{positiven}}{\text{negativen}}$ Vorzeichen von q parallel zur $\genfrac{}{}{0pt}{}{\text{positiven}}{\text{negativen}}$ x-Achse weise. Wählen wir also die Ebene x = 0 als Basis des elektrischen Skalarpotentiales φ, so kann dieses durch

$$\varphi = \mp E x; \qquad q \gtrless 0 \qquad \text{(III 3, 1)}$$

dargestellt werden, so daß die potentielle Energie η_{pot} des Ions stets durch

$$\eta_{\text{pot}} = - q E x \qquad \text{(III 3, 2)}$$

gemessen wird.

b) Unter Beschränkung auf hinreichend kleine Beträge w der korpuskularen Ionengeschwindigkeit im Verhältnis zur Ausbreitungsgeschwindigkeit c des Lichtes im leeren Raum vertauschen wir die Masse m mit der Ruhmasse m_0. Es sei nun η die Gesamtenergie des Ions gleich dem festen Werte seiner *Hamilton*schen Funktion. Die komplexe Amplitude $\overline{u}$ seiner Wahrscheinlichkeits-Welle gehorcht dann der zeitfreien *Schrödinger*-Gleichung

$$\frac{\partial^2\overline{u}}{\partial x^2} + \frac{\partial^2\overline{u}}{\partial y^2} + \frac{\partial^2\overline{u}}{\partial z^2} + \frac{2\,m_0}{\hbar^2}(\eta + q E x)\,\overline{u} = 0. \qquad \text{(III 3, 3)}$$

Der Produktansatz

$$\overline{u} = X \cdot Y \cdot Z, \qquad \text{(III 3, 4)}$$

dessen Faktorfunktionen X, Y, Z beziehentlich nur von den Koordinaten x, y, z abhängen, führt auf die Forderung

$$\frac{X''}{X} + \frac{Y''}{Y} + \frac{Z''}{Z} + \frac{2\,m_0}{\hbar^2}(\eta + q E x) = 0, \qquad \text{(III 3, 5)}$$

welche sich mit Hilfe zweier vorerst noch willkürlichen *Separationskonstanten* k_y und k_z in die drei gewöhnlichen Differentialgleichungen

$$\frac{d^2X}{dx^2} + \left[\frac{2\,m_0}{\hbar^2}(\eta + q E x) - (k_y{}^2 + k_z{}^2)\right]X = 0, \qquad \text{(III 3, 6)}$$

$$\frac{d^2Y}{dy^2} + k_y{}^2\,Y = 0, \qquad \text{(III 3, 7)}$$

$$\frac{d^2Z}{dz^2} + k_z{}^2\,Z = 0 \qquad \text{(III 3, 8)}$$

aufspaltet.

c) Wir weisen dem kontrollierten Ion als seinen Lebensraum T einen der abzählbar unendlich vielen, kongruenten Quader

$$x_1 < x < x_2, \qquad\qquad\qquad \text{(III 3, 9)}$$
$$y_1 < y < y_2 \qquad \text{mod}\,(y_2 - y_1), \qquad \text{(III 3, 10)}$$
$$z_1 < z < z_2 \qquad \text{mod}\,(z_2 - z_1) \qquad \text{(III 3, 11)}$$

zu, deren *geometrische* Identität wir durch die Annahme stets gleicher, dem Ion an der Hülle S von T auferlegter *Grenzbedingungen* ergänzen. Vorbehaltlich einer später anderen Vereinbarung verlangen wir überdies, daß die Aufenthalts-Wahrscheinlichkeit

$$a = \overline{u}\,\overline{u}{}^* \qquad\qquad\qquad \text{(III 3, 12)}$$

des Teilchens je Einheit seines Lebensraumes beschränkt sei.

Indem wir die explizite Bestimmung der Funktion X noch hinausschieben, benutzen wir weiterhin das aus (III 3, 7) und (III 3, 8) entspringende Partikular-Integral

$$\overline{u} = X \cdot e^{i(k_y \cdot y + k_z \cdot z)} \qquad\qquad \text{(III 3, 13)}$$

der *Schrödinger*-Gleichung (III 3, 3). Zufolge (III 3, 10) und (III 3, 11) sind dann k_y und k_z den *Quantisierungs-Vorschriften*

$$k_y(y_2 - y_1) = 2\,\pi\,\mu, \qquad\qquad \text{(III 3, 14)}$$
$$k_z(z_2 - z_1) = 2\,\pi\,\nu \qquad\qquad \text{(III 3, 15)}$$

zu unterwerfen, in welchen μ und ν je als reelle, ganze Zahlen mit Einschluß der Null zu wählen sind; jedem solchen Paar korrespondiert somit ein Paar gleichfalls reeller Werte k_y, k_z, welche die *Wellenzahlen* zweier beziehentlich parallel der y- und der z-Achse fortschreitenden, ebenen *de Broglie*-Wellen schildern.

d) Zu Gleichung (III 3, 6) zurückkehrend, führen wir mittels der Gleichung

$$\frac{2\,m_0}{\hbar^2}\,\eta - (k_y{}^2 + k_z{}^2) = \frac{2\,m_0}{\hbar^2}\,\eta_x; \qquad \eta_x = \eta - \frac{\hbar^2}{2\,m_0}(k_y{}^2 + k_z)^2 \qquad \text{(III 3, 16)}$$

den auf die x-Komponente der Bewegung entfallenden Anteil η_x der Gesamtenergie η ein und vertauschen die x-Koordinate gemäß

$$\eta_x + q\,E\,x = q\,E\,x'; \qquad x' = x + \frac{\eta_x}{q\,E} \qquad \text{(III 3, 17)}$$

mit der gestrichenen Abszisse x', deren Ursprung um die Strecke

$$x_0 = \frac{\eta_x}{q\,E} \qquad\qquad\qquad \text{(III 3, 18)}$$

gegen jenen der x-Achse verschoben ist. Für die nunmehr von x' abhängig zu denkende Funktion X resultiert dann aus (III 3, 6) die Differentialgleichung

$$\frac{d^2 X}{dx'^2} + \frac{2\,m_0}{\hbar^2}\,q\,E\,x' \cdot X = 0. \qquad\qquad \text{(III 3, 19)}$$

Um ihre Lösung mittels bekannter Funktionen zu ermöglichen, ersetzen wir x' an Hand der Substitution

$$\xi = f(x') \qquad\qquad\qquad \text{(III 3, 20)}$$

bei zunächst noch freier Wahl der Funktion f durch die unabhängige Veränderliche ξ. Zufolge der Relationen

$$\frac{dX}{dx'} = \frac{dX}{d\xi} \cdot \frac{d\xi}{dx'} \; ; \qquad \frac{d^2X}{dx'^2} = \frac{d^2X}{d\xi^2} \cdot \left(\frac{d\xi}{dx'}\right)^2 + \frac{dX}{d\xi} \cdot \frac{d^2\xi}{dx'^2} \qquad \text{(III 3, 21)}$$

entsteht dann aus (III 3, 19) die Differentialgleichung

$$\frac{d^2X}{d\xi^2} \left(\frac{d\xi}{dx'}\right)^2 + \frac{dX}{d\xi} \cdot \frac{d^2\xi}{dx'^2} + \frac{2\,m_0}{\hbar^2} q\,E\,x' \cdot X = 0. \qquad \text{(III 3, 22)}$$

Nun unterwerfen wir ξ der Forderung

$$\left(\frac{d\xi}{dx'}\right)^2 = \frac{2\,m_0}{\hbar^2} q\,E \cdot x', \qquad \text{(III 3, 23)}$$

welche durch die Funktion

$$\xi = \frac{2}{3} \sqrt{\frac{2\,m_0}{\hbar^2} q\,E}\; x'^{\,3/2} \qquad \text{(III 3, 24)}$$

befriedigt wird. Bilden wir aus ihr

$$\frac{d\xi}{dx'} = \sqrt{\frac{2\,m_0}{\hbar^2} q\,E}\; x'^{\,1/2}; \qquad \frac{d^2\xi}{dx'^2} = \frac{1}{2} \sqrt{\frac{2\,m_0}{\hbar^2} q\,E}\; x'^{\,-1/2}, \qquad \text{(III 3, 25)}$$

so geht also (III 3, 22) in die Differentialgleichung

$$\frac{d^2X}{d\xi^2} + \frac{1}{3\,\xi} \frac{dX}{d\xi} + X = 0 \qquad \text{(III 3, 26)}$$

über, welche mit jener der *Zylinderfunktionen* verwandt ist: Zerlegen wir X mittels

$$X(\xi) = F(\xi) \cdot G(\xi) \qquad \text{(III 3, 27)}$$

in die Faktorfunktionen F und G und beachten die Relationen

$$\frac{dX}{d\xi} = F \cdot \frac{dG}{d\xi} + G \frac{dF}{d\xi} \; ; \qquad \frac{d^2X}{d\xi^2} = F \frac{d^2G}{d\xi^2} + 2 \frac{dF}{d\xi} \cdot \frac{dG}{d\xi} + G \frac{d^2F}{d\xi^2},$$

$$\text{(III 3, 28)}$$

so verwandelt sich (III 3, 26) zunächst in die Gleichung

$$F \cdot \frac{d^2G}{d\xi^2} + 2 \frac{dF}{d\xi} \cdot \frac{dG}{d\xi} + G \cdot \frac{d^2F}{d\xi^2} + \frac{1}{3\,\xi} \left(F \frac{dG}{d\xi} + G \frac{dF}{d\xi}\right) + F \cdot G = 0.$$

$$\text{(III 3, 29)}$$

In ihr bringen wir den Koeffizienten $\left(2 \dfrac{dG}{d\xi} + \dfrac{G}{3\,\xi}\right)$ von $dF/d\xi$ in die Gestalt G/ξ, indem wir G der Differentialgleichung

$$2 \frac{dG}{d\xi} + \frac{G}{3\,\xi} = \frac{G}{\xi} \; ; \qquad \frac{dG}{d\xi} = \frac{1}{3} \frac{G}{\xi} \qquad \text{(III 3, 30)}$$

unterwerfen; wählen wir die Lösung

$$G = \xi^{1/3}; \qquad \frac{dG}{d\xi} = \frac{1}{3} \xi^{-2/3}; \qquad \frac{d^2G}{d\xi^2} = -\frac{2}{9} \xi^{-5/3}, \qquad \text{(III 3, 31)}$$

so reduziert sich (III 3, 29) auf die Differentialgleichung

$$\frac{d^2F}{d\xi^2} + \frac{1}{\xi} \frac{dF}{d\xi} + \left[1 - \left(\frac{1}{3\,\xi}\right)^2\right] F = 0, \qquad \text{(III 3, 32)}$$

welche die Zylinderfunktionen der [gebrochenen] Ordnung $p = \pm \frac{1}{3}$ vom Argumente ξ [Symbol $Z_{\pm 1/3}(\xi)$] definiert. Mit Hilfe zweier noch frei verfügbarer Konstanten C_+ und C_- lautet somit das allgemeine Integral der Gleichung (III 3, 32)

$$F = C_+ Z_{1/3}(\xi) + C_- Z_{-1/3}(\xi), \qquad (III\ 3,\ 33)$$

aus welchem wir auf Grund von (III 3, 27) und (III 3, 31) zur Lösung

$$X = \xi^{1/3}\,[C_+ Z_{1/3}(\xi) + C_- Z_{-1/3}(\xi)]; \qquad \xi = \frac{2}{3}\sqrt{\frac{2\,m_0}{\hbar^2}\,q\,E}\,x'^{3/2} \qquad (III\ 3,\ 34)$$

der ursprünglich vorgelegten Differentialgleichung (III 3, 19) gelangen.

e) Um die Diskussion der aus (III 3, 13) im Verein mit (III 3, 34) hervorgehenden Wahrscheinlichkeits-Wellen zu erleichtern, zerdehnen wir den durch (III 3, 9), (III 3, 10), (III 3, 11) definierten Lebensraum T des Ions durch den Grenzübergang

$$x_2 \to \infty \qquad (III\ 3,\ 35)$$

bei festgehaltenen Querabmessungen $(y_2 - y_1)$ und $(z_2 - z_1)$ zu dem einseitig unendlichen Quader $x > x_1$. Da in ihm die Abszisse x' gemäß (III 3, 17) sowohl positiv wie negativ ausfallen kann, haben wir uns über den Sinn des durch (III 3, 24) noch nicht eindeutig bestimmten Wertes der Veränderlichen ξ zu verständigen. Hierbei unterscheiden wir zwei einander kinematisch dual ergänzende Vorgänge, welche — in der Terminologie der Mechanik materieller Punkte — der *Beschleunigung* des kontrollierten Ions und seiner *Abbremsung* durch das elektrische Feld entsprechen. Der Beschleunigungsprozeß spiegelt sich wellenmechanisch im Bilde einer nach $x \to \infty$ hin *emittierten* Wahrscheinlichkeitswelle u wider, bei deren Beschreibung wir also gemäß Ziffer II 8 die reelle Teilchenenergie η durch den wesentlich *komplexen* Erwartungswert

$$\eta_{Em} = \lim_{\varepsilon \to 0}\left(\eta - i\,\frac{\varepsilon}{2}\,\hbar\right); \qquad \varepsilon > 0 \qquad (III\ 3,\ 36)$$

zu ersetzen haben. Dagegen führt die wellenmechanische Formulierung des Bremsvorganges auf eine von $x \to \infty$ her eindringende, in T *absorbierte* Welle, welche als solche durch den abermals wesentlich komplexen Erwartungswert

$$\eta_{Abs} = \lim_{\varepsilon \to 0}\left(\eta + i\,\frac{\varepsilon}{2}\,\hbar\right); \qquad \varepsilon > 0 \qquad (III\ 3,\ 37)$$

ihrer Teilchenenergie ausgezeichnet ist. Im Lichte der Gleichung (III 3, 18) erweist es sich daher als notwendig, die bisher reelle Abszisse x' zu der komplexen Veränderlichen

$$x' = a + i\,b = r\,e^{i\vartheta}; \qquad -\pi < \vartheta < \pi \qquad (III\ 3,\ 38)$$

zu erweitern. In ihrer *Gauß*schen Ebene nach Abb. III 99 wird die Funktion

$$w = \sqrt{x'} \qquad (III\ 3,\ 39)$$

erst auf einer zweiblättrigen *Riemann*schen Fläche eindeutig darstellbar. Wir wählen weiterhin dasjenige Blatt, auf welchem

$$w = \sqrt{r}\,e^{i\frac{\vartheta}{2}}; \qquad -\pi < \vartheta < \pi \qquad (III\ 3,\ 40)$$

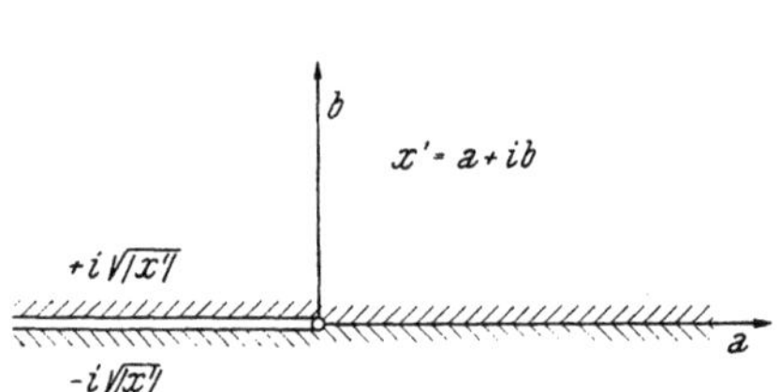

Abb. III 99. *Riemann*sche Ebene der Funktion $w = \sqrt{x'}$.

wird. Sein *Verzweigungsschnitt* ist somit längs der negativen a-Achse zu führen, so daß zwar stets

$$\xi^{1/3} = \left(\frac{2}{3}\right)^{1/3}\left(\frac{2\,m_0}{\hbar^2}\,q\,E\right)^{1/6}\sqrt{x'} \qquad \text{für} \qquad x' > 0, \qquad \text{(III 3, 41)}$$

aber

$$\xi^{1/3} = \left(\frac{2}{3}\right)^{1/3}\left(\frac{2\,m_0}{\hbar^2}\,q\,E\right)^{1/6} e^{\pm i\frac{\pi}{2}}\sqrt{|x'|} \qquad \text{für} \qquad x' < 0 \qquad \text{(III 3, 42)}$$

ausfällt; hierin korrespondiert auf Grund von (III 3, 17), (III 3, 37) und (III 3, 38) das $\frac{\text{obere}}{\text{untere}}$ Vorzeichen des e-Potenz-Exponenten dem Vorgange der $\frac{\text{Emission}}{\text{Absorbtion}}$. Mit gleicher Bezugnahme steht der einheitlichen Aussage

$$\xi = \frac{2}{3}\left(\frac{2\,m_0}{\hbar^2}\,q\,E\right)^{1/2} x'^{3/2} \qquad \text{für} \qquad x' > 0 \qquad \text{(III 3, 43)}$$

die Alternative

$$\xi = \frac{2}{3}\left(\frac{2\,m_0}{\hbar^2}\,q\,E\right)^{1/2} e^{\pm i3\frac{\pi}{2}} |x'|^{3/2} \qquad \text{für} \qquad x' < 0 \qquad \text{(III 3, 44)}$$

gegenüber.

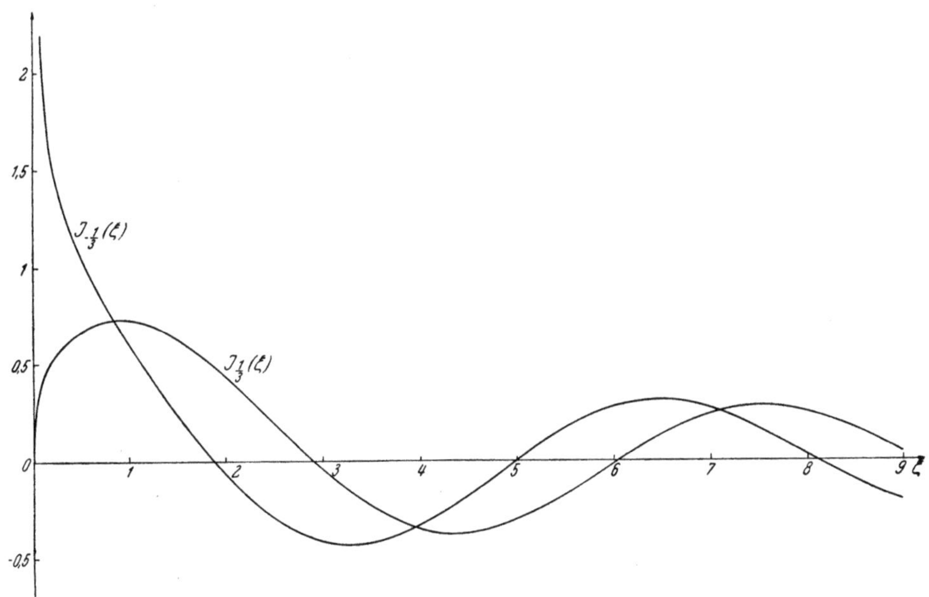

Abb. III 100. Die *Bessel*schen Zylinderfunktionen der Ordnungen $p = \pm\frac{1}{3}$.

Wir identifizieren jetzt die in (III 3, 34) auftretenden Zylinderfunktionen $Z_{\pm 1/3}(\xi)$ mit den *Bessel*schen Funktionen $J_{\pm 1/3}(\xi)$ nach Abb. III 100, mit deren Hilfe wir an Hand der Bildungsvorschriften

$$e^{+i\frac{\pi}{6}} H_{1/3}^{(1)}(\xi) = \frac{+i}{\sin\dfrac{\pi}{3}}\left[e^{-i\frac{\pi}{6}} J_{1/3}(\xi) - e^{+i\frac{\pi}{6}} J_{-1/3}(\xi)\right] \qquad \text{(III 3, 45)}$$

und

$$e^{-i\frac{\pi}{6}} H^{(2)}_{1/3}(\xi) = \frac{-i}{\sin\frac{\pi}{3}}\left[e^{+i\frac{\pi}{6}} J_{1/3}(\xi) - e^{-i\frac{\pi}{6}} J_{-1/3}(\xi)\right] \quad \text{(III 3, 46)}$$

zu den *Hankel*schen Zylinderfunktionen erster Art $H^{(1)}_{1/3}(\xi)$ und zweiter Art $H^{(2)}_{1/3}(\xi)$ der nunmehr *einheitlichen*, positiven Ordnung $p = +\frac{1}{3}$ und des Argumentes ξ übergehen; zwischen ihnen besteht die duale Relation

$$e^{+i\frac{\pi}{6}} H^{(1)}_{1/3}(\xi) = \left[e^{-i\frac{\pi}{6}} H^{(2)}_{1/3}(\xi^*)\right]^*, \quad \text{(III 3, 47)}$$

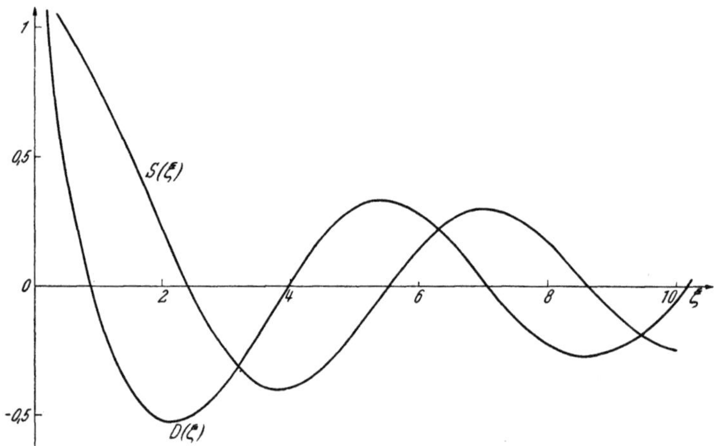

Abb. III 101. Die reellen Zylinderfunktionen $S(\xi)$ und $D(\xi)$ nach (III 3, 50) und (III 3, 51)

in welcher das Symbol * den jeweils konjugiert-komplexen Wert der Ausgangsgröße anzeigt. Die Faktorfunktionen, welche beziehentlich die x-Abhängigkeit des Emissions- und des Absorbtionsvorganges schildern, können dann nach Hinzufügung je der multiplikativen Amplituden-Konstanten C_+ und C_- durch

$$X_+ = C_+ \, e^{+i\frac{\pi}{6}} \xi^{1/3} H^{(1)}_{1/3}(\xi) \quad \text{(III 3, 48)}$$

und

$$X_- = C_- \, e^{-i\frac{\pi}{6}} \xi^{1/3} H^{(2)}_{1/3}(\xi) \quad \text{(III 3, 49)}$$

dargestellt werden.

Zum Beweise dieser Behauptung begeben wir uns zunächst in den Halbraum $x' > 0$, in welchem gemäß (III 3, 43) die Veränderliche ξ positiv-reell ausfällt. Definieren wir jetzt mittels

$$S(\xi) = \frac{1}{2}\left[e^{+i\frac{\pi}{6}} H^{(1)}_{1/3}(\xi) + e^{-i\frac{\pi}{6}} H^{(2)}_{1/3}(\xi)\right] = \frac{1}{\sqrt{3}}\left[J_{-1/3}(\xi) + J_{+1/3}(\xi)\right]$$

$$\text{(III 3, 50)}$$

und

$$D(\xi) = -\frac{1}{2i}\left[e^{+i\frac{\pi}{6}} H^{(1)}_{1/3}(\xi) - e^{-i\frac{\pi}{6}} H^{(2)}_{1/3}(\xi)\right] = J_{-1/3}(\xi) - J_{+1/3}(\xi)$$

$$\text{(III 3, 51)}$$

die *reellen* Zylinderfunktionen $S(\xi)$ und $D(\xi)$ nach Abb. III 101, so wird also

$$e^{+i\frac{\pi}{6}}\,H^{(1)}_{1/3}(\xi) = S(\xi) - i\,D(\xi) \qquad\qquad \text{(III 3, 52)}$$

und

$$e^{-i\frac{\pi}{6}}\,H^{(2)}_{1/3}(\xi) = S(\xi) + i\,D(\xi). \qquad\qquad \text{(III 3, 53)}$$

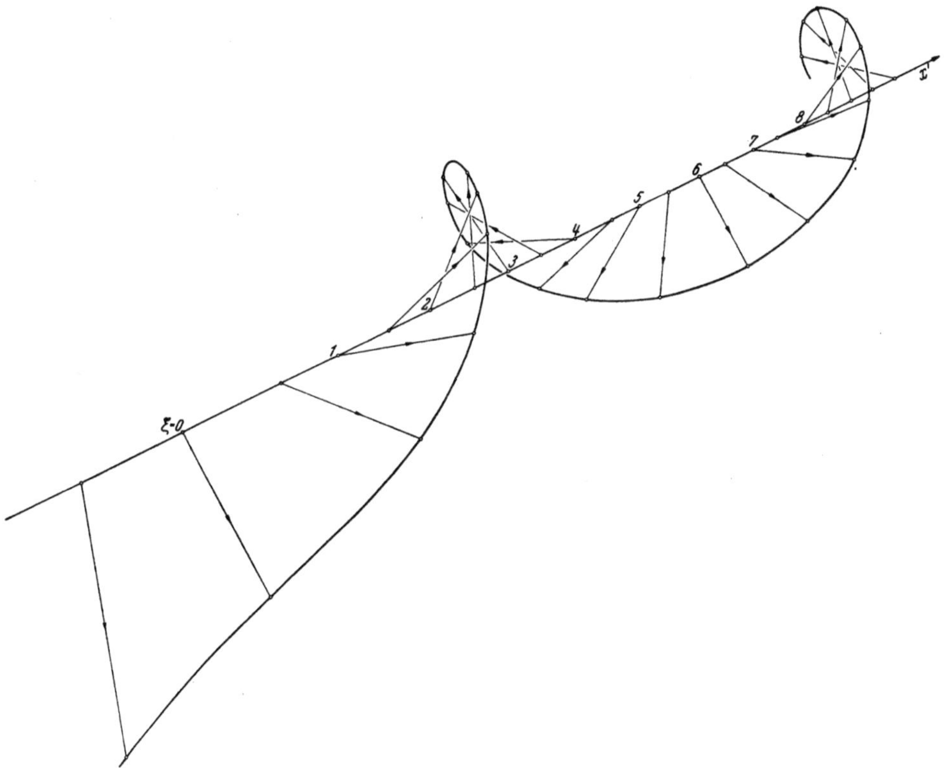

Abb. III 102. Fortschreitende Wahrscheinlichkeitswelle der Elektronenbewegung im homogenen elektrischen Felde.

Für die wellenmechanische Beschreibung der Teilchenbeschleunigung resultiert demnach in der Tat die in Richtung der positiven x-Achse fortschreitende Wahrscheinlichkeits-Welle

$$u_{+} = C_{+}\,\xi^{1/3}\sqrt{S^2 + D^2}\;e^{-i\left[\frac{\mu}{\hbar}\cdot t + \arctan\frac{D}{S} - (k_y\cdot y + k_z\cdot z)\right]} \qquad \text{(III 3, 54)}$$

gemäß Abb. III 102, und ebenso schildert

$$u_{-} = C_{-}\,\xi^{1/3}\sqrt{S^2 + D^2}\;e^{-i\left[\frac{\eta}{\hbar}\cdot t - \arctan\frac{D}{S} - (k_y\cdot y + k_z\cdot z)\right]} \qquad \text{(III 3, 55)}$$

eine rückschreitende Wahrscheinlichkeits-Welle; die beiden Wellen beziehentlich zukommende Dichte $\alpha = u \cdot u^{*}$ der Aufenthalts-Wahrscheinlichkeit des kontrollierten Teilchens je Einheit seines Lebensraumes unterliegt somit dem einheitlichen Gesetz

$$\left(\frac{\alpha}{C\,C^{*}}\right)_{\pm} = \left(\frac{u\,u^{*}}{C\,C^{*}}\right)_{\pm} = \xi^{2/3}\,(S^2 + D^2) \qquad\qquad \text{(III 3, 56)}$$

nach Abb. III 103. Insbesondere können die *Hankel*schen Zylinderfunktionen für Argumente $\xi \gg 1$ in die halbkonvergenten Reihen

$$e^{+i\frac{\pi}{6}} H^{(1)}_{1/3}(\xi) = \frac{1}{\sqrt{\frac{\pi}{2}\xi}} e^{i\left(\xi - \frac{\pi}{4}\right)} [1 + \ldots] \qquad \text{(III 3, 57)}$$

und

$$e^{-i\frac{\pi}{6}} H^{(2)}_{1/3}(\xi) = \frac{1}{\sqrt{\frac{\pi}{2}\xi}} e^{-i\left(\xi - \frac{\pi}{4}\right)} [1 + \ldots] \qquad \text{(III 3, 58)}$$

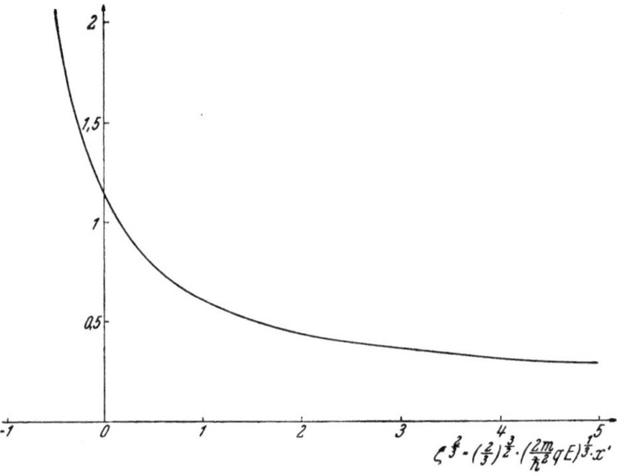

Abb. III 103. Aufenthaltswahrscheinlichkeit im homogenen elektrischen Felde.

entwickelt werden. Begnügen wir uns je mit dem explizit angegebenen Anfangsglied, so entsteht also aus (III 3, 54) für die quantenmechanische Beschreibung der Teilchenbeschleunigung die Wahrscheinlichkeits-Welle

$$u_+ = C_+ \frac{e^{-i\left[\frac{\eta}{h}t - \left(\frac{2}{3}\sqrt{\frac{2m_0}{h^2}qE}\,x'^{3/2} - \frac{\pi}{4}\right) + k_y \cdot y + k_z \cdot z\right]}}{\sqrt{\frac{\pi}{2}\left(\frac{2}{3}\sqrt{\frac{2m_0}{h^2}qE}\right)^{1/6} x'^{1/4}}} \qquad \text{(III 3, 59)}$$

und ebenso für den Bremsvorgang die Welle

$$u_- = C_- \frac{e^{-i\left[\frac{\eta}{h}t - \left\{-\left(\frac{2}{3}\sqrt{\frac{2m_0}{h^2}qE}\,x'^{3/2} - \frac{\pi}{4}\right)\right\} + k_y \cdot y + k_z \cdot z\right]}}{\sqrt{\frac{\pi}{2}\left(\frac{2}{3}\sqrt{\frac{2m_0}{h^2}qE}\right)^{1/6} x'^{1/4}}} \cdot \qquad \text{(III 3, 60)}$$

Wir denken uns die Wellen (III 3, 59) und (III 3, 60) beziehentlich durch ihre konjugiert-komplexen Wellen u_+^* und u_-^* ergänzt. Indem wir jetzt unsere Aufmerksamkeit zunächst auf den Beschleunigungsvorgang richten, bilden wir die logarithmischen Gradienten

$$\frac{\operatorname{grad} u_+}{u_+} = 1_z \left\{ i \sqrt{\frac{2\,m_0}{\hbar^2} q\,E\,x'} - \frac{1}{4\,x'} \right\} + 1_y \{ i\,k_y \} + 1_z \{ i\,k_z \}, \qquad \text{(III 3, 61)}$$

$$\frac{\operatorname{grad} u_+{}^*}{u_+{}^*} = 1_x \left\{ - i \sqrt{\frac{2\,m_0}{\hbar^2} q\,E\,x'} - \frac{1}{4\,x'} \right\} + 1_y \{ - i\,k_y \} + 1_z \{ -i\,k_z \}.$$

$$\text{(III 3, 62)}$$

Mit Hilfe dieser Ausdrücke findet man gemäß (II 7, 27) den *Strömungsvektor* Σ_+, welcher die Bewegung innerhalb der wellenmechanischen Raumladungswolke des kontrollierten Ions beschreibt, zu

$$\Sigma_+ = \frac{\hbar}{2\,m_0\,i} \left[\frac{\operatorname{grad} u_+}{u_+} - \frac{\operatorname{grad} u_+{}^*}{u_+{}^*} \right] = 1_x \sqrt{\frac{2\,q\,E\,x'}{m_0}} + 1_y \frac{\hbar\,k_y}{m_0} + 1_z \frac{\hbar\,k_z}{m_0}.$$

$$\text{(III 3, 63)}$$

Er erregt eine *stationäre elektrische Konvektionsströmung* der Dichte

$$j_+ = q\,u_+\,u_+{}^* \, \Sigma_+ = \frac{q\,C_+\,C_+{}^*}{\dfrac{\pi}{2} \left(\dfrac{2}{3} \sqrt{\dfrac{2\,m_0}{\hbar^2} q\,E} \right)^{1/3} x'^{1/2}} \cdot \Sigma_+. \qquad \text{(III 3, 64)}$$

welche, im Einklang mit der allgemeinen Eigenschaft (III 3, 42) stationärer wellenmechanischer Zustände, dem Ersten *Kirchhoff*schen Gesetze

$$\operatorname{div} j_+ = 0 \qquad \text{(III 3, 65)}$$

gehorcht. Auf demselben Wege ergibt sich der Strömungsvektor Σ_- der Verzögerungswelle zu

$$\Sigma_- = \frac{\hbar}{2\,m_0\,i} \left[\frac{\operatorname{grad} u_-}{u_-} - \frac{\operatorname{grad} u_-{}^*}{u_-{}^*} \right] = 1_x \left(- \sqrt{\frac{2\,q\,E\,x'}{m_0}} \right) +$$

$$+ 1_y \frac{\hbar\,k_y}{m_0} + 1_z \frac{\hbar\,k_z}{m_0}. \qquad \text{(III 3, 66)}$$

Die entsprechende Konvektionsstrom-Dichte

$$j_- = q\,u_-\,u_-{}^* \, \Sigma_- \qquad \text{(III 3, 67)}$$

befriedigt ebenfalls die Kontinuitätsgleichung

$$\operatorname{div} j_- = 0. \qquad \text{(III 3, 68)}$$

Wie verhalten sich die Wahrscheinlichkeits-Wellen der Emission und der Absorbtion im Gebiete *negativer* Abszissen x'?

Mit Rücksicht auf (III 3, 42) und (III 3, 44) finden wir aus (III 3, 48) und (III 3, 49) die Gleichungen

$$X_+ = C_+\,i^{+1}\,e^{i\frac{\pi}{6}}\,|\xi|^{1/3}\,H_{1/3}^{(1)}(i^3\,|\xi|) \qquad \text{(III 3, 69)}$$

und

$$X_- = C_-\,i^{-1}\,e^{-i\frac{\pi}{6}}\,|\xi|^{1/3}\,H_{1/3}^{(2)}(i^{-3}\,|\xi|). \qquad \text{(III 3, 70)}$$

Zur Berechnung der hier auftretenden *Hankel*schen Zylinderfunktionen imaginären Argumentes ziehen wir die Identitäten heran

$$e^{+i\frac{\pi}{6}}\,H_{1/3}^{(1)}(i^3\,|\xi|) \equiv - e^{+i\frac{\pi}{6}}\,H_{1/3}^{(1)}(i^{-1}\,|\xi|) - e^{-i\frac{\pi}{6}}\,H_{1/3}^{(2)}(i^{-1}\,|\xi|) \qquad \text{(III 3, 71)}$$

sowie

$$e^{-i\frac{\pi}{6}}\,H_{1/3}^{(2)}(i^{-3}\,|\xi|) \equiv - e^{+i\frac{\pi}{6}}\,H_{1/3}^{(1)}(i^{+1}\,|\xi|) - e^{-i\frac{\pi}{6}}\,H_{1/3}^{(2)}(i^{+1}\,|\xi|).$$

$$\text{(III 3, 72)}$$

Nun führen wir durch die Definitionen

$$I_{+1/3}(\varrho) = e^{-i\frac{\pi}{6}} J_{+1/3}(i\varrho); \qquad I_{-1/3}(\varrho) = e^{+i\frac{\pi}{6}} J_{-1/3}(i\varrho) \qquad \text{(III 3, 73)}$$

die je reellen, „modifizierten" *Bessel*-Funktionen $I_{\pm 1/3}$ des gleichfalls reellen Argumentes ϱ mit dem in Abb. III 104 dargestellten Verlaufe ein und bilden aus ihnen die abermals reellen Zylinderfunktionen

$$\overline{S}(\varrho) = I_{-1/3}(\varrho) + I_{+1/3}(\varrho) \qquad \text{(III 3, 74)}$$

und

$$\overline{D}(\varrho) = \frac{1}{\sqrt{3}} \left[I_{-1/3}(\varrho) - I_{+1/3}(\varrho) \right] \qquad \text{(III 3, 75)}$$

nach Abb. III 105. Aus (III 3, 45) und (III 3, 46) folgen dann die Relationen

$$e^{i\frac{\pi}{6}} H^{(1)}_{1/3}(i\varrho) = -\frac{i}{\sin\frac{\pi}{3}} \left[I_{-1/3}(\varrho) - I_{+1/3}(\varrho) \right] = -2i\,\overline{D}(\varrho) \qquad \text{(III 3, 76)}$$

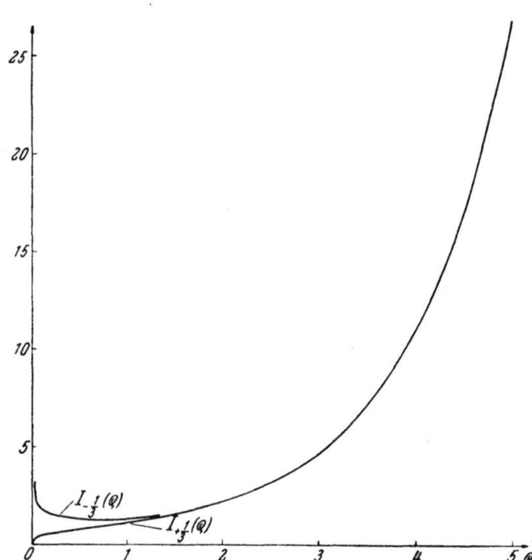

Abb. III 104. Die modifizierten *Bessel*schen Funktionen der Ordnung $p = \pm \frac{1}{3}$.

und

$$e^{-i\frac{\pi}{6}} H^{(2)}_{1/3}(i\varrho) = +\frac{i}{\sin\frac{\pi}{3}} \left[e^{-i\frac{\pi}{3}} I_{-1/3}(\varrho) - e^{+i\frac{\pi}{3}} I_{+1/3}(\varrho) \right] =$$

$$= \frac{i}{\sin\frac{\pi}{3}} \left[\{ I_{-1/3}(\varrho) - I_{+1/3}(\varrho) \} \cos\frac{\pi}{3} - \{ I_{-1/3}(\varrho) - I_{+1/3}(\varrho) \} i \sin\frac{\pi}{3} \right] =$$

$$= \overline{S}(\varrho) + i\,\overline{D}(\varrho), \qquad \text{(III 3, 77)}$$

mit deren Hilfe (III 3, 72) die Gestalt

$$e^{-i\frac{\pi}{6}} H^{(2)}_{1/3}(i^{-3}\,|\xi|) \equiv -\overline{S}(|\xi|) + i\,\overline{D}(|\xi|) \qquad \text{(III 3, 78)}$$

annimmt; aus ihr geht mit Rücksicht auf (III 3, 47) die Identität

$$e^{+i\frac{\pi}{6}} H^{(1)}_{1/3}(i^{+3}|\xi|) \equiv -\overline{S}(|\xi|) - i\,\overline{D}(|\xi|) \qquad \text{(III 3, 79)}$$

hervor. Die Substitution der Ausdrücke (III 3, 78) und (III 3, 79) beziehentlich in (III 3, 48) und (III 3, 49) führt auf die Wahrscheinlichkeits-Wellen

$$u_{+} = C_{+} \sqrt{\overline{S}^2 + \overline{D}^2}\, e^{-i\left[\frac{\eta}{h}t - \operatorname{arc\,tg}\frac{\overline{S}}{\overline{D}} - (k_y \cdot y + k_z \cdot z)\right]} \qquad \text{(III 3, 80)}$$

und

$$u_- = C_- \sqrt{\overline{S}^2 + \overline{D}^2}\, e^{-i\left[\frac{\eta}{h} t - \operatorname{arc\,tg}\frac{\overline{S}}{\overline{D}} - (k_y \cdot y + k_z \cdot z)\right]}, \qquad \text{(III 3, 81)}$$

welche entsprechend Abb. III 102 die Wellen (III 3, 54), (III 3, 55) stetig in das Gebiet $x' < 0$ hinein fortsetzen. Um ihr Verhalten im Bereiche $\xi < 0$, $|\xi| \gg 1$ kennenzulernen, rufen wir die komplexe Ebene der Zahlen

$$\lambda = \mu + i\,\nu \qquad \text{(III 3, 82)}$$

zu Hilfe, in welcher die Funktionen $\overline{S}(\varrho)$ und $\overline{D}(\varrho)$ im Anschluß an *Sommerfeld* durch die bestimmten Integrale

$$\overline{S}(\varrho) = \frac{1}{\pi} \int\limits_{+i\infty}^{2\pi+i\infty} e^{-\varrho\cos\lambda} \cos\frac{\pi-\lambda}{3}\, d\lambda$$

$$\text{(III 3, 83)}$$

und

$$\overline{D}(\varrho) =$$
$$= \frac{1}{\sqrt{3}} \cdot \frac{1}{\pi} \int\limits_{+i\infty}^{2\pi+i\infty} e^{-\varrho\cos\lambda}\, i \sin\frac{\pi-\lambda}{3}\, d\lambda$$

$$\text{(III 3, 84)}$$

dargestellt werden; ihren Integrationsweg führen wir am bequemsten entsprechend Abb. III 106 zunächst längs der ν-Achse von $(0; +\infty)$ zum Ursprung, gehen dann längs der μ-Achse zum Punkte $(2\pi; 0)$ über und steigen von dort parallel der ν-Achse nach $(2\pi; \infty)$ auf.

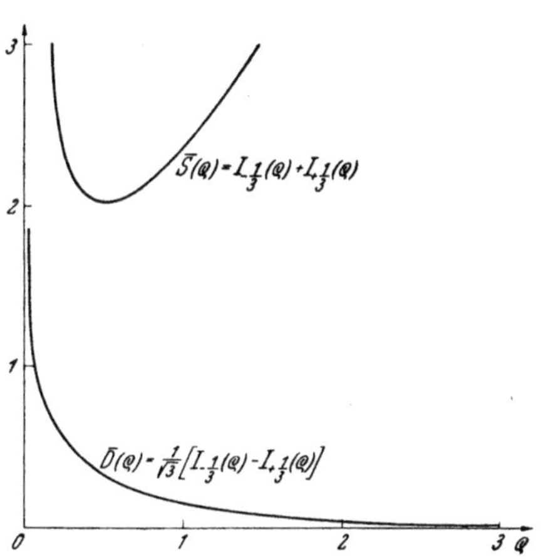

Abb. III 105. Die reellen, modifizierten *Bessel*-Funktionen $\overline{S}(\varrho)$ und $\overline{D}(\varrho)$ nach (III 7, 74) und (III 7, 75).

Die im Integranden von S auftretende Exponentialfunktion zeichnet sich durch einen in $\lambda = \pi$ gelegenen *Sattelpunkt* aus; über ihn verläuft das mit der μ-Achse sich deckende Teilstück des oben gewählten Integrationsweges nach Art einer *Paßstraße*. Setzen wir daher

$$\mu = \pi + \mu', \qquad \text{(III 3, 85)}$$

so erhalten wir nach geeigneter Festsetzung der Strecke $\varepsilon > 0$ für $\overline{S}$ die Abschätzung

$$\overline{S} = \frac{1}{\pi} \int\limits_{-\varepsilon}^{\varepsilon} e^{+\varrho\cos\mu'} \cos\frac{\mu'}{3}\, d\mu'. \qquad \text{(III 3, 86)}$$

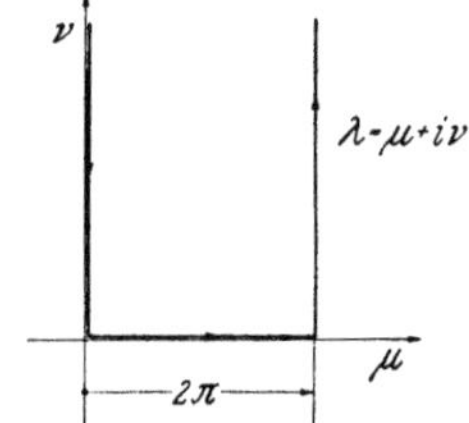

Abb. III 106. Zur asymptotischen Berechnung der Funktionen $\overline{S}(\varrho)$ und $\overline{D}(\varrho)$ nach (III 3, 83) und (III 3, 84).

In ihr dürfen wir wegen $\varrho \gg 1$ den Integrationsbereich stark verengen, ohne hierdurch den Wert von $\overline{S}$ wesentlich zu beeinträchtigen. Nachdem dies geschehen ist, läßt sich dort gleichzeitig die ja auf Grund der Voraussetzung $\varrho \gg 1$ mit μ' rasch veränderliche Exponentialfunktion Exp $(+\varrho\cos\mu')$ durch

$$e^{\varrho\cos\mu'} \approx e^{\varrho\left[1 - \frac{1}{2}\mu'^2\right]}, \qquad \text{(III 3, 87)}$$

approximieren, während nichtsdestoweniger die neben $\mathrm{Exp}\,(+\,\varrho\cos\mu')$ als Faktor auftretende, von ϱ freie Funktion $\cos\mu'/3$ sich im Integrationsbereiche nur wenig verändert und daher mit

$$\lim_{\mu'\to 0}\cos\frac{\mu'}{3} = 1 \qquad\qquad \text{(III 3, 88)}$$

vertauscht werden darf. In der von (III 3, 87) und (III 3, 88) diktierten Genauigkeit folgt aus (III 3, 86) zunächst

$$\overline{S} = \frac{e^{+\varrho}}{\pi}\int\limits_{-\varepsilon}^{\varepsilon} e^{-\varrho\frac{1}{2}\mu'^2}\,d\mu'. \qquad\qquad \text{(III 3, 89)}$$

Durch die Substitution $M = \mu'\sqrt{\varrho/2}$ findet sich somit für $\overline{S}$ die Darstellung

$$\overline{S} = \frac{e^{+\varrho}}{\pi}\sqrt{\frac{2}{\varrho}}\int\limits_{-\varepsilon\sqrt{\frac{\varrho}{2}}}^{+\varepsilon\sqrt{\frac{\varrho}{2}}} e^{-M^2}\,dM, \qquad\qquad \text{(III 3, 90)}$$

in welcher wir, nochmals unter Berufung auf die Annahme $\varrho \gg 1$, die Grenzen des Integrales nach $(\mp\,\infty)$ rücken lassen dürfen; damit resultiert die Näherung

$$\overline{S} = \frac{e^{+\varrho}}{\sqrt{\dfrac{\pi}{2}\varrho}}. \qquad\qquad \text{(III 3, 91)}$$

Wir kehren jetzt an Hand der Definition (III 3, 84) zur Funktion $\overline{D}(\varrho)$ zurück und zerlegen das sie darstellende komplexe Integral entsprechend der in Abb. III 106 angegebenen Gestalt des Integrationsweges in die drei Posten

$$\overline{D}(\varrho) = \frac{1}{\sqrt{3}}\frac{1}{\pi}\left[\int\limits_{\lambda=0+i\infty}^{0}\ldots d\lambda + \int\limits_{\lambda=0}^{2\pi}\ldots d\lambda + \int\limits_{\lambda=2\pi}^{2\pi+i\infty}\ldots d\lambda\right] =$$

$$= \frac{1}{\sqrt{3}}\cdot\frac{1}{\pi}\left[\int\limits_{\nu=\infty}^{0} e^{-\varrho\cosh\nu}\,i\left\{\sin\frac{\pi}{3}\cosh\frac{\nu}{3} - i\cos\frac{\pi}{3}\sinh\frac{\nu}{3}\right\}i\,d\nu + \right.$$

$$+ \int\limits_{\mu=0}^{2\pi} e^{-\varrho\cos\mu}\,i\sin\frac{\pi-\mu}{3}\,d\mu +$$

$$\left. + \int\limits_{\nu=0}^{\infty} e^{-\varrho\cosh\nu}\,i\left\{-\sin\frac{\pi}{3}\cosh\frac{\nu}{3} - i\cos\frac{\pi}{3}\sinh\frac{\nu}{3}\right\}i\,d\nu\right]. \qquad \text{(III 3, 92)}$$

deren imaginäre Anteile einander aufheben. Vertauscht man dann im ersten Posten ν mit $(-\,\nu)$, so reduziert sich also $\overline{D}(\varrho)$ auf das reelle Integral

$$\overline{D}(\varrho) = \frac{1}{2\pi}\int\limits_{-\infty}^{\infty} e^{-\varrho\cosh\nu}\cosh\frac{\nu}{3}\,d\nu. \qquad\qquad \text{(III 3, 93)}$$

Sein Integrand offenbart in $\nu = 0$ einen *Sattelpunkt*, über welchen der nunmehrige Integrationsweg — die Imaginärachse der λ-Ebene — hinwegführt. Durch sinngemäß die gleichen Überlegungen, welche oben zur Abschätzung von $\overline{S}$ herangezogen wurden, finden wir somit im Falle $\varrho \gg 1$ für $\overline{D}$ zunächst die Approximation

$$\overline{D} \approx \frac{1}{2\pi} \int\limits_{-\varepsilon}^{\varepsilon} e^{-\varrho \cosh \nu} \cosh \frac{\nu}{3} \, d\nu \approx \frac{e^{-\varrho}}{2\pi} \int\limits_{-\varepsilon}^{\varepsilon} e^{-\varrho \frac{1}{2}\nu^2} \, d\nu \qquad \text{(III 3, 94)}$$

und also, mittels der Substitution $N = \nu \sqrt{\varrho/2}$,

$$\overline{D} \approx \frac{e^{-\varrho}}{2\pi} \sqrt{\frac{2}{\varrho}} \int\limits_{-\varepsilon\sqrt{\frac{\varrho}{2}}}^{+\varepsilon\sqrt{\frac{\varrho}{2}}} e^{-N^2} \, dN \approx \frac{e^{-\varrho}}{2\pi} \sqrt{\frac{2}{\varrho}} \int\limits_{-\infty}^{\infty} e^{-N^2} \, dN = \frac{1}{2} \frac{e^{-\varrho}}{\sqrt{\frac{\pi}{2}\varrho}} \cdot$$

$$\text{(III 3, 95)}$$

Wir tragen die Ergebnisse (III 3, 91) und (III 3, 95) in (III 3, 78) und (III 3, 79) ein und gelangen hierdurch zufolge (III 3, 69) und (III 3, 70) zu den für $|\xi| \gg 1$ asymptotisch gültigen Näherungen

$$X_+ = C_+ \, |\xi|^{1/3} \frac{\frac{1}{2} e^{-|\xi|} - i\, e^{|\xi|}}{\sqrt{\frac{\pi}{2}|\xi|}}, \qquad \text{(III 3, 96)}$$

$$X_- = C_- \, |\xi|^{1/3} \frac{\frac{1}{2} e^{-|\xi|} + i\, e^{|\xi|}}{\sqrt{\frac{\pi}{2}|\xi|}}, \qquad \text{(III 3, 97)}$$

so daß die Wahrscheinlichkeits-Wellen u_+ und u_- durch die Gleichungen

$$u_+ = C_+ \frac{\left[\frac{1}{2} e^{-\frac{2}{3}\sqrt{\frac{2m_0}{\hbar^2}qE|x'|^{3/2}}} - i\, e^{+\frac{2}{3}\sqrt{\frac{2m_0}{\hbar^2}qE|x'|^{3/2}}}\right] e^{-i\left\{\frac{\eta}{\hbar}t - (k_y \cdot y + k_z \cdot z)\right\}}}{\sqrt{\frac{\pi}{2}}\left(\frac{2}{3}\sqrt{\frac{2m_0}{\hbar^2}qE}\right)^{1/6} |x'|^{1/4}}$$

$$\text{(III 3, 98)}$$

$$u_- = C_- \frac{\left[\frac{1}{2} e^{-\frac{2}{3}\sqrt{\frac{2m_0}{\hbar^2}qE|x'|^{3/2}}} + i\, e^{+\frac{2}{3}\sqrt{\frac{2m_0}{\hbar^2}qE|x'|^{3/2}}}\right] e^{-i\left\{\frac{\eta}{\hbar}t - (k_y \cdot y + k_z \cdot z)\right\}}}{\sqrt{\frac{\pi}{2}}\left(\frac{2}{3}\sqrt{\frac{2m_0}{\hbar^2}qE}\right)^{1/6} |x'|^{1/4}}$$

$$\text{(III 3, 99)}$$

geschildert werden. Unter Verzicht auf die Angabe der ihnen beziehentlich zugeordneten Strömungsvektoren $\Sigma_\pm$ gehen wir sogleich zur Dichte $j_\pm$ des elektrischen Konvektionsstromes über: An Hand der Formel

$$j_\pm = \frac{q\,\hbar}{2\,i\,m_0} [u_\pm^* \, \text{grad}\, u_\pm - u_\pm \, \text{grad}\, u_\pm^*] \qquad \text{(III 3, 100)}$$

gelangt man, im Einklang mit (III 3, 65) und (III 3, 68), zu dem wesentlichen Inhalt der Aussagen (III 3, 64) und (III 3, 67) zurück.

f) Wir ergänzen die statistische Beschreibung der [fast] stationären Ionenbewegung durch die quantenmechanische Analyse der individuellen „Bahn", welche das kontrollierte Teilchen durchläuft.

Der Kürze halber beschränken wir uns auf die Kinematik eines beschleunigten Elektrizitätsträgers, welche bereits alles Wesentliche erkennen läßt.

Die Gesamtenergie η des kontrollierten Teilchens gleicht nach (III 3, 16) und (III 3, 18) der Summe

$$\eta = \eta_x + \frac{\hbar^2}{2\,m_0}\,(k_y{}^2 + k_z{}^2) = q\,E\,x_0 + \frac{\hbar^2}{2\,m_0}\,(k_y{}^2 + k_z{}^2).$$

$$(III\ 3,\ 101)$$

Daher wird im Gebiete

$$\xi = \frac{2}{3}\,\sqrt{\frac{2\,m_0}{\hbar^2}\,q\,E}\,(x + x_0)^{3/2} \gg 1 \qquad (III\ 3,\ 102)$$

die Phase γ der für den Emissionsvorgang zuständigen Wahrscheinlichkeits-Welle (III 3, 59) durch die Gleichung

$$\gamma = \left\{q\,E\,x_0 + \frac{\hbar^2}{2\,m_0}\,(k_y{}^2 + k_z{}^2)\right\}\frac{t}{\hbar} - \frac{2}{3}\,\sqrt{\frac{2\,m_0}{\hbar^2}\,q\,E}\,(x + x_0)^{3/2} +$$

$$+ \frac{\pi}{4} - (k_y \cdot y + k_z \cdot z) \qquad (III\ 3,\ 103)$$

dargestellt.

Wir ersetzen jetzt die bisher scharf bestimmten Größen x_0, k_y und k_z beziehentlich durch die Parameter $x_0 + \Delta x_0$, $k_y + \Delta k_y$ und $k_z + \Delta k_z$, welche innerhalb der schmalen Bereiche

$$- \delta_0 < \Delta x_0 < \delta_0; \qquad 0 < \delta_0 \ll |x_0|, \qquad (III\ 3,\ 104)$$

$$- \varepsilon_y < \Delta k_y < \varepsilon_y; \qquad 0 < \varepsilon_y \ll |k_y|, \qquad (III\ 3,\ 105)$$

$$- \varepsilon_z < \Delta k_z < \varepsilon_z; \qquad 0 < \varepsilon_z \ll |k_z| \qquad (III\ 3,\ 106)$$

stetig veränderlich sind. Ordnen wir jeder Welle dieser Art die komplexe Amplitudendichte

$$C_+ = C_+\,(\Delta x_0;\ \Delta k_y;\ \Delta k_z) \qquad (III\ 3,\ 107)$$

je Volumeneinheit jenes abstrakten Raumes zu, der von den paarweise zueinander orthogonalen Achsen Δx_0, Δk_y und Δk_z aufgespannt wird, so gelangen wir in dem bestimmten Integral

$$u_+ = \int\limits_{-\delta_0}^{+\delta_0} \int\limits_{-\varepsilon_y}^{+\varepsilon_y} \int\limits_{-\varepsilon_z}^{\varepsilon_z} \frac{C_+(\Delta x_0;\ \Delta k_y;\ \Delta k_z)\,e^{-i\gamma\,(\Delta x_0;\ \Delta k_y;\ \Delta k_z)}}{\sqrt{\dfrac{\pi}{2}\left(\dfrac{2}{3}\sqrt{\dfrac{2\,m_0}{\hbar^2}\,q\,E}\right)^{1/6}}\,(x + x_0 + \Delta x_0)^{1/4}}\,d\Delta x_0\,d\Delta k_y\,d\Delta k_z$$

$$(III\ 3,\ 108)$$

zu einem *Wellenpaket*, welches das kontrollierte Teilchen begleitet. Auf Grund der einschränkenden Annahmen (III 3, 104), (III 3, 105) und (III 3, 106) dürfen wir nun innerhalb des Integrales (III 3, 108) die Phase γ mit hinreichender Genauigkeit durch die im folgenden explizit angegebenen Anfangsglieder der *Taylor*schen Reihe

$$\gamma = \gamma(x_0; k_y; k_z) + \Delta x_0 \left(\frac{\partial \gamma}{\partial \Delta x_0}\right)_0 + \Delta k_y \left(\frac{\partial \gamma}{\partial \Delta k_y}\right)_0 + \Delta k_z \left(\frac{\partial \gamma}{\partial \Delta k_z}\right)_0 + \ldots =$$

$$= \gamma(x_0; k_y; k_z) + \Delta x_0 \left\{ q\,E\,\frac{t}{\hbar} - \sqrt{\frac{2\,m_0}{\hbar^2}\,q\,E(x + x_0)} \right\} +$$

$$+ \Delta k_y \left\{ \frac{\hbar\,k_y}{m_0}\,t - y \right\} + \Delta k_z \left\{ \frac{\hbar\,k_z}{m_0}\,t - z \right\} + \ldots \qquad \text{(III 3, 109)}$$

darstellen; zu ihnen treten allerdings in der Regel noch von c_+ herrührende Posten, welche jedoch stets durch eine passende Transformation des Koordinaten- und Zeitursprunges beseitigt werden können und daher als unwesentlich weiterhin unterdrückt werden mögen.

Wir rufen jetzt einen Beobachter zu Hilfe, der seinen Platz $(x; y; z)$ mit wachsender Zeit t nach den Vorschriften

$$x + x_0 = \frac{1}{2}\,\frac{q\,E}{m_0}\,t^2; \qquad y = \frac{\hbar\,k_y}{m_0}\,t; \qquad z = \frac{\hbar\,k_z}{m_0}\,t \qquad \text{(III 3, 110)}$$

ändert, so daß er den Konfigurationsraum mit den beziehentlich achsenparallelen Geschwindigkeits-Komponenten

$$v_x = \frac{dx}{dt} = \frac{q\,E}{m_0}\,t; \qquad v_y = \frac{dy}{dt} = \frac{\hbar\,k_y}{m_0}; \qquad v_z = \frac{dz}{dt} = \frac{\hbar\,k_z}{m_0} \qquad \text{(III 3, 111)}$$

durcheilt. Für ihn beschreibt der im Nenner des Integrales (III 3, 108) auftretende Ausdruck

$$(x + x_0 + \Delta x_0)^{1/4} = \left(\frac{1}{2}\,\frac{q\,E}{m_0}\,t^2 + \Delta x_0\right)^{1/4} \qquad \text{(III 3, 112)}$$

bei Ausschluß zu kleiner Zeiten t eine innerhalb des Wellenpaketes nur schwach veränderliche Funktion von Δx_0, welche als solche durch ihren Wert für $\Delta x_0 = 0$ approximiert werden darf. In der hiermit angezeigten Genauigkeit findet somit der Beobachter an seinem jeweiligen Orte das Wellenpaket

$$u_+ = \frac{C_+\,e^{-i\gamma(x_0;\,k_y;\,k_z)}}{\sqrt{\dfrac{\pi}{2}}\left(\dfrac{2}{3}\sqrt{\dfrac{2\,m_0}{\hbar^2}\,q\,E}\right)^{1/6}\left(\dfrac{1}{2}\,\dfrac{q\,E}{m_0}\right)^{1/4}\sqrt{t}}\,;$$

$$C_+ = \int\limits_{-\delta_0}^{+\delta_0}\int\limits_{-\varepsilon_y}^{+\varepsilon_y}\int\limits_{-\varepsilon_z}^{+\varepsilon_z} c_+\,d\Delta x_0\,d\Delta k_y\,d\Delta k_z \qquad \text{(III 3, 113)}$$

vor. Dort nimmt also der absolute Betrag der Raumladungsdichte, welche die wellenmechanische Ladungswolke des Ions kennzeichnet, gemäß

$$|q|\,u_+\,u_+{}^* = \frac{|q|\,C_+\,C_+{}^*}{\dfrac{\pi}{2}\left(\dfrac{2}{3}\sqrt{\dfrac{2\,m_0}{\hbar^2}\,q\,E}\right)^{1/3}\left(\dfrac{1}{2}\,\dfrac{q\,E}{m_0}\right)^{1/2}\,t} \qquad \text{(III 3, 114)}$$

umgekehrt proportional der „Eigenzeit" t des Beobachters [Angabe seiner Armband-Uhr] ab. Damit sind wir zu den Aussagen der *Klassischen Mechanik* gelangt: In deren Terminologie beschreiben die Eigenschaften (III 3, 110), (III 3, 111) und (III 3, 114) das Verhalten einer Gruppe von Ladungsträgern, welche nach ihrem nahezu gleichzeitigen Start in der Ebene $x = x_0$ durch das homogene elektrische Feld E die gleichförmige Beschleunigung $(q\,E)/m_0$ aufgezwungen wird.

g) Wir erteilen den dualen Wahrscheinlichkeits-Wellen u_+ des Emissions- und u_- des Absorbtionsvorganges die einheitliche Amplitude

$$C_+ = C_- \equiv C \qquad \text{(III 3, 115)}$$

und bilden aus ihnen die bezüglich der x-Abhängigkeit *stehenden Wellen*

$$u_1 = \frac{u_- + u_+}{2} = C_1 \frac{e^{+i\frac{\pi}{6}} H^{(2)}_{1/3}(\xi) + e^{-i\frac{\pi}{6}} H^{(1)}_{1/3}(\xi)}{2} e^{-i\left\{\frac{\eta}{\hbar} t - (k_y y + k_z z)\right\}} \qquad \text{(III 3, 116)}$$

und

$$u_2 = \frac{u_- - u_+}{2i} = C_2 \frac{e^{+i\frac{\pi}{6}} H^{(2)}_{1/3}(\xi) - e^{-i\frac{\pi}{6}} H^{(1)}_{1/3}(\xi)}{2i} e^{-i\left\{\frac{\eta}{\hbar} t - (k_y y + k_z z)\right\}}, \qquad \text{(III 3, 117)}$$

in welchen nunmehr $C_1 \neq C_2$ gewählt werden darf. Im Bereiche $x' > 0$ resultieren somit aus (III 3, 52) und (III 3, 53) die Darstellungen

$$u_1 = C_1 \, \xi^{1/3} \, S(\xi) \, e^{-i\left\{\frac{\eta}{\hbar} t - (k_y y + k_z z)\right\}} \qquad \text{(III 3, 118)}$$

und

$$u_2 = C_2 \, \xi^{1/3} \, D(\xi) \, e^{-i\left\{\frac{\eta}{\hbar} t - (k_y y + k_z z)\right\}}, \qquad \text{(III 3, 119)}$$

welche zufolge (III 3, 57) und (III 3, 58) für hinreichend große Abszissen x' asymptotisch in

$$u_1 = C_1 \frac{\sin\left(\frac{2}{3} \sqrt{\frac{2 m_0}{\hbar^2} q \, E} \, x'^{3/2} + \frac{\pi}{4}\right)}{\sqrt{\frac{\pi}{2}} \left(\frac{2}{3} \sqrt{\frac{2 m_0}{\hbar^2} q \, E}\right)^{1/6} x'^{1/4}} e^{-i\left\{\frac{\eta}{\hbar} t - (k_y y + k_z z)\right\}} \qquad \text{(III 3, 120)}$$

und

$$u_2 = C_2 \frac{\cos\left(\frac{2}{3} \sqrt{\frac{2 m_0}{\hbar^2} q \, E} \, x'^{3/2} + \frac{\pi}{4}\right)}{\sqrt{\frac{\pi}{2}} \left(\frac{2}{3} \sqrt{\frac{2 m_0}{\hbar^2} q \, E}\right)^{1/6} x'^{1/4}} e^{-i\left\{\frac{\eta}{\hbar} t - (k_y y + k_z z)\right\}} \qquad \text{(III 3, 121)}$$

übergehen. Dagegen findet man im Bereiche $x' < 0$ mit Rücksicht auf (III 3, 78) und (III 3, 79) die Wellen

$$u_1 = C_1 \, |\xi|^{1/3} \, \overline{D}(|\xi|) \, e^{-i\left\{\frac{\eta}{\hbar} t - (k_y y + k_z z)\right\}} \qquad \text{(III 3, 122)}$$

und

$$u_2 = C_2 \, |\xi|^{1/3} \, \overline{S}(|\xi|) \, e^{-i\left\{\frac{\eta}{\hbar} t - (k_y y + k_z z)\right\}}. \qquad \text{(III 3, 123)}$$

samt den aus (III 3, 96) und (III 3, 97), für $|\xi| \gg 1$ hervorgehenden asymptotischen Näherungen

$$u_1 = C_1 \frac{\frac{1}{2} e^{-2/3 \sqrt{\frac{2 m_0}{\hbar^2} q E} |x'|^{3/2}}}{\sqrt{\frac{\pi}{2}} \left(\frac{2}{3} \sqrt{\frac{2 m_0}{\hbar^2} q \, E}\right)^{1/6} |x'|^{1/4}} e^{-i\left\{\frac{\eta}{\hbar} t - (k_y y + k_z z)\right\}} \qquad \text{(III 3, 124)}$$

und

$$u_2 = C_2 \frac{e^{+2/3\sqrt{\frac{2\,m_0}{\hbar^2}}\,q\,E\,|x'|^{3/2}}}{\sqrt{\frac{\pi}{2}}\left(\frac{2}{3}\sqrt{\frac{2\,m_0}{\hbar^2}}\,q\,E\right)^{1/6}|x'|^{1/4}}\; e^{-i\left\{\frac{\eta}{\hbar}\,t - (k_y\,y + k_z\,z)\right\}} \qquad \text{(III 3, 125)}$$

Abb. III 107. Stehende Wahrscheinlichkeitswellen im homogenen elektrischen Felde.

Abb. III 107 veranschaulicht die Abhängigkeit der Wellen u_1 und u_2 von der numerischen Veränderlichen ξ, während Abb. III 108 den örtlichen Gang der entsprechenden Wahrscheinlichkeits-Dichten zeigt.

Die Existenz zweier stehender Ionenwellen wesentlich verschiedener kinematischer Struktur verlangt deren physikalische Deutung; sie kann, in der Begriffswelt der Korpuskelmechanik, durch folgende duale Vorgänge gegeben werden:

1. Man denke sich von $x \to +\infty$ her einen antiparallel der x-Achse gerichteten Strom elektrisch geladener Teilchen einfallen; sie mögen durch

das Feld derart abgebremst werden, daß sie die Ebene x = 0 mit infinitesimal kleiner Geschwindigkeit erreichen und von dort aus elastisch nach
x → + ∞ hin reflektiert werden: Die resultierende Strömung wird wellenmechanisch durch u_1 dargestellt.

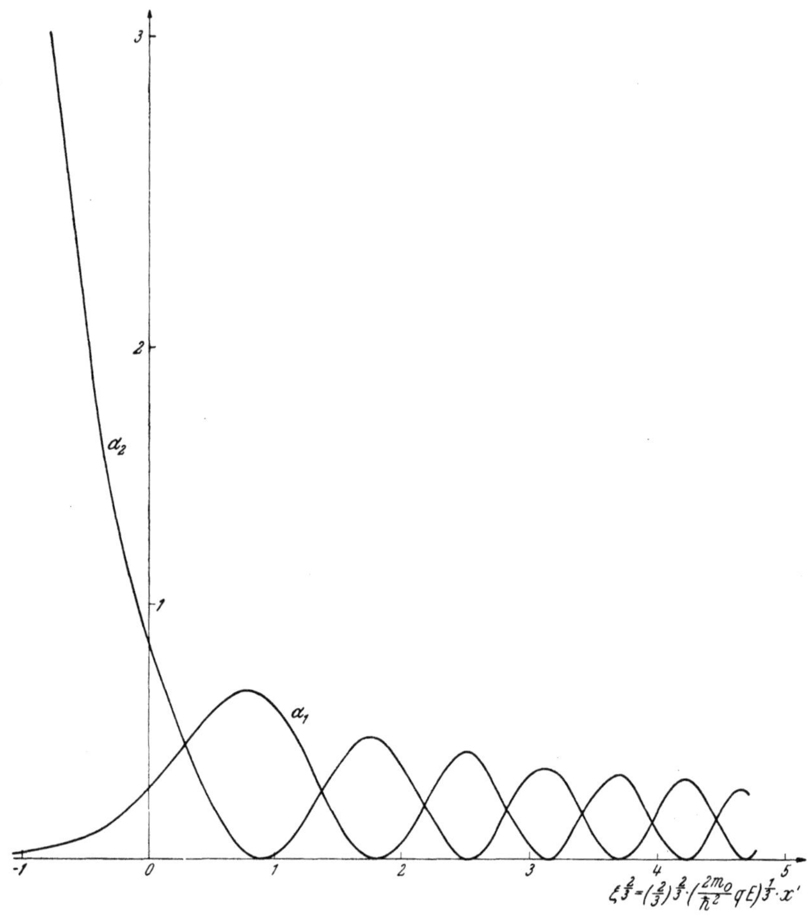

Abb. III 108. Wahrscheinlichkeits-Dichten stehender Wellen im homogenen elektrischen Felde.

    2. Von der Ebene x = 0 aus werde ein Strom elektrisch geladener
Teilchen durch das Feld parallel der positiven x-Achse beschleunigt, um
von einer in $x = x_r \to + \infty$ zu denkenden Ebene elastisch reflektiert zu
werden; die entstehende Gesamtbewegung führt wellenmechanisch auf u_2.

III 4. Feldemission.

    a) Wir untersuchen im folgenden die *Emission von Elektronen* [Ruh-
masse m_0, invariante Ladung $q = - q_0$] aus der ebenen Oberfläche eines
Metalles in das Vakuum, falls dieser Prozeß durch ein homogenes elektrisches Feld vom festen Betrage seiner Stärke E bei verschwindend kleiner
absoluter Temperatur erzwungen wird.

b) In der zu behandelnden Anordnung orientieren wir uns an Hand eines rechtsläufigen *Kartesi*schen Bezugssystemes der Koordinaten x, y, z; sein Ursprung liegt in der emittierenden Fläche, deren in das Vakuum hineinweisende Normale mit der x-Achse identifiziert wird.

Wir lassen die periodischen Schwankungen des elektrischen Skalarpotentiales φ, welche im Innern des Metalles der Raumgitter-Struktur seiner Atomgesamtheit genetisch verbunden sind, weiterhin geflissentlich außer Betracht und bezeichnen mit W_0 den nunmehr eindeutigen Wert der *Austrittsarbeit*, welche zur Überführung eines Elektrons vom Metall in das Vakuum aufzuwenden ist. Wählen wir jetzt die schon im Vakuum gelegene Ebene

$$x = + 0 \qquad \text{(III 4, 1)}$$

als Potentialbasis und zählen die Feldstärke antiparallel der x-Achse als positiv, so gilt also im Innern des Metalles

$$\varphi = \varphi_0 = \frac{W_0}{q_0} > 0; \qquad x < 0,$$

$$\text{(III 4, 2)}$$

während im Vakuum

$$\varphi = E\,x \geqq 0; \qquad x \geqq 0$$

$$\text{(III 4, 3)}$$

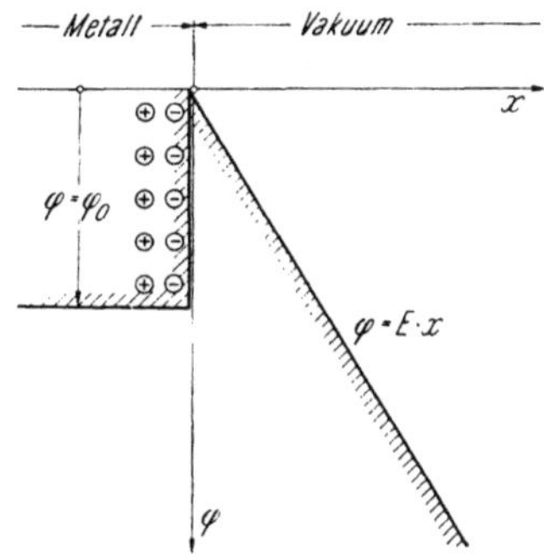

Abb. III 109. Stilisierter Verlauf des Potentiales am Metallrande.

zu setzen ist. Der physikalische Inhalt dieser Angaben wird durch Abb. III 109 der klassisch-mechanischen Anschauung erschlossen: An der Grenze des Metalles gegen das Vakuum hat man sich eine *homogene elektrische Doppelschicht* vom Potentialsprunge φ_0 vorzustellen, deren Dipolmomente auf das Metall zu gerichtet sind; sie suchen die vom Metallinnern her in diese Grenzschicht eindringenden Elektronen zurückzutreiben, bevor diese in das Beschleunigungsfeld E gelangen.

c) Es sei η die Gesamtenergie des kontrollierten Elektrons gleich dem festen Wert seiner *Hamilton*schen Funktion. Die komplexe Amplitude $\bar{u}$ seiner Wahrscheinlichkeits-Welle unterliegt dann den beziehentlich für die Halbräume (III 4, 2), (III 4, 3) zuständigen, zeitfreien *Schrödinger*-Gleichungen

$$\frac{\partial^2 \bar{u}}{\partial x^2} + \frac{\partial^2 \bar{u}}{\partial y^2} + \frac{\partial^2 \bar{u}}{\partial z^2} + \frac{2\,m_0}{\hbar^2}(\eta + W_0)\,\bar{u} = 0; \qquad x < 0 \quad \text{(III 4, 4)}$$

und

$$\frac{\partial^2 \bar{u}}{\partial x^2} + \frac{\partial^2 \bar{u}}{\partial y^2} + \frac{\partial^2 \bar{u}}{\partial z^2} + \frac{2\,m_0}{\hbar^2}(\eta + q_0\,E\,x)\,\bar{u} = 0; \qquad x \geqq 0 \quad \text{(III 4, 5)}$$

Ihre physikalisch realisierbaren Lösungen müssen zunächst den Stetigkeitsbedingungen

$$\lim_{\varepsilon \to 0} \bar{u}_{(x = -\varepsilon)} = \lim_{\varepsilon \to 0} \bar{u}_{(x = +\varepsilon)}; \qquad \varepsilon > 0 \qquad \text{(III 4, 6)}$$

und

$$\lim_{\varepsilon \to 0}\left(\frac{\partial \bar{u}}{\partial x}\right)_{(x = -\varepsilon)} = \lim_{\varepsilon \to 0}\left(\frac{\partial \bar{u}}{\partial x}\right)_{(x = +\varepsilon)}; \qquad \varepsilon > 0 \qquad \text{(III 4, 7)}$$

genügen; zu ihnen tritt, zufolge der statistischen Deutung des Produktes $\bar{u} \cdot \bar{u}^{*} = a$ als Anwesenheits-Wahrscheinlichkeit des kontrollierten Elektrons je Einheit seines Lebensraumes

$$x_1 < x < x_2; \qquad x_1 < 0, \qquad x_2 > 0, \qquad \text{(III 4, 8)}$$

$$y_1 < y < y_2 \qquad \mathrm{mod}\,(y_2 - y_1), \qquad \text{(III 4, 9)}$$

$$z_1 < z < z_2 \qquad \mathrm{mod}\,(z_2 - z_1) \qquad \text{(III 4, 10)}$$

die Vorschrift: $\bar{u}$ muß in $x_1 < x < x_2$ *beschränkt* bleiben.
Wir setzen weiterhin

$$-W_0 < \eta < 0 \qquad \text{(III 4, 11)}$$

voraus. Dann folgt als Erwartungswert der kinetischen Elektronen-Energie η_{Kin} im *Innern des Metalles*

$$\eta_{\mathrm{kin}} = \eta + q_0\,\varphi_0 = \eta + W_0 > 0, \qquad \text{(III 4, 12)}$$

während im Vakuum die Alternative

$$\eta_{\mathrm{Kin}} = \eta + q_0\,\varphi = \eta + q_0\,E\,x \quad \begin{cases} < 0 & \text{für} \quad 0 < x < \dfrac{-\eta}{q_0\,E} \\[2ex] > 0 & \text{für} \quad x > \dfrac{-\eta}{q_0\,E} \end{cases} \qquad \text{(III 4, 13)}$$

besteht. Der Bereich

$$0 < x < \frac{-\eta}{q_0\,E} \equiv x_{\mathrm{gr}} \qquad \text{(III 4, 14)}$$

[x_{gr} = Grenzabszisse] definiert also einen vom Standpunkt der Klassischen Mechanik aus *unüberwindlichen Potentialberg*. Wir werden jedoch zeigen, daß dieser Schluß, der also die Möglichkeit der Feldemission unter den Bedingungen (III 4, 11) in Abrede stellt, für das *wellenmechanische* Verhalten des kontrollierten Elektrons *nicht verbindlich* ist: Seine Wahrscheinlichkeits-Welle vermag, den Potentialberg zu durchdringen; es gilt, diesen *Tunneleffekt* quantitativ zu formulieren.

d) Wir begeben uns zunächst in das Metall, in welchem sich die Elektronen auf Grund unserer vereinfachenden Voraussetzungen wie freie *Elektrizitätsträger* der nach (III 4, 12) stets positiven Bewegungsenergie η_{kin} verhalten. Unter Berufung auf die Ergebnisse der Ziffer II 2 können wir daher die gegen den Potentialberg anlaufenden Elektronen durch eine ebene *de Broglie*-Welle darstellen, welche mit Hilfe der einstweilen noch beliebigen, komplexen Amplituden-Konstanten A und der beziehentlich achsenparallelen Komponenten k_x, k_y, k_z ihres Ausbreitungsvektors k durch die Gleichung

$$\vec{u} = A\,e^{i(k_x\,x + k_y\,y + k_z\,z)}; \qquad k_x > 0, \qquad \text{(III 4, 15)}$$

unter der aus (III 4, 4) und (III 4, 12) folgenden Bedingung

$$k_x{}^2 + k_y{}^2 + k_z{}^2 = \frac{2\,m_0}{\hbar^2}\,(\eta + W_0) > 0, \qquad \text{(III 4, 16)}$$

beschrieben wird. Sie ist durch die rückläufige Welle $\overleftarrow{u}$ der an der Wand $x = 0$ des Potentialberges reflektierten Elektronen zu ergänzen, welche dort mit der einfallenden Welle $\overrightarrow{u}$ und der Vakuumwelle durch (III 4, 6) und (III 4, 7) verknüpft ist; daher haben wir $\overleftarrow{u}$, nach Einführung des noch unbekannten, komplexen *Reflexions-Koeffizienten* ϱ, in der mit (III 4, 15) für $x = 0$ kinematisch kohärenten Form

$$\overleftarrow{u} = \varrho \cdot A \cdot e^{i(-k_x x + k_y y + k_z z)}; \qquad k_x > 0 \qquad \text{(III 4, 17)}$$

anzusetzen.

In das Vakuum übertretend, wählen wir für die dort sich ausbreitende Wahrscheinlichkeitswelle, abermals unter Berufung auf (III 4, 6) und (III 4, 7), als komplexe Amplitude das Produkt

$$\overline{u} = X(x) \cdot e^{i(k_y y + k_z z)}. \qquad \text{(III 4, 18)}$$

In ihm soll die Faktorfunktion $X(x)$, wie durch ihre Schreibweise schon symbolisch angedeutet wurde, nur von x abhängen; sie genügt daher der gewöhnlichen Differentialgleichung zweiter Ordnung

$$\frac{d^2 X}{dx^2} + \left\{ \frac{2 m_0}{\hbar^2} (\eta + q_0 E x) - (k_y^2 + k_z^2) \right\} X = 0. \qquad \text{(III 4, 19)}$$

In ihr setzen wir, unter Bezugnahme auf die Relation (III 4, 16), abkürzend

$$W_0 = \frac{\hbar^2}{2 m_0} k_0^2; \qquad \eta_x = \eta - \frac{\hbar^2}{2 m_0} (k_y^2 + k_z^2) = - \frac{\hbar^2}{2 m_0} (k_0^2 - k_x^2)$$

$$\text{(III 4, 20)}$$

und vertauschen x mit der „gestrichenen" Abszisse

$$x' = x + x_0; \qquad x_0 = \frac{\eta_x}{q_0 E} = - \frac{\hbar^2}{2 m_0 q_0 E} (k_0^2 - k_x^2), \qquad \text{(III 4, 21)}$$

wobei wegen (III 4, 11) stets die Ungleichungen

$$\eta_x < 0; \qquad x_0 < 0 \qquad \text{(III 4, 22)}$$

erfüllt sind; für die nunmehr von x' abhängig zu denkende Funktion X entsteht dann aus (III 4, 19) die Differentialgleichung

$$\frac{d^2 X}{dx'^2} + \frac{2 m_0}{\hbar^2} q_0 E x' \cdot X = 0. \qquad \text{(III 4, 23)}$$

Sie ist, abgesehen von der hier vorgenommenen Spezialisierung der Ionenladung q auf jene des Elektrons $[|q| = q_0]$, mit Gl. (III 3, 19) identisch. Daher können wir ihre Lösung sogleich von dorther übernehmen: Mit

$$\xi = \frac{2}{3} \sqrt{\frac{2 m_0}{\hbar^2} q_0 E} \, x'^{3/2} \qquad \text{(III 4, 24)}$$

wird gemäß (III 3, 34)

$$X = \xi^{1/3} [C_+ Z_{1/3}(\xi) + C_- Z_{-1/3}(\xi)]. \qquad \text{(III 4, 25)}$$

Wir führen jetzt in (III 4, 8) den Grenzübergang

$$x_2 \to \infty \qquad \text{(III 4, 26)}$$

aus und verlangen, daß im Halbraum $x > 0$ nur in Richtung der positiven x-Achse beschleunigte Elektronen auftreten:

$$\overline{u} \to \overrightarrow{u}; \qquad \overleftarrow{u} = 0 \qquad \text{für} \qquad x > 0. \qquad \text{(III 4, 27)}$$

Dieser *Emissionsbedingung* genügen wir nach (III 3, 48) durch die Wahl

$$X = C_+ \, e^{+ i \frac{\pi}{6}} \, \xi^{1/3} \, H_{1/3}^{(1)}(\xi), \qquad \text{(III 4, 28)}$$

so daß die komplexe Amplitude der gesuchten Wahrscheinlichkeitswelle im Vakuum durch

$$\vec{u} = C_+ e^{+ i \frac{\pi}{6}} \, \xi^{1/3} \, H_{1/3}^{(1)}(\xi) \, e^{i(k_y y + k_z z)} \, ; \qquad x > 0 \qquad \text{(III 4, 29)}$$

beschrieben wird. Demnach findet sich dort die x-Komponente $\vec{j}_x$ der elektrischen Konvektionsstrom-Dichte j gemäß (III 3, 63) und (III 3, 64) mit $q = - q_0$ in voller Strenge zu

$$\vec{j}_x = - \frac{q_0 \, \hbar}{m_0} \frac{2}{\pi} \left(\frac{3}{2} \right)^{1/3} \left(\frac{2 \, m_0}{\hbar^2} \, q_0 \, E \right)^{1/3} C_+ \, C_+{}^*. \qquad \text{(III 4, 30)}$$

Wir vergleichen sie mit der ebenso gerichteten Komponente der vom Innern des Metalles her gegen den Potentialberg andringenden Stromdichte, welche wir aus (III 4, 15) zu

$$\vec{j}_x = - \frac{q_0 \, \hbar}{m_0} k_x \cdot A \, A^* \qquad \text{(III 4, 31)}$$

entnehmen, und der entsprechend berechneten, entgegengesetzt fließenden Stromdichte der reflektierten Elektronen,

$$\overleftarrow{j}_x = + \frac{q_0 \, \hbar}{m_0} k_x (\varrho \, A) (\varrho^* \, A^*), \qquad \text{(III 4, 32)}$$

indem wir C_+ und $C_+{}^*$ beziehentlich mittels der Identität

$$\frac{2}{\pi} \left(\frac{3}{2} \right)^{1/3} \left(\frac{2 \, m_0}{\hbar^2} \, q_0 \, E \right)^{1/3} C_+ \, C_+^* \equiv k_x (\tau \, A) (\tau^* \, A^*), \qquad \text{(III 4, 33)}$$

durch den allerdings vorerst noch unbekannten, komplexen *Transmissions-Koeffizienten* τ mit den Amplituden A und A* verknüpfen, also

$$C_+ = \sqrt{\frac{\pi}{2}} \left(\frac{2}{3} \right)^{1/6} k_x{}^{1/2} \left(\frac{\hbar^2}{2 \, m_0 \, q_0 \, E} \right)^{1/6} \tau \, A \qquad \text{(III 4, 34)}$$

schreiben.

e) Zwecks Ermittlung sowohl des Reflexions-Koeffizienten ϱ wie des Transmissions-Koeffizienten τ haben wir die Stetigkeitsbedingungen (III 4, 6) und (III 4, 7) explizit zu formulieren. Auf Grund von (III 4, 22) fällt nun sicher

$$\lim_{x \to +0} x' = x_0 < 0 \qquad \text{(III 4, 35)}$$

aus. Setzen wir also, im Einklang mit (III 4, 21) und (III 4, 24),

$$\xi_0 = \lim_{x \to +0} \xi ; \qquad |\xi_0| = \frac{2}{3} \sqrt{\frac{2 \, m_0}{\hbar^2} \, q_0 \, E} \; |x_0|^{3/2} = \frac{2}{3} \frac{\hbar^2}{2 \, m_0 \, q_0 \, E} (k_0{}^2 - k_x{}^2)^{3/2},$$

$$\text{(III 4, 36)}$$

so hat man in (III 4, 29) sowohl

$$\lim_{x \to +0} \xi^{1/3} \equiv \xi_0{}^{1/3} = i^{+1} \, |\xi_0{}^{1/3}|, \qquad \text{(III 4, 37)}$$

wie auch

$$\lim_{x \to +0} \xi \equiv \xi_0 = i^{+3} \, |\xi_0| \qquad \text{(III 4, 38)}$$

einzutragen. Mit Hilfe der beziehentlich in (III 3, 74) und (III 3, 75) definierten Zylinderfunktionen $\overline{S}$ und $\overline{D}$ ergibt sich dann zufolge (III 3, 79) die Darstellung

$$\lim_{x \to 0} X \equiv X_0 = C_+ \, |\xi_0|^{1/3} \, [\overline{D}(|\xi_0|) - i \, \overline{S}(|\xi_0|)], \qquad \text{(III 4, 39)}$$

welche gemäß (III 3, 96) für $|\xi_0| \ll 1$ asymptotisch in

$$X_0 = C_+ \, |\xi_0|^{1/3} \frac{\frac{1}{2} e^{-|\xi_0|} - i\, e^{+|\xi_0|}}{\sqrt{\frac{\pi}{2}\,|\xi_0|}} \qquad\qquad (III\ 4,\ 40)$$

übergeht.

Zu (III 4, 28) zurückkehrend, bilden wir nun, mit Benutzung von (III 4, 21), (III 4, 22), (III 4, 24) und (III 4, 36)

$$\lim_{x \to +0} \frac{dX}{dx} \equiv X_0' = \frac{dX_0}{d|\xi_0|} \cdot \frac{\partial|\xi_0|}{\partial x} = \frac{dX_0}{d|\xi_0|} \cdot \frac{\partial|\xi_0|}{\partial x_0} = -\frac{dX_0}{d|\xi_0|} \cdot \frac{\partial|\xi_0|}{\partial|x_0|} =$$

$$= -\sqrt{\frac{2\,m_0}{\hbar^2}\,q_0\,E\,|x_0|}\,\frac{dX_0}{d|\xi_0|} = -\sqrt{k_0{}^2 - k_x{}^2}\,\frac{dX_0}{d|\xi_0|}. \qquad (III\ 4,\ 41)$$

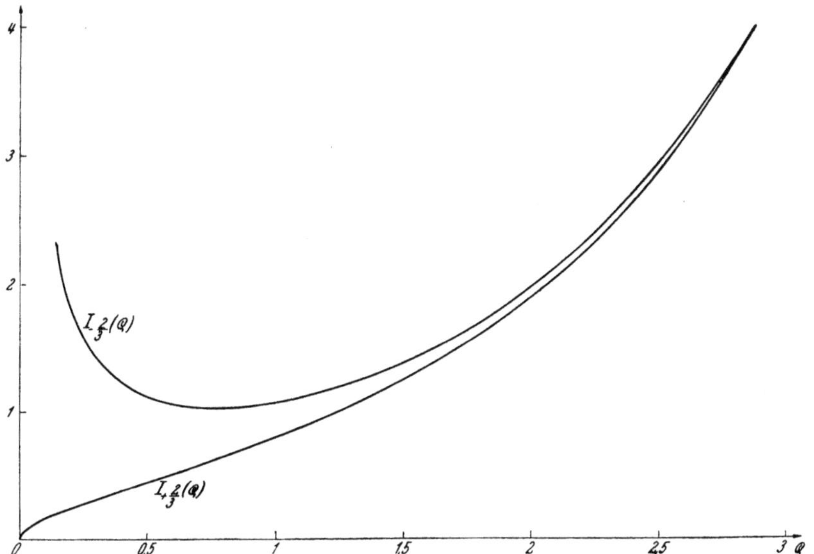

Abb. III 110. Die modifizierten *Bessel*-Funktionen der Ordnungen $p = \pm\frac{2}{3}$.

Ergänzt man die modifizierten *Bessel*-Funktionen $I_{\pm 1/3}(\varrho)$ nach Gl. (III 4, 73) durch jene der Ordnungen $p = \pm 2/3$

$$I_{+2/3}(\varrho) = e^{-i\frac{\pi}{3}}\,J_{+2/3}(i\,\varrho); \qquad I_{-2/3}(\varrho) = e^{+i\frac{\pi}{3}}\,J_{-2/3}(i\,\varrho) \qquad (III\ 4,\ 42)$$

nach Abb. III 110, so bestehen die Differential-Relationen

$$\frac{d}{d\varrho}\,[\varrho^{1/3}\,I_{+1/3}(\varrho)] = \varrho^{1/3}\,I_{-2/3}(\varrho); \qquad \frac{d}{d\varrho}\,[\varrho\,I_{-1/3}(\varrho)] = \varrho^{1/3}\,I_{+2/3}(\varrho).$$

$$(III\ 4,\ 43)$$

Mit den Abkürzungen [Abb. III 111]

$$\sigma(\varrho) = \varrho^{1/3}\,[I_{-2/3}(\varrho) + I_{+2/3}(\varrho)]; \qquad \delta(\varrho) = \frac{\varrho^{1/3}}{\sqrt{3}}\,[I_{-2/3}(\varrho) - I_{+2/3}(\varrho)]$$

$$(III\ 4,\ 44)$$

entspringen also aus (III 4, 43) im Verein mit (III 3, 74) und (III 3, 75)
die Formeln

$$\frac{d}{d\varrho}\,[\varrho^{1/3}\,\overline{S}(\varrho)] = \sigma(\varrho);$$

$$\frac{d}{d\varrho}\,[\varrho^{1/3}\,\overline{D}(\varrho)] = -\,\delta(\varrho),$$

$$\text{(III 4, 45)}$$

aus welchen gemäß (III 4, 39) der Differentialquotient

$$\frac{dX_0}{d|\xi_0|} = -\,C_+\,[\delta(|\xi_0|) + i\,\sigma(|\xi_0|)]$$

$$\text{(III 4, 46)}$$

mit der für $|\xi_0| \gg 1$ asymptotisch gültigen Näherung

$$\frac{dX_0}{d|\xi_0|} = -\,C_+\,|\xi_0|^{1/3}\,\frac{\dfrac{1}{2}e^{-|\xi_0|} + i\,e^{+|\xi_0|}}{\sqrt{\dfrac{\pi}{2}\,|\xi_0|}}$$

$$\text{(III 4, 47)}$$

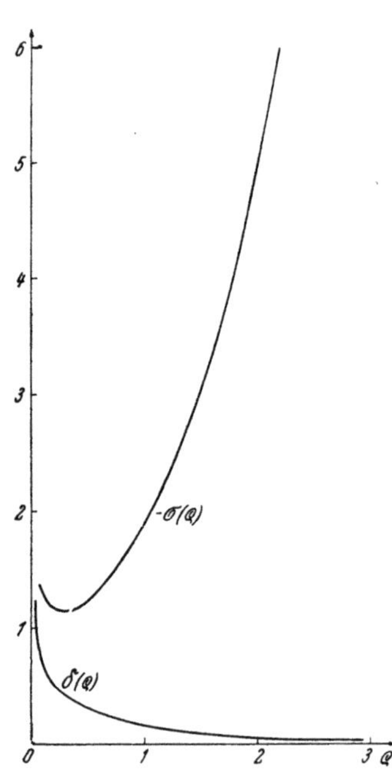

Abb. III 111. Die Funktionen
$\sigma(\varrho)$ und $\delta(\varrho)$ nach (III 4, 44).

hervorgeht. Mit Rücksicht auf (III 4, 39)
liefert somit (III 4, 6) für die Unbekannten ϱ und C_+ die Gleichung

$$A\,[1 + \varrho] = C_+\,|\xi_0|^{1/3}\,[\overline{D}(|\xi_0|) - i\,\overline{S}(|\xi_0|)],$$

$$\text{(III 4, 48)}$$

während (III 4, 7) mit (III 4, 41) und (III 4, 46) die Gestalt

$$A\,[1 - \varrho] = C_+\,\frac{\sqrt{k_0{}^2 - k_x{}^2}}{k_y}\,[\sigma(|\xi_0|) - i\,\delta(|\xi_0|)] \qquad \text{(III 4, 49)}$$

annimmt.

Der Kürze halber beschränken wir uns weiterhin auf den Fall $|\xi_0| \gg 1$,
in welchem sich (III 4, 48) zufolge (III 4, 40) auf

$$A\,[1 + \varrho] = C_+\,|\xi_0|^{1/3}\,\frac{\dfrac{1}{2}\,e^{-|\xi_0|} - i\,e^{+|\xi_0|}}{\sqrt{\dfrac{\pi}{2}\,|\xi_0|}} \qquad \text{(III 4, 50)}$$

und (III 4, 49) zufolge (III 4, 47) auf

$$A\,[1 - \varrho] = C_+\,\frac{\sqrt{k_0{}^2 - k_x{}^2}}{k_x}\,|\xi_0|^{1/3}\cdot\frac{e^{+|\xi_0|} - i\,\dfrac{1}{2}\,e^{-|\xi_0|}}{\sqrt{\dfrac{\pi}{2}\,|\xi_0|}}$$

$$\text{(III 4, 51)}$$

reduziert. Wir entnehmen diesen Gleichungen zunächst den Reflexions-Koeffizienten

$$\varrho = -\frac{\left[\dfrac{\sqrt{k_0{}^2 - k_x{}^2}}{k_x}\, e^{+|\xi_0|} - \dfrac{1}{2}\, e^{-|\xi_0|}\right] - i\left[\dfrac{\sqrt{k_0{}^2 - k_x{}^2}}{k_x}\, \dfrac{1}{2}\, e^{-|\xi_0|} - e^{+|\xi_0|}\right]}{\left[\dfrac{\sqrt{k_0{}^2 - k_x{}^2}}{k_x}\, e^{+|\xi_0|} + \dfrac{1}{2}\, e^{-|\xi_0|}\right] - i\left[\dfrac{\sqrt{k_0{}^2 - k_x{}^2}}{k_x}\, \dfrac{1}{2}\, e^{-|\xi_0|} + e^{+|\xi_0|}\right]}$$

(III 4, 52)

welcher also der Relation

$$1 - \varrho\,\varrho^* = \frac{4\,\dfrac{\sqrt{k_0{}^2 - k_x{}^2}}{k_x}}{\dfrac{k_0{}^2}{k_x{}^2}\left[e^{2|\xi_0|} + \dfrac{1}{4}\, e^{-2|\xi_0|}\right] + 2\,\dfrac{\sqrt{k_0{}^2 - k_x{}^2}}{k_x}} \qquad \text{(III 4, 53)}$$

genügt. Aus

$$C_+ = \frac{2\,A\,\sqrt{\dfrac{\pi}{2}}\cdot|\xi_0|^{1/6}}{\left[\dfrac{\sqrt{k_0{}^2 - k_x{}^2}}{k_x}\, e^{+|\xi_0|} + \dfrac{1}{2}\, e^{-|\xi_0|}\right] - i\left[\dfrac{\sqrt{k_0{}^2 - k_x{}^2}}{k_x}\, \dfrac{1}{2}\, e^{-|\xi_0|} + e^{+|\xi_0|}\right]}$$

(III 4, 54)

folgt in Verbindung mit (III 4, 34) der Transmissions-Koeffizient

$$\tau = \frac{\dfrac{2}{\sqrt{k_x}}\,(k_0{}^2 - k_x{}^2)^{1/4}}{\left[\dfrac{\sqrt{k_0{}^2 - k_x{}^2}}{k_x}\, e^{+|\xi_0|} + \dfrac{1}{2}\, e^{-|\xi_0|}\right] - i\left[\dfrac{\sqrt{k_0{}^2 - k_x{}^2}}{k_x}\, \dfrac{1}{2}\, e^{-|\xi_0|} + e^{+|\xi_0|}\right]}\cdot$$

(III 4, 55)

Der Vergleich von (III 4, 53) und (III 4, 55) bestätigt die vom Kontinuitätsgesetz der Elektrizität geforderte Bilanz

$$1 - \varrho\,\varrho^* = \tau\,\tau^*. \qquad \text{(III 4, 56)}$$

Wir dürfen daher von nun ab das Produkt

$$w_T = \tau \cdot \tau^* \qquad \text{(III 4, 57)}$$

als *Transmissions-Wahrscheinlichkeit* der gegen den Potentialberg anlaufenden Metallelektronen bezeichnen und erhalten für sie, indem wir wegen $|\xi_0| \gg 1$ im Nenner von (III 4, 53) nur den Posten $(k_0{}^2/k_x{}^2)\, e^{2|\xi_0|}$ beibehalten und (III 4, 36) heranziehen

$$w_T = \frac{4\,k_x\,\sqrt{k_0{}^2 - k_x{}^2}}{k_0{}^2}\, e^{-\frac{4}{3}\frac{h^2}{2\,m_0\,q_0\,E}(k_0{}^2 - k_x{}^2)^{3/2}}. \qquad \text{(III 4, 58)}$$

f) Auf Grund der Annahme $|\xi_0| \gg 1$ fällt die Transmissions-Wahrscheinlichkeit w_T nach (III 4, 58) so klein aus, daß der Strom der feldemittierten Elektronen das statistische Gleichgewicht des „freien" Elektronengases im Innern des Metalles nicht merklich zu stören vermag. Daher unterliegen dort die kanonischen Koordinaten des Elektronenkollektivs dem *Fermi-Dirac*schen Verteilungsgesetz, welches wir zufolge der

Voraussetzung verschwindend niedriger Absoluttemperatur auf den Grenzfall der *vollständigen Entartung* zu spezialisieren haben: Bezeichnet

$$\eta_{\text{kin}} = \eta_{\text{F}} \qquad\qquad \text{(III 4, 59)}$$

die von der Konzentration der freien Metallelektronen diktierte, kinetische Grenzenergie [*Fermi*-Energie"], so sind im sechsdimensionalen Phasenraum sämtliche verfügbaren Plätze innerhalb der Hyperfläche $\eta_{\text{kr}} = \eta_{\text{F}}$ besetzt.

Beim Übergang von diesem korpuskularen Bilde der Klassischen Mechanik zur Terminologie der Wellenmechanik ist der *Impulsvektor* p des jeweils kontrollierten Elektrons mit dem *Ausbreitungsvektor* k der zugeordneten *de Broglie*-Welle zu vertauschen, dessen achsenparallele Komponenten k_x, k_y, k_z also der Ungleichung

$$k_x{}^2 + k_y{}^2 + k_z{}^2 < \frac{2\,m_0}{\hbar^2}\,\eta_{\text{F}} \equiv k_{\text{F}}{}^2 \qquad\qquad \text{(III 4, 60)}$$

zu unterwerfen sind.

Gemäß (III 1, 27) enthält nun der von den Kanten Δk_x, Δk_y, Δk_z am Endpunkt von k im k-Raum ausgespannte Quader je Konfigurations-Raumeinheit des Metalles die Anzahl

$$\Delta g = \frac{\Delta k_x \cdot \Delta k_y \cdot \Delta k_z}{4\,\pi^3} \qquad\qquad \text{(III 4, 61)}$$

verfügbarer Plätze. Wir verkleinern jetzt die Kantenlängen des genannten Quaders so weit, daß wir allen in seinem Innern eingeschlossenen Elektronen merklich einheitlich kinematische Eigenschaften zuschreiben können; insbesonders schildert dann

$$v_x = \frac{\hbar\,k_x}{m_0} ; \qquad k_x > 0 \qquad\qquad \text{(III 4, 62)}$$

die parallel der positiven x-Achse gerichtete Komponente jener Korpuskulargeschwindigkeit, mit der die Elektronen der Gruppe (III 4, 61) vom Innern des Metalles her gegen die Flanke x = 0 des Potentialberges anlaufen. Demnach mißt

$$\Delta\vec{j}_x = \frac{q_0\,\hbar}{4\,\pi^3\,m_0}\,k_x \cdot \Delta k_x \cdot \Delta k_y \cdot \Delta k_z; \qquad k_x > 0 \qquad\qquad \text{(III 4, 63)}$$

den Betrag der elektrischen Konvektionsstromdichte, welche an jene Grenzfläche herangeführt wird; doch vermag nur der Anteil

$$\Delta\vec{j}_x{}' = w_{\text{T}} \cdot \Delta\vec{j}_x \qquad\qquad \text{(III 4, 64)}$$

den Potentialberg zu durchdringen. Die Dichte $\vec{j}_{\text{Em}}$ des im Vakuum auftretenden Feldemissions-Stromes resultiert aus (III 4, 64) durch Summation über alle Ausbreitungsvektoren, deren Spitzen innerhalb der durch (III 4, 59) im Verein mit (III 4, 62) definierten Halbkugel des k-Raumes liegen. Um diese Berechnung zu vereinfachen, vertauschen wir die bisher zwar schon als sehr klein, aber doch wesentlich als *endlich* vorausgesetzten Kanten Δk_x, Δk_y, Δk_z beziehentlich mit den *infinitesimal* kurzen Strecken dk_x, dk_y, dk_z und erhalten für $\vec{j}_{\text{Em}}$ das bestimmte Integral

$$\vec{j}_{\text{Em}} = \frac{q_0\,\hbar}{\pi^3\,m_0} \underset{\genfrac{}{}{0pt}{}{(\text{Halb-}}{\text{kugel})}}{\iiint} \frac{k_x{}^2\sqrt{k_0{}^2 - k_x{}^2}}{k_0{}^2}\, e^{-\frac{4}{3}\frac{\hbar^2}{2\,m_0\,q_0\,E}(k_0{}^2 - k_x{}^2)^{3/2}}\, dk_x\,dk_y\,dk_z.$$

$$\text{(III 4, 65)}$$

Bei festem $k_x < k_F$ ergibt sich im Anschluß an Abb. III 112 zunächst

$$\iint dk_y\,dk_z = \pi(k_F^2 - k_x^2), \tag{III 4, 66}$$

so daß (III 4, 65) in

$$\vec{j}_{Em} = \frac{q_0\,\hbar}{\pi^2\,m_0} \cdot \frac{1}{k_0^2} \int_0^{k_F} k_x\sqrt{k_0^2 - k_x^2}\,(k_F^2 - k_x^2)\,e^{-\frac{4}{3}\frac{\hbar^2}{2\,m_0\,q_0\,E}(k_0^2 - k_x^2)^{3/2}}\,k_x\,dk_x \tag{III 4, 67}$$

übergeht. Hier substituieren wir anstelle von k_x mittels

$$k_F^2 - k_x^2 = u; \qquad k_0^2 - k_x^2 \equiv k_0^2 - k_F^2 + u \tag{III 4, 68}$$

die Veränderliche u des Wertevorrates $k_F^2 \geq u \geq 0$; die physikalisch stets erfüllte Ungleichung

$$k_F^2 \ll k_0^2 \tag{III 4, 69}$$

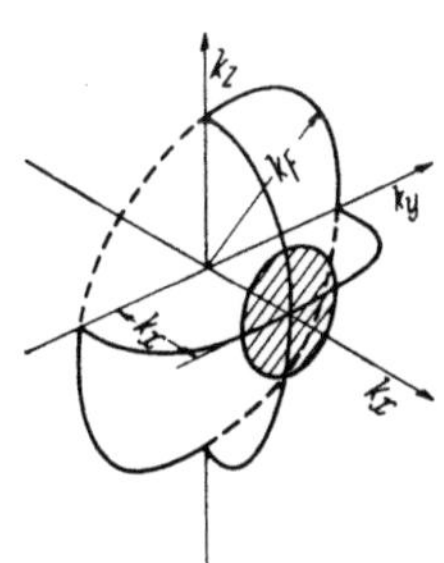

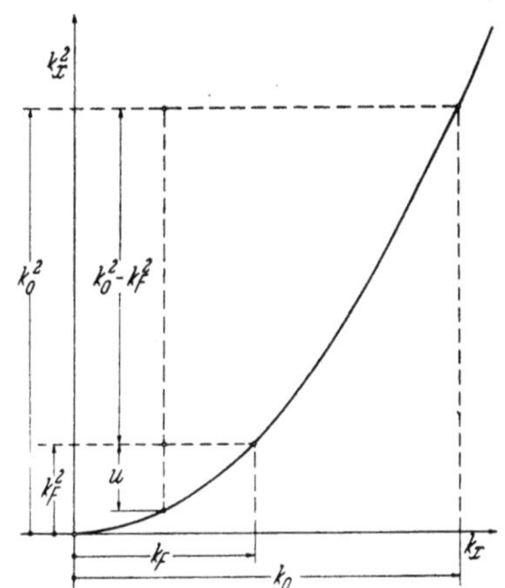

Abb. III 112. Zur Berechnung des Integrales (III 4, 65).

Abb. III 113. Wertevorrat der Veränderlichen $u = k_F^2 - k_x^2$.

zieht dann im Einklang mit Abb. III 113 die Ungleichung

$$u \ll k_0^2 - k_F^2 \tag{III 4, 70}$$

nach sich. Daher darf man sich in der nach Potenzen von u fortschreitenden, binomischen Entwicklung des Exponenten

$$(k_0^2 - k_x^2)^{3/2} = (k_0^2 - k_F^2 + u)^{3/2} = (k_0^2 - k_F^2)^{3/2} + \frac{3}{2}u\,(k_0^2 - k_F^2)^{1/2} + \cdots \tag{III 4, 71}$$

mit den explizit angegebenen Gliedern begnügen und erhält für das in (III 4, 67) eingehende bestimmte Integral

$$\int_0^{k_F} \cdots dk_x = \frac{1}{2}\,e^{-\frac{4}{3}\frac{\hbar^2}{2\,m_0\,q_0\,E}(k_0^2 - k_F^2)^{3/2}} \cdot$$

$$\cdot \int_0^{k_F^2} e^{-2\cdot\frac{\hbar^2}{2\,m_0\,q_0\,E}(k_0^2 - k_F^2)^{1/2}\cdot u}\,\sqrt{k_F^2 - u}\,\sqrt{k_0^2 - k_F^2 + u}\cdot u\,du, \tag{III 4, 72}$$

zu welchem nun zufolge des mit wachsendem u rasch abfallenden Exponentialfaktors nur die Umgebung von $u = 0$ einen wesentlichen Beitrag liefert. Daher darf man im Integranden die Approximationen

$$\sqrt{k_F{}^2 - u} \approx k_F; \qquad \sqrt{k_0{}^2 - k_F{}^2 + u} \approx \sqrt{k_0{}^2 - k_F{}^2} \qquad \text{(III 4, 73)}$$

benutzen und dann die obere Grenze des Integrales nach $u \to \infty$ verlegen. In der hierdurch angezeigten Genauigkeit wird somit

$$\int\limits_0^{k_F{}^2} \ldots \, du \approx k_F \sqrt{k_0{}^2 - k_F{}^2} \int\limits_0^{\infty} e^{-2 \frac{\hbar^2}{2 m_0 q_0 E} (k_0{}^2 - k_F{}^2)^{1/2} \cdot u} \, u \, du =$$

$$= \frac{k_F}{\sqrt{k_0{}^2 - k_F{}^2}} \left(\frac{m_0 q_0 E}{\hbar^2} \right)^2 , \qquad \text{(III 4, 74)}$$

so daß schließlich aus (III 4, 67) die Formel

$$\vec{j}_{Em} = \frac{1}{2 \pi^2} \left(\frac{q_0}{\hbar} \right)^3 m_0 E^2 \frac{k_F}{k_0{}^2 \sqrt{k_0{}^2 - k_F{}^2}} e^{-\frac{4}{3} \frac{\hbar^2}{2 m_0 q_0 E} (k_0{}^2 - k_F{}^2)^{3/2}} \qquad \text{(III 4, 75)}$$

resultiert. Um sie der praktischen Anwendung zu erschließen, definieren wir durch

$$k_0{}^2 - k_F{}^2 = \frac{2 m_0}{\hbar^2} q_0 U_A \qquad \text{(III 4, 76)}$$

die — in Elektronenvolt zu messende — *Dushman*sche *Austrittsarbeit* U_A, welcher wir durch

$$k_F{}^2 = \frac{2 m_0}{\hbar^2} q_0 U_F \qquad \text{(III 4, 77)}$$

die ebenso zu bestimmende *Fermi*-Energie U_F zur Seite stellen. Damit nimmt (III 4, 75) die Gestalt

$$\vec{j}_{Em} = \frac{1}{4 \pi^2} \frac{q_0{}^2}{\hbar} E^2 \frac{\sqrt{U_F}}{(U_A + U_F) \sqrt{U_A}} e^{-\frac{4}{3} \frac{\sqrt{2 q_0 m_0}}{\hbar} \frac{U_A{}^{3/2}}{E}} \qquad \text{(III 4, 78)}$$

an, welche in ihrer Abhängigkeit vom absoluten Betrage E der elektrischen Feldstärke an die *Dushman*sche Gleichung der Glühelektronen-Stromdichte $\vec{j}_{th}$ als Funktion der absoluten Temperatur T der emittierenden Oberfläche erinnert:

$$\vec{j}_{th} = A \cdot T^2 e^{-\frac{q_0 K_A}{kT}}; \qquad A = \frac{q_0 m_0}{2 \pi^2} \frac{k^2}{\hbar^3} \qquad [k = \textit{Boltzmann}\text{sche Konstante}].$$

$$\text{(III 4, 79)}$$

Um diese Analogie formal zu verdeutlichen, pflegt man durch

$$B = \frac{1}{4 \pi^2} \frac{q_0{}^2}{\hbar} \frac{\sqrt{U_F}}{(U_A + U_F) \sqrt{U_A}} ; \qquad \beta = \frac{4}{3} \frac{\sqrt{2 m_0 q_0}}{\hbar} U_A{}^{3/2} \qquad \text{(III 4, 80)}$$

die für das jeweils feldemittierende Metall charakteristischen Konstanten B und β einzuführen, mit deren Hilfe (III 4, 78) in

$$\vec{j}_{Em} = B E^2 e^{-\frac{\beta}{E}} \qquad \text{(III 4, 81)}$$

übergeht.

Im Technischen Maßsystem findet man numerisch

$$B = \frac{1{,}60^2 \cdot 10^{-38}}{2\,\pi \cdot 6{,}32 \cdot 10^{-34}} \cdot \frac{\sqrt{U_F}}{(U_A + U_F)\,\sqrt{U_A}} = 6{,}35 \cdot 10^{-6}\,\frac{\sqrt{U_F}}{(U_A + U_F)\,\sqrt{U_A}}\left(\frac{A}{\text{Volt}^2}\right)$$

$$\text{(III 4, 82)}$$

und

$$\beta = \frac{4}{3}\,\frac{\sqrt{8\,\pi^2 \cdot 9{,}01 \cdot 10^{-35} \cdot 1{,}60 \cdot 10^{-19}}}{6{,}32 \cdot 10^{-34}}\,U_A^{3/2} = 7 \cdot 10^7\,U_A^{3/2}\left(\frac{\text{cm}}{\text{Volt}}\right) \quad \text{(III 4, 83)}$$

so daß man aus (III 4, 81) die Zahlenwert-Gleichung

$$\vec{j}_{Em} = 6{,}35 \cdot 10^{-6}\,\frac{\sqrt{U_F}}{(U_A + U_F)\,\sqrt{U_A}}\,E^2\,e^{-7 \cdot 10^7\,\frac{U_A^{3/2}}{E}}\left(\frac{A}{\text{cm}^2}\right) \quad \text{(III 4, 84)}$$

entnimmt. Beispielsweise entsteht für

$$E = 10^8\,\frac{\text{Volt}}{\text{cm}}\,; \qquad U_F = 1\,\text{Volt}; \qquad U_A = 5\,\text{Volt} \quad \text{(III 4, 85)}$$

die Feldemissions-Stromdichte

$$\vec{j} = 6{,}35 \cdot 10^{-6}\,\frac{1}{\sqrt{5} \cdot 6}\,10^{16} \cdot e^{-7 \cdot 10^7 \cdot \frac{5^{3/2}}{10^8}} = 1{,}9 \cdot 10^6\left(\frac{A}{\text{cm}^2}\right), \quad \text{(III 4, 86)}$$

deren hoher Wert die Bezeichnung der Feldemission als *Vakuum-Durch-bruch* rechtfertigt. Bei ihrem Vergleich mit der Erfahrung hat man allerdings zu beachten, daß die Feldstärke an der emittierenden Oberfläche zufolge dort unvermeidlicher *Rauhigkeiten* nicht gleichförmig verteilt ist. Daher bleibt die Feldemission in der Regel auf jene inselartigen Bezirke [„Brennflecken"] beschränkt, auf denen jeweils die *höchste Lokalfeldstärke* herrscht, während die mittlere Feldstärke wesentlich niedriger ausfällt.

III 5. Wellenmechanik der homogenen elektrischen Doppelschicht.

a) In der Klassischen Elektrodynamik wird als *homogene elektrische Doppelschicht* jenes ideelle Gebilde definiert, welches aus einem System antipolarer Flächenladungen der Dichte $\pm\,\sigma$ beim gegenseitigen Abstand l nach Abb. III 114 durch den doppelten Grenzprozeß

$$\lim_{\substack{\sigma \to \infty \\ 1 \to 0}} (\sigma \cdot 1) = 4\,\pi\,\varDelta \cdot U \quad \text{(III 5, 1)}$$

[$\varDelta$ bezeichnet die sogenannte Dielektrizitätskonstante des leeren Raumes] bei festem, endlichem Werte des Potentialsprunges U hervorgeht.

In bezug auf die *mathematische* Legalität dieser Konzeption kann ein Zweifel nicht bestehen, und über diesen Sachverhalt hinausgehend hat sie sich als vereinfachendes *physikalisches* Hilfsmittel zur Beschreibung *makroskopischer* elektrischer Felder bewährt; ist sie auch der *Mikrostruktur* wellenmechanischer Vorgänge angemessen?

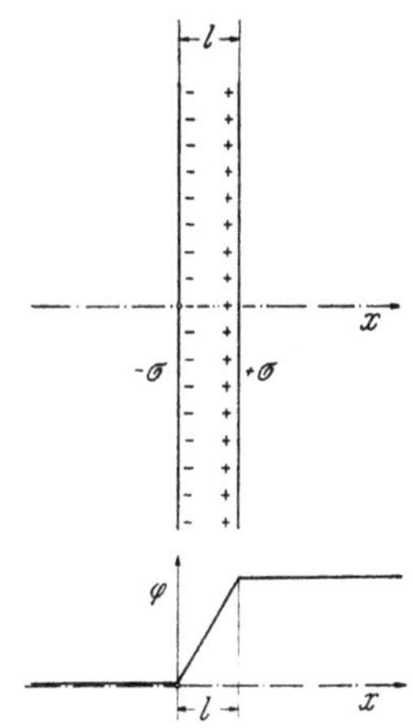

Abb. III 114. Homogene elektrische Doppelschicht.

b) Der Kürze halber spezialisieren wir die weitere Untersuchung auf das Verhalten von *Elektronen* [Ruhmasse $q = -q_0$, invariante Ladung $q = -q_0$], in deren Existenzgebiet wir uns an Hand des Systemes rechtsläufiger, *Kartesi*scher Koordinaten x, y, z orientieren.

Unter dem Vorbehalte der späteren Revision halten wir vorerst an dem durch (III 5, 1) erfaßten Bilde der homogenen elektrischen Doppelschicht fest. Indem wir ihr die Gestalt einer unbegrenzten Ebene erteilen, dürfen wir sie mit der Ebene x = 0 identifizieren; der eben dort dann auftretende Potentialsprung U soll als positiv in Rechnung gestellt werden, falls sich bei der Genese $1 \to 0$ der Doppelschicht die positiven Ladungen von x > 0 her, die negativen Ladungen dagegen von x < 0 her ihrer Grenzlage genähert haben [Abb. III 115].

In $x \to (-\infty)$ möge sich nun ein Elektronenwerfer befinden, welcher die anfangs in seiner Kathode ruhenden Elektronen mittels der festen Anodenspannung U_0 bis auf die Geschwindigkeit

$$v_0 = \sqrt{2\,\frac{q_0}{m_0}\,U_0} \qquad \text{(III 5, 2)}$$

[*Newton*sche Mechanik!] beschleunigt und sie dann gegen die Doppelschicht hin entsendet. Wählen wir die Kathode als Ursprung des elektrischen Skalarpotentiales φ, so treffen wir also zwischen der Anode des Elektronenwerfers und der ihm zugewandten Seite der Doppelschicht das Potential

$$\varphi = U_0; \qquad x < 0 \qquad \text{(III 5, 3)}$$

an, während wir nach Durchschreiten der Doppelschicht in Richtung der positiven x-Achse das Potential

$$\varphi = U_0 + U; \qquad x > 0 \qquad \text{(III 5, 4)}$$

antreffen. Zufolge dieser Vereinbarungen kommt den emittierten Elektronen ein für allemal die — abermals im Sinne der *Newton*schen Mechanik zu verstehende — Gesamtenergie

$$\eta = 0 \qquad \text{(III 5, 5)}$$

Abb. III 115. Grenzfall der homogenen Doppelschicht.

zu. Daher gehorcht die komplexe Amplitude $\overline{u}$ ihrer Wahrscheinlichkeitswellen den zeitfreien *Schrödinger*-Gleichungen

$$\frac{\partial^2 \overline{u}}{\partial x^2} + \frac{\partial^2 \overline{u}}{\partial y^2} + \frac{\partial^2 \overline{u}}{\partial z^2} + \frac{2\,m_0}{\hbar^2}\,q_0\,U_0\,\overline{u} = 0; \qquad x < 0 \qquad \text{(III 5, 6)}$$

und

$$\frac{\partial^2 \overline{u}}{\partial x^2} + \frac{\partial^2 \overline{u}}{\partial y^2} + \frac{\partial^2 \overline{u}}{\partial z^2} + \frac{2\,m_0}{\hbar^2}\,q_0(U_0 + U)\,\overline{u} = 0; \qquad x > 0. \qquad \text{(III 5, 7)}$$

Ihre Lösungen sind an der Doppelschicht durch die Stetigkeitsbedingungen

$$\lim_{\varepsilon \to 0} \overline{u}_{(x = -\varepsilon)} = \lim_{\varepsilon \to 0} \overline{u}_{(x = +\varepsilon)}; \qquad \varepsilon > 0 \qquad \text{(III 5, 8)}$$

und

$$\lim_{\varepsilon \to 0} \left(\frac{\partial \overline{u}}{\partial x}\right)_{(x = -\varepsilon)} = \lim_{\varepsilon \to 0} \left(\frac{\partial \overline{u}}{\partial x}\right)_{(x = +\varepsilon)}; \qquad \varepsilon > 0 \qquad \text{(III 5, 9)}$$

miteinander verknüpft; zu ihnen treten nach Festsetzung des Lebensraumes T mittels der Angaben

$$x_1 < x < x_2; \qquad x_1 < 0; \qquad x_2 > 0 \qquad \text{(III 5, 10)}$$

$$y_1 < y < y_2 \qquad \mathrm{mod}\,(y_2 - y_1), \qquad \text{(III 5, 11)}$$

$$z_1 < z < z_2 \qquad \mathrm{mod}\,(z_2 - z_1) \qquad \text{(III 5, 12)}$$

die Vorschriften:

1. Innerhalb T ist $\bar{u}$ überall beschränkt.

2. Die Ebene $x = x_2 > 0$ wird lediglich von „emittierten" Wellen durchkreuzt, welche dort in Richtung der positiven x-Achse fortschreiten.

3. In sämtlichen Ebenen (III 5, 11) und (III 5, 12) offenbart $\bar{u}$ das nämliche Verhalten.

c) Wir begeben uns zunächst in den Halbraum $x < 0$ und beschreiben die dort auf die Doppelschicht zueilenden Wahrscheinlichkeitswellen mittels des Ausbreitungsvektors k der beziehentlich achsenparallelen Komponenten k_x, k_y, k_z und der [komplexen] Amplituden-Konstanten A durch die Gleichung

$$\overrightarrow{u} = A\, e^{i(k_x x + k_y y + k_z z)}; \qquad k_x > 0. \qquad \text{(III 5, 13)}$$

Hierin sind nach Wahl der beiden ganzen Zahlen μ und ν [einschließlich der Null] k_y und k_z den Quantisierungsvorschriften

$$k_y(y_2 - y_1) = 2\,\pi\,\mu, \qquad \text{(III 5, 14)}$$

$$k_z(z_2 - z_1) = 2\,\pi\,\nu \qquad \text{(III 5, 15)}$$

zu unterwerfen, so daß dann für k_x aus (III 5, 6) die Gleichung

$$k_x{}^2 + k_y{}^2 + k_z{}^2 = \frac{2\,m_0}{\hbar^2}\,q_0\,U_0 \equiv k_0{}^2 \qquad \text{(III 5, 16)}$$

resultiert. Nun garantiert erst die in (III 5, 13) genannte Bedingung $k_x > 0$ die Existenz eines in Richtung der positiven x-Achse fortschreitenden Elektronenstromes, so daß man (III 5, 14), (III 5, 15) durch die Ungleichung

$$k_y{}^2 + k_z{}^2 < k_0{}^2 \qquad \text{(III 5, 17)}$$

zu beschränken hat. Demnach definieren die Gleichungen

$$\sin \alpha = \frac{\sqrt{k_y{}^2 + k_z{}^2}}{k_0}; \qquad \cos \alpha = \frac{k_x}{k_0} \qquad \text{(III 5, 18)}$$

stets einen *reellen* Winkel α des Bereiches $0 < \alpha < \pi/2$, den *Einfallswinkel* der Elektronen gegen die Normale zur Doppelschicht.

Bei der Ankunft der einfallenden Welle $\overrightarrow{u}$ an der Doppelschicht wird diese Fläche zum Ursprung einer rücklaufenden Welle der komplexen Amplitude $\overleftarrow{u}$. Um sie entsprechend (III 5, 8) und (III 5, 9) in $x = 0$ mit $\overrightarrow{u}$ kinematisch verknüpfen zu können, stellen wir sie unter Vermittlung des allerdings noch unbekannten, komplexen Reflexions-Koeffizienten ϱ durch die Funktion

$$\overleftarrow{u} = A \cdot \varrho\, e^{i(-k_x x + k_y y + k_z z)} \qquad \text{(III 5, 19)}$$

dar, welche, gleich $\overrightarrow{u}$, der *Schrödinger*-Gleichung (III 5, 6) genügt; ersichtlich ist der *Reflexionswinkel* der nach $x < 0$ hin rücklaufenden Elektronen ihrem Einfallswinkel α entgegengesetzt gleich.

d) Wir treten in das Gebiet $0 < x < x_2$ hinüber, welches wir durch den Grenzübergang $x_2 \to \infty$ zum Halbraume $x > 0$ erweitern. Die dort für die komplexe Amplitude $\bar{u}$ der Wahrscheinlichkeitswellen zuständige

Schrödinger-Gleichung (III 5, 7) kann man mit Hilfe von (III 5, 16) in die Gestalt

$$\frac{\partial^2 \overline{u}}{\partial x^2} + \frac{\partial^2 \overline{u}}{\partial y^2} + \frac{\partial^2 \overline{u}}{\partial z^2} + k_0^2 \left(1 + \frac{U}{U_0}\right) \overline{u} = 0 \qquad \text{(III 5, 20)}$$

bringen. Da auch ihre Lösung zufolge der Stetigkeitsbedingungen (III 5, 8) und (III 5, 9) in $\dot{x} = 0$ mit der von $x < 0$ her einfallenden Welle kohärieren muß, werden wir auf den Produktansatz

$$\overline{u} = X(x)\, e^{i(k_y y + k_z z)} \qquad \text{(III 5, 21)}$$

geführt, dessen Faktorfunktion $X(x)$ nur von x abhängen soll. Mit Rücksicht auf (III 5, 18) gehorcht daher X der gewöhnlichen Differentialgleichung zweiter Ordnung

$$\frac{d^2 X}{dx^2} + k_0^2 \left[\cos^2 \alpha + \frac{U}{U_0}\right] X = 0. \qquad \text{(III 5, 22)}$$

Ihr analytischer Bau offenbart eine fundamentale physikalische Alternative für das Verhalten der Wahrscheinlichkeitswellen im Halbraum $x > 0$:
1. Im Falle

$$\cos^2 \alpha + \frac{U}{U_0} > 0 \qquad \text{(III· 5, 23)}$$

lautet das allgemeine Integral der Differentialgleichung (III 5, 22) nach Wahl zweier vorerst beliebiger Konstanten B_+ und B_-

$$X = B_+\, e^{i k_0 x \sqrt{\cos^2 \alpha + \frac{U}{U_0}}} + B_-\, e^{-i k_0 x \sqrt{\cos^2 \alpha + \frac{U}{U_0}}}. \qquad \text{(III 5, 24)}$$

Es schildert im Verein mit (III 5, 21) ein Spiel zweier gegenläufiger *de Broglie*-Wellen. Da wir jedoch in $x > 0$ nur „emittierte" Wellen zulassen, deren Ausbreitungsvektor eine positive x-Komponente besitzt, haben wir

$$B_- = 0 \qquad \text{(III 5, 25)}$$

zu wählen. Daher treffen wir in $x > 0$ die Welle

$$\overline{u} \to \vec{u} = B_+\, e^{i\left[k_0 x \sqrt{\cos^2 \alpha + \frac{U}{U_0}} + k_y y + k_z z\right]} \qquad \text{(III 5, 26)}$$

an; ihre Wellennormale weicht somit gegen die Normale der Doppelschicht um jenen Winkel β ab, welcher sich unter Beachtung von (III 5, 18) aus den Gleichungen

$$\cos \beta = \frac{\sqrt{\cos^2 \alpha + \frac{U}{U_0}}}{\sqrt{1 + \frac{U}{U_0}}} \,; \qquad \sin \beta = \frac{\sin \alpha}{\sqrt{1 + \frac{U}{U_0}}} \qquad \text{(III 5, 27)}$$

berechnet. Setzt man in ihnen abkürzend

$$n = \sqrt{1 + \frac{U}{U_0}} \qquad \text{(III 5, 28)}$$

so gelangt man in der aus (III 5, 27) zu entnehmenden Formel

$$\frac{\sin \alpha}{\sin \beta} = n \qquad \text{(III 5, 29)}$$

zum *elektronenoptischen Brechungsgesetz* an der Grenze zweier „Medien", dessen zweites relativ zum ersten den Brechungsindex n aufweist. Im Gegensatz zu der früher gebotenen korpuskularen Herleitung dieses Gesetzes, welche auf der *Dynamik* der Elektronen als materielle Punkte beruhte, ist seine hier gegebene Begründung aus den Kohärenzeigenschaften der beiderseits der Doppelschicht auftretenden *de Broglie*-Wellen lediglich *kinematischer* Natur; in dieser methodischen Hinsicht schließt sich also die Wellenmechanik auf das engste an die elektromagnetische Lichttheorie an, in welcher das *Snellius*sche Brechungsgesetz der Lichtoptik ebenfalls schon aus der bloßen Kohärenz der Wellen an der brechenden Fläche hervorgeht.

2. Sei, im Gegensatz zu (III 5, 23),

$$\cos^2 a + \frac{U}{U_0} = -\varkappa^2 < 0 \qquad (III\ 5,\ 30)$$

vorausgesetzt, so finden wir mit Hilfe zweier zunächst beliebiger Konstanten C_+ und C_- als allgemeines Integral der Differentialgleichung (III 5, 22) die Summe

$$X = C_+\, e^{-\varkappa x} + C_-\, e^{+\varkappa x}. \qquad (III\ 5,\ 31)$$

Da ihr zweiter Posten jedoch mit $x \to \infty$ über alle Grenzen anwächst, widerspricht seine Existenz der Forderung einer überall beschränkten Wahrscheinlichkeitswelle $\bar{u}$, so daß wir ihn durch die Festsetzung

$$C_- = 0 \qquad (III\ 5,\ 32)$$

zu beseitigen haben. Die dann aus (III 5, 21) und (III 5, 31) resultierende Wahrscheinlichkeitswelle

$$\bar{u} = C_+\, e^{-\varkappa x}\, e^{i(k_y y + k_z z)} \qquad (III\ 5,\ 33)$$

vermag in der x-Richtung keine elektrische Konvektionsströmung zu entwickeln. Aus dem Ersten *Kirchhoff*schen Gesetze folgt dann sogleich, daß die Doppelschicht sämtliche von $x < 0$ her einfallenden Elektronen in ihr Ausgangsgebiet zurückwirft: Die Ungleichung (III 5, 30) definiert die *elektronenoptische Totalreflexion.*

e) Der Kürze halber beschränken wir uns weiterhin auf den durch (III 5, 23) gekennzeichneten Fall der Elektronenbrechung. Wir vergleichen die hierbei auftretende x-Komponente der einfallenden elektrischen Konvektions-Stromdichte vom absoluten Betrage

$$|j_x| = \frac{q_0\, \hbar}{2\, m_0\, i}\left[\vec{u}^*\frac{\partial \vec{u}}{\partial x} - \vec{u}\frac{\partial \vec{u}^*}{\partial x}\right] = \frac{q_0\, \hbar}{m_0}\, A\, A^*\, k_0 \cos a; \qquad x < 0$$
$$(III\ 5,\ 34)$$

mit dem absoluten Betrage der ebenso gerichteten Komponente der gebrochenen Konvektions-Stromdichte

$$|j_x| = \frac{q_0\, \hbar}{2\, m_0\, i}\left[\vec{u}^*\frac{\partial \vec{u}}{\partial x} - \vec{u}\frac{\partial \vec{u}^*}{\partial x}\right] = \frac{q_0\, \hbar}{m_0}\, B_+\, B_+^*\, k_0 \sqrt{\cos^2 a + \frac{U}{U_0}}\ ; \qquad x > 0,$$
$$(III\ 5,\ 35)$$

indem wir mittels des in

$$B_+\, B_+^*\, k_0 \sqrt{\cos^2 a + \frac{U}{U_0}} = (A\,\tau) \cdot (A\,\tau)^* \cdot k_0 \cos a \qquad (III\ 5,\ 36)$$

formal erklärten, komplexen Transmissions-Koeffizienten τ die Konstante B_+ mit A gemäß

$$B_+ = A \cdot \tau \cdot \frac{1}{\sqrt[4]{1 + \dfrac{U}{U_0}\dfrac{1}{\cos^2 a}}} \qquad (III\ 5,\ 37)$$

verknüpfen. Mit Benutzung von (III 5, 13), (III 5, 19) und (III 5, 26) folgen nun aus (III 5, 8) und (III 5, 9) die Gleichungen

$$A (1 + \varrho) = B_+ \qquad\qquad (III\ 5,\ 38)$$

und

$$i\,k_0 \cos a\,A\,(1 - \varrho) = i\,k_0 \sqrt{\cos^2 a + \frac{U}{U_0}} \cdot B_+, \qquad (III\ 5,\ 39)$$

welche mit (III 5, 37) die Gestalt

$$1 + \varrho = \tau\,\frac{1}{\sqrt[4]{1 + \dfrac{U}{U_0}\dfrac{1}{\cos^2 a}}} \qquad\qquad (III\ 5,\ 40)$$

und

$$1 - \varrho = \tau\sqrt[4]{1 + \frac{U}{U_0}\frac{1}{\cos^2 a}} \qquad\qquad (III\ 5,\ 41)$$

annehmen. Man entnimmt ihnen den Reflexionskoeffizienten

$$\varrho = -\,\frac{\sqrt[2]{1 + \dfrac{U}{U_0}\dfrac{1}{\cos^2 a}} - 1}{\sqrt[2]{1 + \dfrac{U}{U_0}\dfrac{1}{\cos^2 a}} + 1} \qquad\qquad (III\ 5,\ 42)$$

und den Transmissions-Koeffizienten

$$\tau = \frac{2\sqrt[4]{1 + \dfrac{U}{U_0}\dfrac{1}{\cos^2 a}}}{\sqrt[2]{1 + \dfrac{U}{U_0}\dfrac{1}{\cos^2 a}} + 1}. \qquad\qquad (III\ 5,\ 43)$$

Zwischen ϱ und τ besteht also die Relation

$$1 - \varrho^2 = \tau^2 \qquad\qquad (III\ 5,\ 44)$$

im Einklang mit dem Kontinuitätsgesetz der Elektrizität.

Während das Brechungsgesetz (III 5, 29), von der wellenmechanischen Methode seiner Herleitung abgesehen, inhaltlich nicht über die entsprechende Aussage der korpuskularen Elektronik hinausgeht, enthalten die Ergebnisse (III 5, 42) und (III 5, 43) eine wesentlich neue, typisch wellenmechanische Erkenntnis, die als solche vom Standpunkt der Klassischen Mechanik aus völlig unverständlich bleibt: Ungeachtet der einheitlichen Startbedingungen, unter denen die Elektronen ihre Emissionsquelle verlassen, ist ihnen bei der Ankunft an der Doppelschicht ein im allgemeinen ungleiches Schicksal beschieden, über welches der *Zufall* entscheidet: Der Ausdruck

$$w_T = \tau^2 = \frac{4\sqrt{1 + \dfrac{U}{U_0}\dfrac{1}{\cos^2 a}}}{\left[\sqrt{1 + \dfrac{U}{U_0}\dfrac{1}{\cos^2 a}} + 1\right]^2}; \qquad -1 \leqq \frac{U}{U_0}\frac{1}{\cos^2 a} \qquad (III\ 5,\ 45)$$

mißt die *Transmissions-Wahrscheinlichkeit* der Elektronen durch die brechende Fläche. Wir bringen diese Formel mit Benutzung von (III 5, 27) in die symmetrische Gestalt

$$\tau^2 = \frac{(2\sqrt{U_0}\cos\alpha)\,(2\sqrt{U_0 + U}\cos\beta)}{[\sqrt{U_0}\cdot\cos\alpha + \sqrt{U_0 + U}\cdot\cos\beta]^2}, \qquad \text{(III 5, 46)}$$

welche gegen die gleichzeitige Vertauschung beziehentlich von U_0 mit $(U_0 + U)$ und von $\cos\alpha$ mit $\cos\beta$ invariant ist und in eben dieser Eigenschaft das *Reziprozitätsgesetz der Elektronenpassage* enthält: Innerhalb jedes Elektronenstrahles ist die Durchtrittswahrscheinlichkeit vom niederen zum höheren Potential gleich der Durchschnittswahrscheinlichkeit der umgekehrt fliegenden Ladungsträger vom höheren zum niederen Potentiale.

Im Lichte der Gl. (III 5, 45) erweist sich die Transmissions-Wahrscheinlichkeit im allgemeinen als verschieden von der Einheit. Nur im Falle $U = 0$ geht die Durchtrittswahrscheinlichkeit in die Gewißheit $w_T = 1$ über; in der Tat ist ja dann der Halbraum $x > 0$ nur formal vom Emissionsgebiet $x < 0$ verschieden, physikalisch jedoch von diesem ununterscheidbar. Abb. III 116 veranschaulicht die Abhängigkeit der Transmissions-Wahrscheinlichkeit w_T von der ,,numerischen Spannung''

$$\bar\sigma = \frac{U}{U_0}\frac{1}{\cos^2\alpha}. \qquad \text{(III 5, 47)}$$

Bei festen Daten $[U_0;\alpha]$ des Elektronenwerfers verschwindet also die Durchtrittswahrscheinlichkeit bei Wahl der negativen Doppelschicht-Spannung

$$U = -U_0\cos^2\alpha;$$
$$\bar\sigma = -1,$$
$$\text{(III 5, 48)}$$

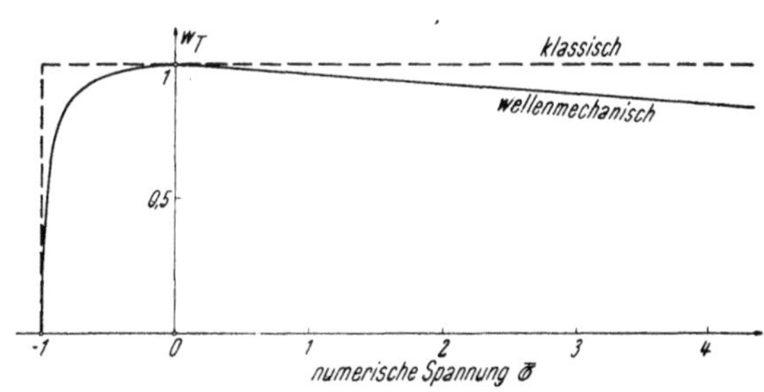

Abb. III 116. Die numerische Transmissionswahrscheinlichkeit als Funktion der numerischen Spannung.

welche eben die Grenze der elektronenoptischen Totalreflexion definiert; doch nähert sich auch bei sehr hohen positiven Doppelschicht-Spannungen der Eigenschaft

$$\bar\sigma \gg 1 \qquad \text{(III 5, 49)}$$

die Transmissions-Wahrscheinlichkeit gemäß

$$w_T = \frac{4\sqrt{1 + \bar\sigma}}{[\sqrt{1 + \bar\sigma} + 1]^2} = \frac{4}{\sqrt{1 + \bar\sigma}} + \dots \qquad \text{(III 5, 50)}$$

abermals der Null.

f) Es darf füglich bezweifelt werden, ob man bei der mathematischen Analyse eines wellenmechanischen Vorganges das sogenannte physikalische Gefühl mitsprechen lassen darf. Setzt man sich jedoch im Augenblick über solche grundsätzlichen Bedenken hinweg, so mag das Ergebnis (III 5, 50) unsere Kritik herausfordern: Wie soll man es verstehen, daß mit zunehmender Beschleunigungsspannung der elektrischen Doppelschicht die Passage-Wahrscheinlichkeit der Elektronen immer kleiner wird?

Da die durchgeführte Rechnung als solche keinen Einwänden ausgesetzt ist, haben wir den Ansatzpunkt zu einer etwaigen Revision des vorgeschlagenen Transmissions-Mechanismus in dessen physikalischen Prämissen zu suchen.

Bei ihrem Eintreffen an der Doppelschicht zeichnen sich die Wahrscheinlichkeitswellen durch die *de Broglie*-Wellenlänge

$$\lambda_0 = \frac{2\,\pi\,\hbar}{m_0\,\sqrt{2\,\dfrac{q_0}{m_0}\,U_0}} \qquad \text{(III 5, 51)}$$

aus, welche sich während der Passage der Elektronen durch die Doppelschicht bis auf

$$\lambda_1 = \frac{2\,\pi\,\hbar}{m_0\,\sqrt{2\,\dfrac{q_0}{m_0}\,(U_0 + U)}} \qquad \text{(III 5, 52)}$$

verkürzt. Im Lichte dieses Sachverhaltes erscheint der in (III 5, 1) ausgeführte Grenzübergang zu verschwindendem Abstand 1 der gleichzeitig zu unendlich hoher Dichte $\pm\,\sigma$ anwachsenden antipolaren Flächenladungen ungeachtet ihrer mathematischen Legalität als physikalisch bedenklich: Jede reale elektrische Doppelschicht ist ja aus molekularen Dipolen aufgebaut, deren stets endliche Ladungsquanten entgegengesetzter Polarität um eine notwendig von Null verschiedene Strecke 1 voneinander entfernt sind. Der mathematische Prozeß (III 5, 1) wird somit nur im Falle

$$1 \ll \lambda \qquad \text{(III 5, 53)}$$

den wirklichen Bedingungen der Aufgabe gerecht, so daß alle an ihn geknüpften Folgerungen wegen (III 5, 52) bei genügend hoher Beschleunigungsspannung U der Doppelschicht hinfällig werden. Wir ersetzen daher fortan die in Gl. (III 5, 1) definierte, ,,mathematische'' Doppelschicht durch das in Abb. III 114 dargestellte Modell einer ,,physikalischen'' Doppelschicht: Die Spannung U elektrisiert den parallelebenen Plattenkondensator vom festen Abstande $1 \neq 0$ seiner Elektroden, welche ihrerseits ungeachtet ihrer lückenlosen elektrischen Leitfähigkeit den Elektronen ungehinderten Durchgang gewähren.

Wir identifizieren die Normale zu den Plattenelektroden mit der x-Achse des Bezugssystemes und halten an der früher vereinbarten positiven Zählrichtung der Kondensatorspannung U fest. Lassen wir dann die im Falle $U > 0$ negative Elektrode mit der Ebene $x = 0$, die positive Elektrode also mit der Ebene $x = 1 > 0$ zusammenfallen, so wird das elektrische Skalarpotential φ durch die drei Angaben

$$\varphi = U_0 ; \qquad x \leqq 0, \qquad \text{(III 5, 54)}$$

$$\varphi = U_0 + U\,\frac{x}{1} ; \qquad 0 \leqq x \leqq 1, \qquad \text{(III 5, 55)}$$

$$\varphi = U_0 + U ; \qquad 1 \leqq x \qquad \text{(III 5, 56)}$$

beschrieben. Demnach gehorcht die komplexe Amplitude $\bar{u}$ der Wahrscheinlichkeitswellen im Halbraum $x < 0$ der *Schrödinger*-Gleichung (III 5, 6) und im Halbraume $x > 1$ der ähnlich gebauten Gleichung (III 5, 7), während für das Existenzgebiet $0 < x < 1$ der Doppelschicht die *Schrödinger*-Gleichung

$$\frac{\partial^2\bar{u}}{\partial x^2} + \frac{\partial^2\bar{u}}{\partial y^2} + \frac{\partial^2\bar{u}}{\partial z^2} + \frac{2\,m_0}{\hbar^2}\,q_0\left(U_0 + U\,\frac{x}{1}\right)\bar{u} = 0 \qquad \text{(III 5, 57)}$$

zuständig ist; zu den Grenzbedingungen (III 5, 8) und (III 5, 9) an der Eintrittsebene der Doppelschicht gesellen sich ergänzend die entsprechend zu formulierenden Stetigkeitsforderungen für die Wahrscheinlichkeits-Amplitude $\bar{u}$ und ihren Gradienten an der Austrittsebene $x = 1$ des Kondensators.

g) Die funktionelle Struktur der Wahrscheinlichkeits-Amplitude $\bar{u}$ wird im Halbraum $x < 0$ gemäß (III 5, 13), (III 5, 16), (III 5, 18) und (III 5, 19) durch

$$\bar{u} = A\left[e^{ik_0 x \cos a} + \varrho\, e^{-ik_0 x \cos a}\right] e^{i(k_y \cdot y + k_z z)}; \qquad k_x^2 + k_y^2 + k_z^2 = k_0^2$$

$$(III\ 5,\ 58)$$

beschrieben, während sie im Halbraum $x > 1$ durch diejenige Gleichung geschildert wird, welche aus (III 5, 26) und (III 5, 27) nach Ersatz von x durch $(x - 1)$ hervorgeht:

$$\vec{u} = A \cdot \tau \cdot \frac{1}{\sqrt[4]{1 + \dfrac{U}{U_0}\dfrac{1}{\cos^2 a}}}\, e^{ik_0(x-1)\sqrt{\cos^2 a + \frac{U}{U_0}}}\, e^{i(k_y y + k_z \cdot z)}.$$

$$(III\ 5,\ 59)$$

Um indes die in (III 5, 58) und (III 5, 59) zunächst nur formal eingeführten Werte ϱ des Reflexions-Koeffizienten und τ des Transmissions-Koeffizienten explizit zu bestimmen, haben wir die im Bereiche $0 < x < 1$ verkehrende „Verbindungswelle" aufzusuchen, welche also der Wellengleichung (III 5, 57) der Elektronenbewegung im homogenen elektrischen Felde genügt. Aus Kohärenzgründen wählen wir für ihre Lösung den Produktansatz

$$\bar{u} = X(x)\, e^{i(k_y y + k_z z)}, \qquad (III\ 5,\ 60)$$

in welchem die Faktorfunktion X nur von x abhängen soll; mit Rücksicht auf (III 5, 16) und (III 5, 18) resultiert für sie die gewöhnliche Differential-gleichung zweiter Ordnung

$$\frac{d^2 X}{dx^2} + k_0^2\left[\cos^2 a + \frac{U}{U_0}\frac{x}{1}\right] X = 0; \qquad 0 < x < 1, \quad (III\ 5,\ 61)$$

welche nach Ersatz von x durch die gestrichene Abszisse

$$x' = x + 1\frac{U_0}{U}\cos^2 a \qquad (III\ 5,\ 62)$$

in die Differentialgleichung

$$\frac{d^2 X}{dx'^2} + k_0^2\frac{U}{U_0}\frac{x'}{1} X = 0 \qquad (III\ 5,\ 63)$$

der Funktion $X = X(x')$ übergeht. Das allgemeine Integral dieser Gleichung ist uns auf Grund der in Ziffer III 3 durchgeführten Analyse bereits bekannt: Wir substituieren an Stelle von x' die dimensionsfreie Veränderliche

$$\xi = \frac{2}{3}k_0\sqrt{\frac{U}{U_0}\frac{x'^3}{1}}, \qquad (III\ 5,\ 64)$$

welche unter der weiterhin stets einzuhaltenden Voraussetzung

$$\cos^2 a + \frac{U}{U_0} > 0 \qquad (III\ 5,\ 65)$$

gemäß der Alternative

$$\xi_0 \equiv \frac{2}{3}\,k_0\,l\,\frac{U_0}{U}\cos^3 a \lessgtr \pm\,\xi \lessgtr \frac{2}{3}\,k_0\,l\,\frac{U_0}{U}\left[\cos^2 a + \frac{U}{U_0}\right]^{3/2} \equiv \xi_e; \qquad \frac{U}{U_0} \gtrless 0 \tag{III 5, 66}$$

stets positiv-reell ausfällt. Mit Hilfe der beziehentlich mit den noch unbekannten Koeffizienten ζ_+ und ζ_- multiplizierten *Bessel*schen Funktionen $J_{+1/3}(\xi)$ und $J_{-1/3}(\xi)$ lautet dann die gesuchte Lösung

$$X = A\,\xi^{1/3}\,[\zeta_+ \, J_{1/3}(\xi) + \zeta_- \, J_{-1/3}(\xi)], \tag{III 5, 67}$$

aus welcher wir unter Beachtung von (III 5, 62) und (III 5, 64)

$$\frac{dX}{dx} = \frac{dX}{d\xi}\cdot\frac{d\xi}{dx} = k_0\,\sqrt{\frac{U}{U_0}\,\frac{x'}{l}}\,\frac{dX}{d\xi} \tag{III 5, 68}$$

bilden. Nun gelten die Differential-Relationen

$$\frac{d}{d\xi}\,[\xi^{1/3} J_{+1/3}(\xi)] = \xi^{1/3}\,J_{-2/3}(\xi); \qquad \frac{d}{d\xi}\,[\xi^{1/3}\,J_{-1/3}(\xi)] = -\,\xi^{1/3}\,J_{+2/3}(\xi)$$

$$\tag{III 5, 69}$$

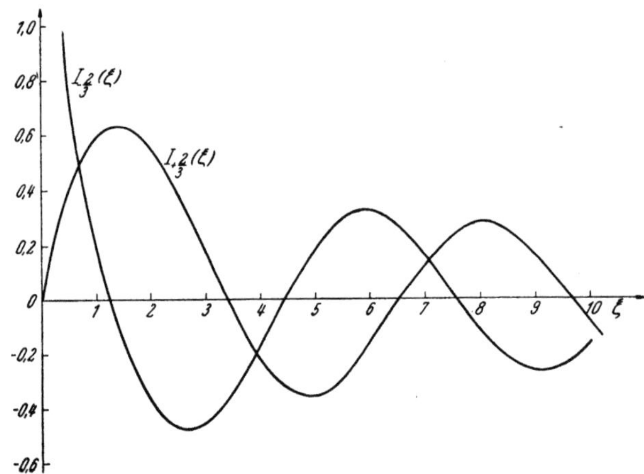

Abb. III 117. Die *Bessel*schen Funktionen der Ordnungen $p = \pm\frac{2}{3}$.

mit dem in Abb. III 117 dargestellten Verlauf der *Bessel*schen Funktionen $J_{\pm 2/3}(\xi)$, so daß wir (III 5, 68) in die Gestalt

$$\frac{dX}{dx} = A\,k_0\,\sqrt{\frac{U}{U_0}\,\frac{x'}{l}}\;\xi^{1/3}\,[\zeta_+ \, J_{-2/3}(\xi) - \zeta_- \, J_{+2/3}(\xi)] \tag{III 5, 70}$$

bringen können.

Wir spezialisieren jetzt durch $x \to l\,[\xi \to \xi_l]$ auf die Ausgangsebene der Doppelschicht und erhalten dort zufolge der Stetigkeitsbedingungen der Wahrscheinlichkeitswellen mit Rücksicht auf (III 5, 59), (III 5, 66) und (III 5, 70) die Verknüpfungs-Gleichungen

$$\tau\,\frac{1}{\sqrt[4]{1 + \dfrac{U}{U_0}\dfrac{1}{\cos^2 a}}} = \xi_l^{1/3}\,[\zeta_+ \, J_{+1/3}(\xi_l) + \zeta_- \, J_{-1/3}(\xi_l)] \tag{III 5, 71}$$

sowie

$$\tau \frac{i}{\sqrt{1 + \dfrac{U}{U_0}\dfrac{1}{\cos^2 \alpha}}} = \xi_1^{1/3}\,[\zeta_+\,J_{-2/3}(\xi_1) - \zeta_-\,J_{+2/3}(\xi_1)].$$

$$(\text{III } 5,\ 72)$$

Bei ihrer Auflösung nach ζ_+ und ζ_- bedienen wir uns der Identität

$$J_{+1/3}(\xi)\,J_{+2/3}(\xi) + J_{-1/3}(\xi)\,J_{-2/3}(\xi) \equiv \frac{2\sin\dfrac{\pi}{3}}{\pi\,\xi} = \frac{\sqrt{3}}{\pi\,\xi}, \quad (\text{III } 5,\ 73)$$

so daß wir

$$\zeta_+ = \frac{\tau}{\sqrt{1 + \dfrac{U}{U_0}\dfrac{1}{\cos^2 \alpha}}} \cdot \frac{\pi}{\sqrt{3}} \cdot \xi_1^{3/2}\,[J_{+2/3}(\xi_1) + i\,J_{-1/3}(\xi_1)],$$

$$(\text{III } 5,\ 74)$$

$$\zeta_- = \frac{\tau}{\sqrt{1 + \dfrac{U}{U_0}\dfrac{1}{\cos^2 \alpha}}} \cdot \frac{\pi}{\sqrt{3}} \cdot \zeta_1^{2/3}\,[J_{-2/3}(\xi_1) - i\,J_{+1/3}(\xi_1)]$$

$$(\text{III } 5,\ 75)$$

finden.

Wir kehren zur Eingangsebene $x = 0$ der Doppelschicht zurück $[\xi \to \xi_0]$ und erhalten mit Rücksicht auf (III 5, 58) als Ausdruck der Stetigkeitsbedingungen der Wahrscheinlichkeitswelle die Gleichungen

$$1 + \varrho = \xi_0^{1/3}\,[\zeta_+\,J_{+1/3}(\xi_0) + \zeta_-\,J_{-1/3}(\xi_0)] \qquad (\text{III } 5,\ 76)$$

sowie

$$1 - \varrho = \frac{1}{2}\,\xi_0^{1/3}\,[\zeta_+\,J_{-2/3}(\xi_0) - \zeta_-\,J_{+2/3}(\xi_0)], \qquad (\text{III } 5,\ 77)$$

welchen wir die Relationen

$$2 = \xi_0^{1/3}\,[\zeta_+\,\{J_{+1/3}(\xi_0) - i\,J_{-2/3}(\xi_0)\} + \zeta_-\,\{J_{-1/3}(\xi_0) + i\,J_{+2/3}(\xi_0)\}]$$

$$(\text{III } 5,\ 78)$$

und

$$2\,\varrho = \xi_0^{1/3}\,[\zeta_+\,\{J_{+1/3}(\xi_0) + i\,J_{-2/3}(\xi_0)\} + \zeta_-\,\{J_{-1/3}(\xi_0) - i\,J_{+2/3}(\xi_0)\}]$$

$$(\text{III } 5,\ 79)$$

entnehmen; sie mögen durch die konjugiert-komplexen Gleichungen

$$2 = \xi_0^{1/3}\,(\zeta_+^{*}\,\{J_{+1/3}(\xi_0) + i\,J_{-2/3}(\xi_0)\} + \zeta_-^{*}\,\{J_{-1/3}(\xi_0) - i\,J_{+2/3}(\xi_0)\})$$

$$(\text{III } 5,\ 80)$$

und

$$2\,\varrho^{*} = \xi_0^{1/3}\,[\zeta_+^{*}\,\{J_{+1/3}(\xi_0) - i\,J_{-2/3}(\xi_0)\} + \zeta_-^{*}\,\{J_{-1/3}(\xi_0) + i\,J_{+2/3}(\xi_0)\}]$$

$$(\text{III } 5,\ 81)$$

ergänzt werden.

Wir führen jetzt abkürzend die vier Funktionen

$$f_1(\xi) = \frac{\pi}{2}\,\xi\,[\{J_{+1/3}(\xi)\}^2 + \{J_{-2/3}(\xi)\}^2], \qquad\text{(III 5, 82)}$$

$$f_2(\xi) = \frac{\pi}{2}\,\xi\,[\{J_{-1/3}(\xi)\}^2 + \{J_{+2/3}(\xi)\}^2], \qquad\text{(III 5, 83)}$$

$$f_3(\xi) = \frac{\pi}{2}\,\xi\,[J_{+1/3}(\xi)\,J_{-1/3}(\xi) - J_{+2/3}(\xi)\,J_{-2/3}(\xi)], \qquad\text{(III 5, 84)}$$

$$f_4(\xi) = \frac{\pi}{2}\,\xi\,[J_{+1/3}(\xi)\,J_{+2/3}(\xi) + J_{-1/3}(\xi)\,J_{-2/3}(\xi)] \equiv \frac{1}{2}\sqrt{3} \qquad\text{(III 5, 85)}$$

ein, deren drei erste in den Abb. III 118, 119 und 120 dargestellt sind. Durch Multiplikation von (III 5, 78) mit (III 5, 80) findet man dann zunächst

$$2\pi =$$
$$= \xi_0^{-1/3}\,[\zeta_+\,\zeta_+^{*}\,f_1(\xi_0) + $$
$$+\ \zeta_-\,\zeta_-^{*}\,f_2(\xi_0) + $$
$$+\ (\zeta_+\,\zeta_-^{*} + $$
$$+\ \zeta_+^{*}\,\zeta_-)\,f_3(\xi_0) - $$
$$-\ i\,(\zeta_+\,\zeta_-^{*} - $$
$$-\ \zeta_+^{*}\,\zeta_-)\,f_4(\xi_0)]$$
$$\text{(III 5, 86)}$$

und ebenso durch Multiplikation von (III 5, 79) mit (III 5, 81)

$$2\pi\,\varrho\,\varrho^{*} =$$
$$= \xi_0^{-1/3}\,[\zeta_+\,\zeta_+^{*}\,f_1(\xi_0) + $$
$$+\ \zeta_-\,\zeta_-^{*}f_2(\xi_0) + $$
$$+\ (\zeta_+\,\zeta_-^{*} + $$
$$+\ \zeta_+^{*}\,\zeta_-)\,f_3(\xi_0) + $$
$$+\ i(\zeta_+\,\zeta_-^{*} - $$
$$-\ \zeta_+^{*}\,\zeta_-)\,f_4(\xi_0)].$$
$$\text{(III 5, 87)}$$

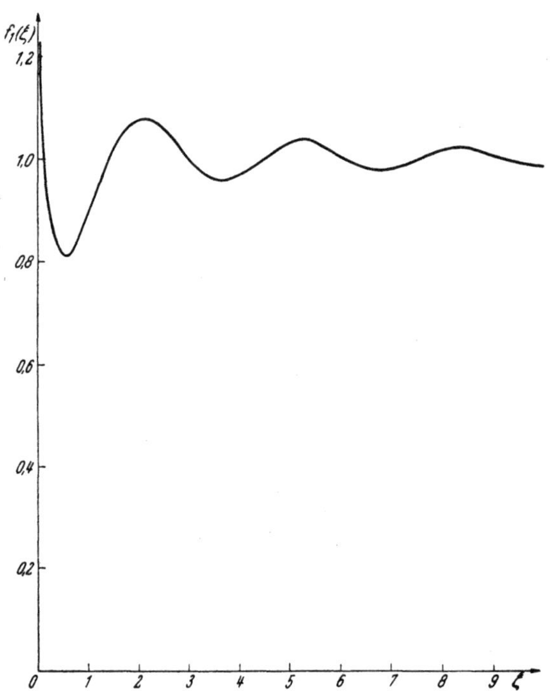

Abb. III 118. Die Funktion $f_1(\xi)$ nach (III 5, 82).

Aus (III 5, 74) und (III 5, 75) berechnet man nun

$$\zeta_+\,\zeta_+^{*} = \frac{\tau\,\tau^{*}}{\sqrt{1 + \dfrac{U}{U_0}\dfrac{1}{\cos^2\alpha}}}\,\frac{2\pi}{3}\,\xi_1^{1/3}\,f_2(\xi_1), \qquad\text{(III 5, 88)}$$

$$\zeta_-\,\zeta_-^{*} = \frac{\tau\,\tau^{*}}{\sqrt{1 + \dfrac{U}{U_0}\dfrac{1}{\cos^2\alpha}}}\,\frac{2\pi}{3}\,\xi_1^{1/3}\,f_1(\xi_1), \qquad\text{(III 5, 89)}$$

$$\zeta_+ \zeta_-^* + \zeta_+^* \zeta_- = -\frac{\tau\,\tau^*}{\sqrt{1 + \dfrac{U}{U_0}\dfrac{1}{\cos^2\alpha}}}\frac{2\pi}{3}\,\xi_1^{1/3}\,2\,f_3(\xi_1), \qquad \text{(III 5, 90)}$$

$$\zeta_+ \zeta_-^* - \zeta_+^* \zeta_- = +i\,\frac{\tau\,\tau^*}{\sqrt{1 + \dfrac{U}{U_0}\dfrac{1}{\cos^2\alpha}}}\frac{2\pi}{3}\,\zeta_1^{1/3}\,2\,f_4(\xi_1). \qquad \text{(III 5, 91)}$$

Daher liefert (III 5, 86) die Aussage

$$\frac{\tau\,\tau^*}{\sqrt{1 + \dfrac{U}{U_0}\dfrac{1}{\cos^2\alpha}}}\left(\frac{\xi_1}{\xi_0}\right)^{1/3}\cdot$$

$$\cdot\frac{1}{3}\Big[f_1(\xi_0)\,f_2(\xi_1) +$$

$$+ f_2(\xi_0)\,f_1(\xi_1) -$$

$$- 2\,f_3(\xi_0)\,f_3(\xi_1) + \frac{3}{2}\Big] = 1.$$

$$\text{(III 5, 92)}$$

Da nun gemäß (III 5, 66)

$$\left(\frac{\xi_1}{\xi_0}\right)^{1/3} = \sqrt{1 + \frac{U}{U_0}\frac{1}{\cos^2\alpha}}$$

$$\text{(III 5, 93)}$$

gilt, folgt aus (III 5, 92) für die Transmissions-Wahrscheinlichkeit w_T der Elektronen durch die [physikalische] Doppelschicht der Ausdruck

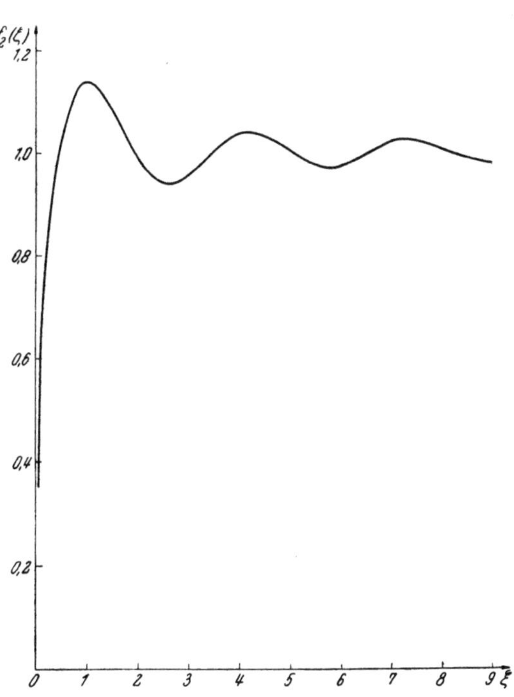

Abb. III 119. Die Funktion $f_2(\xi)$ nach (III 5, 83).

$$w_T = \tau\,\tau^* = \frac{3}{f_1(\xi_0)\,f_2(\xi_1) + f_2(\xi_0)\,f_1(\xi_1) - 2\,f_3(\xi_0)\,f_3(\xi_1) + \dfrac{3}{2}}. \qquad \text{(III 5, 94)}$$

Auf dem nämlichen Wege findet man aus (III 5, 87)

$$\varrho\,\varrho^* = \frac{\tau\,\tau^*}{\sqrt{1 + \dfrac{U}{U_0}\dfrac{1}{\cos^2\alpha}}}\left(\frac{\xi_1}{\xi_0}\right)^{1/3}\cdot$$

$$\cdot\frac{1}{3}\Big[f_1(\xi_0)\,f_2(\xi_1) + f_2(\xi_0)\,f_1(\xi_1) - 2\,f_3(\xi_0)\,f_3(\xi_1) - \frac{3}{2}\Big] =$$

$$= \frac{f_1(\xi_0)\,f_2(\xi_1) + f_2(\xi_0)\,f_1(\xi_1) - 2\,f_3(\xi_0)\,f_3(\xi_1) - \dfrac{3}{2}}{f_1(\xi_0)\,f_2(\xi_1) + f_2(\xi_0)\,f_1(\xi_1) - 2\,f_3(\xi_0)\,f_3(\xi_1) + \dfrac{3}{2}}. \qquad \text{(III 5, 95)}$$

so daß die vom Kontinuitätsgesetz der Elektrizität geforderte Bilanz

$$w = 1 - \varrho\,\varrho^* \qquad \text{(III 5, 96)}$$

von dem analysierten Transmissions-Mechanismus identisch erfüllt wird.

Führt man durch

$$\lambda = \frac{2\,\pi\,\hbar}{m_0\sqrt{2\,\dfrac{q_0}{m_0}\,|U|}} \qquad \text{(III 5, 97)}$$

die *de Broglie*sche Eigen-Wellenlänge der Doppelschicht ein, so kann man mit Rücksicht auf (III 5, 16) und (III 5, 27) schreiben

$$\xi_0 = \frac{4\,\pi}{3}\frac{1}{\lambda}\left(\frac{U_0\cos^2\alpha}{|U|}\right)^{3/2}; \qquad \xi_1 = \frac{4\,\pi}{3}\frac{1}{\lambda}\left(\frac{\{U_0 + U\}\cos^2\beta}{|U|}\right)^{3/2}$$

$$\text{(III 5, 98)}$$

und erkennt dann in der symmetrischen Abhängigkeit des Ausdruckes (III 5, 94) von ξ_0 und ξ_1 das auf die physikalische Doppelschicht verallgemeinerte Reziprozitätsgesetz der Elektronenpassage wieder.

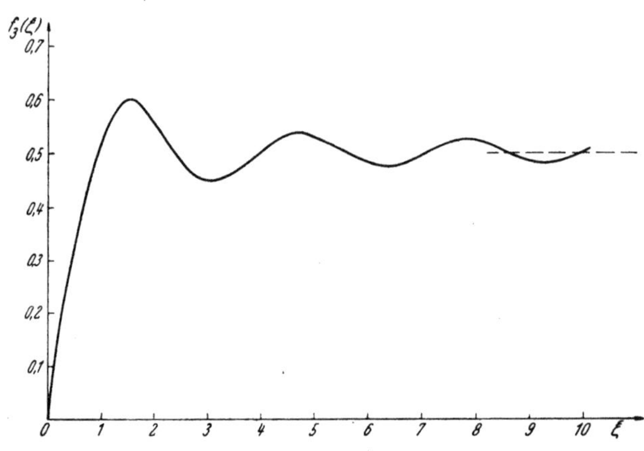

Abb. III 120. Die Funktion $f_3(\xi)$ nach (III 5, 84).

h) Ist die Kinetik der physikalischen Doppelschicht imstande, die früher durch die unerwarteten Eigenschaften der mathematischen Doppelschicht bei hohen Werten ihrer Beschleunigungsspannung U geweckten Zweifel an dem Wirklichkeitswert der wellenmechanischen Theorie zu zerstreuen?

Für kleine Werte ihres Argumentes ξ können die *Bessel*schen Funktionen p-ter Ordnung mittels der dann rasch konvergierenden Potenzreihen

$$J_p(\xi) = \frac{\xi^p}{2^p\,\Pi(p)}\left[1 - \frac{\xi^2}{2\,(2\,p+1)} + \frac{\xi^4}{2\cdot 4\,(2\,p+2)\,(2\,p+4)}\right] - + \cdots$$

$$\text{(III 5, 99)}$$

berechnet werden, während man bei großen Argumenten $\xi \gg 1$ die halbkonvergenten Reihen

$$J_p(\xi) = \frac{\cos\left(\xi - \left\{p + \frac{1}{2}\right\}\frac{\pi}{2}\right)}{\sqrt{\frac{\pi}{2}\xi}}\left[1 - \frac{4\,p^2 - 1}{1!\,4\,\xi} + \cdots\right] -$$

$$- \frac{\sin\left(\xi - \left\{p + \frac{1}{2}\right\}\frac{\pi}{2}\right)}{\sqrt{\frac{\pi}{2}\xi}}\left[\frac{4\,p^2 - 1}{8\,\xi} - + \cdots\right] \qquad \text{(III 5, 100)}$$

benutze. Auf Grund dieser Angaben behandeln wir folgende Sonderfälle der Elektronen-Transmission durch die Doppelschicht:

1. Mittels des Grenzüberganges $l \to 0$ kehren wir zur mathematischen Doppelschicht zurück. Gemäß (III 5, 66) konvergieren dann ξ_0 und ξ_1 gleichzeitig gegen Null. Daher liefert (III 5, 94) im Verein mit (III 5, 99) zunächst die Aussage

$$\lim_{l \to 0} w_T = \frac{3}{\frac{\pi^2}{\Pi^2\left(-\frac{2}{3}\right)\Pi^2\left(-\frac{1}{3}\right)}\left[\frac{\sqrt{\cos^2\alpha + \frac{U}{U_0}}}{\cos\alpha} + \frac{\cos\alpha}{\sqrt{\cos^2\alpha + \frac{U}{U_0}}}\right] + \frac{3}{2}} \cdot$$

$$\text{(III 5, 101)}$$

welche nun zufolge der Relation

$$\Pi\left(-\frac{2}{3}\right)\Pi\left(-\frac{1}{3}\right) \equiv \Pi\left(-\frac{1}{2} - \frac{1}{6}\right)\Pi\left(-\frac{1}{2} + \frac{1}{6}\right) = \frac{\pi}{\cos\frac{\pi}{6}} = \frac{2\pi}{\sqrt{3}}$$

$$\text{(III 5, 102)}$$

inhaltlich mit (III 5, 45) identisch ist.

2. Bei verschwindender Schichtspannung $[U \to 0]$ der physikalischen Doppelschicht wachsen nach (III 5, 98) sowohl ξ_0 wie ξ_1 schrankenlos an. Mit Rücksicht auf (III 5, 100) gilt nach (III 5, 82), (III 5, 83) und (III 5, 84)

$$\lim_{\xi \to \infty} f_1(\xi) = 1; \qquad \lim_{\xi \to \infty} f_2(\xi) = 1; \qquad \lim_{\xi \to \infty} f_3(\xi) = \frac{1}{2}. \qquad \text{(III 5, 103)}$$

Daher erschließt man aus (III 5, 94) die Transmissions-Wahrscheinlichkeit

$$\lim_{U \to 0} w_T = 1. \qquad \text{(III 5, 104)}$$

3. Wird die Schichtspannung der physikalischen Doppelschicht maßlos gesteigert $[U \to \infty]$, so liefert (III 5, 66) die Aussagen

$$\xi_0 \to 0; \qquad \xi_1 \to \infty \qquad \text{für} \qquad U \to \infty. \qquad \text{(III 5, 105)}$$

Sie ziehen im Verein mit (III 5, 82), (III 5, 83), (III 5, 84) und (III 5, 85) den Schluß

$$\lim_{U \to \infty} w_T = 0 \qquad \text{(III 5, 106)}$$

nach sich, so daß in dieser ihrer merkwürdigen Eigenschaft die physikalische Doppelschicht mit der früher [Gl. (III 5, 50)] analysierten mathematischen Doppelschicht übereinstimmt.

4. In ihrer Anwendung auf die *Physik der thermischen Elektronen-emission* führt die Wellenmechanik der Doppelschicht zu Ergebnissen, welche von der klassischen Auffassung dieses Vorganges wesentlich ab-weichen; wir kehren später zu der hierdurch angeschnittenen Frage zurück.

III 6. Wellenmechanik der Sperrschicht.

a) Wir behandeln die langsame [*Newton*sche] Bewegung eines Elektrons [Ladung $(- q_0)$, Ruhmasse m_0] im rein elektrischen Felde eines zeitfreien Skalarpotentiales φ, welches relativ zum Bezugssystem der rechtsläufigen, *Kartesi*schen Koordinaten x, y, z durch die strukturelle Beschreibung

$$\varphi = \varphi(x) \qquad \text{(III 6, 1)}$$

als *eindimensional* charakterisiert wird; die nämliche geometrische Eigenschaft zeichnet somit auch die potentielle Elektronen-Energie

$$\eta_{pot} = - q_0\,\varphi = \eta_{pot}(x) \qquad \text{(III 6, 2)}$$

aus.

Wir weisen dem zu kontrollierenden Elektron den Lebensraum T zu, welcher durch

$$x_1 < x < x_2, \qquad \text{(III 6, 3)}$$
$$y_1 < y < y_2, \qquad \text{(III 6, 4)}$$
$$z_1 < z < z_2 \qquad \text{(III 6, 5)}$$

definiert wird. Da in ihm die Feldkräfte überall konservativer Natur sind, bleibt die Gesamtenergie η des Elektrons während seines Aufenthaltes in T konstant: Die komplexe Amplitude $\overline{u}$ seiner Wahrscheinlichkeits-Welle genügt der zeitfreien *Schrödinger*-Gleichung

$$\frac{\partial^2\overline{u}}{\partial x^2} + \frac{\partial^2\overline{u}}{\partial y^2} + \frac{\partial^2\overline{u}}{\partial z^2} + \frac{2\,m_0}{\hbar^2}\,[\eta - \eta_{pot}(x)]\,\overline{u} = 0. \qquad \text{(III 6, 6)}$$

Zu ihrer Lösung bedienen wir uns des Produkt-Ansatzes

$$\overline{u} = X(x)\,e^{i(k_y\cdot y + k_z\cdot z)}, \qquad \text{(III 6, 7)}$$

dessen Faktorfunktion $X(x)$ nur von x abhängen soll. Aus den an der Hülle S von T zu fordernden Randbedingungen der Wahrscheinlichkeits-Wellen [Ziffer II 8] folgen für die Komponenten k_y und k_z des in allen Ebenen x = const einheitlichen, zweidimensionalen Ausbreitungsvektors die Quantisierungsvorschriften

$$k_y(y_2 - y_1) = 2\,\pi\,M, \qquad \text{(III 6, 8)}$$
$$k_z(z_2 - z_1) = 2\,\pi\,N, \qquad \text{(III 6, 9)}$$

in welchen M und N je als beliebige, ganze Zahlen mit Einschluß der Null zu wählen sind. Definieren wir daher mittels

$$\eta_x = \eta - \frac{\hbar^2}{2\,m_0}\,(k_y{}^2 + k_z{}^2) \qquad \text{(III 6, 10)}$$

den auf die Bewegung in x-Richtung entfallenden Anteil η_x der Gesamt-energie η, so resultiert für X die gewöhnliche Differentialgleichung zweiter Ordnung

$$\frac{d^2X}{dx^2} + \frac{2\,m_0}{\hbar^2}\,[\eta_x - \eta_{pot}(x)]\,X = 0. \qquad \text{(III 6, 11)}$$

b) Im Anschluß an Abb. III 121 spezialisieren wir von nun ab den Verlauf des eindimensionalen Potentialfeldes $\varphi(x)$ innerhalb des Gebietes T durch die Angaben

$$\eta_{\text{pot}} = -q_0 \varphi(x) < 0 \qquad \text{für} \qquad \begin{aligned} x_1 &\leqq x < 0 \\ d &< x \leqq x_2, \end{aligned} \qquad \text{(III 6, 12)}$$

im Verein mit

$$\eta_{\text{pot}} = -q_0 \varphi(x) > 0 \qquad \text{für} \qquad 0 < x < d. \qquad \text{(III 6, 13)}$$

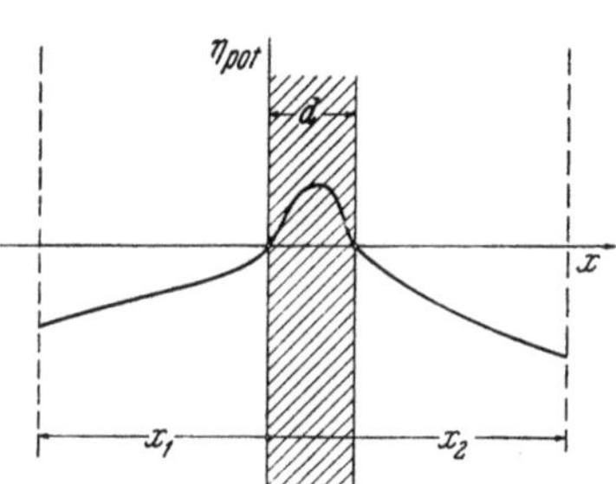

Abb. III 121. Verlauf des Potentiales in der Sperrschicht.

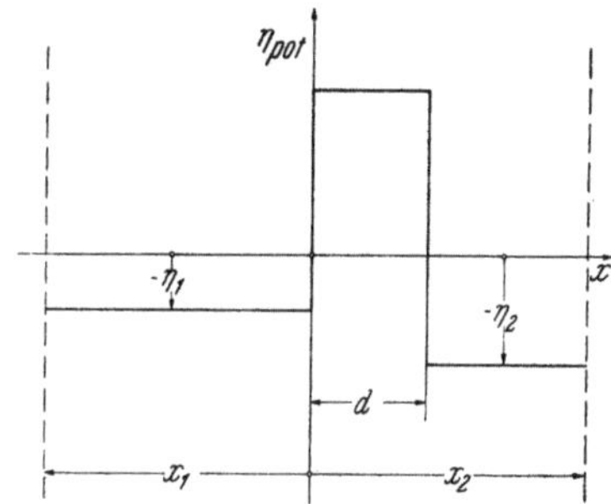

Abb. III 122. Rechteckiger Potentialberg als Sperrschicht.

Sie kennzeichnen den Bereich $0 < x < d$ für ein Elektron der Energie

$$\eta_x = 0 \qquad \text{(III 6, 14)}$$

als *Sperrschicht* im Sinne der klassischen Mechanik. Denn aus dem Energiesatz des materiellen Punktes

$$\frac{m_0}{2} v_x^2 + \eta_{\text{pot}}(x) = \eta_x \qquad \text{(III 6, 15)}$$

würde mit (III 6, 13) und (III 6, 14) für die x-Komponente v_x der Korpuskulargeschwindigkeit ein imaginärer Wert resultieren; da jedoch eine solche Aussage physikalisch sinnlos ist, wird man zu dem Schlusse gedrängt: Tatsächlich ist dem kontrollierten Elektron der Eintritt in jenes Gebiet verboten. In der Wellenmechanik kann dagegen diese Folgerung nicht als zwingend anerkannt werden; vielmehr haben wir zu prüfen, ob und in welchem Maße die Wahrscheinlichkeits-Wellen den mittels (III 6, 13) geschilderten „Potentialberg" tunnelartig zu durchdringen vermögen.

c) Wir kehren zu der Annahme beliebiger Gesamtenergie η des kontrollierten Elektrons zurück und behandeln zunächst die Statistik eines „monochromatischen" Elektronenstromes, der mit der Dichte $|j|$ von $x < 0$ her in den Potentialberg

$$\eta_{\text{pot}} = -\eta_1 < 0; \qquad x_1 \leqq x < 0, \qquad \text{(III 6, 16)}$$
$$\eta_{\text{pot}} = +\eta_s > 0; \qquad 0 < x < d, \qquad \text{(III 6, 17)}$$
$$\eta_{\text{pot}} = -\eta_2 < 0; \qquad d < x \leqq x_2 \qquad \text{(III 6, 18)}$$

des in Abb. III 122 dargestellten Rechteckprofiles einfallen. Gemäß (III 6, 11) haben wir es sonach mit der simultanen Integration der drei Gleichungen

$$\frac{d^2X}{dx^2} + \frac{2\,m_0}{\hbar^2} (\eta_x + \eta_1)\,X = 0; \qquad x_1 \leqq x < 0, \qquad \text{(III 6, 19)}$$

$$\frac{d^2X}{dx^2} + \frac{2\,m_0}{\hbar^2}(\eta_x - \eta_s)\,X = 0; \qquad 0 < x < d, \qquad \text{(III 6, 20)}$$

$$\frac{d^2X}{dx^2} + \frac{2\,m_0}{\hbar^2}(\eta_x + \eta_2)\,X = 0; \qquad d < x \leqq x_2 \qquad \text{(III 6, 21)}$$

zu tun.

Zufolge der vereinbarten Deutung des Produktes

$$a = \overline{u}\,\overline{u}^* = X\,X^* \qquad \text{(III 6, 22)}$$

als Anwesenheits-Wahrscheinlichkeit des kontrollierten Elektrons je Einheit seines Lebensraumes muß X in $x_1 \leqq x \leqq x_2$ überall beschränkt bleiben; außerdem haben wir, ungeachtet der Diskontinuität des elektrischen Skalarpotentiales φ an den Grenzebenen $x = 0$ und $x = d$, ebendort die Stetigkeit der Wahrscheinlichkeits-Welle $\overline{u}$ und ihres Gradienten zu verlangen.

d) Wir erteilen vorerst dem Elektron eine solche Gesamtenergie, daß gleichzeitig die drei Ungleichungen

$$\eta_x + \eta_1 > 0; \qquad \eta_x - \eta_s < 0; \qquad \eta_x + \eta_2 > 0 \qquad \text{(III 6, 23)}$$

erfüllt sind; auf Grund von (III 6, 15) zeichnen sie, die frühere Bedingung (III 6, 14) verallgemeinernd, den Bereich $0 < x < d$, und nur diesen, als Sperrschicht aus. Dehnen wir jetzt das Existenzgebiet der Wahrscheinlichkeits-Welle $\overline{u}$ mittels des Prozesses

$$x_2 \to (+\,\infty) \qquad \text{(III 6, 24)}$$

zu einem einseitig unbegrenzten Quader aus, so werden wir im Halbraum $x > d$ lediglich „emittierte" Elektronen antreffen, welche nach $x \to (+\,\infty)$ hin fortschreiten. Kehren wir daher zu (III 6, 21) zurück, so haben wir die Lösung dieser Gleichung nach Wahl einer vorerst noch beliebigen, komplexen Konstanten C in der Gestalt

$$X = C\,e^{\,i\frac{x-d}{\hbar}\sqrt{2\,m_0(\eta_2+\eta_x)}}; \qquad x \geqq d \qquad \text{(III 6, 25)}$$

anzusetzen. Sie schildert zufolge (III 6, 7) eine ebene *de Broglie*-Welle, deren Ausbreitungsvektor k_2 parallel der x-Achse die Komponente

$$k_{2,x} = \frac{1}{\hbar}\sqrt{2\,m_0(\eta_2 + \eta_x)} \qquad \text{(III 6, 26)}$$

offenbart; mit seiner Hilfe berechnet sich die ebenso gerichtete Komponente $j_{2,x}$ der elektrischen Konvektionsstrom-Dichte zu

$$j_{2,x} = -\frac{q_0\,\hbar}{m_0}\,C\,C^*\,k_{2,x} = -q_0\,C\,C^*\sqrt{\frac{2\,(\eta_2 + \eta_x)}{m_0}}. \qquad \text{(III 6, 27)}$$

Für die Sperrschicht ist Gl. (III 6, 20) zuständig; ihre allgemeine Lösung lautet mittels zweier Integrationskonstanten B_+ und B_-

$$X = B_+\,e^{\,\frac{x}{\hbar}\sqrt{2\,m_0(\eta_s-\eta_x)}} + B_-\,e^{\,-\frac{x}{\hbar}\sqrt{2\,m_0(\eta_s-\eta_x)}}. \qquad \text{(III 6, 28)}$$

Die Stetigkeit der Wahrscheinlichkeits-Welle in der Ebene $x = d$ wird auf Grund von (III 6, 25) durch die Gleichung

$$B_+\,e^{\,\frac{d}{\hbar}\sqrt{2\,m_0(\eta_s-\eta_x)}} + B_-\,e^{\,-\frac{d}{\hbar}\sqrt{2\,m_0(\eta_s-\eta_x)}} = C \qquad \text{(III 6, 29)}$$

gewährleistet, während die ebendort zu fordernde Stetigkeit von $\operatorname{grad}\overline{u}$ auf die Bedingung

$$B_+\,e^{\,\frac{d}{\hbar}\sqrt{2\,m_0(\eta_s-\eta_x)}} - B_-\,e^{\,-\frac{d}{\hbar}\sqrt{2\,m_0(\eta_s-\eta_x)}} = i\sqrt{\frac{\eta_2+\eta_x}{\eta_s-\eta_x}}\,C \qquad \text{(III 6, 30)}$$

führt. Wir entnehmen diesen Gleichungen die Relationen

$$B_+ = \frac{C}{2}\left(1 + i\sqrt{\frac{\eta_2 + \eta_x}{\eta_s - \eta_x}}\right) e^{-\frac{d}{\hbar}\sqrt{2m_0(\eta_s - \eta_x)}};$$

$$B_- = \frac{C}{2}\left(1 - i\sqrt{\frac{\eta_2 + \eta_x}{\eta_s - \eta_x}}\right) e^{\frac{d}{\hbar}\sqrt{2m_0(\eta_s - \eta_x)}}, \qquad \text{(III 6, 31)}$$

durch deren Restitution in (III 6, 28) wir für die Wahrscheinlichkeits-Welle in der Sperrschicht die Darstellung

$$X = C\left[\cosh\frac{d-x}{\hbar}\sqrt{2\,m_0(\eta_s - \eta_x)} - i\sqrt{\frac{\eta_2 + \eta_x}{\eta_s - \eta_x}}\sinh\frac{d-x}{\hbar}\sqrt{2\,m_0(\eta_s - \eta_x)}\right];$$

$$0 \leq x \leq d \qquad \text{(III 6, 32)}$$

finden.

Im Gebiete $x_1 \leq x \leq 0$ wird das Verhalten der Funktion X durch die Differentialgleichung (III 6, 19) geregelt, deren allgemeine Lösung mittels der komplexen Amplituden-Konstanten A_+ und A_- durch

$$X = A_+\, e^{i\frac{x}{\hbar}\sqrt{2\,m_0(\eta_1 + \eta_x)}} + A_-\, e^{-i\frac{x}{\hbar}\sqrt{2\,m_0(\eta_1 + \eta_x)}}; \qquad x_1 \leq x \leq 0$$

$$\text{(III 6, 33)}$$

gegeben wird; sie schildert gemäß (III 6, 7) das Zusammenspiel zweier ebener *de Broglie*-Wellen beziehentlich der Ausbreitungsvektoren k_{1+} und k_{1-} mit den parallel der x-Achse weisenden Komponenten

$$k_{1+,x} = \frac{1}{\hbar}\sqrt{2\,m_0(\eta_1 + \eta_x)} = -\,k_{1-,x}. \qquad \text{(III 6, 34)}$$

Insbesondere mißt hiernach

$$j_{1+,x} = -\frac{q_0\,\hbar}{m_0}\,A_+\,A_+{}^* \,k_{1+,x} = -\,q_0\,A_+\,A_+{}^*\sqrt{\frac{2\,(\eta_1 + \eta_x)}{m_0}}$$

$$\text{(III 6, 35)}$$

die parallel der x-Achse weisende Stromdichten-Komponente der gegen die Sperrschicht anlaufenden Elektronen, während

$$j_{1-,x} = -\frac{q_0\,\hbar}{m_0}\,A_-\,A_-{}^* \,k_{1-,x} = q_0\,A_-\,A_-{}^*\sqrt{\frac{2\,(\eta_1 + \eta_x)}{m_0}}$$

$$\text{(III 6, 36)}$$

die ebenso gerichtete Komponente der in $x = 0$ reflektierten Stromdichte angibt.

Die Stetigkeitsbedingung der Wahrscheinlichkeits-Welle an der Grenzebene $x = 0$ drückt sich zufolge (III 6, 32) und (III 6, 33) in

$$A_+ + A_- = C\left[\cosh\frac{d}{\hbar}\sqrt{2\,m_0\,(\eta_s - \eta_x)} - i\sqrt{\frac{\eta_2 + \eta_x}{\eta_s - \eta_x}}\sinh\frac{d}{\hbar}\sqrt{2\,m_0\,(\eta_s - \eta_x)}\right]$$

$$\text{(III 6, 37)}$$

aus, während die gleichfalls dort innezuhaltende Stetigkeit von $\mathrm{grad}\,\overline{u}$ durch

$$A_+ - A_- = C\left[i\sqrt{\frac{\eta_s - \eta_x}{\eta_1 + \eta_x}}\sinh\frac{d}{\hbar}\sqrt{2\,m_0\,(\eta_s - \eta_x)} + \right.$$

$$\left. + \sqrt{\frac{\eta_2 + \eta_x}{\eta_1 + \eta_x}}\cosh\frac{d}{\hbar}\sqrt{2\,m_0\,(\eta_s - \eta_x)}\right] \qquad \text{(III 6, 38)}$$

verbürgt wird. Aus diesen beiden Gleichungen entnimmt man die Relationen

$$A_+ = \frac{C}{2}\left[\left(1 + \sqrt{\frac{\eta_2 + \eta_x}{\eta_1 + \eta_x}}\right) \cosh \frac{d}{\hbar}\sqrt{2\,m_0\,(\eta_s - \eta_x)} + \right.$$

$$\left. + i\left(\sqrt{\frac{\eta_s - \eta_x}{\eta_1 + \eta_x}} - \sqrt{\frac{\eta_2 + \eta_x}{\eta_s - \eta_x}}\sinh \frac{d}{\hbar}\sqrt{2\,m_0\,(\eta_s - \eta_x)},\right)\right] \quad \text{(III 6, 39)}$$

$$A_- = \frac{C}{2}\left[\left(1 - \sqrt{\frac{\eta_2 + \eta_x}{\eta_1 + \eta_x}}\right) \cosh \frac{d}{\hbar}\sqrt{2\,m_0\,(\eta_s - \eta_x)} + \right.$$

$$\left. - i\left(\sqrt{\frac{\eta_s - \eta_x}{\eta_1 + \eta_x}} + \sqrt{\frac{\eta_2 + \eta_x}{\eta_s - \eta_x}}\right) \sinh \frac{d}{\hbar}\sqrt{2\,m_0\,(\eta_s - \eta_x)}\right]. \quad \text{(III 6, 40)}$$

An Hand der Gleichungen (III 6, 27), (III 6, 35) und (III 6, 36) definieren wir nun die *Transmissions-Wahrscheinlichkeit* w_T der Sperrschicht als das Verhältnis

$$w_T = \frac{j_{2,x}}{j_{1+,x}} = \frac{C\,C^*}{A_+\,A_+{}^*}\sqrt{\frac{\eta_2 + \eta_x}{\eta_1 + \eta_x}} =$$

$$= \frac{4\sqrt{\dfrac{\eta_1 + \eta_x}{\eta_s - \eta_x}}\sqrt{\dfrac{\eta_2 + \eta_x}{\eta_s - \eta_x}}}{\left(\sqrt{\dfrac{\eta_1 + \eta_x}{\eta_s - \eta_x}} + \sqrt{\dfrac{\eta_2 + \eta_x}{\eta_s - \eta_x}}\right)^2 + \dfrac{\eta_s + \eta_1}{\eta_s - \eta_x}\dfrac{\eta_s + \eta_2}{\eta_s - \eta_x}\sinh^2 \dfrac{d}{\hbar}\sqrt{2\,m_0\,(\eta_s - \eta_x)}}$$

$$\text{(III 6, 41)}$$

und ihre *Reflexions-Wahrscheinlichkeit* w_R als das Verhältnis

$$w_R = \frac{j_{1-,x}}{j_{1+,x}} = \frac{A_-\,A_-{}^*}{A_+\,A_+{}^*} = \qquad\qquad \text{(III 6, 42)}$$

$$= \frac{\left(\sqrt{\dfrac{\eta_1 + \eta_x}{\eta_s - \eta_x}} - \sqrt{\dfrac{\eta_2 + \eta_x}{\eta_s - \eta_x}}\right)^2 + \dfrac{\eta_s + \eta_1}{\eta_s - \eta_x}\cdot\dfrac{\eta_s + \eta_2}{\eta_s - \eta_x}\sinh^2 \dfrac{d}{\hbar}\sqrt{2\,m_0(\eta_s - \eta_x)}}{\left(\sqrt{\dfrac{\eta_1 + \eta_x}{\eta_s - \eta_x}} + \sqrt{\dfrac{\eta_2 + \eta_x}{\eta_s - \eta_x}}\right)^2 + \dfrac{\eta_s + \eta_1}{\eta_s - \eta_x}\cdot\dfrac{\eta_s + \eta_2}{\eta_s - \eta_x}\sinh^2 \dfrac{d}{\hbar}\sqrt{2\,m_0(\eta_s - \eta_x)}}.$$

Aus (III 6, 41) und (III 6, 42) entnimmt man die Relation

$$w_T = 1 - w_R, \qquad\qquad \text{(III 6, 43)}$$

welche das Erste *Kirchhoff*sche Gesetz stationärer elektrischer Strömungen in Gestalt der Kontinuitätsgleichung

$$j_{2,x} = j_{1+,x} + j_{1-,x} \qquad\qquad \text{(III 6, 44)}$$

ausspricht.

e) Im Gegensatz zu den Annahmen (III 6, 23) denken wir uns jetzt die Gesamtenergie η des kontrollierten Elektrons so weit erhöht, daß innerhalb der Sperrschicht

$$\eta_x - \eta_s > 0 \qquad\qquad \text{(III 6, 45)}$$

ausfällt. Nach den Gesetzen der klassischen Mechanik materieller Punkte würde dann das Elektron bei seinem Anlauf gegen den Potentialberg diesen stets mit Sicherheit überschreiten. Führt die Wellenmechanik zu dem gleichen, definitiven Schlusse?

Zufolge der nunmehrigen Voraussetzung (III 6, 45) haben wir, um im Reellen zu bleiben, statt (III 6, 41)

$$w_T = \frac{4 \sqrt{\dfrac{\eta_x + \eta_1}{\eta_x - \eta_s}} \sqrt{\dfrac{\eta_x + \eta_2}{\eta_x - \eta_s}}}{\left(\sqrt{\dfrac{\eta_x + \eta_1}{\eta_x - \eta_s}} + \sqrt{\dfrac{\eta_x + \eta_2}{\eta_x - \eta_s}}\right)^2 + \dfrac{\eta_1 + \eta_s}{\eta_x - \eta_s} \cdot \dfrac{\eta_2 + \eta_s}{\eta_x - \eta_s} \sin^2 \dfrac{d}{\hbar} \sqrt{2\,m_0(\eta_x - \eta_s)}}$$

(III 6, 46)

und statt (III 6, 42)

$$w_R = \frac{\left(\sqrt{\dfrac{\eta_x + \eta_1}{\eta_x - \eta_s}} - \sqrt{\dfrac{\eta_x + \eta_2}{\eta_x - \eta_s}}\right)^2 + \dfrac{\eta_1 + \eta_s}{\eta_x - \eta_s} \cdot \dfrac{\eta_2 + \eta_s}{\eta_x - \eta_s} \sin^2 \dfrac{d}{\hbar} \sqrt{2\,m_0(\eta_x - \eta_s)}}{\left(\sqrt{\dfrac{\eta_x + \eta_1}{\eta_x - \eta_s}} + \sqrt{\dfrac{\eta_x + \eta_2}{\eta_x - \eta_s}}\right)^2 + \dfrac{\eta_1 + \eta_s}{\eta_x - \eta_s} \cdot \dfrac{\eta_2 + \eta_s}{\eta_x - \eta_s} \sin^2 \dfrac{d}{\hbar} \sqrt{2\,m_0(\eta_x - \eta_s)}}$$

(III 6, 47)

zu schreiben, während (III 6, 43) unverändert fortbesteht. Da nun zufolge (III 6, 47) gewiß

$$w_R \gtreqless 0 \qquad \text{(III 6, 48)}$$

gilt, unterliegt die Transmissions-Wahrscheinlichkeit w_T der Ungleichung

$$w_T \leqq 1. \qquad \text{(III 6, 49)}$$

Die im Falle (III 6, 45) klassisch zweifellos feststehende Überschreitung des Potentialberges durch das anlaufende Elektron erweist sich also auf Grund der wellenmechanischen Analyse in der Regel als ein Spiel des Zufalls; erst bei unbegrenzt hoher Elektronenenergie wird mit

$$\lim_{\eta_x \to \infty} w_T = 1 \qquad \text{(III 6, 50)}$$

die Passage-Wahrscheinlichkeit des Elektrons zur Gewißheit.

f) In einem relativ zur Sperrschicht symmetrischen Potentialfelde der Eigenschaften

$$\eta_1 = \eta_2 \equiv \eta_0 \qquad \text{(III 6, 51)}$$

vereinfacht sich der Ausdruck der Transmissions-Wahrscheinlichkeit w_T zu

$$w_T = \frac{4 \dfrac{\eta_0 + \eta_x}{\eta_s - \eta_x}}{4 \dfrac{\eta_0 + \eta_x}{\eta_s - \eta_x} + \left(\dfrac{\eta_s + \eta_0}{\eta_s - \eta_x}\right)^2 \sinh^2 \dfrac{d}{\hbar} \sqrt{2\,m_0(\eta_s - \eta_x)}} ; \qquad \eta_x < \eta_s, \qquad \text{(III 6, 52)}$$

$$w_T = \frac{4 \dfrac{\eta_x + \eta_0}{\eta_x - \eta_s}}{4 \dfrac{\eta_x + \eta_0}{\eta_x - \eta_s} + \left(\dfrac{\eta_0 + \eta_s}{\eta_x - \eta_s}\right)^2 \sin^2 \dfrac{d}{\hbar} \sqrt{2\,m_0(\eta_x - \eta_s)}} ; \qquad \eta_x > \eta_s. \qquad \text{(III 6, 53)}$$

Führen wir hier durch

$$\lambda_s = \frac{2\pi\hbar}{\sqrt{2\,m_0(\eta_s + \eta_0)}} \qquad \text{(III 6, 54)}$$

die *de Broglie*-Wellenlänge eines „Standard"-Elektrons der Gesamtenergie $(\eta_s + \eta_0)$ ein und messen durch das Verhältnis

$$\varepsilon_x = \frac{\eta_x + \eta_0}{\eta_s + \eta_0} \qquad \text{(III 6, 55)}$$

den auf die x-Bewegung entfallenden Energieanteil in der Einheit $(\eta_s + \eta_0)$, so nehmen die Gleichungen (III 6, 52) und (III 6, 53) beziehentlich die Gestalt

$$w_T = \cfrac{4}{4 + \cfrac{1}{\varepsilon_x(1 - \varepsilon_x)} \sinh^2 \cfrac{2\pi d}{\lambda_s} \sqrt{1 - \varepsilon_x}} \; ; \qquad \varepsilon_x < 1, \qquad \text{(III 6, 56)}$$

$$w_T = \cfrac{4}{4 + \cfrac{1}{\varepsilon_x(\varepsilon_x - 1)} \sin^2 \cfrac{2\pi d}{\lambda_s} \sqrt{\varepsilon_x - 1}} \; ; \qquad \varepsilon_x > 1 \qquad \text{(III 6, 57)}$$

mit dem für $\varepsilon_x \to 1$ gemeinsamen Grenzwert

$$\lim_{\varepsilon_x \to 1} w_T = \cfrac{1}{1 + \cfrac{\pi^2 d^2}{\lambda_s^2}} \qquad\qquad \text{(III 6, 58)}$$

an; im Einklang mit den früher gefundenen allgemeinen Eigenschaften der Sperrschicht veranschaulicht Abb. III 123 die von den Formeln (III 6, 56), (III 6, 57) und (III 6, 58) ausgesprochene Abhängigkeit der Transmissions-Wahrscheinlichkeit w_T von der numerischen Energie ε_x des kontrollierten Elektrons im Falle einer Sperrschicht der Daten $d/\lambda_s = 1$.

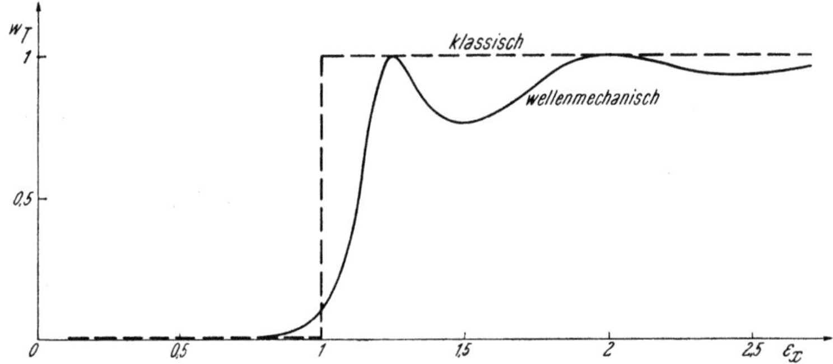

Abb. III 123. Transmissionswahrscheinlichkeit eines Elektrons durch eine Sperrschicht von Rechteckprofil.

f) Von der Untersuchung des Potentialberges mit Rechteckprofil kehren wir zur Sperrschicht der allgemeinen Eigenschaften (III 6, 12), (III 6, 13) zurück. Allerdings ist dann die Möglichkeit der strengen Integration der für die x-Abhängigkeit der Wahrscheinlichkeits-Wellen zuständigen Differentialgleichung (III 6, 11) auf nur wenige Profilfunktionen $\eta_{\text{pot}} = \eta_{\text{pot}}(x)$ beschränkt, die sich überdies nur ausnahmsweise einem vorgeschriebenen Kraftfeld anpassen lassen; insbesondere korrespondiert jeder Diskontinuitäts-Fläche des elektrischen Skalarpotentiales $\varphi = \varphi(x)$ eine mathematische Doppelschicht, welche als solche physikalisch nicht realisierbar ist.

Angesichts dieser Sachlage erweist es sich als notwendig, eine *Näherungsmethode* zu entwickeln, welche auf *Potentialberge beliebigen Profiles* anwendbar ist. Da nun dem elektrischen Skalarpotential φ eine beliebige [reelle] Konstante hinzugefügt werden darf, ohne seine physikalische Wesenheit zu ändern, wird die Allgemeinheit unser künftigen Schlüsse durch die Festsetzung

$$\eta_x = 0 \qquad \text{(III 6, 59)}$$

als Wert der auf die x-Bewegung entfallenden Elektronen-Energie nicht gefährdet. Auf Grund dieser Übereinkunft reduziert sich die weiterhin zu behandelnde Differentialgleichung auf

$$\frac{d^2 X}{dx^2} - \frac{2\,m_0}{\hbar^2}\,\eta_{pot}(x) \cdot X = 0. \qquad \text{(III 6, 60)}$$

g) Wir gehen durch den Ansatz

$$X = A\,e^{\frac{i}{\hbar} \cdot S} \qquad \text{(III 6, 61)}$$

auf die *klassische Wurzel* der Wellenmechanik zurück; zwei Fälle durchaus verschiedener Natur sind zu unterscheiden:

1. Nur die Gebiete

$$\eta_{pot}(x) < 0 \qquad \text{(III 6, 62)}$$

sind gemäß (III 6, 59) dem kontrollierten Elektron klassisch zugänglich. Dort darf man die Funktion $S = S(x)$ als reell und die Funktion $A = A(x)$ als Produkt einer reellen Funktion mit einer komplexen Konstanten voraussetzen; dann mißt $a = A\,A^*$ die *Dichte der Aufenthalts-Wahrscheinlichkeit* des Elektrons je Einheit seines Lebensraumes, während S in der Grenze $\hbar \to 0$ in den zeitfreien Anteil der *Wirkungsfunktion* W übergeht.

2. Innerhalb der Sperrschicht

$$\eta_{pot}(x) > 0 \qquad \text{(III 6, 63)}$$

resultiert für den kinetischen Energieanteil der x-Bewegung ein negativer Wert, so daß sich das Verhalten des kontrollierten Teilchens der Terminologie der klassischen Punktmechanik entzieht. Ungeachtet dieser grundsätzlichen Erkenntnis können wir jedoch auch dort den Begriff der Wirkungsfunktion S formal aufrecht erhalten, indem wir für sie *komplexe Werte* zulassen; allerdings wird dann die Trennung von X in Amplituden- und Phasenfaktor physikalisch gegenstandslos.

Zu (III 6, 61) zurückkehrend, bilden wir

$$\frac{dX}{dx} = \left[\frac{1}{A}\frac{dA}{dx} + \frac{i}{\hbar}\frac{dS}{dx}\right] X \qquad \text{(III 6, 64)}$$

und

$$\frac{d^2 X}{dx^2} = \left[\frac{1}{A}\frac{d^2 A}{dx^2} - \frac{1}{\hbar^2}\left(\frac{dS}{dx}\right)^2 + \frac{i}{\hbar}\left\{\frac{2}{A}\frac{dA}{dx} \cdot \frac{dS}{dx} + \frac{d^2 S}{dx^2}\right\}\right] X, \qquad \text{(III 6, 65)}$$

so daß (III 6, 60) in die Gleichung

$$\left(\frac{dS}{dx}\right)^2 + 2\,m_0\,\eta_{pot}(x) - i\hbar\left\{\frac{2}{A}\frac{dA}{dx}\frac{dS}{dx} + \frac{d^2 S}{dx^2}\right\} - \hbar^2\frac{1}{A}\frac{d^2 A}{dx^2} = 0 \qquad \text{(III 6, 66)}$$

übergeht. Wir versuchen ihre Lösung mittels der nach Potenzen des *Planck*schen Wirkungsquantums $\hbar$ fortschreitenden Reihen

$$A = A_0 + \hbar\,A_1 + \hbar^2 A_2 + \dots \qquad \text{(III 6, 67)}$$

sowie

$$S = S_0 + \hbar\,S_1 + \hbar^2 S_2 + \dots \qquad \text{(III 6, 68)}$$

In der nunmehr aus (III 6, 66) hervorgehenden Reihe muß dann jeder Koeffizient von $\hbar^n$ für alle ganzzahligen $n \geq 0$ einzeln verschwinden. Beschränken wir uns jedoch von jetzt ab auf die Exponenten 0 und 1, so reduziert sich diese Forderung auf die beiden simultanen Differentialgleichungen

$$\left(\frac{dS_0}{dx}\right)^2 + 2\,m_0\,\eta_{pot}(x) = 0 \qquad\qquad (III\ 6,\ 69)$$

und

$$2\,\frac{dS_0}{dx}\frac{dS_1}{dx} - i\left\{\frac{2}{A_0}\frac{dA_0}{dx}\cdot\frac{dS_0}{dx} + \frac{d^2S_0}{dx^2}\right\} = 0. \qquad (III\ 6,\ 70)$$

Um sie zu befriedigen, wählen wir

$$S_1 = 0, \qquad\qquad (III\ 6,\ 71)$$

so daß sich (III 6, 70) in die Gestalt

$$\frac{d}{dx}(\ln A_0{}^2) = -\frac{d}{dx}\left(\ln\frac{dS_0}{dx}\right) \qquad\qquad (III\ 6,\ 72)$$

bringen läßt; sie liefert nach Einführung einer vorerst willkürlichen Integrations-Konstanten K den Zusammenhang

$$A_0{}^2 = \frac{K}{\dfrac{dS_0}{dx}}, \qquad\qquad (III\ 6,\ 73)$$

so daß wir es wesentlich nur noch mit der Integration der Gleichung (III 6, 69) zu tun haben.

h) Wir begeben uns zunächst in das Gebiet $d < x \leq x_2$, in welchem zufolge der Voraussetzung (III 6, 12) die potentielle Elektronen-Energie negativ ausfällt, und erhalten aus (III 6, 69) für S_0 das doppeldeutige Integral

$$S_0 = \pm \int^x \sqrt{-2\,m_0\,\eta_{pot}(x')}\,dx' \qquad\qquad (III\ 6,\ 74)$$

bei vorerst beliebiger Lage seiner unteren Grenze. Entscheiden wir uns für die Wahl des positiven Vorzeichens und vertauschen dementsprechend in (III 6, 73) das Symbol K mit K_+, so resultiert also gemäß (III 6, 61) für die nunmehr durch X_+ zu bezeichnende Funktion die Näherungsdarstellung

$$X_+ = \frac{K_+}{\sqrt[4]{-2\,m_0\,\eta_{pot}(x)}}\,e^{\frac{i}{\hbar}\int^x \sqrt{-2m_0\eta_{pot}(x')}\,dx'}; \qquad d < x \leq x_2. \qquad (III\ 6,\ 75)$$

Um ihre physikalische Bedeutung kennenzulernen, dehnen wir den Lebensraum des kontrollierten Elektrons durch den Prozeß $x_2 \to (+\infty)$ maßlos aus und bilden dann die x-Komponente des Strömungsvektors Σ mittels der Vorschrift

$$\Sigma_x = \frac{\hbar}{2\,m_0\,i}\left\{\frac{1}{X}\frac{dX}{dx} - \frac{1}{X^*}\frac{dX^*}{dx}\right\} = \sqrt{-\frac{2}{m_0}\,\eta_{pot}(x)}; \qquad x > d. \qquad (III\ 6,\ 76)$$

Ihm korrespondiert die ebenso gerichtete Komponente j_x der elektrischen Konvektions-Stromdichte j

$$j_x = -q_0\,X_+\,X_+{}^*\,\Sigma_x = -\frac{q_0}{m_0}\,K_+\,K_+{}^*, \qquad (III\ 6,\ 77)$$

welche also, wie es sein muß, dem Ersten *Kirchhoff*schen Gesetze der stationären Ionenbewegung gehorcht.

i) Wie hat man die Funktion X_+ in die Sperrschicht $0 < x < d$ hinein fortzusetzen?

Der zunächst gewiß naheliegende Versuch, die Lösung (III 6, 75) bis in die Grenze $x = d$ hinein zu verfolgen, scheitert an der Voraussetzung $\lim_{x \to d} \eta_{\text{pot}}(x) = 0$ und offenbart eben durch diesen Fehlschlag den ja nur *approximativen* Charakter jenes Integrales. Um dieser Schwierigkeit Herr zu werden, spezialisieren wir das Potentialfeld in der Umgebung von $x = d$ vorübergehend auf jenes der antiparallel zur positiven x-Achse gerichteten elektrischen Feldstärke vom festen Absolutbetrage E

$$\varphi = E(x - d); \qquad \eta_{\text{pot}}(x) = - q_0 E(x - d) \qquad \text{(III 6, 78)}$$

mit der verlangten Eigenschaft $\eta_{\text{pot}}(d) = 0$. Denn mit (III 6, 78) verwandelt sich (III 6, 60) in die Differentialgleichung

$$\frac{d^2 X}{dx^2} + \frac{2 m_0 q_0}{\hbar^2} E(x - d) \cdot X = 0, \qquad \text{(III 6, 79)}$$

welche in Ziffer III 3 *streng* gelöst wurde: Entsprechend (III 6, 45) und (III 6, 49) wird eine gegen $x \to (+ \infty)$ hin „emittierte" Elektronenwelle durch die Funktion

$$X_+ = C_+ \, e^{i \frac{\pi}{6}} \, \xi^{1/3} \, H_{1/3}^{(1)}(\xi); \qquad \xi = \begin{cases} \dfrac{2}{3}\left(\dfrac{2 m_0}{\hbar^2} q_0 E\right)^{1/2} (x - d)^{3/2}; & x > d \\[2ex] \dfrac{2}{3}\left(\dfrac{2 m_0}{\hbar^2} q_0 E\right)^{1/2} e^{i 3 \frac{\pi}{2}} (d - x)^{3/2}; & x < d \end{cases}$$

$$\text{(III 6, 80)}$$

geschildert; mit wachsendem $(x - d)$ nähert sie sich gemäß (III 6, 58) asymptotisch der fortschreitenden Welle

$$X_+ \approx \frac{C_+}{\sqrt{\dfrac{\pi}{2} \, \xi^{1/6}}} e^{i \left(\xi - \frac{\pi}{4}\right)}; \qquad \xi^{2/3} \gg 1 \qquad \text{(III 6, 81)}$$

an, während sie gemäß (III 6, 96) für negative $(x - d)$ hinreichend großen Absolutbetrages asymptotisch gegen

$$X_+ \approx \frac{C_+}{\sqrt{\dfrac{\pi}{2} |\xi|^{1/6}}} \left[\frac{1}{2} e^{- |\xi|} - i \, e^{|\xi|}\right]; \qquad \xi^{2/3} \ll - 1 \qquad \text{(III 6, 82)}$$

konvergiert.

Zufolge (III 6, 78) und (III 6, 80) bestehen nun die Relationen

$$|\xi| = \pm \frac{1}{\hbar} \int_d^x \sqrt{\pm 2 m_0 q_0 E(x' - d)} \, dx' =$$

$$= \pm \frac{1}{\hbar} \int_d^x \sqrt{\mp 2 m_0 \, \eta_{\text{pot}}(x')} \, dx'; \qquad x \gtrless d \qquad \text{(III 6, 83)}$$

sowie

$$|\xi|^{1/6} = (3 \hbar m_0 q_0 E)^{-1/6} \sqrt[4]{\mp 2 m_0 \, \eta_{\text{pot}}(x)}; \qquad x \gtrless d, \qquad \text{(III 6, 84)}$$

so daß wir (III 6, 81) in die Form

$$X_+ \approx \frac{C_+ \, (3\,\hbar\,m_0\,q_0\,E)^{1/6}}{\sqrt{\frac{\pi}{2}} \, \sqrt[4]{-2\,m_0\,\eta_{\mathrm{pot}}(x)}} \, e^{\,i\left[\frac{1}{\hbar}\int\limits_{d}^{x} \sqrt{-2\,m_0\,\eta_{\mathrm{pot}}(x')}\,dx' - \frac{\pi}{4}\right]} \qquad \text{(III 6, 85)}$$

bringen können. Sie stimmt mit (III 6, 75) überein, falls man dort die untere Grenze des Integrales mit d identifiziert und

$$K_+ = \frac{C_+ \, e^{-i\frac{\pi}{4}}}{\sqrt{\frac{\pi}{2}}} \, (3\,\hbar\,m_0\,q_0\,E)^{1/6} \qquad \text{(III 6, 86)}$$

wählt. Hierdurch werden wir auf die Vermutung geführt, daß der gesuchte Verlauf von X_+ in der Sperrschicht gemäß (III 6, 82), (III 6, 83) und (III 6, 84) durch die Summe

$$X_+ \approx \frac{K_+ \, e^{i\frac{\pi}{4}}}{\sqrt[4]{2\,m_0\,\eta_{\mathrm{pot}}(x)}} \left[\frac{1}{2}\,e^{-\frac{1}{\hbar}\int\limits_{x}^{d}\sqrt{2\,m_0\,\eta_{\mathrm{pot}}(x')}\,dx'} \;-\; i\,e^{+\frac{1}{\hbar}\int\limits_{x}^{d}\sqrt{2\,m_0\,\eta_{\mathrm{pot}}(x')}\,dx'} \right] \qquad \text{(III 6, 87)}$$

approximiert wird, falls in $x = d$ eine antiparallel der positiven x-Achse gerichtete elektrische Feldstärke von endlichem Betrage auftritt. In der Tat gehorcht die aus (III 6, 87) entsprechend (III 6, 61) für jeden Posten einzeln gebildete, rein imaginäre „Wirkungsfunktion" der Ordnung $n = 0$

$$S_0 = \pm \frac{i}{\hbar} \int\limits_{x}^{d} \sqrt{2\,m_0\,\eta_{\mathrm{pot}}(x')}\,dx'; \qquad 0 < x < d \qquad \text{(III 6, 88)}$$

der Differentialgleichung (III 6, 69), und ebenso befriedigt die „Amplitude" nullter Ordnung

$$A_0 = \frac{K_+ \, e^{i\frac{\pi}{4}}}{\sqrt[4]{2\,m_0\,\eta_{\mathrm{pot}}(x)}} \qquad \text{(III 6, 89)}$$

die von (III 6, 72) geforderte Relation. Um Mißverständnissen vorzubeugen, sei jedoch noch einmal auf den hier *imaginären* Charakter der Wirkungsfunktionen S_0 nach (III 6, 88) hingewiesen, welche eben deshalb nicht in die *Phase*, sondern nur in die *Amplitude* der Postenwellen eingehen; erst das Verhältnis der Postenwellen beschreibt den Gang der resultierenden Welle innerhalb der Sperrschicht.

i) Im Gebiete $x_1 < x < 0$ weist die potentielle Energie η_{pot} wieder einen negativen Wert auf. Um die dort für das Verhalten des kontrollierten Elektrons maßgebliche Funktion X aufzufinden, spiegeln wir das ursprüngliche Bezugssystem x, y, z an der Ebene $x = 0$ und gelangen hierdurch zu den Koordinaten

$$\bar{x} = -x; \qquad \bar{y} = y; \qquad \bar{z} = z. \qquad \text{(III 6, 90)}$$

Die Gleichungen (III 6, 69) und (III 6, 72) erweisen sich gegenüber dieser Transformation als invariant. Setzen wir also

$$\bar{\eta}_{\mathrm{pot}}(\bar{x}) \equiv \eta_{\mathrm{pot}}(-\bar{x}), \qquad \text{(III 6, 91)}$$

so erschließen wir aus (III 6, 74) sogleich die Integraldarstellung

$$\overline{S}_0(\overline{x}) = \pm \int^{\overline{x}} \sqrt[4]{-2\,m_0\,\overline{\eta}_{\text{pot}}(\overline{x}')}\,d\overline{x}' \qquad (\text{III } 6,\ 92)$$

der Wirkungsfunktion

$$\overline{S}_0(\overline{x}) = S_0(-\overline{x}). \qquad (\text{III } 6,\ 93)$$

Da uns jedoch die Kinematik der Elektronenbewegung im Gebiete $0 < \overline{x} < (-x_1)$ noch unbekannt ist, haben wir vorerst die beiden, im Vorzeichen einander entgegengesetzten Integrale (III 6, 92) in Rechnung zu stellen. Wählen wir als ihre einheitliche untere Grenze $\overline{x} = 0$, so erhalten wir also im Verein mit (III 6, 72) nach Hinzufügung der noch unbekannten, multiplikativen Integrationskonstanten $\overline{K}_+$ und $\overline{K}_-$ die gesuchte Lösung in der Gestalt

$$\overline{X}(\overline{x}) \equiv X(-\overline{x}) = \qquad (\text{III } 6,\ 94)$$

$$= \frac{1}{\sqrt[4]{-2\,m_0\,\overline{\eta}_{\text{pot}}(\overline{x})}} \left[\overline{K}_+\, e^{\frac{i}{\hbar}\int_0^{\overline{x}}\sqrt{-2\,m_0\,\overline{\eta}_{\text{pot}}(\overline{x}')}\,d\overline{x}'} + \overline{K}_-\, e^{-\frac{i}{\hbar}\int_0^{\overline{x}}\sqrt{-2\,m_0\,\overline{\eta}_{\text{pot}}(\overline{x}')}\,d\overline{x}'} \right],$$

welche wir nun mit (III 6, 87) zu verknüpfen haben. Indessen tritt beim Überschreiten der Grenze $\overline{x} = x = 0$ auf Grund der dort vorausgesetzten Eigenschaft $\eta_{\text{pot}}(0) = 0$ dieselbe Schwierigkeit auf, welcher wir schon oben an der Ebene $x = d$ begegneten. Wir rufen die einander dual entsprechenden Wellen der „Emission" [Index $+$] und der „Absorbtion" eines Elektrons im elektrischen Homogenfelde

$$\varphi = \overline{E}\,x; \qquad \overline{\eta}_{\text{pot}} = -q_0\,\overline{E}\,\overline{x} \qquad (\text{III } 6,\ 95)$$

zu Hilfe:

$$\overline{X}_+ = \overline{C}_+\, e^{i\frac{\pi}{6}}\,\overline{\xi}^{1/3}\, H^{(1)}_{1/3}(\overline{\xi}); \qquad \overline{\xi} = \begin{cases} \dfrac{2}{3}\left(\dfrac{2\,m_0}{\hbar^2}\,q_0\,\overline{E}\right)^{1/2}\overline{x}^{3/2}; & \overline{x} > 0 \\[2ex] \dfrac{2}{3}\left(\dfrac{2\,m_0}{\hbar^2}\,q_0\,\overline{E}\right)^{1/2} e^{i3\frac{\pi}{2}}\,|\overline{x}|^{3/2}; & \overline{x} < 0 \end{cases}$$

$$(\text{III } 6,\ 96)$$

und

$$\overline{X}_- = \overline{C}_-\, e^{-i\frac{\pi}{6}}\,\overline{\xi}^{1/3}\, H^{(2)}_{1/3}(\overline{\xi}); \qquad \overline{\xi} = \begin{cases} \dfrac{2}{3}\left(\dfrac{2\,m_0}{\hbar^2}\,q_0\,\overline{E}\right)^{1/2}\overline{x}^{3/2}; & \overline{x} > 0 \\[2ex] \dfrac{2}{3}\left(\dfrac{2\,m_0}{\hbar^2}\,q_0\,\overline{E}\right)^{1/2} e^{-i3\frac{\pi}{2}}\,|\overline{x}|^{3/2}; & \overline{x} < 0. \end{cases}$$

$$(\text{III } 6,\ 97)$$

Sie nähern sich für $\overline{x} > 0$ asymptotisch den Funktionen

$$\overline{X}_\pm \approx \frac{\overline{C}_\pm}{\sqrt{\dfrac{\pi}{2}\,\overline{\xi}^{1/6}}}\, e^{\pm i\left(\overline{\xi} - \frac{\pi}{4}\right)}; \qquad \overline{\xi}^{2/3} \gg 1, \qquad (\text{III } 6,\ 98)$$

für $\overline{x} < 0$ hingegen den Funktionen

$$\overline{X}_\pm \approx \frac{\overline{C}_\pm}{\sqrt{\dfrac{\pi}{2}\,|\overline{\xi}|^{1/6}}}\left[\frac{1}{2}\,e^{-|\overline{\xi}|} \mp i\,e^{|\overline{\xi}|}\right]; \qquad \overline{\xi}^{2/3} \ll -1 \qquad (\text{III } 6,\ 99)$$

an. Im Hinblick auf (III 6, 95), (III 6, 96) und (III 6, 97) gelten hier die Relationen

$$|\overline{\xi}| = \pm \frac{1}{\hbar} \int\limits_0^{\overline{x}} \sqrt{\pm\, 2\, m_0\, q_0\, \overline{E}\, \overline{x}'}\; dx' = \pm \frac{1}{\hbar} \int\limits_0^{\overline{x}} \sqrt{\mp\, 2\, m_0\, \overline{\eta}_{\text{pot}}(\overline{x}')}\; d\overline{x}'; \qquad \overline{x} \gtrless 0$$

$$(\text{III 6, 100})$$

und

$$|\overline{\xi}|^{1/6} = (3\,\hbar\, m_0\, q_0\, \overline{E})^{-1/6}\, \sqrt[4]{\mp\, 2\, m_0\, \overline{\eta}_{\text{pot}}(\overline{x})}; \qquad \overline{x} \gtrless 0. \quad (\text{III 6, 101})$$

Wählt man daher

$$\overline{K}_{\pm} = \frac{\overline{C}_{\pm}\, e^{\mp i \frac{\pi}{4}}}{\sqrt{\frac{\pi}{2}}}\, (3\,\hbar\, m_0\, q_0\, \overline{E})^{1/6}, \qquad (\text{III 6, 102})$$

so läßt sich die Funktion (III 6, 94) in die Gestalt

$$\overline{X}(\overline{x}) = \frac{1}{\sqrt{\frac{\pi}{2}}\,\overline{\xi}^{1/6}} \left[\overline{C}_+\, e^{i\left(\overline{\xi} - \frac{\pi}{4}\right)} + \overline{C}_-\, e^{-i\left(\overline{\xi} - \frac{\pi}{4}\right)} \right]; \qquad \overline{\xi}^{2/3} > 0 \quad (\text{III 6, 103})$$

bringen. Im Lichte dieses Sachverhaltes vermuten wir, daß sie in der Sperrschicht an Hand des von (III 6, 98) zu (III 6, 99) führenden Überganges approximativ durch

$$\overline{X}(\overline{x}) = X(x) = \frac{1}{\sqrt{\frac{\pi}{2}}\,|\xi|^{1/6}} \left[\frac{\overline{C}_+ + \overline{C}_-}{2}\, e^{-|\overline{\xi}|} - i(\overline{C}_+ - \overline{C}_-)\, e^{|\overline{\xi}|} \right] =$$

$$= \frac{1}{\sqrt[4]{2\, m_0\, \eta_{\text{pot}}(x)}} \left[\frac{\overline{K}_+\, e^{i\frac{\pi}{4}} + \overline{K}_-\, e^{-i\frac{\pi}{4}}}{2}\, e^{-\frac{1}{\hbar}\int\limits_0^{x}\sqrt{2\,m_0\,\eta_{\text{pot}}(x')}\,dx'} \; - \right.$$

$$\left. - i\left(\overline{K}_+\, e^{i\frac{\pi}{4}} - \overline{K}_-\, e^{-i\frac{\pi}{4}}\right) e^{\frac{1}{\hbar}\int\limits_0^{x}\sqrt{2\,m_0\,\eta_{\text{pot}}(x')}\,dx'} \right] \quad (\text{III 6, 104})$$

dargestellt wird; in der Tat überzeugt man sich sogleich, daß die Funktion (III 6, 104) nach ihrer Zerlegung gemäß (III 6, 61) den Forderungen nullter Ordnung (III 6, 69) und (III 6, 72) genügt, so daß sie, im Falle der Existenz eines endlichen elektrischen Feldes in $x = 0$, die gestellte Aufgabe löst.

1) Da die Funktion X_+ notwendig eindeutig ist, müssen sich die Zweige (III 6, 87) und (III 6, 104) in der Sperrschicht treffen, und die nämliche Forderung betrifft auf Grund der allgemeinen Stetigkeitsbedingungen der Wahrscheinlichkeits-Wellen auch die Ableitung dX_+/dx. Da nun die jeweiligen Änderungen der Exponentialfunktionen mit dem Faktor $1/\hbar$ behaftet sind, haben wir im Rahmen unserer Näherung die bei der Differentiation jeweils auftretenden Beiträge der Funktion $(2\,m_0\,\eta_{\text{pot}}(xH)^{-1/4})$ systematisch außer acht zu lassen. Auf Grund dieser Vorschrift gelangen wir zu den Aussagen

$$\frac{\overline{K}_+ \, e^{i\frac{\pi}{4}} + \overline{K}_- \, e^{-i\frac{\pi}{4}}}{2} \, e^{-\frac{1}{h}\int\limits_0^x \sqrt{2\,m_0\,\eta_{pot}(x')}\,dx'} -$$

$$-i\left(\overline{K}_+ \, e^{i\frac{\pi}{4}} - \overline{K}_- \, e^{-i\frac{\pi}{4}}\right) e^{\frac{1}{h}\int\limits_0^x \sqrt{2\,m_0\,\eta_{pot}(x')}\,dx'} =$$

$$= K_+ \, e^{i\frac{\pi}{4}} \left[\frac{1}{2} e^{-\frac{1}{h}\int\limits_x^d \sqrt{2\,m_0\,\eta_{pot}(x')}\,dx'} - i\, e^{\frac{1}{h}\int\limits_x^d \sqrt{2\,m_0\,\eta_{pot}(x')}\,dx'} \right] \quad \text{(III 6, 105)}$$

und

$$\frac{\overline{K}_+ \, e^{i\frac{\pi}{4}} + \overline{K}_- \, e^{-i\frac{\pi}{4}}}{2} \, e^{-\frac{1}{h}\int\limits_0^x \sqrt{2\,m_0\,\eta_{pot}(x')}\,dx'} +$$

$$+i\left(\overline{K}_+ \, e^{i\frac{\pi}{4}} - \overline{K}_- \, e^{-i\frac{\pi}{4}}\right) e^{\frac{1}{h}\int\limits_0^x \sqrt{2\,m_0\,\eta_{pot}(x')}\,dx'} =$$

$$= -K_+ \, e^{i\frac{\pi}{4}} \left[\frac{1}{2} e^{-\frac{1}{h}\int\limits_x^d \sqrt{2\,m_0\,\eta_{pot}(x')}\,dx'} + i\, e^{\frac{1}{h}\int\limits_x^d \sqrt{2\,m_0\,\eta_{pot}(x')}\,dx'} \right]. \quad \text{(III 6, 106)}$$

Definieren wir nun durch

$$\mathfrak{D} = \frac{1}{\hbar}\int\limits_0^d \sqrt{2\,m_0\,\eta_{pot}(x')}\,dx' \quad \text{(III 6, 107)}$$

das lediglich vom Profil des Potentialberges abhängige *Durchgangsintegral*, so folgen aus (III 6, 105), (III 6, 106) zunächst die Relationen

$$\overline{K}_+ \, e^{i\frac{\pi}{4}} + \overline{K}_- \, e^{-i\frac{\pi}{4}} = -2\,i\,e^{\mathfrak{D}}\, K_+ \, e^{i\frac{\pi}{4}} \quad \text{(III 6, 108)}$$

und

$$\overline{K}_+ \, e^{i\frac{\pi}{4}} - \overline{K}_- \, e^{-i\frac{\pi}{4}} = -\frac{1}{2\,i}\,e^{-\mathfrak{D}}\, K_+ \, e^{i\frac{\pi}{4}}, \quad \text{(III 6, 109)}$$

welchen wir die Gleichungen

$$\overline{K}_+ = -\left[2\,i\,e^{\mathfrak{D}} + \frac{1}{2\,i}\,e^{-\mathfrak{D}}\right]\frac{K_+}{2} \quad \text{(III 6, 110)}$$

sowie

$$\overline{K}_- = -\left[2\,i\,e^{\mathfrak{D}} - \frac{1}{2\,i}\,e^{-\mathfrak{D}}\right] e^{i\frac{\pi}{2}}\frac{K_+}{2} = \left[2\,e^{\mathfrak{D}} + \frac{1}{2}\,e^{-\mathfrak{D}}\right]\frac{K_+}{2} \quad \text{(III 6, 111)}$$

entnehmen. Um die physikalische Bedeutung dieser Formeln zu erkennen, kehren wir zu Gleichung (III 6, 94) zurück: Indem wir auf jede ihrer beiden Postenwellen einzeln die zu (III 6, 77) führende Überlegung anwenden und hierbei die nach (III 6, 90) zur positiven x-Achse antiparallele Richtung der positiven $\overline{x}$-Achse beachten, finden wir in

$$\vec{j}_x = -\frac{q_0}{m_0}\,\overline{K}_-\,\overline{K}_-{}^* \quad \text{(III 6, 112)}$$

die Konvektions-Stromdichte der von x < 0 her gegen den Potentialberg anlaufenden und in

$$\overleftarrow{j_x} = + \frac{q_0}{m_0}\, \overline{K}_+\, \overline{K}_+{}^* \qquad (III\ 6,\ 113)$$

die Konvektions-Stromdichte der von ihm reflektierten Elektronen. Demnach mißt

$$w_R = \frac{\overline{K}_+\, \overline{K}_+{}^*}{\overline{K}_-\, \overline{K}_-{}^*} = \left[\frac{2\,e^{\mathfrak{D}} - \dfrac{1}{2}\,e^{-\mathfrak{D}}}{2\,e^{\mathfrak{D}} + \dfrac{1}{2}\,e^{-\mathfrak{D}}}\right]^2 \qquad (III\ 6,\ 114)$$

die *Reflexions-Wahrscheinlichkeit* der Sperrschicht und

$$w_T = \frac{K_+\, K_+{}^*}{\overline{K}_-\, \overline{K}_-{}^*} = \frac{4}{\left[2\,e^{\mathfrak{D}} + \dfrac{1}{2}\,e^{-\mathfrak{D}}\right]^2} = 1 - w_R \qquad (III\ 6,\ 115)$$

ihre Transmissions-Wahrscheinlichkeit; im Falle $\mathfrak{D} \gg 1$ reduzieren sich diese Aussagen auf

$$w_R \approx 1 - e^{-2\mathfrak{D}}; \qquad w_T \approx e^{-2\mathfrak{D}}. \qquad (III\ 6,\ 116)$$

m) Das vorstehend angegebene Näherungsverfahren ist von *Wentzel, Kramers* und *Brillouin* entwickelt worden und wird daher kurz als *WKB-Methode* gekennzeichnet. Um ihre Leistungsfähigkeit zu prüfen, wenden wir sie, bei nur geringfügiger Erweiterung ihrer ursprünglichen Prämisse, auf die Elektronenpassage durch einen Potentialberg mit Rechteckprofil nach Gleichung (III 6, 23) an. Für ihn berechnet sich mit Rücksicht auf (III 6, 54), (III 6, 55) und (III 6, 59) das Durchgangsintegral (III 6, 107) zu

$$\mathfrak{D} = \frac{d}{\hbar}\sqrt{2\,m_0(\eta_s - \eta_x)} = \frac{2\,\pi\,d}{\lambda_s}\sqrt{1 - \varepsilon_x}, \qquad (III\ 6,\ 117)$$

so daß sich nach (III 6, 115) die Transmissions-Wahrscheinlichkeit w_T zu

$$w_T = \frac{4}{\left[2\,e^{\frac{2\pi d}{\lambda_s}\sqrt{1-\varepsilon_x}} + \dfrac{1}{2}\,e^{-\frac{2\pi d}{\lambda_s}\sqrt{1-\varepsilon_x}}\right]^2} \qquad (III\ 6,\ 118)$$

findet. Beim Vergleich dieses Näherungsergebnisses mit der strengen Formel (III 6, 56) überzeugt man sich von der asymptotischen Gleichheit ihrer Aussagen für $\mathfrak{D} \gg 1$. Allein schon für $\varepsilon_x \to 1$ liefert (III 6, 118) in

$$\lim_{\varepsilon_x \to 1} w_T = \frac{4}{\left(2 + \dfrac{1}{2}\right)^2} = \frac{1}{\left(1 + \dfrac{1}{4}\right)^2} \qquad (III\ 6,\ 119)$$

ein in der Regel von (III 6, 58) merklich verschiedenes Resultat, und der Fall $\varepsilon_x > 1$ ist der WKB-Methode — in ihrer hier gegebenen Beschränkung auf die Funktionen A_n und S_n der Ordnung $n = 0$ — gänzlich verschlossen: Im Gegensatz zu dem durch (III 6, 57) beschriebenen, oszillatorischen Verhalten der Transmissions-Wahrscheinlichkeit stimmt die nunmehr für alle $x > x_1$ aus (III 6, 77) fließende WKB-Aussage $w_T = 1$ mit jener der klassischen Punktmechanik überein.

III 7. Elektronenbewegung im homogenen Magnetfelde.

a) Im Bezugssystem der rechtsläufigen, *Kartesi*schen Koordinaten x, y, z werde ein homogenes, stationäres Magnetfeld vom Betrage B seiner parallel zur z-Achse weisenden Induktion bei gleichzeitig identisch verschwindendem elektrischen Felde erregt. Gefragt wird nach der nichtrelativistischen Wellenmechanik eines dort befindlichen Elektrons $[m \rightarrow m_0; \; q = - q_0]$.

b) Im Bereiche der Elektronenbewegung dürfen wir die Basis des elektrischen Skalarpotentiales φ stets so wählen, daß dort

$$\varphi = 0 \qquad \text{(III 7, 1)}$$

ausfällt. Um das dann allein verbleibende magnetische Vektorpotential V zu formulieren, führen wir neben den *Kartesi*schen Koordinaten x, y, z ein System von Zylinder-Koordinaten ein: Die Zylinder-Achse wird mit z identifiziert, r bezeichne die Radialdistanz des Aufpunktes, γ sein Azimut gegen die Meridianebene y = 0. Aus Symmetriegründen reduziert sich dann V auf ein azimutal gerichtetes Potential von der physikalischen Komponente

$$V_\gamma = \frac{1}{2} \, B \, r \qquad \text{(III 7, 2)}$$

und also von der kovarianten Komponente

$$V_\gamma = \frac{1}{2} \, B \, r^2, \qquad \text{(III 7, 3)}$$

während sich seine *Kartesi*schen Komponenten zu

$$V_x = - V_\gamma \cdot \sin \gamma = - \frac{1}{2} B \, y; \qquad V_y = V_\gamma \cdot \cos \gamma = \frac{1}{2} B \, x; \qquad V_z = 0$$

$$\text{(III 7, 4)}$$

ergeben.

c) Zufolge der Voraussetzung (III 7, 1) ist das Kraftfeld seiner Natur nach ein konservatives, so daß die Gesamtenergie η des kontrollierten Elektrons konstant bleibt. Daher ändert sich die Wahrscheinlichkeits-Welle u des Elektrons im Laufe der Zeit t nach dem Gesetze

$$u = \overline{u} \, e^{-i \frac{\eta}{\hbar} t} \qquad \text{(III 7, 5)}$$

in welchem die komplexe Amplitude $\overline{u}$ nur mehr von den Konfigurations-Koordinaten explizit abhängt: Aus (III 7, 19) und (III 7, 21) entnehmen wir für $\overline{u} = \overline{u}\,(z, r, \gamma)$ die *Schrödinger*-Gleichung

$$-\hbar^2 \left(\frac{\partial^2 \overline{u}}{\partial z^2} + \frac{\partial^2 \overline{u}}{\partial r^2} + \frac{1}{r} \frac{\partial \overline{u}}{\partial r} + \frac{1}{r^2} \frac{\partial^2 \overline{u}}{\partial \gamma^2} \right) + \frac{\hbar q_0 \, B}{i} \frac{\partial \overline{u}}{\partial \gamma} + \frac{q_0{}^2 \, B^2 \, r^2}{4} \overline{u} - 2 \, m_0 \, \eta \, \overline{u} = 0,$$

$$\text{(III 7, 6)}$$

während die komplexe Amplitude $\overline{u} = \overline{u}(x, y, z)$ der partiellen Differentialgleichung

$$-\hbar^2 \left(\frac{\partial^2 \overline{u}}{\partial x^2} + \frac{\partial^2 \overline{u}}{\partial y^2} + \frac{\partial^2 \overline{u}}{\partial z^2} \right) + \frac{\hbar \, q_0 \, B}{i} \left(x \frac{\partial \overline{u}}{\partial y} - y \frac{\partial \overline{u}}{\partial x} \right) +$$

$$+ \frac{q_0{}^2 \, B^2 (x^2 + y^2)}{4} \, \overline{u} - 2 \, m_0 \, \eta \, \overline{u} = 0 \qquad \text{(III 7, 7)}$$

gehorcht.

d) Wir beschäftigen uns zunächst mit der Integration der Gleichung (III 7, 7). Statt sie jedoch unmittelbar zu behandeln, bedienen wir uns der Transformation (III 7, 39), deren erzeugende Funktion F zu

$$F = -\frac{1}{2} B x y \qquad (III\ 7,\ 8)$$

gewählt werde. Aus der Vorschrift

$$V' = V - \operatorname{grad} F \qquad (III\ 7,\ 9)$$

berechnen sich im Verein mit (III 7, 4) die Komponenten des „gestrichenen" Vektorpotentiales zu

$$V_x' = 0; \qquad V_y' = B x; \qquad V_z' = 0. \qquad (III\ 7,\ 10)$$

Daher unterliegt die komplexe Amplitude $\overline{u}' = \overline{u}'(x, y, z)$ der „gestrichenen" Wahrscheinlichkeits-Welle der Gleichung

$$-\hbar^2 \left(\frac{\partial^2 \overline{u}'}{\partial x^2} + \frac{\partial^2 \overline{u}'}{\partial y^2} + \frac{\partial^2 \overline{u}'}{\partial z^2} \right) + \frac{2\,\hbar\,q_0\,B}{i} x \frac{\partial \overline{u}'}{\partial y} + q_0^2 B^2 x^2 \overline{u}' - 2\,m_0\,\eta\,u' = 0,$$
$$(III\ 7,\ 11)$$

welche ersichtlich wesentlich einfacher als (III 7, 7) gebaut ist.

e) Wir setzen die Lösung der Gleichung (III 7, 11) als das Produkt dreier Funktionen X, Y, Z an, welche beziehentlich nur von x, y, z abhängen

$$\overline{u}' = X(x)\,Y(y)\,Z(z). \qquad (III\ 7,\ 12)$$

Mit Hilfe zweier Separationskonstanten k_y und k_z finden wir dann zunächst für Y und Z die gewöhnlichen Differentialgleichungen

$$\frac{d^2 Y}{dy^2} + k_y^2\,Y = 0, \qquad (III\ 7,\ 13)$$

$$\frac{d^2 Z}{dz^2} + k_z^2\,Z = 0. \qquad (III\ 7,\ 14)$$

Vorbehaltlich später andersartiger Verfügungen werde der Lebensraum T des kontrollierten Elektrons auf einen der abzählbar unendlich vielen, kongruenten Quader mit achsenparallelen Kanten beschränkt, in welche der unbegrenzte Bereich der Koordinaten x, y, z nach Art eines Raumgitters eingeteilt sei. Die dann notwendig zu erfüllenden Periodizitäts-Eigenschaften der Wahrscheinlichkeits-Wellen auf den einander paarweise geometrisch entsprechenden Elementen der T abschließenden Hülle S ziehen dann jedenfalls die Wahl *reeller* Werte für k_y und k_z nach sich, so daß die hiermit aus (III 7, 13), (III 7, 14) resultierenden Partikular-Integrale

$$Y = e^{ik_y y}, \qquad (III\ 7,\ 15)$$

$$Z = e^{ik_z z} \qquad (III\ 7,\ 16)$$

beziehentlich in der y- und z-Richtung fortschreitende *de Broglie*-Wellen der Wellenzahlen k_y und k_z schildern; ihre Amplituden wurden der Einfachheit halber je der Einheit gleichgesetzt.

Durch Substitution von (III 7, 15) und (III 7, 16) in (III 7, 11) und (III 7, 12) folgt für X die gewöhnliche Differentialgleichung

$$\frac{d^2 X}{dx^2} + \left[\frac{2\,m_0\,\eta}{\hbar^2} - k_z^2 - \left(\frac{\hbar\,k_y + q_0\,B\,x}{\hbar} \right)^2 \right] X = 0. \qquad (III\ 7,\ 17)$$

In ihr führen wir die Strecke

$$a = \sqrt{\frac{\hbar}{2\,q_0\,B}} \qquad \text{(III 7, 18)}$$

als *Längeneinheit* ein und vertauschen x mit der dimensionsfreien Koordinate

$$\xi = \sqrt{\frac{2\,q_0\,B}{\hbar}}\left(x + \frac{\hbar\,k_y}{q_0\,B}\right) = \frac{x}{a} + 2\,a\,k_y, \qquad \text{(III 7, 19)}$$

bezeichnen durch

$$\Omega = \frac{q_0\,B}{m_0} \qquad \text{(III 7, 20)}$$

die *Zyklotron-Kreisfrequenz* des Elektrons im Magnetfelde der Induktion B und erhalten an Stelle von (III 7, 17) die Differentialgleichung

$$\frac{d^2X}{d\xi^2} + \left[\frac{\eta}{\Omega\,\hbar} - \frac{\hbar\,k_z^2}{2\,m_0\,\Omega} - \frac{\xi^2}{4}\right]X = 0. \qquad \text{(III 7, 21)}$$

Sie ist wesentlich mit jener des [eindimensionalen] *harmonischen Oszillators* identisch und wird, wie diese, durch die Funktionen $\psi_p(\xi)$ des parabolischen Zylinders[1] gelöst, falls deren Ordnungszahl p gemäß der Anweisung

$$p + \frac{1}{2} = \frac{\eta}{\Omega\,\hbar} - \frac{\hbar\,k_z^2}{2\,m_0\,\Omega} = \frac{\eta}{\Omega\,\hbar} - a^2\,k_z^2 \qquad \text{(III 7, 22)}$$

mit der Elektronen-Energie η verknüpft wird.

Wir lassen nun die Länge der quaderförmigen Raumgitter-Zellen T in x-Richtung beiderseits vom Ursprung über jedes Maß anwachsen. Mit der Normierungsbedingung (II 2, 17) sind dann nur Lösungen verträglich, die für alle ξ beschränkt bleiben. Diese Eigenschaft kommt den Funktionen $\psi_p(\xi)$ genau für alle ganzzahligen, positiven p mit Einschluß der Null zu:

$$p = 0, 1, 2, \ldots \qquad \text{(III 7, 23)}$$

Die Elektronen-Energie η ist daher an die Stufen

$$\eta = \frac{(\hbar\,k_z)^2}{2\,m_0} + \Omega\,\hbar\left(p + \frac{1}{2}\right) \qquad \text{(III 7, 24)}$$

gebunden, deren ungequantelter Anteil [erster Posten] auf die parallel zum Induktionsvektor weisende Bewegungskomponente entfällt. Ergänzen wir nunmehr die gemäß (III 7, 23) bestimmten Lösungen $\psi_p(\xi)$ der Gleichung (III 7, 21) durch die multiplikative Integrationskonstante C_p, so finden wir mit Rücksicht auf (III 7, 12), (III 7, 14), (III 7, 15) und (III 7, 19) in

$$\overline{u}' = C_p\,e^{i(k_y \cdot y + k_z \cdot z)} \cdot \psi_p\left(\frac{x}{a} + 2\,a\,k_y\right) \qquad \text{(III 7, 25)}$$

ein Partikularintegral der Gleichung (III 7, 11).

f) Von der komplexen Amplitude $\overline{u}'$ der „gestrichenen" Wahrscheinlichkeitswelle gelangen wir gemäß (III 7, 50) mit Benutzung von (III 7, 8) und (III 7, 18) zur komplexen Amplitude $\overline{u}$ der „ungestrichenen" Wahrscheinlichkeitswelle

$$\overline{u} = e^{\frac{q_0\,F}{i\hbar}} \cdot \overline{u}' = e^{-\frac{q_0\,B\,x\,y}{2\,i\hbar}}\,\overline{u}' = e^{i\frac{x\,y}{4\,a^2}}\,\overline{u}'. \qquad \text{(III 7, 26)}$$

---

[1] *Jahnke-Emde*, Funktionentafeln, 4. Auflage, S. 32. Leipzig: Teubner 1938.

Durch den Übergang auf Zylinder-Koordinaten entspringt aus (III 7, 26) die Funktion

$$\overline{u} = C_p\, e^{i k_z \cdot z}\, e^{i\frac{r^2 \sin 2\gamma}{8\,a^2}}\, e^{i k_y r \sin\gamma}\, \psi_p\left(\frac{r}{a}\cos\gamma + 2\,a\,k_y\right). \qquad (III\ 7,\ 27)$$

Ihrer Herleitung nach definiert sie ein partikuläres Integral der Differentialgleichung (III 7, 6). Zufolge ihrer periodischen Abhängigkeit vom Azimut γ kann die Funktion $\overline{u}$ gewiß in die *Fourier*sche Reihe

$$\overline{u} = \sum_{l=-\infty}^{\infty} \overline{u}_l; \qquad \overline{u}_l = \overline{U}_l\, e^{i l \gamma} \qquad (III\ 7,\ 28)$$

entwickelt werden, deren Koeffizienten $\overline{U}_l$ durch

$$\overline{U}_l = \frac{1}{2\pi}\int_{-\pi}^{\pi} \overline{u}\, e^{-i l \gamma'}\, d\gamma' \qquad (III\ 7,\ 29)$$

gegeben sind. Wir behaupten nun, daß jede Postenfunktion $\overline{u}_l$ für sich bereits ein Partikularintegral der Gleichung (III 7, 6) darstellt. Zum Beweise dieses Satzes berechnen wir zunächst aus (III 7, 28) und (III 7, 29)

$$\frac{\partial^2 \overline{u}_l}{\partial z^2} + \frac{\partial^2 \overline{u}_l}{\partial r^2} + \frac{1}{r}\frac{\partial \overline{u}_l}{\partial r} = \frac{e^{i l \gamma}}{2\pi}\int_{-\pi}^{\pi}\left[\frac{\partial^2 \overline{u}}{\partial z^2} + \frac{\partial^2 \overline{u}}{\partial r^2} + \frac{1}{r}\frac{\partial \overline{u}}{\partial r} - \frac{l^2}{r^2}\overline{u}\right]e^{-i l \gamma'}\, d\gamma'$$

$$(III\ 7,\ 30)$$

sowie

$$\frac{\partial \overline{u}_l}{\partial \gamma} = \frac{e^{i l \gamma}}{2\pi}\int_{-\pi}^{\pi} i\, l\, \overline{u}\, e^{-i l \gamma'}\, d\gamma'. \qquad (III\ 7,\ 31)$$

Daher wird

$$-\hbar^2\left(\frac{\partial^2 \overline{u}_l}{\partial z^2} + \frac{\partial^2 \overline{u}_l}{\partial r^2} + \frac{1}{r}\frac{\partial \overline{u}_l}{\partial r} + \frac{1}{r^2}\frac{\partial^2 \overline{u}_l}{\partial \gamma^2}\right) + \frac{\hbar\, q_0\, B}{i}\frac{\partial \overline{u}_l}{\partial \gamma} + \frac{q_0^2\, B^2\, r^2}{4}\overline{u}_l -$$

$$-2\,m_0\,\eta\,\overline{u}_l = \frac{e^{i l \gamma}}{2\pi}\int_{-\pi}^{\pi}\left[-\hbar^2\left(\frac{\partial^2 \overline{u}}{\partial z^2} + \frac{\partial^2 \overline{u}}{\partial r^2} + \frac{1}{r}\frac{\partial \overline{u}}{\partial r} - \frac{l^2}{r^2}\overline{u}\right) + \hbar\, l\, q_0\, B\, \overline{u} +\right.$$

$$\left.+ \frac{q_0^2\, B^2\, r^2}{4}\overline{u} - 2\,m_0\,\eta\,\overline{u}\right]e^{-i l \gamma'}\, d\gamma' = \frac{e^{i l \gamma}}{2\pi}\int_{-\pi}^{\pi}\left[\hbar^2\left(\frac{1}{r^2}\frac{\partial^2 \overline{u}}{\partial \gamma'^2} + \frac{l^2}{r^2}\overline{u}\right) +\right.$$

$$\left.+ \frac{\hbar\, q_0\, B}{i}\left(\frac{\partial \overline{u}}{\partial \gamma'} - i\, l\, \overline{u}\right)\right]e^{-i l \gamma'}\, d\gamma', \qquad (III\ 7,\ 32)$$

wobei — nach Ersatz von γ durch γ' — die für $\overline{u}$ gültige Differentialgleichung (III 7, 6) beachtet wurde. Substituiert man jetzt im Integranden für die Funktion $\overline{u} = \overline{u}(z, r, \gamma')$ ihre mit (III 7, 28) inhaltlich identische *Fourier*-Darstellung

$$\overline{u} = \sum_{k=-\infty}^{\infty} \overline{u}_k = \sum_{k=-\infty}^{\infty} \overline{U}_k\, e^{i k \gamma'}, \qquad (III\ 7,\ 33)$$

so verschwinden bei der Integration über γ' alle Glieder, welche in der eckigen Klammer des Integranden (III 7, 32) eine Ordnungszahl $k \neq l$ aufweisen, während sich für k = 1 jene Klammer annulliert; damit ist der Beweis für das behauptete Verhalten der Funktionen $\overline{u}_l$ erbracht.

g) Gegenüber der analytisch einfacher gebauten Lösung $\overline{u}$ nach Gl. (III 7, 27) zeichnen sich die partikularen Integrale $\overline{u}_l$ der zeitfreien *Schrödinger*-Gleichung durch eine wichtige kinematische Eigenschaft aus: Die ihnen entsprechende Aufenthalts-Wahrscheinlichkeit

$$a_l = \overline{u}_l\, \overline{u}_l{}^* \qquad \text{(III 7, 34)}$$

des kontrollierten Elektrons je Einheit seines Lebensraumes T ist rotationssymmetrisch um die Achse des Zylinder-Koordinatensystemes verteilt. Im Einklang mit der früher nur in Richtung der x-Achse ausgeführten Dilatation des ursprünglich quaderförmigen Gebietes T bezieht sich daher (III 7, 34) auf einen in der z-Achse zentrierten Zylinder vom Halbmesser $r \to \infty$. Erteilen wir ihm die Höhe

$$\Delta z = 1, \qquad \text{(III 7, 35)}$$

so lautet also die Normierungsbedingung der konjugiert-komplexen Wahrscheinlichkeitswellen $u_l = \overline{u}_l\, e^{-i\frac{\eta}{\hbar}t}$ und $u_l{}^* = \overline{u}_l{}^*\, e^{i\frac{\eta}{\hbar}t}$:

$$2\pi \int_0^\infty u_l\, u_l{}^*\, r\, dr = 2\pi \int_0^\infty \overline{u}_l\, \overline{u}_l{}^*\, r\, dr = 1. \qquad \text{(III 7, 36)}$$

h) Als Beispiel behandeln wir die Wellenmechanik eines Elektrons der kinematischen Daten

$$k_y = 0; \qquad k_z = 0, \qquad \text{(III 7, 37)}$$

welches sich im „Grundzustande"

$$p = 0 \qquad \text{(III 7, 38)}$$

befindet; seine Energie η_0 berechnet sich somit aus (III 7, 24) und (III 7, 37) zu

$$\eta_0 = \Omega\hbar \cdot \frac{1}{2} = \frac{q_0 B\hbar}{2\,m_0}. \qquad \text{(III 7, 39)}$$

Ungeachtet dieses einheitlichen Energiewertes existieren gleichzeitig abzählbar unendlich viele Wahrscheinlichkeits-Wellen unterschiedlicher Ordnungszahlen l: Das wellenmechanische Problem ist „entartet".
Der Deutlichkeit halber sei die komplexe Amplitude der den Bestimmungsstücken (III 7, 37), (III 7, 38) zugehörigen Wahrscheinlichkeits-Welle durch das doppelt indizierte Symbol $\overline{u}_{0,l}$ bezeichnet; zufolge (III 7, 39) genügt sie der aus (III 7, 6) und (III 7, 37) hervorgehenden Differentialgleichung

$$-\hbar^2\left(\frac{\partial^2 \overline{u}_{0,l}}{\partial r^2} + \frac{1}{r}\frac{\partial \overline{u}_{0,l}}{\partial r} + \frac{1}{r^2}\frac{\partial^2 \overline{u}_{0,l}}{\partial \gamma^2}\right) + \frac{\hbar q_0 B}{i}\frac{\partial \overline{u}_{0,l}}{\partial \gamma} +$$

$$+ \left(\frac{q_0{}^2 B^2 r^2}{4} - q_0 B\hbar\right)\overline{u}_{0,l} = 0. \qquad \text{(III 7, 40)}$$

Um ihre Lösungen explizit herzustellen, bilden wir zunächst unter Berufung auf (III 7, 37) und (III 7, 38)

$$\psi_0(\xi) = \frac{e^{-\frac{\xi^2}{4}}}{\sqrt[4]{2\pi}} = \psi_0\left(\frac{r}{a}\cos\gamma\right) = \frac{e^{-\frac{r^2}{4a^2}\cos^2\gamma}}{\sqrt[4]{2\pi}} \equiv \frac{e^{-\frac{r^2}{8a^2}}}{\sqrt[4]{2\pi}}\, e^{-\frac{r^2}{8a^2}\cos 2\gamma}, \qquad \text{(III 7, 41)}$$

so daß aus (III 7, 27) das Integral

$$\overline{u}_0 = C_0 \frac{e^{-\frac{r^2}{8a^2}}}{\sqrt[4]{2\pi}}\, e^{-\frac{r^2}{8a^2}(\cos 2\gamma - i\sin 2\gamma)} =$$

$$= C_0 \frac{e^{-\frac{r^2}{8a^2}}}{\sqrt[4]{2\pi}}\left[1 - \left(\frac{r^2}{8a^2}\right)\frac{e^{-2i\gamma}}{1!} + \left(\frac{r^2}{8a^2}\right)^2 \frac{e^{-4i\gamma}}{2!} - + \cdots\right]$$

(III 7, 42)

der Gleichung (III 7, 6) entspringt. Ersichtlich definiert jeder Posten der Reihe (III 7, 42) eine Welle vom Typus $\overline{u}_{0,1}$ $[1 \leqq 0]$. Setzen wir

$$-1 = 2\,n \geqq 0 \tag{III 7, 43}$$

und benutzen die Abkürzung

$$C_{0,\,n} = \frac{C_0}{\sqrt[4]{2\pi}}\,\frac{(-1)^n}{n!}\,. \tag{III 7, 44}$$

so entsteht also für die gesuchten Lösungen die Form

$$\overline{u}_{0,\,1} \to \overline{u}_{0,\,n} = C_{0,\,n}\left(\frac{r^2}{8a^2}\right)^n e^{-\frac{r^2}{8a^2}}\, e^{-i2n\gamma}\,. \tag{III 7, 45}$$

Man überzeugt sich durch Einsetzen, daß (III 7, 45) tatsächlich der Differentialgleichung (III 7, 40) genügt.

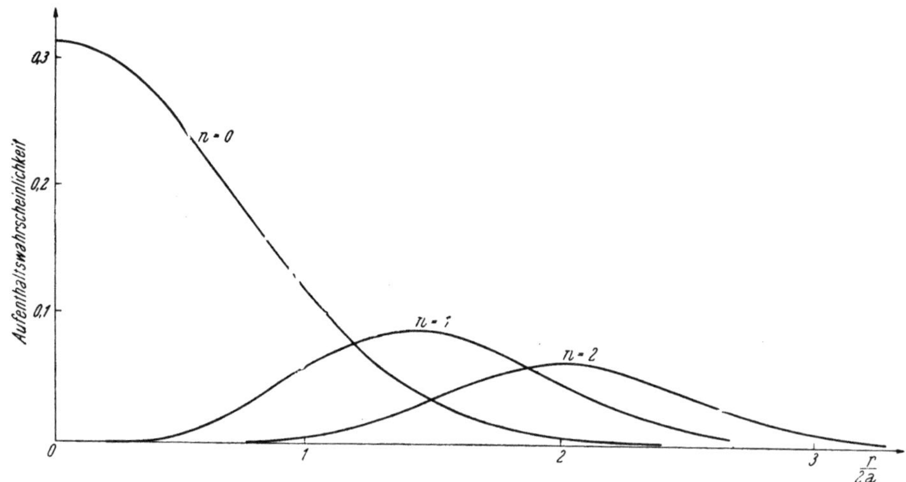

Abb. III 124. „Raumladungswolke" eines Elektrons im homogenen Magnetfeld.

Die Meridianebene $\gamma = 0$ kann stets so gelegt werden, daß $C_{0,\,n}$ positiv-reell ausfällt. Dies vorausgesetzt, geben wir weiterhin die Bedeutung (III 7, 44) der Konstanten $C_{0,\,n}$ auf; vielmehr bestimmen wir ihren Wert aus der Normierungsbedingung (III 7, 36)

$$(C_{0,n})^2 \frac{4\pi a^2}{2^{2n}} \int_0^\infty \left(\frac{r^2}{4a^2}\right)^{2n} e^{-\frac{r^2}{4a^2}} d\left(\frac{r^2}{4a^2}\right) = (C_{0,n})^2 \cdot \frac{4\pi a^2}{2^{2n}} (2n)! = 1$$

$$(\text{III } 7, 46)$$

zu

$$C_{0,n} = \frac{2^n}{2a\sqrt{\pi \cdot (2n)!}} \cdot \qquad (\text{III } 7, 47)$$

Um zunächst den kinematischen Inhalt dieser Gleichungen kennenzu-
lernen, berechnen wir das mittlere Halbmesserquadrat $\overline{r_{0,n}^2}$ der zur Ordnungszahl n gehörigen elektronischen Raumladungswolke nach Abb. III 124.

$$\overline{r_{0,n}^2} = 2\pi \int_0^\infty \overline{r}_{0,n}{}^* \, r^2 \, \overline{u}_{0,n} \, r \, dr = C_{0,n}{}^2 \cdot \frac{4\pi a^2}{2^{2n}} \cdot 4a^2 \int_0^\infty \left(\frac{r^2}{4a^2}\right)^{2n+1} d\left(\frac{r^2}{4a^2}\right) =$$

$$= 4a^2 \frac{(2n+1)!}{(2n)!} = 4a^2(2n+1). \qquad (\text{III } 7, 48)$$

Wir veranschaulichen diese Formel durch die gedachte Schar sozusagen
klassischer Kreisbahnen beziehentlich der diskreten Halbmesser

$$R_{0,n} = \sqrt{\overline{r_{0,n}^2}} = 2a\sqrt{2n+1}. \qquad (\text{III } 7, 49)$$

Zur Dynamik des kontrollierten Elektrons übergehend, fragen wir nach
seinem mechanischen Drehimpuls $J_{z,\text{mech}}$ der Bewegung um die z-Achse.

Wir rufen den Operator (III 7, 63) zu Hilfe und finden für die entsprechende Komponente J_z des *Gesamt-Drehimpulses* auf Grund von
(III 7, 45) die Gleichung

$$J_{z(0,n)} = 2\pi \int_0^\infty \overline{u}_{0,n}{}^* \frac{\hbar}{i} \frac{\partial}{\partial \gamma} \overline{u}_{0,n} \, r \, dr = -2n\hbar. \qquad (\text{III } 7, 50)$$

Um jedoch den lediglich *mechanischen* Anteil dieses Drehimpulses zu
isolieren, haben wir uns der Operatorengleichung (III 7, 34) zu bedienen.
Sie verlangt, von der Komponente (III 7, 50) des Gesamt-Drehimpulses den
Erwartungswert der kovarianten Azimutal-Komponente des mit $q = -q_0$
multiplizierten Vektorpotentiales in Abzug zu bringen. Mit Rücksicht auf
(III 7, 3), (III 7, 18) und (III 7, 45) entsteht also die Gleichung

$$J_{z,\text{mech}(0,n)} = J_{z(0,n)} + 2\pi \int_0^\infty \overline{u}_{0,n}{}^* \frac{q_0}{2} B \, r^2 \, \overline{u}_{0,n} \, r \, dr =$$

$$= J_{z(0,n)} + \frac{q_0}{2} B \, \overline{r_{0,n}^2} = -2n\hbar + (2n+1)\hbar = \hbar. \qquad (\text{III } 7, 51)$$

Jeder der gemäß (III 7, 49) kinematisch unterschiedlichen „Elektronenbahnen" der Quantenzahlen kommt somit nicht allein die nämliche Energie
η_0, sondern auch der einheitliche mechanische Drehimpuls $\hbar$ zu, und dieser
hängt überdies nicht von dem absoluten Betrage der sozusagen nur rich-
tungweisenden Induktion ab.

Wie kann man das merkwürdige Ergebnis der voranstehenden Analyse
dem Verständnis erschließen?

Von dem Integral (III 7, 51) gehen wir auf die azimutale Drehimpuls-Dichte zurück

$$j_{\gamma,\,\mathrm{mech}\,(0,\,n)} = \overline{u}_{0,\,n}^{*} \left[-2n + \left(\frac{r}{2\,a}\right)^{2} \right] \overline{u}_{0,\,n}. \qquad \text{(III 7, 52)}$$

Im Einklang mit Abb. III 125 wechselt sie am „Grenzkreise" vom Halbmesser

$$r_{gr} = 2\,a\,\sqrt{2\,n} \qquad \text{(III 7, 53)}$$

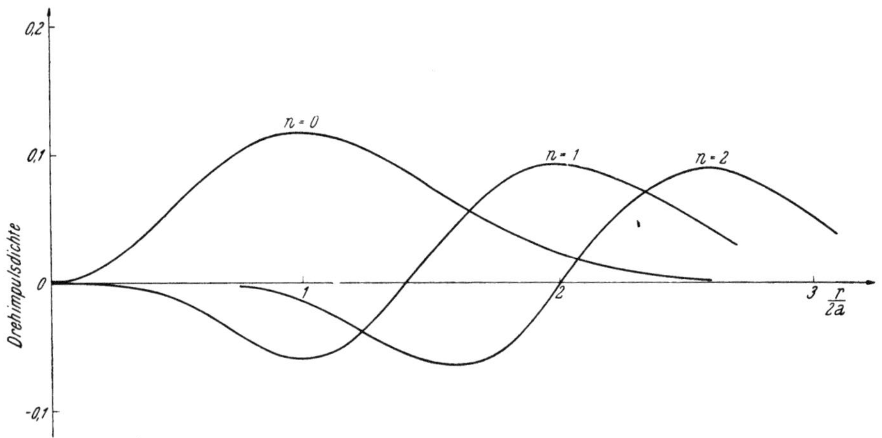

Abb. III 125. Drehimpulsdichte eines Elektrons im homogenen Magnetfelde.

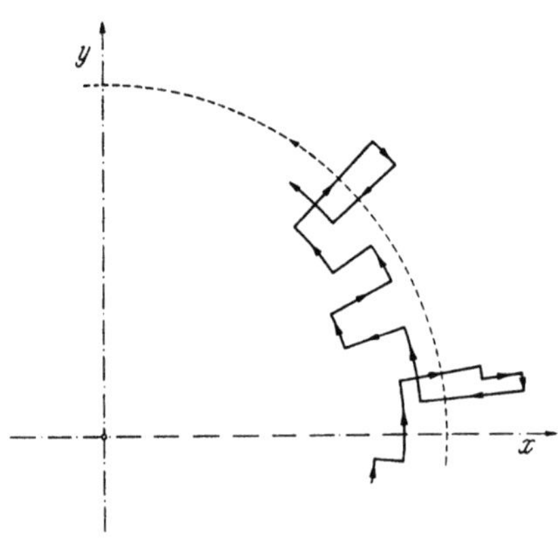

Abb. III 126. Zusammenspiel der geordneten Zirkularströmung mit der turbulenten Radialbewegung.

das Vorzeichen: Nur im Außenbereiche $r > r_{gr}$ weist die Impulsdichte den klassisch zu erwartenden Umlaufssinn auf, während sie innerhalb des Grenzkreises gerade umgekehrt gerichtet ist; erst der Überschuß der äußeren über die innere Bewegung führt auf den integralen Drehimpuls der festen Größe $\hbar$.

Zu der wohlgeordneten *Zirkularströmung* der elektronischen Raumladungswolke gesellt sich ihre turbulente *Radialbewegung* von verschwindendem Mittelwert ihrer Geschwindigkeit nach Abb. III 126; doch offenbart sich ihre Existenz durch ihren Beitrag $\eta_{0\,(r)}$ zur Elektronen-Energie, den wir mit Hilfe des radialen Anteiles $(\partial^2/\partial r^2 + 1/r\,\partial/\partial r)$ des V^2-Operators zu

$$\eta_{0\,(r)} = -\frac{\hbar^2}{2\,m_0} 2\,\pi \int_{0}^{\infty} \overline{u}_{0,\,n}^{*} \left[\frac{\partial^2}{\partial r^2} + \frac{1}{r}\frac{\partial}{\partial r}\right] \overline{u}_{0,\,n}\,r\,dr \qquad \text{(III 7, 54)}$$

finden. Mit Rücksicht auf (III 7, 18), (III 7, 45) und (III 7, 46) folgt hieraus

$$\eta_{0\,(r)} = -\frac{\hbar^2}{2\,m_0}\,2\,\pi \int\limits_0^\infty \overline{u}_{0,\,n}^* \left[\frac{(2\,n)^2}{r^2} - \frac{2\,n+1}{2\,a^2} + \frac{r^2}{16\,a^4}\right] \overline{u}_{0,\,n}\,r\,dr =$$

$$= -\frac{\hbar^2}{2\,m_0}\left[\frac{2\,n}{4\,a^2} - \frac{2\,n+1}{2\,a^2} + \frac{2\,n+1}{4\,a^2}\right] = \frac{\hbar^2}{2\,m_0}\frac{1}{4\,a^2} = \frac{1}{2}\frac{\Omega\,\hbar}{2} = \frac{1}{2}\,\eta_0 \quad \text{(III 7, 55)}$$

und der nämliche Anteil entfällt also auf die zirkulare Strömung.

III 8. Ionendiffraktion im kugelsymmetrischen Potentialfelde.

a) Wir behandeln die Wellenmechanik eines relativ zur Lichtgeschwindigkeit langsam bewegten Elektrizitätsträgers der dann merklich konstanten Masse m und der invarianten Ladung q im Felde des stationären elektrischen Skalarpotentiales φ, welches um ein festes Zentrum O kugelsymmetrisch verteilt ist. Um uns dieser Feldstruktur anzupassen, machen wir O zum Ursprung nicht allein der rechtsläufigen *Kartesi*schen Koordinaten x, y, z, sondern gleichzeitig auch des Tripels der sphärischen Koordinaten r, ϑ, a; von diesen mißt r die Länge des von O zum Aufpunkt führenden Radiusvektors r, welcher um den Polarwinkel ϑ $[0 \leq \vartheta \leq \pi]$ von der positiven z-Achse abweicht, und das Azimut a $[0 \leq a < 2\,\pi]$ definiert die Stellung der durch r gelegten Meridian-Ebene gegen eine feste Ebene durch die z-Achse. Zufolge dieser Übereinkunft wird die potentielle Energie η_{pot} des im Aufpunkt gedachten Ions durch den funktionellen Ansatz

$$\eta_{\mathrm{pot}} = \eta_{\mathrm{pot}}(r) = q\,\varphi(r) \qquad \text{(III 8, 1)}$$

zu jedem Zeitpunkt t eindeutig beschrieben. Gesucht wird die Wahrscheinlichkeits-Welle

$$u = u(r, \vartheta, a, t) \qquad \text{(III 8, 2)}$$

eines Ions, welches von $z \to (-\infty)$ her parallel der positiven z-Achse mit der Korpuskulargeschwindigkeit

$$v = \lim_{z \to -\infty} \left(\frac{dr}{dt}\right)_z > 0 \qquad \text{(III 8, 3)}$$

in das Potentialfeld eindringt.

b) Um zur *Schrödinger*-Gleichung der Funktion u zu gelangen, bilden wir zunächst den Vektor

$$G = -\operatorname{grad} u. \qquad \text{(III 8, 4)}$$

Im Kugel-Koordinatensystem lauten seine physikalischen Komponenten

$$G^r = -\frac{\partial u}{\partial r}; \qquad G^\vartheta = -\frac{1}{r}\frac{\partial u}{\partial \vartheta}; \qquad G^a = -\frac{1}{r\sin\vartheta}\cdot\frac{\partial u}{\partial a}.$$

$$\text{(III 8, 5)}$$

Welche Quellendichte zeichnet G aus?

Wir konstruieren mittels der infinitesimal benachbarten Kugeln r und (r + dr), der infinitesimal benachbarten Kegel ϑ und $(\vartheta + d\vartheta)$ sowie der infinitesimal benachbarten Meridianebenen a und $(a + da)$ das Kontroll-Raumelement

$$dT = (dr)\cdot(r\,d\vartheta)\,(r\sin\vartheta\cdot da) \equiv r^2\sin\vartheta\,dr\,d\vartheta\,da \qquad \text{(III 8, 6)}$$

und stellen folgende Bilanz der seine Hüllfläche durchdringenden Vektorflüsse auf:

1. Durch die Kugel (r + dr) tritt der Fluß

$$(G^r)_{r+dr} \cdot (r + dr) \cdot d\vartheta \cdot (r + dr) \cdot \sin\vartheta \cdot da \qquad \text{(III 8, 7)}$$

aus, während durch die Kugel r der Fluß

$$(G^r)_r \cdot r \cdot d\vartheta \cdot r \sin\vartheta \cdot da \qquad \text{(III 8, 8)}$$

in das Kontroll-Element eintritt.

2. Durch den Kegel $(\vartheta + d\vartheta)$ tritt der Fluß

$$(G^\vartheta)_{\vartheta+d\vartheta} \cdot r \cdot \sin(\vartheta + d\vartheta) \cdot da \cdot dr \qquad \text{(III 8, 9)}$$

aus, während durch den Kegel ϑ der Fluß

$$(G^\vartheta)_\vartheta \cdot r \cdot \sin\vartheta \cdot da \cdot dr \qquad \text{(III 8, 10)}$$

in das Kontroll-Element eintritt.

3. Durch die Meridianebene $(a + da)$ tritt der Fluß

$$(G^a)_{a+da} \cdot r \cdot d\vartheta \cdot dr \qquad \text{(III 8, 11)}$$

aus, während durch die Meridianebene a der Fluß

$$(G^a)_a \cdot r \cdot d\vartheta \cdot dr \qquad \text{(III 8, 12)}$$

in das Kontroll-Element eintritt.

Durch Zusammenfassung von (III 8, 7), (III 8, 8), (III 8, 9), (III 8, 10), (III 8, 11) und (III 8, 12) folgt mit Rücksicht auf (III 8, 6)

$$\operatorname{div} G = \frac{1}{r^2}\frac{\partial(r^2\,G^r)}{\partial r} + \frac{1}{r\sin\vartheta}\frac{\partial(\sin\vartheta \cdot G^\vartheta)}{\partial\vartheta} + \frac{1}{r\sin\vartheta}\frac{\partial G^a}{\partial a} \qquad \text{(III 8, 13)}$$

und also weiter, nach Substitution der Relationen (III 8, 5),

$$\nabla^2 u = \frac{1}{r^2}\frac{\partial\left(r^2\frac{\partial u}{\partial r}\right)}{\partial r} + \frac{1}{r^2\sin\vartheta}\frac{\partial\left(\sin\vartheta \cdot \frac{\partial u}{\partial\vartheta}\right)}{\partial\vartheta} + \frac{1}{r^2\sin^2\vartheta}\frac{\partial^2 u}{\partial a^2}.$$

$$\text{(III 8, 14)}$$

Wir ersetzen den Polarwinkel ϑ durch die Veränderliche

$$\mu = \cos\vartheta; \qquad -1 \leq \mu \leq +1, \qquad \text{(III 8, 15)}$$

so daß wegen

$$\frac{\partial}{\partial\vartheta} = -\sin\vartheta \cdot \frac{\partial}{\partial\mu} \qquad \text{(III 8, 16)}$$

der *Laplace*sche Ausdruck (III 8, 14) in

$$\nabla^2 u = \frac{1}{r^2}\frac{\partial}{\partial r}\left(r^2\frac{\partial u}{\partial r}\right) + \frac{1}{r^2}\frac{\partial}{\partial\mu}\left(\{1 - \mu^2\}\frac{\partial u}{\partial\mu}\right) + \frac{1}{r^2}\frac{1}{1 - \mu^2}\frac{\partial^2 u}{\partial a^2}$$

$$\text{(III 8, 17)}$$

übergeht. Gemäß (III 8, 35) erhalten wir somit — nach Ersatz von m_0 durch m — für u die zeitabhängige *Schrödinger*-Gleichung

$$\frac{1}{r^2}\frac{\partial}{\partial r}\left(r^2\frac{\partial u}{\partial r}\right) + \frac{1}{r^2}\frac{\partial}{\partial\mu}\left(\{1 - \mu^2\}\frac{\partial u}{\partial\mu}\right) + \frac{1}{r^2}\frac{1}{1 - \mu^2}\frac{\partial^2 u}{\partial a^2} -$$

$$- \frac{2\,m}{i\,\hbar}\frac{\partial u}{\partial t} - \frac{2\,m}{\hbar^2}\eta_{\text{pot}}(r) \cdot u = 0. \qquad \text{(III 8, 18)}$$

Zufolge der konservativen Natur des Potentialfeldes bleibt nun die Gesamtenergie η des kontrollierten Ions während seiner Bewegung konstant, so daß wir mit

$$u = \bar{u}\,(r, \vartheta, \alpha)\, e^{-i\frac{\eta}{\hbar}t} \qquad\qquad \text{(III 8, 19)}$$

für die komplexe Amplitude $\bar{u}$ die zeitfreie *Schrödinger*-Gleichung

$$\frac{1}{r^2}\frac{\partial}{\partial r}\left(r^2\frac{\partial \bar{u}}{\partial r}\right) + \frac{1}{r^2}\frac{\partial}{\partial \mu}\left(\{1-\mu^2\}\frac{\partial \bar{u}}{\partial \mu}\right) + \frac{1}{r^2}\frac{1}{1-\mu^2}\frac{\partial^2 \bar{u}}{\partial \alpha^2} + \frac{2\,m}{\hbar^2}(\eta - \eta_{\text{pot}})\,\bar{u} = 0$$

$$\text{(III 8, 20)}$$

finden.

c) Durch den Grenzübergang

$$\eta_{\text{pot}} \to 0 \qquad\qquad \text{(III 8, 21)}$$

gelangen wir zur „primären" Wahrscheinlichkeits-Welle der kräftefreien Ionenbewegung. Definieren wir durch

$$(k)^2 = k^2 = \frac{2\,m}{\hbar^2}\,\eta \qquad\qquad \text{(III 8, 22)}$$

die Norm ihres parallel der positiven z-Achse weisenden Ausbreitungsvektors vom absoluten Betrage k, so lautet also gemäß Ziffer III 1 die Gleichung ihrer komplexen Amplitude

$$\bar{u} = A\, e^{i\,(k\,r)} = A\, e^{i k z} = A\, e^{i k r \cos\vartheta} = A\, e^{i k r \mu}, \qquad \text{(III 8, 23)}$$

deren [komplexe] Intensität A mit der einfallenden Ionen-Stromdichte j entsprechend (III 8, 22) durch die Relation

$$A\,A^* = \frac{m}{q\,\hbar} \cdot \frac{|j|}{k} \qquad\qquad \text{(III 8, 24)}$$

verknüpft ist. Da diese Welle nicht vom Azimut α abhängt, genügt sie der aus (III 8, 20) mit (III 8, 21) und (III 8, 22) hervorgehenden partiellen Differentialgleichung

$$\frac{1}{r^2}\frac{\partial}{\partial r}\left(r^2\frac{\partial \bar{u}}{\partial r}\right) + \frac{1}{r^2}\frac{\partial}{\partial \mu}\left(\{1-\mu^2\}\frac{\partial \bar{u}}{\partial \mu}\right) + k^2\,\bar{u} = 0, \qquad \text{(III 8, 25)}$$

wovon man sich durch Einsetzen sogleich überzeugt.

d) Dem Partikularintegral (III 8, 23) der Gleichung (III 8, 25) stellen wir jene allgemeineren Lösungen zur Seite, welche je als Produkt einer nur von r abhängigen Funktion $R = R(r)$ und einer nur von μ abhängigen Funktion $M = M(\mu)$ dargestellt werden können

$$\bar{u} = R(r) \cdot M(\mu). \qquad\qquad \text{(III 8, 26)}$$

Indem wir diesen Ansatz in (III 8, 25) substituieren und anschließend mit $R \cdot M$ kürzen, erhalten wir zunächst die Forderung

$$\frac{1}{r^2}\left[\frac{1}{R}\frac{d}{dr}\left(r^2\frac{dR}{dr}\right) + \frac{1}{M}\cdot\frac{d}{d\mu}\left(\{1-\mu^2\}\cdot\frac{dM}{d\mu}\right)\right] + k^2 = 0, \qquad \text{(III 8, 27)}$$

welche nach Wahl der reellen Separationskonstanten $l(l+1)$ die beiden gewöhnlichen Differentialgleichungen zweiter Ordnung

$$\frac{d}{d\mu}\left(\{1-\mu^2\}\frac{dM}{d\mu}\right) + l(l+1)\,M = 0 \qquad\qquad \text{(III 8, 28)}$$

und

$$\frac{d}{dr}\left(r^2\frac{dR}{dr}\right) + \left(k^2 - \frac{l(l+1)}{r^2}\right)R = 0 \qquad \text{(III 8, 29)}$$

liefert.

Wir denken uns jetzt den Mechanismus der Ionenströmung derart verändert, daß der kontrollierte Elektrizitätsträger dauernd innerhalb des Gebietes

$$r_1 \leqq r \leqq r_2 \qquad \text{(III 8, 30)}$$

verbleiben muß. Im Einklang mit der Deutung des Produktes u u* als Anwesenheits-Wahrscheinlichkeit dieses Teilchens je Einheit seines Lebensraumes (III 8, 30) haben wir nun zu verlangen, daß dort sowohl M wie R überall beschränkt bleibt. Diese Bedingung kann dann, und nur dann, erfüllt werden, falls man für l eine ganze, positive Zahl mit Einschluß der Null wählt:

$$l = 0, 1, 2, \ldots \qquad \text{(III 8, 31)}$$

und hierauf die Lösung der Gleichung (III 8, 28) jeweils mit der *Legendre*schen zonalen Kugelfunktion l-ter Ordnung [Symbol $P_l(\mu)$] nach Abb. III 127 identifiziert:

$$M = P_l(\mu);$$
$$-1 \leqq \mu \leqq +1.$$
$$\text{(III 8, 32)}$$

Um nunmehr die Lösungen der Gleichung (III 8, 29) kennenzulernen, zerlegen wir R in die zwei Faktorfunktionen f(r) und g(r):

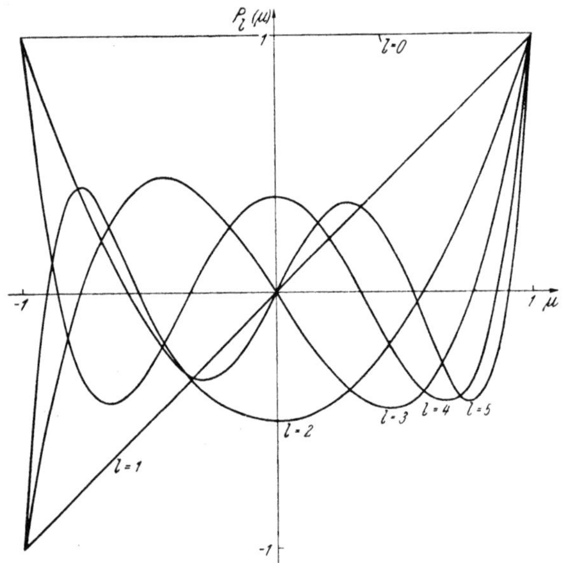

Abb. III 127. Die *Legendre*schen Kugelfunktionen.

$$R(r) = f(r) \cdot g(r). \qquad \text{(III 8, 33)}$$

Mittels der Relationen [Apostrophe bedeuten Ableitungen nach r]

$$R' = f g' + f' g; \qquad R'' = f g'' + 2 f' g' + f'' g \qquad \text{(III 8, 34)}$$

nimmt dann (III 8, 29), nach Kürzen mit g, die Gestalt

$$f'' + f'\left[\frac{2 g'}{g} + \frac{2}{r}\right] + \left[k^2 + \frac{g''}{g} + \frac{2}{r}\frac{g'}{g} - \frac{l(l+1)}{r^2}\right]f = 0 \qquad \text{(III 8, 35)}$$

an; in ihr unterwerfen wir g der Differentialgleichung

$$\frac{2 g'}{g} + \frac{2}{r} = \frac{1}{r}; \qquad \frac{g'}{g} = -\frac{1}{2}\frac{1}{r} \qquad \text{(III 8, 36)}$$

als deren Integral die Funktion

$$g = \frac{C}{\sqrt{r}} \qquad \text{(III 8, 37)}$$

bei vorerst beliebigem Werte der Konstanten C resultiert. Mit Hilfe der Beziehungen

$$\frac{g'}{g} = -\frac{1}{2\,r}; \qquad \frac{g''}{g} = \frac{3}{4}\frac{1}{r^2} \qquad \text{(III 8, 38)}$$

folgt dann aus (III 8, 35)

$$f'' + \frac{1}{r}f' +$$

$$+ \left[k^2 - \frac{\left(1+\frac{1}{2}\right)^2}{r^2} \right] f = 0.$$

(III 8, 39)

Dies ist die Differentialgleichung der *Zylinderfunktionen* von der halbzahligen Ordnung

$$p = \pm \left(1 + \frac{1}{2}\right)$$

(III 8, 40)

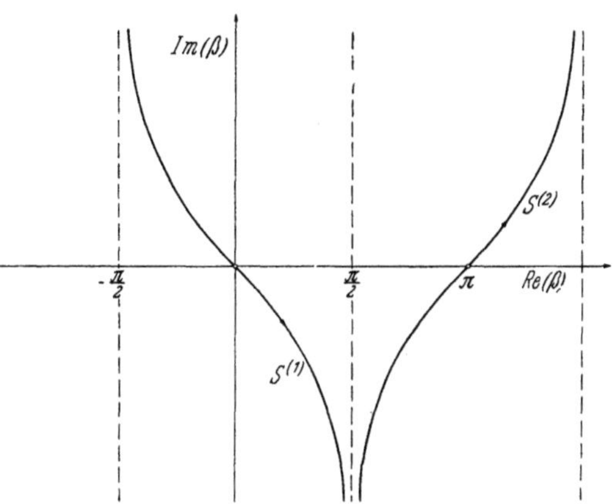

Abb. III 128. Die *Sommerfeld*schen Integrationswege der *Hankel*schen Funktionen.

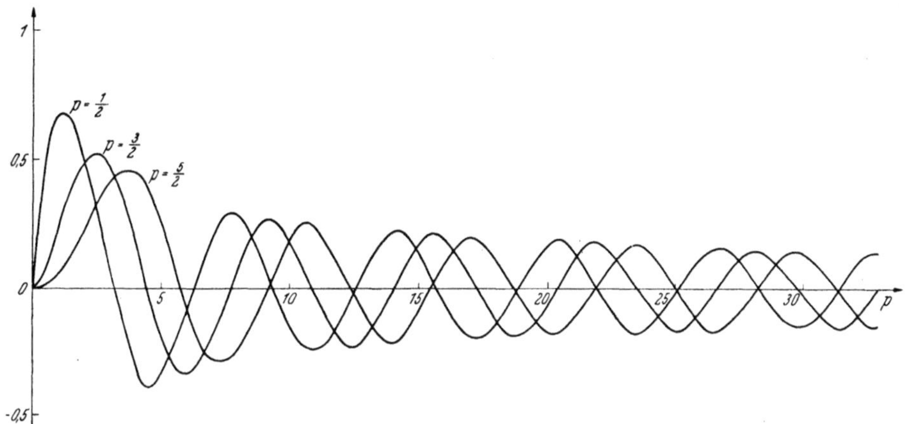

Abb. III 129. Die *Bessel*schen Funktionen halbzahliger Ordnung.

und vom [reellen] Argument

$$\varrho = k\,r \qquad \text{(III 8, 41)}$$

als deren linear unabhängige Fundamental-Lösungen wir die [komplexen] *Hankel*schen Funktionen erster Art $H^{(1)}_{l+\frac{1}{2}}(\varrho)$ und zweiter Art $H^{(2)}_{l+\frac{1}{2}}(\varrho)$ der einheitlichen, positiven Ordnungszahl $(l + \frac{1}{2})$ wählen; sie werden beziehentlich durch die *Sommerfeld*schen Integrale

$$H^{(1)}_{l+\frac{1}{2}} = \frac{1}{\pi} \int_{+\frac{\pi}{2}-i\infty}^{+\frac{\pi}{2}+i\infty} e^{i\varrho\cos\beta}\, e^{i\left(l+\frac{1}{2}\right)\left(\beta-\frac{\pi}{2}\right)}\, d\beta \qquad \text{(III 8, 42)}$$

und

$$H^{(2)}_{1+\frac{1}{2}} = \frac{1}{\pi} \int\limits_{\frac{\pi}{2} - i\infty}^{3\frac{\pi}{2} + i\infty} e^{i\varrho \cos\beta}\, e^{i\left(1+\frac{1}{2}\right)\left(\beta - \frac{\pi}{2}\right)} d\beta \qquad \text{(III 8, 43)}$$

definiert, welche längs der aus Abb. III 128 zu entnehmenden Wege $S^{(1)}$ und $S^{(2)}$ der komplexen β-Ebene zu berechnen sind.

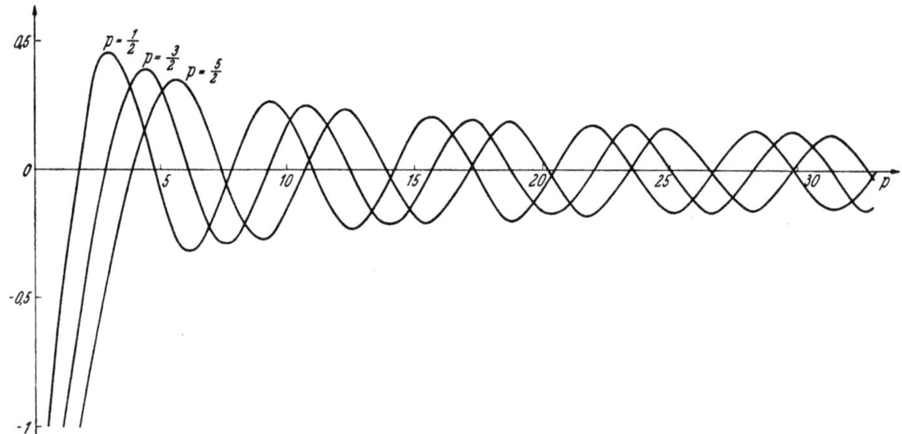

Abb. III 130. Die *Neumann*schen Funktionen halbzahliger Ordnung.

Aus den beiden *Hankel*schen Funktionen bilden wir die reelle *Bessel*sche Funktion

$$J_{1+\frac{1}{2}}(\varrho) = \frac{1}{2}\left[H^{(1)}_{1+\frac{1}{2}}(\varrho) + H^{(2)}_{1+\frac{1}{2}}(\varrho)\right] \qquad \text{(III 8, 44)}$$

nach Abb. III 129 und die gleichfalls reelle *Neumann*sche Funktion

$$N_{1+\frac{1}{2}}(\varrho) = \frac{1}{2\,i}\left[H^{(1)}_{1+\frac{1}{2}}(\varrho) - H^{(2)}_{1+\frac{1}{2}}(\varrho)\right] \qquad \text{(III 8, 45)}$$

nach Abb. III 130. Bestimmen wir jetzt die in (III 8, 37) eingehende Konstante zu $C = \sqrt{\pi/2}$, so erhalten wir gemäß (III 8, 33) aus (III 8, 42) und (III 8, 43) als linear unabhängige Integrale der Differentialgleichung (III 8, 29) die *expandierende Kugelwelle*

$$\zeta_1^{(1)}(\varrho) = \sqrt{\frac{\pi}{2\,\varrho}}\, H^{(1)}_{1+\frac{1}{2}}(\varrho) \qquad \text{(III 8, 46)}$$

nach Abb. III 131 und die sich *kontrahierende Kugelwelle*

$$\zeta_1^{(2)}(\varrho) = \sqrt{\frac{\pi}{2\,\varrho}}\, H^{(2)}_{1+\frac{1}{2}}(\varrho) = [\zeta_1^{(2)}(\varrho)]^{*}. \qquad \text{(III 8, 47)}$$

Die Kombination dieser beiden Wanderwellen führt auf die *stehenden Kugelwellen*

$$\psi_1(\varrho) = \frac{1}{2}\left[\zeta_1^{(1)}(\varrho) + \zeta_1^{(2)}(\varrho)\right] = \sqrt{\frac{\pi}{2\,\varrho}}\, J_{1+\frac{1}{2}}(\varrho) \qquad \text{(III 8, 48)}$$

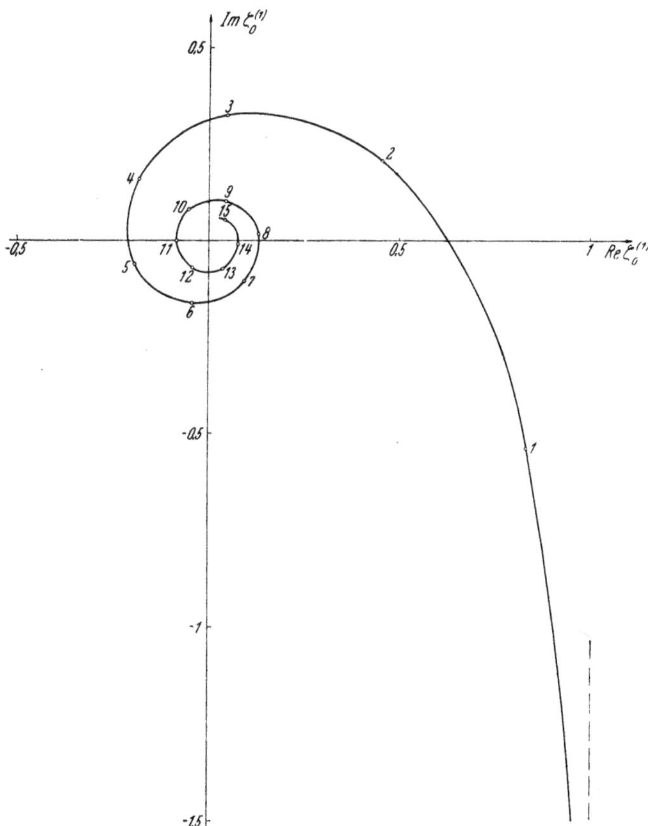

Abb. III 131. Expandierende Kugelwelle.

nach Abb. III 132 und

$$\nu_1(\varrho) =$$

$$= \frac{1}{2\,i}\,[\zeta_1^{(1)}(\varrho) -$$

$$-\;\zeta_1^{(2)}(\varrho)] =$$

$$= \sqrt{\frac{\pi}{2\,\varrho}}\,N_{1+\frac{1}{2}}(\varrho)$$

(III 8, 49)

nach Abb. III 133. Nun läßt sich die *Bessel*sche Funktion $J_{1+\frac{1}{2}}(\varrho)$ für kleine Werte ihres Argumentes mittels der dann rasch konvergierenden Potenzreihe

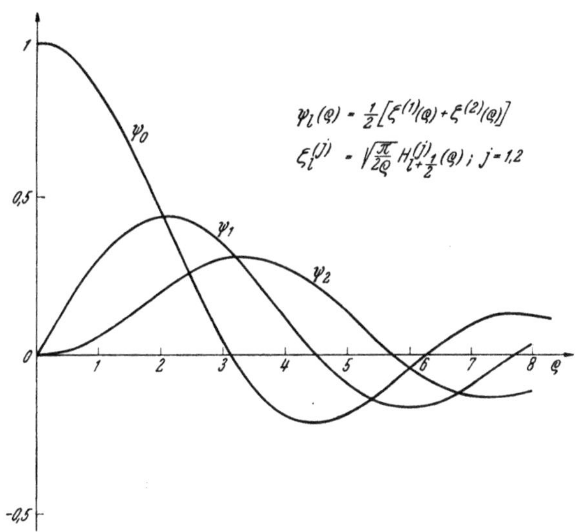

Abb. III 132. Stehende Kugelwelle regulären Verhaltens im Zentrum.

$$J_{1+\frac{1}{2}}(\varrho) = \frac{1}{\sqrt{\pi}} \frac{2^{1+1}}{1 \cdot 3 \ldots (21+1)} \left(\frac{\varrho}{2}\right)^{1+\frac{1}{2}} \left[1 - \frac{\varrho^2}{2(21+3)} + \right.$$

$$\left. + \frac{\varrho^4}{2 \cdot 4 (21+3)(21+5)} - + \ldots \right] ; \qquad 1 \geqq 0 \qquad \text{(III 8, 50)}$$

berechnen, während man für die *Neumann*schen Funktionen die Reihen

$$N_{1/2}(\varrho) =$$

$$= - \frac{1}{\sqrt{\pi}} \left(\frac{\varrho}{2}\right)^{-1/2} \left[1 - \frac{\varrho^2}{2 \cdot 1} + \right.$$

$$\left. + \frac{\varrho^4}{2 \cdot 4 \cdot 1 \cdot 3} - + \ldots \right] =$$

$$= - \sqrt{\frac{2}{\pi \varrho}} \cos \varrho ,$$

$$\text{(III 8, 51)}$$

$$N_{1+1/2}(\varrho) =$$

$$= - \frac{1}{\sqrt{\pi}} \cdot \frac{1 \cdot 3 \ldots (21-1)}{2^1} \cdot$$

$$\cdot \left(\frac{\varrho}{2}\right)^{-\left(1+\frac{1}{2}\right)} \left[1 - \frac{\varrho^2}{2(1-21)} + \right.$$

$$\left. + \frac{\varrho^4}{2 \cdot 4 (1-21)(3-21)} - \right.$$

$$\left. - + \ldots \right] ; \qquad 1 \geqq 1$$

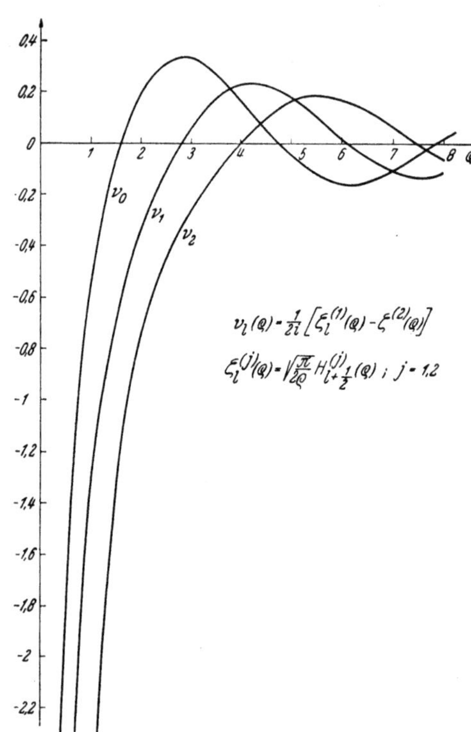

$$\nu_l(\varrho) = \frac{1}{2i}\left[\zeta_l^{(1)}(\varrho) - \zeta_l^{(2)}(\varrho)\right]$$
$$\zeta_l^{(j)}(\varrho) = \sqrt{\frac{\pi}{2\varrho}} H_{l+\frac{1}{2}}^{(j)}(\varrho) ; \; j = 1,2$$

Abb. III 133. Stehende Kugelwelle singulären Verhaltens im Zentrum.

benutze; mittels (III 8, 48) und (III 8, 49) schließt man somit auf die Entwicklungen

$$\psi_1(\varrho) = \frac{\varrho^1}{1 \cdot 3 \ldots (21+1)} \cdot$$

$$\cdot \left[1 - \frac{\varrho^2}{2(21+3)} + \frac{\varrho^4}{2 \cdot 4 (21+3)(21+5)} - + \ldots \right] ; \qquad 1 \geqq 0$$

$$\text{(III 8, 52)}$$

und

$$\nu_0 = - \frac{1}{\varrho}\left[1 - \frac{\varrho^2}{2 \cdot 1} + \frac{\varrho^4}{2 \cdot 4 \cdot 1 \cdot 3} - + \ldots\right] = - \frac{\cos \varrho}{\varrho} , \qquad \nu_1(\varrho) =$$

$$= - \frac{1 \cdot 3 \ldots (21-1)}{\varrho^{1+1}}\left[1 - \frac{\varrho^2}{2(1-21)} + \frac{\varrho^4}{2 \cdot 4 (1-21)(3-21)} - + \ldots\right] ;$$

$$1 \geqq 1 , \qquad \text{(III 8, 53)}$$

welche ihrerseits zufolge (III 8, 44) und (III 8, 45) die Darstellungen

$$\zeta_0^{(1)}(\varrho) = \sqrt{\frac{\pi}{2\,\varrho}}\,[J_{1/2}(\varrho) + i\,N_{1/2}(\varrho)] = \psi_0(\varrho) + i\,\nu_0(\varrho) =$$

$$= \frac{1}{\varrho}\left[\left\{\varrho - \frac{\varrho^3}{3!} + \ldots - i\left\{1 - \frac{\varrho^2}{2!} + \ldots\right\}\right\}\right] = \frac{e^{i\left(\varrho - \frac{\pi}{2}\right)}}{\varrho} = [\zeta_0^{(2)}(\varrho)]^*,$$

$$\zeta_1^{(1)}(\varrho) = \sqrt{\frac{\pi}{2\,\varrho}}\,[J_{1+1/2}(\varrho) + i\,N_{1+1/2}(\varrho)] = \psi_1(\varrho) + i\,\nu_1(\varrho) =$$

$$= \frac{\varrho^{l}}{1\cdot 3\ldots(2\,l+1)}\{1 - + \ldots\} - i\,\frac{1\cdot 3\ldots(2\,l-1)}{\varrho^{l+1}}\{1 - + \ldots\} =$$

$$= [\zeta_1^{(2)}(\varrho)]^*; \qquad l \geqq 1 \tag{III 8, 54}$$

nach sich ziehen.

Um uns über das Verhalten der untersuchten Kugelwellen für große Werte des numerischen Halbmessers ϱ zu unterrichten, kehren wir vorerst zu (III 8, 42) zurück und richten unser Augenmerk auf die im Integranden als Faktor auftretende Funktion

$$g(\beta) = e^{i\varrho\cos\beta}, \tag{III 8, 55}$$

welche bei ihrer Darstellung durch das „Gebirge"

$$h = \ln|g(\beta)|, \tag{III 8, 56}$$

im Punkte

$$\beta = \beta^{(1)} = 0 \tag{III 8, 57}$$

einen Paß $P^{(1)}$ aufweist. Wir setzen in seiner Umgebung

$$\beta = s\cdot e^{i\vartheta}; \qquad -\pi < \vartheta < +\pi \tag{III 8, 58}$$

und erhalten aus (III 8, 55), falls weiterhin nur die höchstens zweiten Potenzen von s beibehalten werden, die Entwicklung

$$g(\beta) = e^{i\varrho\left[1 - \frac{1}{2}\beta^2\right]} = e^{i\varrho\left[1 - \frac{1}{2}s^2\cos 2\vartheta\right]}e^{\frac{1}{2}\varrho s^2\sin 2\vartheta} \tag{III 8, 59}$$

Dort werden also die Höhenlinien des Gebirges durch

$$h = \frac{1}{2}\,\varrho\,s^2\sin 2\,\vartheta = \text{const} \tag{III 8, 60}$$

und seine Fall-Linien durch

$$f = \frac{1}{2}\,\varrho\,s^2\cos 2\,\vartheta = \text{const} \tag{III 8, 61}$$

entsprechend Abb. E 3 dargestellt; insbesondere kreuzen sich im Passe $P^{(1)}$ selbst [s = 0] die beiden, zueinander orthogonalen Fall-Linien

$$\frac{1}{2}\,\varrho\,s^2\cos 2\,\vartheta = 0; \qquad \vartheta = \vartheta_1 = \frac{\pi}{4}; \qquad \vartheta = \vartheta_2 = -\frac{\pi}{4},$$
$$\tag{III 8, 62}$$

längs deren sich die Höhe des Gebirges beziehentlich gemäß

$$h_1 = \frac{1}{2}\,\varrho\,s^2\sin 2\,\vartheta_1 = \frac{1}{2}\,\varrho\,s^2; \qquad h_2 = \frac{1}{2}\,\varrho\,s^2\sin 2\,\vartheta_2 = -\frac{1}{2}\,\varrho\,s^2$$
$$\tag{III 8, 63}$$

ändert. Legen wir daher den Weg $S^{(1)}$ unter dem Winkel ϑ_2 durch $P^{(1)}$, so wird er mit der „Paßstraße" identisch, welche die beiderseits von $P^{(1)}$

liegenden Täler miteinander verbindet. Auf ihr sinkt der absolute Betrag von $g(\beta)$ entsprechend

$$g(\beta) = e^{i\varrho} \cdot e^{-\frac{1}{2}\varrho s^2} \qquad\qquad \text{(III 8, 64)}$$

für $\varrho \gg 1$ mit wachsendem Abstand $|s|$ vom Passe rasch auf einen sehr kleinen Betrag ab, so daß wir nach Wahl einer hinreichend kurzen Strecke $\varepsilon > 0$ die Abschätzung

$$H^{(1)}_{1+\frac{1}{2}}(\varrho) = \frac{1}{\pi} \int_{-\varepsilon}^{\varepsilon} e^{i\varrho} e^{-\frac{1}{2}\varrho s^2} e^{-i\left(1+\frac{1}{2}\right)\frac{\pi}{2}} e^{i\vartheta_1} ds \qquad \text{(III 8, 65)}$$

finden; in ihr dürfen wir nach der Substitution

$$\sigma = s\sqrt{\frac{\varrho}{2}} \qquad\qquad \text{(III 8, 66)}$$

die für σ resultierenden Integrationsgrenzen nach $(\mp \infty)$ rücken lassen, so daß wir zu der asymptotischen Näherung

$$H^{(1)}_{1+\frac{1}{2}}(\varrho) \approx e^{i\left(\varrho - \{1+1\}\frac{\pi}{2}\right)} \sqrt{\frac{2}{\varrho}} \frac{1}{\pi} \int_{-\infty}^{\infty} e^{-\sigma^2} d\sigma = \sqrt{\frac{2}{\pi\varrho}}\, e^{i\left(\varrho - \{1+1\}\frac{\pi}{2}\right)} \qquad \text{(III 8, 67)}$$

gelangen.

Zu (III 8, 43) übergehend, treffen wir längs $S^{(2)}$ in

$$\beta = \beta^{(2)} = \pi \qquad\qquad \text{(III 8, 68)}$$

den Paß $P^{(2)}$ der Funktion $h = \ln |g(\beta)|$ an. Setzen wir in seiner Umgebung

$$\beta = \pi + s\, e^{i\vartheta}; \qquad -\pi < \vartheta < \pi, \qquad \text{(III 8, 69)}$$

so gilt dort in hinreichender Genauigkeit

$$g(\beta) = e^{-i\varrho\left[1 - \frac{1}{2}s^2\cos 2\vartheta\right]} e^{-\frac{1}{2}\varrho s^2 \sin 2\vartheta}. \qquad \text{(III 8, 70)}$$

Daher wird die Paßstraße, welche die beiderseits von $P^{(2)}$ gelegenen Täler miteinander verbindet, durch $\vartheta = \vartheta_1 = \pi/4$ beschrieben, so daß wir die asymptotische Näherung

$$H^{(2)}_{1+\frac{1}{2}}(\varrho) \approx \frac{1}{\pi} \int_{-\varepsilon}^{\varepsilon} e^{-i\varrho} e^{-\frac{1}{2}\varrho s^2} e^{i\left(1+\frac{1}{2}\right)\frac{\pi}{2}} e^{i\vartheta_1} ds \approx \sqrt{\frac{2}{\pi\varrho}}\, e^{-i\left(\varrho - \{1+1\}\frac{\pi}{2}\right)}$$

$$\text{(III 8, 71)}$$

erhalten. Mittels (III 8, 44) und (III 8, 45) entnehmen wir aus (III 8, 67) und (III 8, 71) die Approximationen

$$J_{1+\frac{1}{2}}(\varrho) \approx \sqrt{\frac{2}{\pi\varrho}}\cos\left(\varrho - \{1+1\}\frac{\pi}{2}\right) = \sqrt{\frac{2}{\pi\varrho}}\sin\left(\varrho - 1\frac{\pi}{2}\right) \qquad \text{(III 8, 72)}$$

und

$$N_{1+\frac{1}{2}}(\varrho) \approx \sqrt{\frac{2}{\pi\varrho}}\sin\left(\varrho - \{1+1\}\frac{\pi}{2}\right) = -\sqrt{\frac{2}{\pi\varrho}}\cos\left(\varrho - 1\frac{\pi}{2}\right), \qquad \text{(III 8, 73)}$$

welche für die beziehentlich in (III 8, 48) und (III 8, 49) definierten Funktionen $\psi_1(\varrho)$ und $\nu_1(\varrho)$ die asymptotischen Darstellungen

$$\psi_1(\varrho) \approx \frac{1}{\varrho}\sin\left(\varrho - 1\frac{\pi}{2}\right) \qquad\qquad \text{(III 8, 74)}$$

und

$$\nu_1(\varrho) \approx -\frac{1}{\varrho}\cos\left(\varrho - 1\frac{\pi}{2}\right) \tag{III 8, 75}$$

nach sich ziehen; aus ihnen schließt man, ebenso wie unmittelbar aus (III 8, 67) und (III 8, 71), auf

$$\zeta_1^{(1)}(\varrho) = [\zeta_1^{(2)}(\varrho)]^* \approx \frac{1}{\varrho}e^{i\left(\varrho - \{1+1\}\frac{\pi}{2}\right)}. \tag{III 8, 76}$$

e) Die Linearität der Differentialgleichung (III 8, 25) verbürgt die Darstellungsmöglichkeit der ebenen Welle (III 8, 23) als Summe von Kugelwellen der Gestalt (III 8, 26). Um nun diese Entwicklung zu verwirklichen, haben wir in (III 8, 30) durch den Grenzübergang

$$r_1 \to 0 \tag{III 8, 77}$$

den Ursprung des sphärischen Bezugssystemes in den Lebensraum T des kontrollierten Elektrizitätsträgers aufzunehmen. Da dort die Welle (III 8, 23) gewiß endlich bleibt, kommen für die Radialabhängigkeit der Kugelwellen nur die Funktionen $\psi_1(\varrho)$ in Frage, welche sich durch die nämliche · Eigenschaft auszeichnen. Wählen wir der Kürze halber den Intensitätsfaktor A der Primärwelle als Einheit, so haben wir also die gesuchte Darstellung mittels der vorerst noch unbekannten Koeffizienten c_1 in der Gestalt

$$e^{i\varrho\mu} = \sum_{1=0}^{\infty} c_1 \psi_1(\varrho) P_1(\mu) \tag{III 8, 78}$$

anzusetzen. Um die c_1 zu bestimmen, erweitern wir (III 8, 78) mit der Kugelfunktion $P_{1'}(\mu)$ und integrieren die entstehende Gleichung über das Intervall $(-1) \leqq \mu \leqq (+1)$:

$$\int_{-1}^{+1} e^{i\varrho\mu} P_{1'}(\mu)\,d\mu = \sum_{1=0}^{\infty} c_1 \psi_1(\varrho)\int_{-1}^{+1} P_1(\mu) P_{1'}(\mu)\,d\mu. \tag{III 8, 79}$$

Nun gelten die Orthogonalitäts-Relationen

$$\int_{-1}^{+1} P_1(\mu) P_{1'}(\mu)\,d\mu = \left.\begin{array}{ll} 0 & \text{für} \quad 1 \neq 1' \\[2mm] \dfrac{2}{2\,1'+1} & \text{für} \quad 1 = 1' \end{array}\right\}, \tag{III 8, 80}$$

so daß sich (III 8, 79) auf die Gleichung

$$\int_{-1}^{+1} e^{i\varrho\mu} P_{1'}(\mu)\,d\mu = \frac{2}{2\,1'+1} c_{1'}\,\psi_{1'}(\varrho) \tag{III 8, 81}$$

reduziert. Mittels fortgesetzter Teilintegration findet man nun [Apostrophe an P bedeuten Ableitungen nach μ]

$$\int_{-1}^{+1} e^{i\varrho\mu} P_{1'}(\mu)\,d\mu = \frac{1}{i\,\varrho}e^{i\varrho\mu} P_{1'}(\mu)\Big|_{-1}^{+1} - \frac{1}{i\,\varrho}\int_{-1}^{+1} e^{i\varrho\mu} P_{1'}{}'(\mu)\,d\mu =$$

$$= \frac{1}{i\,\varrho}e^{i\varrho\mu} P_{1'}(\mu) + \frac{1}{\varrho^2}e^{i\varrho\mu} P_{1'}{}'(\mu)\Big|_{-1}^{+1} - \frac{1}{\varrho^2}\int_{-1}^{+1} e^{i\varrho\mu} P_{1'}{}''(\mu)\,d\mu = \ldots \tag{III 8, 82}$$

Mit Rücksicht auf

$$P_{l'}(\pm 1) = (\pm 1)^{l'} \equiv e^{il'\frac{\pi}{2}} e^{\mp il'\frac{\pi}{2}} \qquad \text{(III 8, 83)}$$

führt somit der Vergleich von (III 8, 74) mit (III 8, 81) im Grenzfalle $\varrho \to \infty$ auf die Gleichheit

$$\lim_{\varrho \to \infty} 2\, e^{il'\frac{\pi}{2}} \frac{\sin\left(\varrho - l'\frac{\pi}{2}\right)}{\varrho} = \lim_{\varrho \to \infty} \frac{2}{2\,l' + 1}\, c_{l'} \frac{\sin\left(\varrho - l'\frac{\pi}{2}\right)}{\varrho}, \qquad \text{(III 8, 84)}$$

welche durch

$$c_{l'} = (2\,l' + 1)\, e^{il'\frac{\pi}{2}} \qquad \text{(III 8, 85)}$$

identisch erfüllt wird; durch Restitution von (III 8, 85) in (III 8, 78) folgt schließlich

$$e^{i\varrho\mu} = \sum_{l=0}^{\infty} (2\,l + 1)\, e^{il\frac{\pi}{2}}\, \psi_l(\varrho)\, P_l(\mu). \qquad \text{(III 8, 86)}$$

f) Wir kehren zur Diffraktion der Ionen im endlichen, kugelsymmetrischen Potentialfelde (III 8, 1) zurück; sie gehorcht zufolge der vereinbarten Wahl des Bezugssystemes derjenigen partiellen Differentialgleichung, welche aus (III 8, 20) durch die Voraussetzung der Symmetrie um die z-Achse hervorgeht

$$\frac{1}{r^2}\frac{\partial}{\partial r}\left(r^2\frac{\partial \overline{u}}{\partial r}\right) + \frac{1}{r}\frac{\partial}{\partial \mu}\left(\{1 - \mu^2\}\frac{\partial \overline{u}}{\partial r}\right) + \frac{2\,m}{\hbar^2}\left(\eta - \eta_{\text{pot}}(r)\right)\overline{u} = 0.$$

$$\text{(III 8, 87)}$$

Zum Zwecke ihrer Lösung behalten wir den Produktansatz (III 8, 26) bei und finden, da die Faktorfunktion $M(\mu)$ auf Grund der in $\mu = \pm$ zu fordernden Stetigkeit wiederum mit einer *Legendre*schen zonalen Kugelfunktion der ganzzahligen Ordnung $l \geq 0$ zu identifizieren ist, für die radiale Abhängigkeit $R(r)$ der Wahrscheinlichkeits-Wellen die gewöhnliche Differentialgleichung zweiter Ordnung

$$\frac{d^2 R}{dr^2} + \frac{1}{r}\frac{dR}{dr} + \left[k^2 - \frac{2\,m}{\hbar^2}\eta_{\text{pot}}(r) - \frac{l(l + 1)}{r^2}\right] R = 0. \qquad \text{(III 8, 88)}$$

Wir nehmen nun an, daß außerhalb der Kugel $r = r_0$, bei $r_1 < r_0 < r_2$, die Funktion $(2\,m)/\hbar^2 \cdot \eta_{\text{pot}}(r)$ sowohl gegen k^2 wie auch gegen $l(l + 1)/r^2$ vernachlässigt werden darf. Im Bereiche $r_0 < r < r_2$ reduziert sich also (III 8, 88) auf (III 8, 29), so daß wir mit (III 8, 46) und (III 8, 47), nach Wahl zweier zunächst noch unbestimmter, komplexer Konstanten $A_l^{(1)}$ und $A_l^{(2)}$, die Lösung in der Gestalt

$$R = A_l^{(1)}\, \zeta_l^{(1)}(k\,r) + A_l^{(2)}\, \zeta_l^{(2)}(k\,r) \qquad \text{(III 8, 89)}$$

schreiben können; gehen wir jetzt zur Grenze

$$r_2 \to \infty \qquad \text{(III 8, 90)}$$

über, so nähert sich (III 8, 89) gemäß (III 8, 76) mit wachsendem r asymptotisch der Funktion

$$R = \frac{1}{\varrho}\left[A_l^{(1)}\, e^{i\left(\varrho - \{l + 1\}\frac{\pi}{2}\right)} + A_l^{(2)}\, e^{-i\left(\varrho - \{l + 1\}\frac{\pi}{2}\right)}\right]; \qquad \varrho = k\,r.$$

$$\text{(III 8, 91)}$$

In der nämlichen Genauigkeit lautet also für $r > r_1$ das allgemeine Integral der Gleichung (III 8, 87)

$$\bar{u} = \sum_{l=0}^{\infty} \frac{P_l(\mu)}{\varrho} \left[A_l^{(1)} \, e^{i\left(\varrho - \{l+1\}\frac{\pi}{2}\right)} + A_l^{(2)} \, e^{-i\left(\varrho - \{l+1\}\frac{\pi}{2}\right)} \right].$$

$$(III\ 8,\ 92)$$

Aus ihm berechnen wir die radial gerichtete elektrische Konvektions-Stromdichte

$$j_r = \frac{q\,\hbar}{2\,i\,m} \left\{ \bar{u}^* \frac{\partial \bar{u}}{\partial r} - \bar{u} \frac{\partial \bar{u}^*}{\partial r} \right\} = \frac{q\,\hbar}{2\,i\,m} \cdot k \cdot \left\{ \bar{u}^* \frac{\partial \bar{u}}{\partial \varrho} - \bar{u} \frac{\partial \bar{u}^*}{\partial \varrho} \right\} =$$

$$= \frac{q\,\hbar}{2\,m} k \left\{ \sum_{l=0}^{\infty} \frac{P_l(\mu)}{\varrho} \, [A_l^{(1)*} \, e^{-i(\cdots)} + A_l^{(2)*} \, e^{+i(\cdots)}] \cdot \right.$$

$$\cdot \sum_{l'=0}^{\infty} \frac{P_{l'}(\mu)}{\varrho} \, [A_{l'}^{(1)} \, e^{+i(\cdots)} - A_{l'}^{(2)} \, e^{-i(\cdots)}] +$$

$$+ \sum_{l'=0}^{\infty} \frac{P_l(\mu)}{\varrho} \, [A_{l'}^{(1)} \, e^{+i(\cdots)} + A_{l'}^{(2)} \, e^{-i(\cdots)}] \cdot$$

$$\cdot \sum_{l=0}^{\infty} \frac{P_l(\mu)}{\varrho} \, [A_l^{(1)*} \, e^{-i(\cdots)} - A_l^{(2)*} \, e^{+i(\cdots)}] =$$

$$= \frac{q\,\hbar}{m} k \sum_{l=0}^{\infty} \sum_{l'=0}^{\infty} \frac{P_l(\mu) \, P_{l'}(\mu)}{\varrho^2} \left[A_l^{(1)*} \, A_{l'}^{(1)} \, e^{i(l'-l)\frac{\pi}{2}} - A_l^{(2)*} \, A_{l'}^{(2)} \, e^{-i(l'-l)\frac{\pi}{2}} \right].$$

$$(III\ 8,\ 93)$$

Da das beugende Potentialfeld als stationär vorausgesetzt wurde, bleiben seine ihm genetisch verbundenen elektrischen Ladungsquellen ein für allemal unveränderlich: Die Ionenströmung genügt innerhalb der Kontrollkugel $r < r_2$ ausnahmslos der Kontinuitätsgleichung

$$\operatorname{div} j = \frac{1}{r^2} \frac{\partial}{\partial r} (r^2 \, j^r) = 0. \qquad (III\ 8,\ 94)$$

Daher gelangen wir durch Anwendung des *Gauß*schen Integralsatzes auf jene Kontrollkugel zu der kinematischen Bedingung

$$\int_{\vartheta=0}^{\pi} \int_{a=0}^{2\pi} j^r \, r_2 \sin \vartheta \, d\vartheta \cdot r_2 \, da = 2\pi r_2^2 \int_{\mu=-1}^{1} (j^r)_{r=r_2} \cdot d\mu = 0,$$

$$(III\ 8,\ 95)$$

welche mit Rücksicht auf die Orthogonalitäts-Eigenschaften (III 8, 80) der *Legendre*schen Polynome die Gestalt

$$2\pi \cdot \frac{q\,\hbar}{m} \cdot \frac{1}{k} \sum_{l=0}^{\infty} \frac{2}{2\,l+1} \, [|A_l^{(1)}|^2 - |A_l^{(2)}|^2] = 0 \qquad (III\ 8,\ 96)$$

annimmt; wir genügen ihr gewiß durch

$$|A_l^{(1)}|^2 = |A_l^{(2)}|^2; \qquad 0 \leq 1. \tag{III 8, 97}$$

Sei also A_l eine komplexe Amplitude und δ_l ein reeller Phasenwinkel, so kann man beispielsweise

$$A_l^{(1)} = \frac{1}{2} A_l\, e^{i\left\{\frac{\pi}{2} + \delta_l\right\}}; \qquad A_l^{(2)} = \frac{1}{2} A_l\, e^{i\left\{\frac{\pi}{2} - \delta_l\right\}} \tag{III 8, 98}$$

setzen, so daß sich (III 8, 92) zu

$$\bar{u} = \sum_{l=0}^{\infty} \frac{P_l(\mu)}{k\,r} \frac{A_l}{2} \left[e^{i\left(k r - 1\frac{\pi}{2} + \delta_l\right)} - e^{-i\left(k r - 1\frac{\pi}{2} + \delta_l\right)} \right] \tag{III 8, 99}$$

vereinfacht.

g) Unter Berufung auf die Linearität der *Schrödinger*-Gleichung definiert die Differenz der Gesamtwelle (III 8, 99) und der Primärwelle (III 8, 86)

$$\bar{u}_s = \sum_{l=0}^{\infty} \frac{P_l(\mu)}{k\,r} \frac{A_l}{2} \left[e^{i\left(k r - 1\frac{\pi}{2} + \delta_l\right)} - e^{-i\left(k r - 1\frac{\pi}{2} + \delta_l\right)} \right] -$$
$$- \sum_{l=0}^{\infty} (2\,l + 1)\, P_l(\mu)\, e^{i l\frac{\pi}{2}}\, \psi_l(k\,r) \tag{III 8, 100}$$

die komplexe Amplitude der *gestreuten Welle*; sie nähert sich gemäß (III 8, 74) mit wachsendem $k\,r$ asymptotisch der Funktion

$$\bar{u}_s = \sum_{l=0}^{\infty} \frac{P_l(\mu)}{k\,r} \left\{ \left[\frac{A_l}{2} e^{i\,\delta_l} - (2\,l + 1) \frac{e^{i l\frac{\pi}{2}}}{2\,i} \right] e^{-i\left(k r - 1\frac{\pi}{2}\right)} + \right.$$
$$\left. + \left[-\frac{A_l}{2} e^{-i\,\delta_l} + (2\,l + 1) \frac{e^{i l\frac{\pi}{2}}}{2\,i} \right] e^{-i\left(k r - 1\frac{\pi}{2}\right)} \right\}. \tag{III 8, 101}$$

Über die in (III 8, 96) und (III 8, 97) formulierte Erhaltung der Ionenzahl hinausgehend haben wir nun zu verlangen, daß durch (III 8, 101) eine vom Diffraktionszentrum aus *expandierende Welle* dargestellt wird. Auf Grund dieser „*Ausstrahlungs-Bedingung*" muß die in (III 8, 101) formal auftretende Kontraktionswelle tatsächlich verschwinden:

$$\frac{A_l}{2} = (2\,l + 1) \frac{e^{i l\frac{\pi}{2}}}{2\,i} e^{i\,\delta_l}, \tag{III 8, 102}$$

so daß die gebeugte Welle durch

$$\bar{u}_s = \sum_{l=0}^{\infty} \frac{P_l(\mu)}{k\,r} (2\,l + 1) \frac{e^{i l\frac{\pi}{2}}}{2\,i} [e^{2 i\,\delta_l} - 1]\, e^{i\left(k r - 1\frac{\pi}{2}\right)} \equiv$$
$$\equiv \sum_{l=0}^{\infty} \frac{P_l(\mu)}{k\,r} (2\,l + 1)\, e^{i\,\delta_l} \sin \delta_l\, e^{i k r} \tag{III 8, 103}$$

beschrieben wird.

h) Die Streuwelle allein erregt die radial gerichtete elektrische Konvektions-Stromdichte

$$j^r{}_s = \frac{q\,\hbar}{2\,i\,m}\left\{\overline{u}_s{}^* \frac{\partial \overline{u}_s}{\partial r} - \overline{u}_s \frac{\partial \overline{u}_s{}^*}{\partial r}\right\} =$$

$$= \frac{q\,\hbar}{m} \sum_{l=0}^{\infty} \sum_{l'=0}^{\infty} \frac{P_l(\mu)\,P_{l'}(\mu)}{k\,r^2}\,(2\,l+1)\,(2\,l'+1)\,e^{i(\delta_{l'}-\delta_l)}\,\sin\delta_l\,\sin\delta_{l'}. \qquad \text{(III 8, 104)}$$

Durch die Kugel $r = r_2$ wird daher der Strom

$$J_s = \int\limits_{\vartheta=0}^{\pi} \int\limits_{a=0}^{2\pi} (j^r{}_s)_{r=r_2} \cdot r_2 \sin\vartheta\,d\vartheta \cdot r_2\,da = 2\,\pi\,r_2{}^2 \int\limits_{\mu=-1}^{1} (j^r{}_s)_{r=r_2} \cdot d\mu$$

$$\text{(III 8, 105)}$$

gestreut; er berechnet sich aus (III 8, 104) mit Rücksicht auf die Orthogonalitäts-Relationen (III 8, 80) zu

$$J_s = \frac{q\,\hbar}{m} \cdot \frac{4\,\pi}{k} \sum_{l=0}^{\infty} (2\,l+1)\,\sin^2\delta_l. \qquad \text{(III 8, 106)}$$

Um uns seine Größe zu veranschaulichen, vergleichen wir ihn mit dem absoluten Betrage der einfallenden Ionenstromdichte, welchen wir aus (III 8, 24) auf Grund der Übereinkunft $A = A^* = 1$ zu

$$|j| = \frac{|q|\,\hbar}{m}\,k \qquad \text{(III 8, 107)}$$

entnehmen: Das Verhältnis

$$S = \frac{|J_s|}{|j|} = \frac{4\,\pi}{k^2} \sum_{l=0}^{\infty} (2\,l+1)\,\sin^2\delta_l \qquad \text{(III 8, 108)}$$

definiert den *Wirkungsquerschnitt* des streuenden Potentialfeldes oder, wenn man so will, jenes materiellen Körpers, welcher eben dieses Potentialfeld erregt. Die Kenntnis des Wirkungsquerschnittes ist hiernach im wesentlichen auf die Ermittlung der Phasenwinkel δ_l zurückgeführt.

i) Wir wenden die vorstehenden Überlegungen auf die Ionendiffraktion an einer starren Kugel vom Halbmesser a an, deren Potentialfeld formal durch die Angaben

$$\eta_{\text{pot}} \to \infty;\qquad r \leqq a \qquad \eta_{\text{pot}} = 0;\qquad r > a \qquad \text{(III 8, 109)}$$

beschrieben wird. Daher sind im Bereiche $r > a$ die früheren Voraussetzungen über die Struktur des Potentialfeldes streng erfüllt, während für alle $r \leqq a$ die resultierende Wahrscheinlichkeits-Welle identisch verschwinden muß

$$\overline{u} = 0 \qquad \text{für} \qquad r \leqq a. \qquad \text{(III 8, 110)}$$

Mit Rücksicht auf (III 8, 89), (III 8, 98) und (III 8, 102) wird nun diese Welle in $r > a$ durch

$$\overline{u} = \sum_{l=0}^{\infty} P_l(\mu)\,[A_l{}^{(1)}\,\zeta_l{}^{(1)}(k\,r) + A_l{}^{(2)}\,\zeta_l{}^{(2)}(k\,r)] =$$

$$= \sum_{l=0}^{\infty} P_l(\mu)\cdot(2\,l+1)\,\frac{e^{\,il\frac{\pi}{2}}}{2}\,[e^{i\delta_l}\,\zeta_l{}^{(1)}(k\,r) + e^{-i\delta_l}\,\zeta_l{}^{(2)}(k\,r)] \qquad \text{(III 8, 111)}$$

dargestellt; daher erhalten wir aus (III 8, 109) für den Phasenwinkel δ_1 die Gleichung

$$\frac{1}{2}\left[e^{i\delta_1}\,\zeta_1^{(1)}(k\,a) + e^{-i\delta_1}\,\zeta_1^{(2)}(k\,a)\right] = 0; \qquad \operatorname{tg}\delta_1 = \frac{\psi_1(k\,a)}{\nu_1(k\,a)}. \qquad \text{(III 8, 112)}$$

Folgende Sonderfälle seien hervorgehoben:

1. Bei langsamer Bewegung der einfallenden Ionen wird ihre *de Broglie*-Wellenlänge so groß, daß $k\,a \ll 1$ gilt. Nach (III 8, 52) und (III 8, 53) wird also

$$\operatorname{tg}\delta_0 = -k\,a; \qquad \operatorname{tg}\delta_{1>0} = -\frac{(k\,a)^{2l+1}}{[1\cdot 3\ldots(2l-1)]^2\,(2l+1)} \qquad \text{(III 8, 113)}$$

und demnach, sofern man in (III 8, 108) wegen $k\,a \ll 1$ die Funktion $\sin\delta_0$ mit $\operatorname{tg}\delta_0$ vertauscht und alle folgenden Glieder der Reihe unterdrückt

$$\lim_{ak\to 0} S = 4\pi\,a^2. \qquad \text{(III 8, 114)}$$

Der wellenmechanische Wirkungsquerschnitt der starren Kugel erweist sich somit langsamen Ionen gegenüber als das Vierfache des geometrischen Querschnittes, den die Klassische Mechanik in Rechnung stellt.

2. Bei rascher Bewegung der einfallenden Ionen wird deren *de Broglie*-Wellenlänge so klein, daß das Produkt $k\,a \gg 1$ ausfällt. Solange nun die Ordnungszahl l der Ungleichung $l < k\,a$ genügt, gilt gemäß (III 8, 74) und (III 8, 75)

$$\psi_1(k\,a) \approx \frac{1}{k\,a}\sin\left(k\,a - l\frac{\pi}{2}\right) \qquad \text{(III 8, 115)}$$

und

$$\nu_1(k\,a) \approx \frac{1}{k\,a}\cos\left(k\,a - l\frac{\pi}{2}\right) \qquad \text{(III 8, 116)}$$

also

$$\operatorname{tg}\delta_1 \approx -\operatorname{tg}\left(k\,a - l\frac{\pi}{2}\right) \qquad \text{(III 8, 117)}$$

und in der nämlichen Genauigkeit

$$\sin^2\delta_1 = \begin{array}{ll} \sin^2 k\,a & \text{für geradzahliges } l \\ \cos^2 k\,a & \text{für ungeradzahliges } l. \end{array} \qquad \text{(III 8, 118)}$$

Für je zwei aufeinanderfolgende Posten der Reihe (III 8, 108) findet man somit

$$\sin^2\delta_1 + \sin^2\delta_{1+1} = 1; \qquad 1 \leqq k\,a. \qquad \text{(III 8, 119)}$$

Dagegen sinkt für $l > k\,a$ mit $|\operatorname{tg}\delta_1|$ auch $|\sin\delta_1|$ so rasch auf überaus kleine Beträge ab, daß wir die entsprechenden Glieder der in Rede stehenden Reihe vernachlässigen dürfen. Beschränken wir daher vorübergehend den Wertevorrat der Veränderlichen $k\,a$ auf den Bereich der positiven ganzen Zahlen, so gelangen wir zu der Abschätzung

$$S \approx \frac{4\pi}{k^2}\sum_{l=0}^{ka}\frac{2l+1}{2} = \frac{2\pi}{k^2}\sum_{l=0}^{ka}(2l+1) = \frac{2\pi}{k^2}(k\,a+1)^2. \qquad \text{(III 8, 120)}$$

In ihr dürfen wir, da $k\,a \gg 1$ vorausgesetzt wurde, die Summe $(k\,a + 1)$ durch den Posten $k\,a$ allein ersetzen; geben wir gleichzeitig die frühere

Beschränkung von k a auf ganze, positive Zahlen wieder auf, so resultiert für den Wirkungsquerschnitt gemäß

$$S \approx 2\pi a^2 \qquad \text{(III 8, 121)}$$

das Doppelte seiner klassischen Größe.

III 9. Wellenmechanische Elektronenoptik.

a) Wir beschäftigen uns mit der *Newton*schen Elektronenbewegung in einem stationären elektromagnetischen Felde, welches relativ zu dem rechtsläufigen Bezugssysteme der *Kartesischen* Koordinaten x, y, z vorgegeben sei: Durch

$$\varphi = \varphi(x, y, z) \qquad \text{(III 9, 1)}$$

bezeichnen wir das elektrische Skalarpotential, während die drei beziehentlich achsenparallelen Komponenten des magnetischen Vektorpotentiales V mittels der Funktionen

$$V^j = V^j(x, y, z); \qquad j = 1, 2, 3 \qquad \text{(III 9, 2)}$$

beschrieben werden; vermöge ihrer Unabhängigkeit von der laufenden Zeit t dürfen wir sie ohne Beschränkung der Allgemeinheit durch die Bedingung

$$\operatorname{div} V = 0 \qquad \text{(III 9, 3)}$$

untereinander strukturell verknüpfen. Sei dann η die feste Gesamtenergie des kontrollierten Elektrons, so liefert sein nach (III 9, 15) gebildeter *Hamilton*scher Operator

$$H = \frac{1}{2\,m_0}\left(\frac{\hbar}{i}\,\nabla + q_0\,V\right)^2 - q_0\,\varphi \qquad \text{(III 9, 4)}$$

durch Anwendung auf die komplexe Amplitude $\overline{u}$ der elektronischen Wahrscheinlichkeitswelle deren zeitfreie *Schrödinger*-Gleichung

$$H\,\overline{u} = \eta\,\overline{u}, \qquad \text{(III 9, 5)}$$

welche mit Rücksicht auf (III 9, 3) eindeutig die explizite Gestalt

$$\nabla^2 \overline{u} - 2\frac{q_0}{i\,\hbar}\,(V \operatorname{grad} \overline{u}) + \left[\frac{2\,m_0}{\hbar^2}\,(\eta + q_0\varphi) - \frac{q_0^2}{\hbar^2}\,(V)^2\right]\overline{u} = 0 \qquad \text{(III 9, 6)}$$

annimmt.

b) Zu dem von außen „eingeprägten" Primäranteil des elektromagnetischen Feldes gesellt sich das Sekundärfeld der Elektronenbewegung, welches den von ihr geführten Raumladungen genetisch verbunden ist.

Wir beschränken uns jedoch weiterhin auf so schwache Elektronenströme, daß deren jeweiliges Sekundärfeld gegenüber dem primären außer acht bleiben darf. Auf Primärfelder von rotationssymmetrischem Bau spezialisierend, identifizieren wir die z-Achse des *Kartesi*schen Bezugssystemes mit der gleichbenannten Achse eines Zylinder-Koordinatensystemes, in welchem r den Radialabstand des Aufpunktes und a dessen Azimut gegen eine ruhende Meridianebene mißt. Aus dem Gang des elektrischen Skalarpotentiales längs der Achse

$$\Phi(z) = \varphi(z, 0) \qquad \text{(III 9, 7)}$$

resultiert dann für dessen analytische Fortsetzung in der Umgebung der Achse die nach Potenzen von r fortschreitende Reihe

$$\varphi(z, r) = \Phi(z) - \frac{r^2}{4}\,\Phi''(z) + \dots \qquad \text{(III 9, 8)}$$

Ähnlich gründet sich auf der Kenntnis der zentralen [physikalischen] Achsialkomponente der magnetischen Induktion

$$B(z) = B^z(z, 0) \qquad \text{(III 9, 9)}$$

die achsennahe Entwicklung der zirkularen [physikalischen] Komponente V^a des magnetischen Vektorpotentiales

$$V^a = V^a(z, r) = \frac{1}{2} r\, B(z) - + \ldots, \qquad \text{(III 9, 10)}$$

während sowohl dessen achsiale wie seine radiale Komponente verschwinden.

Ungeachtet der Rotationssymmetrie des elektromagnetischen Primärfeldes ist die komplexe Amplitude $\bar{u}$ der Wahrscheinlichkeitswelle in der Regel unsymmetrisch um die Achse verteilt. Daher liefert die Umrechnung der Gl. (III 9, 6) auf Zylinderkoordinaten in der *Gauß*schen Genauigkeit, welche von den in (III 9, 8) und (III 9, 10) explizit angeschriebenen Gliedern geboten wird, die *Schrödinger*-Gleichung

$$\frac{\partial^2 \bar{u}}{\partial z^2} + \frac{\partial^2 \bar{u}}{\partial r^2} + \frac{1}{r}\frac{\partial \bar{u}}{\partial r} + \frac{1}{r^2}\frac{\partial^2 \bar{u}}{\partial \alpha^2} - \frac{q_0}{i\,\hbar} B \frac{\partial \bar{u}}{\partial \alpha} + \frac{2\,m_0}{\hbar^2}(\eta + q_0\,\Phi)\,\bar{u} -$$

$$- \frac{r^2}{2}\left[\frac{m_0\,q_0}{\hbar^2}\,\Phi'' + \frac{1}{2}\frac{q_0^{\,2}}{\hbar^2} B^2\right]\bar{u} = 0. \qquad \text{(III 9, 11)}$$

Die Elektronen mögen einer den Ursprung des Bezugssystemes kreuzenden Kathode entstammen, welche wir als Basis des elektrischen Skalarpotentiales wählen

$$\Phi(0) = 0. \qquad \text{(III 9, 12)}$$

Dagegen soll längs der Halbgeraden $z > 0$ ein definit positives Potential herrschen

$$\Phi(z) > 0 \qquad \text{für} \qquad z > 0. \qquad \text{(III 9, 13)}$$

Lassen wir nun die Anfangsgeschwindigkeit der eben emittierten Elektronen außer Betracht, so verschwindet die [invariante] Gesamtenergie η des jeweils kontrollierten Einzelelektrons

$$\eta = 0. \qquad \text{(III 9, 14)}$$

Wir stellen uns die Aufgabe, der dann im Bereiche $z > 0$ zu erwartenden, achsennahen Elektronenbewegung durch Integration der Gl. (III 9, 11) nachzugehen, um die früher nur in der Begriffswelt der geometrischen Optik beschriebene *Gauß*sche Dioptrik der Elektronenstrahlen wellenmechanisch zu prüfen und erforderlichen Falles zu verschärfen.

c) Da die strenge Lösung der vorgelegten Aufgabe nicht bekannt ist, haben wir uns mit einem Näherungsverfahren zu begnügen, welches wir in folgenden Schritten entwickeln:

1. Längs der Achse möge sich eine quasiebene Elektronenwelle

$$\bar{u} \rightarrow \bar{u}_0 = \bar{u}_0(z) \qquad \text{(III 9, 15)}$$

ausbreiten, welche wir mit Rücksicht auf (III 9, 14) der für $r \rightarrow 0$ aus (III 9, 11) hervorgehenden Differentialgleichung

$$\frac{d^2 \bar{u}_0}{dz^2} + \frac{2\,m_0}{\hbar^2}\,q_0\,\Phi\,\bar{u}_0 = 0 \qquad \text{(III 9, 16)}$$

unterwerfen. Der Ansatz

$$\bar{u}_0 = A(z)\, e^{\,i\frac{S(z)}{\hbar}} \qquad \text{(III 9, 17)}$$

führt im Verein mit der Forderung der Realität der Funktionen A und S zu den simultanen Differentialgleichungen

$$\left(\frac{dS}{dz}\right)^2 - 2\,m_0\,q_0\,\Phi - \hbar^2\,\frac{1}{A}\,\frac{d^2A}{dz^2} = 0 \qquad \text{(III 9, 18)}$$

und

$$\frac{2}{A}\,\frac{dA}{dz}\,\frac{dS}{dz} + \frac{d^2S}{dz^2} = 0. \qquad \text{(III 9, 19)}$$

Zu ihrer Integration bedienen wir uns der nach Potenzen von $\hbar$ fortschreitenden Reihen

$$A = A_0 + \hbar\,A_1 + \hbar^2\,A_2 + \cdots \qquad \text{(III 9, 20)}$$

und

$$S = S_0 + \hbar\,S_1 + \hbar^2\,S_2 + \cdots \qquad \text{(III 9, 21)}$$

Durch ihre Substitution in (III 9, 18) und (III 9, 19) entstehen zwei gleichfalls je nach Potenzen von $\hbar$ aufsteigende Reihen, deren Koeffizienten somit einzeln verschwinden müssen; insbesondere genügt daher das von $\hbar$ freie, „klassische" Anfangsglied S_0 der Differentialgleichung

$$\left(\frac{dS_0}{dz}\right)^2 - 2\,m_0\,q_0\,\Phi = 0, \qquad \text{(III 9, 22)}$$

welche wir mittels

$$\frac{dS_0}{dz} = \sqrt{2\,m_0\,q_0\,\Phi}\,; \qquad S_0 = \int\limits_0^z \sqrt{2\,m_0\,q_0\,\Phi(z')}\;dz' \qquad \text{(III 9, 23)}$$

integrieren.

2. Zu Gl. (III 9, 11) zurückkehrend, suchen wir die komplexe Amplitude $\overline{u}$ der Wahrscheinlichkeitswellen durch das Produkt

$$\overline{u} = \overline{u}(z, r, a) = A(z, r, a)\,e^{\,i\,\frac{S_0(z)}{\hbar}} \qquad \text{(III 9, 24)}$$

darzustellen; im Gegensatz zu (III 9, 17) sei jedoch die hier eingeführte Funktion $A = A(z, r, a)$ auch komplexer Werte fähig. Mit Hilfe der Relationen

$$\frac{\partial^2\overline{u}}{\partial z^2} = \left[\frac{\partial^2 A}{\partial z^2} + 2\,\frac{i}{\hbar}\,\frac{\partial A}{\partial z}\,\frac{dS_0}{dz} + \frac{i}{\hbar}\,\frac{d^2S_0}{dz^2}\,A - \frac{1}{\hbar^2}\left(\frac{dS_0}{dz}\right)^2 A\right]e^{\,i\,\frac{S_0}{\hbar}}, \qquad \text{(III 9, 25)}$$

$$\frac{\partial^2\overline{u}}{\partial r^2} + \frac{1}{r^2}\,\frac{\partial\overline{u}}{\partial r} = \left[\frac{\partial^2 A}{\partial r^2} + \frac{1}{r}\,\frac{\partial A}{\partial r}\right]e^{\,i\,\frac{S_0}{\hbar}}, \qquad \text{(III 9, 26)}$$

$$\frac{\partial\overline{u}}{\partial a} = \frac{\partial A}{\partial a}\,e^{\,i\,\frac{S_0}{\hbar}}\,; \qquad \frac{1}{r^2}\,\frac{\partial^2\overline{u}}{\partial a^2} = \frac{1}{r^2}\,\frac{\partial^2 A}{\partial a^2}\,e^{\,i\,\frac{S_0}{\hbar}} \qquad \text{(III 9, 27)}$$

vereinfacht sich dann (III 9, 11) im Verein mit (III 9, 14) und (III 9, 23) zu der Gleichung

$$\frac{\partial^2 A}{\partial r^2} + \frac{1}{r}\,\frac{\partial A}{\partial r} + \frac{1}{r^2}\,\frac{\partial^2 A}{\partial a^2} + \frac{\partial^2 A}{\partial z^2} + 2\,\frac{i}{\hbar}\,\frac{\partial A}{\partial z}\,\sqrt{2\,m_0\,\eta\,\Phi} + A\,\frac{i}{\hbar^2}\,\frac{d}{dz}\,\sqrt{2\,m_0\,q_0\,\Phi}\,-$$

$$-\,\frac{q_0}{i\,\hbar}\,B\,\frac{\partial A}{\partial a} - \frac{q_0}{2\,\hbar^2}\left(m_0\,\Phi'' + \frac{1}{2}\,q_0\,B^2\right)r^2\,A = 0, \qquad \text{(III 9, 28)}$$

welche — im Rahmen der hier benutzten Beschreibung des elektromagnetischen Feldes — streng richtig ist. Für achsennahe Elektronenwellen, auf welche wir uns ja hier beschränken, gilt nun

$$\left|\frac{\partial^2 A}{\partial z^2}\right| \ll \left|A \frac{i}{\hbar^2} \frac{d^2 S_0}{dz^2}\right| = \left|A \frac{i}{\hbar^2} \frac{d}{dz} \sqrt{2\,m_0\,q_0\,\Phi}\right|, \qquad \text{(III 9, 29)}$$

so daß wir (III 9, 28) hinreichend genau durch

$$\frac{\partial^2 A}{\partial r^2} + \frac{1}{r}\frac{\partial A}{\partial r} + \frac{1}{r^2}\frac{\partial^2 A}{\partial a^2} + 2\frac{i}{\hbar}\frac{\partial A}{\partial z}\sqrt{2\,m_0\,q_0\,\Phi} + A\frac{i}{\hbar^2}\frac{d}{dz}\sqrt{2\,m_0\,q_0\,\Phi} -$$

$$- \frac{q_0}{i\hbar} B \frac{\partial A}{\partial a} - \frac{q_0}{2\hbar^2}\left(m_0\,\Phi'' + \frac{1}{2}q_0\,B^2\right)r^2 A = 0 \qquad \text{(III 9, 30)}$$

ersetzen dürfen. Um aus dieser Gleichung das in B lineare Glied zu beseitigen, vertauschen wir das gegen eine elektrodenfeste Meridianebene gemessene Azimut a mit dem Azimut

$$\bar{a} = a - a_\mathrm{m} \qquad \text{(III 9, 31)}$$

des Aufpunktes relativ zu der „lokalen", seiner jeweiligen Achsenkoordinate z zugeordneten Meridianebene

$$a_\mathrm{m} = a_\mathrm{m}(z) = \frac{1}{2}\int_0^z \frac{q_0\,B(z')}{\sqrt{2\,m_0\,q_0\,\Phi(z')}}\,dz', \qquad \text{(III 9, 32)}$$

so daß $A = A(z, r, a)$ in die Funktion

$$\bar{A}(z, r, \bar{a}) = A(z, r, \bar{a} + a_\mathrm{m}) \qquad \text{(III 9, 33)}$$

übergeht. Aus dieser Definition folgen die Relationen

$$\frac{\partial\bar{A}}{\partial z} = \frac{\partial A}{\partial z} + \frac{\partial A}{\partial a}\frac{q_0\,B}{2\sqrt{2\,m_0\,q_0\,\Phi}}, \qquad \text{(III 9, 34)}$$

$$\frac{\partial^2\bar{A}}{\partial r^2} + \frac{1}{r}\frac{\partial\bar{A}}{\partial r} = \frac{\partial^2 A}{\partial r^2} + \frac{1}{r}\frac{\partial A}{\partial r}, \qquad \text{(III 9, 35)}$$

$$\frac{\partial\bar{A}}{\partial\bar{a}} = \frac{\partial A}{\partial a}; \qquad \frac{\partial^2\bar{A}}{\partial\bar{a}^2} = \frac{\partial^2 A}{\partial a^2}, \qquad \text{(III 9, 36)}$$

durch deren Substitution in (III 9, 30) für $\bar{A}$ die partielle Differentialgleichung

$$\frac{\partial^2\bar{A}}{\partial r^2} + \frac{1}{r}\frac{\partial\bar{A}}{\partial r} + \frac{1}{r^2}\frac{\partial^2\bar{A}}{\partial\bar{a}^2} + 2\frac{i}{\hbar}\frac{\partial\bar{A}}{\partial z}\sqrt{2\,m_0\,q_0\,\Phi} + \bar{A}\frac{i}{\hbar^2}\frac{d}{dz}\sqrt{2\,m_0\,q_0\,\Phi} -$$

$$- \frac{q_0}{2}\left(\frac{m_0\,\Phi''}{\hbar^2} + \frac{1}{2}\frac{q_0\,B^2}{\hbar^2}\right)r^2\bar{A} = 0 \qquad \text{(III 9, 37)}$$

resultiert.

Es wurde schon oben betont, daß die Amplitude A, im Gegensatz zur Struktur des elektromagnetischen Primärfeldes, in der Regel keineswegs symmetrisch um die Achse des Bezugssystemes verteilt ist; diese Eigenschaft von A überträgt sich auf $\bar{A}$. Um uns dieser allgemeinen Kinematik der Elektronenwellen anzupassen, gehen wir in jeder Ebene z = const durch

$$\bar{x} = r\cos\bar{a}; \qquad \bar{y} = r\sin\bar{a} \qquad \text{(III 9, 38)}$$

zu den „lokalen" *Kartesi*schen Koordinaten $\overline{x}$, $\overline{y}$, z über. Bezeichnen wir der Kürze halber die aus $\overline{A} = \overline{A}(z, r, \overline{a})$ durch die Koordinatentransformation (III 9, 38) entstehende Funktion durch das gleiche Symbol, so entnehmen wir also für $\overline{A} = \overline{A}(\overline{x}, \overline{y}, z)$ aus (III 9, 37) die partielle Differentialgleichung

$$\frac{\partial^2 \overline{A}}{\partial \overline{x}^2} + \frac{\partial^2 \overline{A}}{\partial \overline{y}^2} + 2\,\frac{i}{\hbar}\,\frac{\partial \overline{A}}{\partial z}\,\sqrt{2\,m_0\,q_0\,\Phi} + \overline{A}\,\frac{i}{\hbar}\,\frac{d}{dz}\,\sqrt{2\,m_0\,q_0\,\Phi} -$$

$$- \frac{q_0}{2\,\hbar^2}\left(m_0\,\Phi'' + \frac{1}{2}\,q_0\,B^2\right)r^2\,\overline{A} = 0. \qquad \text{(III 9, 39)}$$

3. Um die Gleichung (III 9, 39) zu integrieren, benutzen wir das WKB-Verfahren in erweiterter Form: Mittels zweier reeller Funktionen a = a(z) und $\sigma = \sigma(\overline{x}, \overline{y}, z)$ setzen wir

$$\overline{A} = a(z)\,e^{\,i\,\frac{\sigma(\overline{x},\,\overline{y},\,z)}{\hbar}} \qquad \text{(III 9, 40)}$$

und bilden

$$\frac{\partial \overline{A}}{\partial z} = \left[\frac{da}{dz} + \frac{i}{\hbar}\,a\,\frac{\partial \sigma}{\partial z}\right]e^{\,i\,\frac{\sigma}{\hbar}} = \left[\frac{d\ln a}{dz} + \frac{i}{\hbar}\,\frac{\partial \sigma}{\partial z}\right]\overline{A}, \qquad \text{(III 9, 41)}$$

$$\frac{\partial \overline{A}}{\partial \overline{x}} = \frac{i}{\hbar}\,\frac{\partial \sigma}{\partial \overline{x}}\,\overline{A}; \qquad \frac{\partial^2 \overline{A}}{\partial \overline{x}^2} = \left[\frac{i}{\hbar}\,\frac{\partial^2 \sigma}{\partial \overline{x}^2} - \frac{1}{\hbar^2}\left(\frac{\partial \sigma}{\partial \overline{x}}\right)^2\right]\overline{A}, \qquad \text{(III 9, 42)}$$

$$\frac{\partial \overline{A}}{\partial \overline{y}} = \frac{i}{\hbar}\,\frac{\partial \sigma}{\partial \overline{y}}\,\overline{A}; \qquad \frac{\partial^2 \overline{A}}{\partial \overline{y}^2} = \left[\frac{i}{\hbar}\,\frac{\partial^2 \sigma}{\partial \overline{y}^2} - \frac{1}{\hbar^2}\left(\frac{\partial \sigma}{\partial \overline{y}}\right)^2\right]\overline{A}, \qquad \text{(III 9, 43)}$$

so daß (III 9, 39) in die Forderung

$$-\frac{1}{\hbar^2}\left[\left(\frac{\partial \sigma}{\partial \overline{x}}\right)^2 + \left(\frac{\partial \sigma}{\partial \overline{y}}\right)^2 + 2\,\sqrt{2\,m_0\,q_0\,\Phi}\,\frac{\partial \sigma}{\partial z} + \frac{q_0}{2}(\overline{x}^2 + \overline{y}^2)\left(m_0\,\Phi'' + \frac{1}{2}\,q_0\,B^2\right)\right] +$$

$$+ \frac{i}{\hbar}\left[\frac{\partial^2 \sigma}{\partial \overline{x}^2} + \frac{\partial^2 \sigma}{\partial \overline{y}^2} + 2\,\sqrt{2\,m_0\,q_0\,\Phi}\,\frac{d\ln a}{dz} + \frac{d}{dz}\,\sqrt{2\,m_0\,q_0\,\Phi}\right] = 0 \qquad \text{(III 9, 44)}$$

übergeht; sie zerfällt durch Trennung des Reellen vom Imaginären in zwei Aussagen:

I. Die Phase [Wirkungsfunktion] σ gehorcht der partiellen Differentialgleichung

$$\left(\frac{\partial \sigma}{\partial \overline{x}}\right)^2 + \left(\frac{\partial \sigma}{\partial \overline{y}}\right)^2 + 2\,\sqrt{2\,m_0\,q_0\,\Phi}\,\frac{\partial \sigma}{\partial z} + \frac{q_0}{2}(\overline{x}^2 + \overline{y}^2)\left(m_0\,\Phi'' + \frac{1}{2}\,q_0\,B^2\right) = 0.$$

$$\text{(III 9, 45)}$$

II Hat man die Phase $\sigma = \sigma(\overline{x}, \overline{y}, z)$ als Lösung von (III 9, 45) gefunden, so ergibt sich das Amplitudenquadrat a^2 der Wahrscheinlichkeitswelle $\overline{A}$ oder, in physikalischer Ausdrucksweise, die Anwesenheitsdichte der Elektronen je Einheit ihres Lebensraumes, durch Integration der Differentialgleichung

$$\frac{d}{dz}\left[\ln\left(a^2\,\sqrt{2\,m_0\,q_0\,\Phi}\right)\right] + \frac{1}{\sqrt{2\,m_0\,q_0\,\Phi}}\left[\frac{\partial^2 \sigma}{\partial \overline{x}^2} + \frac{\partial^2 \sigma}{\partial \overline{y}^2}\right] = 0 \qquad \text{(III 9, 46)}$$

In ihrer Unabhängigkeit vom *Planck*schen Wirkungsquantum $\hbar$ verraten die Gleichungen (III 9, 45) und (III 9, 46) ihre innere Verwandtschaft mit der korpuskularmechanischen Elektronenoptik; wir werden den hierdurch angedeuteten Zusammenhang der wellenmechanischen Elektronenoptik mit ihrem klassischen Vorbilde weiterhin wiederholt ausnutzen.

d) Wir beschäftigen uns zunächst mit der Differentialgleichung (III 9, 45) der Phase σ und versuchen ihre Integration durch den Ansatz

$$\sigma = \sigma_0(z) + \overline{x}\,\sigma_1(z) + \overline{y}\,\sigma_2(z) +$$

$$+ \frac{1}{2}\overline{x}^2 \sum_1 (z) + \frac{1}{2}\overline{y}^2 \sum_2 (z) + \overline{x}\,\overline{y} \sum_3 (z) + \dots \qquad \text{(III 9, 47)}$$

Unter Beschränkung auf die vorstehend explizit angegebenen Glieder dieser nach ganzen, positiven Potenzen beziehentlich von $\overline{x}$ und $\overline{y}$ fortschreitenden Reihe berechnen wir aus ihr

$$\left(\frac{\partial\sigma}{\partial\overline{x}}\right)^2 = \left(\sigma_1 + \overline{x}\sum_1 + \overline{y}\sum_3\right)^2 = (\sigma_1)^2 +$$

$$+ 2\,\overline{x}\,\sigma_1 \sum_1 + 2\,\overline{y}\,\sigma_1 \sum_3 + \overline{x}^2\left(\sum_1\right)^2 + \overline{y}^2\left(\sum_3\right)^2 + 2\,\overline{x}\,\overline{y}\sum_1 \sum_3$$

$$\text{(III 9, 48)}$$

sowie

$$\left(\frac{\partial\sigma}{\partial\overline{y}}\right)^2 = \left(\sigma_2 + \overline{y}\sum_2 + \overline{x}\sum_3\right)^2 = (\sigma_2)^2 +$$

$$+ 2\,\overline{x}\,\sigma_2 \sum_3 + 2\,\overline{y}\,\sigma_2 \sum_2 + \overline{x}^2\left(\sum_3\right)^2 + \overline{y}^2\left(\sum_2\right)^2 + 2\,\overline{x}\,\overline{y}\sum_2 \sum_3$$

$$\text{(III 9, 49)}$$

und weiter, durch den Apostroph am Symbol einer von z abhängigen Funktion jeweils deren Ableitung nach z bezeichnend,

$$\frac{\partial\sigma}{\partial z} = \sigma_0' + \overline{x}\,\sigma_1' + \overline{y}\,\sigma_2' + \frac{1}{2}\overline{x}^2 \sum{}_1' + \frac{1}{2}\overline{y}^2 \sum{}_2' + \overline{x}\,\overline{y} \sum{}_3' \qquad \text{(III 9, 50)}$$

Die Substitution von (III 9, 48), (III 9, 49) und (III 9, 50) in (III 9, 45) führt auf das Gleichungssystem

$$(\sigma_1)^2 + \qquad (\sigma_2)^2 + 2\sqrt{2\,m_0\,q_0\,\Phi}\;\sigma_0' = 0, \qquad \text{(III 9, 51)}$$

$$2\,\sigma_1 \sum_1 + 2\,\sigma_2 \sum_3 + 2\sqrt{2\,m_0\,q_0\,\Phi}\;\sigma_1' = 0, \qquad \text{(III 9, 52)}$$

$$2\,\sigma_1 \sum_3 + 2\,\sigma_2 \sum_2 + 2\sqrt{2\,m_0\,q_0\,\Phi}\;\sigma_2' = 0, \qquad \text{(III 9, 53)}$$

$$\left(\sum_1\right)^2 + \left(\sum_3\right)^2 + \sqrt{2\,m_0\,q_0\,\Phi}\sum{}_1' + \frac{q_0}{2}\left(m_0\,\Phi'' + \frac{1}{2}q_0\,B^2\right) = 0,$$

$$\text{(III 9, 54)}$$

$$\left(\sum_2\right)^2 + \left(\sum_3\right)^2 + \sqrt{2\,m_0\,q_0\,\Phi}\sum{}_2' + \frac{q_0}{2}\left(m_0\,\Phi'' + \frac{1}{2}q_0\,B^2\right) = 0,$$

$$\text{(III 9, 55)}$$

$$\sum_1 \sum_3 + \sum_2 \sum_3 + \sqrt{2\,m_0\,q_0\,\Phi}\sum{}_3' \qquad\qquad = 0.$$

$$\text{(III 9, 56)}$$

Die analytische Gestalt der Gl. (III 9, 56) legt es nahe, die vorgelegte Aufgabe durch die Wahl des Partikularintegrales

$$\sum{}_3' = 0 \qquad\qquad \text{(III 9, 57)}$$

wesentlich zu vereinfachen. Denn zunächst reduzieren sich dann die Gleichungen (III 9, 52) und (III 9, 53) beziehentlich auf die Forderungen

$$\sigma_j \sum_j + \sqrt{2\,m_0\,q_0\,\Phi}\;\sigma_j' = 0; \qquad j = 1, 2, \qquad \text{(III 9, 58)}$$

während (III 9, 54) und (III 9, 55) je in die *Riccati*sche Differentialgleichung

$$\left(\sum_j\right)^2 + \sqrt{2\,m_0\,q_0\,\Phi}\;\sum_j' + \frac{q_0}{2}\left(m_0\,\Phi'' + \frac{1}{2}\,q_0\,B^2\right) = 0; \qquad j = 1, 2$$

$$\text{(III 9, 59)}$$

übergeht. Im Einklang mit der allgemeinen Theorie dieses Gleichungstypus ersetzen wir Σ_j an Hand der Definition

$$\sum_j = \sqrt{2\,m_0\,q_0\,\Phi}\,\frac{d \ln v_j}{dz} \equiv \sqrt{2\,m_0\,q_0\,\Phi}\,\frac{1}{v_j}\,\frac{dv_j}{dz} \qquad \text{(III 9, 60)}$$

durch die Funktionen $v_j = v_j(z)$. Bilden wir dann die Ableitung

$$\sum_j' = \left(\frac{\Phi'}{2\,\Phi} - \frac{1}{v_j}\,\frac{dv_j}{dz}\right)\sum_j + \sqrt{2\,m_0\,q_0\,\Phi}\,\frac{1}{v_j}\,\frac{d^2 v_j}{dz^2} \qquad \text{(III 9, 61)}$$

so entsteht durch Substitution von (III 9, 60) und (III 9, 61) in die für Σ_j zuständige, *nichtlineare* Differentialgleichung *erster* Ordnung (III 9, 59) eine *lineare* Differentialgleichung *zweiter* Ordnung für v_j

$$\Phi\,\frac{d^2 v_j}{dz^2} + \frac{1}{2}\,\Phi'\,\frac{dv_j}{dz} + \frac{1}{4}\left(\Phi'' + \frac{1}{2}\,\frac{q_0}{m_0}\,B^2\right) v_j = 0, \qquad \text{(III 9, 62)}$$

welche mit der Differentialgleichung der achsennahen Bahnen der korpuskularen Elektronenoptik identisch ist. Sei nun

$$v = v(z) \qquad \text{(III 9, 63)}$$

ein fortan als bekannt geltendes Partikularintegral dieser Gleichung, so genügen wir nach dem Vorgang von *W. Glaser*[1] den Relationen (III 9, 60) durch die zwar nicht völlig allgemeine, für unsere Zwecke jedoch hinreichende Angabe

$$\sum_1 = \sum_2 = \sqrt{2\,m_0\,q_0\,\Phi}\,\frac{v'}{v}. \qquad \text{(III 9, 64)}$$

Wir kehren nun zu den Gleichungen (III 9, 58) zurück, aus welchen wir im Verein mit (III 9, 64) den Zusammenhang

$$\frac{d \ln \sigma_j}{dz} + \frac{d \ln v}{dz} \equiv \frac{d}{dz}\ln(\sigma_j\,v) = 0; \qquad j = 1; 2 \qquad \text{(III 9, 65)}$$

erschließen. Durch s_1, s_2 zwei vorerst je frei wählbare, reelle Konstanten bezeichnend, finden wir somit aus (III 9, 65) die Angaben

$$\sigma_1 = -\frac{s_1}{v}; \qquad \sigma_2 = -\frac{s_2}{v}. \qquad \text{(III 9, 66)}$$

Mit ihrer Hilfe führt (III 9, 51) zu der Aussage

$$\frac{d\sigma_0}{dz} = -\frac{s_1{}^2 + s_2{}^2}{v}. \qquad \text{(III 9, 67)}$$

---

[1] *W. Glaser*, Grundlagen der Elektronenoptik, S. 552 ff. Wien, Springer 1952.

Seien nun v_1 und v_2 zwei voneinander linear unabhängige, also gewiß unterschiedliche Integrale der Gl. (III 9, 62), so bestehen gleichzeitig die Identitäten

$$\Phi \frac{d^2 v_1}{dz^2} + \frac{1}{2} \Phi' \frac{dv_1}{dz} + \frac{1}{4}\left(\Phi'' + \frac{1}{2}\frac{q_0}{m_0} B^2\right) v_1 \equiv 0 \qquad \text{(III 9, 68)}$$

und

$$\Phi \frac{d^2 v_2}{dz^2} + \frac{1}{2} \Phi' \frac{dv_2}{dz} + \frac{1}{4}\left(\Phi'' + \frac{1}{2}\frac{q_0}{m_0} B^2\right) v_2 \equiv 0. \qquad \text{(III 9, 69)}$$

Wir erweitern (III 9, 68) mit v_2, (III 9, 69) mit v_1, ziehen die entstehenden Gleichungen voneinander ab und gelangen zu der Relation

$$\Phi \frac{d}{dz}\left(v_2 \frac{dv_1}{dz} - v_1 \frac{dv_2}{dz}\right) + \frac{1}{2} \Phi'\left(v_2 \frac{dv_1}{dz} - v_1 \frac{dv_2}{dz}\right) \equiv 0, \qquad \text{(III 9, 70)}$$

die wir in die Gestalt

$$\frac{d}{dz} \ln\left[\sqrt{\Phi}\, v_2{}^2 \frac{d}{dz}\left(\frac{v_1}{v_2}\right)\right] \equiv 0 \qquad \text{(III 9, 71)}$$

bringen können. Welches Integral v_2 also auch ursprünglich gewählt wurde, so ist es mit v_1 stets durch den differentiellen Zusammenhang

$$\frac{1}{v_2{}^2 \sqrt{\Phi}} = \text{Konst.}\ \frac{d}{dz}\left(\frac{v_1}{v_2}\right) \qquad \text{(III 9, 72)}$$

verbunden. Von diesem Satze Gebrauch machend, dürfen wir die in (III 9, 67) eingehende Funktion v mit v_2 identifizieren, so daß wir nach passender Wahl der [reellen] Integrationskonstanten K für σ_0 die Darstellung

$$\sigma_0 = -\frac{1}{2} K(s_1{}^2 + s_2{}^2) \frac{v_1}{v_2} \qquad \text{(III 9, 73)}$$

finden. Durch Eintragen von (III 9, 57), (III 9, 64) und (III 9, 73) in (III 9, 47) resultiert also die Funktion

$$\sigma = \frac{1}{2 v_2} [K(s_1{}^2 + s_2{}^2) v_1 - 2(s_1 \overline{x} + s_2 \overline{y}) + (\overline{x}^2 + \overline{y}^2) v_2'\sqrt{2 m_0 q_0 \Phi}. \qquad \text{(III 9, 74)}$$

e) Unter Benutzung von (III 9, 74) liefert (III 9, 46) für die Anwesenheitsdichte a^2 der Elektronen die Differentialgleichung

$$\frac{d}{dz}\left[\ln (a^2 \sqrt{2 m_0 q_0 \Phi}) + 2 \frac{v_2'}{v_2}\right] \equiv \frac{d}{dz}[\ln (a^2 v_2{}^2 \sqrt{2 m_0 q_0 \Phi})] = 0, \qquad \text{(III 9, 75)}$$

welche nach Wahl des positiv-definiten Intensitätsmaßes $(\gamma/2\,\hbar)^2$ der Wahrscheinlichkeitswellen durch

$$a^2 = \frac{\gamma^2}{(2\,\hbar\, v_2)^2\, 2 \sqrt{m_0 q_0 \Phi}} \qquad \text{(III 9, 76)}$$

gelöst wird. Gemäß (III 9, 40) schildert somit die [komplexe] Funktion

$$\overline{A} = \frac{\gamma}{2\,\hbar\, v_2 \sqrt[4]{2 m_0 q_0 \Phi}}\, e^{\frac{i}{2\hbar v_2}[K(s_1{}^2 + s_2{}^2)v_1 - 2(s_1\overline{x} + s_2\overline{y}) + (\overline{x}^2 + \overline{y}^2) v_2'\sqrt{2 m_0 q_0 \Phi}]} \qquad \text{(III 9, 77)}$$

ein Partikularintegral der *Schrödinger*-Gleichung (III 9, 39). Unter Berufung auf deren Linearität gewinnen wir nun aus (III 9, 77) eine weit allgemeinere Lösung $\tilde{A}$, indem wir die Integrationskonstanten s_1 und s_2 je als einen im Bereiche der reellen Zahlen beliebig veränderlichen Parameter auffassen und gleichzeitig γ als Funktion $\gamma(s_1; s_2)$ eben dieser beiden Parameter ansetzen: Unter der Voraussetzung seiner Konvergenz definiert das Doppelintegral

$$\tilde{A} = \int\limits_{-\infty}^{\infty} \int\limits_{-\infty}^{\infty} \overline{A}\,(s_1; s_2)\,ds_1\,ds_2 = \frac{1}{2\,\hbar\,v_2\,\sqrt[4]{2\,m_0\,q_0\,\Phi}} \int\limits_{-\infty}^{\infty} \int\limits_{-\infty}^{\infty} \gamma\,(s_1; s_2)\cdot$$

$$\cdot\, e^{\frac{i}{2\hbar v_2}[K\,(s_1^2 + s_2^2)\,v_1 - 2\,(s_1\,\overline{x} + s_2\,\overline{y}) + (\overline{x}^2 + \overline{y}^2)\,v_2'\,\sqrt{2 m_0 q_0 \Phi}]}\,ds_1\,ds_2 \qquad \text{(III 9, 78)}$$

ebenfalls eine Lösung der *Schrödinger*-Gleichung (III 9, 39), welche mittels der Identität

$$K(s_1{}^2 + s_2{}^2)\,v_1 - 2\,(s_1\,\overline{x} + s_2\,\overline{y}) \equiv K\,v_1 \left[\left(s_1 - \frac{\overline{x}}{K\,v_1}\right)^2 + \left(s_2 - \frac{\overline{y}}{K\,v_1}\right)^2\right] - $$

$$-\frac{\overline{x}^2 + \overline{y}^2}{K\,v_1} \qquad \text{(III 9, 79)}$$

die Gestalt

$$\tilde{A} = \frac{e^{\frac{i}{2\hbar v_2}\,(\overline{x}^2 + \overline{y}^2)\left(v_2'\,\sqrt{2 m_0 q_0 \Phi} - \frac{1}{K v_1}\right)}}{2\,\hbar\,v_2\,\sqrt[4]{2\,m_0\,q_0\,\Phi}} \cdot$$

$$\int\limits_{-\infty}^{\infty} \int\limits_{-\infty}^{\infty} \gamma(s_1; s_2)\, e^{\frac{iK v_1}{2\hbar v_2}\left[\left(s_1 - \frac{\overline{x}}{K v_1}\right)^2 + \left(s_2 - \frac{\overline{y}}{K v_1}\right)^2\right]}\,ds_1\,ds_2 \qquad \text{(III 9, 80)}$$

annimmt; sie reduziert sich mittels der Substitutionen

$$\frac{K\,v_1}{2\,\hbar\,v_2}\left(s_1 - \frac{\overline{x}}{K\,v_1}\right)^2 = \frac{\pi}{2}\,\xi_1{}^2; \qquad \frac{K\,v_1}{2\,\hbar\,v_2}\left(s_2 - \frac{\overline{y}}{K\,v_1}\right)^2 = \frac{\pi}{2}\,\xi_2{}^2;$$

$$ds_1\,ds_2 = \frac{\hbar\,v_2}{\pi\,K\,v_1}\,d\xi_1\,d\xi_2 \qquad \text{(III 9, 81)}$$

auf

$$\tilde{A} = \frac{\pi}{2\,K\,v_1\,\sqrt[4]{2\,m_0\,q_0\,\Phi}}\,e^{\frac{i}{2\hbar v_2}\,(\overline{x}^2 + \overline{y}^2)\left(v_2'\,\sqrt{2 m_0 q_0 \Phi} - \frac{1}{K v_1}\right)}\cdot D(\overline{x}; \overline{y}), \qquad \text{(III 9, 82)}$$

wobei abkürzend die komplexe Funktion

$$D(\overline{x}; \overline{y}) = \int\limits_{-\infty}^{\infty} \int\limits_{-\infty}^{\infty} \gamma\left(\frac{\overline{x}}{K\,v_1} + \xi_1\,\sqrt{\frac{2\,\hbar\,v_2}{K}};\, \frac{\overline{y}}{K\,v_1} + \xi_2\,\sqrt{\frac{2\,\hbar\,v_2}{K}}\right) e^{i\frac{\pi}{2}(\xi_1{}^2 + \xi_2{}^2)}\,d\xi_1\,d\xi_2$$

$$\text{(III 9, 83)}$$

eingeführt wurde.

Um die Wahrscheinlichkeitsamplitude $\tilde{A}$ mit den *Gauß*schen Abbildungseigenschaften des elektromagnetischen Feldes $(\varphi; V)$ zu verknüpfen, identifizieren wir fortan die Fundamentalintegrale v_1 und v_2 der Differentialgleichung (III 9, 62) beziehentlich mit deren Lösungen $v_1 = f(z)$ [dimensionsfrei] und $v_2 = g(z)$ [von der Dimension einer Länge], welche sich in der „Objektebene" $z = z_0$ durch die Eigenschaften

$$v_1(z) = f(z) = 1; \qquad v_1{}'(z) = f'(z) = 0 \qquad \text{für} \qquad z = z_0 \qquad \text{(III 9, 84)}$$

sowie

$$v_2(z) = g(z) = 0; \qquad v_2{}'(z) = g'(z) = 1 \qquad \text{für} \qquad z = z_0 \qquad \text{(III 9, 85)}$$

auszeichnen, und wählen überdies

$$K = \frac{1}{\sqrt{2\,m_0\,q_0\,\Phi_0}} = \frac{\lambda_0}{2\,\pi\,\hbar}; \qquad \Phi_0 = \Phi(z_0), \qquad \text{(III 9, 86)}$$

wobei λ_0 die *de Broglie*-Wellenlänge der Elektronen in der Objektebene mißt. Nach (III 9, 72) besteht dann die Relation

$$(v_2\,v_1{}' - v_1\,v_2{}')\sqrt{\overline{\Phi}} = \text{Konst.} = [(g\,f' - f\,g')\sqrt{\overline{\Phi}}]_{z=z_0} = -\sqrt{\overline{\Phi_0}}, \quad \text{(III 9, 87)}$$

welche die Gleichung

$$\frac{i}{2\,\hbar\,v_2}(\overline{x}^2 + \overline{y}^2)\left(v_2{}'\sqrt{2\,m_0\,q_0\,\Phi} - \frac{1}{K\,v_1}\right) = \frac{i}{2\,\hbar}(\overline{x}^2 + \overline{y}^2)\frac{v_1{}'}{v_1}\sqrt{2\,m_0\,q_0\,\Phi}$$

$$\text{(III 9, 88)}$$

nach sich zieht. Daher resultiert aus (III 9, 82) für $\tilde{A}$ die Darstellung

$$\tilde{A} = \frac{\pi}{2\,v_1}\frac{\sqrt{2\,m_0\,q_0\,\Phi_0}}{\sqrt[4]{2\,m_0\,q_0\,\Phi}}\,e^{\frac{i}{2\,\hbar}(\overline{x}^2 + \overline{y}^2)\frac{v_1{}'}{v_1}\sqrt{2\,m_0\,q_0\,\Phi}}\,D(\overline{x};\overline{y}), \qquad \text{(III 9, 89)}$$

welche wir auf zwei Sonderfälle anwenden:

1. Wir begeben uns in die Objektebene und finden dort gemäß (III 9, 83), (III 9, 84), (III 9, 85) und (III 9, 89) die Wahrscheinlichkeitsamplitude

$$\tilde{A}_0 = \frac{\pi}{2}\sqrt[4]{2\,m_0\,q_0\,\Phi_0}\,\gamma\left(\frac{\overline{x}}{K};\frac{\overline{y}}{K}\right)\int_{-\infty}^{\infty}\int_{-\infty}^{\infty} e^{i\frac{\pi}{2}(\xi_1^2 + \xi_2^2)}\,d\xi_1\,d\xi_2. \qquad \text{(III 9, 90)}$$

Um das in sie eingehende Doppelintegral zu berechnen, schreiben wir

$$\int_{-\infty}^{\infty}\int_{-\infty}^{\infty} e^{i\frac{\pi}{2}(\xi_1^2 + \xi_2^2)}\,d\xi_1\,d\xi_2 = 2\int_{0}^{\infty} e^{i\frac{\pi}{2}\xi_1^2}\,d\xi_1 \cdot 2\int_{0}^{\infty} e^{i\frac{\pi}{2}\xi_2^2}\,d\xi_2 = \left[2\int_{0}^{\infty} e^{i\frac{\pi}{2}\xi^2}\,d\xi\right]^2.$$

$$\text{(III 9, 91)}$$

In der komplexen $\xi = \eta + i\,\vartheta = \varrho\,e^{i\psi}$-Ebene verschwindet die Funktion $e^{i\frac{\pi}{2}\xi^2}$ innerhalb des Quadranten $0 < \psi < \pi/2$ für $\varrho \to \infty$. Unter Berufung auf den *Cauchy*schen Integralsatz dürfen wir daher den ursprünglich vom Nullpunkt längs der positiven η-Achse nach $(+\infty)$ verlaufenden Integrationsweg ohne Änderung des Ergebnisses auf den Strahl $\psi = \pi/4$; $0 \leqq \varrho < \infty$ verlegen und erhalten

$$\int_{0}^{\infty} e^{i\frac{\pi}{2}\xi^2}\,d\xi = \left(\cos\frac{\pi}{4} + i\sin\frac{\pi}{4}\right)\int_{0}^{\infty} e^{-\frac{\pi}{2}\varrho^2}\,d\varrho = \frac{1+i}{2} \qquad \text{(III 9, 92)}$$

und demnach, mit Rücksicht auf (III 9, 91)

$$\int_{-\infty}^{\infty}\int_{-\infty}^{\infty} e^{i\frac{\pi}{2}(\xi_1^2 + \xi_2^2)}\,d\xi_1\,d\xi_2 = (1 + i)^2 = 2\,i \qquad \text{(III 9, 93)}$$

Aus (III 9, 90) resultiert somit die Aussage

$$\tilde{A}_O = i\,\pi \sqrt[4]{2\,m_0\,q_0\,\Phi_O}\; \gamma\left(\frac{\overline{x}}{K}\,;\,\frac{\overline{y}}{K}\right).\qquad\text{(III 9, 94)}$$

2. Die Funktion $v_2 = v_2(z)$ nach (III 9, 85) möge in mindestens einer Ebene $z = z_B \neq z_O$ verschwinden, welche die *Gauß*sche „Bildebene" des in $z = z_O$ befindlichen Objektes definiert:

$$u_2(z) = 0 \qquad\text{für}\qquad z = z_B.\qquad\text{(III 9, 95)}$$

Schreiben wir abkürzend

$$\Phi_B = \Phi(z_B)\qquad\text{(III 9, 96)}$$

sowie

$$v_1(z_B) = M;\qquad v_1{}'(z_B) = N,\qquad\text{(III 9, 97)}$$

so entnehmen wir für die in der Bildebene herrschende Wahrscheinlichkeitsamplitude $\tilde{A}_B$ aus (III 9, 83), (III 9, 89), (III 9, 93), (III 9, 95) und (III 9, 96) die Darstellung

$$\tilde{A}_B = \frac{i\,\pi}{M}\frac{\sqrt{2\,m_0\,q_0\,\Phi_O}}{\sqrt[4]{2\,m_0\,q_0\,\Phi_B}}\, e^{\frac{i}{2\hbar}(\overline{x}^2+\overline{y}^2)\frac{N}{M}\sqrt{2\,m_0\,q_0\,\Phi_B}}\; \gamma\left(\frac{\overline{x}}{K\,M}\,;\,\frac{\overline{y}}{K\,M}\right).\qquad\text{(III 9, 98)}$$

Die Formeln (III 9, 82), (III 9, 83) versagen in den Fokalebenen $z = z_F$ der *Gauß*schen Dioptrik, welche sich durch die Eigenschaft

$$v_1(z) = 0 \qquad\text{für}\qquad z = z_F\qquad\text{(III 9, 99)}$$

auszeichnen. Im Gegensatz zu der bahnkinematischen Singularität des jeweils dort entstehenden Brennpunktes parallel in die Objektebene einfallender Strahlen bleibt jedoch die dort auftretende Wahrscheinlichkeitsamplitude $\tilde{A}_F$ der Elektronenwellen stets endlich: Setzen wir

$$\Phi_F = \Phi(z_F)\qquad\text{(III 9, 100)}$$

und

$$v_2(z_F) = F;\qquad v_2{}'(z_F) = G,\qquad\text{(III 9, 101)}$$

so liefert (III 9, 78) die Angabe

$$\tilde{A}_F = \frac{e^{\frac{i\,G}{2\hbar F}(\overline{x}^2+\overline{y}^2)\sqrt{2\,m_0\,q_0\,\Phi_F}}}{2\,\hbar\,F\sqrt[4]{2\,m_0\,q_0\,\Phi_F}}\int\limits_{-\infty}^{\infty}\int\limits_{-\infty}^{\infty}\gamma(s_1;s_2)\, e^{-\frac{i}{\hbar F}(s_1\overline{x}+s_2\overline{y})}\,ds_1\,ds_2.\qquad\text{(III 9, 102)}$$

f) Gemäß (III 9, 24) ergibt sich die Wahrscheinlichkeitswelle $\overline{u}$ der achsennahen Elektronenströmung, indem wir die dort durch das Symbol $A(z, r, a)$ bezeichnete Amplitude mit der Funktion $\tilde{A}$ beziehentlich nach (III 9, 89) und (III 9, 102) identifizieren. Sei dann $\overline{u}{}^*$ die zu $\overline{u}$ konjugiertkomplexe Wahrscheinlichkeitswelle, so finden wir die achsiale Komponente j_z der elektrischen Stromdichte j mittels der Vorschrift

$$j_z = -\frac{q_0}{m_0}\frac{\hbar}{2\,i}\left[\overline{u}{}^*\frac{\partial\overline{u}}{\partial z} - \overline{u}\frac{\partial\overline{u}{}^*}{\partial z}\right].\qquad\text{(III 9, 103)}$$

Sie liefert bei Vernachlässigung von Korrekturgliedern mindestens der zweiten Potenz des Halbmessers $\sqrt{\overline{x}^2+\overline{y}^2}$ die Angabe

$$j_z = -\frac{q_0}{m_0}\sqrt{2\,m_0\,q_0\,\Phi}\;\tilde{A}\,\tilde{A}^*.\qquad\text{(III 9, 104)}$$

Insbesondere resultiert zufolge (III 9, 94) in der Objektebene die Achsialstromdichte

$$j_{z,0} = -2\,q_0^2\,\Phi_0\,\pi^2 \cdot \left[\gamma\left(\frac{\overline{x}}{K}\,;\,\frac{\overline{y}}{K}\right)\right]^2, \qquad \text{(III 9, 105)}$$

während wir in der Bildebene die Achsialstromdichte

$$j_{z,B} = -2\,q_0^2\,\Phi_0 \cdot \frac{\pi^2}{M^2}\left[\gamma\left(\frac{\overline{x}}{K\,M}\,;\,\frac{\overline{y}}{K\,M}\right)\right]^2 \qquad \text{(III 9, 106)}$$

antreffen. Die den Punkt $(\overline{x}_0;\overline{y}_0)$ der Objektebene durchfließende Achsialstromdichte $j_{z,0}$ wird also umgekehrt proportional zum Quadrate der dioptrischen Lateralvergrößerung M auf die Achsialstromdichte $j_{z,B}$ transformiert, welche den Punkt

$$\overline{x}_B = M\overline{x}_0; \qquad \overline{y}_B = M\overline{y}_0 \qquad \text{(III 9, 107)}$$

der Bildebene durchfließt; die aus dieser kinematischen Relation folgende Gleichung

$$\int\limits_{\overline{x}_0=-\infty}^{\infty}\int\limits_{\overline{y}_0=-\infty}^{\infty} j_{z,0}\,d\overline{x}_0\cdot d\overline{y}_0 = \int\limits_{\overline{x}_B=-\infty}^{\infty}\int\limits_{\overline{y}_B=-\infty}^{\infty} j_{z,B}\,d\overline{x}_B\,d\overline{y}_B \qquad \text{(III 9, 108)}$$

bestätigt die bei der Abbildung gewiß zu fordernde Erhaltung der Elektrizität.

h) Obwohl die wellenmechanischen Abbildungsgleichungen (III 9, 101) und (III 9, 102) der achsialen Elektronenstromdichte mit den entsprechenden Aussagen der korpuskularen Elektronenoptik identisch sind, offenbart sich doch der undulatorische Charakter der Elektronenbewegung unverkennbar in dem Strömungsfeld (III 9, 104) des „Übertragungsgebietes" zwischen Objektebene und Bildebene, dessen Feinstruktur von der Metrik des *Planck*schen Wirkungsquantums beherrscht wird.

Als *Beispiel* behandeln wir die wellenmechanische Abbildung des Rechteckes $|\overline{x}_0| < a;\ |\overline{y}_0| < b$ der Objektebene, welches mit der gleichförmigen Achsialstromdichte $j_{z,0} = j_0 < 0$ von „monochromatischen" Elektronen der einheitlichen *de Broglie*-Wellenlänge λ_0 nach (III 9, 86) durchstrahlt wird. Zufolge (III 9, 105) findet sich also für die Funktion γ die Angabe

$$\left[\gamma\left(\frac{\overline{x}}{K}\,;\,\frac{\overline{y}}{K}\right)\right]^2 = \frac{-j_0}{2\,q_0^2\,\Phi_0\pi^2} \qquad \begin{matrix}|\overline{x}| < a \\ |\overline{y}| < b\end{matrix}, \qquad \text{(III 9, 109)}$$

während sie für alle $|\overline{x}| > a;\ |\overline{y}| > b$ verschwindet. Im Aufpunkt $(\overline{x};\overline{y})$ der Kontrollebene z lautet somit das Doppelintegral (III 9, 83) explizit

$$D(\overline{x};\overline{y}) = \sqrt{\frac{-j_0}{2\,q_0^2\,\Phi_0\,\pi^2}}\int\limits_{\xi_1^{(1)}}^{\xi_1^{(2)}} e^{i\frac{\pi}{2}\xi_1^2}\,d\xi_1 \int\limits_{\xi_2^{(1)}}^{\xi_2^{(2)}} e^{i\frac{\pi}{2}\xi_2^2}\,d\xi_2 \qquad \text{(III 9, 110)}$$

mit

$$\xi_1^{(1)} = -\frac{1}{\sqrt{2\,K\,\hbar\,v_2}}\frac{\overline{x}+a}{v_1}\,; \qquad \xi_1^{(2)} = -\frac{1}{\sqrt{2\,K\,\hbar\,v_2}}\frac{\overline{x}-a}{v_1}, \qquad \text{(III 9, 111)}$$

$$\xi_2^{(1)} = -\frac{1}{\sqrt{2\,K\,\hbar\,v_2}}\frac{\overline{y}+b}{v_1}\,; \qquad \xi_2^{(2)} = -\frac{1}{\sqrt{2\,K\,\hbar\,v_2}}\frac{\overline{y}-b}{v_1}. \qquad \text{(III 9, 112)}$$

Bei Benutzung der numerisch bekannten *Fresnel*schen Integrale [vgl. Ziffer III 2]

$$C(t) = \int_0^t \cos\left(\frac{\pi}{2}\,\xi^2\right) d\xi; \qquad S(t) = \int_0^t \sin\left(\frac{\pi}{2}\,\xi^2\right) d\xi \qquad (III\ 9,\ 113)$$

nimmt somit (III 9, 110) die Gestalt

$$D(\overline{x};\ \overline{y}) = \sqrt{\frac{-j_0}{2\,q_0{}^2\,\varPhi_0\,\pi^2}}\,(C + i\,S)\Big|_{\xi_1{}^{(1)}}^{\xi_1{}^{(2)}} \cdot (C + i\,S)\Big|_{\xi_2{}^{(1)}}^{\xi_2{}^{(2)}} \qquad (III\ 9,\ 114)$$

an.

III 10. Die Auflösungsgrenze des Elektronen-Mikroskopes.

a) In Ziffer III 9 beschäftigten wir uns mit der Wellenmechanik einer elektronenoptischen Abbildung, deren „eingeprägte", elektromagnetische Führungsfelder rotationssymmetrisch um die z-Achse eines Zylinder-Koordinatensystemes vom Radialabstand r und vom Azimut a seiner Aufpunkte verteilt sind. Durch die angenäherte Integration der hierfür zuständigen *Schrödinger*-Gleichung konnten wir nachweisen, daß ein vorgegebener Objektpunkt (z_0, r_0, a_0) stigmatisch in den ihm zugeordneten Bildpunkt (z_B, r_B, a_B) transformiert wird, sofern man sich auf achsennahe Strahlen im Sinne der *Gauß*schen Dioptrik beschränkt. Man sollte daher meinen, daß die genannte Abbildung umso genauer hergestellt werden kann, je enger man den Querschnitt des abbildenden Wellenbündels wählt; gleichzeitig würde dann die elektronenmikroskopisch erreichbare Auflösung zweier in der gleichen Ebene z = z_0 im Abstande d nebeneinander gelegener Objektpunkte beliebig gesteigert werden können: Die gewünschte, „genaue" Abbildung müßte sich mit Hilfe einer in der Ebene

$$z = z_{Bl} \qquad [z_0 < z_{Bl} < z_B] \qquad (III\ 10,\ 1)$$

fixierten Kreisblende

$$r < R_{Bl} \qquad (III\ 10,\ 2)$$

durch den Grenzprozeß

$$R_{Bl} \to 0 \qquad (III\ 10,\ 3)$$

realisieren lassen.

Dieser vom Standpunkte der korpuskularen Elektronenoptik so einleuchtende Gedankengang ist jedoch wellenmechanisch unhaltbar. Denn im Rahmen der Quantentheorie bedeutet ja der Einsatz einer Blende der geforderten Eigenschaft $R_{Bl} \to 0$ sozusagen den Versuch, innerhalb der Blendenebene z = z_{Bl} den *Ort* der zum Bildpunkt zielenden Elektronen möglichst genau zu messen; auf Grund der *Heisenberg*schen Ungenauigkeits-Relationen [Ziffer II 5] bleibt dann aber die gleichzeitig in irgend eine Meridianebene $0 \leqq a < 2\pi$ fallende, radiale *Impulskomponente* p_r des jeweils kontrollierten Elektrons nach Passage der Blende mindestens um den Betrag

$$\varDelta p_r = \frac{h}{R_{Bl}} \qquad (III\ 10,\ 4)$$

unbestimmt, der seinerseits bei dem gemäß (III 10, 3) beabsichtigten Grenzübergang zu $R_{Bl} \to 0$ jedes Maß überschreitet. Die hiernach unweigerlich in der Blendenebene entstehende *stochastische Radialablenkung* der

Elektronen wird nun in der Bildebene $z = z_B$ in einer *Streuung* der vom Objekt her einfallenden Elektronen manifest: Rings um die elektronenoptische Spur (r_B, a_B) des abbildenden Strahles entsteht ein „*Hof*", dessen radiale Ausdehnung entsprechend (III 10, 4) mit $R_{Bl} \to 0$ schrankenlos anwächst; daher versagt eben dort die früher entwickelte, ja durchaus auf *achsennahe Elektronenstrahlen* beschränkte Integrationsmethode, welche somit einer wesentlichen Ergänzung bedarf.

b) Um die gestellte Aufgabe mit einfachen Mitteln zu bewältigen, sei, unter Verzicht auf Allgemeinheit, folgenden vereinfachenden Annahmen zugestimmt:

1. Das „eingeprägte", zeitfreie Führungsfeld sei *rein elektrischer Natur*; es kann daher durch sein *Skalarpotential* $\varphi = \varphi(z, r)$ [Rotationssymmetrie!] erschöpfend beschrieben werden, welches mittels des *Achsenpotentiales*

$$\Phi = \varphi(z, 0) \qquad \text{(III 10, 5)}$$

durch die nach ganzen, positiven Potenzen von r fortschreitende Entwicklung

$$\varphi(z, r) = \Phi(z) - \frac{r^2}{4}\Phi''(z) + \frac{r^4}{64}\Phi^{IV}(z) - + \ldots \qquad \text{(III 10, 6)}$$

dargestellt wird.

2. Das Gebiet zwischen der Blendenebene $z = z_{Bl}$ und der Bildebene $z = z_B$ sei merklich *feldfrei*:

$$\varphi = \Phi(z_{Bl}) = \Phi(z_B); \qquad z_{Bl} < z \leqq z_B. \qquad \text{(III 10, 7)}$$

3. Die Elektronen mögen die Kathode $[\varphi = 0]$ mit unmerklich kleiner Startgeschwindigkeit verlassen. Im Gültigkeitsbereich der *Newton*schen Mechanik, auf den wir uns weiterhin beschränken, berechnet sich dann der absolute Betrag v der vektoriellen, korpuskularen Elektronengeschwindigkeit v an allen Orten der Feldeigenschaft $\varphi \geqq 0$ mittels des *Energiesatzes* zu

$$v = \sqrt{2\frac{q_0}{m_0}\varphi}; \qquad \varphi \geqq 0, \qquad \text{(III 10, 8)}$$

während das Gebiet $\varphi < 0$ den Elektronen unzugänglich bleibt.

c) An den klassischen Korpuskularvorstellungen zunächst festhaltend, stellen wir dem Geschwindigkeitsvektor v den *Impulsvektor*

$$p = m_0 v \qquad \text{(III 10, 9)}$$

vom absoluten Betrage

$$p = m_0 v = \sqrt{2 m_0 q_0 \varphi} \qquad \text{(III 10, 10)}$$

zur Seite. Lassen wir jetzt die kinematischen Startbedingungen der eben emittierten Elektronen vorübergehend außer acht, so dürfen wir stets den beliebig gewählten Punkt (z_O, r_O, a_O) der Objektebene mit dem ebenso festgelegten Punkt (z_{Bl}, r_{Bl}, a_{Bl}) der Blendenebene gedanklich durch die *Bahnkurve*

$$r = r(z); \qquad a = a(z) \qquad \text{(III 10, 11)}$$

verbinden, welche den Elektronen von den ponderomotorischen Kräften des Potentialfeldes φ aufgezwungen wird. Durch r', a' beziehentlich die Ableitungen von r und a nach z bezeichnend, messen wir also mittels

$$ds = \sqrt{1 + r'^2 + r^2 a'^2}\, dz \qquad \text{(III 10, 12)}$$

das *Bogendifferential* der Bahnkurve zwischen den infinitesimal benachbarten Kontrollebenen z und $(z + dz)$.

Aus (III 10, 10) und (III 10, 12) bilden wir die „*Kernfunktion*"

$$K(r, a; r', a') = p\,\frac{ds}{dz} = p\,\sqrt{1 + r'^2 + r^2 a'^2}. \qquad \text{(III 10, 13)}$$

Um sie explizit darzustellen, tragen wir zunächst (III 10, 6) in (III 10, 10) ein und finden, indem wir den Radikanden in eine nach ganzen, positiven Potenzen von r bis zur vierten Ordnung einschließlich fortgeführte, binomische Reihe entwickeln

$$p = \sqrt{2\,m_0\,q_0\,\Phi}\left[1 - \frac{r^2}{8}\frac{\Phi''}{\Phi} + \frac{r^4}{128}\left\{\frac{\Phi^{IV}}{\Phi} - \frac{\Phi''^2}{\Phi^2}\right\}\right]. \qquad \text{(III 10, 14)}$$

Auf demselben Wege folgt

$$\frac{ds}{dz} = \sqrt{1 + r'^2 + r^2 a'^2} = 1 + \frac{1}{2}\,(r'^2 + r^2 a'^2) - \frac{1}{8}\,(r'^2 + r^2 a'^2)^2.$$

$$\text{(III 10, 15)}$$

Durch

$$p_{Bl}^{(0)} = \sqrt{2\,m_0\,q_0\,\Phi_{Bl}}\,; \qquad \Phi_{Bl} = \Phi(z_{Bl}), \qquad \text{(III 10, 16)}$$

den absoluten Betrag des Impulses im Achsenpunkte der Blendenebene einführend, ergibt sich also aus (III 10, 14) und (III 10, 15) in gleicher Genauigkeit die Kernfunktion

$$K(r, a; r', a') = K_0 + K_2 + K_4 \qquad \text{(III 10, 17)}$$

der Komponenten

$$K_0 = p_{Bl}^{(0)}\sqrt{\frac{\Phi}{\Phi_{Bl}}} \qquad \text{(III 10, 18)}$$

$$K_2 = p_{Bl}^{(0)}\sqrt{\frac{\Phi}{\Phi_{Bl}}}\left[-\frac{r^2}{8}\frac{\Phi''}{\Phi} + \frac{r'^2 + r^2 a'^2}{2}\right] \qquad \text{(III 10, 19)}$$

$$K_4 = -\,p_{Bl}^{(0)}\sqrt{\frac{\Phi}{\Phi_{Bl}}}\left[\frac{r^4}{128}\left\{\frac{\Phi''^2}{\Phi^2} - \frac{\Phi^{IV}}{\Phi}\right\} + \frac{r^2(r'^2 + r^2 a'^2)}{16}\frac{\Phi''}{\Phi} + \frac{(r'^2 + r^2 a'^2)^2}{8}\right].$$

$$\text{(III 10, 20)}$$

Mit Hilfe der Bahngleichungen (III 10, 11) verwandelt sich der Kern in eine Funktion $\overline{K} = \overline{K}(z)$ allein der Achsenkoordinate, in welche, bei vorgegebener Lage sowohl der Objektebene wie der Blendenebene, die beiden Koordinatenpaare (r_O, a_O) und (r_{Bl}, a_{Bl}) als Parameter eintreten. Das eben als Funktion dieser vier Koordinaten aufgefaßte Integral

$$S = S(r_O, a_O; r_{Bl}, a_{Bl}) = \int\limits_{z_O}^{z_{Bl}} \overline{K}(z)\,dz = S_0 + S_2 + S_4$$

$$S_0 = \int\limits_{z_O}^{z_{Bl}} \overline{K}_0(z)\,dz\,; \qquad S_2 = \int\limits_{z_O}^{z_{Bl}} \overline{K}_2(z)\,dz\,; \qquad S_4 = \int\limits_{z_O}^{z_{Bl}} \overline{K}_4(z)\,dz$$

$$\left.\right\} \text{(III 10, 21)}$$

mißt zufolge (III 10, 13) die auf ein Elektron längs seiner Bahn ausgeübte *Wirkung*, welche als *Punkteikonal* der vorgenannten vier Koordinaten bezeichnet wird; als solches bildet es die Mutterfunktion der beziehentlich in den Ebenen z_O und z_{Bl} auftretenden radialen Impulskomponenten p_r

und (physikalischen) zirkularen Impulskomponenten p^a: Man erhält sie aus den Differentialoperationen

$$[p_r]_{z=z_O} = -\frac{\partial S}{\partial r_O} \; ; \qquad [p^a]_{z=z_O} = -\frac{1}{r_O}\frac{\partial S}{\partial a_O} \qquad \text{(III 10, 22)}$$

und

$$[p_r]_{z=z_{Bl}} = \frac{\partial S}{\partial r_{Bl}} \; ; \qquad [p^a]_{z=z_{Bl}} = \frac{1}{r_{Bl}}\cdot\frac{\partial S}{\partial a_{Bl}}\cdot \qquad \text{(III 10, 23)}$$

d) Um die in (III 10, 11) nur formal angegebenen kinematischen Bahngleichungen wirklich herzustellen, bedienen wir uns des *Prinzips der kleinsten Wirkung* [Ziffer II 1]: Verformen wir die ,,wahre" Bahn zwischen ihren ein für allemal fixierten Endpunkten (z_O, r_O, a_O) einerseits und (z_{Bl}, r_{Bl}, a_{Bl}) andererseits bei unveränderter Gesamtenergie des Elektrons durch ,,*asynchrone Variation*" [Symbol Δ] zu einer Nachbarbahn, so bleibt die Wirkung *stationär*:

$$\Delta S = 0. \qquad \text{(III 10, 24)}$$

Diese Aussage zieht, nach Ausführung der verlangten Variationen in (III 10, 17) und deren Substitution in (III 10, 21), für r und a beziehentlich die *Euler-Lagrange*schen Gleichungen

$$\frac{d}{dz}\left(\frac{\partial K}{\partial r'}\right) - \frac{\partial K}{\partial r} = 0 \qquad \text{(III 10, 25)}$$

sowie

$$\frac{d}{dz}\left(\frac{\partial K}{\partial a'}\right) - \frac{\partial K}{\partial a} = 0 \qquad \text{(III 10, 26)}$$

nach sich; ihre Integrale liefern, nachdem sie den Randbedingungen

$$r = r_O; \qquad a = a_O \qquad \text{für} \qquad z = z_O \qquad \text{(III 10, 27)}$$

und

$$r = r_{Bl}; \qquad a = a_{Bl} \qquad \text{für} \qquad z = z_{Bl} \qquad \text{(III 10, 28)}$$

angepaßt wurden, die gesuchten Bahngleichungen.

e) Stellt man in der Entwicklung (III 10, 17) der Funktion K nur die Glieder K_0 und K_2 in Rechnung, so nehmen mit Rücksicht auf (III 10, 18) und (III 10, 19) die Gleichungen (III 10, 25), (III 10, 26) die Gestalten

$$\frac{d}{dz}\left(\sqrt{2\,m_0\,q_0\,\Phi}\,r'\right) + r\,\sqrt{2\,m_0\,q_0\,\Phi}\left[\frac{1}{4}\frac{\Phi''}{\Phi} - a'^2\right] = 0 \qquad \text{(III 10, 29)}$$

und

$$\frac{d}{dz}\left(\sqrt{2\,m_0\,q_0\,\Phi}\,r^2\,a'\right) = 0 \qquad \text{(III 10, 30)}$$

an. Unter der weiterhin einzuhaltenden Voraussetzung

$$\Phi(z) > 0; \qquad z_O \leqq z \leqq z_{Bl} \qquad \text{(III 10, 31)}$$

erschließen wir nun aus (III 10, 30) im Verein mit der implizit in (III 10, 14) enthaltenen Annahme verschwindend kleiner Startgeschwindigkeit der eben emittierten Elektronen die differentiale Bahneigenschaft

$$a' = 0. \qquad \text{(III 10, 32)}$$

Daher sind a_O und a_{Bl} nicht, wie früher angesetzt wurde, unabhängig voneinander wählbar, sondern durch die Gleichheit

$$a = a_O = a_{Bl} = \text{const} \qquad \text{(III 10, 33)}$$

aneinander gebunden. Gemäß (III 10, 29) gehorcht somit die Radialabweichung $r = r(z)$ des Elektrons von der Systemachse in allen Meridianebenen (III 10, 33) derselben linearen Differentialgleichung zweiter Ordnung

$$\frac{d}{dz}\left(\sqrt{2\,m_0\,q_0\,\Phi}\;r'\right) + \frac{1}{4}\frac{\Phi''}{\Phi}\sqrt{2\,m_0\,q_0\,\Phi}\;r = 0, \qquad \text{(III 10, 34)}$$

deren Lösungen die geometrisch-elektronenoptischen Gesetze der *Gauß*schen Dioptrik enthalten.

Unter den Paaren je voneinander linear unabhängigen Fundamentalintegralen $F(z)$ und $G(z)$ wählen wir für unsere Zwecke jene, die den Bedingungen

$$F(z) = 1; \qquad G(z) = 0 \qquad \text{für} \qquad z = z_O \qquad \text{(III 10, 35)}$$

sowie

$$F(z) = 0; \qquad G(z) = 1 \qquad \text{für} \qquad z = z_{Bl} \qquad \text{(III 10, 36)}$$

genügen. Falls (III 10, 33) erfüllt ist, verläuft somit die Bahnkurve nach Abb. III 134

$$r = r_O\,F(z) + r_{Bl}\,G(z) \qquad \text{(III 10, 37)}$$

durch die vorgegebenen Fixpunkte (z_O, r_O, a_O) und (z_{Bl}, r_{Bl}, a_{Bl}), so daß sie — in der Genauigkeit der *Gauß*schen Dioptrik — die verlangte Lösung der Bewegungsgleichungen darstellt.

In dem an die Blendenebene anschließenden, gemäß (III 10, 7) feldfreien Gebiet entartet die Bahnkurve zu einer der Meridianebene (III 10, 33) angehörigen *Geraden*. Um ihre Gleichung zu finden, berechnen wir aus (III 10, 37) die Neigung r_{Bl}' der in die Blendenebene einfallenden Elektronen:

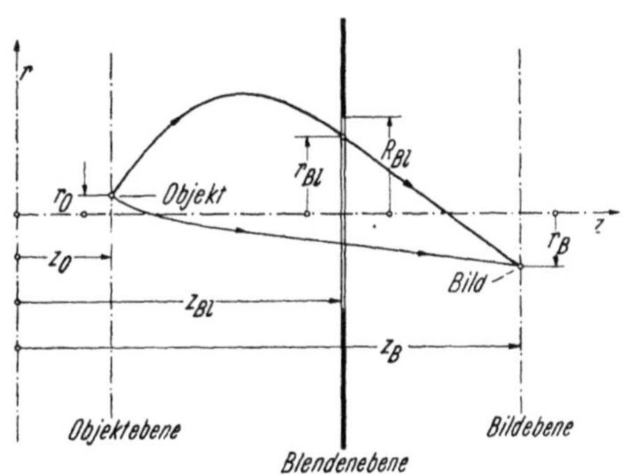

Abb. III 134. Bahnkurve der *Gauß*schen Dioptrik.

$$r_{Bl}' = r_O\,F'(z_{Bl}) + r_{Bl}\,G'(z_{Bl}). \qquad \text{(III 10, 38)}$$

Daher lautet die gesuchte Gleichung

$$r = r_{Bl} + (z - z_{Bl})\,r_{Bl}' = r_{Bl}\left[1 + (z - z_{Bl})\,G'(z_{Bl})\right] + r_O\,(z - z_{Bl})\,F'(z_{Bl}). \qquad \text{(III 10, 39)}$$

In der *Gauß*schen Bildebene der allerdings vorerst noch unbekannten Lage $z = z_B$ treffen sich definitionsgemäß sämtlich zwar vom gleichen Objektpunkte (z_O, r_O, a_O) ausgehenden, die Blendenebene jedoch in unterschiedlichen Achsenabständen r_{Bl} kreuzenden Bahnkurven in ein und demselben *Bildpunkte* (z_B, r_B, a_B). Im Verein mit der aus (III 10, 33) zu entnehmenden meridianen Angabe

$$a_B = a_O \qquad \text{(III 10, 40)}$$

genügen wir dieser kinematischen Konvergenzforderung, indem wir den in (III 10, 39) eingehenden Koeffizienten von r_{Bl} annullieren: Die Gleichung

$$1 + (z_B - z_{Bl})\,G'(z_{Bl}) = 0 \qquad \text{(III 10, 41)}$$

schildert uns durch ihre Auflösung

$$z_B = z_{Bl} - \frac{1}{G'(z_{Bl})} \qquad \text{(III 10, 42)}$$

die *Lage* der *Gauß*schen Bildebene; mit Hilfe dieser Kenntnis resultiert aus (III 10, 39) für den *Bildort* die Aussage

$$r_B = r_0(z_B - z_{Bl})\, F'(z_{Bl}) = -\, r_0 \frac{F'(z_{Bl})}{G'(z_{Bl})}. \qquad \text{(III 10, 43)}$$

so daß das Verhältnis

$$M = \frac{r_B}{r_0} = -\frac{F'(z_{Bl})}{G'(z_{Bl})} \qquad \text{(III 10, 44)}$$

die *Lateralvergrößerung* der elektronenoptischen Abbildung mißt.

Als Integrale der Differentialgleichung (III 10, 34) genügen die Funktionen F(z) und G(z) gleichzeitig den Identitäten

$$\frac{\mathrm{d}}{\mathrm{d}z}\left(\sqrt{2\, m_0\, q_0\, \varPhi}\; F'\right) +$$

$$+ \frac{1}{4}\frac{\varPhi''}{\varPhi}\sqrt{2\, m_0\, q_0\, \varPhi}\; F \equiv 0$$

$$\text{(III 10, 45)}$$

und

$$\frac{\mathrm{d}}{\mathrm{d}z}\left(\sqrt{2\, m_0\, q_0\, \varPhi}\; G'\right) +$$

$$+ \frac{1}{4}\frac{\varPhi''}{\varPhi}\sqrt{2\, m_0\, q_0\, \varPhi}\; G \equiv 0.$$

$$\text{(III 10, 46)}$$

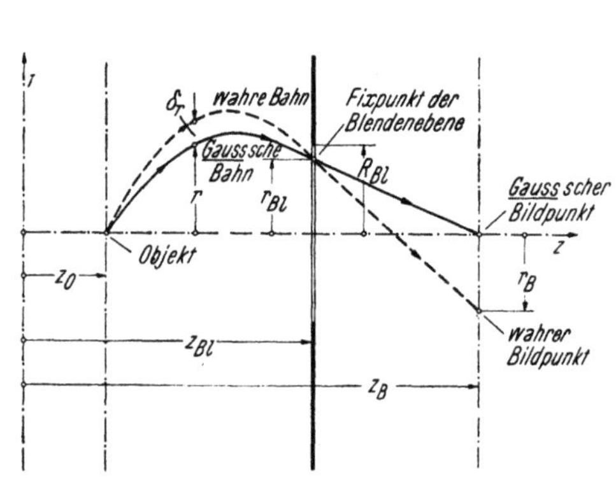

Abb. III 135. Abbildung des Achsenpunktes.

Wir erweitern (III 10, 45) mit G, (III 10, 46) mit F und finden durch Subtraktion der entstehenden Ausdrücke die Relation

$$G\frac{\mathrm{d}}{\mathrm{d}z}\left(\sqrt{2\, m_0\, q_0\, \varPhi}\; F'\right) - F\frac{\mathrm{d}}{\mathrm{d}z}\left(\sqrt{2\, m_0\, q_0\, \varPhi}\; G'\right) \equiv$$

$$\equiv \frac{\mathrm{d}}{\mathrm{d}z}\left[\sqrt{2\, m_0\, q_0\, \varPhi}\;(G\, F' - F\, G')\right] = 0. \qquad \text{(III 10, 47)}$$

Ihre Integration über den Bereich $z_0 \leqq z \leqq z_{Bl}$ stiftet somit im Hinblick auf (III 10, 35), (III 10, 36) den Zusammenhang

$$\sqrt{2\, m_0\, q_0\, \varPhi(z_{Bl})}\; F'(z_{Bl}) = -\sqrt{2\, m_0\, q_0\, \varPhi(z_0)}\; G'(z_0), \qquad \text{(III 10, 48)}$$

von welchem wir später Gebrauch machen werden.

f) Wir spezialisieren die voranstehenden Überlegungen auf die elektronenoptische Abbildung des *Achsenpunktes*

$$z = z_0; \qquad r = r_0 = 0 \qquad \text{(III 10, 49)}$$

der Objektebene, so daß sich die Gleichung (III 10, 37) der *Gauß*schen Strahlbahn auf die Angabe [Abb. III 135]

$$r = r_{Bl} \cdot G(z); \qquad z_0 \leqq z \leqq z_{Bl} \qquad \text{(III 10, 50)}$$

reduziert. Durch ihre Substitution in (III 10, 19) finden wir somit die Kernkomponente zweiter Ordnung

$$\overline{K}_2 = p_{Bl}^{(0)} \cdot \frac{r_{Bl}^2}{2} \sqrt{\frac{\Phi}{\Phi_{Bl}}} \left[G'^2 - \frac{1}{4} G^2 \frac{\Phi''}{\Phi} \right], \qquad \text{(III 10, 51)}$$

aus welcher sich gemäß (III 10, 21) die „gleichnamige" Komponente S_2 des Punkteikonales S zu

$$S_2 = \int_{z_O}^{z_{Bl}} \overline{K}_2 \, dz = p_{Bl}^{(0)} \frac{r_{Bl}^2}{2} \int_{z_O}^{z_{Bl}} \sqrt{\frac{\Phi}{\Phi_{Bl}}} \left[G'^2 - \frac{1}{4} G^2 \frac{\Phi''}{\Phi} \right] dz \qquad \text{(III 10, 52)}$$

berechnet. Vermöge (III 10, 34) besteht nun die Identität

$$\sqrt{\frac{\Phi}{\Phi_{Bl}}} \left[G'^2 - \frac{1}{4} G^2 \frac{\Phi''}{\Phi} \right] \equiv \sqrt{\frac{\Phi}{\Phi_{Bl}}} \, G'^2 + G \frac{d}{dz} \left(\sqrt{\frac{\Phi}{\Phi_{Bl}}} \, G' \right) \equiv \frac{d}{dz} \left(\sqrt{\frac{\Phi}{\Phi_{Bl}}} \, G \, G' \right),$$

$$\text{(III 10, 53)}$$

so daß (III 10, 52) mit Rücksicht auf die Eigenschaften (III 10, 35) und (III 10, 36) der Funktion G(z) im Verein mit (III 10, 16) in

$$S_2 = p_{Bl}^{(0)} \cdot \frac{r_{Bl}^2}{2} \sqrt{\frac{\Phi}{\Phi_{Bl}}} \, G \, G' \bigg|_{z_O}^{z_{Bl}} = p_{Bl}^{(0)} \frac{r_{Bl}^2}{2} G'(z_{Bl}) \qquad \text{(III 10, 54)}$$

übergeht. Da nun gemäß (III 10, 18) und (III 10, 21) die Eikonalkomponente nullter Ordnung

$$S_0 = \int_{z_O}^{z_{Bl}} \overline{K}_0 \, dz = p_{Bl}^{(0)} \int_{z_O}^{z_{Bl}} \sqrt{\frac{\Phi}{\Phi_{Bl}}} \, dz \qquad \text{(III 10, 55)}$$

von der Gestalt der Strahlbahn völlig unabhängig ist, liefert (III 10, 23) im Verein mit (III 10, 54) für die „*Gauß*sche" Radialkomponente des Impulses in der Blendenebene die Angabe

$$[p_r]_{z=z_{Bl}} = \frac{\partial S}{\partial r_{Bl}} = \frac{\partial (S_0 + S_2)}{\partial r_{Bl}} = \frac{\partial S_2}{\partial r_{Bl}} = p_{Bl}^{(0)} \, r_{Bl} \, G'(z_{Bl}), \qquad \text{(III 10, 56)}$$

während die ebendort gemessene zirkulare [physikalische] Impulskomponente verschwindet:

$$[p^\alpha]_{z=z_{Bl}} = \frac{1}{r_{Bl}} \cdot \frac{\partial S}{\partial \alpha_{Bl}} = \frac{1}{r_{Bl}} \frac{\partial (S_0 + S_2)}{\partial \alpha_{Bl}} = 0. \qquad \text{(III 10, 57)}$$

Im Rahmen der hier behandelten *Gauß*schen Dioptrik behalten wir bei der Beschreibung der Strahlbahnen geflissentlich nur die *ersten Potenzen der Radialabweichungen* r bei. Im Einklang mit dieser methodischen Vorschrift dürfen wir die achsiale Impulskomponente

$$p_z = \sqrt{p^2 - (p_r^2 + p^\alpha)^2} \qquad \text{(III 10, 58)}$$

dem absoluten Betrage p des Gesamtimpulses gleichsetzen, der seinerseits, zufolge (III 10, 10), (III 10, 14) und (III 10, 16), in der Blendenebene die Größe

$$[p]_{z=z_{Bl}} = \sqrt{2 \, m_0 \, q_0 \, \Phi(z_{Bl})} = p_{Bl}^{(0)} \qquad \text{(III 10, 59)}$$

offenbart. Demnach verläßt das in $r = r_{Bl}$ die Blendenebene kreuzende Elektron diese Ebene unter der Neigung

$$r_{Bl}' = \left[\frac{p_r}{p_z}\right]_{z \, = \, z_{Bl}} = r_{Bl} \cdot G'(z_{Bl}) \qquad \text{(III 10, 60)}$$

in Übereinstimmung mit der aus (III 10, 38) und (III 10, 49) folgenden Aussage; gemäß (III 10, 39) und (III 10, 49) bildet also die Bahn

$$r = r_{Bl} \left[1 + (z - z_{Bl}) \, G'(z_{Bl})\right]; \qquad z \geqq z_{Bl} \qquad \text{(III 10, 61)}$$

die stetige Fortsetzung der Bahn (III 10, 50) in das jenseits der Blendenebene gelegene Gebiet.

Im Gegensatz zu der in r *linearen* Beschreibung der *Gaußschen Bahnkurven* muß man die Berechnung des zugehörigen *Punkteikonals* bis zu Gliedern *zweiter Ordnung* seiner Argumente durchführen. Nun mißt

$$s = (z - z_{Bl}) \, \frac{p}{p_z}; \qquad z < z_{Bl} \qquad \text{(III 10, 62)}$$

die Länge der [geradlinigen] Bahn (III 10, 61) zwischen der Blendenebene und einer Kontrollebene $z > z_{Bl}$, so daß auf das Elektron längs seines Weges von der Objektebene bis zu jener Kontrollebene die Wirkung

$$S = S(z_{Bl}) + p \cdot s = S_0 + S_2 + (z - z_{Bl}) \, \frac{p^2}{p_z}; \qquad z > z_{Bl} \qquad \text{(III 10, 63)}$$

ausgeübt wird. Bei der Berechnung des dritten Postens der rechter Hand auftretenden Summe hat man die unterschiedlichen Werte des gemäß (III 10, 6) für $z \to z_{Bl}$ unmittelbar *vor* der Blendenebene [Symbol: $z_{Bl} - 0$] resultierenden Potentiales

$$\varphi_- = \lim_{z \to z_{Bl} - 0} \varphi(z, r) = \Phi(z_{Bl}) - \frac{r^2}{4} \, \Phi''(z_{Bl}), \qquad \text{(III 10, 64)}$$

gegen das zufolge (III 10, 8) unmittelbar *hinter* dieser Ebene [Symbol: $z_{Bl} + 0$] herrschende Potential

$$\varphi_+ = \lim_{z \to z_{Bl} + 0} \varphi(z, r) = \Phi(z_{Bl}) \qquad \text{(III 10, 65)}$$

zu beachten: Der Potentialsprung

$$\varphi_+ - \varphi_- = \frac{r^2}{4} \, \Phi''(z_{Bl}) \qquad \text{(III 10, 66)}$$

ist einer in $z = z_{Bl}$ liegenden, virtuellen *elektrischen Doppelschicht* von passend verteilter Größe ihres spezifischen Momentes je Flächeneinheit zuzuschreiben. Vermöge ihrer inneren Feldstruktur läßt zwar diese Doppelschicht die *radiale* Impulskomponente p_r der einfallenden Elektronen bei der Passage der Blendenebene *invariant*

$$\lim_{z \to z_{Bl} - 0} p_r = \lim_{z \to z_{Bl} + 0} p_r = p_{Bl}^{(0)} \cdot r_{Bl} \cdot G'(z_{Bl}), \qquad \text{(III 10, 67)}$$

bewirkt jedoch gleichzeitig eine *stoßartige Änderung* der *achsialen* Impulskomponente p_z. Um diesen Vorgang quantitativ zu erfassen, berechnen wir mittels (III 10, 7), (III 10, 10) und (III 10, 16) den absoluten Betrag des Gesamtimpulses unmittelbar hinter der Blendenebene in aller Strenge zu

$$\lim_{z \to z_{Bl} + 0} p = \sqrt{2 \, m_0 \, q_0 \, \Phi_{Bl}} = p_{Bl}^{(0)} \qquad \text{(III 10, 68)}$$

und finden durch binomische Entwicklung bis zu Potenzen zweiter Ordnung
von r_{Bl}

$$\lim_{z \to z_{Bl}+0} p_z = \lim_{z \to z_{Bl}+0} \sqrt{p^2 - p_r^2} = p_{Bl}^{(0)}\left[1 - \frac{1}{2} r_{Bl}^2 \{G'(z_{Bl})\}^2\right]. \quad \text{(III 10, 69)}$$

Durch Substitution der Angaben (III 10, 68) und (III 10, 69) in
(III 10, 63) folgt daher mit Rücksicht auf (III 10, 54) in gleicher Genauigkeit

$$S = S_0 + p_{Bl}^{(0)}(z - z_{Bl}) + p_{Bl}^{(0)} \cdot \frac{r_{Bl}^2}{2} G'(z_{Bl}) \left[1 + (z - z_{Bl}) G'(z_{Bl})\right]. \quad \text{(III 10, 70)}$$

Demnach erfahren alle vom Achsenpunkt der Objektebene ausgehenden
Elektronen bis zu ihrer Ankunft im Bildpunkt gemäß (III 10, 42) die
Wirkung

$$S_{O,B} = S_0 + p_{Bl}^{(0)} (z_B - z_{Bl}) = S_0 - \frac{\sqrt{2 m_0 q_0 \Phi_{Bl}}}{G'(z_{Bl})}. \quad \text{(III 10, 71)}$$

deren Unabhängigkeit von der Gestalt der jeweiligen [*Gauß*schen] Strahlbahn die vom Prinzip der kleinsten Wirkung entsprechend (III 10, 24)
verlangte *Stationarität* der Funktion $S_{O,B} = S_{O,B} (r_{Bl})$ verifiziert.

Zu (III 10, 70) zurückkehrend, finden wir nach Elimination von r_{Bl}
mittels (III 10, 61) das Punkteikonal

$$S = S(z, r) = S_0 + p_{Bl}^{(0)}(z - z_{Bl}) + p_{Bl}^{(0)} \frac{r^2}{2} \frac{G'(z_{Bl})}{1 + (z - z_{Bl}) G'(z_{Bl})}. \quad \text{(III 10, 72)}$$

Führen wir durch

$$\zeta = \left(z + \frac{1}{G'(z_{Bl})}\right) G'(z_{Bl}) = (z - z_B) G'(z_{Bl}) \quad \text{(III 10, 73)}$$

sowie

$$\varrho = r \cdot G'(z_{Bl}) \quad \text{(III 10, 74)}$$

die im Achsenpunkt der *Gauß*schen Bildebene zentrierten, dimensionsfreien Koordinaten ein und ersetzen das Punkteikonal $S = S(z, r)$ durch
seinen auf den nämlichen Punkt bezogenen, gleichfalls dimensionsfreien
Wert

$$\sigma = \sigma(\zeta, \varrho) = \frac{1}{2} \frac{G'(z_{Bl})}{p_{Bl}^{(0)}} (S - S_{O,B}), \quad \text{(III 10, 75)}$$

so nimmt Gl. (III 10, 72) die „Normalform"

$$\frac{(\zeta - \sigma)^2}{\sigma^2} + \frac{\varrho^2}{2 \sigma^2} = 1 \quad \text{(III 10, 76)}$$

an. Hiernach erweisen sich die „Isoeikonalen" $\sigma = \text{const}$ als ein System
von Rotationsellipsoiden, welche sich gemäß Abb. III 136 im *Gauß*schen
Bildpunkt oskulierend berühren.

g) Auf Grund ihrer Prämisse gelten die stigmatischen Abbildungsgesetze der *Gauß*schen Elektronen-Dioptrik nur für Strahlenbündel infinitesimal schmalen Blendenhalbmessers R_{Bl}. Da jedoch gleichzeitig mit dem
Grenzprozeß $R_{Bl} \to 0$ auch die elektrische Stromstärke J des Kathodenstrahles gegen Null konvergiert, taugen solche Blenden nicht für reale
Elektronenmikroskope. Um daher die tatsächlichen optischen Qualitäten
dieser Geräte zu beurteilen, müssen wir diejenigen *Bildfehler* in Rechnung

stellen, welche — innerhalb der korpuskularen, geometrischen Elektronenoptik — von der radialen Ausbreitung der Elektronenbahnen in der Umgebung der Systemachse herrühren; bei ihrer Diskussion dürfen wir uns
auf die *Aberrationen dritter Ordnung* beschränken, welche ihrerseits genetisch
an die *vierten Potenzen des Achsialabstandes* r in der Entwicklung (III 10, 6)
des eingeprägten elektrischen Skalarpotentiales φ gebunden sind.

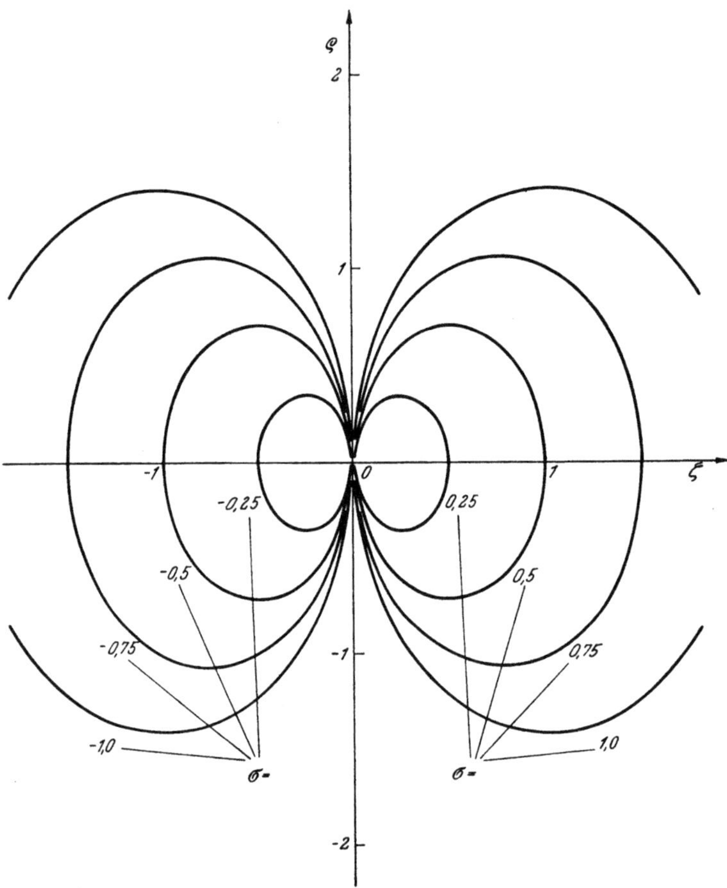

Abb. III 136. Das System der Iso-Eikonalen.

Der Deutlichkeit halber die *Gauß*sche Strahlkurve (III 10, 50) von nun
ab durch das Symbol $r^{(G)}$ bezeichnend

$$r^{(G)} = r_{Bl} \cdot G(z); \qquad z_O \leqq z \leqq z_{Bl}, \qquad \text{(III 10, 77)}$$

setzen wir die wirkliche Bahn funktionell in der Gestalt

$$r = r(z) = r^{(G)} + \delta r(z) \qquad \text{(III 10, 78)}$$

an, in welcher die „*Störung*" δr nach Maßgabe der Ungleichung

$$\left|\frac{\delta r}{r^G}\right| \ll 1 \qquad \text{(III 10, 79)}$$

als „*schwach*" gelte.

Wir rufen das Punkteikonal S gemäß (III 10, 21) zu Hilfe. Da wir nach Übereinkunft die Bahnpunkte $r = r_O = 0$ in der Objektebene $z = z_O$ und $r = r_{Bl}$ in der Blendenebene $z = z_{Bl}$ festhalten, fällt $\delta r(z)$ gewiß proportional zur *dritten Potenz* von r_{Bl} aus. Auf Grund dieses Sachverhaltes behaupten wir: Das auf den Achsenpunkt der Objektebene bezogene Punkteikonal $S = S_{Bl}$ der Blendenebene ergibt sich bis zur vierten Potenz von r_{Bl} einschließlich aus der Bildungsvorschrift (III 10, 21), indem man in den Kern K nach (III 10, 17) statt der wahren Bahn $r = r(z)$ allein deren *Gauß*schen Anteil $r^{(G)} = r^{(G)}(z)$ einführt. Zum Beweise bedienen wir uns folgender Schritte:

1. Die Komponente S_0 des gesuchten Punkteikonales resultiert gemäß (III 10, 18) als eine *Konstante*, welche als solche gewiß nicht von der Gestalt der Bahnkurve abhängt.

2. Zufolge ihrer *Stationarität* (III 10, 24) ändert sich die Komponente S_2 des Punkteikonals beim Übergang von der *Gauß*schen zur wahren Bahn nur um einen Posten mindestens von *zweitem Grade* der Störung $\delta r = \delta r(z)$, also mindestens von *sechstem Grade* des Halbmessers r_{Bl}; er trägt daher zu der beabsichtigten, nur bis zur *vierten Potenz* von r_{Bl} fortgeführten Entwicklung des Punkteikonals nichts bei.

3. Die Substitution der *Gauß*schen Bahn in die Komponente S_4 des Punkteikonals liefert nach (III 10, 20) einen mit r_{Bl}^4 verhältnisgleichen Posten; daher würde die zusätzliche Berücksichtigung der Störung $\delta r = \delta r(z)$ abermals ein mit r_{Bl}^6 proportionales Glied ergeben, welches in dem zu berechnenden Punkteikonal S nach Übereinkunft außer Betracht bleibt.

Zusammenfassend gelangen wir somit in der Formel

$$S = S_0 + S_2 + p_{Bl}^{(0)}\, r_{Bl}^4 \frac{1}{8}\, I_4, \qquad (III\ 10,\ 80)$$

in welcher abkürzend

$$I_4 = -\int_{z_O}^{z_{Bl}} \sqrt{\frac{\Phi}{\Phi_{Bl}}} \left[\frac{G^4}{16}\left\{\frac{\Phi''}{\Phi^2} - \frac{\Phi^{IV}}{\Phi}\right\} + \frac{G^2\, G'^2}{2}\, \frac{\Phi''}{\Phi} + G'^4 \right] dz$$

$$(III\ 10,\ 81)$$

gesetzt wurde, im Verein mit den Angaben (III 10, 54) und (III 10, 55) zu der gewünschten Beschreibung des *resultierenden Punkteikonals in der Blendenebene*.

Im Hinblick auf (III 10, 23) folgt aus (III 10, 80) für die radiale Impulskomponente des Elektrons beim Durchkreuzen der Blendenebene der Ausdruck

$$[p_r]_{z = z_{Bl}} = p_{Bl}^{(0)}\left[r_{Bl}\, G'(z_{Bl}) + \frac{1}{2}\, r_{Bl}^3\, I_4 \right]. \qquad (III\ 10,\ 82)$$

Mit seiner Hilfe berechnen wir unter Benutzung der Angabe (III 10, 69) bis zu Potenzen einschließlich dritten Grades von r_{Bl} die Neigung r_{Bl}' gegen die z-Achse, mit welcher das Elektron die Blendenebene verläßt:

$$r_{Bl}' = \lim_{z = z_{Bl}+0} \frac{p_r}{p_z} = r_{Bl}\left[G'(z_{Bl}) + \frac{1}{2}\, r_{Bl}^2\, \{G'^3(z_{Bl}) + I_4\} \right].$$

$$(III\ 10,\ 83)$$

Seine Bahn wird daher im Halbraum $z > z_{Bl}$ durch die Gleichung

$$r = r_{Bl} + r_{Bl}'(z - z_{Bl}) = r_{Bl}\left[1 + (z - z_{Bl})\left(G'(z_{Bl}) + \frac{1}{2} r_{Bl}^2 \{G'^3(z_{Bl}) + I_4\}\right)\right]$$

$$(\text{III } 10, 84)$$

dargestellt. Hiernach erreicht das kontrollierte Elektron die *Gauß*sche Bildebene (III 10, 42) im allgemeinen nicht in deren Achsenpunkt, sondern im radialen Abstand [Abb. III 135]

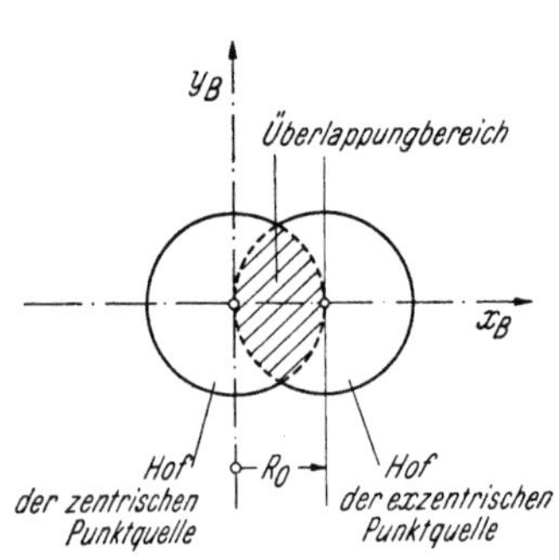

Abb. III 137. Überlappung zweier Abbildungshöfe.

$$r_B = \frac{r_{Bl}^3}{2\,G'(z_{Bl})}\,(G'^3(z_{Bl}) + I_4)$$

$$(\text{III } 10, 85)$$

von diesem: Der Achsenpunkt der Objektebene wird durch das elektronen-optische System nicht mehr *stigmatisch* abgebildet, sondern in der *Gauß*schen Bildebene erscheint ein kreisförmiger *Hof*, dessen Halbmesser R_B durch den Blendenhalbmesser R_{Bl} nach Maßgabe der Gleichung

$$R_B = \frac{R_{Bl}^3}{2\,G'(z_{Bl})}\,(G'^3(z_{Bl}) + I_4)$$

$$(\text{III } 10, 86)$$

bestimmt wird; er definiert den *Öffnungsfehler*. Für unsere Zwecke empfiehlt es sich, diesen Effekt mittels eines virtuellen, *öffnungsfehlerfreien* Systemes zu beschreiben, in welchem jener Hof als *Gauß*sches Abbild einer im Achsenpunkte der *Objektebene* zentrierten Kreisscheibe vom Halbmesser R_O entstehen würde. Durch Bezugnahme auf die *Lateralvergrößerung* nach (III 10, 44) finden wir also die Relation

$$R_O = \frac{R_B}{|M|} = \frac{R_{Bl}^3}{2}\left|\frac{G'^3(z_{Bl}) + I_4}{F'(z_{Bl})}\right|,$$

$$(\text{III } 10, 87)$$

welche mit Rücksicht auf (III 10, 86) in

$$R_O = \frac{R_{Bl}^3}{2}\sqrt{\frac{\Phi(z_{Bl})}{\Phi(z_O)}}\left|\frac{G'^3(z_{Bl}) + I_4}{G'(z_O)}\right|$$

$$(\text{III } 10, 88)$$

übergeht. Die Kraft dieser Streckengröße als *Gütemaß des Elektronenmikroskopes* erhellt aus folgender Überlegung: In der Objektebene sei neben dem „leuchtenden" Achsenpunkt eine weitere solche Elektronenquelle von etwa gleicher „Leuchtstärke" am Orte (z_O, R_O, a_O) wirksam. Sieht man von hier belanglosen Bildfehlern anderer Art ab, welche sich bei der Abbildung des exzentrisch gelegenen Objektpunktes dem Öffnungsfehler superponieren, so transformiert also die elektronenoptische Abbildung die beiden Objektpunkte in je einen kreisförmigen Hof der *Gauß*schen Bildebene, deren Zentren entsprechend Abb. III 137 wechselseitig gerade auf den Umfang des Nachbarhofes zu liegen kommen. Zufolge dieser stark ausgeprägten Überlappung verschmelzen jene gedanklich unterscheidbaren Höfe tatsächlich zu einer einzigen „Insel", deren lemniskatenähnliche Begrenzung dem Beobachter vielleicht eben noch den sicheren Schluß auf ihre Entstehung aus zwei getrennten Quellen gestattet, während eine solche

Diskriminierung für eine Exzentrizität $r_O < R_O$ der neben dem Achsenpunkt befindlichen Elektronenquelle schon Zweifel an der Zulässigkeit dieses Verfahrens erwecken mag. Stimmt man diesen wesentlich gestalttheoretisch-psychologischen Erwägungen unter dem Vorbehalt etwa notwendiger quantitativer Verfeinerungen grundsätzlich zu, so definiert also R_O die sozusagen *korpuskulare Auflösungsgrenze des Elektronenmikroskopes*; im Einklang mit unseren früheren, allgemeinen Überlegungen verweist diese Interpretation von R_O den Konstrukteur des Gerätes auf die Wahl eines *möglichst kleinen Blendenhalbmessers*.

h) Während wir uns im Gebiete $z_O \leqq z \leqq z_{Bl}$ zwischen Objekt- und Blendenebene auch weiterhin mit der vorstehend entwickelten *korpuskularen* Beschreibung des Abbildungsvorganges begnügen werden, müssen wir im Halbraum $z > z_{Bl}$ die Elektronenstrahlen als *de Broglie*-Wellen auffassen. Lassen wir der Einfachheit halber die physikalischen Vorgänge an dem in der *Gauß*schen Bildebene fixierten Schirm vorerst geflissentlich außer Betracht, so darf, über die frühere Voraussetzung (III 10, 7) hinaus, der gesamte Bereich $z > z_{Bl}$ als feldfrei gelten. Führen wir daher abkürzend durch

$$\frac{2\,m_0\,q_0}{\hbar^2}\,\Phi_{Bl} = \frac{p_{Bl}^{(0)\,2}}{\hbar^2} = k_{Bl}^2 \qquad \text{(III 10, 89)}$$

die unmittelbar hinter der Blendenebene $[z \to z_{Bl} + 0]$ gemessene *Wellenzahl* k_{Bl} ein, so reduziert sich die dem Potential $\varphi = \varphi(z, r)$ angepaßte, zeitfreie *Schrödinger*-Gleichung für die komplexe Amplitude $\overline{u}$ der Elektronen-Wellen verschwindender Gesamtenergie [Emissionsbedingung an der Kathode!]

$$\frac{\hbar^2}{2\,m_0}\,\nabla^2\overline{u} + q_0\,\varphi\overline{u} = 0 \qquad \text{(III 10, 90)}$$

auf die partielle Differentialgleichung

$$\nabla^2\overline{u} + k_{Bl}^2\overline{u} = 0; \qquad z > z_{Bl} \qquad \text{(III 10, 91)}$$

der *Wellenausbreitung in homogenen, isotropen Medien*. Zu ihrer Lösung bedienen wir uns des *Huygens*schen Prinzipes [Ziffer III 2]: Seien

$$\xi = r \cos \alpha; \qquad \eta = r \sin \alpha; \qquad \zeta = z - z_{Bl} \qquad \text{(III 10, 92)}$$

die im Zentrum der Blende beginnenden, *Kartesi*schen Koordinaten des Halbraumes $z > z_{Bl}$, und sei $P = (\xi_P, \eta_P, \zeta_P)$ ein diesem Gebiete angehöriger Fixpunkt, so definiert

$$\overline{v} = \frac{e^{i\,k_{Bl}\,\varrho_P^+}}{\varrho_P^+} - \frac{e^{i\,k_{Bl}\,\varrho_P^-}}{\varrho_P^-}; \qquad \varrho_P^{\pm} = \sqrt{(\xi - \xi_P)^2 + (\eta - \eta_P)^2 + (\zeta \mp \zeta_P)^2}$$

$$\text{(III 10, 93)}$$

diejenige *Green*sche Funktion, welche in der Blendenebene $\zeta = 0$ identisch verschwindet. Mit ihrer Hilfe berechnet sich die Wahrscheinlichkeits-Amplitude $\overline{u}_P$ der Elektronenwellen in P aus deren Randwerten auf der Ebene $\zeta = 0$ mittels der *Kirchhoff*schen Integralformel

$$\overline{u}_P = \frac{1}{4\pi}\left[\int\limits_{\xi=-\infty}^{\infty}\int\limits_{\eta=-\infty}^{\infty} \overline{u}\,\frac{\partial\overline{v}}{\partial\zeta}\,d\xi\,d\eta.\right]_{\zeta=0} \qquad \text{(III 10, 94)}$$

Wir beschränken fortan die Lage des Fixpunktes P durch die Ungleichung

$$k_{Bl}\,\zeta_P \gg 1. \qquad \text{(III 10, 95)}$$

Setzen wir nun

$$\varrho_P = \lim_{\zeta \to 0} \varrho_P^{\pm} = \sqrt{(\xi - \xi_P)^2 + (\eta - \eta_P)^2 + \zeta_P^2}, \qquad \text{(III 10, 96)}$$

so folgt mit Rücksicht auf (III 10, 95) aus (III 10, 93) in hinreichender Genauigkeit

$$\left[\frac{\partial v}{\partial \zeta}\right]_{\zeta = 0} = 2\,i\,k_{Bl}\,\frac{\zeta_P}{\varrho_P} \cdot \frac{e^{i\,k_{Bl}\,\varrho_P}}{\varrho_P}, \qquad \text{(III 10, 97)}$$

so daß (III 10, 94) in

$$\overline{u}_P = \frac{i\,k_{Bl}\,\zeta_P}{2\,\pi} \int\limits_{\xi = -\infty}^{\infty} \int\limits_{\eta = -\infty}^{\infty} [\overline{u}]_{\zeta = 0}\, \frac{e^{i\,k_{Bl}\,\varrho_P}}{\varrho_P^2}\, d\xi\, d\eta \qquad \text{(III 10, 98)}$$

übergeht.

Da die im mathematischen Sinne genaue Lösung des hier vorliegenden Problemes der Beugung von Elektronenwellen an der Kreisblende selbst unter stark idealisierten Randbedingungen nicht bekannt ist, müssen wir uns, unter Verzicht auf Strenge, bei der Angabe der in (III 10, 98) eingehenden Funktionswerte $[\overline{u}]_{\zeta = 0}$ mit *plausiblen Annahmen* begnügen. Im Rahmen dieses wesentlich von *Kirchhoff* herrührenden Näherungsverfahrens möge folgenden Voraussetzungen zugestimmt werden:

1. Außerhalb der Blendenöffnung verschwindet die Wahrscheinlichkeitsamplitude der Elektronenwellen an der Blendenebene

$$\overline{u} = 0 \qquad \text{für} \qquad z \to z_{Bl} + 0; \qquad r > R_{Bl}. \qquad \text{(III 10, 99)}$$

2. Vom *Punkteikonal* S der korpuskularen Elektronenstrahlen in der Blendenöffnung schlagen wir die gedankliche Brücke zur ebendort herrschenden *Phase der Elektronenwellen*, indem wir, unter Berufung auf die in Ziffer II 4 aufgedeckte *Doppelrolle der Wirkungsfunktion* innerhalb der beiden komplementären Auffassungen des nämlichen elektronischen Strahlungsvorganges, die Gültigkeit der von der *Planck*schen Konstanten $\hbar$ gestifteten Relation

$$S(z) = \hbar\,[\gamma]_{\zeta = 0} \qquad \text{für} \qquad z = z_{Bl}; \qquad r < R_{Bl} \qquad \text{(III 10, 100)}$$

verlangen.

3. Im Einklang mit der grundlegenden Hypothese (III 10, 100) wählen wir für die Wahrscheinlichkeitsamplitude $\overline{u}$ innerhalb der Blendenöffnung den Ansatz

$$\overline{u} = A(r)\,e^{i\,\frac{S_{(Bl)}}{\hbar}} \qquad \text{für} \qquad z \to z_{Bl} + 0; \qquad r < R_{Bl}. \qquad \text{(III 10, 101)}$$

in welchem die Amplitude $A = A(r)$ als *reell* zu gelten hat.

4. Gemäß seiner physikalischen Struktur bestimmt das Objekt mittels der Verteilung der von ihm ausgehenden Elektronenstrahlen auf die unterschiedlichen Richtungen die Achsialkomponente j_z der in die Blendenöffnung einfallenden elektrischen Konvektionsstromdichte j in der funktionellen Gestalt

$$j_z = -\,q_0\,\sigma(r) \qquad \text{für} \qquad z \to z_{Bl} - 0; \qquad r < R_{Bl}. \qquad \text{(III 10, 102)}$$

Die Kontinuität der Elektrizität verlangt die Stetigkeit dieser Strömung beim Durchfließen der Blendenöffnung

$$\lim_{z \to z_{Bl} - 0} j_z = \lim_{z \to z_{Bl} + 0} j_z \qquad \text{für} \qquad r < R_{Bl}. \qquad \text{(III 10, 103)}$$

Mit Benutzung der kinematischen Relationen (III 10, 92) resultiert also zufolge (III 10, 99) und (III 10, 100) für die Wahrscheinlichkeitsamplitude $\overline{u}_P$ im Aufpunkte P aus (III 10, 98) die Integraldarstellung

$$\overline{u}_P = \frac{i\,k_{Bl}\,\zeta_P}{2\,\pi} \int\limits_{r=0}^{R_{Bl}} \int\limits_{a=0}^{2\pi} A(r)\, e^{i\,\frac{S(z_{Bl})}{\hbar}}\, \frac{e^{i\,k_{Bl}\varrho_P}}{\varrho_P{}^2}\, r\, dr\, da. \qquad (III\ 10,\ 104)$$

In ihr ist das Punkteikonal, nachdem in (III 10, 55) und (III 10, 80) das Zeichen r_{Bl} durch r ersetzt wurde, mittels der Angabe

$$S(z_{Bl}) = S_0 + p_{Bl}^{(0)}\left[\frac{r^2}{2}\,G'(z_{Bl}) + \frac{r^4}{8}\,I_4\right] \qquad (III\ 10,\ 105)$$

bekannt, während der Abstand ϱ_P zwischen dem jeweils im *Huygens*schen Sinne aktiven Flächenelementen der Blendenöffnung und dem Aufpunkte P bei Benutzung von (III 10, 92) in die Gestalt

$$\varrho_P = \sqrt{(r\cos a - r_P\cos a_P)^2 + (r\sin a - r_P\sin a_P)^2 + \zeta_P{}^2} =$$

$$= \sqrt{r^2 + r_P{}^2 + \zeta_P{}^2 - 2\,r\,r_P\cos(a - a_P)} \qquad (III\ 10,\ 106)$$

gebracht werden kann.

i) Wir kehren zunächst zur *Elektronenoptik achsennaher Strahlen* zurück, indem wir sowohl in (III 10, 105) wie in (III 10, 106) höchstens die zweiten Potenzen von r und r_P beibehalten. Ergänzen wir nun (III 10, 95) durch die beiden gleichzeitig gültigen Ungleichungen

$$\zeta_P \gg r \qquad (III\ 10,\ 107)$$

und

$$\zeta_P \gg r_P, \qquad (III\ 10,\ 108)$$

so entsteht mittels binomischer Entwicklung des Ausdruckes (III 10, 106) in der hier gewünschten Genauigkeit

$$\varrho_P = \zeta_P - \frac{r\,r_P\cos(a - a_P)}{\zeta_P} + \frac{1}{2}\,\frac{r^2 + r_P{}^2}{\zeta_P}. \qquad (III\ 10,\ 109)$$

Überdies ändert sich unter diesen Bedingungen die Funktion $\varrho_P{}^2$ mit $0 \leq r \leq R_{Bl}$ nur so wenig im Vergleich zu den oszillierenden Exponentialfaktoren des Integranden in (III 10, 104), daß man $\varrho_P{}^2$ ohne merklichen Fehler durch die Konstante $\zeta_P{}^2$ ersetzen darf. In der von allen diesen Maßnahmen angezeigten Genauigkeit entsteht aus (III 10, 104) für $\overline{u}_P$ die Angabe

$$\overline{u}_P = \frac{i\,k_{Bl}}{\zeta_P}\,\mathrm{Exp}\left[i\left(\frac{S_0}{\hbar} + k_{Bl}\left\{\zeta_P + \frac{1}{2}\,\frac{r_P{}^2}{\zeta_P}\right\}\right)\right]\frac{1}{2\,\pi}\int\limits_{r=0}^{R_{Bl}}\int\limits_{a=0}^{2\pi} A(r)\ \cdot$$

$$\cdot\ \mathrm{Exp}\left[i\,\frac{r^2}{2}\left\{\frac{p_{Bl}^{(0)}}{\hbar}\,G'(z_{Bl}) + \frac{k_{Bl}}{\zeta_P}\right\} - i\,k_{Bl}\,\frac{r\,r_P\cos(a - a_P)}{\zeta_P}\right] r\, dr\, da. \qquad (III\ 10,\ 110)$$

Das über den Bereich $0 \leq a \leq 2\,\pi$ sich erstreckende Integral läßt sich geschlossen auswerten: Die *Bessel*sche Zylinderfunktion nullter Ordnung vom reellen Argument ω wird durch das bestimmte Integral

$$J_0(\omega) = \frac{1}{2\,\pi}\int\limits_0^{2\pi} e^{i\,\omega\cos\beta}\, d\beta \qquad (III\ 10,\ 111)$$

definiert; setzt man also

$$\omega = k_{Bl}\,\frac{r\,r_P}{\zeta_P}\,; \qquad \beta = \alpha - \alpha_P, \qquad d\beta = d\alpha, \qquad \text{(III 10, 112)}$$

so verwandelt sich (III 10, 110) in

$$\overline{u}_P = \frac{i\,k_{Bl}}{\zeta_P}\,\mathrm{Exp}\left[i\left(\frac{S_0}{\hbar} + k_{Bl}\left\{\zeta_P + \frac{1}{2}\frac{r_P^2}{\zeta_P}\right\}\right)\right]\cdot$$

$$\cdot \int\limits_{r=0}^{R_{Bl}} A(r)\,\mathrm{Exp}\left[i\,\frac{r^2}{2}\left\{\frac{p_{Bl}^{(0)}}{\hbar}\,G'(z_{Bl}) + \frac{k_{Bl}}{\zeta_P}\right\}\right] J_0\left(k_{Bl}\,\frac{r\,r_P}{\zeta_P}\right) r\,dr. \qquad \text{(III 10, 113)}$$

Nun begeben wir uns in die *Gauß*sche Bildebene, indem wir gemäß (III 10, 42) und (III 10, 92)

$$\zeta_P = z_B - z_{Bl} = -\frac{1}{G'(z_{Bl})} \qquad \text{(III 10, 114)}$$

wählen. Zufolge der Relation (III 10, 89) zwischen der Wellenzahl k_{Bl} und dem Impuls $p_{Bl}^{(0)}$ gilt dann

$$\frac{p_{Bl}^{(0)}}{\hbar}\,G'(z_{Bl}) + \frac{k_{Bl}}{\zeta_P} = 0. \qquad \text{(III 10, 115)}$$

Supponieren wir schließlich der Einfachheit halber eine solche Verteilung $\sigma(r)$ der einfallenden Stromdichte nach (III 10, 102), daß gerade

$$A(r) = A_0 = \text{const} \qquad \text{(III 10, 116)}$$

ausfällt, so reduziert sich (III 10, 113) auf

$$\overline{u}_P = A_0\,\frac{i\,k_{Bl}}{\zeta_P}\,\mathrm{Exp}\left[i\left(\frac{S_0}{\hbar} + k_{Bl}\left\{\zeta_P + \frac{1}{2}\frac{r_P^2}{\zeta_P}\right\}\right)\right]\int\limits_0^{R_{Bl}} J_0\left(k_{Bl}\,\frac{r\,r_P}{\zeta_P}\right) r\,dr. \qquad \text{(III 10, 117)}$$

Durch $J_1(\omega)$ die *Bessel*sche Zylinderfunktion erster Ordnung des Argumentes ω bezeichnend, bedienen wir uns der Formel

$$\int\limits_0^{\omega} J_0(\overline{\omega})\,\overline{\omega}\,d\overline{\omega} = \omega\,J_1(\omega) \qquad \text{(III 10, 118)}$$

und erhalten aus (III 10, 117)

$$\overline{u}_P = A_0\,i\,\frac{R_{Bl}}{r_P}\,J_1\left(k_{Bl}\,\frac{R_{Bl}\,r_P}{\zeta_P}\right)\mathrm{Exp}\left[i\left(\frac{S_0}{\hbar} + k_{Bl}\left\{\zeta_P + \frac{1}{2}\frac{r_P^2}{\zeta_P}\right\}\right)\right]. \qquad \text{(III 10, 119)}$$

Um die *Achsialkomponente* j_z der im Punkte P auftretenden *elektrischen Konvektionsstromdichte* j kennenzulernen, ergänzen wir die Wahrscheinlichkeitsamplitude $\overline{u}_P$ durch die zu ihr konjugiert-komplexe Funktion $\overline{u}_P^{*}$ und bilden

$$j_z = -\frac{q_0}{m_0}\frac{\hbar}{2\,i}\left[\overline{u}_P^{*}\,\frac{\partial \overline{u}_P}{\partial z} - \overline{u}_P\,\frac{\partial \overline{u}_P^{*}}{\partial z}\right]. \qquad \text{(III 10, 120)}$$

Mit Rücksicht auf (III 10, 95), (III 10, 107) und (III 10, 108) ergibt sich hiernach die Achsialstromdichte in der *Gauß*schen Bildebene hinreichend genau zu

$$j_z = -\frac{q_0}{m_0}\,\hbar\,k_{Bl}\,A_0^2\left[\frac{R_{Bl}}{r_P}\,J_1\left(k_{Bl}\,\frac{r_P\,R_{Bl}}{\zeta_P}\right)\right]^2. \qquad \text{(III 10, 121)}$$

Aus ihr resultiert durch Integration über die Flächenelemente der Ebene $\zeta = \zeta_P$ die *Stromstärke* J *des Kathodenstrahles*, welcher die Blendenöffnung passiert

$$J = \int\limits_{r_P=0}^{\infty} j_z \, 2\pi \, r_P \, dr_P. \qquad \text{(III 10, 122)}$$

Mittels der Substitution

$$\omega_P = k_{Bl} \, \frac{r_P \, R_{Bl}}{\zeta_P} \qquad \text{(III 10, 123)}$$

entsteht aus (III 10, 121) und (III 10, 122) die Gleichung

$$J = -\frac{q_0}{m_0} k_{Bl} \, 2\pi \, R_{Bl}^2 \, A_0^2 \int\limits_{\omega_P=0}^{\infty} \frac{[J_1(\omega_P)]^2}{\omega_P} \, d\omega_P. \qquad \text{(III 10, 124)}$$

Um das in ihr auftretende, bestimmte Integral zu berechnen, bedienen wir uns der Identität

$$\frac{[J_1(\omega)]^2}{\omega} \equiv J_0 \cdot \left\{ \frac{J_1'}{\omega} - \frac{J_1}{\omega^2} \right\} - \frac{d}{d\omega} \left\{ \frac{J_0 J_1}{\omega} \right\}, \qquad \text{(III 10, 125)}$$

welche mit Rücksicht auf die *Bessel*sche Differentialgleichung

$$J_1'' + \frac{1}{\omega} J_1' + \left(1 - \frac{1}{\omega^2} \right) J_1 = 0 \qquad \text{(III 10, 126)}$$

in

$$\frac{[J_1(\omega)]^2}{\omega} = - J_0 \{ J_1'' + J_1 \} - \frac{d}{d\omega} \left\{ \frac{J_0 J_1}{\omega} \right\} \qquad \text{(III 10, 127)}$$

übergeht. Durch ihre unbestimmte Integration folgt zunächst

$$\int \frac{[J_1(\omega)]^2}{\omega} \, d\omega = - \int \{ J_0 J_1'' + J_0 J_1 \} \, d\omega - \frac{J_0 J_1}{\omega}. \qquad \text{(III 10, 128)}$$

Mit Hilfe der Formel

$$J_0'(\omega) = - J_1(\omega) \qquad \text{(III 10, 129)}$$

findet man nun

$$\int J_0 J_1'' \, d\omega = J_0 J_1' + \int J_1 J_1' \, d\omega = J_0 J_1' + \frac{1}{2} [J_1]^2 \qquad \text{(III 10, 130)}$$

und

$$\int J_0 J_1 \, d\omega = - \int J_0 J_0' \, d\omega = - \frac{1}{2} [J_0]^2, \qquad \text{(III 10, 131)}$$

so daß schließlich

$$\int\limits_{0}^{\infty} \frac{(J_1(\omega_P))^2}{\omega_P} \, d\omega_P = \left| -\frac{J_0 J_1}{\omega} - J_0 J_1' + \frac{1}{2} \{ [J_0]^2 - [J_1]^2 \} \right|_{0}^{\infty} = \frac{1}{2}$$

$$\text{(III 10, 132)}$$

resultiert. Demnach liefert (III 10, 123) die Angabe

$$J = -\frac{q_0}{m_0} \hbar \, k_{Bl} \, \pi \, R_{Bl}^2 \, A_0^2, \qquad \text{(III 10, 133)}$$

mit welcher, nach Elimination von $A_0{}^2$, für die Stromdichte (III 10, 121) die Darstellung

$$j_z = \frac{J}{\pi\,\zeta_P{}^2}\left(\frac{k_{Bl}\,R_{Bl}}{2}\right)^2\left[\frac{2\,J_1\!\left(k_{Bl}\dfrac{r_P\,R_{Bl}}{\zeta_P}\right)}{k_{Bl}\dfrac{r_P\,R_{Bl}}{\zeta_P}}\right]^2 \qquad \text{(III 10, 134)}$$

entsteht. Sie schildert ein „*Stromgebirge*" entsprechend Abb. III 138, welches in der Spur $r_P = 0$ der Systemachse seinen Gipfel

$$|j_z|_{\max} = \frac{|J|}{\pi\,\zeta_P{}^2}\left(\frac{k_{Bl}\,R_{Bl}}{2}\right)^2 \qquad \text{(III 10, 135)}$$

erreicht, um von dort aus in abwechselnd einander folgenden, konzentrisch angeordneten „Tälern" und „Kämmen" mit wachsendem „numerischen Radius" $\omega_P = k_{Bl}\,r_P\,R_{Bl}/\zeta_P$ rasch abzufallen. Insbesondere annulliert sich die Achsialkomponente der Stromdichte überall dort, wo der Quotient $1/\omega_P \cdot J_1(\omega_P)$ verschwindet. Dies findet mit zunehmendem numerischem Halbmesser $\omega_P > 0$ erstmalig für

$$\omega_P = \omega_1 = k_{Bl}\frac{r_1\,R_{Bl}}{\zeta_P} = 3{,}83 \qquad \text{(III 10, 136)}$$

statt, so daß der zugehörige *Halbmesser* r_1 *des kleinsten stromlosen Kreises* zu

$$r_P = r_1 = \frac{3{,}83}{k_{Bl}\cdot R_{Bl}}\cdot\zeta_P \qquad \text{(III 10, 137)}$$

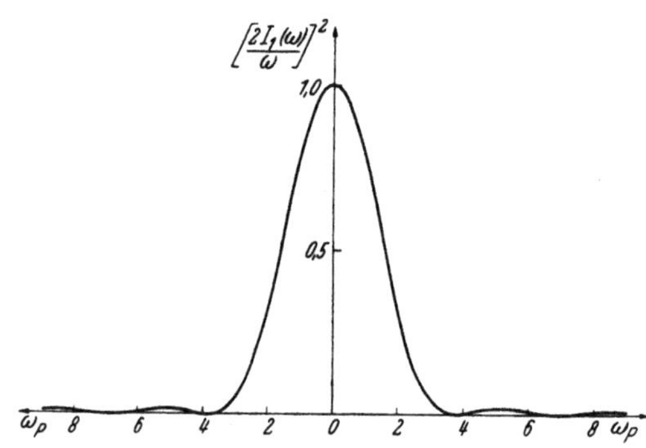

Abb. III 138. Stromgebirge in der Bildebene.

resultiert.

Wird jetzt der vorher gedanklich entfernte Schirm wieder an seinen Platz in der *Gauß*schen Ebene zurückgebracht, so wird das „Stromgebirge" auf ihm *optisch manifest*: Bei unmittelbarer Beobachtung des Bildes erregen die einfallenden Elektronen eine den Schirm bedeckende fluoreszierende Substanz zu *sichtbarer Lichtstrahlung*, während sie eine statt dessen am gleichen Ort exponierte *photographische Schicht schwärzen*; in jedem Falle definiert Gl. (III 10, 137) den Halbmesser des kleinsten, optisch inaktiven Kreises.

Wir ergänzen jetzt, ähnlich wie oben in Abschnitt g, den „leuchtenden" Achsenpunkt der Objektebene durch eine in $(z_O, r_O \neq 0, a_O)$ gelegene Elektronenquelle etwa gleicher Intensität. Auch sie erzeugt in der *Gauß*schen Bildebene ein „Stromgebirge" zwar wesentlich der „Formation" (III 10, 134), dessen Gipfel jedoch nach Maßgabe der *Lateralvergrößerung* M nach (III 10, 44) um

$$r_P = M\,r_O = -\frac{F'(z_{Bl})}{G'(z_{Bl})}\,r_O \qquad \text{(III 10, 138)}$$

gegen die Spur der Systemachse verschoben ist.

Bei gleichzeitiger Strahlung sowohl der zentrischen wie der exzentrischen Elektronenquelle überlagern sich deren genetisch getrennte Stromgebirge zur Erregung eines einheitlichen Bildes. Nach *Lord Rayleigh* gelangt das menschliche Auge bei dem Versuche, in diesem Bilde seine zwei objektseitigen Quellen zu diskriminieren, etwa dann an die Grenze seiner Leistungsfähigkeit, falls der *Gipfel des einen Gebirges gerade in das engste Kreistal des anderen Gebirges* fällt. Schließen wir uns diesem gestalttheoretischen Kriterion an, so kann man also bei der Prüfung des Bildes die beiden Objektpunkte nur unter der Bedingung

$$|\mathfrak{r}_P| \geqq |\mathfrak{r}_1| \qquad \text{(III 10, 139)}$$

mit Sicherheit voneinander trennen. Mit Rücksicht auf (III 10, 48) und (III 10, 114) nimmt diese Ungleichung nach Substitution von (III 10, 137) und (III 10, 138) die Gestalt

$$r_0 \geqq \left| \frac{3{,}83}{k_{Bl}\,R_{Bl}} \cdot \frac{G'(z_{Bl})}{G'(z_O)} \right| \sqrt{\left|\frac{\varPhi(z_{Bl})}{\varPhi(z_O)}\right|} = \frac{3{,}83}{k_{Bl}\,R_{Bl}\,G'(z_O)} \sqrt{\frac{\varPhi(z_B)}{\varPhi(z_O)}} \qquad \text{(III 10, 140)}$$

an. Nun schildert die Gleichung

$$r = R_{Bl} \cdot G(z); \qquad z_O \leqq z \leqq z_{Bl} \qquad \text{(III 10, 141)}$$

jenen korpuskularen „*Grenzstrahl*", welcher gemäß Abb. III 139 vom Achsenpunkt der Objektebene ausgehend die Blendenöffnung gerade an deren Rande $r = R_{Bl}$ erreicht; daher mißt — in der Genauigkeit der *Gauß*schen Dioptrik — der Differentialquotient

$$\vartheta_O = [r']_{z=z_O} = R_{Bl} \cdot G'(z_O) \qquad \text{(III 10, 142)}$$

den „*Aperturwinkel*", welchen nach Abb. III 139 der Grenzstrahl (III 10, 141) mit der Systemachse einschließt. Stellen wir jetzt der Wellenzahl k_{Bl} an der Blendenebene durch die in Analogie zu (III 10, 89) gebildete Definition

$$\frac{2\,m_0\,q_0}{\hbar^2}\,\varPhi(z_O) = k_O{}^2 \qquad \text{(III 10, 143)}$$

die *Wellenzahl* k_O *an der Objektebene* zur Seite, so geht (III 10, 140) unter Beachtung von (III 10, 142) in die Bedingung

$$r_0 \geqq \frac{3{,}83}{k_O\,\vartheta_O} = R_W \qquad \text{(III 10, 144)}$$

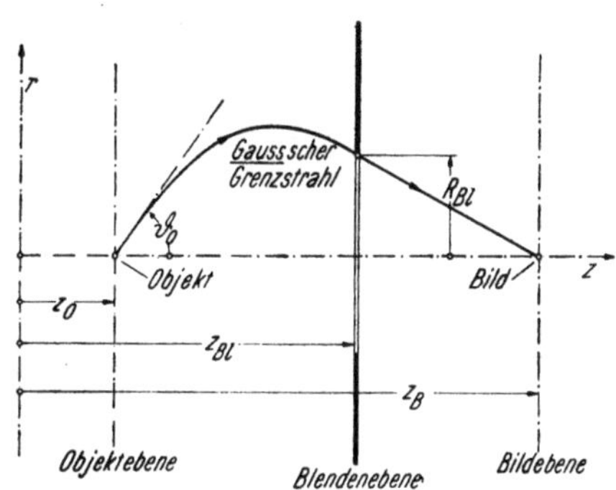

Abb. III 139. Der Grenzstrahl.

über, in welcher R_W die *wellenmechanische Auflösungsgrenze des öffnungsfehlerfreien Elektronenmikroskopes definiert*. Um ihre Herkunft aus der Wellennatur des Elektrons deutlich hervortreten zu lassen, ersetzen wir die Wellenzahl k_O durch die ihr formal zugeordnete *de Broglie-Wellenlänge*

$$\lambda_O = \frac{2\pi}{k_O} \qquad \text{(III 10, 145)}$$

und gelangen hierdurch zu der einfachen Angabe

$$R_W = \frac{3{,}83}{2\pi} \cdot \frac{\lambda_O}{\vartheta_O} = 0{,}61\,\frac{\lambda_O}{\vartheta_O}. \qquad \text{(III 10, 146)}$$

Im Rahmen der allerdings zum Teil recht einschneidenden Voraussetzungen ihrer Herleitung hängt diese Formel bei fester Apertur ϑ_O weder von der Lateralvergrößerung M des elektronenoptischen Abbildungssystemes noch von den Abmessungen der Blende ab, so daß man sie als *allgemeines Grenzgesetz* für das Auflösungsvermögen des öffnungsfehlerfreien Elektronen-Mikroskopes ansprechen darf. Ja, mehr als das: Es stimmt formal mit dem entsprechenden Gesetz für das *Licht-Mikroskop* überein, sofern man dann nur unter λ_O die am Objektiv gemessene *Licht-Wellenlänge* versteht. An Hand dieser grundlegenden Erkenntnis offenbart sich sogleich der Vorteil möglichst kurzwelliger Strahlen für die Mikroskopie: Der wissenschaftliche Fortschritt führte über den Ersatz der *sichtbaren Lichtwellen* durch *ultraviolettes Licht* zur Anwendung der ungleich kürzeren *de Broglie-Wellen* rasch bewegter *Elektronen*, und prinzipiell sollte daher unter sonst gleichen Umständen die Auflösungsgrenze durch Übergang zu *Strahlen positiver Ionen* im Verhältnis der trägen Ionenmasse zu jener des Elektrons noch weiter herabgesetzt werden können; doch beherrscht man einstweilen die „*Ionenoptik*" solcher Geräte noch nicht in solchem Grade, daß sie gegenüber den hoch entwickelten Elektronenmikroskopen Vorteile zeigen.

Hat man sich für eine bestimmte *de Broglie*-Wellenlänge der in die Objektebene einfallenden Elektronen oder, mit anderen Worten, für eine bestimmte Betriebsspannung des Elektronenmikroskopes entschieden, so verweist Gl. (III 10, 146) den Konstrukteur des Gerätes auf die Wahl einer möglichst großen Apertur. Sie widerspricht der in (III 10, 88) enthaltenen Anweisung zum Bau eines Elektronenmikroskopes optimaler „korpuskularer" Auflösungseigenschaften: Wir sind an jene *Grenze der Technik* gestoßen, welche nach *Heisenberg* die Genauigkeit der zueinander komplementären Impuls- und Ortsmessungen prinzipiell beschränken.

j) Da der Öffnungsfehler eines elektronenoptischen Abbildungssystemes auf keinem Wege beseitigt werden kann, ist das im vorigen Abschnitt untersuchte, öffnungsfehlerfreie Elektronenmikroskop nur *fiktiv*: Die Fragen des korpuskularen und des wellenmechanischen Auflösungsvermögens müssen *simultan* untersucht werden.

Im Lichte der Gl. (III 10, 44) für die Lateralvergrößerung des Abbildungssystemes dürfen wir den achsennahen Strahlen eines leistungsfähigen Elektronenmikroskopes die kinematische Eigenschaft

$$R_{Bl}\,|G'(z_{Bl})| \ll 1 \qquad\qquad \text{(III 10, 147)}$$

zuschreiben, welche zufolge (III 10, 114) für die Lage ζ_P der *Gauß*schen Bildebene die Aussage

$$\frac{\zeta_P}{R_{Bl}} \gg 1 \qquad\qquad \text{(III 10, 148)}$$

nach sich zieht; wir sind demnach berechtigt, die Entwicklung (III 10, 109) für den Abstand ϱ_P zwischen den Elementen der Blendenebene und jenen der *Gauß*schen Bildebene auch weiterhin ohne wesentliche Einbuße an Genauigkeit unverändert beizubehalten, und ebenso darf im Nenner des Integrales (III 10, 104) die mit r nur langsam veränderliche Funktion $\varrho_P{}^2$ durch die Konstante $\zeta_P{}^2$ ersetzt werden. Dagegen haben wir uns jetzt des vollen Ausdruckes (III 10, 105) für das Punkteikonal $S(z_{Bl})$ zu bedienen, so daß sich die Angabe (III 10, 110) der komplexen Wahrscheinlichkeitsamplitude $\bar{u}_P$ im Punkte P der *Gauß*schen Bildebene (III 10, 114) in

$$\overline{u}_P = \frac{i\,k_{Bl}}{\zeta_P}\,\mathrm{Exp}\left[i\left(\frac{S_0}{\hbar} + k_{Bl}\left\{\zeta_P + \frac{1}{2}\frac{r_P^2}{\zeta_P}\right\}\right)\right]\cdot$$

$$\cdot\frac{1}{2\pi}\int\limits_{r=0}^{R_{Bl}}\int\limits_{a=0}^{2\pi} A(r)\,\mathrm{Exp}\left[i\frac{r^4}{8}\frac{p_{Bl}^{(0)}}{\hbar}I_4 - i\,k_{Bl}\frac{r\,r_P\cos(a-a_P)}{\zeta_P}\right]r\,dr\,da$$

$$\text{(III 10, 149)}$$

verwandelt; mit Rücksicht auf (III 10, 111) und (III 10, 116) reduziert sich diese Gleichung auf

$$\overline{u}_P = A_0\frac{i\,k_{Bl}}{\zeta_P}\,\mathrm{Exp}\left[i\left(\frac{S_0}{\hbar} + k_{Bl}\left\{\zeta_P + \frac{1}{2}\frac{r_P^2}{\zeta_P}\right\}\right)\right]\int\limits_0^{R_{Bl}} e^{i\frac{r^4}{8}\frac{p_{Bl}^{(0)}}{\hbar}I_4}\,J_0\left(k_{Bl}\frac{r\,r_P}{\zeta_P}\right)r\,dr.$$

$$\text{(III 10, 150)}$$

Das in ihr auftretende, bestimmte Integral läßt sich nicht in geschlossener Form auf bekannte Funktionen zurückführen, so daß man es nur mittels numerischer Verfahren streng berechnen kann. Unter Verzicht auf Allgemeinheit beschränken wir uns daher auf die Untersuchung nur *schwacher Öffnungsfehler* des elektronenoptischen Systemes, welche gemäß (III 10, 86) und (III 10, 147) durch die Ungleichung

$$R_{Bl}^3\,|I_4| \ll 1 \quad \text{(III 10, 151)}$$

gekennzeichnet werden können. Wir verschärfen sie zu der Voraussetzung

$$\frac{R_{Bl}^4}{8}\frac{p_{Bl}^{(0)}}{\hbar}\,|I_4| \ll 1, \quad \text{(III 10, 152)}$$

so daß wir uns in der nach ganzen, positiven Potenzen von r fortschreitenden Reihe

$$e^{i\frac{r^4}{8}\frac{p_{Bl}^{(0)}}{\hbar}I_4} = 1 + i\frac{r^4}{8}\frac{p_{Bl}^{(0)}}{\hbar}I_4 + \cdots$$

$$\text{(III 10, 153)}$$

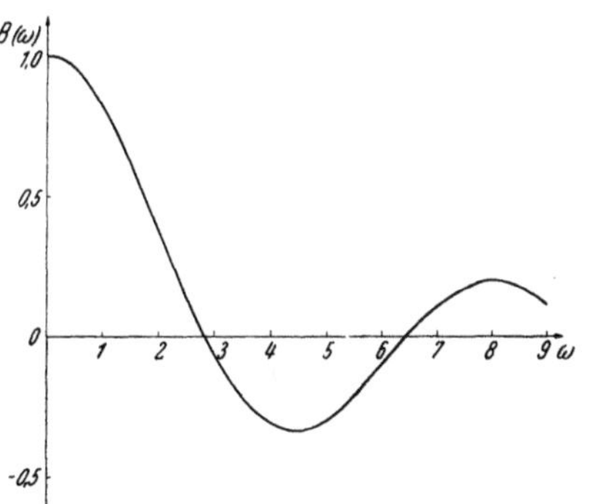

Abb. III 140. Die Funktion B(ω) nach (III 10, 155).

fortan mit den vorstehend explizit angegebenen Anfangsgliedern begnügen dürfen. Auf Grund von (III 10, 112) und (III 10, 118) finden wir dann zunächst

$$\int\limits_0^{R_{Bl}} J_0\left(k_{Bl}\frac{r\,r_P}{\zeta_P}\right)r\,dr = \left(\frac{\zeta_P}{k_{Bl}\,r_P}\right)^2\int\limits_0^{k_{Bl}\frac{R_{Bl}r_P}{\zeta_P}} J_0(\omega)\,\omega\,d\omega = \frac{R_{Bl}^2}{2}\frac{2\,J_1(\omega_P)}{\omega_P},$$

$$\text{(III 10, 154)}$$

wobei (III 10, 123) benutzt wurde. Weiter definieren wir abkürzend durch

$$B(\omega_P) = \frac{6}{\omega_P^6}\int\limits_0^{\omega_P} J_0(\omega)\,\omega^5\,d\omega \qquad \text{(III 10, 155)}$$

die Funktion $B(\omega_P)$ und erhalten, durch das Symbol $J_n(\omega)$ jeweils die *Bessel*sche Zylinderfunktion n-ter Ordnung des Argumentes ω bezeichnend, durch wiederholte Teilintegration die Formeln

$$\int J_0(\omega)\,\omega^5\,d\omega = \omega^5\,J_1(\omega) - 4\int J_1(\omega)\,\omega^4\,d\omega, \qquad \text{(III 10, 156)}$$

$$\int J_1(\omega)\,\omega^4\,d\omega = \omega^4\,J_2(\omega) - 2\int J_2(\omega)\,\omega^3\,d\omega, \qquad \text{(III 10, 157)}$$

$$\int J_2(\omega)\,\omega^3\,d\omega = \omega^3\,J_3(\omega) + \text{Const}, \qquad \text{(III 10, 158)}$$

welche zusammen die explizite Darstellung

$$B(\omega) = 6\,\frac{J_1(\omega)}{\omega} - 24\,\frac{J_2(\omega)}{\omega^2} + 48\,\frac{J_3(\omega)}{\omega^3} \qquad \text{(III 10, 159)}$$

der Funktion $B(\omega)$ entsprechend Abb. III 140 liefern. Mit ihrer Hilfe finden wir

$$\int_0^{R_{Bl}} \frac{r^4}{8}\,\frac{p_{Bl}^{(0)}}{\hbar}\,I_4\,J_0\cdot\left(k_{Bl}\,\frac{r\,r_P}{\zeta_P}\right) r\,dr = \frac{R_{Bl}^4}{8}\,\frac{p_{Bl}^{(0)}}{\hbar}\,I_4\,\frac{R_{Bl}^2}{6}\,B(\omega_P),$$

$$\text{(III 10, 160)}$$

so daß im Verein mit (III 10, 153), (III 10, 154) und (III 10, 160) aus (III 10, 150) die Angabe

$$\overline{u} = A_0\,\frac{i\,k_{Bl}}{\zeta_P}\,\text{Exp}\left[i\left(\frac{S_0}{\hbar} + k_{Bl}\left\{\zeta_P + \frac{1}{2}\,\frac{r_P^2}{\zeta_P}\right\}\right)\right]\cdot\frac{R_{Bl}^2}{2}\left[\frac{2\,J_1(\omega_P)}{\omega_P} + i\,\frac{R_{Bl}^4}{8\cdot 3}\,\frac{p_{Bl}^{(0)}}{\hbar}\,I_4\,B(\omega_P)\right]$$

$$\text{(III 10, 161)}$$

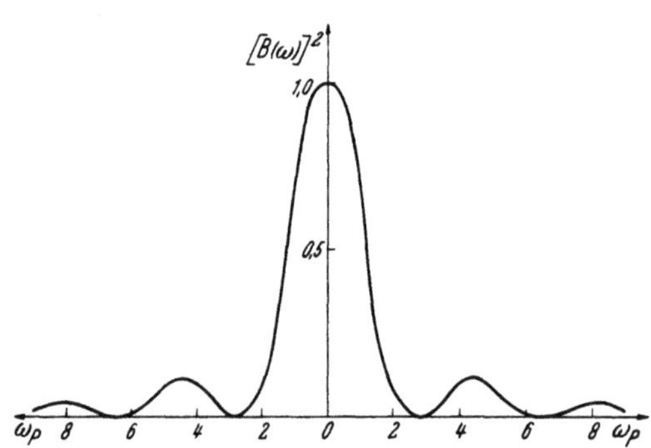

Abb. III 141. Zweite Komponente des resultierenden Stromgebirges in der Bildebene.

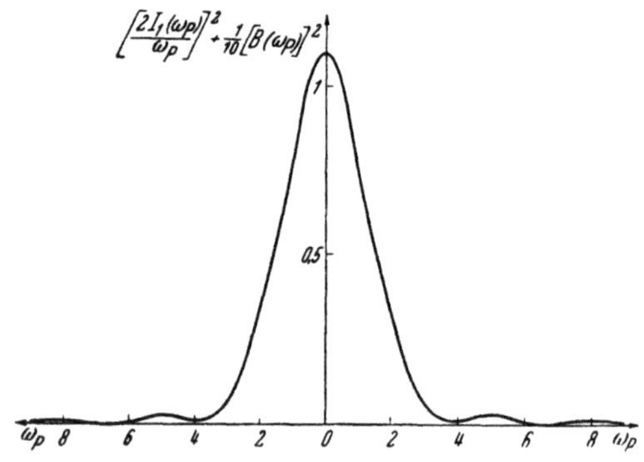

Abb. III 142. Resultierendes Stromgebirge in der Bildebene.

resultiert. Aus ihr berechnen wir gemäß (III 10, 120) die achsiale Komponente j_z der Stromdichte j in der *Gauß*schen Bildebene und finden bei Be-

nutzung der Relation (III 10, 133) mit der ebendort gewahrten Genauigkeit die Aussage

$$j_z = \frac{J}{\pi\,\zeta_P{}^2}\left(\frac{k_{Bl}\,R_{Bl}}{2}\right)^2\left\{\left[\frac{2\,J_1(\omega_P)}{\omega_P}\right]^2 + \left(\frac{R_{Bl}^4}{24}\cdot\frac{p_{Bl}^{(0)}}{\hbar}\,I_4\right)^2[B(\omega_P)]^2\right\},$$

$$\text{(III 10, 162)}$$

welche den Aufbau jener elektrischen Achsialströmung aus zwei gemäß
Abb. III 138 und 141 *strukturell wesentlich verschiedenen Anteilen* lehrt:
Im Gegensatz zum Stromgebirge (III 10, 134) des ja nur fiktiven, öffnungsfehlerfreien Abbildungssystemes weist das resultierende Stromgebirge
(III 10, 162) des realen Elektronenmikroskopes entsprechend Abb. III 142
zwar nach wie vor einen steilen Zentralgipfel auf, doch senkt sich das
ihn umschließende Tal nicht mehr bis zum Nullniveau längs eines *scharf
definierten Kreises völliger Stromlosigkeit*, sondern an dessen Stelle erscheint
eine *breite, gewellte Talsohle* überall *endlicher, positiver Stromhöhe.*
Es kann wohl kaum einem Zweifel unterliegen, daß die beschriebene
„*Nivellierung*" des Stromgebirges die Möglichkeit der bildseitigen Unter-
scheidung zweier in der Objektebene getrennter, punktförmiger Elektronen-
quellen *verschlechtert.* Bei dem Versuche jedoch, diese sozusagen intuitive
Einsicht quantitativ zu erfassen, versagt das früher benutzte *Rayleigh*sche
Kriterion, so daß wir uns nach einem geeigneten Ersatz umzusehen haben.
Allerdings ist zuzugeben, daß diese grundlegende Frage der Gestalttheorie
gewiß nur auf *experimentellem Wege* bündig beantwortet werden kann; um
indes wenigstens einen physikalischen Ansatzpunkt zu finden, wollen wir
uns ungeachtet aller prinzipiellen Bedenken folgender Dialektik bedienen:
1. Wir richten unser Augenmerk auf die *Gauß*sche Bildebene des realen
Abbildungsgerätes, welche von den Elektronen nur *eines* Objektpunktes
beaufschlagt werde. Sei nun entsprechend Abb. III 141

$$B_{max}^2 \approx 0{,}12 \qquad\qquad \text{(III 10, 163)}$$

der quadratische Höchstwert der Funktion $B(\omega)$ innerhalb des vom
Öffnungsfehler verbreiterten, gipfelnächsten Ringtales, so liegt dessen
Sohle etwa im Niveau

$$\delta j_z \approx \frac{J}{\pi\,\zeta_P{}^2}\left(\frac{k_{Bl}\,R_{Bl}}{2}\right)^2\left(\frac{R_{Bl}^4}{24}\frac{p_{Bl}^{(0)}}{\hbar}I_4\right)^2 B_{max}^2. \qquad \text{(III 10, 164)}$$

2. Zum fiktiven, öffnungsfehlerfreien Elektronenmikroskop zurückkehrend, würden wir in dessen Stromgebirge (III 10, 134) die nämliche
Stromintensität δj_z in jenem numerischen Abstande ω_P antreffen, welcher
durch die Angabe

$$\delta j_z = \frac{J}{\pi\,\zeta_P{}^2}\left(\frac{k_{Bl}\,R_{Bl}}{2}\right)^2\left[\frac{2\,J_1(\omega_P)}{\omega_P}\right]^2; \qquad 0 \leqq \omega_P \leqq 3{,}83 \quad \text{(III 10, 165)}$$

bestimmt ist.
3. In naheliegender Modifikation des ursprünglichen *Rayleigh*schen Ge-
dankens nehmen wir an, daß die Möglichkeit der Trennung zweier bildseitig
simultan geprüfter Objektpunkte durch den absoluten Betrag der „Tal"-
Stromdichte (III 10, 164) bestimmt wird: Das reale Elektronenmikroskop
gelte als „*auflösungsäquivalent*" zu seinem fiktiven Vergleichsgerät, falls
zwischen ihnen die Relation

$$\frac{2\,J_1(\omega_P)}{\omega_P} = \left|\frac{R_{Bl}^4}{24}\cdot\frac{p_{Bl}^{(0)}}{\hbar}I_4\right|B_{max}; \qquad 0 \leqq \omega_P \leqq 3{,}83 \quad \text{(III 10, 166)}$$

besteht. Nach Abb. III 143 nimmt also ω_P mit wachsendem Öffnungsfehler von dem „Idealwert"

$$\omega_P^{(0)} = 3{,}83 \qquad\qquad \text{(III 10, 167)}$$

des fehlerfreien Gerätes an monoton ab.

4. Wir vergleichen die Auflösungsgrenze $\overline{R}$ des realen Elektronenmikroskopes mit der Auflösungsgrenze R_W des öffnungsfehlerfreien Gerätes nach (III 10, 146) mittels der Relation

$$\frac{\overline{R}}{R_W} = \frac{3{,}83}{\omega_P}, \qquad\qquad \text{(III 10, 168)}$$

welche durch Abb. III 144 veranschaulicht wird; sie kann, unter Vermittlung der Lateralvergrößerung M nach (III 10, 44), auf das Verhältnis der entsprechenden Halbmesser $\overline{r}_P = \overline{r}_1$ und $r_P = r_1$ umgerechnet werden, welche in der *Gauß*schen Bildebene erscheinen:

$$\frac{\overline{R}}{R_w} = \frac{\overline{r}_1}{r_1} = \frac{3{,}83}{\omega_P}. \qquad\qquad \text{(III 10, 169)}$$

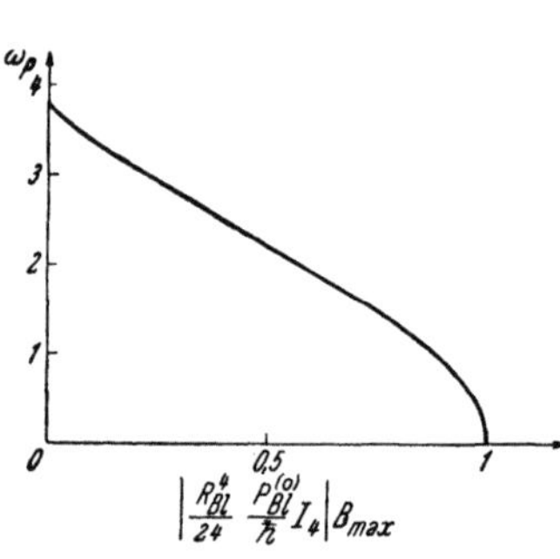

Abb. III 143. Abhängigkeit des Auflösungsvermögens vom Öffnungsfehler.

Abb. III 144. Auflösungsgrenze des realen Elektronenmikroskopes.

Bei hinreichend kleinen Öffnungsfehlern läßt sich nun (III 10, 166) durch die lineare Gleichung

$$\left| \frac{R_{Bl}^4}{24} \frac{p_{Bl}^{(0)}}{\hbar} I_4 \right| B_{max} = \left[\frac{2\,J_1(\omega_P)}{\omega_P} \right]_{\omega_P = 3\cdot83} + \left[\frac{2\,J_1(\omega_P)}{\omega_P} \right]'_{\omega_P = 3.83} (\omega_P - 3{,}83) =$$

$$= \frac{2\,J_0(3{,}83)}{3{,}83} (\omega_P - 3{,}83) = \frac{0{,}8056}{3{,}83} (3{,}83 - \omega_P) \quad \text{(III 10, 170)}$$

approximieren, so daß (III 10, 169), in gleicher Genauigkeit, die Angabe

$$\overline{r}_1 = r_1 \left[1 + \left| \frac{R_{Bl}^4}{24} \frac{p_{Bl}^{(0)}}{\hbar} I_4 \right| \frac{B_{max}}{0{,}8056} \right] \qquad \text{(III 10, 171)}$$

liefert. Mit Rücksicht auf (III 10, 86), (III 10, 89), (III 10, 114), (III 10, 137) und (III 10, 147) folgt hieraus die Gleichung

$$r - r_1 = 3{,}83\, \zeta_P \left| \frac{R_{Bl}^3}{24} I_4 \right| \frac{B_{max}}{0{,}8056} = \frac{7{,}66\, B_{max}}{24} R_B, \qquad \text{(III 10, 172)}$$

welche man, von dem numerischen Faktor von R_B abgesehen, als *Additionsgesetz der korpuskularen und der wellenmechanischen Auflösungsgrenze* interpretieren kann; im Lichte seiner Herleitung wird man sich jedoch vor einer Überschätzung seines Erkenntniswertes zu hüten haben.

Ergänzende Literaturhinweise.

Einleitung.

Einführung in die Wahrscheinlichkeitsrechnung.

Anderson, O.: Einführung in die mathematische Statistik. Wien, 1935.

Anderson, O.: Die Begründung des Gesetzes der Großen Zahlen und die Umkehrung des Theorems von Bernoulli. Dialectica 3, 65 (1949).

Baptist, J. H.: Le raisonnement probabilitaire. Dialectica 3, 93 (1949).

Baptist, J. H.: Analyse des Probabilités. Louvain, 1947.

Bar-Hillel, Y.: A note on state-descriptions Phil. Studies 2, 72 (1951). — A note on comparative inductive logic. British Journal for the Philosophy of Science 4, 308 (1953).

Bar-Hillel, Y. and *Carnap, R.:* Semantic information. British Journal for the Philosophy of Science 4, 147 (1953).

Bartlett, M. S.: Probability in Logic, Mathematics and Science. Dialectica 3, 104 (1949).

Bernoulli, D.: Specimen theoriae novae de mensura sortis. 1738. Die Grundlage der modernen Wertlehre. Leipzig 1713.

Boole, G.: An investigation of the laws of thought, on which are founded the mathematical theories of logic and probabilitics. London 1854.

Borel, E.: Probabilité et certitude. Dialectica 3, 24 (1949).

Bruns, H.: Wahrscheinlichkeitsrechnung und Kollektivmaßlehre. Leipzig 1906.

Carnap, R.: Induktive Logik und Wahrscheinlichkeit. Wien: Springer, 1958.

Carnap, R.: Einführung in die symbolische Logik mit besonderer Berücksichtigung ihrer Anwendungen. Wien: Springer, 1960.

Carnap, R.: Die logische Syntax der Sprache. Wien 1934. — Introduction to Semantics. Cambridge, Mass. 1942. — Formalization of logic. Cambridge, Mass. 1943. — The two concepts of probability. Philosophy and Phenomenological Research 5, 513 (1945).

Carnap, R.: Logical foundations of probability. Chicago 1950. — What is probability? Scientific American 189, 128 (1953).

Carnap, R.: I Statistical and inductive probability II. Inductive logic and science. Galois Institute of Mathematics and Art, Brooklyn, N.Y. 1955.

Carnap, R. and *Bar-Hillel, Y.:* An outline of the theory of semantic information. Research Lab. of Electronics Mass. Inst. of Techn. Report. No. 247 (1952).

Castelnuovo, G.: Calcolo della Probabilità. Rom 1919.

Chandrasekhar, S.: Brownian Motion, Dynamical Friction and Stellar Dynamics. Dialectica 3, 114 (1949).

Coolidge, J. L.: An Introduction to mathematical Probability. Oxford 1925.

Cournot, A.: Exposition de la théorie des chances et des probabilités. Paris 1843.

Cramér, H.: Mathematical Methods of Statistics. Princeton 1946.

Cramér, H.: Mathematical Methods of Statistics. Uppsala 1945.

Czuber, E.: Wahrscheinlichkeitsrechnung und ihre Anwendung. Leipzig 1903.

Erismann, Th.: Wahrscheinlichkeit im Sein und Denken. Wien: Sexl 1954.

Feller, William: Probability Theory and Its Applications. New York: Wiley 1950.

Finetti, B. de: Le vrai et le probable. Dialectica **3**, 78 (1949).

Finsler, P.: Über die mathematische Wahrscheinlichkeit. El. Math. II, 108 (1947).

Fisher, R. A.: Contributions to mathematical statistics. New York 1950.

Fowler, R. H.: Statistical Mechanics. Cambridge: University Press 1955.

Fréchet, M.: Recherches théoriques modernes sur la théorie des probabilités. Paris 1937. — Leçons de statistique mathématique. Paris 1941. (Les cours de Sorbonne.)

Freudenthal, H.: Ist die mathematische Statistik paradox? Dialectica **12**, 7 (1958).

Fry, Th. C.: Probability and its engineering uses. Princeton (N. J.): D. van Nostrand 1928.

Gini, C.: Concept et mesure de la probabilité. Dialectica **3**, 36 (1949).

Gonseth, F.: Vorbemerkungen zur Frage der Grundlagen der Wahrscheinlichkeitsrechnung. Dialectica **8**, 31 (1954).

Gonseth, F., Bernays, P., Jecklin, M., Nolfi, P., Erismann, Th., Nolfi, P.: Fondements et applications du calcul des probabilités et de statistique. Dialectica **7**, 4 (1953).

Hagstroem, K. G.: Connaissance et stochastique. Dialectica **3**, 153 (1949).

Heitler, W.: The Departure from Classical Thought in Modern Physics. The Library of Living Philosophers VII. Evanston, Illinois, 1949.

Hilbert, D. und *Bernays, P.:* Grundlagen der Mathematik. Berlin: Springer 1934 und 1939.

Jecklin, H.: Historisches zur Wahrscheinlichkeitsdefinition. Dialectica **3**, 5 (1949).

Jeffreys, H.: Theory of probability. 2nd. New York: Oxford University Press, 1948.

Kamke, E.: Einführung in die Wahrscheinlichkeitstheorie. Leipzig 1932.

Kemeny, J. G.: Review of "Logical foundations of probability". Journ. of Symbolic Logic **16**, 205 (1951).

Kendall, M. G.: On the reconciliation of theories of probability. Biometrika **36**, 101 (1949). The advanced theory of statistics. 1948.

Keynes, J. M.: A treatise on probability. 3rd ed. New York 1950.

Khinchin, A. I.: Mathematical Foundations of Statistical Mechanics. New York: Dover 1949.

Kneale, W.: Probability and induction. Oxford 1949.

Kolmogoroff, A.: Grundbegriffe der Wahrscheinlichkeitsrechnung. Erg. Math. Berlin 1933, S. 4.

Koopman, B. O.: The axioms and algebra of intuitive probability. Annals of Mathematics **41**, 269 (1940).

Kries, J. von: Die Prinzipien der Wahrscheinlichkeitsrechnung. 2. Aufl. Tübingen 1927.

Laplace, P. S. de: Théorie analytique des probabilités. Paris 1812.

Levy, P.: Les fondements du calcul des probabilités. Dialectica **3**, 55 (1949).

Lewis, C. I.: An analysis of knowledge and valuation. La Salle, Illinois, 1946.

Linder, A.: Statistische Methoden für Naturwissenschafter, Mediziner und Ingenieure. Basel: Birkhäuser 1946.

Lindsay, Robert B.: Introduction to Physical Statistics. New York: Wiley 1941.

Loéve, Michel: Probability Theory. Princeton, N. J.: D. van Nostrand 1955.

Mahalanobis, P. C.: The Foundations of Statistics. Dialectica **8**, 95 (1954).

Markoff, A. A.: Wahrscheinlichkeitsrechnung. Leipzig und Berlin 1912.

Mises, R. von: Wahrscheinlichkeitsrechnung und ihre Anwendung in der Statistik und theoretischen Physik. Wien 1931. — Wahrscheinlichkeit, Statistik und Wahrheit. 3. Aufl. Wien 1951.

Moch, F.: Réflexions sur les probabilités. Dialectica **11**, 375 (1957).

Mood, Alexander Mc. F.: Introduction to the Theory of Statistics. New York: McGraw-Hill 1950.

Nagel, E.: Principles of the theory of probability. International Encyclopedia Unified Sciences. Vol. I, No. 6. Chicago 1939.

Neymann, J.: First course in probability and statistics. New York 1950.

Nolfi, P.: Die Wahrscheinlichkeitstheorie im Lichte der dialektischen Philosophie. Dialectica **3**, 16 (1949).

Pólya, G.: Preliminary Remarks on a Logic of Plausible Inference. Dialectica **3**, 28 (1949).

Pauli, W.: Wahrscheinlichkeit und Physik. Dialectica **8**, 112 (1954).

Poincaré, H.: Calcul des Probabilités. Paris 1912.

Popper, K.: Logik der Forschung. Wien 1935.

Popper, K. R.: Probability Magic or Knowledge out of Ignorance. Dialectica **11**, 354 (1957).

Reichenbach, H.: Wahrscheinlichkeitslehre. Leiden 1935.

Reichenbach, H.: Der Begriff der Wahrscheinlichkeit für die mathematische Darstellung der Wirklichkeit. Leipzig 1916. — Kausalität und Wahrscheinlichkeit. Erkenntnis **1**, 158 (1930).

Reichenbach, H.: The theory of probability. Berkeley 1949.

Richter, H.: Zur Grundlegung der Wahrscheinlichkeitstheorie. I. Math. Annalen **125**, 129 (1952); II. Math. Annalen **125**, 223 (1953); III. Math. Annalen **125**, 335 (1953); IV. Math. Annalen **126**, 362 (1953); V. Math. Annalen **128**, 305 (1954).

Richter, H.: Zur Begründung der Wahrscheinlichkeitsrechnung Dialectica **8**, 48 (1954).

Russell, B.: Human knowledge. Its scope and limits. New York 1948.

Schmetterer, L.: Einführung in die mathematische Statistik. Wien: Springer 1956.

Schottlaender, R.: Die Spannung zwischen Metaphysik und Erfahrung. Dialectica **7**, 287 (1953).

Steffensen, J. F.: An Introduction to the theory of Probability. London 1948.

Todhunter, I.: A history of the mathematical theory of probability. New York 1931.

Tornier, E.: Wahrscheinlichkeitsrechnung und allgemeine Integrationstheorie. Leipzig 1936.

Uspensky, J. V.: Introduction to Mathematical Probability. New York: McGraw-Hill 1937.

Vietoris, L.: Über den Begriff der Wahrscheinlichkeit. Monatsh. f. Math. **52**, 55 (1948).

Vietoris, L.: Zur Axiomatik der Wahrscheinlichkeitsrechnung. Dialectica **8**, 37 (1954).

Waerden, B. L. van der: Der Begriff der Wahrscheinlichkeit. Studium generale **4**, 68 (1951).

Wald, A.: Sequential Analysis. New York: Wiley 1947. — Statistical Decision Functions. New York: Wiley 1950.

Weyl, Hermann: Philosophy of Mathematics and Natural Science. Princeton, N. J.: Princeton University Press 1949.

Woodward, P. M.: Probability and Information Theory, with Applications to Radar. New York: McGraw-Hill 1955.

Zworykin, V. K.: Die menschlichen Aspekte des technischen Fortschrittes. J. Brit. Instn. Radio Eng. **19**, 526 (1959).

Erstes Kapitel.

Der Schroteffekt.

Aldons, W. M. and *Campbell, N. R.:* The effect of secondary emission upon the fluctuations of the current in a triode. Proc. Roy. Soc. Lond. Ser. A vol. **157**, 694 (1935).

Arthur, G. R.: A Note on the Approach of Narrow Band Noise after a Non-linear Device to a Normal Probability Density. Journ. Appl. Phys. **23**, 1143 (1952).

Bakker, C. J.: Current distribution fluctuations in multielectrode radio valves. Lab. Philips Gloeilampen fabr. (1938) Separat 1326, 581.

Bartlett, M. S.: An Introduction to Stochastic Processes. New York: Cambridge University Press 1955.

Barnes, S. Bowling and *Silverman, S.:* Brownian Motion as a Natural Limit to All Measuring Processes. Rev. Modern Physics **6**, 162 (1934).

Bell, D. A.: Electrical Noise. D. van Nostrand Company Ltd. Princeton, N. J. 1960.

Bell, D. A.: Statistical Methods in Electrical Engineering. Chapman and Hall. London 1953.

Bell, D. A.: Fluctuation noise in partially saturated diodes. J. Inst. Electr. Eng. **84**, 510, 723 (1939).

Bell, D. A.: Distribution Function of Semiconductor Noise. Proc. Phys. Soc. B **68**, 690 (1955).

Bendat, J. S.: Principles and Applications of Random Noise Theory. New York 1958. J. Wiley and Sons., Inc.

Bennet, William, R.: Methods of Solving Noise Problems. Proc. IRE **44**, 609 (1956).

Berghammer, J. and *Bloom, S.:* On the nonconservation of noise parameters in multivelocity beams. J. appl. Phys. **31**, 454 (1960).

Blanc-Lapierre, A. et *Fortet, R.:* Théorie des functions aleatoires. Paris: Masson et Cie., 1953.

Blanc, A.: Effet Schottky, fluctuations dans les amplificateurs linéaires et dans les détecteurs. Bull. Soc. franç. Elect. **5**, 53, 343 (1943).

Brillouin, L.: Science and Information Theory. New York 1957. Academic Press.

Bose, A. G and *Pezars, S. D.:* A Theorem Concerning Noise Figures. IRE Convention Record, part **8**, 35 (1955).

Bunimovich, V. I.: Fluctuation Processes in Radio Receivers. Sovietskoe Radio 1951.

Bürck, W., Kotowski, P. und *Lichte, H.:* Die Lautstärke von Knacken, Geräuschen und Tönen. ENT **12**, 278 (1935).

Callen, Herbert B. and *Welton, Theodore A.:* Irreversibility and Generalized Noise. Phys. Rev. **83**, 34 (1951).

Campbell, N. R.: Monograph on Noise. G.E.C. Research Labs. 1942.

Cashwell, E. D. and *Everett, C. J.:* A Practical Manual on the Monte Carlo Method for random walk problems. Pergamon Press London 1959

Chandrasekhar, S.: Stochastic Problems in Physics and Astronomy. Rev. Mod. Phys. **15**, 1 (1943).

Courtines, M.: Der Schroteffekt. C. R. Congrés Intern. Electr. **2**, 578 (1932).

Crosby, M. G.: Frequency-modulated noise characteristics. Proc. IRE **25**, 472 (1937).

Cutler, C. C. and *Quate, C. F.:* Experimental Verification of Space Charge and Transit Time Reduction of Noise in Elektron Beams. Phys. Rev. **30**, 875 (1950).

Datz, S., Minturn, R. E. and *Taylor, E. H.:* Thermal Positive Ion Emission and the Anomalons Flicker Effect. J. appl. Phys. **31**, 880 (1960).

Doob, G. L., Ornstein, L. S., Uhlenbeck, G. E., Rice, S. O., Kuc, M. and *Chandrasekhar, S.:* Selected papers on noise and stochastic processes edited by Nelson Wax. Dover Publications Inc. New York 1954.

Chernow, Lev A.: Wave Propagation In A Random Medium. McGraw-Hill Book Company, Inc. New York 1960.

Chessin, P. L.: A Bibliography on Noise. IRE Trans. on Information Theory I T−1, 15 (1955).

Davenport, Wilbar B., Jr. and *Root, William, L.:* An Introduction to the Theory of Random Signals and Noise. New York: McGraw-Hill 1958.

Davis, R. C.: On the Theory of Prediction of Nonstationary Stochastic Processes. Jour. Applied Physics **23**, 1047 (1952).

Deixler A. und *Rusch, E.:* Mathematische und Statistische Betrachtungsweise von Lebensdauerangaben und Anwendung auf Elektronenröhren. NTZ **12**, 613 (1959).

Doob, John L.: Time Series and Harmonic Analysis. Proc. Berkeley Symposium on Math. Statistics and Probability. Berkeley (Calif.), 1949.

Doob, J. L.: Stochastic Processes. New York: Wiley 1953.

Doob, J. L.: The Brownian movement and stochastic equations. Ann. of. Mathematics **43**, 351 (1942).

Engbert, W.: Das Rauschen bei Sekundäremission. Telefunkenröhre **13**, 127 (1938).

Engel, A. von und *Steenbeck, M.:* Elektrische Gasentladungen. Berlin: Springer 1932.

Exner, M. L.: Autokorrelations- und Fourieranalyse. Acustica **4**, 365 (1954).

Fränz, K.: Die Amplituden von Geräuschspannungen. ENT **19**, 166 (1942).

Friis, H. T.: Noise Figures of Radio Receivers. Proc. IRE **32**, 419 (1944).

Glaser: Elektronenoptik. Wien: Springer. 1952.

Gnedenko, B. V. and *Kolmogorov, A. N.:* Limit Distributions for Sums of Independent Random Variables. Cambridge, Mass.: Addison-Wesley, 1954.

Goldberg, H.: Some Notes on Noise Figures. IRE Proc. **36**, 1205 (1948).

Goldman, S.: Frequency Analysis, Modulation and Noise. New York: McGraw-Hill 1948.

Graffunder, W.: Über das Brummen indirekt geheizter Verstärkerröhren. Telefunkenröhre **12**, 46 (1938).

Graffunder, W.: Röhrenrauschen bei Niederfrequenz. Telefunkenröhre H. **15** (1939).

Green, Paul E., Jr.: A Bibliography of Soviet Literature on Noise, Correlation, and Information Theory. IRE Trans. on Information Theory I T−2, 91 (1956).

Grenander, Ulf: Stochastic Processes and Statistical Inference. Arkiv fur Matematik **1**, **17**, 195 (1950).

Haas-Lorentz, G. L. de: Die Brownsche Bewegung und einige verwandte Erscheinungen. Braunschweig: Vieweg 1913.

Harris, Wm. A.: Some Notes on Noise Theory and Its Application to Input Circuit Design. RCA Rev. **9**, 406 (1948).

Hayner, Lucy J.: Shot effects of secondary electron currents. Physics 323 (1935).

Helstrom, Carl W.: Statistical Theory of Signal Detection. Pergamon Press. London 1960.

Hoffman, W. C.: Statistical Methods in Radio Wave Propagation. Pergamon Press. London 1960.

Hull, A. W. and *Williams, N. H.:* Determination of Elementary Charge E from Measurements of Shot-Effect. Phys. Rev. **25**, 147 (1925).

Hurwitz, H. and *Kac, M.:* Statistical Analysis of Certain Types of Random Functions. Ann. Math. Statist. **15**, 173 (1944).

Hutter, Rudolf G. E. and *Harrison, Shirley W.:* Beam And Wave Electronics in Microwave Tubes. D. van Nostrand Company Inc. Princeton, N. J. 1960.

IRE Standards: Standards on Electron Devices: Methods of Measuring Noise. Proc. IRE **41**, 890 (1953).

Johnson, J. B.: The Schottky-Effect in low frequency circuits. Phys. Rev. **26** (1925).

Kac, Mark: Random Walk and the Theory of Brownian Motion in Wax, N.: Selected papers on noise and stochastic processes, p. 295. New York: Dover 1954.

Kaden, H.: Impulse und Schaltvorgänge in der Nachrichtentechnik. München: Oldenbourg 1957.

Kirby, P. L and *Burkett, R. H. W.:* Units for Current Noise. Electronic Eng. **32**, 412 (1960).

Klemperer, O.: Electron Physics. Butterworths Scientific Publications. London 1959.

Kleen, W. und *Pöschl, K.:* Lauffeldröhren. Stuttgart: Hirzel 19...

König, H. W.: Laufzeittheorie der Elektronenröhren. Wien: Springer 1948.

Kobel Nikow, V. A.: The Theory of Optimum Noise Immunity. McGraw-Hill Book Company Inc. New York 1959.

Krieger, F.: Messung der elektroakustischen Übertragungsgüte von Mikrophonen mit Hilfe der Korrelation. Nachrichtentechn. Fachberichte **15**, (1959).

Küpfmüller, K.: Die Systemtheorie der elektrischen Nachrichtenübertragung. Zürich: Hirzel 1949.

Landon, V. D.: The Distribution of Amplitude with Time in Fluctuation Noise. IRE Proc. **29**, 50 (1941).

Lange, F. H.: Korrelationselektronik. Nachr. Techn. **8**, 3 (1958).

Lange, F. H.: Anwendung der Korrelationsanalyse in der Nachrichtentechnik. Nachr. Techn. **5**, 445 (1955); **6**, 8 (1956); **6**, 148 (1956); **6**, 315 (1956); **6**, 388 (1956); **7**, 17 (1957); **7**, 66 (1957).

Lange, F. H.: Korrelationselektronik. Berlin 1959. Verlag Technik.

Langmuir, I.: The Effect of Spacecharge and Initial Velocities on the Potential Distribution and Thermionic Current between Parcellel-plane Electrodes. Phys. Rev. **21**, 419 (1923).

Lawson, J. L. and *Uhlenbeck, G. E.:* Treshold Signals. Radiation Laboratory Series Bd. 24. New York: McGraw-Hill 1950.

Lee, Yuk Wing and *Stutt, Charles A.:* Statistical Prediction of Noise. Proc. National Electronics Conference **5**, 342 (1949) (Chicago).

Llewellyn, F. B. and *Peterson, L. C.:* Vacuum Tube Networks. Proc. IRF **32**, 144 (1944).

Mac Donald, D. K. C.: Some Statistical Properties of Random Noise. Proc. Cambridge. Phil. Society **45**, 368 (1949).

Mac Donald, D. K. C.: Spontaneous Fluctuations. Reports on Progress in Physics **12**, 56. London: The Physical Society 1949.

Macfarlane, G. G.: A Theory of Flicker Noise in Valves and Impurity Semi-Conductors. Proc. phys. Soc. Lond. Part 3, **59**, 333, 366 (1947).

Mann, P. A.: Der Zeitablauf von Rauschspannungen. ENT **20**, 233 (1943).

Mason, Samuel J. and *Zimmermann, Henry J.:* Electronic Circuits, Signals and Systems. John Wiley and Sons., Inc. New York 1960.

Middleton, David: An Introduction To Statistical Communication Theory. Mc-Graw-Hill Company, Inc. New York 1960.

Meyer-Eppler, M.: Korrelation und Autokorrelation in der Nachrichtentechnik. Arch. el. Übertrag. **7**, 501 (1953); **7**, 531 (1953). — Grundlagen und Anwendungen der Informationstheorie. Berlin: Springer 1959.

Moullin, E. B.: Spontaneous Fluctuations of Voltage. Oxford: Clarendon Press 1938.

Moullin, E. B. and *Ellis, H. D. M.:* The spantaneous background noise in amplifiers due to thermal agitation and shot effects. J. Inst. El. Eng. Lond. 323 (1934).

North, D. O.: Fluctuations in Space-Charge-limited Currents at Moderately High Frequencies Part II. RCA. Rev. **4**, 441 (1940).

North, D. O. and *Ferris, W. R.:* Fluctuations Induced in Vacuum-Tube Grids at High Frequencies. IRE Proc. **29**, 49 (1941).

Parker, P.: Electronics. London: Edward Arnold Ltd. 1950.

Peterson, L. C.: Space-Charge and Transit Time Effects on Signal and Noise in Microwave Tetrodes. Proc. IRE **35**, 1264 (1947).

Pfeifer, H.: Elektronisches Rauschen I. Leipzig: B. G. Teubner 1959.

Pierce, J. R.: Noise in Resistances and Electron Streams. Bell. System Tech. J. **27**, 158 (1948).

Pomey, J. B.: Les fluctuations de courant. Rev. gén. Electr. 163 (1935).

Rack, A. J.: Effect of Space Charge and Transit Time on the Shot Noise in Diodes. Bell. System Techn. J. **17**, 592 (1938).

Rice, S. O.: Mathematical Analysis of Random Noise in Wax, N.: Selected papers on noise and stochastic processes, p. 133. New York: Dover 1954.

Rice, Steven O.: Statistical Properties of a Sine-wave Plus Random Noise. Bell Syst. Tech. Jour. **27**, 109 (1948).

Roberto, P. P.: Flicker effect nei tubi elettronici. Nuovo Cimento 348 (1935).

Root, William L. and *Pitcher, Tom S.:* On the Fourier-series Expansion of Random Functions. Annals of Math. Statistics **26**, 313 (1955).

Rothe, R.: Elektronenröhren-Physik. Neue Folge Heft 2. Franzis-Verlag, München 1956.

Schlitt, Herbert: Die Beeinflussung breitbandiger Rauschvorgänge durch lineare Übertragungssysteme. Arch. d. el. Übertragung **14**, 239 (1960).

Schneider, P.: Theoretische Grundlagen der elektrischen Nachrichtentechnik. Braunschweig: Westermann 1956.

Schottky, W.: Über spontane Stromschwankungen in verschiedenen Elektrizitätsleitern. Ann. d. Phys. **57**, 541 (1918).

Schottky, W.: Raumladungsschwankung beim Schroteffekt und Funkeleffekt. Physika **4**, 175 (1937).

Schottky, W.: Zusammenhänge zwischen korpuskularen und thermischen Schwankungen in Elektronenröhren. Z. Physik **104**, 3/4, 278 (1937).

Schottky, W.: Small shot effect and flicker effect. Phys. Rev. **28** (1926).

Schwarz, Mischa: Information, Transmission, Modulation and Noise. New York 1959. McGraw-Hill Company, Inc.

Sevcik, V. N. und *Svedov, G. N.:* Raumladungswellen in Elektronenröhren. SSSR-Radiotechnika Kiev **2**, 511 (1959).

Smoluchowski, M. von: Drei Vorträge über Diffusion, Brownsche Molekularbewegung und Koagulation von Kolloidteilchen. Phys. Zeit. **17**, 557, 585 (1916).

Spangenberg, Karl R.: Fundamentals of Electron Devices. McGraw-Hill Company, Inc. New York 1957.

Spenke, E.: Über den Einfluß einer geringen Ionenemission auf den Schroteffekt. Wiss. Veröf. Siemens-Werke **17**, 3, 300 (1938).

Spenke, E.: Die Frequenzabhängigkeit des Schroteffektes im Falle sehr starker Gegenspannungen. Wiss. Veröf. Siemens-Werke **17**, 291 (1938).

Spenke, E.: Die Frequenzabhängigkeit des Schroteffektes. Wiss. Veröf. Siemens-Werke **16**, 3, 127 (1937).

Schottky, W.: Über spontane Stromschwankungen in verschiedenen Elektrizitätsleitern. Ann. d. Physik **57**, 541 (1918).

Takács, L.: Theoretical Probability Treatment of Anode Current Variations in Electron Tubes. Acta phys. Hungar. **7**, 25 (1957).

Takanori, Ohkoshi: On the minimum noise figure of travelling wave tubes. J. Inst. electr. Commun. Engr. Japan **42**, 833 (1959).

Thomson, J.: Electron Physics and Technology. The English Universities Press Ltd. London 1959.

Thompson, B. J., North, D. O. and *Harris, W. A.:* Fluctuations in Space-Charge-Limited Currents at Moderately High Frequencies. RCA Review **4**, 3, 269 (1930).

Thomson, J. and *Callick, E. B.:* Electron Physics and Technology. London: The English Universities Press, 1959.

Quantum Electronics edited by *Townes, Charles H.* Columbia University Press. New York 1960.

Transactions of the 1959 International Symposium on Circuit and Information Theory. IRE Trans. Circuit Theory CT—6, May 1959.

Uhlenbeck, G. E. and *Ornstein, L. S.:* On the Theory of the Brownian Motion. Phys. Rev. **36**, 823 (1930).

Valley, George E., Jr. and *Wallman, Henry:* Vacuum Tube Amplifiers. **MIT Lab.** Series **18**. New York: McGraw-Hill 1948.

Vlaardingerbroek, M. T.: Noise in electron beams and in four terminal networks. Philips Res. Rep. **14**, 327 (1959).

Wang, Ming Chen and *Uhlenbeck, G. E.:* On the Theory of Brownian Motion II. Rev. Mod. Phys. **17**, 323 (1945).

Wax, Nelson [Editor]: Selected Papers on Noise and Stochastic Processes. New York: Dover 1954.

Whinnery J. R.: History and Problems of Microwave Tube Noise Scienta Electrica (Zürich) **5**, 133, (1959).

Whittaker, J. M.: The shot effect with space charge. Proc. Cambr. Philoph. Soc. **34**, 2, 158 (1938).

Wiener, N.: Extrapolation, interpolation and smoothing of stationary time series Cambridge, Mass: Technology Press. New York: Wiley 1949.

Wiener, N.: Nonlinear problems in random theory. London: Chapman and Hall, 1958.

Wiener, N.: Generalized harmonic analysis. Acta mathematica **55**, 117 (1930).

Wiener, N.: The Fourier Integral and Certain of Its Applications. New York: Cambridge University Press, 1933.

Williams, F. C.: Fluctuation voltage in diodes and multi-electrode valves. J. Inst. El. Eng. London **79**, 477, 349 (1936). — Fluctuation noise in vacuum tubes which are not temperature-limited. J. Inst. El. Eng. London **79**, 326 (1936).

Williams, F. C.: The Representation and Computation of Fluctuation Voltages. J. Inst. Electr. Engrs. **85**, 512, 280 (1939).

Williams, N. H. and *Huxford, W. S.:* Determination of the Charge of Positive Thermions from Measurements of Shot-Effect. Phys. Rev. **33**, 773 (1929).

Woodward, P. M.: Probability and Information Theory. London: Pergamon Press 1953.

Ziegler, M.: Shot effect of secondary emission. Physica **1**, 307 (1936).

Ziel, Aldert van der: Noise. Prentice Hall, Inc. New York 1954.

Ziel, A. van der: Fluctuation Phenomena. Advances in Electronics **4**, 109. New York: Academic Press 1952.

Zweites Kapitel.

Wellenmechanische Grundlagen.

Bauer, H. A.: Grundlagen der Atomphysik; eine Einführung in das Studium der Wellenmechanik und Quantenstatistik. Wien: Springer 1951.

Blochincev, D. I.: Grundlagen der Quantenmechanik. Berlin: Deutscher Verlag der Wissenschaften 1953.

Bohr, Niels: Atomic physics and human knowledge. New York: Wiley 1958.

Born, M. und *Jordan, P.:* Elementare Quantenmechanik. Berlin 1930.

Born, M.: Physik im Wandel meiner Zeit. Braunschweig: Vieweg 1957.

Born, M. und *Sauter, F.:* Moderne Physik. Berlin: Springer 1933.

Borries, Bodo v.: Die Übermikroskopie; Einführung, Untersuchung ihrer Grenzen und Abriß ihrer Ergebnisse. Berlin 1949.

Broglie, Louis de: Eléments de théorie des quanta et de mécanique ondulatoire. Paris: Gauthier-Villars 1953.

Broglie, Louis de: La physique quantique restera-t-elle indéterministe? Paris: Gauthier-Villars 1953.

Cassirer, E.: Determinismus und Indeterminismus in der modernen Physik. Göteborg: Elander 1937.

Dänzer, H.: Grundlagen der Quantenmechanik. Dresden und Leipzig: Steinkopff 1935.

Dirac, P. A. M.: The principles of quantum mechanics. Oxford: Clarendon Press 1947.

Döring, Werner: Einführung in die Quantenmechanik. Göttingen, Vandenhoeck und Ruprecht 1955.

Flügge, Siegfried: Rechenmethoden der Quantentheorie, dargestellt in Aufgaben und Lösungen. [Grundl. d. mathemat. Wissenschaften.] Berlin, Göttingen, Heidelberg: Springer 1952.

Frenkel, J.: Einführung in die Wellenmechanik. Berlin 1929.

Fues, E.: Beugungsversuche mit Materiewellen. Einf. in die Quantenmechanik. (Handb. d. Experimentalphys. Erg.-Werk II.) Leipzig: Akademische Verlagsgesellschaft 1935.

Fürth, R.: Schwankungserscheinungen in der Physik. Braunschweig: Vieweg 1920.

Ludwig, Günther: Die Grundlagen der Quantenmechanik. [Grundlehren der mathemat. Wissenschaften.] Bd. 70. Berlin, Göttingen Heidelberg: Springer 1954.

Neumann, Joh. v.: Mathematische Grundlagen der Quantenmechanik. [Grundlehren mathemat. Wiss.] Berlin: Springer 1932.

Haas, Arth.: Materiewellen und Quantenmechanik. Leipzig 1929.

Heber, Gerhard und *Weber, Gerhard:* Grundlagen der modernen Quantenphysik. Leipzig: Teubner 1956—1957.

Heisenberg, W.: Die physikalischen Prinzipien der Quantentheorie. 2. Aufl. Leipzig 1941.

Heisenberg, W.: Wandlungen in den Grundlagen der Naturwissenschaften. Stuttgart: Hirzel 1959.

Heitler, W.: Elementary wave mechanics with applications to quantum chemistry. 2 nd. ed. Oxford: Clarendon Press 1956.

Hoffmann, Banesh: The strange story of the quantum; an account for the general reader of the growth of the ideas underlying our present atomic knowledge. 2 ed. New York: Dover Publications 1959.

Hönigswald, R.: Kausalität und Physik. Berlin: Akademie der Wissenschaften 1933.

Houston, William V.: Principles of quantum mechanics; nonrelativistic wave mechanics with illustrative applications. New York: McGraw-Hill 1951.

Jellinek, K.: Verständliche Elemente der Wellenmechanik. Basel: Wepf 1950—1951.

Jordan, P.: Anschauliche Quantentheorie. Berlin: Springer 1936.

Juvet, Gust.: Mécanique analytique et mécanique ondulatiore. Paris 1937.

Kac, Mark: Probability and related topics in physical sciences. London: Interscience 1959.

Kemble, E. C.: The fundamental principles of quantum mechanics. New York: McGraw-Hill 1937.

Kockel, B.: Darstellungstheoretische Behandlung einfacher wellenmechanischer Probleme. Leipzig: Teubner 1955.

Landé, Alfred: Quantum mechanics. London: Pitman 1951.

Laue, Max v.: Materiewellen und ihre Interferenzen. (Physik und Chemie und ihre Anwendungen in Einzeldarstellungen.) Leipzig: Akademische Verlagsgesellschaft Becker und Erler 1944.

Kramers, H. A.: Theorien des Aufbaues der Materie. Leipzig: Akademische Verlagsgesellschaft 1938.

Macke, Wilhelm: Quanten; ein Lehrbuch der theoretischen Physik. Leipzig: Geest und Portig 1959.

March, Arthur: Quantum mechanics of particles and wave fields. New York: Wiley 1951.

March, Arth.: Die Grundlagen der Quantenmechanik. Leipzig 1931.

March, Arthur: Die physikalische Erkenntnis und ihre Grenzen. Braunschweig 1955.

Mott, N. F. and *Massey, H. S. W.:* The theory of atomic collisions. Oxford: Clarendon Press 1933.

Pauli, W.: Die allgemeinen Prinzipien der Wellenmechanik. Handb. d. Physik. Berlin: Springer 1924.

Pauling, L. and *Wilson, E. B.:* Introduction to quantum mechanics; with applications to chemistry. New York: McGraw-Hill 1935.

Planck, M.: Der Kausalbegriff in der Physik. Leipzig: Barth 1941.

Reichenbach, Hans: Philosophische Grundlagen der Quantenmechanik. [Aus dem Englischen ins Deutsche übertragen von Maria Reichenbach.] [Lehrbücher und Monographien aus dem Gebiete der exakten Wissenschaften 20; Reihe der Grundlehren der exakten Wissenschaften I.] Basel: Birkhäuser 1949.

Richtmyer, F. K.: Introduction to modern physics. New York: McGraw-Hill 1934.

Schaefer, C.: Quantentheorie. [Einführung in die theoretische Physik, Bd. 3.] Berlin und Leipzig: W. de Gruyter u. Co. 1937.

Schiff, Leonard I.: Quantum mechanics. New York: McGraw-Hill 1949.

Schrödinger. E.: Abhandlungen zur Wellenmechanik. 2. Aufl. Leipzig 1928.

Sommerfeld, A.: Atombau und Spektrallinien. 2. Aufl. Braunschweig: Vieweg 1951.

Smekal, A.: Quantentheorie. [Handbuch der Physik (H. Geiger und K. Scheel), Bd. 24.] Berlin: Springer 1933.

Teichmann, Horst: Einführung in die Quantenphysik. Leipzig: B. G. Teubner 1935.

Temple, G.: The general principles of quantum theory (5th ed.) New York: Wiley 1953.

Valentiner, S.: Die Grundlagen der Quantentheorie in elementarer Darstellung. (Sammlung Vieweg 15.) Braunschweig: Vieweg 1920.

Waerden, Van der B. L.: Die gruppentheoretische Methode in der Quantenmechanik. [Grundlehren mathemat. Wiss.] Berlin: Springer 1932.

Wentzel, G.: Einführung in die Quantentheorie der Wellenfelder. Wien: Deuticke 1943.

Wentzel, G.: Elementarteilchen. [Maschinenschrift vervielfältigt.] Zürich: Akademischer Fortbildungskurs an der ETH Nr. 8, 1944.

Weyl, H.: Gruppentheorie und Quantenmechanik. Leipzig 1928.

Drittes Kapitel.

Wellenelektronik des Einzelelektrons.

Abbe, E.: Die Lehre von der Bildentstehung im Mikroskop. Braunschweig 1910.

Ardenne, M. v.: Elektronen-Übermikroskopie. Berlin: Springer 1940.

Ardenne, M. v.: Intensitätsfragen und Auflösungsvermögen des Elektronenmikroskopes. Z. Phys. **112**, 744 (1939).

Ardenne, M. v.: Tabellen der Elektronenphysik, Ionenphysik und Übermikroskopie. Berlin: Deutscher Verlag der Wissenschaften 1956.

Ardenne, M. v.: Die Grenzen für das Auflösungsvermögen des Elektronenmikroskopes. Z. Phys. **108**, 338 (1938).

Born, Max: Optik. Berlin: Springer 1933.

Born, M. and *Wolf, Emil:* Principles of Optics. London, New York, Paris, Los Angeles: Pergamon Press 1959.

Borries, B. v.: Die Übermikroskopie. Aulendorf: Cantor 1949.

Borries, B. v. und *Ruska, E.:* Versuche, Rechnungen und Ergebnisse zur Frage des Auflösungsvermögens beim Übermikroskop. Z. techn. Phys. **20**, 225 (1939).

Broglie, L. de: L'Optique électronique. Paris 1946.

Czapski-Eppenstein: Grundzüge der Theorie der optischen Instrumente. Leipzig 1924.

Drude, Paul: Lehrbuch der Optik. Leipzig: Hirzel 1906.

Dušek, H.: The Elektron-Optical Formation of Images by Orthogonal Systems using a New Model Field with Rigorously Defined Paraxial Paths. Optik **16**, 419 (1959).

Dyke, W. P. and *Dolan, W. W.:* Field Emission. Advances in Electronics and Electron Physics VIII. New York: Academic Press 1956.

Gabor, D.: Louis de Broglie et les Limites du Monde Visible. Paris: Albin Michel 1951.

Glaser, W.: Grundlagen der Elektronenoptik. Wien: Springer 1952.

Haine, M. E.: The Electron Microscope. Advances in Electronics and Electron Physics VI. New York: Academic Press 1954.

Hall, Cecil E.: Introduction to Electron Microscopy. New York: McGraw-Hill 1953.

Herzberger, Max: Modern geometrical optics. New York: Interscience 1958. — Strahlenoptik. Berlin: Springer 1931.

Hillier, J. C. and *Ellis, S. G.:* The illuminating system of the electron microscop. J. appl. Physics **20**, 700 (1949).

Kapzow, N. A.: Elektrische Vorgänge in Gasen und im Vakuum. Berlin: VEB Deutscher Verlag der Wissenschaften 1955.

Knoll, M. und *Ruska, E.:* Das Elektronenmikroskop. Z. Phys. **78**, 318 (1932).

Lenz, F.: The Aberrations in Electron-Optical Diffraction Patterns. Optik **16**, 457 (1959).

Merté, W.: Geometrische Optik. Handbuch der Physik 18. Berlin: Springer 1927.

Michel, K.: Die Grundlagen der Theorie des Mikroskopes. Stuttgart: Wissenschaftl. Verlagsgesellschaft 1950.

Ollendorff, F.: Innere Elektronik. Teil 1: Elektronik des Einzelelektrons. Wien: Springer 1955. — Teil 2: Elektronik freier Raumladungen. Wien: Springer 1957.

Otto, Ludwig: Das Mikroskop. Leipzig: Urania-Verlag 1957.

Rebsch, R.: Das theoretische Auflösungsvermögen beim Elektronenmikroskop. Ann. Phys. Lpz. **31**, 551 (1938).

Scherzer, O.: Das theoretisch erreichbare Auflösungsvermögen des Elektronenmikroskopes. Z. Phys. **114**, 427 (1939).

Sears, F. W.: Optics. Cambridge, Mass: Addison-Wesley Press, Inc. 1949.

Séguy, Eugène: Le microscope; emploi et applications. Paris: Lechevalier 1949 et 1951.

Wredden, J. H.: The Microscope. London: Churchill 1947.

Zworykin, V. K., Morton, G. A., Ramberg, E. G., Hillier, J., Vance, A. W.: Electron Optics and the Electron Microscope. New York: Wiley 1945.

Namen- und Sachverzeichnis.

(Ausschließlich der im Literaturnachweis genannten Autoren.)